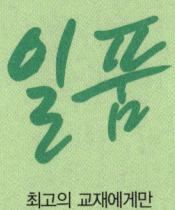

최고의 교재에게만
허락되는 이름

「일품」 합격수험서로 녹색자격증 취득한다!
자격증 취득은 원리에 충실해야 합니다. 최적의 길잡이가 되어드리겠습니다.

「일품」 합격수험서로 녹색직업 부자된다!
다른 수험서와 차별화된 차이점은 조그마한 부분에서부터 시작됩니다.

365일 저자상담직통전화
010-7209-6627

지난 40여 년 동안 수많은 수험생들이 세화출판사의 안전수험서로 합격의 기쁨을 누렸습니다.

많은 독자들의 추천과 선택으로 대한민국 안전수험서 분야 1위 석권을 꾸준히 지키고 있는 도서출판 세화는 항상 수험생들의 안전한 합격을 위해 최신기출문제를 백과사전식 해설과 함께 빠르게 증보하고 있습니다.
저희 세화는 독자 여러분의 안전한 합격을 응원합니다.

40년의 열정, 40년의 노력, 40년의 경험

정부가 위촉한 대한민국 산업현장 교수!
안전수험서 판매량 1위 교재 집필자인
정재수 안전공학박사가 제안하는
과목별 **321** 공부법!!

[되고 법칙]

돈이 없으면 벌면 되고 잘못이 있으면 고치면 되고 안되는 것은 되게 하면 되고, 모르면 배우면 되고, 부족하면 메우면 되고, 잘 안되면 될때까지 하면 되고, 길이 안보이면 길을 찾을때까지 찾으면 되고, 길이 없으면 길을 만들면 되고, 기술이 없으면 연구하면 되고, 생각이 부족하면 생각을 하면 된다.

*수험정보나 일정에 대하여 궁금하시면 세화홈페이지(www.sehwapub.co.kr)에 접속하여 내려받으시고 게시판에 질문을 남기시거나 궁금한 점이 있으시면 언제든지 아래의 번호로 전화하세요.

3단계 대비학습 | **365일 합격상담직통전화** | **010-7209-6627**

---

1 필기 합격

| 3단계 | 합격단계 | ·합격날개· 과목별 필수요점 및 문제 |

| 2단계 | 기본단계 | ·필수문제· 최근 3개년 3단계 과년도 |

| 1단계 | 만점단계 | ·알짬QR· 1주일에 끝나는 합격요점 |

2 필기 과년도 33년치 3주 합격

| 3단계 | 합격단계 | ·기사—공개문제 22개년도 (2003~2024년)기출문제 ·산업기사—공개문제 23개년도 (2002~2024년)기출문제 |

| 2단계 | 기본단계 | ·기사—미공개문제 11개년도 (1992~2002년)기출문제 ·산업기사—미공개문제 10개년도 (1992~2001년)기출문제 |

| 1단계 | 만점단계 | ·알짬QR· ·1주일에 끝나는 계산문제총정리 ·미공개 문제 및 지난과년도 |

산업안전 우수 숙련 기술자 (숙련 기술장려법 제10조)

정/직한 수험서!
재/수있는 수험서!
수/석예감 수험서!

• 특허 제 10-2687805호 •

아래와 같은 방법으로 공부하시면 반드시 합격합니다.

자격증 취득은 기초부터 차근차근 다져나가는 것이 중요합니다. 필기에서는 과목별 요점정리와 출제예상 문제를, 과년도에서는 최근 기출문제와 계산문제 총정리를, 실기 필답형에서는 합격예상작전과 과년도 기출문제를, 실기 작업형에서는 최근 기출문제 풀이 중심으로 공부하시면 됩니다.

필기시험 합격자에게는 2년간 실기시험 수험의 응시가 주어지고, 최종 실기시험 합격자는 21C 유망 녹색자격증 취득의 기쁨이 주어지게 됩니다.

일품 필기 ➡ 일품 필기 과년도 ➡ 일품 실기 필답형 ➡ 일품 실기 작업형

---

3 실기 필답형 4주 합격

3단계 합격단계: 과목별 필수요점 및 출제예상문제

⬇

2단계 기본단계:
• 기본 : 과년도 출제문제 (1991~2000년)
• 필수 : 과년도 출제문제 (2001~2024년)

⬇

1단계 만점단계:
• 알짬QR •
· 실기필답형 1주일 최종정리
· 1991~2010년 기출문제

4 실기 작업형 1주 합격

3단계 합격단계: 과년도 출제문제 (2017~2024년)

⬇

2단계 기본단계: 각 과목별 필수 요점 및 문제

⬇

1단계 만점단계:
• 알짬QR •
· 2000~2016년 기출문제

*산재사고로 피해를 입으신 근로자 및 유가족들에게
심심한 조의와 유감을 표합니다.

2025 개정법 적용 최신판

- ISO 9001:2015 인증
- 안전연구소 인정

녹색자격증 녹색직업

최신 출제기준과 동일하게 구성

세계유일무이 365일 저자상담직통전화
010-7209-6627

책과 동일한 **7개년 7회분 벼락치기 무료강좌 77α3**

산업안전산업기사
·필답형 + 작업형·
실기

대한민국 산업현장교수/기술지도사
안전공학박사/교육학명예박사

정재수 지음

동영상 강의
- 에듀피디
- 이패스코리아
- 에어클래스
- 한솔아카데미

「산업안전 우수 숙련기술자 선정」

안전분야 베스트셀러
독보적 1위
최신 기출문제 수록

산업안전기사·건설안전기사·지도사·기능장·기술사 등 관련자격 및 의문사항에 대하여
365일 성심 성의껏 답변해 드리고 있습니다. 저자와 상담 후 교재를 구입하세요.
www.sehwapub.co.kr

특허 제10-2687805호

대한민국 최초, 최다, 최고, 최상, 최적 적중률의 안전관리 완벽합격!

명칭 : 국가직무능력표준에 따른 자격사 교육 콘텐츠 생성 자동화 방법, 장치 및 시스템

도서출판 **세화**

National Competency Standards
2025년 NCS 자격검정 활용

가. 자격종목

1) 개념
자격종목은 국가기술자격의 등급을 직종별로 구분한 것으로 국가기술자격 취득의 기본단위를 말함(국가기술자격별 2조). 자격종목 개편은 국가기술자격종목 신설의 필요성, 기존 자격종목의 직무내용, 범위 및 난이도, 산업현장 적합도 등을 고려하여 새로운 국가기술자격을 신설하거나 기존의 국가기술자격을 통합, 폐지하는 것을 의미함

2) 구성요소
자격종목 개편은 ① 자격종목, ② 직무내용, ③ 검토대상 능력군, ④ 검정필요여부, ⑤ 출제기준과 비교, ⑥ 검토의견, ⑦ 추가·삭제가 포함되어야 함

구성요소	세부 내용
자격종목	검토대상 국가기술자격종목 제시
직무내용	자격종목의 직무내용 제시
검토대상 능력군	검토대상 능력군의 능력단위, 능력단위요소, 수행준거 제시
검정필요여부	수행준거 중 자격검정에 필요한 부분 제시
출제기준과 비교	검정이 필요한 수행준거와 출제기준을 비교
검토의견	비교를 통해 현행 국가기술자격의 출제기준 검토
추가·삭제	출제기준 검토를 통해 추가나 삭제가 필요한 부분 제시

나. 출제기준

1) 개념
출제기준은 자격검정의 대상이 되는 종목의 과목별 출제의 대상범위를 나타낸 것으로 출제문제 작성방법과 시험내용범위의 기준을 의미함(국가기술자격법 시행규칙 제38조)

2) 구성요소
출제기준은
① 직무분야, ② 자격종목, ③ 적용기간, ④ 직무내용, ⑤ 필기검정방법, ⑥ 문제수, ⑦ 시험기간, ⑧ 필기과목명, ⑨ 필기과목 출제 문제수, ⑩ 실기검정방법, ⑪ 시험기간, ⑫ 실기과목명, ⑬ 필기, 실기과목별 주요항목, ⑭ 세부항목, ⑮ 세세항목이 포함되어야 함

구성요소		세부내용
직무분야		해당 자격이 활용되는 직무분야
자격종목		국가기술자격의 등급을 직종별로 구분한 것, 국가기술자격 취득의 기본단위
적용기간		작성된 출제기준이 개정되기 전까지 실제 자격검정에 적용되는 기간
직무내용		자격을 부여하기 위하여 개인의 능력의 정도를 평가해야 할 내용
필기과목	필기검정방법	필기시험의 검정방법, 현행 국가기술자격에서는 객관식, 단답형 또는 주관식 논문형이 있음
	문제수	필기시험의 전체 문제수 제시
	시험기간	필기시험 시간
	필기과목명	기술자격의 종목별 필기시험과목
	출제 문제수	필기시험의 문제수

머리말

  2025년 적용 법 개정 및 2022년 1월 27일 중대재해처벌 등에 관한 법률이 시행되면서 이러한 시기에 산업안전산업기사 합격을 목표로 공부하고자 하는 수험생들에게 그 결단과 노력에 먼저 감사를 드립니다.

  특히 2018년 4월 27일 남북정상회담 및 시장개방으로 인한 국내외 무제한 경쟁력에 맞부딪치고, 우리의 목표인 최상의 품질 달성 등 우리의 당면한 문제를 우리 스스로 해결하기 위해서는 모든 안전인들이 끝없이 연구하는 노력이 계속 이어져야 하고 이렇게 하기 위한 뚜렷한 동기부여를 위해서는 안전관리자에 대한 활용 영역 확대, 안전기사에 대한 Incentive 부여 등이 시급히 마련되어야 한다고 봅니다.

  안전관리자 모두에게 정부에서도 특별한 혜택을 주기 위하여 새로운 정책을 마련하고 있는 것으로 알고 있습니다.

  본서는 개편된 출제기준과 **2025년** 개정법 및 NCS 기준에 맞추어 산업안전산업기사 실기 합격을 위하여 필요한 수험 자료들로만 구성하였습니다.

  본서는 100[%] 산업안전산업기사 자격취득을 대비해 이렇게 구성하였습니다.

❶ 본서의 요점정리는 **2025년 개정법과 개정된 출제기준**으로 간단하고 명료하게 백과사전식 해설로 구체적인 표현을 했다.
❷ 본문의 요점에서 이해하지 못했다면 예상문제 합격작전에서 반드시 이해할 수 있도록 요약하였다.
❸ 한 문제(1항목)를 이해하면 열문제(10항목)를 해결할 수 있도록 구성하였다.
❹ 참고 및 고시 등을 수록하여 단원마다 중요점을 재강조하였다.
❺ 본서는 최근 심도있게 거론이 되고 출제가 예상되는 모든 문제를 빠짐없이 수록하여 타교재와 차별화가 되도록 구성하였다.
❻ 산업안전산업기사 자격 취득의 결론은 본서의 요점과 예상문제 합격 작전이 합격을 보장한다.
❼ 본서의 가장 중요점은 각 편마다 대한민국에서 제일가는 공학박사, 기술사, 안전전공교수가 집필하였다.

  본 산업안전산업기사 실기 필답형+작업형이 세상에 출간되기까지 밤잠을 설쳐가며 인고의 고통을 함께 한 세화출판사의 임직원께 감사드리고, 오늘이 있기까지 변함없이 은혜와 사랑을 주시는 나의 하나님께 진정으로 감사드립니다.

저자 씀

2025년 만점 답안 작성 시 유의사항

1. 시험문제지를 받는 즉시 응시하고자 하는 종목의 문제지가 맞는지를 확인하여야 합니다.

2. 시험문제지 총 면수·문제번호 순서·인쇄상태 등을 확인하고, 수험번호 및 성명을 답안지에 기재하여야 합니다.

3. 수험자 인적사항 및 답안작성(계산식 포함)은 흑색 필기구만 사용하되, 동일한 한 가지 색의 필기구만 사용하여야 하며 흑색을 제외한 유색 필기구 또는 연필류를 사용하거나 2가지 이상의 색을 혼합 사용하였을 경우 그 문항은 0점 처리됩니다.

4. 답란에는 문제와 관련 없는 불필요한 낙서나 특이한 기록사항 등을 기재하여서는 안되며 부정의 목적으로 특이한 표식을 하였다고 판단될 경우에는 모든 문항이 0점 처리됩니다.

5. 답안을 정정할 때에는 반드시 정정부분을 두 줄(=)로 그어 표시하여야 하며, 두 줄로 긋지 않은 답안은 정정하지 않은 것으로 간주합니다.

6. 계산문제는 반드시 「계산과정」과 「답」란에 계산과정과 답을 정확히 기재하여야 하며 계산과정을 틀리거나 없는 경우 0점 처리됩니다.(단, 계산연습이 필요한 경우는 각 페이지 연습란을 사용하시기 바라며, 연습란은 채점대상이 아닙니다.)

7. 계산문제는 최종 결과 값(답)에서 소수 셋째자리에서 반올림하여 둘째자리까지 구하여야하나 개별문제에서 소수 처리에 대한 요구사항이 있을 경우 그 요구사항에 따라야 합니다.(단, 문제의 특수한 성격에 따라 정수로 표기하는 문제도 있으며, 반올림한 값이 0이 되는 경우에는 첫 유효숫자까지 기재하되 반올림하여 기재하여야 합니다.)

8. 답에 단위가 없으면 오답으로 처리됩니다.(단, 문제의 요구사항에 단위가 주어졌을 경우는 생략되어도 무방합니다.)

9. 문제에서 요구한 가지 수(항수)이상을 답란에 표기한 경우에는 답란기재 순으로 요구한 가지 수(항수)만 채점하여 한 항에 여러 가지를 기재하더라도 한 가지로 보며 그 중 정답과 오답이 함께 기재되어 있을 경우 오답으로 처리됩니다.

10. 한 문제에서 소문제로 파생되는 문제나, 가지수를 요구하는 문제는 대부분의 경우 부분배점을 적용합니다.

11. 부정 또는 불공정한 방법(시험문제 내용과 관련된 메모지사용 등)으로 시험을 치른 자는 부정행위자로 처리되어 당해 시험을 중지 또는 무효로 하고, 5년간 국가기술자격검정의 응시자격이 정지됩니다.

12. 복합형 시험의 경우 시험의 전 과정(필답형, 작업형)을 응시하지 않은 경우 채점대상에서 제외합니다.

13. 저장용량이 큰 전자계산기 및 유사 전자제품 사용시에는 반드시 저장된 메모리를 초기화한 후 사용하여야 하며, 시험위원이 초기화 여부를 확인할시 협조하여야 합니다. 초기화되지 않은 전자계산기 및 유사 전자제품을 사용하여 적발시에는 부정행위로 간주합니다.

14. 시험위원이 시험 중 신분확인을 위하여 신분증과 수험표를 요구할 경우 반드시 제시하여야 합니다.

15. 시험 중에는 통신기기 및 전자기기(휴대용 전화기 등)를 지참하거나 사용할 수 없습니다.

16. 문제 및 답안(지), 채점기준은 일체 공개하지 않습니다.

※ 수험자 유의사항 미준수로 인한 채점상의 불이익은 수험자 본인에게 책임이 있음.

17. 의문사항은 각 과목별 저자가 365일 상담하오니 010-7209-6627로 전화하세요.

18. 합격만을 생각하면서 혼을 바쳐 교재를 집필하였습니다.

19. 배점은 **필답형 55점, 작업형 45점** 입니다. 과락이 없습니다. 합해서 60점이면 합격입니다.

20. 오로지 **2025년 합격**을 위한 교재입니다.

2025년 산업안전산업기사 실기 상세 출제기준

| 직무분야 | 안전관리 | 중직무분야 | 안전관리 | 자격종목 | 산업안전산업기사 | 적용 기간 | 2025. 1. 1 ~ 2026. 12. 31 |

직무내용: 제조 및 서비스업 등 각 산업현장에 소속되어 산업재해 예방계획 수립에 관한 사항을 수행 하여 작업환경의 점검 및 개선에 관한 사항, 사고 사례 분석 및 개선에 관한 사항, 근로자의 안전교육 및 훈련 등을 수행하는 직무이다.

수행준거:
1. 사업장의 안전한 작업환경을 구성하기 위해 산업안전계획과 재해예방계획, 안전보건관리 규정을 수행하는 산업안전관리 매뉴얼을 개발할 수 있다.
2. 근로자 안전과 관련한 보호구와 안전장구를 관련법령, 기준, 지침에 따라 관리할 수 있다.
3. 직업환경관리 및 근로자 건강관리 능력을 향상시켜 산업재해를 예방하고 관리하기 위해 근로자에게 산업보건에 관한 지식을 제공하고 유익한 태도를 지니게하여 바람직한 행동의 변화를 가져오도록 지도할 수 있다.
4. 안전의식을 높이고 사고 및 재해를 예방하기 위하여 사업장 여건에 맞는 산업안전교육훈련을 실시할 수 있다.
5. 근로자 안전과 관련한 안전시설을 관련법령과 기준, 지침에 따라 관리 할 수 있다.
6. 안전점검계획 수립과 점검표 작성을 통해 안전점검을 실행하고 이를 평가할 수 있다.
7. 산업현장에서 기계를 사용하면서 발생할 수 있는 안전사고를 방지하기 위해 안전점검계획을 수립하고 안전점검표에 따라 안전점검을 실행하며 안전점검 내용을 평가할 수 있다.
8. 작업 중 발생할 수 있는 전기사고로부터 근로자를 보호하기 위해 안전하게 전기작업을 수행하도록 지원하고 예방할 수 있다.
9. 전기 설비에서 발생할 수 있는 전기화재 사고를 예방하기 위하여 전기 화재 위험 요소를 파악하고 예방할 수 있다.
10. 작업장에서 발생할 수 있는 관련 사고를 예방하기 위해 관련 요소를 파악하고 계획을 수립할 수 있다.
11. 화학물질에 대한 유해·위험성을 파악하고, MSDS를 활용하여 제반 안전활동을 수행할 수 있다.
12. 화학공정 시설에서 발생할 수 있는 안전사고를 방지하기위해 안전점검계획을 수립하고 안전점검표에 따라 안전점검을 실행하며 안전점검 결과를 평가할 수 있다.
13. 근로자 안전과 관련한 건설현장 안전시설을 관련법령과 기준, 지침에 따라 관리하는 능력이다.
14. 건설현장에서 발생할 수 있는 안전사고를 방지하기위해 안전점검계획을 수립하고 안전점검표에 따라 안전점검을 실행하며, 안전점검 결과를 평가할 수 있다.
15. 작업에 잠재하고 있는 위험요인을 파악하고 실현가능한 개선대책을 제시하여 건설현장 내 안전사고를 관리할 수 있다.

| 실기검정 방법 | 복합형 | 시험시간 | 2시간 정도 (필답형 1시간, 작업형 1시간 정도) |

실기 과목명	주요항목	세부항목	세세항목
산업안전 실무	1. 산업안전 관리 계획 수립	1. 산업안전계획 수립하기	1. 사업장의 안전보건경영방침에 따라 안전관리 목표를 설정할 수 있다. 2. 설정된 안전관리 목표를 기준으로 안전관리를 위한 대상을 설정할 수 있다. 3. 설정된 안전관리 대상별 인력, 예산, 시설 등의 사항을 계획할 수 있다. 4. 안전관리 대상별 안전점검 및 유지 보수에 관한 사항을 계획할 수 있다. 5. 계획된 내용을 보고서로 작성하여 산업안전보건위원회에 심의를 받을 수 있다. 6. 산업안전보건위원회에서 심의된 안전보건계획을 이사회 승인 후 안전관리 업무에 적용할 수 있다.
		2. 산업재해예방 계획 수립하기	1. 사업장에서 발생가능한 유해·위험요소를 선정할 수 있다. 2. 유해·위험요소별 재해 원인과 사례를 통해 재해 예방을 위한 방법을 결정할 수 있다. 3. 결정된 방법에 따라 세부적인 예방 활동을 도출할 수 있다. 4. 산업재해예방을 위한 소요 예산을 계상할 수 있다. 5. 산업재해예방을 위한 활동, 인력, 점검, 훈련 등이 포함된 계획서를 작성할 수 있다.
		3. 안전보건관리 규정 작성하기	1. 산업안전관리를 위한 사업장의 특성을 파악할 수 있다. 2. 안전보건관리규정 작성에 필요한 기초자료를 파악할 수 있다. 3. 안전보건경영방침에 따라 안전보건관리규정을 작성할 수 있다. 4. 산업안전보건 관련 법령에 따라 안전보건관리규정을 관리할 수 있다.
		4. 산업안전관리 매뉴얼 개발하기	1. 사업장 내 설비와 유해·위험요인을 파악할 수 있다. 2. 안전보건관리규정에 따라 산업안전관리에 필요 절차를 파악할 수 있다. 3. 사업장 내 안전관리를 위한 분야별 매뉴얼을 개발할 수 있다.

실기 과목명	주요항목	세부항목	세세항목
산업안전 실무	2. 산업안전 보호장비 관리	1. 보호구 관리하기	1. 산업안전보건법령에 기준한 보호구를 선정할 수 있다. 2. 작업 상황에 맞는 검정 대상 보호구를 선정하고 착용상태를 확인할 수 있다. 3. 사용설명서에 따른 올바른 착용법을 확인하고, 작업자에게 착용 지도할 수 있다. 4. 보호구의 특성에 따라 적절하게 관리하도록 지도할 수 있다.
		2. 안전장구 관리하기	1. 산업안전보건법령에 기준한 안전장구를 선정할 수 있다. 2. 작업 상황에 맞는 검정 대상 안전장구를 선정하고 착용상태를 확인할 수 있다. 3. 사용설명서에 따른 올바른 착용법을 확인하고, 작업자에게 착용 지도할 수 있다. 4. 안전장구의 특성에 따라 적절하게 관리하도록 지도할 수 있다.
	3. 사업장 산업보건교육	1. 산업보건교육 요구 사정하기	1. 사업장 산업보건교육 요구 파악에 필요한 자료를 수집할 수 있다. 2. 수집한 자료를 근거로 사업장의 유해위험 요인과 근로자의 질병위험 요인 간 관계를 검토할 수 있다. 3. 교육 종류에 따라 교육대상에 대한 지침이나 기준을 확인할 수 있다. 4. 사업장의 산업보건교육 우선순위를 결정하고, 사회적 관심, 행·재정, 자원 활용 등에 따라 사업장 산업보건교육의 타당성을 검토할 수 있다.
		2. 산업보건교육 계획하기	1. 교육종류에 따라 산업보건교육의 연간일정 계획을 수립할 수 있다. 2. 사업장 산업보건교육의 원리에 따라 산업보건교육 계획안을 작성할 수 있다. 3. 산업보건교육 평가기준을 마련하고, 목표달성 정도가 반영되는 평가도구를 선정할 수 있다. 4. 관리담당자와 산업보건교육 계획 일정을 논의하고 조정할 수 있다. 5. 노사협의회, 안전보건위원회, 경영 팀과 협의하여 보건교육을 홍보하고 예산지원을 구성할 수 있다.
		3. 산업보건교육 수행하기	1. 산업보건교육 연간계획표를 제공하고, 산업보건교육대상자를 확인할 수 있다. 2. 산업보건교육의 날을 인트라넷 등에 알리고, 경영지도자를 참여시킬 수 있다. 3. 산업보건교육 계획에 따라 산업보건교육실시에 필요한 준비 사항을 확인할 수 있다. 4. 산업보건교육 계획 안에 따라 교육을 실시하거나 지원할 수 있다. 5. 안전보건관리책임자, 관리감독자 및 특별교육대상자의 교육이수를 점검할 수 있다. 6. 추후 산업보건교육에 대해 논의할 수 있다.
		4. 산업보건교육 평가하기	1. 산업보건교육 계획에서 제시한 평가도구를 활용하여 산업보건교육실시 결과를 평가할 수 있다. 2. 산업보건교육 실시 후 결과를 토대로 산업보건교육 평가 요약서를 제시할 수 있다. 3. 산업보건교육을 통해 수립된 자료를 바탕으로 산업보건교육실시 결과 보고서를 작성할 수 있다. 4. 산업보건교육 실시 기록을 문서화하여 관리할 수 있다.
	4. 산업안전 교육	1. 산업안전교육 사전 준비하기	1. 관련 법령, 기준, 지침에 따라 교육의 횟수, 대상 등을 결정할 수 있다. 2. 사업장의 안전의식 및 안전 주요 이슈별 안전교육의 내용을 도출할 수 있다. 3. 협력업체의 안전교육 경력과 작업의 위험성을 파악하여 안전교육의 내용을 도출할 수 있다. 4. 안전교육 운영을 위한 인적, 물적 자원 현황을 파악할 수 있다. 5. 사업장의 여건을 고려하여 도출된 교육 필요점을 중심으로 교육계획을 수립할 수 있다.
		2. 산업안전교육 제공하기	1. 산업안전교육에 필요한 매체를 활용할 수 있다. 2. 산업안전교육의 연간 계획에 따라 교육할 수 있다. 3. 모든 관계자와 작업자가 안전관리의 중요성을 인식하고, 이행할 수 있다. 4. 근로자의 의식과 행동에 변화를 가져올 때까지 지속적 교육을 할 수 있다. 5. 사고·재해를 예방하기 위한 실무·실습교육을 실시할 수 있다. 6. 효과가 우수한 기법이나 재해예방기술을 우수사례 발표를 제공할 수 있다.
		3. 산업안전교육 평가하기	1. 교육실시 결과에 따른 교육효과를 평가하기 위하여 필기시험, 실기시험, 실습, 구술, 면담, 설문 등의 객관적인 교육평가 절차를 수립할 수 있다. 2. 교육결과에 대한 설문조사 시에 교육평가방법, 평가항목 등의 적합여부를 확인할 수 있다. 3. 교육자와 피교육자 모두 평가에 대한 피드백을 받을 수 있는 의사소통 채널을 구축할 수 있다. 4. 교육훈련 활동의 적정성 평가와 보완을 위하여 교육평가 결과보고서를 작성할 수 있다. 5. 교육대상자 평가 후 일정수준 이하의 피교육자들에 대한 재교육·훈련을 할 수 있다.

실기 과목명	주요항목	세부항목	세세항목
산업안전 실무		4. 산업안전교육 사후관리하기	1. 교육평가 절차서에 따라 교육 사후관리 계획서를 작성, 검토, 개정할 수 있다. 2. 교육평가 절차서에 따라 교육생의 자격요건, 평가결과 관리, 사후관리 이력사항 등을 확인할 수 있다. 3. 교육평가 절차서에 따라 교육평가결과를 기록하고 피드백된 부분을 보완 관리할 수 있다. 4. 피교육자의 수준을 계속 업데이트하여 교육과정에 반영할 수 있다. 5. 사후관리 요건에 따라 교육평가 절차서 내용에 대하여 정기적으로 적합성평가를 할 수 있다.
	5. 기계안전 시설 관리	1. 안전시설 관리 계획하기	1. 작업공정도와 작업표준서를 검토하여 작업장의 위험성에 따른 안전시설 설치 계획을 작성할 수 있다. 2. 기 설치된 안전시설에 대해 측정 장비를 이용하여 정기적인 안전점검을 실시할 수 있도록 관리계획을 수립할 수 있다. 3. 공정진행에 의한 안전시설의 변경, 해체 계획을 작성할 수 있다.
		2. 안전시설 설치하기	1. 관련법령, 기준, 지침에 따라 성능검정에 합격한 제품을 확인할 수 있다. 2. 관련법령, 기준, 지침에 따라 안전시설물 설치기준을 준수하여 설치할 수 있다. 3. 관련법령, 기준, 지침에 따라 안전보건표지를 설치할 수 있다. 4. 안전시설을 모니터링하여 개선 또는 보수 여부를 판단하여 대응할 수 있다.
		3. 안전시설 관리하기	1. 안전시설을 모니터링하여 필요한 경우 교체 등 조치할 수 있다. 2. 공정 변경 시 발생할 수 있는 위험을 사전에 분석하여 안전 시설을 변경·설치할 수 있다. 3. 작업자가 시설에 위험 요소를 발견하여 신고시 즉각 대응할 수 있다. 4. 현장에 설치된 안전시설보다 우수하거나 선진 기법 등이 개발되었을 경우 현장에 적용할 수 있다.
	6. 사업장 안전점검	1. 산업안전 점검 계획 수립하기	1. 작업공정에 맞는 점검 방법을 선정할 수 있다. 2. 안전점검 대상 기계·기구를 파악할 수 있다. 3. 위험에 따른 안전관리 중요도에 대한 우선순위를 결정할 수 있다. 4. 적용하는 기계·기구에 따라 안전장치와 관련된 지식을 활용하여 안전점검 계획을 수립할 수 있다.
		2. 산업안전 점검 표 작성하기	1. 작업공정이나 기계·기구에 따라 발생할 수 있는 위험요소를 포함한 점검항목을 도출할 수 있다. 2. 안전점검 방법과 평가기준을 도출할 수 있다. 3. 안전점검계획을 고려하여 안전점검표를 작성할 수 있다.
		3. 산업안전 점검 실행하기	1. 안전점검표의 점검항목을 파악할 수 있다. 2. 해당 점검대상 기계·기구의 점검주기를 판단할 수 있다. 3. 안전점검표의 항목에 따라 위험요인을 점검할 수 있다. 4. 안전점검결과를 분석하여 안전점검 결과보고서를 작성할 수 있다.
		4. 산업안전 점검 평가하기	1. 안전기준에 따라 점검내용을 평가하여 위험요인을 도출할 수 있다. 2. 안전점검결과 발생한 위험요소를 감소하기 위한 개선방안을 도출할 수 있다. 3. 안전점검결과를 바탕으로 사업장내 안전관리 시스템을 개선할 수 있다.
	7. 기계안전 점검	1. 기계 위험요인 파악하기	1. 작업공정에 따른 기계의 점검주기와 방법을 파악할 수 있다. 2. 작업과 관련한 법령, 기준, 지침에 따라 기계 위험요인을 도출할 수 있다. 3. 기계설비와 관련한 작업자의 작업행동 및 방법에 대한 위험을 인식할 수 있다.
		2. 안전점검계획 수립하기	1. 관련법령에 따라 자율안전확인대상 기계·기구와 안전검사대상 유해·위험기계로 구분하여 안전점검계획에 적용할 수 있다. 2. 안전점검표를 활용하여 안전장치의 종류에 따른 점검주기, 점검방법을 포함한 안전점검계획을 수립할 수 있다.
		3. 안전점검표 작성하기	1. 작업공정이나 기계·기구에 따라 발생할 수 있는 위험요소를 포함한 점검항목을 도출할 수 있다. 2. 안전관리 중요도 우선순위와 점검방법 및 기준을 도출할 수 있다. 3. 안전점검계획에 따라 안전점검표를 작성할 수 있다.

실기 과목명	주요항목	세부항목	세세항목
산업안전 실무		4. 안전점검 실행하기	1. 작업과 관련한 작업행동, 작업방법 준수여부를 점검할 수 있다. 2. 관련법령, 기준, 지침에 따라 기계·전기 등 설비에 대한 안전점검을 적절한 방법으로 시행할 수 있다. 3. 사고 또는 재해로 인한 대처방법을 점검할 수 있다. 4. 안전점검표에 점검결과를 작성할 수 있다. 5. 안전점검계획에 따라 안전점검 후 설비를 최상의 상태로 유지관리할 수 있다.
		5. 안전점검 평가하기	1. 안전점검표를 통하여 기계안전상태를 파악할 수 있다. 2. 안전기준에 따라 안전상태를 평가하고, 위험요인을 도출할 수 있다. 3. 점검결과에 따라 기계의 사용, 유지보수, 폐기 등의 조치를 할 수 있다. 4. 점검결과를 바탕으로 문제가 발생하지 않도록 해당 시스템을 개선할 수 있다.
	8. 전기작업 안전관리	1. 전기작업 위험성 파악하기	1. 전기안전사고 발생 형태를 파악할 수 있다. 2. 전기안전사고 주요 발생 장소를 파악할 수 있다. 3. 전기안전사고 발생 시 피해정도를 예측할 수 있다. 4. 전기안전관련 법령에 따라 전기안전사고를 예방할 목적으로 설치된 안전보호장치의 사용 여부를 확인할 수 있다. 5. 전기안전사고 예방을 위한 안전조치 및 개인보호장구의 적합여부를 확인할 수 있다.
		2. 정전작업 지원하기	1. 안전한 정전작업 수행을 위한 안전작업계획서를 수립할 수 있다. 2. 정전작업 중 안전사고가 우려 시 작업중지를 결정할 수 있다. 3. 정전작업 수행 시 필요한 보호구와 방호구, 작업용 기구와 장치, 표지를 선정하고 사용할 수 있다.
		3. 활선작업 지원하기	1. 안전한 활선작업 수행을 위한 안전작업계획서를 수립할 수 있다. 2. 활선작업 중 안전사고가 우려 시 작업중지를 결정할 수 있다. 3. 활선작업 수행 시 필요한 보호구와 방호구, 작업용 기구와 장치, 표지를 선정하고 사용할 수 있다.
		4. 충전전로 근접작업 안전지원하기	1. 가공 송전선로에서 전압별로 발생하는 정전·전자유도 현상을 이해하고 안전대책을 제공할 수 있다. 2. 가공 배전선로에서 필요한 작업 전 준비사항 및 작업 시 안전대책, 작업 후 안전점검사항을 작성할 수 있다. 3. 전기설비의 작업 시 수행하는 고소작업 등에 의한 위험요인을 적용한 사고 예방대책을 제공할 수 있다. 4. 특고압 송전선 부근에서 작업 시 필요한 이격거리 및 접근한계거리, 정전유도 현상을 숙지하고 안전대책을 제공할 수 있다. 5. 크레인 등의 중기작업을 수행할 때 필요한 보호구, 안전장구, 각종 중장비 사용 시 주의사항을 파악할 수 있다.
	9. 전기 화재 위험관리	1. 전기 화재 사고 예방 계획 수립하기	1. 전기화재가 발생할 수 있는 위험장소의 점검 계획을 수립할 수 있다. 2. 전기화재의 점화원을 구분하여 전기화재 방지 계획을 수립할 수 있다. 3. 전기 점화원에 의해 화재가 발생할 수 있는 위험물질의 관리 방안을 수립할 수 있다. 4. 전기화재를 예방하기 위해 계측설비 운용에 관한 계획을 수립할 수 있다. 5. 사고사례를 통한 점화원을 분석하고 전기작업 시 체크리스트 항목을 정하여 전기화재 사고 방지의 점검 계획을 수립할 수 있다.
		2. 전기 화재 사고 위험요소파악하기	1. 전기화재 발생 메커니즘을 적용하여 전기화재 위험성을 파악할 수 있다. 2. 전기화재가 발생할 수 있는 작업조건, 작업 장소, 사용물질을 파악할 수 있다. 3. 전기적 과전류, 단락, 누전, 정전기 등 점화원을 점검, 파악할 수 있다. 4. 점화원에 의해 화재가 발생할 수 있는 위험물질의 관리대상을 파악할 수 있다.
		3. 전기 화재 사고 예방하기	1. 전기화재 사고형태별 원인을 분석하여 전기화재 사고를 예방할 수 있다. 2. 전기화재 점화원을 점검, 관리하여 전기 화재 사고를 예방할 수 있다. 3. 전기화재를 방지하기 위하여 방폭전기설비를 도입하여 화재사고를 예방할 수 있다.

실기 과목명	주요항목	세부항목	세세항목
산업안전 실무	10. 화재·폭발·누출 사고 예방	1. 화재·폭발·누출요소 파악하기	1. 화학공장 등에서 위험물질로 인한 화재·폭발·누출로 인한 사고를 예방하기 위하여 현장에서 취급 및 저장하고 있는 유해·위험물의 종류와 수량을 파악할 수 있다. 2. 화학공장 등에서 위험물질로 인한 화재·폭발·누출로 인한 사고를 예방하기 위하여 현장에 설치된 유해·위험 설비를 파악할 수 있다. 3. 유해·위험 설비의 공정도면을 확인하여 유해·위험 설비의 운전방법에 의한 위험 요인을 파악할 수 있다. 4. 유해·위험 설비, 폭발 위험이 있는 장소를 사전에 파악하여 사고 예방활동용의 필요점을 파악할 수 있다.
		2. 화재·폭발·누출 예방 계획수립하기	1. 화학공장 내 잠재한 사고 위험 요인을 발굴하여 위험등급을 결정할 수 있다. 2. 유해·위험 설비의 운전을 위한 안전운전지침서를 개발할 수 있다. 3. 화재·폭발·누출 사고를 예방하기 위하여 설비에 관한 보수 및 유지 계획을 수립할 수 있다. 4. 유해·위험 설비의 도급 시 안전업무 수행실적 및 실행결과를 평가하기 위하여 도급업체 안전관리 계획을 수립할 수 있다. 5. 유해·위험 설비에 대한 변경시 변경요소관리계획을 수립할 수 있다. 6. 산업사고 발생 시 공정 사고조사를 위하여 조사팀 및 방법 등이 포함된 공정 사고조사 계획을 수립할 수 있다. 7. 비상상황 발생 시 대응할 수 있도록 장비, 인력, 비상연락망 및 수행 내용을 포함한 비상조치 계획을 수립할 수 있다.
		3. 화재·폭발·누출 사고 예방활동 하기	1. 유해·위험 설비 및 유해·위험물질의 취급시 개발된 안전지침 및 계획에 따라 작업이 이루어지는지 모니터링 할 수 있다. 2. 작업허가가 필요한 작업에 대하여 안적작업허가 기준에 부합된 절차에 따라 작업허가를 할 수 있다. 3. 화재·폭발·누출 사고 예방을 위한 제조공정, 안전운전지침 및 절차 등을 근로자에게 교육을 할 수 있다. 4. 안전사고 예방활동에 대하여 자체 감사를 실시하여 사고 예방 활동을 개선할 수 있다.
	11. 화학물질 안전관리 실행	1. 유해·위험성 확인하기	1. 화학물질 및 독성가스 관련 정보와 법규를 확인할 수 있다. 2. 화학공장에서 취급하거나 생산되는 화학물질에 대한 물질안전보건자료(MSDS: Material Safety Data Sheet)를 확인할 수 있다. 3. MSDS의 유해·위험성에 따라 적합한 보호구 착용을 교육할 수 있다. 4. 화학물질의 안전관리를 위하여 안전보건자료(MSDS: Material Safety Data Sheet)에 제공되는 유해·위험 요소 등을 파악할 수 있다.
		2. MSDS 활용하기	1. 화학공장에서 취급하는 화학물질에 대한 MSDS를 작업현장에 부착할 수 있다. 2. MSDS 제도를 기준으로 취급하거나 생산한 화학물질의 MSDS의 내용을 교육을 실시할 수 있다. 3. MSDS의 정보를 표지판으로 제작 및 부착하여 근로자에게 화학물질의 유해성과 위험성 정보를 제공할 수 있다. 4. MSDS내에 있는 정보를 활용하여 경고 표지를 작성하여 작업현장에 부착할 수 있다.
	12. 화공안전점검	1. 안전점검계획 수립하기	1. 공정운전에 맞는 점검 주기와 방법을 파악할 수 있다. 2. 산업안전보건법령에서 정하는 안전검사 기계·기구를 구분하여 안전점검 계획에 적용할 수 있다. 3. 사용하는 안전장치와 관련된 지식을 활용하여 안전점검 계획을 수립할 수 있다.
		2. 안전점검표 작성하기	1. 공정운전이나 기계·기구에 따라 발생할 수 있는 위험요소를 포함하도록 점검항목을 작성할 수 있다. 2. 공정운전이나 기계·기구에 따라 발생할 수 있는 위험요소를 포함하도록 점검항목을 작성할 수 있다. 3. 위험에 따른 안전관리 중요도 우선순위를 결정할 수 있다. 4. 객관적인 안전점검 실시를 위해서 안전점검 방법이나 평가기준을 작성할 수 있다. 5. 안전점검계획에 따라 공정별 안전점검표를 작성할 수 있다.

실기 과목명	주요항목	세부항목	세세항목
산업안전 실무		3. 안전점검 실행하기	1. 공정 순서에 따라 작성된 화학 공정별 작업절차에 의해 운전할 수 있다. 2. 측정 장비를 사용하여 위험요인을 점검할 수 있다. 3. 점검주기와 강도를 고려하여 점검을 실시할 수 있다. 4. 안전점검표에 의하여 위험요인에 대한 구체적인 점검을 수행할 수 있다.
		4. 안전점검 평가하기	1. 안전기준에 따라 점검 내용을 평가하고, 위험요인을 산출할 수 있다. 2. 점검 결과 지적사항을 즉시 조치가 필요 시 반영 조치하여 공사를 진행할 수 있다. 3. 점검 결과에 의한 위험성을 기준으로 공정의 가동중지, 설비의 사용금지 등 위험요소에 대한 조치를 취할 수 있다. 4. 점검 결과에 의한 지적사항이 반복되지 않도록 해당 시스템을 개선할 수 있다.
	13. 건설현장 안전시설 관리	1. 안전시설 관리 계획하기	1. 공정관리계획서와 건설공사 표준안전지침을 검토하여 작업장의 위험성에 따른 안전시설 설치 계획을 작성할 수 있다. 2. 현장점검시 발견된 위험성을 바탕으로 안전시설을 관리할 수 있다. 3. 기 설치된 안전시설에 대해 측정 장비를 이용하여 정기적인 안전점검을 실시할 수 있도록 관리계획을 수립할 수 있다. 4. 안전시설 설치방법과 종류의 장·단점을 분석할 수 있다. 5. 공정 진행에 따라 안전시설의 설치, 해체, 변경 계획을 작성할 수 있다.
		2. 안전시설 설치하기	1. 관련법령, 기준, 지침에 따라 안전인증에 합격한 제품을 확인할 수 있다. 2. 관련법령, 기준, 지침에 따라 안전시설물 설치기준을 준수하여 설치할 수 있다. 3. 관련법령, 기준, 지침에 따라 안전보건표지를 설치기준을 준수하여 설치할 수 있다. 4. 설치계획에 따른 건설현장의 배치계획을 재검토하고, 개선사항을 도출하여 기록할 수 있다. 5. 안전보호구를 유용하게 사용할 수 있는 필요 장치를 설치할 수 있다.
		3. 안전시설 관리하기	1. 기 설치된 안전시설에 대해 관련법령, 기준, 지침에 따라 확인하고, 수시로 개선할 수 있다. 2. 측정 장비를 이용하여 안전시설이 제대로 유지되고 있는지 확인하고, 필요한 경우 교체할 수 있다. 3. 공정의 변경 시 발생할 수 있는 위험을 사전에 분석하고, 안전 시설을 변경·설치할 수 있다. 4. 설치계획에 의거하여 안전시설을 설치하고, 불안전 상태가 발생되는 경우 즉시 조치할 수 있다.
		4. 안전시설 적용하기	1. 선진기법이나 우수사례를 고려하여 안전시설을 건설현장에 맞게 도입할 수 있다. 2. 근로자의 제안제도 등을 활용하여 안전시설을 건설현장에 적합하도록 자체개발 또는 적용할 수 있다. 3. 자체 개발된 안전시설이 관련법령에 적합한지 판단할 수 있다. 4. 개발된 안전시설을 안전관계자 또는 외부전문가의 검증을 거쳐 건설현장에 사용할 수 있다.
	14. 건설현장 안전점검	1. 안전점검계획 수립하기	1. 작업공정에 맞게 안전점검 계획을 수립할 수 있다. 2. 작업공정에 맞는 점검 방법을 선정하여 안전점검 계획을 수립할 수 있다. 3. 산업안전보건법령에서 정하는 자체검사 기계·기구를 구분하여 안전점검 계획에 적용할 수 있다. 4. 사용하는 기계·기구에 따라 안전장치와 관련된 지식을 활용하여 안전점검 계획을 수립할 수 있다.
		2. 안전점검표 작성하기	1. 작업공정이나 기계·기구에 따라 발생할 수 있는 위험요소를 포함하도록 점검항목을 작성할 수 있다. 2. 위험에 따른 안전관리 중요도 우선순위를 결정하고, 결정된 순위에 따라 안전점검표를 작성할 수 있다. 3. 객관적인 안전점검 실시를 위해서 안전점검 방법이나 평가기준을 작성할 수 있다. 4. 안전점검 항목에 대해 점검자가 쉽게 대상 및 상태를 확인하기 위해 안전점검표를 작성할 수 있다. 5. 안전점검 계획을 고려하여 공정별로 안전점검표를 작성할 수 있다.

실기 과목명	주요항목	세부항목	세세항목
산업안전 실무		3. 안전점검 실행하기	1. 안전점검계획에 따라 작성된 공종별 또는 공정별 안전점검표에 의해 점검할 수 있다. 2. 측정 장비를 사용하여 위험요인을 점검할 수 있다. 3. 점검주기와 강도를 고려하여 점검을 실시할 수 있다. 4. 안전점검표에 의하여 위험요인에 대한 구체적인 점검을 수행할 수 있다.
		4. 안전점검 평가하기	1. 안전기준에 따라 점검 내용을 평가하고, 위험요인을 산출할 수 있다. 2. 점검 결과 지적사항을 즉 시 조치가 필요 시 반영 조치하여 공사를 진행할 수 있다. 3. 점검 결과에 의한 위험성을 기준으로 작업의 중지, 기계기구의 사용금지 등 위험요소에 대한 조치를 취할 수 있다. 4. 점검 결과에 의한 지적사항이 반복되지 않도록 해당 시스템을 개선, 적용할 수 있다.
	15. 건설현장 유해·위험요인 관리	1. 건설현장 위험요인 예측하기	1. 건설현장 작업과 관련한 작업공정을 파악할 수 있다. 2. 건설현장 작업과 관련한 법령, 기준, 지침에 따라 위험요인을 사전에 파악할 수 있다. 3. 근로자의 작업행동 및 방법에 대한 위험을 인식할 수 있다. 4. 건설현장 작업에 잠재하고 있는 위험요인을 예측할 수 있다. 5. 위험요인 확인시 필요한 개인 보호장구를 사전에 준비할 수 있다.
		2. 건설현장 위험요인 확인하기	1. 근로자의 작업행동, 작업방법 준수여부를 확인할 수 있다. 2. 건설현장 작업 관련한 위험요인을 확인할 수 있다. 3. 근로자의 생명에 영향을 줄 수 있다고 판단할 경우 작업 중지를 요청할 수 있다. 4. 건설현장 위험요인 확인을 안전하고 건강한 방법으로 시행할 수 있다. 5. 건설현장 위험요인 사고로 인한 대처방법을 확인할 수 있다.
		3. 건설현장 위험요인 개선하기	1. 건설현장의 위험요인 파악에 따른 대책을 수립할 수 있다. 2. 작업으로 인한 위험요인 제거와 관리방안을 제시할 수 있다. 3. 건설현장 위험요인 저감 대책을 제시하여 작업장 환경을 개선할 수 있다. 4. 실현 가능한 건설현장 위험요인 관리대책을 제시할 수 있다. 5. 개선된 건설현장 환경을 유지·관리할 수 있다.

산업안전관리 실무 필답형 차례

주요항목 PART 1 산업안전관리 계획 수립

세부항목 01 ▶ 산업안전계획 수립 및 안전보건관리규정 작성

1. 안전관리 조직의 기본 유형 3가지 종류 ··· 1-2
2. Line형(直系형, 系線형) 조직의 특징 ·· 1-2
3. Staff형(참모식) 조직 ··· 1-3
4. Line-Staff 혼형(직계·참모식) 조직 ··· 1-4
5. 안전보건관리의 4-cycle(pdca) ··· 1-5
6. 안전 조직의 책임 및 업무 내용 ··· 1-6
7. 안전 조직을 구성할 때 고려해야 하는 사항 중 가장 중요한 것 4가지 ········· 1-9
8. 안전 조직을 유효하게 활용하기 위한 안전 평가 시에 활용되는 분석 방법의 3가지 기본 유형
 ·· 1-10
9. 안전보건 진단을 받아 안전보건 개선계획수립·시행명령을 할 수 있는 사업장 ······ 1-10
10. 안전 관리자 등의 증원·교체 임명 명령 ··· 1-10
- 출제예상문제 ··· 1-11

세부항목 02 ▶ 산업재해예방계획 수립 및 산업안전매뉴얼 개발

1. 사고 예방 원리 ··· 1-18
2. 안전의 정의 ·· 1-19
3. 사고와 재해 ·· 1-20
4. 안전의 의의 ·· 1-21
5. 산업 재해 발생 과정 ··· 1-21
- 출제예상문제 ··· 1-27

주요항목 PART 2 산업재해 대응

세부항목
▶ 산업재해 처리 절차 수립   ▶ 산업재해자 응급조치
▶ 산업재해원인 분석   ▶ 산업재해 대책 수립

1. 재해 조사의 목적 ·· 2-2
2. 재해 조사 방법 ·· 2-2
3. 재해 조사 시의 유의 사항 ·· 2-3
4. 재해 발생 시 처리 순서 7단계 ··· 2-3

5. 재해발생 시 긴급처리내용 5가지	2-3
6. 재해 조사 시 잠재 재해 요인 적출요령 7가지	2-3
7. 재해 사례 연구 순서(Accident Analysis and Control)	2-4
8. 직접 원인	2-4
9. 관리적 원인	2-6
10. 재해 분석 모델	2-7
11. 재해 발생의 일반적인 경향	2-8
12. 재해 원인 분석 방법	2-8
13. 재해 손실비(Accident Cost)	2-9
14. 연천인율	2-11
15. 빈도율(F.R. = Frequency Rate of Injury)	2-11
16. 강도율(Severity Rate of Injury)	2-12
17. 종합 재해 지수(F.S.I = Frequency Severity Indicator)	2-13
18. Safe-T-Score	2-13
19. 재해 발생률의 국제 비교	2-14
20. 안전활동률	2-16
• 출제예상문제	2-17

주요항목 PART 3 사업장 안전 점검

세부항목
▶ 산업안전 점검계획 수립 ▶ 산업안전 점검표 작성
▶ 산업안전 점검 실행 ▶ 산업안전 점검 평가

1. 안전 점검의 정의	3-2
2. 안전 점검의 의의(목적)	3-2
3. 안전 점검의 종류	3-3
4. 안전 점검의 대상	3-3
5. 안전 점검 및 진단의 순서	3-4
6. 안전 점검 시 유의사항 6가지	3-4
7. 점검 방법에 의한 점검	3-4
8. 체크리스트 작성 시 유의 사항	3-5
9. 체크리스트에 포함하여야 하는 사항	3-5
10. 점검시의 재해 방지 대책(안전 대책)	3-5
11. 안전인증 대상기계 또는 설비	3-6
12. 자율안전확인 대상기계 또는 설비	3-7
13. 산업안전보건법상 안전인증이 면제되는 대상	3-8
14. 안전인증 제품에 표시해야 할 사항	3-8
15. 자율안전 확인 제품에 표시해야 할 사항	3-8
• 출제예상문제	3-9

주요항목 PART 4 사업장 산업안전·보건 교육

세부항목
- 산업안전·보건교육 요구사정 및 사전준비
- 산업안전·보건교육 계획
- 산업안전·보건교육 제공 및 수행
- 산업안전·보건교육 평가 및 사후관리

1. 인간에 대한 기본적 안전 대책	4-2
2. 교육의 3요소(형식적 교육의 3요소)	4-2
3. 안전교육의 기본 방향	4-2
4. 안전교육의 3단계	4-3
5. 교육 추진 순서(안전교육 추진 순서 5단계)	4-3
6. 학습성과 설정시 유의하여야 할 사항	4-4
7. 강의계획의 4단계	4-4
8. 학습목적의 포함 사항	4-4
9. 전개 과정의 4가지 사항	4-5
10. 학습지도의 원리(학습지도 이론)	4-5
11. 안전보건교육 교육대상별 교육내용	4-5
12. 지도 교육의 8원칙(교육지도 8원칙)	4-8
13. 하버드학파의 5단계 교수법	4-8
14. 듀이의 사고 과정의 5단계	4-8
15. 교시법의 4단계	4-8
16. 의사전달 방법의 2가지	4-9
17. 강의법(Lecture Method)	4-9
18. 토의법(Group Discussion Method)	4-9
19. TWI(Training Within Industry, 산업 내 초급 관리자 훈련)교육내용	4-10
20. MTP	4-10
21. ATT	4-11
22. CCS	4-11
23. OJT와 OffJT	4-11
24. 수업방법	4-12
25. 단계법에 의한 교육의 4단계	4-13
26. 안전태도교육의 기본과정	4-13
27. 교육계획	4-13
28. 교육효과	4-14
29. 학습평가 방법	4-14
30. 학습평가의 기본적인 기준 4가지	4-14
31. 안전교육 추진 시 유의사항	4-15
32. 무재해 운동	4-16
• 출제예상문제	4-25

PART 5 산업안전 보호장비 관리

01 ▶ 안전 보호구 관리

1. 보호구의 특성 …… 5-2
2. 보호구를 사용할 때의 유의사항 …… 5-3
3. 안전 보호구를 선택할 때의 유의사항 …… 5-3
4. 보호구의 구비 조건 및 보관 방법 …… 5-4
5. 안전인증 기관의 확인사항 …… 5-4

02 ▶ 안전 장구 관리

1. 안전모 …… 5-5
2. 보호안경 …… 5-7
3. 안면보호구 …… 5-9
4. 안전화 …… 5-11
5. 안전대 …… 5-13
6. 호흡용 보호구 …… 5-15
7. 손보호장갑 …… 5-16
8. 작업 복장 …… 5-16
9. 방음 보호구의 종류 및 등급 …… 5-17
10. 안전인증 보호구 제품에 표시사항 …… 5-17
11. 안전인증 및 자율안전확인 안전검사 …… 5-18
- 출제예상문제 …… 5-19

PART 6 기계안전시설 관리 및 기계안전 점검

01 ▶ 기계안전 일반

1. 기계 설비의 위험성 …… 6-2
2. 위험점의 방호방법 …… 6-6
- 출제예상문제 …… 6-9

02 ▶ 각종 기계의 안전

1. 가공 기계의 안전 …… 6-15
2. 위험 기계·기구의 안전 …… 6-21
3. 산업용 로봇의 작업 안전 …… 6-28
- 출제예상문제 …… 6-30

세부항목	**03 ▶ 운반안전 일반**

1. 인력 운반의 안전 … 6-43
2. 운반 작업별 안전 조치 … 6-46
3. 인력 운반 작업의 재해 형태 … 6-51
4. 중량물 취급 시 작업계획 … 6-52
- 출제예상문제 … 6-54

주요항목 PART 7	**정전기 위험 및 전기 방폭 관리, 전기작업 안전관리**

세부항목	**01 ▶ 감전 재해**

1. 전기 재해의 개요 … 7-2
2. 감전 재해 방지대책 … 7-6
- 출제예상문제 … 7-9

세부항목	**02 ▶ 전기 설비 및 작업 안전**

1. 방호장치의 설치 … 7-12
2. 예방 및 보수 … 7-13
3. 정전 및 충전 전로 작업의 안전 … 7-19
- 출제예상문제 … 7-24

세부항목	**03 ▶ 전기 화재 및 정전기 재해**

1. 정전기의 대전 … 7-31
2. 뇌해와 피뢰 설비 … 7-35
- 출제예상문제 … 7-38

세부항목	**04 ▶ 전기 설비의 방폭**

1. 전기 설비의 위험 장소 … 7-41
2. 폭발 조건 및 방폭의 기본 … 7-42
3. 방폭 구조 … 7-42
- 출제예상문제 … 7-44

contents

주요항목 PART 8 화재·폭발·누출사고예방, 화학물질 안전관리 실행, 화공안전점검

세부항목 01 ▶ 유해 위험물 안전(화공안전 일반)

1. 화공 안전 위험물 ··· 8-2
2. 위험물질 등의 제조 등 작업 시의 조치 ··· 8-5
- 출제예상문제 ··· 8-6

세부항목 02 ▶ 화학 설비의 안전

1. 화학 설비 ··· 8-9
2. 건조 설비의 안전 ··· 8-13
- 출제예상문제 ··· 8-17

세부항목 03 ▶ 작업 환경 안전 일반

1. 작업 환경 관리의 원리 ··· 8-20
2. 작업 환경의 측정 ··· 8-24
3. 유해 화학 물질 관리 ··· 8-26
4. 건강 관리 ··· 8-28
5. 중금속 중독 ··· 8-30
- 출제예상문제 ··· 8-37

세부항목 04 ▶ 소화 및 방호 설비

1. 화재 ··· 8-40
2. 소화 ··· 8-41
3. 폭발 ··· 8-42
- 출제예상문제 ··· 8-46

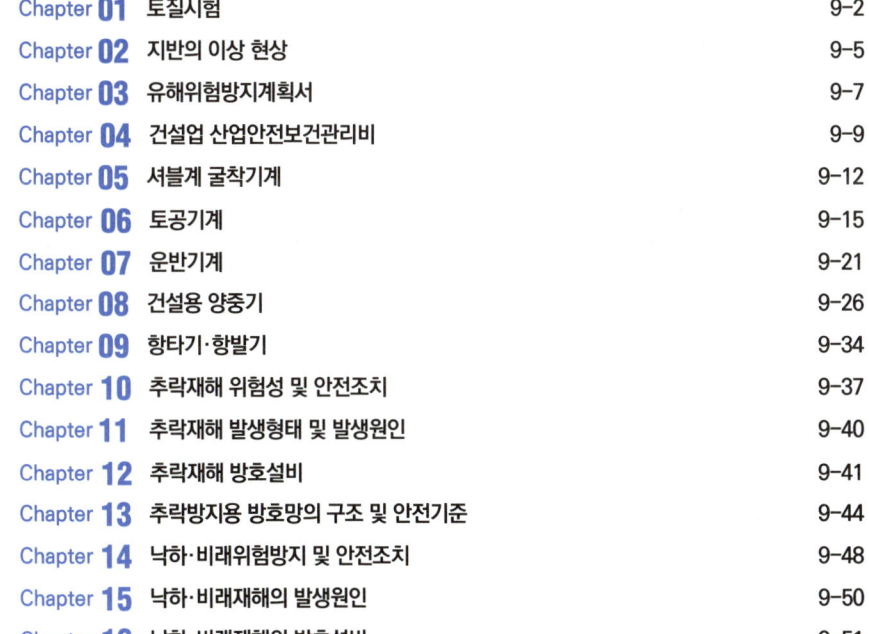

Chapter 01	토질시험	9-2
Chapter 02	지반의 이상 현상	9-5
Chapter 03	유해위험방지계획서	9-7
Chapter 04	건설업 산업안전보건관리비	9-9
Chapter 05	셔블계 굴착기계	9-12
Chapter 06	토공기계	9-15
Chapter 07	운반기계	9-21
Chapter 08	건설용 양중기	9-26
Chapter 09	항타기·항발기	9-34
Chapter 10	추락재해 위험성 및 안전조치	9-37
Chapter 11	추락재해 발생형태 및 발생원인	9-40
Chapter 12	추락재해 방호설비	9-41
Chapter 13	추락방지용 방호망의 구조 및 안전기준	9-44
Chapter 14	낙하·비래위험방지 및 안전조치	9-48
Chapter 15	낙하·비래재해의 발생원인	9-50
Chapter 16	낙하·비래재해의 방호설비	9-51
Chapter 17	토사붕괴 위험성 및 안전조치	9-53
Chapter 18	토사붕괴 재해의 형태 및 발생원인	9-54
Chapter 19	토사붕괴 시 조치사항	9-56
Chapter 20	경사로	9-58
Chapter 21	가설계단	9-60
Chapter 22	사다리식 통로	9-62
Chapter 23	사다리	9-63
Chapter 24	통로발판	9-65
Chapter 25	비계의 종류 및 설치기준	9-67
• 출제예상문제		9-76

PART 10 산업안전보건법

01 ▶ 산업안전관계법규

1. 산업안전보건법 — 10-2
    제1장. 총칙 — 10-2
    제2장. 안전보건관리체제 등 — 10-3
    제3장. 안전보건교육 — 10-4
    제4장. 유해·위험 방지 조치 — 10-5
    제5장. 도급 시 산업재해 예방 — 10-5
    제6장. 유해·위험 기계 등에 대한 조치 — 10-7
    제7장. 유해·위험물질에 대한 조치 — 10-9
    제8장. 근로자 보건관리 — 10-10
    제9장. 산업안전지도사 및 산업보건지도사 — 10-11
    제10장. 근로감독관 등 — 10-11
    제11장. 보칙 — 10-12
    제12장. 벌칙 — 10-13

2. 산업안전보건법 시행령 — 10-14
    제1장. 총칙 — 10-14
    제2장. 안전보건관리체제 등 — 10-15
    제3장. 안전보건교육 — 10-19
    제4장. 유해·위험 방지 조치 — 10-20
    제5장. 도급 시 산업재해 예방 — 10-24
    제6장. 유해·위험 기계 등에 대한 조치 — 10-28
    제7장. 유해·위험물질에 대한 조치 — 10-30
    제8장. 근로자 보건관리 — 10-31
    제9장. 산업안전지도사 및 산업보건지도사 — 10-32
    제10장. 보칙 — 10-32
    제11장. 벌칙 — 10-33
    산업안전보건법 영·규칙 별표 — 10-34
    [별표2] 안전보건관리책임자를 두어야 할 사업의 종류 및 사업장의 상시근로자 수 — 10-34
    [별표3] 안전관리자를 두어야 할 사업의 종류, 사업장의 상시근로자 수, 안전관리자의 수 및 선임방법 — 10-35
    [별표4] 안전관리자의 자격 — 10-40
    [별표9] 산업안전보건위원회를 구성해야 할 사업의 종류 및 사업장의 상시근로자 수 — 10-41
    [별표13] 유해·위험물질 규정량 — 10-42
    [별표20] 유해·위험 방지를 위하여 방호조치가 필요한 기계·기구 — 10-44

3. 산업안전보건법 시행규칙　　　　　　　　　　　　　　　　　10-45

　제1장. 총칙　　　　　　　　　　　　　　　　　　　　　　　　10-45
　제2장. 안전보건관리체제 등　　　　　　　　　　　　　　　　　10-46
　제3장. 안전보건교육　　　　　　　　　　　　　　　　　　　　10-47
　제4장. 유해·위험 방지조치　　　　　　　　　　　　　　　　　10-48
　제5장. 도급 시 산업재해 예방　　　　　　　　　　　　　　　　10-53
　제6장. 유해·위험 기계 등에 대한 조치　　　　　　　　　　　　10-56
　제7장. 유해·위험 물질에 대한 조치　　　　　　　　　　　　　10-58
　제8장. 근로자 보건관리　　　　　　　　　　　　　　　　　　　10-60
　제9장. 산업안전지도사 및 산업보건지도사　　　　　　　　　　10-63
　제10장. 근로감독관　　　　　　　　　　　　　　　　　　　　　10-63
　제11장. 보칙　　　　　　　　　　　　　　　　　　　　　　　　10-64
　[별표1] 건설업체 산업재해발생률 및 산업재해 발생 보고의무 위반건수의 산정 기준과 방법　10-64
　[별표2] 안전보건관리규정을 작성하여야 할 사업의 종류 및 상시근로자 수　10-66
　[별표3] 안전보건관리규정의 세부 내용　　　　　　　　　　　10-67
　[별표5] 안전보건교육 교육대상별 교육내용　　　　　　　　　10-68
　[별표12] 안전 및 보건에 관한 평가의 내용　　　　　　　　　10-83
　[별표13] 안전인증을 위한 심사종류별 제출서류　　　　　　　10-84
　[별표14] 안전인증 및 자율안전확인의 표시 및 표시방법　　　10-85
　[별표15] 안전인증대상기계등이 아닌 유해·위험기계등의 안전인증의 표시 및 표시방법　10-86
　[별표16] 안전검사 합격표시 및 표시방법　　　　　　　　　　10-86
　[별표17] 유해·위험기계등 제조사업 등의 지원 및 등록 요건　10-88
　[별표18] 유해인자의 유해성·위험성 분류기준　　　　　　　　10-89
　[별표19] 유해인자별 노출 농도의 허용기준　　　　　　　　　10-92
　〈보충학습〉 시설물의 안전 및 유지관리에 관한 특별법　　　　10-94

세부항목　02▶ 산업안전보건기준에 관한 규칙 (약칭 안전보건규칙)

　1. 총칙　　　　　　　　　　　　　　　　　　　　　　　　　　10-104
　2. 통로 안전보건규칙　　　　　　　　　　　　　　　　　　　　10-104
　3. 계단의 안전보건규칙　　　　　　　　　　　　　　　　　　　10-106
　4. 양중기 안전보건규칙　　　　　　　　　　　　　　　　　　　10-107
　5. 크레인 안전보건규칙　　　　　　　　　　　　　　　　　　　10-109
　6. 이동식 크레인 안전보건규칙　　　　　　　　　　　　　　　10-112
　7. 리프트 안전보건규칙　　　　　　　　　　　　　　　　　　　10-113
　8. 곤돌라 안전보건규칙　　　　　　　　　　　　　　　　　　　10-115
　9. 승강기 안전보건규칙　　　　　　　　　　　　　　　　　　　10-115

10. 양중기의 와이어로프 등의 안전보건규칙	10-116
11. 차량계 하역운반기계의 안전보건규칙	10-118
12. 지게차 안전보건규칙	10-120
13. 차량계 건설기계 안전보건규칙	10-121
14. 항타기 및 항발기 안전보건규칙	10-123
15. 위험물 등의 취급 등의 안전보건규칙	10-126
16. 아세틸렌 용접장치 및 가스집합 용접장치의 안전보건규칙	10-130
17. 전기기계·기구 등의 위험방지 안전보건규칙	10-133
18. 배선 및 이동전선으로 인한 위험방지 안전보건규칙	10-138
19. 전기작업에 대한 위험방지 안전보건규칙	10-140
20. 정전기 및 전자파로 인한 재해 예방 안전보건규칙	10-144
21. 거푸집동바리 및 거푸집 안전보건규칙	10-145
22. 비계 안전보건규칙	10-149
23. 말비계 및 이동식비계 안전보건규칙	10-151
24. 굴착작업 등의 위험방지 안전보건규칙	10-151
25. 추락 또는 붕괴에 의한 위험방지 안전보건규칙	10-155
26. 철골작업 및 해체작업 안전보건규칙	10-159
27. 중량물 취급 시의 위험방지 안전보건규칙	10-160
[별표 1] 위험물질의 종류	10-161
[별표 2] 관리감독자의 유해·위험방지	10-163
[별표 3] 작업시작 전 점검사항	10-168
[별표 4] 사전조사 및 작업계획서 내용	10-171
[별표 5] 강관비계의 조립간격	10-174
[별표 6] 차량계 건설기계	10-174
[별표 7] 화학설비 및 그 부속설비의 종류	10-175
[별표 8] 안전거리	10-176
[별표 11] 굴착면의 기울기 기준	10-176
[별표 13] 관리대상 유해물질 관련 국소배기장치 후드의 제어풍속	10-177
[별표 16] 분진작업의 종류	10-177
[별표 17] 분진작업장소에 설치하는 국소배기장치의 제어풍속	10-179
[별표 18] 밀폐공간	10-180
〈보충학습〉 산업재해조사표	10-182

부록 1   7개년 필답형 과년도 출제문제

2018년도   정기검정 과년도 문제해설

2018년도 산업안전산업기사	(2018년 04월 15일 시행)	4
2018년도 산업안전산업기사	(2018년 06월 30일 시행)	7
2018년도 산업안전산업기사	(2018년 10월 07일 시행)	10

2019년도   정기검정 과년도 문제해설

2019년도 산업안전산업기사	(2019년 04월 14일 시행)	14
2019년도 산업안전산업기사	(2019년 06월 29일 시행)	17
2019년도 산업안전산업기사	(2019년 10월 13일 시행)	20

2020년도   정기검정 과년도 문제해설

2020년도 산업안전산업기사	(2020년 05월 24일 시행)	24
2020년도 산업안전산업기사	(2020년 07월 26일 시행)	27
2020년도 산업안전산업기사	(2020년 10월 18일 시행)	30
2020년도 산업안전산업기사	(2020년 11월 29일 시행)	33

2021년도   정기검정 과년도 문제해설

2021년도 산업안전산업기사	(2021년 04월 24일 시행)	38
2021년도 산업안전산업기사	(2021년 07월 10일 시행)	41
2021년도 산업안전산업기사	(2021년 10월 16일 시행)	44

2022년도 정기검정 과년도 문제해설

2022년도 산업안전산업기사	(2022년 05월 07일 시행)	48
2022년도 산업안전산업기사	(2022년 07월 24일 시행)	51
2022년도 산업안전산업기사	(2022년 10월 16일 시행)	55

2023년도 정기검정 과년도 문제해설

2023년도 산업안전산업기사	(2023년 04월 23일 시행)	60
2023년도 산업안전산업기사	(2023년 07월 22일 시행)	64
2023년도 산업안전산업기사	(2023년 10월 07일 시행)	68

2024년도 정기검정 과년도 문제해설

2024년도 산업안전산업기사	(2024년 04월 27일 시행)	72
2024년도 산업안전산업기사	(2024년 07월 28일 시행)	76
2024년도 산업안전산업기사	(2024년 10월 20일 시행)	79

부록 2 7개년 작업형 과년도 출제문제

2018년도 정기검정 과년도 문제해설 — 4

2019년도 정기검정 과년도 문제해설 — 16

2020년도 정기검정 과년도 문제해설 — 28

2021년도 정기검정 과년도 문제해설 — 40

부록 3   α3 작업형 과년도 출제문제

2022년도   정기검정 과년도 문제해설

- 산업안전산업기사(2022년 05월 20일 제1회 1부 시행)   52
- 산업안전산업기사(2022년 05월 21일 제1회 1부 시행)   61
- 산업안전산업기사(2022년 05월 21일 제1회 2부 시행)   70
- 산업안전산업기사(2022년 08월 07일 제2회 1부 시행)   79
- 산업안전산업기사(2022년 08월 07일 제2회 2부 시행)   88
- 산업안전산업기사(2022년 08월 07일 제2회 3부 시행)   97
- 산업안전산업기사(2022년 10월 23일 제3회 1부 시행)   106
- 산업안전산업기사(2022년 10월 23일 제3회 2부 시행)   115

2023년도   정기검정 과년도 문제해설

- 산업안전산업기사(2023년 05월 07일 제1회 1부 시행)   126
- 산업안전산업기사(2023년 05월 07일 제1회 2부 시행)   135
- 산업안전산업기사(2023년 07월 30일 제2회 1부 시행)   144
- 산업안전산업기사(2023년 07월 30일 제2회 2부 시행)   153
- 산업안전산업기사(2023년 10월 15일 제3회 1부 시행)   162
- 산업안전산업기사(2023년 10월 15일 제3회 2부 시행)   171

2024년도   정기검정 과년도 문제해설

- 산업안전산업기사(2024년 05월 11일 제1회 1부 시행)   182
- 산업안전산업기사(2024년 05월 11일 제1회 2부 시행)   191
- 산업안전산업기사(2024년 08월 11일 제2회 1부 시행)   200
- 산업안전산업기사(2024년 08월 11일 제2회 2부 시행)   209
- 산업안전산업기사(2024년 10월 27일 제3회 1부 시행)   218
- 산업안전산업기사(2024년 10월 27일 제3회 2부 시행)   227

미국 버클리대학 공부 지침서

나도 이렇게 공부하면 **산업안전산업기사 자격증(건강·장수·부자)**을 취득할 수 있다.

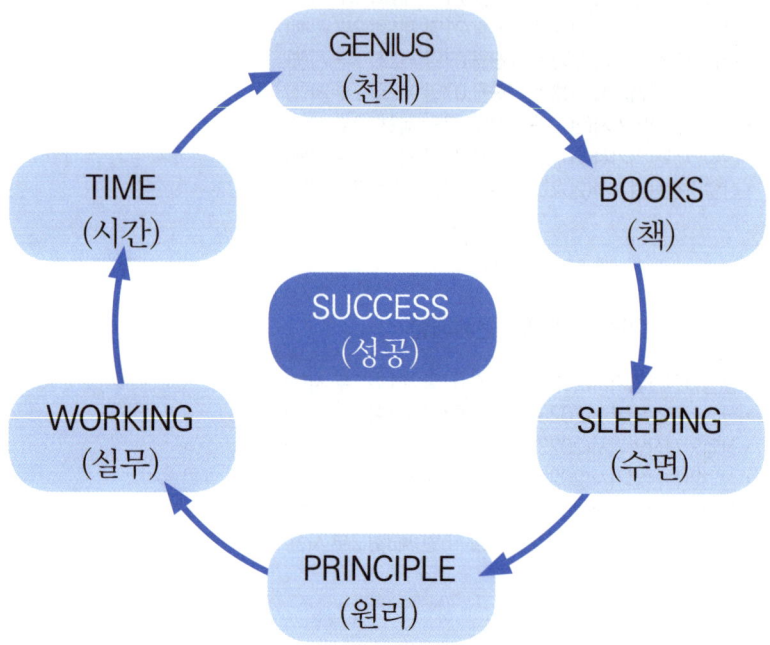

1 ST. 나는 천재라는 自負心(自信感)을 가지고 공부 — 天才
2 ND. 책은 항상 소지하고 1PAGE라도 읽어라 — 册
3 RD. 잠은 충분히 잔다 — 睡眠
4 TH. 원리에 충실 — 원리를 확실하게 파악 — 原理
5 TH. 실무에 접하는 기회 — 實務
6 TH. 시간은 자신이 만들어라 — 時間

안전관리헌장

개정:안전행정부고시 제2014-7호

재난 및 안전관리기본법 제7조에 의하여 안전관리헌장을 다음과 같이 개정 고시 합니다.

2014년 1월 29일
안전행정부장관

　안전은 재난, 안전사고, 범죄 등의 각종 위험에서 국민의 생명과 건강 그리고 재산을 지키는 가장 중요한 근본이다.

　모든 국민은 안전할 권리가 있으며, 안전문화를 정착시키는 일은 국민의 행복과 국가의 미래를 위해 반드시 필요하다.

　이에 우리는 다음과 같이 다짐한다.

Ⅰ. 모든 국민은 가정, 마을, 학교, 직장 등 사회 각 분야에서 안전수칙을 준수하고 안전 생활을 적극 실천한다.

Ⅰ. 국가와 지방자치단체는 국민의 안전기본권을 보장하는 안전종합대책을 수립하고, 안전을 위한 투자에 최우선의 노력을 하며, 어린이, 장애인, 노약자는 특별히 배려한다.

Ⅰ. 자원봉사기관, 시민단체, 전문가들은 사고 예방 및 구조 활동, 안전 관련 연구 등에 적극 참여하고 협력한다.

Ⅰ. 유치원, 학교 등 교육 기관은 국민이 바른 안전 의식을 갖도록 교육하고, 특히 어릴 때부터 안전 습관을 들이도록 지도한다.

Ⅰ. 기업은 안전제일 경영을 실천하고, 위험 요인을 없애 사고가 발생하지 않도록 적극 노력한다.

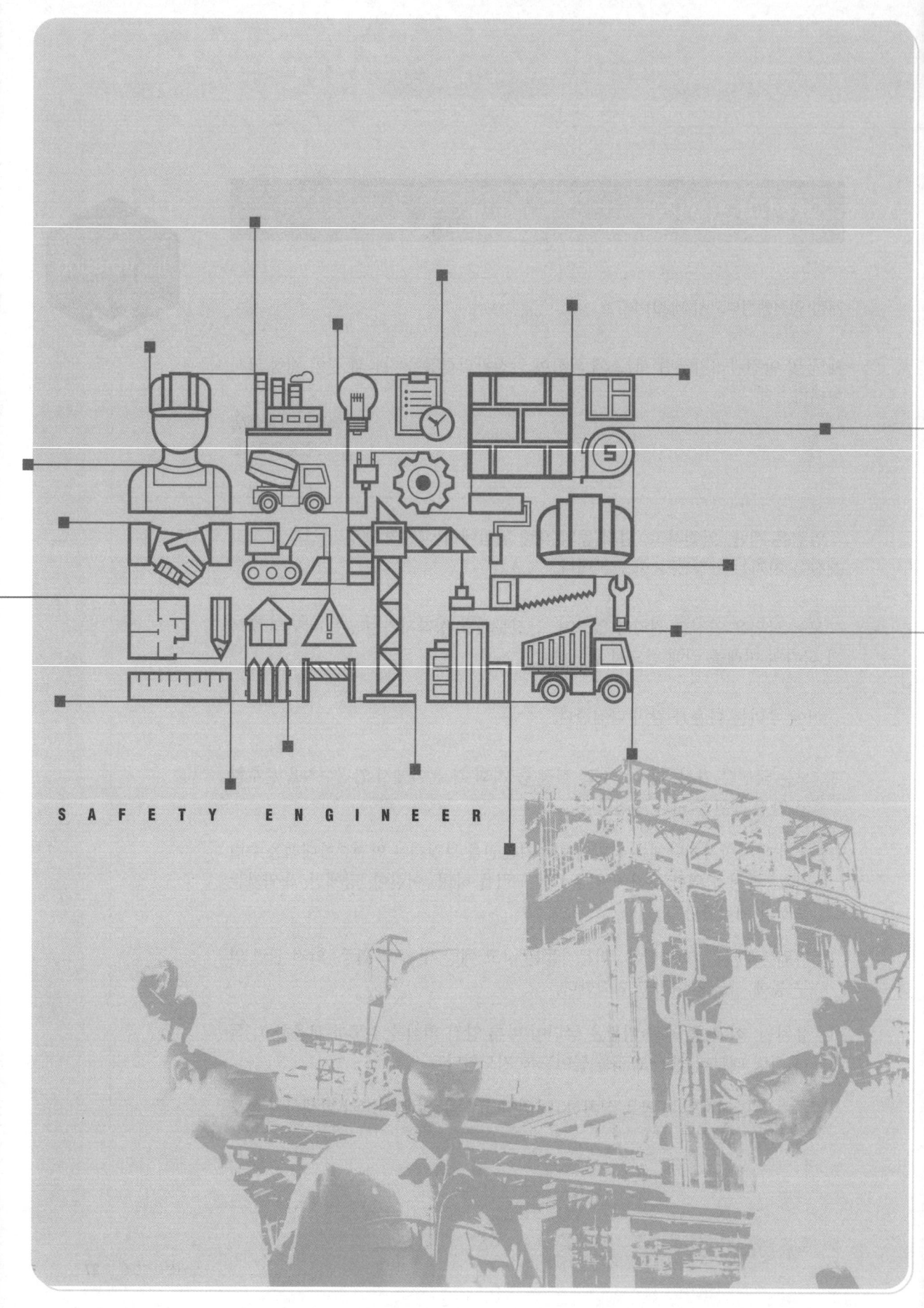

SAFETY ENGINEER

산업안전산업기사

필답형 실기

ONLY ONE 합격교재

주요항목 PART 1

산업안전관리계획 수립

세부항목 01 산업안전관리계획 수립 및 안전보건관리규정 작성
  ● 출제예상문제

세부항목 02 산업재해예방계획 수립 및 산업안전매뉴얼 개발
  ● 출제예상문제

 산업안전관리계획 수립 및 안전보건관리 규정 작성

중점 학습내용

인류의 문명은 지금으로부터 약 75만년 전 유인원이 출현하여 시작되었다고 보고 있는데 고대를 거쳐 중세에 이르기까지 문명의 발달은 아주 완만히 진행되고 있었으며 1711년 영국의 산업혁명을 시작으로 하여 세계대전을 치르면서 급격한 발전을 하여 이제는 대량 생산체제에서 자동화·정보화 사회로 진입하고 있다. 본 장의 내용을 요약하여 안전관리를 하는 목적, 중요성, 역사 등에 관련된 기본적인 기초 지식을 학습하도록 하였으며 이번 실기 필답형 시험에 출제되는 그 중심적인 내용은 다음(❶~❿)과 같다.

❶ 안전보건관리 조직의 기본 유형 3가지 종류
❷ Line형 조직의 특징
❸ Staff형(참모식) 조직
❹ Line-Staff 혼형
❺ 안전보건관리의 4cycle
❻ 안전 조직의 책임 및 업무 내용
❼ 안전 조직을 구성할 때 고려해야 하는 사항 중 가장 중요한 것 4가지
❽ 안전 조직을 유효하게 활용하기 위한 안전 평가시에 활용되는 분석 방법의 3가지 기본 유형
❾ 안전보건 진단을 받아 개선 계획 수립·시행명령을 할 수 있는 사업장
❿ 안전관리자 등의 증원·교체 임명 명령

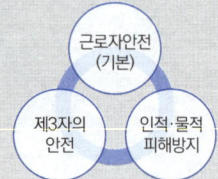

[그림] 산업 안전보건관리의 범위

합격날개

합격예측

안전보건관리 조직 3가지
① 직계식
② 참모식
③ 직계·참모식

1 안전보건관리 조직의 기본 유형 3가지 종류

① 직계식 조직(Line형)
② 참모식 조직(Staff형)
③ 직계·참모식 조직(Line & Staff형)

합격예측

직계식 도해

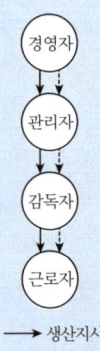

2 Line형(直系형, 系線형) 조직의 특징

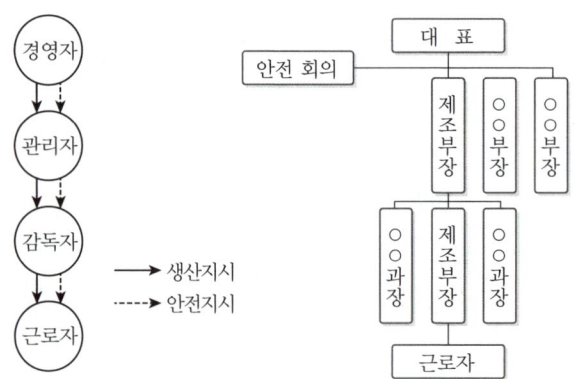

[그림] 라인형 안전 조직

> 특징

라인형 조직은 안전보건관리에 관한 계획에서 실시, 평가에 이르기까지의 모든 권한이 포괄적이고 직선적으로 행사되고, 조직의 안전을 전문으로 분담하는 부문이 없으므로 고도의 관리를 기대할 수 없다. 이 조직은 100인 미만의 중·소 사업장에 적합한 안전 조직이다.

① 안전에 관한 명령이나 지시가 각 부문의 직제를 통하여 생산 업무와 함께 시행되므로, 지시나 조치가 철저하며 그 실시도 빠르다.
② 명령과 보고가 상, 하 관계이므로 간단 명료하고 직선적이다.
③ 생산 Line의 각급 관리·감독자는 일상의 생산 업무에 쫓겨 안전에 대한 전문지식이나 정보를 몸에 익힐 수가 없다.
④ 라인에 과중한 책임이 발생한다.

> 합격예측

라인형(직계식) 조직의 장·단점
① 장점
  ㉮ 안전에 관한 지시나 명령계통이 철저하다.
  ㉯ 명령과 보고가 상하관계이므로 간단 명료하다.
  ㉰ 안전대책의 실시가 신속하다.
② 단점
  ㉮ 안전에 관한 전문지식이 부족하며, 정보가 불충분하다.
  ㉯ 라인에 과중한 책임을 지우기가 쉽다.
  ㉰ 생산라인의 업무에 중점을 두어 안전보건관리가 소홀해질 수 있다.

3 Staff형(참모식) 조직

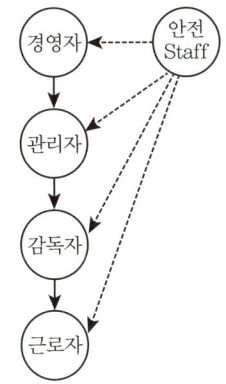

[그림] 스태프형 안전 조직

> 특징

스태프형 조직은 안전보건관리를 관장하는 Staff를 두고 안전보건관리에 관한 계획, 조사, 검토, 권고, 보고 등을 하도록 하는 안전 조직이다.

Staff의 성격상 어디까지나 계획안의 작성, 조사, 점검 결과에 따른 조언, 보고에 머무는 것이며, 스스로 생산 라인의 안전 업무를 행하는 것은 아니다. 스태프형 조직은 F.W. Taylor가 제창한 것으로 분업의 원칙을 이용하려는 것이며, 책임 및 권한이 직능적으로 분담되어 있는 안전 조직이다.

① 전문 Staff의 지도에 의해서 고도의 안전 활동이 진행되게 되며 라인의 관리 감독자가 안전에 관하여 미숙하더라도 이들을 육성하면서 안전을 추진시킬 수 있고, 점차 안전 업무가 표준화되어 직장에 정착하게 된다.

> 합격예측

스태프(참모식)조직의 장·단점
① 장점
  ㉮ 안전전문가가 안전계획을 세워 안전에 관한 전문적인 문제해결 방안을 모색하고 조치한다.
  ㉯ 경영자에게 조언과 자문역할을 할 수 있다.
  ㉰ 안전 정보 수집이 빠르다.
② 단점
  ㉮ 안전지시나 명령이 작업자에게까지 신속 정확하게 하달되지 못한다.
  ㉯ 생산부분은 안전에 대한 책임과 권한이 없다.
  ㉰ 권한다툼이나 조정 때문에 시간과 노력이 소모된다.

F.W. Taylor
(1846~1927)

> 합격예측
>
> **라인–스태프 혼합형(1,000명 이상) 조직의 장·단점**
> ① 장점
>   ㉮ 안전활동이 생산과 잘 협조가 된다.
>   ㉯ 생산라인의 각 계층에서도 안전업무를 겸임하여 할 수 있다.
>   ㉰ 안전대책은 스태프부문에서 기획조사, 입안, 검토 연구하고 라인을 통하여 실시하도록 한다.
>   ㉱ 전 근로자가 안전활동에 참여할 기회가 부여된다.
> ② 단점
>   ㉮ 라인과 스태프간에 협조가 안될 경우 업무의 원활한 추진이 불가능하다.
>   ㉯ 스태프의 기능이 너무 강하면 권한의 남용으로 라인에 간섭 → 라인의 권한 약화 → 라인의 유명무실이 되기 쉽다.
>   ㉰ 명령계통과 조언, 권고적 참여가 혼돈될 가능성이 있다.

② 스태프 조직은 작업자 입장에서 보면, 생산 및 안전에 관한 명령이 각각 별개의 두 계통에서 일어나는 결함이 생겨 직장의 질서 유지에 혼란을 가져올 우려가 있고 응급 조치가 곤란해지며, 통계 수단이 복잡한 결점이 있다.
③ 스태프형은 분야의 직능에 대하여 기인하는 조직을 합리적으로 확립하고 운영하는 데에는 곤란이 많다.
④ 경영자에게 지도와 조언·자문 역할을 하는 안전 조직이다.

4 Line-Staff 혼형(직계 · 참모식) 조직

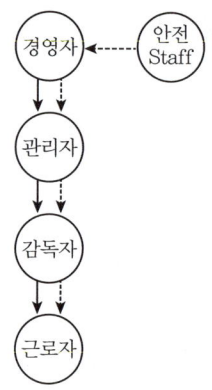

[그림] 라인·스태프혼형의 안전 조직

> 특 징

직계·참모식 조직은 Line형 조직과 Staff형 조직의 장점을 절충식 조직으로 대규모 사업장에서 채용하고 있는 안전보건관리 조직이다. 안전 업무를 전문으로 관장하는 Staff 부문을 두는 한편, 생산 Line의 각 층에서도 겸임 또는 전임의 관리 감독자를 두고 안전 대책은 Staff 부문에서 기획되고, Line에서는 업무만 실시하도록 하는 안전 조직이다.

① 안전 Staff는 안전 보건 관리 책임자 아래에 설치되어 전문적으로 안전 업무를 보좌한다.
② 안전 staff는 안전에 관한 기획, 조사, 검토 및 연구를 실시한다.
③ Line의 관리 감독자에게 안전에 관한 책임과 권한이 부여되나 전문 사항에 대해서는 안전 스태프의 지식이나 기술 등을 활용하고 Line은 생산 활동에만 전념하면 된다.
④ 안전 Staff의 힘이 강해지면 그 권한을 넘어서 Line에게 간섭하게 되므로 Line의 권한이 약해져 그 Line은 유명무실해질 우려가 있다.

⑤ 안전 활동이 생산과 혼돈될 우려가 없기 때문에 운용이 적절하며 매우 이상적 안전 조직이라 할 수 있다.
⑥ 우리나라 산업 안전 보건법에서도 권장하는 안전 조직 형태이다.

[표] 안전보건관리 조직의 장단점

조직 유형	장 점	단 점
Line형 안전보건관리조직	① 안전에 대한 지시 및 전달이 신속·정확하다. ② 명령계통이 간단·명료하다.	① 안전에 대한 전문적인 지식 및 기술축적이 미흡하다. ② 안전정보 및 신기술개발이 어렵다.
Staff형 안전보건관리조직	① 안전에 대한 지식 및 기술축적이 용이하다. ② 신속한 안전정보의 입수가 가능하고 안전에 대한 신기술개발이 가능하다. ③ 경영자에게 지도와 조언, 자문을 할 수 있다. ④ 사업장 실정에 맞게 안전의 표준화를 달성할 수 있다.	① 생산부서와 유기적인 협조가 없으면 안전에 대한 지시나 전달이 어렵다. ② 생산부서와 마찰이 일어나기 쉽다. ③ 생산부서에는 안전에 대한 책임과 권한이 없다.
Line & Staff (혼합형) 안전보건관리조직	① 안전에 대한 지식 및 기술의 축적이 가능하고 안전지시 및 전달이 신속 정확하다. ② 안전에 대한 신기술의 개발 및 보급이 용이하고 안전활동이 생산과 분리되지 않으므로 운용이 쉽다.	① 명령계통과 지도·조언 및 권고적 참여가 혼동되기 쉽다. ② 스태프의 힘이 커지면 라인이 무력해진다.

> **합격예측**
>
> **안전보건관리 조직의 유형 3가지**
> ① 라인형
> ② 스태프형
> ③ 라인 – 스태프 혼합형

5 안전보건관리의 4-cycle(pdca)

① 계획(plan) – 실시(do) – 검토(check) – 조치(action)
② 계획(plan) – 실시(do) – 평가(see)

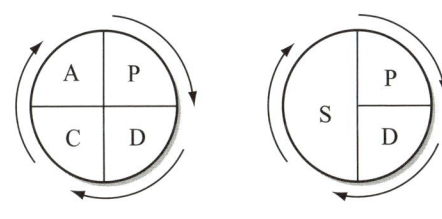

[그림] PDCA와 PDS

> **합격예측**
>
> **안전보건관리 4-cycle**
> ① plan(계획)
> ② do(실시)
> ③ check(검토)
> ④ action(조치)

> **합격예측**
>
> **안전보건관리의 사이클에 해당하는 안전보건관리의 4단계**
> ① 계획을 세운다.
> ② 계획대로 실시한다.
> ③ 결과를 검토한다.
> ④ 검토결과에 의해 조치를 한다.

합격예측

안전업무의 5step
① 1step : 예방 대책
② 2step : 재해를 국한(局限)하는 대책
③ 3step : 재해 처리 대책
④ 4step : 비상 조치 대책
⑤ 5step : 개선을 위한 피드백(feed back) 대책

1. 안전 업무의 체계화(안전업무의 5step)

안전 업무는 인적, 물적, 관리적인 면의 모든 재해의 예방 및 재해의 처리 대책을 행하는 작업으로 다음과 같이 체계화하여 구분할 수 있다.

① 1step : 예방 대책
② 2step : 재해를 국한(局限)하는 대책
③ 3step : 재해 처리 대책
④ 4step : 비상 조치 대책
⑤ 5step : 개선을 위한 피드백(feed back) 대책

2. 안전보건관리 조직의 기본적 방향

① 조직의 구성원을 전원 참여시킬 수 있어야 한다.
② 안전 계층간에 종적, 횡적, 기능적으로 유대가 이루어져야 한다.
③ 안전 조직의 기능을 충분히 발휘할 수 있어야 한다.

합격예측

안전보건관리책임자의 직무
① 사업장의 산업재해 예방계획의 수립에 관한 사항
② 안전보건관리규정의 작성 및 변경에 관한 사항
③ 안전보건교육에 관한 사항
④ 작업환경측정 등 작업환경의 점검 및 개선에 관한 사항
⑤ 근로자의 건강진단 등 건강관리에 관한 사항
⑥ 산업재해의 원인 조사 및 재발 방지대책 수립에 관한 사항
⑦ 산업재해에 관한 통계의 기록 및 유지에 관한 사항
⑧ 안전장치 및 보호구 구입 시의 적격품 여부 확인에 관한 사항
⑨ 그 밖에 근로자의 유해·위험 예방조치에 관한 사항으로서 고용노동부령으로 정하는 사항

6 안전 조직의 책임 및 업무 내용

1. 안전 책임의 원칙

① 경영자 : 안전한 작업 환경, 기계 설비, 공구, 원재료 등을 작업자에게 공급하여 생산을 달성할 책임이 있다.
② 관리 감독자 : 경영자의 방침을 실현하기 위하여 작업자를 안전하고 쾌적한 환경에서 생산에 종사하도록 할 책임이 있다.
③ 작업자 : 관리, 감독자의 계획 실시에 협력하고, 생산을 실행하되 스스로 안전한 작업을 행할 책임이 있다.

2. 안전 조직의 업무 내용

(1) 경영자(사업주)

① 안전 조직 편성(원활한 안전 조직의 확립)
② 안전 예산의 책정
③ 안전한 기계 설비 및 작업 환경의 유지
④ 기본 방침 및 안전 시책의 시달(示達)

합격예측

안전조직의 목적
① 모든 위험요소의 제거
② 위험요소제거의 기술수준 향상
③ 재해예방대책의 향상
④ 단위당 예방비용의 절감

(2) 안전 및 보건 관리자

① 구체적인 안전 관리 규정 및 기준의 작성
② 설비 공정, 작업 방침 등의 안전 검토
③ 위험시 응급 조치
④ 재해 조사
⑤ 안전 활동의 평가

(3) 관리 감독자(현장 안전 관리의 핵심)

① 안전한 작업 방법의 교육 훈련
② 작업 감독 및 지시
③ 사업장의 안전 점검
④ 안전 회의 개최
⑤ 재해 보고서 작성
⑥ 개선에 관한 의견 상신

[그림] 안전피라미드

(안전작업 / TBM / 안전교육 / 작업표준화, 방법개선 / 설비환경의 안전화, 점검보수 / 생산, 작업계획)

(4) 작업자(근로자)

① 작업 전후 안전 점검 실시
② 안전 작업의 이행(안전 작업의 생활화)
③ 보고, 신호, 안전수칙 준수
④ 개선 필요시 적극적 의견 제안

3. 안전 스태프(Staff)의 기능 및 업무

(1) 스태프의 기능

① 안전 관리의 중점 항목의 실시 상황을 파악, 평가, 통제함으로써 안전 수준을 향상시킨다.
② 라인(line)의 안전관리를 시효 적절하게 진행시켜 목표를 달성시키도록 지원한다.

(2) 스태프의 업무 내용

① 안전관리 계획의 수립
② 안전 관계 자료의 수집 정리
③ 라인에 협력 및 지원
④ 각 부분의 공통 교육 훈련 실시
⑤ 대외 활동 협조

합격예측

안전보건관리 조직의 3대 기능
① 위험제거
② 생산관리
③ 손실방지

합격예측

안전관리자의 업무
① 산업안전보건위원회 또는 안전보건에 관한 노사협의체에서 심의·의결한 업무와 해당 사업장의 안전보건관리규정 및 취업규칙에서 정한 업무
② 위험성평가에 관한 보좌 및 지도·조언
③ 안전인증대상 기계 등과 자율안전확인대상 기계 등 구입시 적격품의 선정에 관한 보좌 및 지도·조언
④ 해당 사업장 안전교육계획의 수립 및 안전교육 실시에 관한 보좌 및 지도·조언
⑤ 사업장 순회점검·지도 및 조치의 건의
⑥ 산업재해 발생의 원인조사·분석 및 재발방지를 위한 기술적 보좌 및 지도·조언
⑦ 산업재해에 관한 통계의 유지·관리·분석을 위한 보좌 및 지도·조언
⑧ 법 또는 법에 따른 명령으로 정한 안전에 관한 사항의 이행에 관한 보좌 및 지도·조언
⑨ 업무수행 내용의 기록·유지
⑩ 그 밖에 안전에 관한 사항으로서 고용노동부장관이 정하는 사항

> **합격예측**
>
> **안전보건관리규정 작성상의 유의사항**
> ① 규정된 기준은 법정기준을 상회하도록 하여야 한다.
> ② 관리자층의 직무와 권한 근로자에게 강제 또는 요청할 부분을 명확히 해야 한다.
> ③ 관계 법령의 제정 및 개정에 따라 즉시 개정해야 한다.
> ④ 작성 또는 개정시에는 현장의 의견을 충분히 반영하여야 한다.
> ⑤ 규정내용은 정상시는 물론 이상발생시 사고 및 재해 발생시의 조치에 관해서도 규정하여야 한다.

> **합격예측**
>
> **안전보건 개선계획서 검토 승인 기준 4가지**
> ① 개선계획에 지시된 내용의 준수여부
> ② 개선지시내용의 세부시행 계획수립 여부
> ③ 개선계획의 실현 가능성 여부
> ④ 개선기일의 고의적 지연 여부

4. 안전보건관리 규정

(1) 안전보건관리 규정 작성상의 유의 사항

① 규정된 안전 기준은 법정 기준을 상회하도록 작성한다.
② 관리자층의 직무와 권한 근로자에게 강제 또는 요청할 부분을 명확히 삽입한다.
③ 관계 법령의 제정, 개정에 따라 즉시 같이 개정한다.
④ 작성 또는 개정시에 현장의 의견을 충분히 반영한다.
⑤ 규정 내용을 정상시는 물론 이상시 사고 및 재해 발생시의 조치에 관하여도 규정한다.

(2) 안전보건관리 규정에 포함하여야 할 중요 내용(작성내용)

① 안전 및 보건에 관한 관리조직과 그 직무에 관한 사항
② 안전보건교육에 관한 사항
③ 작업장의 안전 및 보건관리에 관한 사항
④ 사고 조사 및 대책 수립에 관한 사항
⑤ 그 밖에 안전 및 보건에 관한 사항

(3) 안전 규정의 활용

관계자에 대하여 규정, 기준의 필요성과 중요성을 충분히 이해시키고, 교육 훈련을 하고, 이행 상황을 체크하여 직장에 안전 문화를 정착시키도록 한다.

5. 안전관리 계획

(1) 계획 수립시의 유의 사항(기본방향)

① 사업장의 실태에 맞도록 독자적으로 수립하되, 실현 가능성이 있도록 할 것
② 직장 단위로 구체적 계획을 작성할 것
③ 계획의 목표는 점진적으로 하여, 점차 높은 수준으로 할 것

(2) 실시상의 유의 사항

① 연차 계획을 월별로 나누어 실시한다.
② 실시 결과는 안전 위원회에서 검토한 후 실시한다.
③ 실시 상황 확인을 위해 Staff와 Line 관리자는 직장 순찰을 한다.

(3) 평가

① 재해 건수, 재해율 등의 목표값과 안전 활동 자체 평가를 포함할 것

② 몇가지 평가를 병행, 다면적(多面的) 평가를 시행할 것
③ 평가 결과에 따라 개선 결과 도출할 것
④ 주요 평가 척도
  ㉮ 절대척도(재해건수 등 수치)
  ㉯ 상대척도(도수율, 강도율)
  ㉰ 평정(評定)척도(양적으로 나타내는 것, 양호, 보통, 불가 등 단계로 평정)
  ㉱ 도수(度數)척도(중앙값, % 등)

6. 안전보건 개선계획

(1) 목적
① 생산성과 안전성을 고려하는 데 목적이 있다.
② 생산성이 향상되는 개선 계획을 실시하는 데 목적이 있다.

(2) 개선계획 수립시 유의 사항
① 경영층이 안전 보건에 지대한 관심을 가진다.
② 무리, 불균형, 낭비적인 요소를 대폭 개선한다.
③ 종전에 비해 작업 능률이 향상되고 제품이 개선되도록 한다.

(3) 시설, 체계, 교육 등 개선 대상에 대하여 명확히 하여야 할 사항
① 개선 계획 사항 등이 산재 예방에 기여하는 이유
② 자산 계획
③ 개선 사항 등의 계획 완료 예정일 등

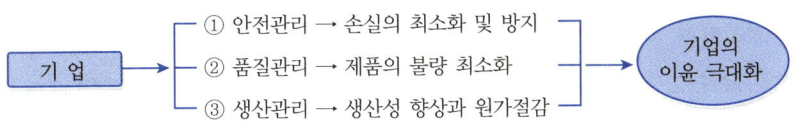

[그림] 안전·품질·생산

7 안전 조직을 구성할 때 고려해야 하는 사항 중 가장 중요한 것 4가지

① 조직 구성원의 책임과 권한을 명확하게 할 것
② 생산 조직과 밀착된 조직이 되도록 할 것
③ 회사의 특성과 규모에 부합되게 조직되어야 할 것
④ 조직의 기능이 충분히 발휘될 수 있는 제도적 체계가 갖추어져 있을 것

합격예측

주요 평가척도의 종류
① 절대척도(재해건수 등의 수치)
② 상대척도(도수율, 강도율 등)
③ 평정척도
  ㉮ 표준평정척도
  ㉯ 도식평정척도
  ㉰ 숫자평정척도
  ㉱ 기술평정척도 등
④ 도수척도(중앙값, % 등)

합격예측

안전보건 개선계획의 작성내용
① 작업공정별 유해위험분포도(작업공정, 주요설비 및 기계명, 유해위험요소, 근로자수, 재해발생현황)
② 재해발생 현황
③ 재해다발 원인 및 유형분석(관리적 원인, 직접원인, 발생형태, 기인물)
④ 교육 및 점검계획
⑤ 유해위험 작업부서 및 근로자수
⑥ 개선계획(㉮ 공통사항 : 안전보건관리조직, 안전표지 부착, 보호구 착용, 건강진단 실시 ㉯ 중점 개선 계획 : 시설, 기계장치, 원료 재료, 작업방법, 작업환경)
⑦ 산업안전보건 관리예산

합격예측

안전보건 개선계획에 포함되어야 할 사항(내용)
① 시설
② 안전보건관리체제
③ 안전보건교육
④ 산업재해예방 및 작업환경 개선을 위하여 필요한 사항

보충학습

산업재해보상보험법 시행규칙 제21조(요양급여의 결정 등)

① 공단은 법 제41조에 따른 요양급여의 신청을 받으면 그 신청을 받은 날부터 7일 이내에 요양급여를 지급할지를 결정하여 신청인(법 제41조제2항에 따라 산재보험 의료기관이 요양급여의 신청을 대행한 경우에는 산재보험 의료기관을 포함한다) 및 보험가입자에게 알려야 한다.

② 제1항에 따른 처리기간 7일에는 다음 각 호의 어느 하나에 해당하는 기간은 산입하지 않는다.
  1. 판정위원회의 심의에 걸리는 기간
  2. 법 제117조 및 법 제118조에 따른 조사에 걸리는 기간
  3. 법 제119조에 따른 진찰에 걸리는 기간
  4. 제20조에 따른 요양급여 신청과 관련된 서류의 보완에 걸리는 기간
  5. 제20조제3항에 따른 보험가입자에 대한 통지 및 의견 제출에 걸리는 기간
  6. 업무상 재해의 인정 여부를 판단하기 위한 역학조사나 그 밖에 필요한 조사에 걸리는 기간

③ 공단은 제1항에 따른 요양급여에 관한 결정을 할 때 필요하면 영 제42조제1항에 따른 자문의사(이하 "자문의사"라 한다)에게 자문하거나 영 제43조에 따른 자문의사회의(이하 "자문의사회의"라 한다)의 심의를 거칠 수 있다.

참고

제49조(안전보건개선계획의 수립 · 시행 명령)
1. 산업재해율이 같은 업종의 규모별 평균 산업재해율보다 높은 사업장
2. 사업주가 필요한 안전조치 또는 보건조치를 이행하지 아니하여 중대재해가 발생한 사업장
3. 대통령령으로 정하는 수 이상의 직업성 질병자가 발생한 사업장
4. 제106조에 따른 유해인자의 노출기준을 초과한 사업장

---

8 안전 조직을 유효하게 활용하기 위한 안전 평가 시에 활용되는 분석 방법의 3가지 기본 유형

① 안전 활동 분석(직무 분석)
② 권한 분석(계층별 책임 분석)
③ 관계 분석(부서간 연락 조정 분석)

9 안전보건진단을 받아 안전보건 개선계획 수립·시행명령을 할 수 있는 사업장

① 산업재해율이 같은 업종 평균 산업재해율의 2배 이상인 사업장
② 사업주가 필요한 안전조치 또는 보건조치를 이행하지 아니하여 중대재해가 발생한 사업장(법 제49조 제1항 제2호 내용)
③ 직업성 질병자가 연간 2명 이상(상시근로자 1천명 이상 사업장의 경우 3명 이상) 발생한 사업장
④ 그 밖에 작업환경 불량, 화재·폭발 또는 누출 사고 등으로 사업장 주변까지 피해가 확산된 사업장으로서 고용노동부령으로 정하는 사업장

합격정보 산업안전보건법 시행령 제49조(안전보건진단을 받아 안전보건개선계획을 수립할 대상)

10 안전 관리자 등의 증원 · 교체 임명 명령 20. 7. 26 산

① 해당 사업장의 연간재해율이 같은 업종의 평균재해율의 2배 이상인 경우
② 중대재해가 연간 2건 이상 발생한 경우. 다만, 해당 사업장의 전년도 사망만인율이 같은 업종의 평균 사망만인율 이하인 경우는 제외한다.
③ 관리자가 질병이나 그 밖의 사유로 3개월 이상 직무를 수행할 수 없게 된 경우
④ 화학적 인자로 인해 직업성 질병자가 연간 3명 이상 발생한 경우. 이 경우 직업성 질병자의 발생일은 「산업재해보상보험법 시행규칙」 시행규칙 제21조 제1항에 따른 요양급여의 결정일로 한다.

합격정보 산업안전보건법 시행규칙 제12조

산업안전관리계획 수립 및 안전보건관리 규정 작성 출제예상문제

01 안전 조직의 3종류를 쓰시오.

해답
① Line형 조직
② Staff형 조직
③ Line & Staff 혼형 조직

02 라인식, 참모식, 혼합식의 3가지 안전 조직의 특징을 쓰시오.

해답
(1) 라인식 : 100명 이하에 적합
  ① 모든 명령은 생산 계통을 따라 이루어진다.
  ② 참모식보다 경제적 조직이다.
  ③ 규모가 적은 사업장에 적용된다.
  ④ 라인형 장점 : 안전 명령 및 지시가 용이
  ⑤ 라인형 단점 : 안전 지식과 기술 축적 불가
(2) 참모식 : 100명 이상, 1,000명 이하에 적합
  ① 생산 계통과 견해 차이로 마찰이 일어난다.
  ② 전담 기능에 의거 수행되므로 발전적이다.
  ③ 참모형 장점 : 안전 지식과 기술 축적 용이
  ④ 참모형 단점 : 안전 지시가 용이치 못함
(3) 혼합식 : 1,000명 이상 사업장에 적합
  ① 생산 기능과 협조가 잘 이루어진다.
  ② 전 근로자가 안전 활동에 참여할 기회가 부여된다.
  ③ 라인 각 계층에 안전 업무를 겸임할 수 있다.

03 라인식 안전 조직의 형태를 도해로 그리고 안전지시, 생산지시 방법을 표시하시오.

해답
(1) 도해
(2) 안전, 생산 지시 방법

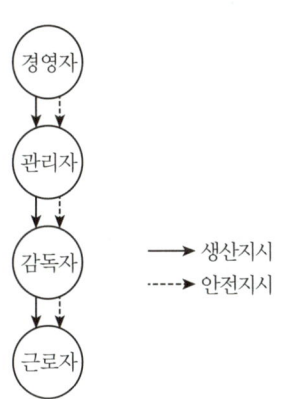

04 라인형 안전 조직 장점 2가지와 단점 2가지를 쓰시오.

해답
(1) 장점
  ① 안전에 대한 지시 및 전달이 신속 정확하다.
  ② 명령 계통이 간단·명료하다.
(2) 단점
  ① 안전에 대한 전문적인 지식 및 기술 축적이 미흡하다.
  ② 안전 정보 및 신기술 개발이 어렵다.

05 안전보건관리 조직에서 스태프형(참모형) 안전 조직의 장단점을 쓰시오.

해답
① 참모형 장점 : 안전 지식과 기술 축적 용이
② 참모형 단점 : 안전지시가 용이치 못함

06 근로자가 2,000명인 사업장의 안전 조직은 어떤 형태를 갖는 것이 적합한지를 쓰고 그 장점을 4가지만 쓰시오.

해답

(1) 안전 조직 형태 : 라인 스태프혼형 안전조직(직계 및 참모 조직)
(2) 장점
  ① 안전 활동이 생산과 협조가 잘 된다.
  ② 생산 라인의 각 계층에도 안전 업무를 겸임하게 할 수 있다.
  ③ 안전 대책은 스태프 부문에서 기획 조사, 입안, 검토, 연구하고 라인을 통하여 실시하도록 한다.
  ④ 전 근로자가 안전 활동에 참여할 기회가 부여된다.

07 안전보건진단을 받아 안전보건개선계획을 수립·제출하도록 명할 수 있는 사업장 4곳을 쓰시오.(4점)

해답

① 산업재해율이 같은 업종 평균 산업재해율의 2배 이상인 사업장
② 사업주가 필요한 안전조치 또는 보건조치를 이행하지 아니하여 중대재해가 발생한 사업장
③ 직업성 질병자가 연간 2명 이상(상시근로자 1천명 이상 사업장의 경우 3명 이상) 발생한 사업장
④ 그 밖에 작업환경 불량, 화재·폭발 또는 누출사고 등으로 사업장 주변까지 피해가 확산된 사업장으로서 고용노동부령으로 정하는 사업장

참고 산업안전보건법 시행령 제49조

KEY ① 2016년 6월 26일(문제 6번) 출제
② 2016년 10월 9일(문제 11번) 출제

08 산업보건의의 직무를 3가지 쓰시오.

해답

① 건강 진단 결과의 검토 및 그 결과에 따른 작업 배치, 작업 전환, 근로 시간 단축 등 근로자의 건강 보호 조치
② 근로자의 건강 장해의 원인 조사와 재발 방지를 위한 의학적 조치
③ 그 밖에 근로자의 건강 유지와 증진을 위하여 필요한 의학적 조치에 관하여 고용노동부장관이 정하는 사항

참고 산업안전보건법 시행령 제31조(산업보건의의 직무)

09 안전에서 중요한 평가 척도 4가지를 쓰시오.

해답

① 절대 척도
② 상대 척도
③ 평정 척도
④ 도수 척도

10 안전보건관리의 4-cycle과 안전 관리의 3단계를 쓰시오.

해답

(1) 4-cycle
  ① 계획(Plan)
  ② 실시(Do)
  ③ 검토(Check)
  ④ 조치(Action)
(2) 관리의 3단계
  ① 계획(Plan)
  ② 실시(Do)
  ③ 평가(See)

11 안전보건총괄책임자의 직무 4가지를 쓰시오.

해답

① 위험성 평가의 실시에 관한 사항
② 작업의 중지
③ 도급 시 산업재해예방 조치
④ 산업안전보건 관리비의 관계 수급인 간의 사용에 관한 협의 조정 및 그 집행의 감독
⑤ 안전인증대상 기계 등과 자율안전확인대상 기계 등의 사용 여부 확인

참고 산업안전보건법 시행령 제53조(안전보건총괄책임자의 직무 등)

12 프레스 작업 관리감독자의 직무를 쓰시오.

해답

① 프레스등 및 그 방호 장치를 점검하는 일
② 프레스등 및 그 방호 장치에 이상이 발견된 때 즉시 필요한 조치를 하는 일
③ 프레스 등 그 방호 장치에 전환 스위치를 설치한 때 해당 전환 스위치의 열쇠를 관리하는 일
④ 금형의 부착·해체 또는 조정 작업을 직접 지휘하는 일

13 목재 가공용 기계 취급 작업 관리감독자의 직무를 쓰시오.

> **해답**
> ① 목재 가공용 기계를 취급하는 작업을 지휘하는 일
> ② 목재 가공용 기계 및 그 방호 장치를 점검하는 일
> ③ 목재 가공용 기계 및 그 방호 장치에 이상이 발견된 즉시 필요한 조치를 하는 일
> ④ 작업 중 지그 및 공구 등의 사용 상황을 감독하는 일

14 위험물을 제조하거나 취급하는 작업 관리감독자의 직무를 쓰시오.

> **해답**
> ① 작업을 지휘하는 일
> ② 위험물을 제조하거나 취급하는 설비 및 해당 설비의 부속 설비가 있는 장소의 온도·습도·차광 및 환기 상태 등을 수시로 점검하고 이상을 발견하였을 때에는 즉시 필요한 조치를 하는 일
> ③ ②목에 따라 한 조치를 기록하고 보관하는 일

15 건조 설비에 의한 물건의 가열·건조 작업 관리감독자의 직무를 쓰시오.

> **해답**
> ① 건조 설비를 처음으로 사용하거나 건조 방법 또는 건조물의 종류를 변경할 때에는 근로자에게 미리 그 작업 방법을 교육하고 작업을 직접 지휘하는 일
> ② 건조 설비가 있는 장소를 항상 정리 정돈하고 그 장소에 가연성 물질을 두지 않도록 하는 일

16 안전 조직 형태에서 라인 스태프형(복합형)의 직계 참모 조직에 대하여 간단히 설명하시오.

> **해답**
> ① 직계식 조직과 참모식 조직의 장점을 취한 절충식 조직으로 많은 사업장에서 채용하고 있는 안전 관리 조직이다.
> ② 안전 업무를 전문으로 관할하는 스태프 부문을 두는 한편 생산 라인의 각 층에는 겸임 또는 전임의 관리 감독자를 두고 안전 대책은 스태프 부문에서 기획되고, 이것을 라인을 통해서 실시하도록 하는 조직을 말한다.

17 현장의 안전 보건에 대한 근본적인 책임을 갖고 있는 사람은 누구인가?

> **해답**
> 관리감독자

18 안전보건 관리 책임자가 실질적으로 총괄 관리해야 할 업무를 쓰시오.

> **해답**
> ① 사업장의 산업 재해 예방 계획의 수립에 관한 사항
> ② 안전보건관리 규정의 작성 및 변경에 관한 사항
> ③ 안전 보건 교육에 관한 사항
> ④ 작업 환경 측정 등 작업 환경의 점검 및 개선에 관한 사항
> ⑤ 근로자의 건강 진단 등 건강관리에 관한 사항
> ⑥ 산업 재해의 원인 조사 및 재발 방지 대책 수립에 관한 사항
> ⑦ 산업 재해에 관한 통계의 기록, 유지에 관한 사항
> ⑧ 안전 장치 및 보호구 구입시의 적격품 여부 확인에 관한 사항
> ⑨ 그 밖에 근로자의 유해·위험 방지 조치에 관한 사항으로서 고용노동부령으로 정하는 사항
>
> **참고** 산업안전보건법 제15조(안전보건관리책임자)

19 S.H기업의 안전 관리자는 생산부 소속의 P씨이다. P씨가 해야 할 업무를 7가지 쓰시오. 21. 4. 24 산 22. 10. 16 산

> **해답**
> ① 산업안전보건위원회 또는 안전보건에 관한 노사협의체에서 심의·의결한 업무와 해당 사업장의 안전보건관리규정 및 취업규칙에서 정한 업무
> ② 위험성평가에 관한 보좌 및 지도·조언
> ③ 안전인증대상 기계 등과 자율안전확인대상 기계 등 구입시 적격품의 선정에 관한 보좌 및 지도·조언
> ④ 해당 사업장 안전교육계획의 수립 및 안전교육실시에 관한 보좌 및 지도·조언
> ⑤ 사업장 순회점검·지도 및 조치의 건의
> ⑥ 산업재해발생의 원인 조사·분석 및 재발방지를 위한 기술적 보좌 및 지도·조언
> ⑦ 산업재해에 관한 통계의 유지·관리·분석을 위한 보좌 및 지도·조언
> ⑧ 법 또는 법에 따른 명령으로 정한 안전에 관한 사항의 이행에 관한 보좌 및 지도·조언
> ⑨ 업무수행 내용의 기록·유지
> ⑩ 그 밖에 안전에 관한 사항으로서 고용노동부장관이 정하는 사항
>
> **참고** 산업안전보건법 시행령 제18조(안전관리자의 업무 등)

20 안전관리자를 증원 및 교체할 수 있는 경우 3가지를 쓰시오.

> **해답**
> ① 해당 사업장의 연간재해율이 같은 업종의 평균재해율의 2배 이상인 경우
> ② 중대재해가 연간 2건 이상 발생한 경우
> ③ 관리자가 질병이나 그 밖의 사유로 3개월 이상 직무를 수행할 수 없게 된 경우
>
> **참고** 산업안전보건법 시행규칙 제12조(안전관리자 등의 증원·교체임명 명령)

21 다음 안전 보건 관리 체제의 □ 안을 채워 넣으시오.

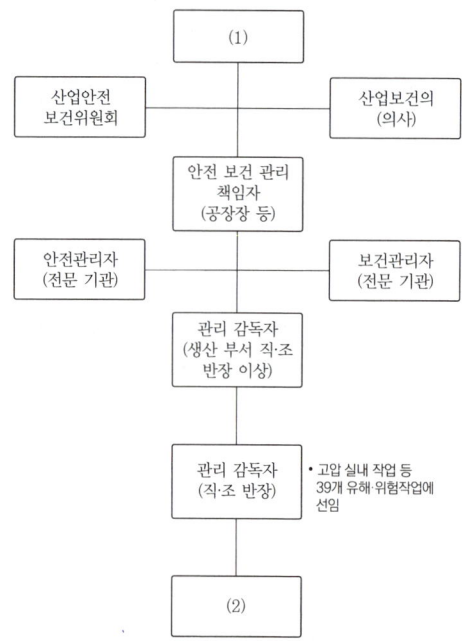

> **해답**
> (1) 사업주
> (2) 근로자

22 관리감독자를 지정하여 안전 관리자를 보조해야 할 유해 위험 작업의 종류를 4가지 쓰시오.

> **해답**
> ① 고압 실내 작업
> ② 화학 설비의 탱크 내 작업
> ③ 특정 화학 물질을 이용한 세척 작업
> ④ 밀폐된 장소에서 행하는 용접 작업 또는 습한 장소에서 행하는 전기 용접 작업

23 총공사 금액이 800억원 이상 1,500억원 미만인 건설업의 경우 안전관리자를 몇 명 두어야 하는가?

> **해답**
> 2명 이상

24 산업안전보건위원회를 설치, 운영하여야 할 사업규모를 쓰시오.(단, 상시근로자 50명 이상)

> **해답**
> ① 토사석 광업
> ② 목재 및 나무제품 제조업 : 가구제외
> ③ 화학물질 및 화학제품 제조업 : 의약품 제외(세제, 화장품 및 광택제 제조업과 화학섬유 제조업은 제외한다)
> ④ 비금속 광물제품 제조업
> ⑤ 1차 금속 제조업
> ⑥ 금속가공제품 제조업 : 기계 및 가구 제외
> ⑦ 자동차 및 트레일러 제조업
> ⑧ 기타 기계 및 장비 제조업(사무용 기계 및 장비 제조업은 제외한다)
> ⑨ 기타 운송장비 제조업(전투용 차량 제조업은 제외한다)
>
> **참고** 산업안전보건법 시행령 제35조(산업안전보건위원회 설치대상)및 [별표 9]

25 산업 안전 보건법상 도급사업에 있어서 안전 보건 총괄 책임자를 선임하여야 할 사업을 쓰시오.(단, 상시근로자 50인 이상 사업장)

> **해답**
> ① 선박 및 보트 건조업
> ② 1차 금속제조업
> ③ 토사석 광업
>
> **참고** 산업안전보건법 시행령 제52조(안전보건총괄책임자 지정대상사업)

26 산업안전보건위원회를 설치·운영해야 할 규모에 맞는 사업의 종류를 각각 3가지씩 쓰시오.

해답
(1) 상시 근로자 50명 이상
  ① 토석사 광업
  ② 목재 및 나무제품 제조업
  ③ 화학물질 및 화학제품 제조업
  ④ 비금속 광물제품 제조업
  ⑤ 1차 금속 제조업
  ⑥ 금속가공제품 제조업
  ⑦ 자동차 및 트레일러 제조업
(2) 상시 근로자 300명 이상
  ① 농업
  ② 어업
  ③ 임대업 : 부동산 제외
  ④ 정보서비스업
  ⑤ 금융 및 보험업
  ⑥ 소프트웨어 개발 및 공급업
  ⑦ 컴퓨터프로그래밍, 시스템 통합 및 관리업

참고 산업안전보건법 시행령 [별표 9] 산업안전보건위원회를 설치·운영하여야 할 사업의 종류 및 규모

27 전담 안전관리자를 두어야 할 사업의 종류와 규모를 쓰시오.

해답
① 상시 근로자 300명 이상을 사용하는 사업장
② 건설업의 경우 공사 금액 120억원 이상
③ 토목공사업에 속하는 공사는 150억원 이상

참고 산업안전보건법 시행령 제16조(안전관리자 선임 등)

28 다음은 사업장 내 안전 보건 관리 책임자와 안전 관리자의 업무 내용이다. 안전관리자의 업무 내용이 아닌 것의 번호를 쓰시오.
① 근로자의 보건 교육에 관한 사항
② 재해 조사 및 대책 수립에 관한 내용
③ 근로자의 안전에 관한 사항
④ 안전에 관한 주요 사항의 기록 및 보존
⑤ 근로자의 건강 진단 등 건강관리에 관한 사항
⑥ 작업 환경 점검 및 개선에 관한 사항

해답
①, ⑤, ⑥

29 상시 50인 이상 500인 미만의 근로자를 이용하는 사업장으로 안전 관리자를 두어야 하는 사업장의 종류를 5가지 쓰시오.

해답
① 토석사 광업
② 식료품 제조업, 음료 제조업
③ 목재 및 나무제품 제조 : 가구제외
④ 펄프, 종이 및 종이제품 제조업
⑤ 코크스, 연탄 및 석유정제품 제조업

참고 산업안전보건법 시행령 [별표 3]

30 거푸집 지보공을 고정하거나 조립 또는 해체 작업 관리감독자의 직무를 쓰시오.

해답
① 안전한 작업 방법을 결정하고 작업을 지휘하는 일
② 재료·기구의 결함 유무를 점검하고 불량품을 제거하는 일
③ 작업 중 안전대 및 안전모 등 보호구 착용 상황을 감시하는 일

참고 지반의 굴착 작업, 흙막이 지보공의 고정·조립 또는 해체 작업도 이를 준용한다.

31 높이 5[m] 이상의 비계를 조립·해체하거나 변경 작업시 관리감독자의 직무를 쓰시오. 20. 11. 29 기

해답
① 재료의 결함 유무를 점검하고 불량품을 제거하는 일
② 기구·공구·안전대 및 안전모 등의 기능을 점검하고 불량품을 제거하는 일
③ 작업 방법 및 근로자의 배치를 결정하고 작업 진행 상태를 감시하는 일
④ 안전대와 안전모 등의 착용 상황을 감시하는 일

32 채석을 위한 굴착 작업 관리감독자의 직무를 쓰시오.

해답
① 대피 방법을 미리 교육하는 일
② 작업을 시작하기 전 또는 폭우가 내린 후에는 암석·토사의 낙하·균열의 유무 또는 함수·용수 및 동결 상태를 점검하는 일
③ 발파한 후에는 발파 장소 및 그 주변의 암석·토사의 낙하·균열의 유무를 점검하는 일

33 발파 작업 관리감독자의 직무를 쓰시오.

해답
① 점화 전에 점화 작업에 종사하는 근로자가 아닌 사람에게 대피를 지시하는 일
② 점화 작업에 종사하는 근로자에 대하여 대피 장소 및 경로를 지시하는 일
③ 점화 전에 위험 구역 내에서 근로자가 대피한 것을 확인하는 일
④ 점화 순서 및 방법에 대해서 지시하는 일
⑤ 점화 신호를 하는 일
⑥ 점화 작업에 종사하는 근로자에 대하여 대피 신호를 하는 일
⑦ 발파 후 터지지 않은 장약이나 남은 장약의 유무, 용수의 유무 및 암석·토사의 낙하여부 등을 점검하는 일
⑧ 점화를 하는 사람을 정하는 일
⑨ 공기 압축기의 안전 밸브 작동 유무를 점검하는 일
⑩ 안전모 등 보호구의 착용 상황을 감시하는 일

34 사업장의 안전보건을 유지하기 위하여 안전보건관리규정을 작성하여 사업장에 비치하고 근로자에게 알려야 할 사항을 쓰시오.

해답
① 안전 및 보건에 관한 관리조직과 그 직무에 관한 사항
② 안전보건교육에 관한 사항
③ 작업장의 안전 및 보건 관리에 관한 사항
④ 사고조사 및 대책수립에 관한 사항
⑤ 그 밖에 안전 및 보건에 관한 사항

참고 산업안전보건법 제25조(안전보건관리규정의 작성)

35 사업을 행함에 있어 발생되는 위험을 예방하기 위하여 안전상의 조치 내용을 쓰시오.

해답
① 기계·기구 그 밖의 설비에 의한 위험
② 폭발성, 발화성 및 인화성 물질등에 의한 위험
③ 전기, 열 그 밖의 에너지에 의한 위험

참고 산업안전보건법 제38조(안전조치)

36 산업안전보건 관리비의 사용방법, 재해예방조치 등 전문기관의 지도를 받지 않아도 되는 공사의 종류를 쓰시오.

해답
① 공사기간이 1개월 미만인 공사
② 육지와 연결되지 아니한 섬지역(제주특별자치도를 제외한다)에서 이루어지는 공사
③ 안전관리자의 자격을 가진자를 선임하여 안전관리자의 업무만을 전담하도록 하는 공사
④ 유해위험방지 계획서를 제출하여야 하는 공사

참고 산업안전보건법 시행령 제59조(건설예방지도대상 건설공사 도급인)

37 안전보건 개선계획에 포함사항 4가지를 쓰시오.

해답
① 시설
② 안전보건 관리 체제
③ 안전보건교육
④ 산업재해예방 및 작업환경의 개선을 위하여 필요한 사항

참고 산업안전보건법 시행 규칙 제61조(안전보건 개선계획 제출 등)

38 관리감독자의 업무내용을 쓰시오.

해답
① 사업장 내 관리감독자가 지휘·감독하는 작업과 관련된 기계·기구 또는 설비의 안전보건 점검 및 이상 유무의 확인
② 관리감독자에게 소속된 근로자의 작업복·보호구 및 방호장치의 점검과 그 착용·사용에 관한 교육·지도
③ 해당 작업에서 발생한 산업재해에 관한 보고 및 이에 대한 응급조치
④ 해당 작업의 작업장 정리·정돈 및 통로확보에 대한 확인·감독
⑤ 사업장의 다음 각 목의 어느 하나에 해당하는 사람의 지도·조

언에 대한 협조
  ㉮ 안전관리자 또는 안전관리자의 업무를 같은 항에 따른 안전관리전문기관에 위탁한 사업장의 경우에는 그 안전관리전문기관의 해당 사업장 담당자
  ㉯ 보건관리자 또는 보건관리자의 업무를 같은 항에 따른 보건관리전문기관에 위탁한 사업장의 경우에는 그 보건관리전문기관의 해당 사업장 담당자
  ㉰ 안전보건관리담당자 또는 안전보건관리담당자의 업무를 안전관리전문기관 또는 보건관리전문기관에 위탁한 사업장의 경우에는 그 안전관리전문기관 또는 보건관리전문기관의 해당 사업장 담당자
  ㉱ 산업보건의
⑥ 위험성평가에 관한 다음 각 목의 업무
  ㉮ 유해·위험요인의 파악에 대한 참여
  ㉯ 개선조치의 시행에 대한 참여
⑦ 그 밖에 해당 작업의 안전 및 보건에 관한 사항으로서 고용노동부령으로 정하는 사항

[합격정보]
① 산업안전보건법 시행령 제15조(관리감독자의 업무 등)
② 2023년 6월 27일 개정법 적용

39 안전보건 총괄책임자의 직무 5가지를 쓰시오.

[해답]
① 위험성 평가의 실시에 관한 사항
② 작업의 중지
③ 도급 시 산업재해예방 조치
④ 산업안전보건 관리비의 관계 수급인 간의 사용에 관한 협의 조정 및 그 집행의 감독
⑤ 안전인증대상 기계 등과 자율안전확인대상 기계 등의 사용여부 확인

[참고] 산업안전보건법 시행령 제53조(안전보건총괄책임자의 직무 등)

40 상시 근로자 20명 이상 50명 미만인 사업장에 안전보건관리담당자를 1명 이상 선임해야하는 사업의 종류를 5가지 쓰시오.

[해답]
① 제조업
② 임업
③ 하수, 폐수 및 분뇨 처리업
④ 폐기물 수집, 운반, 처리 및 원료 재생업
⑤ 환경 정화 및 복원업

[참고] 산업안전보건법 시행령 제24조(안전보건관리 담당자 선임 등)

41 안전보건관리담당자의 업무 6가지를 쓰시오.

[해답]
① 안전보건교육 실시에 관한 보좌 및 지도·조언
② 위험성 평가에 관한 보좌 및 지도·조언
③ 작업환경측정 및 개선에 관한 보좌 및 지도·조언
④ 각종 건강진단에 관한 보좌 및 지도·조언
⑤ 산업재해 발생의 원인 조사, 산업재해 통계의 기록 및 유지를 위한 보좌 및 지도·조언
⑥ 산업 안전·보건과 관련된 안전장치 및 보호구 구입 시 적격품 선정에 관한 보좌 및 지도·조언

[참고] 산업안전보건법 시행령 제25조(안전보건관리담당자의 업무)

녹색직업 녹색자격증 코너

전문가라 불리게 되려면

전문가란 특정분야,
자기 주제에 관해서 저지를 수 있는
모든 잘못을 이미 저지른 사람이다.
— N.보르

특정분야에서 실수와 잘못이 충분히 쌓이면
언젠가는 그 분야의 전문가로 불리게 될 것입니다.
전문가가 되고 싶다면,
더 열심히 찾아서 더 열심히 실수하세요.
더 이상 실수할게 없어질 때
모든 사람들로부터
그 분야의 진정한 전문가로 인정받게 될 것입니다.

산업재해예방계획 수립 및 산업안전매뉴얼 개발

중점 학습내용

안전관리 계획수립 및 운용에 관련된 기본적인 기초 지식을 학습하도록 하였으며 이번 실기 필답형 시험에 출제되는 그 중심적인 내용은 다음과 같다.
❶ 사고 예방 원리
❷ 안전의 정의
❸ 사고와 재해
❹ 안전의 의의
❺ 산업 재해 발생 과정

[광의의 안전] 사회적 안전을 의미하며 공중시설이나 공중의 시설물을 이용하는 시민이 사고로 인한 인명피해 및 재산상의 손실을 예방하고 이들의 위험으로부터 벗어나 국민을 안전한 상태로 유지하려는 사회적공감과 국민적 안전의식을 포함한다.

[협의의 안전] 산업안전을 말할 수 있으며, 근로자가 생산활동을 하는 산업현장에서 구체적으로 위험이나 잠재적 위험성이 없는 상태와 생산현장의 재료, 설비 및 제품의 손상이 없는 상태를 말한다.

합격예측

하인리히 사고예방대책의 기본원리 5단계
① 제1단계 : 안전조직
② 제2단계 : 사실의 발견
③ 제3단계 : 분석평가
④ 제4단계 : 시정방법 (시정책)의 선정
⑤ 제5단계 : 시정책의 적용

합격예측

노사협의체의 설치 대상 기업
① 공사금액이 120억원(토목공사업은 150억원)이상인 건설업
② 정기회의 개최주기 : 2개월
③ 임시회의 : 위원장이 필요 시 소집

합격정보

산업안전보건법 시행령 제63조(노사협의체의 설치 대상)
산업안전보건법 시행령 65조(노사협의체의 운영 등)

1 사고 예방 원리

1. 사고 방지 5단계

(1) 제1단계 : 안전관리조직

① Staff 조직
② Line 조직
③ 지휘, 조치 및 후원
④ 규정, 안전 방침 및 계획 수립

(2) 제2단계 : 사실의 발견

① 재해 조사
② 안전 점검
③ 과거의 기록 검토
④ 제안
⑤ 건의 내용
⑥ 회의

(3) 제3단계 : 평가 및 분석

① 원인 분석
② 경향성 분석
③ 재해 통계 분석
④ 재해 코스트 분석
⑤ 위험 요인 분석

(4) 제4단계 : 시정책의 선정

① 교육 훈련
② 설득 호소
③ 기술적 조치
④ 인사조정
⑤ 단속

(5) 제5단계 : 시정책의 적용

> **3E의 적용 및 후속조치 내용**

① 기술(Engineering)적 대책(공학적 대책) : 개선, 안전 기준의 설정, 환경 설비의 개선, 점검 보존의 확립 등을 행한다.
② 교육(Education)적 대책 : 안전 교육 및 훈련을 실시한다.
③ 규제(Enforcement)적 대책(관리적 대책) : 관리적 대책은 엄격한 규칙에 의해 제도적으로 시행되어야 하므로 다음의 조건이 충족되어야 한다.
　㉮ 적합한 기준 설정
　㉯ 각종 규정 및 수칙의 준수
　㉰ 전 종업원의 기준 이해
　㉱ 경영자 및 관리자의 솔선 수범
　㉲ 부단한 동기 부여와 사기 향상

2. 3S란?

- 표준화(Standardization)
- 전문화(Specialization)
- 단순화(Simplification)

3. 4S란 3S에 총합화(Synthesization) 추가

2　안전의 정의

1. Webster 사전의 정의

① 안전은 상해 loss, 감전, 유해 또는 위험에 노출되는 것으로부터의 자유
② 안전은 자유를 위한 보관, 보호 또는 guard와 시건 장치(locking system), 질병의 방지에 필요한 기술 및 지식

2. H.W. Heinrich의 정의

① 안전(safety)=사고 방지(accident prevention)
② 사고 방지는 물리적 환경과 인간 및 기계의 performance를 통제하는 과학인 동시에 기술(art)이다. 즉, 하인리히는 과학과 기술의 체계를 안전에 도입했다.

합격예측

시정책의 적용에 사용되는 3E와 3S
① 3E
　㉮ Engineering(기술)
　㉯ Education(교육)
　㉰ Enforcement(규제, 감독, 독려)
② 3S
　㉮ Standardization(표준화)
　㉯ Specialization(전문화)
　㉰ Simplification(단순화)

합격예측

산업안전 보건위원회 구성
① 근로자 위원
　㉮ 근로자 대표
　㉯ 명예산업안전감독관이 위촉되어 있는 사업장의 경우 근로자대표가 지명하는 1명 이상의 명예산업안전감독관
　㉰ 근로자 대표가 지명하는 9명 이내의 해당 사업장의 근로자
② 사용자 위원
　㉮ 해당 사업의 대표자
　㉯ 안전관리자 1명
　㉰ 보건 관리자 1명
　㉱ 산업보건의
　㉲ 해당사업의 대표자가 지명하는 9명 이내의 해당 사업장 부서의 장
③ 회의 : 산업안전보건위원회의 회의는 정기회의와 임시회의로 구분하되, 정기회의는 분기 마다 위원장이 소집하며, 임시회의는 위원장이 필요하다고 인정할 때에 소집한다.
④ 회의는 근로자위원 및 사용자위원 각 과반수의 출석으로 시작하고 출석위원 과반수의 찬성으로 의결한다.

합격정보

산업안전보건법 시행령 제35조(산업안전보건위원회의 구성)

3. H.O. Berckhofs의 정의

① 안전 과학 : 인간 에너지 시스템의 주체인 인간이 외적 조건인 위치, 전기, 열, 화학 등 여러 가지 시스템과 결부되는 방법에 관한 인간 행동 과학
② 인간 에너지 시스템에 관련된 시스템 계열상에서 인간 자신의 예측 또는 전망을 뒤엎고 돌발하는 사건을 인간 형태학적 견지에서 과학적으로 통제하는 것
③ 사고의 시간성 및 에너지의 사고 관련성 규명

4. J.H. Harvey의 3E(three E's of safety)

사고를 방지하고 안전을 도모하기 위하여

3E ┌ safety Education(교육)
　　├ safety Engineering(기술)
　　└ safety Enforcement(규제, 단속, 독려, 감독 …)의 조치가 균형을 이루어야 한다고 주장하여 안전에 크게 기여했다.

5. 4E란 3E에 환경(Environment) 추가

3 사고와 재해

1. 사고(accident)

Accident(cido : 낙하, 전도)
Unfall(fall : 낙상, 전도)
① undesired event(원하지 않은 사상)
② unefficient event : 1950. N.Y대학의 Cutter 안전 과학장(비효율적 사상)
③ strained event : stress의 한계를 넘어선 strained event는 모두 사고다(변형된 사상).

2. 사고에는 인적 사고와 물적 사고가 있다.

인적 사고라 함은 사고 발생이 직접 사람에게 상해를 주는 것으로서
① 사람의 동작에 의한 사고
② 물건의 운동에 의한 사고
③ 접촉·흡수에 의한 사고 등의 3종으로 구분된다.
물적 사고라 함은 상해는 발생되지 않았더라도 경제적 손실을 초래한 사고를 뜻한다.

합격예측

안전보건에 관한 노사협의체의 구성에 있어 근로자위원과 사용자위원

① 근로자 위원
　㉮ 도급 또는 하도급 사업을 포함한 전체 사업의 근로자 대표
　㉯ 근로자 대표가 지명하는 명예산업안전감독관 1명, 다만, 명예산업안전감독관이 위촉되어 있지 아니한 경우에는 근로자 대표가 지명하는 해당 사업장 근로자 1명
　㉰ 공사금액이 20억원 이상인 도급 또는 하도급 사업의 근로자대표
② 사용자 위원
　㉮ 해당 사업의 대표자
　㉯ 안전관리자 1명
　㉰ 보건관리자 1명
　㉱ 공사금액이 20억원 이상인 공사의 관계수급인

합격정보

산업안전보건법 시행령 제64조(노사협의체의 구성)

합격예측

재해(사고)의 본질적 특성

① 사고의 시간성
② 우연성 중의 법칙성
③ 필연성 중의 우연성
④ 사고의 재현 불가능성

4 안전의 의의

1. 안전 제일(safety first)
Gary(U.S. Steel Co.)가 1906년 안전 투자는 경영 회계상 유리한 결과를 초래한다는 사실을 발견

2. 안전의 의의
① 인도주의
② 기업의 경제적 손실 방지(재해로 인한 물적, 인적, 생산 손실 방지)
③ 생산 능률의 향상(사기 진작, 안전 동기 부여)
④ 대외 여론 개선

3. 재해 발생이 노동력 손실에 주는 영향
① 교육 훈련 등 여분의 경비와 시간 손실
② 유경험자의 노동력 상실
③ 불안감에 의한 작업 능률 저하

엘버트 헨리 게리
(Elbert Henry Gary,
1903~1911)

5 산업 재해 발생 과정

1. 하인리히의 산업 안전의 공리(公理 : Industrial Safety Axiom)
① 재해의 발생은 언제나 사고 요인의 연쇄 반응(sequence)의 결과로서 초래되며, 사고의 발생은 항상 불안전한 행동 또는 불안전한 상태에 기인된다.
② 대부분의 사고 책임은 불안전한 인간의 행동에 기인된다.
③ 불안전한 행동에 기인된 노동 불능 상해(disabling injury) 사고로 고통을 받는 사람은 대개의 경우 300번 이상 불안전한 행동을 하여 중, 경상 재해를 가까스로 면한 사고의 반복자들이다.(1 : 29 : 300의 법칙)
④ 상해의 정도는 우연성이 크다. 그러나 재해를 수반하는 사고의 대부분은 방지할 수 있다.

2. 사고 발생 연쇄성 이론

(1) 하인리히(H.W. Heinrich)의 사고 발생 연쇄성 이론(Domino's theory)
① 제1단계 : 유전적 요인 및 사회적 환경(ancestry and social environment)
② 제2단계 : 개인적 결함(personal faults)

합격예측

용어정의
① 위험 : 물(物) 또는 환경에 의한 부상 등의 발생가능성을 가지고 있는 경우
② 유해 : 물(物) 또는 환경에 의한 질병의 발생이 필연적으로 나타나는 경우
③ 재해예방 : 소극적 개념(재해의 가능성이 있을 경우 그것을 피해 가는 경우)
④ 위험방지 : 적극적 개념(재해의 원인을 제거하고 안전한 작업을 하는 경우)

합격예측

아담스의 사고 발생 이론
① 관리구조
② 작전적 에러
③ 전술적 에러
④ 사고
⑤ 상해

합격예측

자베타키스의 사고연쇄성 이론
① 개인과 환경
② 불안전한 행동 + 불안전한 상태
③ 물질에너지의 기준이탈
④ 사고
⑤ 구호

합격예측

산업안전보건법상의 산업재해의 정의
노무를 제공하는 사람이 업무에 관계되는 건설물·설비·원재료·가스·분진 등에 의하거나 작업 그 밖의 업무로 인하여 사망 또는 부상하거나 질병에 걸리는 것을 말한다.

합격정보
산업안전보건법 제2조(정의)

③ 제3단계 : 불안전한 행동 및 불안전한 상태(unsafe act or unsafe condition)
④ 제4단계 : 사고(accident)
⑤ 제5단계 : 상해(injury)

(2) 버드(F.E. Bird Jr)의 최신의 재해 연쇄성(도미노) 이론

① 제1단계 : 통제의 부족(관리)
② 제2단계 : 기본 원인(기원)
③ 제3단계 : 직접 원인(징후)
④ 제4단계 : 사고(접촉)
⑤ 제5단계 : 상해(손실)

(3) 재해예방 4원칙

① 손실우연의 원칙
② 원인계기의 원칙
③ 예방가능의 원칙
④ 대책선정의 원칙

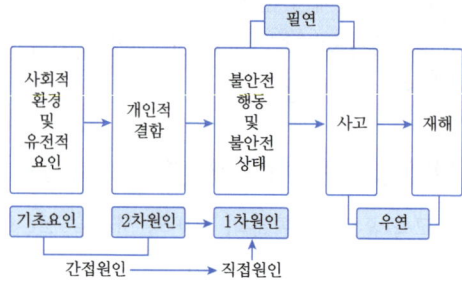

[그림] 하인리히 도미노 이론

3. 재해발생의 주요 원인

(1) 사회적 환경과 유전적 요소

인간 성격의 내적 요소는 유전과 환경의 영향에 의해 형성되며, 유전과 환경은 인간 결함의 원인이 된다.

(2) 개인적 결함

후천적인 결함으로 불안전한 행동을 유발시키고 기계적, 물리적인 위험 존재의 원인이 되기도 한다.
① 부적절한 태도
② 전문 지식의 결여 및 기술, 숙련도 부족
③ 신체적 부적격
④ 부적절한 기계적, 물리적 환경
⑤ 정신적, 성격적 결함(무모, 신경질, 흥분, 과격한 기질, 동기 부여 실패)

(3) 불안전한 행동

직접적으로 사고를 일으키는 원인이 된다(인적 원인).
① 권한없이 행한 조작
② 불안전한 속도 조작 및 위험 경고없이 조작

③ 안전장치를 고장내거나 기능 제거
④ 결함있는 장비, 공구, 차량 등 운전 시설의 불안전한 사용
⑤ 보호구 미착용 및 위험한 장비에서 작업
⑥ 필요 장비를 사용하지 않거나 불안전한 기구를 대신 사용
⑦ 불안전한 적재, 배치, 결함, 정리 정돈하지 않음
⑧ 불안전한 인양, 운반
⑨ 불안전한 자세 및 위치
⑩ 당황, 놀람, 잡담, 장난 등

(4) 불안전 상태

사고 발생의 직접적인 원인이 되는 것으로 기계적, 물리적인 위험 요소를 말한다.(물적 원인).
① guard 미비, 불완전한 guard(부적절한 설치)
② 결함있는 기계 설비 및 장비
③ 불안전한 설계, 위험한 배열 및 공정
④ 부적절한 조명, 환기, 복장, 보호구 등
⑤ 불량한 정리 정돈
⑥ 불량 상태(미끄러움, 날카로움, 거침, 깨짐, 부식됨 등)

4. 재해 원인의 연쇄 관계

재해 원인은 직접 원인과 간접 원인으로 나누어지며, 재해의 과정은 다음과 같은 연쇄 관계를 거쳐 진행한다. 따라서 연쇄를 절단하여 하나의 원인을 제거하면 사고의 발생을 방지할 수 있다.

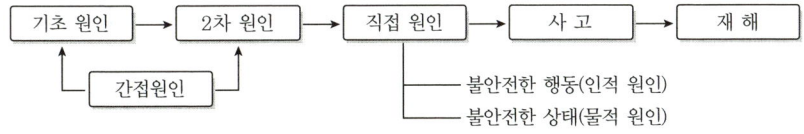

(1) 간접 원인 : 재해의 가장 깊은 곳에 존재하는 기본 원인이다.
① 기초 원인 : 학교 교육적 원인, 관리적 원인
② 2차 원인 : 신체적 원인, 정신적 원인, 안전 교육적 원인, 기술적 원인

(2) 직접원인 : 시간적으로 사고 발생에 가장 가까운 원인이다.
① 물적 원인 : 불안전한 상태(설비 및 환경 등의 불량)
② 인적 원인 : 불안전한 행동

합격예측

직접원인에 해당하는 불안전한 행동과 불안전한 상태
① 불안전한 행동
  ㉮ 위험장소의 접근
  ㉯ 안전방호장치의 기능제거
  ㉰ 복장·보호구의 잘못 사용
  ㉱ 기계·기구의 잘못 사용
  ㉲ 운전중인 기계장치의 손질
② 불안전한 상태
  ㉮ 물 자체의 결함
  ㉯ 안전방호장치의 결함
  ㉰ 복장·보호구의 결함
  ㉱ 물의 배치 및 작업장소 불량
  ㉲ 작업환경의 결함

합격예측

관리적 원인에 대한 사항
(1) 기술적 원인
  ① 건물 기계장치 설계불량
  ② 구조재료의 부적합
  ③ 생산방법의 부적당
  ④ 점검 정비보존 불량
(2) 작업 관리상의 원인
  ① 안전관리 조직결함
  ② 안전수칙 미제정
  ③ 작업준비 불충분
  ④ 인원배치 부적당
  ⑤ 작업지시 부적당
(3) 교육적 원인
  ① 안전의식의 부족
  ② 안전수칙의 오해
  ③ 경험훈련의 미숙
  ④ 작업방법의 교육 불충분
  ⑤ 유해·위험작업의 교육 불충분

합격예측

산업재해의 발생형태(등치성 이론)
① 단순자극형(집중형)
② 연쇄형
③ 복합형

합격예측

① 기인물 : 재해발생의 주원인이며 재해를 가져오게 한 근원이 되는 기계, 장치, 물(物) 또는 환경등(불안전 상태)
② 가해물 : 직접 사람에게 접촉하여 피해를 주는 기계, 장치, 물(物) 또는 환경 등

(3) 직접 원인과 간접 원인과의 상호 관계

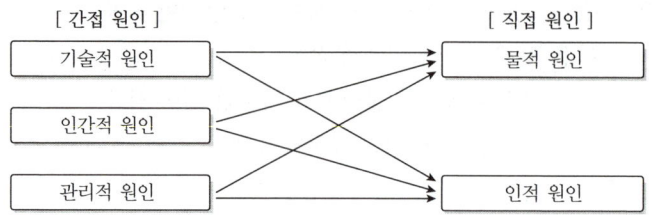

[그림] 직접 원인·간접 원인 관계

5. 산업재해의 발생형태(등치성 이론)

일반적으로 재해 발생의 메커니즘(mechanism)은 다음 3가지의 구조적 요소를 갖고 있다.

① 단순자극형 : 상호 자극에 의하여 순간적으로 재해가 발생하는 유형으로 재해가 일어난 장소에, 그 시기에 일시적으로 요인이 집중한다고 하여 집중형이라고도 한다.

② 연쇄형 : 하나의 사고 요인이 또 다른 요인을 발생시키면서 재해를 발생시키는 유형이다. 단순 연쇄형과 복합 연쇄형이 있다.

③ 복합형 : 단순 자극형과 연쇄형의 복합적인 발생 유형이다.

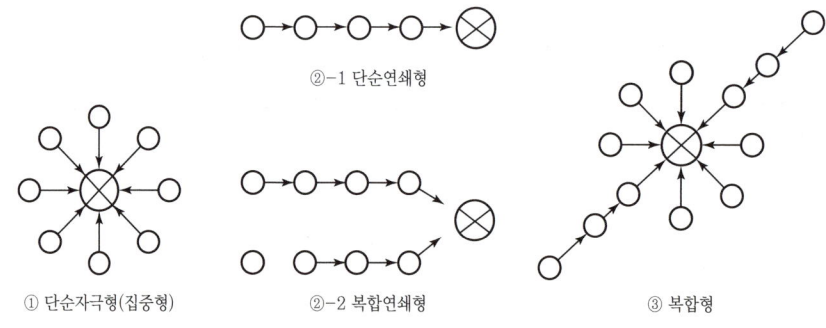

[그림] 재해(⊗)의 발생 형태 3가지

6. 하인리히의 재해 구성 비율(하인리히의 법칙)

(1) 1 : 29 : 300의 법칙

330회의 사고 가운데 중상 또는 사망 1회, 경상 29회, 무상해 사고 300회의 비율로 사고가 발생한다는 것을 나타낸다.

(2) 재해의 발생

= 물적 불안전 상태 + 인적 불안전 행위 + α

= 설비적 결함 + 관리적 결함 + α

$$\therefore \alpha = \frac{300}{1+29+300}$$

여기서 α : 잠재된 위험의 상태(potential) = 재해

사고 ┬ 중상(휴업 8일 이상~사망) - 0.3[%] → 1
　　 ├ 경상(휴업 1일 이상~휴업 7일 미만) - 8.8[%] → 29
　　 └ 무상해 사고(휴업 1일 미만) - 90.0[%] → 300

(3) 재해 구성 비율 모델

① 하인리히의 재해 구성 비율　　② I.L.O.의 재해 구성 비율

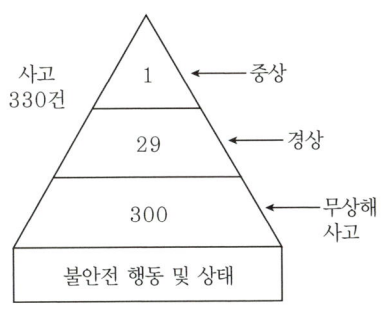
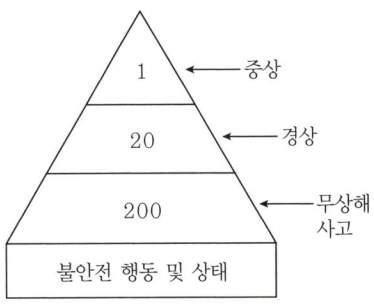

[그림] 하인리히 1:29:300　　　[그림] I.L.O 1:20:200

③ 버드의 재해 구성 비율

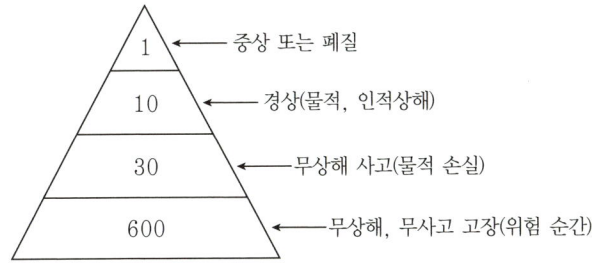

[그림] 버드 1:10:30:600

합격예측

(1) 동작경제의 3원칙 (길브레드)
① 동작능력활용의 원칙
② 작업량 절약의 원칙
③ 동작개선의 원칙

(2) 동작경제의 3원칙 (Barnes)
① 신체의 사용에 관한 원칙
② 작업장의 배치에 관한 원칙
③ 공구 및 설비디자인에 관한 원칙

합격예측

작업표준의 목적
① 위험요인 제거
② 손실요인 제거
③ 작업의 효율화

참조

하인리히의 법칙

1920년대에 미국 한 여행 보험 회사의 관리자였던 허버트 W. 하인리히(Herbert W. Heinrich)는 7만 5,000건의 산업재해를 분석한 결과 아주 흥미로운 법칙 하나를 발견했다. 그는 조사 결과를 토대로 1931년 「산업재해예방(Industrial Accident Prevention)」이라는 책을 발간하면서 산업 안전에 대한 1 : 29 : 300법칙을 주장했다. 이 법칙은 산업재해 중에서도 큰 재해가 발생했다면 그전에 같은 원인으로 29번의 작은 재해가 발생했고, 또 운 좋게 재난은 피했지만 같은 원인으로 부상을 당할 뻔한 사건이 300번 있었을 것이라는 사실을 밝혀냈다. 이를 확률로 환산하면, 재해가 발생하지 않은 사고(No-Injury Accident)의 발생 확률은 90.9[%], 경미한 재해(Minor Injury)의 발생 확률은 8.8[%], 큰 재해(Major Injury)의 발생 확률은 $0.3[\%] = \frac{1}{330}$ 라는 것이다.

7. 재해 빈발자

(1) 한번 재해를 일으킨 사람이 다음의 재해를 일으킬 가능성은 처음으로 재해를 일으킬 가능성보다 높다. 그 이유에 대한 세 가지의 설은 다음과 같다.

① 기회설 : 재해가 다발하는 것은 개인의 영향이 아니라 그 사람이 종사하는 작업에 위험성이 많기 때문이다.
② 암시설 : 사람은 한번 재해를 당하면 겁쟁이가 되거나 신경과민이 되어 그 사람이 갖는 대응 능력이 열화되기 때문에 재해를 빈발하게 된다.
③ 재해 빈발 경향자설 : 근로자 가운데에 재해를 빈발하는 소질적 결함자가 있다.

(2) 재해 누발자의 유형

① 미숙성 누발자
 ㉮ 기능미숙 때문에
 ㉯ 환경에 익숙하지 못하기 때문에
② 상황성 누발자
 ㉮ 작업이 어렵기 때문에
 ㉯ 기계 설비에 결함이 있기 때문에
 ㉰ 환경상 주의력의 집중이 혼란되기 때문에
 ㉱ 심신에 근심이 있기 때문에
③ 습관성 누발자
 ㉮ 재해의 경험에 의해 겁쟁이가 되거나 신경과민이 되기 때문에
 ㉯ 일종의 슬럼프 상태에 빠져 있기 때문에
④ 소질성 누발자
 ㉮ 개인적 소질 가운데에 재해 원인의 요소를 가지고 있는 자
 ㉯ 개인의 특수 성격 소유자

세부항목 02 산업재해예방계획 수립 및 산업안전매뉴얼 개발
출제예상문제

01 산업재해 발생형태 3가지를 쓰시오.

해답
① 집중형
② 연쇄형
③ 복합형

02 하인리히의 사고방지 5단계 중에서 제5단계인 시정책 적용에서 3E와 3S란 무엇을 말하는가?

해답
① 3E : 교육(Education), 기술(Engineering), 독력(Enforcement)
② 3S : 표준화(Standardization), 단순화(Simplification), 전문화(Specialization)

03 산업재해의 뜻을 쓰시오.

해답
산업재해라 함은 노무를 제공하는 사람이 업무에 관계되는 건설물 설비, 원재료, 가스, 증기, 분진 등에 의하거나 작업 그 밖의 업무로 인하여 사망 또는 부상하거나 질병에 걸리는 것을 말한다.

참고 산업안전보건법 제2조(정의)

04 안전 보건 진단을 간략하게 쓰시오.

해답
산업재해를 예방하기 위하여, 잠재적 위험성을 발견하고 그 개선 대책의 수립을 목적으로 조사·평가하는 것을 말한다.

합격정보
산업안전보건법 제2조(정의)

05 재해 발생 5단계(DOMINO 이론)를 순서대로 쓰시오.

해답
① 제1단계 : 사회적 환경 및 유전적 요인
② 제2단계 : 개인의 결함(개성)
③ 제3단계 : 불안전 행동 및 불안전 상태
④ 제4단계 : 사고
⑤ 제5단계 : 재해

06 재해(사고) 예방 5단계를 순서대로 쓰시오.

해답
① 제1단계 : 조직
② 제2단계 : 사실의 발견
③ 제3단계 : 분석
④ 제4단계 : 시정책의 선정
⑤ 제5단계 : 시정책의 적용

07 시정책 선정시 고려 사항을 4가지 쓰시오.

해답
① 기술적 개선
② 교육 및 훈련의 개선
③ 배치 조정
④ 규정 및 수칙의 개선

08 사실의 발견시 확인 사항을 쓰시오.

해답

① 사고 및 활동 기록의 검토
② 사고 조사
③ 작업분석
④ 각종 안전 회의 및 토의
⑤ 점검 및 검사

09 시정책 적용시 3E란 무엇인지 쓰시오.

해답

① 교육
② 기술
③ 규제(독려)

10 재해예방 기본원칙(재해예방 4원칙)을 쓰시오.

해답

① 예방가능의 원칙
② 원인연계의 원칙
③ 손실우연의 원칙
④ 대책선정의 원칙

11 중대 재해를 3가지 쓰고 고용노동부 지방 관서장에게 보고 사항, 보고 기간을 쓰시오.

해답

(1) 중대 재해
 ① 사망자가 1명 이상 발생한 재해
 ② 3개월 이상의 요양이 필요한 부상자가 동시에 2명 이상 발생한 재해
 ③ 부상자 또는 직업성 질병자가 동시에 10명 이상 발생한 재해
(2) 보고 사항
 ① 발생 개요 및 피해 상황
 ② 조치 및 전망
 ③ 그 밖의 중요한 사항
(3) 보고 기간 : 지체 없이

합격정보

산업안전보건법 시행규칙 제3조 및 제67조(중대재해 발생시 보고)

12 재해 발생 형태 중 전도와 낙하·비래 및 협착을 간단히 설명하시오.

해답

① 전도 : 사람이 평면상으로 넘어졌을 때를 말함(과속, 미끄러짐 포함)
② 낙하, 비래 : 물건이 주체가 되어 사람이 맞는 경우
③ 협착 : 물건에 끼워진 상태, 말려든 상태

13 상해의 종류 중 자상, 좌상, 절상 및 부종을 간단히 설명하시오.

해답

① 자상(찔림) : 칼날 등 날카로운 물건에 찔린 상해
② 좌상(타박상) : 타박, 충돌, 추락물 등으로 피부 표면보다는 피하 조직 또는 근육부를 다친 상해(삔 것 포함)
③ 절상 : 신체 부위가 절단된 상해
④ 부종 : 국부 혈액 순환의 이상으로 몸이 퉁퉁 부어오르는 상해

14 Heinrich의 재해 발생 빈도 법칙을 간단히 설명하고 이 법칙에 의할 경우 사망자가 5명 발생시 무상해 사고는 몇 건 발생했는지 계산하시오.

해답

① 반복 사고 중 무상해가 300회, 경상해가 29회, 중상해가 1회의 비율로 발생한다는 것. 즉, 1:29:300의 법칙이다.
여기서, 재해 발생=물적 불안정 상태+인적 불안전 행동 $+\alpha$=설비적 결함+관리적 결함$+\alpha$
$$\alpha = \frac{300}{1+29+300} = 재해$$
② 1 : 300 = 5 : x에서
$$x = \frac{300 \times 5}{1} = 1{,}500회$$

15 재해 원인을 직접 원인과 간접 원인으로 나눌 경우 직접 원인 2가지와 간접 원인 5가지를 쓰시오.

해답

(1) 직접 원인
 ① 인적 원인(불안전 행동)
 ② 물적 원인(불안전 상태)

(2) 간접 원인
　① 관리적 원인
　② 신체적 원인
　③ 기술적 원인
　④ 정신적 원인
　⑤ 교육적 원인

16 재해 발생에 따른 손실비 산출시 Heinrich 이론을 적용할 경우, 산재 보험료가 5,000만원 지급되는 경우, 간접 손실비 및 총재해 손실비를 구하시오.

> **해답**
> ① 간접 손실비 : 간접 손실비는 직접 손실비의 4배이므로
> 　5,000만원×4＝2억원
> ② 총재해 손실비 : 직접 손실비＋간접 손실비의 합이므로
> 　5,000만원＋2억원＝2억 5,000만원

17 재해의 원인 중 기술적 원인과 교육적 원인의 세부 항목을 각각 4가지씩 쓰시오.

> **해답**
> (1) 기술적 원인
> 　① 건물, 기계 장치 설계 불량
> 　② 생산 방법의 부적당
> 　③ 구조, 재료의 부적합
> 　④ 점검, 정비, 보존 불량
>
> (2) 교육적 원인
> 　① 안전 지식의 부족
> 　② 경험, 훈련의 미숙
> 　③ 안전 수칙의 오해
> 　④ 작업 방법의 교육 불충분

18 불안전한 상태 중 생산 공정의 결함 사항을 5가지 쓰시오.

> **해답**
> ① 위험 작업임에도 조치 불비
> ② 부적당한 기계 장치, 공구, 용구의 사용
> ③ 위험 공정임에도 조치 불비
> ④ 작업 순서의 잘못
> ⑤ 위험한 상황에 대비한 안전 장치 불안전

19 위험방지가 특히 필요한 작업의 종류를 쓰시오.

> **해답**
> ① 고압실내 작업
> ② 아세틸렌 또는 가스집합 용접장치를 사용하는 금속의 용접·용단 또는 가열 작업
> ③ 밀폐된 장소에서의 용접 작업 또는 습한 장소에서의 전기 용접 작업
> ④ 폭발성·물반응성·자기반응성·자기발열성 물질, 자연발화성 액체·고체 및 인화성 액체의 제조 또는 취급작업 발화성 및 인화성 물질의 제조 또는 취급 작업
> ⑤ 액화석유가스(LPG)·수소가스 등 인화성 가스 또는 폭발성 물질 중 가스의 발생장치 취급 작업
> ⑥ 화학 설비 중 반응기·교반기·추출기의 사용 및 세척 작업
> ⑦ 화학설비의 탱크 내 작업
> ⑧ 분말·원재료 등을 담은 호퍼·사일로 등 저장탱크의 내부 작업
> ⑨ 전압이 75[V] 이상인 정전 및 활선작업
> ⑩ 주물 및 단조작업
> ⑪ 거푸집 동바리의 조립 또는 해체작업
> ⑫ 맨홀작업
> ⑬ 고용노동부령으로 정하는 밀폐공간에서의 작업
> ⑭ 로봇작업
> ⑮ 고용노동부령으로 정하는 강렬한 소음작업

20 산업재해를 예방하기 위해 사업장의 산업재해 발생건수, 재해율 또는 그 순위를 공표할 수 있는 사업장의 종류를 쓰시오.

> **해답**
> ① 산업재해로 인한 사망자(이하 "사망재해자"라 한다)가 연간 2명 이상 발생한 사업장
> ② 사망만인율(死亡萬人率 : 연간 상시근로자 1만명당 발생하는 사망재해자 수로 환산한 것을 말한다)이 규모별 같은 업종의 평균 사망만인율 이상인 사업장
> ③ 중대산업사고가 발생한 사업장
> ④ 산업재해 발생 사실을 은폐한 사업장
> ⑤ 산업재해의 발생에 관한 보고를 최근 3년 이내 2회 이상 하지 않은 사업장

> **합격정보**
> 산업안전보건법 시행령 제10조(공표대상 사업장)

21 재해발생 이론 3가지를 단계별로 쓰시오.

해답

구분 단계	하인리히 도미노 이론	프랑크 버드의 신 도미노 이론	아담스의 이론
제1단계	사회적 환경과 유전적인 요소	통제부족(관리)	관리구조
제2단계	개인적 결함 (성격·개성 결함)	기본원인(기원)	작전적 에러
제3단계	불안전한 행동 및 상태 (제거 가능한 요인)	직접원인(징후)	전술적 에러
제4단계	사고	사고	사고
제5단계	상해(재해)	상해(손해, 손실)	상해 또는 손해

22 불안전한 행동의 직접원인 4가지를 쓰시오.

해답

① 지식의 부족
② 기능의 미숙
③ 태도의 불량
④ 인적실수

23 인간의 불안전 행동은 여러 가지 형태가 있다. 그러나 안전관리를 실제로 추진하는 입장에서는 불안전 행동을 4가지 종류로 구분한다. 4가지 종류의 불안전 행동을 적으시오.

해답

① 생리적 원인
② 심리적 원인
③ 교육적 원인
④ 환경적 원인

24 재해예방의 4원칙을 쓰고 설명하시오.

해답

① 예방가능의 원칙 : 천재지변을 제외한 모든 인재는 예방이 가능하다.
② 손실우연의 원칙 : 사고의 결과 손실의 유무 또는 대소는 사고 당시의 조건에 따라 우연적으로 발생한다.
③ 원인연계의 원칙 : 사고에는 반드시 원인이 있고 원인은 대부분 복합적 연계원인이다.
④ 대책선정의 원칙 : 사고의 원인이나 불안전 요소가 발견되면 반드시 대책은 선정 실시되어야 하며 대책선정이 가능하다.

25 사고예방대책의 기본원리 5단계(하인리히의 재해 예방 원리)를 쓰시오.

해답

① 제1단계 : 안전관리조직
② 제2단계 : 사실의 발견
③ 제3단계 : 분석(분석평가)
④ 제4단계 : 시정방법(시정책)의 선정
⑤ 제5단계 : 시정책의 적용(3S와 3E 활용)

26 3S와 3E를 쓰시오.

해답

3E : ① 기술(Engineering)
② 교육(Education)
③ 규제(Enforcement)
+ 환경(Environment)을 추가하면 4E
3S : ① 표준화(Standardization)
② 전문화(Specialization)
③ 단순화(Simplification)
+ 총합화(Synthesization)을 추가하면 4S

녹색직업 녹색자격증 코너

성장에는 시간이 걸린다.
호박과 토마토는 몇 주 만에 자라 며칠, 몇 주 동안 열매가 열리지만, 첫서리가 내리면 이내 죽어버린다.
반면 나무는 서서히 몇 년, 몇 십 년, 몇 백 년까지 자라고 열매도 수 십 년 동안 맺는다.
건강하기만 하면 서리나 태풍, 가뭄에도 끄떡없다.
- 존 맥스웰, '사람은 무엇으로 성장하는가'에서

빨리 자라면, 빨리 생을 마감하게 되는 것이 자연 법칙입니다.
인생에서 중요한 일은 대개 예상보다 시간도 많이 걸리고 비용도 많이 듭니다.
일이 생각만큼 잘 안된다면 천천히 자랄수록 더 튼튼하게 자라는 거라 믿고 낙심하는 대신 기다릴 줄 아는 지혜가 필요합니다.

MEMO

SAFETY ENGINEER

산업재해 대응

세부항목 산업재해 처리 절차 수립 / 산업재해자 응급조치
산업재해원인 분석 / 산업재해 대책 수립
● 출제예상문제

세부항목
산업재해 처리 절차 수립 / 산업재해자 응급조치
산업재해원인 분석 / 산업재해 대책 수립

중점 학습내용

산업재해 발생 및 재해조사 분석에 관련된 기본적인 기초 지식을 학습하도록 하였으며 이번 실기 필답형 시험에 출제되는 그 중심적인 내용은 다음과 같다.

❶ 재해 조사의 목적
❷ 재해 조사 방법
❸ 재해 조사시의 유의 사항
❹ 재해 발생시 처리 순서 7단계
❺ 재해발생시 긴급처리내용 5가지
❻ 재해 조사시 잠재 재해 요인 적출요령 7가지
❼ 재해 사례 연구 순서
❽ 직접 원인
❾ 관리적 원인
❿ 재해 분석 모델
⓫ 재해 발생의 일반적인 경향
⓬ 재해 원인 분석 방법
⓭ 재해 손실비
⓮ 연천인율
⓯ 빈도율
⓰ 강도율
⓱ 종합 재해 지수
⓲ Safe-T-Score
⓳ 재해 발생률의 국제 비교
⓴ 안전활동률

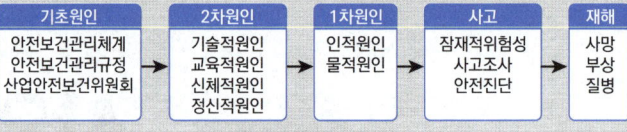

[그림] 재해의 연쇄관계

합격날개

합격예측

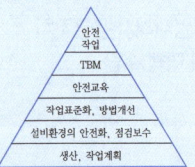

[그림] 재해원인구조

1 재해 조사의 목적

재해 원인과 결함을 규명하여 동종 재해 및 유사 재해의 재발 방지 대책 강구

2 재해 조사 방법

① 재해 발생 직후에 행한다.
② 현장의 물리적 흔적(물적 증거)을 수집한다.
③ 재해 현장은 사진을 촬영하여 보관하고, 기록한다.
④ 목격자, 현장 책임자 등 많은 사람들에게 사고시의 상황을 듣는다.
⑤ 재해 피해자로부터 재해 직전의 상황을 듣는다.
⑥ 판단하기 어려운 특수 재해나 중대 재해는 전문가에게 조사를 의뢰한다.

재해 조사 과정의 3단계
① 현장 보존
② 사실의 수집
③ 목격자, 감독자, 피재자 등의 진술

3 재해 조사 시의 유의 사항

① 사실을 수집한다. 이유는 뒤에 확인한다.
② 목격자 등이 증언하는 사실 이외의 추측의 말은 참고로만 한다.
③ 조사는 신속하게 하고 긴급 조치하여, 2차 재해의 방지를 도모한다.
④ 사람, 기계 설비 양면의 재해 요인을 모두 도출한다.
⑤ 객관적인 입장에서 공정하게 조사하며, 조사는 2인 이상이 한다.
⑥ 책임 추궁보다 재발 방지를 우선하는 기본 태도를 갖는다.
⑦ 피해자에 대한 구급 조치를 우선한다.
⑧ 2차 재해의 예방과 위험성에 대한 보호구를 착용한다.

> **합격예측**
>
> **재해 조사시의 유의해야 할 사항**
> ① 사실을 수집한다. 이유는 뒤에 확인한다.
> ② 목격자 등이 증언하는 사실 이외의 추측의 말은 참고로만 한다.
> ③ 객관적인 입장에서 공정하게 조사하며, 조사는 2명 이상이 한다.
> ④ 책임추궁보다 재발방지를 우선하는 기본태도를 갖는다.
> ⑤ 피해자에 대한 구급조치를 우선한다.

4 재해발생 시 처리 순서 7단계

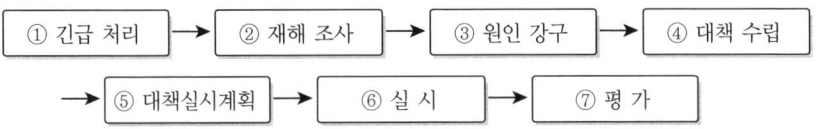

5 재해발생 시 긴급처리내용 5가지

① 피재기계의 정지
② 피해자의 구출 및 응급조치
③ 관계자에게 통보
④ 2차 재해 방지
⑤ 현장보존

> **합격예측**
>
> **재해발생시의 긴급처리내용**
> ① 피재기계의 정지
> ② 피해자의 구출 및 응급조치
> ③ 관계자에게 통보
> ④ 2차 재해방지
> ⑤ 현장보존

6 재해 조사 시 잠재 재해 요인 적출요령 7가지

① 조사
② 언제
③ 어떠한 장소에서
④ 어떠한 작업을 하고 있을 때

⑤ 어떠한 물 또는 환경에
⑥ 어떠한 불안전한 상태 또는 행동이 있었기에
⑦ 어떻게 하여 재해가 발생하였나

7 재해 사례 연구 순서(Accident Analysis and Control)

전제 조건 : 재해 상황의 파악(상해 부위, 상해 정도, 상해의 성질)
① 제1단계 : 사실의 확인(사람, 물건, 관리, 재해 발생 경과)
② 제2단계 : 문제점의 발견
③ 제3단계 : 근본 문제점의 결정
④ 제4단계 : 대책 수립

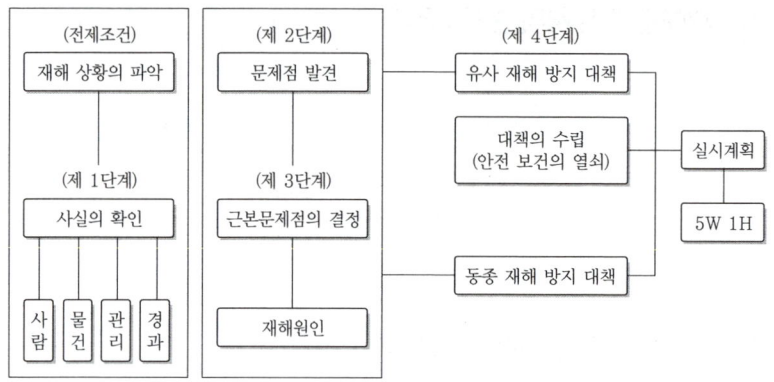

[그림] 재해 사례 연구 순서

8 직접 원인

1. 불안전한 상태(물적 원인)

① 물 자체 결함
② 안전 방호 장치 결함
③ 복장, 보호구의 결함
④ 기계의 배치 및 작업 장소의 결함
⑤ 작업 환경의 결함
⑥ 생산 공정의 결함
⑦ 경계 표시, 설비의 결함

2. 불안전한 행동(인적 원인)

① 위험 장소 접근
② 안전 장치의 기능 제어
③ 복장, 보호구의 잘못 사용
④ 기계 기구 잘못 사용
⑤ 운전중인 기계장치의 손질
⑥ 불안전한 속도 조작
⑦ 위험물 취급 부주의
⑧ 불안전한 상태 방치
⑨ 불안전한 자세 동작
⑩ 감독 및 연락 불충분

> **합격예측**
>
> **재해발생시의 조치사항**
> ① 긴급처리
> ② 재해조사
> ③ 원인규명
> ④ 대책수립
> ⑤ 대책실시계획
> ⑥ 실시
> ⑦ 평가

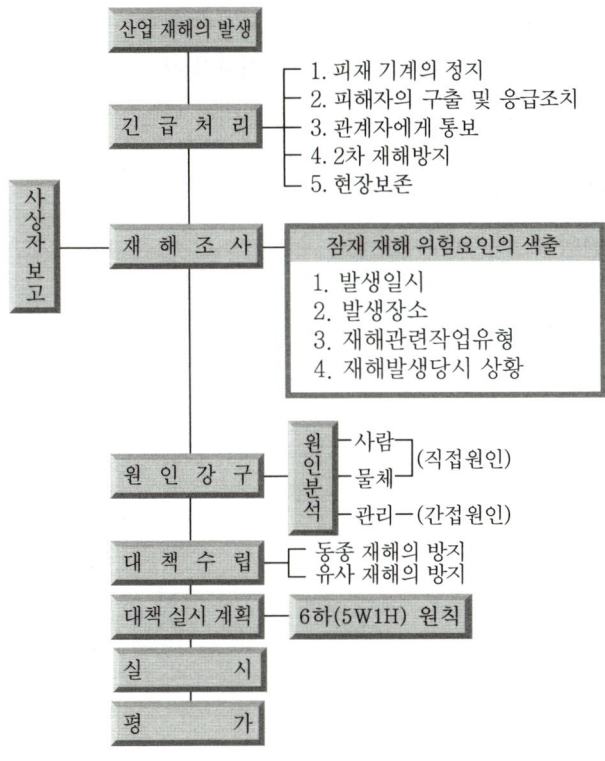

[그림] 재해 발생 처리 순서

> **합격예측**
>
> **재해의 발생 형태**
> ① 떨어짐(추락) : 사람이 건축물, 비계, 기계, 사다리, 계단, 경사면, 나무 등에서 떨어지는 것
> ② 넘어짐(전도) : 사람이 평면상으로 넘어졌을 때를 말함.
> ③ 부딪힘·접촉(충돌) : 사람이 정지물에 부딪힌 경우
> ④ 맞음(낙하·비래) : 물건이 주체가 되어 사람이 맞는 경우
> ⑤ 끼임(협착) : 물건에 끼워진 상태, 말려든 상태

9 관리적 원인

(1) 기술적 원인

① 건물·기계 장치 설계 불량
② 구조·재료의 부적합
③ 생산 공정의 부적당
④ 점검 및 보존 불량

(2) 교육적 원인

① 안전 지식의 부족
② 안전 수칙의 오해
③ 경험 훈련의 미숙
④ 작업 방법의 교육 불충분
⑤ 유해 위험 작업의 교육 불충분

(3) 작업 관리상의 원인

① 안전 관리 조직 결함
② 안전 수칙 미제정
③ 작업 준비 불충분
④ 인원 배치 부적당
⑤ 작업 지시 부적당

(4) 재해의 간접 원인

① 기술적 원인
② 교육적 원인
③ 신체적 원인
④ 정신적 원인
⑤ 관리적 원인

(5) 불안전한 행동의 원인

① 생리적 원인
② 심리적 원인
③ 교육적 원인
④ 환경적 원인

유형	A	B	C	D
도해	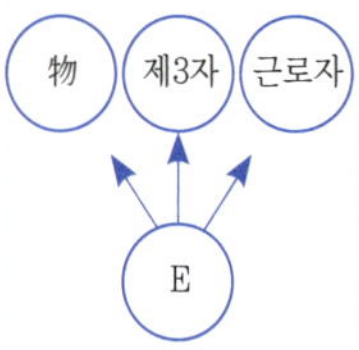 物, 제3자, 근로자 ← E	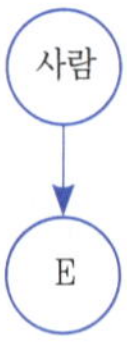 사람 ← E	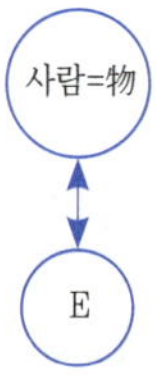 사람=物 ↔ E	 사람 E (동심원)
정의	에너지의 광란 사고의 결과로 발생	에너지 활동구역에 사람이 침입	인체가 에너지체로 타에 충돌	대기중의 유해 유독물
재해 형태	폭발, 내압용기파열, 붕괴, 낙하비래등	동력운전기계에 의한 재해, 감전, 화상 등	추락, 충돌 등	산소결핍, 질식 등

[그림] 사람과 에너지의 관계로 분류한 산업재해

(6) 불안전한 행동별 원인

① 안전 작업 표준 미작성 : 무단 작업 실시로 재해가 발생한다.
② 작업과 안전 작업 표준의 상이 : 설비, 작업의 수시변경으로 재해가 발생한다.
③ 안전 작업 표준에 결함 : 작업 분석의 불완전으로 일어난다.
④ 안전 작업 표준의 몰이해 : 안전 교육에 결함이 있다.
⑤ 안전 작업 표준의 불이행 : 안전 태도에 문제가 있다.

합격예측

상해의 종류
① 부종 : 국부의 혈액순환의 이상으로 몸이 퉁퉁 부어오르는 상해
② 찔림(자상) : 칼날 등 날카로운 물건에 찔린 상해
③ 좌상(타박상) : 타박, 충돌, 추락 등으로 피부표면보다는 피하조직 또는 근육부를 다친 상해
④ 베임(창상) : 창, 칼 등에 베인 상해

10 재해 분석 모델

(1) 재해모델(재해발생구조)

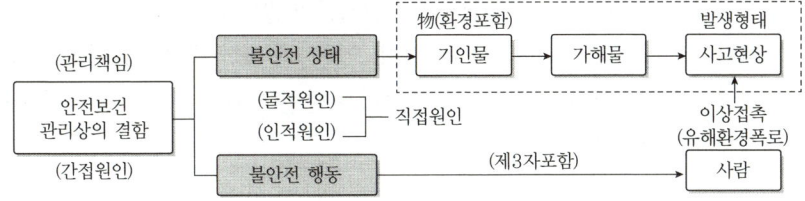

(2) 재해 분석(예)

분석 1 미끄러운 기름이 흩어져 있는 복도 위를 걷다가 넘어져 선반에 머리를 다쳤다. 재해 분석을 하시오. 20. 7. 25 기

해답

① 사고 유형 : 넘어짐(전도)
② 가해물 : 선반
③ 기인물 : 기름

분석 2 운전중 롤러기의 청소 작업중 걸레를 쥔 손이 롤러에 말려들어가 손에 부상을 당하였다. 재해를 분석하시오.

해답

① 사고 유형 : 끼임(협착)   ② 가해물 : 롤러
③ 기인물 : 롤러기   ④ 불안전한 행동 : 운전중 청소
⑤ 불안전한 상태 : 방호 장치 미부착

보충학습

사고유형은 물림이 없습니다. 물림점은 위험점의 종류입니다.

합격예측

근로불능 상해의 종류
① 영구전노동불능 상해
② 영구일부노동불능 상해
③ 일시전노동불능 상해
④ 일시일부노동불능상해

11 재해 발생의 일반적인 경향

(1) 작업 시간

재해 발생은 작업 밀도에 비례하며, 작업 밀도가 높은 10시~11시경 및 14~15시경에 가장 많이 발생한다.

① 작업 밀도가 높고 정신적·육체적 피로가 축적되어 오조작 또는 오동작이 많아지기 때문에 재해가 많이 발생한다.
② 작업 시간이 길어지면 후반으로 갈수록 피로가 증가되어 재해 발생의 기회가 많아진다.

(2) 작업 숙련도에 의한 재해 발생

① 작업의 숙련 과정(1~2년)에서 재해 발생률이 많다.
② 연령은 기능 숙련 과정인 20~25세에 오동작에 의한 재해가 많이 발생한다.
③ 고령층에 있어서는 위험 작업에 종사하는 반면 신체의 운동 신경 둔화로 중대 재해가 발생한다.

(3) 작업 강도

작업 강도가 높을수록 R.M.R(에너지 대사율)이 높아 산소가 부족하여지고, 이러한 상태가 지속되면 판단이 잘못되어 오동작이나 실수를 하여 재해가 발생하게 된다.

12 재해 원인 분석 방법

(1) 개별적 원인 분석

① 개개의 재해를 하나하나 분석하는 것으로 상세하게 그 원인을 규명하는 것이다.
② 특수 재해나 중대 재해 및 건수가 적은 사업장 또는 개별 재해 특유의 조사 항목을 사용할 필요성이 있을 때 사용한다.

(2) 통계적 원인 분석

각 요인의 상호 관계와 분포 상태 등을 거시적(macro)으로 분석하는 방법이다.
① 파레토도 : 사고의 유형, 기인물 등 분류 항목을 큰 순서대로 도표화한다.(문제나 목표의 이해에 편리)

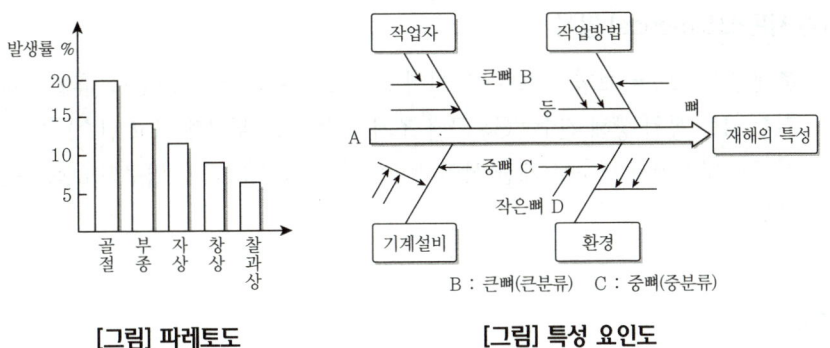

[그림] 파레토도   [그림] 특성 요인도

② 특성 요인도 : 특성과 요인 관계를 도표로 하여 어골상(魚骨狀)으로 세분한다.
③ 크로스 분석 : 2개 이상의 문제 관계를 분석하는 데 사용하는 것으로, 데이터(data)를 집계하고 표로 표시하여 요인별 결과 내역을 교차한 크로스 그림을 작성하여 분석한다.
④ 관리도 : 재해 발생 건수 등의 추이를 파악하여 목표 관리를 행하는 데 필요한 월별 재해 발생수를 그래프(graph)화하여 관리선을 설정 관리하는 방법이다. 관리선은 상방 관리 한계(UCL : upper control limit), 중심선(CL), 하방 관리선(LCL : low control limit)으로 표시한다.

> 합격예측
>
> **재해코스트 산출방식에 있어 시몬즈와 하인리히 방식**
> ① 시몬즈는 보험 cost와 비보험 cost로, 하인리히는 직접비와 간접비로 구분
> ② 산재보험료와 보상금의 차이 : 시몬즈는 보험 cost에 가산, 하인리히는 가산하지 않음
> ③ 간접비와 비보험 cost는 같은 개념이나 구성 항목에 차이
> ④ 시몬즈는 하인리히의 1:4 방식 전면 부정하고 새로운 산정방식인 평균치법 채택

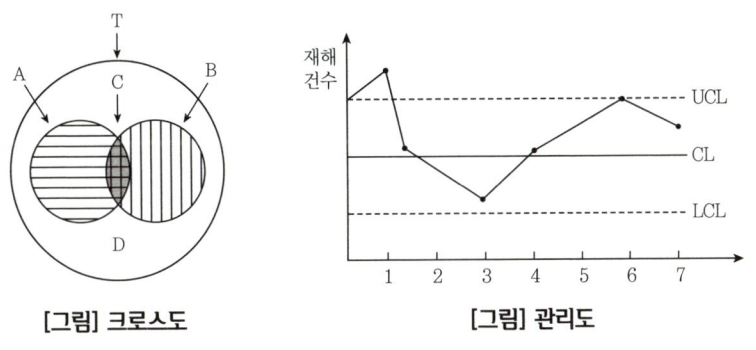

[그림] 크로스도   [그림] 관리도

13 재해 손실비(Accident Cost)

(1) 하인리히(H.W. Heinrich) 방법 22. 5. 7 산

① 총재해 코스트＝직접비＋간접비
② 직접비(direct cost) : 산재 보상비
③ 간접비(indirect cost) : 생산 손실, 물적 손실, 인적 손실(임금 손실)
④ 직접비 : 간접비＝ 1 : 4

합격예측

버드의 방식
총재해 코스트
= 직접비(1) + 간접비(5)

합격예측

콤패스방식
전체재해손실
= 공동비용(불변) + 개별비용(변수)

(2) 시몬즈(Simonds) 방식

① 총재해 코스트 = 보험 코스트 + 비보험 코스트 = 보험 코스트 + (A×휴업 상해 건수 + B×통원 상해 건수 + C×구급 조치 건수 + D×무상해 사고 건수)
② 시몬즈 방식에서 별도로 계산 삽입하여야 하는 재해 : 사망, 영구전노동 불능 재해

참고

(1) 2024년 한해의 산재보상비의 총액은 2,000만원이었다면 이 사업장의 총 재해 손실비는 얼마인가?

해답

2,000만원×5 = 1억

(2) 재해 손실비 중 간접비의 내역을 3가지로 분류하여 열거하시오.

해답

① 생산 손실
② 물적 손실
③ 인적 손실(또는 임금 손실)

(3) Simonds의 Accident cost 산출방식 중 비보험코스트의 산정 기준이 되는 재해 사고의 종류 4가지를 쓰시오.

해답

① 휴업 상해
② 통원 상해
③ 구급 조치
④ 무상해 사고

[표] 버드(F. E. Bird's Jr)의 방식(간접비의 빙산원리 : 1976년 발표)

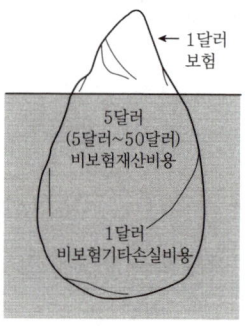

직접비(1)	간접비(5)	
보험비	비보험재산손실비용	비보험기타손실비용
상해사고와 관련되는 의료비 또는 보상비	쉽게 측정 (보험미가입) ① 건물 손실 ② 기구 및 장비손실 ③ 제품 및 재료손실 ④ 조업중단 및 지연	양 측정 곤란 (보험 미가입) ① 시간조사 ② 교육 ③ 임대 등
1	5~50	1~3

14 연천인율

① 연천인율이란 근로자 1,000명을 기준으로 한 재해 발생자수의 비율이다.
② 계산 공식

$$연천인율 = \frac{연간 재해자수}{연평균 근로자수} \times 1,000$$

③ 1년간 평균 500명의 상시 근로자를 두고 있는 기업체 내에 연간 25명의 재해가 발생하였다면 연천인율은?

계산식 : $\frac{25}{500} \times 1,000$

답 : 50

④ 연천인율이 50이란, 그 작업장의 수준으로 연간 1,000명이 작업한다면 50명의 재해가 발생된다는 뜻이다.

15 빈도율(F.R. = Frequency Rate of Injury)

① 도수율(빈도율)이란 1,000,000 근로시간당 재해발생 건수를 말하며, 다음 계산식에 따라 산출한다.
② 계산공식

$$빈도율(도수율) = \frac{재해건수}{연근로시간수} \times 1,000,000$$

③ 연근로시간수 = 평균 근로자수×1인당 근로 시간수(연간)
④ 500인의 근로자를 채용하고 있는 사업장에서 연간 25건의 재해가 발생하였다면 빈도율은?

계산식 : $\frac{25}{500 \times 8(시간) \times 300(일)} \times 1,000,000$

답 : 20.83

⑤ 빈도율이 20.83이라는 뜻은 1,000,000인시 작업하는 동안에 20.83건의 재해가 발생된다는 뜻이다.
⑥ 빈도율 20.83인 사업장에서 한 사람의 근로자가 일평생 작업한다면 몇 건의 재해를 당하겠는가의 환산 빈도율은?

계산식 : $20.83 \times \frac{100,000}{1,000,000} = 20.83 \times 0.1$

답 : 약 2건

⑦ 연천인율과 빈도율의 상관 관계 : 연천인율=2.4×빈도율

용어정의

1. 재해율=(재해자수/산재보험적용임금근로자수)×100
- "재해자수"는 근로복지공단의 유족급여가 지급된 사망자 및 근로복지공단에 최초 요양신청서(재진 요양신청이나 전원요양신청서는 제외한다)를 제출한 재해자 중 요양승인을 받은 자(지방고용노동관서의 산재 미보고 적발 사망자 수를 포함한다)를 말함. 다만, 통상의 출퇴근으로 발생한 재해는 제외함.
- "산재보험적용근로자수"는 「산업재해보상보험법」이 적용되는 근로자수를 말함. 이하 같음.

2. 사망만인율=(사망자수/산재보험적용근로자수)×10,000
- "사망자수"는 근로복지공단의 유족급여가 지급된 사망자(지방고용노동관서의 산재 미보고 적발 사망자를 포함한다)수를 말함. 다만, 사업장 밖의 교통사고(운수업, 음식숙박업은 사업장 밖의 교통사고도 포함)·체육행사·폭력행위·통상의 출퇴근에 의한 사망, 사고발생일로부터 1년을 경과하여 사망한 경우는 제외함.

3. 휴업재해율=(휴업재해자수/임금근로자수)×100
- "휴업재해자수"란 근로복지공단의 휴업급여를 지급받은 재해자를 말함. 다만, 질병에 의한 재해와 사업장 밖의 교통사고(운수업, 음식숙박업은 사업장 밖의 교통사고도 포함)·체육행사·폭력행위·통상의 출퇴근으로 발생한 재해는 제외함.
- "임금근로자수"는 통계청의 경제활동인구조사상 임금근로자수를 말함.

4. 도수율(빈도율)=(재해건수/연근로시간수)×1,000,000

5. 강도율=(총요양근로손실일수/연근로시간수)×1,000
- "총요양근로손실일수"는 재해자의 총 요양기간을 합산하여 산출하되, 사망, 부상 또는 질병이나 장해자의 등급별 요양근로손실일수는 별표 1과 같음

[참고] 산업재해통계업무처리규정 제3조(산업재해통계의 산출방법) (2022. 5. 2 개정)

합격날개

합격예측

환산강도율
= 강도율 × 100

평균강도율
= $\dfrac{강도율}{도수율} \times 1,000$

합격예측

환산도수율
= $\dfrac{도수율}{10}$ = 도수율 × 0.1

합격예측

그 밖의 근로손실일수 계산
① 병원에 입원 가료(加療)시는 입원일수 × $\dfrac{300}{365}$
② 휴업(요양)일수 × $\dfrac{300}{365}$

---

16 강도율(Severity Rate of Injury) 21. 4. 25 기 22. 7. 24 산

① 강도율이란 근로시간 합계 1,000시간당 요양재해로 인한 근로손실일수를 말하며, 다음 계산식에 따라 산출한다.

② 계산 공식

$$강도율 = \dfrac{총요양근로손실일수}{연근로시간수} \times 1,000$$

③ 총요양근로손실일수
= (재해의) 장해 등급별 근로 손실일수 + 비장해 등급 손실일수 × 300/365

[표] 등급별 근로 손실일수 22. 10. 16 기

신체장해등급	1~3	4	5	6	7	8	9	10	11	12	13	14
근로손실일수	7,500	5,500	4,000	3,000	2,200	1,500	1,000	600	400	200	100	50

참고

- 사망에 의한 손실일수 7,500일 산출 근거
  ㉠ 사망자의 평균 연령 : 30세
  ㉡ 근로 가능 연령 : 55세
  ㉢ 근로 손실연수 : 55 − 30 = 25년
  ㉣ 연간 근로일수 : 300일
  ㉤ 사망으로 인한 근로 손실일수 : 300 × 25 = 7,500일

④ 연평균 100인의 근로자를 가진 사업장에서 연간 5건의 재해가 발생하였는데 그 중 사망 1명, 14급 2명, 1명은 30일 가료, 다른 1명은 7일 가료하였다. 강도율은?

계산식 : $\dfrac{7,500 + (50 \times 2) + \dfrac{37 \times 300}{365}}{100 \times 2,400} \times 1,000$

답 : 31.79

⑤ 강도율 31.79란 뜻은 1,000인시 작업하는 동안에 산업 재해가 발생하여 31.79일의 요양근로손실이 발생하였다는 뜻이다.

⑥ 강도율 31.79인 사업장에서 한 작업자가 평생 작업한다면 산재로 인하여 며칠의 근로 손실을 당하겠는가의 환산 강도율은?

계산식 : $31.79 \times \dfrac{100,000}{1,000}$

답 : 3,179[일]

17 종합 재해 지수(F.S.I = Frequency Severity Indicator) 23. 4. 23 기 산

$$F.S.I = \sqrt{빈도율 \times 강도율}$$

18 Safe-T-Score

(1) 안전성적비교

$$Safe-T-Score = \frac{현재빈도율 - 과거빈도율}{\sqrt{\dfrac{과거 빈도율}{현재 근로총시간수} \times 1{,}000{,}000}}$$

단위가 없으며, 계산 결과가 +이면 나쁜 결과이고, -이면 과거에 비해 좋은 기록이다.
① +2.00 이상인 경우 : 과거보다 심각하게 나빠졌다.
② +2.00에서 -2.00 사이 : 과거에 비해 심각한 차이가 없다.
③ -2.00 이하인 경우 : 과거보다 좋아졌다.

(2) 안전성적 평가(예)

(1) 어떤 사업장의 X부서와 Y부서의 재해율은 아래 표와 같다. 각 부서의 Safe-T-Score를 계산하고, 안전 관리 측면에서의 심각성 여부에 관하여 간단하게 서술하시오.

해답

연도	구 분	X부서	Y부서
2010년	사고	10건	1,000건
	근로 총시간수	10,000인시	1,000,000인시
	빈도율	1,000	1,000
2011년	사고	15건	1,100건
	근로 총시간수	10,000인시	1,000,000인시
	빈도율	1,500	1,100

① X 부서의 Safe-T-Score $\dfrac{1{,}500 - 1{,}000}{\sqrt{\dfrac{1{,}000}{10{,}000} \times 1{,}000{,}000}} = 1.58$

② Y부서의 Safe-T-Score $\dfrac{1{,}100 - 1{,}000}{\sqrt{\dfrac{1{,}000}{1{,}000{,}000} \times 1{,}000{,}000}} = 3.16$

X부서는 1.58이고 재해도는 50[%] 증가하여 과거보다 심각하게 나빠졌다. Y부서는 +3.16이므로 재해는 10[%]밖에 증가하지 않았으나 안전 문제가 심각하다. 안전 대책이 시급히 요망된다.

합격예측

과거의 안전성적과 현재의 안전성적을 비교 평가하는 방식인 Safe-T-Score의 공식

$$Safe\text{-}T\text{-}Score = \frac{F.R(현재) - F.R(과거)}{\sqrt{\dfrac{F.R 과거}{현재 근로총시간수(현재)} \times 1{,}000{,}000}}$$

> **합격예측**
>
> 노동불능 상해
> (상해정도별 구분)의 종류
> ① 영구 전노동불능 상해
> ② 영구 일부노동불능 상해
> ③ 일시 전노동불능 상해
> ④ 일시 일부노동불능 상해

19 재해 발생률의 국제 비교

1. 재해 통계의 국제적 통일 권고

1949년 제6회 국제 노동 통계 회의에서 채택된 결의 사항

① 국가별, 시기별, 산업별 비교를 위해 산업 사상 통계를 도수율이나 강도율의 양쪽의 율로 나타낸다.

② 도수율은 재해의 수량(100만배 한다)을 연근로시간수로 나누어 산정한다.

$$도수율 = \frac{재해건수(N)}{연근로시간수(H)} \times 1,000,000(10^6)시간$$

③ 강도율은 총요양근로손실일수(1,000배한다)를 연근로시간수로 나누어 산정한다.

$$강도율 = \frac{총요양근로손실일수(N)}{연근로시간수(H)} \times 1,000(10^3)시간$$

2. 국제적 구분에 의한 산업재해의 정도(불능상해의 종류)

① 사망
② 영구 전노동불능 상해(영구 전노동불능 재해)
③ 영구 부분노동불능 상해(영구 일부노동불능 재해)
④ 일시 전노동 불능 상해(일시 전노동불능 재해)
⑤ 일시 부분노동불능 상해(일시 일부노동불능 재해)
⑥ 구급 처치 상해

3. 재해 발생률의 국제적 비교

도수율과 강도율의 정의는 1949년 제6회 국제 노동 통계 회의에서 정해진 것이나 그 방식을 채용하는 나라는 그다지 많지 않다.

예를 들어 미국의 NSC의 통계를 보아도 강도율은 100만 시간당의 수치이므로 우리나라의 수치를 1,000배하여 비교할 필요가 있다.

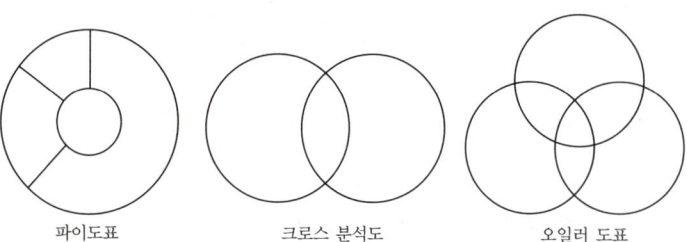

파이도표　　크로스 분석도　　오일러 도표

[그림] 통계 도표의 종류

또한 강도율의 계산에 사용되는 장해 등급별 근로 손실일수도 일정하지 않으며, 장해등급의 제1급에서 제14급까지의 구분이 세계적으로 공통된 것은 아니다. 따라서, 휴업도수율, 사망천인율 등의 수치는 그대로 비교하여도 거의 틀림없으나 강도율의 정확한 국제 비교는 현재의 입장에서는 불가능하다.

> **합격예측**
>
> **재해사례연구순서 제1단계 (사실의 확인) 사항 4가지**
> ① 사람
> ② 물건
> ③ 관리
> ④ 재해발생까지의 경과

(1) 가중 평균값을 이용하는 방법에 의하여 2017년도의 천인율을 예측하시오. (단, 가중치는 연도별로 0.1, 0.2, 0.3, 0.4를 부여할 것)

연 도	2013	2014	2015	2016
천인율	39.77	39.83	35.99	31.55

해답

$39.77 \times 0.1 + 39.83 \times 0.2 + 35.99 \times 0.3 + 31.55 \times 0.4 = 35.36$

(2) 1/4분기 500인, 2/4분기 450인, 3/4분기 500인, 4/4분기 450인의 근로자가 작업한 사업장에서 연간 25명의 재해가 발생하였다면 천인율은 얼마인가?

해답

$$\dfrac{25}{\dfrac{500+450+500+450}{4}} \times 1{,}000 = 52.63$$

(3) 500명의 근로자를 채용하고 있는 사업장에서 연간 25건의 재해가 발생하였다면 빈도율은 얼마인가? 단, 연간의 결근율은 5[%]였다.

해답

$$\dfrac{25}{500 \times 2{,}400 \times 95/100} \times 1{,}000{,}000 = 21.93$$

(4) 상시근로자 1,500명이 근로하는 H기업의 재해건수는 45건이며, 지난해에 납부한 산재보험료는 25,000,000원, 산재보상금은 15,800,000원을 받았다. H기업의 재해건수 중 휴업상해(A)건수는 12건, 통원상해(B)건수는 10건, 구급처치(C)건수는 8건, 무상해사고(D)건수는 15건 발생하였다면 Heinrich 방식과 Simonds 방식에 의한 재해손실비용을 각각 계산하시오.(단, A : 850,000원, B : 320,000원, C : 220,000원, D : 120,000원)

해답

① Heinrich 방식(1:4의 원칙)
 ∴ $15{,}800{,}000 + (15{,}800{,}000 \times 4) = 79{,}000{,}000$(원)

합격예측

작업위험 분석
① 설비, 환경, 인간의 위험 분석
② 과업에 절차를 포함
③ 안전 작업 표준화가 목적
④ 비정규 작업에는 적용 곤란

작업위험 분석 방법 종류
① 면접
② 관찰
③ 설문방법
④ 혼합방식

작업 분석 방법(E.C.R.S)
① 제거(Eliminate)
② 결합(Combine)
③ 재조정(Rearrange)
④ 단순화(Simplify)

---

② Simonds(시몬즈) 방식

재해코스트 = 보험 cost + 비보험 cost
= 산재보험 cost + (A×휴업상해 건수) + (B×통원상해 건수)
+ (C×구급상해 건수) + (D×무상해사고 건수)

∴ $25,000,000 + \{(850,000 \times 12) + (320,000 \times 10) + (220,000 \times 8) + (120,000 \times 15)\}$
= 41,960,000(원)

20 안전활동률

(1) 1,000,000시간당 안전활동 건수(안전활동의 결과를 정량적으로 표시하는 기준)

(2) 구하는 식

$$안전활동률 = \frac{안전\ 활동\ 건수}{근로\ 시간수 \times 평균근로자수} \times 10^6$$

(3) 안전활동건수에 포함되어야 할 항목
① 실시한 안전개선 권고수
② 안전 조치한 불안전 작업수
③ 불안전 행동 적발수
④ 불안전 물리적 지적 건수
⑤ 안전회의 건수
⑥ 안전 홍보 건수

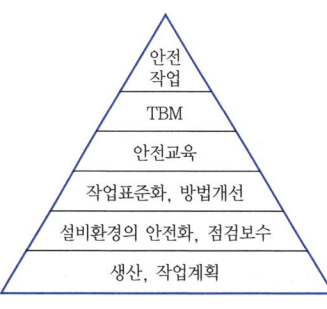

[그림] 재해원인 구조

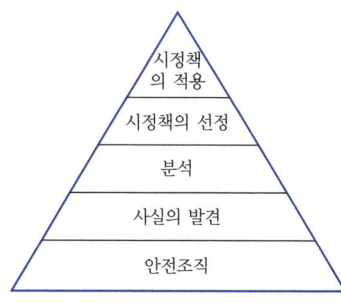

[그림] 하인리히의 재해예방 5원리

PART 02 산업재해 대응 출제예상문제

01 산업재해 발생시 조치해야 할 순서를 쓰고 제 1 단계인 긴급 처리 사항을 순서대로 5가지 쓰시오.

> **해답**
> (1) 산재 발생 조치 순서
> ① 긴급 처리
> ② 재해 조사
> ③ 원인 강구
> ④ 대책 수립
> ⑤ 대책 실시 계획
> ⑥ 실시
> ⑦ 평가
>
> (2) 긴급 처리 사항
> ① 피재 기계의 정지(피해 확산 방지)
> ② 피해자의 구출 및 응급조치
> ③ 관계자에게 통보
> ④ 2차 재해 방지
> ⑤ 현장 보존

02 재해 사례의 연구 순서를 4단계 쓰고, 제 1 단계에서 확인해야 할 사항을 4가지 쓰시오.

> **해답**
> (1) 재해 사례 연구 순서 4단계
> ① 사실의 확인
> ② 문제점의 발견
> ③ 근본 문제점의 결정
> ④ 대책 수립
>
> (2) 제1단계 확인 사항 4가지
> ① 사람
> ② 관리
> ③ 물건(물체)
> ④ 재해 발생 경과

03 재해 사례 연구의 제 1 단계인 사실의 확인에서 물건 및 관리에 대해서 파악해야 할 사항을 쓰시오.

> **해답**
> (1) 물건에 관한 사항
> ① 복장, 보호구
> ② 물질, 재료, 적재물
> ③ 기상, 환경
> ④ 유해물 억제 장치
>
> (2) 관리에 관한 사항
> ① 안전 보건 규정, 작업 표준의 유무와 내용
> ② 관리, 감독 사항
> ③ 동종 재해, 유사 재해의 유무와 대책

04 산업재해 조사 규정에서 관리적 원인 중 기술적 원인을 4가지 쓰시오.

> **해답**
> ① 건물, 기계 장치의 설계 불량
> ② 생산 공정의 부적당
> ③ 구조, 재료의 부적합
> ④ 점검 정비, 보존 불량

05 재해 사례의 연구 순서 5가지를 쓰고 표를 구성하시오.

> **해답**
> ① 전제 조건 – 재해 상황의 파악
> ② 제1단계 – 사실의 확인 ┐
> ③ 제2단계 – 문제점의 발견 │ 연구 단계 4가지
> ④ 제3단계 – 근본적 문제점의 결정 │
> ⑤ 제4단계 – 대책수립 ┘

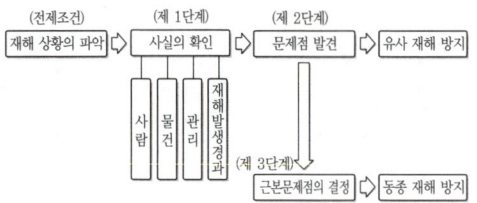

06 사실의 확인 사항에서 관리에 관한 사항을 쓰시오.

해답

① 안전 보건 규정, 작업 표준의 유무와 내용
② 동종 재해, 유사 재해의 유무와 대책
③ 관리, 감독 상황

07 재해 조사 방법을 쓰시오.

해답

① 재해 발생 직후에 행한다.
② 현장의 물리적 흔적을 수집한다.
③ 현장의 사진 및 기록을 보존한다.
④ 목격자, 현장 감독자 등 많은 사람으로부터 사고시의 상황을 듣는다.
⑤ 피해자로부터 재해 상황 직전의 상황을 듣는다.

08 재해 발생시 원인 강구를 위해 원인 분석을 해야 하는 3가지를 쓰시오.

해답

① 사람
② 물체
③ 관리

09 집단에 의한 재해 사례 연구 순서를 쓰시오.

해답

① 개별 연구
② 반별 연구
③ 전체 회의

10 사고 조사시의 요령을 쓰시오.

해답

① 사고 현장은 변경되고 은닉되기 쉬우므로 사고 발생 직후부터 진행한다.
② 물적 증거의 수집 보관을 한다.
③ 현장의 목격자와 현장 감독의 협조를 받아 자료를 수집한다.
④ 피해자 증언은 귀중한 자료이며 특수 사고는 전문가에 조사 의뢰한다.

11 사고 조사시의 유의 사항을 쓰시오.

해답

① Why에 대한 것보다 How에 대한 사실을 수집한다.
② 목격자의 표현이나 추측을 사실과 구별해 참고 자료로 기록해 둔다.
③ 책임을 추궁하는 태도는 나타내지 않도록 한다.
④ 조사는 가능한 짧은 시간 내에 정확한 증거를 수집하고 끝내도록 한다.
⑤ 부주의, 교육 부족 등 인적 요인 외의 물적 요인도 수집하며 최소한 2인 이상이 진행해 편견이나 주관을 배제한다.

12 재해 다발 원인 및 유형 분석시 세부 항목을 쓰시오.

해답

① 관리적 원인 : 기술적, 교육적, 작업 관리상 원인
② 직접 원인 : 불안전한 행동 및 상태(인적 원인 및 물적 원인)
③ 발생 형태(사고 유형) : 전도, 추락, 비래 등
④ 기인물 : 사고를 가져오게 한 물건이나 물체

13 재해 사례 연구 순서 중 제 1 단계에서 (사실확인) 파악 사항 4가지를 쓰시오.

해답

① 재해 발생 경과
② 사람
③ 물체
④ 관리

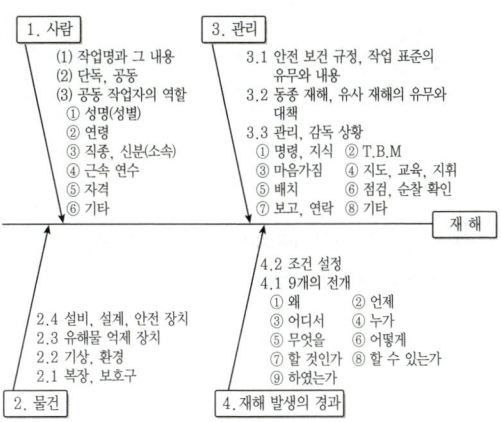

참고

14 사고의 배후 요인 4M을 쓰시오.

해답

① Man(인간)
② Machine(기계 설비)
③ Media(인간-기계 관계)
④ Management(관리)

15 유해 위험 작업 부서를 쓰시오.

해답

① 고온 물체 취급 부서
② 저온 물체 취급 부서
③ 소음·진동 작업 부서
④ 이상 기압하의 작업부서
⑤ 중량물 취급 작업 부서
⑥ 유기용제 업무부서
⑦ 분진 작업 부서
⑧ 초음파를 수반하는 작업부서
⑨ 특정 화학 물질의 제조 또는 취급 부서
⑩ 납, 사알킬납의 제조 또는 취급 부서
⑪ 연삭 숫돌의 대체 또는 대체시 시운전 작업 부서

16 개선 계획의 공통, 중점 개선 사항 항목을 쓰시오.

해답

(1) 공통 사항
 ① 안전 보건 관리 조직 : 책임자 임명, 산업 보건의, 안전 관리자, 보건 관리자, 관리 감독자 임명
 ② 안전 표지 부착 : 금지, 경고, 지시, 안내 표지
 ③ 보호구 착용
 ④ 건강 진단 실시 : 정기, 특수, 임시 채용시 및 작업 내용 변경시

(2) 중점 개선 사항
 ① 시설
 ② 기계 장치
 ③ 원료·재료
 ④ 작업 방법
 ⑤ 작업 환경

17 작업 환경(유해 작업장) 개선 사항을 쓰시오.

해답

① 작업 공정의 변경
② 작업 방법 개선
③ 원자재 대체 작업
④ 근로자 보호 대책
⑤ 설비 안전화
⑥ 국소배기 및 환기 장치
⑦ 유해물 발산, 비산의 억제

18 안전 보건 개선 계획의 수립 대상 사업장을 4가지 쓰시오.

해답

① 산업재해율이 같은 업종 평균 산업재해율의 2배 이상인 사업장
② 사업주가 필요한 안전조치 또는 보건조치를 이행하지 아니하여 중대재해가 발생한 사업장
③ 직업성 질병자가 연간 2명 이상(상시근로자 1천명 이상 사업장의 경우 3명 이상) 발생한 사업장
④ 작업환경 불량, 화재·폭발 또는 누출사고 등으로 사회적 물의를 일으킨 사업장

참고 산업안전보건법 시행령 제49조(안전보건진단을 받아 안전보건개선계획 수립·시행명령을 할 수 있는 사업장)

19 안전보건진단 기관을 평가하는 기준 3가지를 쓰시오.

해답
① 인력·시설 및 장비의 보유 수준과 그에 대한 관리 능력
② 유해위험요인의 평가·분석 충실성 등 안전보건진단 업무 수행능력
③ 안전보건진단 대상 사업장의 만족도

참고 산업안전보건법 시행규칙 제58조(안전보건진단기관의 평가 등)

20 안전보건 개선 계획에 반드시 포함되어야 할 사항을 4가지 쓰시오.

해답
① 시설
② 안전 보건 관리 체제
③ 안전보건 교육
④ 산업재해 예방 및 작업 환경 개선을 위하여 필요한 사항

합격정보 산업안전보건법 시행규칙 제61조(안전보건개선계획제출 등)

21 안전 보건 개선 계획의 공통 사항 및 중점 개선 계획 사항을 각각 쓰시오.

해답
(1) 공통 사항
  ① 안전 보건 관리 조직
  ② 보호구 착용
  ③ 안전보건표지 부착
  ④ 건강 진단 실시
(2) 중점 개선 계획 사항
  ① 시설
  ② 원료·재료
  ③ 기계 장치
  ④ 작업 방법
  ⑤ 작업 환경

22 안전 보건 개선 계획서 중 재해 다발 원인 및 유형 분석에서 포함하여야 하는 원인 항목 4가지를 쓰시오.

해답
① 관리적 원인
② 발생형태
③ 직접 원인
④ 기인물

23 안전 보건 개선 계획서상의 산업 안전 보건 관리 예산 항목을 4가지만 쓰시오.

해답
① 안전 보건 교육비
② 건강 관리비
③ 보호구 구입비
④ 안전보건 시설비

24 안전 보건 개선 계획 수립시 사업주가 의견을 청취해야 할 사람을 3사람 쓰시오.

해답
① 안전 관리자
② 보건 관리자
③ 근로자 대표

25 개선 계획서상의 중점 개선 계획에서 작업 방법에 대한 항목을 4가지 쓰시오.

해답
① 안전 기준
② 보호구
③ 작업 표준
④ 관리 상태

26 산업 재해 통계의 목적 및 연천인율에 관해서 설명하시오.

해답
(1) 목적 : 재해 정보를 통해서 동종 재해 및 유사 재해의 재발 방지가 목적이다.

(2) 연천인율
 ① 근로자 1,000명을 기준으로 한 재해 발생 비율(재해자수 비율)
 ② 계산 공식
$$연천인율 = \frac{연간\ 재해자수}{연평균\ 근로자수} \times 1,000$$
 ③ 연천인율이 10이란 뜻은 그 작업장의 수준으로 연간 1,000 명이 작업한다면 10명의 재해가 발생한다는 뜻이다.

27 빈도율(도수율) F.R.(Frequency Rate of Injury)에 대해서 설명하시오.

해답

① 1,000,000인시당 재해 발생건수의 비율
② 계산 공식
$$빈도율 = \frac{재해건수}{연근로시간수} \times 1,000,000$$
(연근로시간수 = 평균 근로자수 × 1인당 근로 시간)
③ 빈도율이 20.89라는 뜻은 1,000,000인시당 20.89건의 재해가 발생한다는 뜻이다.
④ 빈도율 20.89인 사업장에서 한 사람의 작업자가 평생 작업시 몇 건의 재해를 당하겠는가의 환산 빈도율 계산
계산식 : $20.89 \times \frac{100,000}{1,000,000} = 2$
∴ 약 2건(한 사람의 평생 근로 시간은 100,000시간을 기준으로 환산)

28 천인율, 도수율, 강도율, 종합 재해 지수를 간단히 설명하고 식을 쓰시오.

해답

① 천인율 : 근로자 1,000명당 재해 발생자수
$$천인율 = \frac{연간재해자수}{연평균근로자수} \times 1,000$$
② 도수율 : 연 100만 근로 시간당의 재해건수(재해의 발생 빈도를 나타냄)
$$도수율 = \frac{재해건수}{연근로시간수} \times 1,000,000$$
③ 강도율 : 연 1,000 근로 시간당 총요양근로손실일수(재해의 경중 정도를 나타냄)
$$강도율 = \frac{총요양근로손실일수}{연근로시간수} \times 1,000$$
④ 종합 재해 지수 : 위험도 비교 수단으로 사용된다.
$$종합\ 재해\ 지수(F.S.I) = \sqrt{도수율 \times 강도율}$$

29 근로자수가 300명인 사업장에서 3건의 재해로 인해 사망이 2명, 신체 장애등급 4급 1명, 11급 3명, 그 밖에 1,000일의 휴업일수가 발생하였다. 천인율, 도수율 및 강도율을 구하고 각각의 수치가 무엇을 의미하는지를 간단히 설명하시오(단, 천인율 계산시 재해자는 3명).

해답

① 천인율
$$천인율 = \frac{연간재해자수}{연평균근로자수} \times 1,000$$
$$= \frac{3}{300} \times 1,000 = 10$$
천인율이 10이란 의미는 연 1,000명의 근로자가 작업할 경우 10명의 재해가 발생한다는 것이다.

② 도수율
$$도수율 = \frac{재해건수}{연근로시간수} \times 1,000,000$$
$$= \frac{3}{300 \times 2,400} \times 1,000,000 = 4.166 ≒ 4.17$$
4.17 : 100만인시당 작업시 4.17건의 재해가 발생

③ 강도율
$$강도율 = \frac{총요양근로손실일수}{연근로시간수} \times 1,000$$
$$= \frac{(7,500 \times 2) + (5,500 \times 1) + (400 \times 3) + (1,000 \times \frac{300}{365})}{300 \times 2,400} \times 1,000$$
$$= 31.28$$
1,000인시당 근로손실이 31.28일

30 근로자 400명인 어떤 작업장에서 연간 재해 건수는 14건이었고 그로 인해 2명이 사망, 신체 장애 등급 12급 1명, 휴업일수가 1,000일 발생하였다. 또한 재해로 인해 지출된 보험료가 3,000만원이었다(단, 재해자수 : 14명). 이 사업장의 천인율, 도수율, 강도율 및 간접 손실비와 총손실비를 각각 구하시오.

해답

① 천인율
$$천인율 = \frac{연간재해자수}{연평균근로자수} \times 1,000$$
$$= \frac{14}{400} \times 1,000 = 35$$

② 도수율
$$도수율 = \frac{재해건수}{연근로시간수} \times 1,000,000$$
$$= \frac{14}{400 \times 2,400} \times 1,000,000 = 14.58$$

③ 강도율

$$강도율 = \frac{총요양근로손실일수}{연근로시간수} \times 1,000$$

$$= \frac{(7,500 \times 2)+(200 \times 1)+(1,000 \times \frac{300}{365})}{400 \times 2,400} \times 1,000$$

$$= 16.69$$

④ 간접 손실비

직접손실비 × 4 = 3,000만원 × 4 = 1억 2,000만원

⑤ 총손실액

직접 손실비 + 간접 손실비 = 3,000만원 + 1억 2,000만원
= 1억 5,000만원

31 평균 근로자수가 1,000명인 어떤 사업장의 재해 빈도율은 10.55이고 강도율이 7.2이었다면 이 사업장의 종합 재해 지수, 재해 건수, 근로 손실 일수 및 천인율은 각각 얼마인가?

해답

① 종합 재해 지수(F.S.I) = $\sqrt{도수율 \times 강도율}$
    = $\sqrt{10.55 \times 7.2} = 8.715 = 8.72$

② 빈도율 = $\frac{재해건수}{연근로시간수} \times 1,000,000$ 에서

재해 건수 = $\frac{빈도율 \times 연근로시간수}{1,000,000}$

= $\frac{10.55 \times 1,000 \times 2,400}{1,000,000} = 25.32$건

③ 근로손실일수

강도율 = $\frac{총요양근로손실일수}{연근로시간수} \times 1,000$ 에서

근로 손실일수 = $\frac{강도율 \times 연근로시간수}{1,000}$

= $\frac{7.2 \times 1,000 \times 2,400}{1,000} = 17,280$

④ 천인율 = $\frac{연간재해자수}{연평균근로자수} \times 1,000$

= $\frac{25.32}{1,000} \times 1,000 = 25.32$

또는 천인율 = 도수율 × 2.4 = 10.55 × 2.4 = 25.32

32 근로자 800명인 사업장에서 연간 48시간 × 50주의 작업으로 5건의 재해가 발생하였다. 결근율이 7[%]이고 재해로 인해 신체 장애 9급이 4명, 1,200일의 휴업일수가 발생하였다. 강도율을 구하고 이 사업장에서 한 근로자가 일평생 작업을 한다면 재해로 인해 잃게 되는 근로 손실일수 및 재해 건수를 구하시오.

해답

① 강도율 = $\frac{총요양근로손실일수}{연근로시간수} \times 1,000$

= $\frac{1,000 \times 4 + 1,200 \times \frac{300}{365}}{800 \times 48 \times 50 \times 0.93} \times 1,000 = 2.79$

② 일평생 작업시 근로손실일수

= $\frac{총요양근로손실일수}{연근로시간수} \times 일평생 근로시간수$

= $\frac{1,000 \times 4 + 1,200 \times \frac{300}{365}}{800 \times 0.93 \times 48 \times 50} \times 100,000 = 279$

③ 일평생 작업시 재해 건수

= $\frac{재해건수}{연근로시간수} \times 일평생 근로시간$

= $\frac{5}{800 \times 0.93 \times 48 \times 50} \times 100,000 = 0.28$

33 연천인율과 도수율과의 관계를 간단히 설명하시오.

해답

① 천인율 = 도수율 × 2.4
② 도수율 = 천인율 ÷ 2.4

34 440명의 근로자를 가진 어느 사업장에서 출근율이 95[%], 지각 및 조퇴가 500시간이고 1일 7시간 30분 작업한다. 10건의 재해로 인해 사망 1명, 근로 손실일수가 700일일 경우 도수율 및 강도율을 구하고 종합 재해 지수를 계산하시오. 또, 근로자 한 명이 일평생 작업할 경우 재해로 인해 잃게 되는 근로 손실일수를 계산하시오.

해답

① 도수율 = $\frac{재해건수}{연근로시간수} \times 1,000,000$

= $\frac{10}{440 \times 0.95 \times 300 \times 7.5 - 500} \times 1,000,000$

= 10.638 = 10.64

② 강도율 = $\frac{총요양근로손실일수}{연근로시간수} \times 1,000$

= $\frac{7,500 + 700}{440 \times 0.95 \times 300 \times 7.5 - 500} \times 1,000 = 8.72$

③ 종합 재해 지수 = $\sqrt{도수율 \times 강도율}$
    = $\sqrt{10.64 \times 8.72} = 9.63$

④ 일평생 작업시 근로 손실일수

= $\frac{총요양근로손실일수}{연근로시간수} \times 일평생 근로시간수$

= $\frac{7,500 + 700}{440 \times 0.95 \times 300 \times 7.5 - 500} \times 100,000 = 872$

35 근로자 1명당 평생 근로가능 시간수를 계산하시오.

해답

평생근로 가능시간
= (8시간×25일×12월×40년)+(100시간×40년)
= 100,000시간

참고

평생 근로 시간 10만 시간의 산출 근거 : 1명의 근로 년수를 40년간으로 하고 1일 8시간, 1개월 25일, 1년 12개월의 근로와 과외 시간 근로를 연간 100시간으로 정할 경우 근로 시간을 계산하면 10만시간이 된다.

36 평균 강도율을 설명하시오.

해답

① 평균 강도율 : 재해 1건당 평균 손실 일수를 나타낸다.
② 평균 강도율 = $\dfrac{강도율}{도수율} \times 1,000$

37 어느 공장의 도수율이 13이고 강도율이 1.2일 때 이 공장에 근무하는 근로자는 입사부터 정년퇴직까지 몇 회의 부상과 얼마의 근로 손실 일수를 갖는 상태가 되는가?

해답

① 환산 도수율(F)= $\dfrac{도수율}{10}$ = 13/10 = 1.3회
② 환산 강도율(S)= 강도율×100 = 1.2×100 = 120일
③ 평균 1.3회의 부상과 120일의 근로 손실 일수를 갖는 상태이다.

녹색직업 녹색자격증 코너

무엇이 성공인가?

자주 그리고 많이 웃는 것,
현명한 이에게 존경을 받고, 아이들에게서 사랑을 받는 것,
정직한 비평가의 찬사를 듣고 친구의 배반을 참아내는 것,
아름다움을 식별할 줄 알며
다른 사람에게서 최선의 것을 발견하는 것,
건강한 아이를 낳든, 한 뙈기의 정원을 가꾸든,
사회환경을 개선하든 자기가 태어나기 전보다,
세상을 조금이라도 살기 좋은 곳으로 만들어놓고 떠나는 것,
자신이 한때 이곳에서 살았음으로 해서
단 한사람의 인생이라도 행복해지는 것,
이것이 진정한 성공이다.

-랠프 월도 에머슨(Ralph Waldo Emerson)

누구나 성공을 꿈꿉니다.

그러나 진정한 성공은 출세, 막대한 부를 이루는 것,
혹은 권력을 얻는 것과는 큰 관련이 없습니다.
사람은 태어날 때부터 이 세상으로부터 많은 도움을 받고,
또 이 세상을 위한 여러 가지 기여를 하게 됩니다.
내가 받는 것보다 남에게 주는 것이 크면 클수록
진정한 성공에 가깝다 할 수 있습니다.

주요항목 PART 3

사업장 안전점검

세부항목 산업안전 점검계획 수립 / 산업안전 점검표 작성
산업안전 점검 실행 / 산업안전 점검 평가
● 출제예상문제

세부항목: 산업안전 점검계획 수립 / 산업안전 점검표 작성 / 산업안전 점검 실행 / 산업안전 점검 평가

중점 학습내용

안전점검 및 진단 등에 관련된 기본적인 기초 지식을 학습하도록 하였으며 이번 실기 필답형 시험에 출제되는 그 중심적인 내용은 다음과 같다.
❶ 안전 점검의 목적
❷ 안전 점검의 의의
❸ 안전 점검의 종류
❹ 안전 점검의 대상
❺ 안전 점검 및 진단의 순서
❻ 안전 점검시 유의사항 6가지
❼ 점검 방법에 의한 점검
❽ 체크 리스트 작성시 유의 사항
❾ 체크 리스트에 포함하여야 하는 사항
❿ 점검시의 재해 방지 대책
⓫ 안전인증 대상기계 및 설비
⓬ 자율안전확인 대상기계 및 설비
⓭ 산업안전보건법상 안전인증이 면제되는 대상
⓮ 안전인증제품에 표시해야 할 사항
⓯ 자율안전 확인제품에 표시해야 할 사항

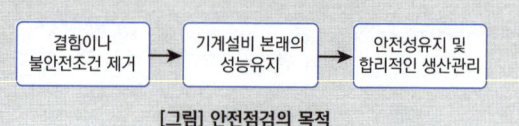

[그림] 안전점검의 목적

합격예측

작업표준의 4가지 조건
① 안전
② 능률
③ 원가
④ 품질

합격예측

작업표준이란 표준화 생산 혹은 생산의 표준화를 말하며, 생산 관리의 기본 원칙이다. 즉, 생산에 필요한 인(人), 물, 방법, 관리의 기준을 규정하는 것이다.

작업표준의 목적
① 위험 요인의 제거
② 손실 요인의 제거
③ 작업의 효율화

1 안전 점검의 정의

1. 정 의

안전 점검은 안전 확보를 위해 실태를 파악하여 설비의 불안전한 상태나 인간의 불안전한 행동에서 생기는 결함을 발견하고, 안전 대책의 이상 상태를 확인하는 행동이다.
① 기계 설비의 설계, 제조, 운전, 보전, 수리 등의 각 과정에서 인간의 착오 등에 의한 위험 요인의 잠재성을 제거하는 데 목적이 있다.
② 운전중인 기계 설비나 작업 환경도 수시로 변화함으로써 위험 요인을 제거하는 것이 목적이다.

2 안전 점검의 의의(목적)

① 설비의 안전 확보
② 설비의 안전 상태 유지
③ 인적인 안전 행동 상태의 유지
④ 합리적인 생산관리

3 안전 점검의 종류

1. 일상 점검(수시 점검)

현장 감독자, 작업 주임이 자기가 맡고 있는 공정의 설비, 기계, 공구 등을 매일 일의 시작이나 종료시 또는 작업중에 계속해서 시설과 사람의 작업 동작에 대하여 점검한다.

2. 정기 점검(계획 점검)

일정 기간마다 정기적으로 점검하는 것을 말하며, 일반적으로 매주 또는 매월 1회씩 담당 분야별로 해당 분야의 작업 책임자가 기계 설비의 안전상의 중요 부분의 피로, 마모, 손상, 부식 등 장치의 변화 유무 등을 점검한다.

3. 특별 점검

기계, 기구 또는 설비를 신설하거나 변경 내지는 고장 수리 등을 할 경우에 행하는 부정기 특별 점검을 말하며, 산업 안전 보건 강조 기간 및 천재지변의 발생 후 점검도 이에 해당된다.

4. 임시 점검

정기 점검 실시 후 다음 점검 기일 이전에 실시하는 점검이며 유사 기계의 돌발 사태시에도 적용된다.

4 안전 점검의 대상

1. 전반적 또는 작업 방법에 관한 것

① 안전 관리 조직 및 체계　　② 안전 활동
③ 안전 교육　　　　　　　　④ 안전 점검

2. 설비에 관한 것

① 작업 환경　　② 안전 장치
③ 보호구　　　④ 정리 정돈
⑤ 운반 설비　　⑥ 위험물 방화 관리

합격예측

안전 점검의 종류
① 정기점검 : 매주, 매월, 매년 등 일정한 기간을 정하여 정기적으로 점검 실시
② 수시점검 : 작업전, 중, 후에 점검 실시
③ 특별점검 : 기계 기구, 설비의 신설, 변경, 고장, 수리 시 점검 실시
④ 임시점검 : 기계설비의 이상 발견시 점검 실시

합격예측

안전검사 대상 기계의 종류
① 프레스
② 전단기
③ 크레인(정격하중 2톤 미만인 것은 제외한다)
④ 리프트
⑤ 압력용기
⑥ 곤돌라
⑦ 국소배기장치(이동식은 제외한다.)
⑧ 원심기(산업용만 해당된다.)
⑨ 롤러기(밀폐형 구조는 제외한다.)
⑩ 사출성형기[형 체결력 294 킬로뉴튼(KN) 미만은 제외한다.]
⑪ 고소작업대 [「자동차관리법」 제3조 제3호 또는 제4호에 따른 화물자동차 또는 특수자동차에 탑재한 고소작업대(高所作業臺)로 한정한다.]
⑫ 컨베이어
⑬ 산업용 로봇

합격정보
산업안전보건법 시행령 제78조 (안전검사대상기계 등)

5 안전 점검 및 진단의 순서

① 실태의 파악
② 결함의 발견
③ 대책의 결정
④ 대책의 실시

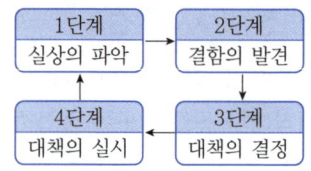

[그림] 안전점검 순환체계

6 안전 점검 시 유의사항 6가지

① 여러 가지 점검 방법을 병용한다.
② 점검자의 능력에 상응하는 점검을 실시한다.
③ 과거의 재해 발생 부분은 그 원인이 배제되었는지 확인한다.
④ 불량한 부분이 발견된 경우에는 다른 동종 설비도 점검한다.
⑤ 발견된 불량 부분은 원인을 조사하고 필요한 대책을 강구한다.
⑥ 안전 점검은 안전 수준의 향상을 목적으로 하는 것임을 염두에 두어야 한다.

7 점검 방법에 의한 점검

1. 외관 점검

기기의 적정한 배치, 설치 상태, 변형, 균열, 손상, 부식, 볼트의 풀림 등의 유무를 외관에서 시각 및 촉감 등에 의해 조사하고, 점검 기준에 의해 양부를 확인하는 것이다.

2. 기능 점검

간단한 조작을 행하여 대상 기기의 기능의 양부를 확인하는 것이다.

3. 작동점검

안전 장치나 누전 차단 장치 등을 정해진 순서에 의해 작동시켜 상황의 양부를 확인하는 것이다.

합격예측

산업안전보건법에서 정하고 있는 안전검사의 주기
14. 4. 20 기 17. 10. 14 기
23. 7. 22 기

① 크레인(이동식 크레인은 제외한다), 리프트(이삿짐운반용 리프트는 제외한다) 및 곤돌라 : 사업장에 설치가 끝난 날부터 3년 이내에 최초 안전검사를 실시하되, 그 이후부터 2년마다(건설현장에서 사용하는 것은 최초로 설치한 날부터 6개월마다)
② 이동식 크레인, 이삿짐 운반용 리프트 및 고소작업대 : 「자동차관리법」 제8조에 따른 신규등록 이후 3년 이내에 최초 안전검사를 실시하되, 그 이후부터 2년마다
③ 프레스, 전단기, 압력용기, 국소 배기장치, 원심기, 롤러기, 사출성형기, 컨베이어 및 산업용 로봇 : 사업장에 설치가 끝난 날부터 3년 이내에 최초 안전검사를 실시하되, 그 이후부터 2년마다(공정안전보고서를 제출하여 확인을 받은 압력용기는 4년마다)

합격정보

산업안전보건법 시행규칙 제126조(안전검사주기와 합격 표시 및 표시방법)

합격예측

작업표준이 갖춰야 할 조건
① 안전 ② 능률
③ 원가 ④ 품질

작업표준의 작성 요령
① 작업의 표준 설정은 실정에 적합할 것
② 좋은 작업의 표준일 것
③ 표현은 구체적으로 나타낼 것
④ 생산성과 품질의 특성에 적합할 것
⑤ 이상시 조치 기준이 설정되어 있을 것
⑥ 다른 규정에 위배되지 않을 것

4. 종합 점검

정해진 점검 기준에 의해 측정, 검사를 하고 또 일정한 조건하에서 운전 시험을 하여 그 기계 설비의 종합적인 기능을 확인하는 것이다.

8 체크리스트 작성 시 유의 사항

① 사업장에 적합한 독자적인 내용일 것
② 중점도가 높은 것부터 순서대로 작성할 것(위험성이 높은 순이나 긴급을 요하는 순으로 작성)
③ 정기적으로 검토하여 재해 방지에 실효성 있게 개조된 내용일 것(관계자 의견 청취)
④ 일정 양식을 정하여 점검 대상을 정할 것
⑤ 점검표의 내용은 이해하기 쉽도록 표현하고 구체적일 것

9 체크리스트에 포함하여야 하는 사항

① 점검대상
② 점검부분
③ 점검항목
④ 점검주기 또는 기간
⑤ 점검방법
⑥ 판정기준
⑦ 조치사항

10 점검시의 재해 방지 대책(안전 대책)

① 자동 점검 시스템화, 페일 세이프(fail safe)화, 부품의 유닛(unit)화 등을 채택할 것(점검의 간소화)
② 보호구를 착용하고 점검에 필요한 안전 장치, 안전망, 덮개, 승강 설비, 개폐기 등의 시설을 구비할 것
③ 점검 작업을 표준화(standardization)할 것
④ 작업자의 자격 요건을 정비하여 교육을 실시하고 점검 작업에 적합한 지휘 감독자를 배치할 것

합격예측

안전점검표(체크리스트)에 포함되어야 할 사항
① 점검대상
② 점검부분
③ 점검항목
④ 점검주기 또는 기간
⑤ 점검방법
⑥ 판정기준
⑦ 조치사항

합격예측

안전인증 기준
① 기계·기구 등에 관한 안전 인증 필수 기술기준, 공통 기술기준 및 제품별 기술 기준
② KS(한국산업표준)에 따른 기준
③ 그 밖에 다른 법령에 의하여 제정 공표된 안전 및 품질에 관한 기준

합격예측

작업환경 개선 4단계
① 제1단계 : 작업분해
② 제2단계 : (요소작업의) 세부 내용 검토
③ 제3단계 : 작업 분석(새로운 방법 전개)
④ 제4단계 : 새로운 방법의 적용

합격예측

안전인증 대상기계 또는 설비
① 프레스
② 전단기 및 절곡기
③ 크레인
④ 리프트
⑤ 압력용기
⑥ 롤러기
⑦ 사출성형기
⑧ 고소작업대
⑨ 곤돌라

합격정보

산업안전보건법 시행령 제74조(안전인증대상기계 등)

합격예측

안전인증대상 기계 중 방호장치의 종류
① 프레스 및 전단기 방호장치
② 양중기용 과부하방지장치
③ 보일러 압력방출용 안전밸브
④ 압력용기 압력방출용 안전밸브
⑤ 압력용기 압력방출용 파열판
⑥ 절연용 방호구 및 활선작업용 기구
⑦ 방폭구조 전기기계·기구 및 부품
⑧ 추락·낙하 및 붕괴 등의 위험방호에 필요한 가설기자재로서 고용노동부장관이 정하여 고시하는 것

합격예측

안전인증 심사의 종류
① 예비심사
② 서면심사
③ 기술능력 및 생산체계 심사
④ 제품심사(개별제품심사, 형식별 제품심사)

11 안전인증대상기계 또는 설비

기계 또는 설비	① 프레스　② 전단기 및 절곡기 ③ 크레인　④ 리프트 ⑤ 압력용기　⑥ 롤러기 ⑦ 사출성형기　⑧ 고소작업대 ⑨ 곤돌라
방호장치	① 프레스 및 전단기 방호장치 ② 양중기용 과부하방지장치 ③ 보일러 압력방출용 안전밸브 ④ 압력용기 압력방출용 안전밸브 ⑤ 압력용기 압력방출용 파열판 ⑥ 절연용 방호구 및 활선작업용 기구 ⑦ 방폭구조 전기기계·기구 및 부품 ⑧ 추락·낙하 및 붕괴 등의 위험방호에 필요한 가설기자재로서 고용노동부장관이 정하여 고시하는 것
보호구	① 추락 및 감전 위험방지용 안전모　22. 10. 16 기 ② 안전화　③ 안전장갑 ④ 방진마스크　⑤ 방독마스크 ⑥ 송기마스크　⑦ 전동식 호흡보호구 ⑧ 보호복　⑨ 안전대 ⑩ 차광 및 비산물 위험방지용 보안경　⑪ 용접용 보안면 ⑫ 방음용 귀마개 또는 귀덮개

[표] 안전보건진단의 종류 및 진단내용

종류	진단내용
종합진단	1. 경영·관리적 사항에 대한 평가 　가. 산업재해예방계획의 적정성 　나. 안전보건관리조직과 그 직무의 적정성 　다. 산업안전보건위원회 설치·운영, 명예감독관의 역할 등 근로자의 참여 정도 　라. 안전보건관리규정 내용의 적정성 2. 산업재해 또는 사고의 발생원인(산업재해 또는 사고가 발생한 경우에 한한다) 3. 작업조건 및 작업방법에 대한 평가 4. 유해·위험요인에 대한 측정 및 분석 　가. 기계·기구 그 밖의 설비에 의한 위험성 　나. 폭발성·물반응성·자기반응성·자기발열성 물질, 자연발화성 액체·고체 및 인화성 액체 등에 의한 위험성 　다. 전기·열 그 밖의 에너지에 의한 위험성

종류	진단내용
종합진단	라. 추락·붕괴·낙하·비래 등으로 인한 위험성 마. 그 밖에 기계·기구·설비·장치·구축물·시설물·원재료 및 공정 등의 위험성 바. 제30조의 규정에 의한 허가대상 유해물질, 고용노동부령이 정하는 관리대상 유해물질 및 온도·습도·환기·소음·진동·분진, 유해광선 등의 유해 또는 위험성 5. 보호구·안전보건장비 및 작업환경개선시설의 적정성 6. 유해물질의 사용·보관·저장, 물질안전보건자료의 작성·근로자 교육 및 경고표시 부착의 적정성 7. 그 밖에 작업환경 및 근로자 건강유지·증진 등 보건관리의 개선을 위하여 필요한 사항
안전기술진단	종합진단 내용 중 제2호·제3호의 사항, 제4호 중 가목 내지 마목의 사항 및 제5호 중 안전관련 사항
보건기술진단	종합진단 내용 중 제2호·제3호의 사항, 제4호 중 바목의 사항, 제5호 중 보건관련 사항, 제6호 및 제7호의 사항

> **참고**

작업표준의 작성 절차
① 작업을 분류 정리한다.
② 작업을 세분화한다.
③ 검토에 의해 동작의 순서와 급소를 정한다.(검토시 작업자 참여)
④ 작업 표준안을 작성한다.
⑤ 작업 표준을 제정한다.
⑥ 지도(교육)한다.

12 자율안전확인대상기계 또는 설비

| 기계 또는 설비 | ① 연삭기 또는 연마기. 이 경우 휴대형은 제외한다.
② 산업용 로봇   ③ 혼합기
④ 파쇄기 또는 분쇄기
⑤ 식품가공용기계(파쇄·절단·혼합·제면기만 해당한다)
⑥ 컨베이어   ⑦ 자동차정비용 리프트
⑧ 공작기계(선반, 드릴기, 평삭·형삭기, 밀링만 해당한다)
⑨ 고정형 목재가공용기계(둥근톱, 대패, 루타기, 띠톱, 모떼기 기계만 해당한다)
⑩ 인쇄기 |

> **합격예측**

안전인증대상 보호구의 종류
① 추락 및 감전 위험장지용 안전모
② 안전화
③ 안전장갑
④ 방진마스크
⑤ 방독마스크
⑥ 송기마스크
⑦ 전동식 호흡보호구
⑧ 보호복
⑨ 안전대
⑩ 차광 및 비산물 위험방지용 보안경
⑪ 용접용 보안면
⑫ 방음용 귀마개 또는 귀덮개

> **합격예측**

자율안전확인대상기계
① 연삭기 또는 연마기. 이 경우 휴대형은 제외한다
② 산업용 로봇
③ 혼합기
④ 파쇄기 또는 분쇄기
⑤ 식품가공용기계(파쇄·절단·혼합·제면기만 해당한다)
⑥ 컨베이어
⑦ 자동차정비용 리프트
⑧ 공작기계(선반, 드릴기, 평삭·형삭기, 밀링만 해당한다)
⑨ 고정형 목재가공용기계(둥근톱, 대패, 루타기, 띠톱, 모떼기 기계만 해당한다)
⑩ 인쇄기

> **합격정보**

산업안전보건법 시행령 제77조(자율안전확인대상기계등)

방호장치	① 아세틸렌 용접장치용 또는 가스집합 용접장치용 안전기 ② 교류아크 용접기용 자동전격 방지기 ③ 롤러기 급정지장치 ④ 연삭기 덮개 ⑤ 목재가공용 둥근톱 반발예방장치 및 날접촉 예방장치 ⑥ 동력식 수동대패용 칼날 접촉방지장치 ⑦ 추락·낙하 및 붕괴 등의 위험방호에 필요한 가설기자재(안전인증대상기계에 해당되는 사항 제외)로서 고용노동부장관이 정하여 고시하는 것
보호구	① 안전모(안전인증대상기계에 해당되는 사항은 제외한다.) ② 보안경(안전인증대상기계에 해당되는 사항은 제외한다.) ③ 보안면(안전인증대상기계에 해당되는 사항은 제외한다.)

합격예측

자율안전확인대상 보호구
① 안전모(안전인증대상기계에 해당되는 사항 제외)
② 보안경(안전인증대상기계에 해당되는 사항 제외)
③ 보안면(안전인증대상기계에 해당되는 사항 제외)

13 산업안전보건법상 안전인증이 면제되는 대상

① 연구개발을 목적으로 제조 수입하거나 수출을 목적으로 제조하는 경우
② 고용노동부장관이 정하여 고시하는 외국의 안전인증기관에서 인정을 받은 경우
③ 다른 법령에서 안전성에 관한 검사나 인증을 받은 경우

14 안전인증 제품에 표시해야 할 사항

① 형식 또는 모델명　　　　② 규격 또는 등급 등
③ 제조자명　　　　　　　　④ 제조번호 및 제조연월
⑤ 안전인증 번호

15 자율안전 확인 제품에 표시해야 할 사항

① 형식 또는 모델명　　　　② 규격 또는 등급 등
③ 제조자명　　　　　　　　④ 제조번호 및 제조연월
⑤ 자율안전확인 번호

PART 03 사업장 안전점검 출제예상문제

01 곤돌라의 작업 시작 전 점검 사항을 쓰시오.

해답
① 방호 장치·브레이크의 기능
② 와이어 로프·슬링 와이어 등의 상태

02 지게차의 작업 시작 전 점검 사항을 4가지 쓰시오.

해답
① 제동 장치 및 조종 장치 기능의 이상 유무
② 하역 장치 및 유압 장치 기능의 이상 유무
③ 바퀴의 이상 유무
④ 전조등·후미등·방향 지시기 및 경보 장치 기능의 이상 유무

03 화물 자동차의 작업시작 전 점검 사항을 쓰시오.

해답
① 제동 장치 및 조종 장치 기능
② 하역 장치 및 유압 장치 기능
③ 바퀴의 이상 유무

04 컨베이어의 작업시작 전 점검 사항을 4가지 쓰시오.

해답
① 원동기 및 풀리 기능의 이상 유무
② 이탈 등의 방지 장치 기능의 이상 유무
③ 비상 정지 장치 기능의 이상 유무
④ 원동기·회전축·기어 및 풀리 등의 덮개 또는 울 등의 이상 유무

05 차량계 건설 기계의 작업시작전 점검사항을 쓰시오.

해답
브레이크 및 클러치등의 기능

06 슬링 등을 사용하여 작업을 할 때 작업시작전 점검사항 2가지를 쓰시오.

해답
① 훅이 붙어있는 슬링·와이어슬링 등의 매달린 상태
② 슬링·와이어슬링 등의 상태(작업시작전 및 작업 중 수시로 점검)

07 차량계 하역 운반 기계(지게차) 및 크레인의 작업 시작 전 점검 사항을 각각 구분해서 쓰시오.

해답
(1) 차량계 하역 운반 기계 점검 항목
　① 제동 장치 및 조종 장치 기능의 이상 유무
　② 하역 장치 및 유압 장치 기능의 이상 유무
　③ 바퀴의 이상 유무
(2) 크레인의 점검 항목
　① 권과 방지 장치·브레이크·클러치 및 운전 장치의 기능
　② 주행로의 상측 및 트롤리(trolley)가 횡행하는 레일의 상태
　③ 와이어 로프가 통하고 있는 곳의 상태

참고 산업안전보건기준에 관한 규칙 별표3(작업시작 전 점검 사항)

08 양화장치를 사용하여 화물을 싣고 내리는 작업을 할 때 작업시작 전 점검사항 2가지를 쓰시오.

해답

① 양화장치(揚貨裝置)의 작동상태
② 양화장치에 제한하중을 초과하는 하중을 실었는지 여부

09 근로자가 반복하여 계속적으로 중량물을 취급하는 작업을 할 때 작업시작 전 점검사항 4가지를 쓰시오.

해답

① 중량물 취급의 올바른 자세 및 복장
② 위험물이 날아 흩어짐에 따른 보호구의 착용
③ 카바이드·생석회(산화칼슘) 등과 같이 온도상승이나 습기에 의하여 위험성이 존재하는 중량물의 취급방법
④ 그 밖에 하역운반기계 등의 적절한 사용방법

10 리프트를 이용하여 작업을 할 때 작업시작 전 점검사항 2가지를 쓰시오.

해답

① 방호장치·브레이크 및 클러치의 기능
② 와이어로프가 통하고 있는 곳의 상태

11 프레스기의 작업시작 전 점검 사항을 쓰시오.

해답

① 클러치 및 브레이크의 기능
② 크랭크축·플라이휠·슬라이드·연결봉 및 연결 나사의 풀림 유무
③ 1행정 1정지 기구, 급정지 장치 및 비상 정지 장치의 기능
④ 슬라이드 또는 칼날에 의한 위험 방지 기구의 기능
⑤ 프레스의 금형 및 고정 볼트 상태
⑥ 방호 장치의 기능
⑦ 전단기의 칼날 및 테이블의 상태

12 산업용 로봇의 작업시작 전 점검 사항을 쓰시오.
19. 10. 13 신 21. 10. 16 신

해답

① 외부전선의 피복 또는 외장의 손상 유무
② 매니퓰레이터 작동의 이상 유무
③ 제동 장치 및 비상 정지 장치의 기능

13 공기압축기의 작업 시작전 점검 사항을 쓰시오.

해답

① 공기 저장 압력 용기 외관 상태
② 드레인 밸브의 조작 및 배수
③ 압력 방출 장치의 기능
④ 언로드 밸브의 기능
⑤ 윤활유의 상태
⑥ 회전부의 덮개 또는 울
⑦ 그밖의 연결 부위의 이상 유무

14 안전 점검의 목적을 간단히 설명하고 점검표(check list)에 기록해야 할 사항을 7가지 쓰시오.

해답

(1) 목적 : 불안전 상태를 사전에 발견해 개선 조치함으로써 재해를 감소하고자 함
(2) 기록 사항
  ① 점검대상
  ② 점검부분
  ③ 점검항목
  ④ 점검주기 또는 기간
  ⑤ 점검방법
  ⑥ 판정기준
  ⑦ 조치사항

15 안전 점검의 종류를 4가지 쓰고 간단히 설명하시오.

해답

① 일상(수시) 점검 : 작업 전·중·후에 실시
② 정기 점검 : 매주·매월·매년 등 일정한 기간을 정하여 정기적으로 점검 실시
③ 특별 점검 : 기계·기구·설비의 신설, 변경, 고장 수리시 점검 실시
④ 임시 점검 : 이상 발견시 점검 실시

16 작업시작 전 반드시 점검 후 작업을 실시해야 하는 대상 기계, 기구를 6가지 쓰시오.

해답

① 프레스
② 크레인
③ 공기압축기
④ 이동식 크레인
⑤ 컨베이어
⑥ 지게차

17 작업 계획을 작성한 후 작업을 해야 할 대상 작업을 3가지만 쓰시오.

해답

① 차량계 건설 기계를 사용하는 작업
② 차량계 하역 운반 기계를 사용하는 작업
③ 채석 작업

18 차량계 건설 기계 및 하역 운반 기계의 작업 계획에 포함되어야 할 사항을 쓰시오.

해답

(1) 차량계 건설 기계
  ① 차량계 건설 기계의 종류 및 성능
  ② 차량계 건설 기계의 운행 경로
  ③ 차량계 건설 기계에 의한 작업 방법
(2) 차량계 하역 운반 기계
  ① 해당 작업에 따른 추락·낙하·전도·협착 및 붕괴 등의 위험 예방 대책
  ② 차량계 하역 운반 기계 등의 운행경로 및 작업방법

참고 산업안전보건기준에 관한 규칙 [별표4] 사전조사 및 작업계획서의 내용

19 비파괴 시험이란?

해답

비파괴 시험이란 시험 대상물인 재료, 부품, 구조물 등을 상처나 분해, 파괴하지 않고 상태나 내부 구조를 알기 위해 하는 시험 전체를 말한다.
비파괴 시험의 종류에는 표면 결함 검출을 위한 것으로는 외관 검사, 침투 탐상 시험, 자분 탐상 시험, 맴돌이 전류 탐상법 등이 있고 내부 결함 검출을 위한 것으로는 초음파탐상 시험, 방사선 투과 시험 등이 있으며 그 밖에 비파괴 시험 방법으로는 적외선 시험, 내압 시험, 누출 시험 등이 있다.

20 비파괴 검사의 종류를 6가지만 쓰시오.

해답

① 육안 검사
② 자기 검사
③ 누설 검사
④ 와류 검사
⑤ 초음파 검사
⑥ 방사선 투과 검사

21 비파괴 검사 중 자기 검사의 종류를 5가지 쓰시오.

해답

① 축 통전법
② 코일법
③ 관통법
④ 극간법
⑤ 직각 통전법

22 이동식 크레인을 사용하여 작업을 할 때 작업시작전 점검사항 3가지를 쓰시오.

해답

① 권과방지장치 그 밖의 경보장치의 기능
② 브레이크·클러치 및 조정장치의 기능
③ 와이어로프가 통하고 있는 곳 및 작업장소의 지반상태

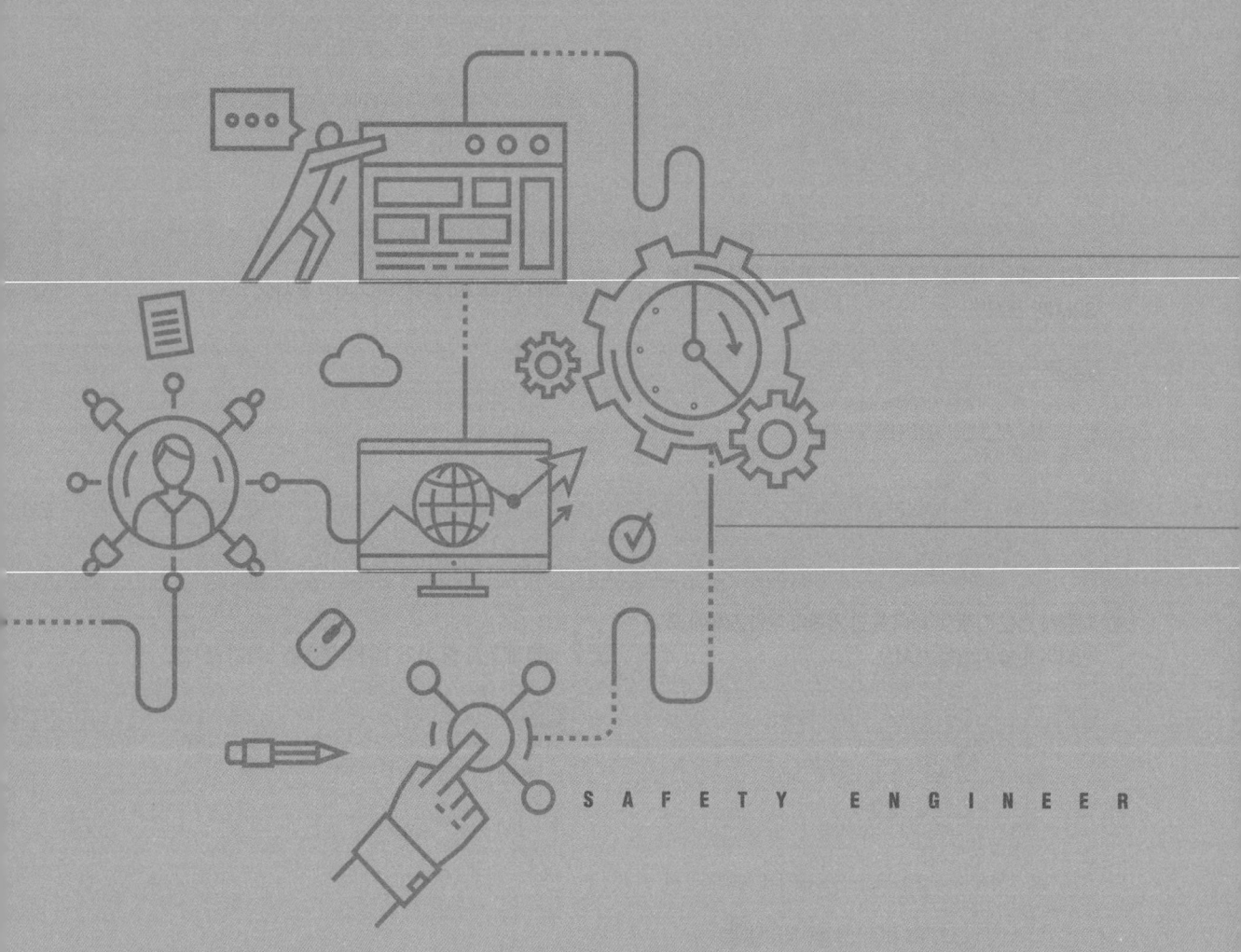

SAFETY ENGINEER

사업장 산업안전·보건교육

세부항목
산업안전·보건교육 요구사정 및 사전준비
산업안전·보건교육 계획
산업안전·보건교육 제공 및 수행
산업안전·보건교육 평가 및 사후관리
● 출제예상문제

세부항목
- 산업안전·보건교육 요구사정 및 사전준비
- 산업안전·보건교육 계획
- 산업안전·보건교육 제공 및 수행
- 산업안전·보건교육 평가 및 사후관리

중점 학습내용

안전보건교육에 관련된 기본적인 기초 지식을 학습하도록 하였으며 이번 실기 필답형 시험에 출제되는 그 중심적인 내용은 다음과 같다.

❶ 인간에 대한 기본적 안전 대책　　❷ 교육의 3요소(형식적 교육의 3요소)　　❸ 안전교육의 기본 방향
❹ 안전교육의 3단계　　❺ 교육 추진 순서(안전교육 추진 순서 5단계)　　❻ 학습성과 설정시 유의하여야 할 사항
❼ 강의계획의 4단계　　❽ 학습목적의 포함 사항　　❾ 전개 과정의 4가지 사항
❿ 학습지도의 원리(학습지도 이론)　　⓫ 안전보건교육 교육대상별 교육내용　　⓬ 지도 교육의 8원칙(교육지도 8원칙)
⓭ 하버드학파의 5단계 교수법　　⓮ 듀이의 사고 과정의 5단계　　⓯ 교시법의 4단계
⓰ 의사전달 방법의 2가지　　⓱ 강의법(Lecture Method)　　⓲ 토의법(Group Discussion Method)
⓳ TWI(Training Within Industry, 산업 내 초급 관리자 훈련)교육내용　　⓴ MTP
㉑ ATT　　㉒ CCS　　㉓ OJT와 OffJT
㉔ 수업방법　　㉕ 단계법에 의한 교육의 4단계　　㉖ 안전태도교육의 기본과정
㉗ 교육계획　　㉘ 교육효과　　㉙ 학습평가 방법
㉚ 학습평가의 기본적인 기준 4가지　　㉛ 안전교육 추진시 유의사항　　㉜ 무재해 운동

합격예측

교육의 3요소
① 교육의 주체 : 강사
② 교육의 객체 : 학습자
③ 교육의 매개체 : 교재 (교육내용)

합격예측

안전교육의 기본방향 3가지
① 사고사례 중심의 안전교육
② 표준작업을 위한 안전교육
③ 안전의식 향상을 위한 안전교육

1 인간에 대한 기본적 안전 대책

① 안전관리 체제 확립
② 안전관리 규정, 표준 작업 작성, 안전 규칙 제정
③ 안전교육 훈련 실시
④ 안전 활동 전개, 의식 제고

2 교육의 3요소(형식적 교육의 3요소)

① 교육의 주체(subject of education) : 강사
② 교육의 객체(object of education) : 수강자
③ 교육의 매개체(educational of materials) : 교육 내용(학습 내용 또는 교재)

3 안전교육의 기본 방향

안전교육은 인간 측면에 대한 사고 예방 수단의 하나인 동시에 안전 인간 형성을 위한 항구적인 목표라고도 할 수 있다. 기업의 규모나 특성에 따라 안전교육 방향을 설정하는 데는 차이가 있으나 원칙적으로 다음과 같이 3가지로 기본방향을 정하고 있다.

① 사고 사례 중심의 안전교육
② 안전 작업(표준 작업)을 위한 안전교육
③ 안전 의식 향상을 위한 안전교육

4 안전교육의 3단계

① 지식교육(제1단계) : 강의, 시청각 교육을 통한 지식의 전달과 이해
② 기능교육(제2단계) : 시범, 견학, 실습, 현장 실습 교육을 통한 경험 체득과 이해
③ 태도교육(제3단계) : 작업 동작 지도, 생활 지도 등을 통한 안전의 습관화

[표] 안전보건교육의 종류와 내용

종류	교육 내용	생각의 포인트
제1단계 지식교육	○ 취급 기계와 설비의 구조, 기능, 성능의 개념을 이해시킨다. ○ 재해 발생의 원리를 이해시킨다. ○ 작업에 필요한 법규, 규정, 기준을 습득시킨다.	알고 싶은 것의 개념을 주지시킨다.
제2단계 기능교육	(실기 교육) ○ 작업방법, 기계장치, 계기류의 조작 행위를 몸으로 습득시킨다. (문제 해결의 종류) ○ 과거, 현재의 문제를 대상으로 하여 사실의 확인과 문제점의 발견, 원인과 탐구로부터 대책을 세우는 순서를 알고, 문제 해결의 능력을 향상시킨다.	협력 대응 능력의 육성, 실기를 주체로 행한다.
제3단계 태도교육	○ 안전작업에 임하는 자세와 동작을 습득시킨다. ○ 직장규칙, 안전규칙을 몸으로 습득시킨다. ○ 의욕을 가지고 행한다.	가치관 형성 교육을 한다.

5 교육 추진 순서(안전교육 추진 순서 5단계)

① 교육의 필요점을 발견한다.
② 교육 대상, 교육 내용, 교육 방법을 결정한다.
③ 교육을 준비한다.
④ 교육을 실시한다.
⑤ 교육의 성과를 평가한다.

합격예측

안전교육의 3단계
① 지식교육
② 기능교육
③ 태도교육

합격예측

안전교육 추진서
① 교육의 필요점을 발견한다.
② 교육 대상, 교육 내용, 교육 방법을 결정한다.
③ 교육을 준비한다.
④ 교육을 실시한다.
⑤ 교육의 성과를 평가한다.

> **합격예측**
>
> **교육훈련 평가의 4단계**
> ① 제1단계 : 반응단계
> ② 제2단계 : 학습단계
> ③ 제3단계 : 행동단계
> ④ 제4단계 : 결과단계

> **합격예측**
>
> **학습의 목적에서 구성 3요소와 학습정도 4단계**
> ① 구성 3요소
> ㉮ 목표
> ㉯ 주제
> ㉰ 학습정도
> ② 학습정도 4단계
> ㉮ 인지 → ㉯ 지각 →
> ㉰ 이해 → ㉱ 적용

> **합격예측**
>
> **안전관리계획의 작성절차 5단계**
> ① 1단계 : 준비단계
> ② 2단계 : 자료분석단계
> ③ 3단계 : 기본방침과 목표의 설정
> ④ 4단계 : 종합평가의 실시
> ⑤ 5단계 : 경영수뇌부의 최종 결정

6 학습성과 설정시 유의하여야 할 사항

① 반드시 주제와 학습 정도가 포함되어야 한다.
② 학습목적에 적합하고 타당해야 한다.
③ 구체적으로 서술해야 한다.
④ 수강자의 입장에서 기술해야 한다.

7 강의계획의 4단계

강의성과는 강의계획의 준비 정도에 의해 결정된다. 강의계획의 4단계는 다음과 같다.
① 학습목적과 학습성과의 설정
② 학습자료의 수집 및 체계화
③ 교수방법의 선정
④ 강의안 작성

8 학습목적의 포함 사항

① 목표
② 주제
③ 학습정도
 ㉮ 인지(to acquaint)
 ㉯ 지각(to know)
 ㉰ 이해(to understand)
 ㉱ 적용(to apply)

> **참고**
>
> 학습목적 : 「안전의 기본지식을 습득하기 위하여 하인리히의 도미노 이론을 이해한다.」
> ① 학습목표 : 안전의 기본지식 습득
> ② 주제 : 하인리히의 도미노 이론
> ③ 학습정도 : 이해한다.

9. 전개 과정의 4가지 사항

안전 학습 과정은 도입·전개·종결의 3단계로 나누어 체계화하는 것이 가장 이상적인 방법으로 알려져 있다. 이 중 전개 과정은 학습의 본론 부분으로서 가장 중요한 부분이다. 이 전개 과정의 4가지 사항은 다음과 같다.
① 주제를 과거의 것으로부터 현재의 것으로 배열하거나, 또는 현재의 것으로부터 과거의 것으로 배열할 것
② 주제를 간단한 것으로부터 시작하여 점차 복잡한 것으로 배열한다.
③ 주제를 미리 알려져 있는 것으로부터 점차 미지의 것으로 배열한다.
④ 가장 많이 사용되는 것으로부터 시작하여 가장 적게 사용되는 것으로 배열한다.

합격예측

강의식 교육 방법의 장점
① 많은 사람에게 일시에 지식 제공이 가능하다.
② 준비가 간단하고 어디에서도 가능하다.
③ 시간과 노력이 거의 들지 않는다.
④ 새로운 것의 체계적인 교육이 가능하다.

10. 학습지도의 원리(학습지도 이론)

① 자기 활동의 원리(자발성의 원리) : 학습자 자신이 자발적으로 학습에 참여하는 데 중점을 둔 원리이다.
② 개별화의 원리 : 학습자가 지니고 있는 각자의 요구와 능력 등에 알맞은 학습활동의 기회를 마련해 주어야 한다는 원리이다.
③ 사회화의 원리 : 학습내용을 현실 사회의 사상과 문제를 기반으로 하여 학교에서 경험한 것을 교류시키고 공동 학습을 통해서 협력적이고 우호적인 학습을 진행하는 원리이다.
④ 통합의 원리 : 학습을 총합적인 전체로서 지도하자는 원리로, 동시 학습원리와 같다.
⑤ 직관의 원리 : 구체적인 사물을 직접 제시하거나 경험시킴으로써 큰 효과를 볼 수 있다는 원리이다.

합격예측

학습지도의 원리 5가지
① 자발성의 원리
② 개별화의 원리
③ 사회화의 원리
④ 통합의 원리
⑤ 직관의 원리

11. 안전보건교육 교육대상별 교육내용

사업장의 근로자들에게는 산업안전보건법상 규정된 일정한 시간 이상 안전보건교육을 시행하도록 되어 있다.

합격예측

안전보건교육 교육대상별 교육의 종류
① 정기교육
② 채용시 교육
③ 작업내용 변경시의 교육
④ 특별교육
⑤ 건설업 기초안전보건교육

합격예측

특수형태근로종사자에 대한 안전보건교육(최초 노무제공 시 교육, 제95조제1항 관련)
아래의 내용 중 특수형태근로종사자의 직무에 적합한 내용을 교육해야 한다.
① 산업안전 및 사고 예방에 관한 사항
② 산업보건 및 직업병 예방에 관한 사항
③ 건강증진 및 질병 예방에 관한 사항
④ 유해·위험 작업환경 관리에 관한 사항
⑤ 산업안전보건법령 및 산업재해보상보험 제도에 관한 사항
⑥ 직무스트레스 예방 및 관리에 관한 사항
⑦ 직장 내 괴롭힘, 고객의 폭언 등으로 인한 건강장해 예방 및 관리에 관한 사항
⑧ 기계·기구의 위험성과 작업의 순서 및 동선에 관한 사항
⑨ 작업 개시 전 점검에 관한 사항
⑩ 정리정돈 및 청소에 관한 사항
⑪ 사고 발생 시 긴급조치에 관한 사항
⑫ 물질안전보건자료에 관한 사항
⑬ 교통안전 및 운전안전에 관한 사항
⑭ 보호구 착용에 관한 사항

[표] 안전보건교육 교육과정별 교육내용

10. 9. 12 기 15. 10. 4 기
17. 10. 14 기 19. 4. 14 기
22. 5. 7 기 22. 7. 24 산

교육과정	교육대상		교육시간
가. 정기교육	1) 사무직 종사 근로자		매반기 6시간 이상
	2) 그 밖의 근로자	가) 판매업무에 직접 종사하는 근로자	매반기 6시간 이상
		나) 판매업무에 직접 종사하는 근로자 외의 근로자	매반기 12시간 이상
나. 채용 시 교육	1) 일용근로자 및 근로계약기간이 1주일 이하인 기간제근로자		1시간 이상
	2) 근로계약기간이 1주일 초과 1개월 이하인 기간제근로자		4시간 이상
	3) 그 밖의 근로자		8시간 이상
다. 작업내용 변경 시 교육	1) 일용근로자 및 근로계약기간이 1주일 이하인 기간제근로자		1시간 이상
	2) 그 밖의 근로자		2시간 이상
라. 특별교육	1) 일용근로자 및 근로계약기간이 1주일 이하인 기간제근로자 : 별표 5 제1호라목(제39호는 제외한다)에 해당하는 작업에 종사하는 근로자에 한정한다.		2시간 이상
	2) 일용근로자 및 근로계약기간이 1주일 이하인 기간제근로자 : 별표 5 제1호라목제39호에 해당하는 작업에 종사하는 근로자에 한정한다.		8시간 이상
	3) 일용근로자 및 근로계약기간이 1주일 이하인 기간제근로자를 제외한 근로자 : 별표 5 제1호라목에 해당하는 작업에 종사하는 근로자에 한정한다.		가) 16시간 이상(최초 작업에 종사하기 전 4시간 이상 실시하고 12시간은 3개월 이내에서 분할하여 실시 가능) 나) 단기간 작업 또는 간헐적 작업인 경우에는 2시간 이상
마. 건설업 기초안전보건교육	건설 일용근로자		4시간 이상

1. 채용 시 교육 및 작업내용 변경 시 교육

① 산업안전 및 사고 예방에 관한 사항
② 산업보건 및 직업병 예방에 관한 사항
③ 위험성 평가에 관한 사항
④ 산업안전보건법령 및 산업재해보상보험 제도에 관한 사항
⑤ 직무스트레스 예방 및 관리에 관한 사항
⑥ 직장 내 괴롭힘, 고객의 폭언 등으로 인한 건강장해 예방 및 관리에 관한 사항

⑦ 기계·기구의 위험성과 작업의 순서 및 동선에 관한 사항
⑧ 작업 개시 전 점검에 관한 사항
⑨ 정리정돈 및 청소에 관한 사항
⑩ 사고 발생 시 긴급조치에 관한 사항
⑪ 물질안전보건자료에 관한 사항

2. 근로자 정기안전보건교육 18.4.15 기 20.10.17 기 21.7.10 기 22.10.16 기

① 산업안전 및 사고예방에 관한 사항
② 산업보건 및 직업병예방에 관한 사항
③ 위험성 평가에 관한 사항
④ 건강증진 및 질병예방에 관한 사항
⑤ 유해·위험 작업환경 관리에 관한 사항
⑥ 산업안전보건법령 및 산업재해보상보험 제도에 관한 사항
⑦ 직무스트레스 예방 및 관리에 관한 사항
⑧ 직장 내 괴롭힘, 고객의 폭언 등으로 인한 건강장해 예방 및 관리에 관한 사항

3. 관리감독자 정기안전보건교육

① 산업안전 및 사고 예방에 관한 사항
② 산업보건 및 직업병 예방에 관한 사항
③ 위험성평가에 관한 사항
④ 유해·위험 작업환경 관리에 관한 사항
⑤ 산업안전보건법령 및 산업재해보상보험 제도에 관한 사항
⑥ 직무스트레스 예방 및 관리에 관한 사항
⑦ 직장 내 괴롭힘, 고객의 폭언 등으로 인한 건강장해 예방 및 관리에 관한 사항
⑧ 작업공정의 유해·위험과 재해 예방대책에 관한 사항
⑨ 사업장 내 안전보건관리체제 및 안전·보건조치 현황에 관한 사항
⑩ 표준안전 작업방법 및 지도·감독 요령 요령에 관한 사항
⑪ 현장근로자와의 의사소통능력 및 강의능력 등 안전보건교육 능력 배양에 관한 사항
⑫ 비상시 또는 재해 발생 시 긴급조치에 관한 사항
⑫ 그 밖의 관리감독자의 직무에 관한 사항

4. 건설업 기초안전보건교육에 대한 내용 및 시간(제28조제1항 관련)

① 건설공사의 종류(건축·토목 등) 및 시공 절차 : 1시간
② 산업재해 유형별 위험요인 및 안전보건조치 : 2시간
③ 안전보건관리체제 현황 및 산업안전보건 관련 근로자 권리·의무 : 1시간

합격예측

밀폐공간에서 작업할 경우 실시해야 할 특별안전보건교육
① 산소농도 측정 및 작업환경에 관한 사항
② 사고시의 응급처치 및 비상시 구출에 관한 사항
③ 보호구 착용 및 사용방법에 관한 사항
④ 밀폐공간작업의 안전작업방법에 관한 사항
⑤ 그 밖에 안전보건관리에 필요한 사항

합격예측

관리감독자 채용 시 교육 및 작업내용 변경 시 교육
① 산업안전 및 사고 예방에 관한 사항
② 산업보건 및 직업병 예방에 관한 사항
③ 위험성평가에 관한 사항
④ 산업안전보건법령 및 산업재해보상보험 제도에 관한 사항
⑤ 직무스트레스 예방 및 관리에 관한 사항
⑥ 직장 내 괴롭힘, 고객의 폭언 등으로 인한 건강장해 예방 및 관리에 관한 사항
⑦ 기계·기구의 위험성과 작업의 순서 및 동선에 관한 사항
⑧ 작업 개시 전 점검에 관한 사항
⑨ 물질안전보건자료에 관한 사항
⑩ 사업장 내 안전보건관리체제 및 안전·보건조치 현황에 관한 사항
⑪ 표준안전 작업방법 결정 및 지도·감독 요령에 관한 사항
⑫ 비상시 또는 재해 발생 시 긴급조치에 관한 사항
⑬ 그 밖의 관리감독자의 직무에 관한 사항

12 지도 교육의 8원칙(교육지도 8원칙)

① 상대의 입장에서 지도 교육한다.(피교육자 중심교육)
② 동기 부여를 충실히 한다.(동기부여)
③ 쉬운 것에서 어려운 것으로 지도한다.(level up)
④ 반복해서 교육한다.(반복)
⑤ 한 번에 하나씩을 가르친다.(step by step)
⑥ 5감을 활용한다.
⑦ 인상의 강화를 한다.
⑧ 기능적인 이해를 돕는다.

13 하버드학파의 5단계 교수법

① 제1단계 : 준비시킨다(preparation).
② 제2단계 : 교시한다(presentation).
③ 제3단계 : 연합한다(association).
④ 제4단계 : 총괄시킨다(generalization).
⑤ 제5단계 : 응용시킨다(application).

14 듀이의 사고 과정의 5단계

① 제1단계 : 시사를 받는다(suggestion).
② 제2단계 : 머리로 생각한다.
③ 제3단계 : 가설을 설정한다.
④ 제4단계 : 추론한다(reasoning).
⑤ 제5단계 : 행동에 의하여 가설을 검토한다.

15 교시법의 4단계

① 제1단계 : 준비단계(preparation)
② 제2단계 : 일을 하여 보이는 단계(presentation)
③ 제3단계 : 일을 시켜 보이는 단계(performance)
④ 제4단계 : 보습지도의 단계(follow-up)

합격예측

지도교육의 8원칙
① 상대의 입장에서 지도 교육한다.(피교육자 중심교육)
② 동기 부여를 충실히 한다.(동기부여)
③ 쉬운 것에서 어려운 것으로 지도한다.(level up)
④ 반복해서 교육한다.(반복)
⑤ 한 번에 하나씩을 가르친다.(step by step)
⑥ 5감을 활용한다.
⑦ 인상의 강화를 한다.
⑧ 기능적인 이해를 돕는다.

합격예측

하버드학파의 5단계 교수법
① 준비시킨다.
② 교시한다.
③ 연합한다.
④ 총괄한다.
⑤ 응용시킨다.

합격예측

교시법의 4단계
① 준비단계
② 일을 하여 보이는 단계
③ 일을 시켜 보이는 단계
④ 보습지도의 단계

16 의사전달 방법의 2가지

안전관리 및 교육에 있어 의사 전달은 중요한 의미를 갖는다. 의사전달 방법의 2가지는 다음과 같다.
① 일방적 의사 전달방법 : 전달자가 수의자(受意者)에게 의사를 일방적으로 전하는 방법
② 쌍방적 의사전달 방법 : 전달자가 수의자에게 의사를 전하고 수의자가 그 내용을 이해함으로써 완성되는 의사전달 방법

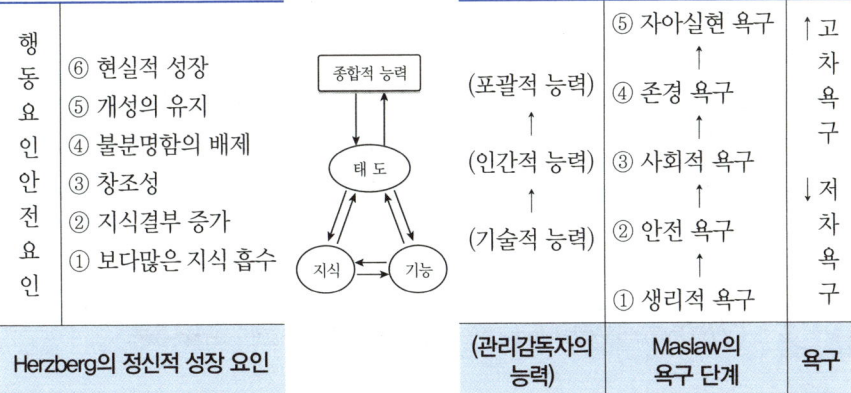

> 합격예측
>
> **매슬로우의 욕구 5단계**
> ① 제1단계 : 생리적 욕구
> ② 제2단계 : 안전의 욕구
> ③ 제3단계 : 사회적 욕구
> ④ 제4단계 : 인정받으려는 욕구
> ⑤ 제5단계 : 자아실현의 욕구

> 합격예측
>
> **관리감독자 교육의 종류**
> ① TWI (Training Within Industry)
> ② MTP (Management Training Program)
> ③ ATT (American Telephone-Telegram)
> ④ CCS (Civil Communication Section)

17 강의법(Lecture Method)

많은 인원의 수강자(최적 인원 : 40~50명)를 단기간의 교육 기간에 비교적 많은 내용의 교육내용을 전수하기 위한 방법이다.

18 토의법(Group Discussion Method)

쌍방적 의사전달방식에 의한 교육(최적 인원 : 10~20명)으로 적극성, 지도성, 협동성을 기르는 데 유효하다.
① 문제법(problem method) : 문제법의 단계는 첫째 문제의 인식, 둘째 해결 방법의 연구 계획, 셋째 자료의 수집, 넷째 해결 방법의 실시, 다섯째 정리와 결과의 검토 단계를 거친다.

> **합격예측**
>
> **T.W.I방식의 교육훈련내용**
> ① 작업지도기법(JIT)
> ② 작업개선기법(JMT)
> ③ 인간관계관리기법(JRT)
> ④ 작업안전기법(JST)

> **합격예측**
>
> **적응과 역할에 관한 슈우퍼의 역할이론**
> ① 역할연기
> ② 역할기대
> ③ 역할조성
> ④ 역할갈등

② case study(case method) : 먼저 사례를 제시하고 문제적 사실들과 그의 상호 관계에 대해서 검토하고 대책을 토의한다.
③ forum : 새로운 자료나 교재를 제시하고 거기서의 문제점을 피교육자로 하여금 제기하게 하거나 의견을 여러 가지 방법으로 발표하게 하고 다시 깊이 파고들어 토의를 행하는 방법이다.
④ symposium : 몇사람의 전문가에 의하여 과제에 관한 견해를 발표하게 한 뒤 참가자로 하여금 의견이나 질문을 하게 하여 토의하는 방법이다(각 주제 발표 후 토론).
⑤ panel discussion : 패널 멤버(교육 과제에 정통한 전문가 4~5명)가 피교육자 앞에서 자유로이 토의를 하고 뒤에 피교육자 전원이 참가하여 사회자의 사회에 따라 토의하는 방법이다.
⑥ buzz session : 6-6회의라고도 하며, 먼저 사회자와 기록계를 선출한 후 나머지 사람은 6명씩의 소집단으로 구분하고, 소집단별로 각각 사회자를 선발하여 6분간씩 자유 토의를 하여 의견을 종합하는 방법이다.

19 TWI (Training Within Industry, 산업 내 초급 관리자 훈련) 교육내용

① 작업개선방법 훈련(Job Method Training : JMT)
② 작업지도 훈련(Job Instruction Training : JIT)
③ 인간관계 훈련(Job Relations Training : JRT)
④ 작업안전 훈련(Job Safety Training : JST)

20 MTP(Management Training Program)

① FEAF라고도 하며, 대상은 TWI보다 약간 높은 계층을 목표로 하고, TWI와는 달리 관리 문제에 보다 치중하고 있다.
② 교육내용 : 관리의 기능, 조직의 원칙, 조직의 운영, 시간 관리, 학습의 원칙과 부하 지도법, 훈련의 관리, 신인을 맞이하는 방법과 대행자를 육성하는 요령, 회의의 주관, 작업의 개선, 안전한 작업, 과업 관리, 사기 양양 등
③ 한 클래스는 10~15명 2시간씩 20회에 걸쳐 40시간 훈련하도록 되어 있다.

21 ATT(American Telephone & Telegraph Company)

① 중요 특징 : 대상 계층이 한정되어 있지 않고 또 한번 훈련을 받은 관리자는 그 부하인 감독자에 대해 지도원이 될 수 있다.
② 교육내용 : 계획적 감독, 작업의 계획 및 인원 배치, 작업의 감독, 공구 및 자료 보고 및 기록, 개인 작업의 개선, 종업원의 향상, 인사 관계, 훈련, 고객 관계, 안전 부대 군인의 복무 조정 등 12가지로 되어 있다.
③ 코스는 1차 훈련(1일 8시간씩 2주간), 2차 과정에서는 문제가 발생할 때마다 하도록 되어 있으며, 진행 방법은 통상 토의식에 의하여 지도자의 유도로 과제에 대한 의견을 제시하게 하여 결론을 내려가는 방식을 취한다.

22 CCS(Civil Communication Section)

① ATP라고도 하며, 당초에는 일부 회사의 톱 매니지먼트에 대해서만 행하여졌던 것이 널리 보급된 것이라고 한다.
② 교육내용 : 정책의 수립, 조직(경영 부분, 조직 형태, 구조 등), 통계(조직 통계의 적응, 품질 관리, 원가 통제의 적용 등) 및 운영(운영 조직, 협조에 의한 회사 운영) 등
③ 방법은 주로 강의법에 토의법이 가미된 것으로 매주 4일, 4시간씩으로 8주간(합계 128시간)에 걸쳐 실시하도록 되어 있다.

23 OJT와 OffJT

1. OJT

① 개개인에게 적절한 지도훈련이 가능하다.
② 직장의 실정에 맞는 실제적 훈련이 가능하다.
③ 즉시 업무에 연결되는 몸과 관계가 있다.
④ 훈련에 필요한 계속성이 끊어지지 않는다.
⑤ 효과가 곧 업무에 나타나며 결과에 따른 개선이 쉽다.
⑥ 훈련 효과를 보고 상호 신뢰 이해도가 높아지는 것이 가능하다.

합격예측

조건반사설
(S-R이론, 파블로프)
① 일관성의 원리
② 계속성의 원리
③ 강도의 원리
④ 시간의 원리

합격예측

시행 착오설(손다이크)
학습이란 맹목적인 시행을 되풀이하는 가운데 자극과 반응이 결합되는 과정
① 연습의 원칙(반복의 원칙)
② 준비성의 원칙
③ 효과의 원칙

합격예측

O.J.T교육의 특징
① 직장의 현장실정에 맞는 구체적이고 실질적인 교육이 가능하다.
② 교육의 효과가 업무에 신속하게 반영된다.
③ 교육의 이해도가 빠르고 동기부여가 쉽다.
④ 개인의 능력과 적성에 알맞은 맞춤교육이 가능하다.
⑤ 교육으로 인해 업무가 중단되는 업무손실이 적다.
⑥ 교육경비의 절감효과가 있다.
⑦ 상사와의 의사소통 및 신뢰도 향상에 도움이 된다.

합격예측

Off.J.T교육의 특징
① 한번에 다수의 대상자를 일괄적, 조직적으로 교육할 수 있다.
② 전문분야의 우수한 강사진을 초빙할 수 있다.
③ 교육기자재 및 특별교재 또는 시설을 유효하게 활용할 수 있다.
④ 다른 분야 및 타 직장의 사람들과 지식이나 경험의 교환이 가능하다.
⑤ 업무와 분리되어 면학에 전념하는 것이 가능하다.
⑥ 교육목표를 위하여 집단적으로 협조와 협력이 가능하다.
⑦ 법규, 원리, 원칙, 개념, 이론 등의 교육에 적합하다.

합격예측

학습 전이의 조건
① 학습 내용
② 학습 방법
③ 학습 태도

2. OffJT

① 다수의 근로자에게 조직적 훈련 시행 가능
② 훈련에만 전념하게 된다.
③ 전문가를 강사로 초빙하는 것이 가능하다.
④ 특별한 설비나 기구를 이용하는 것이 가능하다.
⑤ 각 직장의 근로자가 많은 지식이나 경험을 교류할 수 있다.
⑥ 교육훈련목표에 대하여 집단적 노력이 흐트러질 수도 있다.

24 수업방법

① 도입 : 강의, 시범
② 전개, 정리 : 반복, 토의, 실연
③ 도입, 전개, 정리 : 프로그램 학습법, 모의 학습법

[표] 건설업 기초안전보건교육에 대한 내용 및 시간 23. 10. 7 기

교육 내용	교육시간
건설공사의 종류(건축·토목 등) 및 시공절차	1시간
산업재해 유형별 위험요인 및 안전보건조치	2시간
안전보건관리체제 현황 및 산업안전보건 관련 근로자 권리·의무	1시간

[표] 효과적 수업방법의 선택

수업방법 \ 수업단계	도 입	전 개	정 리
강 의 법	○		
시 범	○		
반 복 법		○	○
토 의 법		○	○
실 연 법		○	○
자율학습법			○
프로그램학습법	○	○	○
학생상호학습법	○	○	○
모의학습법	○	○	○

25 단계법에 의한 교육의 4단계

① 제1단계 : 도입
② 제2단계 : 제시
③ 제3단계 : 적용
④ 제4단계 : 확인

> **합격예측**
> 교육방법의 4단계
> ① 제1단계 : 도입
> ② 제2단계 : 제시
> ③ 제3단계 : 적용
> ④ 제4단계 : 확인

> **합격예측**
> 안전태도교육의 4단계
> ① 청취한다.
> ② 이해, 납득시킨다.
> ③ 모범을 보인다.
> ④ 평가(권장)한다.

26 안전태도교육의 기본과정

① 제1단계 : 청취한다(hearing)
② 제2단계 : 이해 납득시킨다(understand)
③ 제3단계 : 모범을 보인다(example)
④ 제4단계 : 평가한다(evaluation) - praise, punish

> **합격예측**
> 지식교육의 4단계
> ① 도입(준비)
> ② 제시(설명)
> ③ 적용(응용)
> ④ 확인(종합)

[표] 안전보건관리책임자 등에 대한 교육시간

교육대상	교육시간	
	신규교육	보수교육
• 안전보건관리책임자	6시간 이상	6시간 이상
• 안전관리자, 안전관리전문기관의 종사자	34시간 이상	24시간 이상
• 보건관리자, 보건관리전문기관의 종사자	34시간 이상	24시간 이상
• 재해예방전문지도기관 종사자	34시간 이상	24시간 이상
• 석면조사기관의 종사자	34시간 이상	24시간 이상
• 안전검사기관, 자율안전검사기관의 종사자	34시간 이상	24시간 이상
• 안전보건관리담당자	—	8시간 이상

27 교육계획

1. 준비계획

① 교육 목표 결정
② 교육 대상자의 범위 결정
③ 교육 과정, 과목 및 내용의 결정
④ 교육 시기, 시간 및 장소 결정
⑤ 교육 방법 결정
⑥ 강사 선정 및 담당자 결정
⑦ 소요 예산 산정

> **합격예측**
>
> **학습평가의 기본적인 기준 4가지**
> ① 타당도(妥當度)
> ② 신뢰도(信賴度)
> ③ 객관도(客觀度)
> ④ 실용도(實用度)

> **합격예측**
>
> **안전교육의 지도원칙**
> ① 상대방의 입장에서
> ② 동기부여를 중요하게
> ③ 쉬운 것에서 어려운 것으로
> ④ 반복
> ⑤ 한번에 한가지씩을
> ⑥ 인상의 강화
> ⑦ 5관의 활용
> ⑧ 기능적인 이해

2. 실시 계획

① 그룹편정 및 강사, 지도원 등 소요인원 파악
② 보조재료 등 교육기자재
③ 교육 환경 및 장소 선정
④ 시범 및 실습 계획
⑤ 현장 답사 및 견학 계획
⑥ 협조해야 할 기관 및 부서
⑦ 그룹 및 부서별 토의 진행계획
⑧ 교육 평가 계획
⑨ 필요한 소요 예산 책정
⑩ 일정표 작성

28 교육효과

1. 이해도

① 귀 : 20[%]　　② 눈 : 40[%]　　③ 귀+눈 : 50[%]
④ 입 : 80[%](귀+눈+입)　　⑤ 머리+손·발 : 90[%]

2. 감지효과

① 시각 : 60[%]　　② 청각 : 30[%]　　③ 촉각 : 5[%]
④ 후각 : 3[%]　　⑤ 미각 : 2[%]

29 학습평가 방법

교육 구분	우 수	보 통	불 량
지식교육	평가시험, 테스트	관찰, 면접, 질문	
기능교육	노트, 테스트	관찰	
태도교육	관찰, 면접	질문, 평가시험	테스트

30 학습평가의 기본적인 기준 4가지

① 타당도(妥當度)　　② 신뢰도(信賴度)
③ 객관도(客觀度)　　④ 실용도(實用度)

31 안전교육 추진 시 유의사항

1. 교육 대상자의 지식이나 기능 정도에 따라 교재를 준비한다.

기초적인 지식교육이 필요한 대상은 신입 작업자인 경우이며 기초 지식보다 현장 실무에 필요한 기능교육, 또는 모두가 안전에 대한 정신적인 안전의식을 높이는 홍보 활동을 위한 경우도 있을 것이다. 또 문제 의식을 검토하여 정보 자료가 필요한 경우도 있다.

2. 계속적이고 반복적으로 끈기있게 교육한다.

피교육자 입장에서는 건성으로 듣고 흘려 보내는 경우가 있다. 따라서 몇 번이고 되풀이하여 반복적인 강의와 시청각 자료를 활용하여 꾸준히 교육한다. 한 번의 강의만으로 듣는 효과는 1시간 후에 44[%]가 남아 있으며 한달이 지나면 20[%]밖에 기억에 남지 않으므로 실행에 옮기지 않을 때도 있다.

3. 상상력있는 구체적인 내용으로 실시한다.

안전교육은 태도교육으로 탈바꿈시킴으로써 효과를 얻을 수 있다. 듣고 몸에 익히도록 구체적인 것이어야 한다. 생산계획에 따른 안전방법을 생각하도록 신경을 써야 한다. 오관을 통하여 지식을 계속해서 몸에 익히도록 노력한다.

4. 실제 사례 중심으로 자신의 행동과 비교할 수 있는 계기를 만들어 준다.

사고나 재해가 발생했을 때에 사례를 모조지에 그려서 교육시에는 모두가 보고 듣게 하여 실감하도록 함으로써 자기 태도에 반성의 계기를 줄 수 있도록 산교육을 유도시킨다.

5. 교육을 실시한 후에 그 효과를 파악할 수 있는 평가를 한다.

안전교육은 지도한 것이 확실하게 피교육자에게 이해되면 행동으로 옮기는 데 효과가 있다. 가르친 내용에 대한 이해 정도를 파악할 수 있는 간단한 평가는 교육을 진지하게 받는 태도에 도움이 된다. 만약에 가르친 것을 평가하여 이해도가 부족할 때는 재교육을 시키는 계획이 필요하다. 이해했으면 행동에 옮길 수 있는지 교육한 대로 시켜보고 시정해 주어야 한다.

무조건 강요한다는 것은 오히려 역효과를 나타내므로 다시 잘 설명하여 납득시키고, 지도자는 말과 행동이 일치하도록 노력하지 않으면 안 된다. 특히 안전교육을 보다 효과적으로 실시하기 위해서 항상 최근의 정보를 제시하여 모든 근로자들의 수준을 향상시키며, 또 사내 회보를 발행하여 사고 사례 분석을 통한 식견을 높

합격예측

무재해
"무재해"란 무재해 운동 시행 사업장에서 근로자가 업무에 기인하여 사망 또는 4일 이상의 요양을 요하는 부상 또는 질병에 이환되지 않는 것을 말한다.

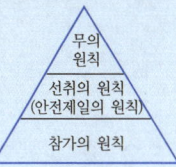

[그림] 무재해 운동의 기본이념

합격예측

무재해 운동 추진의 3요소 (3기둥)
① 최고경영자의 엄격한 안전 경영자세
② 안전활동의 라인화
③ 직장 자주 안전활동의 활성화

이도록 하고, 모두가 참여할 수 있는 표어, 포스터 모집이나 안전 경진 대회를 개최하여 의욕을 향상시켜 주고, 정기적으로 집단 안전 교육을 실시하며, 현장에서는 안전 회합을 매일 실시하여 안전 태도를 길러준다.

32 무재해 운동

1. 무재해 운동의 개요
- 1979. 9. 1 부터 시행
- 2019. 1. 25(규칙 제862호) 기록인증제 폐지, 사업장자율운동 전환

무재해란 근로자가 상해를 입지 않을 뿐만 아니라 상해를 입을 수 있는 위험 요소가 없는 상태를 말하는 것이다. 여기서부터 무재해 운동이 출발하지 않으면 무재해 운동은 일시적인 것에 불과하다.

근로자가 상해를 입지 않는다는 말과 상해를 입을 수 있는 위험 요소 없는 상태라는 말은 근로자가 작업으로 인해 재해를 입어서는 안 되며 본래의 건강이 보장되어야 한다는 뜻이다. 그렇게 될 때 기업이 요구하는 생산성을 최대한으로 보장할 수 있는 것이다.

사업장의 무재해 운동의 의의는 바로 인간 존중에 있으며 합리적인 기업경영에 있다고 볼 수 있다. 따라서 무재해 운동은 인간존중의 이념을 바탕으로 경영자, 관리 감독자, 작업자 등 사업장의 전원이 적극적으로 참가하여 직장의 안전과 보건을 선취하며 일체의 산업재해를 근절하여 인간 중심의 밝고 활기찬 직장 풍토를 조성하는 것을 목적으로 한다.

(1) 무재해의 본질
무재해란 직장에서 중증 장해나 상해만 없으면 된다는 뜻이 아니라 잠재하고 있는 모든 위험을 발견하여 사전에 예방 대책을 수립함으로써 산업재해를 근절하자는 것이다. 어느 한 사람도 다치지 않는 무재해뿐만 아니라 어느 한 사람도 질병에 걸리지 않는 무질병, 이것은 인간의 가장 궁극적이며 기본 욕구인 것이다.

(2) 무재해 운동의 이념
무재해 운동은 인간존중의 이념에서 출발한다. 그러므로 경영주는 먼저 인간존중의 경영철학을 기반으로 해서 자신이 고용한 근로자가 단 한 사람도 재해를 당하는 일이 있어서는 안 된다는 기본이념을 가져야 하며, 관리감독자는 자신의 노력에 의하여 한 사람의 근로자도 불행한 일을 당하지 않도록 한다는 숭고한 인간애적 사상을 갖지 않으면 안 된다.

즉, 인간존중이라는 기본이념을 경영지표로 삼고 무재해 운동의 기법을 도입하여 실천할 때 근로자에게까지 그 사상이 깊이 침투하여 안전과 보건을 확보하고 직장을 활성화시키며 생산성을 높이게 되는 것이다.

> **합격예측**
>
> **무재해 운동의 근본 이념**
>
> 인간존중

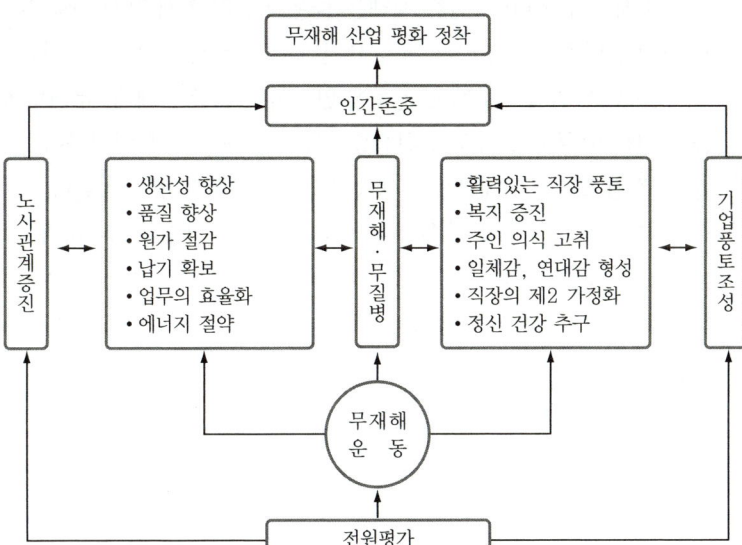

[그림] 무재해 운동의 지향 목표

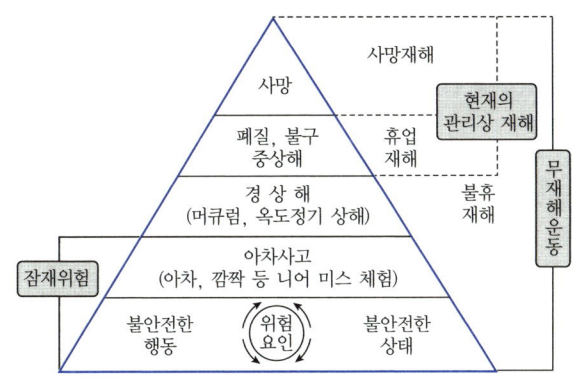

[그림] 무재해의 본질

① 인간존중의 철학

인간존중이란 한 사람 한 사람의 인간을 너나 할 것 없이 차별하지 않고 소중히 하는 것을 말한다. 직장에 있는 한 사람 한 사람은 그 무엇과도 바꿀 수 없는 소중한 인격자들이다. 누구 하나 다쳐도 죽어서도 안 된다. 이것이 무재해의 기본이념이며 전원 참가로 안전과 건강을 선취하는 출발점이 되어야 한다. 이 이념은 정신 운동의 기법으로 끝날 것이 아니라 실제 행동에 의한 실천운동으로 추진되어야 효과를 얻을 수 있다.

> 합격예측
>
> **무재해 운동에서 무재해 시간을 산출하는 방법**
> ① 산출공식 : (무재해 운동 개시일로부터 재해발생 전일까지의 실근무자수)×(실근로시간수)
> ② 사무직 근로자 등 실근로시간의 산정이 곤란한 근로자의 경우 : 제조업은 1일 8시간(건설업은 1일 10시간 근로한 것으로 산정)

> 합격예측
>
> **무재해 운동의 이념 3원칙**
> ① 무의 원칙
> ② 참가의 원칙
> ③ 안전제일(선취해결)의 원칙

② 무재해 운동의 기본이념

무재해 운동에는 무(無), 선취(先取), 참가(參加)의 3대 원칙이 있다.

㉮ 무(無)의 원칙 : 무재해란 단순히 사망 재해, 휴업 재해만 없으면 된다는 소극적인 사고가 아니라, 불휴 재해는 물론 직장의 일체 잠재 위험 요인까지도 사전에 발견하여 뿌리가 되는 요인까지 모두 제거한다는 뜻이다.

㉯ 선취(先取)의 원칙 : 무재해 운동에 있어서 선취란 무재해, 무질병의 직장을 실현하기 위하여 직장의 위험요인을 행동하기 전에 예지하여 발견, 파악, 해결함으로써 재해발생을 예방하거나 방지하는 것을 말한다.

㉰ 참가(參加)의 원칙 : 「없앨 무를 지향하고 안전과 건강을 선취하자」고 할 때 꼭 필요한 것은 전원 참가이다. 참가란 작업에 따르는 위험을 해결하기 위하여 각자의 처지에서 하겠다는 의욕을 갖고 문제나 위험을 해결하는 것을 뜻한다.

[그림] 무재해 운동 3원칙

2. 무재해 운동의 추진 기법

무재해 운동 추진 기법이란 재해를 예방하고자 하는 안전보건활동 수단으로서 특별히 표준이 있다고 말할 수는 없지만 각 사업장의 특성과 조건에 따라 매우 다양하다고 하겠다.

현재 사업장에서 일반적으로 많이 활용하고 있는 재해예방 기법으로서 위험예지 훈련 기법을 들 수 있으나 각 사업장에서는 자체 실정에 맞는 추진 기법들을 도입, 보완하여 시행하여야 할 것이다.

(1) 지적 확인

우리가 무재해 운동을 추진하는 데 꼭 필요한 기법 중의 하나로 지적 확인을 들 수 있다. 이 기법은 안전의식을 높여주는 수단적 기법이긴 하지만 인간존중의 무재해 기본 이념을 실현하기 위해서는 꼭 실시하도록 하여 무재해 사업장을 확산하는 데 적극 활용하여야 할 것이다.

지적 확인이란 작업을 오조작 없이 안전하게 하기 위하여 작업 공정의 요소요소에서 자신의 행동을 "○○ 좋아!" 하고 대상을 지적하면서 큰 소리로 확인하는 것을 말한다.

다시 말해서 사람의 눈이나 귀 등 오관의 감각 기관을 총동원해서 작업의 정확성과 안전을 확인하는 것을 말한다.

공동 작업자와의 연락, 신호를 위한 동작이나 지적도 포함해서 지적 확인이라고 총칭하고 있다. 지적 확인은 위험예지훈련과 터치 앤드 콜에서 뗄래야 뗄 수 없는 복합적 무재해 추진 기법이다.

(2) 위험예지훈련

① 위험예지훈련의 추진 요령

위험예지훈련은 직장 단위로 소집단을 편성하여 활동을 추진하게 된다. 소집단을 편성할 경우 직제상 상하 계열의 제일선 감독자(직장, 조장, 반장, 주임)가 지휘 감독하는 직장 단위로 하는 것이 자연스러운데 이는 정보를 공유할 수 있고 공유의 현장 의식이나 문제 의식 위에 서서 동일의 목표에 도달할 수 있다는 점에서 소집단 조직을 만드는 조성의 조건이 되기 때문이다. 그러기 위하여는 같은 직장에서 같은 일을 하고 있는 작업자의 단위로 편성하는 것이 효율적이다. 위험예지훈련은 본심으로 대화할 수 있는 인원수로 편성하여야 하는데 소집단의 인원수는 5~6인이 좋다.

직장 단위는 동종 작업 단위로 편성하는 경우에 통상 그 집단의 제일선 감독자가 지도 감독하는 단위로 하는 것이 바람직하며 리더는 당연히 그 감독자가 된다. 활동은 근무시간 내에 전개할 수 있어야 한다. 무재해 소집단 활동 중에 그룹 미팅도 취업 시간 내에 실시하도록 하여야 한다. 업무 개시시, 현장 도착시, 작업중, 작업 후 등의 위험 예지 활동은 본래 작업과 일체의 것으로 또는 작업 그 자체로서 실시되어야 한다.

② 위험예지훈련 진행요령

㉮ 위험예지훈련의 진행
  ㉠ 직장이나 작업의 상황 속에 숨은 위험 요인과 그것이 초래하는 현상을
  ㉡ 직장이나 작업의 상황을 묘사한 그림을 사용하여
  ㉢ 또는 직장의 현물로 작업을 시키거나 해보이면서
  ㉣ 직장 소집단에서 다함께 대화하고 생각하며 합의한 뒤
  ㉤ 위험의 포인트나 중점 실시 항목을 지적 확인(제창)하여
  ㉥ 행동하기 전에 해결하기 위한 훈련으로서
  ㉦ 이것을 습관화하기 위하여 매일 훈련 실시하여야 한다.

㉯ 위험예지훈련의 4단계
안전을 선취하고 전원 일치의 마음가짐을 길러주는 훈련으로 다음 4단계를 활용한다.

합격예측

무재해 운동의 추진 3기둥
① 최고경영자의 엄격한 안전 경영자세
② 안전관리의 라인화
③ 직장 자주 안전활동의 활발화

합격예측

위험예지의 3가지 훈련
① 감수성 훈련
② 단시간 미팅 훈련
③ 문제해결 훈련

> 합격예측
>
> **브레인 스토밍**
> 잠재의식을 일깨워 자유로이
> 아이디어를 개발하자는 것
> ① 비판금지
> ② 자유분방
> ③ 대량발언
> ④ 수정발언

> 합격예측
>
> **위험예지훈련의 진행방법
> (문제해결의 4단계)**
> 15. 10. 4 산 19. 6. 29 기
> 20. 5. 24 산 22. 10. 16 산
>
> ① 제1단계 : 현상파악
> ② 제2단계 : 본질추구
> ③ 제3단계 : 대책수립
> ④ 제4단계 : 목표설정

㉠ 제1단계 [현상파악] : 어떤 위험이 잠재하고 있는가?
　전원이 토론으로 도해의 상황 속에 잠재한 위험 요인을 발견한다.
㉡ 제2단계 [본질추구] : 이것이 위험의 포인트이다.
㉢ 제3단계 [대책수립] : 당신이라면 어떻게 할 것인가?
　◎표를 한 중요 위험을 해결하기 위해서는 어떻게 하면 좋은가를 생각하여 구체적인 대책을 세운다.
㉣ 제4단계 [목표설정] : 우리들은 이렇게 하자.
　대책 중 중점적인 실시 사항에 ※표를 붙여 그것을 실천하기 위한 팀의 행동목표를 설정한다.

[표] 위험예지훈련 4라운드법의 진행 방법

단계별	진행내용	진행요령
준비	멤버가 많을 때에는 서브팀 편성	멤버 4~6명 역할분담(리더, 서기, 발표자, 코멘트, 보고서 담당), 용지 배포
도입	〈전원기립〉 리더(서브리더)인사	정렬, 구령, 건강확인 등
1 R	〈현상파악〉 어떤 위험이 잠재하고 있는가?	(도해의 배포) 위험요인과 초래되는 현상(5~7항목 정도) 「~해서 ~다」「~때문에 ~다」
2 R	〈본질추구〉 이것이 위험의 포인트이다!	(1) 문제라고 생각되는 항목 ○ (2) ◎표 2항목 정도(합의 요약), 밑줄 위험의 포인트(지적확인 제창)
3 R	〈대책수립〉 당신이라면 어떻게 하겠는가!	◎표 항목에 대한 구체적이고 실천 가능한 대책 →3항목 정도→전체로 5~7항목 정도
4 R	〈목표설정〉 우리들은 이렇게 하자!	4R-(1) 중점실시 항목(합의요약)-(1~2항목) 밑줄 4R-(2) 팀의 행동목표→지적확인 제창「을 ~ 하여 ~하자. 좋아!」
확인발표 & 코멘트	〈원 포인트〉	원 포인트 지적확인 연습(3회) 「○○좋아!」
	〈터치 앤드 콜〉	「무재해로 나가자. 좋아!」
	〈발표 및 코멘트〉	(1) 발표자 1R~4R 순서대로 읽어 나간다. (2) 상대팀의 발표-코멘트

(소요 시간) 실시 : 1R, 2R…15분, 3R, 4R…15분 합계 30분 이내
　　　　　　보고서 : 위험 예지 훈련 보고서 사용

3. 원 포인트(one point) 위험예지훈련

(1) 원 포인트 위험예지훈련이란?

위험예지훈련 4라운드 중 2R, 3R, 4R을 모두 원 포인트로 요약하여 실시하는 TBM(Tool Box Meeting) 위험 예지이다.

흑판이나 용지를 사용하지 않고 또한 삼각 위험 예지 훈련과 같이 기초나 메모를 사용하지 않고 구두로 실시한다. 선 채로 2분간이면 할 수 있으므로 누구든지, 언제든지, 어디서나 할 수 있다.

(2) 훈련의 진행 방법

① 서브팀(sub-team)의 편성

먼저 팀을 3명(또는 2명)씩의 서브팀으로 나눈다. 인원수를 3명으로 하는 것은

㉮ 대화에 참가도를 높이고

㉯ 단시간에 할 수 있도록 하고

㉰ 훈련의 회전을 빠르게 한다.

등의 이유 때문이다. 멤버 중 1명이 서브리더(sub-leader)가 된다.

② 사용할 도해

도해는 가급적 포인트를 하나로 요약할 수 있고 쉽고 단순한 도해를 준비한다. 가급적 회사에서 손수 만든 도해가 좋다.

③ 관찰 방식의 활용

처음 2~3회는 서브팀이 동시에 훈련해서 워밍업한 뒤 관찰 방식으로 진지하게 역할연기하여 서로 강평하는 것이 좋다. 실시 시간을 4분으로 계산하고 있으나 통상 2~3분으로 완료하고 있다.

4. TBM-위험예지훈련

(1) TBM – 위험예지(즉시 즉응법)란?

TBM으로 실시하는 위험 예지 활동을 말한다. 이는 현장에서 그때 그 장소의 상황에 즉응하여 실시하는 위험 예지 활동으로서 즉시 즉응법이라고도 한다.

(2) TBM – 위험예지 진행방법(요약)

① 미팅의 형식

㉮ 조회, 아침, 점심, 저녁 교체하여 시행한다.

㉯ 토의는 소수인(10명 이하)이 좋다.

㉰ 10분 정도가 바람직하다.

참고

TBM 유래

직장의 소인(小人)수의 작업자가, 작업 개시 전에, 직장이나 감독자를 중심으로, 작업현장 근처에서 대화하는 것을 약칭해서 TBM(도구상자집회)이라 한다. TBM이라는 용어는, 원래 미국의 건설업에서 사용되고 있었던 말을 수입했던 것인데, 직장이 작업 전에 작업자에게 그 날의 일을 할당하여, 그 순서나 마음의 준비를 가르치고, 지시사항이나 연락사항을 전달하는 등, 일방적인 흐름으로 행해지는 것이 보통이다. 그러나, 일방적인 흐름만으로는 「대화」라고는 할 수 없고 미팅이라고는 말할 수 없다. 작업 전 TBM 외에, 점심 후나 쉬는 시간에 하는 대화, 작업종료 후에 하는 대화, 월 1회나 2회 근무시간 중에 30분이나 60분 시간을 잡아, 정기적 또는 임시적으로 하는 안전미팅 등, 직장에는 여러 가지 미팅이 있다.

합격예측

TBM 방법 23. 4. 23 ㉮

① 통상 작업시작전 5~15분, 작업 종료전 3~5분 정도 행해지며,

② 직장, 현장, 공구상자 등에서 5~7명이 작은 원을 만들어

③ 작업의 상황에 잠재된 위험을 모두가 말을 하는 가운데 스스로 생각하고 납득하고 합의하는 것이다.

> **합격예측**
>
> **T.B.M(Tool Box Meeting) 위험예지훈련의 정의**
> ① 즉시즉응법이라고도 하며 현장에서 그때그때 주어진 상황에 즉응하여 실시하는 위험예지활동이다.
> ② 단시간 미팅훈련이다.

> **합격예측**
>
> **단시간 미팅 즉시즉응훈련 (TBM) 5단계**
> ① 1단계 : 도입
> ② 2단계 : 점검정비
> ③ 3단계 : 작업지시
> ④ 4단계 : 위험예지훈련
> ⑤ 5단계 : 확인

> **합격예측**
>
> **TBM 5단계 진행요령(작업 시작 전 실시의 예)**
> ① 1단계 : 도입
>   직장체조, 상호인사, 목표 제창
> ② 2단계 : 점검정비
>   건강, 복장, 공구, 보호구, 안전장치, 사용기기 등 점검정비
> ③ 3단계 : 작업지시
>   당일 작업에 대한 설명 및 지시를 받고 복창하여 확인
> ④ 4단계 : 위험예지
>   당일 작업의 위험을 예측하고 대책 토의, 원포인트 위험예지훈련
> ⑤ 5단계 : 확인
>   대책을 수립하고 팀의 목표 확인, 원포인트 지적확인, 터치 앤 콜

② 사전준비
  ㉮ 주제를 정하고 자료 등을 준비한다.
  ㉯ 흑판이나 차트 등을 활용한다.
  ㉰ 리더는 주제의 주안점에 대해서 연구해 둔다.
  ㉱ 예정표를 작성해 둔다.
③ 진행방법
  ㉮ 계획적으로 「도입」, 「의견을 끌어내고」, 「종합」의 3단계로 진행한다.
  ㉯ 주제는 적절한 것으로 하며 자료를 활용한다.
  ㉰ 리더는 열의를 표시한다.
  ㉱ 토의는 한 사람 한 사람 발언시키며 목적 이외의 토의는 피하도록 한다.
  ㉲ 리더는 아는 체하지 말고 또 자기의 의견을 고집하지 말며 결론을 확실하게 말한다.
  ㉳ 질문은 참가자의 능력에 따라서 하고 말재주 없는 사람에게는 무리한 발언을 요구하지 않는다.
  ㉴ 결론이 아닌 것도 있으므로 결론을 서두르지 않는다. 이 경우에는 기록을 보존하여 다음 기회로 하고 새로운 자료를 작성한다.
  ㉵ 모두가 미팅 방법을 검토하여 즐겁고 효과적인 운영을 연구한다.

5. 1인 위험예지훈련

(1) 1인 위험예지훈련이란?

한 사람 한 사람의 위험에 대한 감수성 향상을 도모하기 위하여 삼각 및 원 포인트 위험 예지 훈련을 통합한 활용 기법의 하나이다.

한 사람 한 사람(리더 제외)이 동시에 공통의 도해로 4라운드까지의 1인 위험 예지를 지적 확인하면서 단시간에 실시한 뒤 그 결과를 리더의 사회로 서로서로 발표하고 강평함으로써 자기 개발의 도모를 겨냥하고 있다.

(2) 1인 위험예지훈련의 진행방법(1분 30초 ~ 2분 이내)

① 팀의 편성
  ㉮ 3~4인의 팀으로 실시한다. 팀 인원수가 많은 경우에는 세분한다.
  ㉯ 팀에 감독역으로 리더를 둔다(리더는 도해마다 교대로 훈련한다).
② 1인 위험예지훈련의 실천
  ㉮ 리더는 도해를 각자에게 배포하고 상황을 읽어준다. 리더는 사회 진행역이 되어 시간 관리에 임한다.

㉯ 각자(리더 제외)는 도해에 자신이 알게 된 위험요인 개소에 △(삼각)표를 한다(1R). 삼각 위험예지훈련의 요령으로 3~5항목 정도 원인이나 현상에 대해서 메모를 기입한다.
㉰ 특히 위험의 포인트라고 생각되는 항목(가급적 원 포인트로 합의 요약한다)을 ◎표로 하여 「위험의 포인트, ~해서 ~다!」라고 혼자서 지적 확인한다(2R). 이때 절도있는 태도로 실시해야 한다.

[표] 안전확인 5지 운동

모지	마음의 준비	하나, 부상을 당하거나 당하게 하지 말자!
인지	복장의 준비	둘, 복장을 단정히 하여 위험을 예방하자!
중지	규정과 기준	셋, 안전수칙을 철저히 준수하자!
약지	점검장비	넷, 철저한 점검정비로 안전사고 예방!
소지	안전확인	다섯, 확인하고 또 확인하자!

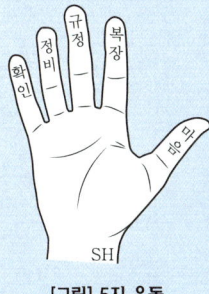

[그림] 5지 운동

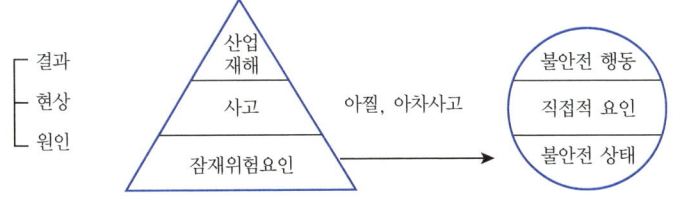

[그림] 1인 위험예지훈련

> **합격예측**
>
> **지적확인**
>
> 작업을 안전하게 오조작 없이 하기 위하여 작업 공정의 요소 요소에서 자신의 행동을 「…좋아!」하고 대상을 지적하여 큰 소리로 확인하는 것

아차사고에 대한 브레인스토밍(BS) 미팅 진행 방법은 다음과 같다.
㉠ 직장의 아차 사고 체험은 선취를 위하여 가치있는 정보이다. 그러나 일반적으로 아차사고 체험은 은폐하기 쉽다. 아차 사고 메모도 잘 제출하지 않고 선취에 활용되지 못하는 실정이다.
㉡ 작업자의 아차사고 체험을 어떻게 발굴하고 어떻게 살리는가는 무재해 운동의 중요한 과제라 할 수 있다.
㉢ 무재해 운동에서 실시하고 있는 아차사고 브레인스토밍법은 문제 해결의 「제1단계→ 문제 제기」를 응용하여 브레인스토밍으로 아차 사고 체험을 제출하게 하여 테마를 정해서 재해 사례 검토 4R법에 의하여 문제 해결을 실행한다.
㉣ 안전 미팅에서 브레인스토밍뿐이라면 30분 정도로 실시할 수 있다. 사전준비로서는 미리 안전 미팅에서 팀 멤버에게 아차사고 체험에 대해서 대화하는 것을 예고해 둔다(각자 1건 이상 자신의 아차사고 체험을 생각하게 하고 메모해 두게 하는 것이 좋다).

> **합격예측**
>
> **안전운동 안전행동 5C**
> ① 복장단정(Correctness)
> ② 정리정돈(Clearance)
> ③ 청소청결(Cleaning)
> ④ 점검확인(Checking)
> ⑤ 전심전력(Concentration)

㉣ ◎표 항목에 대한 대책을 생각하여(3R), 특히 중점 실시 항목 ※표를 하나로 하여 도해에 메모한 뒤 「나의 행동 목표, ~을 ~하여 ~하자, 좋아!」라고 혼자 큰소리로 지적 확인한다.

㉤ 원 포인트 지적 확인 항목을 정하여 3회 큰소리로 복창하고 도해에 메모한다.

㉥ 도해의 메모를 근거로 하여 2R 이하를 「1인 위험 예지 카드」 양식에 보고서를 작성한다.

6. 아차사고 사례 기법

산업현장에는 수많은 잠재 위험요인이 산재하고 있다. 이 위험요인이 직접적인 원인(불안전한 행동 및 불안전한 상태)에 의하여 형상화될 때 사고가 발생하고 이러한 사고가 곧 산업재해로 이어지는 것이다.

이 과정에서 비록 재해로 이어지지는 않았지만 하마터면 재해가 발생할 뻔한 깜짝 놀랐던 경험을 아차사고라 한다.

PART 04 사업장 산업안전·보건교육 출제예상문제

01 안전교육이란 무엇인지 간략하게 설명하시오.

해답

피교육자를 자연적 상태(잠재 가능성)로부터 어떤 이상적인 상태(바람직한 상태)로 이끌어가는 것을 안전 교육이라 한다.

02 산업안전보건법상 실시할 교육과정(대상)별 교육의 종류를 쓰시오.

해답

① 채용시 교육
② 정기교육
③ 작업내용 변경시 교육
④ 특별교육

03 안전교육의 종류를 교육훈련단계에 따라 3가지 쓰시오.

해답

① 지식교육
② 기능교육
③ 태도교육

04 산업안전법상 해당 기계 기구 작업시작 전에 반드시 실시해야 하는 교육을 3가지 쓰시오.

해답

① 신규채용시 교육
② 특별안전교육
③ 작업내용 변경시 교육

05 산업안전보건교육훈련의 실시방법을 쓰시오.

해답

① 강의법
② 시청각교육
③ 토의법
④ 실습
⑤ 사례연구법
⑥ 포럼
⑦ 역할연기법

06 이론 학과 및 실기에 의한 교육훈련법의 4단계를 순서대로 쓰시오.

해답

① 제1단계 : 도입(준비)
② 제2단계 : 제시(설명 및 실현)
③ 제3단계 : 적용(응용 및 실습)
④ 제4단계 : 확인(총괄)

07 안전교육은 인간 측면에 대한 사고예방 수단의 하나인 동시에 안전 인간 형성을 위한 목표이기도 하다. 안전교육의 3가지 기본방향을 쓰시오.

해답

① 사고 사례 중심의 안전교육
② 안전의식 향상을 위한 교육
③ 안전작업을 위한 태도 교육

08 안전교육의 효율적인 지도를 위한 교육지도의 8원칙을 쓰시오.

해답

① 상대방의 입장에서
② 한 번에 한 가지씩을
③ 동기부여를 중요하게
④ 인상의 강화
⑤ 쉬운 것에서 어려운 것으로
⑥ 5관의 활용
⑦ 반복한다.
⑧ 기능적인 이해

09 아세틸렌 용접 장치를 이용한 용접 용단 작업시의 특별안전보건교육의 내용을 3가지 쓰고 교육 시간 및 교육방법을 쓰시오.

해답

(1) 교육 내용
  ① 용접흄·분진 및 유해광선 등의 유해성에 관한 사항
  ② 가스용접·압력조정기·호스 및 취관두 등의 기기 점검에 관한 사항
  ③ 작업방법·작업순서 및 응급처치에 관한 사항
  ④ 안전기 및 보호구 취급에 관한 사항
  ⑤ 화재예방 및 초기대응에 관한 사항
  ⑥ 그 밖에 안전보건관리에 필요한 사항
(2) 교육 시간 : 연 16시간 이상
(3) 교육 방법 : 실기 및 시청각 교육 병행

10 근로자에 대한 정기교육의 교육내용을 5가지 쓰시오.

해답

① 산업안전 및 사고예방에 관한 사항
② 산업보건 및 직업병예방에 관한 사항
③ 위험성 평가에 관한 사항
④ 건강증진 및 질병예방에 관한 사항
⑤ 유해·위험 작업환경 관리에 관한 사항
⑥ 산업안전보건법령 및 일반관리에 관한 사항
⑦ 직무스트레스 예방 및 관리에 관한 사항
⑧ 산업재해보상보험 제도에 관한 사항

11 강의식 교육의 장·단점을 구분해서 4가지씩 쓰시오.

해답

(1) 장점
  ① 많은 사람에게 일시에 지식제공이 가능하다.
  ② 준비가 간단하고 어디에서도 가능하다.
  ③ 시간과 노력이 거의 들지 않는다.
  ④ 새로운 것의 체계적인 교육이 가능하다.
(2) 단점
  ① 가르치는 방법이 일방적, 기계적, 획일적이다.
  ② 참가자는 대개 수동적 입장에 놓이게 된다.
  ③ 암기에 빠지기 쉽고, 직장에서 필요한 개념 형성이 되기 어렵다.
  ④ 실행, 활동에 연계되지 않는다.

12 특별안전보건교육을 실시해야 할 대상작업 8가지 및 교육시간, 교육방법을 쓰시오.

해답

(1) 대상작업
  ① 고압실 내 작업(잠함공법 그 밖의 압기공법에 의하여 대기압을 넘는 기압하의 작업실 또는 수갱 내부에 있어서 행하는 작업에 한한다)
  ② 아세틸렌 용접장치 또는 가스집합용접장치를 사용하여 행하는 금속의 용접·용단 또는 가열작업(발생기·도관 등에 의하여 구성되는 용접장치에 한한다)
  ③ 밀폐된 장소(탱크 내 또는 환기가 극히 불량한 좁은 장소를 말한다)에서 행하는 용접작업 또는 습한 장소에서 행하는 전기 용접작업
  ④ 폭발성·발화성 및 인화성 물질의 제조 또는 취급작업(시험연구를 위한 취급작업을 제외한다)
  ⑤ LPG·수소가스 등 가연성·폭발성 가스의 발생장치 취급작업
  ⑥ 화학설비 중 반응기·교반기·추출기의 사용 및 세척작업
  ⑦ 화학설비의 탱크 내 작업
  ⑧ 분말·원재료 등을 담은 호퍼·사일로 등 저장탱크의 내부작업
(2) 교육시간 : 16시간 이상(일용직근로자 2시간 이상)
(3) 교육방법 : 적합한 교육 교재 및 교육 장비를 갖추고 실기 또는 시청각 교육

13 작업 표준의 목적을 쓰시오.

해답

① 위험요인 제거
② 손실요인 제거
③ 작업의 효율화

14 안전교육의 목적을 쓰시오.

해답

① 인간 정신의 안전화
② 행동의 안전화
③ 환경의 안전화
④ 설비와 물자의 안전화

15 기능교육의 3원칙을 쓰시오.

해답

① 준비(readiness) 철저
② 위험 작업의 규제
③ 안전 작업 표준화

16 교시법의 4단계를 순서대로 쓰시오.

해답

① 제1단계 : 준비단계
② 제2단계 : 일을 하여 보이는 단계
③ 제3단계 : 일을 시켜 보이는 단계
④ 제4단계 : 보습지도의 단계

17 TWI의 교육에서 JI의 4단계를 쓰시오.

해답

① 제1단계 : 작업 분해
② 제2단계 : 요소 작업의 세부 내용 검토
③ 제3단계 : 작업 분석으로 새로운 방법 전개
④ 제4단계 : 새로운 방법의 적용

18 기억의 작용은 심리적 3단계를 거쳐 기억하게 된다. 내용을 쓰시오.

해답

① 제1단계 : 인상(impression)
② 제2단계 : 정리, 집적(retention)
③ 제3단계 : 회상(recall)

19 관리감독자 훈련(TWI : Training Within Industry)의 교육내용을 4가지 쓰시오.

해답

① 작업지도기법(JIT)
② 작업개선기법(JMT)
③ 인간관계관리기법(JRT)
④ 작업안전기법(JST)

20 TWI의 JIT 과정 4단계를 쓰시오.

해답

① 제1단계 : 학습할 준비를 시킨다.
② 제2단계 : 작업을 설명한다.
③ 제3단계 : 작업을 시켜본다.
④ 제4단계 : 가르친 뒤를 살펴본다.

21 교육 진행의 4단계를 쓰시오.

해답

① 제1단계 : 도입
② 제2단계 : 제시
③ 제3단계 : 적용
④ 제4단계 : 확인

22 안전교육의 종류를 3가지 쓰시오.

해답

① 지식교육
② 기능교육
③ 태도교육

23 목재가공용 기계의 특별안전보건교육의 교육 내용과 교육시간, 교육방법을 쓰시오.

해답

(1) 교육내용
　① 목재가공용 기계의 특성과 위험성에 관한 사항
　② 방호장치 종류와 구조 및 취급에 관한 사항
　③ 안전기준에 관한 사항
　④ 안전작업 방법 및 목재 취급에 관한 사항

(2) 교육시간 : 16시간 이상
(3) 교육방법 : 적합한 교육 교재 및 교육 장비를 갖추고 실기 또는 시청각 교육을 병행하여 실시

24 크레인을 사용하여 작업할 때 작업시작 전 점검사항 3가지를 쓰시오.

해답
① 권과방지장치·브레이크·클러치 및 운전장치의 기능
② 주행로의 상측 및 트롤리가 횡행(橫行)하는 레일의 상태
③ 와이어로프가 통하고 있는 곳의 상태

25 안전보건개선 계획서상의 유해위험 작업의 종류 10가지를 쓰시오.

해답
① 연삭숫돌의 대체 및 대체시 시운전 작업
② 동력 프레스의 금형, 전단기의 칼날, 프레스 및 전단기의 안전장치의 부착, 해체, 조정작업
③ 아크 용접기를 이용한 용접, 용단 작업
④ 고온 물체 작업
⑤ 저온 물체 작업
⑥ 소음 진동 작업
⑦ 분진 작업
⑧ 특정화학 물질의 제조 취급 작업
⑨ 납, 4알킬납의 제조 취급 작업
⑩ 초음파를 수반하는 작업

26 차량계 하역 운반 기계(지게차) 운전위치 이탈시 운전자 준수 사항 2가지를 쓰시오.

해답
① 포크 및 버킷 등의 하역 장치를 가장 낮은 위치에 둘 것
② 원동기를 정지시키고 브레이크를 확실히 거는 등 갑작스런 주행을 방지하기 위한 조치를 할 것

참고
산업안전보건기준에 관한 규칙 제99조(운전위치 이탈시의 조치)

27 단계식 교육을 1시간 단위로 한다면 강의식과 토의식 시간 배분을 하시오.

해답

단계	강의식	토의식
① 도입	5분	5분
② 제시	40분	10분
③ 적용	10분	40분
④ 확인	5분	5분

28 안전 지식의 매체로 활용할 수 있는 방법으로 적합한 교육 방법을 쓰시오.

해답
① 강의법
② 토의법
③ 시청각 교육
④ 교재 사용
⑤ 실습
⑥ 역할 연기법
⑦ 게시판 활용
⑧ 감수성 훈련
⑨ 간행물 발간
⑩ 비즈니스 게임

29 산업안전보건법상 안전보건관리 체제이다. 빈 칸을 채우시오.

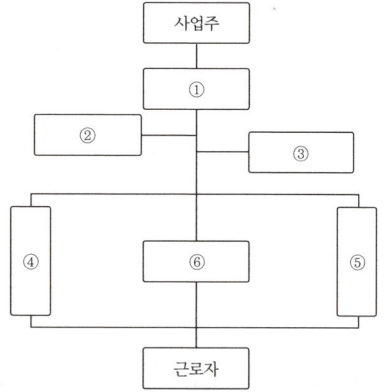

해답
① 안전보건관리책임자
② 산업안전보건위원회
③ 산업보건의
④ 안전관리자
⑤ 보건관리자
⑥ 관리감독자

30 집단 토의법인 워크 샵(work shop)에 대해서 간단히 설명하시오.

해답

대집단을 몇 개의 집단으로 나누고 그 소집단별로 리더(leader)를 정하여 토의를 하고 결론을 내는 방법이다.

31 로시(C.H. Lawshe)에 의한 교육 훈련 평가 기준 항목을 쓰시오.

해답

① 생산량
② 단위 생산 소요 시간
③ 훈련 실시 기간
④ 불량 및 파손 자재 소모
⑤ 품질
⑥ 사기
⑦ 결근, 고정, 퇴직, 재해율
⑧ 일반 관리 및 관리자 부담

32 안전태도교육의 기본과정을 단계별로 쓰시오.

해답

① 제1단계 : 청취한다.
② 제2단계 : 이해, 납득시킨다.
③ 제3단계 : 모범을 보인다.
④ 제4단계 : 평가한다.

33 교육 담당자가 교육 결과에 따라 유의해야 할 사항을 쓰시오.

해답

① 교육에 의한 문제점의 해결
② 피교육자의 교육 습득 정도
③ 목표의 달성과 미달 사유
④ 다음 교육에 반성해야 될 점과 대책
⑤ 예상외의 상황

34 전압이 75[V] 이상인 정전 및 활선 작업을 하는 근로자에 대한 특별안전보건교육의 교육내용을 쓰시오.

해답

① 전기의 위험성 및 전격 방지에 관한 사항
② 해당 설비의 보수 및 점검에 관한 사항
③ 정전 작업·활선 작업시의 안전 작업 방법 및 순서에 관한 사항
④ 절연용 보호구 및 활선 작업용 기구 등의 사용에 관한 사항

35 안전 학습 과정 중 종결 과정은 강의의 결론 부분으로 5분 정도가 적합하다. 종결시에 있어서의 유의 사항을 쓰시오.

해답

① 학습시 중요한 요소를 힘있게 요약하여 재강조한다.
② 학습의 중요한 요소를 소기의 학습성과와 결부시켜야 한다.
③ 새로운 사상이나 사실은 말하지 말아야 한다.

36 안전교육을 위한 카운슬링의 방법을 쓰시오.

해답

① 설득적 방법
② 설명적 방법
③ 직접 충고 방법

37 성취 동기가 높은 사람이 가지고 있는 행동 특성을 쓰시오.

해답

① 과업 지향성
② 적절한 모험성
③ 자신감
④ 정열적이고 혁신적 활동성
⑤ 자기 책임감
⑥ 결과에 대한 지식 이용성
⑦ 미래 지향성

38 산업안전보건관련교육 과정별 교육시간에 대한 표를 보고 빈 칸을 메우시오.

교육과정	교육대상	교육 시간	
		신규교육	보수교육
관리책임자 등 직무교육	관리책임자	6시간 이상	6시간 이상
	안전관리자	34시간 이상	(①)
	보건관리자	(②)	24시간 이상

해답

① 24시간 이상
② 34시간 이상

39 「안전의식을 높이기 위하여 베르크호프의 재해 정의를 이해한다」라는 학습목적을 ① 목표(goal) ② 주제(subject) ③ 학습정도(level of learning)로 구분하여 서술하시오.

해답

① 목표 : 안전의식의 고양
② 주제 : 베르크호프의 재해 정의
③ 학습정도 : 이해한다.

40 수업의 도입, 전개, 정리의 전과정에서 가장 효과적인 수업 방법을 쓰시오.

해답

① 모의 학습법
② 프로그램 학습법
③ 학생 상호 학습법

41 안전 학습 과정은 도입, 전개, 종결의 3단계로 나누어 체계화하는 것이 가장 이상적인 방법으로 알려져 있다. 이 중 전개 과정은 학습의 본론 부분으로서 가장 중요한 부분이다. 이 전개 과정에서 주제를 논리적으로 체계화하기 위하여는 4가지 사항을 고려하여야 한다. 이 사항을 쓰시오.

해답

① 주제를 과거의 것으로부터 현재의 것으로 배열하거나 또는 현재의 것으로부터 과거의 것으로 나열한다.
② 주제를 간단한 것으로부터 시작하여 점차 복잡한 것으로 배열한다.
③ 주제는 미리 알려져 있는 것으로부터 점차로 미지의 것으로 배열한다.
④ 가장 많이 사용되는 것으로부터 시작하여 가장 적게 사용되는 것으로 배열한다.

42 학습 이해의 방법으로는 표준화 검사(검사법)에 의한 방법과 임상적 방법이 있다. 임상적 방법을 쓰시오.

해답

① 관찰에 의한 방법
② 면접에 의한 방법
③ 사례 연구에 의한 방법
④ 투사법에 의한 방법

43 자격 또는 면허를 갖지 아니한 자를 취업하도록 하여서는 안 되는 작업을 쓰시오.

해답

① 압력 용기 등을 취급하는 업무
② 전기 사용 설비 등을 취급하는 업무
③ 보일러를 취급하는 업무
④ 중기를 사용하여 행하는 업무
⑤ 방사선 취급 업무
⑥ 정전 및 활선 업무
⑦ 크레인 작업
⑧ 리프트 작업
⑨ 항타기 또는 항발기 작업
⑩ 승강기 점검 및 보수 작업

44 강의의 성과는 계획의 준비 정도에 의해 결정되는데, 강의계획 4단계를 쓰시오.

해답

① 학습목적과 학습성과의 설정
② 학습자료의 수집 및 체계화
③ 교수방법의 선정
④ 강의지도안 작성

45 동력에 의하여 작동되는 프레스 기계를 5대 보유한 사업장에서 해당 기계에 의한 작업을 하는 근로자의 특별안전보건교육내용을 쓰시오.

해답
① 프레스의 특성과 위험성에 관한 사항
② 방호 장치 종류와 구조 및 취급에 관한 사항
③ 안전작업방법에 관한 사항
④ 프레스 안전기준에 관한 사항

46 근로자 안전보건교육의 종류와 교육시간을 쓰시오.

해답
① 사무직종사 근로자 정기교육 : 매반기 6시간 이상
② 관리감독자 정기교육 : 연간 16시간 이상
③ 채용시 교육 : 8시간 이상(일용직근로자는 1시간 이상)
④ 작업내용 변경시 교육 : 2시간 이상(일용직근로자는 1시간 이상)
⑤ 특별안전보건교육 : 16시간 이상(일용직근로자는 2시간 이상)

47 학습 경험 선정의 원리를 쓰시오.

해답
① 동기 유발의 원리
② 기회의 원리
③ 가능성의 원리
④ 다목적 달성의 원리
⑤ 전이 가능성의 원리

48 학습목적의 3요소(목표, 주제, 학습 정도) 중 학습 정도는 주제를 학습시킬 범위와 내용의 정도를 말한다. 학습정도를 이루기 위한 단계를 쓰시오.

해답
① 인지(to aquaint) : ~을 인지하여야 한다.
② 지각(to know) : ~을 알아야 한다.
③ 이해(to understand) : ~을 이해하여야 한다.
④ 적용(to apply) : ~을 ~에 적용할 줄 알아야 한다.

49 "무재해"의 뜻을 간단히 쓰시오.

해답
근로자가 업무에 기인하여 사망 또는 4일 이상의 요양을 요하는 부상 또는 질병에 이환되지 않는 것을 말한다.

합격정보
사업장 무재해운동 추진 및 운영에 관한 규칙 제817호(2018. 3.15 개정)

50 무재해 운동의 3원칙을 쓰시오.

해답
① 무의 원칙
② 선취(해결)의 원칙
③ 참가의 원칙

51 무재해 운동의 추진 3기둥을 쓰시오.

해답
① 최고 경영자의 엄격한 경영 자세
② 안전 관리의 라인(Line)화
③ 직장 소집단 자주 활동의 활발화

52 지적확인이란?

해답
작업을 안전하게 오조작 없이 하기 위하여 작업 공정의 요소요소에서 자신의 행동을 「…좋아!」하고 대상을 지적하여 큰소리로 확인하는 것

53 무재해 운동에서 말하는 재해의 범위를 3가지 쓰시오.

해답
① 근로자가 업무에 기인하여 사망 또는 4일 이상의 요양을 요하는 부상 또는 질병에 이환된 경우(인적 재해)
② 500만원 이상의 물적 손실이 발생한 경우(물적 손실)
③ 소음성 난청으로 판명된 직업병의 경우(인적 재해)

54 무재해 시간 산정 기준을 쓰시오.

해답

① 무재해 운동 개시 보고 후 재해 발생 전일까지의 실근무자수에 실근로 시간수를 곱한 시간수를 말하며 사무직 또는 생산직의 경우 과장급 이상은 1일 8시간으로 산정한다.
② 휴업일수는 무재해 시간 산정에서 제외한다.
③ 공휴일 등 휴일에 1명이라도 근로한 사실이 있으면 무재해 기간 산정 기간에 삽입한다.

55 위험예지훈련 4단계(문제해결 4단계)를 쓰시오.

해답

① 제1단계 : 현상파악
② 제2단계 : 본질추구
③ 제3단계 : 대책수립
④ 제4단계 : 목표설정

56 브레인스토밍이란?

해답

잠재 의식을 일깨워 자유로이 아이디어를 개발하자는 것이다.

57 Brain Storming의 4원칙을 쓰시오.

해답

① 비판금지
② 자유분방
③ 대량발언
④ 수정발언

58 근로자 300명인 사업장에서 무재해 운동 개시 보고 후 재해발생 전일까지의 근로일수가 200일이었다. 근로자 300명 중 사무직이 135명이고 과장이 15명, 부장이 5명이며 모든 근로자가 1일 9시간 30분 근무한다. 결근율 5[%]이고 조퇴 및 지각이 300시간, 휴업일수가 10일인 경우 무재해 시간을 구하시오.

해답

① 사무직 이상을 먼저 계산
  $155 \times 190 \times 8 \times 0.95 = 223{,}820$ 시간
② 근로직 시간수 계산
  $145 \times 190 \times 9.5 \times 0.95 = 248{,}638.7$ 시간
  ∴ ① + ② − 300 = 472,158시간

59 무재해 운동이란 무엇인가 간략하게 쓰시오.

해답

"인본주의 실천 운동"이며 "생산성 향상 운동"이다.

60 무재해 운동의 성과를 쓰시오.

해답

① 무재해 운동을 실시하면 산재보상금 및 간접비용의 손실을 막을 수 있고 생산성 저하도 막을 수 있으므로 기업에 경제적 이익을 준다.
② 무재해 운동은 자율적 문제 해결 운동으로서 생산, 품질의 문제 해결 능력이 향상된다.
③ 무재해 운동은 명랑하고 참가적이며 창조적인 직장 풍토로 만들어간다.
④ 무재해 운동으로 노사간 화합 분위기 조성으로 노사 신뢰가 두터워진다.

61 무재해 운동의 실례를 들어 설명하시오.

해답

종업원수가 1,000명인 사업장에서 매일 8시간씩 근무하고 그 중 10명이 2시간씩 잔업을 한다고 가정하면 하루분 무재해 시간은 1,000명×8시간/일 + 잔업 시간(10명×2시간)으로서 8,020시간이 되어 그 누계가 목표 시간에 이르면 달성이 되는 것이다.

구분	산정방법	비 고
무재해 시간	실근무시간× 실근로자수	• 사무직은 1일 8시간으로 선정 • 생산직 과장급 이상은 사무직으로 간주
무재해 일수	휴업한 일수를 제외한 실근로 일수	• 공휴일 등 휴일에 단 1명의 근로자라도 근무한 사실이 있으면 기간에 산정 • 하루 3교대 작업시라도 1일로 계산

62. 위험예지훈련이란 무엇인지 6가지로 쓰시오.

해답

① 직장이나 작업의 상황 속에 숨은 위험 요인과 그것이 초래하는 현상을
② 직장이나 작업의 상황을 묘사한 도해(圖解)를 사용하여
③ 직장에서 현물(現物)로 작업을 시키거나 해 보이면서
④ 직장 소집단에서 다함께 대화하고 생각하며 합의한 뒤
⑤ 위험의 포인트나 중점 실시 항목을 지적 확인(제창)하여
⑥ 행동하기 전에 해결하는 훈련이며, 이것을 습관화하기 위하여 매일 훈련한다.

63. 위험요인을 간략하게 쓰시오.

해답

산업재해나 사고의 원인이 될 가능성이 있는 불안전 행동과 불안전 상태(유해 위험물을 포함)를 뜻한다.

64. 위험예지훈련을 3가지 훈련으로 요약 정리하시오.

해답

① 감수성 훈련
② 집중력 훈련
③ 문제 해결 훈련

65. TBM – 위험예지훈련(즉시즉응법)이란?

해답

TBM(Tool Box Meeting)으로 실시하는 위험예지 활동을 말한다. 이 현장에서 그 때 그 장소의 상황에 즉응하여 실시하는 위험예지 활동으로서 즉시즉응법이라고도 한다.

66. 피트의 뚜껑을 열고 내부 점검을 하고자 한다. 위험요인 및 안전대책을 각각 6가지 쓰시오.

해답

(1) 위험요인
① 뚜껑을 들어올릴 때 허리를 다친다.
② 발이 미끄러져 피트 속으로 떨어진다.
③ 뚜껑과 함께 넘어져 뚜껑과 바닥 사이에 손이 끼인다.
④ 피트를 열어 놓은 채로 있다가 통행인이 피트에 빠진다.
⑤ 피트에 들어가면 산소가 결핍된다.
⑥ 뚜껑을 닫을 때 바닥 사이에 손이 끼인다.

(2) 안전대책
① 뚜껑을 떼고 작업하든지 타인이 잡아주어야 한다.
② 발이 떨어지지 않도록 몸의 균형을 바로잡고 작업한다.
③ 협착 방지를 위하여 타인이 잡아준다.
④ 출입금지표지 및 울을 치고 작업한다.
⑤ 산소 호스 마스크를 착용하고 작업한다.
⑥ 뚜껑을 닫을 때 기구를 이용한다.

67. 셰이퍼에 전용 그라인더를 설치하고 커터의 날을 연삭 중 그라인더에 이송을 걸고 있다. 위험요인 및 안전대책을 5가지 쓰시오.

해답

(1) 위험요인
① 연삭 분진이 눈에 들어간다.
② 장갑이 그라인더에 말려든다.
③ 사이드 핸들 조작 중 회전이 가하여져 숫돌에 무리가 가서 숫돌이 파괴된다.
④ 커터의 날을 해체·부착할 때 손을 베인다.
⑤ 연삭 분진이 통행하는 사람의 몸에 닿아 화상을 입는다.

(2) 안전대책
① 반드시 보안경을 착용한다.
② 장갑을 벗고 작업한다.
③ 숫돌 작업시 무리한 힘을 가하지 않는다.
④ 커터 해체·부착시 스위치를 OFF시킨다.
⑤ 출입금지 표지판 및 울을 설치하고 작업한다.

68 전기 플러그를 콘센트에 꽂은 채 드릴의 날을 교환하고 있다. 위험요인 및 안전대책을 4가지 쓰시오.

> 해답

(1) 위험요인
 ① 전원 스위치가 접촉으로 인하여 ON의 상태가 되어 드릴이 회전하여 다친다.
 ② 드릴의 날부분이 갑자기 빠져 발등을 다친다.
 ③ 흩어져 있는 드릴 날에 발을 베인다.
 ④ 드릴 날 조임이 풀어져 작업중 날이 빠져나와 발에 맞는다.
(2) 안전대책
 ① 전원 스위치를 OFF시킨 뒤 작업한다.
 ② 드릴 교환시 드릴 몸체를 고정시킨 다음 교환한다.
 ③ 드릴을 반드시 드릴 고정구에 보관한다.
 ④ 드릴날이 풀어지지 않도록 확실히 고정한다.

69 드럼통을 일으켜서 저울에 무게를 달고자 한다. 위험요인 및 안전대책을 3가지 쓰시오.

> 해답

(1) 위험요인
 ① 저울에 드럼통을 올려놓다가 잘못하여 드럼통을 떨어뜨려 발을 다친다.
 ② 드럼통을 들어올리다가 허리를 다친다.
 ③ 드럼통을 올려놓을 때 저울이 움직여 균형을 잃고 넘어진다.
(2) 안전대책
 ① 저울에 드럼통 작업시 두 사람이 올리든지 기구를 사용한다.
 ② 허리를 꼿꼿이 세우고 작업한다.
 ③ 저울 자체가 움직이지 않도록 고정시키고 작업한다.

70 기름 약 100[l]가 들어 있는 드럼통을 일으키려고 하고 있다. 위험요인 및 안전대책을 4가지 쓰시오.

> 해답

(1) 위험요인
 ① 혼자서 드럼통을 세우다 허리를 다친다.
 ② 장갑을 착용하지 않아 손을 다친다.
 ③ 손이 미끄러져 드럼통이 발 위에 떨어져 발을 다친다.
 ④ 바닥에 흘린 기름에 미끄러져 드럼통을 발 위에 떨어뜨려 다친다.
(2) 안전대책
 ① 기구 기계를 사용하든지 두 사람 이상 공동 작업한다.
 ② 드럼통이 미끄러지 않도록 미끄럼방지 장갑을 낀다.
 ③ 안전화를 착용할 것이며 발등을 찧지 않도록 주의한다.
 ④ 바닥 주위의 기름을 닦고 작업한다.

71 스팀 누출 장소를 확인하기 위해 보온 커버를 벗기고 있다. 위험요인 및 안전대책을 3가지 쓰시오.

> 해답

(1) 위험요인
 ① 보안경을 쓰고 있지 않아 보온재 가루가 눈에 들어간다.
 ② 장갑을 끼고 있지 않아 쇠에 손을 덴다.
 ③ 스팀을 계속 보내기 때문에 화상을 입는다.
(2) 안전대책
 ① 보안경을 쓰고 작업한다.
 ② 방열장갑을 끼고 작업한다.
 ③ 보안면을 착용하고 작업한다.

72 안전 시험에 사용할 기구를 제작하기 위하여 작업대 위에서 두께 30[mm]의 아크릴판을 전기실톱을 사용하여 원형으로 절단하고 있다. 위험요인 및 안전대책을 4가지 쓰시오.

해답

(1) 위험요인
   ① 작업대와 아크릴판의 일부분이 겹쳐진 위에서 작업중이므로 중심이 이동되면서 균형을 잃어 전도한다.
   ② 아크릴을 절단할 때 생기는 가루가 눈에 들어간다.
   ③ 실톱이 코드에 걸려 부러진다.
   ④ 아크릴판의 면이 미끄러워 다친다.
(2) 안전대책
   ① 드릴 작업시 몸의 균형을 반드시 잡고 작업한다.
   ② 보안경을 착용하고 작업한다.
   ③ 코드 꼬인 부분을 펴고 작업한다.
   ④ 아크릴판의 전위 방지 조치를 한다.

녹색직업 녹색자격증 코너

틀릴 수 있는 기회를 절대 포기하지 말라.
틀릴 수 있는 기회를 절대 포기하지 말라.
그러면 삶에서 새로운 것을 배워 전진할 수 있는 능력을 상실하게 되기 때문이다.

—데이비드 M번스

나도 틀릴 수 있다고 생각하는 열린 마음,
내가 좀 틀려도 된다고 생각하는 마음의 여유,
내가 틀렸다고 흔쾌히 인정할 수 있는 너그러움,
이런 것들이 나를 성장시키는 자양분이 됩니다.
사람들은 틀리지 않는 완벽한(?) 사람보다 실수를 인정하고 책임을 지겠다는 사람을 더 좋아하고 따르게 됩니다.

SAFETY ENGINEER

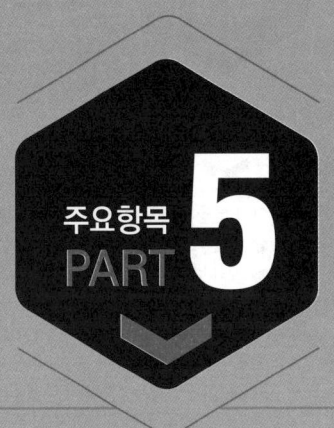

산업안전 보호장비 관리

세부항목 01   안전 보호구 관리
세부항목 02   안전 장구 관리
              ● 출제예상문제

세부항목 01 안전 보호구 관리

중점 학습내용

안전 보호구 등에 관련된 기본적인 기초 지식을 학습하도록 하였으며 이번 실기 필답형 시험에 출제되는 그 중심적인 내용은 다음과 같다.
❶ 보호구의 특성
❷ 보호구를 사용할 때의 유의사항
❸ 안전 보호구를 선택할 때의 유의사항
❹ 보호구의 구비 조건 및 보관 방법
❺ 안전인증 기관의 확인 사항

보호구의 정의
보호구란 근로자가 신체의 일부에 직접 착용하여 각종 물리적·화학적 위험 요소로부터 신체를 보호하기 위한 것으로 보조기구라고 정의할 수 있다. 2차적 안전 대책이며 소극적이다.

합격날개

합격예측

안전인증대상 보호구 종류 12가지
① 추락 및 감전 위험방지용 안전모
② 안전화
③ 안전장갑
④ 방진마스크
⑤ 방독마스크
⑥ 송기마스크
⑦ 전동식 호흡보호구
⑧ 보호복
⑨ 안전대
⑩ 차광 및 비산물 위험방지용 보안경
⑪ 용접용 보안면
⑫ 방음용 귀마개 또는 귀덮개

1 보호구의 특성

인간의 생산 활동에는 항상 기계 장치가 동반된다고 할 수 없으며 그 기계 장치를 안전하게 하는 것만으로 안전이 충분히 유지된다고 할 수는 없다. 이와 같이 인간의 외적인 조건을 완전하게 안전화(安全化)할 수 없는 경우에는 어떻게 하면 좋을 것인가? 안전한 작업을 할 수 있도록 하기 위해서는 원칙적으로 기계에 안전 장치를 하거나, 작업 환경을 쾌적하게 하여야 할 것이다.

그러나 그와 같은 원칙을 적용하기 어려울 때에는 작업하는 사람을 방호하기 위한 수단이 강구되어야 할 것이다. 이 때문에 사용되는 것이 보호구이다. 재해를 막는 데 있어서 보호구를 사용한다는 것은 재해 예방의 적극적인 대책으로서 진행시켜야 할 수단은 아니지만, 현실적으로 볼 때에 예상되는 위험성으로부터 작업자를 보호하기 위해서는 부득이한 수단이라고 할 수 있다.

회사에서는 위험한 기계설비에서 작업하거나 유해한 물질을 취급할 때는 우선적으로 필요한 안전 조치를 취하고 각종 보호구를 지급해야 하며, 작업자들도 반드시 안전 수칙들을 준수해야 하며, 보호구를 착용해야 할 의무가 있다.

안전인증대상 보호구와 자율안전확인대상 보호구는 다음과 같다.

1. 안전인증대상 보호구

① 추락 및 감전 위험방지용 안전모
② 안전화
③ 안전장갑
④ 방진마스크
⑤ 방독마스크
⑥ 송기마스크
⑦ 전동식 호흡보호구
⑧ 보호복
⑨ 안전대
⑩ 차광 및 비산물 위험방지용 보안경
⑪ 용접용 보안면
⑫ 방음용 귀마개 또는 귀덮개

2. 자율안전확인대상 보호구

① 안전모(안전인증 대상기계·기구에 해당되는 사항 제외)
② 보안경(안전인증 대상기계·기구에 해당되는 사항 제외)
③ 보안면(안전인증 대상기계·기구에 해당되는 사항 제외)

2 보호구를 사용할 때의 유의사항

올바른 보호구를 선정한 것만으로 문제는 해결되지 않는다. 그것을 어떻게 사용할 것인가가 문제이다.

보호구는 비치하는 데 의의가 있는 것이 아니고 그것을 올바르게 사용함으로써 그 목적을 달성할 수가 있는 것이다. 보호구를 효과있게 사용하기 위해서는 다음의 기본적인 사항을 지키는 것이 필요하다.

① 작업에 적절한 보호구를 선정한다.
② 작업장에는 필요한 수량의 보호구를 비치한다.
③ 작업자에게 올바른 사용 방법을 빠짐없이 가르친다.
④ 보호구는 사용하는 데 불편이 없도록 관리를 철저히 한다.
⑤ 작업을 할 때에 필요한 보호구는 반드시 사용하도록 한다.

3 안전 보호구를 선택할 때의 유의사항

① 작업중 언제나 사용하는 것(예 : 안전모, 안전화), 작업중 필요한 때에 사용하는 것(예 : 보호 안경), 위급한 때에 임시로 사용하는 것(예 : 방독 마스크) 등 사용목적에 적합하여야 한다.
② 공업 규격에 합격된 품질이 좋은 것이어야 한다.
③ 사용하는 방법이 간편하고 손질하기가 쉬워야 한다.
④ 무게가 가볍고 크기가 사용자에게 알맞아야 한다.

합격예측

① 재해방지를 대상으로 하는 안전보호구
㉮ 안전대
㉯ 안전모
㉰ 안전화
㉱ 안전장갑
② 건강장해 방지를 목적으로 사용하는 위생보호구
㉮ 각종 마스크
㉯ 보호의
㉰ 보안경
㉱ 방음보호구
㉲ 특수복

합격예측

보호구의 선정조건 5가지
① 종류
② 형상
③ 성능
④ 수량
⑤ 강도

합격예측

보호구 선택시 유의사항
① 사용목적 또는 작업에 적합한 보호구일 것
② 검정기관의 검정에 합격한 것으로 방호성능이 보장되는 것일 것
③ 작업에 방해되지 않을 것
④ 착용하기 쉽고 크기 등이 사용자에게 적합할 것

합격예측

보호구의 구비조건
① 착용시 작업이 용이할 것 (간편한 착용)
② 유해 위험물에 대한 방호성능이 충분할 것(대상물에 대한 방호가 완전)
③ 작업에 방해요소가 되지 않도록 할 것
④ 재료의 품질이 우수할 것(특히 피부접촉에 무해할 것)
⑤ 구조와 끝마무리가 양호할 것(충분한 강도와 내구성 및 표면 가공이 우수)
⑥ 외관 및 전체적인 디자인이 양호할 것

> **합격예측**
>
> **안전인증 대상기계 등의 안전인증 및 자율안전 확인의 표시 방법**
> ① 표시의 크기는 대상기계·기구 등의 크기에 따라 조정할 수 있으나 인증마크의 세로(높이)를 5[mm] 미만으로 사용할 수 없다.
> ② 국가통합인증마크의 기본모형의 색상 명칭을 "KC Dark Blue"로 하고, 별색으로 인쇄할 경우에는 PANTONE 288C 색상을 사용하며, 4원색으로 인쇄할 경우에는 C : 100[%], M : 80[%], Y : 0[%], K : 30[%]로 인쇄한다.
> ③ 특수한 효과를 위하여 금색과 은색을 사용할 수 있으며 색상을 사용할 수 없는 경우는 검은색을 사용할 수 있다. 별색으로 인쇄할 경우에는 주어진 색상별 PANTONE 색상을 사용할 수 있다.

4 보호구의 구비 조건 및 보관 방법

보호장구는 인명과 직결되므로 여러 가지 제약 조건이 있다. 신체에 직접적으로 미치는 위험 유해 사항을 통제하기 위해서는 다음 사항이 필요하다.
① 착용이 간편할 것
② 작업에 방해가 안 되도록 할 것
③ 유해 위험 요소에 대한 방호 성능이 충분히 있을 것
④ 보호 장구의 원재료 품질이 양호한 것일 것
⑤ 구조와 끝마무리가 양호할 것
⑥ 겉모양과 표면이 섬세하고 외관상 좋을 것

보호 장구는 필요할 때 어느 때라도 착용할 수 있도록 청결하고 성능이 유지된 상태에서 보관되어야 한다. 각종 재료의 부식, 변질이 발생하지 않도록 보관해야 한다.
① 광선을 피하고 통풍이 잘되는 장소에 보관할 것
② 부식성, 유해성, 인화성 액체, 기름, 산 등과 혼합하여 보관하지 말 것
③ 발열성 물질을 보관하는 주변에 가까이 두지 말 것
④ 땀으로 오염된 경우에 세척하고 건조하여 변형되지 않도록 할 것
⑤ 모래, 진흙 등이 묻은 경우는 깨끗이 씻고 그늘에서 건조할 것

5 안전인증 기관의 확인사항

① 안전인증서에 적힌 제조 사업장에서 해당 안전인증 대상기계 등을 생산하고 있는지 여부
② 안전인증을 받은 안전인증 대상기계 등이 안전인증기준에 적합한지 여부
③ 제조자가 안전인증을 받을 당시의 기술능력·생산체계를 지속적으로 유지하고 있는지 여부
④ 안전인증 대상기계 등이 서면심사 내용과 같은 수준 이상의 재료 및 부품을 사용하고 있는지 여부

세부항목 02 안전 장구 관리

중점 학습내용

보호구의 종류와 용도 등에 관련된 기본적인 기초 지식을 학습하도록 하였으며 이번 실기 필답형 시험에 출제되는 그 중심적인 내용은 다음과 같다.
① 안전모
② 보호안경
③ 안면보호구
④ 안전화
⑤ 안전대
⑥ 호흡용 보호장구
⑦ 손보호장갑
⑧ 작업복장
⑨ 방음보호구의 종류 및 등급
⑩ 안전인증 및 자율안전확인, 안전검사

1 안전모

인체 중에서도 머리의 보호는 가장 중요하다. 전선 작업, 보수 작업 등에서 물체가 떨어지거나 튈 염려가 있는 작업과, 물건을 싣고 내리는 작업 등에서 떨어지거나 넘어져 머리를 다칠 우려가 있는 작업에는 반드시 안전모를 착용하여야 한다.

1. 안전모의 종류 16. 4. 17

종류기호	사 용 구 분	모체의 재질	내전압성
AB	물체낙하, 날아옴, 추락에 의한 위험을 방지, 경감시키는 것	합성수지	비내전압성
AE	물체낙하, 날아옴에 의한 위험을 방지 또는 경감하고 머리부위 감전에 의한 위험을 방지하기 위한 것	합성수지 (FRP)	내전압성
ABE	물체의 낙하 또는 날아옴 및 추락에 의한 위험 및 감전을 방지하기 위한 것	합성수지 (FRP)	내전압성

(주) 내전압성이란 7,000[V] 이하의 전압에 견디는 것을 말한다.
　　FRP : Fiber Glass Reinforced Plastic(유리섬유 강화 플라스틱)

안전모는 사용 목적에 따라 일반용 안전모, 승차용 안전모, 전기작업용 안전모 및 하역작업용 안전모 등이 있으므로 작업 내용에 따라 선정되어야 한다. 또 안전모를 착용하였을 때의 효과를 높이기 위해서는 사용시에 벗겨지는 일이 없도록 턱끈을 확실히 조이는 등 올바른 착용 방법에 대해 작업자에게 지도하는 것이 중요하다.

> **합격예측**
>
> **안전모의 종류별 사용기준**
> ① AB : 물체의 낙하 또는 비래 및 추락에 의한 위험을 방지 또는 경감시키기 위한 것
> ② AE : 물체의 낙하 또는 비래에 의한 위험을 방지 또는 경감하고, 머리부위 감전에 의한 위험을 방지하기 위한 것
> ③ ABE : 물체의 낙하 또는 비래 및 추락에 의한 위험을 방지 또는 경감하고, 머리부위 감전에 의한 위험을 방지하기 위한 것

합격예측

안전모의 시험성능기준
06. 4. 23 기 17. 4. 16 기
21. 7. 10 기 23. 4. 23 산
① 내관통성
② 충격흡수성
③ 내전압성
④ 내수성
⑤ 난연성
⑥ 턱끈풀림

합격예측

안전모 형태별 분류
① 캡형 : 공작기계의 조작이나 기계의 조립작업
② 전부위 차양형 : 토사의 채취 현장
③ MP형 : 건설 현장

합격예측

안전모의 내관통성 시험의 성능기준(안전인증)
① AE, ABE종 안전모 : 관통거리가 9.5[mm] 이하
② AB종 안전모 : 관통거리가 11.1[mm] 이하

합격예측

안전모의 내전압성 시험의 성능 기준
AE, ABE종 안전모는 교류 20[kV]에서 1분간 절연파괴 없이 견뎌야 하고, 이때 누설되는 충전전류는 10 [mA] 이내이어야 한다.

산업 현장에서 사용되는 안전모의 각 부품 명칭은 그림과 같다. 모체는 합성수지 또는 강화 플라스틱제이며 착장체 및 턱끈은 합성 면포 또는 가죽이고 충격 흡수용으로 발포성 스티로폴을 사용하며, 두께가 10[mm] 이상이어야 한다. 안전모의 무게는 착장체, 턱끈 등의 부속품을 제외한 무게가 440[g]을 초과해서는 안 된다. 안전모의 성능 기준에는 내관통성 시험, 내전압성 시험, 내수성 시험, 난연성 시험, 충격 흡수성 시험, 턱끈풀림 등이 있다.

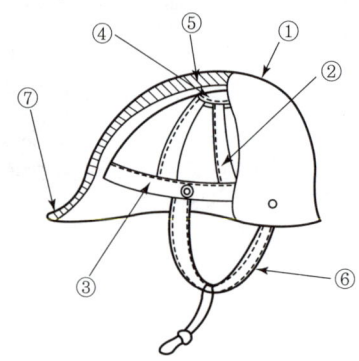

번호	명칭	
①	모체	
②	착장체	머리 받침끈
③		머리 고정대
④		머리 받침 고리
⑤	충격흡수재	
⑥	턱끈	
⑦	챙(차양)	

[그림] 안전모의 명칭

2. 안전모의 선택 방법

① 작업 성질에 따라 머리에 가해지는 각종 위험으로부터 보호할 수 있는 종류의 안전모를 선택해야 한다.
② 규격에 알맞고 성능 검사에 합격품이어야 한다(성능 검사는 한국산업안전공단에서 실시하는 성능 시험에 합격한 제품을 말한다).
③ 가볍고 성능이 우수하며 머리에 꼭 맞고 충격 흡수성이 좋아야 한다.

3. 사용방법 및 보관 방법

① 바르게 착용하고 사용해야 한다.
② 큰 충격을 받은 것과 외관에 손상이 있는 것은 사용을 피해야 한다.

③ 통풍을 목적으로 모체에 구멍을 뚫어서는 안 된다.
④ 착장체는 최소한 1개월에 한번 60[℃]의 물에 비누나 세척제로 세탁해야 하며, 합성수지의 안전모는 스팀과 뜨거운 물을 사용해서는 안 된다.
⑤ 휴식을 취할 때는 안전모를 지상에서 조금 떨어진 곳에 걸어두며, 모체에 흠집이 나지 않도록 하고 통풍이 잘되도록 해야 한다.
⑥ 안전모를 차에 싣고 다닐 때는 뒷창 밑에 두어서는 안 된다. 햇볕의 열과 자외선으로 변형되기 쉽다.
⑦ 사용하던 안전모를 제3자에게 지급할 때는 깨끗이 세탁하고 소독한 후에 지급해야 한다.
⑧ 모체에 페인트, 기름 등으로 오염된 경우는 유기 용제를 사용해야 하지만 강도에 영향이 없어야 한다.
⑨ 착장체는 충격을 흡수하는 역할을 하므로 헐거워지거나 찢어져서는 안 된다.
⑩ 플라스틱제의 안전모는 자외선에 의하여 열화되므로 교환해 주어야 한다.

[표] 플라스틱제 안전모의 내용년수

안전모의 종류	내용기간	비 고
열가소성 수지(폴리에틸렌, ABS, 폴리카보네이트)	약 2년	
열경화성 수지(FRP)	3~4년	

합격예측
안전모의 부가성능 기준 항목
① 측면변형 방호
② 금속용융물 분사방호

합격예측
자율안전확인 보안경
16. 4. 17 기
① 유리보안경 : 비산물로부터 눈을 보호하기 위한 것으로 렌즈의 재질이 유리인 것
② 플라스틱보안경 : 비산물로부터 눈을 보호하기 위한 것으로 렌즈의 재질이 플라스틱인 것
③ 도수렌즈보안경 : 비산물로부터 눈을 보호하기 위한 것으로 도수가 있는 것

합격예측
안전인증 보안경(차광보안경) 사용 구분
12. 4. 22 기
20. 7. 25 기 23. 4. 23 산
① 자외선용 : 자외선이 발생하는 장소
② 적외선용 : 적외선이 발생하는 장소
③ 복합용 : 자외선 및 적외선이 발생하는 장소
④ 용접용 : 산소용접작업 등과 같이 자외선, 적외선 및 강렬한 가시광선이 발생하는 장소

2 보호안경

1. 보호안경의 선택

눈은 신체 중에서 특히 중요한 부위이므로 눈의 부상은 재해발생시에는 대수롭지 않은 것 같아도 의외로 후유증을 남기는 경우가 있으므로 주의를 하지 않으면 안 된다. 눈의 사고에는 여러 종류가 있고 또한 작업에 따라 여러 종류의 보호안경이 필요한데 크게 나누면 방진안경과 차광용(遮光用) 안경의 두 가지가 있다.

방진안경은 절단을 하거나 깎는 작업을 할 때에 칩가루 등이 눈에 들어갈 우려가 있을 때 눈을 보호하기 위해 사용된다. 차광용 안경은 자외선(아크 용접 등), 가시광선(可視光線), 적외선(가스 용접, 용광로 작업)으로부터 눈의 장해를 방지하기 위한 것이다.

보호안경은 사용함에 따라 분진 등으로 흠이 생기기 쉬우므로 늘 점검을 하고 불량한 것은 즉시 관리하는 등 관리면에 관심을 가져야 한다.

합격예측

차광보안경의 성능기준 항목
① 시야범위
② 표면
③ 내노후성
④ 내충격성
⑤ 굴절력
⑥ 차광능력
⑦ 시감투과율 차이
⑧ 내식성

합격예측

안전인증대상 보호구에 대한 안전인증의 확인주기
매년 확인(다만, 안전인증을 신청하여 안전인증을 받은 경우는 2년마다)

[표] 보호안경의 선택

작업의 종류	위험의 종류
산소 아세틸렌 예열 용접 용단	스파크, 유해광선, 용융금속, 비산 입자
화공 약품취급	비산산에 의한 화상
절삭	비산 입자
전기(아크)용접	스파크, 강한 광선, 용융금속
주물작업(노작업)	눈부심, 열, 용융금속
그라인딩 작업(경중)	비산 입자
실험실	화공약품의 비산, 유리 파편
기계가공	비산 입자
용융금속	열, 눈부심, 스파크, 쇳물튀김

2. 도수렌즈 보호안경

도수렌즈 보호안경은 적당한 도수가 있는 보호 렌즈를 가진 고글이나 스펙터클로 구성되며, 시력 교정용 안경 위에 아무 불편없이 착용 가능한 고글이어야 한다.

3. 유지 관리, 사용 및 소독

① 유지 관리
　㉮ 렌즈는 매일 깨끗이 닦아야 한다.
　㉯ 흠집이 생긴 보호구는 교환해 주어야 한다.
　㉰ 교환 렌즈는 전면으로 빠지도록 해야 한다.
　㉱ 성능이 떨어진 헤드 밴드는 교환해 주어야 한다.
　㉲ 적절한 케이스와 통 등에 보관해야 한다.
② 지급 및 사용
　사용자가 바뀔 때는 깨끗이 세척하고 소독한 후에 지급되어야 한다.
③ 소독
　정기적으로 세척, 소독해야 하며 사용자가 바뀔 때는 필히 소독 후에 사용해야 한다. 비누나 세제로 따뜻한 물로 깨끗이 씻어야 하며, 소독제(페놀, 차아염소산염, 4차 암모늄 화합물 등)에 10분간 담근 후, 바람에 건조시키고 자외선 소독 기구로 소독한다. 보관은 건조한 상태로 깨끗하고 먼지가 없는 용기에 보관해야 한다.

3 안면보호구

안면보호구는 유해 광선으로부터 눈을 보호하고 파편에 의한 화상이나 안면부를 보호하기 위하여 착용하는 보호구이며, 사용 구분과 렌즈 재질은 다음과 같다.

종류	사용 구분	렌즈 재질
용접용 보안면 (인증)	아크용접, 가스용접, 절단작업시 발생하는 유해한 자외선, 가시광선 및 적외선으로부터 눈을 보호하고, 용접광 및 열에 의한 화상, 가열된 용재 등의 파편에 의한 화상의 위험에서 용접자의 안면, 머리부분, 목부분을 보호하기 위한 것이다.	벌카나이즈드 파이버 FRP
일반 보안면 (자율)	일반작업 및 점용접 작업시 발생하는 각종 비산물과 유해한 액체로부터 얼굴을 보호하기 위하여 착용한다.	플라스틱

1. 용접용 보안면의 구조

용접용 보안면의 질량은 필터 플레이트 및 커버 플레이트를 제외하고 헬멧형은 560[g] 이하, 핸드실드형은 500[g] 이하이어야 한다.

① 헬멧형
  ㉮ 면체는 안면, 머리 및 목을 방사선, 복사열 및 불꽃으로부터 방호해야 하며, 내면은 광선이 반사하지 않도록 하고 절연 처리를 해야 한다.
  ㉯ 창은 시야를 방해해서는 안 되며 필터 플레이트(filter plate) 및 커버 플레이트(cover plate)가 교환되고 방사선이 새어나오지 않도록 누름쇠로 견고하게 억제할 수 있는 구조이어야 한다.
  ㉰ 헤드 밴드는 면체가 착용자의 머리에 접촉하지 않도록 고정시킬 수 있어야 하고 면체를 올리고 내리기가 용이하고 흔들리지 않아야 한다. 그리고 공구를 사용하지 않고 머리 주위 500[mm] ~ 650[mm]의 범위를 쉽게 조절할 수 있고 땀받이를 부착시키는 것이 바람직하다.
  ㉱ 턱걸이는 착용자의 얼굴이 면체에 접촉되지 않도록 하고 떼어내기가 가능해야 한다.

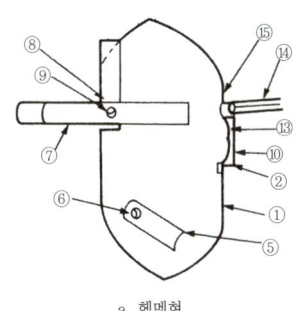
a. 헬멧형

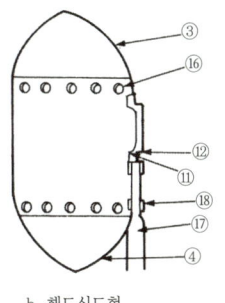
b. 핸드실드형

합격예측

용접용 보안면의 형태 및 구조

형태	구조
헬멧형	안전모나 착용자의 머리에 지지대나 헤드밴드 등을 이용하여 적정위치에 고정, 사용하는 형태(자동 용접필터형, 일반용 접필터형)
핸드 실드형	손에 들고 이용하는 보안면으로 적절한 필터를 장착하여 눈 및 안면을 보호하는 형태

합격예측

보안면 성능 기준

난연성	1분간 76[mm] 이상 연소되지 않을 것
전기 절연성	500[kΩ] 이상
가열후 인장강도	3.0[kgf/mm²] 이상
내열 비틀림	변형률 2[%] 이하
금속부품 내식성	스프링을 제외한 금속 부품에 부식이 생기지 않을 것

합격예측

보안면의 종류

① 일반 보안면(자율) : 작업 시 발생하는 각종 비산물과 유해한 액체로부터 얼굴(머리의 전면, 이마, 턱, 목 앞부분, 코, 입)을 보호하기 위해 착용하는 것
② 용접용 보안면(인증) : 용접작업시 머리와 안면을 보호하기 위한 것으로 통상적으로 지지대를 이용하여 고정하며 적합한 필터를 통해서 눈과 안면을 보호하는 보호구

합격예측

[표] 방진마스크의 성능

	종류	등급	염화나트륨(NaCl) 및 파라핀 오일(Paraffin oil) 시험(%)
여과재 분진 등 포집효율	분리식	특급	99.95 이상
		1급	94.0 이상
		2급	80.0 이상
	안면부 여과식	특급	99.0 이상
		1급	94.0 이상
		2급	80.0 이상

	종류	등급	질량(g)
여과재 질량	분리식	전면형	500 이하
		반면형	300 이하

	형태	등급	누설률(%)
안면부 누설률	분리식	전면형	0.05 이하
		반면형	5 이하
	안면부 여과식	특급	5 이하
		1급	11 이하
		2급	25 이하

합격예측

일반 보안면의 용도
① 점용접 작업
② 비산물이 발생하는 철물 기계 작업
③ 연마, 광택, 철사의 손질, 그라인딩 작업
④ 가루나 분진이 발생하는 목재 가공 작업
⑤ 고열체 및 부식성 물질의 조작 및 취급 작업

합격예측

일반 보안면 재료조건
① 구조적으로 충분한 강도를 가지며 가벼울 것
② 착용시 피부에 해가 없을 것
③ 수시로 세척 소독이 가능한 것
④ 금속을 사용할 시에는 녹슬지 않는 것
⑤ 플라스틱을 사용할 시에는 난연성의 것
⑥ 투시부의 플라스틱은 광학적 성능을 가질 것

번호	구 분	번호	구 분
①	면체	⑩	플레이트 누름쇠
②	창	⑪	고리철물(플레이트 누름쇠용)
③	면체 상부	⑫	패킹
④	면체 하부	⑬	필터 플레이트 및 커버 플레이트
⑤	턱걸이	⑭	바깥쪽 창틀
⑥	턱걸이의 조입부착철물	⑮	바깥쪽 창틀 당김 코일
⑦	머리띠	⑯	리벳
⑧	머리띠의 결합철물	⑰	핸드그립
⑨	스프링	⑱	핸드그립 고정철물

[그림] 용접용 보안면의 각 부분 명칭

② 핸드실드(handshield)형

핸드 그립은 흔들리지 않도록 면체에 견고하게 부착되고 턱걸이가 없어야 하며 뾰족한 모서리나 요철이 없어야 한다. 성능은 면체의 경우에는 내열성, 전기절연성, 가열 후 $3.0[kgf/mm^2]$ 이상의 인장강도, 내열 비틀림 변형률 $2[\%]$ 이내를 갖추어야 하고, 금속 부품은 내식성이어야 한다.

2. 일반 보안면

일반 보안면은 작업시에 눈, 안면, 머리 및 목을 보호하기 위하여 사용하며 용도는 다음과 같다.
① 점용접 작업
② 비산물이 발생하는 철물 기계 작업
③ 연마, 광택, 철사의 손질, 그라인딩 작업
④ 가루나 분진이 발생하는 목재 가공 작업
⑤ 고열체 및 부식성 물질의 조작 및 취급 작업

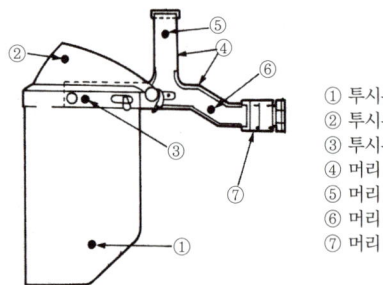

① 투시부
② 투시부 지지대
③ 투시부 부착 장치
④ 머리 덮개
⑤ 머리 위 끈
⑥ 머리 둘레 끈
⑦ 머리 보호대

[그림] 일반 보안면 명칭

4 안전화

안전화는 발에 무거운 물건을 떨어뜨리거나 튀어나온 못을 밟거나 하는 재해로부터 작업자를 보호하는 데 사용되고 있으며 이와 같은 재해는 각 산업에서 많이 발생되고 있다. 이런 종류의 재해를 막는 데는 작업 방법의 개선, 직장 내의 정리·정돈 등이 필요하나 안전화의 착용으로 어느 정도 방지하는 것이 가능하다. 안전화는 발등의 보호, 찔리거나 미끄러짐을 방지하는 데 중요한 역할을 하고 있으며 때로는 특수 안전화가 필요하기도 하다. 예를 들면 전기 공사를 할 때에는 징을 박지 않은 안전화를 신어야 하고, 폭발성 물질을 취급하는 경우에는 스파크를 일으키지 않는 안전화를 신어야 한다. 안전화를 선정할 때에는 직장환경, 작업내용, 착용자의 성별(性別), 근로 시간 등을 감안하여 필요없이 해당되지 않는 것을 선정하거나, 효과가 없는 것을 사용하도록 하는 일이 없도록 하여야 한다.

> **합격예측**
>
> **발등 안전화의 종류**
> ① 고정식 : 안전화에 방호대를 고정한 것
> ② 탈착식 : 안전화의 끈 등을 이용하여 안전화에 방호대를 결합한 것으로 그 탈착이 가능한 것

> **합격예측**
>
> **고무제 안전화 성능시험 방법**
> ① 인장강도
> ② 내유성시험
> ③ 내화학성시험
> ④ 완성품의 내화학성시험
> ⑤ 파성강도시험
> ⑥ 선심 및 내답판의 내부식성시험
> ⑦ 누출방지시험

1. 안전화의 일반 구조

① 제조하는 과정에서 앞발가락 끝부분에 선심을 넣어 압박 및 충격에 대하여 착용자의 발가락을 보호할 수 있는 구조일 것
② 착용감이 좋고 작업에 편리할 것
③ 견고하게 제작하여 부분품의 마무리가 확실하며 형상은 균형있어야 한다.
④ 선심의 내측은 헝겊, 가죽, 고무 또는 플라스틱 등으로 감싸고 특히 후단부의 내측은 보강되어야 한다.
⑤ 정전화는 인체에 대전된 정전기를 구두 바닥을 통하여 땅으로 누전시키는 전기 회로가 형성될 수 있는 재료를 사용해야 한다.

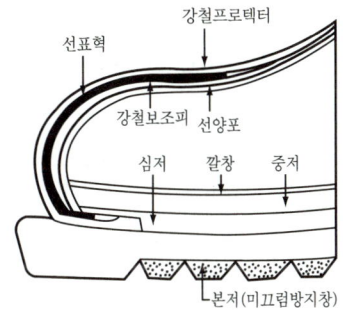

[그림] 안전화의 재료 및 구조

> **합격예측**
>
> **안전화의 등급에 따른 작업을 구분**
> ① 중작업용
> ② 보통작업용
> ③ 경작업용

[표] 절연 장화의 종류 및 용도

종류	용도
A 종	주로 300[V]를 초과 교류 600[V], 직류 750[V] 이하의 작업에 사용하는 것
B 종	주로 교류 600[V], 직류 750[V] 초과 3,500[V] 이하의 작업에 사용
C 종	주로 3,500[V] 초과 7,000[V] 이하 작업에 사용

> **참고**
>
> **작업 조건에 따른 착용 보호구**
> ① 물체의 추락, 비래 또는 근로자가 감전되거나 추락할 위험이 있는 작업 : 안전모

> **합격예측**
>
> **안전화의 종류**
> ① 가죽제 안전화
> ② 고무제 안전화
> ③ 정전기 안전화
> ④ 발등 안전화
> ⑤ 절연화
> ⑥ 절연장화

> **합격예측**
>
> **가죽제 안전화의 성능시험의 종류**
> ① 내압박성 시험
> ② 내충격성 시험
> ③ 박리저항 시험
> ④ 내답발성 시험
> ⑤ 은면결렬 시험
> ⑥ 인열강도 시험
> ⑦ 6가크롬 함량 시험
> ⑧ 내부식성 시험
> ⑨ 인장강도 시험
> ⑩ 내유성 시험

② 높이 또는 깊이 2[m] 이상의 추락할 위험이 있는 장소에서의 작업 : 안전대
③ 물체의 낙하·충격, 물체에의 끼임, 감전 또는 정전기의 대전에 의한 위험이 있는 작업 : 안전화
④ 물체가 날아 흩어질 위험이 있는 작업 : 보안경
⑤ 용접시 불꽃 또는 물체가 날아 흩어질 위험이 있는 작업 : 보안면
⑥ 감전의 위험이 있는 작업 : 절연용보호구
⑦ 고열에 의한 화상 등의 위험이 있는 작업 : 방열복
⑧ 선창 등에서 분진(粉塵)이 심하게 발생하는 하역작업 : 방진마스크
⑨ 섭씨 영하 18도 이하인 급냉동어창에서 하는 하역작업 : 방한모·방한복·방한화·방한장갑
⑩ 물건을 운반하거나 수거·배달하기 위하여 「도로교통법」제2조제18호가목5)에 따른 이륜자동차 또는 같은 법 제2조제19호에 따른 원동기장치자전거를 운행하는 작업 : 「도로교통법 시행규칙」제32조제1항 각 호의 기준에 적합한 승차용 안전모
⑪ 물건을 운반하거나 수거·배달하기 위해 「도로교통법」제2조제21호의2에 따른 자전거등을 운행하는 작업 : 「도로교통법 시행규칙」제32조제2항의 기준에 적합한 안전모

2. 적용 안전화의 종류

종 류	사 용 구 분
가죽제 안전화	물체의 낙하, 충격 및 날카로운 물체에 의한 바닥으로부터의 찔림에 의한 위험으로부터 발을 보호하기 위한 것
고무제 안전화	물체의 낙하, 충격에 의한 위험으로부터 발을 보호하고 아울러 방수를 겸한 것
정전기 안전화	정전기의 인체 대전을 방지하기 위한 것
발등 안전화	물체의 낙하 및 충격으로부터 발 및 발등을 보호하기 위한 것
절연화	저압의 전기에 의한 감전을 방지하기 위한 것(직류 750[V], 교류 600[V] 이하)
절연장화	저압 및 고압에 의한 감전을 방지하기 위한 것

3. 가죽제 안전화 구비 조건

가죽제 안전화는 용도와 종류에 따라서 여러 가지가 있으므로 작업 특성에 알맞은 것을 선택해야 하며 그 구비 조건은 다음과 같다.
① 신는 기분이 좋고 작업이 쉬울 것
② 사이즈가 맞고 선심에 발가락이 닿지 않을 것
③ 잘 구부러지고 신축성이 있을 것
④ 가능한 한 가벼울 것
⑤ 디자인, 색상 등 외관이 좋을 것

5 안전대

추락에 의한 재해는 모든 산업에서 많이 발생하고 있다. 이것을 막기 위해서는 설비의 개선, 발판의 설치, 작업 방법의 개선 등을 꾀하는 것이 필요하나 안전대의 사용으로 어느 정도는 방지가 가능하다. 안전대에는 전기 공사, 통신 선로 공사, 그 밖에 높은 곳에서 작업을 할 때에 추락하는 것을 방지하는 것과 광산, 채석장, 토목공사와 같은 높은 곳에서의 작업과 경사면에서의 작업에 사용되는 것 등이 있다.

1. 안전대 선택시 유의 사항

① 벨트, 로프, 버클 등을 함부로 바꾸어서는 안 된다.
② 클립이나 신축 조절기(伸縮調節器)는 바른 방향에 달도록 한다.
③ 각 부품의 상태를 점검하고 결점이 있는 것은 교환한다.
④ 한 번 충격을 받은 안전대는 사용하지 않는다.

2. 안전대 용어 정의

① "벨트"란 신체지지의 목적으로 허리에 착용하는 띠 모양의 부품을 말한다.
② "안전그네"란 신체지지의 목적으로 전신에 착용하는 띠 모양의 것으로서 상체 등 신체 일부분만 지지하는 것은 제외한다.
③ "지탱벨트"란 U자걸이 사용 시 벨트와 겹쳐서 몸체에 대는 역할을 하는 띠 모양의 부품을 말한다.
④ "죔줄"이란 벨트 또는 안전그네를 구명줄 또는 구조물 등 그 밖의 걸이설비와 연결하기 위한 줄모양의 부품을 말한다.
⑤ "D링"이란 벨트 또는 안전그네와 죔줄을 연결하기 위한 D자형의 금속 고리를 말한다.
⑥ "각링"이란 벨트 또는 안전그네와 신축조절기를 연결하기 위한 사각형의 금속 고리를 말한다.
⑦ "버클"이란 벨트 또는 안전그네를 신체에 착용하기 위해 그 끝에 부착한 금속 장치를 말한다.
⑧ "추락방지대"란 신체의 추락을 방지하기 위해 자동잠김 장치를 갖추고 죔줄과 수직구명줄에 연결된 금속장치를 말한다.
⑨ "훅 및 카라비너"란 죔줄과 걸이설비 등 또는 D링과 연결하기 위한 금속장치를 말한다.
⑩ "보조훅"이란 U자걸이를 위해 훅 또는 카라비너를 지탱벨트의 D링에 걸거나 떼어낼 때 추락을 방지하기 위한 훅을 말한다.

합격예측

산업안전보건법상 안전대의 종류

종류	사용구분
벨트식 안전그네식	1개 걸이용
	U자 걸이용
안전그네식	추락방지대
	안전블록

합격예측

안전대 최하사점 공식

$H > h =$ 로프길이(l) + 로프의 신장(률)길이$(l \times \alpha)$ + 작업자의 키 $\times \dfrac{1}{2}$

h : 추락시 로프지지 위치에서 신체 최하사점까지의 거리(최하사점)

H : 로프지지 위치에서 바닥면까지의 거리

> 합격예측

방독마스크 등급 및 사용장소

등급	사용장소
고농도	가스 또는 증기의 농도가 100분의 2(암모니아에 있어서는 100분의 3) 이하의 대기 중에서 사용하는 것
중농도	가스 또는 증기의 농도가 100분의 1(암모니아에 있어서는 100분의 1.5) 이하의 대기 중에서 사용하는 것
저농도 및 최저 농도	가스 또는 증기의 농도가 100분의 0.1 이하의 대기 중에서 사용하는 것으로서 긴급용이 아닌 것

비고 : 방독마스크는 산소농도가 18[%] 이상인 장소에서 사용하여야 하고, 고농도와 중농도에서 사용하는 방독마스크는 전면형(격리식, 직결식)을 사용해야 한다.

> 합격예측

방진마스크의 구비조건
① 여과 효율이 좋을 것
② 흡배기 저항이 낮을 것
③ 중량이 가벼울 것
④ 시야가 넓을 것
⑤ 사용적이 적을 것
⑥ 안면 밀착성이 좋을 것
⑦ 피부 접촉 부위의 고무질이 좋을 것

> 합격예측

송기마스크의 종류
① 호스마스크
② 에어라인마스크
③ 복합식 에어라인마스크

⑪ "신축조절기"란 죔줄의 길이를 조절하기 위해 죔줄에 부착된 금속의 조절장치를 말한다.
⑫ "8자형 링"이란 안전대를 1개걸이로 사용할 때 훅 또는 카라비너를 죔줄에 연결하기 위한 8자형의 금속고리를 말한다.
⑬ "안전블록"이란 안전그네와 연결하여 추락발생시 추락을 억제할 수 있는 자동잠김장치가 갖추어져 있고 죔줄이 자동적으로 수축되는 장치를 말한다.
⑭ "보조죔줄"이란 안전대를 U자걸이로 사용할 때 U자걸이를 위해 훅 또는 카라비너를 지탱벨트의 D링에 걸거나 떼어낼 때 잘못하여 추락하는 것을 방지하기 위한 링과 걸이설비연결에 사용하는 훅 또는 카라비너를 갖춘 줄모양의 부품을 말한다.
⑮ "수직구명줄"이란 로프 또는 레일 등과 같은 유연하거나 단단한 고정줄로서 추락발생시 추락을 저지시키는 추락방지대를 지탱해 주는 줄모양의 부품을 말한다.
⑯ "충격흡수장치"란 추락 시 신체에 가해지는 충격하중을 완화시키는 기능을 갖는 죔줄에 연결되는 부품을 말한다.
⑰ 이 장에서 사용되는 낙하거리의 용어는 다음 각 목과 같다.
  가. "억제거리"란 감속거리를 포함한 거리로서 추락을 억제하기 위하여 요구되는 총 거리를 말한다.
  나. "감속거리"란 추락하는 동안 전달충격력이 생기는 지점에서의 착용자의 D링 등 체결지점과 완전히 정지에 도달하였을 때의 D링 등 체결지점과의 수직거리를 말한다.
⑱ "최대전달충격력"이란 동하중시험 시 시험몸통 또는 시험추가 추락하였을 때 로드셀에 의해 측정된 최고 하중을 말한다.
⑲ "U자걸이"란 안전대의 죔줄을 구조물 등에 U자 모양으로 돌린 뒤 훅 또는 카라비너를 D링에, 신축조절기를 각링 등에 연결하는 걸이 방법을 말한다.
⑳ "1개걸이"란 죔줄의 한쪽 끝을 D링에 고정시키고 훅 또는 카라비너를 구조물 또는 구명줄에 고정시키는 걸이 방법을 말한다.

3. 안전대의 종류

종류	사용구분
벨트식, 안전그네식	1개 걸이용
	U자 걸이용
안전그네식	안전블록
	추락방지대

> 합격정보 보호구 안전인증 고시 제2020 – 35호(20. 1. 15)

6 호흡용 보호구

유해 물질이 인체에 침투되는 경로 중에서 호흡기를 통하여서도 체내로 침투되므로 이를 차단시켜 주는 보호구 또한 중요하다. 그 용도나 종류는 여러 가지가 있다. 먼지가 많이 나는 곳에서 사용하는 방진마스크, 산소 결핍 장소에서 사용하는 공기 공급식과 공기 정화식이 있다. 공기 공급식에는 자급식과 송풍기 부착 호스 마스크가 있으며 독성 오염을 방지하는 방독마스크, 가스마스크가 있다.

1. 용어정의

① "분진등"이란 분진, 미스트 및 흄을 총칭하는 것으로 물리적 작용 및 화학적 반응에 의해 생성된 고체 또는 액체입자를 말한다.
② "전면형 방진마스크"란 분진등으로부터 안면부 전체(입, 코, 눈)를 덮을 수 있는 구조의 방진마스크를 말한다.
③ "반면형 방진마스크"란 분진등으로부터 안면부의 입과 코를 덮을 수 있는 구조의 방진마스크를 말한다.
④ "신장률"이란 시편에 인장하중을 가하고 난 후 인장을 받아 생기는 방향으로의 변형을 말하며 원래 길이에 대한 늘어난 길이의 비를 백분율로 나타낸 것을 말한다.
⑤ "영구 변형률"이란 시편에 일정시간동안 인장하중을 가하고 난 후 원상태로 되돌아오지 않고 남아 있는 변형을 말하며 원래 길이에 대한 늘어난 길이의 비를 백분율로 나타낸 것을 말한다.

[표] 방진마스크 등급 및 사용장소

등급	특급	1급	2급
사용 장소	① 베릴륨 등과 같이 독성이 강한 물질들을 함유한 분진 등 발생장소 ② 석면 취급장소	① 특급 마스크 착용 장소를 제외한 분진 등 발생장소 ② 금속흄 등과 같이 열적으로 생기는 분진 등 발생장소 ③ 기계적으로 생기는 분진 등 발생장소 (규소 등과 같이 2급 마스크를 착용하여도 무방한 경우는 제외)	특급 및 1급 마스크 착용장소를 제외한 분진 등 발생장소

※ 단, 배기밸브가 없는 안면부 여과식 마스크는 특급 및 1급 장소에서 사용금지

합격예측

안전인증 전동식 호흡보호구에 안전인증의 표시에 따른 표시외에 추가로 표시해야 할 사항
① 전동기 등이 본질안전 방폭구조로 설계된 경우 해당내용 표시
② 사용범위, 사용상 주의사항, 파과곡선도(정화통에 부착)
③ 정화통의 외부측면의 표시색

합격예측

방독마스크의 등급별 유해물질의 종류

종류	정화통외부 측면 표시색
유기화합물용	갈색
할로겐용	회색
황화수소용	회색
시안화수소용	회색
아황산용	노란색
암모니아용	녹색

합격예측

안전인증 방독마스크에 안전인증의 표시에 따른 표시 외에 추가로 표시해야 할 사항
① 파과곡선도
② 사용시간 기록카드
③ 정화통의 외부측면의 표시색
④ 사용상의 주의사항

합격예측

내전압용 절연장갑의 등급별 색상

등급	색상
00	갈색
0	빨간색
1	흰색
2	노란색
3	녹색
4	등색

합격예측

장갑의 최대사용전압 24.10.20.㉑

등급	최대사용전압	
	교류(V, 실효값)	직류(V)
00	500	750
0	1,000	1,500
1	7,500	11,250
2	17,000	25,500
3	26,500	39,750
4	36,000	54,000

합격예측

유기화합물용 안전장갑에 표시해야 할 사항
① 안전장갑의 치수
② 보관·사용 및 세척상의 주의사항
③ 안전장갑을 표시하는 화학물질 보호성능 표시 및 제품 사용에 대한 설명

7 손보호장갑

손을 많이 사용하여 각종 위험 요소로부터 손이 부상당하기 쉬우므로 작업 종류에 따라 장갑을 착용하여 손의 부상을 극소화시켜야 한다. 유기 용제를 취급하는 작업장에서도 장갑을 착용하여 피부염 등의 장해를 제거해야 한다.

1. 보호장갑의 종류

① **일반 작업용** : 천연 합성 섬유(면, 나일론, 비닐), 소가죽(크롬 무두질), 고무
② **용접용** : 소가죽(크롬 무두질), 석면용
③ **내열, 내화 작용** : 석면, 알루미늄으로 표면 처리한 석면, 고무, 합성 고무, 플라스틱
④ **방전용** : 고무, 플라스틱
⑤ **절삭 방지용** : 금속, 특수 섬유
⑥ **전기용 절연장갑**은 300[V]~7,000[V]의 전기 작업에 사용되는 장갑이다.
　㉮ A종 : 주로 300[V]를 초과 교류 600[V] 또는 750[V] 이하 작업에 사용하는 것
　㉯ B종 : 주로 교류 600[V] 또는 직류 750 초과 3,500[V] 이하 작업에 사용하는 것
　㉰ C종 : 주로 3,500[V] 초과 7,000[V] 이하 작업에 사용하는 것
　　따라서 고전압을 취급할 시에는 알맞은 절연 장갑을 반드시 착용해야 한다

8 작업 복장

1. 작업복

작업장에서는 그 작업에 적합한 복장을 단정히 하고 작업을 함으로써 일하기도 수월하고 재해로부터 몸을 지킬 수 있는 것이다. 여름철에 작업복을 입지 않은 채로 작업을 하면 옥외에서는 태양의 방사 때문에 오히려 덥고, 옥내에서도 현장에 있는 쇠부스러기, 기름, 고열물 등에 맞아 재해를 당하게 되므로 작업복을 착용하는 것이 필요하다. 깔끔한 복장은 마음도 긴장시켜서 안전 작업을 할 수 있어 재해도 줄어든다.

안전한 작업을 하기 위해 작업 복장을 선정할 때에는 다음의 사항에 유의하여야 한다.
① 작업복은 몸에 맞고 동작이 편하며, 상의의 끝이나 바지자락, 또는 단추가 기

계에 말려 들어갈 위험이 없도록 한다.
② 작업복은 항상 깨끗이 하여야 하며 특히 기름이 묻은 작업복은 불이 붙기 쉬우므로 위험하기 때문에 세탁하여 사용하도록 한다.
③ 화기 사용 직장에서는 방염성(防炎性), 불연성(不燃性)의 것을 사용하도록 한다.
④ 착용자의 연령, 성별 등을 감안하여 적절한 스타일을 선정하는 것이 바람직하다.

2. 작업모

① 기계 주위에서 작업을 할 때에는 반드시 모자를 쓰도록 한다.
② 여자나 머리가 긴 사람의 경우에는 모자 또는 수건으로 머리카락을 완전히 감싸도록 한다.
③ 여자의 경우에는 일부러 앞머리카락을 내놓고 모자를 착용하는 경우가 많으므로 착용 방법에 대하여 철저히 지도한다.

3. 신발

① 신발은 작업 내용에 맞는 것을 선정하여 사용하는 것이 필요하다.
② 굽이 높은 구두나 운동화를 구부려 신는 것은 걸음걸이가 불안정해 넘어지거나 관절을 뺄 우려가 있으므로 착용하지 않도록 한다.
③ 맨발은 부상당하기 쉽고 고열 물체에 닿을 때에는 화상을 입는 등 위험하므로 절대로 금지시킨다.

9 방음 보호구의 종류 및 등급

종류	등급	기호	성능
귀마개	1종	EP-1	저음부터 고음까지 차음하는 것
	2종	EP-2	주로 고음을 차음하고, 저음(회화음 영역)은 차음하지 않는 것
귀덮개	-	EM	

10 안전인증 보호구 제품에 표시사항

① 형식 또는 모델명
② 규격 또는 등급
③ 제조자명
④ 제조번호 및 제조연월
⑤ 안전인증번호

합격예측

방열복의 종류
① 방열상의
② 방열하의
③ 방열일체복
④ 방열장갑
⑤ 방열두건

합격예측

유기화합물용 보호복의 종류 및 형식
(1) 전신보호복
  ① 액체방호형(3형식)
  ② 분무방호형(4형식)
(2) 부분보호복
  ① 액체방호형(3형식)
  ② 분무방호형(4형식)

합격예측

자율안전확인대상 기계 중에서 방호장치
① 아세틸렌 용접장치용 또는 가스집합 용접장치용 안전기
② 교류아크 용접기용 자동전격 방지기
③ 롤러기 급정지장치
④ 연삭기 덮개
⑤ 목재가공용 둥근톱 반발예방장치와 날접촉예방장치
⑥ 동력식 수동대패용 칼날 접촉방지장치
⑦ 추락·낙하 및 붕괴 등의 위험방지 및 보호에 필요한 가설기자재(안전인증 대상 기계·기구에 해당되는 사항 제외)로서 고용노동부장관이 정하여 고시하는 것

합격예측

스크레이퍼의 용도
① 채굴(digging)
② 성토적재(loading)
③ 운반(hauling)
④ 하역(dumping)

합격예측 및 관련법규

제32조(보호구의 지급 등)
① 사업주는 다음 각 호의 어느 하나에 해당하는 작업을 하는 근로자에 대해서는 다음 각 호의 구분에 따라 그 작업조건에 맞는 보호구를 작업을 하는 근로자 수 이상으로 지급하고 착용하도록 하여야 한다. 〈개정 2024.6.28〉
1. 물체가 떨어지거나 날아올 위험 또는 근로자가 추락할 위험이 있는 작업 : 안전모
2. 높이 또는 깊이 2미터 이상의 추락할 위험이 있는 장소에서 하는 작업 : 안전대(안전대)
3. 물체의 낙하·충격, 물체에의 끼임, 감전 또는 정전기의 대전(대전)에 의한 위험이 있는 작업 : 안전화
4. 물체가 흩날릴 위험이 있는 작업 : 보안경
5. 용접 시 불꽃이나 물체가 흩날릴 위험이 있는 작업 : 보안면
6. 감전의 위험이 있는 작업 : 절연용 보호구
7. 고열에 의한 화상 등의 위험이 있는 작업 : 방열복
8. 선창 등에서 분진(분진)이 심하게 발생하는 하역작업 : 방진마스크
9. 섭씨 영하 18도 이하인 급냉동어창에서 하는 하역작업 : 방한모·방한복·방한화·방한장갑
10. 물건을 운반하거나 수거·배달하기 위하여 「도로교통법」 제2조제18호가목5에 따른 이륜자동차 또는 같은 법 제2조제19호에 따른 원동기장치자전거를 운행하는 작업: 「도로교통법 시행규칙」 제32조제1항 각 호의 기준에 적합한 승차용 안전모
11. 물건을 운반하거나 수거·배달하기 위해 「도로교통법」 제2조제21호의2에 따른 자전거등을 운행하는 작업 : 「도로교통법 시행규칙」 제32조제2항의 기준에 적합한 안전모
② 사업주로부터 제1항에 따른 보호구를 받거나 착용지시를 받은 근로자는 그 보호구를 착용하여야 한다.

11 안전인증 및 자율안전확인, 안전검사

	안전인증	자율안전확인
기계 또는 기구	① 프레스 ② 전단기 및 절곡기 ③ 크레인 ④ 리프트 ⑤ 압력용기 ⑥ 롤러기 ⑦ 사출성형기 ⑧ 고소작업대 ⑨ 곤돌라 11. 7. 24 산 14. 7. 6 산 14. 10. 5 기 22. 7. 24 기	① 연삭기 또는 연마기. 이 경우 휴대형은 제외한다. ② 산업용 로봇 ③ 혼합기 ④ 파쇄기 또는 분쇄기 ⑤ 식품가공용기계(파쇄·절단·혼합·제면기만 해당한다) ⑥ 컨베이어 ⑦ 자동차정비용 리프트 ⑧ 공작기계(선반, 드릴기, 평삭·형삭기, 밀링만 해당한다) ⑨ 고정형 목재가공용기계(둥근톱, 대패, 루타기, 띠톱, 모떼기 기계만 해당한다) ⑩ 인쇄기
방호장치 11. 7. 24 기 14. 7. 6 기 14. 10. 5 기 19. 10. 13 기 22. 7. 24 기 23. 4. 23 산	① 프레스 및 전단기 방호장치 ② 양중기용 과부하방지장치 ③ 보일러 압력방출용 안전밸브 ④ 압력용기 압력방출용 안전밸브 ⑤ 압력용기 압력방출용 파열판 ⑥ 절연용 방호구 및 활선작업용 기구 ⑦ 방폭구조 전기기계·기구 및 부품 ⑧ 추락·낙하 및 붕괴 등의 위험방호에 필요한 가설기자재로서 고용노동부 장관이 정하여 고시하는 것 ⑨ 충돌·협착 등의 위험방지에 필요한 산업용로봇방호장치로서 고용노동부 장관이 정하여 고시하는 것	① 아세틸렌 또는 가스집합 용접장치용 안전기 ② 교류아크용접기용 자동전격방지기 ③ 롤러기 급정지장치 ④ 연삭기 덮개 ⑤ 목재가공용 둥근톱 반발예방장치와 날접촉예방장치 ⑥ 동력식 수동대패용 칼날 접촉방지장치 ⑦ 추락·낙하 및 붕괴 등의 위험방호에 필요한 가설기자재(안전인증에 해당되는 사항제외)
보호구 11. 7. 24 산 14. 7. 6 산 14. 10. 5 기 18. 10. 7 기 19. 10. 13 기 22. 5. 7 기	① 추락 및 감전 위험방지용 안전모 ② 안전화 ③ 안전장갑 ④ 방진마스크 ⑤ 방독마스크 ⑥ 송기마스크 ⑦ 전동식 호흡보호구 ⑧ 보호복 ⑨ 안전대 ⑩ 차광 및 비산물 위험방지용 보안경 ⑪ 용접용 보안면 ⑫ 방음용 귀마개 또는 귀덮개	① 안전모 ② 보안경 ③ 보안면 ※ 안전인증대상 보호구는 제외한다.
제품의 표시	① 형식 또는 모델명 ② 규격 또는 등급 등 ③ 제조자 명 ④ 제조번호 및 제조연월 ⑤ 안전인증 번호	① 형식 또는 모델명 ② 규격 또는 등급 등 ③ 제조자 명 ④ 제조번호 및 제조연월 ⑤ 자율안전확인 번호
안전인증 면제대상	① 연구개발을 목적으로 제조·수입하거나 수출을 목적으로 제조하는 경우 ② 고용노동부장관이 고시하는 외국의 안전인증기관에서 인증을 받은 경우 ③ 다른 법령에서 안전성에 관한 검사나 인증을 받은 경우	

	구 분	검사주기
안전검사 24.7.1.②	크레인(이동식 크레인은 제외한다) 리프트(이삿짐운반용 리프트는 제외한다) 및 곤돌라	사업장에 설치가 끝난 날부터 3년 이내에 최초 안전검사를 실시하되, 그 이후부터 매 2년(건설현장에서 사용하는 것은 최초로 설치한 날부터 매 6개월마다)
	이동식 크레인, 이삿짐 운반용리프트 및 고소작업대	「자동차관리법」 제8조에 따른 신규등록 이후 3년 이내에 최초 안전검사를 실시하되, 그 이후부터 2년마다
	프레스, 전단기, 압력용기, 국소배기장치, 원심기, 롤러기, 사출성형기, 컨베이어, 산업용 로봇, 분쇄기, 혼합기 및 파쇄기	사업장에 설치가 끝난 날부터 3년 이내에 최초 안전검사를 실시하되, 그 이후부터 2년마다(공정안전보고서를 제출하여 확인을 받은 압력용기는 4년마다)

PART 05 산업안전 보호장비 관리
출제예상문제

01 보호구를 간단하게 정의하시오.

해답

보호구란 근로자가 신체의 일부에 직접 착용하여 각종 물리적·화학적 위험 요소로부터 신체를 보호하기 위한 것으로 보조 기구라고 정의할 수 있다. 2차적 안전 대책이며 소극적이다.

02 보호구의 일반적인 구비 요건을 6가지 쓰시오.

해답

① 착용이 간편할 것
② 작업에 방해가 안 되도록 할 것
③ 위험 유해 요소에 대한 방호 성능이 충분할 것
④ 재료의 품질이 양호할 것
⑤ 구조와 끝마무리가 양호할 것
⑥ 겉모양과 보기가 좋을 것

03 보호구의 보관 방법을 5가지 쓰시오(관리방법).

해답

① 햇빛이 들지 않고 통풍이 잘되는 장소에 보관할 것
② 발열체가 주변에 없을 것
③ 부식성 액체, 유기 용제, 기름, 화장품, 산 등과 혼합하여 보관하지 않을 것
④ 모래, 진흙 등이 묻은 경우는 세척하고 그늘에 말려 보관할 것
⑤ 땀 등으로 오염된 경우는 세척하고 건조시킨 후 보관할 것

04 안전인증대상 보호구의 종류를 12가지 쓰시오.

해답

① 추락 및 감전 위험방지용 안전모
② 안전화
③ 안전장갑
④ 방진마스크
⑤ 방독마스크
⑥ 송기마스크
⑦ 전동식 호흡보호구
⑧ 보호복
⑨ 안전대
⑩ 차광 및 비산물 위험방지용 보안경
⑪ 용접용 보안면
⑫ 방음용 귀마개 또는 귀덮개

05 안전모의 선택방법을 4가지 쓰시오.

해답

① 작업 성질에 따라서 두부에 가해지는 각종 위험으로부터 보호할 수 있는 종류의 안전모를 선택해야 한다.
② 규격에 맞아야 하며 성능 검정에 합격한 제품(KS 또는 한국산업안전보건공단 검정필)의 안전모를 선택해야 한다.
③ 머리에 꼭 맞아야 한다.
④ 가볍고 성능이 좋아야 한다.

06 플라스틱 안전모의 종류와 내용년수를 구분해서 쓰시오.

해답

안전모의 종류	내용년수
열가소성수지(폴리에틸렌, ABS, 폴리카보네이트)	약 2년
열경화성 수지(FRP)	약 3~4년

07 안전모의 종류, 시험 성능 기준의 종류를 쓰고 안전모의 재료 및 구조가 갖추어야 할 조건을 5가지 쓰시오.

해답

(1) 종류
① AB종 : 낙하, 비래, 추락의 경감을 위한 것

② AE종 : 낙하, 비래, 감전의 경감을 위한 것
③ ABE종 : 낙하, 비래, 추락, 감전의 경감을 위한 것
(2) 시험 성능 기준
  ① 내관통성 시험
  ② 내수성 시험
  ③ 충격 흡수성 시험
  ④ 난연성 시험
  ⑤ 내전압성 시험
  ⑥ 턱끈풀림
(3) 재료 및 구조가 갖추어야 할 조건
  ① 쉽게 부식하지 않는 것
  ② 피부에 해로운 영향을 주지 않는 것
  ③ 사용 목적에 따라 내열성, 내한성, 내수성을 보유한 것
  ④ 모체의 표면을 밝고 선명한 색채로 할 것
  ⑤ 안전모의 착장체, 턱끈 등의 부속품을 제외한 무게가 0.44[kg]을 초과하지 않을 것

참고
① 모체의 재질은 합성수지
② 추락은 높이 2[m] 이상의 고소 작업이나 굴착 작업 및 하역 작업 등에 있어서의 추락을 의미한다.
③ 내전압성이란 7,000[V] 이하의 전압에 견디는 것을 말한다.

08 안전모의 시험 성능기준과 부가성능기준을 설명하시오. 19.4,20.실기

해답

구분	항목	시험 성능 기준
시험성능 기준	내관통성	AE, ABE종 안전모는 관통거리가 9.5[mm] 이하이고, AB종 안전모는 관통거리가 11.1[mm] 이하이어야 한다.(자율안전확인에서는 관통거리가 11.1[mm] 이하)
	충격 흡수성	최고전달충격력이 4,450[N]을 초과해서는 안되며, 모체와 착장체의 기능이 상실되지 않아야 한다.
	내전압성	AE, ABE종 안전모는 교류 20[kW]에서 1분간 절연파괴 없이 견뎌야 하고, 이때 누설되는 충전전류는 10[mA] 이하이어야 한다.(자율안전확인에서는 제외)
	내수성	AE, ABE종 안전모는 질량증가율이 1[%] 미만이어야 한다.(자율안전확인에서는 제외)
	난연성	모체가 불꽃을 내며 5초 이상 연소되지 않아야 한다.
	턱끈풀림	150[N] 이상 250[N] 이하에서 턱끈이 풀려야 한다.
부가성능 기준	측면 변형 방호	최대 측면변형은 40[mm], 잔여변형은 15[mm] 이내이어야 한다.
	금속 용융물 분사방호	- 용융물에 의해 10[mm] 이상의 변형이 없고 관통되지 않아야 함. - 금속 용융물의 방출을 정지한 후 5초 이상 불꽃을 내며 연소되지 않을 것(자율안전확인에서는 제외)

09 보호구 선정시 유의 사항 4가지를 쓰시오.

해답

① 사용 목적에 적합한 것
② 검정에 합격하고 성능이 보장되는 것
③ 작업에 방해가 되지 않는 것
④ 착용이 쉽고 크기 등 사용자에게 편리한 것

10 안전대의 사용구분을 4가지 쓰고 U자 걸이와 1개 걸이 안전대의 착용 요령을 간단히 쓰시오.

해답

(1) 사용구분
  ① U자 걸이 전용
  ② 1개 걸이 전용
  ③ 안전블록
  ④ 추락방지대
(2) 착용 요령
  ① U자 걸이 : 안전대의 로프를 구조물 등에 U자 모양으로 돌린 뒤 훅을 D링에, 신축조절기를 각링에 연결하여 신체의 안전을 꾀하는 방법을 말한다.
  ② 1개 걸이 : 로프의 한쪽 끝을 D링에 고정시키고 훅을 구조물에 걸거나 로프를 구조물 등에 한 번 돌린 후 다시 훅을 로프에 거는 등에 의해 추락에 의한 위험을 방지하기 위한 방법을 말한다.

11 안전인증 기관의 확인사항을 쓰시오.

해답

① 안전인증서에 적힌 제조 사업장에서 해당 안전인증 대상기계 등을 생산하고 있는지 여부
② 안전인증을 받은 안전인증 대상기계 등이 안전인증기준에 적합한지 여부
③ 제조자가 안전인증을 받을 당시의 기술능력·생산체계를 지속적으로 유지하고 있는지 여부
④ 안전인증 대상기계 등이 서면심사 내용과 같은 수준 이상의 재료 및 부품을 사용하고 있는지 여부

12 AE종 안전모의 모체를 20~25[℃]의 수중에 24시간 담가 놓은 후 무게를 측정해 본 결과 300[g]이었다. 무게 증가율[%]을 구하시오.(단, 담그기 전 무게는 250[g]이다.)

해답

$$무게\ 증가율 = \frac{담근\ 후의\ 무게 - 담그기\ 전\ 무게}{담그기\ 전\ 무게} \times 100$$

$$= \frac{300-250}{250} \times 100$$

$$= \frac{50}{250} \times 100 = 20[\%]$$

13 보안경 재료의 구비 조건을 4가지 쓰시오.

해답

① 강도 및 탄성 등이 용도에 적절할 것
② 피부 접촉부는 피부에 해가 없을 것
③ 금속부에는 적절한 방청 처리를 하고 내식성일 것
④ 내습성, 내열성 및 난연성일 것

14 보안경의 일반 구조를 2가지 쓰시오.

해답

① 보안경에는 돌출 부분, 날카로운 모서리 혹은 사용 도중 불편하거나 상해를 줄 수 있는 결함이 없을 것
② 착용자와 접촉하는 보안경의 모든 부분에는 피부 자극을 유발하지 않는 재질을 사용할 것
③ 머리띠를 착용하는 경우, 착용자의 머리와 접촉하는 모든 부분의 폭이 최소한 10[mm] 이상 되어야 하며, 머리띠는 조절이 가능할 것

15 차광 보안경의 종류를 4가지 쓰시오.(안전인증 보안경)

해답

① 자외선용
② 적외선용
③ 복합용
④ 용접용

16 차광 보안경의 재료가 갖추어야 할 조건을 쓰시오.

해답

① 강도 및 탄성 등이 용도에 적절할 것
② 피부 접촉부는 피부에 해로운 영향을 주지 않을 것
③ 금속부에는 적절한 방청 처리를 하고 내식성이 있을 것
④ 내습성, 내열성 및 난연성일 것

17 자율안전확인 보안경의 종류를 3가지 쓰고 구비 조건을 5가지 쓰시오.

해답

(1) 종류
　① 플라스틱 보호안경
　② 유리 보호안경
　③ 도수렌즈 보호안경
(2) 구비 조건
　① 착용했을 때 편안할 것
　② 내구성이 있을 것
　③ 충분히 소독되어 있을 것
　④ 견고하게 고정되어 착용자가 움직이더라도 쉽게 탈락 또는 움직이지 않을 것
　⑤ 그 모양에 따라 특정한 위험에 대해서 적절한 보호를 할 수 있을 것

18 방진마스크의 종류 및 등급, 성능 시험, 재료 시험, 선택시 착안 사항을 쓰시오.

해답

(1) 종류 및 등급
　① 직결식
　② 격리식
(2) 성능 시험
　① 흡기 저항 시험
　② 흡기 저항 상승 시험
　③ 분진 포집 효율 시험
　④ 배기 밸브의 작동 기밀 시험
　⑤ 배기 저항 시험
(3) 재료 시험
　① 금속의 부식 시험
　② 고무 재료의 내한 시험
　③ 고무의 비중 시험
　④ 합성 수지의 내열 시험
　⑤ 고무의 노화 시험
　⑥ 합성 수지의 내한 시험
(4) 선택시 착안 사항(구비 조건)
　① 분진 포집 효율(여과 효율)이 좋을 것
　② 흡·배기 저항이 낮을 것
　③ 사용적(유효 공간)이 작을 것
　④ 시야가 넓을 것
　⑤ 안면 밀착성이 좋을 것
　⑥ 피부 접촉 부위의 고무질이 좋을 것
　⑦ 중량이 가벼울 것

19 방진마스크의 합성수지의 가열 감량 시험에서 가열 전 중량이 260[g]이었고 70[℃]로 72시간 가열한 후 중량을 측정한 결과 255[g]이었다. 가열 감량률을 구하고 합격 여부를 판정하시오.

> **해답**
>
> 가열 감량률
> $= \dfrac{\text{가열 전 중량[g]} - \text{가열 후 중량[g]}}{\text{가열 전 중량[g]}} \times 100[\%]$
> $= \dfrac{260-255}{260} \times 100[\%]$
> $= \dfrac{5}{260} \times 100 = 1.92[\%]$
> ∴ 1.92[%], 합격(가열 감량률이 3[%] 이하이면 합격이다)

20 보안면 재료의 구비 조건을 6가지 쓰시오.

> **해답**
> ① 구조적으로 충분한 강도가 있고 가벼울 것
> ② 착용시 피부에 해가 없을 것
> ③ 수시로 세탁, 소독이 가능할 것
> ④ 금속은 방청 처리를 할 것
> ⑤ 플라스틱은 난연성일 것
> ⑥ 투시부의 플라스틱은 광학적 성능을 가질 것

21 안전보건표지의 종류를 4가지 쓰고 각 표지의 명칭을 5가지씩 쓰시오.

> **해답**
> (1) 금지표지(빨간색)
>   ① 출입금지   ② 보행금지
>   ③ 차량통행금지
> (2) 경고표지(빨간색)
>   ① 인화성물질 경고   ② 폭발성물질 경고
>   ③ 급성독성물질 경고 ④ 부식성물질 경고
>   ⑤ 산화성물질 경고
> (3) 지시표지(파란색)
>   ① 보안경 착용   ② 보안면 착용
>   ③ 안전모 착용   ④ 방독마스크 착용
>   ⑤ 안전복 착용
> (4) 안내표지(녹색)
>   ① 녹십자표지   ② 들것
>   ③ 세안장치   ④ 응급구호표지
>   ⑤ 비상구

22 다음 보기의 안전보건표지 종류와 명칭을 각각 쓰시오.

(1)

(2)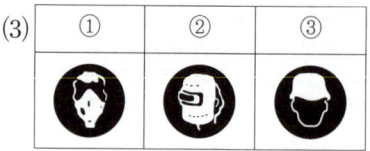

(3)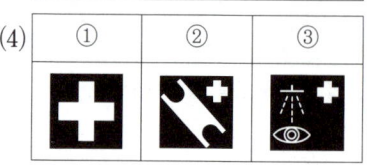

(4)

> **해답**
>
> | 종류 \ 명칭 | ① | ② | ③ |
> |---|---|---|---|
> | (1) 금지표지 | 사용금지 | 탑승금지 | 화기엄금 |
> | (2) 경고표지 | 유해물질경고 | 위험장소경고 | 방사성 물질 경고 |
> | (3) 지시표지 | 방진마스크 착용 | 보안면 착용 | 안전모 착용 |
> | (4) 안내표지 | 응급구호표지 | 들것 | 세안장치 |

23 가죽제 및 고무제 안전화의 성능 시험을 3가지씩 쓰시오.

> **해답**
> (1) 가죽제 안전화
>   ① 내압박성 시험
>   ② 내답발성 시험
>   ③ 내충격성 시험
>   ④ 박리저항 시험
> (2) 고무제 안전화
>   ① 내유성 시험
>   ② 내화학성 시험
>   ③ 누출방지 시험

24 방진마스크의 고무 시험편을 Yong 비중계에 매달고 공기중과 수중에서의 중량을 측정함으로써 고무 비중 시험을 한 결과 공기중에서 중량이 4[g]이었다. 고무의 비중을 산출하고 재료 시험의 합격 여부를 판단하시오.

> **해답**
>
> 비중
>
> $= \dfrac{\text{공기중의 시험편의 중량}}{\text{공기중의 시험편의 중량} - \text{수중에서의 시험편의 중량}}$
>
> $= \dfrac{4}{4 - 1.2} = 1.42$
>
> ∴ 답은 비중 : 1.42, 불합격(비중이 1.4 이하이어야 합격이다)

25 표준 머리 모형에 착용시킨 방진마스크에 석영 분진 함유 공기를 매분 30[*l*]의 유량으로 통과시켜 통과 전후의 석영 분진의 농도를 산란광 방식에 의해 측정하여 분진포집효율을 산출했다. 통과 전 석영 분진의 농도가 250[mg/m²]이고 통과 후 석영 분진의 농도가 15[mg/m²]이었다. 분진 포집 효율을 구하고 등급을 정하시오.

> **해답**
>
> 분진포집효율시험
>
> $= \dfrac{\text{통과 전 석영 분진 농도} - \text{통과 후 석영 분진 농도}}{\text{통과전 석영 분진 농도}} \times 100$
>
> $= \dfrac{250 - 15}{250} \times 100 = 94[\%]$
>
> **보충학습**
> 1급(특급 : 99.95[%] 이상, 1급 : 94[%] 이상, 2급 : 80[%] 이상이어야 한다.)

26 표준 머리 모형에 장치한 방진마스크에 공기를 매분 30[*l*]의 유량으로 통과시킬 때의 마스크 내외의 압력 값을 측정한 결과 200[mmH₂O]이었고 다음에 석영 분진 함유 공기를 매분 30[*l*]의 유량으로 100분간 통과시킨 다음 마스크 내외의 압력값을 측정한 결과 600[mmH₂O]이었다. 이때 흡기 저항 상승을 구하고 합격 여부를 판정하시오.

> **해답**
>
> 흡기 저항 상승 시험
>
> $= \dfrac{\text{석영 분진 함유공기를 100분간 통과시킨 후 내외의 압력차} - \text{공기 통과시의 내외의 압력차}}{\text{공기 통과시의 내외의 압력차}} \times 100[\%]$
>
> $= \dfrac{600 - 200}{200} \times 100 = 200[\%]$
>
> ∴ 200[%], 합격(흡기 저항 상승률이 200[%] 이하이면 합격이다)

27 안전화 종류 6가지를 쓰시오.

> **해답**
>
> ① 가죽제 안전화
> ② 절연화
> ③ 고무제 안전화
> ④ 절연장화
> ⑤ 발등 안전화
> ⑥ 정전기 안전화

28 고무제 안전화의 일반 구조를 3가지 쓰시오.

> **해답**
>
> ① 신었을 때 편안하고 활동하기에 편리할 것
> ② 안쪽의 골씨움이 완전할 것
> ③ 부속품의 부착이 견고할 것

29 안전모 착용 대상 사업장 8곳을 쓰시오.

> **해답**
>
> ① 최대적재량이 5[t] 이상인 화물 자동차에 화물을 싣는 작업 및 내리는 작업
> ② 굴착 작업시
> ③ 채석 작업시
> ④ 해체 작업시
> ⑤ 바닥으로부터 높이가 2[m] 이상인 하적단 위에서 작업시
> ⑥ 항만 하역 작업시
> ⑦ 벌목, 집재, 운재 작업시
> ⑧ 동력으로 작동되는 기계에 근로자의 두발 또는 피복이 말려들어갈 위험이 있을 때

30 근로자 탑승 금지 기계·기구를 쓰시오.

해답
① 운전중인 평삭기 테이블
② 수직 선반의 테이블
③ 크레인
　㉠ 이동식 크레인
　㉡ 건설용 리프트
④ 곤돌라
⑤ 화물자동차의 적재함
⑥ 화물용 승강기
⑦ 컨베이어
⑧ 차량계 하역 운반기계
⑨ 차량계 건설 기계

31 방음 보호구(귀마개 및 귀덮개)의 구비 조건 5가지를 쓰시오.

해답
① 귀에 잘 맞을 것
② 사용중에 현저한 불쾌감이 없을 것
③ 사용중에 쉽게 탈락되지 않을 것
④ 분실하지 않도록 적당한 곳에 끈으로 연결시킬 것
⑤ 캡은 귀 전체를 덮어야 하며, 발포플라스틱 등 흡음재로 감쌀 것(귀덮개는 귀 전체를 덮어서 차음시킬 수 있어야 한다).

32 방음 보호구 재료의 만족 사항(구비 조건)을 쓰시오.

해답
① 강도, 경도, 탄성 등이 용도에 적합해야 한다.
② 피부에 해로운 영향을 주지 않아야 하고 소독이 가능해야 한다.
③ 금속은 방청 처리를 해야 하며 소독할 수 있어야 한다.
④ 플라스틱 재료는 내열성, 내한성, 내유성이어야 하며, 고무 재료는 비중이 1.4 이하, 인장, 신장, 경도 시험 및 노화성 시험에 합격해야 하며 내열성, 내한성 및 내유성이어야 한다.
⑤ 금속 재료는 내식 처리를 해야 하며 KS 공업 규격 제품을 사용해야 한다.

33 귀마개와 귀덮개의 선택 방법을 쓰시오.

해답
① 소음 수준 및 작업 내용에 알맞은 종류와 구조를 선택할 것
② 사용시 불쾌감과 압박감을 주지 않을 것
③ 사용하는 재료는 ① ②의 요건을 만족시킬 것
④ 귀마개의 감음률은 고주파수에서 25~30[dB]이고 귀덮개는 35~45[dB]이므로 귀마개는 115~120[dB]에서, 귀덮개는 130~150[dB]에서의 작업이 가능하다. 또한 귀마개와 귀덮개를 동시에 착용하면 추가로 3~5[dB]까지 감음시킬 수 있으나 어떠한 경우에도 50[dB]를 감음시킬 수 없음
⑤ 사용중에 귀마개가 탈락되어서는 안 됨
⑥ 귀덮개는 밀착이 잘되어야 함

34 발등 보호를 위한 안전화의 종류를 2가지 쓰시오.

해답
① 고정식
② 탈착식

35 절연화의 내전압 성능을 간략하게 설명하시오.

해답
60[Hz], 14,000[V]의 전압에 1분간 견디고, 충전 전류가 0.5[mA] 이하이어야 한다.

36 안전장갑의 종류를 2가지 쓰시오.

해답
① 전기용 고무장갑
② 용접용 가죽제 보호장갑

37 안전보건표지의 사용 목적을 쓰시오.

해답
사업장의 유해 또는 위험한 시설 및 장소에 대한 경고, 비상 조치의 안내, 그 밖에 안전 의식의 고취를 위하여 필요한 개소에 부착하도록 산업 안전 보건법에 규정하고 있다.

38 안전보건표지의 종류 및 색채를 쓰시오.

해답

① 금지표지 : 빨간색(7.5R 4/14)
② 경고표지 : 노란색(5Y 8.5/12)
③ 지시표지 : 파란색(2.5PB 4/10)
④ 안내표지 : 녹색(2.5G 4/10)

39 안전보건표지의 각 종류를 분류하고 관련 항목을 각각 쓰시오.

해답

① 금지표지 : 출입금지, 보행금지, 사용금지, 차량통행금지, 금연
② 경고표지 : 인화성물질 경고, 산화성물질 경고, 폭발물 경고, 독극물 경고, 고온 경고, 저온 경고
③ 지시표지 : 보안경 착용, 보안면 착용, 안전모 착용, 안전화 착용
④ 안내표지 : 녹십자표지, 들것, 응급구호표지, 세안장치, 비상구, 좌측비상구, 우측비상구

40 녹십자 표시로 된 안전 표찰의 부착 위치를 쓰시오.

해답

① 작업복 또는 보호의 우측 어깨
② 안전모의 좌우면
③ 안전 완장

41 자율안전확인대상 보호구의 종류 3가지를 쓰시오.

해답

① 안전모(안전인증 대상기계 · 기구에 해당되는 사항 제외)
② 보안경(안전인증 대상기계 · 기구에 해당되는 사항 제외)
③ 보안면(안전인증 대상기계 · 기구에 해당되는 사항 제외)

42 방독마스크의 종류, 시험가스, 외부측면 표시색을 쓰시오.

해답

종류	시험가스	정화통외부측면 표시색
유기화합물용	시클로헥산(C_6H_{12}), 디메틸에테르(CH_3OCH_3) 이소부탄(C_4H_{10})	갈색
할로겐용	염소가스 또는 증기(Cl_2)	회색
황화수소용	황화수소가스(H_2S)	회색
시안화수소용	시안화수소가스(HCN)	회색
아황산용	아황산가스(SO_2)	노란색
암모니아용	암모니아가스(NH_3)	녹색

참고

복합용 및 겸용의 정화통
① 복합용[해당가스 모두 표시(2층분리)]
② 겸용[백색과 해당가스 모두 표시(2층분리)]

43 방진마스크 성능시험 방법 6가지를 쓰시오.

해답

① 안면부 흡기 저항
② 여과재 분진 포집 효율
③ 안면부 배기 저항
④ 안면부 누설률
⑤ 배기 밸브 작동
⑥ 여과재 호흡 저항 등

44 방진마스크의 구비 조건 및 선택시 고려사항을 쓰시오.

해답

① 여과 효율이 좋을 것
② 흡 · 배기 저항이 낮을 것
③ 사용적이 적을 것
④ 중량이 가벼울 것
⑤ 시야가 넓을 것
⑥ 안면 밀착성이 좋을 것
⑦ 피부 접촉 부위의 고무질이 좋을 것

45 방독마스크 안전인증 표시외에 표시사항을 쓰시오.

23. 10. 7 기

해답

① 파과곡선도
② 사용시간 기록카드
③ 정화통의 외부측면의 표시색
④ 사용상 주의사항

46 방독마스크 성능시험 항목 6가지를 쓰시오.

해답

① 기밀 시험
② 흡기 저항 시험
③ 배기 저항 시험
④ 자동 기밀 시험
⑤ 통기 저항 시험
⑥ 제독 능력 시험

47 다음 방진마스크의 명칭을 쓰시오. 22. 10. 16 산

해답

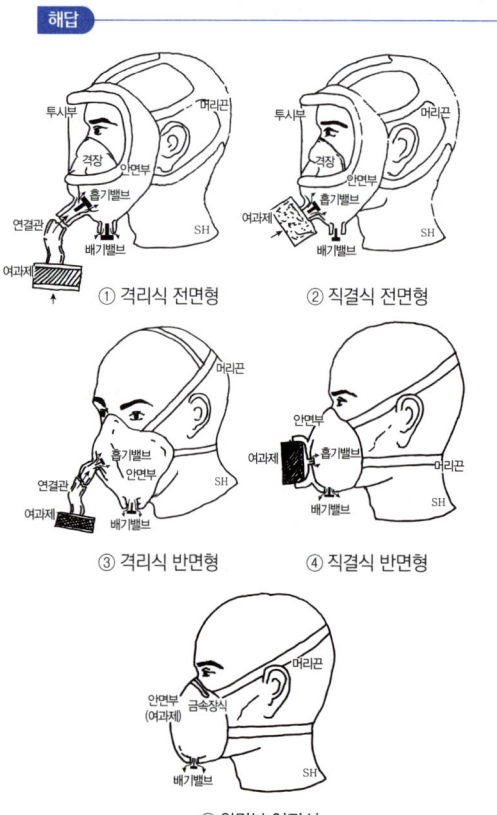

① 격리식 전면형
② 직결식 전면형
③ 격리식 반면형
④ 직결식 반면형
⑤ 안면부 여과식

녹색직업 녹색자격증 코너

성공은 위험하다.
성공과 함께 다른 사람을 모방하기 보다 자기 모방이 시작된다.
그리고 마침내 불모의 상태에 이르게 된다.
— 파블로 피카소(Pablo Picaso)

성공은 오만과 현실 안주를 불러옵니다.
오만은 전략상의 실책보다 더 많은 기업을 매장시켰다고 합니다.
자신과 회사에 대해 자신감을 갖는 것은 성공의 필수요건이지만, 지나친 자신감은 반드시 화를 부릅니다.
오만과 자신감은 종이 한 장의 차이에 불과합니다.
잘나갈 때 스스로 경계할 줄 아는 올바른 성품을 미리 갖추는 것이 매우 중요합니다.

MEMO

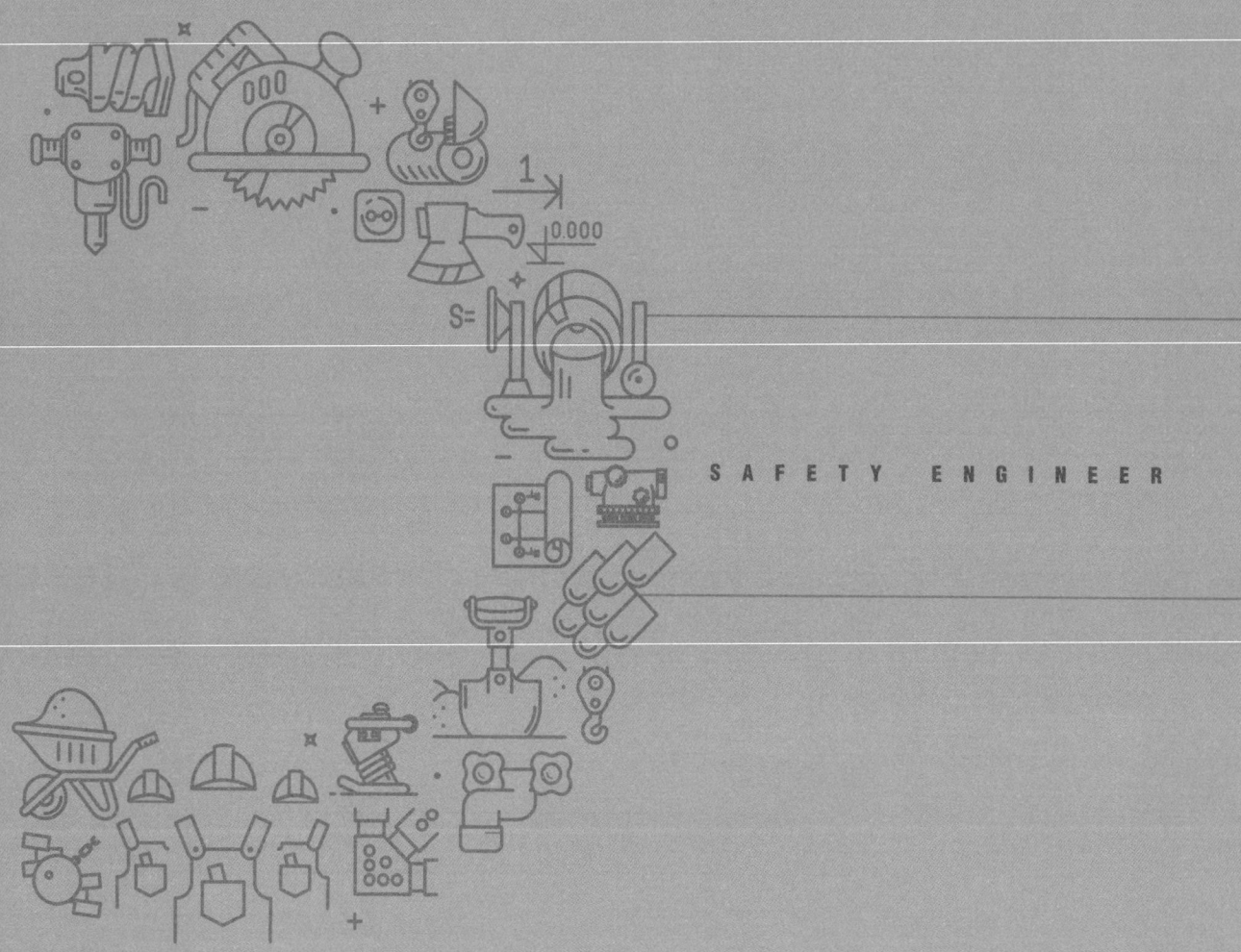

SAFETY ENGINEER

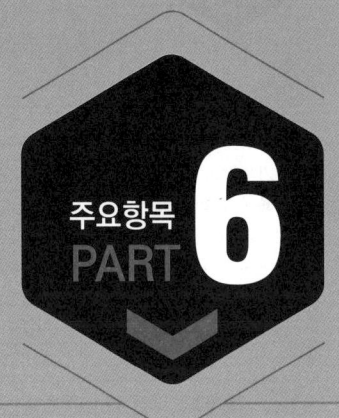

주요항목 PART 6

기계안전시설 관리 및 기계안전점검

세부항목 01   **기계안전 일반**
　　● 출제예상문제

세부항목 02   **각종 기계의 안전**
　　● 출제예상문제

세부항목 03   **운반안전 일반**
　　● 출제예상문제

기계안전 일반

중점 학습내용

기계 설비의 안전에 관련된 기본적인 기초 지식을 학습하도록 하였으며 이번 실기 필답형 시험에 출제되는 그 중심적인 내용은 다음과 같다.
❶ 기계 설비의 위험성 ❷ 위험점의 방호 방법

[표] 운동 및 동작에 의한 위험의 분류

회전 운동 및 동작	① 접촉 및 말려듦 ② 회전체 자체 위험 ③ 고정부와 회전체 사이에 끼임. 협착	플라이휠, 축, 풀리 등	
횡축 운동 및 동작	운동부와 고정부 사이에 위험 형성	작업점과 기계적 결합 부분	
왕복 운동 및 동작	운동부와 고정부 사이에 위험 형성	운동부 전후좌우에 안전조치 필요 (프레스, 셰이퍼 등)	

1 기계 설비의 위험성

합격예측

기계 설비에 형성되는 위험점의 종류
① 협착점
② 끼임점
③ 절단점
④ 물림점
⑤ 접선물림점
⑥ 회전말림점

1. 위험점 6가지

기계에 의한 재해는 과거에 비하면 상당히 감소되었지만 전체 재해의 40~50[%]에 달하고 있다. 특히 최근에는 기계의 대형화, 고속화에 따라 사망 재해 등의 중대재해가 발생한 빈도가 많아지고 있다.

기계 설비에 의한 재해는 협착과 말림에 의한 재해가 가장 많으며, 전체 재해의 절반 이상을 차지하고 있다. 작업점에서 협착부나 회전부를 가지고 있는 기계류에 특히 재해가 많이 발생한다. 동력 전달 기구, 단조 기계, 인쇄·제본 기계 등에 의한 재해의 대부분이 협착과 말림에 의한 것이다.

다음으로 절상의 재해가 많다. 작업점에 회전 부분, 특히 회전하는 칼날을 가지고 있는 기계류에서 많이 발생하고 있는데, 공작 기계, 목공 기계, 동력 공구 등에서 발생하기 쉽다.

건설용 기계, 양중 장치 등에는 화물의 낙하, 화물과 기계 장치와의 충돌에 의한 재해 위험이 많다.

기계 설비 위험성의 특징은 상당한 부분이 인간의 감각으로 예측이 가능하며, 정확한 원인 분석을 통한 적절한 방지 대책을 실시한다면 기계 재해의 대부분을 방지할 수 있다는 것이다.

기계 설비의 재해 위험과 발생 원인은 다양하고 복잡하지만 작업자의 행동 관리를 통한 사고 방지보다는 기계 설비의 안전화 대책이 우선시되어야 한다.

사람이 기계로 인하여 상해를 입는 것은 기계의 위험성을 제대로 이해하지 못하거나 기계에 잠재된 위험을 충분히 제거하지 못한 불안전한 설계 때문이다.

기계 설비에서 일어나는 사고의 위험 요소들은 다음과 같다.

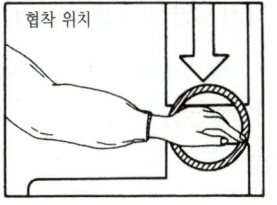

[그림] 협착점

합격예측

위험요소
① 1요소 : 함정(Trap)
② 2요소 : 충격(Impact)
③ 3요소 : 접촉(Contact)
④ 4요소 : 얽힘 또는 말림 (Entaglement)
⑤ 5요소 : 튀어나옴 (Ejection)

(1) 협착점(squeeze point)

왕복 운동을 하는 동작 부분과 움직임이 없는 고정 부분 사이에 형성되는 위험점으로 사업장의 기계 설비에서 많이 볼 수 있다. 예를 들면 프레스 전단기, 성형기, 조형기, 굽힘 기계 등이 있다.

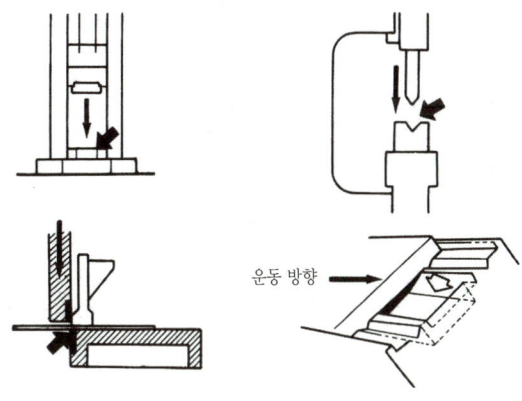

[그림] 협착점의 예

합격예측

기계의 고장률(욕조곡선)에서 고장의 종류
① 초기고장 : 감소형 (DFR : Decreasing Failure Rate)
② 우발고장 : 일정형 (CFR : Constant Failure Rate)
③ 마모고장 : 증가형 (IFR : Increasing Failure Rate)

(2) 끼임점(shear point)

고정 부분과 회전하는 동작 부분이 함께 만드는 위험점으로 연삭 숫돌과 하우스, 교반기 날개와 하우스, 왕복 운동을 하는 기계 부분 등이다.

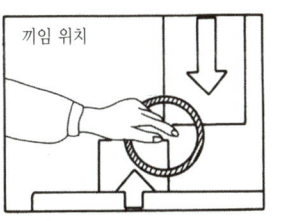

[그림] 끼임점

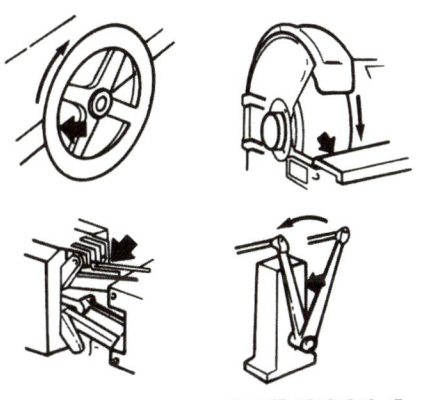
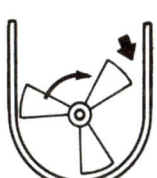

[그림] 끼임점의 예

합격예측
페일 세이프의 구조에 의한 분류
① 다경로하중구조
② 분할구조
③ 교대구조
④ 하중경감구조

합격예측
기계 설비의 본질적 안전화
① 안전 기능이 기계설비에 내장되어 있거나 짜 넣어져 있다.
② 기계설비의 조작이나 취급을 잘못하더라도 사고나 재해로 연결되지 않도록 Fool Proof 기능을 가지고 있다.
③ 기계설비나 그 부품이 파손 고장 나더라도 안전 쪽으로 작동하도록 Fail Safe 기능을 가지고 있다.

(3) 절단점(cutting point)

고정 부분과 운동 부분이 만드는 위험점이 아니고 회전하는 운동 부분 자체의 위험에서 초래되는 위험점이다.

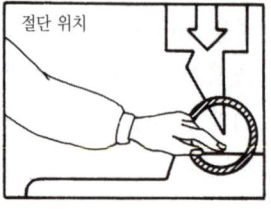

[그림] 절단점

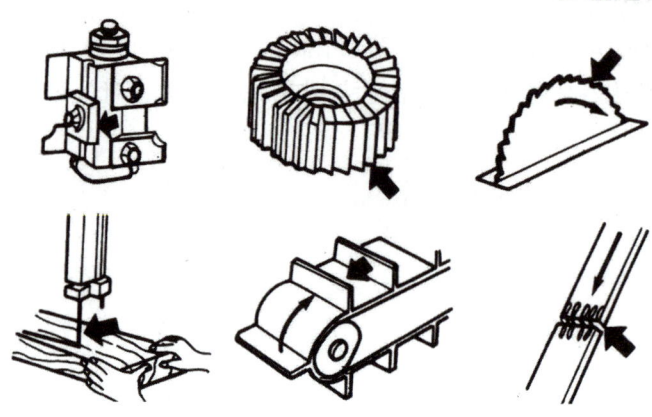

[그림] 절단점의 예

(4) 물림점(nip point)

물림점이란 회전하는 두 개의 회전체에 물려 들어갈 위험성이 형성되는 것을 말한다.

이때 위험점이 발생되는 조건은 회전체가 서로 반대 방향으로 맞물려 회전하는 경우이며, 그 예로서 기어 물림, 롤 회전 등이 있다.

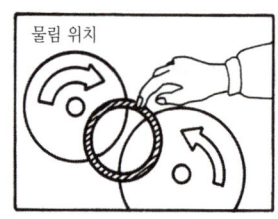

[그림] 물림점

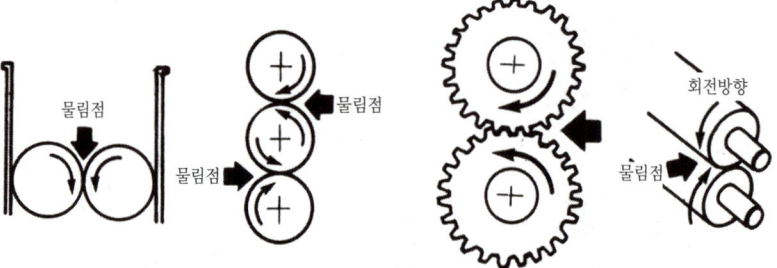

[그림] 물림점의 예

(5) 접선물림점(tangential nip point)

회전하는 부분의 접선방향으로 물려 들어갈 위험이 존재하는 점이다. 예를 들면 V벨트, 체인벨트, 평벨트, 기어와 랙의 물림점 등이 이에 해당한다.

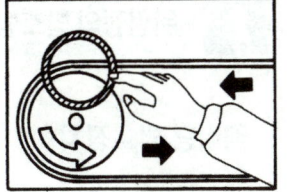

[그림] 접선물림점

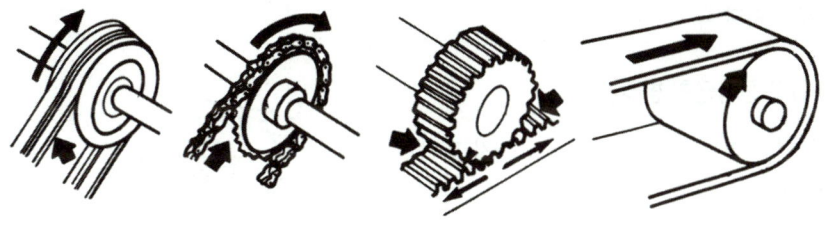

[그림] 접선물림점의 예

(6) 회전말림점(trapping point)

회전하는 물체에 작업복 등이 말려드는 위험이 존재하는 점이다. 예를 들면 회전하는 축·커플링 또는 회전하는 보링기의 천공 공구 등이 이에 해당한다.

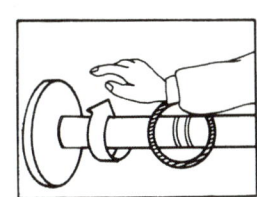 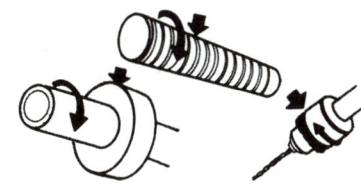

[그림] 회전말림점의 예

> **합격예측**
>
> **기계 설비의 안전조건**
> ① 외형의 안전화
> ② 작업점의 안전화
> ③ 기능의 안전화
> ④ 구조의 안전화
> ⑤ 보전작업의 안전화
> ⑥ 작업의 안전화

> **합격예측**
>
> **기계 설비의 layout 시 유의사항**
> ① 작업공정을 검토한다.
> ② 기계설비 주위의 충분한 공간을 확보한다.
> ③ 공장 내외의 안전 통로를 확보한다.
> ④ 원재료, 제품 등의 저장소의 넓이를 충분히 확보한다.
> ⑤ 기계설비의 보수 점검을 용이하게 할 수 있도록 한다.

[표] 위험 5요소 분류시 체크 사항

요소	구분	체크사항
1요소	함정(Trap)	기계의 운동에 의해 트랩점이 발생할 수 있는가?
2요소	충격(Impect)	운동하는 기계요소와 사람이 부딪쳐 사고가 날 가능성은 없는가? ① 고정된 물체에 사람이 충돌 ② 움직이는 물체가 사람에 충돌 ③ 사람과 물체가 동시에 움직이면서 충돌
3요소	접촉(Contect)	날카로운 부분, 뜨겁거나 차가운 부분, 전류가 흐르는 부분에 접촉할 위험은 없는가?(움직이거나 정지한 모든 기계설비 포함)
4요소	얽힘 또는 말림(Entanglement)	머리카락, 옷소매나 바지, 장갑, 넥타이, 작업복 등이 가동중인 기계설비에 말려들 위험은 없는가?
5요소	튀어나옴(Ejection)	기계부분이나 가공재가 기계로부터 튀어나올 위험은 없는가?

합격예측

기계설비의 방호장치에서 방호방법에 따른 종류
① 격리형 방호장치(차단벽이나 망 등)
② 위치제한형 방호장치(양수조작식)
③ 접근거부형 방호장치(수인식, 손쳐내기식)
④ 접근반응형 방호장치(광전자식)
⑤ 포집형 방호장치(연삭숫돌의 칩 등)

합격예측

Fail Safe 정의
인간 또는 기계에 과오나 동작상의 실수가 있어도 사고를 발생시키지 않도록 2중, 3중으로 통제를 가하는 것을 말한다.

(1) 종류
① 다경로 하중 구조
② 하중 경감 구조
③ 교대 구조
④ 중복 구조

(2) Fail Safe의 기능면에서의 분류
① fail passive : 부품 고장 시 기계는 정지방향으로 이동
② fail active : 부품 고장 시 기계는 경보를 울리나 짧은 시간내 운전 가능
③ fail operational : 부품 고장 시 추후보수 시까지 안전기능 유지(가장 안전한 방법)

2. 위험점의 방호방법

1. 격리형 방호장치

위험한 작업점과 작업자 사이에 서로 접근되어 일어날 수 있는 재해를 방지하기 위하여 차단벽이나 망을 설치하는 원리이며, 사업장에서 가장 흔히 볼 수 있는 방호 형태이다.

(1) 완전차단형 방호장치

어떠한 방향에서도 위험 장소까지 도달할 수 없도록 완전히 차단하는 것이다. 사람이 옷을 입어 알몸을 가리듯 모든 기계 동작 부분을 덮어씌우는 방법이다.

사업장에서 체인 또는 벨트 등의 동력장치에서 그 예를 볼 수 있다. 그림은 완전 차단형 방호장치의 예이다.

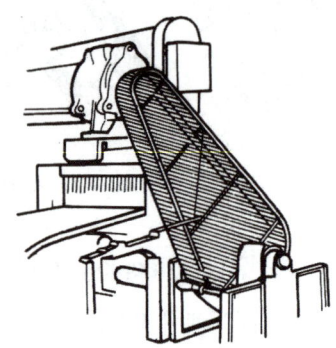

[그림] 완전차단형 방호장치 예

(2) 덮개형 방호장치

작업점 외에 직접 사람이 접촉하여 말려들거나 다칠 위험이 있는 장소를 덮어씌우는 방법으로 사업장에서 쉽게 볼 수 있는 방호방법이고 그 사용처도 동력전달장치뿐만 아니라 모든 기계 기구의 동작 부분이나 위험점에까지 확대될 수 있어 앞으로 더 많은 보급이 기대된다.

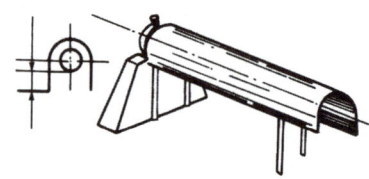

[그림] 덮개형 방호장치 예(회전축)

(3) 안전 방책

위험한 기계·기구의 근처에 접근하지 못하도록 방호울을 설치하는 방법으로 대마력의 원동기나 발전소의 터빈 또는 고전압을 사용하는 전기 설비 주위에 울타리를 설치하는 예가 대표적이다.

승강기의 수직 통로 전체를 둘러싸는 것도 안전 방책이라 할 수 있다. 사람의 출입을 제한할 수 있는 방법으로 많이 활용되며 그림은 안전 방책의 대표적인 예이다.

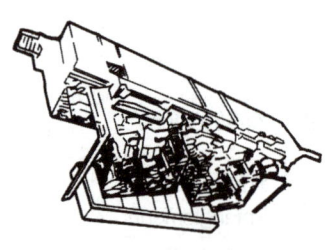

[그림] 안전 방책의 예

2. 위치제한형 방호장치

위험을 초래할 가능성이 있는 운동을 계속하는 기계에서 작업자나 또는 직접 그 기계와 관련되어 있는 조작자의 신체 일부가 위험 한계 밖에 있도록 의도적으로 기계의 조작 장치를 기계에서 일정 거리 이상 떨어지게 설치해 놓고, 조작하는 두 손 중에서 어느 하나가 떨어져도 기계의 동작이 멈춰지게 하는 장치이다.

대표적인 예로는 그림과 같이 프레스에 많이 사용하는 양수조작식 방호장치가 있다.

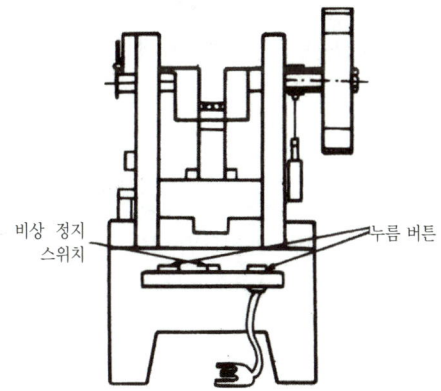

[그림] 위치제한형 방호장치(프레스)

이때 하강하는 슬라이드나 기계의 위험 작동 부분을 급속히 정지시킬 수 없는 구조의 기계에는 안전거리를 확보할 수 있도록 위치 제한형 안전장치를 설치해야 하는데 이때 안전거리(S)는 다음 식에 의해 구해진다.

$$S = 1.6[t]$$

이때 t는 보통 ms(millisecond)로 측정되며 1.6의 수치는 사람이 반사적으로 움직일 수 있는 손의 속도로 단위는 [m/s]이다.

3. 접근거부형 방호장치

작업자나 그의 신체 부위가 위험 한계 내로 접근하면 기계의 동작 위치에 설치해 놓은 기계적 장치가 접근하는 신체 부위를 안전한 위치로 밀거나 당기는 장치이다.

책 제본기에서 손을 쳐내는 장치 또는 프레스의 손당기기식, 손쳐내기식 등은 이 원리를 이용한 방호장치이다. 또한 이 장치를 위험 기계의 동작 슬라이드나 행정을 왕복하는 기계 요소에 부착하여 이용한다.

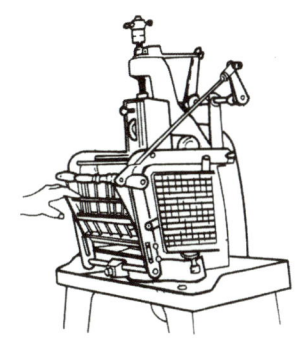

[그림] 접근거부형 방호장치 예

> **합격예측**
>
> 기계의 원동기·회전축·기어·풀리·플라이휠·벨트 및 체인 등의 위험부위에 설치하는 방호장치의 종류
> ① 덮개
> ② 울
> ③ 슬리브
> ④ 건널다리

> **합격예측**
>
> (1) Fool Proof
> 인간의 착오 미스 등 이른바 휴먼에러가 발생하더라도 기계설비나 그 부품은 안전 쪽으로 작동하게 설계하는 안전 설계의 기법 중 하나
> (2) 공작기계에서의 Fool Proof 종류
> ① 가드
> ② 록 기구
> ③ 트립 기구
> ④ 밀어내기 기구
> ⑤ 오버런 기구
> ⑥ 기동방지 기구

합격예측

동력으로 작동되는 기계에 설치해야 하는 동력차단장치
① 스위치
② 클러치
③ 벨트이동장치

합격예측

고정형 가드의 구비조건
① 확실한 방호기능을 갖고 있을 것
② 운전 중 위험구역에 접근을 막을 것
③ 운전자에게 불쾌, 불편을 주지 말 것
④ 자동적으로 최소한의 노력으로 작동할 것
⑤ 작업 및 기계설비에 적합할 것
⑥ 기계설비의 급유, 검사, 조정 및 수신을 방해하지 말 것
⑦ 최소한의 손질로 장기간 사용할 것
⑧ 쉽게 효력을 잃지 않을 것

[그림] 접근반응형 방호장치 예 (유압 프레스)

4. 접근반응형 방호장치

작업자의 신체 부위가 위험 한계 또는 그 인접한 거리로 들어오면 이를 감지하여 그 즉시 동작하던 기계를 정지시키거나 스위치가 꺼지도록 하는 기능을 갖고 있다.

사용 예로 프레스, 전단기 또는 압력을 이용해서 사용하는 기계 등에서 많이 볼 수 있다.

5. 포집형 방호장치

위험 장소에 대한 방호장치가 아니고 위험원에 대한 방호장치이다. 그 예로 회전하는 연삭 숫돌이 파괴되어 비산될 때 회전 방향으로 튀어나오는 비산 물질이 덮개를 치면서 회전 방향으로 밀려나가게 되고 이때 덮개가 따라 움직이면서 작업자의 신체 부위로 비산되는 파괴된 숫돌의 조각들을 포집하는 장치이다. 또 목재가공 작업에서 작업물질이나 재료가 튀어오르는 것을 방지하기 위해 설치하는 예장장치도 포집형 방호장치에 속한다.

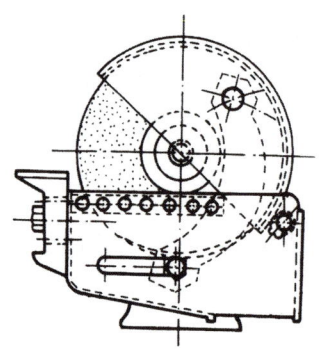

[그림] 포집형 방호장치 예(연삭기)

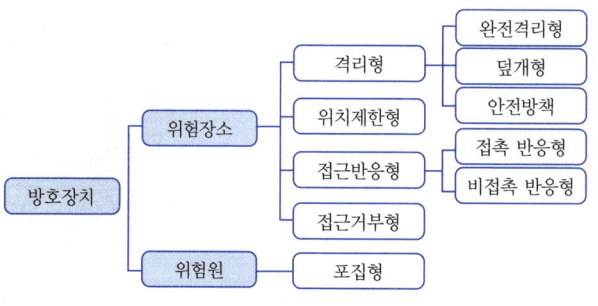

[그림] 방호장치 분류

세부항목 01 — 기계안전 일반 출제예상문제

01 기계 설비에 발생하는 사고의 6요소(위험점 6가지)를 쓰시오.

해답
① 협착점　② 끼임점
③ 절단점　④ 물림점
⑤ 접선물림점　⑥ 회전말림점

02 격리형 방호장치 종류를 3가지 쓰시오.

해답
① 완전차단형 방호장치
② 덮개형 방호장치
③ 안전 방책

03 위험점의 방호 방법 5가지를 쓰시오.

해답
① 격리형 방호장치
② 위치 제한형 방호장치
③ 접근 거부형 방호장치
④ 접근 반응형 방호장치
⑤ 포집형 방호장치

04 원동기, 회전축, 치차, 풀리, 벨트의 위험 방지 조치(방호장치)를 4가지 쓰시오.

해답
① 덮개　② 울
③ 슬리브　④ 건널다리

05 양도 등이 제한되는 기계 기구를 쓰시오.

해답
① 프레스 또는 전단기
② 아세틸렌 용접 장치 또는 가스 집합 용접 장치
③ 방폭용 전기 기계, 기구
④ 교류 아크 용접기
⑤ 크레인
⑥ 곤돌라
⑦ 롤러기
⑧ 연삭기
⑨ 목재 가공용 둥근톱
⑩ 동력식 수동 대패
⑪ 리프트
⑫ 압력 용기
⑬ 보일러
⑭ 산업용 로봇

06 유해 또는 위험 방지를 위하여 필요한 조치를 하여야 할 기계 기구, 설비 및 건축물을 쓰시오.

해답
① 사무실 및 공장용 건축물
② 이동식 크레인
③ 타워 크레인
④ 불도저
⑤ 로더
⑥ 버킷 굴삭기
⑦ 항타기
⑧ 항발기
⑨ 천공기
⑩ 페이퍼 드레인 머신
⑪ 스크레이프
⑫ 드래그라인
⑬ 어스 드릴

07 방호장치를 하지 않은 유해·위험 기계, 기구에 대해서는 법으로 어떻게 규제하고 있는가?

해답

양도, 대여, 설치, 사용, 진열 금지

08 방호장치의 일반 원칙을 4가지 쓰고 성능 검정 합격시 표시 사항을 쓰시오.

해답

(1) 일반 원칙
  ① 작업점의 방호
  ② 작업 방해의 제거
  ③ 기계 특성에 적합하고 성능 보장
  ④ 외관상 안전화
(2) 성능 검정 합격시 표시 사항
  ① "한국산업안전보건공단 검정필"이라는 문자
  ② 합격 번호
  ③ 합격 연월일
  ④ 위험 기계 기구명
  ⑤ 안전 장치명
  ⑥ 모델명

09 방호장치에 대하여 근로자의 준수 사항, 사업주의 조치 사항, 동력에 의하여 작동되는 일반 기계·기구의 방호 조치를 쓰시오.

해답

(1) 근로자의 준수 사항
  ① 방호 조치를 해체하고자 할 경우에는 사업주의 허가를 받아 해체할 것
  ② 방호 조치를 해체한 후 그 사유가 소멸된 때에는 지체없이 원상으로 회복시킬 것
  ③ 방호 조치의 기능이 상실된 것을 발견한 때에는 지체없이 사업주에게 신고할 것
(2) 사업주의 조치 사항 : 방호 조치의 기능 상실에 대한 신고가 있을 때에는 즉시 수리, 보수 및 작업 중지 등 적절한 조치를 할 것
(3) 동력에 의해 작동되는 기계·기구의 일반적 방호 조치 사항
  ① 작동 부분상의 돌기 부분은 묻힘형으로 하거나 덮개를 부착할 것
  ② 동력 전달 부분 및 속도 조절 부분에는 덮개를 부착하거나 방호망을 설치할 것
  ③ 회전 기계의 물림점(롤러·기어 등)에는 덮개 또는 울을 설치할 것

10 기계 설비의 안전 조건을 쓰시오.

해답

① 외형의 안전화
② 작업점의 안전화
③ 기능의 안전화
④ 구조의 안전화
⑤ 보전 작업의 안전화

11 작업점에 대한 방호 대책을 쓰시오.

해답

① 손을 작업점에 넣지 않도록 하게 할 것
② 작업점에는 작업자가 절대로 가까이 가지 않도록 하게 할 것
③ 기계를 조작할 때는 작업점에서 떨어지게 할 것
④ 작업자가 작업점에서 떨어지지 않는 한 기계를 작동하지 못하게 할 것

12 덮개의 구비 조건을 쓰시오.

해답

① 덮개는 충분한 강도를 가지며 쉽게 파손되지 않아야 한다.
② 덮개는 구조가 간단해야 하며 조정이 용이하여야 한다.
③ 덮개는 주유, 점검, 작업을 할 경우에 방해가 되지 않아야 한다.
④ 덮개 자체가 위험성을 가지지 않아야 한다.
⑤ 이동식 덮개는 연동장치를 설치하여야 한다.

13 기계의 원동기, 회전축, 치차, 풀리, 플라이휠 및 벨트 등의 방호 장치를 4가지 쓰고 건널다리의 손잡이 높이를 쓰시오.

해답

(1) 방호장치
  ① 덮개
  ② 울
  ③ 슬리브
  ④ 건널다리
(2) 건널다리의 손잡이 높이 : 90[cm] 이상~120[cm] 이내

14 산업안전보건법상 기계의 날부분의 청소, 검사, 수리, 대체, 조정 작업을 할 때의 방호 대책을 쓰시오.

> **해답**
> ① 기계 정지 후 실시한다.
> ② 해당 기계의 기동장치에 시건장치 및 표지판 부착을 한다.

15 방호장치의 일반 원칙을 쓰시오.

> **해답**
> ① 작업점의 방호
> ② 작업 방해의 제거
> ③ 기계특성에 적합하고 성능 보장
> ④ 외관상 안전화

16 방호 조치에 대한 산업 안전 보건법의 근로자의 준수사항과 사업주의 조치사항을 쓰시오.

> **해답**
> (1) 근로자의 준수사항
>   ① 방호 조치를 해체하고자 할 경우에는 사업주의 허가를 받아 해체할 것
>   ② 방호 조치를 해체한 후 그 사유가 소멸된 때에는 지체없이 원상으로 회복시킬 것
>   ③ 방호 조치의 기능이 상실된 것을 발견한 때에는 지체없이 사업주에게 신고할 것
> (2) 사업주의 조치 사항 : 방호 조치의 기능 상실에 대한 신고가 있을 때에는 즉시 수리, 보수 및 작업 중지 등 적절한 조치를 취할 것

17 기계 설비의 layout시에 고려해야 할 사항을 쓰시오.

> **해답**
> ① 작업 공정을 검토한다.
> ② 기계 설비 주위의 충분한 간격을 유지한다.
> ③ 공장 내외의 안전 통로를 확보한다.
> ④ 원재료, 제품 등의 저장소의 넓이를 충분히 확보한다.
> ⑤ 기계 설비의 보수 점검을 용이하게 할 수 있도록 한다.

18 방호장치의 설치 목적 및 방호장치의 종류를 쓰시오.

> **해답**
> (1) 설치 목적 : 기계의 위험 부위에 대한 인체의 접촉을 방지하기 위함이다.
> (2) 방호장치의 종류
>   ① 한계 스위치
>   ② 급정지장치
>   ③ 비상정지장치
>   ④ 안전밸브
>   ⑤ 과부하방지장치
>   ⑥ 권과방지장치
>   ⑦ 덮개

19 방호 덮개를 용도에 따라 구분하여 쓰시오.

> **해답**
> ① 위험 부위에 인체의 접촉 또는 접근을 방지하기 위한 것
> ② 가공물, 공구 등의 낙하·비래에 의한 위험을 방지하기 위한 것
> ③ 방음, 집진 등을 목적으로 하기 위한 것

20 동력전도장치의 점검 사항을 쓰시오.

> **해답**
> ① 회전 상태의 점검 : 기어, 클러치 등 섭동 부분의 이상 유무
> ② 정지 상태의 점검 : 볼트, 너트 등의 풀림 상태 유무

21 동력 기계의 동력차단장치를 쓰시오.

> **해답**
> ① 스위치
> ② 클러치
> ③ 벨트이동장치

22 동력으로 작동되는 프레스기에 설치하는 방호장치의 종류 5가지를 쓰시오.

해답
① 양수 조작식
② 게이트 가드식
③ 수인식
④ 손쳐내기식
⑤ 감응식

23 방호장치 선정시 고려할 사항을 쓰시오.

해답
① 적용의 범위
② 방호의 정도
③ 보수의 난이
④ 신뢰도
⑤ 작업성
⑥ 정비

24 기계 고장의 기본 모형 3가지를 쓰시오.

해답
① 초기고장
② 우발고장
③ 마모고장

25 페일 세이프(Fail safe)를 구조에 따라 분류하시오.

해답
① 다경로 하중 구조
② 하중 해방 구조
③ 저균열 속도 구조
④ 조합 구조
⑤ 이중 구조

26 방호 원리에 따라 방호장치를 4가지로 분류하고 각각의 방호장치 종류를 쓰시오.

해답
① 완전차단형 방호장치 : 덮개, 안전 방책
② 위치 제한형 방호장치 : 양수 조작식 방호장치
③ 접근거부형 방호장치 : 수인식 방호장치, 손쳐내기식 방호장치
④ 접근반응형 방호장치 : 광전자식 방호장치

27 기계 설비의 안전 조건 중 보전 작업의 안전화에 추진 사항을 쓰시오.

해답
① 정기 점검의 실시
② 급유 방법의 개선
③ 구성 부품의 신뢰도 향상
④ 분해, 교환의 철저화
⑤ 보전용 통로나 작업장 확보

28 방호 덮개의 구비 조건을 쓰시오.

해답
① 확실한 방호 기능을 가져야 한다.
② 작업자의 작업 행동과 기계 특성에 적합해야 한다.
③ 작업자에게 불편 또는 불쾌감을 주어서는 안 된다.
④ 통상적인 마모 또는 충격에 견딜 수 있어야 한다.
⑤ 생산에 방해를 주어서는 안 된다.
⑥ 사용이 간편하고 작용이 용이해야 한다.

29 원동기에 연결된 노출된 벨트 옆 작업대 위에서 근로자가 떨어져 벨트에 손이 휘말리는 안전 사고를 당했다. 안전대책을 세우시오.

해답
① 작업대나 작업장의 바닥은 미끄러지지 않게 한다.
② 원동기, 회전축이나 벨트에는 덮개를 설치한다.
③ 작업대 난간에는 손잡이나 울을 설치한다.

30 동력전도장치에서 (1) 작동 부분상의 돌기 부분, (2) 동력 전도 부분 및 속도 조절 부분에 취할 방호장치를 쓰시오.

해답
① 묻힘형으로 하거나 덮개를 부착한다.
② 덮개나 방호망을 부착한다.

31 고속 회전체란 원주 속도가 얼마를 초과하는 것을 말하는가, 비파괴 검사를 실시해야 할 대상을 쓰시오.

해답
① 고속 회전체의 원주 속도 : 25[m/sec] 초과
② 비파괴 검사 대상 : 회전축의 중량이 1[t]을 초과하고 원주 속도가 120[m/sec] 이상인 것

32 기계 설비의 안전화에서 중점 사항을 쓰시오.

해답
① 작업에 필요한 적당한 공구 사용
② 불필요한 동작을 피하도록 작업의 표준화
③ 안전한 기동장치의 배치(동력차단장치, 시건장치)
④ 급정지장치, 급정지 버튼 등의 배치
⑤ 인칭(촌동) 기능의 활용
⑥ 조작장치의 적당한 위치 고려

33 다음에 해당되는 방호장치의 예를 쓰시오.
① 접근거부형 방호장치
② 접근반응형 방호장치
③ 위치제한형 방호장치
④ 포집형 방호장치

해답
① 접근거부형 방호장치 : 수인식 또는 손쳐내기식 안전장치
② 접근반응형 방호장치 : 감응식 안전장치
③ 위치제한형 방호장치 : 양수 조작식 안전장치
④ 포집형 방호장치 : 반발예방장치 또는 덮개

34 작업점에 대한 가드 설계 원칙 중 허용 개구부(안전 간극)의 정의를 설명하고 설계상 최대 안전 간극은 얼마인가?

해답
① 허용 개구부(안전 간극) : 작업자가 손가락 등을 가드 사이로 넣어서 재료를 송급할 필요가 있을 때에 손가락 끝이 위험 부위(작업점)에 닿지 않도록 설계된 간극이다.
② 설계상 최대 안전 간극 : 1/4[inch]

35 회로적 페일 세이프(fail safe)의 종류 2가지를 쓰시오.

해답
① 철도 신호
② 개폐기의 용장 회로

36 풀 프루프(Fool proof)란?

해답
근로자가 기계 등의 취급을 잘못해도 그것이 바로 사고나 재해와 연결되는 일이 없도록 하는 확고한 안전 기구를 말한다.

37 작업점(Point of operation)이란?

해답
기계 설비에서 특히 위험을 발생하게 할 우려가 있는 부분으로서 일이 물체에 행해지는 점 또는 가공물이 직접 가공되는 부분이다 (롤러기의 맞물림점 등).

38 기계 설비의 본질적 안전화대책을 쓰시오.

해답
① 페일 세이프(Fail safe)의 기능을 가질 것
② 풀 프루프(Fool proof)의 기능을 가질 것
③ 안전 기능이 기계 설비에 내장되어 있을 것

39 방호장치의 구비 조건을 쓰시오.

해답

① 사용의 용이성
② 신뢰성
③ 보전성
④ 안전성
⑤ 무효 대책
⑥ 페일 세이프

40 위험 장소에 따른 방호장치를 분류하여 쓰시오.

해답

(1) 격리형 방호장치
  ① 완전 차단형 방호장치
  ② 덮개형 방호장치
  ③ 안전방책
(2) 위치 제한형 방호장치 : 양수조작식
(3) 접근 거부형 방호장치
  ① 수인식
  ② 손쳐내기식
(4) 접근 반응형 방호장치 : 감응식

41 위험원에 따른 방호장치를 분류하여 쓰시오.

해답

(1) 포집형 방호장치
  ① 반발예방장치
  ② 덮개
(2) 감지형 방호장치

42 기계방호장치 선정시 고려사항 6가지를 쓰시오.

해답

① 적용의 범위
② 신뢰도
③ 방호의 정도
④ 작업성
⑤ 보수의 난이
⑥ 경비

43 방호장치 종류 중 ① 인터록장치, ② 리밋스위치, ③ 급정지장치를 설명하시오.

해답

① 인터록 장치(interlock system)
  일종의 연동기구로서 목적 달성을 위하여 한 동작 또는 수 개의 동작을 하기도 하며, 동작 완료시에는 자동적으로 안전 상태를 확보하는 장치
② 리밋스위치(limit switch)
  기계설비의 안전장치에서 과도하게 한계를 벗어나 계속적으로 감아올리거나 하는 일이 없도록 제한해 주는 장치
  • 종류 : 권과방지장치, 과부하방지장치, 과전류차단장치, 압력제한장치
③ 급정지장치
  작업 중 작업의 위치에서 근로자가 동력 전달을 차단하는 장치

44 기계설비 방호의 기본원리를 4가지 쓰시오.

22. 10. 16 기

해답

① 위험제거
② 덮어씌움
③ 차단
④ 위험에 적응

녹색직업 녹색자격증 코너

이기기 좋아하는 자는 지게 마련이다.

이기기 좋아하는 자는 반드시 지게 마련이다.
건강을 과신하는 자가 병에 잘 걸린다.
이익을 구하려는 자는 해악이 많다.
명예를 탐하는 자는 비방이 뒤따른다.

－청나라 신함광 '형원진어'에서

각종 기계의 안전

중점 학습내용

각종 기계의 안전에 관련된 기본적인 기초 지식을 학습하도록 하였으며 이번 실기 필답형 시험에 출제되는 그 중심적인 내용은 다음과 같다.

❶ 가공기계의 안전
❷ 위험기계·기구의 안전
❸ 산업용 로봇의 안전

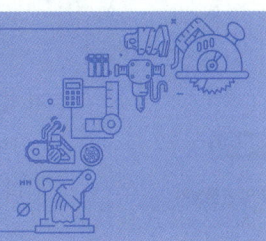

1 가공 기계의 안전

1. 선반(Lathe)

(1) 선반의 개요

최근에 제조·생산되는 선반은 옛날과는 달리 기어 등의 위험점이 대부분 프레임에 내장되어 있어 위험성이 많이 줄었으나, 가공 재료의 칩(chip)이나 냉각유 등이 비산되어 나오는 위험으로부터 보호하기 위해 전후·좌우 위쪽으로 이동되는 플라스틱제의 덮개를 설치하는 것이 좋다.

척이나 척에 물린 가공물의 돌출부가 긴 것은 대단히 위험하다. 만약에 긴 돌출부를 가진 가공물의 경우는 덮개를 부착하여 작업자의 접촉이나 작업복이 말려들어가는 재해를 방지해야 한다.

또한 척의 덮개는 인터로크 시스템으로 장치되어, 덮개가 닫히지 않으면 동력이 연결되지 않는다. 그리고 그림에서처럼 핸들을 OFF 위치로 옮기면 덮개의 솔레노이드 로크가 벗어나 열리게 된다. 그러나 그림과 같이 덮개를 닫지 않으면 주 제어 회로가 작동하지 않고 기계는 정지 상태에 있게 된다.

(2) 선반 작업의 안전 사항

공작 기계는 기어, 벨트, 풀리 등 회전 부분이 많으며 절삭날, 칩 등에 의한 재해

> **합격예측**
>
> **공작 기계의 칩 비산 방지를 위한 방호장치**
> ① 칩 브레이크
> ② 칩받이
> ③ 칩 비산 방지 투명판
> ④ 칸막이

> **합격예측**
>
> 선반 등으로부터 돌출하여 회전하고 있는 가공물이 근로자에게 위험을 미칠 우려가 있을 경우 설치해야 하는 안전장치
> ① 덮개
> ② 울

> **합격예측**
> 셰이퍼의 안전장치
> ① 칩받이
> ② 칸막이
> ③ 울타리

> **합격예측**
> 프라이밍(priming)이란
> 보일러의 과부하로 보일러수가 극심하게 끓어서 수면에서 계속하여 물방울이 비산하고 증기부가 물방울로 충만하여 수위가 불안정하게 되는 현상

가 많이 발생한다.

그러므로 이에 따른 안전 조치가 필요하며 다음 안전 사항을 유의하지 않으면 안 된다.
① 기계 위에 공구나 재료를 올려놓지 않는다.
② 이송을 건 채 기계를 정지시키지 않는다.
③ 기계 타력 회전을 손이나 공구로 멈추지 않는다.
④ 가공물 절삭 공구의 장착은 확실하게 한다.
⑤ 절삭 공구의 장착은 짧게 하고 절삭성이 나쁘면 일찍 바꾼다.
⑥ 칩 비산시 보호 안경을 착용한다. 비산을 막는 차폐막을 설치한다.
⑦ 칩 제거시는 브러시나 긁기봉을 사용한다.
⑧ 절삭중이나 회전중에 공작물을 측정하지 않으며, 장갑낀 손을 사용하지 않는다.
⑨ 가공물을 장착하거나 끄집어낼 때에는 반드시 스위치를 끄고 바이트를 충분히 연 다음 행한다.
⑩ 캐리어는 적당한 크기의 것을 선택하고 심압대는 스핀들을 지나치게 내놓지 않는다.
⑪ 가공물의 장착이 끝나면 척, 렌치류는 곧 벗겨놓는다.
⑫ 무게가 편중된 가공물의 장착에는 균형추를 부착한다. 장착물은 방진구에 사용 커버를 씌운다.
⑬ 긴 재료가 돌출되었을 때에는 빨간 천 등을 부착하여 위험 표시를 하거나 커버를 씌운다.
⑭ 바이트 착탈은 기계를 정지시킨 다음에 한다.

 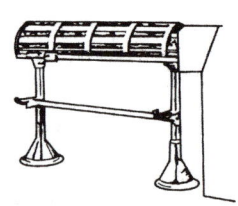 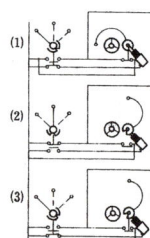

[그림] 선반의 칩 비산 방지 장치   [그림] 긴 물건 가공시의 덮개   [그림] 척의 안전 덮개

2. 밀링 머신(Milling Machine)

(1) 밀링의 개요

밀링 커터가 회전하고 있을 때 작업자의 소매가 커터에 감겨들거나 칩이 작업자의 눈에 들어가서 일어나는 재해가 많이 발생하므로 그림과 같이 상부의 암에 가공물에 대한 적합한 덮개를 설치해 두면 좋

[그림] 밀링 커터의 덮개 예

다. 칩의 제거를 위해서는 브러시를 사용하고 절삭유는 가공부분에서 떨어진 커터의 상부에서 주입하도록 한다.

(2) 밀링 작업의 안전 사항

① 사용 전에는 기계 기구를 점검하고 시운전해 본다.
② 일감은 테이블 또는 바이스에 안전하게 고정하도록 한다.
③ 공구의 장치 제거시는 시동 레버에 닿지 않도록 한다.
④ 커터의 제거 설치시에는 반드시 스위치를 내려놓고 한다.
⑤ 회전하는 커터에 손을 대지 않는다.
⑥ 테이블 위에 측정 기구나 공구류를 올려놓지 않도록 한다.
⑦ 칩을 제거할 때에는 기계를 정지시킨 후 브러시로 청소한다.
⑧ 주축 회전 속도를 바꿀 때에는 회전을 정지시키고 한다.
⑨ 상하 이송 장치의 핸들을 사용한 후 반드시 풀어 둔다.
⑩ 가공중에 절대로 얼굴을 기계에 접근시키지 않는다.
⑪ 무거운 것을 테이블 위에 올려놓을 때에는 가급적 테이블을 낮게 내리고 작업한다.
⑫ 슬롯 커터(slot cutter)나 더브테일 커터(dovetail cutter)는 파손되기 쉬우므로 주의해서 다룬다.
⑬ 강력 절삭을 할 때는 일감을 바이스에 깊게 물린다.
⑭ 가공중에 손으로 가공면을 점검하지 않는다.
⑮ 황동이나 주강과 같이 철가루가 날리기 쉬운 작업시에는 방진 안경을 착용한다.

3. 드릴 머신(Drilling Machine)

(1) 드릴 머신의 개요

드릴 척이나 드릴이 회전하고 있으면 여기에 말려들거나 접촉하여 재해를 입을 수 있으므로 이에 대한 방호 장치가 필요하다. 그림은 텔레스코프형의 방호울로 드릴의 방호울을 공구 주위에 두르고 드릴 공구의 내림에 따라 울이 같이 내려 오지만 작업 재료가 있는 부분은 짧아서 필요한 작업을 할 수 있다. 칩의 처리나 주유는 브러시로 한다. 그림은 멀티드릴에 설치된 투명 플라스틱 방호 장치로 작업을 하면서 시야를 방해받지 않는 장점이 있다.

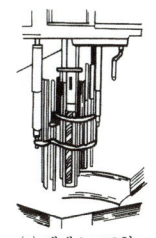

(1) 텔레스코프형　　(2) 투명 플라스틱

[그림] 드릴 머신의 안전 덮개 예

> **합격예측**
>
> **드릴링 머신의 작업시 일감의 고정방법**
> ① 일감이 작을 때 : 바이스로 고정
> ② 일감이 크고 복잡할 때 : 볼트와 고정구 사용
> ③ 대량생산과 정밀도를 요구할 때 : 지그 사용

> **합격예측**
>
> **목재가공용 둥근톱기계의 반발예방장치의 종류**
> ① 반발방지기구
> ② 분할날
> ③ 반발방지롤러

(1) 드릴 머신 작업의 안전 사항

드릴 머신 작업은 회전하는 드릴이나 축에 감기거나 가공물이 돌아가 여기에 맞는 등, 재해가 많이 발생하므로 감기기 쉬운 복장이나 긴 머리카락 등을 특히 유의해야 한다.

① 회전하고 있는 주축이나 드릴에 손이나 걸레를 대거나 머리를 가까이 하지 않는다.
② 드릴을 사용 전에 점검하고 마모나 균열이 있는 것은 사용하지 않는다.
③ 가공중에 드릴의 절삭률이 불량해지고 이상음이 발생하면 중지하고 즉시 드릴을 바꾼다.
④ 드릴의 착탈은 회전이 완전히 멈춘 다음 행한다.
⑤ 작은 물건은 바이스나 클램프를 사용하여 장착하고 직접 손으로 지지하는 것을 피한다.
⑥ 가공중 드릴이 깊이 먹어 들어가면 기계를 멈추고 손돌리기로 드릴을 뽑아낸다.
⑦ 드릴이나 소켓을 뽑을 때는 공구를 사용하고 해머 등으로 두들겨서는 안 된다.
⑧ 드릴이나 척을 뽑을 때는 되도록이면 주축을 내려서 낙하 거리를 작게 하고 테이블 등에 나뭇조각 등을 놓고 받는다.
⑨ 레이디얼 드릴 머신은 작업중 컬럼(column)과 암(arm)을 확실하게 체결하여 암을 선회시킬 때 주위 조심을 한다. 정지시는 암을 베이스의 중심 위치에 놓는다.

4. 기타 기계

(1) 가루 반죽기의 안전장치

일반 산업 기계들의 안전화가 계속 추구되고 있기는 하지만, 이들 기계의 위험점들은 설계나 제작시는 물론이며, 사용시에도 반드시 충분한 안전성이 고려되어야 한다. 그림은 가루 반죽기의 안전 장치이며 전기적 인터로크 장치에 의해 덮개가 작동된다.

[그림] 가루 반죽기의 안전장치 예

합격예측

합판·종이·천 및 금속박 등을 통과시키는 롤러기로서 근로자에게 위험을 미칠 우려가 있는 부위에 설치해야 하는 것
① 울
② 안내롤러

합격예측

일반연삭작업 등에 사용하는 것을 목적으로 하는 탁상용 연삭기의 덮개 각도
① 덮개의 최대노출각도 : 125[°] 이내
② 숫돌주축에서 수평면위로 이루는 원주각도 : 65[°] 이내

(2) 원심 분리기의 안전장치

원심 분리기의 덮개를 열면 회전하는 내통은 정지한다. 덮개를 움직이려면 로크 손잡이를 먼저 움직여야 한다. 내통이 멈추어진 상태이면 조속기의 레버가 늦추어져 로크손잡이가 움직인다. 이에 따라 벨트 전위 로크레버가 벨트 전위 손잡이의 세그먼트 구멍까지 열려 기계의 재작동으로 인한 위험을 방지한다.

원심 분리기는 내통의 파괴 위험이 있으므로 제작시에 날개류의 강도나 균형을 고려하고 축의 임계 속도를 생각하여 덮개에 상응하는 외통의 강도를 충분히 크게 할 필요가 있다. 또한 사용중의 이상 진동이나 이상음에 주의하고 점검을 자주한다.

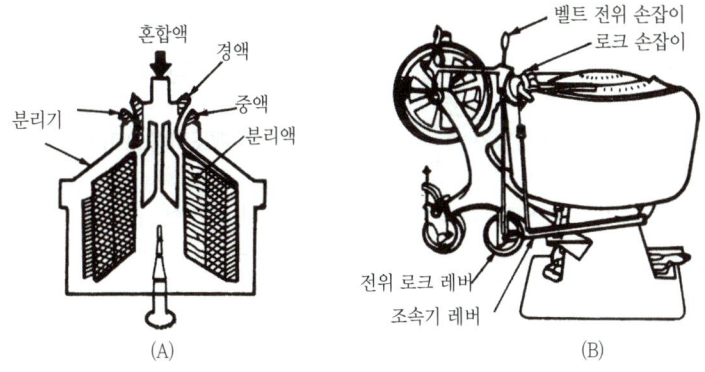

[그림] 원심분리기의 안전장치 예

(3) 소형 인쇄기의 안전장치

그림은 소형 형판 인쇄기의 안전장치이며, 투명한 사이드 스크린을 인쇄판 가까이에 장치하여 문틀 사이에 끼이는 것을 방지한다.

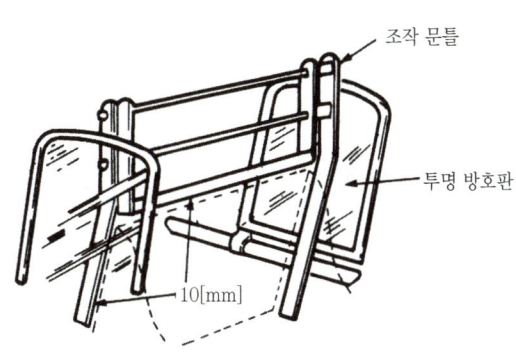

[그림] 소형 인쇄기의 안전장치 예

합격예측

동력으로 작동되는 문을 설치하는 경우 설치기준
① 동력으로 작동되는 문에 근로자가 끼일 위험이 있는 2.5[m] 높이까지는 위급 또는 위험한 사태가 발생한 때에 문의 작동을 정지시킬 수 있도록 비상정지장치의 설치 등 필요한 조치를 할 것
② 동력으로 작동되는 문의 비상정지장치는 근로자가 잘 알아볼 수 있고 쉽게 조작할 수 있을 것
③ 동력으로 작동되는 문의 동력이 끊어진 때에는 즉시 정지되도록 할 것
④ 수동으로 열고 닫음이 가능하도록 할 것
⑤ 동력으로 작동되는 문을 수동으로 조작하는 때에는 제어장치에 의하여 즉시 정지시킬 수 있는 구조일 것

합격예측

선풍기·송풍기 등의 회전날개에 의하여 근로자에게 위험을 미칠 우려가 있는 경우 해당부위에 설치해야 하는 방호장치
① 망
② 울

합격예측

고속회전체의 회전시험을 하는 때에는 미리 회전축의 재질 및 형상 등에 상응하는 종류의 비파괴검사를 실시하여 결함 유무를 확인하여야 하는 경우

회전축의 중량이 1[t]을 초과하고 원주속도가 매초당 120[m] 이상인 것

합격예측

원동기·회전축 등의 위험방지

① 기계의 원동기·회전축·기어·풀리·플라이휠·벨트 및 체인 등 근로자에게 위험을 미칠 우려가 있는 부위에는 덮개·울·슬리브 및 건널다리 등을 설치하여야 한다.
② 회전축·기어·풀리 및 플라이휠 등에 부속하는 키·핀 등의 기계요소는 묻힘형으로 하거나 해당 부위에 덮개를 설치하여야 한다.
③ 벨트의 이음부분에는 돌출된 고정구를 사용하여서는 아니된다.
④ 건널다리에는 안전난간 및 미끄러지지 아니하는 구조의 발판을 설치하여야 한다.

(4) 제과 기계의 안전장치

아래 그림은 제과 기계(분할 성형기)이며 이것의 원리는 재료를 직접 위험 개소에 넣는 대신 이동통(C)에 넣은 뒤 받침대를 왼쪽으로 미끄러지게 하고 투입구에 도달하면 바닥이 없으므로 재료는 슬라이딩 피드되어 호퍼에 낙하한다.

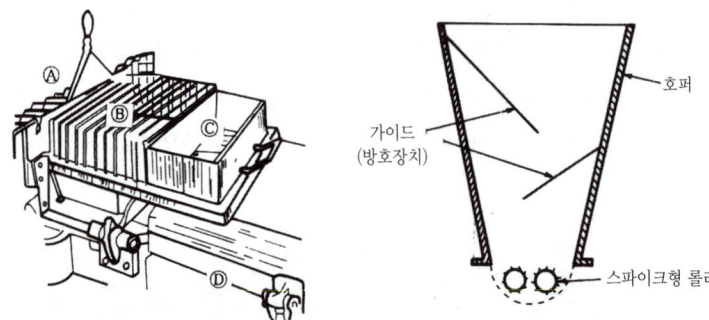

[그림] 제과용 분할 성형기 예   [그림] 빵가루 제조기의 호퍼 방호 예

또한 그림은 빵가루용 밀가루 제조기의 스파이크형 롤러에서 호퍼 부분에 사용하는 방호 장치의 예를 표시한 것이다. 호퍼는 2단의 가이드가 부착되어 있으며 손을 집어넣어도 직접 롤러 부분에 접촉되지 않도록 되어 있다.

(5) 제면기용 안전 롤러

그림의 H는 제면기용 안전 롤러로 이송 롤러 a와 a1 사이로 물려 들어가는 점에 재료를 눌러 넣을 때 손이 들어가는 것을 방지한다.

롤러 H는 베어링에 장치되고 압력없이 자유 지지되므로 재해 방지 효과만이 아니고 재료의 송급을 효과적으로 한다.

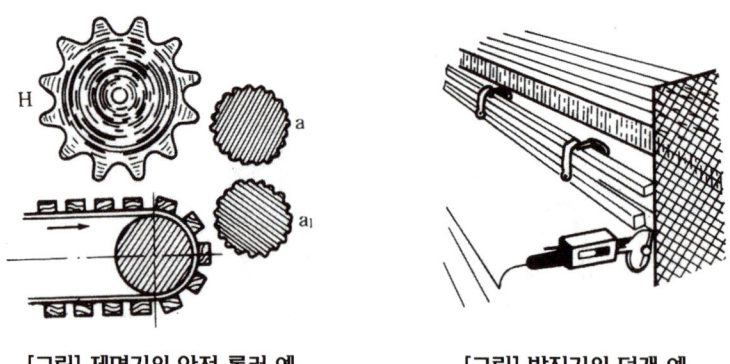

[그림] 제면기의 안전 롤러 예   [그림] 방직기의 덮개 예

(6) 방직기의 덮개

방직기의 셔틀부 탈출 방지용 덮개이다. 이것이 없으면 셔틀은 밖으로 튀어나와 작업자가 상해를 입을 우려가 있다.

2 위험 기계 기구의 안전

1. 프레스 및 전단기

프레스는 생산 현장에서 사용되는 기계들 중 가장 위험한 기계로 주로 금속 제품을 제조하는 기업에서 많이 사용하며 근래에는 진동이나 소음으로 인한 건강 장해 때문에 더욱 주목을 받고 있다.

(1) 적용 범위

프레스란 원칙적으로 2개 이상 서로 대응하는 공구를 사용하여 그 공구 사이에 가공 재료를 놓고 공구(금형)가 가공재를 강한 힘으로 누름에 의해서 성형 가공하는 기계라 해석할 수 있다. 한편 전단기는 보통 금속판을 절단하는 데 사용되는 기계를 말한다.

(2) 프레스의 종류

프레스는 그 작동 방식, 구조, 사용 방식에 따라 분류 기준이 다르며, 일반적으로 동력원 및 그 전달 방식에 따라 표와 같이 분류한다.

현재 사용되는 프레스의 대부분은 확동 클러치로 동력을 전달하는 기계 장치이다. 확동 클러치는 슬라이드가 하강할 때 램을 급정지시킬 수 없다.

[표] 프레스의 구분

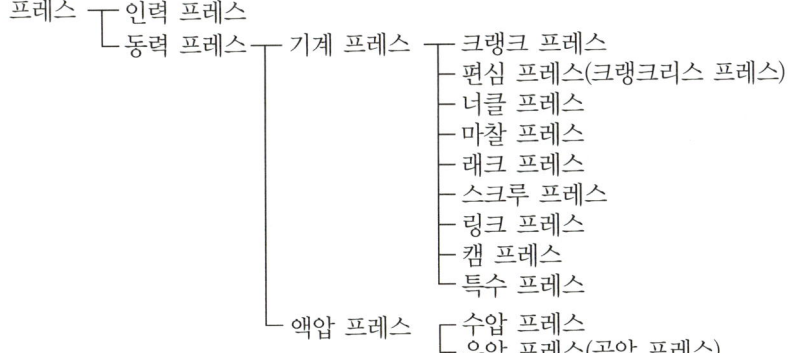

[표] 급정지 기구에 따른 프레스 방호장치

구분	방호장치 종류	
급정지 기구가 부착되어 있어야만 유효한 방호장치	① 양수 조작식 방호장치	② 감응식 방호장치
급정지 기구가 부착되어 있지 않아도 유효한 방호장치	① 양수 기동식 방호장치 ③ 수인식 방호장치	② 게이트 가드식 방호장치 ④ 손쳐내기식 방호장치

합격예측

프레스의 방호장치
① 일행정 일정지식 : 양수조작식, 게이트 가드식
② 행정길이 40[mm] 이상 : 수인식, 손쳐내기식
③ 슬라이드 작동중 정지기능 : 감응식

합격예측

프레스기에 설치하는 방호장치의 종류
① 양수 조작식
② 게이트 가드식
③ 수인식
④ 손쳐내기식
⑤ 감응식

합격예측

(1) 서징(Surging)
송풍기와 압축기에서는 토출측 저항이 커지면 토출량이 감소하고, 어느 토출량에 대하여 일정한 압력으로 운전되나 우상 특성의 토출량까지 감소하면 관로에 심한 공기의 진동과 맥동현상을 발생하며 불안전한 운전이 되는 것을 서징이라 한다.

(2) 서징현상 방지방법
① 방출밸브에 의한 조정
② 회전수를 변경시키는 방법
③ 베인 컨트롤에 의한 방법
④ 우상이 없는 특성으로 하는 방법
⑤ 교축밸브를 기계에 가까이 설치하는 방법

(3) 재해예방대책

프레스 및 전단기의 근원적 안전화를 위한 기본적 대책은 다음과 같다.
① 슬라이드 작동중 위험 한계 내에 신체의 일부가 들어가지 않도록 한다.
   재료의 송급이나 인출을 자동화하거나 금형에 방호울(덮개)을 설치하는 방법이 있다.
② 슬라이드에 의한 위험을 방지하기 위한 기구를 갖는 프레스를 이용한다.
   본질적으로 안전 1행정, 양수 조작식의 방호 장치를 프레스 본체의 설계시부터 고려해 만든 것이다.

(4) 방호장치

① 양수 조작식 방호장치

이 방호장치는 위치 제한형 방호장치의 일종으로 프레스의 본질적인 안전화를 추진시키기 위해 꼭 필요한 장치이다. 이 장치의 원리는 슬라이드 작동중에 누름 버튼에서 프레스 작업자가 손을 떼면 그 즉시 슬라이드의 동작이 정지하는 것이다. 또 양손으로 동시에 누름 버튼을 누르면 슬라이드가 운동을 시작하고, 양손 중 어느 한쪽을 떼어도 슬라이드는 즉시 동작을 멈춘다.

② 수인식 방호장치

수인식은 수인 기구가 슬라이드와 직결되어 있기 때문에 연속 낙하로 인한 사고 발생도 방지할 수 있다. 주로 확동 클러치 구조의 크랭크 프레스에 적합하다.

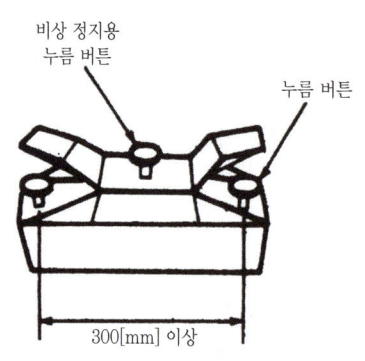

[그림] 양수 조작식 안전장치 예

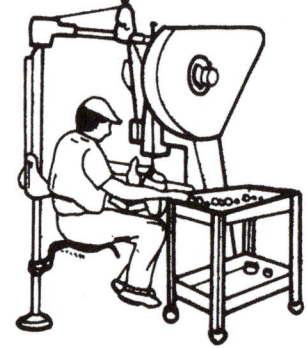

[그림] 수인식 안전장치 예

③ 손쳐내기식 방호장치

손쳐내기식은 손쳐내는 기구가 슬라이드 기구와 직면하고 있기 때문에 연속 낙하에 특히 유효하다. 손쳐내기판의 크기가 너무 작으면 손쳐내기 막대가 작동한 후에도 손이 위험 구역 내에 들어갈 위험이 있으므로 판의 크기를 금형 크기의 약 1/2 이상으로 제한하고 있다.

합격예측

급정지 기구가 부착되어 있어야만 유효한 프레스의 방호장치
① 양수 조작식
② 감응식

합격예측

프레스의 양수 기동식 방호장치의 안전거리를 구하는 공식
① $D_m = 1.6 T_m$
   D_m : 안전거리[mm]
   T_m : 양손으로 누름단추 누르기 시작할 때부터 슬라이드가 하사점에 도달하기까지 소요시간[ms]
② $T_m = \left(\dfrac{1}{\text{클러치맞물림개소수}} + \dfrac{1}{2} \right) \times \dfrac{60000}{\text{매분행정수}}$ [ms]

④ 게이트 가드식 방호장치

게이트 가드식 방호장치는 구조가 간단하고 구멍이 크기 때문에 각종 크랭크 프레스에 사용된다. 슬라이드가 하강하기 전에 게이트가 금형 앞면에 내려오게 되면 작업물이 게이트의 하강을 방해할 경우에 슬라이드의 동작이 정지하게 되어 있다.

합격예측

크랭크 프레스기의 페달에 U자형 덮개를 설치하는 목적
근로자가 부주의로 페달을 밟거나 낙하물의 불시 낙하로 인하여 페달이 작동되어 사고가 나는 것을 막기 위함이다.

합격예측

프레스의 방호장치 중 게이트 가드(gate guard)식의 작동 방식
① 하강식
② 상승식
③ 횡 슬라이드식

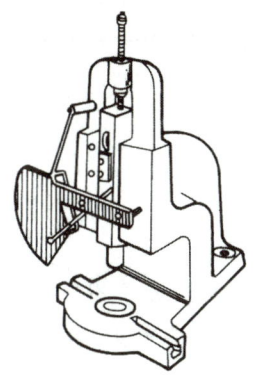
[그림] 손쳐내기식 방호장치 예

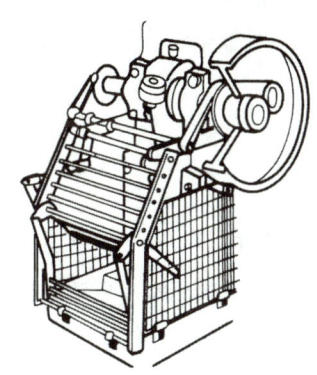
[그림] 게이트 가드식 방호장치 예

⑤ 감응식 방호장치

감응식 방호장치는 작업자 신체의 일부가 위험 구역 내에 접근할 경우에 센서에 의해 감지되고 동력 전달 장치로 전달되어 작동하던 슬라이드를 급정지시키는 장치이다. 위험 구역의 전면에 센서를 설치해 두고 프레스 작업자의 신체 부위가 감지되면 이를 검출해서 위험 구역에 손이 미치기 전에 슬라이드를 정지시킨다.

합격예측

프레스의 방호장치 분류 기호와 기능

(1) 광전자식(감응식) 방호장치
① A-1 : 프레스 또는 전단기에서 일반적으로 많이 활용하고 있는 형태로서 투광부, 수광부, 컨트롤 부분으로 구성된 것으로서 신체의 일부가 광선을 차단하면 기계를 급정지시키는 방호장치
② A-2 : 급정지 기능이 없는 프레스의 클러치 개조를 통해 광선 차단 시 급정지시킬 수 있도록 한 방호장치

(2) 양수조작식
① B-1(유·공압 밸브식) : 1행정 1정지식 프레스에 사용되는 것으로서 양손으로 동시에 조작하지 않으면 기계가 동작하지 않으며, 한 손이라도 떼어내면 기계를 정지시키는 방호장치
② B-2(전기 버튼식) : 가드가 열려 있는 상태에서는 기계의 위험 부분이 동작되지 않고 기계가 위험한 상태일 때에는 가드를 열 수 없도록 한 방호장치

(3) 가드식 : C
슬라이드의 작동에 연동시켜 위험상태로 되기 전에 손을 위험 영역에서 밀어내거나 쳐내는 방호장치로서 프레스용으로 확동식 클러치형 프레스에 한해서 사용됨.

(4) 손쳐내기식 : D 24. 4. 27 ②
① 슬라이드의 작동에 연동시켜 위험 상태가 되기 전에 손을 위험 영역에서 밀어내거나 쳐내는 방호장치
② 프레스용으로 확동식 클러치형 프레스에 한해서 사용됨(다만, 광전자식 또는 양수조작식과 이중으로 설치시에는 급정지 가능 프레스에 사용 가능)
③ 프레스(120SPM 이하)

(5) 수인식 : E
슬라이드와 작업자 손을 끈으로 연결하여 슬라이드 하강 시 작업자 손을 당겨 위험 영역에서 빼낼 수 있도록 한 방호장치로서 프레스용으로 확동식 클러치형 프레스에 한해서 사용됨

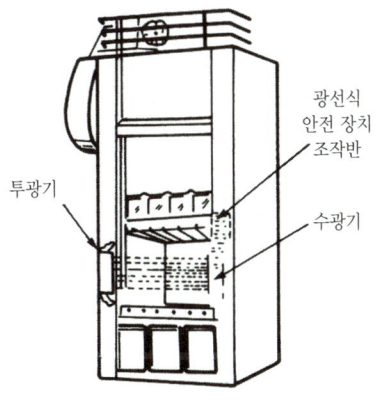
[그림] 감응식 방호장치 예

합격예측

no-hand in die방식에 있어서 본질안전화
① 전용 프레스 도입
② 자동 프레스 도입
③ 안전울을 부착한 프레스
④ 안전금형을 부착한 프레스

합격예측

롤러의 방호장치 조작부의 종류(2021.3.1. 고시 적용)

조작부의 종류	설치위치
손조작식	밑면에서 1.8[m] 이내
복부 조작식	밑면에서 0.8[m] 이상 1.1[m] 이내
무릎 조작식	밑면에서 0.6[m] 이내

합격예측

롤러기의 방호장치 설치 방법
① 급정지장치 중 로프식 급정지장치 조작부는 롤러기의 전면 및 후면에 각각 1개씩 수평으로 설치하고 그 길이는 롤러의 길이 이상이어야 한다.
② 로프식 급정지장치 조작부에 사용하는 줄은 사용 중에 늘어나거나 끊어지기 쉬운 것으로 해서는 아니 된다.
③ 급정지장치는 롤러기의 가동장치를 조작하지 않으면 가동하지 않는 구조의 것이어야 한다.

(5) 기타 안전 조치

앞의 상술한 방호장치 이외에도 프레스 작업의 안전을 위해 여러 가지 방법을 강구할 수 있다.

가공물의 송급·배출 방법을 슈트(shoot), 다이얼 피더 등으로 하거나 공기 분사장치를 사용하여 스크랩을 처리하는 방법, 금형의 크기를 줄인다거나 모서리를 줄이는 등 금형 자체의 위험을 줄이는 방법 등과 작업 관리 방법으로서 프레스의 점검·보수 및 작업자에 안전 교육 및 금형 교환과 금형 파손·이탈에 의한 재해방지대책 등이다.

2. 롤러기

(1) 적용 범위

롤러기란 2개 이상의 원통형을 한 조로 각각 반대 방향으로 회전시키면서 가공재료를 롤러 사이에 통과시키고 롤러의 압력에 의하여 소성 변형시키거나 연화하는 기계·기구로서 고무·고무 화합물 또는 합성 수지를 연화하는 것을 말한다.

(2) 위험 요인

맞물리는 롤러와 롤러 사이에 작업자의 신체 부위(손)가 말려들어갈 위험이 있다.

(3) 재해예방대책

롤러와 롤러 사이에 작업 물질 외에 작업자의 신체 부위가 들어가지 못하도록 덮개나 가드물을 설치한다.

그러나 맞물리는 작업점에 작업의 특성상 덮개를 설치하기 곤란할 때는 레버나 끈의 조작을 이용해서 위험성을 제거하는 간접적 안전 조치인 급정지장치가 필요하다. 이때 급정지 장치의 성능은 롤러의 동력을 차단하거나 클러치를 벗기는 것만이 아니고 기계의 관성력을 제어해야 한다.

그림은 수직 롤러에 부착한 레버형 급정지장치로 레버를 밀거나 당기면 급정지장치가 동작해 롤러가 회전을 멈추게 된다.

[그림] 수직롤러 조작레버

3. 연삭기(Grinder)

(1) 적용 범위

연삭기란 연삭용 숫돌을 동력의 회전체에 부착하여 고속으로 회전시키면서 가공 재료를 연마 또는 절삭하는 기계로서 숫돌의 지름이 5[cm] 이상인 것에 한한다. 여기서 천연석으로 만들어진 숫돌은 포함되지 않는다.

(2) 위험 요인

연삭기의 위험 요인은 다음과 같다.
① 회전하던 연삭숫돌이 외력 또는 숫돌 자체의 결함에 의해 파괴되면서 조각이 작업자의 신체 부위와 충돌한다.
② 가공 재료에서 비산하는 입자가 작업자의 눈에 들어갈 위험이 있다.
③ 회전하는 연삭숫돌과 같은 방향으로 작업자의 손이 말려들기 쉽다.
④ 숫돌에 작업자의 손 등 신체의 부위가 접촉될 위험이 있다.

(3) 재해예방대책

연삭기의 연삭숫돌에는 덮개를 설치하여야 하며 그 덮개는 숫돌 파괴시의 충격에 견딜 수 있는 표와 같은 재질의 덮개를 사용하여야 한다.
① 탁상용 연삭기와 노출 각도
   탁상용 연삭기 덮개와 노출 각도는 90[°]이거나 전체 원주의 1/4을 초과하지 않아야 한다. 숫돌 주축에서 수평면 위로 이루는 원주 각도는 65[°] 이상이 되지 않도록 해야 한다.

[표] 연삭숫돌의 주속도

연삭숫돌의 최고 사용 주속도[m/min]	2,000 이하	3,000 이하	3,000 초과
재료의 종류	주철, 가단주철 또는 주강	가단주철 또는 주강	주강

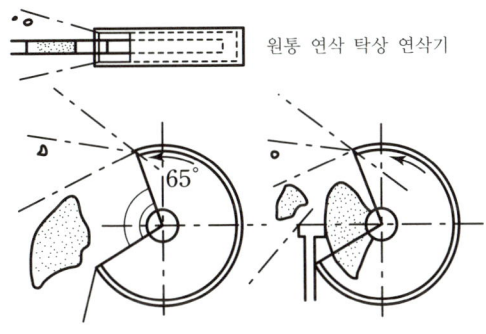

[그림] 안전 덮개의 개구각과 비산 방향 예(탁상 연삭기)

합격예측

연삭숫돌의 파괴원인 24,10,20,⑰
① 숫돌의 회전속도가 너무 빠를 때
② 숫돌 자체에 균열이 있을 때
③ 숫돌에 과대한 충격을 가할 때
④ 숫돌의 측면을 사용하여 작업할 때
⑤ 숫돌의 불균형이나 베어링 마모에 의한 진동이 있을 때
⑥ 숫돌 반경 방향의 온도 변화가 심할 때
⑦ 플랜지가 현저히 작을 때
⑧ 작업에 부적당한 숫돌을 사용할 때
⑨ 숫돌의 치수가 부적당할 때

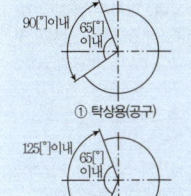
① 탁상용(공구)
② 탁상용(일반용)
③ 탁상용(상부를 목적)

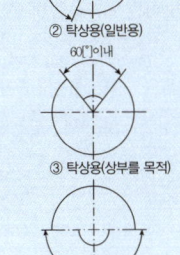
④ 스윙 연삭기
⑤ 휴대용 연삭기
⑥ 디스크 연삭기
⑦ 원통 연삭기

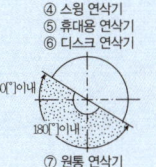
⑧ 평면 연삭기
⑨ 고속 절단기

[그림] 연삭기덮개의 표준 형상(개구부각)

합격예측

보일러의 방호장치 종류
① 고저수위조절장치
② 압력방출장치
③ 압력제한스위치
④ 화염검출기

합격예측

연삭기 구조면에 있어서의 안전대책

① 구조 규격에 적당한 덮개를 설치할 것
② 플랜지의 직경은 숫돌직경의 1/3 이상인 것을 사용하며 양쪽을 모두 같은 크기로 할 것(플랜지 안쪽에 종이나 고무판을 부착하여 고정시, 종이나 고무판의 두께는 0.5~1[mm] 정도가 적합하며, 숫돌의 종이라벨은 제거하지 않고 고정)
③ 숫돌 결합시 축과는 0.05~0.15[mm] 정도의 틈새를 둘 것
④ 칩 비산방지 투명판(shield), 국소배기장치를 설치할 것
⑤ 탁상용 연삭기는 워크레스트와 조정편을 설치할 것 (워크레스트와 숫돌과의 간격은 : 3[mm] 이내)
⑥ 덮개의 조정편과 숫돌과의 간격은 10[mm] 이내
⑦ 최고 회전속도 이내에서 작업할 것

만약 숫돌의 주축에서 수평면 위로 이루는 각도가 65[°] 이상이 되면 연삭숫돌이 회전하다 파괴되었을 때 그 파편은 항상 원주방향의 접선방향으로 튀어나오기 때문에 연삭기 앞에서 작업하는 작업자에게 치명상을 입힐 수 있다.

② 휴대용 연삭기의 노출 각도

수직 휴대용 연삭기의 숫돌은 180[°]까지 허용된다. 만약 최대 노출 각도가 180[°] 이상이 되면 위쪽으로 조각이 튀어오르면서 작업자의 머리 또는 안면부를 강타하는 치명상을 입히게 된다.

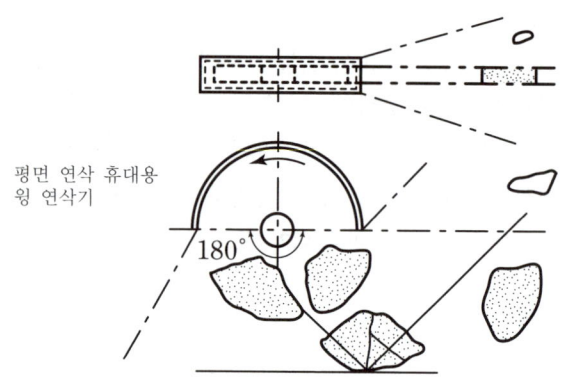

[그림] 안전 덮개의 개구각과 비산 방향(휴대용 연삭기)

③ 연삭기의 안전 사항

연삭 작업은 숫돌이 고속으로 회전하면서 가공물을 연삭하므로 숫돌의 파열에 의하여 발생한 재해는 몹시 강하고 위험도가 높다. 절삭 가루나 숫돌 가루가 눈에 들어가거나 공작물이 날려서 입는 상처도 많다. 또 공작물을 숫돌과 받침대 사이에 끼우는 일도 있어 파열의 원인이 된다. 그러므로 연삭기를 사용할 때는 다음 안전 사항을 유의하지 않으면 안 된다.

- 숫돌의 장착이나 시운전은 반드시 지정된 자가 실시한다.
- 숫돌은 장착하기 전에 먼저 외관을 점검하고 균열이 없는가를 점검한다.
- 숫돌차는 기계에 규정된 것을 사용한다.
- 숫돌은 축에 무리가 없도록 끼운다. 억지로 밀어넣거나 지나치게 늦추어서도 안 된다.
- 플랜지는 좌우 동형으로 숫돌차의 바깥지름 1/3 이상의 것을 사용한다.
- 플랜지와 숫돌 사이에 플랜지와 같은 지름의 패킹을 끼우고 플랜지 체결 너트를 확실하게 조인다. 다만 지나치게 꼭 조이지 않도록 한다.
- 숫돌은 작업개시 전 1분 이상시 운전하고 교체 후 3분 이상 시운전한다. 이때 몸을 회전 방향으로부터 피하여 주시한다.
- 숫돌과 받침대 간격은 3[mm] 이하로 유지한다.

- 공작물과 받침대를 장치하고 확실한가 확인한다.
- 숫돌 커버를 벗기고 작업해서는 안 된다.
- 소형 숫돌은 측압에 약하므로 측면 사용을 금한다.
- 휴대용 연삭기는 발로 누르거나 바이스에 물려서 고정기, 연삭기 대용으로 사용해서는 안 된다.
- 코드, 소켓 등의 손상, 접속 부분의 절연 상태를 점검한다.
- 원통 연삭기의 숫돌차축 심압대의 조정은 숫돌의 파열 방지를 위해 정확히 실시한다.
- 숫돌과 테이블의 스트로크 위치 조정을 확인한다.
- 연삭기를 사용할 때 방진 마스크와 보호 안경을 착용한다.

4. 목재가공용 둥근톱

목공용 둥근톱은 테이블 아래 장착된 주축에 견고하게 부착된 톱날로 구성되어 있으며 벨트와 풀리로 구동된다. 목재 가공중의 재해는 40[%] 정도가 둥근톱이나 대패, 띠톱 등에 의하여 발생된다. 특히 목재 절단시 손이 톱날에 인접할 때나 옹이 등이 튀어 갑자기 평형을 잃든가 하여 손이 톱날에 미끄러질 때, 테이블 위의 나뭇조각을 손으로 제거했을 때 재해를 당하게 된다. 또 테이블 아래 쌓인 톱밥을 제거하거나 다른 작업을 하려다가 손이 날에 접촉하여 상해를 입게 된다.

그러므로 이러한 위험을 방지하기 위해서는 톱날 접촉 예방 장치 및 목재 반발 예방 장치를 설치하여야 한다. 목재 가공시 끝부분은 밀대나 심목을 사용하도록 한다.

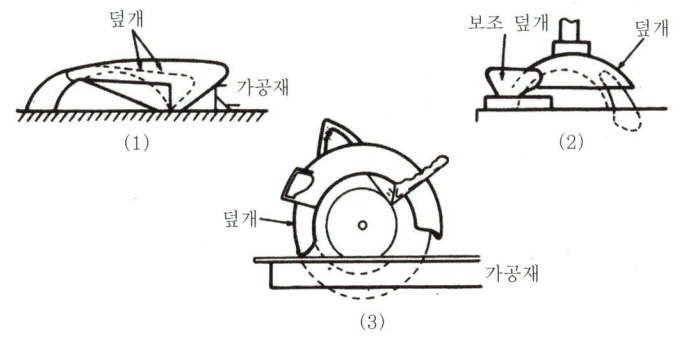

[그림] 둥근톱 방호장치의 예

합격예측

연삭숫돌의 글레이징(glazing)의 현상과 원인
① 현상 : 숫돌차의 입자가 탈락되지 않고 마모에 의해 납작하게 된 상태에서 연삭되는 현상
② 원인
  ㉮ 숫돌의 결합도가 크다.
  ㉯ 숫돌의 회전속도가 너무 빠르다.
  ㉰ 숫돌의 재료가 공작물의 재료에 부적합하다.

합격예측

목재가공용 둥근톱기계의 방호장치명과 설치요령
15. 4. 19 기 23. 7. 22 기
① 방호장치
  ㉮ 분할날 등 반발예방장치
  ㉯ 날접촉예방장치
② 설치요령
  ㉮ 반발방지기구는 목재 송급쪽에 설치하되 목재의 반발을 충분히 방지할 수 있도록 설치한다.
  ㉯ 분할날은 톱날로부터 12[mm] 이내에 설치, 두께는 톱 두께의 1.1배 이상이어야 하며, 높이는 표준 테이블면 상의 톱 뒷날의 2/3 이상을 덮도록 하여야 한다.
  ㉰ 날접촉예방장치는 분할날에 대면하고 있는 부분과 가공재를 절단하는 부분 이외의 톱날을 덮을 수 있는 구조이어야 한다.
  ㉱ 재료는 KS D 3751(탄소공구강재)에서 정한 STC 5(탄소공구강) 또는 이와 동등 이상의 재료를 사용할 것
  ㉲ 분할날 조임볼트는 2개 이상일 것
  ㉳ 분할날 조임볼트는 이완방지 조치가 되어 있을 것

합격날개

합격예측

산업용 로봇의 운전 중 위험방지를 위해 조치해야 할 사항
① 안전매트 설치
② 높이 1.8[m] 이상의 울타리 설치
③ 광전자식 방호장치

합격예측

산업용 로봇의 작동범위 내에서 교시 등의 작업시 작업시작 전 점검사항
① 외부전선의 피복 또는 외장의 손상유무
② 매니퓰레이터(manipulator) 작동의 이상유무
③ 제동장치 및 비상정지장치의 기능

3 산업용 로봇의 작업 안전

1. 매니퓰레이터와 가동 범위

산업용 로봇의 특징 중 한 가지는 인간의 팔에 해당하는 암(arm)이 기계 본체의 외부에 조립되어 암의 끝부분(인간의 손)으로 물건을 잡기도 하고 도구를 잡고 작업을 수행하기도 한다. 이와 같은 기능을 갖는 암을 매니퓰레이터(manipulator)라 한다.

산업용 로봇에 의한 재해는 주로 이 매니퓰레이터에서 발생하고 있다. 머니퓰레이터가 움직이는 영역을 가동 범위라 하고 이때 매니퓰레이터가 동작하여 사람과 접촉할 수 있는 범위를 위험 범위라 한다.

그러므로 프로그램을 구성할 때 산업용 로봇의 고장으로 인한 이상 상태에서 움직일 경우에 가동 범위를 중심으로 한 위험 지역 전체를 예측하지 않으면 안 된다.

[그림] 가동 범위

2. 로봇의 안전 방호

로봇의 안전 방호에 관한 기본적 사항은 다음과 같다.
① 로봇의 안전 방호를 확보하기 위하여 로봇 자신이 가지고 있는 안전 방호 기능과 그 사용 관리에 있어서의 안전 방호를 양립시킬 것
② 로봇이 자동 상태에 있는 동안은 사람이 위험 영역에 침입하는 것을 저지하는 안전 방호 울타리 등을 설치하거나 위험 영역 내에 침입한 사람이 상해를 입기 전에 로봇을 정지시키는 등의 기능을 가지게 할 것
③ 안전 방호는 작업자에 대해서뿐만 아니라 타인에 대해서도 상해를 방지할 수 있어야 할 것
④ 안전 방호에 대한 모든 설비 및 대책은 원칙으로 페일 세이프로 하고, 또한 신뢰성을 높일 것
⑤ 로봇 및 그 주변의 안전 방호 설비 및 방호 대책의 효력을 정당한 이유없이 떨어뜨리거나 잃게 하지 않을 것

3. 로봇 작업시의 안전 조치

로봇을 사용하는 단계에서는 다음 사항들에 대해 안전 방호를 위한 조치를 취하여야 한다.

① 로봇의 사용 조건에 따라 위험 영역을 명확히 함과 동시에 안전 방호 울타리를 설치하여 로봇이 작동의 상태로 운전, 또는 대기하는 동안에 사람이 쉽게 위험 영역에 들어갈 수 없도록 할 것

② 로봇이 자동 상태로 운전 또는 대기하는 동안은 그 상태에 있다는 것을 광학적 수단 등에 의해 주위에 명시할 것

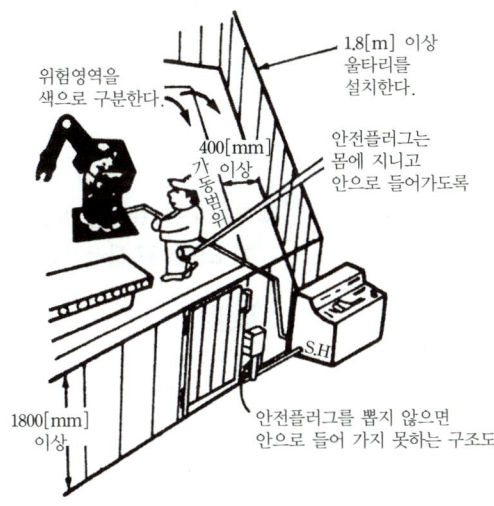

[그림] 로봇의 방호 조치 예

③ 높이가 2[m] 이상인 곳에서 로봇, 그 밖의 설정, 조정, 보전 등의 작업을 실시할 필요가 있는 경우에는 플랫폼을 설치할 것

④ 위험 영역 안에 작업자가 있는 경우에는 자동 상태로 사용하지 않을 것, 또한 교시 등의 경우에는 안전한 속도로 억제하여 실시할 것 등이며 방호 조치 예는 그림과 같다.

[표] 아세틸렌 용접장치

구분	용도
아세틸렌 발생기	반응물 용기 내에서 행하여 발생한 가스를 일정량 저장
도관	발생기로부터 얻어진 아세틸렌 가스를 용접장치로 공급
취관	선단에 부착된 노즐로부터 가스의 유출을 조절
청정기	PH_3, NH_3, H_2S 등의 불순물이 순도저하 및 충전시 용해를 방해하므로 제거하기 위하여 사용
안전기	용접시 역화, 역류에 의한 폭발사고를 방지하기 위해 사용

합격예측

산업용 로봇의 수리 등 작업시의 조치사항
① 해당 로봇의 운전 정지함과 동시에 작업 중 로봇의 기동스위치를 잠근 후 열쇠 별도관리
② 해당 로봇의 기동스위치에 작업 중이란 취지의 표지판 부착

합격예측

법적인 방호장치
① 보일러 : 압력방출장치 및 압력제한스위치
② 롤러기 : 급정지장치
③ 연삭기 : 덮개
④ 목재가공용 둥근톱 : 반발예방장치 및 날접촉예방장치
⑤ 동력식 수동대패 : 칼날의 접촉예방장치
⑥ 복합동작을 할 수 있는 산업용 로봇 : 안전매트 또는 방호울타리

합격예측

포밍의 발생원인
① 보일러가 과잉 농축되었을 때
② 열부하가 급격하게 변동해 증감될 때
③ 운전 중 수위 조절이 원활하게 이뤄지지 못한 경우
④ 보일러의 운전 압력을 너무 낮게 설정해 놓았을 때
⑤ 기수분리기의 불량 등 기계적 고장

각종 기계의 안전 출제예상문제

01 프레스 및 전단기의 안전장치를 5가지 쓰시오.

해답
① 수인식
② 손쳐내기식
③ 게이트 가드식
④ 양수 조작식
⑤ 감응식

02 양수 조작식 및 감응식 안전장치의 설치 요령을 각각 3가지씩 쓰시오.

해답
(1) 양수 조작식 안전장치
 ① 반드시 두 손을 사용하여 작동되도록 설치할 것
 ② 누름 단추(조작부)의 간격은 300[mm] 이상으로 할 것
 ③ 거리[cm] = 160×프레스를 작동 후 작업점까지의 도달 시간(초) 이상에 설치할 것
(2) 감응식 안전장치
 ① 위험 구역을 충분히 감지할 수 있는 것으로 설치할 것
 ② 광축의 수는 2개 이상이어야 하고 광축간의 간격은 50[mm] 이하일 것
 ③ 투광기에서 발생시키는 빛 이외의 광선에 감응하지 말 것

03 교류 아크 용접 기계의 방호장치명, 방호장치의 성능 및 부착 요령을 쓰시오.

해답
(1) 방호장치 : 자동전격방지장치
(2) 성능
 ① 아크 발생을 중지한 지 1.0초 이내에 주접점이 개로될 것
 ② 2차 무부하 전압이 25[V] 이내일 것
(3) 방호장치의 부착 요령
 ① 직각으로 부착할 것
 ② 용접기의 이동, 진동, 충격 등으로 이완되지 않도록 이완 방지 조치를 할 것
 ③ 작동 상태를 알기 위한 표시등은 보기 쉬운 곳에 설치할 것
 ④ 작동 상태를 시험하기 위한 테스터 스위치는 조작하기 쉬운 위치에 설치할 것

04 목재가공용 둥근톱 기계의 방호장치를 2가지 쓰고 설치 요령을 3가지 쓰시오.

해답
(1) 방호장치
 ① 날접촉예방장치
 ② 반발예방장치
(2) 설치 요령
 ① 날접촉예방장치는 분할날에 대면하고 있는 부분과 가공재를 절단하는 부분 이외의 톱날을 덮을 수 있는 구조일 것
 ② 반발방지기구는 목재의 송급 쪽에 설치하고 목재의 반발을 충분히 방지할 수 있도록 설치할 것
 ③ 분할날은 톱날로부터 12[mm] 이내로 설치하고 그 두께는 톱두께의 1.1배 이상일 것 22. 5. 7 산

05 3,000[rpm]의 연삭숫돌의 지름이 20[cm]일 때 원주속도(V)는 몇 [m/min]인가?

해답
$$원주속도(V) = \frac{\pi DN}{1,000}[m/min]$$
$$= \frac{3.14 \times 200 \times 3,000}{1,000} = 1,884[m/min]$$

06 롤러의 작업점(running nip point)의 전방 40[mm]의 거리에 가드를 설치하고자 한다. 가드의 개구부 간격은 얼마로 하여야 하는가?(ILO 기준에 의함)

> **해답**
>
> $Y = 6 + 0.15X$ $\left[\begin{array}{l} Y : \text{가드 개구부 간격} \\ X : \text{가드와 위험점간의 간격} \end{array}\right]$
>
> $Y = 6 + 0.15X = 6 + 0.15 \times 40 = 12[mm]$
>
> 참고) 방적기 또는 제면기의 경우 $Y = 6 + \dfrac{X}{10}$ 이다.

07 방적기 및 제면기는 어떤 구조일 때 안전장치를 설치하는가, 또 이때 설치해야 할 안전장치를 3가지 쓰시오.

> **해답**
>
> (1) 구조 : 비터, 실린더 등 회전체가 부착된 것
> (2) 방호장치
>   ① 시건장치
>   ② 연동장치
>   ③ 덮개

08 보일러의 장해 및 사고 원인을 쓰시오.

> **해답**
>
> ① 프라이밍
> ② 포밍
> ③ 캐리오버
> ④ 불완전 연소
> ⑤ 역화
> ⑥ 2차 연소
> ⑦ 연소 가스의 누설
> ⑧ 노의 진동음

09 보일러의 안전장치 종류 3가지를 쓰시오.

> **해답**
>
> ① 압력방출장치
> ② 압력제한 스위치
> ③ 고저수위조절장치
>
> 참고) 산업안전보건기준에 관한 규칙 제119조(폭발위험의 방지)

10 프레스 및 전단기의 방호장치에 표시해야 할 사항을 쓰시오.

> **해답**
>
> (1) 프레스기
>   ① 제조번호
>   ② 제조자명
>   ③ 제조연월일
>   ④ 사용할 수 있는 프레스의 종류 및 금형 크기의 범위
> (2) 전단기
>   ① 제조번호
>   ② 제조자명
>   ③ 제조연월일
>   ④ 사용할 수 있는 전단기의 종류
>   ⑤ 사용할 수 있는 전단 두께
>   ⑥ 사용할 수 있는 전단 공구의 길이

11 프레스의 페달에 U자형 덮개를 씌우는 이유를 간단히 쓰시오.

> **해답**
>
> 불시에 페달을 밟거나 작업중 물체가 떨어져도 작동되지 않도록 하기 위한 조치

12 연삭기의 안전장치인 덮개의 설치 요령을 쓰시오.

> **해답**
>
> ① 탁상용 연삭기의 노출 각도는 90[°] 이내로 하고 주축에서 수평면 위로 이루는 원주 각도는 65[°] 이내, 수평면 이하에서 작업시는 125[°] 이내로 할 것.
> ② 연삭숫돌의 상부를 사용하는 것을 목적으로 하는 탁상용 연삭기는 60[°] 이내로 할 것
> ③ 휴대용 연삭기는 180[°] 이내로 할 것
> ④ 평면, 절단연삭기는 150[°] 이내로 하되 숫돌의 주축에서 수평면 밑으로 이루는 덮개의 각도가 15[°] 이상이 되도록 할 것

13 탁상용 연삭기의 방호장치를 2가지 쓰고 각각 설치 요령을 쓰시오.

> **해답**
>
> (1) 방호장치명
>   ① 덮개
>   ② 방호판
> (2) 설치 요령
>   ① 덮개의 설치 요령 : 덮개의 노출 각도는 90[°] 이내, 주축에서 수평면 위로 이루는 원주각도는 65[°] 이내, 수평면 이하에서 작업시는 125[°] 이내로 할 것

② 방호판의 설치 요령 : 방호판은 인터로크(interlock)로 할 것

14 아세틸렌 및 가스 집합 용접장치의 안전장치인 안전기의 성능 및 각 기계의 설치 요령(설치 장소)을 쓰시오.

해답

(1) 안전기의 성능
  ① 주요 부분은 두께 2[mm] 이상의 강판 또는 강관을 사용할 것
  ② 도입부는 수봉 배기관을 갖춘 수봉식일 것
  ③ 유효 수주는 25[mm] 이상 되도록 할 것
  ④ 물의 보충 또는 교환이 용이하고 수위를 쉽게 점검할 수 있는 구조일 것
(2) 아세틸렌 용접장치의 설치 요령(설치 장소) : 취관마다 설치할 것
(3) 가스 집합 용접장치의 설치 요령(설치 장소) : 주관에 1개 이상, 취관에 1개 이상, 도합 2개 이상 설치

15 1,000[rpm]의 속도로 회전하는 롤러기의 앞면 롤러의 지름이 60[cm]인 경우 앞면 롤의 표면 속도 및 급정지장치의 급정지 거리를 구하시오.
21. 7. 10 기 23. 4. 23 산

해답

(1) 앞면 롤의 표면 속도
$$V = \frac{\pi DN}{1,000} = \frac{\pi \times 600 \times 1,000}{1,000} = 1,884 [m/min]$$
(단, D[mm] : 롤러의 지름, N[rpm] : 롤러의 회전)
(2) 급정지 거리 : 앞면 롤의 표면 속도가 30[m/분] 이상이므로 앞면 롤 원주 길이의 $\frac{1}{2.5}$ 에서 급정지되어야 하므로 급정지 거리 $= \pi D \times \frac{1}{2.5} = \pi \times 60 \times \frac{1}{2.5} = 75.36 [cm]$

16 숫돌의 회전수[rpm]가 2,000인 연삭기에 지름 300[mm]의 숫돌을 사용하고자 할 때에 숫돌 사용 원주속도는 얼마 이하로 하여야 하는가?

해답

$$V = \frac{\pi DN}{1,000} = \frac{3.14 \times 300 \times 2,000}{1,000}$$
$$= 1,884 [m/min]$$

17 롤러기의 방호장치인 급정지장치의 종류 3가지와 성능 및 설치 요령을 쓰시오.

해답

(1) 종류
  ① 손으로 조작하는 것
  ② 복부로 조작하는 것
  ③ 무릎으로 조작하는 것
(2) 성능

앞면롤의 표면속도[m/min]	급정지 거리
30 미만	앞면롤 원주의 1/3 이내
30 이상	앞면롤 원주의 1/2.5 이내

(3) 설치 요령
  ① 조작부는 롤러기의 전면 및 후면에 각각 1개씩 수평으로 설치하고 그 길이는 롤의 길이 이상일 것
  ② 조작부에 사용하는 줄은 사용중에 늘어나거나 끊어지지 않을 것
  ③ 조작부는 다음의 위치에 설치할 것
    ㉮ 손으로 조작하는 것 : 밑면에서 1.8[m] 이내
    ㉯ 복부로 조작하는 것 : 밑면에서 0.8[m] 이상 1.1[m] 이내
    ㉰ 무릎으로 조작하는 것 : 밑면에서 0.6[m] 이내

18 유압 프레스 동력전달장치 부분의 검사 항목을 쓰시오.

해답

① 램의 이상 유무
② 슬라이드 작동 상태
③ 리밋 스위치 검출 장치 및 설치 부분의 이상 유무
④ 안전 블록의 이상 유무

19 산업용 로봇 작업시 안전 작업 지침에 포함되어야 할 사항을 5가지 쓰시오.

해답

① 로봇의 조작 방법 및 순서
② 작업중의 매니퓰레이터의 속도
③ 2인 이상의 근로자에게 작업을 시킬 때의 신호 방법
④ 이상 발견시의 조치
⑤ 이상 발견시 로봇의 운전을 정지시킨 후 이를 재가동시킬 때의 조치

20 드릴링 머신으로 얇은 판에 구멍을 뚫을 때 안전 대책을 세우시오.

해답

① 목재를 제품의 밑에 받치고 작업을 한다.
② 장갑을 착용하지 않는다.
③ 보안경을 착용한다.
④ 칩 제거는 운전 정지 후 브러시로 한다.
⑤ 얇은 철판을 완전히 고정시킨다.

21 아세틸렌 용접장치, 가스 집합 용접장치의 안전기 설치 방법을 쓰시오.

해답

(1) 아세틸렌 용접장치
① 아세틸렌 용접장치에 대하여는 그 취관마다 안전기를 설치하여야 한다.
② 가스 용기가 발생기와 분리되어 있는 아세틸렌 용접장치에 대하여는 발생기와 가스용기 사이에 안전기를 설치하여야 한다.
(2) 가스 집합 용접장치 : 주관 및 분기관에 안전기를 설치할 것 (이 경우 하나의 취관에 대하여 2개 이상의 안전기를 설치하여야 한다).

22 인터로크 장치(interlock system)란?

해답

어떤 목적을 달성하기 위하여 한 동작 또는 몇 개 동작을 행하는 경우도 있으며, 동작 종료시에는 자동적으로 안전 상태를 확보하도록 한 기구로 일종의 연동(連動) 기구이다.

23 프레스 금형의 부착, 해체, 조정 작업시 슬라이드의 불시 하강에 의한 위험방지 장치 사항을 쓰시오.

해답

안전 블록 설치(Safety Block)

24 프레스 작업시 관리감독자의 직무를 쓰시오.

해답

① 프레스 등 및 그 방호장치를 점검하는 일
② 프레스 등 및 그 방호장치에 이상이 발견될 때 즉시 필요한 조치를 하는 일
③ 프레스 등 및 그 방호장치에 전환 스위치를 설치할 때 해당 전환 스위치의 열쇠를 관리하는 일
④ 금형의 부착, 해체 또는 조정 작업을 직접 지휘하는 일

25 프레스 금형 작업시 안전 수칙을 쓰시오.

해답

① 기계의 사용법을 완전히 숙지할 때까지는 함부로 기계에 손대지 않는다.
② 작업 전에 급유하며 몇 번 운전하여서 활동부의 움직임 및 작업 상태를 점검해야 한다.
③ 형틀의 고정 후 시험 작업을 해야 한다.
④ 안전장치의 작동 상태를 점검해야 하며 잘못된 것은 조정을 한다.
⑤ 운전중에는 램 밑에 손이 들어가지 않게 주의를 해야 한다.
⑥ 2명 이상이 작업할 때에는 신호를 정확하게 하며 조작에 안전을 기하여야 한다.
⑦ 작업이 끝난 후에는 반드시 스위치를 내려야 한다.
⑧ 페달을 불필요하게 밟지 않아야 한다.
⑨ 손질, 수리, 조정, 급유중에는 기계를 정지시키고 한다.
⑩ 이송장치나 배출장치를 사용해야 하며 손의 사용은 가급적 줄여야 한다.
⑪ 다이의 구조를 고려하여서 위험 작업을 줄여야 한다.

26 아세틸렌 용접장치의 발생기실 구조 기준을 쓰시오.

해답

① 벽은 불연성 재료로 하고 철근 콘크리트, 그 밖에 이와 동등 이상의 강도를 가진 구조로 할 것
② 지붕 및 천장에는 얇은 철판이나 가벼운 불연성 재료를 사용할 것
③ 바닥 면적의 1/16 이상의 단면적을 가진 배기통을 옥상으로 돌출시키고, 그 개구부를 창 또는 출입구로부터 1.5[m] 이상 떨어지도록 할 것

27 아세틸렌 용접장치의 가스 발생기실의 설치 장소를 쓰시오.

해답

① 전용 발생기실 내에 설치할 것
② 발생기실은 건물의 최상층에 위치할 것
③ 화기를 사용하는 설비로부터 상당한 거리를 둔 장소일 것
④ 옥외에 설치시 개구부를 다른 건축물로부터 1.5[m] 이상 이격시킬 것

28 보일러 취급시 포밍 이상 현상과 포밍의 발생 원인을 쓰시오.

해답

(1) 포밍 이상 현상 : 보일러 관수 중의 용존 고형물, 유지분에 의하여 수면 위에 거품이 발생하고 심하면 보일러 밖으로 흘러 넘치는 현상이다.
(2) 포밍의 발생 원인
① 고수위인 경우
② 증기 밸브를 급개한 경우
③ 부유물, 유지분이 많이 함유되었을 경우
④ 증기 부하가 과대한 경우
⑤ 보일러가 농축된 경우
⑥ 기수 분리 장치가 불완전한 경우
⑦ 증기부가 적고 수부가 큰 경우

29 손쳐내기식 방호장치의 설치 방법 3가지를 쓰시오.

해답

① 금형 크기의 1/2 이상의 크기를 가진 손쳐내기판을 손쳐내기 막대에 부착시킨다.
② 손쳐내기 막대는 길이 또는 진폭을 조정할 수 있는 구조로 한다.
③ 손쳐내기판은 작업자의 손을 강타하지 못하도록 고무 등 완충물을 설치하여야 한다.

30 프레스 재해 중 금형에 의한 재해 원인을 쓰시오.

해답

① 금형의 설치, 해체 및 조정중에 금형이 낙하한다.
② 금형에 달려 올라간 재료를 떼어내려고 한다.
③ 금형의 설치, 해체 및 조정중에 페달을 밟는다.
④ 금형의 설치, 해체 및 조정중에 클러치가 작동된다.

31 연삭숫돌의 파괴 원인을 쓰시오.

해답

① 최고 사용 원주속도를 초과하였다.
② 제조시의 결함으로 숫돌에 균형이 발생하였다.
③ 플랜지의 과소, 지름의 불균일이 발생하였다.
④ 부적당한 연삭숫돌을 사용하였다.
⑤ 작업 방법이 불량하였다.

32 프레스 및 전단기의 양수 조작식 방호장치 설치 요령을 쓰시오.

해답

① 반드시 두 손을 사용하여야 작동되도록 설치할 것
② 누름 단추(조작부)의 간격은 300[mm] 이상으로 할 것
③ 조작부의 설치거리[cm]는 「160×프레스를 작동 후 작업점까지의 도달 시간(초)」 이상에 설치할 것
④ 누름 버튼은 묻힘형으로 설치할 것

33 압력 용기의 방호장치를 쓰시오.

해답

① 압력방출장치
② 언로드 밸브

34 보일러 저수위(이상 감수)의 발생원인을 쓰시오.

해답

① 급수장치 및 수면계의 고장
② 분출 밸브 등의 누수
③ 급수관의 이물질 축적
④ 급수내관의 스케일 축적

35 보일러의 수격 작용(water hammer)이란?

해답

관 내를 흐르는 유체에서 급격히 밸브를 닫으면 유체의 운동 에너지가 압력 에너지로 변화해 고압이 발생되어 유체 속에서 음속에 가까운 압력파가 밸브에서 탱크로 갔다가 반사되는 현상

36 1행정 1정지식 프레스에 설치하는 방호장치를 쓰시오.

해답
① 양수 조작식
② 게이트 가드식

37 산업안전보건법에서 장갑의 착용 금지 기계를 2가지 쓰시오.

해답
① 드릴기
② 모떼기 기계

38 휴대용 연삭기에 설치해야 하는 방호장치명과 방호장치 설치 요령을 쓰시오.

해답
① 방호장치 : 덮개
② 설치 요령 : 노출 각도는 180[°] 이하, 숫돌과 덮개의 간격은 10[mm] 이내

39 공기 압축기 운전 개시 전(기동시) 주의사항을 5가지 쓰시오.

해답
① 압축기에 부착된 볼트, 너트 등의 조임 상태 점검
② 냉각수 계통의 밸브를 열어 냉각수의 순환 상태 점검
③ 크랭크 케이스 등에 규정량의 윤활유 공급 여부 점검
④ 압력 조절 밸브, 드레인 밸브를 전부 열어 압력 지시 이상 유무 확인
⑤ 압력계 및 온도계 이상 유무 확인

40 공기 압축기 운전중 주의사항을 쓰시오.

해답
① 압력계의 지시 상태
② 각 단의 흡입, 토출 가스 온도 상태
③ 냉각수량 변화
④ 실린더 주유기의 급유 상태와 유량 조절
⑤ 윤활유 압력의 변화
⑥ 드레인의 색깔 변화
⑦ 피스톤 로드 패킹의 누설과 온도 상승
⑧ 각 부의 소음, 진동 상태
⑨ 각종 밸브류, 플랜지, 조인트 등에서의 가스 누설 상태
⑩ 자동장치의 작동 상태
⑪ 전력의 소비량 이상 유무

41 수공구의 재해발생 원인을 쓰시오.

해답
① 사용하는 공구의 선정을 잘못하였다.
② 사용 전의 점검 및 정비가 불충분하였다.
③ 사용 방법에 익숙하지 못했다.
④ 사용 방법을 잘못하였다.

42 다음은 작업장의 온도이다. ①~⑦항에 적합한 온도[℃]를 쓰시오.

심한 육체 작업	①
심한 기계 작업	②
가벼운 기계 작업	③
목공 작업	④
도장 작업	⑤
사무실	⑥
식 당	⑦

해답
① 7~9[℃] ② 8~10[℃]
③ 10~12[℃] ④ 15~18[℃]
⑤ 24~26[℃] ⑥ 18~20[℃]
⑦ 20~23[℃]

43 공작 기계의 칩 비산 방지를 위한 방호장치를 쓰시오.

해답
① 칩 브레이커
② 칩받이
③ 칩 비산 방지 투명판
④ 칸막이

44 목재가공용 기계의 관리감독자 직무 4가지를 쓰시오.

해답

① 목재가공용 기계를 취급하는 작업을 지휘하는 일
② 목재가공용 기계 및 그 방호장치를 점검하는 일
③ 목재가공용 기계 및 방호장치에 이상이 발견될 경우 즉시 보고 및 필요한 조치를 하는 일
④ 작업 중지 및 지그·공구 등의 사용 상황을 감독하는 일

45 공구의 재해 4대 원칙을 쓰시오.

해답

① 결함이 없는 공구를 사용한다.
② 작업에 적당한 공구를 선택한다.
③ 공구의 올바른 취급 및 사용을 한다.
④ 공구는 안전한 장소에 보관한다.

46 전기 용접 작업시 안전 수칙을 쓰시오.

해답

① 용접시에는 소화기 및 소화수를 준비해야 한다.
② 우천시에는 옥외 작업을 금해야 한다.
③ 홀더는 항상 파손되지 않은 것을 사용해야 한다.
④ 용접봉을 갈아 끼울 때에는 홀더의 충전부에 몸이 닿지 않도록 주의해야 한다.
⑤ 작업시에는 반드시 보호 장비를 착용해야 한다.
⑥ 벗겨진 홀더는 사용하지 않도록 해야 한다.
⑦ 작업의 중단시는 전원의 스위치를 끄고서 커넥터를 풀어준다.
⑧ 피용접물은 코드를 완전히 접지시켜야 한다.
⑨ 환기장치가 완전한 일정한 장소에서 용접을 한다.
⑩ 보호 장갑, 에이프런, 정강이받이 등을 착용해야 한다.

47 목재가공용 둥근톱의 반발예방장치인 분할날을 설명하고 형태를 그리시오.

해답

(1) 분할날의 정의 : 분할날은 톱의 후면 톱니 아주 가까이에 설치되어 가공재의 모든 두께에 걸쳐 쐐기 작용을 하며 가공재가 톱에 밀착되는 것을 방지하는 것이다.
(2) 분할날의 형상 : 12[mm] 이내 2/3 표준 테이블 위치

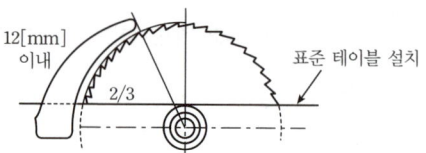

48 프레스기의 게이트 가드식 방호장치를 설치하시오.

해답

① 금형의 크기에 따라 게이트의 크기를 선택하여 설치한다.
② 게이트가 위험 부분을 차단하지 않으면 작동되지 않도록 확실히 연동되어야 한다.

49 수공구의 안전 수칙을 쓰시오.

해답

① 본래의 용도 이외에는 결코 사용하지 않는다.
② 바른 방법으로 사용한다.
③ 정리 상자 등을 이용해서 난잡하게 되지 않도록 한다.

50 자동 전격 방지기 정기 점검 사항을 쓰시오(1년 1회 이상).

해답

① 전격 방지기의 용접기 외함 접속 상태
② 전격 방지기와 용접기의 배선 상태
③ 표시등의 파손 유무
④ 퓨즈의 이상 유무
⑤ 전자 접촉기의 주접점과 보조 접점의 마모 상태
⑥ 테스터 스위치의 작동 및 파손 유무

51 산소 용접 작업시 안전 수칙을 쓰시오.

해답

① 산소 용접 작업시에는 차광 안경을 착용한다.
② 점화시에는 아세틸렌 밸브를 먼저 열고 점화한 뒤에 산소 밸브를 연다.
③ 충전된 산소통은 직사광선이 직접 투사하는 곳에 놓지 않도록 해야 한다.
④ 작업 후에는 산소 밸브를 먼저 닫고 아세틸렌 밸브를 닫는다.

⑤ 점화는 성냥불이나 담배불로 하지 않도록 한다.
⑥ 역화가 일어났을 때에는 즉시 산소 밸브를 잠근다.
⑦ 산소의 발생기에서 5[m] 이내, 발생기실에서 3[m] 이내의 장소에서 흡연과 화기를 사용하거나 불꽃이 일어나는 행위를 금하여야 한다.
⑧ 아세틸렌의 사용 압력은 1[kg/cm^2]을 사용하고 산소 용접기의 압력은 150[kg/cm^2] 이하를 사용해야 한다.
⑨ 사용중에는 용기의 개폐 밸브용 핸들은 만일을 대비하여 용기 가까이에 둔다.
⑩ 아세틸렌의 누출 검사는 비눗물을 사용하여 검사한다.
⑪ 용접 작업중에 유해 가스, 연기, 분진 등이 심할 경우에는 방진 마스크를 사용한다.
⑫ 실린더 저장소에서 50[ft] 이내에 "금연"이란 표지를 달아두어야 한다.
⑬ 압축 가스의 실린더 저장소는 건물 또는 다른 가연성 물질의 저장소로부터 40[ft] 이상 떨어져 있어야 한다.

52 보일러의 이상 연소 발생 원인, 이상 연소 발생시 조치 사항을 쓰시오.

해답

(1) 이상 연소의 발생 원인
　① 수분이 많이 함유된 연료를 사용할 때
　② 연료와 공기의 혼합비가 부적합할 때
　③ 연도에 굴곡부와 같은 포켓이 있을 때
(2) 이상 연소시 조치 사항
　① 수분이 적은 연료 사용
　② 2차 공기량 및 통풍량 조절
　③ 연소실 내의 급격 연소
　④ 연소실과 연도의 개조

53 목공 작업시 목공날은 작업자의 어느 방향으로 하여야 하는가?

해답

작업자와 반대 방향

54 롤러기의 급정지장치의 설치 위치를 쓰시오.

해답

① 손조작 로프식 : 밑면에서 1.8[m] 이내
② 복부로 조작하는 것 : 밑면에서 0.8[m] 이상 1.1[m] 이내
③ 무릎으로 조작하는 것 : 밑면에서 0.4~0.6[m] 이내

55 방호 조치를 하지 않으면 양도, 대여, 설치, 진열 및 사용이 제한되는 기계·기구를 쓰시오.

해답

① 프레스 또는 전단기
② 아세틸렌 용접 장치 또는 가스 집합 용접 장치
③ 방폭용 전기 기계·기구
④ 크레인
⑤ 롤러기
⑥ 목재 가공용 둥근톱
⑦ 리프트
⑧ 보일러
⑨ 교류 아크 용접기
⑩ 곤돌라
⑪ 연삭기
⑫ 동력식 수동 대패
⑬ 압력 용기
⑭ 산업용 로봇

56 장갑을 끼고 드릴 기계로 가공물에 구멍을 뚫고 있다. 위험 요인 및 안전 대책을 쓰시오.

해답

(1) 위험 요인
　① 장갑 때문에 드릴에 말려들어갈 우려가 있다.
　② 가공물을 고정하지 않았다.
　③ 보안경을 착용하지 않아 칩이 눈에 들어갈 수 있다.
(2) 안전 대책
　① 장갑 착용을 금지한다.
　② 가공물을 클램프 등으로 확실히 고정한다.
　③ 보안경을 착용한다.
　④ 벨트에 커버를 설치한다.

57 밀폐공간근로자 작업시 관리감독자 직무 4가지를 쓰시오.

해답

① 산소가 결핍된 공기나 유해가스에 노출되지 아니하도록 작업시작 전에 작업 방법을 결정하고 이에 따라 해당 근로자의 작업을 지휘하는 일
② 작업을 행하는 장소의 공기가 적정한지 여부를 작업시작 전에 확인하는 일
③ 측정장비·환기장치 또는 송기마스크 등을 작업시작 전에 점검하는 일
④ 근로자에게 송기마스크 등의 착용을 지도하고 착용상황을 점검하는 일

58 프레스기의 no-hand in die 방식에 있어서 본질적 안전화 추진 사항을 쓰시오.

해답

① 전용 프레스의 도입
② 자동 프레스의 도입
③ 안전울을 부착한 프레스
④ 안전 금형을 부착한 프레스

59 양중기 종류 5가지를 쓰시오.(세부사항까지 쓰시오.)
24.10.20.기사

해답

① 크레인(호이스트를 포함한다.)
② 이동식크레인
③ 리프트(이삿짐운반용 리프트의 경우에는 적재하중이 0.1[t] 이상인 것으로 한정한다.)
④ 곤돌라
⑤ 승강기

참고 산업안전보건기준에 관한 규칙 제132조(양중기)

60 전단기에 설치하는 방호장치에 표시 사항을 쓰시오.

해답

① 제조번호
② 제조자명
③ 제조연월
④ 사용할 수 있는 전단기의 종류
⑤ 사용할 수 있는 전단기의 절단 두께
⑥ 사용할 수 있는 절삭 공구의 길이

61 자동 전격 방지기의 사용전 점검사항을 쓰시오.

해답

① 전격 방지기 외함의 접지 상태 이상 유무
② 전격 방지기 외함의 변경, 파손 및 결함 상태 이상 유무
③ 전격 방지기와 용접기의 배선 및 접속 부분 피복의 손상 유무
④ 전자 접촉기의 작동 상태 이상 유무
⑤ 소음 발생의 유무

62 교류 아크 용접기의 자동 전격 방지기의 종류와 성능을 쓰시오.

해답

(1) 종류
   ① 자동 시동형
   ② 수동 시동형
(2) 성능
   ① 아크 발생을 중지한 지 1.0초 이내에 주접점이 개로될 것
   ② 이때 2차 무부하 전압이 25[V] 이내일 것

63 산업용 로봇의 작업 규정에 포함되어야 할 내용을 쓰시오.

해답

① 기동 방법, 스위치 취급 방법 등 작업에 있어서 필요로 하는 산업용 로봇의 조작 방법 및 수순
② 교시 등의 작업을 행하는 경우에는 해당 작업중인 머니퓰레이터의 속도
③ 복수 노동자의 작업을 시킬 경우 신호 방법
④ 이상시 작업자가 취할 내용에 따른 조치
⑤ 비상정지장치가 작동하여 산업용 로봇의 운전이 정지된 후 이것을 재가동시키기 위해 필요한 이상 사태의 해제 확인, 안전 확인 등의 조치

64 연삭기 덮개의 노출 각도 측정 요령을 쓰시오.

해답

연삭기 스핀들 중심의 정점에서 측정하여 덮개없이 노출된 각도를 기록한다.

65 수봉식 안전기의 사용 압력을 쓰시오.

해답

① 저압용 수봉식 안전기 : 0.07[kg/cm^{2}g] 미만
② 중압용 수봉식 안전기 : 0.07~1.3[kg/cm^{2}g] 미만

66 마찰 프레스기의 방호장치명과 설치 요령을 쓰시오.

해답

(1) 방호장치명 : 감응식(광선식) 방호장치
(2) 설치 요령
　① 광축의 수는 2개 이상으로 할 것
　② 광축간의 간격은 50[mm] 이하로 할 것
　③ 광축의 설치 거리는 위험점으로부터 $1.6(T_l+T_s)$의 거리 이상에 설치할 것
　　T_l : 손이 광선을 차단 후 급정지 기구가 작동하기까지의 시간[ms]
　　T_s : 급정지기구 작동 직후로부터 슬라이드가 정지할 때까지의 시간[ms]
　④ 투광기에서 발생시키는 빛 이외의 광선에 감응해서는 안 될 것

67 가스 집합 용접장치의 가스 저장실의 구조를 쓰시오.

해답

① 벽은 불연성 재료를 사용할 것
② 지붕, 천장은 가벼운 불연성 재료를 사용할 것
③ 가스 누출시는 정체되지 않도록 할 것

68 보일러(Boiler)의 안전 수칙을 쓰시오.

해답

① 가동중인 보일러에는 작업자가 항상 정위치할 것
② 압력 방출 장치, 압력 제한 스위치를 매일 작동 시험하여 정상 여부를 점검할 것
③ 압력 방출 장치는 봉인된 상태에서 항상 작동되도록 하고 1일 1회 이상 작동 시험을 할 것
④ 고저수위 조절 장치와 상호 기능 상태를 점검할 것
⑤ 보일러의 각종 부속 장치의 누설 상태를 점검할 것
⑥ 노내의 환기 및 통풍 장치를 점검할 것

69 산업용 로봇 작업 지침에 포함되어야 할 사항을 쓰시오.

해답

① 로봇의 조작 방법 및 순서
② 작업중의 머니퓰레이터의 속도
③ 2인 이상의 근로자에게 작업을 시킬 때의 신호 방법
④ 이상 발견시의 조치
⑤ 이상 발견시 로봇의 운전을 정지시킨 후 이를 재가동시킬 때의 조치

70 아세틸렌 용접장치의 안전기 및 역화 방지기 성능 시험의 종류를 쓰시오.

해답

① 내압 시험
② 기밀 시험
③ 역류 방지 시험
④ 역화 방지 시험

71 프레스(press) 작업의 안전 대책을 쓰시오.

해답

① 본질적 안전화 도모
② 금형의 안전화 도모
③ 방호장치 설치
④ 안전검사 및 작업시작 전 점검
⑤ 금형의 설치, 해체, 조정시 특별안전교육 실시
⑥ 관리감독자 배치
⑦ 수공구 활용

72 프레스 기계의 광전자식 방호장치 설치 요령을 쓰시오.

해답

① 위험 구역을 충분히 감지할 수 있는 것으로 설치할 것
② 광축의 수는 2개 이상이어야 하고 광축간의 간격은 50[mm] 이하일 것
③ 투광기에서 발생시키는 광선 이외의 것에 감응하지 말 것
④ 광축의 설치 위치는 위험점으로부터 $1.6(T_l+T_s)$의 거리[mm]에 설치할 것

73 다음은 탁상용 연삭기의 단면도인데 이 연삭기에 방호장치 (1) 덮개 (2) 방호판의 설치요령을 쓰시오.

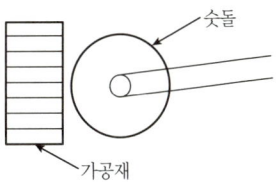

> 해답

(1) 덮개 설치 요령
　① 덮개의 노출 각도는 90[°] 이내
　② 숫돌 주축에서 수평면 위로 이루는 각도는 65[°] 이내
　③ 덮개의 조정편과 숫돌간의 간격은 10[mm] 이내
　④ 작업 받침대와 숫돌간의 간격은 3[mm] 이내
(2) 방호판 설치 요령 : 방호판은 인터로크(Interlock)로 한다.

74 보일러의 방호장치 중 압력제한스위치와 고저 수위조절장치를 설명하시오. 14. 7. 6 기 19. 4. 14 기 19. 6. 29 기

> 해답

(1) 압력제한스위치 : 상용 압력 이상의 압력이 상승할 경우, 보일러의 파열을 방지하기 위하여 최고 사용 압력과 상용 압력 사이에서 버너 연소를 차단하여 열원을 제거시켜 정상 압력을 유지시키는 장치를 말한다.
(2) 고저수위조절장치 : 수위가 고저의 위험 수위로 변하면 작업자가 쉽게 감지할 수 있도록 고저수위점을 알리는 경보등, 경보음을 발하고 자동적으로 급수 또는 단수를 시켜 수위를 조절해 주는 장치를 말한다.

75 확동식 클러치 프레스기에 부착된 양수 기동식 안전장치에 있어서 클러치가 걸리는 개소 수가 4군데, spm이 200일 때 양수 기동식 조작부 설치 거리는?

> 해답

$$D_m = 1.6 T_m = 1.6 \left(\frac{1}{4} + \frac{1}{2} \right) \times \frac{60,000}{200}$$
$$= 1.6 \times 225 = 360 [mm]$$

76 아세틸렌 용접장치 및 가스 집합 용접장치에 설치하는 방호장치와 성능을 쓰시오.

> 해답

(1) 방호 장치 : 안전기
(2) 성능
　① 주요 부분은 두께 2[mm] 이상의 강판 또는 강관을 사용한다.
　② 도입부는 수봉 배기관을 갖춘 수봉식으로 하되 유효수주는 25[mm] 이상 되도록 한다.
　③ 물의 보충 및 교환이 용이하며 수위는 쉽게 점검할 수 있는 구조이어야 한다.

77 연삭기는 ILO 및 산업안전보건법에 의거, 숫돌의 지름이 얼마 이상일 때 덮개를 설치해야 하는가, 또 시운전 방법을 쓰시오.

> 해답

(1) 숫돌 지름 : 5[cm] 이상
(2) 시운전 방법
　① 작업 시작 전 1분 이상 실시
　② 숫돌 교체시는 3분 이상 실시

78 롤러기의 방호장치 설치 방법을 쓰시오.

> 해답

① 로프식 급정지장치 조작부는 롤러기의 전, 후면에 각각 1개씩 수평으로 설치하고 그 길이는 롤러의 길이 이상이어야 한다.
② 조작부에 사용하는 줄은 사용중에 늘어나거나 끊어지지 않아야 한다.
③ 손조작 로프식은 밑면에서 1.8[m] 이내, 복부 조작식은 밑면에서 0.8[m] 이상 1.1[m] 이내, 무릎 조작식은 밑면에서 0.6[m] 이내에 설치한다.
④ 급정지장치는 롤러기의 가동장치를 조작하지 않으면 가동하지 않는 구조이어야 한다.

79 습식 아세틸렌 가스 발생기의 종류를 쓰시오.

> 해답

① 투입식
② 주수식
③ 침지식

80 롤러기의 running nip point(작업점)의 전방 30[mm] 거리에 가드를 설치하고자 한다. 가드의 개구부 간격을 계산하시오.

> 해답

공식 : Y = 6 + 0.15X
　　　(Y : 가드의 개구부 간격, X: 가드와 작업점간의 간격)
가드의 개구부간격 Y = 6 + 0.15X
　　　　　　　　　　= 6 + 0.15 × 30 = 10.5[mm]
∴ 개구부 간격 = 10.5[mm]

81 프레스기의 게이트 가드식 방호장치의 설치 방법을 쓰시오.

해답
① 게이트가 위험 부분을 차단하지 않으면 작동되지 않도록 확실하게 연동되어야 한다.
② 금형의 크기에 따라 게이트의 크기를 선택하여 설치한다.

82 감응식 방호장치의 종류를 쓰고 이 중에서 가장 많이 쓰이는 것을 쓰시오.

해답
(1) 종류
 ① 용량식
 ② 초음파식
 ③ 광전자식
(2) 가장 많이 쓰이는 것 : 광전자식

83 보일러에 부착시키는 방호장치를 쓰시오.

해답
① 압력방출장치
② 압력제한스위치
③ 고저수위경보기

참고 산업안전보건기준에 관한 규칙 제119조(폭발위험의 방지)

84 동력전도장치의 종류를 쓰고, 방호장치 설치 요령을 쓰시오.

해답
(1) 동력전도장치의 종류
 ① 기어
 ② 벨트와 풀리
 ③ 플라이휠
 ④ 스프로킷과 체인
 ⑤ 랙과 피니언
 ⑥ 샤프트
(2) 방호장치 설치 요령
 ① 방호망 또는 방호 커버를 부착한다.
 ② 방호망책의 높이는 최저 한계 1.8[m]이고, 방호 커버는 장착이 용이하고 견고해야 한다.

85 크랭크 프레스의 페달에 U자형 덮개를 설치하는 목적을 쓰시오.

해답
근로자가 부주의로 페달을 밟거나 낙하물의 불시 낙하로 인하여 페달이 작동되어 사고가 나는 것을 막기 위함이다.

86 롤러기의 방호장치명과 설치 요령을 4가지 쓰시오.

해답
(1) 방호장치 : 급정지장치
(2) 설치 요령
 ① 조작부에 사용하는 줄은 사용중에 늘어나거나 끊어지지 않는 합성 섬유 로프이어야 한다.
 ② 로프식 조작부는 롤러의 전·후면에 각각 1개씩 로프를 설치하고 그 길이는 롤러의 길이 이상이어야 한다.
 ③ 급정지장치는 롤러의 기동장치를 조작하지 않으면 가동되지 않는 구조이어야 한다.
 ④ 조작부의 설치 위치는 다음의 위치에 설치한다(손조작 로프식은 밑면으로부터 1.8[m] 이내, 복부 조작식은 밑면으로부터 0.8~1.1[m] 이내, 무릎 조작식은 밑면으로부터 0.6[m] 이내).

87 탁상용 연삭기 덮개의 노출 각도를 4가지로 각각 구분하여 쓰시오.

해답
① 덮개의 최대 노출 각도 : 90[°] 이내
② 숫돌 주축에서 수평면 위로 이루는 원주 각도 : 65[°] 이내
③ 수평면 이하의 부분에 연삭할 경우 노출 각도 : 125[°]까지 증가
④ 숫돌의 상부 사용을 목적으로 할 경우 노출 각도 : 60[°]

88 프레스 기계의 게이트 가드식 방호장치의 특징을 4가지 쓰시오.

해답
① 일반적으로 2차 가공에 적합하다.
② 금형의 교환 빈도수가 적은 프레스에 적합하다.
③ 기계 고장에 의한 행정, 공구 파손시에도 적합하다.
④ hand in die의 작업 방식 중 가장 안전한 장치이다.

89 금속의 용접, 용단 또는 가열 작업에 사용하는 가스 등의 용기 취급시 준수사항을 쓰시오.

해답

① 용기의 온도를 40[℃] 이하로 유지할 것
② 전도의 위험이 없도록 할 것
③ 충격을 가하지 말 것
④ 운반시 캡을 씌울 것
⑤ 밸브의 개폐는 서서히 할 것
⑥ 용해 아세틸렌의 용기는 세워 둘 것
⑦ 용기 부식, 마모 또는 변형 상태를 점검한 후 사용할 것

90 목재가공용 둥근톱의 방호장치 설치 요령을 쓰시오.

해답

① 날접촉예방장치는 분할날에 대면하고 있는 부분과 가공재를 절단하는 부분 이외의 톱날을 덮을 수 있는 구조로 한다.
② 반발 방지 기구는 목재 송급 쪽에 설치하되 목재의 반발을 충분히 방지할 수 있도록 설치한다.
③ 분할날은 톱날로부터 12[mm] 이상 떨어지지 않게 설치하되 그 두께는 톱두께의 1.1배 이상이어야 한다.

91 보일러(Boiler)의 점화 전 점검사항을 쓰시오.

해답

① 수면계의 수위 조정
② 분출장치의 점검 및 방출
③ 연소장치와 통풍장치의 점검
④ 자동제어장치의 점검
⑤ 급수장치와 계통의 점검
⑥ 노 및 연도 내의 환기 점검
⑦ 압력계의 점검

92 셰이퍼(Shaper)의 안전장치를 쓰시오.

해답

① 칩받이
② 칸막이
③ 방책

93 회전을 하고 있는 롤러기의 청소시 안전 사항을 쓰시오.

해답

① 메인 스위치를 끈 다음에 롤러를 수동으로 회전시키면서 작업을 한다.
② 장갑을 착용하지 않는다.
③ 다른 한 손은 롤러에서 뗀다.

94 프레스 기계 재해 중 페달에 의한 재해 원인을 쓰시오.

해답

① 페달을 두 번 밟았다.
② 페달 위에 재료를 떨어뜨렸다.
③ 금형의 설치, 해체 또는 조정중 페달을 밟았다.
④ 페달에 발을 얹어놓은 채 작업하다가 잘못 밟았다.

95 방호장치 안전인증 고시 상, 프레스의 수인식 방호장치의 일반구조의 조건에 대해서 4가지만 쓰시오.

해답

① 손목밴드(wrist band)의 재료는 유연한 내유성 피혁 또는 이와 동등한 재료를 사용해야 한다.
② 손목밴드는 착용감이 좋으며 쉽게 착용할 수 있는 구조이어야 한다.
③ 수인끈의 재료는 합성섬유로 직경이 4[mm] 이상이어야 한다.
④ 수인끈은 작업자와 작업공정에 따라 그 길이를 조정할 수 있어야 한다.
⑤ 수인끈의 안내통은 끈의 마모와 손상을 방지할 수 있는 조치를 해야 한다.
⑥ 각종 레버는 경량이면서 충분한 강도를 가져야 한다.
⑦ 수인량의 시험은 수인량이 링크에 의해서 조정될 수 있도록 되어야 하며 금형으로부터 위험한계 밖으로 당길 수 있는 구조이어야 한다

참고 방호장치 안전인증 고시 [별표 1] 프레스 또는 전단기 방호장치의 성능기준(제4조 관련)

운반안전 일반

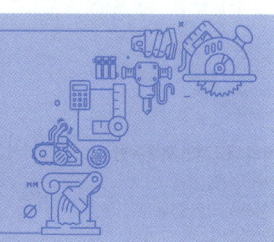

중점 학습내용

운반기계 안전에 관련된 기본적인 기초 지식을 학습하도록 하였으며 이번 실기 필답형 시험에 출제되는 그 중심적인 내용은 다음과 같다.

❶ 인력 운반의 안전
❷ 운반 작업별 안전 조치
❸ 인력 운반 작업의 재해 형태
❹ 중량물 취급시 작업계획

[표] 양중기의 방호장치의 종류

양중기의 종류	방호장치의 종류		
크레인	과부하방지장치	권과방지장치 (리밋 스위치 사용)	비상정지장치, 제동장치
이동식 크레인			제동장치
곤돌라			제동장치
리프트			비상정지장치, 조작스위치 등(근로자 탑승시)
승강기		비상정지장치, 파이널리밋스위치, 속도조절기, 출입문인터록	

1 인력 운반의 안전

1. 운반안전관리

인간의 노동은 물건을 운반하거나 물건의 형태를 변화시켜 필요성을 충족할 수 있도록 완성해 나가는 생산 활동 중의 일부분이며, 인간 활동의 근원은 일을 함으로써 물건의 가치 증진을 통한 인간 생활의 풍요로움을 추구하는 행위이다. 이러한 행위는 다음과 같은 네 가지의 가치 증진 활동으로 분류된다.

① 장소적 효용의 증진
② 시간적 효용의 증진
③ 형태적 효용의 증진
④ 소유 가치 이전의 증진

여기에서 장소적 효용의 증진이 바로 물건을 운반하는 노동이다. 이러한 운반노동을 산업 활동에 적용해 보면 다음과 같은 관계가 있다.

① 어업, 임업, 농업, 광업 등의 산업은 일반적으로 천연 자원 운반업의 일종이라 볼 수 있다.
② 운송 서비스업은 운반이나 보관 업무가 주종을 이룬다.
③ 상업은 소유의 이전과 운반 작업의 두 개의 조합 산업이다.
④ 제조, 가공업은 물건의 성질이나 형태를 변형시키는 것이 본래의 일이나 물건의 생산 공정을 분석해 보면 물건의 이동, 정체, 가공, 검사 등의 네 공정으로

합격예측

크레인의 방호조치
① 과부하방지장치
② 권과방지장치
③ 비상정지장치
④ 제동장치

합격예측

지게차를 사용하여 작업을 하는 때 작업시작전 점검사항
① 제동장치 및 조종장치 기능의 이상유무
② 하역장치 및 유압장치 기능의 이상유무
③ 바퀴의 이상유무
④ 전조등·후미등·방향지시기 및 경보장치 기능의 이상유무

> 합격날개

> 합격예측
>
> **지게차의 대표적인 재해 유형**
> ① 물체의 낙하
> ② 보행자 등과의 접촉
> ③ 차량의 전도

> 합격예측
>
> **지게차 헤드가드(head guard)의 안전기준**
> ① 강도는 지게차의 최대하중의 2배의 값(그 값이 4[t]을 넘는 것에 대하여서는 4[t]으로 한다)의 등분포정하중에 견딜 수 있는 것일 것
> ② 상부틀의 각 개부의 폭 또는 길이가 16[cm] 미만일 것
> ③ 운전자가 앉아서 조작하거나 서서 조작하는 지게차의 헤드가드는 한국산업표준에서 정하는 높이 기준 이상일 것
> (좌식 : 0.903[m], 입식 : 1.88[m] 이상)

조합되어 있다. 이 중에서 이동과 정체는 운반 관리 업무의 하나이다.

이상에서 운반 관리의 업무는 산업의 형태에 따라 여러 가지로 분류되나 비교적 규모가 적은 제조·가공업에서도 약 40[%] 정도를 점유한다.

2. 인력 운반

일반적으로 인력 운반 작업이란 수작업, 어깨 작업, 대차 운반 등의 작업으로서, 동력에 의하여 구동되는 기계·기구를 사용하지 않는 작업이 그 대상이 된다.

인력 운반은 개인의 능력에 따라 차이가 있기 때문에 그 능력의 한계 내에서 작업이 제한된다. 만일 그 한계를 초과하면 신체는 피로를 증대시켜 작업 능률을 저하시키고 산업 재해를 일으키게 된다.

이와 같은 결함을 제거하기 위하여 인력 운반을 정확한 동작 형태로 근로 조건을 개선하는 것이 인력 운반의 합리화이다. 그 결과 작업을 쾌적하고 안전하며 능률적으로 진행하는 것이 가능하게 된다. 인력 운반을 개선하기 위해서는 정확한 동작 형태로 개선하는 것과 인력 작업을 기계화하는 두 가지 방법이 있다.

3. 운반 작업의 개선

생산 현장의 합리적인 작업 공정과 통로를 배치하여 운반 거리를 최소화하고 작업 능률을 올리기 위하여 다음 사항들을 고려해야 한다.

① 재료·제품의 이동을 충분히 고려하여 생략된 운반을 중심으로 생산의 레이아웃을 고려할 것
② 운반은 최단 거리 및 직선 통로로 이동하도록 배려할 것
③ 재취급, 임시 적재 등은 가급적 없게 할 것
④ 가능한 한 작업을 결합하여 취급을 간단하게 할 것
⑤ 작업 시점에 재료를 모아 공정 중간에 저장하는 일이 없도록 계획할 것
⑥ 운반 기기의 종류를 가능한 한 적게 하고 많은 종류의 운반에도 유용하도록 할 것
⑦ 가공과 운반의 결합을 도모하여 「운반하면서 가공하고, 가공하면서 운반」이란 합리화 방안을 강구할 것
⑧ 필요에 따라 운반중 계량, 검사 설비를 할 것
⑨ 운반 통로는 가능한 직선으로 하여 막힘이 없도록 하고 통로 구획은 명료하고 교차점은 직각으로 하되 각(角)은 원형으로 하여 잘 보이도록 할 것
⑩ 통로의 설정에 있어서는 운반 빈도가 높은 곳에 설정할 것
⑪ 관련 작업은 가능한 가깝게 배치하여 다음 작업이 순조롭게 이루어지도록 레이아웃을 고려할 것
⑫ 운반 과정에서는 가능한 한 중력(重力)을 이용할 것 등이다.

4. 수작업 운반의 안전

(1) 손수레의 안전한 취급

① 안전화, 운동화 등을 사용하고 샌들 등은 사용하지 말 것
② 사용 전에 손수레의 각 부를 점검하여 차체, 차륜의 회전이 불량한 것은 사용하지 말 것
③ 바닥면 또는 구내 도로를 정비하여 돌이나 벽돌조각 등의 노상 장해물은 먼저 제거할 것
④ 적재는 가능한 중심(重心)이 밑으로 오도록 하고 수레를 움직여도 하물이 흔들리지 않도록 할 것
⑤ 하물은 자체에 그 무게가 평균적으로 가해지도록 적재하고, 전방, 후방 또는 측방에 편중되지 않도록 할 것
⑥ 적재 허용 하중을 초과해 적재하지 말 것
⑦ 난잡하게 적재하지 말 것
⑧ 전방이 안 보일 정도로 적재하지 말 것
⑨ 특히 구르기가 쉬운 하물은 도중에 떨어지지 않도록 묶어 놓을 것
⑩ 병이나 항아리 등을 운반할 때는 나무상자에 넣고 그 사이에 받침대를 넣을 것
⑪ 운전중에는 질주한다든가 돌진하지 않도록 할 것 등이다.

(2) 지렛대의 사용

① 사용 전에 깨짐, 벌레먹음, 마디 등 결함이 없는가를 점검할 것
② 사용 전에 하물이나 작업물에 미끄러지기 쉬운 것이 부착되어 있지 않나를 점검할 것
③ 손잡이가 미끄러지지 않도록 조치를 취한 다음 사용할 것
④ 하물의 치수나 중량에 적합한 것을 사용할 것
⑤ 파이프를 철제 지렛대 대신 사용하지 말 것
⑥ 통나무를 나무 지렛대 대신 사용하지 말 것 등이다.

(3) 구름대

① 구름대 사용 개수는 하물의 중량이나 작업 조건에 따라 다르나 통상 구름대의 간격을 30~50[cm] 정도로 한다.
② 구름의 양단은 15[cm] 정도 외측으로 나오도록 할 것
③ 방향을 전환한 경우는 손이나 발을 사용하지 말고 막대나 큰 망치를 사용할 것
④ 경사면에서 하물의 이동을 정지할 때는 필히 역회전방지장치(pawl)를 사용할 것

합격예측

산업안전기준에 관한 규칙 제198조(낙하물 보호구조)
사업주는 토사 등이 떨어질 우려가 있는 등 위험한 장소에서 차량계 건설기계[불도저, 트랙터, 굴착기, 로더(loader : 흙 따위를 퍼올리는 데 쓰는 기계), 스크레이퍼(scraper : 흙을 절삭·운반하거나 펴 고르는 등의 작업을 하는 토공기계), 덤프트럭, 모터그레이더(motor grader : 땅 고르는 기계), 롤러(roller : 지반 다짐용 건설기계), 천공기, 항타기 및 항발기로 한정한대]를 사용하는 경우에는 해당 차량계 건설기계에 견고한 낙하물 보호구조를 갖춰야 한다.

합격예측

지게차의 안정도
① 하역작업시의 전후 안정도 : 4[%]
   (5[t] 이상은 3.5[%])
② 주행시의 전후 안정도 : 18[%]
③ 하역작업시의 좌우 안정도 : 6[%]
④ 주행시의 좌우 안정도 : (15+1.1V)[%]
   V : 최고속도
⑤ 경사로의 안정도＝ 높이 / 수평지면 ×100

합격예측

고소작업대를 사용하여 작업을 하는 경우 작업시작전 점검 사항

① 비상정지 및 비상하강방지 장치 기능의 이상유무
② 과부하방지장치의 작동유무(와이어로프 또는 체인 구동방식의 경우)
③ 아웃트리거 또는 바퀴의 이상유무
④ 작업면의 기울기 또는 요철유무

합격예측

지게차 운행시 안전대책

① 짐을 싣고 주행시에는 저속 주행이 좋다.
② 정지시에는 반드시 마스트를 지면에 접속해 놓아야 한다.
③ 조작시에는 시동 후 5분 정도 지난 다음 한다.
④ 이동시에는 지면으로부터 마스트를 30[cm] 올리고 이동한다.
⑤ 짐을 싣고 내려갈 때는 후진으로 내려가야 한다.

---

⑤ 우중 작업일 때는 미끄럼을 방지하기 위해 모래 등을 사용할 것
⑥ 구름 작업에 동력을 사용할 경우에는 최저 속도로 끌어당길 것
⑦ 공동 작업을 할 때는 필히 작업 지휘자를 정하고 동일 종류 지렛대를 사용할 것 등이다.

2 운반 작업별 안전 조치

1. 운반 과정

운반이란 운동중에 아무런 처리나 가공없이 짐을 옮기는 것으로서 모든 사업장에서 이 과정이 진행된다. 운반 업무는 작업 사정과 사업장의 경제에도 크게 영향을 미치게 된다. 왜냐하면 운반 업무가 수행되지 않으면 생산 활동은 정지되기 때문이며, 비전문적으로 실행되고 있는 위험스런 운반들은 사고와 재해를 일으키기 때문이다.

운반 과정은 크게 다음과 같은 3단계로 이루어진다.

① 1단계 : 들어올리기
② 2단계 : 옮기기
③ 3단계 : 내려놓기

이러한 구분은 아주 간단하지만 매우 중요한 과정이다. 대부분의 사고가 들고 내릴 때 야기되는 것을 생각할 때 이에 대해 더 한층 유의해야 할 것이다.

따라서 운반 과정시 유의 사항은 다음과 같다.

① 필요한 규칙과 규정을 지킬 것이며
② 올바른 몸의 자세를 취하고
③ 기술적인 파지(把持)방식을 적용하며
④ 시작부터 완전히 끝날 때까지 주의를 하여야 한다.

[표] 차체 안정방식에 따른 지게차 분류

구분	특징
카운터밸런스형 (Counter Balance Type)	차체전방에 포크 및 마스트를 장착하고 후방에는 차체의 안정을 유지하기 위해 카운터밸런스를 장착한 것으로 전륜구동, 후륜조향 방식이 일반적(지게차의 가장 일반적인 형태)
리치형 (Reach Type)	차체의 안정은 전방으로 튀어나온 아웃트리거에 의하며, 포크가 그 아웃트리거 안을 전후방으로 움직이면서 하역작업을 하는 지게차(동력원은 배터리이며 후륜구동 및 후륜조향방식)

2. 운반시의 위험 요소와 안전 조치

(1) 들어올릴 때의 위험 요소와 안전 조치

위험 요소	발생 가능 부상	안전 조치
잡기	자상	- 거스러미 및 날카로운 모서리 제거 - 장갑 또는 가죽수갑 착용
몸을 구부려 들어 올리기	삠, 근육열상, 척추디스크	- 너무 큰 물건은 손으로 운반하지 않기 - 들어올릴 때 바른 몸자세
밖으로 미끄러 잡아당기기	긁힌 상처, 압상 또는 골절상	- 기름기 제거 또는 청소를 통해 미끄럼 위험 제거 - 잘 쥐거나 쥐는 면이 거친 부분은 장갑 사용 - 집게, 집게발 또는 자석 등의 적절한 보조공구 사용
미끄러 내리기 또는 뒤집기	긁힌 상처, 벤 상처, 압상, 절단	- 안전하게 지지하고 쌓기, 윗부분만 들어올리고 운반하기

(2) 손으로 옮길 때의 위험 요소와 안전 조치

위험 요소	발생 가능 부상	안전 조치
손으로 옮길 때 틀린 몸자세	삠, 근육열상, 척추디스크	- 자세를 바르게 하여 척추는 수직으로만 부하를 받게 한다.
여러 사람이 함께 운반시 불합리한 협조	상동, 추가하여 압상 및 골절	- 운반절차 및 지시명령 사전 합의한다. - 지시는 한 사람만이 내린다.
충돌	멍(든 상처), 압상	- 막히지 않고 충분히 넓은 길만 사용 - 성급하거나 서둘기를 피한다.
미끄러운 곳에서 넘어지기, 평평하지 않은 곳과 장애물에 걸려 넘어짐	삠, 압상, 골절, 머리부상	- 길을 안전하게 딛을 수 있게 설치하고 유지한다. - 정리 정돈 및 청결 유지에 유의한다. - 웅덩이와 같이 평평하지 않은 곳과 장애물들은 즉시 제거한다.
짐 때문에 시야가 가려짐	멍, 추락부상	- 짐을 운반시에는 장애물 및 평평하지 않은 곳을 알아볼 수 있는 상태로 하여 운반한다. - 시야를 가리는 짐은 계단이나 사다리를 통해 운반하지 않는다.
통(용기) 같은 둥근 짐의 운반	자상 및 압상	- 손바닥으로만 잡는다. - 통의 가장자리는 잡지 않는다. - 장갑을 낀다.

> **합격예측**
>
> **크레인의 설치, 조립, 수리, 점검 또는 해체작업시 조치해야 할 사항**
>
> ① 작업순서를 정하고 그 순서에 의하여 작업을 실시할 것
> ② 비·눈 그 밖의 기상상태의 불안정으로 인하여 날씨가 몹시 나쁠 때에는 그 작업을 중지시킬 것
> ③ 작업장소는 안전한 작업이 이루어질 수 있도록 충분한 공간을 확보하고 장애물이 없도록 할 것
> ④ 들어올리거나 내리는 기자재는 균형을 유지하면서 작업을 실시하도록 할 것
> ⑤ 크레인의 능력, 사용조건 등에 따라 충분한 응력을 갖는 구조로 기초를 설치하고 침하 등이 일어나지 아니하도록 할 것
> ⑥ 규격품인 조립용 볼트를 사용하고 대칭되는 곳을 순차적으로 결합하고 분해할 것

합격예측

달비계의 와이어로프 사용금지 기준
① 이음매가 있는 것
② 와이어로프의 한 꼬임[스트랜드(strand)를 말한다. 이하 같다]에서 끊어진 소선(素線)[필러(pillar)선은 제외한다]의 수가 10[%] 이상(비자전로프의 경우에는 끊어진 소선의 수가 와이어로프 호칭지름의 6배 길이 이내에서 4개 이상이거나 호칭지름 30배 길이 이내에서 8개 이상)인 것
③ 지름의 감소가 공칭지름의 7[%]를 초과하는 것
④ 꼬인 것
⑤ 심하게 변형 또는 부식된 것
⑥ 열과 전기충격에 의해 손상된 것

합격예측

달기 체인(늘어난 달기체인) 사용금지 기준
① 달기 체인의 길이가 달기 체인이 제조된 때의 길이의 5[%]를 초과한 것
② 링의 단면지름이 달기 체인이 제조된 때의 해당 링의 지름의 10[%]를 초과하여 감소한 것
③ 균열이 있거나 심하게 변형된 것

(3) 운반 용기로 옮길 때의 위험 요소와 안전 조치

위험 요소	발생 가능 부상	안전 조치
부적절한 운반기구의 사용	적재물 또는 운반설비의 종류와 중량에 따라서 경상에서부터 사망까지	-적절한 운반기구만을 사용하여 작업한다. -압력용기에는 수레(cart)만 사용한다. -박스와 차두에는 백트럭(bag truck)을 사용한다.
결함 있는 운반기구		-손상된 운반기구는 더 이상 사용하지 않으며 수리 필요성을 알린다.
차 또는 수레에 잘못 적재	적재물 또는 운반설비의 종류와 중량에 따라서 경상에서부터 사망까지	-항상 중앙 위치에 적재한다. -길을 막지 않고 터둔다. -길을 표시한다. -항상 충분히 넓고 막히지 않은 길만을 사용한다.
충돌 및 차로 들이받음		
바닥이 평평하지 않음		-지면 차이와 웅덩이 구멍, 문턱과 같이 크게 평평하지 않은 곳을 제거한다. -적게 평평하지 않은 곳에는 고무 또는 공기 타이어를 사용한다.
바닥 위 장애물		-정리상태 및 청결을 유지한다.
안전장치가 안 되어 짐이 떨어짐		-안전한 짐의 수용장치를 사용한다. -측면벽, 살대, 매는 밧줄, 체인, 빗장 등을 사용하여 짐을 안전하게 한다. -적절한 운반용기를 사용한다.
커브길 같은 곳에서 과속		-적재물이 넘어지거나 미끄러지지 않도록 커브에서는 속도를 줄인다.
과적(過積)		-운반기구의 적재량을 준수한다. -운반용기 등의 용적량을 초과하지 않는다. -운반용기들은 충분한 숫자로 비치한다.

[표] 동력원에 따른 지게차의 분류

구분	특징
디젤 엔진식	배기가스가 분출되며 소음이 상대적으로 커 점차 전동식으로 대체(카운터밸런스형 지게차의 일반적인 형태)
LPG·가솔린 엔진식	유해 배기가스가 디젤엔식에 비하여 상대적으로 적어서 점차 사용이 확대
전동식	유해 배기가스가 발생하지 않고 소음이 적은 환경친화형 장비이며, 주로 실내작업용으로 사용 ① 장점 : 보수유지비가 저렴하며, 운전조작이 쉬움 ② 단점 : 배터리 용량에 한계가 있어 장시간 연속작업시는 일정 시간마다 배터리 교체

(4) 짐을 내릴 때의 위험 요소와 안전 조치

위험 요소	발생 가능 부상	안전 조치
전복(넘어짐)	자상, 멍, 압상, 경하고 중한 절단부상	- 전복방지 방호조치를 취한다. - 짐을 가급적 눕힌다. - 짐의 가장 넓은 면을 놓이게 한다.
밖으로 미끄러지거나 아래로 미끄러져 내림		- 청소 또는 기름기 제거 등을 통해 미끄러지는 위험을 없앤다. - 쥠 효과가 좋은 장갑을 사용한다. - 집게, 집게발, 자석 등의 적절한 보조 공구를 사용한다.
밑을 잡을 때 끼워 물리거나 짓눌림(압상)	손가락이나 손의 상처	- 모서리를 돌려서 잡는다.
밑으로 가라앉거나 평평하지 못한 정치(定置)		- 지지력이 있고 평평한 면적 또는 받침 이용 - 체력으로 지지하기가 불가능한 짐은 수동운반기구로 옮기지 않는다.
tipping cart, tipping bar, edge iron 등의 운반기구를 위로 젖힘	멍(부음), 절단, 얼굴 및 눈의 부상	- 신체와 신체부위를 가능한 한 충격범위 밖에 유지한다.

> **합격예측**
>
> **옥내작업장에 비상시 근로자에게 신속하게 알리기 위한 경보설비 또는 기구를 설치해야 하는 조건**
> 연면적이 400[m²] 이상이거나 상시 50인 이상의 근로자가 작업하는 경우

> **합격예측**
>
> **곤돌라의 자율안전확인에서 제작 및 안전기준에 해당하는 곤돌라의 명판에 표시해야 하는 사항**
> ① 적재하중
> ② 형식번호
> ③ 제조번호
> ④ 제조연월
> ⑤ 제조자명
> ⑥ 자율안전확인 표시

> **합격예측**
>
> **지게차의 주행시 좌우 안정도**
> (15+1.1V)[%]
> 여기서,
> V : 최고속도(km/hr)

3. 올바른 운반 작업

운반 작업은 전문작업이다. 몇 년 동안 배우지 않을지라도 운반 작업을 부수적인 작업으로 수행할 경우에는 세심한 지도와 작업 안내가 필요하다.

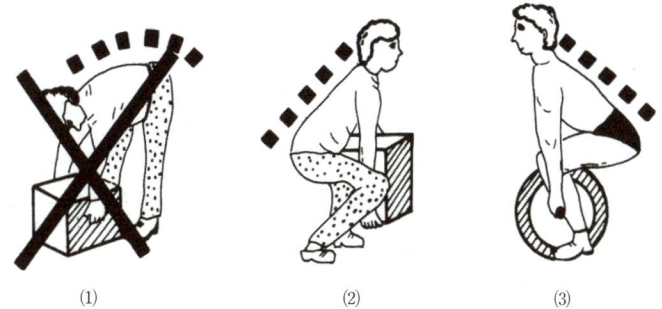

(1) : 많은 요통은 물건을 잘못 들어올린 데서 발생한다. 따라서 물건을 들 때는 등을 굽히지 않고, 상체를 앞으로 기울이지 않으며 절대로 짐을 충격적으로 들어올려서는 안 된다.
(2)와 (3) : 물건을 바르게 들어올리면 허리가 보호된다. 따라서 경험 많은 역도 선수처럼 들어올린다. 상체를 곧게 세우고 등을 반듯이 하여 무릎을 굽힌 자세에서 들어올린다. 짐을 가급적 몸 가까이 가져온다.

[그림] 들어올리기 올바른 자세 예

> 합격예측
>
> **양중기의 와이어로프, 달기체인 안전계수**
> ① 근로자가 탑승하는 운반구를 지지하는 달기와이어로프 또는 달기체인 경우 : 10 이상
> ② 화물의 하중을 직접 지지하는 경우 : 5 이상
> ③ 훅, 샤클, 클램프, 리프팅빔의 경우 : 3 이상
> ④ 그 밖의 경우 : 4 이상

> 합격예측
>
> **양중기 슬링 와이어로프의 한 가닥에 걸리는 하중을 계산하는 공식**
>
> 하중 = $\dfrac{\text{화물의 무게}(W_1)}{2} \div \cos\dfrac{\theta}{2}$

사람의 척추는 몸을 똑바로 세우기 위해서 만들어졌으며, 물건을 들어올리는 데는 적합한 것이다. 등의 부상을 막기 위해서는 가능한 한 상체를 곧게 세우고 등을 반듯이 하여 충격이 없이 무릎을 굽힌 자세에서 짐을 들어올리거나 내려놓아야 한다.

짐을 들어올릴 때 정적인 부하에 추가적으로 동적 부하가 걸리기 때문에 충격이 없어야 한다.

충격적으로 들어올리면 부하가 본래의 짐 무게의 두 배 이상으로 증가할 수 있으며, 짐 무게가 적을 때에도 디스크에 위험한 정도의 부하를 줄 수 있다.

등을 구부려 짐을 들 때 외에도 척추는 허리를 오목하게 뒤로 젖힐 때와 몸통을 돌림과 동시에 물건을 들 때도 위태롭다. 또 축방향으로 몸을 기울이는 것도 척추에, 특히 디스크에 좋지 못한 부하가 된다.

아래 그림은 위험한 인양 자세를 나타낸 것으로 (1)은 짐을 나를 때와 자동차를 밀 때나 끌 때 허리를 오목하게 뒤로 젖히는 자세이며, (2)는 무거운 짐을 들고 놓을 때 척추를 돌리는 자세이다. (1) (2) 모두 위험한 자세이므로 절대로 피해야 한다.

척추에 대한 부하와 근육 작업을 가급적 줄이기 위하여 물건을 들고 움직이고 내려놓을 때 다음의 규칙을 지켜야 한다.

① 등을 반듯이 편 상태에서만 물건을 들어올리고 내린다.
② 필요한 경우 운반 작업은 대퇴부 및 둔부 근육에만 부하를 주는 상태에서 무릎을 쪼그려 수행한다.
③ 물건을 올리고 내릴 때 움직이는 높이의 차이를 피한다.
④ 몸에는 대칭적으로 부하가 걸리게 한다.
⑤ 짐을 몸에 가까이 붙여 든다.
⑥ 가능하면 벨트, 운반대, 운반멜대 등과 같은 보조구를 사용한다.
⑦ 운반할 때는 몸을 반듯이 편다.

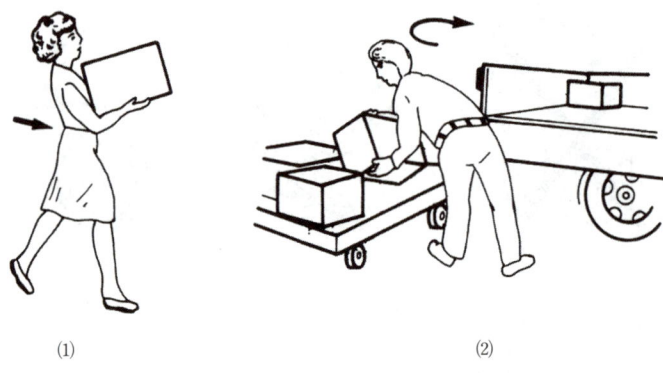

[그림] 위험한 인양 자세 예

또한 여러 사람이 공동으로 운반할 때는 추가로 다음 사항을 지켜야 한다.
① 물건을 들어올리고 내릴 때 행동을 동시에 한다.
② 모든 사람에게 균등한 부하가 걸리게 한다.
③ 긴 짐은 같은 쪽의 어깨에 올려서 나른다.
④ 최소한 한 손으로는 짐을 받친다.
⑤ 명령과 지시는 한 사람이 내린다.
⑥ 3명 이상일 때는 절대적으로 발을 맞추어야 한다.

4. 간단한 보조구를 사용한 수동 운반

운반 작업을 용이하게 하기 위한 간단한 보조구들이 있다. 이들은 자체가 무겁지 않으며 간단한 취급으로 다음 사항이 가능하도록 제작되어 있다.
① 짐을 안전하게 수용하며, 굳게 붙잡는다.
② 용이한 운반이 가능하다.
③ 부상, 특히 자상 및 압상 위험에 의한 부상을 예방한다.

가벼운 짐의 운반을 위한 보조구들의 예를 들어 보면 다음과 같다.
① 손자석
② 수동 사이펀
③ 운반 집게(클램프)
④ 운반 벨트

무거운 짐의 경우에는 다음의 보조구들을 사용한다.
① 아이언 바(iron bar)
② 에지 아이언(edge iron)
③ 롤러 아이언 바(roller iron bar)
④ 롤러
⑤ 롤러 바퀴

합격예측

승강기의 방호장치
① 과부하방지장치
② 비상정지장치
③ 파이널리밋스위치
④ 속도조절기
⑤ 출입문인터록

합격예측

양중기 달기체인의 사용금지 기준
① 달기체인의 길이의 증가가 그 달기체인이 제조된 때의 길이의 5[%]를 초과한 것
② 링의 단면지름의 감소가 그 달기체인이 제조된 때의 해당 링의 지름의 10[%]를 초과한 것
③ 균열이 있거나 심하게 변형된 것

3 인력 운반 작업의 재해 형태

중량물을 인력으로 운반하는 과정에서 발생할 수 있는 재해의 형태는 요추 염좌에 의한 요통, 끼임(협착), 맞음(낙하), 접촉(충돌) 등을 들 수 있다. 이 중에서도 가장 대표적인 것이 요추 염좌에 의한 요통으로서 어느 사업장에서나 흔히 발생하고 그 숫자도 증가 추세에 있으므로 그 예방 대책이 시급하다.

1. 요추 염좌에 의한 요통

물건을 무리하게 또는 갑작스럽게 들어올리거나 운반하다가 허리를 삐어 발생한다.

2. 끼임(협착·부딪힘·압상)

중량물을 들어올리거나 내릴 때 손 또는 발이 취급 중량물과 지면, 건축물 등에 끼어 발생한다.

3. 맞음(낙하)

중량물을 들어올리거나 운반하다 힘에 겨워 중량물을 떨어뜨려 발생한다.

4. 부딪힘, 접촉(충돌)

물건을 운반하는 중에 다른 사람과 부딪쳐서 발생한다.

4 중량물 취급 시 작업계획

(1) 작업계획의 작성

① 사업주는 중량물을 취급하는 작업을 하는 경우에는 그 작업에 따른 추락, 낙하, 전도, 협착 및 붕괴 등의 위험을 예방할 수 있는 안전대책에 관한 작업계획서를 작성하고 이를 준수하여야 한다.
② 사업주는 제1항의 작업계획서를 작성하는 때에는 작업계획의 내용을 해당 근로자에게 주지시켜야 한다.

(2) 경사면에서의 중량물 취급

① 구름멈춤대·쐐기 등을 이용하여 중량물의 동요나 이동을 조절할 것
② 중량물이 구르는 방향인 경사면 아래로는 근로자의 출입을 제한할 것

합격예측

컨베이어 등을 사용하여 작업을 하는 때 작업시작전 점검해야 할 사항
① 원동기 및 풀리기능의 이상유무
② 이탈 등의 방지장치기능의 이상유무
③ 비상정지장치 기능의 이상유무
④ 원동기·회전축·기어 및 풀리 등의 덮개 또는 울 등의 이상유무

합격예측

양중기의 안전기준에서 순간풍속이 매 초당 30[m]를 초과하는 폭풍 등에 의한 안전조치 사항

시기	조치사항
바람이 예상될 경우	주행크레인의 이탈방지장치 작동
바람이 불어 온 후	작업전 크레인의 이상유무 점검 건설용 리프트의 이상유무 점검

[표] 와이어로프의 꼬임

구분	보통꼬임(Ordinary)	랭꼬임(Lang's lay)
개념	스트랜드의 꼬임 방향과 로프의 꼬임 방향이 반대로 된 것	스트랜드의 꼬임방향과 로프의 꼬임방향이 동일한 것
특성	① 소선의 외부길이가 짧아 쉽게 마모 ② 킹크가 잘 생기지 않으며 로프자체 변형이 적음 ③ 하중에 대한 큰 저항성 ④ 선박, 육상 등에 많이 사용되며, 취급이 용이	① 소선과 외부의 접촉길이가 보통꼬임에 비해 김 ② 꼬임이 풀리기 쉽고, 킹크가 생기기 쉬움 ③ 내마모성, 유연성, 내피로성이 우수

① 보통 Z꼬임　② 보통 S꼬임　③ 랭Z꼬임　④ 랭S꼬임

[그림] 와이어 로프 꼬는 방법

보충학습

산업재해 발생 분류 기준

(1) 두 가지 이상의 발생형태가 연쇄적으로 발생된 재해의 경우에는 상해결과 또는 피해를 크게 유발한 형태로 분류한다.
   ① 재해자가 「전도」로 인하여 기계의 동력전달부위 등에 「협착」되어 신체부위가 「절단」된 경우에는 「협착」으로 분류한다.
   ② 재해자가 구조물 상부에서 「전도」로 인하여 「추락」되어 두개골 골절이 발생한 경우에는 「추락」으로 분류한다.
   ③ 재해자가 「전도」 또 「추락」으로 물에 빠져 익사한 경우에는 「유해·위험물질 노출·접촉」으로 분류한다.
   ④ 재해자가 전주에서 작업 중 「전류접촉」으로 「추락」한 경우 상해결과가 골절인 경우에는 「추락」으로 분류하고, 상해결과가 전기쇼크인 경우에는 「전류접촉」으로 분류한다.
(2) 기계의 구동축, 회전체 등 주요 부위의 파단, 파열 등으로 재해가 발생한 경우에는 상해를 입한 물체의 운동 형태에 따라 「낙하」, 「비래」 등으로 분류한다.
(3) 「추락」과 「전도」의 분류는 다음과 같이 적용한다.
   ① 재해 당시 바닥면과 신체가 떨어진 상태로 더 낮은 위치로 떨어진 경우에는 「추락」으로, 바닥면과 신체가 접해 있는 상태에서 더 낮은 위치로 떨어진 경우에는 「전도」로 분류한다.
   ② 신체가 바닥면과 접해 있었는지 여부를 알 수 없는 경우에는 작업발판 등 구조물의 높이가 보폭(약 60[cm]) 이상인 경우에는 신체가 구조물과 바닥면에서 떨어진 것으로 판단하여 「추락」으로 분류하고, 그 보폭 미만인 경우는 「전도」로 분류한다.
(4) 「낙하·비래」, 「이상온도 노출·접촉」 또는 「유해·위험물질 노출·접촉」의 분류는 다음과 같이 적용한다.
   ① 물체 또는 물질이 낙하 또는 비래되어 타박상 등의 상해를 입었을 경우에는 「낙하·비래」로 분류한다.
   ② 고·저온 물체 또는 물질이 낙하·비래되어 화상을 입었을 경우에는 「이상온도 노출·접촉」으로 분류한다.
   ③ 낙하·비래 또는 비산된 물체 또는 물질의 특성에 의하여 상해를 입은 경우에는 「유해·위험물질 노출·접촉」으로 분류한다.
(5) 「폭력행위」와 「유해·위험물질 노출·접촉」의 분류는 다음과 같이 적용한다. 개, 뱀 등 동물에게 물려 광견병, 독성물질 중독이 발생한 경우에는 발생형태를 「유해·위험물질 접촉」으로 분류하고, 감염은 없이 찔림 정도의 교상만 발생한 경우에는 「폭력행위」로 분류한다.
(6) 「폭발」과 「화재」의 분류
   폭발과 화재, 두 현상이 복합적으로 발생된 경우에는 발생형태를 「폭발」로 분류한다.
(7) 사망·부상원인 및 상해결과 등 직접적 요인 파악이 어려운 경우에는 다음 순서에 의거 분류한다.
   폭력행위→폭발→화재→전류접촉→유해·위험물질 접촉 순으로 특정 사고를 우선하여 분류

세부항목 03 운반안전 일반 출제예상문제

01 다음 용어를 간략하게 정의하여 쓰시오.
① 달아올리기 하중 ② 규정 하중
③ 적재 하중   ④ 정격 속도

해답
① 달아올리기 하중 : 크레인, 이동식 크레인 또는 데릭의 구조 및 재료에 따라 부하시킬 수 있는 최대 하중을 말한다.
② 규정 하중 : 지브(jib)를 갖지 않는 크레인, 또는 붐(boom)을 갖지 않는 데릭에 있어서는 달아올리기 하중으로부터 지브를 갖는 크레인(이하 지브 크레인이라 함), 이동식 크레인 또는 붐을 갖는 데릭에 있어서는 그 구조 및 재료와 아울러 지브 혹은 붐의 경사각 및 길이 또는 지브 위에 놓이는 도르래의 위치에 따라 부하시킬 수 있는 최대 하중으로부터 각각 훅(hook), 버킷(buket) 등의 달아올리기 기구의 중량에 상당하는 하중을 뺀 하중을 말한다.
③ 적재 하중 : 엘리베이터, 간이 리프트 또는 건설용 리프트의 구조 및 재료에 따라서 운반기에 사람 또는 짐을 올려놓고 승강시킬 수 있는 최대 하중을 말한다.
④ 정격 속도 : 크레인, 이동식 크레인 또는 데릭에 있어서는 그것에 정규 하중에 상당하는 하중의 짐을 달아올리기, 주행, 선행 트롤리(trolley)의 횡행(橫行) 등의 작동을 행하는 경우에 있어서 각각 최고의 속도와, 엘리베이터, 간이 엘리베이터 또는 건설용 리프트에 있어서는 운반기의 적재 하중에 상당하는 하중의 짐을 상승시키는 경우의 최고속도를 말한다.

02 승강기의 방호장치인 파이널 리밋 스위치를 설명하고 그 성능을 쓰시오.

해답
(1) 파이널 리밋 스위치의 정의 : 파이널 리밋 스위치란 카가 승강로의 상부에 있을 경우 바닥에 충돌하는 것을 방지해 주는 장치를 말한다.
(2) 파이널 리밋 스위치의 성능
① 자동적으로 동력을 차단하여 작동을 제어하는 기능을 가지고 있는 것일 것
② 용이하게 조정하거나 점검을 할 수 있는 구조일 것

03 크레인에 설치할 권과방지장치가 갖추어야 할 성능을 쓰시오.

해답
① 과부하를 방지하기 위하여 자동적으로 동력을 차단하고 작동을 제동하는 기능을 가진 것일 것
② 훅, 글러브, 버킷 등 달기기구의 상부와 드럼, 로프카, 트로피 프레임, 그 밖에 해당 상부가 접촉할 우려가 있는 하부와의 간격이 0.25[m]가 되도록 조정할 수 있는 구조일 것
③ 용이하게 점검할 수 있는 구조일 것
④ 점검이 개방되면 권과가 방지되는 구조로 할 것

04 리프트의 체인이 갖추어야 할 조건을 쓰시오.

해답
① 체인의 안전율은 5 이상일 것
② 신장률은 제조 당시 길이의 5[%] 이하일 것
③ 킹크의 단면 감소가 제조 당시 단면 지름의 10[%] 이하일 것
④ 균열이 없을 것

05 승강기에 부착해야 할 하는가. 또 안전장치를 3가지 쓰시오.

해답
① 과부하방지장치
② 비상정지장치
③ 인터로크장치

06 곤돌라, 컨베이어, 크레인, 데릭의 방호장치를 구분해서 쓰시오.

해답

(1) 곤돌라(Gondola)
   ① 권과방지장치
   ② 비상정지장치
   ③ 경보장치
   ④ 브레이크(Brake)장치
(2) 컨베이어
   ① 비상정지장치
   ② 덮개 또는 울
(3) 크레인
   ① 권과방지장치
   ② 과부하방지장치
   ③ 경보장치
   ④ 경사각지시장치
   ⑤ 해지장치
   ⑥ 안전벨트
(4) 데릭
   ① 권과방지장치
   ② 과부하방지장치
   ③ 경보장치
   ④ 브레이크

07 400[kg]의 하물을 두 줄 걸이 로프로 상부 각도 60°의 각으로 들어올릴 때 와이어 로프의 한 줄에 걸리는 하중을 구하시오.

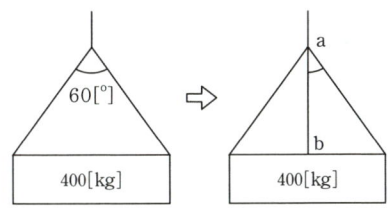

해답

$\theta = \dfrac{60°}{2} = 30°$, $b = \dfrac{400}{2}[kg] = 200[kg]$

그러므로 $\dfrac{b}{a} = \cos\theta$에서

$a = \dfrac{b}{\cos\theta} = \dfrac{200}{\cos 30°} = \dfrac{200}{\frac{\sqrt{3}}{2}} = \dfrac{400}{\sqrt{3}} = 231[kg]$

08 포크리프트 작업시 안전 대책을 쓰시오.

해답

① 통로의 경사도를 고려한다.
② 마스트 뒤편에 낙하 방지 가드를 설치한다.
③ 운전석 상부에 헤드 가드(head guard)를 설치한다.
④ 차량의 안정도를 유지한다.
⑤ 운전중 급브레이크를 피한다.

09 차량계 하역 운반 기계 작업시 작업 방법을 쓰시오.

해답

① 운전자 외의 탑승을 금지한다.
② 작업 지휘자를 배치한다.
③ 적재 제한을 지킨다.
④ 속도 제한을 지킨다.
⑤ 급발진, 급정차 또는 급선회를 금한다.

10 리프트 체인의 구비 조건을 쓰시오.

해답

① 체인의 안전율은 5 이상일 것
② 신장률은 제조 당시 길이의 5[%] 이하일 것
③ 킹크의 단면 감소가 제조 당시 단면 지름의 10[%] 이하일 것
④ 균열이 없을 것

11 곤돌라의 방호장치를 쓰시오.

해답

① 권과방지장치
② 과부하방지장치
③ 제동장치
④ 경보장치

12 이동식 크레인의 고리걸이 용구 섬유 로프의 제한 사항을 쓰시오.

해답

① 꼬임이 끊어진 것
② 심하게 손상 또는 부식된 것

13 컨베이어의 방호장치를 3가지 쓰시오.

> **해답**
> ① 이탈 및 역주행방지장치
> ② 비상정지장치
> ③ 덮개, 울

14 리밋 스위치(Limit switch)를 설명하고 종류를 쓰시오.

> **해답**
> (1) 리밋 스위치 : 기계 설비의 안전장치에서 과도하게 한계를 벗어나 계속적으로 감아올리거나 하는 일이 없도록 제한해 주는 장치이다.
> (2) 종류
>   ① 과부하방지장치
>   ② 권과방지장치
>   ③ 과전류차단장치
>   ④ 압력제한장치

15 양중기의 종류 4가지를 쓰시오.

> **해답**
> ① 크레인
> ② 이동식 크레인
> ③ 리프트
> ④ 곤돌라
> ⑤ 승강기

16 산업안전보건법의 컨베이어의 방호장치를 쓰시오.

> **해답**
> ① 이탈 및 역주행방지장치
> ② 비상정지장치
> ③ 덮개, 울

17 크레인의 와이어 로프에 3[ton]의 중량을 걸어 20[m/s²]의 가속도로 감아올릴 때 로프에 걸리는 총 하중은?

> **해답**
> $W = W_1 + W_2$
> 여기서, W : 총하중
> W_1 : 정하중
> W_2 : 동하중 $= \left(\dfrac{W_1 \times a}{g}\right)$
> $\therefore W = W_1 + \dfrac{W_1 \times a}{g}$
> $= 3{,}000 + \dfrac{3{,}000 \times 20}{9.8} = 9{,}122.45\,[\text{kg}]$

18 양중기의 과부하방지장치 및 권과방지장치 기능을 쓰시오.

> **해답**
> ① 과부하방지장치 : 정격 하중 이상으로 적재될 경우 동작이 정지될 것
> ② 권과방지장치 : 권상용 와이어 로프가 어느 정도 감기게 되면 자동적으로 스위치가 끊어져 권상용 전동기의 회전을 멈추도록 할 것

19 승강기에 설치해야 할 방호장치를 쓰시오.

> **해답**
> ① 과부하방지장치
> ② 비상정지장치
> ③ 출입문 인터로크
> ④ 경보장치
> ⑤ 파이널 리밋 스위치
> ⑥ 속도조절기

20 크레인에 설치해야 하는 과부하방지장치의 종류를 쓰시오.

> **해답**
> ① 기계식 과부하방지장치
> ② 전기식 과부하방지장치
> ③ 전자식 과부하방지장치

21 리프트의 종류를 4가지 쓰시오.

해답

① 건설용 리프트
② 산업용 리프트
③ 자동차정비용 리프트
④ 이삿짐운반용 리프트

22 구내 운반차 사용시 준수 사항을 쓰시오.

해답

① 주행을 제동하거나 정지상태를 유지하기 위하여 유효한 제동장치를 갖출 것
② 경음기를 갖출 것
③ 운전석이 차 실내에 있는 것은 좌우에 한개씩 방향지시기를 갖출 것
④ 전조등과 후미등을 갖출 것. 다만, 작업을 안전하게 하기 위하여 필요한 조명이 있는 장소에서 사용하는 구내운반차에 대해서는 그러하지 아니하다.

23 압력용기의 (1) 방호장치, (2) 설치방법을 쓰시오.

해답

(1) 방호장치 : 압력방출장치
(2) 압력방출장치의 설치방법
 ① 다단형 압축기 또는 직렬로 접속된 공기압축기에는 각 단마다 설치한다.
 ② 압력용기의 최고사용압력 이전에 작동되도록 설정하여야 한다.
 ③ 1년에 1회 이상 국가 교정기관으로부터 교정을 받은 압력계를 이용하여 토출압력시험 후 납으로 봉인하여 사용하여야 한다.

24 공기 압축기 운전 개시 전 주의사항을 쓰시오.

해답

① 압축기에 부착된 볼트, 너트 등의 조임 상태 점검
② 냉각수 계통의 밸브를 열어 냉각수의 순환 상태 점검
③ 크랭크 케이스 등에 규정량의 윤활유 공급 여부 점검
④ 압력 조절 밸브, 드레인 밸브를 전부 열어 압력 지시 이상 유무 확인
⑤ 압력계 및 온도계 이상 유무 확인

25 공기 압축기 운전 중 주의사항을 쓰시오.

해답

① 압력계의 지시 상태
② 각 단의 흡입, 토출가스 온도 상태
③ 냉각수량 변화
④ 실린더 주유기의 급유 상태와 유량조절
⑤ 윤활유 압력의 변화
⑥ 드레인의 색깔 변화
⑦ 각 부의 소음, 진동 상태
⑧ 자동장치의 작동 상태

26 승강기 종류 5가지를 쓰시오.

해답

① 승객용 엘리베이터
② 승객화물용 엘리베이터
③ 화물용 엘리베이터
④ 소형화물용 엘리베이터
⑤ 에스컬레이터

녹색직업 녹색자격증 코너

실패하지 않을 수 있는 유일한 길

처음부터 잘되는 일은 아무것도 없다.
실패, 또 실패, 반복되는 실패는 성공으로 가는 길의 이정표다.
당신이 실패하지 않을 수 있는 유일한 길은 당신이 아무런 시도도 하지 않는 것이다.
사람들은 실패하면서 성공을 향해 나간다.

− 찰스 F. 케터링(Charles F. Kettering)

실패를 어떻게 바라보는가 하는 관점의 차이가
더 큰 성공 여부를 가른다는 생각을 해봅니다.
글로벌 기업의 위대한 경영자들이 실패를 장려하고,
실패를 통한 학습이라는 긍정적 관점에서 실패를 바라보는 이유는 실패야말로 성공으로 가는 이정표이기 때문입니다.

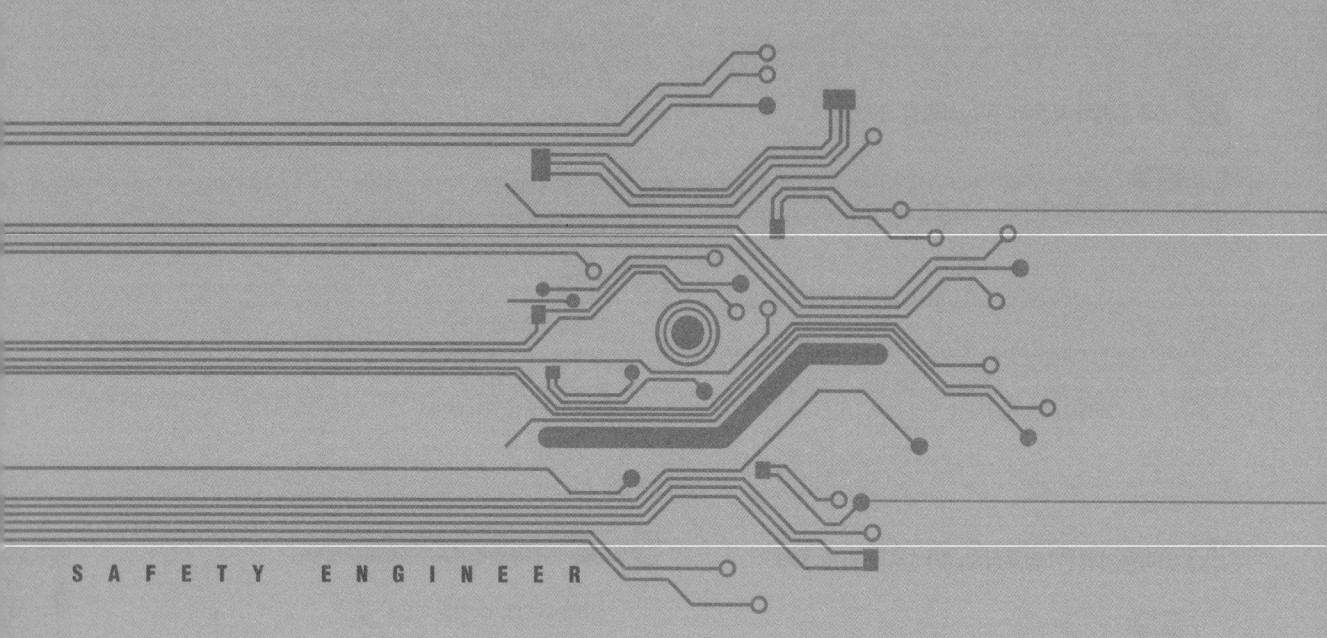

정전기 위험 및 전기방폭 관리, 전기작업 안전관리

세부항목 01 감전 재해
● 출제예상문제

세부항목 02 전기 설비 및 작업 안전
● 출제예상문제

세부항목 03 전기 화재 및 정전기 재해
● 출제예상문제

세부항목 04 전기 설비의 방폭
● 출제예상문제

세부항목 01 감전 재해

중점 학습내용

감전 재해에 관련된 기본적인 기초 지식을 학습하도록 하였으며 이번 실기 필답형 시험에 출제되는 그 중심적인 내용은 다음과 같다.
❶ 전기 재해의 개요
❷ 감전 재해 방지대책

[표] 통전 경로별 위험도

통전경로	위험도	통전경로	위험도
왼손-가슴	1.5	왼손-등	0.7
오른손-가슴	1.3	한손 또는 양손- 앉아 있는 자리	0.7
왼손-한발 또는 양발	1.0	왼손-오른손	0.4
양손-양발	1.0	오른손-등	0.3
오른손-한발 또는 양발	0.80		

합격예측

전압의 종별

구분	직류[V]	교류[V]
저압	1,500 이하	1,000 이하
고압	1,500 초과 7,000 이하	1,000 초과 7,000 이하
특별고압	7,000 넘는 것	7,000 넘는 것

용어정의

안전전압
회로의 정격전압이 일정 수준 이하의 낮은 전압으로 절연파괴 등의 사고시에도 인체에 위험을 주지 않게 되는 전압으로 우리나라는 통상 30[V]로 정하고, 감전방지를 위해 누전차단기 및 절연방호장치 등을 설치하도록 규정하고 있다.

1 전기 재해의 개요

일반적으로 전기 재해는 인체에 직접 전기가 흘러 발생하는 감전 재해와 전기가 점화원으로 작용하여 발생되는 화재·폭발 및 정전기, 전자기파에 의한 자동화 전기 기계·설비의 오동작 등이 있다.

감전에 의한 재해는 그 빈도수에 있어서 전체 산업 재해 중 차지하는 비율은 높지 않으나 심각한 잠재적 사고 위험 요인을 내포하고 있어 재해 중 가장 많은 비율을 차지하는 기계적 위험과는 달리 전기적 위험은 몇 가지 고유한 특성을 가지고 있다.

① 전기적 위험의 감지가 어렵다는 것이다. 즉, 전기는 눈에 보이지도 않고 소리라든가 냄새도 맡을 수 없을 뿐만 아니라 손으로 확인할 수도 없기 때문에 더욱 위험하다고 할 수 있다.

② 높은 사망률이며 이는 몇분 이내에 죽음에까지 이를 수 있다. 전기 재해는 일반적으로 다른 재해에 비하여 발생률은 낮으나 일단 재해가 발생하면 사망할 위험이 높으며, 또 다행히 생명은 구출되어도 일생 동안 불구자가 될 가능성이 높다. 그것은 감전되었을 때 호흡 정지, 심장 마비, 근육이 수축되는 등의 신체 기능 장애와 그에 따른 추락 등으로 인한 2차 재해 때문이다.

1. 전기 재해의 분류

전기 안전은 전기 재해를 방지함은 물론 전기를 안전하게 활용하는 것, 즉 전기를 안전하게 공급하고 사용하는 것을 말한다. 그러므로 발전, 송전, 배전 등 전기를 공급하는 분야에서부터 전기를 수전하여 사용하는 자가용 전기 시설 및 일반 가정 등의 소비분야에 이르기까지 모든 분야에서 재해나 고장으로 인한 불안감없이 안심하게 전기를 사용하여야 한다.

전기에 관계되는 재해는 크게 전기 재해, 정전기 재해 및 낙뢰 재해로 나눌 수 있으며 전기 재해에는 감전, 아크의 열복사 등에 의한 화상, 화재 그리고 전기 설비의 손괴 및 기능의 일시 정지가 있다.

2. 위험 전압과 안전 전압

(1) 전원과 인체의 접촉 형태

어떠한 형태이든 전원과 인체가 접촉되어야 전압이 인체에 인가되고 따라서 인체를 통과하는 전류가 일정 수준 이상이면 감전을 유발하게 된다. 접촉되는 형태는 여러 가지로 분류가 가능하나 전기 안전을 위한 대책의 관점에서 크게 직접 접촉 형태와 간접 접촉 형태로 분류된다.

직접 접촉 형태는 평상시 충전되어 있는 충전부에 인체의 일부가 직접 접촉하여 전압이 인가되는 형태로 활선 작업중 부주의 또는 정전 작업중 타인이 전원 스위치를 투입하였을 때 자주 발생하는 형태이다.

간접 접촉 형태는 전선의 피복 절연 손상 또는 아크 발생에 의하여 평상시 충전되지 않은 기기의 금속제 외함 등에 누전이 되어 있는 상태에서 인체의 일부가 이 외함과 접촉하여 인체에 전압이 인가되는 형태이다.

각국의 전기 안전 기준의 많은 부분이 이 간접 접촉시의 위험을 제거하기 위한 것이라고 볼 수 있다. 그림은 전형적인 간접 접촉의 경우로 누전된 전동기 외함에 손이 접촉되어 있는 경우이다.

(2) 위험 전압

전원과 인체의 접촉으로 인하여 인체에 인가될 수 있는 전압을 위험 전압이라 하고 보통 접촉 전압 및 보폭 전압의 두 가지로 구분한다. 접촉 전압은 사람의 손과 다른 신체의 일부 사이에 인가되는 위험 전압을 말하며 그림의 V_c가 이에 해당한다.

보폭 전압은 사람의 양발 사이에 인가되는 전압을 말하며 이것은 접지극을 통하여 대지로 전류가 흘러갈 때 접지극 주위의 지표면이 전위 분포를 가지게 되어 양발 사이에 전위차가 발생·인가되는 전압을 말한다. 그림은 이러한 상황의 예이며 V_S가 보폭 전압이다.

합격예측

감전
① 전격에 의한 실신
  ㉮ 쇼크(shock)에 의한 사망
  ㉯ 심실세동으로 심장기능의 마비
  ㉰ 근육수축으로 호흡정지, 질식
② 전류의 발열작용에 의한 체온상승으로 사망
③ 전류 작용에 의한 국소화상, 조직의 파괴
④ 감전쇼크에 의한 추락, 전도로 상해

합격예측

전기화재
① 전기기기의 사용상의 부주의에 의한 발화
② 전기설비의 단락, 소손에 의한 발화
③ 전기설비로부터의 누전전류로 인한 발화
④ 전기불꽃에 의한 화재, 폭발

> **용어정의**
>
> **정전기 재해**
> ① 전격
>   ㉮ 전격에 의한 불쾌감
>   ㉯ 감전쇼크로 인한 2차적 재해의 발생
> ② 화재, 폭발
>   방전불꽃으로 인한 화재, 폭발
> ③ 설비의 기능 저하
>   정전기의 흡인작용으로 기계기구의 오동작 등

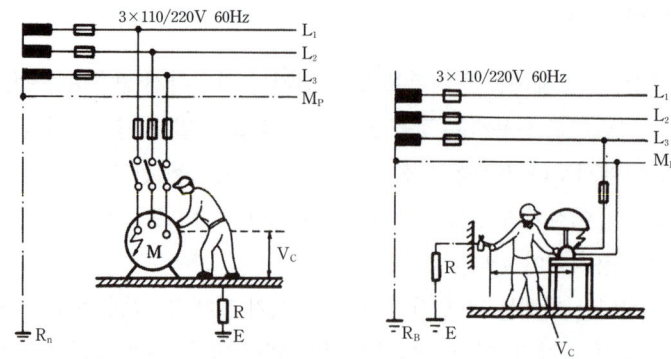

[그림] 간접 접촉의 예

[표] 통전전류의 종류 및 전류값

통전전류 구분	전격의 영향	통전전류(교류)값
최소감지전류	고통을 느끼지 않으면서 짜릿하게 전기가 흐르는 것을 감지할 수 있는 최소전류	상용주파수 60[Hz]에서 성인남자의 경우 1[mA]
고통한계전류	통전전류가 최소감지전류보다 커지면 어느 순간부터 고통을 느끼게 되지만 이것을 참을 수 있는 전류	상용주파수 60[Hz]에서 7~8[mA]
가수전류 (이탈전류)	인체가 자력으로 이탈 가능한 전류 (Let-go current) (마비한계전류라고 하는 경우도 있음)	상용주파수 60[Hz]에서 10~15[mA] • 최저가수전류치 - 남자 : 9[mA] - 여자 : 6[mA]
불수전류 (교착전류)	통전전류가 고통한계전류보다 커지면 인체 각부의 근육 수축현상을 일으키고 신경이 마비되어 신체를 자유로이 움직일 수 없는 전류(인체가 자력으로 이탈 불가능한 전류)	상용주파수 60[Hz]에서 20~50[mA]
심실세동전류 (치사전류)	심근의 미세한 진동으로 혈액을 송출하는 펌프의 기능이 장애를 받는 현상을 심실세동이라 하며 이때의 전류	$I = \dfrac{165 \sim 185}{\sqrt{T}}$[mA] I : 심실세동전류[mA] T : 통전시간(s)

(3) 안전 전압

안전 전압이란 회로의 정격 전압이 일정 수준 이하의 낮은 전압으로 절연 파괴 등의 사고시에도 인체에 위험을 주지 않게 되는 전압을 말하며 이 전압 이하를 사용하는 기기들은 제반 안전 대책을 강구하지 않아도 된다. 또한 안전 전압은 주위의 작업 환경과 밀접한 관련이 있다. 예를 들면, 일반 사업장과 농경 작업장 또는 목욕탕 등의 수중에서의 안전 전압은 각각 다를 수밖에 없으며, 일반 사업장의 안전전압은 국제적으로 42[V]로 채택이 준비되고 있으나 우리나라에서는 산업안전보건법에서 30[V]로 규정하고 있다.

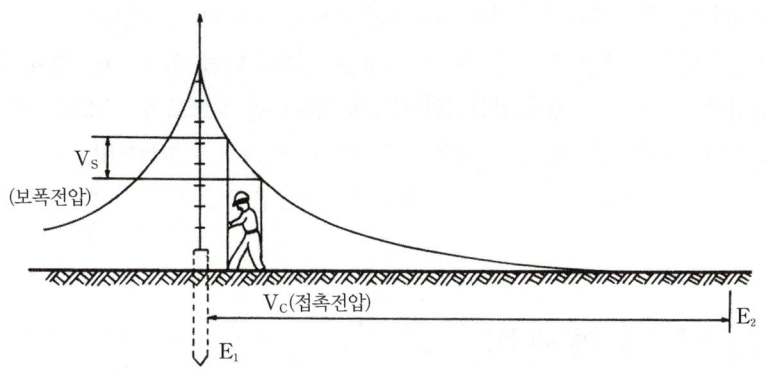

[그림] 보폭 전압이 인가된 상태

[표] 각 나라별 안전 전압

국 가 명	안전 전압[V]	국 가 명	안전 전압[V]
체 코	20	프 랑 스	24(AC), 50(DC)
독 일	24	네덜란드	50
영 국	24	오스트리아	60(0.5초)
일 본	24~30		110~130(0.2초)
한 국	30	벨 기 에	35
벨 기 에	35	스 위 스	36
스 위 스	36		

3. 감전에 의한 재해

전기의 재해 중 가장 빈도수가 높은 것이 감전 재해 즉 전격에 의한 재해이다. 감전이란 인체 일부 또는 전체에 전류가 흘렀을 때, 인체 내에서 일어나는 생리적인 현상으로서 근육의 수축, 호흡 곤란, 심실 세동 등으로 인하여 사망하거나, 추락·전도 등 2차적 재해를 유발하는 현상을 말한다. 이러한 전격에 의한 인체의 반응 및 사망 한계는 그 속성상 인체 실험이 매우 어렵고 또 어떤 실험 결과가 나와도 그것의 검증이 어렵다는 점과 인간의 다양성(키, 몸무게, 성별, 인종별), 재해 당시 상황의 변수(땀, 습기, 접촉 부위의 물리적 상태) 등의 이유로 국제적으로 그 기준이 일치되어 있지 않으나 비교적 일치되어 있는 사항을 정리하면 다음과 같다.

인체가 감전되었을 때 그 위험도는 다음과 같은 순으로 크게 영향을 받는다.

① 통전 전류의 크기(인체에 흐르는 전류의 값[mA])
② 통전 시간과 전격의 위상
③ 통전 경로 즉 전류가 흐르는 인체의 부위, 특히 심장을 통과하게 되면 심장에 충격을 주어서 소위 심실 세동 현상을 일으켜 이것이 전격에 의한 사망의 주된 원인이 된다.

④ 전원의 종류(직류보다 상용 주파수의 교류 전원이 더 위험하다)

그리고 인체에 대한 전격의 영향은 크게 두 가지로 나눌 수 있는데, 첫째는 전격이 신경과 근육을 자극해서 정상적인 기능을 저해하는 것으로서, 신경과 근육에 전기 신호가 가해져 근육의 수축 또는 심실 세동을 일으키는 현상이고, 둘째는 전기 에너지가 생체 조직의 파괴, 소손 등의 구조적 손상을 일으키는 것이다.

2 감전 재해 방지대책

1. 전기 기계·기구에 대한 감전 재해 방지대책

전기 기계·기구(전기 기기)의 감전사고는 전기 기기의 노출된 충전부에 직접 접촉하여 발생하는 경우와 전기기기의 금속제 외함 등의 비충전 부분이 절연 열화 등의 원인으로 누전되었을 경우 접촉될 때 발생하는 것이다.

(1) 직접 접촉에 의한 감전 방지

작업 도중의 부주의나 그 밖의 사고에 의하여 충전부에 작업자가 직접 접촉하여 발생하는 감전 사고의 방지대책은 다음과 같다.

① 충전부가 노출되지 아니하도록 폐쇄형 외함이 있는 구조로 할 것
② 충전부에 충분한 절연효과가 있는 방호망 또는 절연덮개를 설치할 것
③ 충전부는 내구성이 있는 절연물로 완전히 덮어 감쌀 것
④ 발전소·변전소 및 개폐소 등 구획되어 있는 장소로서 관계근로자외의 자의 출입이 금지되는 장소에 충전부를 설치하고, 위험표시 등의 방법으로 방호를 강화할 것
⑤ 전주 위 및 철탑 위 등 격리되어 있는 장소로서 관계근로자외의 자가 접근할 우려가 없는 장소에 충전부를 설치할 것

(2) 간접 접촉에 의한 감전 방지

절연 손상으로 인한 위험 전압의 발생으로 야기되는 간접 접촉은 주로 신뢰성있는 기기의 사용과 유자격자에 의하여 신중하게 기기를 설치함으로써 방지할 수 있다.

① 작업 장소를 절연하고자 할 때는 작업자가 접촉될 수 있는 모든 도전성 금속(작동시 충전되는 부분 제외)을 절연 처리해야 하며 작업장 바닥도 절연물로 마감해야 한다.
② 누전이 발생하더라도 안전 전압 이하로 하여 감전사고를 유발시키지 않는다.
③ 발생되는 위험한 전압을 감소시키기 위한 방법으로 평상시 충전되지 않는 도

전성 부분(금속제 외함)을 접지극에 연결하는 것으로 이때의 접지 저항은 가능한 한 작은 것이 좋고 접지 저항과 해당 기기의 과전류 차단값의 곱이 안전 전압 이내이면 안전하다고 판정할 수 있다.

(3) 설치상의 안전대책

① 전기 기계류의 구조는 그 사용 장소의 환경에 적합한 형식을 설치해야 한다. (예 : 방수형, 옥내형, 옥외형, 방폭형 등)
② 운전, 보수 등을 위한 충분한 작업공간 및 냉각이 잘 이루어질 수 있는 장소에 설치한다.
③ 리드선의 접속은 기계의 진동 등에 의한 스트레스를 받지 않도록 한다.
④ 전동기류의 가동부에 의한 재해의 우려가 있는 기계의 조작부는 작업자의 위치에서 쉽게 조작 가능한 위치에 있어야 한다.

2. 접지

(1) 접지의 목적

접지는 누전시에 인체에 가해지는 전압을 감소시킴으로써 감전을 방지하고 지락전류를 원활히 흐르게 함으로써 차단기를 확실히 동작시켜 화재·폭발의 위험을 방지하기 위한 것이다.

① 설비의 절연물이 열화, 손상되었을 경우 발생할 수 있는 누설전류에 의한 감전방지
② 고압 및 저압의 혼촉사고 발생시 인간에 위험을 줄 수 있는 전류를 대지로 흘려보냄으로 감전방지
③ 낙뢰에 의한 감전 및 피해방지
④ 송배전선, 고전압모선 등에서 지락사고의 발생시 보호계전기를 신속하게 동작
⑤ 송배전 선로의 지락사고 발생시 대지 전위의 상승억제 및 절연강도 경감

(2) 접지공사의 종류 및 접지저항

전기 기계·기구의 철대 및 외함에는 접지공사를 하며 이외에도 아래의 경우에는 접지해야 한다.

① 폭발 위험이 있는 장소에서의 전기 기계·기구
② 접지된 전기 기계·기구 또는 금속체 등으로부터 수직 24[m], 수평 15[m] 이내의 고정식 금속체
③ 크레인 등 이와 유사한 장비의 고정식 궤도 및 프레임
④ 고압의 전기를 취급하는 변전소·개폐소 등 그 밖에 이와 유사한 장소를 구획하기 위한 방호망 등

합격예측

낙뢰 재해
① 감전 : 뇌전류로 인한 실신, 사망
② 화재 : 낙뢰로 인한 화재
③ 설비의 파괴 : 낙뢰로 인한 전기설비 및 물체 파괴

합격예측

통전경로별 위험도

통전경로	위험도 [Kh]
왼손-가슴	1.5
오른손-가슴	1.3
왼손-한발 또는 양발	1.0
양손-양발	1.0
오른손-한발 또는 양발	0.8
한손 또는 양손-앉아있는 자리	0.7
왼손-등	0.7
왼손-오른손	0.4
오른손-등	0.3

합격예측

내전압용 절연장갑의 성능기준

등급	최대사용전압		색상
	교류 ([V], 실효값)	직류 [V]	
00	500	750	갈색
0	1,000	1,500	빨간색
1	7,500	11,250	흰색
2	17,000	25,500	노란색
3	26,500	39,750	녹색
4	36,000	54,000	등색

㈜ 직류는 교류값에 1.5를 곱해준다.

합격예측

심실세동전류 – 통과시간 한계

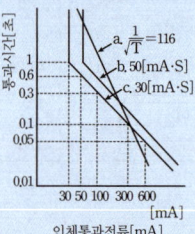

a. Dalziel의 심실세동 한계
b. Koeppen의 심실세동 한계
c. Koeppen의 한계에 1.67배 안전율을 본 한계선

(3) 접지시스템의 구분 및 구성요소

[표1] 구분 및 종류

구분	① 계통접지(TN, TT, IT계통) ② 보호접지 ③ 피뢰시스템 접지
종류	① 단독접지 ② 공통접지 ③ 통합접지

[표2] TN 계통의 분류

구분	접지방법
TN-S 계통	계통 전체에 대해 별도의 중성선 또는 PE 도체를 사용. 배전계통에서 PE 도체를 추가로 접지할 수 있다.
TN-C 계통	계통 전체에 대해 중성선과 보호도체의 기능을 동일도체로 겸용한 PEN 도체를 사용. 배전계통에서 PEN 도체를 추가로 접지할 수 있다.
TN-C-S 계통	계통의 일부분에서 PEN 도체를 사용하거나 중성선과 별도의 PE 도체를 사용하는 방식. 배전계통에서 PEN 도체와 PE 도체를 추가로 접지할 수 있다.

[표3] 구성요소 및 연결방법

구성요소	① 접지극 ② 접지도체 ③ 보호도체 및 기타 설비
연결방법	접지극은 접지도체를 사용하여 주 접지단자에 연결

① 주접지단자의 접속도체의 종류
　㉮ 등전위본딩 도체
　㉯ 접지도체
　㉰ 보호도체
　㉱ 기능성 접지도체

(4) 접지 계통의 분류

접지 사고 및 피뢰기 동작시에는 대지 전압의 상승, 기타에 의해 다른 전기 기기에 열섬락을 일으키고 또 평상시 운전중에도 유도 장해를 일으키므로 설비 기기의 종류에 따라 그 사고 발생 빈도를 고려하여 접지 계통을 분리할 필요가 있다.

① 일반 기기 및 제어반 : 변압기, 차단기, 발전기, 전동기 등의 접지 개소는 모두 연접선과 연결한다.
② 피뢰기 및 피뢰침 : 피뢰기 및 피뢰침은 동작시 동작 전류에 의해 악영향을 미치므로 별도 계통한다.
③ 옥외 철구 : 변전소에 시설되어 있는 기계·기구 등의 접지와 연접 접지를 하는 것이 바람직하다.
④ 케이블 : 구내의 동력 케이블은 금속 시스의 한끝(부하측)을 연접선에 연결하고 양자를 접지하지 않는다.

감전 재해
출제예상문제

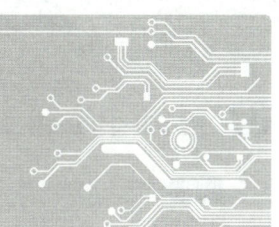

01 전기를 직류와 교류로 구분하여 저압, 고압, 특별 고압으로 구분해서 설명하시오.

> **해답**
> (1) 직류[DC]
>   ① 저압 : 1,500[V] 이하
>   ② 고압 : 1,500~7,000[V] 이하
> (2) 교류[AC]
>   ① 저압 : 1,000[V] 이하
>   ② 고압 : 1,000[V]~7,000[V] 이하
>   ③ 특별 고압 : 7,000[V] 초과

02 감전 사고 후 인공 호흡 방법에 대하여 정의하여 쓰시오.

> **해답**
> 분당 12~15회의 속도로 30분 이상. 호흡이 멎고 심장이 정지되었더라도 반복해서 실시하는 것이 바람직하다.

03 전기 기계 기구 및 배선 등에 의한 감전 방지 조치를 쓰시오.

> **해답**
> ① 누전이 발생되지 않도록 절연을 강화할 것
> ② 노출된 충전 부분이 없도록 방호를 철저히 할 것

04 전압이 220[V]인 충전 부분에 물에 젖은 작업자의 손이 접촉되어 감전, 사망하였다. 이때 인체에 흐른 심실세동전류를 구하고, 통전시간을 구하시오(단, 인체의 저항은 1,000[Ω]으로 한다.)

> **해답**
> (1) 심실세동전류
> $I = \dfrac{V}{R}$ 에서
> $V = 220[V]$, $R = \dfrac{1,000}{25} = 40[\Omega]$ 이므로
>   (손이 물에 젖으면 저항이 1/25 감소)
>   전류 $I = \dfrac{V}{R} = \dfrac{220}{40}[A] = 5.5[A] = 5,500[mA]$
>   ∴ 심실세동전류 = 5,500[mA]
> (2) 통전시간 T[초]
>   심실세동전류 $I = \dfrac{165 \sim 185}{\sqrt{T}}[mA]$ 에서
> $T = \dfrac{165^2 \sim 185^2}{I^2} = \dfrac{165^2 \sim 185^2}{5,500^2}$
> $= 0.0009 \sim 0.0011[초]$
>   ∴ 통전시간(T) = 0.0009~0.0011[초]

05 Freezing current를 설명하고, 전류값을 쓰시오.

> **해답**
> (1) Freezing current : 고통 한계 전류를 초과하여 통전 전류의 값을 더욱 증가시키게 되면 인체 각 부의 근육이 수축 현상을 일으키고 신경이 마비되어 신체를 자유로이 움직일 수 없게 되는 경우를 말한다.
> (2) 전류값 : 상용 주파수 60[Hz] 교류에서 20~50[mA] 정도

06 코로나 방전을 간략하게 쓰시오.

> **해답**
> 스파크 방전을 억제시킨 접지 돌기상 부분이 도체 표면에서 발생하여 공기중으로 방전하거나 또는 고체 전체 표면을 흐르는 경우도 있다.

07 전선 굵기 결정 요소를 쓰시오.

해답

① 허용 전류
② 기계적 강도
③ 선로의 전압 강하

08 전기 스파크가 발생하면 공기중에 발생되는 가스는?

해답

오존(O_3)

09 감전 위험도를 결정하는 5요소를 쓰시오.

해답

① 전류의 양
② 전원의 종류
③ 전격 시간
④ 인체 내의 통전경로
⑤ 인체의 조건

10 전로의 전압에 따른 필요한 절연저항값을 쓰시오.

해답

(1) 150[V] 이하 : 0.1[MΩ] 이상
(2) 150~400[V] 이하 : 0.2[MΩ] 이상
(3) 400[V] 초과 : 0.4[MΩ] 이상

참고 법개정전 문제로 출제되지 않습니다.

11 인체의 전기저항을 간략하게 쓰고 설명하시오.

해답

① 피부의 전기저항 : 2,500[Ω](내부조직저항은 300[Ω])
② 피부에 땀이 나 있을 경우 : $\frac{1}{12}$ 정도로 감소
③ 피부가 물에 젖어 있을 경우 : $\frac{1}{25}$ 정도로 감소

12 변압기 전로의 1선 지락 전류가 5[A]일 때 제2종 접지 저항값은?

해답

제2종 접지저항 $= \frac{150}{1선지락전류}[\Omega] = \frac{150}{5} = 30[\Omega]$

참고 법개정전 문제로 출제되지 않습니다.

13 직류와 교류의 감전 위험성을 구분해서 쓰시오.

해답

① 직류 감전 : 화상 위험이 있다.
② 교류 감전 : 근육 수축, 마비 현상이 있다.
③ 위험성 : 일반적으로 직류에 비하여 교류에 의한 감전 위험성이 훨씬 크다.

14 감전 사고 방지를 하기 위한 기본적인 대책을 쓰시오.

해답

① 전기 설비의 점검을 철저히 해야 한다.
② 전기 기기 또는 장치의 정비를 해야 한다.
③ 전기 기기에 위험의 표시를 한다.
④ 설비의 필요한 부분에 보호 접지를 실시한다.
⑤ 충전부가 노출된 부분에는 절연 방호구를 사용한다.
⑥ 고전압의 선로 또는 충전부에 근접하여서 작업을 하는 작업자에게 보호구를 착용시킨다.
⑦ 유자격자 이외에는 전기 기계 기구에 접촉을 금지시킨다.
⑧ 안전 관리자는 작업에 대하여 안전 교육을 실시한다.
⑨ 사고 발생이 되었을 경우에 처리하는 순서를 미리 작성하여 둔다.

15 전선의 구비 조건을 쓰시오.

해답

① 도전율이 클 것
② 내식성이 클 것
③ 인장 강도가 클 것
④ 접속이 쉬울 것
⑤ 가요성이 풍부할 것

16 감전의 위험을 결정하는 요소(1차적 전격 요소)를 쓰시오.

> **해답**
> ① 통전전류의 크기
> ② 통전경로
> ③ 통전시간
> ④ 전원의 종류

17 심실세동전류란?

> **해답**
> 감전시 통전전류가 심장의 맥동에 영향을 미쳐서 심장이 불규칙적으로 떨려 심장의 기능이 상실될 정도의 전류

18 전기 기기의 누전에 의한 감전 재해를 방지하기 위하여 취해야 할 조치 사항을 쓰시오.

> **해답**
> ① 보호 접지
> ② 이중 절연 기기의 사용
> ③ 비접지식 전로의 채용
> ④ 감전 방지용 누전차단기 설치

19 인체의 저항은 대개 몇 [Ω] 정도인가?

> **해답**
> 500~1,000[Ω] 정도

20 접지의 종류 3가지를 쓰시오.

> **해답**
> ① 단독접지
> ② 공통접지
> ③ 통합접지

21 1차적 감전 위험 요인과 2차적 감전 위험 요인을 쓰시오.

> **해답**
>
> | 1차적 감전 위험 요인 | 2차적 감전 위험 요인 |
> |---|---|
> | ① 통전전류의 크기
② 통전경로
③ 통전시간
④ 통전전원의 종류
⑤ 주파수 및 파형 | ① 전압의 크기
② 인체의 조건(저항)
③ 계절
④ 개인차 |

22 통전전류가 인체에 미치는 영향을 3가지로 구분해서 쓰시오.

> **해답**
> ① 최소 감지 전류(1[mA])
>   전류의 흐름을 느낄 수 있는 최소의 전류를 말하며, 상용주파수 60[Hz]에서 1[mA] 정도
> ② 고통 한계 전류(7~8[mA])
>   전류의 흐름에 따라 고통을 참을 수 있는 한계 전류치로서 7~8[mA] 정도를 말한다.
> ③ 마비 한계 전류(10~15[mA])
>   신체 각 부의 근육이 수축 현상을 일으켜 신경이 마비되고 신체를 움직일 수 없으며, 말도 할 수 없는 상태의 전류로서 10~15[mA] 정도이다.
>
> **보충학습**
> **가수전류와 불수전류**
> 가수전류는 인체가 자력으로 이탈할 수 있는 전류를 말하며, 60[Hz] 정현파 교류에 의한 가수전류(이탈전류 또는 마비한계전류)는 10~15[mA]이고, 불수전류는 자력으로 이탈할 수 없는 전류를 말한다.

23 인체의 전기저항을 구분해서 쓰시오.

> **해답**
> ① 피부의 전기저항 : 2,500[Ω](내부조직 저항 : 300[Ω])
> ② 인체를 통한 통전경로상의 저항값 : 500[Ω]
> ③ 발과 신발 사이 저항 : 1,500[Ω]
> ④ 신발과 대지 사이 저항 : 700[Ω]
> ⑤ 피부에 땀이 있을 경우 : 1/12~1/20로 저항률 저하
> ⑥ 피부가 물에 젖어 있을 경우 : 1/25로 저항률 저하
> ⑦ 인체 부위별 저항률 : 피부〉뼈〉근육〉혈액〉내부 조직

전기 설비 및 작업 안전

중점 학습내용

전기설비 및 작업안전 관련된 기본적인 기초 지식을 학습하도록 하였으며 이번 실기 필답형 시험에 출제되는 그 중심적인 내용은 다음과 같다.
❶ 방호장치의 설치 ❷ 예방 및 보수 ❸ 정전 및 충전전로 작업의 안전

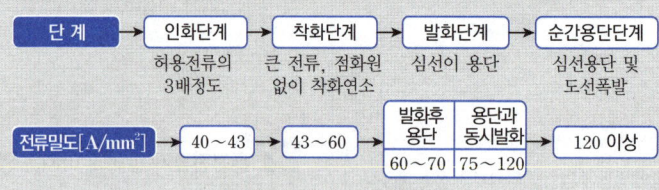

[그림] 과전류 단계 및 전류밀도

1 방호장치의 설치

1. 누전차단기

누전차단기는 지락 전류에 의한 감전, 화재 및 기계·기구의 손상 등을 방지하기 위하여 설치하는 것으로 저전압 전로에서의 누전차단의 주된 사용 목적은 다음과 같다.
① 감전 보호
② 누전 화재 보호
③ 전기 설비 및 전기 기기의 보호
④ 그 밖에 다른 계통으로의 사고 파급 방지

[표] 누전차단기의 보호기능별 종류와 용도

항목 \ 종류	지락보호전용형 누전차단기	지락·과부하·단락 보호 겸용형 누전차단기	누전보호 릴레이
구조 및 기능	지락보호 기능만을 지니고 있다.	지락보호와 배선용 차단기의 기능을 겸비하고 있다.	지락시 내장된 보조접점이 동작하여 경보접점 출력을 발한다.
용도	이미 배선용 차단기, 퓨즈 등이 사용되고 있는 가설회로에 사용한다.	1대로 지락·단락 3요소의 보호를 목적으로 하는 새로운 설비에 사용한다.	전자개폐기, 배선용 차단기를 조합하는 외에 단독으로 회로의 누전경보용으로 사용한다.

합격예측

고압 또는 특별고압 회로로부터 기기를 분리하거나 변경할 때 사용하는 개폐장치로서 단지 충전된 전로(무부하)를 개폐하기 위해 사용하며, 부하전류의 개폐는 원칙적으로 할 수 없는 개폐장치의 명칭 및 사용방법
① 명칭 : 단로기
② 단로기 : 사용방법
  ㉮ 단로기를 끊을 경우 : 차단기를 개로한 후에 끊는다.
  ㉯ 단로기를 넣을 경우 : 차단기를 폐로하기 전에 넣는다.

2. 자동 전격 방지기

교류 아크 용접기는 무부하시 2차측 홀더와 어스에 약 65[V]~90[V]의 높은 전압이 걸려 작업자에 대한 위험도가 높으므로 용접기가 아크 발생을 중단시킬 때 단시간내에 해당 용접기의 2차 무부하 전압을 안전 전압인 25[V] 이하로 내려줄 수 있는 전기적 방호 장치이다.

(1) 전격방지장치의 동작 원리

전격 방지기는 부착한 용접기의 주회로를 제어하는 장치를 가지고 있어 용접봉의 조작에 따라 용접할 때만 용접기의 주회로를 형성하고 그외에는 용접기의 출력측의 무부하 전압을 저하시키는 동작을 하는 장치이다.

(2) 전격 방지기의 설치 장소

① 주위 온도 -10[℃] 이상 40[℃] 이하일 것
② 습기가 많지 않을 것
③ 비나 강풍에 노출되지 않도록 할 것
④ 분진, 유해 부식성 가스 또는 다량의 염분을 포함한 공기 및 폭발성 가스가 없을 것
⑤ 이상 진동이나 충격이 가해질 위험이 없을 것

(3) 전격 방지기 부착 요령

① 직각으로 부착할 것, 다만 직각으로 하기 어려울 때는 직각에 대하여 기울기가 20도를 넘지 않을 것
② 용접기의 이동, 진동, 충격으로 이완되지 않도록 이완 방지 조치를 취할 것
③ 전격 방지기의 작동 상태를 알기 위한 표시등은 보기 쉬운 곳에 설치할 것
④ 전격 방지기의 작동 상태를 시험하기 위한 테스트 스위치는 조작하기 쉬운 위치에 설치할 것

> **합격예측**
>
> **누전차단기의 종류 및 동작시간**
>
> | 구분 | 동작시간 |
> |---|---|
> | 고속형 | 정격감도전류에서 0.1초 이내(감전보호용은 0.03초 이내) |
> | 반한시형 | • 정격감도전류에서 0.2~1초
• 정격감도전류의 1.4배에서 0.1~0.5초 이내
• 정격감도전류의 4.4배에서 0.05초 이내 |
> | 시연형 | 정격감도전류에서 0.1초~2초 |

2 예방 및 보수

1. 예방 보수의 필요성

전기 기기는 설치 순간부터 열화 현상이 서서히, 지속적으로 이루어지고 있으나 주위 환경이나 운전 조건에 따라 열화되는 속도가 달라지므로 적절한 예방 보수 및 대책으로 열화로 인한 재해를 감소시킬 수 있을 뿐만 아니라 수명 연장도 가능하다.

전기 기기의 예방 보수는 인명과 재산의 손실 예방에 크게 기여할 수 있다. 이의 장점을 열거하면 다음과 같다.

① 사고를 감소시키고 중대한 재해 사고로 발전되기 전에 대책을 마련할 수 있다.
② 생산성 향상, 재해 감소를 위한 경영상의 노력으로 가동 정지 시간이 단축된다.
③ 재해 감소에 따른 보험상의 혜택 또는 그 밖의 재해로 인한 직·간접 비용이 감소된다.

2. 예방 보수의 주요 항목

(1) 변전실 또는 전기실

① 보호 접지의 단선 또는 미비 여부
② 통로 열쇠, 위험 경고 표지 등의 유지 상태

(2) 배선

① 배선 기기류의 보호 접지 상태
② 경고 표지·기계적 손상 방지 커버 등의 유지 상태

(3) 제어 기기

① 보호 접지 상태
② 안전 관련 작업 지침서 인터로크(interlock) 등의 유지 상태
③ 외함의 손상 여부

(4) 회전 기기

① 보호접지 상태
② 외함, 단자 등의 접촉 방지 장치의 파손 또는 적정 여부
③ 접속부의 인장력이 직접 전달되지 않는 구조일 것

(5) 퓨즈, 배선용 차단기(MCCB)

외함, 애자 등의 손상 여부

(6) 이동용 기기

① 이동용 배선의 손상 여부
② 접속부에 인장력이 직접 전달되지 않는 구조의 유지 여부
③ 플러그, 소켓의 손상 여부, 날의 파손 여부
④ 이동용 손전등의 방호망, 절연 상태 적정 여부
⑤ 습기있는 장소에 사용하는 전동 공구의 외부 손상, 절연 상태 유지 여부

합격예측

심실세동전류

① 심실세동전류는 1,000명 중 5명 정도가 심실세동을 일으킬 수 있는 전류이며, 이 위험한계 에너지는 인체의 저항을 1,000[Ω]이라 할 때

$$W = I^2 RT$$
$$= (\frac{165}{\sqrt{t}} \times 10^{-3})^2 RT$$
$$= (\frac{165}{\sqrt{t}} \times 10^{-3})^2$$
$$\times 1,000 \times 1(t=1)$$
$$= 27.2[Ws]$$
$$= 27.2[J]$$

② 열량으로 환산하면,
$Q = 0.24 \times 27.2$
$= 6.5[cal]$로 아주 작은 에너지이지만 인체에 가해질 경우에는 치사적인 에너지가 된다.

(7) 보호용 기구

보호구, 검전기 등의 정상 작동, 절연 상태 적합 여부

3. 점검 주기

기기의 점검 주기는 일률적으로 결정하기가 어렵다. 기기의 열화 현상은 주로 주위 환경과 운전 조건에 달려 있으므로 같은 기기의 점검 주기를 모두 일률적으로 정할 수 없기 때문이다. 그러나 일반적인 가이드 라인(guide-line)을 제시하면 점검 주기는 설치 장소의 온도, 습도, 분진, 가스, 공기 오염도 및 운전 조건을 고려하여 신축적으로 운용하는 것이 바람직하다.

종 류	점 검 주 기
건설작업용 전동수공구	3~6개월
고정 전동수공구	6개월
사무기기류	1~2년
생산설비	1~2년
고정 전기설비	4년
회로 차단장치(이동형 기기용)	매일
회로 차단장치(고정형 기기용)	6개월
개인보호구	6개월 및 매일
절연공구, 검전기, 단락접지장비 등	매일

4. 누전차단기를 설치해야 할 장소

① 대지전압이 150[V]를 초과하는 이동형 또는 휴대형 전기기계·기구
② 물 등 도전성이 높은 액체가 있는 습윤장소에서 사용하는 저압(1,500[V] 이하 직류전압이나 1,000[V] 이하의 교류전압을 말한다)용 전기기계·기구
③ 철판, 철골 위 등 도전성이 높은 장소에서 사용하는 이동형 또는 휴대형 전기기계·기구
④ 임시 배선의 전로가 설치되는 장소에서 사용하는 이동형 또는 휴대형 전기기계·기구

5. 누전차단기가 갖추어야 할 성능

① 부하에 적합한 정격 전류를 갖출 것
② 전로에 적합한 차단 용량을 갖출 것
③ 누전차단기와 접속되어 있는 각각의 전동 기계·기구에 대한 정격 감도 전류가 30[mA] 이하이며 동작시간은 0.03[초] 이내일 것

합격예측

감전방지용 누전차단기의 적용범위(설치장소)
① 전기기계기구 중 대지전압이 150[V]를 초과하는 이동형 또는 휴대형의 것
② 다음에 해당하는 장소에서 사용되는 이동형 또는 휴대형의 것
  ㉮ 물 등 도전성이 높은 액체에 의한 습윤장소
  ㉯ 철판·철골 위 등 도전성이 높은 장소
  ㉰ 임시배선의 전로가 설치되는 장소

합격예측

감전방지용 누전차단기의 정격감도전류 및 작동시간
① 정격감도전류 30[mA] 이하
② 작동시간 0.03[초] 이내

④ 정격 부동작 전류가 정격 감도 전류의 50[%] 이상이어야 하고 이들의 전류치가 가능한 한 작을 것
⑤ 절연저항이 5[MΩ] 이상일 것

6. 누전차단기의 설치 방법

① 전동 기계·기구의 금속제 외함, 금속제 외피 등 금속 부분은 누전차단기를 접속한 경우에도 가능한 한 접지할 것
② 누전차단기는 분기 회로 또는 전동 기계·기구마다 설치를 원칙으로 할 것. 다만, 평상시 누설 전류가 미소한 소용량 부하의 전로에는 분기회로에 일괄하여 설치할 수 있다.
③ 누전차단기는 배전반 또는 분전반에 설치하는 것을 원칙으로 할 것. 다만, 꽂음 접속기형 누전차단기는 콘센트에 연결 또는 부착하여 사용할 수 있다.
④ 지락보호 전용 누전차단기는 반드시 과전류를 차단하는 퓨즈 또는 차단기 등과 조합하여 설치할 것
⑤ 누전차단기의 영상 변류기에 접지선을 관통하지 않도록 할 것
⑥ 누전차단기의 영상 변류기에 서로 다른 2회 이상의 배선을 일괄하여 관통하지 않도록 할 것
⑦ 서로 다른 누전차단기의 중성선이 누전차단기 부하측에서 공유되지 않도록 할 것
⑧ 중성선은 누전차단기 전원측에 접지시키고, 부하측에는 접지되지 않도록 할 것
⑨ 누전차단기의 부하측에는 전로의 부하측이 연결되고, 누전차단기의 전원측에는 전로의 전원측이 연결되도록 설치할 것
⑩ 설치 전에는 반드시 누전차단기를 개로시키고 설치 완료 후에는 누전차단기를 폐로시킨 후 동작 위치로 할 것

7. 누전차단기를 설치하지 않아도 되는 경우

① 「전기용품안전관리법」에 따른 이중절연구조 또는 이와 동등 이상으로 보호되는 전기기계·기구
② 절연대 위 등과 같이 감전 위험이 없는 장소에서 사용하는 전기기계·기구
③ 비접지방식의 전로

8. 꽂음 접속기의 설치시 주의사항

① 서로 다른 전압의 꽂음 접속기는 서로 접속되지 아니한 구조의 것을 사용할 것
② 습윤한 장소에 사용되는 꽂음 접속기는 방수형 등 그 장소에 적합한 것을 사용할 것

합격예측

누전차단기의 적용에 제외되는 경우
① 이중절연구조 또는 이와 동등 이상으로 보호되는 전기기계·기구
② 절연대 위 등과 같이 감전 위험이 없는 장소에서 사용하는 전기기계·기구
③ 비접지방식의 전로에 접속하여 사용되는 전기기계·기구

합격예측

[보기]의 교류아크용접기의 자동전격방지기 표시사항

[보기] SP-3A

① SP : 외장형
② 3 : 300A
③ A : 용접기에 내장되어 있는 콘덴서의 유무에 관계없이 사용할 수 있는 것

[보기]의 안전밸브 형식표시사항

[보기] SFⅡ1-B

① S : 증기의 분출압력을 요구
② F : 전량식
③ Ⅱ : 25[mm] 초과 50[mm] 이하
④ 1 : 1[MPa] 이하
⑤ B : 평형형
• 요구성능 → S : 증기의 분출압력을 요구, G : 가스의 분출압력을 요구
• 용량제한기구 → L : 양정식, F : 전량식

[보기]의 파열판 형식표시사항

[보기] RSⅡ3

① R : 역돔형 파열판
② S : 흠집 각인형
③ Ⅱ : 25[mm] 초과 50[mm] 이하
④ 3 : 1[MPa] 초과 3[MPa] 이하

돔형 파열판(C)
단판형(O)
복합형(C)
흠집 각인형 또는 절개형(S)

역돔형 파열판(R)
흠집 각인형 또는 전단작동형(S)
칼날붙이형(K)

③ 근로자가 꽂음 접속기를 접속시킬 경우에는 땀 등으로 젖은 손으로 취급하지 않도록 할 것
④ 해당 꽂음 접속기에 잠금장치가 있는 경우에는 접속 후 잠그고 사용할 것

9. 계통 접지

(1) 접지 방식

계통 접지는 계통상에서 발생할 수 있는 고·저압 혼촉에 의한 위험을 방지하기 위한 것이다. 접지 방법은 저압측의 중성점에 접지 공사를 실시하여 접지 전류에 의한 접지점의 전압이 150[V] 이하가 되도록 한다.

접지 방식의 종류에는 직접 접지 방식, 저항 접지 방식, 리액터 접지 방식 및 소호 리액터 접지 방식이 있다.

① 직접 접지 방식

직접 접지 방식은 계통에 접속된 변압기의 중성점을 금속선으로 직접 접지하는 방식으로 그 특징은 다음과 같다.

구분	장점	단점
직접 접지방식	1선지락 사고시 건전상의 대지전압 상승이 거의 없어 절연수준이 낮은 기기 사용이 가능	지락전류가 저역률 대전류이기 때문에 계통의 과도 안정도가 낮아짐
저항 또는 리액터 접지 방식	변압기의 중성점이 항상 영전위 부근에 유지되기 때문에 단절연이 가능	지락 사고시 병행통신선에 전자기 유도장해를 크게 미침
소호 리액터 접지방식	1선지락 사고시 1상이 단락상태가 되어 지락전류가 커지기 때문에 보호계전기 등 보호장치를 확실히 동작되도록 할 것	지락전류가 크므로 기기에 대한 기계적 충격이 커서 손해를 주기 쉬움

② 저항 또는 리액터 접지 방식

계통에 접속된 변압기의 중성점을 저항기 또는 리액터로 접지하는 방식으로 저항 또는 리액터의 크기를 적당히 조절함으로써 직접 접지의 단점을 보완할 수 있다.

③ 소호 리액터 접지 방식

계통에 접촉된 변압기의 중성점을 선로의 대지 정전 용량과 공진하는 리액터를 통해서 접지하는 방식으로 이 리액터를 Petersen Coil 또는 소호 리액터라 한다. 이 방식의 특징은 1선 지락 사고시 고장점에는 극히 작은 고장 전류가 흐르고 또한 고장상의 전압 회복이 완만하기 때문에 지락 아크를 자연 소멸시켜 무정전으로 송전이 가능하다.

합격예측

단락접지기구의 사용목적
① 오통전 방지
② 다른 전로와의 혼촉방지
③ 다른 전로로부터의 유도 또는 예비동력원의 역송전에 의한 감전의 위험을 방지

합격예측

저압기기의 누전에 의한 재해 방지대책
① 비접지식 전로의 채용
② 보호접지
③ 감전방지용 누전차단기 설치
④ 이중절연기기의 사용

(2) 비접지 방식

계통의 중성점을 접지하지 않는 방식으로 주로 선로의 파장이 짧고 전압이 낮은 계통(보통 30[kV] 이하)에서 일반적으로 사용된다.

이 방식의 특징은 고·저압의 혼촉이나 개폐 계통 전압 등으로 인하여 전로의 대지 전위가 상승할 경우 이상 전압의 억제가 곤란하여 저압측에 높은 전압이 인가되어 배선이나 기기를 파괴하고 화재나 감전의 위험이 따른다.

[표] 접지 계통과 비접지 계통

구 분	접지계통	비접지계통
이상전위 상승	억제 가능	억제 곤란
지락검출	용이	곤란
감 전	접속되었을 경우 큰 인체 통과 전류가 흐름	접속되었을 때 큰 인체 통과 전류가 흐르지 않음
적 용	대규모계에 적용. 단, 대지를 통해 타계통과 상호간섭을 일으킬 가능성이 있음	절연유지가 곤란하기 때문에 소규모의 전용 계통밖에 적용될 수 없음. 타계통과의 완전한 분리가 가능함

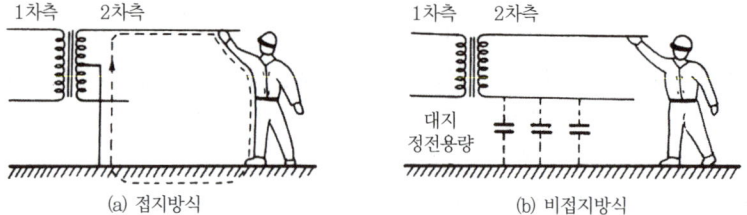

[그림] 접지 방식과 비접지 방식의 감전 회로도

10. 기기 접지

전기 기기는 내부의 충전부와 외부의 노출 비충전부 사이에 기능 절연이 되어 있으나 어떤 원인으로 전기 기기의 기능 절연이 저하되면 충전부로부터 외부의 노출 비충전부에 전류가 흘러 누전 사고가 발생한다.

따라서 이러한 노출 비충전 금속부를 대지에 접촉하여 과대한 대지 전압을 억제하여 감전이나 화재 등을 방지하기 위한 접지이다.

[표] 접지도체의 단면적

접지도체의 단면적은 보호도체의 단면적에 의하며,	
큰 고장전류가 접지도체를 통하여 흐르지 않을 경우	① 구리는 6[mm²] 이상 ② 철제는 50[mm²] 이상
접지도체에 피뢰시스템이 접속되는 경우	구리 16[mm²] 또는 철 50[mm²] 이상

11. 잡음방지용 접지

외부 잡음에 의하여 기계·기구 및 장치가 오동작하거나 통신 품질이 저하되는 것을 방지하기 위하여, 또한 내부 잡음에 의하여 발생한 고주파 에너지가 외부로 방사되어 다른 기기에 장해를 주는 것을 방지하기 위한 접지이다.

잡음 방지를 위한 접지 방식에는 일점 접지 방식과 다점 접지 방식이 있다.

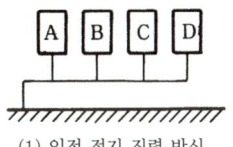
(1) 일점 접지 직렬 방식

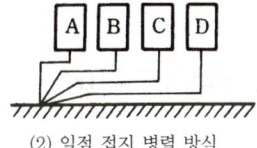
(2) 일점 접지 병렬 방식

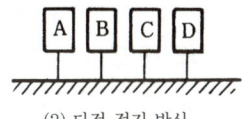
(3) 다점 접지 방식

[그림] 잡음 방지용 접지

합격예측
정전작업시 5대 안전수칙
① 작업 전 전원차단
② 전원투입방지
③ 작업장소의 무전압 여부 확인
④ 단락접지
⑤ 작업장소의 보호

합격예측
정전작업 요령에 포함되어야 할 사항
① 작업책임자의 임명, 정전 범위·절연용 보호구의 이상유무 점검 및 활선접근 경보장치의 휴대 등 작업 시작 전에 필요한 사항
② 전로 또는 설비의 정전순서에 관한 사항
③ 개폐기관리 및 표지판 부착에 관한 사항
④ 정전확인순서에 관한 사항
⑤ 단락접지실시에 관한 사항
⑥ 전원재투입 순서에 관한 사항
⑦ 점검 또는 시운전을 위한 일시운전에 관한 사항
⑧ 교대근무시 근무인계에 필요한 사항

3 정전 및 충전 전로 작업의 안전

1. 정전작업

(1) 전기작업자의 제한

사업주는 근로자가 감전위험이 있는 전기기계·기구 또는 전로의 설치·해체·정비·점검 등의 작업(이하 "전기작업"이라 한다)을 하는 경우에는 「유해위험작업의 취업제한에 관한 규칙」 제3조에 따른 자격·면허·경험 또는 기능을 갖춘 사람이 작업을 수행하도록 하여야 한다.

(2) 정전전로에서의 전기작업

사업주는 근로자가 노출된 충전부 또는 그 부근에서 작업함으로써 감전될 우려가 있는 경우에는 작업에 들어가기 전에 해당 전로를 차단하여야 한다. 다만, 다음 각 호의 경우에는 그러하지 아니하다.
① 생명유지장치, 비상경보설비, 폭발위험장소의 환기설비, 비상조명설비 등의 장치·설비의 가동이 중지되어 사고의 위험이 증가되는 경우
② 기기의 설계상 또는 작동상 제한으로 전로차단이 불가능한 경우
③ 감전, 아크 등으로 인한 화상, 화재·폭발의 위험이 없는 것으로 확인된 경우

(3) 전로 차단 절차

① 전기기기 등에 공급되는 모든 전원을 관련 도면, 배선도 등으로 확인할 것
② 전원을 차단한 후 각 단로기 등을 개방하고 확인할 것

③ 차단장치나 단로기 등에 잠금장치 및 꼬리표를 부착할 것
④ 개로된 전로에서 유도전압 또는 전기에너지가 축적되어 근로자에게 전기위험을 끼칠 수 있는 전기기기 등은 접촉하기 전에 잔류전하를 완전히 방전시킬 것
⑤ 검전기를 이용하여 작업 대상 기기가 충전되었는지를 확인할 것
⑥ 전기기기 등이 다른 노출 충전부와의 접촉, 유도 또는 예비동력원의 역송전 등으로 전압이 발생할 우려가 있는 경우에는 충분한 용량을 가진 단락 접지기구를 이용하여 접지할 것

(4) 작업 중 또는 작업 후 전원 공급 시 준수사항

① 작업기구, 단락 접지기구 등을 제거하고 전기기기 등이 안전하게 통전될 수 있는지를 확인할 것
② 모든 작업자가 작업이 완료된 전기기기 등에서 떨어져 있는지를 확인할 것
③ 잠금장치와 꼬리표는 설치한 근로자가 직접 철거할 것
④ 모든 이상 유무를 확인한 후 전기기기 등의 전원을 투입할 것

(5) 정전전로 인근에서의 전기작업

사업주는 근로자가 전기위험에 노출될 수 있는 정전전로 또는 그 인근에서 작업하거나 정전된 전기기기 등(고정 설치된 것으로 한정한다)과 접촉할 우려가 있는 경우에 작업전에 제319조 ②항, ③의 조치를 확인하여야 한다.

2. 충전전로 전기작업

(1) 충전전로에서의 전기작업

① 충전전로를 정전시키는 경우에는 제319조에 따른 조치를 할 것
② 충전전로를 방호, 차폐하거나 절연 등의 조치를 하는 경우에는 근로자의 신체가 전로와 직접 접촉하거나 도전재료, 공구 또는 기기를 통하여 간접 접촉되지 않도록 할 것
③ 충전전로를 취급하는 근로자에게 그 작업에 적합한 절연용 보호구를 착용시킬 것
④ 충전전로에 근접한 장소에서 전기작업을 하는 경우에는 해당 전압에 적합한 절연용 방호구를 설치할 것. 다만, 저압인 경우에는 해당 전기작업자가 절연용 보호구를 착용하되, 충전전로에 접촉할 우려가 없는 경우에는 절연용 방호구를 설치하지 아니할 수 있다.
⑤ 고압 및 특별고압의 전로에서 전기작업을 하는 근로자에게 활선작업용 기구 및 장치를 사용하도록 할 것
⑥ 근로자가 절연용 방호구의 설치·해체작업을 하는 경우에는 절연용 보호구를

착용하거나 활선작업용 기구 및 장치를 사용하도록 할 것
⑦ 유자격자가 아닌 근로자가 충전전로 인근의 높은 곳에서 작업할 때에 근로자의 몸 또는 긴 도전성 물체가 방호되지 않은 충전전로에서 대지전압이 50킬로볼트 이하인 경우에는 300센티미터 이내로, 대지전압이 50킬로볼트를 넘는 경우에는 10킬로볼트당 10센티미터씩 더한 거리 이내로 각각 접근할 수 없도록 할 것
⑧ 유자격자가 충전전로 인근에서 작업하는 경우에는 다음 각 목의 경우를 제외하고는 노출 충전부에 다음 표에 제시된 접근한계거리 이내로 접근하거나 절연 손잡이가 없는 도전체에 접근할 수 없도록 할 것
  ㉠ 근로자가 노출 충전부로부터 절연된 경우 또는 해당 전압에 적합한 절연장갑을 착용한 경우
  ㉡ 노출 충전부가 다른 전위를 갖는 도전체 또는 근로자와 절연된 경우
  ㉢ 근로자가 다른 전위를 갖는 모든 도전체로부터 절연된 경우

충전전로의 선간전압 [단위 : kV]	충전전로에 대한 접근 한계거리 [단위 : cm]
0.3 이하	접촉금지
0.3 초과 0.75 이하	30
0.75 초과 2 이하	45
2 초과 15 이하	60
15 초과 37 이하	90
37 초과 88 이하	110
88 초과 121 이하	130
121 초과 145 이하	150
145 초과 169 이하	170
169 초과 242 이하	230
242 초과 362 이하	380
362 초과 550 이하	550
550 초과 800 이하	790

(2) 사업주는 절연이 되지 않은 충전부나 그 인근에 근로자가 접근하는 것을 막거나 제한할 필요가 있는 경우에는 방책을 설치하고 근로자가 쉽게 알아볼 수 있도록 하여야 한다. 다만, 전기와 접촉할 위험이 있는 경우에는 도전성이 있는 금속제 방책을 사용하거나, 제1항의 표에 정한 접근 한계거리 이내에 설치해서는 아니 된다.

(3) 사업주는 제2항의 조치가 곤란한 경우에는 근로자를 감전위험에서 보호하기 위하여 사전에 위험을 경고하는 감시인을 배치하여야 한다.

합격예측

충전전로 인근에서의 차량·기계장치 작업
① 사업주는 충전전로 인근에서 차량, 기계장치 등의 작업이 있는 경우에는 차량 등을 충전전로의 충전부로부터 300센티미터 이상 이격시켜 유지시키되, 대지전압이 50킬로볼트를 넘는 경우 이격시켜 유지하여야 하는 거리는 10킬로볼트 증가할 때마다 10센티미터씩 증가시켜야 한다. 다만, 차량 등의 높이를 낮춘 상태에서 이동하는 경우에는 이격거리를 120센티미터 이상(대지전압이 50킬로볼트를 넘는 경우에는 10킬로볼트 증가할 때마다 이격거리를 10센티미터씩 증가)으로 할 수 있다.
② 제1항에도 불구하고 충전전로의 전압에 적합한 절연용 방호구 등을 설치한 경우에는 이격거리를 절연용 방호구 앞면까지로 할 수 있으며, 차량 등의 가공 붐대의 버킷이나 끝부분 등이 충전전로의 전압에 적합하게 절연되어 있고 유자격자가 작업을 수행하는 경우에는 붐대의 절연되지 않은 부분과 충전전로 간의 이격거리는 충전전로에 대한 접근 한계거리 표에 따른 접근 한계거리까지로 할 수 있다.
③ 사업주는 다음 각 호의 경우를 제외하고는 근로자가 차량 등의 그 어느 부분과도 접촉하지 않도록 방책을 설치하거나 감시인 배치 등의 조치를 하여야 한다.
  ㉠ 근로자가 해당 전압에 적합한 절연용 보호구 등을 착용하거나 사용하는 경우
  ㉡ 차량 등의 절연되지 않은 부분이 충전전로에 대한 접근 한계거리 이내로 접근하지 않도록 하는 경우
④ 사업주는 충전전로 인근에서 접지된 차량 등이 충전전로와 접촉할 우려가 있을 경우에는 지상의 근로자가 접지점에 접촉하지 않도록 조치하여야 한다.

3. 전기 안전 장구의 종류

(1) 보호구

① 정의 : 보호구라 함은 작업자가 작업에 임하여 위험으로부터 작업자 자신을 보호하기 위하여 휴대 또는 부착 사용하는 안전 장구를 말한다.

② 보호구의 종류

- 절연용 안전모
- 보호용 가죽 장갑
- 안전 허리띠
- 안전화
- 용접용 안경
- 방진 안경
- 방진 마스크
- 내산 고무 앞치마
- 노내 검사용 색안경
- 면장갑
- 산소 마스크
- 절연대
- 내산 고무 장화
- 방전 의복

- 방전 고무 장갑(7kV)
- 고무 장갑 주머니
- 승주기
- 용접용 앞치마
- 용접용 장갑
- 용접용 보호면
- 내산 고무 장갑
- 구명대
- 방전 고무 장갑
- 고무 소매
- 그라인딩면
- 방열 장갑
- 도전성 작업화
- 용접용 가죽 상의

(2) 방호 용구

① 정의 : 방호 용구라 함은 위험 설비에 설치하여 작업자 및 공중에 대한 인체의 안전을 확보하기 위한 용구를 말한다.

② 종류

- 방호관
- 건축 지장용 방호관
- 컷아웃 스위치 커버
- 완금 커버

- 점퍼 호스
- 고무 블랭킷
- 애자 후드

(3) 표시 용구

① 정의 : 표시 용구라 함은 설비 또는 작업으로 인한 위험을 경고하고 그 상태를 표시하여 주의를 환기시킴으로써 안전을 확보하기 위한 용구를 말한다.

② 종류

- 작업장 구획 표시망
- 작업장 구획 로프

합격예측

절연용 방호구의 설치방법
① 필요한 장소에 덮을 경우에는 부속이 헐거워 이탈하지 않도록 견고하게 연결할 것
② 먼지, 습기 등이 있는 상태로 사용하지 말 것
③ 사용 전에 손상유무를 점검할 것
④ 장시간 또는 작업시간 이외에 설치하지 말 것
⑤ 손상을 방지하기 위해 다른 재료나 공구 등과 분리 보관할 것

합격예측

고압 활선 근접 작업시 절연용 방호구를 설치해야 하는 경우
① 신체가 충전전로에 접촉시
② 해당 충전전로에 대하여 머리 위로의 거리가 30[cm] 이내, 신체 또는 발 아래로의 거리가 60[cm] 이내 접근시

- 상태 표시판
- 고정 안전 표시판
- 완장

(4) 검출 용구

① 정의 : 검출 용구라 함은 작업 시작 전에 설비의 상태 조사 및 위험성 유무를 확인하고 업무상 재해 발생을 미연에 방지하기 위한 용구를 말한다.
② 종류
- 가스 검출기
- 검전기
- 상회전 표시기
- 불량 애자 검출기

(5) 접지 용구

① 정의 : 접지 용구라 함은 정전중의 전선로 또는 설비에서 작업을 착수하기 전에 정하여진 개소에 설치하여 오송전 또는 유도에 의한 감전의 위험을 방지하기 위한 용구를 말한다.
② 종류
- 갑종 접지용구
- 을종 접지용구
- 병종 접지용구

(6) 활선 장구

① 정의 : 활선작업을 시행할 때에 이를 사용함으로써 감전의 위험을 방지하고 안전한 작업을 하기 위한 기구 및 장치를 말한다.
② 종류
- 활선 시메라
- 활선 커터
- 완목
- 핫스틱
- 디스콘 스위치 조작봉
- 점퍼선
- 주상 작업대
- 활선 작업대
- 활선 애자 소제기
- 활선 작업차
- 활선 사다리

(7) 시험 장치

① 정의 : 시험 장치라 함은 보호 용구, 방호 용구, 검출 용구 및 활선 장구 등의 기능적 조건의 보전을 확인하기 위한 장치를 말한다.
② 종류
- 고무 활선 장구 시험 장치
- 안전허리띠 시험 장치
- 검전기 시험기
- 활선 스틱 시험기

합격예측

활선작업 요령에 포함되어야 할 사항
① 작업책임자의 임명, 작업범위 등 작업시작 전에 필요한 사항
② 작업장소의 주변상태, 작업구간의 특성 등을 고려한 작업방법 및 작업절차
③ 절연용 방호구 및 활선작업용 기구·장치 등의 준비 및 사용에 관한 사항
④ 절연용 보호구의 착용 및 이상유무의 점검에 관한 사항
⑤ 작업중단에 관한 사항
⑥ 교대근무시 근무인계에 관한 사항
⑦ 작업장소의 관계근로자외의 자의 출입금지에 관한 사항

합격예측

절연용 보호구의 선택

사업주는 다음 각 호의 작업에 사용하는 절연용 보호구, 절연용 방호구, 활선작업용 기구, 활선작업용 장치에 대하여 각각의 사용목적에 적합한 종별·재질 및 치수의 것을 사용하여야 한다.
① 밀폐공간에서의 전기작업
② 이동 및 휴대장비 등을 사용하는 전기작업
③ 정전전로 또는 그 인근에서의 전기작업
④ 충전전로에서의 전기작업
⑤ 충전전로 인근에서의 차량·기계장치 등의 작업

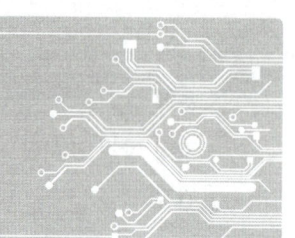

세부항목 02 전기 설비 및 작업 안전 출제예상문제

01 개폐기의 오조작을 방지하기 위한 조치를 3가지 쓰시오.

해답
① 무부하 상태를 표시하는 파일럿 램프를 설치한다.
② 전선로의 계통을 판별하기 위하여 더블릿을 설치한다.
③ 개폐기에 전선로가 무부하 상태가 아니면 개로할 수 없도록 한다.

02 계통접지의 종류 3가지를 쓰시오.

해답
① TN방식(TN-S, TN-C, TN-C-S방식)
② TT방식
③ IT방식

03 다음 기계·기구의 사용 용도에 따라 접지공사의 종류를 쓰시오.

해답
① 고압 또는 특별 고압용 : 제1종 접지공사
② 400[V] 넘는 저압용 : 특별 제3종 접지공사
③ 400[V] 이하인 저압용 : 제3종 접지공사

참고 법개정전 문제로 출제되지 않습니다.

04 다음은 충전전로의 선간전압과 접근 한계 거리를 나타낸 것이다. 보기에서 ①~⑨까지의 한계 거리[cm]를 쓰시오.

[보기]

충전전로의 선간전압[kV]	접근 한계 거리[cm]
0.3[kV] 이하	①
0.3[kV] 초과 0.75[kV] 이하	②
0.75[kV] 초과 2[kV] 이하	③
2[kV] 초과 15[kV] 이하	④
15[kV] 초과 37[kV] 이하	⑤
37[kV] 초과 88[kV] 이하	⑥
88[kV] 초과 121[kV] 이하	⑦
121[kV] 초과 145[kV] 이하	⑧
550[kV] 초과 800[kV] 이하	⑨

해답
① 접촉금지 ② 30[cm]
③ 45[cm]   ④ 60[cm]
⑤ 90[cm]   ⑥ 110[cm]
⑦ 130[cm] ⑧ 150[cm]
⑨ 790[cm]

05 다음 아래 용어를 간략하게 설명하시오.
① 절연용 보호구
② 절연용 방호구
③ 활선 작업용 기구
④ 활선 작업용 장치

해답
① 절연용 보호구 : 절연 장갑, 절연용 안전모, 절연화 등 작업자가 착용하는 감전 방지용 보호구를 말한다.
② 절연용 방호구 : 선로의 충전부, 지지물 주변의 전기 배선 등에 설치하는 절연관, 절연커버, 절연 시트 등 감전 방지용 장구를 말한다.

③ 활선 작업용 기구 : 활선 작업시 작업하는 사람의 손으로 잡을 수 있는 부분이 절연 재료로 만들어진 핫스틱 등 봉상의 절연공구를 말한다.
④ 활선 작업용 장치 : 활선 작업시 대지 절연을 실시한 활선 작업용차 또는 활산 작업용 절연대를 말한다.

06 60[V]를 초과하는 금속제 외함을 가지는 전기 기계 기구에 설치하는 누전차단기의 동작 시간을 3가지로 구분해서 쓰시오.

해답

① 고속형 : 정격감도전류에서 0.1초 이내
② 보통형 : 정격감도전류에서 0.2초 이내
③ 지연형 : 정격감도전류에서 0.1초를 초과하고 2초 이내

07 정전작업 전 조치 사항을 쓰시오.

해답

① 개폐기에 시건장치를 하거나 통전 금지에 관한 표찰을 부착
② 개로된 전류가 전력 케이블, 전력 콘덴서 등을 가진 것은 안전한 방법에 의해 잔류 전하의 방전 조치
③ 개로된 전로가 고압 또는 특별고압이었을 때는 검전기에 의해 충전 여부를 확인하고 단락접지 기구를 사용하여 확실한 접지 조치

08 전압의 구분에서 ( )를 쓰시오.

전압의 종별	교류	직류
저압	(①)[V] 이하의 것	(②)[V] 이하의 것
고압	1,000[V] 초과 7,000[V] 이하	1,500[V] 초과 7,000[V] 이하
특별고압	7,000[V] 초과	7,000[V] 초과

해답

① 1,000
② 1,500

09 누전차단기를 설치해야 할 장소와 설치하지 않아도 되는 장소를 3가지씩 쓰시오.

해답

(1) 설치 장소
① 대지 전압이 150[V]를 초과하는 이동형 또는 휴대형 전기기계·기구
② 물 등 도전성이 높은 액체가 있는 습윤장소에서 사용하는 저압(1500[V] 이하 직류전압이나 1000[V] 이하의 교류전압을 말한다)용 전기기계·기구
③ 철판·철골 위 등 도전성이 높은 장소에서 사용하는 이동형 또는 휴대형 전기기계·기구
④ 임시배선의 전로가 설치되는 장소에서 사용하는 이동형 또는 휴대형 전기기계·기구
(2) 설치하지 않아도 되는 장소
① 「전기용품안전관리법」에 따른 이중절연 구조 또는 이와 동등 이상으로 보호되는 전기기계·기구
② 절연대 위 등과 같이 감전위험이 없는 장소에서 사용하는 전기기계·기구
③ 비접지 방식의 전로

10 전로의 절연저항에서 ( )를 쓰시오.

전로의 사용전압[V]	DC 시험 전압[V]	절연저항 [MΩ]
SELV(비접지회로) 및 PELV(접지회로)	250	(②)
FELV(1차와 2차가 전기적으로 절연되지 않은 회로), 500[V] 이하	(①)	1.0
500[V] 초과	1,000	(③)

*특별저압(extra low voltage : 2차 전압이 AC 50[V], DC 120[V] 이하)으로 SELV(비접지회로 구성) 및 PELV(접지회로 구성)은 1차와 2차가 전기적으로 절연된 회로, FELV는 1차와 2차가 전기적으로 절연되지 않은 회로

해답

① 500
② 0.5
③ 1.0

11 전기 기기의 충전부와 노출 비충전부 사이에 기능 절연이 파괴되어 누전으로 인한 감전의 위험을 방지하기 위하여 전기 기기의 철대 및 외함에는 접지를 하도록 하고 있다. 다음 중 전기 기기에 사용하는 전압이 400[V]를 넘는 저압용인 경우에는 제 몇 종 접지공사를 해야 하는가?

해답
특별 제3종 접지공사

12 변압기의 저압측 중성점에 적당한 접지공사는?

해답
제2종 접지공사

> **참고** 법개정전 문제로 출제되지 않습니다.

13 전기 기계, 기구 또는 전로의 충전 부분에 대하여 감전의 위험을 방지하기 위한 방호 방법을 쓰시오.

해답
① 충전전로를 방호, 차폐하거나 절연 등의 조치를 하는 경우에는 근로자의 신체가 전로와 직접 접촉하거나 도전재료, 공구 또는 기기를 통하여 간접 접촉되지 않도록 할 것
② 충전전로를 취급하는 근로자에게 그 작업에 적합한 절연용 보호구를 착용시킬 것
③ 충전전로에 근접한 장소에서 전기작업을 하는 경우에는 해당 전압에 적합한 절연용 방호구를 설치할 것. 다만, 저압인 경우에는 해당 전기작업자가 절연용 보호구를 착용하되, 충전전로에 접촉할 우려가 없는 경우에는 절연용 방호구를 설치하지 아니할 수 있다.
④ 고압 및 특별고압의 전로에서 전기작업을 하는 근로자에게 활선작업용 기구 및 장치를 사용하도록 할 것
⑤ 근로자가 절연용 방호구의 설치·해체작업을 하는 경우에는 절연용 보호구를 착용하거나 활선작업용 기구 및 장치를 사용하도록 할 것
⑥ 유자격자가 아닌 근로자가 충전전로 인근의 높은 곳에서 작업할 때에 근로자의 몸 또는 긴 도전성 물체가 방호되지 않은 충전전로에서 대지전압이 50[kV] 이하인 경우에는 300[cm] 이내로, 대지전압이 50[kV]를 넘는 경우에는 10[kV] 당 10[cm]씩 더한 거리 이내로 각각 접근할 수 없도록 할 것

14 아크 용접시 발생되는 위험 요인을 쓰시오.

해답
① 자외선, 적외선으로부터 전기성 안염
② 전기 스위치 개폐시 감전 재해
③ 유해 가스, 퓸 등의 가스 중독
④ 용접봉 및 케이블의 신체 접촉

15 전기 설비의 절연용 보호구를 쓰시오.

해답
① 절연 안전모
② 절연 고무 장화
③ 절연 고무 장갑
④ 안전대
⑤ 고무 소매
⑥ 보호용 가죽 장갑
⑦ 승주기

16 교류 아크 용접기에 설치할 방호 장치명과 성능 조건을 쓰시오.

해답
(1) 방호장치명 : 자동 전격 방지기
(2) 성능 조건
① 아크 발생을 정지시킬 때 주접점이 개로될 때까지의 시간은 1.0초 이내일 것
② 이때 2차 무부하 전압은 25[V] 이내일 것

17 개폐기 부착시 유의 사항을 4가지 쓰시오.

해답
① 전선이나 기구 부분에 직접 닿지 않도록 할 것
② 나이프 스위치에는 규정된 퓨즈를 사용할 것
③ 커버가 있는 나이프 스위치나 콘센트 등은 부서지지 않도록 만전을 기할 것
④ 전자 개폐기는 반드시 용량이 맞는 것을 선택할 것

18 고압 활선 작업시 감전 방지를 위해 조치할 사항을 쓰시오.

> **해답**
> ① 근로자에게 활선 작업용 기구를 사용하게 할 것
> ② 근로자에게 활선 작업용 장치를 사용하도록 할 것
> ③ 근로자에게 절연용 보호구를 착용시키고 해당 충전 전로 중 감전의 위험이 발생할 우려가 있는 것에 대해서는 절연용 방호구를 설치할 것

19 접지된 전기 기계·기구 또는 금속제로부터 얼마 이내에 있는 고정식 금속제의 경우 접지 시설을 해야 하는가?

> **해답**
> 수직 2.4[m], 수평 1.5[m]

20 접지선의 접지극으로 사용되는 것을 쓰시오.

> **해답**
> ① 접지판
> ② 접지관
> ③ 수도관

21 누전방지대책을 쓰시오.

> **해답**
> ① 과열이나 부식을 방지한다.
> ② 절연의 열화를 방지한다.
> ③ 퓨즈 또는 누전 차단기를 설치한다.
> ④ 충전부와 수도관, 가스관 등을 이격한다.

22 계통에 접속된 변압기의 중성점을 선로의 대지 정전 용량과 공진하는 리액터를 통해서 접지하는 방식으로 1선지락 사고시 지락전류가 거의 흐르지 않는 접지방식은?

> **해답**
> 소호 리액터 접지 방식

23 전기 작업의 기본 안전대책을 쓰시오.

> **해답**
> ① 취급자의 자세
> ② 전기 설비의 품질 향상
> ③ 전기 시설의 안전 관리 확립

24 전기 시설물에서 절연을 확인하는 시험을 쓰시오.

> **해답**
> ① 절연저항 시험
> ② 누전전류 시험
> ③ 절연내력 시험

25 이동 전선에 접속하여 임시로 사용하는 전등이나 가설 배선 또는 이동 전선에 접속하는 가공 매달기식 전등의 접촉에 의한 감전의 위험을 방지하기 위하여 보호망을 설치할 경우 반드시 준수해야 할 사항을 2가지 쓰시오.

> **해답**
> ① 전구의 노출된 금속 부분에 근로자가 쉽게 접촉되지 않는 구조로 할 것
> ② 재료는 용이하게 파손 또는 변형되지 않는 것으로 할 것

26 자동전격방지장치를 반드시 설치해야 되는 장소를 쓰시오.

> **해답**
> ① 추락 위험성이 있는 2[m] 이상 높이에서 용접시
> ② 보일러, 압력 용기, 탱크 등의 내부에서 용접시
> ③ 협소한 장소에서 용접시

27 높이 2[m]의 야외 철탑 공사 작업장에서 아세틸렌 용접장치로 용접 작업을 하는 경우, 근로자가 착용해야 할 보호구와 안전 작업 방법을 4가지씩 쓰시오.

해답
(1) 보호구
　① 보안경
　② 안전장갑
　③ 안전모
　④ 안전대
(2) 안전 작업 방법
　① 용접장치의 도관에 아세틸렌용과 산소용의 혼동 방지 조치
　② 관계근로자 외 출입 금지
　③ 작업 발판 및 방망 설치
　④ 보호구 착용

28 정전기에 의한 화재 또는 폭발의 위험이 발생할 우려가 있는 경우에 접지, 도전성 재료의 사용, 가습 및 제전장치를 사용하여 정전기의 발생을 억제 또는 제거해야 할 설비를 쓰시오.

해답
① 위험물 건조 설비 또는 그 부속 설비
② 가연성 및 폭연성 분진을 취급하는 설비
③ 탱크 로리 등 위험물 저장 설비
④ 인화성 물질을 함유하는 도료 및 접착제를 도포하는 설비
⑤ 위험물을 탱크 로리 등에 주입하는 설비

29 누전차단기가 갖추어야 할 성능을 쓰시오.

해답
① 부하에 적합한 정격전류를 갖출 것
② 전로에 적합한 차단 용량을 갖출 것
③ 절연저항이 5[MΩ] 이상일 것
④ 정격 부동작 전류가 정격감도전류의 50[%] 이상이고, 이들 전류치가 가능한 한 작을 것
⑤ 누전차단기와 접속되어 있는 전동 기계·기구에 대하여 정격 감도 전류가 30[mA] 이하, 동작 시간은 0.03초 이내일 것

30 교류 아크 용접기 케이스에 행하는 접지 공사는?

해답
제3종 접지공사

참고 법개정전 문제로 출제되지 않습니다.

31 퓨즈 선택시 고려 사항을 쓰시오.

해답
① 사용 장소
② 정격전압
③ 정격전류
④ 차단 용량

32 케이블의 말단 처리가 완전하지 못할 경우에 일어나는 현상을 쓰시오.

해답
① 단락
② 지락
③ 절연 불량

33 전기 기기의 누전으로 인한 재해를 방지하기 위하여 취해야 할 조치를 쓰시오.

해답
① 습기 방지
② 부식 방지
③ 과열 방지

34 발전소, 변전소 또는 이에 준하는 장소의 가공 전선 인입구 및 인출구에 설치해야 되는 전기 기기는?

해답
피뢰기

35 절연용 방호구를 7가지만 쓰시오.

해답
① 방호관
② 고무 블랭킷
③ 애자 후드
④ 점퍼 호스
⑤ 완금 커버
⑥ 컷아웃 스위치 커버
⑦ 건축 지장용 방호관

36 400[V]를 넘는 전개된 장소에서 행할 수 있는 옥내 배선 공사의 종류를 쓰시오.

> **해답**
> ① 애자 사용 공사
> ② 금속 덕트 공사
> ③ 합성 수지관 공사
> ④ 금속관 공사
> ⑤ 버스 덕트 공사
> ⑥ 가요 전선관 공사
> ⑦ 케이블 공사

37 자동전격방지장치의 사용 전 점검사항을 쓰시오.

> **해답**
> ① 소음 발생 유무
> ② 전자 접촉기의 작동 상태 이상 유무
> ③ 전격방지장치 외함의 접지 상태의 이상 유무
> ④ 전격방지장치 외함의 변형, 파손 및 결함 상태 이상 유무
> ⑤ 전격방지장치와 용접기의 배선 및 접속 부분 피복의 손상 유무

38 단락접지 기구의 사용 목적을 쓰시오.

> **해답**
> ① 오통전 방지
> ② 유도에 의한 감전 위험 방지
> ③ 다른 전로와의 혼촉 방지

39 1[A]의 전류가 1시간 동안에 발생하는 열에너지는 몇 [kcal]인가?(단, 전기 저항은 무시한다)

> **해답**
> $Q = 0.24I^2RT = 0.24 \times 1^2 \times 3{,}600 = 864[kcal]$

40 퓨즈의 종류에 따른 정격 용량을 쓰시오.

> **해답**
> ① 저압용 포장 퓨즈 : 정격전류의 1.1배
> ② 고압용 포장 퓨즈 : 정격전류의 1.3배
> ③ 고압용 비포장 퓨즈 : 정격전류의 1.25배

41 정전작업에서 작업중 조치 사항을 쓰시오.

> **해답**
> ① 작업 지휘자에 의한 지휘
> ② 개폐기의 관리
> ③ 단락접지의 상태 관리
> ④ 근접 활선에 대한 방호 상태의 관리

42 전기 활선 작업시 고무 장갑과 가죽 장갑을 착용할 때의 요령을 쓰시오.

> **해답**
> 고무 장갑을 먼저 끼고 그 위에 가죽 장갑을 착용한다.

43 감전 방지용 누전차단기의 동작 방식 2종류를 쓰시오.

> **해답**
> ① 전압 동작 방식
> ② 전류 동작 방식

44 누전차단기를 설치하지 않아도 되는 장소를 쓰시오.

> **해답**
> ① 「전기용품안전관리법」에 따른 이중절연 구조 또는 이와 동등 이상으로 보호되는 전기기계·기구
> ② 절연대 위 등과 같이 감전위험이 없는 장소에서 사용하는 전기 기계·기구
> ③ 비접지 방식의 전로

45 600[V] 이하일 경우 가공 인입선의 지면상 높이는?

> **해답**
> ① 도로의 횡단부 : 6[m] 이상
> ② 철도, 궤도의 횡단부 : 5.5[m] 이상

46 정전 작업 전의 조치 사항을 쓰시오.

> **해답**
>
> ① 개로 개폐기에 시건장치 및 통전 금지 표지판 부착
> ② 전력 콘덴서, 전력 케이블 등의 잔류 전하 방전
> ③ 검전기구로 충전 여부 확인
> ④ 단락접지 기구에 의한 단락접지 실시

47 누전차단기 선정시 설치해야 될 형식을 쓰시오.

> **해답**
>
> ① 감전 보호형 누전차단기 : 고감도 고속형
> ② 인입구 등에 시설하는 누전차단기 : 충격파 부동작형
> ③ 저압 전로에 시설하는 누전차단기 : 전류 동작형

48 가공 전선 또는 전기 기계·기구의 충전 전로에 인접한 장소에서 시설물의 건설, 해체, 점검, 수리 및 도장 등의 작업을 할 경우 감전의 위험을 방지하기 위한 조치 사항을 쓰시오.

> **해답**
>
> ① 해당 충전전로를 이설할 것
> ② 감전의 위험을 방지하기 위한 방책을 설치할 것
> ③ 해당 충전전로에 절연용 방호구를 설치할 것
> ④ 감시인을 두고 작업을 감시하도록 할 것

49 일반적으로 개폐기를 많이 부착하는 장소 3곳을 쓰시오.

> **해답**
>
> ① 퓨즈의 전원측
> ② 인입구 및 고장 점검 회로
> ③ 평소에 부하 전류를 단속하는 장소

50 허용 접촉 전압을 ( )에 쓰시오.

종별	접촉상태	허용 접촉 전압
제1종	인체의 대부분이 수중에 있는 상태	(①)[V] 이하
제2종	① 인체가 현저히 젖어 있는 상태 ② 금속성의 전기·기계장치나 구조물에 인체의 일부가 상시 접촉되어 있는 상태	(②)[V] 이하
제3종	제1종, 제2종 이외의 경우로서 통상의 인체상태에서 접촉 전압이 가해지면 위험성이 높은 상태	(③)[V] 이하
제4종	① 제1종, 제2종 이외의 경우로서 통상의 인체상태에 접촉 전압이 가해지더라도 위험성이 낮은 상태 ② 접촉 전압이 가해질 우려가 없는 경우	(④)

> **해답**
>
> ① 2.5
> ② 25
> ③ 50
> ④ 제한없음

세부항목 03 전기 화재 및 정전기 재해

중점 학습내용

전기화재 및 정전기 재해에 관련된 기본적인 기초 지식을 학습하도록 하였으며 이번 실기 필답형 시험에 출제되는 그 중심적인 내용은 다음과 같다.
❶ 정전기의 대전 ❷ 뇌해와 피뢰 설비

전기누전으로 인한 화재의 조사사항
❶ 누전점 : 전류가 유입된 것으로 예상되는 곳
❷ 발화점 : 발화된 곳으로 예상되는 장소
❸ 접지점 : 접지의 위치 및 저항값의 적정성

1 정전기의 대전

1. 정전기 대전의 종류

(1) 마찰대전

고체, 액체류 또는 분체류의 경우, 두 물질 사이의 마찰에 의한 접촉과 분리 과정이 계속되면 이에 따른 기계적 에너지에 의해 자유 전자가 방출·흡입되어 정전기가 발생한다.

(2) 박리대전

서로 밀착되어 있는 두 물체가 떨어질 때 전하의 분리가 일어나 정전기가 발생하는 현상으로, 접촉 면적, 접촉면의 밀착력, 박리 속도 등에 의해 정전기의 발생량이 변화하며 마찰에 의한 것보다 더 큰 정전기가 발생한다.

(3) 유동대전

액체류가 파이프 등을 흐르면서 고체와 접촉하면 액체류와 고체와의 경계면에 전기 이중층이 형성되어 이때 발생된 전하의 일부가 액체류와 함께 유동하기 때문에 정전기가 발생하는 현상으로서, 정전기의 발생에 가장 크게 영향을 미치는 요인은 액체의 유동 속도이다.

합격예측

정전기 발생현상(대전)의 종류
① 마찰대전
② 박리대전
③ 유동대전
④ 분출대전
⑤ 충돌대전
⑥ 유도대전
⑦ 비말대전

합격예측

정전기 발생의 영향 요인
① 물체의 특성
② 물체의 표면상태
③ 물체의 이력
④ 접촉면적 및 압력
⑤ 분리속도
⑥ 완화시간

(4) 분출대전

분체류, 액체류, 기체류 등이 단면적이 작은 분출구를 통해 공기중으로 분출될 때 분출 물질 입자들간의 상호 충돌 및 분출 물질과 분출구와의 마찰에 의해 정전기가 발생한다.

(5) 충돌대전

분체류 등은 입자 상호간이나 입자와 고체와의 충돌에 의해 빠른 접촉·분리가 행하여짐으로써 정전기가 발생한다.

(6) 파괴대전

고체나 분체류와 같은 물체가 파괴되었을 때 전하 분리 또는 양·음 전하의 균형이 깨지면서 정전기가 발생하는 현상을 말한다.

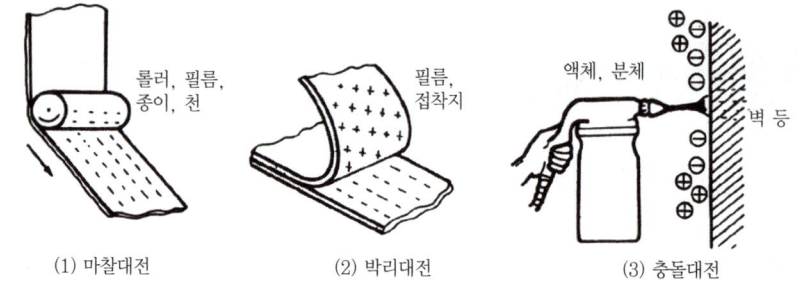

(1) 마찰대전   (2) 박리대전   (3) 충돌대전

[그림] 정전기의 대전

(7) 교반 또는 침강대전

액체가 교반에 의해 진동을 하게 되면 진동에 의한 정전기가 발생되며, 또한 액체와 그것에 혼합되어 있는 불순물이 침강되면 침강 대전이 발생한다.

2. 정전기의 방전의 종류

(1) 코로나 방전

대전된 부도체와 가는 선상의 도체 또는 뾰족한 선단을 가진 도체와의 사이에서 발생하는 미약한 발광과 소리를 수반하는 방전이다.

(2) 스트리머 방전

대전량이 많은 부도체와 비교적 곡률 반경이 큰 선단을 가진 도체와의 사이에서 발생하는 수지상(樹枝狀)의 발광과 펄스상의 파괴음을 수반하는 방전이다.

합격예측

분출대전이 발생하는 원인
① 분체류, 액체류, 기체류가 단면적이 작은 개구부를 통해 분출할 때 분출물질과 개구부의 마찰로 인하여 정전기가 발생
② 분출물과 개구부의 마찰 이외에도 분출물의 입자 상호간의 충돌로 인한 미립자의 생성으로 정전기가 발생하기도 한다.

합격예측

① 유도대전 : 접지되지 않은 도체가 대전물체 가까이 있을 경우 전하의 분리가 일어나 가까운 쪽은 반대 극성의 전하가 먼 쪽은 같은 극성의 전하로 대전되는 현상
② 비말대전 : 액체류가 공간으로 분출할 경우 미세하게 비산하여 분리되면서 새로운 표면을 형성하게 되어 정전기가 발생(액체의 분열)

합격예측

방전에너지(정전기 에너지)를 구하는 공식

$$W = \frac{1}{2}QV = \frac{1}{2}CV^2 = \frac{1}{2}\frac{Q^2}{C}[J]$$

W : 정전기 에너지[J]
C : 도체의 정전용량[F]
V : 대전전위[V]
Q : 대전전하량[C]

(3) 불꽃 방전

도체가 대전되었을 때에 접지된 도체와의 사이에서 발생하는 강한 발광과 파괴음을 수반하는 방전이다.

(4) 연면(沿面) 방전

대전이 큰 엷은 층상의 부도체를 박리할 때 또는 엷은 층상의 대전된 부도체의 뒷면에 밀접한 접지체가 있을 때 표면에 따른 복수의 수지상(樹枝狀)의 발광을 수반하여 발생하는 방전이다.

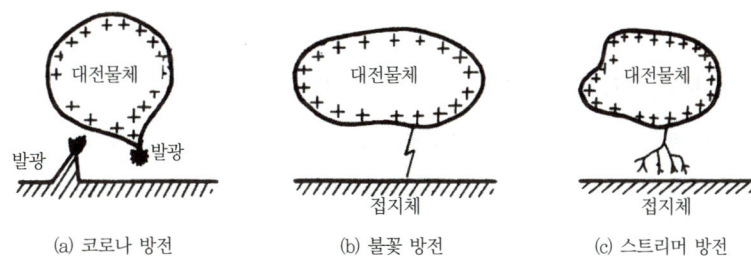

(a) 코로나 방전　　(b) 불꽃 방전　　(c) 스트리머 방전

[그림] 정전기의 방전

(5) 뇌상 방전

공기중에 뇌상으로 부유하는 대전 입자의 규모가 커졌을 때에 대전 구름에게 번개형의 발광을 수반하여 발생하는 방전이다.

3. 정전기의 방지대책

(1) 접지

금속 등 도체와 대지 사이의 전위를 최소로 하기 위해 동판을 매설(접지극)하여 이 도체와 접속하는 것을 접지라 하며, 배관 등 금속 물체 전부를 접지하기 곤란한 경우에는 본딩을 하기도 한다.

(2) 도전성 재료 사용

도전성 타이어, 도전성 매트, 도전성 벨트 및 반도체 포장제 등 도전성이 높은 재료를 사용하여 대전을 방지한다.

(3) 가습

플라스틱 제품 등은 습도 증가에 따라 전기 저항값이 저하되므로 공장 설비 등은 가습에 의한 대전 방지법이 이용된다. 공기중의 상대 습도를 60~70[%] 정도로 유지시키면 정전기의 방지에 효과가 있으며 널리 사용되고 있는 가습 방법으로 ① 물 분무법, ② 습기 분무법, ③ 증발법 등이 있다.

합격예측

방전의 형태에 해당하는 종류
① 코로나(corona) 방전
② 스트리머(streamer) 방전
③ 불꽃(spark) 방전
④ 연면(surface) 방전
⑤ 브러시(brush) 방전

합격예측

정전기 재해를 방지하기 위한 대책
① 접지
② 초기 배관 내 유속 제한
③ 보호구 착용
④ 대전방지제 사용
⑤ 가습(60~70[%])
⑥ 제전기 사용

> **합격예측**
>
> **제전기의 종류**
> ① 전압인가식 제전기
> ② 자기방전식 제전기
> ③ 방사선식 제전기

> **합격예측**
>
> **정전기 재해를 방지하는 배관 내 유속 제한 대상**
> ① 도전성 위험물로써 저항률이 $10^{10}[\Omega cm]$ 미만의 배관유속 : 7[m/s] 이하
> ② 이황화탄소, 에테르 등과 같이 폭발위험성이 높고 유동대전이 심한 액체 : 1[m/s] 이하
> ③ 비수용성이면서 물기가 기체를 혼합한 위험물 : 1[m/s] 이하

(4) 제전기 사용

제전은 물체에 발생 또는 대전된 정전기를 제거하는 것으로 주로 정전기상의 부도체를 대상으로 한 대전 방지 대책이며, 이와 같은 기기를 제전기라 한다.

제전기의 종류에는 제전 방식에 따라 전압 인가식, 자기 방전식, 방사선식(이온식) 제전기가 있다.

(5) 대전 방지제 사용

대전 방지제는 마찰하는 부분의 재질에 도전성을 주든가 표면의 전기 저항을 낮게 하여 발생한 정전기를 누출시키기 위하여 사용한다.

(6) 배관 내의 액체의 유속 제한, 정차 시간의 확보

액체가 배관을 통과하게 되면 액체와 배관과의 마찰에 의해 정전기가 발생하므로 유속을 줄임으로써 정전기의 발생을 완화시킬 수 있다.

정차 시간이란 탱크, 탱커, 탱크 로리, 탱크차 등에 위험물을 주입해서 용기 내의 유동이 정지하여 정전기가 완화될 때까지의 시간을 말한다.

(7) 보호구의 착용

대전 방지용 안전화 및 정전 작업복을 착용한다.

대전 방지용 안전화는 바닥의 저항이 $10^4 \sim 10^5[\Omega]$ 정도이면 가능하며 정전 작업복은 도전성 섬유(ECF)를 1~5[cm] 간격으로 짜넣어 정전기의 대전을 방지한다.

4. 정전기로 인한 화재·폭발 방지 조치를 하여야 할 설비의 종류

① 위험물을 탱크 로리, 탱크차 및 드럼 등에 주입하는 설비
② 탱크 로리, 탱크차 및 드럼 등 위험물 저장 설비
③ 인화성 물질을 함유하는 도료 및 접착제 등을 도포하는 설비
④ 위험물 건조 설비 또는 그 부속 설비
⑤ 가연성 및 폭연성 분진을 취급하는 설비
⑥ 인화성 유기용제를 사용하는 드라이클리닝 설비 또는 모피류 등을 세정하는 설비
⑦ 유압, 압축 공기 및 고압 정전기 등을 이용하여 인화성 물질 및 가연성 분체를 분무 또는 이송하는 설비
⑧ 인화성 물질이 함유된 페인트 등의 마감 재료를 제조, 취급 또는 저장하는 설비
⑨ 염색 등을 하기 위하여 인화성 물질이 함유된 액체에 가공물을 담그거나 통과하게 하는 공정에 사용하는 설비

⑩ 인화성 유기 용제를 사용하여 동물성 또는 식물성 지방 등을 추출하는 데 사용하는 설비
⑪ 액화 수소를 이송, 저장 또는 사용하는 설비
⑫ 공업용 연료 가스의 배관 설비
⑬ 액화 천연 가스 및 액화 석유 가스를 제조, 취급 또는 저장하는 설비
⑭ 가연성 분진층을 발생시키는 옥수수, 밀가루 등 농산물을 저장 또는 취급하는 설비
⑮ 인화성 마취제를 사용하는 설비
⑯ 화약류 제조중에 정전기가 발생하여 화재 및 폭발의 우려가 있는 설비

> **합격예측**
>
> 뇌해의 종류
> ① 직격뢰
> ② 측격뢰
> ③ 유도뢰

> **합격예측**
>
> **피뢰기의 접지**
> ① 매설 전극과 최단 거리가 되도록 각 접속점을 연결한다.
> ② 기기의 외함, 철골, 제어용 케이블 등과의 거리를 최소한 2[m] 이상 유지한다.

2 뇌해와 피뢰 설비

1. 뇌해의 종류

(1) 직격뢰

소위 벼락으로서 번개의 주방전로가 피해 물건을 통해서 형성되는 경우이다. 직격뢰의 영향은 다음과 같다.
① 순간적으로 고온, 전자기력 등에 의한 기계적 파괴
② 목조 가옥 등의 발화
③ 가연성 액체 또는 기체의 인화
④ 전기 공작물의 절연 파괴

(2) 측격뢰

벼락의 주방전로에서 분기된 방전에서 오는 경우와 나무 등에 주방전되어 거기에서 재방전되는 경우가 있는데, 직격뢰의 피해가 더 크다. 특히 후자의 경우 나무보다도 재방전로에 해당하는 건물의 전기저항이 작으면 전자에 가까운 손해를 입는다.

(3) 유도뢰

뇌운저(雷雲底)의 전하(-극)에 대하여 반대 극성의 유도 전하가 물체에 생겼을 때에 뇌방전으로 뇌운의 전하가 없어지면 물건의 전위가 갑자기 올라가 물체와 땅과의 사이에 방전이 생긴다.

2. 뇌해의 방지

(1) 일반적인 방지대책

① 직격뢰 및 측격뢰 : 피뢰침의 설비
② 유도뢰 : 물체의 접지, 송전선의 경우 피뢰기·가공 지선의 설치, 철탑 탑각의 접지 저항의 저하를 위한 매설 지선의 설치
③ 침입뢰 : 피뢰기의 설비, 또는 수전 정지

(2) 피뢰침의 설치

주위에 떨어지는 뇌방전을 끌어들임으로써 피뢰침의 보호 범위 내에서 벼락의 위험으로부터 안전성을 확보하는 것이다.

① 피뢰설비의 설치기준
  ㉮ 낙뢰의 우려가 있는 건축물 또는 20[m] 이상의 건축물
  ㉯ 돌침은 건축물의 맨 윗부분에서 25[cm] 이상 돌출시켜 설치하고 풍하중에 견딜수 있는 구조일 것
  ㉰ 피뢰설비 재료는 동선의 경우 수뢰부 35[mm^2] 이상, 인하도선 16[mm^2] 이상, 접지극 50[mm^2] 이상의 성능을 갖출 것
  ㉱ 인하도선 대용으로 철골조의 철골구조물과 철근콘크리트조의 철근구조체의 전기적 연속성이 보장될 수 있도록 건축물 금속 구조체의 상단부와 하단부 사이의 전기저항이 0.2[Ω] 이하가 되도록 할 것
  ㉲ 60[m]가 넘는 건축물 등에는 지면에서 건축물 높이의 4/5 되는 지점부터 상단부까지 측면에 수뢰부 설치(높이 60[m]를 부분 외부의 각 금속부재를 2개소 이상 전기적으로 접속)
  ㉳ 접지는 환경오염을 일으킬 수 있는 시공방법이나 화학 첨가물 등을 사용하지 아니할 것
  ㉴ 급수·급탕·난방·가스 등을 공급하기 위하여 건축물에 설치하는 금속배관 및 금속재 설비는 전위가 균등하게 이루어지도록 전기적으로 접속할 것

② 피뢰침의 점검
  피뢰침은 연 1회 이상 점검하여 적합여부를 확인하고 이상시 즉시 보수하여야 한다. 점검사항은 다음과 같으며 점검기록은 3년간 보존해야 한다.
  ㉮ 접지저항의 측정
  ㉯ 지상의 각 접속부의 검사
  ㉰ 지상에서의 단선, 용융, 그 밖에 손상부분의 유무점검

(3) 피뢰기의 성능 및 종류

피뢰기는 뇌나 이상 전압이 습래했을 때 단자 전압이 어떤 값 이상에 도달하면,

합격예측

피뢰침은 뇌우기가 되기 전 연 1회 이상 검사하여 적합 여부를 확인하고 그 내용을 3년간 기록 보존하여야 한다. 점검할 사항
① 접지저항의 측정
② 지상각 접속부의 검사
③ 지상에서의 용융, 단선, 그 밖에 손상 부분의 유무 점검

합격예측

피뢰침의 보호각도에서 수뢰부 시스템의 배치방법 중 보호대상 구조물의 표면이 평평한 경우에 적합한 방법
메시법

합격예측

피뢰침 설치시 접지극의 저항
접지극의 저항은 10[Ω] 이하

합격예측

피뢰기의 종류
① 밸브형 피뢰기
② 방출통형 피뢰기
③ 저항형 피뢰기
④ 밸브저항형 피뢰기
⑤ 종이 피뢰기

내부에서 방전에 의한 전류를 대지로 방류시켜서 이상 전압을 제한하며 전기 기기를 보호하는 동시에, 이상 전압이 소멸되면 방전 후에도 계속하여 회로에서 대지로 흐르는 전류를 단시간에 차단하여 계통에 혼란이 발생함이 없이 정상 상태로 복귀시키는 성능을 구비한 장치를 말한다.

① 피뢰기의 성능 및 구비 요건
  ㉮ 충격방전 개시 전압이 낮을 것
  ㉯ 제한 전압이 낮을 것
  ㉰ 뇌전류의 방전 능력이 클 것
  ㉱ 속류(續流)의 차단이 확실할 것
  ㉲ 반복 동작이 가능할 것
  ㉳ 구조가 견고하며 특성이 변화하지 않을 것

② 피뢰기의 종류
  ㉮ 저항형 피뢰기 : 각형(horn gap) 피뢰기, 밴드만 피뢰기 및 멀티갭(multi gap) 피뢰기 등이 있다.
  ㉯ 밸브형 피뢰기 : 알루미늄셀 피뢰기 및 산화막 피뢰기, 벨트형 산화막 피뢰기, 오토밸브(auto valve) 피뢰기 등이 있으며 벨트형 산화막 피뢰기는 구조가 간단하며 값이 싸므로 배전 선로용에 쓰인다.
  ㉰ 밸브 저항형 피뢰기 : 레지스트 밸브 피뢰기, 드라이 밸브 피뢰기, 사이라이트 피뢰기가 있다.
  ㉱ 방출통형 피뢰기 : 밸브형 또는 밸브 저항형 피뢰기보다 가격이 싸므로 선로에 많이 분포하여 설치하며 애자의 섬락 방지용에 적당하다.
  ㉲ 종이 피뢰기(p-valve 피뢰기) : 동작의 기록, 뇌의 크기의 판정을 할 수 있으며 비밀폐형이므로 현장에서 간단히 점검할 수 있는 장점이 있다.

② 피뢰기 설치 장소(피뢰기 시설)
  ㉮ 발전소, 변전소 또는 이에 준하는 장소의 가공 전선 인입구 및 인출구
  ㉯ 가공 전선로에 접속하는 배전용 변압기의 고압측 및 특고압측
  ㉰ 고압 및 특고압 가공 전선로로부터 공급을 받는 수용 장소의 인입구
  ㉱ 가공전선로와 지중전선로가 접속되는 곳

[표] 보호도체의 최소 단면적

상도체의 단면적 S (mm², 구리)	보호도체의 최소 단면적 (mm², 구리)	
	보호도체의 재질	
	상도체와 같은 경우	상도체와 다른 경우
$S \leq 16$	S	$(k_1/k_2) \times S$
$16 < S \leq 35$	16	$(k_1/k_2) \times 16$
$S > 35$	$S/2$	$(k_1/k_2) \times (S/2)$

여기서, k_1 : 도체 및 절연의 재질에 따라 KS C IEC에서 선정된 상도체에 대한 k값
k_2 : KS C IEC에서 선정된 보호도체에 대한 k값

합격예측

피뢰기가 구비해야 할 성능 조건
① 충격방전 개시전압과 제한 전압이 낮을 것
② 반복동작이 가능할 것
③ 뇌 전류의 방전능력이 크고 속류의 차단이 확실하게 될 것
④ 점검, 보수가 간단할 것
⑤ 구조가 견고하며 특성이 변화하지 않을 것

합격예측

피뢰침에서 수뢰부 시스템의 배치방법 중 메시법의 보호 조건
① 수뢰도체를 배치하는 위치
  ㉮ 지붕 가장자리선
  ㉯ 지붕 돌출부
  ㉰ 지붕경사가 1/10을 넘는 경우 지붕 마루선
  ㉱ 높이 60[m] 이상인 구조물의 경우 구조물 높이의 80[%]를 넘는 부분의 측면
② 수뢰망의 메시치수는 정해진 값 이하로 한다.
③ 수뢰부 시스템망은 뇌격전류가 항상 최소한 2개 이상의 금속루트를 통하여 대지에 접속되도록 구성해야 하며, 수뢰부 시스템으로 보호되는 영역 밖으로 금속체 설비가 돌출되지 않도록 한다.
④ 수뢰도체는 가능한 짧고 직선경로로 한다.

세부항목 03 전기 화재 및 정전기 재해 출제예상문제

01 정전기의 대전 종류 및 방전의 종류를 구분해서 쓰시오.

해답

(1) 대전의 종류
   ① 마찰대전
   ② 박리대전
   ③ 유동대전
   ④ 분출대전
(2) 방전의 종류
   ① 코로나 방전
   ② 불꽃 방전
   ③ 스트리머 방전
   ④ 연면 방전

02 정전기로 인한 화재·폭발 방지대책을 설비에 대한 조치 사항, 인체에 대한 조치 사항을 구분해서 쓰시오.

해답

(1) 설비에 대한 조치 사항
   ① 접지
   ② 도전성 재료 사용
   ③ 가습
   ④ 제전기 사용
(2) 인체에 대한 조치 사항
   ① 대전 방지용 안전화 착용
   ② 제전복 착용
   ③ 제전 용구의 사용
   ④ 작업장 바닥 등에 도전성 부여

03 전열기 사용시 주의사항을 6가지 쓰시오.

해답

① 열판의 밑부분에는 차열판이 있는 것을 사용하여야 한다.
② 점멸을 확실하게 한다.
③ 단열성의 불연재료로 받침대를 만든다.
④ 주위는 30~50[cm], 상방은 100~150[cm] 이내에는 가연성의 물질을 접근시키지 말아야 한다.
⑤ 배선 및 코드의 용량은 충분한 것을 사용하여서 과열을 방지하여야 한다.
⑥ 원래의 목적 이외에는 사용하지 말아야 한다.

04 교류 아크 용접기의 자동전격방지장치 사용시 장점을 쓰시오.

해답

① 오동작이 발생하지 않는다.
② 완벽한 아크가 발생된다.
③ 절전 효과가 증대된다.
④ 수명이 길다.
⑤ 작업중에도 용접 전압을 파악할 수 있다.

05 피뢰기를 설치해야 될 장소를 쓰시오.

해답

① 발전소, 변전소 또는 이에 준하는 장소의 가공 전선 인입구 및 인출구
② 가공 전선로에 접속되는 배전용 변압기의 고압측 및 특별 고압측
③ 고압 및 특고압 가공 전선로로부터 공급을 받는 수용 장소의 인입구

06 아크 용접장치에서 감전되기 쉬운 부분을 쓰시오.

해답

① 용접봉 홀더
② 용접봉 와이어
③ 용접봉 케이블
④ 용접기 케이스
⑤ 용접기의 리드 단자

07 이동 전선에 접속하여 임시로 사용하는 전등의 금속 부분에 접촉함으로 인한 감전의 위험 및 전구의 파손으로 인한 위험을 방지하기 위한 보호망의 설치 방법을 쓰시오.

> **해답**
> ① 전구의 노출되는 부분에 근로자가 용이하게 접촉하지 아니하는 구조로 한다.
> ② 재료는 용이하게 파손되거나 변형되지 아니하는 것으로 한다.

08 누전차단기의 설치 방법을 쓰시오.

> **해답**
> ① 누전차단기의 영상 변류기에 접지선을 관통하지 않도록 할 것
> ② 서로 다른 누전차단기의 중성선이 누전차단기 부하측에서 공유되지 않도록 할 것
> ③ 누전차단기는 분기 회로 또는 전동 기계·기구마다 설치할 것

09 교류 아크 용접 작업시의 잠재 위험 요인을 쓰시오.

> **해답**
> ① 전원 스위치 개폐시 접촉 불량으로 인한 감전 위험
> ② 아크광의 자외선 및 적외선으로 인한 전기 안염 발생 위험
> ③ 홀더의 통전 부분이 노출되어 용접봉에 신체 일부가 접촉
> ④ 케이블 일부가 노출되어 신체에 접촉

10 정전 작업시 개폐기의 개로 보증 확보 방안을 2가지 쓰시오.

> **해답**
> ① 통전 금지에 관한 사항, 통전 금지의 시간을 표시한다.
> ② 작업중에는 시건해 둔다.

11 변압기의 중성점 접지 방식을 쓰시오.

> **해답**
> ① 직접 접지 방식
> ② 소호 리액터 접지 방식
> ③ 저항 접지 방식

12 정전작업전 안전 조치 사항을 3가지 쓰시오.

> **해답**
> ① 전로의 개로에 사용한 개폐기에 시건장치 및 통전 금지 표찰을 부착한다.
> ② 잔류 전하를 방전 조치한다.
> ③ 검전기에 의한 충전 여부 확인 및 단락접지 기구를 사용하여 확실한 접지 조치를 한다.

13 피뢰침을 뇌우기(7~8월경) 전에 점검할 사항을 3가지 쓰시오.

> **해답**
> ① 접지저항의 측정
> ② 지상의 각 접속부의 검사
> ③ 지상의 단선, 용융, 그 밖에 손상 개소의 유무 검사

14 누전 화재라는 것을 입증하기 위한 요건을 3가지 쓰시오.

> **해답**
> ① 누전점
> ② 발화점
> ③ 접지점

15 전기작업시 정전작업 요령에 포함되어야 할 사항을 쓰시오.

> **해답**
> ① 작업 책임자 임명, 정전 범위 및 절연용 보호구의 작업 시작 전 점검 등 작업 시작 전에 필요한 사항
> ② 전로 또는 설비의 정전 순서에 관한 사항
> ③ 개폐기 관리 및 표지판 부착에 관한 사항
> ④ 정전 확인 실시에 관한 사항
> ⑤ 단락접지 실시에 관한 사항
> ⑥ 전원 재투입 순서에 관한 사항
> ⑦ 점검 또는 시운전을 위한 일시 운전에 관한 사항
> ⑧ 교대 근무시 근무 인계에 필요한 사항

16 정전작업시 근로자의 위해를 방지하기 위하여 개방한 전로에 잔류전하를 방전시켜야 하는 경우를 쓰시오.

> **해답**
> ① 개로된 전로가 전력 케이블을 가진 경우
> ② 개로된 전로가 전력 콘덴서를 가진 경우

17 정전기의 대전 방지를 위해 설치하는 제전기의 종류를 3가지 쓰시오.

> **해답**
> ① 전압인가식 제전기
> ② 자기방전식 제전기
> ③ 방사선식 제전기(이온식 제전기)

18 피뢰기의 종류 5가지를 쓰시오.

> **해답**
> ① 밸브형 피뢰기
> ② 저항형 피뢰기
> ③ 밸브 저항형 피뢰기
> ④ 방출통형 피뢰기
> ⑤ 종이 피뢰기

19 피뢰침의 접지 공사시 단독 접지와 종합 접지의 접지 저항값을 쓰시오.

> **해답**
> ① 단독 접지 : 20[Ω] 이하
> ② 종합 접지 : 10[Ω] 이하

20 피뢰침의 3요소란?

> **해답**
> ① 돌침
> ② 피뢰 도선
> ③ 접지극

21 누전에 의한 재해방지대책을 4가지 쓰시오.

> **해답**
> ① 비접지식 전로의 채용
> ② 보호 접지의 실시
> ③ 감전 방지용 누전차단기 설치
> ④ 2중 절연 구조 전기 기계·기구의 사용

22 정전기의 발생 요인을 쓰시오.

> **해답**
> ① 물체의 특성
> ② 물체의 표면 상태
> ③ 물체의 분리력
> ④ 접촉 면적 및 압력
> ⑤ 분리 속도

23 정전기 발생 방지대책을 6가지 쓰시오.

> **해답**
> ① 가습
> ② 접지
> ③ 보호구의 착용
> ④ 대전 방지제의 사용
> ⑤ 제전기 사용
> ⑥ 배관 내 액체의 유속 제한, 정치 시간의 확보

세부항목 04 전기 설비의 방폭

중점 학습내용

전기 설비의 방폭에 관련된 기본적인 기초 지식을 학습하도록 하였으며 이번 실기 필답형 시험에 출제되는 그 중심적인 내용은 다음과 같다.
❶ 전기 설비의 위험 장소   ❷ 폭발 조건 및 방폭의 기본   ❸ 방폭 구조

[표] 방폭구조의 선정기준

폭발위험장소의 분류	방폭구조 전기기계기구의 선정기준 24,10,20,㉑			
0종 장소	본질안전방폭구조(ia)			
1종 장소	내압방폭구조(d) 안전증방폭구조(e)	압력방폭구조(p) 본질안전방폭구조(ia, ib)	충전방폭구조(q) 몰드방폭구조(m)	유입방폭구조(o)
2종 장소	0종 장소 및 1종 장소에 사용가능한 방폭구조		비점화방폭구조(n)	

1 전기 설비의 위험 장소

1. 위험 장소의 분류

일반적으로 전기 설비의 방폭화를 위한 위험 장소의 구분은 0종 장소, 1종 장소, 2종 장소로 구분한다.

(1) 0종 장소

위험 분위기가 통상 상태에서 연속해서 또는 장시간 지속해서 존재하는 장소를 말한다. 예를 들면 인화성 액체의 용기나 탱크 내 액면 상부의 공간부, 가연성 가스의 용기, 탱크, 봄베 등의 내부이다.

(2) 1종 장소

통상 상태에서 위험 분위기를 생성할 우려가 있는 장소를 말한다. 통상 상태란 플랜트, 장치, 기기 등의 운전이 정상적으로 수행되고 있고, 또 제품의 인출, 뚜껑의 개폐 등과 같은 조작이 바르게 실시되고 있는 경우로서 운전이 계속 허용되는 상태를 말한다.

(3) 2종 장소

이상 상태에서 위험 분위기를 생성할 우려가 있는 장소를 말한다. 이상 상태란 플랜트, 장치, 기기 등의 운전에 이상이 있거나 작업자의 잘못으로 인하여 폭발성 가스가 누출되어 위험 분위기를 생성하는 경우로서 운전이 계속 허용되지 않는 상태를 말한다.

합격날개

합격예측

0종 장소
① 가연성 가스 용기 및 탱크의 내부
② 인화성 액체의 용기 또는 탱크 내 액면 상부의 공간부

합격예측

위험 장소의 판정기준
① 위험증기의 양
② 위험가스의 현존가능성
③ 가스의 특성
  (공기와의 비중차)
④ 통풍의 정도
⑤ 작업자에 의한 영향

합격예측

안전간격
내부에서 폭발이 발생했을 때 외부에 화염이 미치지 않는 간격

합격예측

방폭 구조의 기호
① 내압 방폭 구조(d)
② 유입 방폭 구조(o)
③ 압력(내부압) 방폭 구조(p)
④ 안전증 방폭 구조(e)
⑤ 본질안전 방폭 구조(ia, ib)
⑥ 특수 방폭 구조(s)

합격예측

전기기기의 최고 표면온도의 분류

온도등급	최고표면온도의 범위(℃)
T_1	300 초과 450 이하
T_2	200 초과 300 이하
T_3	135 초과 200 이하
T_4	100 초과 135 이하
T_5	85 초과 100 이하
T_6	85 이하

합격예측

내압 방폭 구조의 안전간격값을 작게 하는 이유
최소점화에너지 이하로 열을 떨어뜨리기 위함

합격예측

내압 방폭 구조에 반드시 설치해야 할 것
접지단자

합격예측

전폐형 방폭 구조
내압(耐壓), 압력(壓力), 유입(油入)

---

2 폭발 조건 및 방폭의 기본

1. 폭발의 기본 조건

① 가연성 가스 또는 증기의 존재
② 위험 분위기의 조성(가연성 물질＋지연성 물질)
③ 최소 착화 에너지 이상의 점화원 존재

2. 방폭의 기본 조건

① 점화원의 방폭적 격리
② 전기 설비의 안전도 증강
③ 점화 능력의 본질적 억제

3 방폭 구조

1. 방폭 구조의 종류   08. 9. 28 기 10. 9. 12 기 19. 6. 29 기 19. 6. 29 산 19. 6. 29 산 19. 10. 13 산 23. 7. 22 산 24. 10. 20 기산

(1) 내압 방폭 구조(Explosion Proof. d)

내압 방폭 구조란 용기의 내부에 폭발성 가스의 폭발이 일어날 경우, 용기가 폭발 압력에 견디고 외부의 폭발성 분위기에의 불꽃의 전파를 방지하도록 한 방폭 구조를 말한다.

(2) 내부압(압력) 방폭 구조(Pressurized. p)

점화원이 될 우려가 있는 부분을 용기 안에 넣고 보호 기체(신선한 공기 또는 불활성 기체)를 용기 안에 압입함으로써 폭발성 가스가 침입하는 것을 방지하도록 되어 있는 구조이다.

(3) 유입 방폭 구조(Oil Immeresed. o)

유입 방폭 구조란 용기 내에서의 전기 불꽃을 발생하는 부분을 기름 중에 내장하여 유면상 및 용기의 외부에 존재하는 폭발성 분위기에 점화할 염려가 없게 한 방폭 구조로, 불꽃이나 아크 등이 발생하는 부분을 기름 속에 넣은 것으로 탄광에서 방폭 기기로 사용되기 시작한 구조이다.

(4) 안전증 방폭 구조(Increased Safety. e)

안전증 방폭 구조란 정상적인 사용 상태에서 폭발성 분위기의 점화원이 될 수 있는 전기 불꽃, 고온부를 발생하지 않는 전기 기기에 대하여 이들이 발생할 염려가 없도록 전기적, 기계적 및 온도적으로 안전도를 높이는 방폭 구조로, 정상적으로 운전되고 있을 때 내부에서 불꽃이 발생하지 않도록 절연 성능을 강화하고, 또 고온으로 인해 외부 가스에 착화되지 않도록 표면 온도 상승을 더 낮게 설계한 구조이다.

(5) 본질 안전 방폭 구조(Intrinsic Safety. ia, ib)

본질 안전 방폭 구조란 정상 상태 및 판정된 이상 상태에서 전기 회로에 발생하는 전기 불꽃이 규정된 시험 조건에서 소정의 시험 가스에 점화하지 않고, 또한 고온에 의해 폭발성 분위기에 점화할 염려가 없게 한 방폭 구조로, 열전쌍과 같이 지락·단락·단선이 있을 때 일어나는 불꽃이나 아크·과열에 의해 생기는 열에너지 등이 대단히 적고 폭발성 가스에도 착화되지 않는 구조이다.

합격예측

1. 가스 폭발위험장소의 분류
 ① 0종 장소
 ② 1종 장소
 ③ 2종 장소
2. 분진폭발 위험장소
 ① 20종 장소
 ② 21종 장소
 ③ 22종 장소

[표] 방폭구조 전기기계·기구의 선정기준

폭발위험 장소의 분류		방폭구조 전기기계·기구의 선정기준
가스폭발 위험	0종 장소	본질 안전 방폭 구조(ia) 그 밖에 관련 공인 인증기관이 0종 장소에서 사용이 가능한 방폭 구조로 인증한 방폭 구조
	1종 장소	내압 방폭 구조(d) 압력 방폭 구조(p) 충전 방폭 구조(q) 유입 방폭 구조(o) 안전증 방폭 구조(e) 본질 안전 방폭 구조(ia, ib) 몰드 방폭 구조(m) 그 밖에 관련 공인 인증기관이 1종 장소에서 사용이 가능한 방폭 구조로 인증한 방폭 구조
	2종 장소	0종 장소 및 1종 장소에 사용 가능한 방폭 구조 비점화 방폭 구조(n) 그 밖에 2종 장소에서 사용하도록 특별히 고안된 비방폭형 구조
분진폭발 위험	20종 장소	밀폐 방진 방폭 구조(DIP A20 또는 DIP B20) 그 밖에 관련 공인 인증기관이 20종 장소에서 사용이 가능한 방폭구조로 인증한 방폭 구조
	21종 장소	밀폐 방진 방폭구조(DIP A20 또는 A21, DIP B20 또는 B21) 특수방진 방폭 구조(SDP) 그 밖에 관련 공인 인증기관이 21종 장소에서 사용이 가능한 방폭 구조로 인증한 방폭 구조
	22종 장소	20종 장소 및 21종 장소에서 사용가능한 방폭 구조 일반 방진 방폭 구조(DIP A22 또는 DIP B22) 보통 방진 방폭 구조(DP) 그 밖에 22종 장소에서 사용하도록 특별히 고안된 비방폭형 구조

세부항목 04 — 전기 설비의 방폭 출제예상문제

01 전기 설비의 방폭 구조 중 전폐형 방폭 구조의 종류를 쓰시오.

> **해답**
> ① 내압 방폭 구조
> ② 내부압 방폭 구조
> ③ 유입 방폭 구조

02 전기 설비의 방폭 구조에서 구비 조건을 쓰시오.

> **해답**
> ① 접지를 할 것
> ② 퓨즈를 사용할 것
> ③ 시건 장치를 할 것
> ④ 도선의 인입 방식을 정확히 채택할 것

03 변압기 방폭 구조의 종류를 4가지만 쓰시오.

> **해답**
> ① 내압 방폭 구조
> ② 내부압 방폭 구조
> ③ 유입 방폭 구조
> ④ 안전증 방폭 구조

04 내압 방폭 구조에서 안전 간극값을 작게 하는 이유를 쓰시오.

> **해답**
> 최소점화에너지 이하로 열을 떨어뜨리기 위해서이다.

05 시가지에 있는 전주를 이전시키기 위하여 케이블선을 절단하고 있다. 위험 분석과 안전 대책을 각 3가지씩 쓰시오.

> **해답**
>
>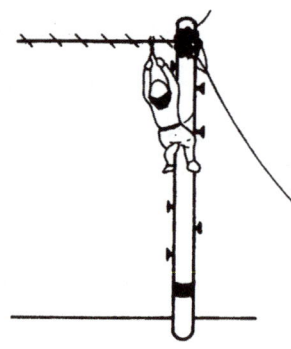
>
> (1) 위험 분석
>   ① 보조 로프를 사용하지 않았다.
>   ② 케이블 절단시 전주가 넘어져 작업자가 떨어질 우려가 있다.
>   ③ 장선기(張線器)를 사용하지 않았다.
> (2) 안전대책
>   ① 보조 로프를 사용한다.
>   ② 전주를 결박시킨 후 작업한다.
>   ③ 장선기를 사용한다.

06 점화원이 될 우려가 있는 부분을 용기 안에 넣고 보호 기체를 용기 안에 압입함으로써 폭발성 가스가 침입하는 것을 방지하도록 되어 있는 방폭 구조는?

> **해답**
> 압력 방폭 구조

07 전기 설비 방폭 구조의 종류를 6가지 쓰시오.

해답

① 내압(耐壓) 방폭 구조
② 내부압(內部壓) 방폭 구조
③ 유입 방폭 구조
④ 안전증 방폭 구조
⑤ 본질 안전 방폭 구조
⑥ 특수 방폭 구조

08 내부압(內部壓) 방폭 구조의 원리를 쓰시오.

해답

용기 내부에 불연성 가스인 공기나 질소를 압입시켜 외부의 폭발성 가스가 용기 내부로 침투하지 못하도록 한 구조이다.

09 다음에 해당하는 가스를 2가지 이상씩 쓰시오.

① 폭발 1등급
② 폭발 2등급
③ 폭발 3등급

해답

① 메탄, 프로판, 암모니아, 일산화탄소
② 에틸렌, 석탄가스
③ 아세틸렌, 이황화탄소, 수소, 수성가스

10 H_2, C_2H_2 등 폭발 제3등급에 해당되는 물질의 안전간격은 얼마인가?

해답

0.4[mm] 이하

11 전기 설비의 방폭화를 위한 조건을 3가지 쓰시오.

해답

① 점화원의 방폭적 격리
② 전기 설비의 안전도 증강
③ 점화 능력의 본질적 억제

12 전기설비의 방폭화 방법을 쓰시오.

해답

① 점화원의 방폭적 격리
② 전기설비의 안전도 증강
③ 점화 능력의 본질적 억제

13 방폭 전기설비의 선정시 고려사항을 쓰시오.

해답

① 폭발 위험분위기의 위험도에의 위험
② 방폭구조 특성의 비교
③ 환경조건에의 적응성
④ 보수의 난이도
⑤ 경제성

녹색직업 녹색자격증 코너

성공은 어설픈 교사다

성공은 어설픈 교사다. 현명한 사람들로 하여금 자신에게는 실패란 없다고 확신하게 만든다.
Success is a lousy teacher.
It seduces smart people into thinking they can't lose.
— 빌 게이츠(Bill Gates)

무언가 성공했을 때나 높은 평가가 집중될 때야말로
실은 가장 위험한 상태입니다.
실체가 없으면 우쭐해서 자만에 빠질지도 모릅니다.
성공의 비결을 쓰기 시작할 때 이미 더 이상의 성공의 길은 막히고, 내리막길로 향했던 이들이 많이 있었음을 기억해야 합니다.

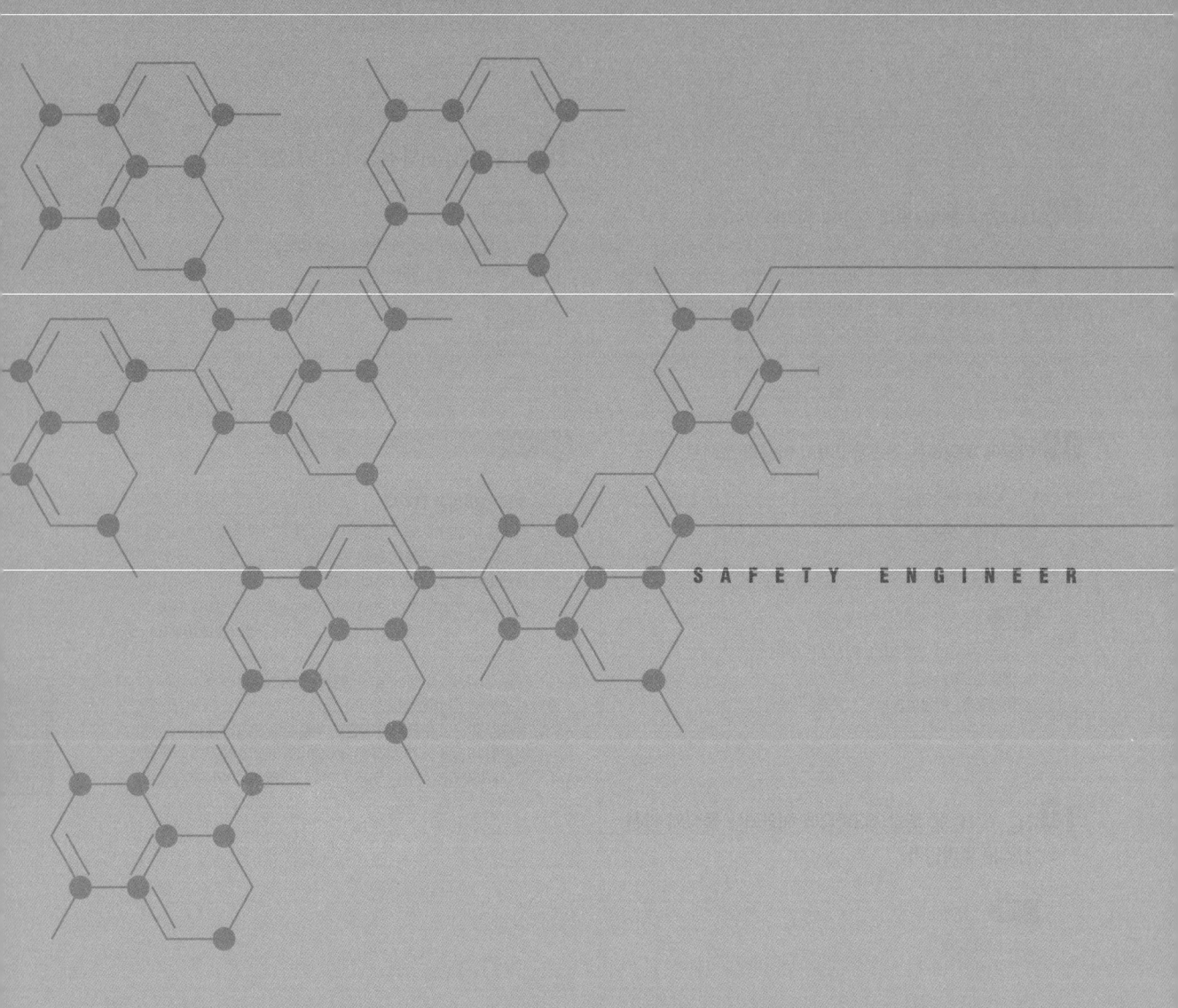
SAFETY ENGINEER

화재·폭발·누출사고 예방, 화학물질 안전관리 실행 및 화공안전점검

주요항목 PART 8

세부항목 01	유해 위험물 안전(화공안전 일반)
	● 출제예상문제
세부항목 02	화학 설비의 안전
	● 출제예상문제
세부항목 03	작업 환경 안전 일반
	● 출제예상문제
세부항목 04	소화 및 방호 설비
	● 출제예상문제

유해 위험물 안전 (화공안전 일반)

중점 학습내용

유해 위험물 안전에 관련된 기본적인 기초 지식을 학습하도록 하였으며 이번 실기 필답형 시험에 출제되는 그 중심적인 내용은 다음과 같다.
❶ 화공 안전 위험물
❷ 독성 물질의 누출 방지 조치 대책

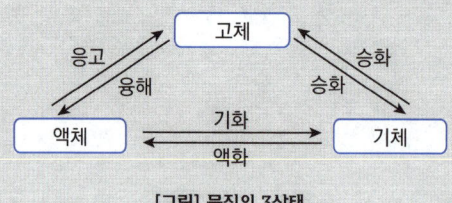

[그림] 물질의 3상태

1 화공 안전 위험물

1. 위험물의 개요

일반적으로 위험물이라 함은 상온 20[℃], 상압에서 대기중의 산소 또는 수분 등과 쉽게 그리고 격렬히 반응하면서 짧은 시간 내에 방출되는 막대한 에너지로 인해 화재 및 폭발을 유발시킬 수 있는 물질을 말한다.

(1) 위험물의 특징

① 자연계에 흔히 존재하는 물 또는 산소와의 반응이 용이하다.
② 반응 속도가 급격히 진행된다.
③ 반응시 수반되는 발열량이 크다.
④ 수소와 같은 가연성 가스를 발생시킨다.
⑤ 화학적 구조 및 결합력이 불안정하다.

(2) 발화점

어떤 물질이 충분한 산소 중에서 스스로 연소하려면 최소한의 에너지가 필요한데 이 에너지를 최소 발화 에너지라 하고 이때의 온도를 발화 온도 또는 자동 발화 온도(AIT : Auto Ignition Temperature)라 한다. 이 온도는 가열 시간, 발화원의 형태, 산소의 농도 및 공기의 흐름 상태 등의 측정 조건에 영향을 받아 그 값이 변화된다.

합격예측

① 인화점 : 점화원에 의하여 인화될 수 있는 최저온도 또는 연소가능한 가연성 증기를 발생시킬 수 있는 최저온도
② 발화점 : 외부에서의 직접적인 점화원 없이 열의 축적에 의하여 발화되는 최저의 온도

합격예측

발화의 발생요인
① 온도
② 조성
③ 압력
④ 용기의 모양과 크기

(3) 인화점

인화성 액체의 인화점은 인화성 액체가 공기 중에서 액체 표면 부근에서 인화하는 데 충분한 농도의 증기를 발생하는 최저 온도이다. 인화성 액체의 온도가 그 인화점보다 높을 때에는 언제나 착화원과의 접촉에 의하여 인화될 위험이 있다. 따라서 인화점이 낮을수록 위험성은 증가하게 된다.

2. 위험물의 분류

산업안전보건기준에 관한 규칙에서 위험물의 취급에 대해 규정하고 있다. 특히 위험 물질의 제조 및 작업시에는 위험 물질을 다음과 같이 분류하여 취급시 폭발 화재 및 누출을 방지하기 위한 적절한 조치를 취해야 한다.

(1) 폭발성 물질 및 유기과산화물

- 폭발성 물질 : 자체의 화학반응에 따라 주위환경에 손상을 줄 수 있는 정도의 온도·압력 및 속도를 가진 가스를 발생시키는 고체·액체 또는 혼합물
- 유기과산화물 : 2가의 -O-O- 구조를 가지고 1개 또는 2개의 수소 원자가 유기라디칼에 의하여 치환된 과산화수소의 유도체를 포함한 액체 또는 고체 유기물질

① 질산에스테르류
② 니트로화합물
③ 니트로소화합물
④ 아조화합물
⑤ 디아조화합물
⑥ 히드라진 및 그 유도체
⑦ 유기과산화물
⑧ 그 밖에 ①부터 ⑦까지의 물질과 같은 정도의 폭발위험이 있는 물질
⑨ ①부터 ⑧까지의 물질을 함유한 물질

(2) 물반응성 물질 및 인화성 고체 24.10.20.㉑

- 물반응성 물질 : 물과 상호작용을 하여 자연발화되거나 인화성 가스를 발생시키는 고체·액체 또는 혼합물
- 인화성 고체 : 쉽게 연소되거나 마찰에 의하여 화재를 일으키거나 촉진할 수 있는 물질

① 리튬　　　　　　　　② 칼륨·나트륨
③ 황　　　　　　　　　④ 황린
⑤ 황화인·적린　　　　　⑥ 셀룰로이드류

합격예측

발화점에 영향을 주는 인자
① 가연성 가스와 공기와의 혼합비
② 용기의 크기와 형태
③ 기벽의 재질
④ 가열속도와 지속시간
⑤ 압력
⑥ 산소농도
⑦ 유속

합격예측

자연발화 인자
① 열의 축적
② 발열량
③ 열전도율
④ 수분
⑤ 퇴적방법
⑥ 공기의 유동

합격예측

자연발화를 방지하기 위한 방법
① 통풍이 잘되게 할 것
② 저장실 온도를 낮출 것
③ 열이 축적되지 않는 퇴적방법을 선택할 것
④ 습도가 높지 않도록 할 것

⑦ 알킬알루미늄·알킬리튬
⑧ 마그네슘 분말
⑨ 금속 분말(마그네슘 분말은 제외한다)
⑩ 알칼리 금속(리튬·칼륨 및 나트륨은 제외한다)
⑪ 유기 금속 화합물(알킬알루미늄 및 알킬리튬은 제외한다)
⑫ 금속의 수소화물
⑬ 금속의 인화물
⑭ 칼슘 탄화물, 알루미늄 탄화물
⑮ 그 밖에 ①부터 ⑭까지의 물질과 같은 정도의 발화성 또는 인화성이 있는 물질
⑯ ①부터 ⑮까지의 물질을 함유한 물질

3. 인화성 액체

- **인화성 액체**: 표준압력(101.3[kPa])에서 인화점이 93[℃] 이하인 액체
① 에틸에테르, 가솔린, 아세트알데히드, 산화프로필렌, 그 밖에 인화점이 섭씨 23도 미만이고 초기 끓는점이 섭씨 35도 이하인 물질
② 노르말헥산, 아세톤, 메틸에틸케톤, 메틸알코올, 에틸알코올, 이황화탄소, 그 밖에 인화점이 섭씨 23도 미만이고 초기 끓는점이 섭씨 35도를 초과하는 물질
③ 크실렌, 아세트산아밀, 등유, 경유, 테레빈유, 이소아밀알코올, 아세트산, 하이드라진, 그 밖에 인화점이 섭씨 23도 이상 섭씨 60도 이하인 물질

4. 인화성 가스 24.10.20.❷

- **인화성 가스**: 20[℃], 표준압력(101.3[kPa])에서 공기와 혼합하여 인화되는 범위에 있는 가스와 54[℃] 이하 공기 중에서 자연발화하는 가스를 말한다.(혼합물을 포함한다.)
① 수소
② 아세틸렌
③ 에틸렌
④ 메탄
⑤ 에탄
⑥ 프로판
⑦ 부탄 등
⑧ 산업안전보건법 시행령 [별표13]에 따른 인화성 가스

[표] 가스용기의 색상 및 폭발범위

종류	화학식	색상	충전 상태	제 법	폭발 범위[%]	검지방법
수 소	H_2	주황색	압 축	물의 전기분해	4~75	비눗물
메 탄	CH_4	회색	압 축	석유의 정제 분해	4~15	비눗물
아세틸렌	C_2H_2	황색	용 해	$CaC_2 + 2H_2O$ $\rightarrow Ca(OH)_2 + C_2H_2$	2.5~81	비눗물
프로판	C_3H_8	회색	액 화	석유 정제 분해	2.2~9.5	비눗물
부 탄	C_4H_{10}	회색	액 화	석유 정제 분해	1.8~8.4	비눗물
암모니아	NH_3	백색	액 화	$N_2 + 3H_2 \rightarrow 2NH_3$	15~28	냄새, 적색, 리트머스

> **합격예측**
>
> **폭발의 종류**
> ① 화학적 폭발
> ② 압력 폭발
> ③ 분해 폭발
> ④ 중합 폭발
> ⑤ 촉매 폭발

> **합격예측**
>
> **부식성 물질**
> **(1) 부식성 산류**
> ① 농도가 20퍼센트 이상인 염산, 황산, 질산, 그 밖에 이와 같은 정도 이상의 부식성을 가지는 물질
> ② 농도가 60퍼센트 이상인 인산, 아세트산, 불산, 그 밖에 이와 같은 정도 이상의 부식성을 가지는 물질
>
> **(2) 부식성 염기류**
> 농도가 40퍼센트 이상인 수산화나트륨, 수산화칼륨, 그 밖에 이와 같은 정도 이상의 부식성을 가지는 염기류

2 위험물질 등의 제조 등 작업 시의 조치

① 폭발성 물질, 유기과산화물을 화기나 그 밖에 점화원이 될 우려가 있는 것에 접근시키거나 가열하거나 마찰시키거나 충격을 가하는 행위
② 물반응성 물질, 인화성 고체를 각각 그 특성에 따라 화기나 그 밖에 점화원이 될 우려가 있는 것에 접근시키거나 발화를 촉진하는 물질 또는 물에 접촉시키거나 가열하거나 마찰시키거나 충격을 가하는 행위
③ 산화성 액체·산화성 고체를 분해가 촉진될 우려가 있는 물질에 접촉시키거나 가열하거나 마찰시키거나 충격을 가하는 행위
④ 인화성 액체를 화기나 그 밖에 점화원이 될 우려가 있는 것에 접근시키거나 주입 또는 가열하거나 증발시키는 행위
⑤ 인화성 가스를 화기나 그 밖에 점화원이 될 우려가 있는 것에 접근시키거나 압축·가열 또는 주입하는 행위
⑥ 부식성 물질 또는 급성 독성물질을 누출시키는 등으로 인체에 접촉시키는 행위
⑦ 위험물을 제조하거나 취급하는 설비가 있는 장소에 인화성 가스 또는 산화성 액체 및 산화성 고체를 방치하는 행위

세부항목 01 — 유해 위험물 안전 (화공안전 일반) 출제예상문제

01 산업안전보건법상의 부식성 물질의 종류를 2가지 쓰고 간략하게 설명하시오.

해답
(1) 부식성 산류
  ① 농도가 20[%] 이상인 염산, 황산, 질산, 그 밖에 이와 동등 이상의 부식성을 가지는 물질
  ② 농도가 60[%] 이상인 인산, 아세트산, 플루오르산, 그 밖에 이와 동등 이상의 부식성을 가지는 물질
(2) 부식성 염기류 : 농도가 40[%] 이상인 수산화나트륨, 수산화칼륨, 그 밖에 이와 동등 이상의 부식성을 가지는 염기류

02 물질안전보건자료대상 물질의 관리요령에 포함되어야 할 사항을 쓰시오.

해답
① 제품명
② 건강 및 환경에 대한 유해성, 물리적 위험성
③ 안전 및 보건상의 취급주의 사항
④ 적절한 보호구
⑤ 응급조치 요령 및 사고 시 대처방법

합격정보
산업안전보건법 시행규칙 제168호(시행 2021. 1.16)

03 인화점을 설명 하시오.

해답
점화원에 의하여 인화될 수 있는 최저온도 또는 연소가능한 가연성 증기를 발생시킬 수 있는 최저온도

04 분진의 유해성을 결정하는 조건을 쓰시오.

해답
① 분진의 크기
② 분진의 성분
③ 분진의 농도

05 발화점을 설명 하시오.

해답
외부에서의 직접적인 점화원 없이 열의 축적에 의하여 발화되는 최저의 온도

06 유기 용제는 작업중인 근로자가 쉽게 식별할 수 있도록 종류별로 색채로써 구분한다. 제1종, 2종, 3종 유기 용제의 색채를 쓰시오.

해답
① 제1종 유기 용제 – 적색
② 제2종 유기 용제 – 황색
③ 제3종 유기 용제 – 청색

07 제1종 유기 용제인 사염화탄소의 시간당 허용 소비량을 구하시오(단, 작업장의 기적은 100[m³]이다).

해답
제1종 유기 용제의 허용 소비량 $W=\dfrac{1}{15}A[g]$ 에서 A는 작업장의 기적[m³]이므로 허용 소비량 $W=\dfrac{1}{15}\times 100=6.67[g]$
∴ 허용 소비량 = 6.67[g]

08 위험물을 저장하는 장소로서 적합한 조건을 5가지 쓰시오.

해답

① 열, 수분 및 먼지 등을 고려해 외부와 차단하는 구조로 해야 한다.
② 화기의 우려가 없는 곳이어야 한다.
③ 눈, 비, 풍진의 침입이 없도록 하며 피뢰 장치를 한다.
④ 환기가 잘되도록 해야 한다.
⑤ 저장소 등의 방화벽은 내화 구조나 방폭 구조로 해야 한다.

09 인화성 액체 물질을 간략하게 정의하시오.

해답

인화성 액체란 표준압력(101.3[kPa])하에서 인화점이 93[℃] 인 액체

10 화재와 관련하여 사망의 원인이 되는 가스는 무엇인가?

해답

일산화탄소(CO)

11 부탄(C_4H_{10})의 폭발 하한계는 1.6[Vol%]이고 폭발 상한계는 9.0[Vol%]이다. 부탄의 위험도 및 완전 연소 조성 농도를 구하시오(단, 소수점 둘째자리에서 반올림할 것). 21. 7. 10 기 24. 10. 20 기

해답

(1) 위험도(H)
$$H = \frac{U-L}{L} = \frac{폭발상한계 - 폭발하한계}{폭발하한계} = \frac{9-1.6}{1.6} = 4.625$$
∴ 위험도(H) = 4.6

(2) 완전 연소 조성 농도(C_{st})
$$C_{st} = \frac{100}{1 + 4.773(a + \frac{b-c-2d}{4})}[vol\%]$$
$$= \frac{100}{1 + 4.773(4 + \frac{10}{4})}$$
$$= 3.12[vol\%]$$
∴ 3.12[vol%]
(단, a=4, b=10, c=0, d=0)

12 물리적인 점화원의 종류를 6가지 쓰시오.

해답

① 충격
② 마찰
③ 단열 압축
④ 전기 불꽃
⑤ 열복사
⑥ 자외선

13 급성독성물질의 정의를 3가지로 구분해서 쓰시오.

해답

① 쥐에 대한 경구투입실험에 의하여 실험동물의 50[%]를 사망시킬 수 있는 물질의 양, 즉 LD_{50}(경구, 쥐)이 킬로그램당 300[mg]-(체중) 이하인 화학물질
② 쥐 또는 토끼에 대한 경피흡수실험에 의하여 실험동물의 50[%]를 사망시킬 수 있는 물질의 양, 즉 LD_{50}(경피, 토끼 또는 쥐)이 킬로그램당 1,000[mg]-(체중) 이하인 화학물질
③ 쥐에 대한 4시간 동안의 흡입실험에 의하여 실험동물의 50[%]를 사망시킬 수 있는 물질의 농도, 즉 가스 LC_{50}(쥐, 4시간 흡입)이 2,500[ppm] 이하인 화학물질, 증기 LC_{50}(쥐, 4시간 흡입)이 10[mg/ℓ] 이하인 화학물질, 분진 또는 미스트 1[mg/ℓ] 이하인 화학물질

14 유해 물질의 정의를 설명하시오.

해답

어떤 경로를 통하여 인체에 침입하였을 때에 생체 기관의 활동에 변화 또는 영향을 주어 장해를 일으키는 물질이다.

15 수소 20[%], 메탄 50[%], 에탄 30[%]의 용적비로 혼합된 혼합 기체가 있다. 이 혼합 기체의 공기 중 폭발 하한계의 값을 계산하시오(단, 수소 4~75[%], 메탄 5~15[%], 에탄 3~12.4[%]이다.) 24. 10. 20 기

해답

$$\frac{100}{L} = \frac{V_1}{L_1} + \frac{V_2}{L_2} + \frac{V_3}{L_3} + \cdots\cdots$$
$$\frac{100}{L} = \frac{20}{4} + \frac{50}{5} + \frac{30}{3}$$
$$L = 4.0[\%]$$

참고 혼합 가스의 폭발 범위를 구하는 식은 르 샤틀리에의 법칙을 적용한다.

16 산화성 물질의 저장 및 취급 방법을 쓰시오.

> **해답**
> ① 가열, 충격, 마찰 등을 피한다.
> ② 조해성이 있는 것은 습기에 주의하며 용기는 밀폐하여 저장한다.
> ③ 환기가 잘되고 찬 곳에 저장한다.
> ④ 가연물이나 다른 약품과의 접촉을 피한다.
> ⑤ 용기의 파손 및 위험물의 누설에 주의한다.

17 다음에 해당하는 발화성 물질의 저장 방법을 쓰시오.

① 황린   ② 나트륨·칼륨   ③ 적린

> **해답**
> ① 황린 : 물속에 저장
> ② 나트륨·칼륨 : 석유 속에 저장
> ③ 적린 : 격리 저장

18 자연발화에 영향을 주는 인자를 4가지 쓰시오.

> **해답**
> ① 열의 축적
> ② 발열량
> ③ 열의 전도율
> ④ 공기의 유동

19 위험물 취급 요령을 5가지 쓰시오.

> **해답**
> ① 지정된 장소에서만 취급할 것
> ② 위험물을 저장 또는 취급할 때는 새거나 넘치지 않도록 할 것
> ③ 금속제 용기를 사용하여 저장할 것
> ④ 보호구를 착용한 후 신중하게 취급할 것
> ⑤ 작업 지휘자를 정하여 취급할 것

20 폭발성 물질 및 유기과산화물의 종류를 쓰시오.

> **해답**
> ① 질산에스테르류
> ② 니트로화합물
> ③ 니트로소화합물
> ④ 아조화합물
> ⑤ 디아조화합물
> ⑥ 하이드라진 유도체
> ⑦ 유기과산화물

21 산화성 액체 및 산화성 고체의 종류를 쓰시오.

> **해답**
> ① 차아염소산 및 그 염류
> ② 아염소산 및 그 염류
> ③ 염소산 및 그 염류
> ④ 과염소산 및 그 염류
> ⑤ 브롬산 및 그 염류
> ⑥ 요오드산 및 그 염류
> ⑦ 과산화수소 및 무기과산화물
> ⑧ 질산 및 그 염류
> ⑨ 과망간산 및 그 염류
> ⑩ 중크롬산 및 그 염류

22 인화성 가스의 종류를 쓰시오.

> **해답**
> ① 수소   ② 아세틸렌
> ③ 에틸렌   ④ 메탄
> ⑤ 에탄   ⑥ 프로판

화학 설비의 안전

중점 학습내용

화학 설비의 안전에 관련된 기본적인 기초 지식을 학습하도록 하였으며 이번 실기 필답형 시험에 출제되는 그 중심적인 내용은 다음과 같다.
❶ 화학 설비
❷ 건조 설비의 안전

건조 원리에 의한 건조법
① 통기 건조 : 수분증발에 필요한 열량을 열풍에 의해 재료와 직접 접촉시키는 방법
② 외열 건조 : 재료를 장치벽의 금속면을 통해 가열하는 간접가열 방식, 가열원은 증기

1 화학 설비

1. 화학 설비와 그 부속 설비의 종류

(1) 화학 설비의 종류

① 반응기·혼합조 등 화학 물질 반응 또는 혼합 장치
② 증류탑·흡수탑·추출탑·감압탑 등 화학 물질 분리 장치
③ 저장 탱크·계량 탱크·호퍼·사일로 등 화학 물질 저장 또는 계량 설비
④ 응축기·냉각기·가열기·증발기 등 열교환기류
⑤ 고로 등 점화기를 직접 사용하는 열교환기류
⑥ 캘린더·혼합기·발포기·인쇄기·압출기 등 화학 제품 가공 설비
⑦ 분쇄기·분체분리기·용융기 등 분체화학물질 취급장치
⑧ 결정조·유동탑·탈습기·건조기 등 분체 화학 물질 분리 장치
⑨ 펌프류·압축기·이젝터 등의 화학물질 이송 또는 압축 설비

(2) 부속 설비의 종류

① 배관·밸브·관·부속류 등 화학물질 이송 관련 설비
② 온도·압력·유량 등을 지시, 기록 등을 하는 자동 제어 관련 설비
③ 안전밸브·안전판·긴급 차단 또는 방출 밸브 등 비상 조치 관련 설비
④ 가스 누출 감지 및 경보 관련 설비
⑤ 세정기·응축기·벤트 스택·플레어 스택 등 폐가스 처리 설비
⑥ 사이클론·백필터·전기 집진기 등 분진 처리 설비
⑦ ①부터 ⑥까지의 설비를 운전하기 위하여 부속된 전기 관련 설비
⑧ 정전기 제거장치·긴급 샤워 설비 등 안전 관련 설비

합격예측

안전밸브의 종류
① safety valve
  ㉮ 용도 : 스팀, 공기
  ㉯ 반응 : 순간적으로 개방
② relief valve
  ㉮ 용도 : 액체
  ㉯ 반응 : 압력증가에 의해 천천히 개방
③ safety-relief valve
  ㉮ 용도 : 가스, 증기 및 액체
  ㉯ 중간정도의 속도로 개방

합격예측

위험도(H) = $\dfrac{\text{폭발상한(U)} - \text{폭발하한(L)}}{\text{폭발하한(L)}}$

2. 화학 설비 및 부속 설비의 특성

(1) 반응기

반응기는 화학 반응을 위한 설비로 반응을 최적 조건에서 최고의 효율이 진행되도록 하는 것이 가장 중요하다. 화학 반응은 반응 물질, 농도, 반응 온도, 압력, 시간, 촉매 등에 의하여 영향을 받는다.

(2) 증류탑

증류탑은 증기압 차이가 있는 액체 혼합물에서 증발 온도 차이를 이용하여 가열·기화시켜서 어떤 성분을 분리하고자 하는 목적으로 사용되는 장치이다.

(3) 열교환기

열교환기는 보유하는 열에너지가 서로 다른 두 유체가 어떤 경계를 사이에 두고 흐르면서, 이 두 유체 사이에서 열에너지를 교환하게 하는 목적에 사용하는 기기를 말한다.

(4) 가열로

노(爐) 중간에서 연료를 연소하여 발생열에 의한 노내에 위치한 튜브 중에 흐르는 유체를 가열하기 위한 장치를 말한다.

(5) 펌프

펌프란 액체에 에너지를 주어 이것을 낮은 곳(저압부)에서 높은 곳(고압부)으로 송출하는 기계이다.

3. 화학 설비의 안전장치

(1) 안전 밸브

안전 밸브는 기기 및 배관의 압력이 일정 압력 이상을 초과하는 경우에 자동적으로 작동하는 장치로서 안전 밸브의 종류는 스프링식과 봉식(disc)이 있으나 화학설비에는 스프링식을 대부분 사용하고 있다.

(2) 파열판

파열판은 취급하는 물질이 부식성이 강하므로 안전 밸브 사용이 곤란한 기기에 설치한다. 또한 방출량이 크고, 순간 방출이 필요한 경우에도 사용한다.

파열판은 안전 밸브와 비교하여 설정 압력과 파열 압력(작동 압력)과의 오차가 크고 한번 파열되면 내용물 전량이 방출되는 단점이 있으며, 평판형, 돔형이 있다.

합격예측

안전밸브
화학변화에 의한 에너지 증가 및 물리적 상태 변화에 의한 압력증가를 제어하기 위해 사용하는 안전장치

(3) 체크 밸브

유체의 역류를 방지하기 위하여 체크 밸브(역지 밸브)가 사용되고 있는데 체크 밸브(역지 밸브)에는 리프트형, 스윙형, 볼형 등이 있다.

체크 밸브는 디스크(disc) 부식, 마모, 이물 혼입 등이 되면 작동이 불량하므로 정기적으로 점검 및 교체를 하여야 한다.

(4) 통기 밸브

인화성 물질의 저장탱크 내 내압상승과 대기압과의 압력차이가 발생되는 경우 대기를 탱크 내로 유입되도록 하고 또 탱크내압을 외부로 방출하는 안전장치이다.

(5) 역화 방지기

비교적 저압 또는 상압의 가연성 증기를 발생하는 액체를 저장하는 탱크에서 외부로 증기를 방출하고 탱크 내부로 외부 공기를 유입하는 부분에 설치하는 안전장치이다.

(6) 벤트 스택

Vent Stack은 탱크 내 압력을 정상 상태로 유지하기 위하여 사용되는 안전장치이다.

(7) 자동경보장치

자동경보장치는 운전 조건이 사전에 설정된 범위를 이탈하는 경우에 각종 계기류 검출부에서 직접 신호를 받아 경보를 울리고 경보등을 작동하도록 하는 안전장치이다.

(8) 긴급차단장치

긴급차단장치는 대형 반응기, 탑, 탱크 등에서 누설, 화재 등의 이상 상태가 발생하는 경우 피해 확대를 방지하기 위하여 해당 기기 등에 원료 공급 등을 차단하기 위하여 밸브를 긴급히 정지하도록 하는 장치이다.

(9) 스팀 트랩

증기 배관 내에 생성되는 응축수는 운전상 장애가 되므로 이를 제거하는 설비로서 스팀 트랩은 증기를 소비하지 않고 응축수를 자동적으로 배출하는 장치이다.

합격예측

Vent stack의 역할
① 탱크 내의 압력을 정상적인 상태로 유지하기 위한 안전장치
② 상압탱크에서 직사광선으로 온도 상승시 탱크 내 공기를 대기로 방출하여 내압상승 방지
③ 가연성 가스나 증기 등을 직접 방출할 경우 그 선단은 지상보다 높고 안전한 장소에 설치

> **합격예측**
>
> **(1) 안전밸브**
> ① 종류
>   ㉠ 스프링식
>   ㉡ 파열판식
>   ㉢ 중추식
>   ㉣ 가용전식
> ② 작동요건
>   화학설비 및 그 부속설비에서 최고사용압력 이하에서 작동되도록 하여야 하며, 2개 이상의 안전밸브를 설치할 경우 1개는 최고사용압력의 1.05배에서 작동하여야 하고 외부 화재를 대비한 경우는 1.1배 이하에서 작동하여야 한다.
>
> **(2) 안전밸브 설치 설비**
> ① 압력용기
> ② 정변위 압축기
> ③ 정변위 펌프
> ④ 배관

4. 화학 설비의 안전 조치

(1) 내화 기준

① 사업주는 산업안전보건기준에 관한 규칙 제230조제1항에 따른 가스폭발 위험장소 또는 분진폭발 위험장소에 설치되는 건축물 등에 대해서는 다음 각 호에 해당하는 부분을 내화구조로 하여야 하며, 그 성능이 항상 유지될 수 있도록 점검·보수 등 적절한 조치를 하여야 한다. 다만, 건축물 등의 주변에 화재에 대비하여 물 분무시설 또는 폼 헤드(foam head)설비 등의 자동소화설비를 설치하여 건축물 등이 화재시에 2시간 이상 그 안전성을 유지할 수 있도록 한 경우에는 내화구조로 하지 아니할 수 있다.

㉮ 건축물의 기둥 및 보: 지상 1층(지상 1층의 높이가 6미터를 초과하는 경우에는 6미터)까지

㉯ 위험물 저장·취급용기의 지지대(높이가 30센티미터 이하인 것은 제외한다) : 지상으로부터 지지대의 끝부분까지

㉰ 배관·전선관 등의 지지대: 지상으로부터 1단(1단의 높이가 6미터를 초과하는 경우에는 6미터)까지

② 내화재료는 「산업표준화법」에 따른 한국산업표준으로 정하는 기준에 적합하거나 그 이상의 성능을 가지는 것이어야 한다.

> **합격정보** 산업안전보건기준에 관한 규칙 제 270조(내화기준)

(2) 화학 설비·화학 설비의 배관·부속 설비의 개조·수리 및 청소시 조치 사항

① 작업 방법 및 순서를 정하여 미리 관계 근로자에게 주지시킬 것
② 작업 책임자를 정하여 작업을 지휘하도록 할 것
③ 작업 장소에 위험물 등이 누출되거나 고온의 수증기가 새어나오지 아니하도록 할 것
④ 작업장 및 그 주변의 인화성 물질의 증기 또는 가연성 가스의 농도를 수시로 측정할 것

(3) 화학 설비·화학 설비의 배관 또는 부속 설비를 사용시 반드시 작업 요령을 작성해야 할 작업

① 밸브, 콕 등의 조작
② 냉각장치, 가열 장치, 교반 장치 및 압축 장치의 조작
③ 계측장치 및 제어장치의 감시 및 조정
④ 안전밸브, 긴급차단장치 그 밖에 방호장치 및 자동 경보장치의 조정
⑤ 덮개판, 플랜지, 밸브, 콕 등의 접합부에서 위험물 등의 누출 유무에 대한 점검

⑥ 시료의 채취
⑦ 화학 설비에 있어서는 그 운전이 일시적 또는 부분적으로 중단된 때의 작업방법 또는 운전 재개시의 작업 방법
⑧ 이상 상태가 발생한 때의 응급 조치
⑨ 위험물 누출시의 조치
⑩ 폭발·화재를 방지하기 위하여 필요한 조치

2 건조 설비의 안전

1. 건조 설비의 정의

물질에 함유되어 있는 비교적 소량의 수분을 제거하는 조작을 건조라 하고, 이와 같이 건조에 이용되는 설비를 건조 설비라 한다. 위험물 건조 설비란 다음의 설비를 말한다.
① 위험물 또는 위험물이 발생하는 물질을 가열·건조하는 경우 내용적이 1[m³] 이상인 건조 설비
② 위험물이 아닌 물질을 가열·건조하는 경우로서 다음 각 목의 어느 하나의 용량에 해당하는 건조설비
　㉮ 고체 또는 액체 연료의 최대 사용량이 10[kg/hr] 이상
　㉯ 기체연료의 최대 사용량이 1[m³/hr] 이상
　㉰ 전기사용 정격 용량 10[kW] 이상

> 합격정보　산업안전보건기준에 관한 규칙 제280조(위험물건조설비를 설치하는 건축물의 구조)

2. 건조 설비의 종류

(1) 상자형 건조기

상자 모양의 회분식 건조기로서 보통 여러 단의 선박에 건조물을 올려놓고 열풍을 통과시켜 건조하는 장치로서 열풍을 공급하는 방식에 따라 병행류식과 통기류식 건조기로 분류한다.

(2) 터널형 건조기

건조물을 적재한 대차, 또는 건조물을 매단 체인 컨베이어 등을 건조실 내로 통과시키면서 건조시키는 형태의 건조기로서 건조물이 일정한 모양이며 비교적 긴 건조 기간을 요하는 경우에 적합하다.

> **합격예측**
>
> **건조설비의 종류**
> ① 상자형 건조기
> ② 터널형 건조기
> ③ 교반 건조기
> ④ 고주파 건조기

> **합격예측**
>
> **화학설비 안전거리**
> 22. 5. 7 기 23. 4. 23 산
>
> ① 단위공정시설 및 설비로부터 다른 단위공정시설 및 설비의 사이 : 설비의 외면으로부터 10[m] 이상
> ② 플레어스택으로부터 단위공정시설 및 설비, 위험물질 저장탱크 또는 위험물질 하역설비의 사이 : 플레어스택으로부터 반경 20[m] 이상
> ③ 위험물질 저장탱크로부터 단위공정시설 및 설비, 보일러 또는 가열로의 사이 : 저장탱크의 바깥면으로부터 20[m] 이상
> ④ 사무실·연구실·실험실·정비실 또는 식당으로부터 단위공정시설 및 설비, 위험물질의 저장탱크, 위험물질 하역설비, 보일러 또는 가열로의 사이 : 사무실 등의 바깥면으로부터 20[m] 이상

합격예측

특수 화학설비의 방호장치 설치목적

① 계측장치의 설치(내부이상 상태의 조기파악)
 ㉮ 온도계
 ㉯ 유량계
 ㉰ 압력계 등
② 자동경보장치의 설치 : 내부이상상태의 조기파악
③ 긴급차단장치의 설치 : 폭발, 화재 또는 위험물 누출 방지

(3) 교반 건조기

원통 용기 속에 서로 반대 방향으로 회전하는 교반봉이 장착되어 재료를 혼합·이송하면서 건조를 수행하는 건조기로서 가열 매체를 교반 내에 통과시켜 가열한다. 교반 형태에 따라 많은 종류가 있다.

(4) 고주파 건조기

외부 전파에 의해 내부 유전 물질(誘電物質)이 전파를 흡수하여 피가열물 자체가 발열되는 현상을 이용한 건조기로서 목재나 섬유 등의 건조에 이용된다.

3. 건조 설비의 구조

건조 설비의 구조는 종류가 많고 변형된 설비가 많아 복잡하나 일반적으로 구조 부분, 가열 장치 및 부속 설비로 구성되어 있다.

(1) 구조 부분

본체를 구성하는 부분으로 구체부(철골부, 보온판, Shell부 등)와 내부의 구조 부분 그리고 이들 내외부에 부착된 구동 장치를 포함하나 가열 장치의 일부인 송풍 기류는 제외된다.

(2) 가열장치

열원장치, 압입용 및 순환용 송풍기 등 열을 발생시켜 이를 이동시키는 장치로서 본체의 내부에 설치되는 경우와 외부에 설치되는 경우가 있다.

(3) 부속 설비

본체에 부속되어 있는 설비 전부를 의미하며 환기장치(가열 장치의 일부가 아닌 것), 온도조절장치, 온도측정장치, 안전장치, 소화장치 및 전기 설비 등을 포함한다.

4. 건조 설비의 안전 조치

(1) 건조 설비의 구조 기준

① 건조 설비의 바깥면은 불연성 재료로 만들 것
② 건조 설비(유기 과산화물을 가열 건조하는 것은 제외한다)의 내면과 내부의 선반이나 틀은 불연성 재료로 만들 것
③ 위험물 건조 설비의 측벽이나 바닥은 견고한 구조로 할 것
④ 위험물 건조 설비는 그 상부를 가벼운 재료로 만들고 주위 상황을 고려하여 폭발구를 설치할 것
⑤ 위험물 건조 설비는 건조할 때에 발생하는 가스·증기 또는 분진을 안전한 장

소로 배출시킬 수 있는 구조로 할 것
⑥ 액체 연료 또는 인화성 가스를 열원의 연료로서 사용하는 건조 설비는 점화할 때에 폭발 또는 화재를 예방하기 위하여 연소실이나 그 밖에 점화하는 부분을 환기시킬 수 있는 구조로 할 것
⑦ 건조 설비의 내부는 청소가 쉬운 구조로 할 것
⑧ 건조 설비의 감시창·출입구 및 배기구 등과 같은 개구부는 발화 시에 불이 다른 곳으로 번지지 아니하는 위치에 설치하고 필요한 때에는 즉시 밀폐할 수 있는 구조로 할 것
⑨ 건조 설비는 내부의 온도가 국부적으로 상승되지 아니하는 구조로 설치할 것
⑩ 위험물 건조 설비의 열원으로서 직화를 사용하지 말 것
⑪ 위험물 건조 설비 외의 건조 설비의 열원으로서 직화를 사용하는 때에는 불꽃 등에 의한 화재를 예방하기 위하여 덮개를 설치하거나 격벽을 설치할 것

합격정보) 산업안전보건기준에 관한 규칙 제281조(건조설비의 구조 등)

(2) 건조 설비의 사용시 준수 사항

① 위험물 건조 설비를 사용하는 때에는 미리 내부를 청소하거나 환기할 것
② 위험물 건조 설비를 사용하는 때에는 건조로 인하여 발생하는 가스·증기 또는 분진에 의하여 폭발·화재의 위험이 있는 물질을 안전한 장소로 배출시킬 것
③ 위험물 건조 설비를 사용하여 가열 건조하는 건조물은 쉽게 이탈되지 아니하도록 할 것
④ 고온으로 가열 건조한 인화성 액체는 발화의 위험이 없는 온도로 냉각한 후에 격납시킬 것
⑤ 건조 설비(바깥 면이 현저히 고온이 되는 설비만 해당한다)에 가까운 장소에는 인화성 액체를 두지 않도록 할 것

합격정보) 산업안전보건기준에 관한 규칙 제283조(건조설비의 사용)

(3) 건조설비 사용시 관리감독자의 직무

① 건조 설비를 처음으로 사용하거나 건조 방법 또는 건조물의 종류를 변경한 때에는 근로자에게 미리 작업 방법을 주지시키고 작업을 직접 지휘하는 일
② 건조 설비가 있는 장소를 항상 정리 정돈하고 해당 장소에 인화성 물질을 임의로 방치하지 아니하도록 하는 일

(4) 가스 등의 용기 취급시 준수 사항

① 다음 장소에서 사용하거나 해당 장소에서 설치, 저장 또는 방치하지 아니하도록 할 것

합격예측

(1) 제조공정 중 반응, 분리(증류, 추출 등), 이송시스템 및 전기·계장시스템 등 간단한 단위공정 위험성 평가기법
① 위험과 운전 분석 (HAZOP : Hazard & Operability)
② 공정위험분석(PHR : Process Hazard Review)
③ 이상위험도 분석(FMECA : Failure Modes Effects and Criticality Analysis)
④ 원인결과 분석(CCA : Cause-Consequence Analysis)
⑤ 결함수 분석(FTA : Fault Tree Analysis)
⑥ 사건수 분석(ETA : Event Tree Analysis)
⑦ 공정안전성 분석기법
⑧ 방호계층 분석기법

(2) 저장탱크설비, 유틸리티설비 및 제조공정 중 고체 건조·분쇄설비 등 간단한 단위공정 위험성 평가기법 24. 4. 27 기
① 체크리스트(Checklist)
② 작업자실수분석(HEA : Human Error Analysis)
③ 사고예상질문분석
④ 위험과 운전분석기법 (Hazard & Operability)
⑤ 상대 위험순위결정 (DMI : Dow and Mond Indices)
⑥ 공정위험 분석기법
⑦ 공정안전성 분석기법

㉮ 통풍 또는 환기가 불충분한 장소
㉯ 화기를 사용하는 장소 및 그 부근
㉰ 위험물 또는 인화성 액체를 취급하는 장소 및 그 부근
② 용기의 온도를 40[℃] 이하로 유지할 것
③ 전도의 위험이 없도록 할 것
④ 충격을 가하지 아니하도록 할 것
⑤ 운반할 때에는 캡을 씌울 것
⑥ 사용할 때에는 용기의 마개에 부착되어 있는 유류 및 먼지를 제거할 것
⑦ 밸브의 개폐는 서서히 할 것
⑧ 사용 전 또는 사용중인 용기와 그외의 용기를 명확히 구별하여 둘 것
⑨ 용해 아세틸렌의 용기는 세워둘 것
⑩ 용기의 부식, 마모 또는 변형 상태를 점검한 후 사용할 것

> **합격정보** 산업안전보건기준에 관한 규칙 제234조(가스 등의 용기)

(5) 용융 고열물의 취급 설비를 설치한 건축물에 대한 수증기 폭발 방지 조치

① 바닥은 물이 고이지 아니하는 구조로 할 것
② 지붕·벽·창 등은 빗물이 새어들지 아니하는 구조로 할 것

> **합격정보** 산업안전보건기준에 관한 규칙 제249조(건축물의 구조)

보충문제

산업안전보건법령상, 사업주는 과압에 따른 폭발을 방지하기 위하여 폭발 방지 성능과 규격을 갖춘 안전밸브 또는 파열판을 설치하여야 한다. 이 중 사업주가 배관에 파열판을 설치하여야 하는 설비에 해당하는 경우 3가지를 쓰시오.(단, 배관은 2개 이상의 밸브에 의하여 차단되어 대기온도에서 액체의 열팽창에 의하여 파열될 우려가 있는 것으로 한정)

해답

① 반응 폭주 등 급격한 압력 상승 우려가 있는 경우
② 급성 독성물질의 누출로 인하여 주위의 작업환경을 오염시킬 우려가 있는 경우
③ 운전 중 안전밸브에 이상 물질이 누적되어 안전밸브가 작동되지 아니할 우려가 있는 경우

KEY
① 2010년 9월 12일(문제 9번) 출제
② 2017년 10월 14일 기사(문제 8번) 출제
③ 2019년 4월 14일(문제 3번) 출제
④ 2022년 5월 7일 산업기사(문제 5번) 출제
⑤ 2023년 4월 23일 기사 출제

화학 설비의 안전 출제예상문제

01 건조 설비의 종류를 9가지 쓰시오.

해답
① 상자형 건조기　② 회전 건조기
③ 밴드 건조기　④ 드럼 건조기
⑤ 분무 건조기　⑥ 유동형 건조기
⑦ 터널형 건조기　⑧ 교반 건조기
⑨ 고주파 건조기

02 화학 설비나 가연성 설비에 있어서 가스 누설을 방지하는 것을 무엇이라고 하며 쓰이는 재료를 4가지 쓰시오.

해답
① 명칭 : 개스킷
② 재료 : ㉠ 마
　　　　㉡ 석면
　　　　㉢ 유리 섬유
　　　　㉣ 천연 고무

03 다음 물음에 적합한 숫자를 쓰시오.

① 일반 착화 에너지
② 가스, 화약의 착화 에너지
③ 분진 폭발의 하한값
④ 분진 폭발의 상한값

해답
① $10^{-2} \sim 10^{-3}\,[\text{J}]$
② $10^{-4} \sim 10^{-6}\,[\text{J}]$
③ $25 \sim 45\,[\text{mg}/l]$
④ $80\,[\text{mg}/l]$

04 사염화탄소가 높은 온도 중 아래 조건일 때의 반응식을 쓰시오.

① 건조된 공기 속
② 습한 공기 속
③ 이산화탄소 중

해답
① $2CCl_4 + O_2 \rightarrow 2COCl_2 + 2Cl_2$
② $CCl_4 + H_2O \rightarrow COCl_2 + 2HCl$
③ $CCl_4 + CO_2 \rightarrow 2COCl_2$

05 건조 설비 구조의 설치 기준 4가지를 쓰시오.

해답
① 건조 설비 외면은 불연성 재료일 것
② 건조 설비 내부는 청소하기 쉬운 구조일 것
③ 위험물 건조 설비의 측벽, 바닥은 견고한 구조일 것
④ 위험물 건조 설비의 열원은 직화 사용을 금할 것

06 위험물의 특징을 쓰시오.

해답
① 자연계에 흔히 존재하는 물 또는 산소와의 반응이 용이하다.
② 반응속도가 급격히 진행된다.
③ 수소와 같은 가연성 가스를 발생시킨다.
④ 반응시 수반되는 발열량이 크다.
⑤ 화학적구조 및 결합력이 불안정하다

07 최고 잠수 심도가 1[km]이고 공기조 내의 공기 압력이 40[kg/cm²]일 때 잠수 작업자에게 충분한 송기량을 공급하기 위한 공기조의 내용적을 구하시오.

> **해답**
>
> 공기조의 내용적
> $V = \dfrac{60(0.3D+4)}{P}[l]$ 에서 D는 최고 잠수 심도[m],
> P는 공기조 내의 공기 압력[kg/cm²]이므로
> $V = \dfrac{60(0.3 \times 1,000 + 4)}{40} = \dfrac{60(304)}{40} = 456[l]$
> ∴ 공기조의 내용적 V = 456[l]

08 화학 설비의 정전기 발생 원인을 쓰시오.

> **해답**
>
> ① 습한 수증기가 누설될 때
> ② 석유류의 유동 또는 여과시
> ③ 가연성 가스 또는 증기가 분출할 때
> ④ 노즐에서 분출되는 물줄기에 의한 충격 등이 있을 때

09 유기 용제의 제조, 취급 특별 장소를 쓰시오.

> **해답**
>
> ① 선박의 내부
> ② 차량의 내부
> ③ 탱크의 내부
> ④ 맨홀의 내부
> ⑤ 덕트의 내부
> ⑥ 수관의 내부

10 화학 설비 내부의 이상 상태를 조기에 파악하기 위하여 설치해야 할 계측기의 종류를 쓰시오.

> **해답**
>
> ① 온도계
> ② 유량계
> ③ 압력계

11 화학 설비에 설치해야 할 방호장치를 쓰시오.

> **해답**
>
> ① 안전밸브
> ② 파열판
> ③ 체크밸브
> ④ 역화방지기
> ⑤ 자동경보장치
> ⑥ 긴급차단장치
> ⑦ 벤트 스택

12 건조 설비를 사용하여 작업을 할 때 폭발 또는 화재를 예방하기 위한 준수사항을 쓰시오.

> **해답**
>
> ① 위험물 건조 설비를 사용하는 때에는 미리 내부를 청소하거나 환기할 것
> ② 위험물 건조 설비를 사용하는 때에는 건조로 인하여 발생하는 가스·증기 또는 분진에 의하여 폭발·화재의 위험이 있는 물질을 안전한 장소로 배출시킬 것
> ③ 위험물 건조 설비를 사용하여 가열 건조하는 건조물은 쉽게 이탈되지 아니하도록 할 것
> ④ 고온으로 가열 건조한 가연성 물질은 발화의 위험이 없는 온도로 냉각한 후에 격납시킬 것
> ⑤ 건조 설비에 근접한 장소에는 가연성 물질을 두지 아니하도록 할 것

13 증류탑의 일상 점검 항목을 쓰시오.

> **해답**
>
> ① 보온재 및 보냉재의 파손 상황
> ② 도장의 열화 상황
> ③ 플랜지부, 맨홀부, 용접부에서의 외부 누출 여부
> ④ 기초 볼트의 헐거움 여부

14 LP 가스 불완전 연소 원인을 쓰시오.

> **해답**
>
> ① 공기 공급량의 부족
> ② 환기 및 배기 불충분
> ③ 프레임의 냉각
> ④ 가스 조성이 맞지 않을 때
> ⑤ 가스 기구 및 연소 기구가 맞지 않을 때

15 국소배기장치의 후드 형식을 쓰시오.

해답

① 밀폐형 후드(포위식 후드)
② 부스형 후드
③ 리시버형 후드
④ 외부식 후드(부착용 후드)

16 가스 집합 용접장치의 가스 장치실의 구조를 쓰시오.

해답

① 가스가 누출된 때에는 해당 가스가 정체되지 아니하도록 할 것
② 지붕 및 천장에는 가벼운 불연성의 재료를 사용할 것
③ 벽에는 불연성의 재료를 사용할 것

17 유기 용제를 사용하는 옥내 작업장에서 게시하여야 할 사항을 3가지 쓰시오.

해답

① 유기 용제 등이 인체에 미치는 영향
② 유기 용제 등의 취급시 주의 사항
③ 유기 용제 등에 의한 중독시 응급 처치 방법

18 가스 집합 용접장치의 배관 설치시 준수할 사항을 쓰시오.

해답

① 플랜지·밸브·콕 등의 접합부에는 개스킷을 사용하고 접합면을 상호 밀착시키는 등의 조치를 할 것
② 주관 및 분기관에는 안전기를 설치할 것(이 경우 하나의 취관에 대하여 2개 이상의 안전기를 설치하여야 한다).

19 화학설비의 안전장치 종류를 쓰시오.

해답

① 체크 밸브 : 유체의 역류를 방지하는 밸브
② 블로우 밸브 : 과잉 압력을 방출하는 밸브
③ 통기 밸브 : 항상 탱크내의 압력을 대기압과 평형한 압력으로 하는 탱크 보호 밸브

④ 화염방지기 : 화염의 차단을 목적으로 한 장치
⑤ 긴급차단장치
  ㉠ 공기압식 ㉡ 유압식 ㉢ 전기식
⑥ 자동방출장치
  ㉠ Vent Stack ㉡ Flare Stack ㉢ Steamdraft
⑦ 자동경보장치

20 화학설비와 그 부속설비를 사용하여 작업시 화재 또는 폭발을 방지하기 위하여 작업요령 작성시 준수사항을 쓰시오.

해답

① 밸브·콕 등의 조작(해당 화학설비에 원재료를 공급하거나 해당 화학설비에서 제품 등을 꺼내는 경우에 한한다.)
② 냉각장치·가열장치·교반장치(攪拌裝置) 및 압축장치의 조작
③ 계측장치 및 제어장치의 감시 및 조정
④ 안전밸브·긴급차단장치 기타 방호장치 및 자동경보장치의 조정
⑤ 덮개판·플랜지·밸브·콕 등의 접합부에서 위험물 등의 누출의 유무에 대한 점검
⑥ 시료의 채취
⑦ 화학설비에 있어서는 그 운전이 일시적 또는 부분적으로 중단된 때의 작업방법 또는 운전 재개시의 작업방법
⑧ 이상상태가 발생한 때의 응급조치
⑨ 위험물 누출시의 조치
⑩ 그 밖의 폭발·화재를 방지하기 위하여 필요한 조치

녹색직업 녹색자격증 코너

못하는게 없다는 말은 무능하다는 말과 같다.

발이 네 개인 짐승에게는 날개가 없다.
새는 날개가 달린 대신 발이 두 개요. 발가락이 세 개다.
소는 윗니가 없다. 토끼는 앞발이 시원찮다.
발 네 개에 날개까지 달리고, 뿔에다 윗니까지 갖춘 동물은 세상에 없다.

　　　　　　　　　　　　　　　　　　　　－정민, '일침'에서

잘 달리는 놈은 날개를 뺏고 잘 나는 것은 발가락을 줄이며,
뿔이 있는 녀석은 윗니가 없고, 뒷다리가 강한 것은 앞발이 없습니다.
꽃이 좋으면 열매가 시원치 않습니다.
하늘의 도리는 사물로 하여금 겸하게 하는 법이 없습니다.

　　　　　　　　　　　(이인로 파한집, 정민 교수 일침에서 재인용)

세부항목 03 작업 환경 안전 일반

중점 학습내용

작업 환경 안전에 관련된 기본적인 기초 지식을 학습하도록 하였으며 이번 실기 필답형 시험에 출제되는 그 중심적인 내용은 다음과 같다.
1. 작업 환경 관리의 원리
2. 작업 환경의 측정
3. 유해 화학 물질 관리
4. 건강관리
5. 중금속 중독

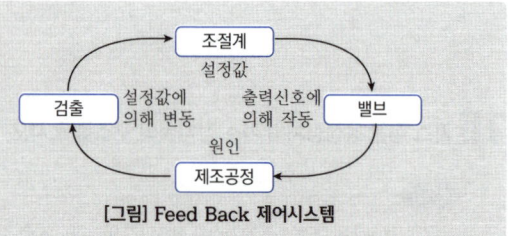

[그림] Feed Back 제어시스템

합격예측

작업 환경 개선의 기본원칙
① 대치
② 격리
③ 환기
④ 교육

합격예측

작업 환경 개선 방법
① 유해한 생산공정의 변경
② 유해한 작업방법의 변경
③ 유해성이 적은 원자재로의 대체 사용
④ 설비의 밀폐
⑤ 유해물의 발산·비산의 억제
⑥ 국소 배기 장치 및 전체 환기 장치의 설치

1 작업 환경 관리의 원리

작업 환경에서 작업자가 직면하는 위험과 잠재적인 위험은 단순히 기계적인 것, 화재나 폭발의 원인이 되는 것, 또는 소화기와 호흡기를 통하여 흡수되어 건강 장해를 일으키는 것, 피부나 눈에 접촉하여 자극을 주는 물질에 의한 것이 있다. 또 소음, 진동, 복사선, 열과 같은 에너지의 형태인 것도 있다. 이러한 유해 요인은 작업자에게 건강 장해를 일으킬 수 있으므로 이에 대한 대책을 수립하여 관리하여야 한다. 이러한 활동을 작업 환경의 위생 관리라고 한다.

예를 들어 납을 사용하는 작업장의 경우, 납에 대한 위험을 인식하고 위험성이 판정되면 어떤 종류의 대책을 어떠한 수준까지 세워야 하는가를 결정하고 훈련된 인원과 비용을 투입하여 실천에 옮겨야 한다.

작업 환경 관리의 기본적인 원리는 대치, 격리, 환기, 교육 등이다. 물론 이런 기본 원리가 어느 작업 환경에나 모두 적용되는 것은 아니다. 위의 원리 중 어느 한 가지를 효과적으로 적용시켜 소기의 목적을 달성하여야 한다. 가장 적절한 방법을 선택하여 최대의 효과를 거둘 수 있는 것이 필요하다.

1. 대치(Substitution)

작업 환경 개선 대책을 세우려면 일반적으로 현재 있는 시설에다 다른 것을 추가하여 고쳐나가는 것으로 생각한다. 지금까지 사용하고 있는 독성이 강한 물질을 제품이나 사용상에 큰 지장이 없다면 다른 물질(독성이 적은 것)로 바꾸어 사용할 수 있다.

그러나 대부분의 사업장에서는 환기 시설의 설치부터 생각하는 것을 알 수 있다. 대치 방법에는 물질의 변경, 공정의 변경, 시설의 변경 등이 있다. 이 방법은 작업 환경 개선의 근본적 방법이며, 비용도 적게 든다. 그러나 이런 대치 방법이 기술적으로 성공을 거두기란 쉽지 않다.

(1) 공정의 변경

지금까지 공장에서 주로 제품의 질을 높이고 생산 비용을 줄이기 위해 공정의 변경을 연구해 왔으나 간혹 공정 중에서 발생되는 분진이나 퓸(fume)을 없애기 위하여 공정을 개선하여 유해 물질을 현저히 감소시킬 수도 있다. 예를 들면 자동차 산업에서 납을 고속 회전식 그라인더로 연마할 때 다량의 납분진이 발생되던 것을 저속 오실레이팅형의 샌더로 작업함으로써 납분진의 발생을 현저히 감소시킬 수 있다. 또 페인팅 작업에서 스프레이 페인팅 작업을 침전 방식이든가 붓칠 작업으로 변경함으로써 공기중의 유기 용제 농도를 최소화할 수 있다.

또 금속 절단시 두들겨서 자르는 것보다는 톱을 이용함으로써 소음을 현저히 줄이는 것도 방법 중의 하나가 된다.

(2) 시설의 변경

공정을 변경하는 일이 도움이 안 될 경우 사용하고 있는 시설이나 기구를 바꿈으로써 효과를 얻을 수 있다. 일반적으로 연구 비용도 적게 들고 짧은 기간 내에 연구 성과를 얻을 수 있어서 사업장에서 자주 이용되는 방법이다. 예를 들면 가연성 물질을 저장할 때는 유리병 대신에 안전한 철제통을 사용하여 퓸이나 가스를 배출하기 위한 드래프트의 창을 안전 유리로 바꾸는 것 등이다.

시설을 변경하는 데 가장 중요한 필요 사항은 대용할 수 있는 시설 중에 어떤 것이 있는가에 대한 지식이다. 그러므로 생산 관계에 필요한 시설을 잘 알고 있어야 하는 것처럼 안전 관계 시설은 어떤 것이 있는가에 대해서도 깊은 지식을 갖고 있어야 한다.

(3) 물질의 변경

산업 위생 관리에서 가장 흔히 사용되는 방법은 독성이 강한 물질을 독성이 약하거나 무독성의 물질로 바꾸어 사용하는 것이다. 예를 들면 페인트 안료로 사용되는 산화납(white lead)을 아연이나 바륨으로 대치하는 것이다.

또 샌드 블라스팅을 쇼트 블라스팅으로 바꾸거나 세정제로 브롬화메틸 대신 프레온을 사용하는 것도 방법 중의 하나이며, 세탁소에서 유기 용제를 사용하던 것을 세제 클리닝이나 또는 스팀 클리닝으로 바꾸는 방법도 있다.

물질의 대치는 유사한 화학 구조를 갖는 것에서 선택되는 경우가 많으며 독성이 적다는 것만 가지고 선택하기 쉬운데 경우에 따라서는 지금까지 알려지지 않았던

합격예측

작업장의 조도기준
① 초정밀 작업 : 750 럭스 이상
② 정밀 작업 : 300럭스 이상
③ 보통 작업 : 150럭스 이상
④ 그 밖의 작업 : 75럭스 이상

합격예측

분진 대책
① 작업공정에서 분진발생 억제 및 감소화
② 분진 비상 방지 조치
③ 개인 보호구 착용으로 분진 흡입 방지
④ 환기
⑤ 그 밖의 공정을 습식으로 하거나 밀폐 등의 조치

전혀 다른 장해를 주는 일이 있어서 물질을 변경한 후에는 일정 기간 동안 세심한 관찰이 따라야 한다.

2. 격리

여기서 격리란 작업자와 유해 인자 사이에 장벽(barrier)이 놓여 있는 상태를 뜻하며 이 장벽은 물체일 수도 있고 거리일 수도 있으며 시간일 수도 있다. 잠재적으로 유해한 작업들이 근로자들에게 폭로되는 것을 적게 되도록 격리시키는 것이다.

(1) 저장 물질의 격리

창고에 저장되어 있는 물질은 위험이 따르지 않는 것으로 생각하기 쉽다. 그러나 어떤 물질들은 서로 격리, 저장할 필요가 있으며 또 지하의 큰 탱크에 인화 물질 또는 격리를 요하는 물질들을 저장하는 경우 탱크와 탱크 사이에 도랑을 파거나 제방을 쌓고 한 탱크에서 물질이 새어 나와도 서로 섞이지 않도록 하여야 한다.

저장할 물질의 흡입 독성이 강한 경우는 창고에 환기 장치를 부착하여야 한다. 그 양이 적어서 캐비닛에 저장하는 경우도 환기 장치가 붙은 캐비닛에 보관한다.

(2) 시설의 격리

대부분의 시설이나 기구는 정상적으로 가동될 때는 비교적 안전하도록 설계되어 있다. 그러나 고압하에서 가동하는 기계나 고속 회전을 요하는 시설은 위험을 지니고 있으므로 특별한 격리 상태에 있는 것이 좋다. 이러한 경우 물리적인 수단이 이용되는데 강력한 콘크리트 방호벽을 쌓고, 기계 작동을 원격 조정이나 자동화하여 현장 감시는 텔레비전 카메라 혹은 거울이나 전망경을 사용한다.

(3) 공정의 격리

공정의 격리는 일반적으로 가장 비용이 많이 드는 방법이다. 그러나 최근에는 기술의 발달로 대부분의 공정은 원격 조정이 가능하므로 비용 문제를 제외하고는 유용한 대책으로 대두되고 있다. 방사선 동위 원소를 취급할 때의 격리와 밀폐는 원격 장치의 대표적인 것으로 꼽을 수 있다.

공장 단위로 볼 때 현대적인 정유 공장이 원격 자동 조정의 대표적인 것이라 할 수 있다. 이런 새로운 공장들은 중앙 집중식의 조정 장치로서 시료를 자동으로 채취·분석하고 그 결과가 자동으로 전산 처리된다.

이런 자동 장치는 화학 공장에서 받아들여져 많은 유해 인자를 작업자와 격리시키고 있다. 그러나 자동화 시설에 갑자기 사고가 발생하여 사람이 직접 해야 할 일이 생겼을 때 뜻하지 않은 위험을 가져오는 수가 있다. 이때는 개인 보호구를 갖추고 현장에 들어가야 한다.

합격예측

소음작업의 근로자 준수사항
① 해당 작업장소의 소음수준
② 인체에 미치는 영향 및 증상
③ 보호구의 선정 및 착용방법
④ 그 밖에 소음건강장애 방지에 필요한 사항

합격예측

국소배기장치 후드형식
① 레시버형 후드
② 포위식 후드
③ 부스형 후드
④ 외부식 후드

(4) 작업자의 격리

작업자를 현장의 유해 환경으로부터 격리하는 일은 과거에도 쓰여 왔지만, 앞으로도 자주 쓰이게 될 방법이다. 방사선 동위 원소 취급자가 납이 함유된 앞치마를 입고 있는 것이나 소음과 고열이 발생되는 현장에서 작업자가 유해 요인과 직접 닿는 것을 차단하기 위하여 작업자 위치에 작업자를 유리와 같은 물체로 밀폐, 격리시키는 것이 작업자의 보호 방법이다.

3. 환기(Ventilation)

환기는 작업자의 호흡기 위치로부터 유해 가스나 증기를 포착하여 배출시키기 위해서 또는 쾌적한 온열 상태를 유지하기 위해서 사용된다. 즉, 실내의 오염된 유해 물질을 외부로 배출시키는 방법과 신선한 공기를 불어넣어 희석시키는 방법이 있으며 환기에는 전체 환기와 국소 배기가 있다.

(1) 국소 배기

국소 배기를 설치하는 데 있어서 두 가지 중요한 사항이 있다. 첫째는 공정이나 시설은 가능한 한 밀폐하여야 한다는 것이며, 둘째는 모든 개구부에 있어서 기류의 방향은 밀폐된 후드 안쪽으로 흘러야 하며 속도가 충분해야 한다. 이외에 후드의 모양이나 크기, 재료 등은 기술적인 문제가 된다.

국소 배기의 시설상 문제는 첫째, 설계가 잘못됐을 때이고 둘째는 부족한 배기와 급기이다. 배기만을 생각하면 들어오는 기류(급기)가 없어 작업 현장의 음압이 일어나게 되면 만족할 만한 환기가 안 된다. 반드시 뽑아내는 양만큼 들여보내야 하므로 국소 배기 장치를 설치하는 장소에 유의하여야 한다. 즉, 기둥이나 제품, 원자료 등이 쌓여 있는 옆에 후드를 설치하면 난기류가 발생되어 설계시에 세워놓은 풍량을 얻을 수 없게 된다.

(2) 전체 환기

전체 환기를 희석 환기라고도 부른다. 이것은 현장에서 발생되는 유해물의 농도를 희석하여 낮추기 때문이다. 주로 고온과 다습을 조절하는 데 이용되며 냄새, 악취, 분진, 유해 증기를 희석하는 데에도 이용된다. 그러나 근원적인 발생원에 대한 대책으로는 적당하지 않다. 국소 배기와 마찬가지로 배기와 급기의 적절한 조절이 필요하다.

후드 설치기준(요령)
① 유해물질이 발생하는 곳마다 설치할 것
② 유해인자의 발생형태 및 비중, 작업방법 등을 고려하여 해당 분진 등의 발산원을 제어할 수 있는 구조로 설치할 것
③ 후드형식은 가능한 포위식 또는 부스식 후드를 설치할 것
④ 외부식 또는 레시버식 후드를 설치하는 때에는 해당 분진 등의 발산원에 가장 가까운 위치에 설치할 것

덕트 설치기준
① 가능한 길이는 짧게하고 굴곡부의 수는 적게 할 것
② 접속부의 내면은 돌출된 부분이 없도록 할 것
③ 청소구를 설치하는 등 청소하기 쉬운 구조로 할 것
④ 덕트내 오염물질이 쌓이지 아니하도록 이송속도를 유지할 것
⑤ 연결부위 등은 외부공기가 들어오지 아니하도록 할 것

> 합격예측
>
> **소음을 방지하기 위한 소음관리(소음통제)방법**
> ① 소음원의 제거
> ② 소음원의 통제(안전설계, 정비 및 주유, 고무 받침대 부착, 소음기 사용 등)
> ③ 소음의 격리
>   [씌우개(enclosure), 방이나 장벽을 이용]
> ④ 차음장치 및 흡음재 사용
> ⑤ 음향 처리제 사용
> ⑥ 적절한 배치(lay out)

> 합격예측
>
> **소음작업의 기준**
> 1일 8시간 작업을 기준으로 85데시벨 이상의 소음이 발생하는 작업

2 작업 환경의 측정

1. 작업 환경 측정의 개요

① "작업 환경 측정"이라 함은 작업 환경의 실태를 파악하기 위하여 해당 근로자 또는 작업장에 대하여 사업주가 작업 환경 측정 계획을 수립하여 시료의 채취 및 그 분석, 평가를 하는 것을 말한다.

② 사업장에서 일어날 수 있는 잠재적인 건강 장해(유해 인자)에 대하여 인식하고 작업이 안고 있는 위험과 유해성을 평가하여, 이에 대한 대책을 수립하고 실천하는 일을 산업 위생이라 한다. 산업 위생의 한 분야인 작업 환경 측정은 측정된 자료로부터 얻어진 결과를 바탕으로 하여 해당 작업장에서 일하는 근로자의 건강 장해를 예방하기 위한 것이다.

2. 측정 대상 및 유해 인자 분류

(1) 측정 대상

예비 조사를 통해서 측정 대상을 선정한다. 즉, 사업장에서 제조하는 생산품, 주원료, 부원료, 그 밖에 공정에서 사용되는 물질의 조사 및 발생될 수 있는 유해 물질의 조사이다. 유해 인자들이 인체에 미치는 영향과 허용 농도를 조사하고, 이 자료를 기초로 하여 측정 장소, 위치, 시간, 측정 기기 등을 선정해야 한다.

(2) 유해 인자의 분류

유해 인자는 크게 3가지로 나눌 수 있다.
① 물리적 인자 : 강도 측정(예 : 소음, 진동, 고열 등)
② 화학적 인자 : 농도 측정(예 : 유기 용제, 가스, 분진 등)
③ 생물학적 인자 : 낙균 배양(예 : 바이러스, 세균 등)

3. 허용 농도

(1) 허용 농도의 의의

"허용 농도"라 함은 근로자가 유해 요인에 노출되는 경우 허용 농도 이하 수준에서는 거의 모든 근로자에게 건강상 나쁜 영향을 미치지 아니하는 농도를 말하며 1일 작업 시간 동안의 시간 가중 평균 농도(Time Weighted Average : TWA)와 단시간 폭로 허용 농도(Short Term Exposure Limit : STEL) 또는 최고 허용 농도(Ceiling : C)로 표시한다.

① "시간 가중 평균 농도(TWA)"라 함은 1일 8시간 작업을 기준으로 하여 유해 요인의 측정 농도에 발생 시간을 곱하여 8시간으로 나눈 농도를 말하며 산출 공식은 다음과 같다.

$$\text{TWA 농도} = \frac{C_1 \cdot T_1 + C_2 \cdot T_2 + \cdots + C_n \cdot T_n}{8}$$

(주) C : 유해 요인의 측정 농도(단위 : ppm 또는 mg/m^3)
　　T : 유해 요인의 발생 시간(단위 : 시간)

② "단시간 폭로 허용 농도(STEL)"라 함은 근로자가 1회 15분간 유해 요인에 폭로되는 경우의 허용 농도로 이 농도 이하에서 1회 폭로 간격이 1시간 이상인 경우 1일 작업 시간 동안 4회까지 폭로가 허용될 수 있는 농도를 말한다.

③ "최고 허용 농도(C)"라 함은 근로자가 1일 작업 시간 동안 잠시라도 폭로되어서는 안 되는 최고 허용 농도를 말하며, 허용 농도 앞에 "C"를 붙여 표시한다.

(2) 허용 농도 사용상의 유의 사항

① 각 유해 요인의 허용 농도는 해당 유해 요인이 단독으로 존재하는 경우의 허용농도를 말하며, 2종 또는 그 이상의 유해 요인이 혼재하는 경우에는 각 유해요인의 상가 작용으로 유해성이 증가할 수 있으므로 혼합물이 2종 이상 혼재하는 경우의 산출 공식에 의하여 평가하여야 한다.

② 허용 농도는 1일 8시간 작업을 기준하여 제정된 것이므로 이를 이용할 때에는 근로 시간, 작업의 강도, 온열 조건, 이상 기압 등이 허용 농도 적용에 미칠 수 있으므로 이와 같은 제반 요인에 대한 특별한 고려를 하여야 한다.

③ 유해 요인에 대한 감수성은 개인에 따라 차이가 있으며 허용 농도 이하의 작업 환경에서도 직업병으로 이환되는 경우가 있으므로 허용 농도를 직업병 진단에 사용하거나 허용 농도 이하의 작업 환경이라는 이유만으로 직업병으로의 이환을 부정하는 근거 또는 반증자료로 사용할 수 없다.

④ 허용 농도는 대기 오염의 평가 또는 관리상의 지표로 사용할 수 없다.

(3) 적용 범위

① 허용 농도는 산업안전보건법의 규정에 의한 옥내 작업장에서의 가스, 증기, 미스트, 퓸, 분진, 소음, 고온 등에 대한 환경 개선 기준과 작업 환경 측정 및 산업안전보건기준에 관한 규칙 중 소음, 고열, 분진, 납, 유기납, 유기 용제, 특정 화학 물질, 산소 결핍 등의 작업장에 대한 작업 환경 측정 결과의 평가기준으로 사용할 수 있다.

② 고시에 유해 요인의 허용 농도가 규정되지 아니하였다는 이유로 법, 영, 시행 규칙 및 산업안전보건기준에 관한 규칙의 적용이 배제되지 아니하며 이와 같은 유해 물질의 허용 농도는 미국 산업 위생 전문가 회의(ACGIH)에서 매년 채택하는 허용 기준(TLU_5)을 준용한다.

합격예측

TLV-TWA(시간가중 평균 노출기준)

① 1일 8시간 작업기준으로 유해 요인의 측정치에 발생시간을 곱하여 8시간으로 나눈 값으로 1일 8시간, 주 40시간을 기준으로 유해물질에 매일 노출되어도 거의 모든 근로자에게 건강상의 장해가 없을 것으로 생각되는 농도

② 산출공식
TWA 환산값=
$\frac{C_1 \cdot T_1 + C_2 \cdot T_2 + \cdots + C_n \cdot T_n}{8}$
주) C : 유해요인의 측정치
　　(단위 : ppm 또는
　　$[mg/m^2]$)
　　T : 유해요인의 발생시간
　　(단위 : 시간)

합격예측

국소배기장치 사용 전 점검
① 덕트 및 배풍기의 분진 상태
② 덕트 접속부의 이완유무
③ 흡기 및 배기 능력
④ 그 밖에 국소 배기 장치의 성능을 유지하기 위하여 필요한 사항

합격예측

전신진동방지대책
① 구조물의 진동을 최소화
② 발진원의 격리
③ 전파 경로에 대한 수용자의 위치
④ 수용자의 격리
⑤ 측면 전파 방지
⑥ 작업시간 단축(1일 2시간 초과금지)

합격예측

(1) 전체 환기장치의 성능
① 1종 유기용제 : $Q=0.3 \times W$
② 2종 유기용제 : $Q=0.04 \times W$
③ 3종 유기용제 : $Q=0.01 \times W$
W : 작업시간 1시간 내에 사용하는 유기용제의 양[g]
Q : 1분당 환기량[m^2]

(2) 유기용제의 허용소비량
① 1종 유기용제 : $W=1/15 \times A$
② 2종 유기용제 : $W=2/5 \times A$
③ 3종 유기용제 : $W=3/2 \times A$
W : 작업시간 1시간 내에 사용하는 유기용제 등의 허용소비량[g]
A : 작업장의 기적

3 유해 화학 물질 관리

1. 유해 화학 물질의 규제

(1) 유해 화학 물질의 제조·사용 금지

황린 성냥, 벤지딘염산염을 제외한 벤지딘과 그 염 등 8종의 유해 화학 물질은 제조·사용을 금지한다. 다만, 이들 물질을 시험·연구 목적으로 제조·사용하고자 하는 연구 기관은 고용노동부장관의 승인을 받아야 한다.

(2) 유해 화학 물질의 제조·사용 허가

석면, 베릴륨, 벤지딘염산염, 디클로로벤지딘과 그 염 등 11종의 유해 화학 물질은 제조·사용에 대한 허가를 고용노동부장관으로부터 받아야 한다.

이 규정은 이러한 물질을 앞으로 제조·사용하고자 하는 경우뿐만 아니라 이미 제조·사용하고 있는 사업체에 대해서도 적용된다.

(3) 신규 화학 물질의 유해성 조사

화학 물질로서 이미 유·무해성이 밝혀진 물질 외에 새롭게 제조 또는 수입되는 화학 물질은 아직 유해성 여부가 밝혀진 상태가 아니기 때문에 사전에 이에 대한 검토 없이 제조·사용하는 경우 근로자에겐 엄청난 건강 장해를 야기할 가능성이 있다.

따라서 신규 화학 물질을 제조·수입하려는 사업주는 사전에 국내외 전문 기관에서 유해성 여부를 조사하여 그 결과를 고용노동부장관에게 제출하고 이에 대한 심사를 받은 후 제조·수입하여야 한다.

(4) 유해 작업의 도급 금지

도금작업, 수은·납·카드뮴 등 중금속을 제련·주입·가공 및 가열하는 작업, 제조·사용 허가 대상이 되는 유해 화학 물질을 제조·사용하는 작업 등 유해한 요인이 많이 발생되는 작업은 고용노동부장관의 인가를 얻지 않으면 그 작업만을 분리해서 타인에게 도급을 줄 수 없다.

(5) 유해물질 표시

유해한 물질을 안전하게 취급하도록 하기 위해서는 그 물질의 용기나 포장에 그 물질의 명칭, 성분, 유해성, 취급 요령 및 오염되었을 때의 긴급 방재 요령 등을 기재한 표지의 부착을 의무화하고 있다.

이와 같은 유해 물질 표지 부착 대상은 산업 안전 보건법 제39조와 동법 시행령 제31조에 명시되어 있으며 표지의 부착 의무자는 그 물질을 양도·제공하고자 하는 자로서 생산자, 판매자 등은 물론 사업주가 근로자에게 작업을 위해 제공하는 때에도 해당된다.

2. 유기용제 작업 안전대책

(1) 유기용제의 특성과 유해 위험성

유기용제가 지니는 특성과 물리·화학적 성질은 유해 위험성과 밀접한 관계를 갖는다. 녹는점, 끓는점, 증기압, 증기 밀도 등으로 표시되는 성질은 증발의 용이도와 증발 후의 성질, 즉 인간이 흡수하기 쉬운 것인가 아닌가를 결정하는 특성이며 용제의 물, 지방질 등에 대한 용해성이나 분배 계수 같은 성질은 흡입되거나 피부에 부착한 용제가 체내에 흡수되기 쉬운가 아닌가를 결정하는 기준이 된다. 따라서 유기용제의 유해 위험성을 검토하려면 용제 개개의 성질을 잘 알고 인간에게 섭취되기 쉬운 성질인지의 여부를 알아야 한다.

(2) 유기용제의 특성

유기용제의 일반적인 독성은 첫째로 고농도 폭로시 마취 작용을 들 수 있다.

증기 흡수로 말미암아 졸리고 나아가서는 혼수 상태에 빠진다. 호흡이 멎을 때도 있고 혈압, 체온이 내려가며 그대로 사망하는 수도 있다. 상태가 가벼울 때는 정신 흥분, 나른한 느낌, 두통, 현기증, 가슴이 두근거리고 숨이 가빠지는 수도 있다. 이와 같은 증상은 중추 신경계의 호르몬 조절계에 용제가 영향을 주는 결과이다.

마취 작용 이외의 일반적인 독성으로는 피부, 각막, 결막의 손상을 들 수 있으며 다량의 용제를 흡입했을 때에는 심장, 간장, 신장의 이상을 일으키는 예가 있다.

(3) 유기용제의 장해 예방

① 유기용제 제조·취급설비의 안전화
   다량의 유기용제가 발생하여 인체에 흡입, 급성 독성을 일으키는 경우는
   ㉮ 유해가스 증기의 누설 또는 확산
   ㉯ 두 가지 이상의 물질이 혼합시 유해 가스 발생
   ㉰ 유해가스 증기의 정체
   ㉱ 산소 결핍 등을 들 수 있다.

따라서 유기용제를 취급하는 화학 설비에는 계측장치, 안전밸브, 경보장치, 긴급 차단장치, 유해가스검지장치, 급배기장치 등 각종 안전장치를 갖추어야 한다. 가능하다면 유해 물질의 발산 또는 비산 가능한 설비에는 설비의 일부 또는 전부를 완전하게 밀폐하거나 격리하도록 한다. 작업장 내에서 유기용제 증발이 작업 공정상 불가피할 경우에는 작업장의 하단부(유기용제 증기는 공기보다 무거움)에 배기장치를 설치하고 작업장 내의 안전 수칙 및 경고 표지 등도 부착하여야 한다.

합격예측

가스폭발위험장소
① 0종 장소 : 인화성 액체의 증기 또는 가연성 가스에 의한 폭발위험이 지속적으로 또는 장기간 존재하는 장소
예) 용기·장치·배관 등의 내부 등 (Zone 0)
② 1종 장소 : 정상 작동상태에서 인화성 액체의 증기 또는 가연성 가스에 의한 폭발위험분위기가 존재하기 쉬운 장소
예) 맨홀·벤트·피트 등의 주위 (Zone 1)
③ 2종 장소 : 정상 작동상태에서 인화성 액체의 증기 또는 가연성 가스에 의한 폭발위험분위기가 존재할 우려가 없으나, 존재할 경우 그 빈도가 아주 적고 단기간만 존재할 수 있는 장소
예) 개스킷·패킹 등의 주위 (Zone 2)

합격날개

합격예측

방폭구조의 종류별 기호
① 내압방폭구조 : d
② 압력방폭구조 : p
③ 유입방폭구조 : o
④ 안전증방폭구조 : e
⑤ 특수방폭구조 : s
⑥ 본질안전방폭구조 : i
⑦ 몰드방폭구조 : m
⑧ 충전방폭구조 : q
⑨ 비점화방폭구조 : n

용어정의

① 밀폐공간 : 산소결핍, 유해가스로 인한 화재·폭발 등의 위험이 있는 장소를 말한다.
② 유해가스 : 이산화탄소·일산화탄소·황화수소 등의 기체로서 인체에 유해한 영향을 미치는 물질을 말한다.
③ 적정한 공기 : 산소농도의 범위가 18퍼센트 이상 23.5퍼센트 미만, 이산화탄소의 농도가 1.5퍼센트 미만, 일산화탄소 농도가 30피피엠 미만, 황화수소의 농도가 10피피엠 미만인 수준의 공기를 말한다.
④ 산소결핍 : 공기중의 산소농도가 18퍼센트 미만인 상태를 말한다.
⑤ 산소결핍증 : 산소가 결핍된 공기를 들여 마심으로써 생기는 증상을 말한다.

---

② 유기용제 중독 예방

유기용제로 인한 건강 장해는 용제와의 접촉·흡수 및 체내 축적에 의한 것이 많으므로 중독 예방의 원칙은 접촉의 방지, 정기적인 검진과 검사, 안전보건교육 실시 및 응급 조치의 체질화를 들 수 있다. 따라서 유기용제를 취급하는 근로자는 다음 사항을 알아야 한다.

㉮ 취급하는 물질의 성질 및 독성
㉯ 적합한 취급 방법
㉰ 적절한 취급 설비
㉱ 적절한 보호구 사용법
㉲ 응급시 구급 조치 사항 등

4 건강 관리

근로자가 신규 채용될 때부터 그 직장을 떠날 때까지 건강 관리는 계속되어져야 한다.

직업성 질환의 종류에 따라서는 오랫동안 만성적인 경과를 취하는 것에 대하여 유해 물질에 폭로되는 일이 그친 다음에도 평생동안 계속 관찰할 필요가 있는 경우도 있다.

1. 건강 진단의 목적

① 생산 능률에 나쁜 영향을 줄 수 있는 질병과 건강 장해를 일으킬 소인을 가진 자의 발견
② 업무상 불가피하게 발생한다고 생각되는 직업성 질병과 건강 장해의 조기 발견
③ 일반 질환을 조기 발견

2. 건강 진단의 종류

건강진단은 실시 시기 및 대상을 기준으로 일반건강진단·특수건강진단·배치전건강진단·수시건강진단 및 임시건강진단을 실시하여야 한다.

(1) "일반건강진단"이란 상시 사용하는 근로자의 건강관리를 위하여 사업주가 주기적으로 실시하는 건강진단을 말한다.

(2) "특수건강진단"이란 항에 따라 다음 각 목의 어느 하나에 해당하는 근로자의 건강관리를 위하여 사업주가 실시하는 건강진단을 말한다.

① 특수건강진단 대상 유해인자에 노출되는 업무(이하 "특수건강진단대상업무"라 한다)에 종사하는 근로자
② 근로자건강진단 실시 결과 직업병 유소견자로 판정받은 후 작업 전환을 하거나 작업장소를 변경하고, 직업병 유소견판정의 원인이 된 유해인자에 대한 건강진단이 필요하다는 의사의 소견이 있는 근로자

(3) "배치전건강진단"이란 특수건강진단대상업무에 종사할 근로자에 대하여 배치 예정업무에 대한 적합성 평가를 위하여 사업주가 실시하는 건강진단을 말한다.

(4) "수시건강진단"이란 특수건강진단 대상업무로 인하여 해당 유해인자에 의한 직업성 천식, 직업성 피부염, 그 밖에 건강장해를 의심하게 하는 증상을 보이거나 의학적 소견이 있는 근로자에 대하여 사업주가 실시하는 건강진단을 말한다.

(5) "임시건강진단"이란 다음 각 목의 어느 하나에 해당하는 경우에 특수건강진단 대상 유해인자 또는 그 밖의 유해인자에 의한 중독 여부, 질병에 걸렸는지 여부 또는 질병의 발생 원인 등을 확인하기 위하여 지방고용노동관서의 장의 명령에 따라 사업주가 실시하는 건강진단을 말한다.
① 같은 부서에 근무하는 근로자 또는 같은 유해인자에 노출되는 근로자에게 유사한 질병의 자각·타각 증상이 발생한 경우
② 직업병 유소견자가 발생하거나 여러 명이 발생할 우려가 있는 경우
③ 그 밖에 지방고용노동관서의 장이 필요하다고 판단하는 경우

3. 건강 진단의 검사 항목

작업의 종류와 공정 및 특성에 따라 색출 대상 질병과 검사 항목을 결정하고, 실시 시점에 따라 일반, 특수, 배치, 수시 건강 진단별로 건강 관리상 적합한 항목을 선정하여 1차 및 2차 건강 진단을 실시한다.

4. 건강 진단의 사후 조치

건강 진단을 실시하여 조기에 질병을 발견하는 것도 중요하지만 이들에 대한 사후 조치는 더욱 중요하다. 발견된 직업병에 대하여는 법적 규정에 의하여 치료, 휴양, 보상 등의 조치를 취하고, 이를 예방하기 위한 유해 작업 환경의 개선 방법을 강구하고, 필요한 개인 위생 보호구를 사용하도록 하며 개개인의 건강 관리를 위하여 위생 교육의 실시가 필요하다. 또 작업 전환, 작업 시간의 단축 등도 방법 중의 하나가 된다.

합격예측

건강진단의 종류
① 일반건강진단
② 특수건강진단
③ 배치전건강진단
④ 수시건강진단
⑤ 임시건강진단

합격예측

밀폐공간 보건작업 프로그램 수립·시행
① 작업시작전 공기 상태가 적정한지를 확인하기 위한 측정·평가
② 응급조치 등 안전보건 교육 및 훈련
③ 공기호흡기 또는 송기(送氣)마스크 등의 착용 및 관리
④ 그 밖에 밀폐공간 작업근로자의 건강장해예방에 관한 사항

합격예측

추천반사율[단위 : %]
① 바닥 : 20~40
② 가구 : 25~45
③ 벽 : 40~60
④ 천장 : 80~90

합격예측

밀폐공간 작업시 특별안전보건 교육내용
① 산소농도측정 및 작업환경에 관한 사항
② 사고시의 응급처치 및 비상시 구출에 관한 사항
③ 보호구 착용 및 사용방법에 관한 사항
④ 밀폐공간작업의 안전작업방법에 관한 사항
⑤ 그 밖에 안전보건관리에 필요한 사항

합격예측

압력방폭구조(p)의 정의 및 종류
① 용기내부에 보호가스(신선한 공기 또는 질소, 탄산가스 등의 불연성 가스)를 압입하여 내부압력을 외부 환경보다 높게 유지함으로써 폭발성 가스 또는 증기가 용기내부로 유입되지 않도록 한 구조(전폐형의 구조)
② 종류 : 봉입식, 통풍식, 연속 희석식

제1차 일반건강진단 검사 항목	기타
① 과거병력, 작업경력 및 자각·타각증상(시진·촉진·청진 및 문진) ② 혈압·혈당·요당·요단백 및 빈혈검사 ③ 체중·시력 및 청력 ④ 흉부방사선 촬영 ⑤ AST(SGOT) 및 ALT(SGPT), γ-GTP 및 콜레스테롤	제1차 검사항목 중 혈당 γ-GTP 및 총콜레스테롤검사는 고용노동부장관이 정하는 근로자에 대하여 실시

> **합격정보** 산업안전보건법 시행규칙 제198조(일반건강진단의 검사항목 및 실시방법 등)

5. 건강 관리의 구분

건강 진단 결과에 의한 건강 구분과 사후 관리 기준은 표와 같다.

건강 구분	판 정 기 준	사 후 관 리 기 준
A	건강자	사후관리 필요없음
B	경미한 이상 소견자	사후관리 필요없음
C	건강 관리상 계속 관찰이 필요한 자	의사의 소견에 따른 의학적 조치
D_1	직업성 질병의 소견이 있는 자(유소견자)	요양 신청, 작업 전환, 취업장소의 변경, 휴직 및 근무 중 치료, 그 밖에 의학적 조치
D_2	일반 질병의 소견이 있는 자	의사의 소견에 따른 근로시간 단축, 작업 전환, 휴직, 근무 중 치료, 그 밖에 의학적 조치 추가 건강 진단 대상자
R	질환 의심자	

5 중금속 중독

1. 납(Pb) 중독

(1) 발생 사업장

축전지 제조, 크리스털 제조, 식자, 칠보 제조, 전선(케이블) 제조, 도자기 제조, 납 용접 작업장

(2) 발생 원인

주로 퓸 상태로 경구적 또는 기도를 통해서 흡수되고 말초 혈중의 납은 95[%] 이상이 적혈구와 결합, 또한 체내에 흡수된 납은 각종의 연부조직에 침착, 특히 90[%] 이상이 골에 축적되는 것으로 알려져 있다.

(3) 장애 증상

① 급성 : 급성 중독은 많지 않으나 위장 장애, 변비, 급성 연두통을 수반한다.
② 만성 : 헴(heme)의 합성 장애에 의한 빈혈, 신근 마비, 연산통, 리드 라인(lead line) 등이 있다. 전형적인 증상으로는 연창백(빈혈), 리드 라인(치육), 연산통, 신근 마비, 연뇌증 등이 있다.

(4) 진단과 치료

① 진단
상기 자각 증상과 빈혈의 유무, 요중 코프로포르피린(coproporphyrin)의 정성검사가 제1차 검진 항목이 되고 이어서 요중 코프로포르피린, α-ALA의 정량이나 혈중, 요중 납량의 측정이 확정 진단에 필요하다. 업무상 질병으로의 납 중독 인정 기준은 다음과 같다.
㉮ 말초 신경 증상
㉯ 빈혈, 신근 마비의 존재
㉰ 요중 코프로포르피린이 $150[\mu g/dl]$ 이상이 되어야 한다.
㉱ 혈중 납량이 $60[\mu g/dl]$ 또는 납량이 $150[\mu g/dl]$ 이상이 되어야 한다.

② 치료
치료에는 Ca-EDTA가 사용된다.

2. 수은(Hg) 중독

수은은 상온에서 액체가 되는 유일한 금속이다. 다른 금속과 용이하게 아말감을 형성한다. 이 화학물은 살균·살충 작용이 강한 성질 때문에 수은과의 화합물은 옛부터 인류가 사용해 왔다. 수은, 특히 금속 수은은 끓는점(boiling point)이 낮고 증발하기 쉽다. 중독 증상으로는 정신신경계 장애를 주로 일으키므로 수은 사용 작업장에서의 직장 관리는 더욱 절실히 요청된다.

(1) 발생 사업장

금속 수은 증기에 폭로될 위험성을 가지고 있는 사업장은 수은 광산, 수은 제련소, 전해 작업, 형광등 및 수은등 제조, 아말감 제조업 등이다.
무기·유기의 수은 화합물은 농약 및 의약품 제조업에서 취급된다.

(2) 장애 경로와 증상

무기·유기별 또는 고농도 급성 폭로, 저농도 만성 폭로에 따라 증상이 다르다. 산업 현장에서는 금속 수은 증기 또는 무기 수은 화합물의 경기도(經氣道)로부터 만성 폭로가 많다.

합격예측

밀폐공간에 작업시 관리감독자의 직무
① 산소가 결핍된 공기나 유해가스에 노출되지 않도록 작업 시작 전에 해당 근로자의 작업을 지휘하는 업무
② 작업을 하는 장소의 공기가 적절한지를 작업 시작 전에 측정하는 업무
③ 측정장비·환기장치 또는 송기마스크 등을 작업시작 전에 점검하는 업무
④ 근로자에게 송기마스크 등의 착용을 지도하고 착용 상황을 점검하는 업무

합격예측

장애 증상
① 급성 : 급성 중독은 많지 않으나 위장 장애, 변비, 급성 연두통을 수반한다.
② 만성 : 헴(heme)의 합성 장애에 의한 빈혈, 신근 마비, 연산통, 리드 라인(lead line) 등이 있다. 전형적인 증상으로는 연창백(빈혈), 리드 라인(치육), 연산통, 신근 마비, 연뇌증 등이 있다.

> 합격예측

아세틸렌 용접장치 및 가스집합 용접장치
아세틸렌 용접장치 발생기실의 구조
① 벽은 불연성의 재료로 하고 철근콘크리트 또는 그 밖에 이와 동등하거나 그 이상의 강도를 가진 구조로 할 것
② 지붕 및 천장에는 얇은 철판이나 가벼운 불연성 재료를 사용할 것
③ 바닥면적의 16분의 1 이상의 단면을 가진 배기통을 옥상으로 돌출시키고 그 개구부를 창 또는 출입구로부터 1.5미터 이상 떨어지도록 할 것
④ 출입구의 문은 불연성 재료로 하고 두께 1.5밀리미터 이상의 철판이나 그 밖에 그 이상의 강도를 가진 구조로 할 것
⑤ 벽과 발생기 사이에는 발생기의 조정 또는 카바이드 공급 등의 작업을 방해하지 않도록 간격을 확보할 것

> 합격예측

내압방폭구조(d)의 특징
① 용기내부에서 폭발성 가스 또는 증기가 폭발하였을 때 용기가 그 압력에 견디며 또한 접합면, 개구부 등을 통하여 외부의 폭발성 가스증기에 인화되지 않도록 한 구조
② 전폐형으로 내부에서의 가스 등의 폭발압력에 견디고 그 주위의 폭발 분위기 하의 가스 등에 점화되지 않도록 하는 방폭구조
③ 폭발 후에는 크레아런스가 있어 고온의 가스를 서서히 방출시킴으로 냉각

① 고농도 폭로에 의한 급성·아급성 증상
  기도 자극에 의한 심한 기침이나 호흡 곤란 등 폐렴 같은 증상과 함께 발열 두통이 온다. 설사 등의 소화기 증상과 단백뇨, 혈뇨 등 신장 장애도 생긴다. 수지의 진전이 있고 구내염, 치근염 등이 진전한다.

② 만성 중독 증상
  탄력감, 피로감, 식욕 부진, 체중감소 등 비특이적인 증상으로부터 불면, 홍분, 초조감, 우울 상태 등 감정의 불안전한 상태가 두드러진다. 그리고 폭로가 계속될 때는 운동 실조 진전 등 정신 신경 증상이 현저해진다. 산업현장에서 에틸수은, 페닐수은 등 유기 수은 폭로에 의한 장애 사례는 적지만 에틸수은의 고농도 폭로에 의한 오심, 구토와 간장해의 발생, 페닐수은에 의한 발적, 수포 형성을 수반하는 피부염의 발생을 볼 수 있다.

(3) 진단과 예방

체중 감소와 정서적 불안정 등 초기 증상에 유의해야 한다. 수지의 진전이나 구내염, 신장 장애의 유무도 특징적이며 요중 수은량의 측정도 진단에 큰 도움을 준다. 조기 발견으로 혈액 중 수은량이 $20[\mu g/100m\ell]$ 이상이면 중독의 위험이 있다.

치료로서는 BAL, 페니실아민 등의 약효가 기대된다. 무엇보다 취업 중지 및 폭로 저감을 위한 예방 대책이 중요하고 환경 공학적인 시설 정비 및 근로자의 보건교육이 필요하다.

3. 카드뮴(Cd) 중독

(1) 발생 사업장

카드뮴 제련, 도금 작업, 카드뮴 전지의 제조, 안료의 제조, 카드뮴 퓸(Fume), 용접 작업장

(2) 장애 경로와 증상

카드뮴은 흡입하는 경우나 경구적으로 섭취하는 경우에 간, 신장 관벽에 가서 축적되며 세포독으로서 작용한다. 산업 현장에서는 금속 퓸으로서 기도를 통해 섭취되는 경우가 가장 많고 흡수된 카드뮴은 신장에 축적된다. 따라서 주된 중독 증상은 호흡기 장애와 신장 장애이다.

① 호흡기 증상
  흡수시 급성 증상은 기침, 후두의 건조감, 흉통, 비인후 동통이 오고 고농도일 때는 간질성 폐부종 상태가 된다. 저농도 만성 폭로일 때는 지속적인 기침, 예컨대 기관지염 같은 증상이 오고 심할 때에는 폐기종을 일으킨다.

② 신장 장애

신장의 근위로 세관 장애가 주병변이고 당뇨, 저분자 단백뇨, 아미노산 등이 주증상이다.

③ 기타

오심, 구토, 설사 등의 위장 장애나 쉽게 피로를 느끼며 체중감소가 나타날 때도 있다. 취각 이상이나 치아의 황색화 발생을 관찰한 보고도 있다. 골장애에 대한 발생 사업장의 보고는 아직 없다.

(3) 진단

저분자 단백뇨 등 신장 장애의 조기 발견이 꼭 필요하다. 최근에는 요중 β-MG (Micro Globulin)의 증가가 주목되고 있다. 호흡 기능 검사나 흉부 X선 촬영도 필요에 따라서 실시해야 한다. 요중 카드뮴량의 측정도 진단적인 가치를 갖는다.

4. 크롬(Cr) 중독

(1) 발생 사업장

광산, 크롬 도금, 시멘트 제조, 피혁 제품 제조, 금속 부식 방지제, 무기 안료 취급 사업장

(2) 중독 발생 원인

크롬산이 피부 또는 점막에 작용해서 알레르기 증상을 일으킨다. 때로는 발암 작용을 한다.

(3) 증상

① 접촉에 의한 증상

피부 점막에 크롬이 부착되었을 때 알레르기 피부염이나 심한 부식 작용에 의한 피부염이 발생한다. 심할 때에는 피부 심부에까지 미쳐서 크롬 궤양이 되고 치유가 지연된다. 눈에서는 결막염을 일으켜 각막 궤양으로부터 실명에 이를 수도 있다.

② 흡입에 의한 장애

크롬 분진, 미스트의 흡입에 의해서 코에서는 비중격에 궤양과 천공이 생기며 기관지, 세기관지에서는 염증이 나타난다. 시멘트 제조 작업자에 있어서 시멘트 천식은 크롬에 의한 알레르기 반응의 관여로 생각되고 있다. 장기간에 이르는 폭로에서는 폐암의 발생 사례도 있다. 전신성 장애로서 소화기, 간, 신장 등의 악성 신생물의 발생률이 비폭로군보다 높다는 보고가 있다.

합격예측

자연 발화의 형태별 분류
① 분해열에 의한 발열
② 산화열에 의한 발열
③ 미생물에 의한 발열
④ 흡착열에 의한 발열

자연 발화에 영향을 주는 요인
① 열의 축적
② 발열량
③ 열전도율
④ 퇴적방법
⑤ 공기의 유동
⑥ 수분
⑦ 온도

합격예측

광원으로부터의 직사휘광 처리방법
① 광원의 휘도를 줄이고 수를 늘린다.
② 광원을 시선에서 멀리 위치 시킨다.
③ 휘광원 주위를 밝게 하여 광도비를 줄인다.
④ 가리개(shield), 갓(hood), 혹은 차양(visor)을 사용한다.

(4) 진단

비강 검진이 필요하고 또 기침, 가래, 흉통 등의 호흡기 증상이나 피부 증상에도 주의를 요한다. 필요에 따라서는 흉부 X선 촬영이나 요중 Cr 양의 측정도 실시한다. 작업원의 직장 배치에 있어서 알레르기성 체질은 제외하는 것이 예방대책의 하나이다.

5. 금속열

(1) 발생 사업장

아연, 구리, 카드뮴, 주석, 망간, 철, 니켈 등의 금속류를 취급하는 작업장에서 이들 금속의 흄을 고농도로 흡입함으로써 일어나는 발열을 말하며 급성 중독 증상으로서 특히 아연열이 많다.

(2) 증상

흡입 후 수시간에 증상이 나타나며 오한, 발열 및 백혈구 증가가 발생하고 보통 12~14시간 내에 회복한다. 사망하는 예는 없고 휴유증도 없으나 재발 경향은 있다. 특히 아연열일 때는 만성 증상으로서 일과성 당뇨나 신체가 쇠약해지거나 당뇨병 같은 증상을 가져오는 것으로 알려져 있다.

6. 인화성 가스의 발생 위험 지하 작업장 또는 가스 발생 위험 장소에서의 굴착 작업시 화재·폭발 방지 조치

① 가스의 농도를 측정하는 자를 지명하고 다음의 경우에 그로 하여금 가스의 농도를 측정하도록 하는 일
  ㉮ 매일 작업을 시작하기 전
  ㉯ 해당 가스에 대한 이상을 발견한 때
  ㉰ 해당 가스가 발생하거나 정체할 위험이 있는 장소가 있는 때
② 가스의 농도가 폭발 하한값의 38[%] 이상으로 밝혀진 때에는 즉시 근로자를 안전한 장소에 대피시키고 화기 그 밖에 점화원이 될 우려가 있는 기계·기구 등의 사용을 중지하며 통풍·환기 등을 할 것

7. 소음 및 진동방지대책

(1) 소음 작업

1일 8시간 작업을 기준으로 85[dB] 이상의 소음이 발생하는 작업

합격예측

반사휘광처리
① 발광체의 휘도를 줄인다.
② 일반(간접) 조명 수준을 높인다.
③ 무광택 도료를 사용한다.
④ 반사광이 눈에 비치지 않게 광원을 위치시킨다.

창문으로부터의 직사휘광 처리
① 창문을 높이 설치한다.
② 창의 바깥쪽에 드리우개를 설치한다.
③ 창의 안쪽에 수직 날개를 달아 직사광선을 제한한다.
④ 차양 또는 발을 사용한다.

합격예측

금속열의 증상
흡입 후 수시간에 증상이 나타나며 오한, 발열 및 백혈구 증가가 발생하고 보통 12~14시간 내에 회복한다. 사망하는 예는 없고 휴유증도 없으나 재발 경향은 있다. 특히 아연열일 때는 만성 증상으로서 일과성 당뇨나 신체가 쇠약해지거나 당뇨병 같은 증상을 가져오는 것으로 알려져 있다.

(2) 강열한 소음 작업

① 90[dB] 이상의 소음이 1일 8시간 이상 발생되는 작업
② 95[dB] 이상의 소음이 1일 4시간 이상 발생되는 작업
③ 100[dB] 이상의 소음이 1일 2시간 이상 발생되는 작업
④ 105[dB] 이상의 소음이 1일 1시간 이상 발생되는 작업
⑤ 110[dB] 이상의 소음이 1일 30분 이상 발생되는 작업
⑥ 115[dB] 이상의 소음이 1일 15분 이상 발생되는 작업

(3) 진동 작업

① 착암기
② 동력을 이용한 해머
③ 체인톱
④ 엔진 커터
⑤ 동력을 이용한 연삭기
⑥ 임팩트 렌치
⑦ 그 밖에 진동으로 인하여 건강장해를 유발할 수 있는 기계·기구

(4) 소음방지대책

① 소음 발생 방지
② 격벽 설치 등 격리
③ 방음과 묵음
④ 청력 보호구 지급
⑤ B.G.M(Back Ground Music) : 60±3[dB](15~20[%]의 생산량 증가)

8. 자동제어 시스템

(1) 용어 정의

① 검출부 : 온도, 압력, 유량 등의 공정을 계기로 검출한 것을 공기압, 전기 등으로 전환하여 신호를 조절부로 전하는 부분
② 조절부 : 검출부에서 전해온 신호를 설정값으로 적절하게 조절하여, 이것을 조절용 밸브에 전달하는 부분
③ 조작부 : 조절부의 신호에 의해 개폐동작을 하는 control valve

(2) 제어 동작

구분	특징
위치동작 (On-off control)	2위치동작과 다위치동작이 있으며, 2위치동작은 단계적인 2종의 조작기호를 보내는 동작을 말하고, 다위치동작은 단계적인 다종의 조작기호를 보내는 동작을 말한다.

합격예측

진동방지대책
① 방진장갑 등 진동보호구 지급
② 진동작업에 따른 유해성 주지
③ 진동기계·기구 사용설명서 비치
④ 진동기계·기구의 상시 점검으로 정상적인 상태 유지

진동방지 유해성 주지사항
① 인체에 미치는 영향 및 증상
② 보호구의 선정 및 착용방법
③ 진동기계·기구 관리 방법
④ 진동장해 예방방법

합격예측

국소진동을 방지하기 위한 대책
① 진동공구에서의 진동 발생을 감소
② 적절한 휴식
③ 진동공구의 무게를 10[kg] 이상 초과하지 않게 할 것
④ 손에 진동이 도달하는 것을 감소시키며, 진동의 감폭을 위하여 장갑(glove) 사용

합격예측

난청발생에 따른 조치
① 해당 작업장의 소음성 난청 발생원인 조사
② 청력손실감소 및 재발방지 대책 마련
③ 대책의 이행 -여부 확인
④ 작업전환 등 의사의 소견에 따른 조치

합격예측

소음수준의 주지사항
① 해당 작업장소의 소음 수준
② 인체에 미치는 영향 및 증상
③ 보호구의 선정 및 착용방법
④ 그 밖의 소음건강장해 방지에 필요한 사항

구분	특징
비례동작 (Proportional control)	설정값에서 벗어남에 비례된 조작신호를 보내는 동작으로 비례대를 좁게하면 같은 벗어남이라도 조작신호 변화가 크게 되고 밸브의 개도는 민감하게 된다.
적분동작(리셋) (Integral control)	비례동작만으로는 오프-셋(offset)이라 하는 현상을 일으키고, 제어값이 목표값에 완전히 일치하지 않으므로 이것을 일치시키기 위해 설정값에서의 벗어남이 생기면, 이 벗어남에 비례된 속도로서 조작신호가 변화하는 동작을 말한다. 여기서 리셋 시간을 짧게 하면 같은 벗어남이라도 밸브의 개도 변화가 빠르게 된다.
미분동작 (Derivative control)	설정값에서 검출값이 벗어나는 속도(100[℃]에 설정되어 있을 때는 2[분]간에 95[℃]로 내려가면 5[℃]÷2[분]=2.5[℃/분])에 비례된 조작신호를 보내는 동작으로 이 시간을 길게 하면 설정값에서의 벗어나는 속도가 같아도 밸브개도의 변화는 크게 된다.

(3) 최대안전틈새범위(안전간극 : Safety Gap)

① 정의

내용적이 8[*l*]이고 틈새 깊이가 25[mm]인 표준용기 안에서 가스가 폭발할 때 발생한 화염이 용기 밖으로 전파하여 가연성 가스에 점화되지 않는 최댓값

② 가연성 가스의 폭발등급 및 이에 대응하는 내압방폭구조의 폭발등급

폭발등급 구분	최대안전틈새 범위	대상 물질
A등급	0.9[mm] 이상	메탄, 에탄, 프로판, 일산화탄소, 암모니아
B등급	0.5[mm] 초과 0.9[mm] 미만	에틸렌, 석탄가스, 이소프렌, 산화에틸렌
C등급	0.5[mm] 이하	수소, 아세틸렌, 이황화탄소, 수성가스

합격 KEY 안전간격이 작을수록(폭발 3등급) 위험하다.

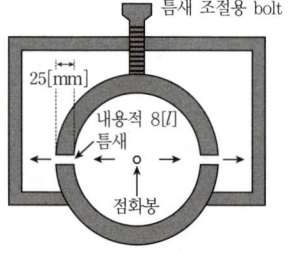

[그림] Safety Gap

참고 가스시설 전기방폭기준(KGS GC201)

세부항목 03 작업 환경 안전 일반 출제예상문제

01 소음으로 인한 건강 장해를 예방하기 위하여 흡음 시설 등이 필요한 작업장을 쓰시오.

해답

① 동력으로 목재를 절단·가공하는 작업장
② 그라인더 또는 금속 끌을 사용하여 금속 부분을 갈아내는 작업장
③ 강렬한 충격음을 발생하는 기계가 밀집되어 가동되는 작업장
④ 직포기를 사용하는 방적 사업장
⑤ 동력으로 작동되는 해머를 사용하여 금속을 단조 또는 성형하는 작업장

02 산업안전보건법에서 업무상 알게 된 비밀을 반드시 유지해야 하는 사람을 쓰시오.

해답

① 유해성 조사 결과에 대하여 의견을 개진하는 사람
② 건강 진단을 행하는 사람
③ 유해 위험 방지 계획서를 검토하는 사람
④ 안전 보건 진단을 행하는 사람

03 이상적인 조명 조건을 5가지 쓰시오.

해답

① 작업의 종류에 따라 적당한 조도를 갖추어야 한다.
② 보통의 작업 상태에서는 눈이 부시지 않아야 한다.
③ 광원이 흔들리지 않아야 한다.
④ 적당한 입체감을 갖는 시야를 만들어 주도록 한다.
⑤ 광색이 작업의 성질과 부합되어야 한다.

04 산업안전보건법상 법적 조명 기준을 4가지 쓰시오.

해답

① 초정밀 작업 : 750럭스 이상
② 정밀 작업 : 300럭스 이상
③ 보통 작업 : 150럭스 이상
④ 그 밖의 작업 : 75럭스 이상

05 다음 용어를 간략하게 설명하시오.

① 시간 가중 평균 농도(time weighted average concentration)
② 단시간 폭로 허용 농도(STEL)
③ 최고 허용 농도(ceiling 농도)

해답

① 시간 가중 평균 농도(TWAC) : 1일 8시간 작업을 기준으로 하여 유해 요인의 측정 농도에 발생 시간을 곱하여 8시간으로 나눈 농도를 말한다.
산출공식은 다음과 같다.

$$농도 = \frac{C_1 T_1 + C_2 T_2 + \cdots + C_n T_n}{8}$$ 이다.

단, C : 유해 요인의 측정 농도(단위 : [ppm] 또는 [mg/m²])
  T : 유해 요인의 발생 시간(단위 : 시간)
② 단시간 폭로 허용 농도(STEL) : 근로자가 15분 동안 폭로될 수 있는 최대 허용 농도로서 1일 4회(60분) 이상 폭로되어서는 아니 되는 농도를 말한다.
③ 최고 허용 농도(ceiling 농도) : 근로자가 1일 작업 시간 동안 잠시라도 노출되어서는 아니 되는 최고의 허용 농도를 말한다.

06 다음 용어를 정의하시오.
① 산소 결핍
② 산소결핍 위험 작업에 종사하는 근로자를 비상시에 피난시키거나 구출하기 위한 대피용 기구를 3가지 쓰시오.
③ 산소 결핍증으로 추락할 우려가 있는 근로자에게 지급해야 할 보호구를 3가지 쓰시오.

해답
① 공기 중의 산소 농도가 18[%] 미만인 상태
② ㉮ 공기 호흡기 ㉯ 사다리 ㉰ 섬유 로프
③ ㉮ 안전대 ㉯ 구명 밧줄 ㉰ 호흡용 보호구

07 건강 진단의 종류를 4가지 쓰시오.

해답
① 일반건강진단
② 특수건강진단
③ 배치전건강진단
④ 수시건강진단
⑤ 임시건강진단

08 작업 환경의 개선 방법을 6가지 쓰시오.

해답
① 유해한 생산 공정의 변경
② 유해한 작업 방법의 변경
③ 유해성이 적은 원자재로의 대체 사용
④ 설비의 밀폐
⑤ 유해물의 발산, 비산의 억제
⑥ 국소 배기장치 및 전체 환기장치의 설치

09 작업 환경 개선을 성공시키기 위한 단계를 순서대로 쓰시오.

해답
① 개선 계획을 수립한다.
② 실행 계획을 조직한다.
③ 담당자에게 계획을 지시하여 실행한다.
④ 담당자간에 조정을 한다.
⑤ 개선 효과를 확인한다.

10 분진의 대책을 쓰시오.

해답
① 작업 공정에서 분진 발생 억제 및 감소화
② 분진 비산 방지 조치
③ 환기
④ 개인 보호구 착용으로 분진 흡입 방지
⑤ 그 밖에 공정을 습식으로 하거나 밀폐 등의 조치

11 공기 액화 분리장치의 폭발 원인을 쓰시오.

해답
① 공기 흡입구로부터의 아세틸렌(C_2H_2) 혼입
② 압축기용 윤활유 분해에 따른 탄화수소의 생성
③ 공기중의 질소 화합물(NO, NO_2) 등의 혼입
④ 액체 공기 중의 오존(O_3)의 혼입

12 유해성 조사를 하지 않아도 되는 신규 화학 물질을 3가지 쓰시오.

해답
① 원소
② 천연으로 산출된 화학 물질
③ 방사성 물질

13 근로 시간이 1일 6시간 1주 34시간으로 연장이 제한되는 작업을 쓰시오.

해답
잠함, 잠수 작업 등 고기압하에서 행하는 작업

14 VDT 증후군의 예방대책을 쓰시오.

해답
① 작업중간에 충분한 휴식을 취한다.
② 모니터에 보안경을 부착하여 사용한다.
③ 단말기 주변의 조명을 200~400[lux]를 유지한다.
④ 모니터 화면의 밝기는 주위의 밝기의 절반정도를 유지한다.
⑤ 의자의 높낮이 조절이 가능한 것을 사용한다.

⑥ 프린터 소음이 낮은 것을 사용한다.
⑦ 화면과 눈과의 거리 40[cm] 내외로 유지한다.
⑧ 적당한 온도, 습도, 통풍을 유지한다.

15 VDT 증후군을 설명하시오.

해답

① VDT 증후군은 컴퓨터 단말기에서 나오는 전자파와 전기 방사선에 의해 발생된다.
② 눈의 피로, 통증이 오며 가까운 물체가 잘 안 보이고, 두통, 불면증, 고혈압, 피부이상 등이 생기는 현상이다.

16 가스집합 용접장치 가스장치실의 구조를 쓰시오.

해답

① 가스가 누출된 경우에는 그 가스가 정체되지 않도록 할 것
② 지붕과 천장에는 가벼운 불연성의 재료를 사용할 것
③ 벽에는 불연성의 재료를 사용할 것

17 유해물질의 유해요인 4가지를 쓰시오.

해답

① 유해물질의 농도와 접촉시간
② 근로자의 감수성
③ 작업강도
④ 기상조건

18 유해물질의 측정 단위 4가지를 쓰고 설명하시오.

해답

① MLD : 실험동물 가운데 한 마리를 치사시키는 데 필요한 최소의 양
② LD50(Letal Dose) : 1회 투여로 7~10일 이내에 실험동물의 반수가 사망하는 독극물의 양으로 체중 1[kg]당 [mg]수로 나타낸 것[mg/kg]
③ LC50(Letal Concentration) : 실험동물의 반수가 치사하는 독극물의 농도[ppm]
④ LJ50 : 일정 농도에서 실험동물이 50[%]가 사망하는 데 소요되는 시간

19 TLV-TWA를 설명하시오.

해답

① TLV : 미국산업위생전문가회의(ACGIH)에서 제안되고 있는 폭로한계의 사항
② TLV-TWA : 하루 8시간 작업동안에 폭로된 유해물질의 시간가중평균농도의 상한차이며, 이러한 농도에서는 오랜 시간 작업을 하더라도 건강장해를 일으키지 않는 관리지표로 사용하여야 한다. 안전과 위험의 관계로 해석해서는 안 된다.

보충학습

(1) 분진 폭발의 성립조건
  ① 입자들이 주어진 최소크기 이하이어야 한다.
  ② 부유된 입자 농도가 어떤 한계범위에 존재해야 한다.
  ③ 부유된 분진은 거의 균일하게 분포해야 한다.
(2) 분진 폭발의 과정
  분진의 퇴적 → 비산하여 분진운 생성 → 분산 → 점화원 → 폭발

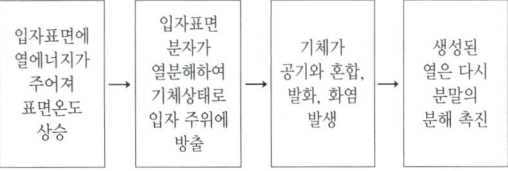

보충문제

위험성평가를 실시하려 한다. 실시 순서를 번호로 쓰시오.

> ① 근로자의 작업과 관계되는 유해·위험요인의 파악
> ② 평가대상의 선정 등 사전준비
> ③ 위험성평가 실시내용 및 결과에 관한 기록
> ④ 위험성 감소대책의 수립 및 실행
> ⑤ 추정한 위험성이 허용 가능한 위험성인지 여부의 결정

해답

② - ① - ⑤ - ④ - ③

참고 준비 → 파악 → 결정 → 실행 → 기록

합격정보 사업장 위험성평가에 관한 지침 제8조(위험성평가의 절차)

세부항목 04 소화 및 방호 설비

중점 학습내용

소화 및 방호설비에 관련된 기본적인 기초 지식을 학습하도록 하였으며 이번 실기 실답형 시험에 출제되는 그 중심적인 내용은 다음과 같다.
❶ 화재   ❷ 소화   ❸ 폭발

연소 형태의 분류
- 기체연소 : 확산연소(발염연소), 예혼합연소
- 액체연소 : 증발연소, 액적연소
- 고체연소 : 표면연소, 분해연소, 증발연소, 자기연소

[그림] 연소의 형태

합격예측

연소의 3요소 및 소화방법
① 인화(가연)물 : 제거소화
② 산소 공급원 : 질식소화
③ 점화원 : 냉각소화

합격예측

고체연소의 종류
① 표면 연소
② 분해 연소
③ 증발 연소
④ 자기 연소

합격예측

화재의 종류
① A급 화재(일반화재)
② B급 화재(유류화재)
③ C급 화재(전기화재)
④ D급 화재(금속화재)
⑤ K급 화재(주방화재)

1 화재

1. 화재의 요소

(1) 연소의 3요소

화재 또는 연소는 어떠한 물질이 산소와 결합하면서 열을 방출시키는 산화 반응이다. 화재가 발생하기 위해서는 인화성 물질, 산소 그리고 열이 필수적으로 필요하게 되는데 이 세 가지를 화재 삼각형으로 나타낸다. 이 세 요인 중 한 가지만 제거시켜도 화재는 발생하지 않는다.

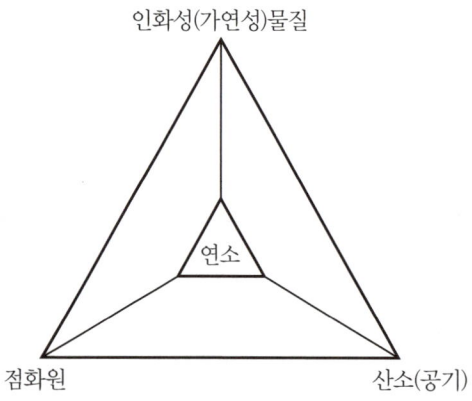

[그림] 화재 삼각형

(2) 화재의 분류 16. 4. 17 ㉑ 22. 7. 24 ㉑

화재의 분류는 진화 작업시 매우 중요한 역할을 한다. 우리나라는 대체적으로 미국의 규정을 따르고 있는데, 이 화재의 분류 기준으로 이에 준하는 소화 방법을 택해야 하며 이를 지키지 않을 경우 더 큰 화재를 초래할 수 있다.

① A급 화재 : 고체 연료성 화재(목재, 종이, 석탄 등)
② B급 화재 : 액상 또는 기체상의 연료성 화재(휘발유, 벤젠 등)
③ C급 화재 : 전기화재
④ D급 화재 : 금속화재
⑤ K급 화재 : 주방(부엌), 식용유 화재

> 참고 국제표준화기구(ISO7202) : A, B, C 3가지만 분류

2 소화

1. 소화 설비

(1) 물분무 소화 설비

물분무 소화 설비는 물을 미세한 입자의 상태로 분사시켜 방호 대상물을 균일한 물입자로 덮음으로써 다음과 같은 효과에 의해 화재를 진화시키거나 연소를 억제시킨다.

① 연소물의 온도를 인화점 이하로 냉각시키는 효과
② 방사열 차폐에 의해 미연소 물질의 표면으로부터 열전달 저하
③ 발생된 수증기에 의한 질식 효과
④ 연소물의 물에 의한 희석 효과 등

물분무 설비는 이상과 같은 효과로 인해 다른 소화 설비에 비해 대상 범위가 넓고 사용 목적도 다양하다.

(2) 포말 소화 설비

포말 소화 설비는 물에 의해서는 시킬 수 없거나 오히려 화재를 확대시킬 우려가 있는 인화성 액체를 소화시키기 위해 사용된다. 그 원리는 기름보다 가벼운 미세한 기포의 집합체에 의해 연소 및 미연소의 인화성 액체 표면을 피복함에 의한 질식 효과와, 기포를 형성하는 수분에 의한 냉각 효과 등에 의해 소화한다.

생성된 포말은 매우 얇은 막으로 되어 있기 때문에 연소하는 액면 위를 자유롭게 유동 전개하며 액면을 봉쇄하는 특성을 보유하고 있다. 이외에도 내열성, 내액성 및 안전성이 양호하며 액면 위에 장시간 잔류하여 피복시키기 때문에 화재의 낙하물에

합격예측

연소의 조건에서 인화물이 되기 위한 조건
① 산소와 친화력이 좋고 표면적이 넓을 것
② 반응열(발열량)이 클 것
③ 열전도율이 작을 것
④ 활성화 에너지가 작을 것

합격예측

연소의 조건에서 인화물이 될 수 없는 조건
① 주기율표의 0족 원소
② 이미 산화반응이 완결된 산화물
③ 질소 또는 질소산화물(흡열반응)

합격예측

자연발화가 일어나기 위한 조건
① 표면적이 넓을 것
② 열전도율이 작을 것
③ 발열량이 클 것
④ 주위의 온도가 높을 것(분자운동 활발)

합격예측

자연발화의 형태
① 산화열에 의한 발열
   (석탄, 건성유)
② 분해열에 의한 발열
   (셀룰로이드, 니트로셀룰로오스)
③ 흡착열에 의한 발열(활성탄, 목탄분말)
④ 미생물에 의한 발열
   (퇴비, 먼지)

합격예측

소화이론에 해당하는 소화의 종류
① 제거소화
② 질식소화
③ 냉각소화
④ 억제소화

> **합격예측**
>
> **소화기의 종류**
> ① 포소화기
> ② 분말 소화기
> ③ 탄산가스 소화기
> ④ 증발성 액체 소화기(할로겐 화합물 소화기)
> ⑤ 강화액 소화기

> **합격예측**
>
> **질식소화의 정의 및 대상 소화기의 종류**
> ① 정의 : 공기중의 산소농도 (21[%])를 15[%] 이하로 낮추어 연소를 중단시키는 방법(B급 화재인 4류 위험물의 소화에 가장 적당)
> ② 대상 소화기의 종류
> ㉠ 포 소화기(A급, B급)
> ㉡ 분말 소화기(BC급, ABC급)
> ㉢ 탄산가스 소화기 (B급, C급)
> ㉣ 간이 소화제

> **합격예측**
>
> **폭발의 성립조건**
> ① 인화성 (가연성) 가스, 증기, 분진 등이 공기 또는 산소와 접촉 또는 혼합되어 있는 경우(폭발범위내 존재)
> ② 혼합되어 있는 가스 및 분진이 어떤 구획된 공간이나 용기 등의 공간에 존재하고 있는 경우(밀폐된 공간)
> ③ 혼합된 물질의 일부에 점화원이 존재하고 그것이 매개체가 되어 최소 착화 에너지 이상의 에너지를 줄 경우

의해 포말 피복이 파괴되어도 다시 봉쇄되고, 화염의 방사열에 의한 인화성 액체의 표면 위의 열공급이 차단되기 때문에 재착화되는 것을 방지할 수 있는 등 다른 소화 설비에는 없는 특징을 지니고 있다.

(3) 분말 소화 설비

분말 소화 설비는 미세한 분말 소화 약제를 화염에 방사시켜 연소의 연쇄 반응을 중단시킴으로써 화재를 진화시킨다. 이외에 고체 분말에 의한 화염 온도의 저하, 분말 구름에 의한 방사열 차폐 등의 효과가 부가되기 때문에 순간적으로 소화될 수 있는 것이 최대의 특징이다. 따라서 물 또는 포말 소화 설비로는 소화시킬 수 없는 분출하는 가스, 유류 등의 화재에도 적용시킬 수 있다.

또한 분말 소화기는 동결될 염려가 없고 장기 보존이 가능하며, 전기 절연성이 높아 트랜스, 유압 차단기 등의 전기 설비 화재에도 사용될 수 있다.

단, 이 설비의 사용시 유의점은 단시간 소화가 가능한 반면 소화 후 분말이 물을 흡수하여 약알칼리 또는 약산성이 되어 금속의 부식을 야기시키기 때문에 특히 전기 기기에 사용할 경우에는 방사 후 바로 청소를 실시해야 한다.

(4) 이산화탄소 및 할로겐화합물 소화설비

이산화탄소는 불활성 기체로 질식 작용에 의해 화염을 진화시킨다. 이산화탄소를 사용할 경우에는 산소 농도가 저하되어 산소 결핍증이 발생할 우려가 있으므로 특히 실내에서의 사용에는 주의를 기울여야 한다.

이산화탄소 및 할로겐 화합물 소화 약제는 액체 상태로 압력 용기에 저장되기 때문에 소화 약제 자체의 증기압 또는 가압 가스에 의해 방출될 수 있으므로 주의해야 한다. 이들의 일반적 특징은 다음과 같다.

① 소화 속도가 빠르다.
② 전기 절연성이 크기 때문에 전기 기기류의 화재에 사용된다.
③ 저장에 따른 변질이 없어 장기간 저장이 가능하다.
④ 소화시 대상물 또는 주위 기물에 대해 오염을 주지 않아 부식성이 없다.
⑤ 소화 설비의 보수 관계가 용이하다.

3 폭발

1. 정의

폭발은 화재보다 더욱 치명적인 인명과 재산상의 피해를 주는 경우가 종종 있다. 폭발은 파괴 잠재력이 있어서 일반적인 화재보다 더 큰 것으로 알려져 있다.

2. 폭발 형태

(1) 에너지 형태에 의한 분류

폭발은 에너지의 순간적인 격렬한 방출로 정의된다. 따라서 폭발의 잠재력은 에너지의 방출 속도에 의존한다. 폭발을 야기시키는 에너지는 대체적으로 다음과 같은 3가지의 기본적 형태가 있다.

① 물리적 에너지
② 화학적 에너지
③ 원자 에너지

물리적 에너지로는 다음과 같은 것들이 있다. 첫째 형태는 가스, 금속 재료 및 전기 에너지에 대한 초과 압력이다. 즉 물리적 에너지의 격렬한 방출은 고압 가스에 의한 용기의 폭발 또는 취화 파쇄(brittle fracture)에 기인한 용기의 순간적인 파열 등이 있다. 또 다른 형태는 열에너지의 전이이다.

예컨대 수증기 폭발과 같이 고온의 고체 또는 액체가 에너지를 전이시켜 물을 기화시킴으로써 상(phase) 변화에 의한 것, 가압하는 과열된 가연성 액체가 상압으로 압력이 저하되면서 인화되는 것 등이 이에 속한다.

화학적 에너지는 화학 반응으로부터 기인한다. 화학 폭발은 균일 폭발과 전파 폭발로 구분된다. 용기 내 폭발은 대체적으로 균일 폭발에 속하며 긴 파이프 내에서의 폭발은 전파 폭발을 유발시킨다. 화학 에너지를 수반하는 폭발은 반응 폭주(reaction runaway), 분해 반응 및 종합 반응 등이 있다.

(2) 폭연(deflagration) 및 폭굉(detonation)

① **연소파** : 폭발은 그 현상에 의해 폭연과 폭굉으로 구분된다. 폭연은 가연성 혼합 기체가 상대적으로 서서히 연소되는 것을 의미한다. 탄화수소, 공기, 혼합 가스의 폭연 속도는 약 0.1~1[m/sec] 정도가 될 때 연소파라 한다.
② **폭굉파** : 폭굉은 충격파의 일종으로 화염의 전파 속도가 음속 이상일 경우이며, 그 속도가 1,000~3,500[m/sec] 정도에 달할 때를 폭굉현상이라 하고 반응영역을 폭굉파라 한다.

(3) 폭굉 유도 거리(DID : Detonation Inducement Distance)

폭굉 유도 거리란 최초의 완만한 연소가 격렬한 폭굉으로 발전될 때까지의 거리를 말하며 폭굉 유도 거리가 짧아지는 원인은 다음과 같다.

① 정상 연소 속도가 큰 혼합가스일수록 거리가 짧아진다.
② 관 속에 방해물이 있거나 관 지름이 작을수록 거리가 짧아진다.
③ 압력이 높을수록 거리가 짧아진다.
④ 점화원의 에너지가 클수록 거리가 짧아진다.

합격예측

(1) 폭발에 영향을 주는 인자
① 온도
② 초기압력
③ 용기의 모양과 크기
④ 초기농도 및 조성(폭발범위 %)

(2) 분진폭발순서
① 입자표면온도 상승
② 입자표면 열분해 및 기체 발생
③ 주위의 공기와 혼합
④ 점화원에 의한 폭발
⑤ 폭발열에 의하여 주위 입자 온도상승 및 열분해

합격예측

안전간격
화염이 틈새를 통하여 바깥쪽의 폭발성 가스에 전달되지 않는 한계의 틈새

용어정의

(1) 인화점
인화성(가연성) 증기에 점화원을 주었을 때 연소가 시작되는 최저온도

(2) 발화점
인화물(가연물)을 가열할 때 점화원이 없이 스스로 연소가 시작되는 최저온도

3. 폭발 방지 기술

(1) 안전밸브 등의 설치

① 사업주는 다음 각 호의 어느 하나에 해당하는 설비에 대해서는 과압에 따른 폭발을 방지하기 위하여 폭발 방지 성능과 규격을 갖춘 안전밸브 또는 파열판(이하 "안전밸브등"이라 한다)을 설치하여야 한다. 다만, 안전밸브등에 상응하는 방호장치를 설치한 경우에는 그러하지 아니하다.
   ㉮ 압력용기(안지름이 150밀리미터 이하인 압력용기는 제외하며, 압력 용기 중 관형 열교환기의 경우에는 관의 파열로 인하여 상승한 압력이 압력용기의 최고사용압력을 초과할 우려가 있는 경우만 해당한다)
   ㉯ 정변위 압축기
   ㉰ 정변위 펌프(토출측에 차단밸브가 설치된 것만 해당한다)
   ㉱ 배관(2개 이상의 밸브에 의하여 차단되어 대기온도에서 액체의 열팽창에 의하여 파열될 우려가 있는 것으로 한정한다)
   ㉲ 그 밖의 화학설비 및 그 부속설비로서 해당 설비의 최고사용압력을 초과할 우려가 있는 것

② 안전밸브등을 설치하는 경우에는 다단형 압축기 또는 직렬로 접속된 공기압축기에 대해서는 각 단 또는 각 공기압축기별로 안전밸브등을 설치하여야 한다.

③ 설치된 안전밸브에 대해서는 검사주기마다 국가교정기관에서 교정을 받은 압력계를 이용하여 설정압력에서 안전밸브가 적정하게 작동하는지를 검사한 후 납으로 봉인하여 사용하여야 한다. 다만, 공기나 질소취급용기 등에 설치된 안전밸브 중 안전밸브 자체에 부착된 레버 또는 고리를 통하여 수시로 안전밸브가 적정하게 작동하는지를 확인할 수 있는 경우에는 검사하지 아니할 수 있고 납으로 봉인하지 아니할 수 있다.
   ㉮ 화학공정 유체와 안전밸브의 디스크 또는 시트가 직접 접촉될 수 있도록 설치된 경우: 2년마다 1회 이상
   ㉯ 안전밸브 전단에 파열판이 설치된 경우 : 3년마다 1회 이상
   ㉰ 공정안전보고서 제출 대상으로서 고용노동부장관이 실시하는 공정안전보고서 이행상태 평가결과가 우수한 사업장의 안전밸브의 경우 : 4년마다 1회 이상

④ 검사주기에도 불구하고 안전밸브가 설치된 압력용기에 대하여「고압가스 안전관리법」에 따라 시장·군수 또는 구청장의 재검사를 받는 경우로서 압력용기의 재검사주기에 대하여 산업통상자원부장관이 정하여 고시하는 기법에 따라 산정하여 그 적합성을 인정받은 경우에는 해당 안전밸브의 검사주기는 그 압력용기의 재검사주기에 따른다.

⑤ 납으로 봉인된 안전밸브를 해체하거나 조정할 수 없도록 조치하여야 한다.

> **합격정보** 산업안전보건기준에 관한 규칙 제261조(안전밸브 등의 설치)

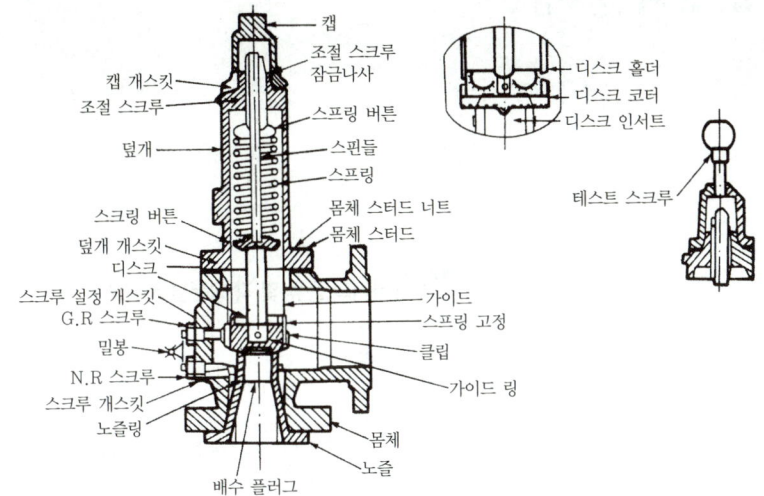

[그림] 안전밸브 구조

(2) 파열판의 설치

① 반응 폭주 등 급격한 압력 상승 우려가 있는 경우
② 급성 독성물질의 누출로 인하여 주위의 작업환경을 오염시킬 우려가 있는 경우
③ 운전 중 안전밸브에 이상 물질이 누적되어 안전밸브가 작동되지 아니할 우려가 있는 경우

> **합격정보** 산업안전보건기준에 관한 규칙 제262조(파열판의 설치)

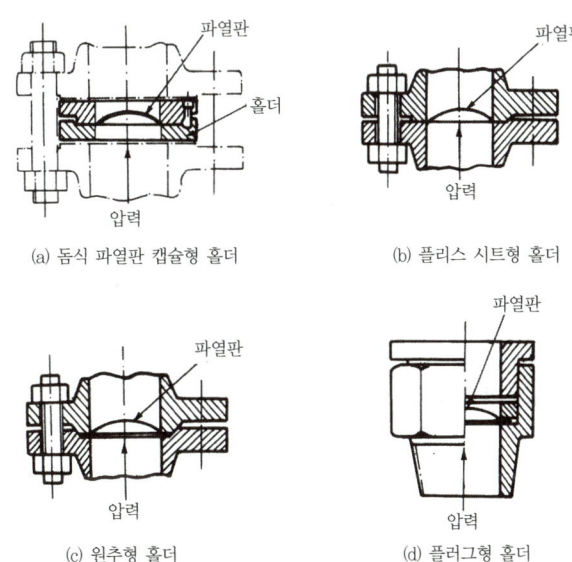

[그림] 파열판과 홀더 장착 방법

합격예측

인화성 물질의 증기, 인화성 가스 또는 인화성 분진이 존재하여 폭발 또는 화재가 발생할 우려가 있을 경우의 예방대책
① 통풍·환기 및 제진 등의 조치를 할 것
② 폭발 또는 화재를 미리 감지할 수 있는 가스검지 및 경보장치를 설치하고 그 성능이 발휘될 수 있도록 할 것
③ 불꽃 또는 아크를 발생하거나 고온으로 될 우려가 있는 화기 또는 기계·기구 및 공구 등을 사용하지 말 것

합격예측

분진폭발 위험장소
① 20종 장소
② 21종 장소
③ 22종 장소

용어정의

고압가스의 도색
① 액화석유가스 : 회색
② 수소 : 주황색
③ 아세틸렌 : 황색
④ 액화탄산가스 : 청색
⑤ 액화암모니아 : 백색
⑥ 액화염소 : 갈색
⑦ 산소 : 녹색
⑧ 질소 : 회색

용어정의

폭발의 방지를 위한 퍼지의 종류
① 진공퍼지(저압퍼지)
② 압력퍼지
③ 스위프퍼지(Sweep-Through Purging)
④ 사이펀퍼지(Siphong Purging)

세부항목 04 소화 및 방호 설비 출제예상문제

01 연소의 3요소를 쓰시오.

해답
① 인화(가연)물
② 산소 공급원
③ 점화원

02 폭발방지대책을 4가지 쓰시오.

해답
① 페일 세이프(fail safe) 구조로 한다.
② 인화성 가스 설비의 밀폐 및 환기장치를 설치한다.
③ 가스 누설 위험 장소에는 밀폐된 공간을 없앤다.
④ 발화원을 적정하게 관리한다.

03 화재의 국한 대책의 방법을 5가지 쓰시오.

해답
① 인화성 물질의 집적(集積) 방지
② 건물 및 설비의 불연성화(不燃性化)
③ 일정한 공지의 확보
④ 방화벽 및 문, 방유제, 방액제 등의 정비
⑤ 위험물 시설 등의 지하 매설

04 가스의 누출 방지를 위하여 가스의 농도를 측정해야 할 시기를 쓰시오.

해답
① 매일 작업 시작 전
② 가스에 대한 이상 발견시
③ 가스가 발생하거나 정체 위험 장소가 있는 때

05 소화기의 종류 및 각 성분을 쓰시오.

해답
① C.T.C. 소화기 : 사염화탄소(CCl_4)
② C.B. 소화기 : 일염화일브롬화메탄(CH_2ClBr)
③ F.B. 소화기 : 이브롬화사플루오르화에탄
④ B.C.F. 소화기 : 브로모클로로디플루오로메탄

06 정전기 재해방지대책을 5가지 쓰시오.

해답
① 대전성 위험이 있는 것을 사용하지 않는다.
② 대전되었을 때 전하 부호가 다른 ⊕ ⊖의 두 물질을 조합해서 대전량을 감소시킨다.
③ 공기중의 습도를 높인다(실내에서는 상대 습도를 70[%] 이상으로 한다).
④ 적절한 접지를 한다.
⑤ 공기를 이온화한다.

07 안전 간격을 설명하고, 폭발 등급을 구분하여 그 간격과 사용 가스 예를 쓰시오.

해답
(1) 안전 간격 : 8[l]의 구형 용기 안에 폭발성의 혼합 가스를 채우고 점화시켜 발생된 화염이 용기 외부의 같은 폭발성 혼합 가스까지 전달되는가의 여부를 보았을 때 전달시킬 수 없는 한계의 틈
(2) 폭발 등급
① 1등급 : 0.9[mm] 이상 : 일산화탄소, 메탄, 에탄, 프로판, 암모니아
② 2등급 : 0.5[mm] 미만 ~ 0.9[mm] 초과 : 에틸렌, 석탄 가스 등
③ 3등급 : 0.5[mm] 이하 : 수소, 아세틸렌, 이황화탄소, 수성가스 등

08 아세틸렌(C_2H_2)의 폭발 하한선은 2.5[%]이고 폭발 상한선은 81.0[%]이다. 아세틸렌의 ① 위험도와 ② 완전 연소 조성 농도를 구하시오.

해답

① $H = \dfrac{81-2.5}{2.5} = 31.4$

② $C = \dfrac{100}{1+4.773\left(2+\dfrac{2}{4}\right)} = 7.73[\%]$

09 소방법상 소화 설비에 해당되는 설비의 종류 3가지를 쓰시오.

해답

① 옥내 소화전 설비
② 옥외 소화전 설비
③ 스프링클러 소화 설비

10 폭발의 성립 조건을 쓰시오.

해답

① 인화성 가스 및 증기 또는 분진이 공기와 혼합되어 폭발 범위 내에 있어야 한다.
② 밀폐된 공간이 존재하여야 한다. 즉, 혼합되어 있는 가스가 어떤 구획되어 있는 방이나 용기 같은 것의 공간에 충만해서 존재해야 한다.
③ 점화원(에너지)이 있어야 한다.

11 물을 소화제로 사용하는 이유를 쓰시오.

해답

① 기화 잠열이 크다.
② 공기 차단 효과가 있다.

12 분진의 폭발성에 영향을 주는 요인을 4가지 쓰시오.

해답

① 분진 입도 및 입도 분포
② 입자의 형상과 표면 상태
③ 분진의 부유성
④ 분진의 화학적 성질과 조성

13 기체의 연소 형태와 고체의 연소 형태를 쓰시오.

해답

(1) 기체의 연소 형태
　① 혼합 연소
　② 확산 연소
　③ 폭발 연소
(2) 고체의 연소 형태
　① 표면 연소
　② 분해 연소
　③ 자기 연소
　④ 증발 연소

14 스프링클러 소화 설비의 특징 6가지를 쓰시오.

해답

① 초기 화재에 좋다.
② 소화 약제가 물이므로 경제적이다.
③ 감지부의 구조가 기계적이므로 오동작 오보가 거의 없다.
④ 취급 및 조작이 쉽고 안전하다.
⑤ 완전 자동이므로 사람이 없는 야간에도 자동적으로 화재를 감지하여 경보 및 소화를 한다.
⑥ 시설의 수명이 반영구적이다.

15 화재의 예방 대책 4원칙을 쓰시오.

해답

① 예방 대책
② 국한 대책
③ 소화 대책
④ 피난 대책

16 인화물이 될 수 있는 조건 3가지를 쓰시오.

해답

① 산소와 화합시 연소열(발열량)이 클 것
② 산소와 화합시 열전도율이 작을 것(열축적이 많아야 잘 연소함)
③ 산소와 화합시 필요한 활성화 에너지가 작을 것

17 고정식 물분무 소화 설비의 종류를 2가지 쓰시오.

해답

① 수동식
② 자동식

18 분말 소화기의 사용 순서를 단계별로 쓰시오.

해답

① 안전핀을 뽑는다.
② 호스를 불꽃으로 향하게 한다.
③ 레버를 힘껏 누른다.
④ 화점 부위에 접근하여 방사한다.

19 화재의 종류를 4가지 쓰시오.

해답

① A급 화재 : 일반 화재
② B급 화재 : 유류 화재
③ C급 화재 : 전기 화재
④ D급 화재 : 금속 화재
④ K급 화재 : 주방 화재

20 가솔린의 연소 범위가 1.4~7.6[%]란 무엇인지 쓰시오.

해답

가솔린 증기가 1.4~7.6[%]이고, 공기가 92.4~98.6[%]일 때는 점화하면 폭발한다.
인화점 -20~-43[℃], 발화점 약 300[℃]이며 원유에서 분류되는 낮은 비점의 액체로서 포화 불포화 탄화수소의 혼합물이다.

21 연소의 확대 요인을 쓰시오.

해답

① 전도
② 대류
③ 복사
④ 비화

22 소화기 사용시의 일반 주의 사항을 쓰시오.

해답

① 소화기는 적응 화재에만 사용한다.
② 성능에 따라 화점 부위 가까이 접근한 후 사용한다.
③ 소화 작업은 바람을 등지고 풍상에서 풍하로 향해 실시한다.
④ 비로 쓸듯이 골고루 소화해야 한다.

23 아래 그림은 강화액 소화기의 외관 구조도이다. ①~⑧ 항의 구조의 이름을 쓰시오.

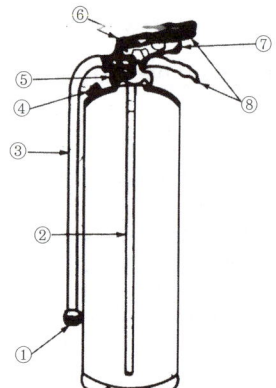

해답

① 노즐
② 사이펀관
③ 호스
④ 플러그
⑤ 밸브
⑥ 밸브축
⑦ 안전장치
⑧ 레버

24 소방 신호의 종류를 4가지 쓰시오.

해답

① 경계 신호
② 발화 신호
③ 해제 신호
④ 훈련 신호

25 화재의 억제를 위한 소화 방법 중 화학적인 소화법을 4가지 쓰시오.

해답

① 냉각 소화법
② 질식 소화법
③ 제거 소화법
④ 희석 소화법

26 강화액 소화기를 설명하시오.

해답

물의 소화 효과를 크게 하기 위하여 물에 탄산칼륨(K_2CO_3) 등을 용해시킨 수용액으로 부동성이 높고 재연 방지에 효과가 있다.

27 소화 방지에서 소화의 4원리를 쓰시오.

해답

① 질식 소화(산소의 차단)
② 냉각 소화(화점의 냉각)
③ 제거 소화(가연물의 제거)
④ 연속 관계의 차단(억제 효과)

28 발화 지연이 짧아지는 원인을 쓰시오.

해답

① 압력이 높아질수록
② 주위 온도보다 발화 온도가 낮아질수록
③ 단독물의 경우보다 혼합물의 경우일수록

29 폭발 에너지 종류를 3가지 쓰시오.

해답

① 물리적 에너지
② 화학적 에너지
③ 원자 에너지

30 소화기의 종류를 구분하고 효과약제를 표로 쓰시오.

해답

소화기 명	적응 화재	소화 효과	약제
분말 소화기	B, C급	질식, 냉각	$NaHCO_3$, $KHCO_3$, $NH_4H_2PO_4$
증발성 액체소화기	B, C급	억제, 희석, 냉각	CCl_4, CH_2ClBr, $CBr_2F_2CBrF_2$
CO_2 소화기	B, C급	질식, 냉각	탄산가스
포말 소화제	A, B급	질식, 냉각	가수분해 단백질, 계면활성제, 물
강화액소화기	A, C급	냉각	K_2CO_3
산, 알칼리소화기	A급	냉각	황산, 중탄산나트륨

녹색직업 녹색자격증 코너

약점보완이 아닌 강점으로 승부하라.

나만이 잘하는 것이 분명히 있는데도
사람들은 내가 못하는 것만 지적했고
거기에 집중하다보니 내 장점을 잃어버렸다.
재활하는 동안 나의 우승 장면이 담긴 영상들을 다시보면서
내가 잘하는 것들에 집중한 것이 메이저 대회 포함 2주연속 우승의 비결이다.

—신지애

게임에서의 승부는 강점에 의해 갈립니다.
위대한 사람들은 약점보완이 아닌, 강점 때문에 위대해진 것입니다. 그런데도 대부분의 사람들은 약점보완에 너무 많은 시간과 노력을 기울입니다.
나의 강점을 찾고, 강점을 사랑하고, 강점에 집중하는 것이 행복과 성공을 함께 불러오게 되는 비결입니다.

건설공사 안전관리

건설현장 안전점검 / 건설공사 특성 분석 / 건설공사 안전시설관리
건설공사 유해·위험요인 관리 / 건설공사 위험성평가

Chapter 01	토질시험	Chapter 14	낙하·비래위험방지 및 안전조치
Chapter 02	지반의 이상 현상	Chapter 15	낙하·비래재해의 발생원인
Chapter 03	유해위험방지계획서	Chapter 16	낙하·비래재해의 방호설비
Chapter 04	건설업 산업안전보건관리비	Chapter 17	토사붕괴 위험성 및 안전조치
Chapter 05	셔블계 굴착기계	Chapter 18	토사붕괴 재해의 형태 및 발생원인
Chapter 06	토공기계	Chapter 19	토사붕괴 시 조치사항
Chapter 07	운반기계	Chapter 20	경사로
Chapter 08	건설용 양중기	Chapter 21	가설계단
Chapter 09	항타기·항발기	Chapter 22	사다리식 통로
Chapter 10	추락재해 위험성 및 안전조치	Chapter 23	사다리
Chapter 11	추락재해 발생형태 및 발생원인	Chapter 24	통로발판
Chapter 12	추락재해 방호설비	Chapter 25	비계의 종류 및 설치기준
Chapter 13	추락방지용 방호망의 구조 및 안전기준		●출제예상문제

Chapter 01 토질시험

중점 학습내용

출제기준 변경 및 NCS(국가직무능력표준) 적용에 따라 이번 시험합격을 대비하여 중점적으로 준비하여야 할 내용은 다음과 같다.
❶ 토질시험 개요
❷ 토질시험 종류
❸ 지반조사 토질시험

흙의 연경도(Consistency)

함수량의 변화에 의해 점착성이 있는 흙의 상태가 변해 가는 성질을 연경도라고 하며, 각각의 변화한계를 atterberg한계라고 한다.

1. 행복한 가정은 미리 누리는 천국이다.
2. 영원히 살 것처럼 꿈을 꾸고, 오늘 죽을 것처럼 살아라.

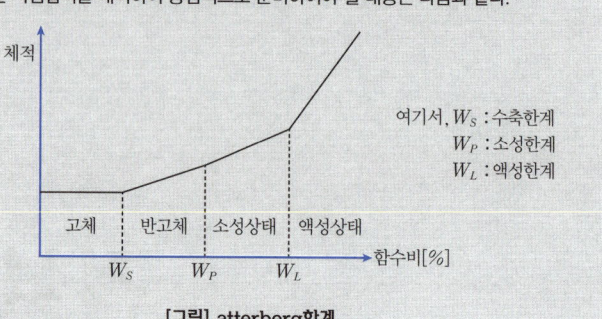

[그림] atterberg한계

합격예측

물리적 시험
① 비중시험 : 흙입자의 비중 측정
② 함수량시험 : 흙에 포함되어 있는 수분의 양을 측정
③ 입도시험 : 흙입자의 혼합상태를 파악
④ 액성·소성·수축 한계시험 : 함수비 변화에 따른 흙의 공학적 성질을 측정
⑤ 밀도시험 : 지반의 다짐도 판정

1 개요

흙의 물리적 성질과 역학적 성질을 판별하기 위하여 주로 실내에서 행하는 토질시험

2 종류

(1) 물리적 시험

① 비중시험 : 흙입자의 비중 측정
② 함수량시험 : 흙에 포함되어 있는 수분의 양을 측정
③ 입도시험 : 흙입자의 혼합상태를 파악
④ 액성·소성·수축 한계시험 : 함수비 변화에 따른 흙의 공학적 성질을 측정
⑤ 밀도시험 : 지반의 다짐도 판정

(2) 역학적 시험

① 투수시험 : 지하수위, 투수계수 측정
② 압밀시험 : 점성토의 침하량 및 침하속도 계산
③ 전단시험 : 직접전단시험, 간접전단시험, 흙의 전단저항 측정

④ 표준관입시험 : 흙의 지내력 판단, 사질토 적용
⑤ 다짐시험 : 공학적 목적으로 흙의 성질을 개선하는 방법(흙의 단위중량, 전단강도 증가)
⑥ 지반 지지력(지내력)시험 : 평판재하시험, 말뚝박기시험, 말뚝재하시험

3 지반조사 토질시험

(1) 표준관입시험(Standard penetration test)

① 사질지반의 상대밀도 등 토질 조사시 신뢰성이 높다.
② (타격횟수)값이 클수록 밀실한 토질이다.
③ 표준관입시험용 샘플러(레이먼드 샘플러)를 중량 63.5[kg]의 추를 75[cm] 높이에서 낙하시켜 충격에 의해 30[cm] 관입시키는데 필요한 타격 횟수 값을 구한다.
④ 사질 지반의 다짐 상태를 판정하는데 적합하며(값은 10 전후), 값 30 이상의 자갈층의 성질을 알기 위해 이용한다.

[표] 표준관입시험의 N값과 상대밀도

모래 지반의 N값	점토질 지반의 N값	상대밀도(g/cm²)
0~4	0~2	매우 느슨하다.
4~10	2~4	느슨하다.
10~30	4~8	보통이다.
30~50	8~15	단단하다.
50 이상	15~30	매우 다진상태이다.
~	30 이상	경질(hard)

(2) 베인시험(Vane test)

연한 점토질 시험에 주로 쓰이는 방법으로 4개의 날개가 달린 베인 테스터를 지반에 박고 회전시켜 저항 모멘트를 측정, 전단강도를 산출한다.

(3) 평판재하시험(Plate bearing test)

지반의 지지력을 알아보기 위한 방법으로 기초저면의 위치까지 굴착하고, 지반면에 평판을 놓고 직접 하중을 가하여 하중과 침하를 측정한다.

합격예측

지반조사 토질시험의 종류
① 표준관입시험
② 베인시험
③ 평판재하시험

합격예측

공극비(e)
흙 속에서 공기와 물에 의해 차지되고 있는 입자간의 간격 (흙 입자의 체적에 대한 간극의 체적의 비)

$$e = \frac{V_v}{V_s}$$

V_v : 공극의 체적,
V_s : 흙입자의 체적

공극률(n)
흙 전체의 체적에 대한 공극의 체적을 백분율로 표시

$$n = \frac{V_v}{V} \times 100[\%]$$

함수비(w)
흙만의 중량에 대한 물의 중량을 백분율로 표시

$$w = \frac{W_w}{W_s} \times 100[\%]$$

W_w : 물의 중량,
W_s : 흙입자의 중량

함수율(w')
흙 전체의 중량에 대한 물의 중량을 백분율로 표시

$$w' = \frac{W_w}{W} \times 100[\%]$$

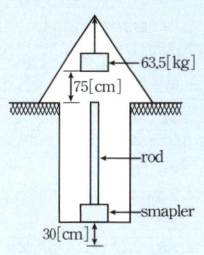

[그림] 레이먼드 샘플러

합격예측

흙막이 공사 후 계측기 및 계측채점
① 수위계 : 토류벽 배면 지반
② 경사계 : 인접구조물의 골조 또는 벽체
③ 하중계 : 흙막이 지보공 버팀대
④ 침하계 : 토류벽 배면
⑤ 응력계 : 토류벽 심재

보충학습

1. 흙의 동상방지 대책
① 단열 재료의 삽입
② 지표의 흙을 (동결이 잘 되지 않는) 화학약품으로 처리
③ 지하수위 저하
④ 동결심도 아래에 배수층 설치
⑤ 동결깊이 상부의 흙에 동결이 잘 되지 않는 재료를 삽입
⑥ 모관수 상승을 방지하는 층을 두어 동상 방지

2. 흙의 연화현상(Frost Boil) 방지 대책
① 구조물의 강성 확보
② 지반 개량공법 또는 고결 안정공법의 적용으로 지반의 안정화 도모
③ Drain공법(Sand Drain, Paper Drain, 생석회 공법)의 채용
④ Sheet Pile이나 지중 연속벽을 설치하여 전단 변형을 억제
⑤ 지하수 처리(배수구 설치)
⑥ 배수층을 동결깊이 하부에 설치

3. 록볼트(Rockbolt)의 설치 시 작용효과
① 암괴의 지보기능 : 낙반방지 기능
② Baem(보)형성효과(작용) : 층상의 암반
③ Arch형성 효과 : 일체작용 가능
④ 지반의 봉합효과(작용)
⑤ 내압효과(작용)

[표] 보링(Boring)의 종류 및 특징

종류	특징	적용토질
오거(Auger)보링	연약점성토 및 중간정도의 점성토, 깊이 10[m] 이내	공벽 붕괴 없는 지반
수세식 보링	충격을 가하며, 펌프로 압송한 물의 수압에 의해 물과 함께 배출, 깊이 30[m] 내외	매우 연약한 점토
충격식 보링	Bit 끝에 천공구를 부착하여 상하 충격에 의해 천공, 토사암반에도 가능	거의 모든 지층
회전식 보링	Bit를 회전시켜 천공하며, 비교적 자연상태 그대로 채취가능	토사 및 암반

Chapter 02 지반의 이상 현상

중점 학습내용

출제기준 변경 및 NCS(국가직무능력표준) 적용에 따라 이번 시험합격을 대비하여 중점적으로 준비하여야 할 내용은 다음과 같다.
❶ 보일링 지반조건, 현상, 안전대책
❷ 히빙 지반조건, 현상, 안전대책
❸ 연약지반 개량공법의 종류

[표] 히빙 · 보일링 · 파이핑

구분	방지대책		
히빙(Heaving)현상	① 흙막이 근입깊이를 깊게 ④ 굴착면 하중증가	② 표토제거 하중감소 ⑤ 어스앵커설치 등	③ 지반개량
보일링(Boiling)현상 파이핑(Piping)현상	① Filter 및 차수벽설치 ③ 약액주입 등의 굴착면 고결	② 흙막이 근입깊이를 깊게(불투수층까지) ④ 지하수위저하	⑤ 압성토 공법 등
액화 또는 액상화 (Liquefaction) 현상	① 간극수압제거 ③ 치환 및 다짐공법	② Well point 등의 배수공법 ④ 지중연속벽 설치 등	

1 보일링(Boiling)

(1) 지반 조건

지하수위가 높은 사질토와 같은 투수성이 좋은 지반

(2) 현상

① 저면에 액상화 현상(Quick Sand)이 일어난다.
② 굴착면과 배면토의 수두차에 의한 침투압이 발생한다.

(3) 안전(방지)대책

① 주변 수위를 저하시킨다.(가장 좋은 방법)
② 흙막이 벽을 깊이 설치하여 지하수의 흐름을 막는다.
③ 굴착토를 즉시 원상 매립한다.
④ 작업을 중지시킨다.

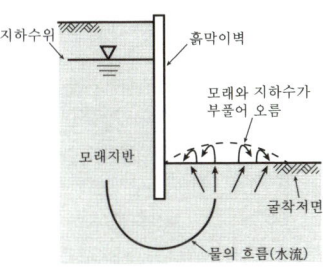

[그림] 보일링

> **합격날개**
>
> **합격예측**
>
> **보일링 지반 조건**
> 지하수위가 높은 사질토와 같은 투수성이 좋은 지반
>
> **보일링 현상**
> ① 저면에 액상화 현상(Quick Sand)이 일어난다.
> ② 굴착면과 배면토의 수두차에 의한 침투압이 발생한다.
>
> **보일링 안전(방지)대책**
> ① 주변 수위를 저하시킨다.(가장 좋은 방법)
> ② 흙막이 벽을 깊이 설치하여 지하수의 흐름을 막는다.
> ③ 굴착토를 즉시 원상 매립한다.
> ④ 작업을 중지시킨다.
>
> **파이핑 현상**
> 보일링 현상으로 인하여 지반 내에서 물의 통로가 생기면서 흙이 세굴되는 현상

> **합격예측**
>
> **히빙(Heaving) 원인**
> ① 연약성 점토 지반
> ② 흙막이 내외면의 중량 차이
> ③ 흙막이 벽의 근입장 부족
>
> **히빙 안전(방지)대책**
> ① 시트파일(Sheet Pile) 등의 근입심도를 깊게 한다.
> ② 1.3[m] 이하 굴착시 버팀대 설치한다.
> ③ 굴착 주변 웰포인트(Well Point) 공법 병행한다.
> ④ 버팀대, 브래킷, 흙막이판을 점검한다.
> ⑤ 굴착방식을 아일랜드 컷(Island cut) 방식으로 개선한다.
> ⑥ 굴착 주변의 상재하중을 제거한다.

> **합격예측**
>
> **사질토 개량공법**
> ① 진동 다짐 공법 (vibro floatation)
> ② 다짐 모래 말뚝 공법 (vibro composer, sand compaction pile)
> ③ 폭파 다짐 공법
> ④ 전기 충격 공법
> ⑤ 약액 주입 공법
> ⑥ 동다짐 공법

> **합격예측**
>
> **흙막이공의 계측계(정보화 시공)**
> ① 토압계
> ② 간극 수압계
> ③ 지하수위계
> ④ 경사계(수평변위측정)
> ⑤ 지반수직 변위계
> ⑥ 변형률(응력)계 등

2 히빙(Heaving)

(1) 지반 조건

연약성 점토지반인 경우

(2) 현상

① 지보공 파괴
② 배면 토사 붕괴
③ 굴착 저면의 솟아오름

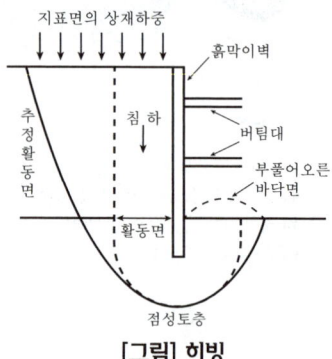

[그림] 히빙

(3) 안전(방지)대책

① 시트파일(Sheet Pile) 등의 근입심도를 깊게
② 1.3[m] 이하 굴착시 버팀대 설치
③ 굴착 주변 웰포인트(Well Point) 공법 병행
④ 버팀대, 브래킷, 흙막이판을 점검
⑤ 굴착방식을 아일랜드 컷(Island cut) 방식으로 개선
⑥ 굴착 주변의 상재하중을 제거

3 연약지반의 개량공법

(1) 개요

① 점토나 실트와 같은 미세한 입자의 흙이나 간극이 큰 유기질토 또는 이탄토, 느슨한 모래 등으로 이루어진 토층
② 지하수위가 높은 제체 및 구조물의 안정과 침하문제가 발생되는 지반

[표] 사질토 및 점성토 개량공법의 종류

사질토 개량공법	점성토 개량공법	
진동 다짐 공법 (vibro floatation)	치환 공법	굴착 치환공법
		미끄럼 치환공법
		폭파 치환공법
다짐 모래 말뚝 공법 (vibro composer, sand compaction pile)	압밀(재하) 공법	Preloading 공법
		사면선단 재하공법
폭파 다짐 공법		압성토 공법 (sur charge)
전기 충격 공법	탈수 공법	sand drain 공법
		paper drain 공법
약액 주입 공법		pack drain 공법
동다짐 공법	배수 공법	Deep well 공법
		Well point 공법

Chapter 03 유해위험방지계획서

중점 학습내용

출제기준 변경 및 NCS(국가직무능력표준) 적용에 따라 이번 시험합격을 대비하여 중점적으로 준비하여야 할 내용은 다음과 같다.
❶ 유해위험방지계획서 목적
❷ 유해위험방지계획서 제출시기
❸ 유해위험방지계획서 제출서류

• 인생의 가장 큰 여정은 넘어지지 않는데 있는 것이 아니라 넘어질 때마다 일어서는데 있다.

1 목적

건설공사 시공 중에 나타날 수 있는 추락, 낙하, 감전 등 재해위험에 대해 공사 착공 전에 설계도, 안전조치계획 등을 검토하여 유해·위험요소에 대한 안전 및 보건상의 조치를 강구하여 근로자의 안전·보건을 확보하기 위함

2 제출시기

유해위험방지계획서 작성 대상공사를 착공하려고 하는 사업주는 일정한 자격을 갖춘 자의 의견을 들은 후 동 계획서를 작성하여 공사착공 전일까지 한국산업안전보건공단 관할 지역본부 및 지도원에 2부를 제출하여야 한다.

(1) 유해위험방지계획서 제출 대상 건설업 종류

① 건축물 또는 시설 등의 건설·개조 또는 해체 공사
    가. 지상높이가 31미터 이상인 건축물 또는 인공구조물
    나. 연면적 3만제곱미터 이상인 건축물
    다. 연면적 5천제곱미터 이상인 시설로서 다음의 어느 하나에 해당하는 시설
        ⓐ 문화 및 집회시설(전시장 및 동물원·식물원은 제외한다)
        ⓑ 판매시설, 운수시설(고속철도의 역사 및 집배송시설은 제외한다)
        ⓒ 종교시설   ⓓ 의료시설 중 종합병원
        ⓔ 숙박시설 중 관광숙박시설   ⓕ 지하도상가
        ⓖ 냉동·냉장 창고시설

합격날개

합격예측

유해위험방지계획서 제출 대상 건설업 종류
(1) 건축물 또는 시설 등의 건설·개조 또는 해체 공사
  가. 지상높이가 31미터 이상인 건축물 또는 인공구조물
  나. 연면적 3만제곱미터 이상인 건축물
  다. 연면적 5천제곱미터 이상인 시설로서 다음의 어느 하나에 해당하는 시설
    ① 문화 및 집회시설(전시장 및 동물원·식물원은 제외한다)
    ② 판매시설, 운수시설(고속철도의 역사 및 집배송시설은 제외한다)
    ③ 종교시설
    ④ 의료시설 중 종합병원
    ⑤ 숙박시설 중 관광숙박시설
    ⑥ 지하도상가
    ⑦ 냉동·냉장 창고시설
(2) 연면적 5,000[m²] 이상의 냉동·냉장창고시설의 설비공사 및 단열공사
(3) 최대 지간길이가 50[m] 이상인 다리 건설 등 공사
(4) 터널 건설 등의 공사
(5) 다목적댐, 발전용댐 및 저수용량 2천만[t] 이상의 용수 전용 댐, 지방상수도 전용댐 건설 등의 공사
(6) 깊이 10[m] 이상인 굴착공사

② 연면적 5,000[m²] 이상의 냉동·냉장창고시설의 설비공사 및 단열공사
③ 최대 지간길이가 50[m] 이상인 다리 건설 등 공사
④ 터널 건설 등의 공사
⑤ 다목적댐, 발전용댐 및 저수용량 2천만[t] 이상의 용수 전용 댐, 지방상수도 전용댐 건설 등의 공사
⑥ 깊이 10[m] 이상인 굴착공사

(2) 유해위험방지계획서 제출서류

① 건축물 각 층의 평면도
② 기계·설비의 개요를 나타내는 서류
③ 기계·설비의 배치도면
④ 원재료 및 제품의 취급, 제조 등의 작업방법의 개요
⑤ 그 밖에 고용노동부장관이 정하는 도면 및 서류

[표] 작업공사 종류별 유해·위험방지계획

대상공사	작업공종
건축물 또는 시설 등의 건설·개조 또는 해체(이하 "건설 등"이라 한다) 공사	① 가설공사 ② 구조물공사 ③ 마감공사 ④ 기계설비공사 ⑤ 해체공사
냉동·냉장창고시설의 설비공사 및 단열공사	① 가설공사 ② 단열공사 ③ 기계 설비공사
다리 건설 등의 공사	① 가설공사 ② 다리 하부(하부공) 공사 ③ 다리 상부(상부공) 공사
터널 건설 등의 공사	① 가설공사 ② 굴착 및 발파공사 ③ 구조물공사
댐 건설 등의 공사	① 가설공사 ② 굴착 및 발파공사 ③ 댐 축조공사
굴착공사	① 가설공사 ② 굴착 및 발파공사 ③ 흙막이 지보공(支保工) 공사

건설업 산업안전보건관리비

중점 학습내용

출제기준 변경 및 NCS(국가직무능력표준) 적용에 따라 이번 시험합격을 대비하여 중점적으로 준비하여야 할 내용은 다음과 같다.
❶ 건설업 산업안전보건관리비 적용기준
❷ 계상기준 및 계상시기
❸ 건설재해예방 기술지도
❹ 건설재해예방 지도대상 건설공사 도급인

• 결혼은 작은 이야기들이 계속되는 기나긴 이야기다.(피천득)

1 건설업 산업안전보건관리비 적용기준

합격예측

건설업 산업안전보건관리비
산업재해 예방을 위하여 건설공사 현장에서 직접 사용되거나 해당 건설업체의 본점 또는 주사무소에 설치된 안전전담부서에서 법령에 규정된 사항을 이행하는 데 소요되는 비용

(1) 정의

① "건설업 산업안전보건관리비"(이하 "산업안전보건관리비"라 한다)란 산업재해 예방을 위하여 건설공사 현장에서 직접 사용되거나 해당 건설업체의 본점 또는 주사무소(이하 "본사"라 한다)에 설치된 안전전담부서에서 법령에 규정된 사항을 이행하는 데 소요되는 비용을 말한다.

② "산업안전보건관리비 대상액"(이하 "대상액"이라 한다)이란 「예정가격 작성기준」(기획재정부 계약예규) 「지방자치단체 입찰 및 계약집행기준」(행정안전부 예규) 등 관련규정에 정하는 공사원가계산서 구성항목 중 직접재료비, 간접재료비와 직접 노무비를 합한 금액(발주자가 재료를 제공할 경우에는 해당재료비를 포함한 금액)을 말한다.

③ "자기공사자"란 건설공사의 시공을 주도하여 총괄·관리하는 자(발주자로부터 건설공사를 최초로 도급받은 수급인은 제외한다)를 말한다.

(2) 적용범위

이 고시는 법 제2조제11호의 건설공사 중 총공사금액 2천만원 이상인 공사에 적용한다.

> **합격예측**
>
> **산업안전보건관리비의 계상기준**
> ① 대상액이 5억원 미만 또는 50억원 이상일 경우 : 대상액×계상기준표의 비율(%)
> ② 대상액이 5억원 이상 50억원 미만일 경우 : 대상액×계상기준표의 비율(X)+기초액(C)
> ③ 대상액이 구분되어 있지 않은 경우 : 도급계약 또는 자체사업계획상의 총공사금액의 70[%]를 대상액으로 하여 안전관리비를 계상
> ④ 발주자(도급하는 자)가 재료를 제공할 경우 : 당해금액을 대상액에 포함시킬 때 안전관리비)당해금액을 포함하지 않은 대상액을 기준으로 계상한 안전관리비×1.2배

2 계상의무 및 기준

발주자가 도급계약 체결을 위한 원가계산에 의한 예정가격을 작성하거나, 자기공사자가 건설공사 사업 계획을 수립할 때에는 다음 각 호에 따라 산정한 금액 이상의 산업안전보건관리비를 계상하여야 한다. 다만, 발주자가 재료를 제공하거나 일부 물품이 완제품의 형태로 제작·납품되는 경우에는 해당 재료비 또는 완제품 가액을 대상액에 포함하여 산출한 안전보건관리비와 해당 재료비 또는 완제품 가액을 대상액에서 제외하고 산출한 산업안전보건관리비의 1.2배에 해당하는 값을 비교하여 그 중 작은 값 이상의 금액으로 계상한다.

① 대상액이 5억 원 미만 또는 50억 원 이상인 경우 : 대상액에 별표 1에서 정한 비율을 곱한 금액
② 대상액이 5억 원 이상 50억 원 미만인 경우 : 대상액에 별표 1에서 정한 비율을 곱한 금액에 기초액을 합한 금액
③ 대상액이 명확하지 않은 경우 : 제4조제1항의 도급계약 또는 자체사업계획상 책정된 총공사금액의 10분의 7에 해당하는 금액을 대상액으로 하고 제1호 및 제2호에서 정한 기준에 따라 계상

[표] 공사종류 및 규모별 안전보건관리비 계상기준표 21. 7. 10 ㉮

(단위 : 원)

구 분 공사종류	대상액 5억원 미만	대상액 5억원 이상 50억원 미만		대상액 50억원 이상	영 별표5에 따른 보건관리자 선임대상 건설공사
		비율(X)	기초액(C)		
건축공사	3.11[%]	2.28[%]	4,325,000원	2.37[%]	2.64[%]
토목공사	3.15[%]	2.53[%]	3,300,000원	2.60[%]	2.73[%]
중건설공사	3.64[%]	3.05[%]	2,975,000원	3.11[%]	3.39[%]
특수건설공사	2.07[%]	1.59[%]	2,450,000원	1.64[%]	1.78[%]

3 건설재해예방 산업안전보건관리비 사용기준

안전보건관리비는 표와 같이 공사 진척에 따라 사용하여야 한다.

[표] 공사진척에 따른 산업안전보건관리비 사용기준

공정률	50[%] 이상 70[%] 미만	70[%] 이상 90[%] 미만	90[%] 이상
사용기준	50[%] 이상	70[%] 이상	90[%] 이상

4. 기술지도계약 체결 대상 건설공사 및 체결 시기

① 산업안전보건법 제73조제1항에서 "대통령령으로 정하는 건설공사"란 공사금액 1억원 이상 120억원(「건설산업기본법 시행령」 별표 1의 종합공사를 시공하는 업종의 건설업종란 제1호의 토목공사업에 속하는 공사는 150억원) 미만인 공사와 「건축법」 제11조에 따른 건축허가의 대상이 되는 공사를 말한다. 다만, 다음 각 호의 어느 하나에 해당하는 공사는 제외한다.
1. 공사기간이 1개월 미만인 공사
2. 육지와 연결되지 아니한 섬지역(제주특별자치도는 제외한다)에서 이루어지는 공사
3. 사업주가 별표 4에 따른 안전관리자의 자격을 가진 사람을 선임(같은 광역자치단체의 지역 내에서 같은 사업주가 경영하는 셋 이하의 공사에 대하여 공동으로 안전관리자 자격을 가진 사람 1명을 선임한 경우를 포함한다)하여 제18조제1항 각 호에 따른 안전관리자의 업무만을 전담하도록 하는 공사
4. 법 제42조제1항에 따라 유해위험방지계획서를 제출해야 하는 공사

② 제1항에 따른 건설공사의 건설공사발주자 또는 건설공사도급인(건설공사도급인은 건설공사발주자로부터 건설공사를 최초로 도급받은 수급인은 제외한다)은 법 제73조제1항의 건설 산업재해 예방을 위한 지도계약(이하 "기술지도계약"이라 한다)을 해당 건설공사 착공일의 전날까지 체결해야 한다.

합격예측

관리감독자 안전보건업무 수행 시 수당지급 작업
1. 건설용 리프트·곤돌라를 이용한 작업
2. 콘크리트 파쇄기를 사용하여 행하는 파쇄작업(2[m] 이상인 구축물 파쇄에 한정한다.)
3. 굴착 깊이가 2[m] 이상인 지반의 굴착작업
4. 흙막이지보공의 보강, 동바리 설치 또는 해체작업
5. 터널 안에서의 굴착작업, 터널거푸집의 조립 또는 콘크리트작업
6. 굴착면의 깊이가 2[m] 이상인 암석 굴착작업
7. 거푸집지보공의 조립 또는 해체작업
8. 비계의 조립, 해체 또는 변경작업
9. 건축물의 골조, 교량의 상부구조 또는 탑의 금속제의 부재에 의하여 구성되는 것(5[m] 이상에 한정한다)의 조립, 해체 또는 변경작업
10. 콘크리트 공작물(높이 2[m] 이상에 한정한다)의 해체 또는 파괴작업
11. 전압이 75[V] 이상인 정전 및 활선작업
12. 맨홀작업, 산소결핍장소에서의 작업
13. 도로에 인접하여 관로, 케이블 등을 매설하거나 철거하는 작업
14. 전주 또는 통신주에서의 케이블 공중가설작업

Chapter 05 셔블계 굴착기계

중점 학습내용

출제기준 변경 및 NCS(국가직무능력표준) 적용에 따라 이번 시험합격을 대비하여 중점적으로 준비하여야 할 내용은 다음과 같다.
1. 파워셔블의 특징
2. 백호의 특징
3. 드래그라인의 특징
4. 클램쉘의 특징
5. 말뚝 및 피어 기초

• 동등하지 않은 관계를 동등하게 만드는 것은 사랑밖에 없다.(케테르 케고르)

1 파워셔블(power shovel)[dipper shovel : 동력삽]

합격예측

파워셔블의 특징
① 굳은 점토 등 지반면보다 높은 곳의 땅파기에 적합하다.
② 앞으로 흙을 긁어서 굴착하는 방식이다.
③ 셔블계 굴착기 중에서 가장 기본적인 것으로서 기계가 서 있는 지면보다 높은 곳을 파는 데 가장 좋으므로 산의 절삭 등에도 적합하고, 붐(boom)이 단단하여 굳은 지반의 굴착에도 사용된다.

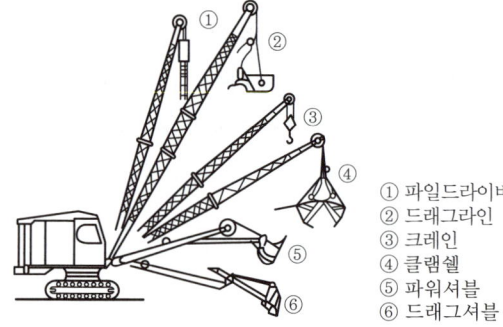

① 파일드라이버
② 드래그라인
③ 크레인
④ 클램쉘
⑤ 파워셔블
⑥ 드래그셔블

[그림] 굴착기의 앞부속장치

① 굳은 점토 등 지반면보다 높은 곳의 땅파기에 적합하다.
② 앞으로 흙을 긁어서 굴착하는 방식이다.
③ 셔블계 굴착기 중에서 가장 기본적인 것으로서 기계가 서 있는 지면보다 높은 곳을 파는 데 가장 좋으므로 산의 절삭 등에도 적합하고, 붐(boom)이 단단하여 굳은 지반의 굴착에도 사용된다.

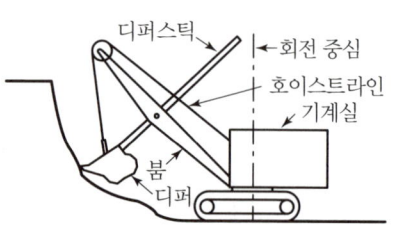

[그림] 파워셔블

2 백호(back hoe)[드래그셔블(drag shovel)]

① 토목공사나 수중굴착에 많이 사용된다.
② 지하층이나 기초의 굴착에 사용된다.
③ 기계가 서 있는 지면보다 낮은 장소의 굴착에도 적당하고 수중굴착도 가능하다.
④ 파워셔블과 같이 굳은 지반의 토질에서도 정확한 굴착이 된다.

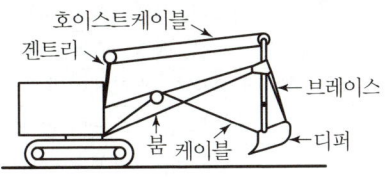

[그림] 백호

합격예측
백호의 특징
① 토목공사나 수중굴착에 많이 사용된다.
② 지하층이나 기초의 굴착에 사용된다.
③ 기계가 서 있는 지면보다 낮은 장소의 굴착에도 적당하고 수중굴착도 가능하다.
④ 파워셔블과 같이 굳은 지반의 토질에서도 정확한 굴착이 된다.

3 드래그라인(drag line)

① 작업 범위가 광범위하고 수중굴착 및 연약한 지반의 굴착에 적합하다.
② 기체는 높은 위치에서 깊은 곳을 굴착하는 데 적합하다.
③ 기계가 서 있는 위치보다 낮은 장소의 굴착에 적당하고 백호만큼 굳은 토질에서의 굴착은 되지 않지만 굴착 반지름이 크다.

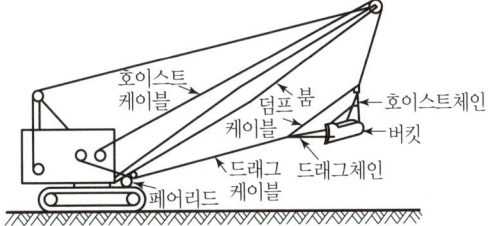

[그림] 드래그라인

합격예측
드래그라인의 특징
① 작업 범위가 광범위하고 수중굴착 및 연약한 지반의 굴착에 적합하다.
② 기체는 높은 위치에서 깊은 곳을 굴착하는 데 적합하다.
③ 기계가 서 있는 위치보다 낮은 장소의 굴착에 적당하고 백호만큼 굳은 토질에서의 굴착은 되지 않지만 굴착 반지름이 크다.

합격예측
클램쉘의 특징
① 연약지반이나 수중굴착 및 자갈 등을 싣는 데 적합하다.
② 깊은 땅파기 공사와 흙막이 버팀대를 설치하는 데 사용한다.
③ 수중굴착 및 수조물의 기초바닥 등과 같은 협소하고 상당히 깊은 범위의 굴착과 호퍼(hopper)에 적당하다.

4 클램쉘(clamshell)

① 연약지반이나 수중굴착 및 자갈 등을 싣는 데 적합하다.
② 깊은 땅파기 공사와 흙막이 버팀대를 설치하는 데 사용한다.
③ 수중굴착 및 수조물의 기초바닥 등과 같은 협소하고 상당히 깊은 범위의 굴착과 호퍼(hopper)에 적당하다.

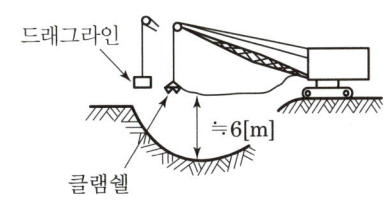

[그림] 드래그라인과 클램쉘의 작업

[표] 작업종류에 따른 건설기계의 분류

작업종류	해당기계
굴착·운반	불도저, 레이크도저
굴착	셔블, 백호, 클램셸, 불도저, 리퍼, 버킷휠, 드래그라인
싣기	로더, 셔블, 백호, 클램셸
굴착·싣기	셔블, 백호, 클램셸, 드래저
굴착·운반	불도저, 스크레이퍼 도저, 스크레이퍼, 트랙터 셔블, 드래저
운반	불도저, 덤프트럭, 벨트 컨베이어, 웨곤, 토운차, 트레일러, 덤프 트레일러, 덤프터, 가공색도, 기관차
함수비 조절	스태빌라이저, 파라우, 할로우, 브로우, 살수차
정지	모터그레이더, 골재 살포기
도랑파기	트렌처, 백호
다짐	로드 롤러, 타이어 롤러, 탬핑 롤러, 진동롤러, 플레이트 콤팩터, 래머, 탬퍼
기초공사	디젤 해머, 진동파일 드라이버, 보링기, 어스드릴, 어스오거, 그라우팅 기계
기중기류	트럭/휠/무한궤도식/케이블/데릭/지브/탑형 크레인, 엘리베이터, 호이스트, 윈치
터널공사	착암기, 브레이커, 점보드릴, 크롤러드릴, T.B.M, 실드, 로드헤더
골재생산	쇄석기, 골재선별기, 골재공급기
콘크리트 타설	콘크리트 배처플랜트, 믹서기, 트럭믹서, 아지테이터 트럭, 펌프, 진동기
포장	믹싱 플랜트, 피니셔, 살포기, 포장 정리기, 포설기, 페이버, 스크리드, 커터
도로유지·제설	도로청소차, 라인마커, 리프트카, 스노우플로우, 노면파쇄기
공기압축	공기압축기, 송풍기, 펌프
해상공사	각종 준설선, 기중기선, 쇄암선, 항타선, 토운선, 콘크리트 플랜트선, 앵커바지선

5 말뚝 및 피어 기초

(1) 말뚝기초

① 지지방법에 따른 분류
  ㉠ 선단지지말뚝 ㉡ 마찰말뚝 ㉢ 하부지반지지말뚝
② 사용목적에 따른 분류
  ㉠ 다짐말뚝 ㉡ 활동방지말뚝 ㉢ 수평저항말뚝 ㉣ 인장말뚝
③ 현장콘크리트 말뚝
  ㉠ Franky 말뚝 ㉡ Pedestal 말뚝 ㉢ Raymond 말뚝

(2) 피어기초

① Chicago공법 ② Gow공법 ③ Benoto공법 ④ Earth-drill공법

Chapter 06 토공기계

중점 학습내용

출제기준 변경 및 NCS(국가직무능력표준) 적용에 따라 이번 시험합격을 대비하여 중점적으로 준비하여야 할 내용은 다음과 같다.
❶ 불도저의 종류 및 특징
❷ 스크레이퍼의 기능 및 특징
❸ 모터그레이더의 구성 및 용도
❹ 다짐기계의 종류 및 특징

• 모든 일에 예방이 최선의 방책이다.
 없앨 것은 작을 때 미리 없애고, 버릴 물건은 무거워지기 전에 빨리 버려라 (노자)

1 불도저(bulldozer)

1. 개요

불도저는 트랙터에 배토판을 장착한 것으로 굴착, 운반, 절토, 집토, 정지작업이 가능한 만능 토공기계

2. 회전장치에 의한 분류

(1) 크롤러형(crawler type)

① 연약한 지역이나 습지 지역의 작업에 용이하며, 암석지에서도 마모에 강하고 등판 능력과 견인력이 크다(무한궤도식).
② 트랙슈(track shoe : 履板)를 연속하여 조립한 트랙(track : 履帶)으로 주행하는 것으로서 변화하는 지세에 대하여 넓은 적용성을 지니고 있다.
③ 중작업과의 연결에 적당하고 강한 견인력을 갖는 장점이 있다.
④ 돌기(grouser)가 있는 보통 불도저와 습지용의 삼각형 트랙을 가진 습지 불도저가 있다.

(2) 타이어형(휠형)

① 고무타이어식은 크롤러식에 비하여 기동성과 이동성이 양호하며 평탄한 지면이나 포장도로에서 작업하기 좋다(휠식).

> **합격예측**
>
> **크롤러형 불도저의 특징**
> ① 연약한 지역이나 습지 지역의 작업에 용이하며, 암석지에서도 마모에 강하고 등판 능력과 견인력이 크다(무한궤도식).
> ② 트랙슈(track shoe : 履板)를 연속하여 조립한 트랙(track : 履帶)으로 주행하는 것으로서 변화하는 지세에 대하여 넓은 적용성을 지니고 있다.
> ③ 중작업과의 연결에 적당하고 강한 견인력을 갖는 장점이 있다.
> ④ 돌기(grouser)가 있는 보통 불도저와 습지용의 삼각형 트랙을 가진 습지 불도저가 있다.

합격예측

블레이드 각도에 의한 분류

① 스트레이트도저 : 블레이드가 수평이고, 또 불도저의 진행 방향에 직각으로 블레이드면을 부착한 것으로서 주로 중굴착 작업에 사용된다.
② 앵글도저 : 블레이드면의 방향이 진행 방향의 중심선에 대하여 20~30[°]의 경사가 진 것으로서 이것은 사면굴착·정지·흙메우기 등으로 차체의 진행에 따라 흙을 측면으로 보내는 작업에 적당하다.
③ 틸트도저 : 블레이드면 좌우의 높이를 변경할 수 있는 것으로서 단단한 흙의 도랑파기 절삭에 적당하다.(좌우 상하 25~30[°]까지 조절가능)

② 트랙터에 4개의 저압타이어를 부착한 것으로서 타이어 도저(tire dozer)라고도 한다.
③ 크롤러식에 비하여 작업속도는 빠르지만, 부정지나 연약지의 작업에서는 크롤러식보다 뒤진다.

3. 블레이드의 조작방식에 의한 분류

① 블레이드의 조작방식에는 와이어로프식과 유압식이 있다.
② 유압 기술의 향상에 의하여 최근에는 유압식이 많이 사용된다.

[그림] 불도저의 각 부 명칭

4. 블레이드 각도에 의한 분류

① 스트레이트도저 : 블레이드가 수평이고, 또 불도저의 진행 방향에 직각으로 블레이드면을 부착한 것으로서 주로 중굴착 작업에 사용된다.
② 앵글도저 : 블레이드면의 방향이 진행 방향의 중심선에 대하여 20~30[°]의 경사가 진 것으로서 이것은 사면굴착·정지·흙메우기 등으로 차체의 진행에 따라 흙을 측면으로 보내는 작업에 적당하다.
③ 틸트도저 : 블레이드면 좌우의 높이를 변경할 수 있는 것으로서 단단한 흙의 도랑파기 절삭에 적당하다.(좌우 상하 25~30[°]까지 조절가능)

[그림] 불도저의 종류 및 특성

분류	종류	특성
주행방식	무한궤도식	접지압이 0.4~1[kgf/cm²]로 일반토사 작업에 가장 많이 쓰임
	타이어식	무한궤도식에 비해 기동성이 양호하나 취약지에서 작업불리
배토판의 각도	스트레이트도저	배토판을 직각방향으로 설치, 수직굴착압토에 유리
	앵글도저	배토판을 진행방향에 따라 20~30[°] 좌우이동 가능, 사면굴착, 도랑파기, 정지작업 등에 유리
	틸트도저	배토판의 단을 좌, 우 밑으로 10~40[cm] 기울여서 작업가능, 도랑파기 및 경사토굴착에 유리

용도	레이크도저	배토판 대신 레이크를 장착한 것으로 나무뿌리나 큰 돌을 굴착
	리퍼도저	연암이나 풍화암 굴착에 이용
	U도저	U자 배토판을 장착한 것으로 운반거리 및 운반량이 클 경우 사용
	V도저	V자형 배토판을 장착한 것으로 지표면의 장애물을 제거하는데 사용
	습지용도저	접지압이 0.2[kgf/cm²] 정도로 연약한 습지의 굴착이나 압토에 사용
	수중도저	수상에서 원격조정이나 수중 다이버에 의해서 작업

> **합격예측**
>
> **불도저의 종류**
> ① 스트레이트도저
> ② 앵글도저
> ③ 버킷도저
> ④ 틸트도저
> ⑤ 레이크도저
> ⑥ U도저

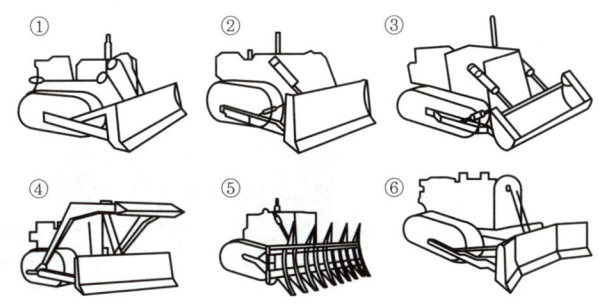

①스트레이트도저 ②앵글도저 ③버킷도저 ④틸트도저 ⑤레이크도저 ⑥U도저

[그림] 불도저의 작업장치

2 스크레이퍼(scraper)

(1) 기능

① 무른 토사나 토괴로 된 평탄한 지형의 지표면을 얇게 깍거나 일정한 두께로 흙쌓기할 경우에 사용한다.
② 불도저보다 운반거리가 크다.
③ 스크레이퍼 구동륜은 2륜과 4륜 구동식이 있으며, 2륜 구동식은 신뢰성이 좋고 어떠한 곳에서도 통과성이 좋으며, 4륜 구동식은 안정성이 좋고, 장거리와 고속도로 건설작업에 적합하다.
④ 용도는 굴착·적재·운반·성토·흙깔기·흙다지기 등의 작업을 하나의 기계로 시공할 수 있는 기계로서 트랙터로 견인하는 피견인식 트랙터스크레이퍼와 자주식 모터스크레이퍼가 있다.
⑤ 스크레이퍼는 암석이 많은 산지의 토공관계에는 부적당하지만 저목장의 정지·부지의 조성 등에는 가장 적당하다.

> **합격예측**
>
> **스크레이퍼의 용도**
> ① 채굴(digging)
> ② 성토적재(loading)
> ③ 운반(hauling)
> ④ 하역(dumping)

⑥ 얇은 수평층으로 토사를 이동시켜 광범위한 성토와 정지작업에 가장 적당하다.
⑦ 일반적으로 도로·주택지의 조성, 공장용지의 조성 등에 널리 사용된다.
⑧ 피견인식 스크레이퍼의 운반거리는 200~1,000[m], 자주식 모터스크레이퍼의 운반거리는 400~2,000[m]까지 가능하다.

(2) 작업량 증대 방법

① 1회 작업량을 크게 한다.
② 주행속도를 빠르게 한다.
③ 운반거리를 짧게 한다.

(3) 용도

① 채굴(digging)
② 성토적재(loading)
③ 운반(hauling)
④ 하역(dumping)

[그림] 스크레이퍼

3 모터그레이더(Motor grader)

(1) 구성

앞, 뒷바퀴의 중앙부에 흙을 깎고 미는 배토판을 장착한 것

(2) 용도

운동장 및 광장의 정지작업, 도로변의 끝손질, 옆도랑 파기, 사면 끝손질, 잔디 벗기기 등에 사용

[그림] 모터그레이더

4 다짐기계

(1) 개요

흙에 외력을 가하여 공극을 최소화하고 소요강도를 얻는 기계로 작업방식에 따라 전압식, 충격식, 진동식으로 구분

(2) 전압식 다짐기계

① 로드 롤러(Road roller) : 모든 흙에 사용이 가능하고 전압효과를 증가시키기 위해서 블라스트(Ballast)를 설치하기도 한다.
  ㉮ 머캐덤 롤러(Macadam roller) : 3륜 형식으로 쇄석, 자갈 등의 전압에 사용
  ㉯ 탠덤 롤러(Tandem roller) : 2륜 형식으로 주로 머캐덤 롤러의 작업후 마무리 다짐 또는 아스팔트 포장의 끝마무리에 사용
② 탬핑 롤러(Tamping roller) : 철륜 표면에 다수의 돌기를 붙여 접지압을 증가시킨 것이다.
  ㉮ 깊은 다짐이나 고함수비 지반, 점성토 지반에 적합하며, 두터운 성토 전압 작업에 이용
  ㉯ 돌기형태에 따라 Sheeps foot roller, Grid roller, Tapper foot roller, Turn foot roller로 구분
③ 타이어 롤러(Tire roller) : 접지압을 공기압으로 조절하여 접지압이 크면 깊은 다짐을 하고 접지압이 작으면 표면다짐을 한다.
  ㉮ 기층이나 노반의 표면다짐, 사질토나 사질 점성토의 다짐 등
  ㉯ 도로 토공에 많이 이용됨

> **합격예측**
>
> **전압식 다짐기계의 종류**
> ① 머캐덤 롤러
> ② 탠덤 롤러
> ③ 탬핑 롤러
> ④ 타이어 롤러

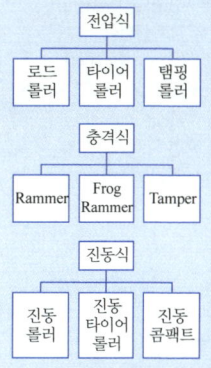

① 머캐덤 롤러　　② 탠덤 롤러　　③ 탬핑 롤러　　④ 타이어 롤러

[그림] 전압식 다짐기계

합격예측

준설기계의 종류
① 그래브 준설선
   (Grab Dredger)
② 디퍼 준설선
   (Dipper Dredger)
③ 버킷 준설선
   (Bucket Dredger)
④ 펌프 준설선
   (Pump Dredger)

(3) 충격식 다짐기계

① 래머 : 내연기관의 폭발로 인한 반력과 낙하하는 충격으로 다짐. 댐 코어 다짐과 같은 국부적인 다짐에 양호함
② 프로그 래머 : 대형 래머로 점성토 지반 및 어스댐 공사에 많이 사용
③ 탬퍼 : 전압판의 연속적인 충격으로 전압하는 기계로 갓길 및 소규모 도로 토공에 쓰임

(4) 진동식 다짐기계

① 바이브레이팅 롤러 : 가진기에 의하여 다짐차륜을 진동시켜 다짐, 사질토나 자갈질토에 적합함, 주로 도로 보수에 이용
② 바이브로 콤팩터 롤러 : 기계를 진동시켜 차륜의 진동 및 자중에 의하여 다짐, 갓길이나 사면, 구조물 주변, 도로노반의 다짐
③ 바이브레이터리 플레이트 콤팩터 : 내마모성의 두꺼운 강판 또는 진동판에 장착한 가진기로 진동시켜 다짐효과를 높임

[그림] 래머

[표] 준설기계의 종류 및 특징

종류	특징
그래브 준설선(Grab Dredger)	소규모 협소한 곳에 적합하며 단단한 땅에는 부적당하다.
디퍼 준설선(Dipper Dredger)	굴착량이 그래브 준설선보다 크며 굳은 토질에 적합하다.
버킷 준설선(Bucket Dredger)	준설 능력이 크고 풍랑이 강한 곳에서 작업이 용이하다.
펌프 준설선(Pump Dredger)	준설 매립을 동시에 할 수 있으며 파도의 영향을 받기 쉽다.

Chapter 07 운반기계

중점 학습내용

출제기준 변경 및 NCS(국가직무능력표준) 적용에 따라 이번 시험합격을 대비하여 중점적으로 준비하여야 할 내용은 다음과 같다.
1. 지게차의 정의 및 구비조건
2. 차량계 건설기계의 안전수칙
3. 기본안전사항

• 사람들은 자신이 하고 싶은 일을 할 수 없는 수천가지 이유를 찾고 있는데, 정작 그들에게는 할 수 있는 한 가지 이유만 있으면 된다. (휘트니)

1 지게차(fork lift)

(1) 정의

① 앞바퀴 구동에 뒷바퀴로 환향하고 최소회전반경이 작으며, 전면에 적재용 포크와 안내 레일의 역할을 하는 승강용 마스터를 갖추고 있다.
② 마스터의 경사각은 전경각 5~6[°], 후경각 10~12[°] 범위이다.
③ 경화물의 적재, 운반에 이용하며, 원동기식(engine type)과 전동식(battery type)이 있다.

[표] 전경각, 후경각

구 분	범 위
전경사각	마스터의 수직 위치에서 앞으로 기울인 경우의 최대경사각을 말하며 5~6[°] 범위이다.
후경사각	마스터의 수직 위치에서 뒤로 기울인 경우의 최대경사각을 말하며 10~12[°] 범위이다.

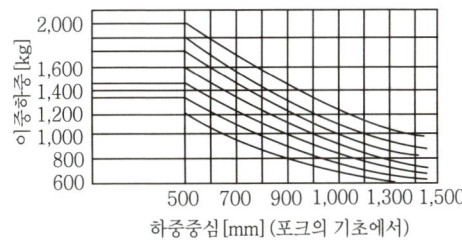

[그림] 포크리프트의 인양 높이와 허용하중과의 관계

합격예측

지게차의 헤드가드 (headguard) 구비조건
① 강도는 지게차의 최대하중의 2배 값(4[t]을 넘는 값에 대해서는 4[t]으로 한다)의 등분포정하중(等分布靜荷重)에 견딜 수 있을 것
② 상부틀의 각 개구의 폭 또는 길이가 16[cm] 미만일 것
③ 운전자가 앉아서 조작하거나 서서 조작하는 지게차의 헤드가드는 「산업표준화법」 제12조에 따른 한국산업표준에서 정하는 높이 기준 이상일 것(입식 : 1.88[m], 좌식 : 0.903[m] 이상)

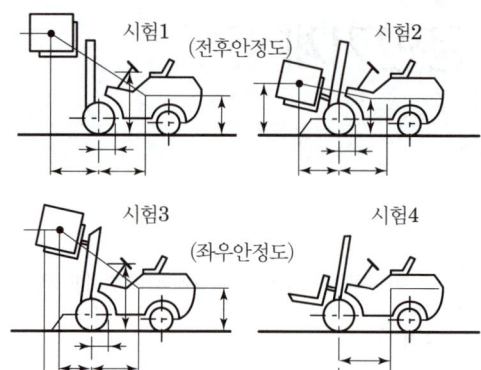

[그림] 포크리프트(fork lift)의 안정도

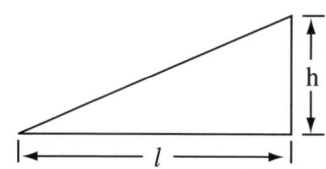

[그림] 포크리프트의 안정도값(안정도=h/l×100[%])

[표] 포크리프트의 안정도값

시험의 종류	바퀴의 상태	밑바닥 기울기[%]
전후안정도	기준 하중 상태에서 포크리프트를 최고로 올린 상태	4(최대하중 5[t] 미만) 3.5(최대하중 5[t] 이상)
전후안정도	주행 시의 기준 부하 상태	18
좌우안정도	기준 부하 상태에서 포크를 최고로 올리고, 마스트를 최대 후경(後傾)한 상태	6
좌우안정도	주행 시의 기준 부하 상태	15+1.1V

※ V=최고속도[km/h]

(2) 지게차의 헤드가드(head guard) 구비조건

① 강도는 지게차의 최대하중의 2배 값(4[t]을 넘는 값에 대해서는 4[t]으로 한다)의 등분포정하중(等分布靜荷重)에 견딜 수 있을 것
② 상부틀의 각 개구의 폭 또는 길이가 16[cm] 미만일 것
③ 운전자가 앉아서 조작하거나 서서 조작하는 지게차의 헤드가드는 한국산업표준에서 정하는 높이 기준 이상일 것(입식 : 1.88[m], 좌식 : 0.903[m] 이상)

[그림] 포크리프트 헤드가드

2 차량계 건설기계의 안전수칙

1. 차량계 건설기계의 종류

(1) 정의

차량계 건설기계란 동력원을 사용하여 특정되지 아니한 장소로 스스로 이동이 가능한 건설기계

(2) 종류

① 도저형 건설기계(불도저, 스트레이트도저, 틸트도저, 앵글도저, 버킷도저 등)
② 모터그레이더
③ 로더(포크 등 부착물 종류에 따른 용도 변경 형식을 포함한다)
④ 스크레이퍼
⑤ 크레인형 굴착기계(클램쉘, 드래그라인 등)
⑥ 굴삭기(브레이커, 크러셔, 드릴 등 부착물 종류에 따른 용도 변경형식을 포함한다)
⑦ 항타기 및 항발기
⑧ 천공용 건설기계(어스드릴, 어스오거, 크롤러드릴, 점보드릴 등)
⑨ 지반압밀침하용 건설기계(샌드드레인머신, 페이퍼드레인머신, 팩드레인머신 등)
⑩ 지반다짐용 건설기계(타이어롤러, 머캐덤롤러, 탠덤롤러 등)
⑪ 준설용 건설기계(버킷준설선, 그래브준설선, 펌프준설선 등)
⑫ 콘크리트 펌프카
⑬ 덤프트럭
⑭ 콘크리트 믹서 트럭
⑮ 도로포장용 건설기계(아스팔트 살포기, 콘크리트 살포기, 아스팔트 피니셔, 콘크리트 피니셔 등)

합격예측

차량계 건설기계의 종류
① 도저형 건설기계(불도저, 스트레이트도저, 틸트도저, 앵글도저, 버킷도저 등)
② 모터그레이더
③ 로더(포크 등 부착물 종류에 따른 용도 변경 형식을 포함한다)
④ 스크레이퍼
⑤ 크레인형 굴착기계(클램쉘, 드래그라인 등)
⑥ 굴삭기(브레이커, 크러셔, 드릴 등 부착물 종류에 따른 용도 변경형식을 포함한다)
⑦ 항타기 및 항발기
⑧ 천공용 건설기계(어스드릴, 어스오거, 크롤러드릴, 점보드릴 등)
⑨ 지반압밀침하용 건설기계(샌드드레인머신, 페이퍼드레인머신, 팩드레인머신 등)
⑩ 지반다짐용 건설기계(타이어롤러, 머캐덤롤러, 탠덤롤러 등)
⑪ 준설용 건설기계(버킷준설선, 그래브준설선, 펌프준설선 등)
⑫ 콘크리트 펌프카
⑬ 덤프트럭
⑭ 콘크리트 믹서 트럭
⑮ 도로포장용 건설기계(아스팔트 살포기, 콘크리트 살포기, 아스팔트 피니셔, 콘크리트 피니셔 등)
⑯ 골재 채취 및 살포용 건설기계(쇄석기, 자갈채취기, 골재살포기 등)
⑰ 제①호부터 제⑯호까지와 유사한 구조 또는 기능을 갖는 건설기계로서 건설작업에 사용하는 것

⑯ 골재 채취 및 살포용 건설기계(쇄석기, 자갈채취기, 골재살포기 등)
⑰ 제1호부터 제16호까지와 유사한 구조 또는 기능을 갖는 건설기계로서 건설작업에 사용하는 것

2. 차량계 건설기계의 작업계획서 내용

① 사용하는 차량계 건설기계의 종류 및 성능
② 차량계 건설기계의 운행경로
③ 차량계 건설기계에 의한 작업방법

> **합격예측**
>
> **차량계 건설기계의 작업계획서 내용**
> ① 사용하는 차량계 건설기계의 종류 및 성능
> ② 차량계 건설기계의 운행경로
> ③ 차량계 건설기계에 의한 작업방법

3. 차량계 건설기계의 안전수칙

① 미리 작업장소의 지형 및 지반상태 등에 적합한 제한속도를 정하고(최고속도가 10[km/h] 이하인 것을 제외) 운전자로 하여금 이를 준수하도록 하여야 한다.
② 차량계 건설기계가 넘어지거나 굴러 떨어짐으로써 근로자에게 위험을 미칠 우려가 있는 경우에는 유도하는 자를 배치하고 지반의 부동침하방지, 갓길의 붕괴방지 및 도로 폭의 유지 등 필요한 조치를 하여야 한다.
③ 운전 중인 해당 차량계 건설기계에 접촉되어 근로자에게 위험을 미칠 우려가 있는 장소에 근로자를 출입시켜서는 아니 된다.
④ 유도자를 배치한 경우에는 일정한 신호방법을 정하여 신호하도록 하여야 하며, 차량계 건설기계의 운전자는 그 신호에 따라야 한다.
⑤ 운전자가 운전위치를 이탈하는 경우에는 해당 운전자로 하여금 버킷·디퍼 등 작업장치를 지면에 내려두고 원동기를 정지시키고 브레이크를 거는 등 이탈을 방지하기 위한 조치를 하여야 한다.
⑥ 차량계 건설기계가 넘어지거나 붕괴될 위험 또는 붐(Boom)·암 등 작업장치가 파괴될 위험을 방지하기 위하여 해당 기계에 대한 구조 및 사용상의 안전도 및 최대사용하중을 준수하여야 한다.
⑦ 차량계 건설기계의 붐·암 등을 올리고 그 밑에서 수리·점검작업 등을 하는 경우에는 붐·암 등이 갑자기 하강함으로써 발생하는 위험을 방지하기 위하여 해당 작업에 종사하는 근로자에게 안전지주 또는 안전블록 등을 사용하도록 하여야 한다.

4. 낙하물 보호 구조

(1) 낙하물 보호 구조 구비 작업장소

토사 등이 떨어질 우려가 있는 등 위험한 장소

(2) 낙하물 보호 구조를 갖추어야 하는 차량계 건설기계의 종류

① 불도저
② 트랙터
③ 굴착기
④ 로더(loader) : 흙 따위를 퍼올리는 데 쓰는 기계
⑤ 스크레이퍼(scraper) : 흙을 절삭·운반하거나 펴 고르는 등의 작업을 하는 토공기계
⑥ 덤프트럭
⑦ 모터그레이더(motor grader) : 땅 고르는 기계
⑧ 롤러(roller) : 지반 다짐용 건설기계
⑨ 천공기
⑩ 항타기 및 항발기

3 기본안전사항

(1) 화물적재시 조치사항

① 하중이 한쪽으로 치우치지 않도록 적재할 것
② 구내 운반차 또는 화물자동차의 경우 화물의 붕괴 또는 낙하에 의한 위험을 방지하기 위하여 화물에 로프를 거는 등 필요한 조치를 할 것
③ 운전자의 시야를 가리지 않도록 화물을 적재할 것

(2) 운전 위치 이탈시 조치사항

① 포크, 버킷, 디퍼 등의 장치를 가장 낮은 위치 또는 지면에 내려 둘 것
② 원동기를 정지시키고 브레이크를 확실히 거는 등 갑작스러운 주행이나 이탈을 방지하기 위한 조치를 할 것
③ 운전석을 이탈하는 경우에는 시동키를 운전대에서 분리시킬 것. 다만, 운전석에 잠금장치를 하는 등 운전자가 아닌 사람이 운전하지 못하도록 조치한 경우에는 그러하지 아니하다.

(3) 100[kg] 이상의 화물을 싣거나 내리는 작업시 작업 지휘자의 준수사항

① 작업 순서 및 그 순서마다의 작업 방법을 정하고 작업을 지휘할 것
② 기구 및 공구를 점검하고 불량품을 제거할 것
③ 해당 작업을 하는 장소에 관계 근로자가 아닌 사람이 출입하는 것을 금지할 것
④ 로프 풀기 작업 또는 덮개 벗기기 작업은 적재함의 화물이 떨어질 위험이 없음을 확인한 후에 하도록 할 것

합격예측

화물적재시 조치사항
① 하중이 한쪽으로 치우치지 않도록 적재할 것
② 구내 운반차 또는 화물 자동차의 경우 화물의 붕괴 또는 낙하에 의한 위험을 방지하기 위하여 화물에 로프를 거는 등 필요한 조치를 할 것
③ 운전자의 시야를 가리지 않도록 화물을 적재할 것

합격예측

운전 위치 이탈시 조치사항
① 포크, 버킷, 디퍼 등의 장치를 가장 낮은 위치 또는 지면에 내려 둘 것
② 원동기를 정지시키고 브레이크를 확실히 거는 등 갑작스러운 주행이나 이탈을 방지하기 위한 조치를 할 것
③ 운전석을 이탈하는 경우에는 시동키를 운전대에서 분리시킬 것. 다만, 운전석에 잠금장치를 하는 등 운전자가 아닌 사람이 운전하지 못하도록 조치한 경우에는 그러하지 아니하다.

Chapter 08 건설용 양중기

중점 학습내용

출제기준 변경 및 NCS(국가직무능력표준) 적용에 따라 이번 시험합격을 대비하여 중점적으로 준비하여야 할 내용은 다음과 같다.
❶ 양중기의 개요 및 종류
❷ 양중기의 구분
❸ 양중기의 안전검사
❹ 양중기의 안전기준
❺ 크레인의 조립·해체 시 준수사항
❻ 이동식 크레인 작업의 안전기준
❼ 크레인의 방호장치
❽ 양중기의 와이어로프
❾ 작업시작 전 점검

• 아무도 보지 않는다 생각하고 춤을 추어라. 누구에게도 상처받지 않은 것처럼 사랑하라.
 아무도 듣지 않는다 생각하고 노래를 불러라. 마치 지상이 천국인 것처럼 살아라. (퍼지)

합격예측

양중기 종류
① 크레인(호이스트 포함)
② 이동식 크레인
③ 리프트(이삿짐운반용 리프트의 경우에는 적재하중이 0.1[t] 이상인 것)
④ 곤돌라
⑤ 승강기

합격예측

크레인 정의
정의 : "크레인"이란 동력을 사용하여 중량물을 매달아 상하 및 좌우[수평 또는 선회(旋回)를 말한다]로 운반하는 것을 목적으로 하는 기계 또는 기계장치를 말하며, "호이스트"란 훅이나 그 밖의 달기구 등을 사용하여 화물을 권상 및 횡행 또는 권상동작만을 하여 양중하는 것을 말한다.

1 개요

(1) 정의
양중기란 동력을 사용하여 화물, 사람 등을 운반하는 기계·설비

(2) 종류
① 크레인[호이스트(hoist)를 포함한다.]
② 이동식 크레인
③ 리프트(이삿짐운반용 리프트의 경우에는 적재하중이 0.1[t] 이상인 것으로 한정한다.)
④ 곤돌라
⑤ 승강기

2 양중기의 구분

(1) 크레인
① 정의 : "크레인"이란 동력을 사용하여 중량물을 매달아 상하 및 좌우[수평 또는 선회(旋回)를 말한다]로 운반하는 것을 목적으로 하는 기계 또는 기계장치를 말하며, "호이스트"란 훅이나 그 밖의 달기구 등을 사용하여 화물을 권상 및 횡행 또는 권상동작만을 하여 양중하는 것을 말한다.

② 크레인의 종류
  ㉮ 고정식 크레인
    ⓐ 타워크레인 : 높이 들어올리는 것이 가능, 작업범위 넓음
    ⓑ 지브크레인 : 주행식, 고정식이 있으며 조립 해체가 용이
    ⓒ 호이스트 크레인 : 건물의 길이방향으로 2개의 주행레일을 설치하여 화물운반
  ㉯ 이동식 크레인
    ⓐ 정의 : "이동식 크레인"이란 원동기를 내장하고 있는 것으로서 불특정 장소에 스스로 이동할 수 있는 크레인으로 동력을 사용하여 중량물을 매달아 상하 및 좌우(수평 또는 선회를 말한다)로 운반하는 설비로서 「건설기계관리법」을 적용받는 기중기 또는 「자동차관리법」 제3조에 따른 화물·특수자동차의 작업부에 탑재하여 화물운반 등에 사용하는 기계 또는 기계장치를 말한다.
    ⓑ 트럭크레인 : 기동성이 우수, 안정확보를 위해 아우트리거 설치
    ⓒ 크롤러크레인 : 연약지반 위에서 주행성능이 좋으나 기동성은 저조
    ⓓ 유압 크레인 : 이동속도가 빠르고 안정을 확보하기 위해 아우트리거 설치
③ 타워크레인 선정 시 사전 검토사항
  ㉮ 작업반경
  ㉯ 입지조건
  ㉰ 건립기계의 소음영향
  ㉱ 건물형태
  ㉲ 인양능력

(2) 리프트

① 정의 : "리프트"란 동력을 사용하여 사람이나 화물을 운반하는 것을 목적으로 하는 기계설비를 말한다.
② 종류
  ㉮ 건설용 리프트 : 동력을 사용하여 가이드레일을 따라 상하로 움직이는 운반구를 매달아 사람이나 화물을 운반할 수 있는 설비 또는 이와 유사한 구조 및 성능을 가진 것으로 건설현장에서 사용하는 것
  ㉯ 산업용 리프트 : 동력을 사용하여 가이드레일을 따라 상하로 움직이는 운반구를 매달아 화물을 운반할 수 있는 설비 또는 이와 유사한 구조 및 성능을 가진 것으로 건설현장 외의 장소에서 사용하는 것
  ㉰ 자동차정비용 리프트 : 동력을 사용하여 가이드레일을 따라 움직이는 지지대로 자동차 등을 일정한 높이로 올리거나 내리는 구조의 리프트로서 자동차 정비에 사용하는 것

합격예측

이동식 크레인

정의 : "이동식 크레인"이란 원동기를 내장하고 있는 것으로서 불특정 장소에 스스로 이동할 수 있는 크레인으로 동력을 사용하여 중량물을 매달아 상하 및 좌우(수평 또는 선회를 말한다)로 운반하는 설비로서 「건설기계관리법」을 적용받는 기중기 또는 「자동차관리법」 제3조에 따른 화물·특수자동차의 작업부에 탑재하여 화물운반 등에 사용하는 기계 또는 기계장치를 말한다.

합격예측

리프트

① 건설용 리프트 : 동력을 사용하여 가이드레일을 따라 상하로 움직이는 운반구를 매달아 사람이나 화물을 운반할 수 있는 설비 또는 이와 유사한 구조 및 성능을 가진 것으로 건설현장에서 사용하는 것
② 산업용 리프트 : 동력을 사용하여 가이드레일을 따라 상하로 움직이는 운반구를 매달아 화물을 운반할 수 있는 설비 또는 이와 유사한 구조 및 성능을 가진 것으로 건설현장 외의 장소에서 사용하는 것
③ 자동차정비용 리프트 : 동력을 사용하여 가이드레일을 따라 움직이는 지지대로 자동차 등을 일정한 높이로 올리거나 내리는 구조의 리프트로서 자동차 정비에 사용하는 것
④ 이삿짐운반용 리프트 : 연장 및 축소가 가능하고 끝단을 건축물 등에 지지하는 구조의 사다리형 붐에 따라 동력을 사용하여 움직이는 운반구를 매달아 화물을 운반하는 설비로서 화물자동차 등 차량 위에 탑재하여 이삿짐운반 등에 사용하는 것

㉔ 이삿짐운반용 리프트 : 연장 및 축소가 가능하고 끝단을 건축물 등에 지지하는 구조의 사다리형 붐에 따라 동력을 사용하여 움직이는 운반구를 매달아 화물을 운반하는 설비로서 화물자동차 등 차량 위에 탑재하여 이삿짐운반 등에 사용하는 것

(3) 곤돌라

"곤돌라"란 달기발판 또는 운반구, 승강장치, 그 밖의 장치 및 이들에 부속된 기계부품에 의하여 구성되고, 와이어로프 또는 달기강선에 의하여 달기발판 또는 운반구가 전용 승강장치에 의하여 오르내리는 설비를 말한다.

(4) 승강기

① 정의 : "승강기"란 건축물이나 고정된 시설물에 설치되어 일정한 경로에 따라 사람이나 화물을 승강장으로 옮기는 데에 사용되는 설비를 말한다.
② 종류
  ㉮ 승객용 엘리베이터 : 사람의 운송에 적합하게 제조·설치된 엘리베이터
  ㉯ 승객화물용 엘리베이터 : 사람의 운송과 화물 운반을 겸용하는데 적합하게 제조·설치된 엘리베이터
  ㉰ 화물용 엘리베이터 : 화물 운반에 적합하게 제조·설치된 엘리베이터로서 조작자 또는 화물취급자 1명은 탑승할 수 있는 것(적재용량이 300[kg] 미만인 것은 제외한다)
  ㉱ 소형화물용 엘리베이터 : 음식물이나 서적 등 소형 화물의 운반에 적합하게 제조·설치된 엘리베이터로서 사람의 탑승이 금지된 것
  ㉲ 에스컬레이터 : 일정한 경사로 또는 수평로를 따라 위·아래 또는 옆으로 움직이는 디딤판을 통해 사람이나 화물을 승강장으로 운송시키는 설비
③ 승강기의 방호장치
  ㉮ 과부하방지장치
  ㉯ 파이널 리밋 스위치(Final Limit Switch)
  ㉰ 비상정지장치
  ㉱ 속도조절기
  ㉲ 출입문 인터록(interlock)

3. 안전검사

(1) 검사주기

크레인, 리프트 및 곤돌라는 사업장에 설치가 끝난 날부터 3년 이내에 최초 안전검사를 실시하되, 그 이후부터 매 2년(건설현장에서 사용하는 것은 최초로 설치한 날부터 매 6개월)

(2) 안전검사내용

① 과부하방지장치, 권과방지장치, 그 밖의 안전장치의 이상 유무
② 브레이크와 클러치의 이상 유무
③ 와이어로프와 달기체인의 이상 유무
④ 훅 등 달기기구의 손상 유무
⑤ 배선, 집진장치, 배전반, 개폐기, 콘트롤러의 이상 유무

4. 양중기의 안전 기준

(1) 정격하중 등의 표시사항

사업주는 양중기(승강기는 제외한다) 및 달기구를 사용하여 작업하는 운전자 또는 작업자가 보기 쉬운 곳에 해당 기계의 정격하중, 운전속도, 경고표시 등을 부착하여야 한다. 다만, 달기구는 정격하중만 표시한다.

(2) 신호

(3) 운전위치로부터의 이탈금지

(4) 폭풍에 의한 이탈방지

순간풍속 30[m/sec]를 초과하는 바람이 불어올 우려가 있는 경우에는 옥외에 설치되어 있는 주행크레인에 대하여 이탈방지장치를 작동시키는 등 그 이탈을 방지하기 위한 조치를 하여야 한다.

합격예측

안전검사내용
① 과부하방지장치, 권과방지장치, 그 밖의 안전장치의 이상 유무
② 브레이크와 클러치의 이상 유무
③ 와이어로프와 달기체인의 이상 유무
④ 훅 등 달기기구의 손상 유무
⑤ 배선, 집진장치, 배전반, 개폐기, 콘트롤러의 이상 유무

5 크레인의 조립·해체 시 준수사항

(1) 크레인의 설치·조립·수리·점검·해체작업 시 조치사항

① 작업순서를 정하고 그 순서에 따라 작업을 할 것
② 작업을 할 구역에 관계 근로자가 아닌 사람의 출입을 금지하고 그 취지를 보기 쉬운 곳에 표시할 것
③ 비, 눈 그 밖에 기상상태의 불안정으로 날씨가 몹시 나쁜 경우에는 그 작업을 중지시킬 것
④ 작업장소는 안전한 작업이 이루어질 수 있도록 충분한 공간을 확보하고 장애물이 없도록 할 것
⑤ 들어올리거나 내리는 기자재는 균형을 유지하면서 작업을 하도록 할 것
⑥ 크레인의 성능, 사용조건 등에 따라 충분한 응력(應力)을 갖는 구조로 기초를 설치하고 침하 등이 일어나지 않도록 할 것
⑦ 규격품인 조립용 볼트를 사용하고 대칭되는 곳을 차례로 결합하고 분해할 것

(2) 타워크레인의 작업계획서 내용

① 타워크레인의 종류 및 형식
② 설치·조립 및 해체순서
③ 작업도구·장비·가설설비 및 방호설비
④ 작업인원의 구성 및 작업근로자의 역할범위
⑤ 타워크레인의 지지방법

(3) 타워크레인의 지지 시 준수사항

① 벽체에 지지하는 경우 준수사항
　㉮「산업안전보건법」시행규칙 제110조제1항제2호에 따른 서면심사에 관한 서류(「건설기계관리법」제18조에 따른 형식승인서류를 포함한다) 또는 제조사의 설치작업설명서 등에 따라 설치할 것
　㉯ 제㉮호의 서면심사 서류 등이 없거나 명확하지 아니한 경우에는「국가기술자격법」에 의한 건축구조·건설기계·기계안전·건설안전기술사 또는 건설안전분야 산업안전지도사의 확인을 받아 설치하거나 기종별모델별 공인된 표준방법으로 설치할 것
　㉰ 콘크리트구조물에 고정시키는 경우에는 매립이나 관통 또는 이와 동등 이상의 방법으로 충분히 지지되도록 할 것
　㉱ 건축 중인 시설물에 지지하는 경우에는 그 시설물의 구조적 안정성에 영향이 없도록 할 것

합격예측

타워크레인 작업계획서의 내용
① 타워크레인의 종류 및 형식
② 설치·조립 및 해체순서
③ 작업도구·장비·가설설비 및 방호설비
④ 작업인원의 구성 및 작업근로자의 역할범위
⑤ 타워크레인의 지지방법

② 와이어로프로 지지하는 경우 준수사항
  ㉮ 벽체에 지지하는 경우의 제 ①의 ㉮호 또는 제①의 ㉯호의 조치를 취할 것
  ㉯ 와이어로프를 고정하기 위한 전용 지지프레임을 사용할 것
  ㉰ 와이어로프 설치각도는 수평면에서 60[°] 이내로 할 것
  ㉱ 와이어로프의 고정부위는 충분한 강도와 장력을 갖도록 설치하고, 와이어로프를 클립·샤클 등의 고정기구를 사용하여 견고하게 고정시켜 풀리지 않도록 할 것
  ㉲ 와이어로프가 가공전선(架空電線)에 근접하지 않도록 할 것

(4) 강풍 시 타워크레인의 작업중지

순간풍속이 초당 10[m]를 초과하는 경우에는 타워크레인의 설치·수리·점검 또는 해체작업을 중지하여야 하며, 순간풍속이 초당 15[m]를 초과하는 경우에는 타워크레인의 운전작업을 중지하여야 한다.

6 이동식 크레인 작업의 안전기준

① 방호장치의 조정
② 안전밸브의 조정
③ 해지장치의 사용 : 하물을 운반하는 경우에는 해지장치를 사용
④ 과부하의 제한 : 적재하중을 초과하는 하중을 걸어서 사용금지
⑤ 출입의 금지

7 크레인의 방호장치

① 권과방지장치 : 권과를 방지하기 위하여 자동적으로 동력을 차단하고 작동을 제동하는 장치
② 과부하방지장치 : 크레인에 있어서 정격하중 이상의 하중이 부하되었을 때 자동적으로 상승이 정지되면서 경보음 발생
③ 비상정지장치 : 이동 중 이상상태 발생시 급정지시킬 수 있는 장치
④ 제동장치 : 운동체를 감속하거나 정지상태로 유지하는 기능을 가진 장치
⑤ 훅해지장치 : 훅에서 와이어로프가 이탈하는 것을 방지하는 장치

> **합격예측**
>
> **안전계수의 구분**
>
> | 구분 | 안전계수 |
> |---|---|
> | 근로자가 탑승하는 운반구를 지지하는 경우 | 10 이상 |
> | 화물의 하중을 직접 지지하는 경우 | 5 이상 |
> | 훅, 샤클, 클램프, 리프팅 빔의 경우 | 3 이상 |
> | 그 밖의 경우 | 4 이상 |

> **합격예측**
>
> **부적격한 와이어로프의 사용금지 기준**
> ① 이음매가 있는 것
> ② 와이어로프의 한 꼬임(스트랜드)에서 끊어진 소선[소선, 필러(pillar)선을 제외한다]의 수가 10[%] 이상(비자전로프의 경우에는 끊어진 소선의 수가 와이어로프 호칭지름의 6배 길이 이내에서 4개 이상이거나 호칭지름 30배 길이 이내에서 8개 이상인 것)인 것
> ③ 지름의 감소가 공칭지름의 7[%]를 초과하는 것
> ④ 꼬인 것
> ⑤ 심하게 변형 또는 부식된 것
> ⑥ 열과 전기충격에 의해 손상된 것

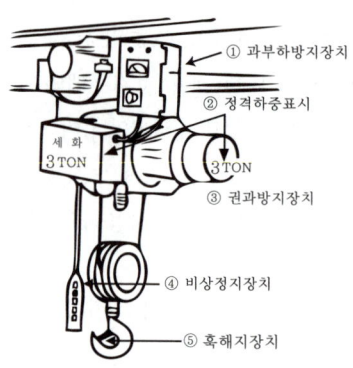

[그림] 크레인의 방호장치

8 양중기의 와이어로프

① 정의 : "와이어로프"란 양질의 고탄소강에서 인발한 소선(Wire)을 꼬아서 가닥(Strand)으로 만들고 이 가닥을 심(Core) 주위에 일정한 피치(Pitch)로 감아서 제작한 로프

② 안전계수 = $\dfrac{\text{절단하중}}{\text{최대사용하중}}$

[표] 안전계수의 구분

구분	안전계수
근로자가 탑승하는 운반구를 지지하는 경우	10 이상
화물의 하중을 직접 지지하는 경우	5 이상
훅, 샤클, 클램프, 리프팅 빔의 경우	3 이상
그 밖의 경우	4 이상

③ 부적격한 와이어로프의 사용금지 기준
  ㉮ 이음매가 있는 것
  ㉯ 와이어로프의 한 꼬임(스트랜드)에서 끊어진 소선[소선, 필러(pillar)선을 제외한다]의 수가 10[%] 이상(비자전로프의 경우에는 끊어진 소선의 수가 와이어로프 호칭지름의 6배 길이 이내에서 4개 이상이거나 호칭지름 30배 길이 이내에서 8개 이상인 것)인 것
  ㉰ 지름의 감소가 공칭지름의 7[%]를 초과하는 것

㉣ 꼬인 것
㉤ 심하게 변형 또는 부식된 것
㉥ 열과 전기충격에 의해 손상된 것

9 작업시작 전 점검

(1) 개요
① 크레인, 리프트, 곤돌라 등을 사용하는 작업시작 전에 필요한 사항을 점검
② 점검결과 이상이 발견된 경우에는 즉시 보수 그 밖에 필요한 조치 실시

(2) 작업시작 전 점검내용
① 크레인
㉮ 권과방지장치·브레이크·클러치 및 운전장치의 기능
㉯ 주행로의 상측 및 트롤리(trolley)가 횡행(橫行)하는 레일의 상태
㉰ 와이어로프가 통하고 있는 곳의 상태
② 이동식 크레인
㉮ 권과방지장치나 그 밖의 경보장치의 기능
㉯ 브레이크·클러치 및 조정장치의 기능
㉰ 와이어로프가 통하고 있는 곳 및 작업장소의 지반상태
③ 리프트(간이리프트 포함)
㉮ 방호장치·브레이크 및 클러치의 기능
㉯ 와이어로프가 통하고 있는 곳의 상태
④ 곤돌라
㉮ 방호장치·브레이크의 기능
㉯ 와이어로프·슬링와이어(sling wire) 등의 상태
⑤ 양중기의 와이어로프·달기체인·섬유로프·섬유벨트 또는 훅·샤클·링 등의 철구(이하 "와이어로프 등"이라 한다)를 사용하여 고리걸이작업을 할 때 : 와이어로프 등의 이상유무

Chapter 09 항타기·항발기

중점 학습내용

출제기준 변경 및 NCS(국가직무능력표준) 적용에 따라 이번 시험합격을 대비하여 중점적으로 준비하여야 할 내용은 다음과 같다.
❶ 무너짐 등의 방지준수사항
❷ 권상용 와이어로프 사용기준
❸ 그 밖의 항타기, 항발기 안전기준
❹ 자율안전확인 가설기자재

```
항타기 ─┬─ 타입식 ─┬─ 낙추(drop hammer)
        │          ├─ 증기 해머(steam hammer)
        │          └─ 디젤 해머(diesel hammer)
        ├─ 진동식(vibro hammer)
        ├─ 압입식(N=30까지 가능)
        └─ 사수식(점성토에는 불가)
```

1 무너짐(도괴) 등의 방지준수사항

① 연약한 지반에 설치하는 경우에는 아웃트리거·받침 등 지지구조물의 침하를 방지하기 위하여 깔판·받침목 등을 사용할 것
② 시설 또는 가설물 등에 설치하는 경우에는 그 내력을 확인하고 내력이 부족하면 그 내력을 보강할 것
③ 아웃트리거·받침 등 지지구조물이 미끄러질 우려가 있는 경우에는 말뚝 또는 쐐기 등을 사용하여 해당 지지구조물을 고정시킬 것
④ 궤도 또는 차로 이동하는 항타기 또는 항발기에 대해서는 불시에 이동하는 것을 방지하기 위하여 레일 클램프(rail clamp) 및 쐐기 등으로 고정시킬 것
⑤ 상단 부분은 버팀대·버팀줄로 고정하여 안전시키고, 그 하단 부분은 견고한 버팀·말뚝 또는 철골 등으로 고정시킬 것

합격정보
산업안전보건기준에 관한 규칙 제209조(무너짐의 방지)

합격예측

권상용 와이어로프 사용금지 기준
① 이음매가 있는 것
② 와이어로프의 한 꼬임(스트랜드)에서 끊어진 소선[素線, 필러(pillar)선을 제외한다]의 수가 10[%] 이상(비자전로프의 경우에는 끊어진 소선의 수가 와이어로프 호칭지름의 6배 길이 이내에서 4개 이상이거나 호칭지름 30배 길이 이내에서 8개 이상인 것)인 것
③ 지름의 감소가 공칭지름의 7[%]를 초과하는 것
④ 꼬인 것
⑤ 심하게 변형 또는 부식된 것
⑥ 열과 전기충격에 의해 손상된 것

2 권상용 와이어로프

(1) 사용금지기준
① 이음매가 있는 것
② 와이어로프의 한 꼬임(스트랜드)에서 끊어진 소선[素線, 필러(pillar)선은 제외한다]의 수가 10[%] 이상(비자전로프의 경우에는 끊어진 소선의 수가 와이어로프 호칭지름의 6배 길이 이내에서 4개 이상이거나 호칭지름 30배 길이 이내에서 8개 이상인 것)인 것
③ 지름의 감소가 공칭지름의 7[%]를 초과하는 것
④ 꼬인 것
⑤ 심하게 변형 또는 부식된 것
⑥ 열과 전기충격에 의해 손상된 것

(2) 안전계수
와이어로프의 안전계수가 5 이상이 아니면 이를 사용하여서는 아니 된다.

(3) 사용 시 준수사항
① 권상용 와이어로프는 추 또는 해머가 최저의 위치에 있는 경우 또는 널말뚝을 빼어내기 시작한 경우를 기준으로 하여 권상장치의 드럼에 적어도 2회 감기고 남을 수 있는 충분한 길이일 것
② 권상용 와이어로프는 권상장치의 드럼에 클램프·클립 등을 사용하여 견고하게 고정할 것
③ 항타기의 관상용 와이어로프에 있어서 추·해머 등과의 연결은 클램프·클립 등을 사용하여 견고하게 할 것

3 그 밖의 안전기준

(1) 도르래의 부착
① 사업주는 항타기나 항발기에 도르래나 도르래뭉치를 부착하는 경우에는 부착부가 받는 하중에 의하여 파괴될 우려가 없는 브래킷·샤클 및 와이어로프 등으로 견고하게 부착하여야 한다.
② 사업주는 항타기 또는 항발기의 권상장치의 드럼축과 권상장치로부터 첫 번째 도르래의 축과의 거리를 권상장치의 드럼폭의 15배 이상으로 하여야 한다.

합격예측

도르래의 부착
① 사업주는 항타기나 항발기에 도르래나 도르래뭉치를 부착하는 경우에는 부착부가 받는 하중에 의하여 파괴될 우려가 없는 브래킷·샤클 및 와이어로프 등으로 견고하게 부착하여야 한다.
② 사업주는 항타기 또는 항발기의 권상장치의 드럼축과 권상장치로부터 첫 번째 도르래의 축과의 거리를 권상장치의 드럼폭의 15배 이상으로 하여야 한다.
③ 도르래는 권상장치의 드럼의 중심을 지나야 하며 축과 수직면상에 있어야 한다.
④ 항타기나 항발기의 구조상 권상용 와이어로프가 꼬일 우려가 없는 경우에는 제②항과 제③항을 적용하지 아니한다.

③ 도르래는 권상장치의 드럼의 중심을 지나야 하며 축과 수직면상에 있어야 한다.
④ 항타기나 항발기의 구조상 권상용 와이어로프가 꼬일 우려가 없는 경우에는 제②항과 제③항을 적용하지 아니한다.

(2) 증기나 압축공기를 동력원으로 사용 시 준수사항

① 해머의 운동에 의하여 증기호스 또는 공기호스와 해머의 접속부가 파손되거나 벗겨지는 것을 방지하기 위하여 그 접속부가 아닌 부위를 선정하여 증기호스 또는 공기호스를 해머에 고정시킬 것
② 증기나 공기를 차단하는 장치를 해머의 운전자가 쉽게 조작할 수 있는 위치에 설치할 것

[표] 해머의 특징

구분	특징
드롭해머	① 해머를 와이어로프로 인장대까지 인상하여 낙하한다. ② 낙하고 조절이 가능하나 타격속도가 느리다.
증기해머	① 타격 횟수가 많으므로 투입능률이 좋고 낙하에 의한 위험이 적다. ② 소규모 현장에 부적합하고 연속타격이므로 소음이 크다.

4 자율안전확인 가설기자재

(1) 종류

① 선반지주 ② 단관비계용 강관 ③ 고정형 받침철물 ④ 달기체인
⑤ 달기틀 ⑥ 방호선반 ⑦ 엘리베이터 개구부용 난간틀 ⑧ 측벽용 브래킷

(2) 성능기준

① 달기체인 : 인장강도는 16,000[N] 이상
② 달기틀
　㉮ 처짐량(30[mm] 이하)　　㉯ 휨강도(10,000[N] 이상)
　㉰ 수평이동량(100[mm] 이하)
③ 방호선반(바닥판)
　㉮ 수직처짐량(11[mm] 이하)　㉯ 휨강도 [나비[mm]×7[N] 이상]
④ 엘리베이터 개구부용 난간틀
　㉮ 처짐량(50[mm] 이하)　　㉯ 휨강도(파괴되지 않을 것)
⑤ 측벽용 브래킷
　㉮ 수직처짐량(10[mm] 이하)　㉯ 최대하중(52,800[N] 이상)

Chapter 10 추락재해 위험성 및 안전조치

중점 학습내용

출제기준 변경 및 NCS(국가직무능력표준) 적용에 따라 이번 시험합격을 대비하여 중점적으로 준비하여야 할 내용은 다음과 같다.
❶ 추락의 정의
❷ 추락의 안전대책
❸ 추락재해 위험성 및 안전조치

• 가장 큰 실수는 포기해버리는 것
  가장 어리석은 일은 남의 결점만 찾아내는 것
  가장 심각한 파산은 의욕을 상실한 텅 빈 영혼
  가장 나쁜 감정은 질투
  그리고 가장 좋은 선물은 용서 (프랭크 크레인)

 합격날개

합격예측

추락의 정의
① 추락(墜落)이란 사람이나 물체가 중간 단계의 접촉 없이 낙하(자유낙하)하는 것이고 전락(轉落)이란 계단이나 경사면에서 굴러 떨어지는 것을 말한다.
② 동일하게 떨어지는 것이라도 물체의 경우는 낙하(落下)라고 하여 그 어휘를 구분하고 있다.

1 정의

① 추락(墜落)이란 사람이나 물체가 중간 단계의 접촉 없이 낙하(자유낙하)하는 것이고 전락(轉落)이란 계단이나 경사면에서 굴러 떨어지는 것을 말한다.
② 동일하게 떨어지는 것이라도 물체의 경우는 낙하(落下)라고 하여 그 어휘를 구분하고 있다.

2 안전대책

(1) 물적 측면에 대한 안전대책

① 추락이 일어나지 않도록 한다.(추락방지)
  ㉮ 발판, 작업대 등은 파괴 및 동요하지 않도록 견고하고 안정된 구조여야 한다.
  ㉯ 작업대와 통로는 미끄러지거나, 발에 걸려 넘어지지 않게 평탄하고 미끄럼 방지성이 뛰어난 것으로 한다.
  ㉰ 작업대와 통로 주변에는 난간이나 보호대를 설치하고 수평개구부에는 발판 등의 보호물을 설치한다.
② 만일 추락해도 재해가 일어나지 않도록 한다.(추락방호)
  작업 사정에 따라 추락방지가 곤란한 경우에는 안전대를 착용하거나 안전네트 등의 방호설비를 설치한다.

합격예측

개구부 등의 방호조치
① 안전난간, 울타리, 수직형 추락방망 또는 덮개 등 설치
② 충분한 강도를 가진 구조로 튼튼하게 설치, 덮개의 경우 뒤집히거나 떨어지지 않게 설치, 어두운 장소에서도 알아볼 수 있도록 개구부임을 표시
③ ①항이 매우 곤란하거나 작업의 필요상 임시로 난간 등을 해체하여야 하는 경우 안전방망 설치
④ 안전방망 설치 곤란 시 안전대 착용

합격예측

산업안전보건기준에 관한 규칙 제13조(안전난간의 구조 및 설치요건)
사업주는 근로자의 추락 등의 위험을 방지하기 위하여 안전난간을 설치하는 경우 다음 각 호의 기준에 맞는 구조로 설치해야 한다.
1. 상부 난간대, 중간 난간대, 발끝막이판 및 난간기둥으로 구성할 것. 다만, 중간 난간대, 발끝막이판 및 난간기둥은 이와 비슷한 구조와 성능을 가진 것으로 대체할 수 있다.
2. 상부 난간대는 바닥면·발판 또는 경사로의 표면(이하 "바닥면등"이라 한다)으로부터 90센티미터 이상 지점에 설치하고, 상부 난간대를 120센티미터 이하에 설치하는 경우에는 중간 난간대는 상부 난간대와 바닥면등의 중간에 설치하여야 하며, 120센티미터 이상 지점에 설치하는 경우에는 중간 난간대를 2단 이상으로 균등하게 설치하고 난간의 상하 간격은 60센티미터 이하가 되도록 할 것. 다만, 계단의 개방된 측면에 설치된 난간기둥 간의 간격이 25센티미터 이하인 경우에는 중간 난간대를 설치하지 아니할 수 있다.
3. 발끝막이판은 바닥면등으

(2) 인적 측면에 대한 안전대책

① 작업의 방법과 순서를 명확히 하여 작업자에게 주지시킨다.
② 작업자의 능력과 체력을 감안하여 적정한 배치를 꾀한다.
③ 안전교육훈련을 통해 작업자에게 추락의 위험을 인식시킴과 동시에 자율적 규제를 촉구한다.
④ 작업지휘자를 지명하여 집단작업을 통제한다.

3 추락재해의 위험성 및 안전조치

(1) 추락의 방지

① 비계를 조립하는 등의 방법에 의하여 작업발판을 설치하여야 한다.
② (작업발판 설치 곤란할 때) 추락방호망을 치거나 안전대를 착용하여야 한다.
③ 추락방호망 설치 안전기준
　㉮ 추락방호망의 설치위치는 가능하면 작업면으로부터 가까운 지점에 설치하여야 하며, 작업면으로부터 망의 설치지점까지의 수직거리는 10[m]를 초과하지 아니할 것
　㉯ 추락방호망은 수평으로 설치하고, 추락방호망의 처짐은 짧은 변 길이의 12[%] 이상이 되도록 할 것
　㉰ 건축물 등의 바깥쪽으로 설치하는 경우 추락방호망의 내민 길이는 벽면으로부터 3[m] 이상 되도록 할 것. 다만, 그물코가 20[mm] 이하인 추락방호망을 사용한 경우에는 낙하물방지망을 설치한 것으로 본다.

(2) 개구부 등의 방호조치

① 안전난간, 울타리, 수직형 추락방망 또는 덮개 등 설치한다.
② 충분한 강도를 가진 구조로 튼튼하게 설치, 덮개의 경우 뒤집히거나 떨어지지 않게 설치, 어두운 장소에서도 알아볼 수 있도록 개구부임을 표시한다.
③ ①항이 매우 곤란하거나 작업의 필요상 임시로 난간 등을 해체하여야 하는 경우 추락방호망을 설치한다.
④ 추락방호망 설치 곤란 시 안전대를 착용한다.

(3) 안전대의 부착설비

① 사업주는 추락할 위험이 있는 높이 2[m] 이상의 장소에서 근로자에게 안전대를 착용시킨 경우 안전대를 안전하게 걸어 사용할 수 있는 설비 등을 설치하여야 한다. 이러한 안전대 부착설비로 지지로프 등을 설치하는 경우에는 처짐

거나 풀리는 것을 방지하기 위하여 필요한 조치를 하여야 한다.
② 사업주는 제①항에 따른 안전대 및 부속설비의 이상 유무를 작업을 시작하기 전에 점검하여야 한다.

(4) 슬레이트 및 선라이트(sunlight) 지붕 위에서의 위험방지

① 사업주는 근로자가 지붕 위에서 작업을 할 때에 추락하거나 넘어질 위험이 있는 경우에는 다음 각 호의 조치를 해야 한다.
  ㉮ 지붕의 가장자리에 제13조에 따른 안전난간을 설치할 것
  ㉯ 채광창(skylight)에는 견고한 구조의 덮개를 설치할 것
  ㉰ 슬레이트 등 강도가 약한 재료로 덮은 지붕에는 폭 30센티미터 이상의 발판을 설치할 것
② 사업주는 작업 환경 등을 고려할 때 제1항제1호에 따른 조치를 하기 곤란한 경우에는 제42조제2항 각 호의 기준을 갖춘 추락방호망을 설치해야 한다. 다만, 사업주는 작업 환경 등을 고려할 때 추락방호망을 설치하기 곤란한 경우에는 근로자에게 안전대를 착용하도록 하는 등 추락 위험을 방지하기 위하여 필요한 조치를 해야 한다.

로부터 10센티미터 이상의 높이를 유지할 것. 다만, 물체가 떨어지거나 날아올 위험이 없거나 그 위험을 방지할 수 있는 망을 설치하는 등 필요한 예방 조치를 한 장소는 제외한다.
4. 난간기둥은 상부 난간대와 중간 난간대를 견고하게 떠받칠 수 있도록 적정한 간격을 유지할 것
5. 상부 난간대와 중간 난간대는 난간 길이 전체에 걸쳐 바닥면등과 평행을 유지할 것
6. 난간대는 지름 2.7센티미터 이상의 금속제 파이프나 그 이상의 강도가 있는 재료일 것
7. 안전난간은 구조적으로 가장 취약한 지점에서 가장 취약한 방향으로 작용하는 100킬로그램 이상의 하중에 견딜 수 있는 튼튼한 구조일 것

> **보충학습**
>
> **산업안전보건기준에 관한 규칙 제42조(추락의 방지)** 23. 10. 14 실기 23. 10. 15 실기
> ① 사업주는 근로자가 추락하거나 넘어질 위험이 있는 장소[작업발판의 끝·개구부(開口部) 등을 제외한다]또는 기계·설비·선박블록 등에서 작업을 할 때에 근로자가 위험해질 우려가 있는 경우 비계(飛階)를 조립하는 등의 방법으로 작업발판을 설치하여야 한다.
> ② 사업주는 제1항에 따른 작업발판을 설치하기 곤란한 경우 다음 각 호의 기준에 맞는 추락방호망을 설치해야 한다. 다만, 추락방호망을 설치하기 곤란한 경우에는 근로자에게 안전대를 착용하도록 하는 등 추락위험을 방지하기 위해 필요한 조치를 해야 한다.
>   1. 추락방호망의 설치위치는 가능하면 작업면으로부터 가까운 지점에 설치하여야 하며, 작업면으로부터 망의 설치지점까지의 수직거리는 10미터를 초과하지 아니할 것
>   2. 추락방호망은 수평으로 설치하고, 망의 처짐은 짧은 변 길이의 12퍼센트 이상이 되도록 할 것
>   3. 건축물 등의 바깥쪽으로 설치하는 경우 추락방호망의 내민 길이는 벽면으로부터 3미터 이상 되도록 할 것. 다만, 그물코가 20밀리미터 이하인 추락방호망을 사용한 경우에는 제14조제3항에 따른 낙하물 방지망을 설치한 것으로 본다.
> ③ 사업주는 추락방호망을 설치하는 경우에는 한국산업표준에서 정하는 성능기준에 적합한 추락방호망을 사용하여야 한다. 〈신설 2017. 12. 28., 2022. 10. 18.〉
> ④ 사업주는 제1항 및 제2항에도 불구하고 작업발판 및 추락방호망을 설치하기 곤란한 경우에는 근로자로 하여금 3개 이상의 버팀대를 가지고 지면으로부터 안정적으로 세울 수 있는 구조를 갖춘 이동식 사다리를 사용하여 작업을 하게 할 수 있다. 이 경우 사업주는 근로자가 다음 각 호의 사항을 준수하도록 조치해야 한다. 〈신설 2024. 6. 28.〉
>   1. 평탄하고 견고하며 미끄럽지 않은 바닥에 이동식 사다리를 설치할 것
>   2. 이동식 사다리의 넘어짐을 방지하기 위해 다음 각 목의 어느 하나 이상에 해당하는 조치를 할 것
>   가. 이동식 사다리를 견고한 시설물에 연결하여 고정할 것
>   나. 아웃트리거(outrigger, 전도방지용 지지대)를 설치하거나 아웃트리거가 붙어있는 이동식 사다리를 설치할 것
>   다. 이동식 사다리를 다른 근로자가 지지하여 넘어지지 않도록 할 것
>   3. 이동식 사다리의 제조사가 정하여 표시한 이동식 사다리의 최대사용하중을 초과하지 않는 범위 내에서만 사용할 것
>   4. 이동식 사다리를 설치한 바닥면에서 높이 3.5미터 이하의 장소에서만 작업할 것
>   5. 이동식 사다리의 최상부 발판 및 그 하단 디딤대에 올라서서 작업하지 않을 것. 다만, 높이 1미터 이하의 사다리는 제외한다.
>   6. 안전모를 착용하되, 작업 높이가 2미터 이상인 경우에는 안전모와 안전대를 함께 착용할 것
>   7. 이동식 사다리 사용 전 변형 및 이상 유무 등을 점검하여 이상이 발견되면 즉시 수리하거나 그 밖에 필요한 조치를 할 것

Chapter 11 추락재해 발생형태 및 발생원인

중점 학습내용

출제기준 변경 및 NCS(국가직무능력표준) 적용에 따라 이번 시험합격을 대비하여 중점적으로 준비하여야 할 내용은 다음과 같다.
❶ 추락재해 발생형태
❷ 추락재해의 종류

• 정직한 사람은 모욕을 주는 결과가 되더라도 진실을 말하며, 잘난 체 하는 자는 모욕을 주기 위해 진실을 말한다.(W. 헤즐리트)

합격예측

추락재해의 종류
① 비계로부터의 추락
② 사다리로부터의 추락
③ 경사지붕 및 철골작업 시 추락
④ 경사로, 계단에서의 추락
⑤ 개구부(바닥, 엘리베이터 Pit, 파이프 샤프트 등)에서의 추락
⑥ 철골, 비계 등 조립작업 중 추락용

1 발생형태

① 추락은 사람이 건축물이나 비계, 기계, 사다리, 계단, 경사면, 나무 등 높은 곳에서 떨어지는 것을 말하며 추락재해는 건설재해의 발생형태 중 가장 많이 발생되는 재해형태이며 중대재해로 이어지는 경우가 많으므로 추락방지시설이 반드시 필요하다.
② 추락재해를 예방하기 위한 기본적인 대책은 고소의 작업을 되도록 줄이는 동시에 울, 난간 등의 방호조치로 안전한 작업발판 위에서 작업하는 것이다.
③ 안전보건규칙에서는 근로자가 추락하거나 넘어질 위험이 있는 장소에서 작업을 할 때는 비계를 조립하는 방법으로 작업발판을 설치하거나, 작업발판을 설치하기 곤란한 경우 안전방망을 설치, 안전방망을 설치하기 곤란한 경우에는 근로자에게 안전대를 착용하도록 하는 등 추락위험을 방지하기 위한 조치를 규정하고 있다.

2 추락재해의 종류

① 비계로부터의 추락
② 사다리로부터의 추락
③ 경사지붕 및 철골작업 시 추락
④ 경사로, 계단에서의 추락
⑤ 개구부(바닥, 엘리베이터 Pit, 파이프 샤프트 등)에서의 추락
⑥ 철골, 비계 등 조립작업 중 추락

Chapter 12 추락재해 방호설비

중점 학습내용

출제기준 변경 및 NCS(국가직무능력표준) 적용에 따라 이번 시험합격을 대비하여 중점적으로 준비하여야 할 내용은 다음과 같다.
❶ 안전난간 정의 ❷ 작업발판 설치기준 ❸ 개구부 등의 방호조치

• 녹은 쇠에서 생겨나지만 차차 그 쇠를 먹어버린다.
  이는 마찬가지로 마음이 옳지 못하면 그 마음이 사람을 먹어버린다.(법화경)

1 안전난간

(1) 정의

안전난간이란 개구부, 작업발판, 가설계단의 통로 등에서의 추락사고를 방지하기 위해 설치하는 것으로 상부난간, 중간난간, 난간기둥 및 발끝막이판으로 구성된다.

(2) 안전난간의 구성 및 설치요건

① 상부 난간대, 중간 난간대, 발끝막이판 및 난간기둥으로 구성할 것. 다만, 중간 난간대, 발끝막이판 및 난간기둥은 이와 비슷한 구조와 성능을 가진 것으로 대체할 수 있다.
② 상부 난간대는 바닥면·발판 또는 경사로의 표면(이하 "바닥면 등"이라 한다)으로부터 90[cm] 이상 지점에 설치하고, 상부 난간대를 120[cm] 이하에 설치하는 경우에는 중간 난간대는 상부 난간대와 바닥면 등의 중간에 설치하여야 하며, 120[cm] 이상 지점에 설치하는 경우에는 중간 난간대를 2단 이상으로 균등하게 설치하고 난간의 상하 간격은 60[cm] 이하가 되도록 하여야 한다.
③ 발끝막이판은 바닥면 등으로부터 10[cm] 이상의 높이를 유지할 것. 다만, 물체가 떨어지거나 날아올 위험이 없거나 그 위험을 방지할 수 있는 망을 설치하는 등 필요한 예방조치를 한 장소는 제외한다.
④ 난간기둥은 상부 난간대와 중간 난간대를 견고하게 떠받칠 수 있도록 적정한 간격을 유지하여야 한다.
⑤ 상부 난간대와 중간 난간대는 난간길이 전체에 걸쳐 바닥면 등과 평행을 유지하여야 한다.

> **합격예측**
>
> **안전난간 정의**
> 안전난간이란 개구부, 작업발판, 가설계단의 통로 등에서의 추락사고를 방지하기 위해 설치하는 것으로 상부난간, 중간난간, 난간기둥 및 발끝막이판으로 구성된다.

합격예측
작업발판 설치기준
높이가 2[m] 이상인 작업장소에는 다음 기준에 적합한 작업발판을 설치하여야 한다.
① 발판재료는 작업할 때의 하중을 견딜 수 있도록 견고한 것으로 할 것
② 작업발판의 폭은 40[cm] 이상으로 하고, 발판재료 간의 틈은 3[cm] 이하로 할 것. 다만, 외줄비계의 경우에는 고용노동부장관이 별도로 정하는 기준에 따른다.
③ 추락의 위험이 있는 장소에는 안전난간을 설치할 것. 다만, 작업의 성질상 안전난간을 설치하는 것이 곤란한 경우, 작업의 필요상 임시로 안전난간을 해체할 때에 안전방망을 설치하거나 근로자로 하여금 안전대를 사용하도록 하는 등 추락위험 방지 조치를 한 경우에는 그러하지 아니하다.
④ 작업발판의 지지물은 하중에 의하여 파괴될 우려가 없는 것을 사용할 것
⑤ 작업발판재료는 뒤집히거나 떨어지지 않도록 둘 이상의 지지물에 연결하거나 고정시킬 것
⑥ 작업발판을 작업에 따라 이동시킬 경우에는 위험방지에 필요한 조치를 할 것

⑥ 난간대는 지름 2.7[cm] 이상의 금속제 파이프나 그 이상의 강도가 있는 재료이어야 한다.

⑦ 안전난간은 구조적으로 가장 취약한 지점에서 가장 취약한 방향으로 작용하는 100[kg] 이상의 하중에 견딜 수 있는 튼튼한 구조이어야 한다.

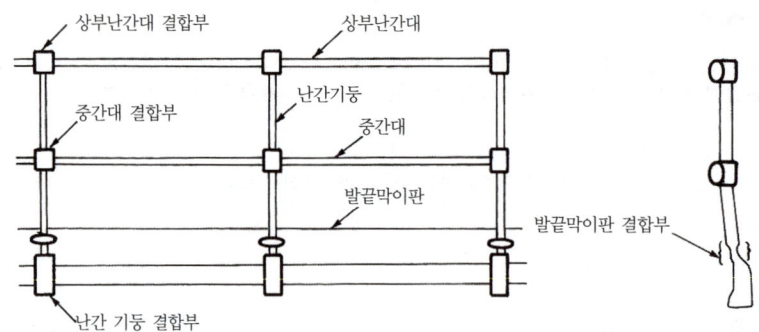

[그림] 안전난간의 구조 및 설치기준

2 작업발판 설치기준

높이가 2[m] 이상인 작업장소에는 다음 기준에 적합한 작업발판을 설치하여야 한다.

① 발판재료는 작업할 때의 하중을 견딜 수 있도록 견고한 것으로 할 것

② 작업발판의 폭은 40[cm] 이상으로 하고, 발판재료 간의 틈은 3[cm] 이하로 할 것. 다만, 외줄비계의 경우에는 고용노동부장관이 별도로 정하는 기준에 따른다.

③ 추락의 위험이 있는 장소에는 안전난간을 설치할 것. 다만, 작업의 성질상 안전난간을 설치하는 것이 곤란한 경우, 작업의 필요상 임시로 안전난간을 해체할 때에 안전방망을 설치하거나 근로자로 하여금 안전대를 사용하도록 하는 등 추락위험 방지 조치를 한 경우에는 그러하지 아니하다.

④ 작업발판의 지지물은 하중에 의하여 파괴될 우려가 없는 것을 사용할 것

⑤ 작업발판재료는 뒤집히거나 떨어지지 않도록 둘 이상의 지지물에 연결하거나 고정시킬 것

⑥ 작업발판을 작업에 따라 이동시킬 경우에는 위험방지에 필요한 조치를 할 것

3 개구부 등의 방호조치

(1) 개요
건설현장에는 추락위험이 있는 중·소형 개구부가 많이 발생되므로 개구부로 근로자가 추락하지 않도록 안전난간, 수직방망, 덮개 등으로 방호조치를 하여야 한다.

(2) 개구부의 분류 및 방호조치
① 바닥 개구부
  ㉮ 소형 바닥 개구부 : 안전한 구조의 덮개 설치 및 표면에는 개구부임을 표시, 덮개의 재료는 손상·변형·부식이 없는 것, 덮개의 크기는 개구부보다 10[cm] 정도 여유 있게 설치하고 유동이 없도록 스토퍼를 설치
  ㉯ 대형 바닥 개구부 : 안전난간 설치(상부 90~120[cm]), 하부에는 발끝막이판 설치(10[cm] 이상)
② 벽면 개구부
  ㉮ 슬래브 단부 개구부 : 안전난간은 강관파이프를 설치하고 수평력 100[kg] 이상 확보
  ㉯ 엘리베이터 개구부 : 기성제품의 안전난간을 사용하여 설치, 엘리베이터 시공 시 방호막 설치
  ㉰ 발코니 개구부 : 기성제품 난간기둥을 발코니턱에 체결, 난간은 강관파이프 사용
  ㉱ 계단실 개구부 : 안전난간은 기성 조립식 제품 사용
  ㉲ 흙막이(굴착선단) 단부 개구부 : 안전난간 2단 설치 및 추락방지망을 수직으로 설치, 난간 하부에 발끝막이판(높이 10[cm] 이상) 설치

Chapter 13. 추락방지용 방호망의 구조 및 안전기준

중점 학습내용

출제기준 변경 및 NCS(국가직무능력표준) 적용에 따라 이번 시험합격을 대비하여 중점적으로 준비하여야 할 내용은 다음과 같다.
❶ 추락방호망의 정의 및 안전기준
❷ 추락방지용 방호망의 설치기준

• 인생의 가장 큰 고백은 아는 것과 행동하는 것 사이에 있다.(딕빅스)

합격예측

추락방지용 방호망(net)의 구조 등 안전기준

① 구조 : 방망(net), 망테두리, 재봉사, 매다는 망으로 구성된 것이어야 한다.
② 재료 : 방망의 재료는 합성섬유 또는 그 이상의 재질을 보유한 것이어야 한다.
③ 그물코 : 그물코는 가로, 세로가 10[cm] 이하이어야 한다.
④ 그물바닥 : 뒤틀리거나 어긋나지 않는 구조이어야 한다.
⑤ 재봉 : 망테두리는 주변의 그물코를 통한 후 어긋나는 일이 없도록 재봉실과 망사와 연결한 것이어야 한다.
⑥ 망테두리와 매다는 망의 접속 : 망테두리와 매다는 망과의 연결은 3회 이상을 엮어 묶는 방법 또는 이와 동등 이상의 확실한 방법으로 묶은 것이어야 한다.

1 정의

추락방호망이란 고소작업 시 추락방지를 위해 추락의 위험이 있는 장소에 설치하는 방망을 말하며 추락방호망은 낙하높이에 따른 충격을 견딜 수 있어야 한다.

2 안전기준

(1) 추락방지용 방호망(net)의 구조 등 안전기준

① 구조 : 방망(net), 망테두리, 재봉사, 매다는 망으로 구성된 것이어야 한다.
② 재료 : 방망의 재료는 합성섬유 또는 그 이상의 재질을 보유한 것이어야 한다.
③ 그물코 : 그물코는 가로, 세로가 10[cm] 이하이어야 한다.
④ 그물바닥 : 뒤틀리거나 어긋나지 않는 구조이어야 한다.
⑤ 재봉 : 망테두리는 주변의 그물코를 통한 후 어긋나는 일이 없도록 재봉실과 망사와 연결한 것이어야 한다.
⑥ 망테두리와 매다는 망의 접속 : 망테두리와 매다는 망과의 연결은 3회 이상을 엮어 묶는 방법 또는 이와 동등 이상의 확실한 방법으로 묶은 것이어야 한다.

[표] 그물코 인장강도

그물코의 종류	인장강도
10[cm]	120[kg]
5[cm]	50[kg]

(2) 추락방지용 방호망의 설치기준

① 방망사의 시험방망사는 시험용사로부터 채취한 시험편의 양단을 인장시험기로 시험하거나 또는 이와 유사한 방법으로 등속인장시험을 한다. 등속인장시험은 한국공업규격(KS)에 적합하도록 한다.

[표] 방망사의 신품에 대한 인장강도

그물코의 크기	방망의 종류	
	매듭 없는 방망	매듭 방망
10[cm]	240[kg]	200[kg]
5[cm]		110[kg]

[표] 방망사의 폐기 시 인장강도

그물코의 크기	방망의 종류	
	매듭 없는 방망	매듭 방망
10[cm]	150[kg]	135[kg]
5[cm]		60[kg]

② 설치 간격
  ㉮ 3층 이내마다 1개씩 설치할 것
  ㉯ 망은 이음을 철저히 하고 빈틈이 없도록 할 것
③ 지지점의 강도 : 600[kg]의 외력에 견딜 것
④ 방망의 처짐 : 낙하물이 방망에 도달시 망 밑부분이 바닥이나 기계설비 등에 충돌되지 않도록 할 것
  ㉮ 10[cm] 그물코의 경우
    ㉠ L < A일 때 $H_2 = \dfrac{0.85}{4}(L+3A)$
    ㉡ L ≥ A일 때 $H_2 = 0.85L$
  ㉯ 5[cm] 그물코의 경우
    ㉠ L < A일 때 $H_2 = \dfrac{0.95}{4}(L+3A)$
    ㉡ L ≥ A일 때 $H_2 = 0.95L$
⑤ 방망의 표시사항
  ㉮ 제조자명   ㉯ 제조연월
  ㉰ 재봉치수   ㉱ 그물코
  ㉲ 신품인 때의 방망의 강도
⑥ 방망의 사용제한

합격예측

방망사의 신품에 대한 인장강도

그물코의 크기	방망의 종류	
	매듭 없는 방망	매듭 방망
10[cm]	240[kg]	200[kg]
5[cm]		110[kg]

방망사의 폐기 시 인장강도

그물코의 크기	방망의 종류	
	매듭 없는 방망	매듭 방망
10[cm]	150[kg]	135[kg]
5[cm]		60[kg]

> ㉮ 방망사가 규정한 강도 이하인 방망
> ㉯ 인체 또는 이와 동등 이상의 무게를 갖는 낙하물에 대해 충격을 받은 방망
> ㉰ 파손한 부분을 보수하지 않은 방망
> ㉱ 강도가 명확하지 않은 방망

⑦ 낙하높이 : 작업면과 방망이 부착된 위치와의 수직거리(낙하높이)는 다음과 같이 산술하고 얻는 값 이하일 것
  ㉮ 하나의 방망(net)일 경우
    ㉠ L < A일 때 $H_1 = 0.25(L+2A)$
    ㉡ L ≥ A일 때 $H_1 = 0.75L$
  ㉯ 두 개의 방망(net)일 경우
    ㉠ L < A일 때 $H_1 = 0.20(L+2A)$
    ㉡ L ≥ A일 때 $H_1 = 0.60L$

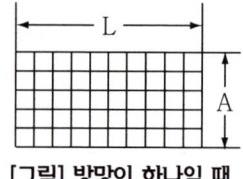
[그림] 방망이 하나일 때

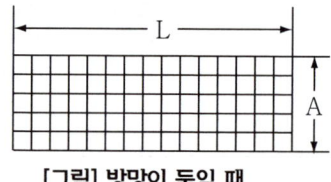
[그림] 방망이 둘일 때

⑧ 방망의 처짐 : 방망의 늘어뜨리는 길이는 다음 식에 따라 산술한 값 이하로 할 것
  ㉮ L < A일 때 $S = 0.25(L+2A) \times 1/3$
  ㉯ L ≥ A일 때 $S = 0.75L \times 1/3$

⑨ 방망과 바닥면과의 높이 : 방망을 설치한 위치에서 망 밑부분에 충돌 위험이 있는 바닥면 또는 기계설비와의 수직거리(이하 '방망 하부와의 간격'이라 한다)는 다음에 계산하는 값 이상일 것

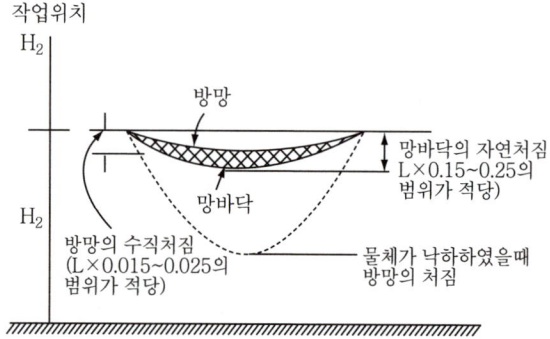
[그림] 방망과 바닥높이

합격예측

방망의 사용제한
① 방망사가 규정한 강도 이하인 방망
② 인체 또는 이와 동등 이상의 무게를 갖는 낙하물에 대해 충격을 받은 방망
③ 파손한 부분을 보수하지 않은 방망
④ 강도가 명확하지 않은 방망

[표] 허용낙하높이

높이 조건 종류	낙하높이(H_1)		방망과 바닥면 높이(H_2)		방망의 처짐길이 (S)
	단일방망	복합방망	10[cm] 그물코	5[cm] 그물코	
L < A	$\frac{1}{4}(L+2A)$	$\frac{1}{5}$	$\frac{0.85}{4}(L+3A)$	$\frac{0.95}{4}(L+3A)$	$\frac{1}{4}(L+2A) \times \frac{1}{3}$
L ≥ A	$\frac{3}{4}L$	$\frac{3}{5}L$	0.85L	0.95L	$\frac{3}{4}L \times \frac{1}{3}$

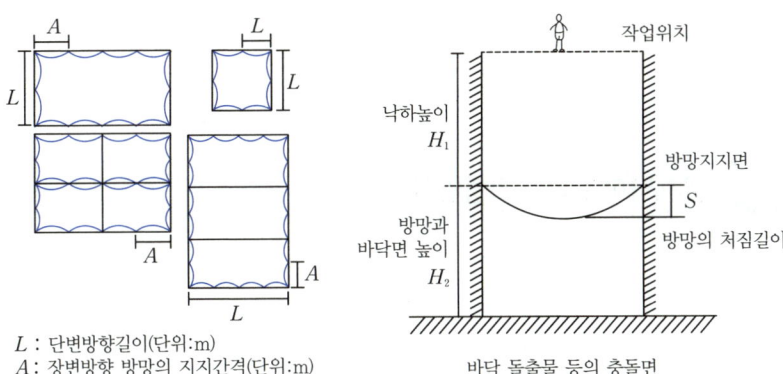

L : 단변방향길이(단위:m)
A : 장변방향 방망의 지지간격(단위:m)

[그림] L과 A의 관계

Chapter 14 낙하·비래위험방지 및 안전조치

중점 학습내용

출제기준 변경 및 NCS(국가직무능력표준) 적용에 따라 이번 시험합격을 대비하여 중점적으로 준비하여야 할 내용은 다음과 같다.
❶ 물체낙하에 의한 위험방지
❷ 낙하물 방지망 설치기준

• 미련한 자는 자기의 경험을 통해서만 알려고 하나
 지혜로운 자는 남의 경험을 자기의 경험으로 여긴다.(프루트)

합격예측

물체낙하에 의한 위험방지 대상
높이 3[m] 이상인 장소에서 물체 투하시

물체낙하에 의한 위험방지 조치사항
① 투하설비설치
② 감시인배치

1. 물체낙하에 의한 위험방지

(1) 대상
높이 3[m] 이상인 장소에서 물체 투하시

(2) 조치사항
① 투하설비 설치
② 감시인 배치

2. 낙하·비래재해의 예방대책에 관한 사항

① 낙하방지망의 규격은 그물코 가로, 세로가 각각 10[cm] 이하이어야 한다.
② 낙하방지망 설치는 지상에서 10[m] 이내에 첫 번째 방망을 설치하고, 매 10[m] 이내마다 반복하여 설치하며, 설치각도는 20~30[°] 이하를 유지한다.
③ 겹치는 부분의 연결은 틈이 없도록 하며 겹친 폭은 15[cm] 이상으로 한다.
④ 낙하방지망의 돌출길이는 수평으로 2[m] 이상이 되도록 설치한다.
⑤ 건축물과 비계 사이 공간을 낙하방지망으로 방호한다.
⑥ 구조물 전체 높이가 20[m] 이하인 경우 1단 이상, 20[m] 이상인 경우 2단 이상 설치한다.
⑦ 최하단의 방호 선반은 지상에서 10[m] 이내에 설치하되 보통 5[m] 정도 높이에 설치하는 것이 적당하다.

⑧ 건물 외부 비계 방호시트에서 2[m] 이상(수평거리) 돌출하고 수평면과 20[°] 이상 30[°] 이하의 각도를 유지한다.
⑨ 선반을 목재로 구성할 경우 두께 1.5[cm] 이상, 금속판을 이용할 경우는 목재와 동등 이상의 내력을 보유한다.

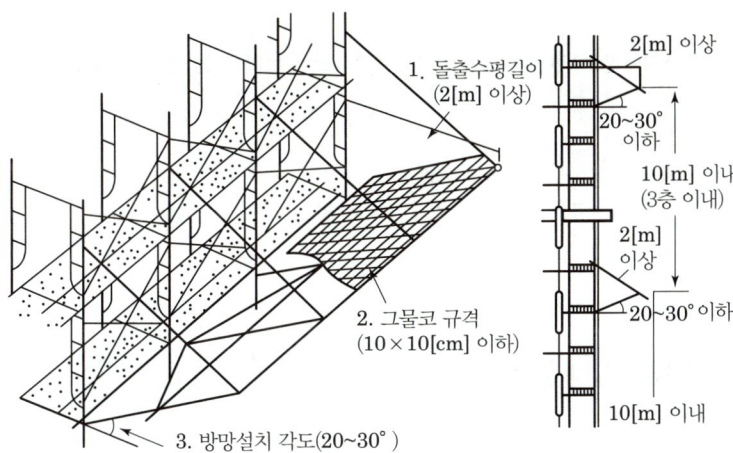

[그림] 낙하물방지망(방호선반)

Chapter 15 낙하·비래재해의 발생원인

중점 학습내용

출제기준 변경 및 NCS(국가직무능력표준) 적용에 따라 이번 시험합격을 대비하여 중점적으로 준비하여야 할 내용은 다음과 같다.
❶ 낙하·비래재해의 원인
❷ 낙하·비래재해의 안전대책

• 사람들과 함께 있을 때 당신이 그들과 전적으로 함께 있다는 느낌을 전하라.
  절반은 그들과 함께 있고, 나머지 절반은 다음 약속을 미리 생각하고 있다는 인상을 주어서는 안 된다.(조지 와인버그)

합격예측

재해방지대책
① 고소작업장에서는 작업 공간과 자재를 적치할 장소를 충분히 확보해야 한다.
② 낙하·비래물에 대한 방호시설을 설치한다.
③ 안전한 작업 방법, 자재의 취급 및 저장 취급방법 등에 대한 교육을 실시한다.

1 재해의 발생원인

① 고소에 자재 및 잔재, 공구 등의 정리정돈이 되지 않는다.
② 작업 바닥의 구조(폭 및 간격 등)가 불량하다.
③ 고소에서 투하설비 없이 물체를 던져 내린다.
④ 위험장소에 출입금지 및 감시원 배치 등의 조치를 취하지 않는다.
⑤ 작업원이 재료·공구 등을 함부로 취급한다.
⑥ 안전모를 착용하지 않는다.
⑦ 낙하·비래 위험장소에 이를 방지하기 위한 시설이 없다.
⑧ 동일 직선상에 동시작업을 한다.
⑨ 자재 운반시 운반기계의 회전반경 내에 작업자가 출입한다.

2 재해방지대책

① 고소작업장에서는 작업 공간과 자재를 적치할 장소를 충분히 확보해야 한다.
② 낙하·비래물에 대한 방호시설을 설치한다.
③ 안전한 작업 방법, 자재의 취급 및 저장 취급방법 등에 대한 교육을 실시한다.

Chapter 16. 낙하·비래재해의 방호설비

중점 학습내용

출제기준 변경 및 NCS(국가직무능력표준) 적용에 따라 이번 시험합격을 대비하여 중점적으로 준비하여야 할 내용은 다음과 같다.
❶ 수직 보호망 설치방법
❷ 낙하물 방호선반 설치기준

• 어리석은 자의 특징은 나의 결점을 드러내고 자신의 약점을 잊어버리는 것이다.(키케로)

1. 수직 보호망

① 현장에서 비계 등 가설구조물 외 측면에 수직으로 설치하여 외부로 물체가 낙하하는 것을 방지하기 위한 설비
② 설치방법

구분	설치기준
강관비계	비계기둥과 띠장 간격에 맞추어 제작 설치
강관틀비계	수평 지지대 설치간격을 5.5[m] 이하로 설치
철골구조물	수직 지지대 설치간격을 4[m] 이하로 설치

합격예측

수직 보호망 설치방법

구분	설치기준
강관비계	비계기둥과 띠장 간격에 맞추어 제작 설치
강관틀비계	수평 지지대 설치간격을 5.5[m] 이하로 설치
철골구조물	수직 지지대 설치간격을 4[m] 이하로 설치

2. 낙하물 방호선반

① 작업 중 재료나 공구 등 낙하물의 위험이 있는 장소에서 근로자 통행인 및 통행차량 등에 낙하물로 인한 재해를 예방하기 위해 설치하는 설비
② 설치기준
  ㉮ 풍압, 진동, 충격 등으로 탈락하지 않도록 견고하게 설치
  ㉯ 방호선반의 바닥판은 틈새가 없도록 설치
  ㉰ 내민 길이는 비계의 외측으로부터 수평거리 2[m] 이상 돌출되도록 설치
  ㉱ 수평으로 설치하는 방호선반의 끝단에는 수평면으로부터 높이 60[cm] 이상의 난간설치(낙하한 낙하물이 외부로 튕겨 나감을 방지)

㉱ 수평면과 이루는 각도는 방호선반의 최외측이 구조물 쪽보다 20[°] 이상 30[°] 이내
㉲ 설치 높이는 근로자를 낙하물에 의한 위험으로부터 방호할 수 있도록 가능한 낮은 위치에 설치하여야 하며 8[m]를 초과하여 설치할 수 없다.

Chapter 17 토사붕괴 위험성 및 안전조치

중점 학습내용

출제기준 변경 및 NCS(국가직무능력표준) 적용에 따라 이번 시험합격을 대비하여 중점적으로 준비하여야 할 내용은 다음과 같다.
❶ 사면의 붕괴형태
❷ 토석붕괴 작업시 3대 만족 조건

1 토석붕괴 위험성

(1) 토석붕괴의 위험방지

① 개요
굴착작업을 하는 경우에는 지반의 붕괴 또는 토석의 낙하에 의한 근로자의 위험을 방지하기 위하여 관리감독자로 하여금 작업시작 전에 작업장소 및 그 주변의 부석·균열의 유무, 함수·용수 및 동결상태의 변화를 점검하도록 하여야 한다.

(2) 사면의 붕괴형태

① 사면 선단 붕괴(Toe Failure)
② 사면 내 붕괴(Slope Failure)
③ 사면 저부 붕괴(Base Failure)

(3) 토석붕괴 작업시 3대 만족 조건

① 안전성
② 경제성
③ 공기 적정

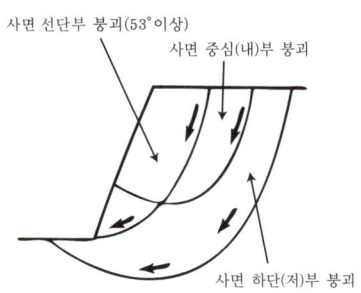

[그림] 붕괴 형태

합격예측

사면의 붕괴형태
① 사면 선단 붕괴 (Toe Failure)
② 사면 내 붕괴 (Slope Failure)
③ 사면 저부 붕괴 (Base Failure)

용어정의

① 법면 : 둑의 경사면 또는 호안, 땅깎기 등으로 인하여 생기는 경사면
② 사면 : 경사가 진 평면이나 지면을 수평면에 상대하여 이르는 말
③ 자연사면 : 무한사면
④ 인공사면 : 유한사면(단순사면), 직립사면(암반사면)

Chapter 18 토사붕괴 재해의 형태 및 발생원인

중점 학습내용

출제기준 변경 및 NCS(국가직무능력표준) 적용에 따라 이번 시험합격을 대비하여 중점적으로 준비하여야 할 내용은 다음과 같다.
❶ 토석붕괴 재해의 형태
❷ 토석붕괴 재해의 내적 및 외적 원인(발생원인)

• 구원의 길은 오른쪽으로도 왼쪽으로도 통해 있지 않다.
  그것은 자기 자신의 마음으로 통한다. 거기에만 신이 있고, 거기에만 평화가 있다.(헤르만헤세)

합격예측

붕괴재해의 형태
① 미끄러져 내림(sliding)
② 절토면의 붕괴
③ 얕은 표층의 붕괴
④ 성토법면의 붕괴

1 붕괴재해의 형태

(1) 미끄러져 내림(sliding)

광범위한 붕괴 현상으로 일반적으로 완만한 경사에서 완만한 속도로 붕괴된다.

(2) 절토면의 붕괴

비교적 소규모의 급경사면에 발생되는 붕괴로서 미끄러져 내리는 토석의 두께는 2[m] 이하가 많다. 폭우와 지진에 의하여 발생된다.

(3) 얕은 표층의 붕괴

법면이 침식되기 쉬운 토사로 구성된 경우 지표수와 지하수가 침투하여 법면이 부분적으로 붕괴된다. 절토 법면이 암반인 경우에도 파쇄가 진행됨에 따라서 틈이 많이 발생되고, 풍화하기 쉬운 암반의 경우에는 표층부가 탈락되어 붕괴가 발생되었다면 법면의 심층부에서 붕괴될 가능성이 높다.

(4) 성토 법면의 붕괴

성토의 직후에 붕괴가 발생되기 쉽다. 다지기가 덜 된 상태에서 빗물이나 지표수, 지하수 등이 침투되어 공극수압이 증가되어 양옆에 붕괴가 발생된다. 성토 자체에 결함이 없어도 지반이 약한 경우는 붕괴된다. 풍화가 심한 급경사면과 미끄러져 내리기 쉬운 지층 구조의 경사면에서 일어나는 성토붕괴의 경우에는 성토된 흙의 중량이 지반에 부가되어 붕괴된다.

2 토석붕괴의 발생원인

(1) 외적 원인
① 사면, 법면의 경사 및 기울기의 증가
② 절토 및 성토 높이의 증가
③ 공사에 의한 진동 및 반복하중의 증가
④ 지표수 및 지하수의 침투에 의한 토사 중량의 증가
⑤ 지진, 차량, 구조물의 하중작업
⑥ 토사 및 암석의 혼합층 두께

(2) 내적 원인
① 절토 사면의 토질, 암질
② 성토 사면의 토질구성 및 분포
③ 토석의 강도 저하

[표] 비탈면 보호공법

구분	공법	특징
식생 공법	떼붙임공	떼를 일정한 간격으로 심어서 비탈면을 보호하는 공법(평떼, 줄떼)
	식생공	법면에 식물을 번식시켜 법면의 침식과 표면활동 방지
	식수공	떼붙임공, 식생공으로 부족할 경우 나무를 심어서 사면보호
	파종공	종자, 비료, 안정제, 양성재, 흙 등을 혼합하여 압력으로 비탈면에 뿜어 붙이는 공법
구조물 보호공	블록(돌)붙임공	법면의 풍화, 침식방지를 목적으로 완구배의 점착력이 없는 토사 및 비탈면 보호에 사용
	블록(돌)쌓기공	비교적 급구배의 높은 비탈면 보호에 사용(메쌓기, 찰쌓기)
	콘크리트블록 격자공	점착력이 없고 용수가 있는 붕괴하기 쉬운 비탈면에 채택하는 공법
	뿜어붙이기공	비탈면에 용수가 없고 큰 위험은 없으나 풍화되기 쉬운 암 토사 등에서 식생이 곤란할 때 사용
응급대책	배수공	사면내의 물은 지반의 강도를 저하시켜 사면의 활동을 촉진시키므로 지표수 배제공 또는 지하수 배제공으로 배수시키는 공법
	배토공	활동예상 토사를 제거하여 활동 모멘트를 경감시켜 안정화시키는 공법
	압성토공	자연사면의 선단부에 압성토하여 활동에 대한 저항력을 증가시키는 공법
항구대책	옹벽공	지표면에서 사면의 활동 토괴를 관통하여 부동지반까지 말뚝을 박는 공법
	soil nailing 공법	비탈면에 강철봉을 타입해서 전단력과 인장력에 저항하도록 하는 공법
	earth anchor 공법	고강도 강재를 비탈면에 삽입하고 그라우팅을 하여 지반에 정착시킨 후 Anchor에 인장력을 가하여 주는 공법

합격예측

(1) 토석붕괴 발생의 외적 원인
① 사면, 법면의 경사 및 기울기의 증가
② 절토 및 성토 높이의 증가
③ 공사에 의한 진동 및 반복하중의 증가
④ 지표수 및 지하수의 침투에 의한 토사 중량의 증가
⑤ 지진, 차량, 구조물의 하중작업
⑥ 토사 및 암석의 혼합층 두께

(2) 토석붕괴 발생의 내적 원인
① 절토 사면의 토질, 암질
② 성토 사면의 토질구성 및 분포
③ 토석의 강도 저하

(3) 토사붕괴 발생을 예방하기 위하여 점검할 시기
① 작업 전
② 작업 중
③ 작업 후
④ 비온 후 인접작업구역에서 발파한 경우

합격예측 및 관련법규

제340조(지반의 붕괴 등에 의한 위험방지) ① 사업주는 굴착작업에 있어서 지반의 붕괴 또는 토석의 낙하에 의하여 근로자에게 위험을 미칠 우려가 있는 경우에는 미리 흙막이 지보공의 설치 방호망의 설치 및 근로자의 출입금지 등 그 위험을 방지하기 위하여 필요한 조치를 하여야 한다.
② 사업주는 비가 올 경우를 대비하여 측구(측구)를 설치하거나 굴착경사면에 비닐을 덮는 등 빗물 등의 침투에 의한 붕괴재해를 예방하기 위하여 필요한 조치를 하여야 한다.

Chapter 19 토사붕괴 시 조치사항

중점 학습내용

출제기준 변경 및 NCS(국가직무능력표준) 적용에 따라 이번 시험합격을 대비하여 중점적으로 준비하여야 할 내용은 다음과 같다.
❶ 토석붕괴 시 조치사항
❷ 굴착면의 기울기 기준
❸ 붕괴활동 방지공법

• 지극한 즐거움 중에서 책을 읽는 것에 비할 것이 없고, 지극히 필요한 것 중 지식을 가르치는 일 만한 것이 없다.(병사보고)

합격예측

토석붕괴 시 조치사항
① 동시작업의 금지
② 대피 통로 및 공간의 확보 등
③ 2차 재해의 방지

1 토석붕괴 시 조치사항

① 동시작업의 금지 : 붕괴 토석의 최고 도달거리는 경사 비탈면 높이의 약 2배에 달하므로 이 범위 내에서는 굴착공사, 배수관의 매설, 콘크리트 타설작업 등을 해서는 안 된다.
② 대피 통로 및 공간의 확보 등 : 붕괴의 범위에 따라 다르지만, 일반적으로 발생되는 붕괴는 높이에 비례하고 그 폭(수평방향)은 작으므로 작업장 좌우에 피난 통로 등을 확보하여야 한다.
③ 2차 재해의 방지 : 일반적으로 작은 규모의 붕괴가 발생하여 인명 구출 등 구조작업에서 대형 붕괴가 재차 발생할 가능성이 많으므로 붕괴면의 주변상황을 충분히 확인하고 안전하다고 판단되었을 경우에 복구 작업에 임하여야 한다.

2 점성토 공사 안전대책(굴착면의 기울기 및 높이)

① 토사붕괴를 예방하기 위하여 지반의 종류에 따라서 안전기준을 준수하여야 한다.
② 암반은 굴착면의 높이가 5[m] 미만시 굴착면의 기울기를 90[°] 이하로 하고, 5[m] 이상시에는 기울기를 75[°] 이하로 한다.
③ 사질의 지반(점토질을 포함하지 않은 것)은 굴착면의 기울기를 35[°] 이하로 하고, 높이는 5[m] 미만으로 한다.
④ 발파 등에 의해서 붕괴하기 쉬운 상태의 지반 및 다시 매립하거나 반출시켜야 할 지반의 굴착면의 기울기는 45[°] 이하 또는 높이 2[m] 미만으로 한다.

⑤ 그 밖에 지반의 경우 굴착면의 높이가 2[m] 미만일 경우 기울기를 90[°] 이하, 2[m] 이상 5[m] 미만일 경우 기울기를 70[°] 이하, 굴착면의 높이가 5[m] 이상일 경우 60[°] 이하로 한다.
⑥ 굴착면의 끝단을 파는 것은 엄금하여야 하며 부득이한 경우 안전상의 조치를 한다.

[표] 굴착면의 기울기 기준

지반의 종류	굴착면의 기울기
모래	1 : 1.8
연암 및 풍화암	1 : 1.0
경암	1 : 0.5
그 밖의 흙	1 : 1.2

합격예측

굴착면의 기울기 기준

지반의 종류	굴착면의 기울기
모래	1 : 1.8
연암 및 풍화암	1 : 1.0
경암	1 : 0.5
그 밖의 흙	1 : 1.2

3 붕괴방지공법

① 활동할 가능성이 있는 토사는 제거하여야 한다.
② 비탈면 또는 법면의 하단을 다져서 활동이 안 되도록 저항을 만들어야 한다.
③ 지표수가 침투되지 않도록 배수를 시키고 지하수위를 낮추기 위하여 수평 보링(Boring)을 하여 배수시켜야 한다.
④ 말뚝(강관, H형강, 철근 콘크리트)을 박아 지반을 강화시킨다.

[표] 계측장치의 종류 및 용도

구분	용도
건물 경사계(tilt meter)	지상 인접구조물의 기울기를 측정하는 기기
지표면 침하계(lever and staff)	주위 지반에 대한 지표면의 침하량을 측정하는 기기
지중경사계(inclinometer)	지중수평변위를 측정하여 흙막이의 기울어진 정도를 파악하는 기기
지중 침하계(extension meter)	지중수직변위를 측정하여 지반의 침하정도를 파악하는 기기
변형계(strain gauge)	흙막이 버팀대의 변형 정도를 파악하는 기기
하중계(load cell)	흙막이 버팀대에 작용하는 토압, 어스 앵커의 인장력 등을 측정하는 기기
토압계(earth pressure meter)	흙막이에 작용하는 토압의 변화를 파악하는 기기
간극 수압계(piezo meter)	굴착으로 인한 지하의 간극수압을 측정하는 기기
지하수위계(water level meter)	지하수의 수위변화를 측정하는 기기

Chapter 20 경사로

중점 학습내용

출제기준 변경 및 NCS(국가직무능력표준) 적용에 따라 이번 시험합격을 대비하여 중점적으로 준비하여야 할 내용은 다음과 같다.
❶ 경사로의 정의
❷ 가설공사 표준안전작업 지침

• 설탕물 한잔을 마시고 싶을 때 내가 서둘러야 소용이 없다. 설탕이 녹기까지 기다려야 한다. 이 조그마한 사실은 큰 교훈을 지니고 있다. 왜냐하면 내가 기다려야 하는 시간은 마음대로 더 늘릴 수 없는 상대적이 아닌 절대적인 것이 까닭이다.

합격날개

합격예측

경사로의 정의

경사로란 건설현장에서 상부 또는 하부로 재료운반이나 작업원이 이동할 수 있도록 설치된 통로로 경사가 30[°] 이내일 때 사용한다.

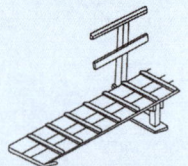

[그림] 목재경사로

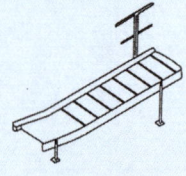

[그림] 철재경사로

1 정의

경사로란 건설현장에서 상부 또는 하부로 재료운반이나 작업원이 이동할 수 있도록 설치된 통로로 경사가 30[°] 이내일 때 사용한다.

2 사용 시 준수사항(가설공사 표준안전작업지침)

① 시공하중 또는 폭풍, 진동 등 외력에 대하여 안전하도록 설계하여야 한다.
② 경사로는 항상 정비하고 안전통로를 확보하여야 한다.
③ 비탈면의 경사각은 30[°] 이내로 한다.

[표] 미끄럼막이 간격

경사각	미끄럼막이 간격	경사각	미끄럼막이 간격
30[°] 이내	30[cm]	22[°]	40[cm]
29[°]	33[cm]	19[°] 20[′]	43[cm]
27[°]	35[cm]	17[°]	45[cm]
24[°] 15[′]	37[cm]	14[°] 초과	47[cm]

④ 경사로의 폭은 최소 90[cm] 이상이어야 한다.
⑤ 높이 7[m] 이내마다 계단참을 설치하여야 한다.
⑥ 추락방지용 안전난간을 설치하여야 한다.
⑦ 목재는 미송, 육송 또는 그 이상의 재질을 가진 것이어야 한다.

⑧ 경사로 지지기둥은 3[m] 이내마다 설치하여야 한다.
⑨ 발판은 폭 40[cm] 이상으로 하고, 틈은 3[cm] 이내로 설치하여야 한다.
⑩ 발판이 이탈하거나 한쪽 끝을 밟으면 다른 쪽이 들리지 않게 장선에 결속하여야 한다.
⑪ 결속용 못이나 철선이 발에 걸리지 않아야 한다.

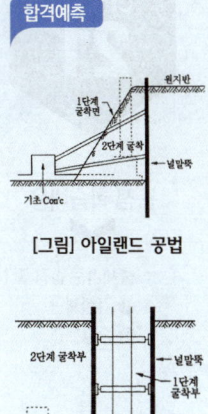

[그림] 아일랜드 공법

[그림] 트랜치 컷 공법

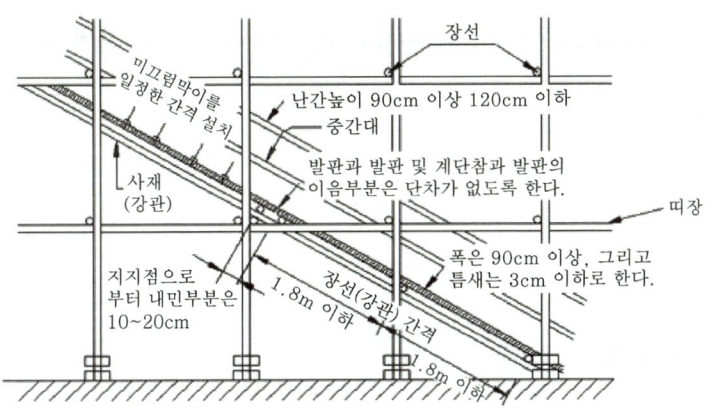

[그림] 미끄럼막이 설치

[표] Open-cut 흙막이 공법

구분		특징
경사면 Open cut 공법		① 지반의 자립성에 의존하는 공법 ② 토질이 양호하고 부지에 여유가 충분할 경우 ③ 굴착 단면을 안정경사각으로 하며 지하수가 낮아야 함 ④ 지보공 불필요
흙막이 Open cut 공법	자립식	① 흙막이 벽체의 강성에만 의존 ② 근입 깊이가 충분해야 하며 얕은 굴착에 가능
	타이로드 앵커식	① 어스앵커를 설치하여 일반저항에 의해 지지 ② 굴착 면적이 넓고 굴착깊이를 깊게 해야 할 경우
	버팀대식	① 띠장, 버팀대, 지지말뚝을 설치하여 토압, 수압에 저항 ② 지반 종류에 무관하나 지보공에 의한 작업에 제약

[표] 부분 굴착 흙막이 공법

구분	특징
아일랜드 (Island)공법	① 흙막이 open cut공법과 경사면 open cut 공법의 절충 ② 1단계 중앙부를 굴착하여 기초를 구축한 후 주변부로 굴착해 나가는 공법
트랜치 컷 (Trench Cut)공법	아일랜드 공법과 반대로 주변부를 먼저 시공한 후 나중에 중앙부를 굴착하는 공법

Chapter 21 가설계단

중점 학습내용

출제기준 변경 및 NCS(국가직무능력표준) 적용에 따라 이번 시험합격을 대비하여 중점적으로 준비하여야 할 내용은 다음과 같다.
① 가설계단
② 승강트랩

1 가설계단

합격예측

가설계단의 정의
작업장에서 근로자가 사용하기 위한 계단식 통로 경사는 35[°]가 적정

(1) 정의

작업장에서 근로자가 사용하기 위한 계단식 통로 경사는 35[°]가 적정

(2) 설치기준

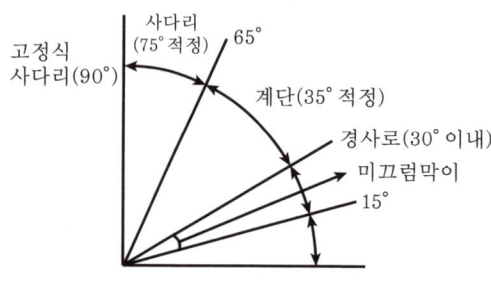

[그림] 가설통로의 형태

[표] 가설계단의 설치기준

구분	설치기준
강도	① 계단 및 계단참을 설치하는 경우에는 500[kg/m²] 이상의 하중에 견딜 수 있는 강도를 가진 구조 ② 안전율 4 이상(안전율 = $\dfrac{\text{재료의 파괴응력도}}{\text{재료의 허용응력도}} \geq 4$) ③ 계단 및 승강구바닥을 구멍이 있는 재료로 만들 경우에는 렌치 그 밖에 공구 등이 낙하할 위험이 없는 구조
폭	① 계단설치 시 폭은 1[m] 이상 ② 계단에는 손잡이 외의 다른 물건 등을 설치 또는 적재금지

계단참의 높이	높이가 3[m]를 초과하는 계단에는 높이 3[m] 이내마다 너비 1.2[m] 이상의 계단참을 설치
천장의 높이	바닥면으로부터 높이 2[m] 이내의 공간에 장애물이 없도록 할 것
계단의 난간	높이 1[m] 이상인 계단의 개방된 측면에 안전난간을 설치

합격예측

[그림] earth anchor 공법

2 승강트랩

수직방향으로 이동하기 위해 설치하는 가설통로로 주로 철골부재에 설치

[표] 그 밖의 흙막이 공법

구분	특징
역타공법 (Top-Down)	지하연속법과 기둥을 시공한 후 영구바닥 슬래브를 형성시켜 벽체를 지지하면서 위에서 지하로 굴착해 가면서 지상층을 동시에 시공하는 공법
엄지말뚝식 흙막이 공법	천공하여 H형강을 박고 굴착을 진행하면서 토류판을 엄지말뚝사이에 끼워넣어 벽체를 형성하는 공법
널말뚝 (Sheet pile)식 흙막이 공법	① 연약지반이나 모래지반에 적합한 공법 ② 일반적으로 U형 강 널말뚝을 타입하여 흙막이 형성
강관 널말뚝 (Pipe Pile)공법	① 강 널말뚝의 강성부족을 보완할 수 있는 공법 ② 수중의 물막이 공사, 토압이 큰 연약지반 등에 적합한 공법
주열식 흙막이 공법	① PIP공법 ② CIP공법 ③ MIP공법 ④ S.C.W공법
지중 연속벽 (Slurry wall)공법	① 굴착면의 붕괴를 막고 지하수의 침입 차단을 위해 벤토나이트 현탁액주입 ② 지중에 연속된 철근 콘크리트 벽체를 형성하는 공법 ③ 진동과 소음이 적어서 도심지 공사에 적합 ④ 대부분의 지반조건에 적용가능하며, 높은 차수성 및 벽체의 강성이 큼 ⑤ 영구구조물로 이용가능하며, 임의의 형상이나 치수의 시공가능
Earth anchor식	① 버팀대를 대신하여 지중에 anchor체를 설치하여 인장력을 주어 지지하는 공법 ② 버팀대가 없어 굴착공간 확보가 용이 ③ 인접한 구조물의 기초나 매설물이 있는 경우 부적합 ④ 사질토 지반과 굴착심도가 깊을 경우 부적합

Chapter 22 사다리식 통로

중점 학습내용

출제기준 변경 및 NCS(국가직무능력표준) 적용에 따라 이번 시험합격을 대비하여 중점적으로 준비하여야 할 내용은 다음과 같다.
❶ 사다리식 통로의 정의 ❷ 사다리식 통로의 설치기준

- 우리는 흔히 삶의 소중함을 잊고 산다.
  삶이 더없이 소중하고 대단한 선물이라는 것을 깨닫지 못한다.
  그래서 생일선물에는 고마워 하면서도 삶 자체는 고마워 할 줄 모른다.

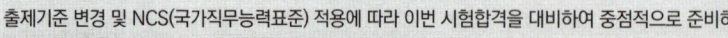

합격예측

사다리식 통로의 정의
사다리식 통로란 경사도 60[°] 이상의 통로 형태를 말하며, 75[°]가 가장 적정하며 움직임이 없이 견고하게 설치하여 사용해야 한다.

1 정의

사다리식 통로란 경사도 60[°] 이상의 통로 형태를 말하며, 75[°]가 가장 적정하며 움직임이 없이 견고하게 설치하여 사용해야 한다.

2 사다리식 통로 등의 설치기준

① 견고한 구조로 할 것
② 심한 손상·부식 등이 없는 재료를 사용할 것
③ 발판의 간격은 일정하게 할 것
④ 발판과 벽과의 사이는 15[cm] 이상의 간격을 유지할 것
⑤ 폭은 30[cm] 이상으로 할 것
⑥ 사다리가 넘어지거나 미끄러지는 것을 방지하기 위한 조치를 할 것
⑦ 사다리의 상단은 걸쳐놓은 지점으로부터 60[cm] 이상 올라가도록 할 것
⑧ 사다리식 통로의 길이가 10[m] 이상인 경우에는 5[m] 이내마다 계단참을 설치할 것
⑨ 사다리식 통로의 기울기는 75[°] 이하로 할 것. 다만, 고정식 사다리식 통로의 기울기는 90[°] 이하로 하고, 그 높이가 7[m] 이상인 경우에는 바닥으로부터 높이가 2.5[m] 되는 지점부터 등받이울을 설치할 것
⑩ 접이식 사다리 기둥은 사용 시 접혀지거나 펼쳐지지 않도록 철물 등을 사용하여 견고하게 조치할 것

Chapter 23 사다리

중점 학습내용

출제기준 변경 및 NCS(국가직무능력표준) 적용에 따라 이번 시험합격을 대비하여 중점적으로 준비하여야 할 내용은 다음과 같다.
❶ 사다리의 종류 및 설치기준
❷ 가설통로 설치기준

1 종류 및 설치기준

종류	설치기준
고정 사다리	① 90[°] 수직이 가장 적합 ② 경사를 둘 필요가 있는 경우 수직면으로부터 15[°] 초과하지 말 것
옥외용 사다리	① 철재를 원칙으로 함 ② 길이가 10[m] 이상인 경우에는 5[m] 이내의 간격으로 계단참 설치 ③ 사다리 전면의 사방 75[cm] 이내에는 장애물이 없을 것
목재 사다리	① 재질은 건조된 것으로 옹이, 갈라짐, 흠 등의 결함이 없고 곧은 것 ② 수직재와 발 받침대는 장부촉 맞춤으로 하고 사개를 파서 제작 ③ 발 받침대의 간격은 25~35[cm] ④ 이음 또는 맞춤부분은 보강 ⑤ 벽면과의 이격거리는 20[cm] 이상
철재 사다리	① 수직재와 발 받침대는 횡좌굴을 일으키지 않도록 충분한 강도를 가진 것 ② 발 받침대는 미끄러짐을 방지하기 위한 미끄럼방지장치 ③ 받침대의 간격은 25~35[cm] ④ 사다리 몸체 또는 전면에 기름 등과 같은 미끄러운 물질이 없도록
기계 사다리	① 추락방지용 보호손잡이 및 발판 구비 ② 작업자는 안전대를 착용 ③ 사다리가 움직이는 동안에는 작업자가 움직이지 않도록 사전에 충분한 교육을 실시
연장 사다리	① 총 길이는 15[m] 초과금지 ② 사다리의 길이를 고정시킬 수 있는 잠금쇠와 브래킷을 구비 ③ 도르래 및 로프는 충분한 강도를 가진 것

합격예측

사다리의 종류
① 고정 사다리
② 옥외용 사다리
③ 목재 사다리
④ 철재 사다리
⑤ 기계 사다리
⑥ 연장 사다리
⑦ 이동식 사다리

> **합격예측**
>
> **가설통로 설치기준**
> ① 견고한 구조로 할 것
> ② 경사는 30[°] 이하로 할 것. 다만, 계단을 설치하거나 높이 2[m] 미만의 가설통로로서 튼튼한 손잡이를 설치한 경우에는 그러하지 아니하다.
> ③ 경사가 15[°]를 초과하는 경우에는 미끄러지지 아니하는 구조로 할 것
> ④ 추락할 위험이 있는 장소에는 안전난간을 설치할 것. 다만, 작업상 부득이한 경우에는 필요한 부분만 임시로 해체할 수 있다.
> ⑤ 수직갱에 가설된 통로의 길이가 15[m] 이상인 경우에는 10[m] 이내마다 계단참을 설치할 것
> ⑥ 건설공사에 사용하는 높이 8[m] 이상인 비계다리에는 7[m] 이내마다 계단참을 설치할 것

이동식 사다리 작업시 준수사항	① 평탄하고 견고하며 미끄럽지 않은 바닥에 이동식 사다리를 설치할 것 ② 이동식 사다리의 넘어짐을 방지하기 위해 다음 각 목의 어느 하나 이상에 해당하는 조치를 할 것 　가. 이동식 사다리를 견고한 시설물에 연결하여 고정할 것 　나. 아웃트리거(outrigger, 전도방지용 지지대)를 설치하거나 아웃트리거가 붙어있는 이동식 사다리를 설치할 것 　다. 이동식 사다리를 다른 근로자가 지지하여 넘어지지 않도록 할 것 ③ 이동식 사다리의 제조사가 정하여 표시한 이동식 사다리의 최대사용하중을 초과하지 않는 범위 내에서만 사용할 것 ④ 이동식 사다리를 설치한 바닥면에서 높이 3.5미터 이하의 장소에서만 작업할 것 ⑤ 이동식 사다리의 최상부 발판 및 그 하단 디딤대에 올라서서 작업하지 않을 것. 다만, 높이 1미터 이하의 사다리는 제외한다. ⑥ 안전모를 착용하되, 작업 높이가 2미터 이상인 경우에는 안전모와 안전대를 함께 착용할 것 ⑦ 이동식 사다리 사용 전 변형 및 이상 유무 등을 점검하여 이상이 발견되면 즉시 수리하거나 그 밖에 필요한 조치를 할 것

2 가설통로 설치기준

① 견고한 구조로 할 것
② 경사는 30[°] 이하로 할 것. 다만, 계단을 설치하거나 높이 2[m] 미만의 가설통로로서 튼튼한 손잡이를 설치한 경우에는 그러하지 아니하다.
③ 경사가 15[°]를 초과하는 경우에는 미끄러지지 아니하는 구조로 할 것
④ 추락할 위험이 있는 장소에는 안전난간을 설치할 것. 다만, 작업상 부득이한 경우에는 필요한 부분만 임시로 해체할 수 있다.
⑤ 수직갱에 가설된 통로의 길이가 15[m] 이상인 경우에는 10[m] 이내마다 계단참을 설치할 것
⑥ 건설공사에 사용하는 높이 8[m] 이상인 비계다리에는 7[m] 이내마다 계단참을 설치할 것

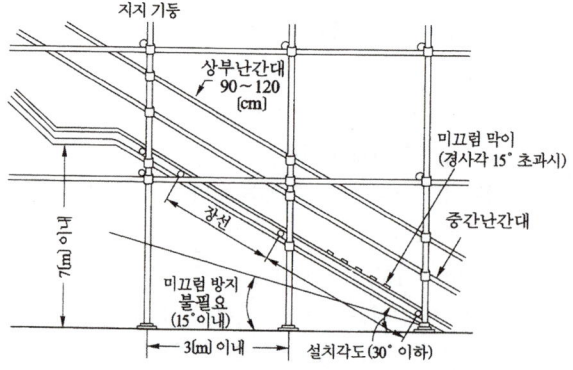

[그림] 가설통로(경사로)

Chapter 24 통로발판

중점 학습내용

출제기준 변경 및 NCS(국가직무능력표준) 적용에 따라 이번 시험합격을 대비하여 중점적으로 준비하여야 할 내용은 다음과 같다.
① 작업통로의 정의
② 가설발판의 지지력 계산
❸ 언더피닝 공법

• 손이 두 개인것은 한손은 본인을 위해 쓰라는 것이고
또 한손은 타인을 위해서 남을 돕는 손으로 쓰라는 것이다.

1 작업통로

(1) 정의

① 작업통로란 작업장으로 통하는 장소 또는 작업장 내에 근로자가 사용하기 위한 통로이다.
② 작업통로는 항상 사용가능한 상태로 유지하여야 하며, 통로의 주요한 부분에는 통로표시를 하고, 근로자가 안전하게 통행할 수 있도록 하여야 한다.
③ 통로에 대하여는 통로면으로부터 높이 2[m] 이내에는 장애물이 없도록 하여야 한다.

(2) 조명의 유지

① 안전하게 통행할 수 있도록 통로에 75[lux] 이상의 채광 또는 조명시설을 할 것
② 다만, 갱도 또는 상시통행을 하지 아니하는 지하실 등을 통행하는 근로자에게 휴대용 조명기구를 사용하도록 한 경우에는 예외로 한다.
③ 높이 2[m] 이상인 장소에서 작업을 하는 경우에는 해당 작업을 안전하게 하는 데 필요한 조명을 유지하여야 한다.

> **합격예측**
>
> **작업통로의 정의**
> ① 작업통로란 작업장으로 통하는 장소 또는 작업장 내에 근로자가 사용하기 위한 통로이다.
> ② 작업통로는 항상 사용가능한 상태로 유지하여야 하며, 통로의 주요한 부분에는 통로표시를 하고, 근로자가 안전하게 통행할 수 있도록 하여야 한다.
> ③ 통로에 대하여는 통로면으로부터 높이 2[m] 이내에는 장애물이 없도록 하여야 한다.

2 가설발판의 지지력 계산

(1) 휨응력의 정의

수평의 부재에 연직방향의 하중(P)이 작용하면 휨 모멘트에 의해 부재의 중심축

이 줄어들려는 압축력을 받고 하부에는 늘어나려는 인장력을 받는데, 이러한 힘에 저항하기 위해 생기는 응력을 휨응력이라 한다.

(2) 휨응력의 산정

$$\sigma = \pm \frac{M}{I} \cdot y$$

여기서, M : 휨모멘트(kg·cm), I : 단면2차 모멘트(cm⁴)
y : 중립축으로부터 거리(cm), σ : 휨응력(kg/cm²)

(3) 최대 휨응력(σ_{max}) : 단순보

$$\sigma_{max} = \frac{M_{max}}{Z}, \quad Z = \frac{bh^2}{6}$$

여기서, b : 폭, Z : 단면계수, h : 높이

등분포하중 $M_{max} = \frac{wl^2}{8}$, 집중하중 $M_{max} = \frac{pl}{4}$

3 언더피닝(Underpinning)공법

(1) 정의

기존 구조물의 지지력이 부족하여 기초를 보강하거나 새로운 기초를 설치하여 기존의 건물을 보호하기 위해 실시하는 공법이다.

(2) 공법의 종류

① 이중널말뚝공법
② 차단벽공법
③ well point 공법
④ pit 공법
⑤ 현장 콘크리트말뚝공법
⑥ 강재 pile공법
⑦ 약액주입공법

(3) 공법의 적용

① 구조물의 침하로 인한 복원공사
② 구조물을 이동할 경우
③ 기존구조물의 지지력이 부족한 경우
④ 기존구조물 아래에 새로운 구조물을 설치할 경우
⑤ 새로운 구조물을 만들기 위하여 기존 기초에 접근하여 굴착하는 경우

Chapter 25 비계의 종류 및 설치기준

중점 학습내용

출제기준 변경 및 NCS(국가직무능력표준) 적용에 따라 이번 시험합격을 대비하여 중점적으로 준비하여야 할 내용은 다음과 같다.
❶ 비계의 개요
❷ 비계에 의한 재해발생 원인
❸ 비계의 설치기준
❹ 강관비계 및 강관틀비계
❺ 달비계
❻ 달대비계
❼ 말비계
❽ 이동식 비계
❾ 시스템비계
❿ 걸침비계의 구조

1 비계의 개요

(1) 정의

비계란 고소 구간에 부재를 설치하거나 해체·도장·미장 등의 작업을 위해 설치하는 가설구조물이다.

(2) 가설재의 3요소(비계의 구비요건)

① 안전성　② 작업성(시공성)　③ 경제성

> **합격예측**
>
> **가설재의 3요소(비계의 구비요건)** 21. 11. 19
> ① 안전성
> ② 작업성(시공성)
> ③ 경제성

2 비계에 의한 재해발생 원인(비계의 무너짐 및 파괴)

① 비계, 발판 또는 지지대의 파괴
② 비계, 발판의 탈락 또는 그 지지대의 변위, 변형
③ 풍압
④ 지주의 좌굴(Buckling) : 기둥의 길이가 그 횡단면의 치수에 비해 클 때, 기둥의 양단에 압축하중이 가해졌을 경우 하중방향과 직각방향으로 변위가 생기는 현상
⑤ 오일러의 좌굴하중(P_{cr})

$$P_{cr} = \frac{n\pi^2 EI}{l^2} = \frac{\pi^2 EI}{(kl)^2}$$

여기서, n : 지지상태에 따른 좌굴계수, E : 탄성계수, I : 단면 2차모멘트
l : 기둥길이, kl : 유효길이

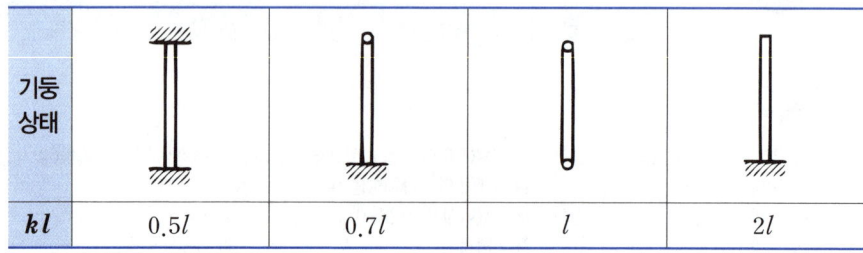

[그림] 기둥상태에 따른 유효길이

3 가설구조물의 좌굴(buckling) 현상

① 단면적에 비해 상대적으로 길이가 긴 부재가 압축력에 의해 하중방향과 직각방향으로 변위가 생기는 현상(가늘고 긴 기둥 등이 압축력에 의해 휘어지는 현상)
② 좌굴을 일으키기 시작하는 한계의 압력을 좌굴하중이라하며, 좌굴하중을 물체의 단면적으로 나눈 값을 좌굴응력이라 한다.
③ 좌굴발생 요인
  ㉮ 압축력
  ㉯ 단면보다 상대적으로 긴 부재
④ 굴방지 : 부재의 끝을 회전하지 않도록 구속하거나, 중간에 보를 연결하는 등 부재에 작용하는 하중을 경감시켜야 한다.

4 강관비계 및 강관틀비계

(1) 정의

고소작업을 위해 구조물의 외벽을 따라 설치한 가설물로 강관($\phi 48.6$[mm])을 현장에서 연결철물이나 이음철물을 이용하여 조립한 비계이다.

(2) 강관비계의 분류

① 단관비계 : 비계용 강관과 전용 부속철물을 이용하여 조립
② 강관틀비계 : 비계의 구성부재를 미리 공장에서 생산하여 현장에서 조립

(3) 조립 시 준수사항

① 비계기둥에는 미끄러지거나 침하하는 것을 방지하기 위하여 밑받침철물을 사용하거나 깔판·깔목 등을 사용하여 밑둥잡이를 설치하는 등의 조치를 할 것
② 강관의 접속부 또는 교차부는 적합한 부속철물을 사용하여 접속하거나 단단히 묶을 것
③ 교차가새로 보강할 것
④ 외줄비계·쌍줄비계 또는 돌출비계에 대하여는 다음에 정하는 바에 따라 벽이음 및 버팀을 설치할 것. 다만, 창틀의 부착 또는 벽면의 완성 등의 작업을 위하여 벽이음 또는 버팀을 제거하는 경우, 그 밖에 작업의 필요상 부득이한 경우로서 해당 벽이음 또는 버팀 대신 비계기둥 또는 띠장에 사재를 설치하는 등 해당 비계의 도괴방지를 위한 조치를 한 경우에는 그러하지 아니하다.

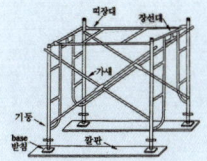

[그림] 강관틀 비계

합격예측

강관비계의 분류
① 단관비계 : 비계용 강관과 전용 부속철물을 이용하여 조립
② 강관틀비계 : 비계의 구성 부재를 미리 공장에서 생산하여 현장에서 조립

[표] 강관비계의 조립간격

강관비계의 종류	조립간격(단위 : m)	
	수직방향	수평방향
단관비계	5	5
틀비계(높이가 5[m] 미만의 것을 제외한다)	6	8

㉮ 강관·통나무 등의 재료를 사용하여 견고한 것으로 할 것
㉯ 인장재와 압축재로 구성되어 있는 경우에는 인장재와 압축재의 간격을 1[m] 이내로 할 것
⑤ 가공전로에 근접하여 비계를 설치하는 경우에는 가공전로를 이설하거나 가공전로에 절연용 방호구를 장착하는 등 가공전로와의 접촉을 방지하기 위한 조치를 할 것

[표] 강관비계의 구조

구분	준수사항
비계기둥의 간격	① 띠장 방향에서 1.85[m] 이하 ② 장선 방향에서는 1.5[m] 이하(선박 및 보트건조 : 2.7[m] 이하)
띠장간격	① 2.0[m] 이하 ② 지상에서 첫 번째 띠장은 2[m] 이하의 위치에 설치
강관보강	비계기둥의 최고부로부터 31[m] 되는 지점 밑부분의 비계기둥은 2본의 강관으로 묶어 세울 것
적재하중	비계기둥 간 적재하중 : 400[kg] 초과하지 않도록 할 것
벽연결	① 수직 방향에서 5[m] 이하 ② 수평 방향에서 5[m] 이하
비계기둥 이음	① 겹침이음하는 경우 1[m] 이상 겹쳐대고 2개소 이상 결속 ② 맞댄이음을 하는 경우 쌍기둥틀로 하거나 1.8[m] 이상의 덧댐목을 대고 4개소 이상 결속
장선간격	1.5[m] 이하
가새	① 기둥간격 10[m] 이내마다 45[°] 각도의 처마 방향으로 비계기둥 및 띠장에 결속 ② 모든 비계기둥은 가새에 결속
작업대	작업대에는 안전난간을 설치
작업대 위의 공구, 재료 등	낙하물 방지조치

[표] 강관틀비계의 구조

구분	준수사항
비계기둥의 밑둥	① 밑받침 철물을 사용 ② 고저차가 있는 경우에는 조절형 밑받침 철물을 사용하여 수평 및 수직유지
주틀 간 간격	높이가 20[m]를 초과하거나 중량물의 적재를 수반하는 작업을 할 경우에는 주틀 간의 간격 1.8[m] 이하
가새 및 수평재	주틀 간에 교차가새를 설치하고 최상층 및 5층 이내마다 수평재를 설치할 것
벽이음	① 수직 방향에서 6[m] 이내 ② 수평 방향에서 8[m] 이내
버팀기둥	길이가 띠장 방향에서 4[m] 이하이고 높이가 10[m]를 초과하는 경우에는 10[m] 이내마다 띠장 방향으로 버팀기둥을 설치할 것
적재하중	비계기둥 간 적재하중 : 400[kg] 초과하지 않도록 할 것
높이 제한	40[m] 이하

5 달비계

(1) 정의

달비계란 와이어로프, 체인, 강재, 철선 등의 재료로 상부지점에서 작업용 널판을 매다는 형식의 비계이다.

[표] 사용금지 조건

구분	사용금지 조건
달비계의 와이어로프	① 이음매가 있는 것 ② 와이어로프의 한 꼬임(스트랜드)에서 끊어진 소선의 수가 10[%] 이상(비자전로프의 경우에는 끊어진 소선의 수가 와이어로프 호칭지름의 6배 길이 이내에서 4개 이상이거나 호칭지름 30배 길이 이내에서 8개 이상)인 것 ③ 지름의 감소가 공칭지름의 7[%]를 초과하는 것 ④ 꼬인 것 ⑤ 심하게 변형 또는 부식된 것 ⑥ 열과 전기충격에 의해 손상된 것
달비계의 달기체인	① 달기체인의 길이의 증가가 그 달기체인이 제조된 때의 길이의 5[%]를 초과한 것 ② 링의 단면지름의 감소가 그 달기체인이 제조된 때의 해당 링의 지름의 10[%]를 초과한 것 ③ 균열이 있거나 심하게 변형된 것
달기강선 및 달기강대	심하게 손상·변형 또는 부식된 것을 사용하지 아니하도록 할 것
달기섬유로프 또는 안전대의 섬유벨트	① 꼬임이 끊어진 것 ② 심하게 손상 또는 부식된 것 ③ 2개 이상의 작업용 섬유로프 또는 섬유벨트를 연결한 것 ④ 작업높이보다 길이가 짧은 것

(2) 달비계의 구조

① 달기와이어로프·달기체인·달기강선·달기강대 또는 달기섬유로프는 한쪽 끝을 비계의 보 등에, 다른 쪽 끝을 내민 보·앵커볼트 또는 건축물의 보 등에 각각 풀리지 않도록 설치할 것
② 작업발판은 폭을 40[cm] 이상으로 하고 틈새가 없도록 할 것
③ 작업발판의 재료는 뒤집히거나 떨어지지 않도록 비계의 보 등에 연결하거나 고정시킬 것

합격예측

달비계의 와이어로프 사용금지 조건

① 이음매가 있는 것
② 와이어로프의 한 꼬임(스트랜드)에서 끊어진 소선의 수가 10[%] 이상(비자전로프의 경우에는 끊어진 소선의 수가 와이어로프 호칭지름의 6배 길이 이내에서 4개 이상이거나 호칭지름 30배 길이 이내에서 8개 이상)인 것
③ 지름의 감소가 공칭지름의 7[%]를 초과하는 것
④ 꼬인 것
⑤ 심하게 변형 또는 부식된 것
⑥ 열과 전기충격에 의해 손상된 것

> **합격예측**
>
> **달대비계의 정의**
> 달대비계란 철골에 달아매어 작업발판을 만드는 형태의 비계로 상하로 이동시킬 수 없으며 철골공사에서 많이 사용된다.

> **합격예측**
>
> **달대비계의 사용 시 준수사항**
> ① 달대비계를 매다는 철선은 #8 소성철선을 사용하며 4가닥 정도로 꼬아서 하중에 대한 안전계수가 8 이상 확보되어야 한다.
> ② 철근을 사용할 경우에는 19[mm] 이상을 쓰며 근로자는 반드시 안전모와 안전대를 착용하여야 한다.

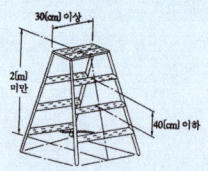

[그림] 말비계 설치

④ 비계가 흔들리거나 뒤집히는 것을 방지하기 위하여 비계의 보·작업발판 등에 버팀을 설치하는 등 필요한 조치를 할 것
⑤ 선반비계에 있어서는 보의 접속부 및 교차부를 철선·이음철물 등을 사용하여 확실하게 접속시키거나 단단하게 연결시킬 것
⑥ 근로자의 추락 위험을 방지하기 위하여 달비계에 안전대 및 구명줄을 설치하고, 안전난간의 설치가 가능한 구조인 경우에는 안전난간을 설치할 것

6 달대비계

(1) 정의

달대비계란 철골에 달아매어 작업발판을 만드는 형태의 비계로 상하로 이동시킬 수 없으며 철골공사에서 많이 사용된다.

(2) 종류

① 전면형
② 통로형
③ 상자형 달대비계

(3) 사용 시 준수사항

① 달대비계를 매다는 철선은 #8 소성철선을 사용하며 4가닥 정도로 꼬아서 하중에 대한 안전계수가 8 이상 확보되어야 한다.
② 철근을 사용할 경우에는 19[mm] 이상을 쓰며 근로자는 반드시 안전모와 안전대를 착용하여야 한다.

7 말비계

(1) 정의

비교적 천장높이가 낮은 실내에서 보통 마무리 작업에 사용되는 것으로 종류에는 각립비계와 안장비계가 있다.

(2) 조립 시 준수사항

① 지주부재의 하단에는 미끄럼 방지장치를 하고, 근로자가 양측 끝부분에 올라서서 작업하지 않도록 할 것

② 지주부재와 수평면과의 기울기를 75[°] 이하로 하고, 지주부재와 지주부재 사이를 고정시키는 보조부재를 설치할 것
③ 말비계의 높이가 2[m]를 초과할 경우에는 작업발판의 폭을 40[cm] 이상으로 할 것

[그림] 이동식 비계 설치

8 이동식 비계

(1) 정의
옥외의 낮은 장소 또는 실내의 부분적인 장소에서 작업할 때 이용하며 탑 형식의 비계를 조립하여 기둥 밑에 바퀴를 부착하여 이동하면서 작업할 수 있는 비계이다.

(2) 조립 시 준수사항
① 이동식 비계의 바퀴에는 뜻밖의 갑작스러운 이동 또는 전도를 방지하기 위하여 브레이크·쐐기 등으로 바퀴를 고정시킨 다음 비계의 일부를 견고한 시설물에 고정하거나 아웃트리거(Outrigger)를 설치하는 등 필요한 조치를 할 것 19. 4. 14 기
② 승강용 사다리는 견고하게 설치할 것
③ 비계의 최상부에서 작업을 할 경우에는 안전난간을 설치할 것
④ 작업발판은 항상 수평을 유지하고 작업발판 위에서 안전난간을 딛고 작업을 하거나 받침대 또는 사다리를 사용하여 작업하지 않도록 할 것
⑤ 작업발판의 최대 적재하중은 250[kg]을 초과하지 않도록 할 것

(3) 사용 시 준수사항
① 관리감독자의 지휘하에 작업을 실시
② 비계의 최대높이는 밑변 최소폭의 4배 이하
③ 작업대의 발판은 전면에 걸쳐 빈틈없이 깔 것
④ 비계의 일부를 건물에 체결하여 이동, 전도 등을 방지
⑤ 승강용 사다리는 견고하게 부착
⑥ 최대적재하중을 표시
⑦ 부재의 접속부, 교차부는 확실하게 연결
⑧ 작업대에는 안전난간을 설치하여야 하며 낙하물 방지조치를 설치
⑨ 불의의 이동을 방지하기 위한 제동장치를 반드시 갖출 것
⑩ 이동할 경우에는 작업원이 없는 상태에서 할 것
⑪ 비계의 이동에는 충분한 인원 배치

합격예측

이동식 비계의 조립 시 준수사항
① 이동식 비계의 바퀴에는 뜻밖의 갑작스러운 이동 또는 전도를 방지하기 위하여 브레이크·쐐기 등으로 바퀴를 고정시킨 다음 비계의 일부를 견고한 시설물에 고정하거나 아웃트리거(Outrigger)를 설치하는 등 필요한 조치를 할 것
② 승강용 사다리는 견고하게 설치할 것
③ 비계의 최상부에서 작업을 할 경우에는 안전난간을 설치할 것
④ 작업발판은 항상 수평을 유지하고 작업발판 위에서 안전난간을 딛고 작업을 하거나 받침대 또는 사다리를 사용하여 작업하지 않도록 할 것
⑤ 작업발판의 최대 적재하중은 250[kg]을 초과하지 않도록 할 것

⑫ 안전모를 착용하여야 하며 지지로프를 설치
⑬ 재료, 공구의 오르내리기에는 포대, 로프 등을 이용
⑭ 작업장 부근에 고압선 등이 있는가를 확인하고 적절한 방호조치

(4) 이동식 비계의 적재하중

① 작업장의 바닥면적 $A(m^2) \geq 2$인 경우 적재하중 W=250[kgf] 이하
② 작업장의 바닥면적 $A(m^2) < 2$인 경우 적재하중 W=50+100A[kgf] 이하

9 시스템비계

(1) 정의

수직재, 수평재, 가새재 등 각각의 부재를 공장에서 제작하고 현장에서 조립하여 사용하는 조립형 비계로 고소구간에서 작업할 수 있도록 설치한 가설구조물이다.

(2) 시스템비계의 구조

① 수직재·수평재·가새재를 견고하게 연결하는 구조가 되도록 할 것
② 비계 밑단의 수직재와 받침철물은 밀착되도록 설치하고 수직재와 받침철물의 연결부의 겹침길이는 받침철물 전체길이의 1/3 이상이 되도록 할 것
③ 수평재는 수직재와 직각으로 설치하여야 하며, 체결 후 흔들림이 없도록 견고하게 설치할 것
④ 수직재와 수직재의 연결철물은 이탈되지 않도록 견고한 구조로 할 것
⑤ 벽 연결재의 설치간격은 제조사가 정한 기준에 따라 설치할 것

(3) 조립 작업 시 준수사항

① 비계기둥의 밑둥에는 밑받침철물을 사용하여야 하며, 밑받침에 고저차가 있는 경우에는 조절형 밑받침철물을 사용하여 시스템비계가 항상 수평 및 수직을 유지하도록 할 것
② 경사진 바닥에 설치하는 경우에는 피벗형 받침철물 또는 쐐기 등을 사용하여 밑받침철물의 바닥면이 수평을 유지하도록 할 것
③ 가공전로에 근접하여 비계를 설치하는 경우에는 가공전로를 이설하거나 가공전로에 절연용 방호구를 설치하는 등 가공전로와의 접촉을 방지하기 위하여 필요한 조치를 할 것
④ 비계 내에서 근로자가 상하 또는 좌우로 이동하는 경우에는 반드시 지정된 통

로를 이용하도록 주지시킬 것
⑤ 비계 작업 근로자는 같은 수직면상의 위와 아래 동시 작업을 금지할 것
⑥ 작업발판에는 제조사가 정한 최대적재하중을 초과하여 적재하여서는 아니 되며, 최대적재하중이 표기된 표지판을 부착하고 근로자에게 주지시키도록 할 것

10 걸침비계의 구조

사업주는 선박 및 보트 건조작업에서 걸침비계를 설치하는 경우에는 다음 각 호의 사항을 준수하여야 한다.
① 지지점이 되는 매달림부재의 고정부는 구조물로부터 이탈되지 않도록 견고히 고정할 것
② 비계재료 간에는 서로 움직임, 뒤집힘 등이 없어야 하고, 재료가 분리되지 않도록 철물 또는 철선으로 충분히 결속할 것. 다만, 작업발판 밑 부분에 띠장 및 장선으로 사용되는 수평부재 간의 결속은 철선을 사용하지 않을 것
③ 매달림부재의 안전율은 4 이상일 것
④ 작업발판에는 구조검토에 따라 설계한 최대적재하중을 초과하여 적재하여서는 아니 되며, 그 작업에 종사하는 근로자에게 최대적재하중을 충분히 알릴 것

PART 09 건설공사 안전관리 출제예상문제

01 양중기에서 다음 기계 기구의 제한 하중은 각각 얼마인가?

① 훅(Hook)만을 사용할 경우
② 클램쉘 버킷을 사용할 경우
③ 리프팅 마그넷을 사용할 경우

해답

① 안전 한계 총하중의 78[%]
② 안전 한계 총하중의 70[%]
③ 안전 한계 총하중의 70[%]

02 다음 용어를 설명하시오.

해답

① 평균 윤거 : 전후륜의 윤거가 틀릴 경우 산술 평균한 값
② 축거 : 전축 중심에서 후축 또는 목축 중심까지의 거리

03 차량계 하역운반기계의 작업 계획에 포함하는 사항을 2가지 쓰시오.

해답

① 해당 작업에 따른 추락·낙하·전도·협착 및 붕괴 등의 위험 예방대책
② 차량계 하역운반기계 등의 운행 경로 및 작업 방법

참고
산업안전보건기준에 관한 규칙 [별표 4] 사전조사 및 작업계획서 내용

04 해체 작업시 해체 계획에 반드시 포함되어야 할 사항을 쓰시오.

해답

① 해체물의 처분 계획
② 해체 방법 및 해체 순서 도면
③ 사업장 내 연락 방법
④ 해체 작업용 기계·기구의 작업계획서
⑤ 해체 작업용 화약류의 사용계획서

05 이동 전선에 접속하여 임시로 사용하는 전등 등에 보호망을 설치할 때 준수할 사항을 쓰시오.

해답

① 전구에 노출된 금속 부분에 근로자가 쉽게 접촉되지 아니하는 구조로 할 것
② 재료는 쉽게 파손되거나 변형되지 아니하는 것으로 할 것

06 건설 재료로 목재를 사용할 경우 장점, 단점을 구분해서 5가지 쓰시오.

해답

(1) 장점
① 경량이다.
② 열전도율이 작다.
③ 무게에 비해 강도가 크다.
④ 외관이 아름답다.
⑤ 가공이 용이하다.
(2) 단점
① 변형되기 쉽다.
② 부식이 잘된다.
③ 내구성이 약하다.
④ 착화점이 낮다.
⑤ 내화재가 되지 못한다.

07 안전 운동 안전 행동 5C를 쓰시오.

해답

① 복장 단정(Correctness)
② 정리 정돈(Clearance)
③ 청소 청결(Cleaning)
④ 점검 확인(Checking)
⑤ 전심 전력(Concentration)

08 철근을 인력으로 운반할 경우 안전 조치 사항을 5가지 쓰시오.

해답

① 긴 철근을 2인이 1조가 되어 어깨메기로 하여 운반하는 등 안전성을 도모한다.
② 긴 철근을 부득이 한 사람이 운반할 때는 한 곳을 드는 것보다 한쪽을 어깨에 메고 한쪽 끝을 땅에 끌면서 운반한다.
③ 운반시에는 항상 양끝을 묶어 운반한다.
④ 1회 운반시 1인당 무게는 25[kg] 정도가 적절하며, 무리한 운반은 삼간다.
⑤ 공동 작업시는 신호에 따라 작업을 행한다.

09 콘크리트 양생시 유의할 사항을 5가지 쓰시오.

해답

① 콘크리트와 온도는 항상 2[℃] 이상으로 유지하여야 한다.
② 콘크리트 타설 후 수화 작용을 돕기 위하여 최소 5일간은 수분을 보존한다.
③ 일광의 직사, 급격한 건조 및 한랭에 대하여 보호한다.
④ 콘크리트가 충분히 경화될 때까지는 충격 및 하중을 가하지 않게 주의한다.
⑤ 콘크리트 타설 후 1일간은 그 위를 보행하거나 공기구 등 그 밖에 중량물을 올려놓아서는 안 된다.

10 지반의 이상 현상인 보일링(boiling)에 대하여 다음 사항을 쓰시오.

(1) 지반 조건
(2) 현상
(3) 대책

해답

(1) 지반 조건 : 지하 수위가 높은 사질토
(2) 현상
  ① 저면에 액상화 현상(Quick Sand) 발생
  ② 굴착면과 배면토의 수두차에 의한 침투압이 발생
(3) 대책
  ① 주변 수위를 저하시킨다.
  ② 흙막이벽 근입도를 증가하여 동수 구배를 저하시킨다.
  ③ 굴착토를 즉시 원상 매립한다.
  ④ 작업을 중지시킨다.

11 운반작업시 요통방지대책을 6가지 쓰시오.

해답

① 작업 자세의 안전화를 도모한다.
② 단위 시간당 작업량을 적절히 한다.
③ 휴식의 부여 및 작업 전 체조를 한다.
④ 운반 방법을 기계화한다.
⑤ 취급 중량을 적절히 한다.
⑥ 적정 배치 및 교육 훈련을 실시한다.

12 선박 내에서 하역 작업을 할 경우 근로자의 안전한 승강을 위하여 현문 사다리 및 안전망을 설치해야 할 선박은 몇 톤급 이상인가?

해답

300톤급 이상

13 열경화성 수지, 열가소성 수지 종류를 쓰시오.

해답

(1) 열경화성 수지
  ① 페놀 수지
  ② 요소 수지
  ③ 멜라민 수지
  ④ 규소 수지
(2) 열가소성 수지
  ① 스티렌 수지
  ② 염화비닐 수지
  ③ 폴리에틸렌 수지
  ④ 아세트산비닐 수지
  ⑤ 아크릴 수지

14 콘크리트 사용시 장점, 단점을 3가지씩 쓰시오.

해답

(1) 장점
① 내화성, 내구성, 내수성이 있다.
② 압축 강도가 크다.
③ 강재와의 접착성이 좋고 방청력이 크다.
(2) 단점
① 인장 강도가 작다.
② 무게가 크다.
③ 경화시 수축에 의한 균열이 발생한다.

15 운반 재해의 원인을 쓰시오.

해답

① 기구 및 공구를 적절하게 사용하지 않는다.
② 작업 장소의 정리 정돈이 불량하고 좁다.
③ 바닥면 및 발밑이 고르지 않다.
④ 작업자가 기본 동작을 지키지 않는다.
⑤ 공동 작업에서 호흡이 맞지 않는다.
⑥ 잡기가 힘든 것을 무리하게 취급한다.
⑦ 작업자의 체력이 부족하다.
⑧ 취급물의 위험성, 유해성에 대한 지식이 부족하다.
⑨ 취급 운반 작업에 대한 훈련이 부족하다.

16 하역 운반 작업시 고려 사항을 쓰시오.

해답

① 운반 목표를 분명히 설정해야 한다.
② 운반 설비의 배치를 검토하여 시정해야 한다.
③ 운반 능력의 균형을 검토한다.
④ 최소 작업 단위로 작업 동작을 통합해야 한다.
⑤ 연락의 조직화, 합리화를 도모한다.

17 인력 운반에서 중량물을 혼자서 들어올릴 경우, 취해야 하는 자세를 순서대로 설명하시오.

해답

① 신체의 평형을 유지하기 위해 양쪽 발을 벌리고 물건과 신체와의 거리는 물건의 크기에 따라 다르나 몸을 짐에 가까이 대어 물건을 수직으로 들어올릴 수 있는 위치로 자세를 취한다.
② 물건을 들어올리는 자세는 허리를 충분히 낮추되 등을 똑바로 펴서 손을 물건에 깊이 건다.
③ 다리와 어깨에 근육의 힘을 주고 등만을 똑바로 펴면서 천천히 물건을 들어올린다.

18 유해·위험 방지계획서 심사 결과 고용노동부장관이 조치할 수 있는 사항을 쓰시오.

해답

① 공사 착수 허가
② 공사 계획 변경
③ 공사 착수 중지

19 중량물 취급 작업시 작업 계획서에 포함 사항 4가지를 쓰시오.

해답

① 추락위험을 예방할 수 있는 안전대책
② 낙하위험을 예방할 수 있는 안전대책
③ 전도위험을 예방할 수 있는 안전대책
④ 협착위험을 예방할 수 있는 안전대책
⑤ 붕괴위험을 예방할 수 있는 안전대책

20 근로자가 반복하여 계속적으로 중량물 취급시 작업 시작 전 점검 사항을 쓰시오.

해답

① 중량물 취급의 올바른 자세 및 복장
② 위험물의 날아 흩어짐에 따른 보호구의 착용
③ 카바이드·생석회 등과 같이 온도 상승이나 습기에 의하여 위험성이 존재하는 중량물의 취급 방법
④ 그 밖에 하역 운반 기계 등의 적절한 사용 방법

21 부적합한 섬유 로프(안전대의 섬유벨트)의 사용 금지 사항을 쓰시오.

해답
① 꼬임이 끊어진 것
② 심하게 손상되거나 부식된 것
③ 2개 이상의 작업용 섬유 로프 또는 섬유벨트를 연결한 것
④ 작업높이보다 길이가 짧은 것

22 화물 취급 작업시 관리감독자 직무를 쓰시오.

해답
① 작업 방법 및 순서를 결정하고 작업을 지휘하는 일
② 기구 및 공구를 점검하고 불량품을 제거하는 일
③ 그 작업 장소에는 관계 근로자가 아닌 사람의 출입을 금지시키는 일
④ 로프 등의 해체 작업을 할 때에는 하대 위 화물의 낙하 위험 유무를 확인하고 해당 작업의 착수를 지시하는 일

23 부두, 안벽 등의 하역 작업시 안전 조치 사항을 쓰시오.

해답
① 작업장 및 통로의 위험한 부분에는 안전하게 작업할 수 있는 조명을 유지할 것
② 부두 또는 안벽의 선을 따라 통로를 설치할 때에는 폭을 90[cm] 이상으로 할 것
③ 육상에서의 통로 및 작업 장소로서 다리 또는 선거의 갑문을 넘는 보도 등의 위험한 부분에는 적당한 울 등을 설치할 것

24 화물 적재시 준수 사항을 쓰시오.

해답
① 침하의 우려가 없는 튼튼한 기반 위에 적재할 것
② 건물의 칸막이나 벽 등이 화물의 압력에 견딜 만큼의 강도를 지니지 아니한 경우에는 칸막이나 벽에 기대어 적재하지 않도록 할 것
③ 불안정할 정도로 높이 쌓아 올리지 말 것
④ 하중이 한쪽으로 치우치지 않도록 적재할 것

25 부두와 선박에서 하역 작업시 관리감독자 직무를 쓰시오.

해답
① 작업 방법을 결정하고 작업을 지휘하는 일
② 통행 설비·하역 기계·보호구 및 기구·공구를 점검·정비하고 이들의 사용 사항을 감시하는 일
③ 주변 작업자간의 연락 조정을 행하는 일

26 달비계의 최대 적재 하중을 정함에 있어서 각각의 종류와 안전 계수는?

해답
① 달기 와이어로프 및 달기 강선의 안전 계수 : 10 이상
② 달기 체인 및 달기 훅의 안전 계수 : 5 이상
③ 달기 강대와 달비계의 하부 및 상부 지점의 안전 계수 : 강재의 경우 2.5 이상, 목재의 경우 5 이상
④ 안전 계수는 해당 와이어로프 등의 절대 하중의 값을 해당 와이어로프 등에 걸리는 하중의 최대값으로 나눈 값을 말한다.

합격정보
법 개정으로 안전 계수는 삭제 되었습니다.

27 비계의 높이가 2[m] 이상인 작업 장소에서 작업 발판의 구조를 쓰시오.

해답
① 발판재료는 작업할 때의 하중을 견딜 수 있도록 견고한 것으로 할 것
② 작업발판의 폭은 40[cm] 이상으로 하고, 발판재료간의 틈은 3[cm] 이하로 할 것. 다만, 외줄비계의 경우에는 고용노동부장관이 별도로 정하는 기준에 따른다.
③ 추락의 위험이 있는 장소에는 안전난간을 설치할 것. 다만, 작업의 성질상 안전난간을 설치하는 것이 곤란한 경우, 작업의 필요상 임시로 안전난간을 해체할 때에 안전방망을 설치하거나 근로자로 하여금 안전대를 사용하도록 하는 등 추락위험 방지조치를 한 경우에는 그러하지 아니하다.
④ 작업발판의 지지물은 하중에 의하여 파괴될 우려가 없는 것을 사용할 것
⑤ 작업발판 재료는 뒤집히거나 떨어지지 않도록 둘 이상의 지지물에 연결하거나 고정시킬 것
⑥ 작업발판을 작업에 따라 이동시킬 경우에는 위험방지에 필요한 조치를 할 것

28 높이 5[m] 이상의 달비계의 조립·해체시 준수 사항을 쓰시오.

해답
① 근로자가 관리감독자의 지휘에 따라 작업하도록 할 것
② 조립·해체 또는 변경의 시기·범위 및 절차를 그 작업에 종사하는 근로자에게 주지시킬 것
③ 조립·해체 또는 변경 작업구역에는 해당 작업에 종사하는 근로자가 아닌 사람의 출입을 금지하고 그 내용을 보기 쉬운 장소에 게시할 것
④ 비, 눈, 그 밖의 기상상태의 불안정으로 날씨가 몹시 나쁜 경우에는 그 작업을 중지시킬 것
⑤ 비계재료의 연결·해체작업을 하는 경우에는 폭 20[cm] 이상의 발판을 설치하고 근로자로 하여금 안전대를 사용하도록 하는 등 추락을 방지하기 위한 조치를 할 것
⑥ 재료·기구 또는 공구 등을 올리거나 내리는 경우에는 근로자가 달줄 또는 달포대 등을 사용하게 할 것

29 달비계의 조립·해체·변경시 관리감독자 직무를 쓰시오.

해답
① 재료의 결함 유무를 점검하고 불량품을 제거하는 일
② 기구·공구·안전대 및 안전모 등의 기능을 점검하고 불량품을 제거하는 일
③ 작업 방법 및 근로자의 배치를 결정하고 작업 진행 상태를 감시하는 일
④ 안전대와 안전모 등의 착용 상황을 감시하는 일

30 비계 작업시 작업 시작 전 점검 사항을 쓰시오.

해답
① 발판 재료의 손상 여부 및 부착 또는 걸림 상태
② 해당 비계의 연결부 또는 접속부의 풀림 상태
③ 연결 재료 및 연결 철물의 손상 또는 부식 상태
④ 손잡이의 탈락 여부
⑤ 기둥의 침하·변형·변위 또는 흔들림 상태
⑥ 로프의 부착 상태 및 매단 장치의 흔들림 상태

31 통나무비계 조립시 준수 사항을 쓰시오.

해답
① 비계기둥의 간격은 2.5[m] 이하로 하고 지상으로부터 첫번째 띠장은 3[m] 이하의 위치에 설치할 것
② 비계기둥이 미끄러지거나 침하하는 것을 방지하기 위하여 비계 기둥의 하단부를 묻고, 밑둥잡이를 설치하거나 깔판을 사용하는 등의 조치를 할 것
③ 비계기둥의 이음이 겹침이음인 경우에는 이음 부분에서 1[m] 이상을 서로 겹쳐서 두 군데 이상을 묶고 비계기둥의 이음이 맞댄 이음인 경우에는 비계기둥을 쌍기둥틀로 하거나 1.8[m] 이상의 덧댐목을 사용하여 네 군데 이상을 묶을 것
④ 비계기둥·띠장·장선 등의 접속부 및 교차부는 철선이나 그 밖의 튼튼한 재료로 견고하게 묶을 것
⑤ 교차 가새로 보강할 것
⑥ 외줄비계·쌍줄비계 또는 돌출비계에 대하여는 다음 각 목에 따른 벽이음 및 버팀을 설치할 것
  ㉮ 간격은 수직 방향에서는 5.5[m] 이하, 수평 방향에서는 7.5[m] 이하로 할 것
  ㉯ 강관·통나무 등의 재료를 사용하여 견고한 것으로 할 것
  ㉰ 인장재와 압축재로 구성되어 있는 경우에는 인장재와 압축재의 간격은 1[m] 이내로 할 것

합격정보
법 개정으로 출제되지 않습니다.

32 강관 비계의 조립시 준수사항을 쓰시오.

해답
① 비계기둥에는 미끄러지거나 침하하는 것을 방지하기 위하여 밑받침 철물을 사용하거나 깔판·깔목 등을 사용하여 밑둥잡이를 설치하는 등의 조치를 할 것
② 강관의 접속부 또는 교차부(交叉部)는 적합한 부속철물을 사용하여 접속하거나 단단히 묶을 것
③ 교차 가새로 보강할 것
④ 외줄비계·쌍줄비계 또는 돌출비계에 대해서는 다음 각 목에서 정하는 바에 따라 벽이음 및 버팀을 설치할 것. 다만, 창틀의 부착 또는 벽면의 완성 등의 작업을 위하여 벽이음 또는 버팀을 제거하는 경우. 그 밖에 작업의 필요상 부득이한 경우로서 해당 벽이음 또는 버팀 대신 비계기둥 또는 띠장에 사재(斜材)를 설치하는 등 비계가 넘어지는 것을 방지하기 위한 조치를 한 경우에는 그러하지 아니하다.
  ㉮ 강관비계의 조립 간격은 별표 5의 기준에 적합하도록 할 것
  ㉯ 강관·통나무 등의 재료를 사용하여 견고한 것으로 할 것
  ㉰ 인장재(引張材)와 압축재로 구성된 경우에는 인장재와 압축재의 간격을 1[m] 이내로 할 것
⑤ 가공전로(架空電路)에 근접하여 비계를 설치하는 경우에는 가공전로를 이설(移設)하거나 가공전로에 절연용 방호구를 장착하는 등 가공전로와의 접촉을 방지하기 위한 조치를 할 것

33 달비계의 설치 준수시 조치 사항을 쓰시오.

해답
① 달기 강선 및 달기 강대는 심하게 손상·변형 또는 부식된 것을 사용하지 않도록 할 것
② 달기 와이어로프, 달기 체인, 달기 강선, 달기 강대 또는 달기 섬유로프는 한쪽 끝을 비계의 보 등에, 다른 쪽 끝을 내민 보, 앵커볼트 또는 건축물의 보 등에 각각 풀리지 않도록 설치할 것
③ 작업 발판은 폭을 40[cm] 이상으로 하고 틈새가 없도록 할 것
④ 작업 발판의 재료는 뒤집히거나 떨어지지 않도록 비계의 보 등에 연결하거나 고정시킬 것
⑤ 비계가 흔들리거나 뒤집히는 것을 방지하기 위하여 비계의 보·작업발판 등에 버팀을 설치하는 등 필요한 조치를 할 것
⑥ 선반비계에서는 보의 접속부 및 교차부를 철선·이음철물 등을 사용하여 확실하게 접속시키거나 단단하게 연결시킬 것
⑦ 근로자의 추락 위험을 방지하기 위하여 달비계에 안전대 및 구명줄을 설치하고, 안전난간을 설치할 수 있는 구조인 경우에는 안전난간을 설치할 것

34 다음 강재의 사용 기준 중 신장률[%]을 쓰시오.
20. 11. 29 기

강재의 종류	인장강도[kg/mm²]	신장률[%]
강 관	34 이상 41 미만	(①)
	41 이상 50 미만	(②)
	50 이상	(③)
강판, 형강, 평강, 경량 형강	34 이상 41 미만	(④)
	41 이상 50 미만	(⑤)
	50 이상 60 미만	(⑥)
	60 이상	(⑦)
봉 강	34 이상 41 미만	(⑧)
	41 이상 50 미만	(⑨)
	50 이상	(⑩)

해답
① 25 이상　② 20 이상
③ 10 이상　④ 21 이상
⑤ 16 이상　⑥ 12 이상
⑦ 8 이상　⑧ 25 이상
⑨ 20 이상　⑩ 18 이상

참고 법개정전 문제로 출제되지 않습니다.

35 안전대를 보관할 수 있는 장소 4곳만 쓰시오.

해답
① 직사 광선이 닿지 않는 곳
② 통풍이 잘되며 습기가 없는 곳
③ 부식성 물질이 없는 곳
④ 화기 등이 근처에 없는 곳

36 굴착면의 기울기 기준에서 ( ) 안의 기울기를 쓰시오.

지반의 종류	굴착면의 기울기
모래	(①)
연암 및 풍화암	(②)
경암	(③)
그 밖의 흙	(④)

해답
① 1 : 1.8
② 1 : 1.0
③ 1 : 0.5
④ 1 : 1.2

37 강관비계의 종류에서 수직방향, 수평방향의 간격은 몇 [m]인가?

강관비계의 종류	조립 간격(단위 : m)	
	수직방향	수평방향
단관비계	①	②
틀비계(높이가 5[m] 미만의 것을 제외한다.)	③	④

해답
① 5
② 5
③ 6
④ 8

38 안전대의 로프, 벨트, D링, 훅, 버클 등의 각 부분별 파기 기준을 쓰시오.

해답

(1) 로프 부분 파기 기준
 ① 소선에 손상이 있는 것
 ② 페인트, 기름, 약품, 오물 등에 의해 변화된 것
 ③ 비틀림(kink)이 있는 것
 ④ 횡마로 된 부분이 헐거워진 것
(2) 벨트 부분 파기 기준
 ① 끝 또는 폭에 1[mm] 이상인 손상, 소손 등이 있는 것
 ② 양끝의 헤짐이 심한 것
(3) 재봉 부분 파기 기준
 ① 재봉 부분의 이완이 있는 것
 ② 재봉실이 1개소 이상 절단되어 있는 것
 ③ 재봉실의 마모가 심한 것
(4) D링 부분 파기 기준
 ① 깊이 1[mm] 이상 손상이 있는 것(특히 그림 x부분)
 ② 눈에 보일 정도로 변형이 심한 것
 ③ 전체적으로 녹이 슬어 있는 것
(5) 훅, 버클부분 파기 기준
 ① 훅 외측에 깊이 1[mm] 이상의 손상
 ② 이탈방지장치의 작동이 나쁜 것
 ③ 전체적으로 녹이 슬어 있는 것
 ④ 변형되어 있는 것
 ⑤ 버클의 체결 상태가 나쁜 것

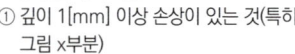
[그림] D링
[그림] 훅

39 동바리 등의 조립 시 일반적인 안전 조치사항을 쓰시오.

해답

① 받침목이나 깔판의 사용, 콘크리트 타설, 말뚝박기 등 동바리의 침하를 방지하기 위한 조치를 할 것
② 동바리의 상하 고정 및 미끄러짐 방지 조치를 할 것
③ 상부·하부의 동바리가 동일 수직선상에 위치하도록 하여 깔판·받침목에 고정시킬 것
④ 개구부 상부에 동바리를 설치하는 경우에는 상부하중을 견딜 수 있는 견고한 받침대를 설치할 것
⑤ U헤드 등의 단판이 없는 동바리의 상단에 멍에 등을 올릴 경우에는 해당 상단에 U헤드 등의 단판을 설치하고, 멍에 등이 전도되거나 이탈되지 않도록 고정시킬 것
⑥ 동바리의 이음은 같은 품질의 재료를 사용할 것
⑦ 강재의 접속부 및 교차부는 볼트·클램프 등 전용철물을 사용하여 단단히 연결할 것
⑧ 거푸집의 형상에 따른 부득이한 경우를 제외하고는 깔판이나 받침목은 2단 이상 끼우지 않도록 할 것
⑨ 깔판이나 받침목을 이어서 사용하는 경우에는 그 깔판·받침목을 단단히 연결할 것

40 작업발판 일체형 거푸집의 종류를 쓰시오.

해답

① 갱 폼(gang form)
② 슬립 폼(slip form)
③ 클라이밍 폼(climbing form)
④ 터널 라이닝 폼(tunnel lining form)
⑤ 그 밖에 거푸집과 작업발판이 일체로 제작된 거푸집 등

41 콘크리트 타설 작업시 준수 사항을 쓰시오.

해답

① 당일의 작업을 시작하기 전에 해당 작업에 관한 거푸집 동바리 등의 변형·변위 및 지반의 침하 유무 등을 점검하고 이상이 있으면 보수할 것
② 작업 중에는 감시자를 배치하는 등의 방법으로 거푸집 및 동바리의 변형·변위 및 침하 유무 등을 확인해야 하며, 이상이 있으면 작업을 중지하고 근로자를 대피시킬 것
③ 콘크리트 타설작업 시 거푸집 붕괴의 위험이 발생할 우려가 있으면 충분한 보강조치를 할 것
④ 설계도서상의 콘크리트 양생기간을 준수하여 거푸집 동바리 등을 해체할 것
⑤ 콘크리트를 타설하는 경우에는 편심이 발생하지 않도록 골고루 분산하여 타설할 것

42 사업주는 기둥·보·벽체·슬래브 등의 거푸집 및 동바리 등의 조립, 해체 작업시 준수 사항을 쓰시오.

해답

① 해당 작업을 하는 구역에는 관계 근로자가 아닌 사람의 출입을 금지시킬 것
② 비, 눈, 그 밖의 기상상태의 불안정으로 날씨가 몹시 나쁜 경우에는 그 작업을 중지할 것
③ 재료, 기구 또는 공구 등을 올리거나 내리는 경우에는 근로자로 하여금 달줄·달포대 등을 사용하도록 할 것

43 거푸집 동바리의 고정 조립 해체시 관리감독자 직무를 쓰시오.

해답

① 안전한 작업 방법을 결정하고 작업을 지휘하는 일
② 재료·기구의 결함 유무를 점검하고 불량품을 제거하는 일
③ 작업중 안전대 및 안전모 등 보호구 착용 상황을 감시하는 일

44 공기압축기의 작업시작 전 점검내용을 쓰시오.

해답
① 공기저장 압력용기의 외관상태
② 드레인밸브의 조작 및 배수
③ 압력방출장치의 기능
④ 언로드밸브의 기능
⑤ 윤활유의 상태
⑥ 회전부의 덮개 또는 울
⑦ 그 밖의 연결부위의 이상유무

45 양중기 탑승 설비에 대하여 근로자의 추락 예방 조치를 쓰시오.

해답
① 탑승설비의 전위 및 탈락을 방지하는 조치를 할 것
② 근로자로 하여금 안전대 또는 구명대를 사용하도록 할 것
③ 탑승 설비를 하강시키는 때에는 동력 하강 방법에 의할 것

46 크레인 작업시 작업시작 전 점검사항을 쓰시오.

해답
① 권과방지장치·브레이크·클러치 및 운전장치의 기능
② 주행로의 상측 및 트롤리가 횡행하는 레일의 상태
③ 와이어로프가 통하고 있는 곳의 상태

47 건설용 리프트 조립 해체 작업시 조치 사항을 쓰시오.

해답
① 작업을 지휘하는 자를 선임하여 그 자의 지휘하에 작업을 실시할 것
② 작업을 할 구역에 관계 근로자가 아닌 사람의 출입을 금지하고 그 취지를 보기 쉬운 장소에 표시할 것
③ 폭풍·폭우 및 폭설 등의 악천후 작업에 있어서 근로자에게 위험을 미칠 우려가 있는 때에는 해당 작업을 중지시킬 것

48 강관비계를 구성하는 경우 준수사항 4가지를 쓰시오.

해답
① 비계기둥의 간격은 띠장 방향에서는 1.85미터 이하, 장선(長線) 방향에서는 1.5미터 이하로 할 것. 다만, 다음 각 목의 어느 하나에 해당하는 작업의 경우에는 안전성에 대한 구조검토를 실시하고 조립도를 작성하면 띠장 방향 및 장선 방향으로 각각 2.7미터 이하로 할 수 있다.
 가. 선박 및 보트 건조작업
 나. 그 밖에 장비 반입·반출을 위하여 공간 등을 확보할 필요가 있는 등 작업의 성질상 비계기둥 간격에 관한 기준을 준수하기 곤란한 작업
② 띠장 간격은 2.0[m] 이하로 설치하되, 첫 번째 띠장은 지상으로부터 2[m] 이하의 위치에 설치할 것. 다만, 작업의 성질상 이를 준수하기가 곤란하여 쌍기둥틀 등에 의하여 해당 부분을 보강한 경우에는 그러하지 아니하다.
③ 비계기둥의 제일 윗부분으로부터 31[m]되는 지점 밑부분의 비계기둥은 2개의 강관으로 묶어 세울 것. 다만, 브라켓(bracket, 까치발) 등으로 보강하여 2개의 강관으로 묶을 경우 이상의 강도가 유지되는 경우에는 그러하지 아니하다.
④ 비계기둥 간의 적재하중은 400[kg]을 초과하지 않도록 할 것

49 로봇의 작업시작 전 점검사항 3가지를 쓰시오.

해답
① 외부전선의 피복 또는 외장의 손상유무
② 매니퓰레이터(manipulator)작동의 이상유무
③ 제동장치 및 비상정지장치의 기능

50 크레인과 이동식 크레인의 로프 사용 금지 사항을 쓰시오.

해답
① 이음매가 있는 것
② 와이어로프의 한 꼬임[스트랜드(strand)를 말한다. 이하 같다]에서 끊어진 소선(素線)[필러(pillar)선은 제외한다]의 수가 10[%] 이상(비자전로프의 경우에는 끊어진 소선의 수가 와이어로프 호칭지름의 6배 길이 이내에서 4개 이상이거나 호칭지름 30배 길이 이내에서 8개 이상)인 것
③ 지름의 감소가 공칭지름의 7[%]를 초과하는 것
④ 꼬인 것
⑤ 심하게 변형되거나 부식된 것
⑥ 열과 전기충격에 의해 손상된 것

51 단위 화물의 중량이 100[kg] 이상의 물건을 내리거나 싣는 작업시 작업 지휘자의 준수 사항을 쓰시오.

> **해답**
> ① 작업 순서 및 그 순서마다의 작업방법을 정하고 작업을 지휘할 것
> ② 기구와 공구를 점검하고 불량품을 제거할 것
> ③ 해당 작업을 하는 장소에 관계 근로자가 아닌 사람이 출입하는 것을 금지할 것
> ④ 로프 풀기 작업 또는 덮개 벗기기 작업은 적재함의 화물이 떨어질 위험이 없음을 확인한 후에 하도록 할 것

52 지게차의 작업시작 전 점검사항을 쓰시오.

> **해답**
> ① 제동장치 및 조종장치 기능의 이상유무
> ② 하역장치 및 유압장치 기능의 이상유무
> ③ 바퀴의 이상유무
> ④ 전조등·후미등·방향지시기 및 경보장치 기능의 이상유무

53 구내 운반차 사용시 준수 사항을 쓰시오.

> **해답**
> ① 주행을 제동하거나 정지상태를 유지하기 위하여 유효한 제동장치를 갖출 것
> ② 경음기를 갖출 것
> ③ 핸들의 중심에서 차체 바깥 측까지의 거리가 65[cm] 이상일 것
> ④ 운전석이 차 실내에 있는 것은 좌우에 한개씩 방향 지시기를 갖출 것
> ⑤ 전조등과 후미등을 갖출 것. 다만, 작업을 안전하게 하기 위하여 필요한 조명이 있는 장소에서 사용하는 구내운반차에 대해서는 그러하지 아니하다.

54 구내 운반차 사용시 작업시작 전 점검사항을 쓰시오.

> **해답**
> ① 제동장치 및 조종장치 기능의 이상유무
> ② 하역장치 및 유압장치 기능의 이상유무
> ③ 바퀴의 이상유무
> ④ 전조등·후미등·방향지시기 및 경음기 기능의 이상유무

55 화물 자동차의 짐걸이에 사용하는 섬유로프의 작업시작 전 점검사항을 쓰시오.

> **해답**
> 와이어로프 등의 이상유무

56 화물 자동차의 작업시작 전 점검사항을 쓰시오.

> **해답**
> ① 제동장치 및 조종장치의 기능
> ② 하역장치 및 유압장치의 기능
> ③ 바퀴의 이상 유무

57 컨베이어의 작업시작 전 점검사항을 쓰시오.

> **해답**
> ① 원동기 및 풀리기능의 이상유무
> ② 이탈 등의 방지장치 기능의 이상유무
> ③ 비상정지장치 기능의 이상유무
> ④ 원동기·회전축·치차 및 풀리 등의 덮개 또는 울 등의 이상 유무

58 차량계 건설 기계의 종류를 쓰시오.

> **해답**
> ① 도저형 건설기계(불도저, 스트레이트도저, 틸트도저, 앵글도저, 버킷도저 등)
> ② 모터그레이더
> ③ 로더(포크 등 부착물 종류에 따른 용도 변경 형식을 포함한다)
> ④ 스크레이퍼
> ⑤ 크레인형 굴착기계(클램쉘, 드래그라인 등)
> ⑥ 굴삭기(브레이커, 크러셔, 드릴 등 부착물 종류에 따른 용도 변경형식을 포함한다)
> ⑦ 항타기 및 항발기
> ⑧ 천공용 건설기계(어스드릴, 어스오거, 크롤러드릴, 점보드릴 등)
> ⑨ 지반압밀침하용 건설기계(샌드드레인머신, 페이퍼드레인머신, 팩드레인머신 등)
> ⑩ 지반다짐용 건설기계(타이어롤러, 머캐덤롤러, 탠덤롤러 등)
> ⑪ 준설용 건설기계(버킷준설선, 그래브준설선, 펌프준설선 등)
> ⑫ 콘크리트 펌프카
> ⑬ 덤프트럭
> ⑭ 콘크리트 믹서 트럭
> ⑮ 도로포장용 건설기계(아스팔트 살포기, 콘크리트 살포기, 아스팔트 피니셔, 콘크리트 피니셔 등)
> ⑯ 골재 채취 및 살포용 건설기계(쇄석기, 자갈채취기, 골재살포기 등)
> ⑰ 제1호부터 제16호까지와 유사한 구조 또는 기능을 갖는 건설기계로서 건설작업에 사용하는 것

59 차량계 건설 기계 사용시 작업 계획에 포함 사항을 쓰시오.

해답
① 사용하는 차량계 건설 기계의 종류 및 성능
② 차량계 건설 기계의 운행경로
③ 차량계 건설 기계에 의한 작업 방법

참고
산업안전보건기준에 관한 규칙 [별표 4] 사전조사 및 작업계획서 내용

60 차량계 건설 기계 운전자가 운전 위치 이탈시 조치 사항을 쓰시오.

해답
① 포크, 버킷, 디퍼 등의 장치를 가장 낮은 위치 또는 지면에 내려둘 것
② 원동기를 정지시키고 브레이크를 확실히 거는 등 갑작스러운 주행이나 이탈을 방지하기 위한 조치를 할 것
③ 운전석을 이탈하는 경우에는 시동키를 운전대에서 분리시킬 것. 다만, 운전석에 잠금장치를 하는 등 운전자가 아닌 사람이 운전하지 못하도록 조치한 경우에는 그러하지 아니하다.

61 항타기 및 항발기 사용시 무너짐 방지 준수 사항을 쓰시오.

해답
① 연약한 지반에 설치하는 경우에는 아웃트리거·받침 등 지지구조물의 침하를 방지하기 위하여 깔판·받침목 등을 사용할 것
② 시설 또는 가설물 등에 설치하는 경우에는 그 내력을 확인하고 내력이 부족하면 그 내력을 보강할 것
③ 아웃트리거·받침 등 지지구조물이 미끄러질 우려가 있는 경우에는 말뚝 또는 쐐기 등을 사용하여 해당 지지구조물을 고정시킬 것
④ 궤도 또는 차로 이동하는 항타기 또는 항발기에 대해서는 불시에 이동하는 것을 방지하기 위하여 레일 클램프(rail clamp) 및 쐐기 등으로 고정시킬 것
⑤ 상단 부분은 버팀대·버팀줄로 고정하여 안전시키고, 그 하단 부분은 견고한 버팀·말뚝 또는 철골 등으로 고정시킬 것

62 레버풀러(lever puller) 또는 체인블록(chainblock)을 사용하는 경우 준수사항을 쓰시오.

해답
① 정격하중을 초과하여 사용하지 말 것
② 레버풀러 작업 중 훅이 빠져 튕길 우려가 있을 경우에는 훅을 대상물에 직접 걸지 말고 피벗 클램프(pivot clamp)나 러그(lug)를 연결하여 사용할 것
③ 레버풀러의 레버에 파이프 등을 끼워서 사용하지 말 것
④ 체인블록의 상부 훅(top hook)은 인양하중에 충분히 견디는 강도를 갖고, 정확히 지탱될 수 있는 곳에 걸어서 사용할 것
⑤ 훅의 입구(hook mouth) 간격이 제조자가 제공하는 제품사양서 기준으로 10[%] 이상 벌어진 것은 폐기할 것
⑥ 체인블록은 체인의 꼬임과 헝클어지지 않도록 할 것
⑦ 체인과 훅은 변형, 파손, 부식, 마모(磨耗)되거나 균열된 것을 사용하지 않도록 조치할 것

63 다음 설명의 이음 철물 형식은 어느 것인가?

형식	구조	성능	
		인장시험의 최대하중 [kg]	굴곡시험(벤딩)의 최대하중 [kg]
①	관의 단면에 밀접하여 지지하는 수압부와 관의 내부에 삽입되는 부분을 가진 것으로 삽입부 단면적의 80[%] 이상이고, 유효장은 75[mm] 이상의 길이가 각각 관에 삽입되는 구조이어야 한다.	500 이상	270 이상
②	상기 외관의 단부를 웜(worm) 또는 핀(pin) 그 밖의 결합방법으로 결합하는 것. 착탈에 있어서 관을 회전하는 것은 적어도 60[°]이상 회전하지 않으면 착탈이 되지 않는 구조이어야 한다.	1,500 이상	270 이상

해답
① 마찰형
② 전단형

64 항타기, 항발기 조립시 점검사항을 쓰시오.

해답

① 본체 연결부의 풀림 또는 손상의 유무
② 권상용 와이어로프·드럼 및 도르래의 부착 상태의 이상유무
③ 권상장치의 브레이크 및 쐐기 장치 기능의 이상유무
④ 권상기의 설치 상태의 이상유무
⑤ 버팀의 방법 및 고정 상태의 이상유무

65 다음 ( ) 안에 알맞은 말을 넣으시오.

> 일반적으로 사용하는 철선은 지름 (①)[mm]의 #10선과 직경 (②)mm의 #8선이며, 안전강도는 #10선이 410[kg/cm], #8선이 485[kg/cm]이다. 단, 부러지기 쉬운 철선이나 산화, 부식된 것을 사용해서는 안 된다.

해답

① 3.2
② 3.85

66 벌목 작업시 준수 사항을 쓰시오.

해답

① 벌목하려는 경우에는 미리 대피로 및 대피장소를 정해둘 것
② 벌목하려는 나무의 가슴높이 지름이 40[cm] 이상인 경우에는 뿌리부분 지름의 4분의 1 이상 깊이의 수구를 만들 것

67 통나무 비계의 조립시 재료와 조립시 안전 기준을 쓰시오.

해답

(1) 재료
① 나뭇결이 바르며, 균열, 충해, 부식, 옹이 등 결점이 없는 것으로 곧은 것을 사용하여야 한다.
② 통나무의 굵기는 1[m]당 0.5~0.7[cm] 정도로 가늘어져야 한다.
③ 비계 결속용 철선은 #8선 또는 #10선 소성 철선을 사용하여야 한다.
④ 비계 발판은 폭 40[cm] 이상, 두께 3.5[cm] 이상, 길이 3.6[m] 이내의 것을 사용하여야 한다.

(2) 조립시 안전 기준
① 비계기둥의 간격은 2.5[m] 이하로 하고 지상으로부터 첫 번째 띠장은 3[m] 이하의 위치에 설치할 것. 다만, 작업의 성질상 이를 준수하기 곤란하여 쌍기둥 등에 의하여 해당 부분을 보강한 경우에는 그러하지 아니하다.
② 비계기둥이 미끄러지거나 침하하는 것을 방지하기 위하여 비계기둥의 하단부를 묻고, 밑둥잡이를 설치하거나 깔판을 사용하는 등의 조치를 할 것
③ 비계기둥의 이음이 겹침이음인 경우에는 이음부분에서 1[m] 이상 서로 겹쳐서 두 군데 이상을 묶고, 비계기둥의 이음이 맞댄이음인 경우에는 비계기둥을 쌍기둥틀로 하거나 1.8[m] 이상의 덧댐목을 사용하여 네 군데 이상을 묶을 것
④ 비계기둥·띠장·장선 등의 접속부 및 교차부는 철선 그 밖의 튼튼한 재료로 견고하게 묶을 것
⑤ 교차가새로 보강할 것
⑥ 외줄비계·쌍줄비계 또는 돌출비계에 대하여는 다음 각 목에 따른 벽이음 및 버팀을 설치할 것. 다만, 창틀의 부착 또는 벽면의 완성 등의 작업을 위하여 벽이음 또는 버팀을 제거하는 경우, 그 밖에 작업의 필요상 부득이한 경우로서 해당 벽이음 또는 버팀 대신 비계기둥 또는 띠장에 사재를 설치하는 등 해당 비계의 도괴방지를 위한 조치를 한 경우에는 그러하지 아니하다.
 ㉮ 간격은 수직방향에서 5.5[m] 이하, 수평방향에서는 7.5[m] 이하로 할 것
 ㉯ 강관·통나무 등의 재료를 사용하여 견고한 것으로 할 것
 ㉰ 인장재와 압축재로 구성되어 있는 때에는 인장재와 압축재의 간격은 1[m] 이내로 할 것

68 강관 틀비계 작업시 재료와 조립 시 안전 지침을 쓰시오.

해답

(1) 재료
① 틀비계는 한국공업규격에 합당한 것이어야 한다.
② 부재는 외력에 의한 변형 또는 불량품이 없는 것이어야 한다.

(2) 조립시 안전 지침
① 비계기둥의 밑둥에는 밑받침철물을 사용하여야 하며 밑받침에 고저차(高低差)가 있는 경우에는 조절형 밑받침철물을 사용하여 각각의 강관틀 비계가 항상 수평 및 수직을 유지하도록 할 것
② 높이가 20[m]를 초과하거나 중량물의 적재를 수반하는 작업을 할 경우에는 주틀 간의 간격이 1.8[m] 이하로 할 것
③ 주틀 간에 교차 가새를 설치하고 최상층 및 5층 이내마다 수평재를 설치할 것
④ 수직방향으로 6[m], 수평방향으로 8[m] 이내마다 벽이음을 할 것
⑤ 길이가 띠장 방향으로 4[m] 이하이고 높이가 10[m]를 초과하는 경우에는 10[m] 이내마다 띠장 방향으로 버팀 기둥을 설치할 것

69 강관 비계의 조립시 재료와 조립시 안전 기준을 각각 쓰시오.

해답

(1) 재료
  ① 강관 및 부속 철물은 한국공업규격에 합당한 것이어야 한다.
  ② 강관은 외력에 의한 균열, 뒤틀림 등의 변형이 없어야 하며, 부식되지 않은 것이어야 한다.
(2) 조립시 안전 기준
  ① 비계기둥에는 미끄러지거나 침하하는 것을 방지하기 위하여 밑받침 철물을 사용하거나 깔판·깔목 등을 사용하여 밑둥잡이를 설치하는 등의 조치를 할 것
  ② 강관의 접속부 또는 교차부(交叉部)는 적합한 부속철물을 사용하여 접속하거나 단단히 묶을 것
  ③ 교차 가새로 보강할 것
  ④ 외줄비계·쌍줄비계 또는 돌출비계에 대해서는 다음 각 목에서 정하는 바에 따라 벽이음 및 버팀을 설치할 것. 다만, 창틀의 부착 또는 벽면의 완성 등의 작업을 위하여 벽이음 또는 버팀을 제거하는 경우, 그 밖에 작업의 필요상 부득이한 경우로서 해당 벽이음 또는 버팀 대신 비계기둥 또는 띠장에 사재(斜材)를 설치하는 등 비계가 넘어지는 것을 방지하기 위한 조치를 한 경우에는 그러하지 아니하다.
    ㉮ 강관비계의 조립 간격은 별표 5의 기준에 적합하도록 할 것
    ㉯ 강관·통나무 등의 재료를 사용하여 견고한 것으로 할 것
    ㉰ 인장재(引張材)와 압축재로 구성된 경우에는 인장재와 압축재의 간격을 1[m] 이내로 할 것
  ⑤ 가공전로(架空電路)에 근접하여 비계를 설치하는 경우에는 가공전로를 이설(移設)하거나 가공전로에 절연용 방호구를 장착하는 등 가공전로와의 접촉을 방지하기 위한 조치를 할 것

70 말비계 조립 시 준수사항을 쓰시오.

해답

① 지주부재의 하단에는 미끄럼 방지장치를 하고, 근로자가 양측 끝부분에 올라서서 작업하지 않도록 할 것
② 지주부재와 수평면과의 기울기를 75[°] 이하로 하고, 지주부재와 지주부재 사이를 고정시키는 보조부재를 설치할 것
③ 말비계의 높이가 2[m]를 초과할 경우에는 작업발판의 폭을 40[cm] 이상으로 할 것

71 간이 달비계의 조립 시 재료의 안전 기준과 조립시 준수 사항을 쓰시오.

해답

(1) 재료의 안전 기준
  ① 작업 발판의 재료는 곧고 줄이 바른 것으로 균열, 충해, 부식, 큰 옹이 등이 없는 것을 사용하여야 한다.
  ② 발판은 폭 40[cm] 이상, 두께 3.5[cm] 이상, 깊이 3.6[m] 이내의 것을 사용하여야 한다.
  ③ 결속선은 #8선 또는 #10선으로 소성 철선 새것을 사용하여야 한다.
  ④ 와이어로프는 한 가닥에서 소선(필러선을 제외한다)의 수가 10[%] 이상 절단되지 않은 것이어야 한다. 또한 부식되거나 현저히 변형되지 않은 것으로 지름의 감소가 공칭 지름의 7[%] 이내이어야 한다.
  ⑤ 체인은 길이가 제조 당시보다 5[%] 이상 늘어난 것을 사용해서는 아니 되며 고리의 단면 지름이 제조 당시보다 10[%] 이상 감소되지 아니한 것을 사용해야 한다.
(2) 조립시 준수 사항
  ① 와이어로프 및 강선의 안전 계수는 10 이상이어야 한다.
  ② 와이어로프의 말단은 권상기에 확실히 감겨져 있어야 한다.
  ③ 작업발판은 20[cm] 이상의 폭이어야 하며, 움직이지 않게 고정하여야 한다.
  ④ 발판 위 약 10[cm] 위까지 낙하물 방지 조치를 하여야 한다.
  ⑤ 높이 90[cm] 이상의 추락 방지용 손잡이를 설치하여야 한다. 다만, 작업 성질상 손잡이를 설치하는 것이 곤란하거나 작업 필요상 임의로 손잡이를 해체해야 하는 경우에는 방망을 치거나 안전대를 사용하여야 한다.
  ⑥ 권상기에는 제동장치를 설치하여야 한다.
  ⑦ 달비계의 동요 또는 전도를 방지할 수 있는 장치를 취하여야 한다.

72 공사용 가설 도로에서 우회로 공사의 안전 기준을 쓰시오.

해답

① 교통량을 유지시킬 수 있도록 계획되어야 한다.
② 현재 시공중에 있는 교량이나 높은 구조물의 밑을 통과해서는 안 된다(특수 경우엔 제외).
③ 모든 Staging이나 보조 Staging은 작업 착수 전 감독관의 승인을 얻도록 하여야 한다.
④ 모든 교통 통제나 신호 등은 교통 법규에 적합하도록 하여야 한다.
⑤ 우회로는 항상 보수 유지되도록 확실히 점검을 실시하여야 한다.
⑥ 필요한 경우에는 가설등을 설치하여야 한다.
⑦ 우회로의 사용이 완료되면 감독 승인하에 모든 것을 원상 복구하여야 한다.

73 이동식 비계의 안전 지침에서 재료, 조립·작업시의 안전 기준을 쓰시오.

해답

(1) 재료
  ① 비계에 사용된 강관은 한국공업규격에 합당한 것이어야 하며, 부식, 균열, 변형 등이 없는 것이어야 한다.
  ② 재료는 곧고 줄이 바르며, 균열, 부식, 충해, 큰 옹이 등이 없는 양호한 것을 사용하여야 한다.
  ③ 비계의 발판은 폭 40[cm], 두께 3.5[cm] 이상의 것을 사용하여야 한다.

(2) 조립시의 안전 기준
  ① 이동식비계의 바퀴에는 뜻밖의 갑작스러운 이동 또는 전도를 방지하기 위하여 브레이크·쐐기 등으로 바퀴를 고정시킨 다음 비계의 일부를 견고한 시설물에 고정하거나 아우트리거(outrigger)를 설치하는 등 필요한 조치를 할 것
  ② 승강용사다리는 견고하게 설치할 것
  ③ 비계의 최상부에서 작업을 하는 경우에는 안전난간을 설치할 것
  ④ 작업발판은 항상 수평을 유지하고 작업발판 위에서 안전난간을 딛고 작업을 하거나 받침대 또는 사다리를 사용하여 작업하지 않도록 할 것
  ⑤ 작업발판의 최대적재하중은 250[kg]을 초과하지 않도록 할 것

(3) 작업시의 안전 기준
  ① 작업감독자의 지휘하에 작업을 행하여야 한다.
  ② 절대로 작업원이 탄 채로 이동해서는 안 된다.
  ③ 비계의 이동에는 충분한 인원 배치를 하여야 한다.
  ④ 안전모를 착용하여야 하며 구명 로프 등을 소지하여야 한다.
  ⑤ 재료, 공구의 오르내리기에는 포대, 로프 등을 사용하여야 한다.
  ⑥ 작업장 부근에 고압 전선 등이 있는가를 확인하고 적절한 방호 조치를 취하여야 한다.
  ⑦ 상하에서 동시에 작업을 할 때에는 충분한 연락을 취하면서 작업을 하여야 한다.

74 공사용 가설 도로 설치 시 준수사항을 쓰시오.

22. 11. 19 기

해답

① 도로는 장비와 차량이 안전하게 운행할 수 있도록 견고하게 설치할 것
② 도로와 작업장이 접하여 있을 경우에는 방책 등을 설치할 것
③ 도로는 배수를 위하여 경사지게 설치하거나 배수시설을 설치할 것
④ 차량의 속도제한 표지를 부착할 것

MEMO

SAFETY ENGINEER

산업안전보건법

세부항목 01 산업안전관계법규
1. 산업안전보건법
2. 산업안전보건법 시행령
3. 산업안전보건법 시행규칙

세부항목 02 산업안전보건기준에 관한 규칙(약칭 안전보건규칙)

1. 총칙
2. 통로 안전보건규칙
3. 계단의 안전보건규칙
4. 양중기 안전보건규칙
5. 크레인 안전보건규칙
6. 이동식 크레인 안전보건규칙
7. 리프트 안전보건규칙
8. 곤돌라 안전보건규칙
9. 승강기 안전보건규칙
10. 양중기의 와이어로프 등의 안전보건규칙
11. 차량계 하역운반기계의 안전보건규칙
12. 지게차 안전보건규칙
13. 차량계 건설기계 안전보건규칙
14. 항타기 및 항발기 안전보건규칙
15. 위험물 등의 취급 등의 안전보건규칙
16. 아세틸렌 용접장치 및 가스집합 용접장치의 안전보건규칙
17. 전기기계·기구 등의 위험방지 안전보건규칙
18. 배선 및 이동전선으로 인한 위험방지 안전보건규칙
19. 전기작업에 대한 위험방지 안전보건규칙
20. 정전기 및 전자파로 인한 재해 예방 안전보건규칙
21. 거푸집동바리 및 거푸집 안전보건규칙
22. 비계 안전보건규칙
23. 말비계 및 이동식비계 안전보건규칙
24. 굴착작업 등의 위험방지 안전보건규칙
25. 추락 또는 붕괴에 의한 위험방지 안전보건규칙
26. 철골작업 및 해체작업 안전보건규칙
27. 중량물 취급 시의 위험방지 안전보건규칙

[별표]

산업안전관계법규

중점 학습내용

대한민국의 산업안전보건법에 관한 법은 근로기준법으로부터 태동되었다.
본 장의 내용은 다음과 같이 구성하여 이번 시험 합격에 대비하였다.
❶ 산업안전보건법
❷ 산업안전보건법 시행령
❸ 산업안전보건법 시행규칙

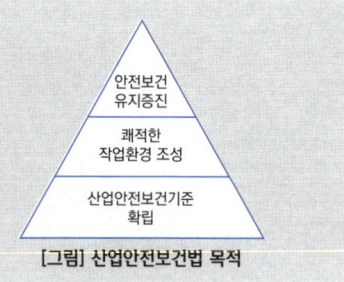

[그림] 산업안전보건법 목적

합격예측 및 관련법규

「**근로기준법**」

제2조(정의) ① 이 법에서 사용하는 용어의 뜻은 다음과 같다.
1. "근로자"란 직업의 종류와 관계없이 임금을 목적으로 사업이나 사업장에 근로를 제공하는 자를 말한다.
2. "사용자"란 사업주 또는 사업 경영 담당자, 그 밖에 근로자에 관한 사항에 대하여 사업주를 위하여 행위하는 자를 말한다.
3. "근로"란 정신노동과 육체노동을 말한다.
4. "근로계약"이란 근로자가 사용자에게 근로를 제공하고 사용자는 이에 대하여 임금을 지급하는 것을 목적으로 체결된 계약을 말한다.
5. "임금"이란 사용자가 근로의 대가로 근로자에게 임금, 봉급, 그 밖에 어떠한 명칭으로든지 지급하는 일체의 금품을 말한다.
6. "평균임금"이란 이를 산정하여야 할 사유가 발생한 날 이전 3개월 동안에 그 근로자에게 지급된 임금의 총액을 그 기간의 총일수로 나눈 금액을 말한다. 근로자가 취업한 후 3개월 미만인 경우도 이에 준한다.

1 산업안전보건법

[시행 2024. 5. 17.] [법률 제19591호, 2023. 8. 8., 일부개정]
[시행 2025. 6. 1.] [법률 제20522호, 2024. 10. 22., 일부개정]

제1장 총칙

제1조(목적) 이 법은 산업 안전 및 보건에 관한 기준을 확립하고 그 책임의 소재를 명확하게 하여 산업재해를 예방하고 쾌적한 작업환경을 조성함으로써 노무를 제공하는 사람의 안전 및 보건을 유지·증진함을 목적으로 한다.

제2조(정의) 이 법에서 사용하는 용어의 뜻은 다음과 같다.

1. "산업재해"란 노무를 제공하는 사람이 업무에 관계되는 건설물·설비·원재료·가스·증기·분진 등에 의하거나 작업 또는 그 밖의 업무로 인하여 사망 또는 부상하거나 질병에 걸리는 것을 말한다.
2. "중대재해"란 산업재해 중 사망 등 재해 정도가 심하거나 다수의 재해자가 발생한 경우로서 고용노동부령으로 정하는 재해를 말한다.
3. "근로자"란 「근로기준법」 제2조제1항제1호에 따른 근로자를 말한다.
4. "사업주"란 근로자를 사용하여 사업을 하는 자를 말한다.
5. "근로자대표"란 근로자의 과반수로 조직된 노동조합이 있는 경우에는 그 노동조합을, 근로자의 과반수로 조직된 노동조합이 없는 경우에는 근로자의 과반수를 대표하는 자를 말한다.
6. "도급"이란 명칭에 관계없이 물건의 제조·건설·수리 또는 서비스의 제공, 그 밖의 업무를 타인에게 맡기는 계약을 말한다.

7. "도급인"이란 물건의 제조·건설·수리 또는 서비스의 제공, 그밖의 업무를 도급하는 사업주를 말한다. 다만, 건설공사발주자는 제외한다.
8. "수급인"이란 도급인으로부터 물건의 제조·건설·수리 또는 서비스의 제공, 그 밖의 업무를 도급받은 사업주를 말한다.
9. "관계수급인"이란 도급이 여러 단계에 걸쳐 체결된 경우에 각 단계별로 도급받은 사업주 전부를 말한다.
10. "건설공사발주자"란 건설공사를 도급하는 자로서 건설공사의 시공을 주도하여 총괄·관리하지 아니하는 자를 말한다. 다만, 도급받은 건설공사를 다시 도급하는 자는 제외한다.
11. "건설공사"란 다음 각 목의 어느 하나에 해당하는 공사를 말한다.
    가. 「건설산업기본법」제2조제4호에 따른 건설공사
    나. 「전기공사업법」제2조제1호에 따른 전기공사
    다. 「정보통신공사업법」제2조제2호에 따른 정보통신공사
    라. 「소방시설공사업법」에 따른 소방시설공사
    마. 「국가유산수리 등에 관한 법률」에 따른 국가유산 수리공사)
12. "안전보건진단"이란 산업재해를 예방하기 위하여 잠재적 위험성을 발견하고 그 개선대책을 수립할 목적으로 조사·평가하는 것을 말한다.
13. "작업환경측정"이란 작업환경 실태를 파악하기 위하여 해당 근로자 또는 작업장에 대하여 사업주가 유해인자에 대한 측정계획을 수립한 후 시료(試料)를 채취하고 분석·평가하는 것을 말한다.

제2장 안전보건관리체제 등

제1절 안전보건관리체제

제14조(이사회 보고 및 승인 등) ① 「상법」제170조에 따른 주식회사 중 대통령령으로 정하는 회사의 대표이사는 대통령령으로 정하는 바에 따라 매년 회사의 안전 및 보건에 관한 계획을 수립하여 이사회에 보고하고 승인을 받아야 한다.
② 제1항에 따른 대표이사는 제1항에 따른 안전 및 보건에 관한 계획을 성실하게 이행하여야 한다.
③ 제1항에 따른 안전 및 보건에 관한 계획에는 안전 및 보건에 관한 비용, 시설, 인원 등의 사항을 포함하여야 한다. 24. 10. 20기

대상 ① 상시근로자 500명 이상인 회사
② 전년도 시공능력평가액(토목·건축공사업에 한함)순위 상위 1,000위 이내의 건설회사

합격날개

7. "1주"란 휴일을 포함한 7일을 말한다.
8. "소정(所定)근로시간"이란 제50조, 제69조 본문 또는 「산업안전보건법」제46조에 따른 근로시간의 범위에서 근로자와 사용자 사이에 정한 근로시간을 말한다.
9. "단시간근로자"란 1주 동안의 소정근로시간이 그 사업장에서 같은 종류의 업무에 종사하는 통상 근로자의 1주 동안의 소정근로시간에 비하여 짧은 근로자를 말한다.
② 제1항제6호에 따라 산출된 금액이 그 근로자의 통상임금보다 적으면 그 통상임금액을 평균임금으로 한다.

합격예측 및 관련법규

「건설산업기본법」제2조제4호

4. "건설공사"란 토목공사, 건축공사, 산업설비공사, 조경공사, 환경시설공사, 그 밖에 명칭에 관계없이 시설물을 설치·유지·보수하는 공사(시설물을 설치하기 위한 부지조성공사를 포함한다) 및 기계설비나 그 밖의 구조물의 설치 및 해체공사 등을 말한다. 다만, 다음 각 목의 어느 하나에 해당하는 공사는 포함하지 아니한다.
가. 「전기공사업법」에 따른 전기공사
나. 「정보통신공사업법」에 따른 정보통신공사
다. 「소방시설공사업법」에 따른 소방시설공사
라. 「문화재 수리 등에 관한 법률」에 따른 문화재 수리공사

대상 ① 전년도 안전보건활동실적
② 안전보건경영방침 및 안전보건활동 계획
③ 안전보건관리 체계·인원 및 역할
④ 안전 및 보건에 관한 시설 및 비용

제2절 안전보건관리규정

제25조(안전보건관리규정의 작성) ① 사업주는 사업장의 안전 및 보건을 유지하기 위하여 다음 각 호의 사항이 포함된 안전보건관리규정을 작성하여야 한다.
 1. 안전 및 보건에 관한 관리조직과 그 직무에 관한 사항
 2. 안전보건교육에 관한 사항
 3. 작업장의 안전 및 보건 관리에 관한 사항
 4. 사고 조사 및 대책 수립에 관한 사항
 5. 그 밖에 안전 및 보건에 관한 사항

② 제1항에 따른 안전보건관리규정(이하 "안전보건관리규정"이라 한다)은 단체협약 또는 취업규칙에 반할 수 없다. 이 경우 안전보건관리규정 중 단체협약 또는 취업규칙에 반하는 부분에 관하여는 그 단체협약 또는 취업규칙으로 정한 기준에 따른다.

③ 안전보건관리규정을 작성하여야 할 사업의 종류, 사업장의 상시 근로자 수 및 안전보건관리규정에 포함되어야 할 세부적인 내용, 그 밖에 필요한 사항은 고용노동부령으로 정한다.

제3장 안전보건교육

제29조(근로자에 대한 안전보건교육) ① 사업주는 소속 근로자에게 고용노동부령으로 정하는 바에 따라 정기적으로 안전보건교육을 하여야 한다.

② 사업주는 근로자를 채용할 때와 작업내용을 변경할 때에는 그 근로자에게 고용노동부령으로 정하는 바에 따라 해당 작업에 필요한 안전보건교육을 하여야 한다. 다만, 제31조제1항에 따른 안전보건교육을 이수한 건설 일용근로자를 채용하는 경우에는 그러하지 아니하다.

③ 사업주는 근로자를 유해하거나 위험한 작업에 채용하거나 그 작업으로 작업내용을 변경할 때에는 제2항에 따른 안전보건교육 외에 고용노동부령으로 정하는 바에 따라 유해하거나 위험한 작업에 필요한 안전보건교육을 추가로 하여야 한다.

④ 사업주는 제1항부터 제3항까지의 규정에 따른 안전보건교육을 제33조에 따라 고용노동부장관에게 등록한 안전보건교육기관에 위탁할 수 있다.

제4장 유해·위험 방지 조치

제34조(법령 요지 등의 게시 등) 사업주는 이 법과 이 법에 따른 명령의 요지 및 안전보건관리규정을 각 사업장의 근로자가 쉽게 볼 수 있는 장소에 게시하거나 갖추어 두어 근로자에게 널리 알려야 한다.

제5장 도급 시 산업재해 예방

제1절 도급의 제한

제58조(유해한 작업의 도급금지) ① 사업주는 근로자의 안전 및 보건에 유해하거나 위험한 작업으로서 다음 각 호의 어느 하나에 해당하는 작업을 도급하여 자신의 사업장에서 수급인의 근로자가 그 작업을 하도록 해서는 아니 된다.
  1. 도금작업
  2. 수은, 납 또는 카드뮴을 제련, 주입, 가공 및 가열하는 작업
  3. 제118조제1항에 따른 허가대상물질을 제조하거나 사용하는 작업

② 사업주는 제1항에도 불구하고 다음 각 호의 어느 하나에 해당하는 경우에는 제1항 각 호에 따른 작업을 도급하여 자신의 사업장에서 수급인의 근로자가 그 작업을 하도록 할 수 있다.
  1. 일시·간헐적으로 하는 작업을 도급하는 경우
  2. 수급인이 보유한 기술이 전문적이고 사업주(수급인에게 도급을 한 도급인으로서의 사업주를 말한다)의 사업 운영에 필수 불가결한 경우로서 고용노동부장관의 승인을 받은 경우

③ 사업주는 제2항제2호에 따라 고용노동부장관의 승인을 받으려는 경우에는 고용노동부령으로 정하는 바에 따라 고용노동부장관이 실시하는 안전 및 보건에 관한 평가를 받아야 한다.

④ 제2항제2호에 따른 승인의 유효기간은 3년의 범위에서 정한다.

⑤ 고용노동부장관은 제4항에 따른 유효기간이 만료되는 경우에 사업주가 유효기간의 연장을 신청하면 승인의 유효기간이 만료되는 날의 다음 날부터 3년의 범위에서 고용노동부령으로 정하는 바에 따라 그 기간의 연장을 승인할 수 있다. 이 경우 사업주는 제3항에 따른 안전 및 보건에 관한 평가를 받아야 한다.

⑥ 사업주는 제2항제2호 또는 제5항에 따라 승인을 받은 사항 중 고용노동부령으로 정하는 사항을 변경하려는 경우에는 고용노동부령으로 정하는 바에 따라 변경에 대한 승인을 받아야 한다.

⑦ 고용노동부장관은 제2항제2호, 제5항 또는 제6항에 따라 승인, 연장승인 또는 변경승인을 받은 자가 제8항에 따른 기준에 미달하게 된 경우에는 승인, 연장승인 또는 변경승인을 취소하여야 한다.

합격예측 및 관련법규

제15조(안전보건관리책임자) 23. 4. 23

① 사업주는 사업장을 실질적으로 총괄하여 관리하는 사람에게 해당 사업장의 다음 각 호의 업무를 총괄하여 관리하도록 하여야 한다.
  1. 사업장의 산업재해 예방 계획의 수립에 관한 사항
  2. 제25조 및 제26조에 따른 안전보건관리규정의 작성 및 변경에 관한 사항
  3. 제29조에 따른 안전보건교육에 관한 사항
  4. 작업환경측정 등 작업환경의 점검 및 개선에 관한 사항
  5. 제129조부터 제132조까지에 따른 근로자의 건강진단 등 건강관리에 관한 사항
  6. 산업재해의 원인 조사 및 재발 방지대책 수립에 관한 사항
  7. 산업재해에 관한 통계의 기록 및 유지에 관한 사항
  8. 안전장치 및 보호구 구입 시 적격품 여부 확인에 관한 사항
  9. 그 밖에 근로자의 유해·위험 방지조치에 관한 사항으로서 고용노동부령으로 정하는 사항

② 제1항 각 호의 업무를 총괄하여 관리하는 사람(이하 "안전보건관리책임자"라 한다)은 제17조에 따른 안전관리자와 제18조에 따른 보건관리자를 지휘·감독한다.

③ 안전보건관리책임자를 두어야 하는 사업의 종류와 사업장의 상시근로자 수, 그 밖에 필요한 사항은 대통령령으로 정한다.

합격예측 및 관련법규

(1) 대통령령으로 정하는 건설공사
총 공사금액 50억원 이상 건설공사의 발주자에게 공사 계획·설계·시공 등 전 과정에서 조치 의무를 부여

(2) 특수형태근로종사자
① 보험설계사·우체국보험모집원 ② 건설기계 직접 운전자(27종) ③ 학습지교사 ④ 골프장 캐디 ⑤ 택배기사 ⑥ 퀵서비스기사 ⑦ 대출모집인 ⑧ 신용카드회원 모집인 ⑨ 대리운전기사
※ 산업안전보건법 = 산업재해보상보험법

(3) 특수형태근로종사자 : 건설기계 운전자(27종)
① 불도저 ② 굴착기 ③ 로더 ④ 지게차 ⑤ 스크레이퍼 ⑥ 덤프트럭 ⑦ 기중기 ⑧ 모터그레이더 ⑨ 롤러 ⑩ 노상안정기 ⑪ 콘크리트뱃칭플랜트 ⑫ 콘크리트피니셔 ⑬ 콘크리트살포기 ⑭ 콘크리트믹서트럭 ⑮ 콘크리트펌프 ⑯ 아스팔트믹싱플랜트 ⑰ 아스팔트피니셔 ⑱ 아스팔트살포기 ⑲ 골재살포기 ⑳ 쇄석기 ㉑ 공기압축기 ㉒ 천공기 ㉓ 항타 및 항발기 ㉔ 자갈채취기 ㉕ 준설선 ㉖ 특수건설기계 ㉗ 타워크레인

---

⑧ 제2항제2호, 제5항 또는 제6항에 따른 승인, 연장승인 또는 변경승인의 기준·절차 및 방법, 그 밖에 필요한 사항은 고용노동부령으로 정한다.

제2절 도급인의 안전조치 및 보건조치

제62조(안전보건총괄책임자) ① 도급인은 관계수급인 근로자가 도급인의 사업장에서 작업을 하는 경우에는 그 사업장의 안전보건관리책임자를 도급인의 근로자와 관계수급인 근로자의 산업재해를 예방하기 위한 업무를 총괄하여 관리하는 안전보건총괄책임자로 지정하여야 한다. 이 경우 안전보건관리책임자를 두지 아니하여도 되는 사업장에서는 그 사업장에서 사업을 총괄하여 관리하는 사람을 안전보건총괄책임자로 지정하여야 한다.

② 제1항에 따라 안전보건총괄책임자를 지정한 경우에는 「건설기술 진흥법」 제64조제1항제1호에 따른 안전총괄책임자를 둔 것으로 본다.

③ 제1항에 따라 안전보건총괄책임자를 지정하여야 하는 사업의 종류와 사업장의 상시근로자 수, 안전보건총괄책임자의 직무·권한, 그 밖에 필요한 사항은 대통령령으로 정한다.

제3절 건설업 등의 산업재해 예방

제67조(건설공사발주자의 산업재해 예방 조치) ① 대통령령으로 정하는 건설공사의 건설공사발주자는 산업재해 예방을 위하여 건설공사의 계획, 설계 및 시공 단계에서 다음 각 호의 구분에 따른 조치를 하여야 한다. 22. 5. 7 기

1. 건설공사 계획단계 : 해당 건설공사에서 중점적으로 관리하여야할 유해·위험요인과 이의 감소방안을 포함한 기본안전보건대장을 작성할 것
2. 건설공사 설계단계 : 제1호에 따른 기본안전보건대장을 설계자에게 제공하고, 설계자로 하여금 유해·위험요인의 감소방안을 포함한 설계안전보건대장을 작성하게 하고 이를 확인할 것
3. 건설공사 시공단계 : 건설공사발주자로부터 건설공사를 최초로 도급받은 수급인에게 제2호에 따른 설계안전보건대장을 제공하고, 그 수급인에게 이를 반영하여 안전한 작업을 위한 공사안전보건대장을 작성하게 하고 그 이행 여부를 확인할 것

② 제1항 각 호에 따른 대장에 포함되어야 할 구체적인 내용은 고용노동부령으로 정한다.

제4절 그 밖의 고용형태에서의 산업재해 예방

제77조(특수형태근로종사자에 대한 안전조치 및 보건조치 등) ① 계약의 형식에 관계없이 근로자와 유사하게 노무를 제공하여 업무상의 재해로부터 보호할 필요가 있음에도 「근로기준법」 등이 적용되지 아니하는 사람으로서 다음 각 호의 요건을 모

두 충족하는 사람(이하 "특수형태근로종사자"라 한다)의 노무를 제공받는 자는 특수형태근로종사자의 산업재해 예방을 위하여 필요한 안전조치 및 보건조치를 하여야 한다.
1. 대통령령으로 정하는 직종에 종사할 것
2. 주로 하나의 사업에 노무를 상시적으로 제공하고 보수를 받아 생활할 것
3. 노무를 제공할 때 타인을 사용하지 아니할 것

② 대통령령으로 정하는 특수형태근로종사자로부터 노무를 제공받는 자는 고용노동부령으로 정하는 바에 따라 안전 및 보건에 관한 교육을 실시하여야 한다.
③ 정부는 특수형태근로종사자의 안전 및 보건의 유지·증진에 사용하는 비용의 일부 또는 전부를 지원할 수 있다.

제6장 유해·위험 기계 등에 대한 조치

제1절 유해하거나 위험한 기계 등에 대한 방호조치 등

제80조(유해하거나 위험한 기계·기구에 대한 방호조치) ① 누구든지 동력(動力)으로 작동하는 기계·기구로서 대통령령으로 정하는 것은 고용노동부령으로 정하는 유해·위험 방지를 위한 방호조치를 하지 아니하고는 양도, 대여, 설치 또는 사용에 제공하거나 양도·대여의 목적으로 진열해서는 아니 된다.
② 누구든지 동력으로 작동하는 기계·기구로서 다음 각 호의 어느 하나에 해당하는 것은 고용노동부령으로 정하는 방호조치를 하지 아니하고는 양도, 대여, 설치 또는 사용에 제공하거나 양도·대여의 목적으로 진열해서는 아니 된다.
1. 작동 부분에 돌기 부분이 있는 것
2. 동력전달 부분 또는 속도조절 부분이 있는 것
3. 회전기계에 물체 등이 말려 들어갈 부분이 있는 것

③ 사업주는 제1항 및 제2항에 따른 방호조치가 정상적인 기능을 발휘할 수 있도록 방호조치와 관련되는 장치를 상시적으로 점검하고 정비하여야 한다.
④ 사업주와 근로자는 제1항 및 제2항에 따른 방호조치를 해체하려는 경우 등 고용노동부령으로 정하는 경우에는 필요한 안전조치 및 보건조치를 하여야 한다.

제2절 안전인증

제83조(안전인증기준) ① 고용노동부장관은 유해하거나 위험한 기계·기구·설비 및 방호장치·보호구(이하 "유해·위험기계등"이라 한다)의 안전성을 평가하기 위하여 그 안전에 관한 성능과 제조자의 기술 능력 및 생산 체계 등에 관한 기준(이하 "안전인증기준"이라한다)을 정하여 고시하여야 한다.
② 안전인증기준은 유해·위험기계등의 종류별, 규격 및 형식별로 정할 수 있다.

합격예측 및 관련법규

제64조(도급에 따른 산업재해 예방조치) ① 도급인은 관계수급인 근로자가 도급인의 사업장에서 작업을 하는 경우 다음 각 호의 사항을 이행하여야 한다.
1. 도급인과 수급인을 구성원으로 하는 안전 및 보건에 관한 협의체의 구성 및 운영
2. 작업장 순회점검
3. 관계수급인이 근로자에게 하는 제29조제1항부터 제3항까지의 규정에 따른 안전보건교육을 위한 장소 및 자료의 제공 등 지원
4. 관계수급인이 근로자에게 하는 제29조제3항에 따른 안전보건교육의 실시 확인
5. 다음 각 목의 어느 하나의 경우에 대비한 경보체계 운영과 대피방법 등 훈련
   가. 작업장소에서 발파작업을 하는 경우
   나. 작업 장소에서 화재·폭발, 토사·구축물 등의 붕괴 또는 지진 등이 발생한 경우
6. 위생시설 등 고용노동부령으로 정하는 시설의 설치 등을 위하여 필요한 장소의 제공 또는 도급인이 설치한 위생시설 이용의 협조
7. 같은 장소에서 이루어지는 도급인과 관계수급인 등의 작업에 있어서 관계수급인 등의 작업시기·내용, 안전조치 및 보건조치 등의 확인
8. 제7호에 따른 확인 결과 관계수급인 등의 작업 혼재로 인하여 화재·폭발 등 대통령령으로 정하는 위험이 발생할 우려가 있는 경우 관계수급인 등의 작업시기·내용 등의 조정

② 제1항에 따른 도급인은 고용노동부령으로 정하는 바에 따라 자신의 근로자 및 관계수급인 근로자와 함께 정기적으로 또는 수시로 작업장의 안전 및 보건에 관한 점검을 하여야 한다.
③ 제1항에 따른 안전 및 보건에 관한 협의체 구성 및 운영, 작업장 순회점검, 안전보건교육 지원, 그 밖에 필요한 사항은 고용노동부령으로 정한다.

제3절 자율안전확인의 신고

제89조(자율안전확인의 신고) ① 안전인증대상기계등이 아닌 유해·위험기계등으로서 대통령령으로 정하는 것(이하 "자율안전확인대상기계등"이라 한다)을 제조하거나 수입하는 자는 자율안전확인대상기계등의 안전에 관한 성능이 고용노동부장관이 정하여 고시하는 안전기준(이하 "자율안전기준"이라 한다)에 맞는지 확인(이하 "자율안전확인"이라 한다)하여 고용노동부장관에게 신고(신고한 사항을 변경하는 경우를 포함한다)하여야 한다. 다만, 다음 각 호의 어느 하나에 해당하는 경우에는 신고를 면제할 수 있다.

1. 연구·개발을 목적으로 제조·수입하거나 수출을 목적으로 제조하는 경우
2. 제84조제3항에 따른 안전인증을 받은 경우(제86조제1항에 따라 안전인증이 취소되거나 안전인증표시의 사용 금지 명령을 받은 경우는 제외한다)
3. 다른 법령에 따라 안전성에 관한 검사나 인증을 받은 경우로서 고용노동부령으로 정하는 경우

② 고용노동부장관은 제1항 각 호 외의 부분 본문에 따른 신고를 받은 경우 그 내용을 검토하여 이 법에 적합하면 신고를 수리하여야 한다.
③ 제1항 각 호 외의 부분 본문에 따라 신고를 한 자는 자율안전확인대상기계등이 자율안전기준에 맞는 것임을 증명하는 서류를 보존하여야 한다.
④ 제1항 각 호 외의 부분 본문에 따른 신고의 방법 및 절차, 그 밖에 필요한 사항은 고용노동부령으로 정한다.

제4절 안전검사

제93조(안전검사) ① 유해하거나 위험한 기계·기구·설비로서 대통령령으로 정하는 것(이하 "안전검사대상기계등"이라 한다)을 사용하는 사업주(근로자를 사용하지 아니하고 사업을 하는 자를 포함한다. 이하 이 조, 제94조, 제95조 및 제98조에서 같다)는 안전검사대상기계등의 안전에 관한 성능이 고용노동부장관이 정하여 고시하는 검사기준에 맞는지에 대하여 고용노동부장관이 실시하는 검사(이하 "안전검사"라 한다)를 받아야 한다. 이 경우 안전검사대상기계등을 사용하는 사업주와 소유자가 다른 경우에는 안전검사대상기계등의 소유자가 안전검사를 받아야 한다.
② 제1항에도 불구하고 안전검사대상기계등이 다른 법령에 따라 안전성에 관한 검사나 인증을 받은 경우로서 고용노동부령으로 정하는 경우에는 안전검사를 면제할 수 있다.
③ 안전검사의 신청, 검사 주기 및 검사합격 표시방법, 그 밖에 필요한 사항은 고용노동부령으로 정한다. 이 경우 검사 주기는 안전검사대상기계등의 종류, 사용연한(使用年限) 및 위험성을 고려하여 정한다.

제5절 유해·위험기계등의 조사 및 지원 등

제101조(성능시험 등) 고용노동부장관은 안전인증대상기계등 또는 자율안전확인대상기계등의 안전성능의 저하 등으로 근로자에게 피해를 주거나 줄 우려가 크다고 인정하는 경우에는 대통령령으로 정하는 바에 따라 유해·위험기계등을 제조하는 사업장에서 제품 제조과정을 조사할 수 있으며, 제조·수입·양도·대여하거나 양도·대여의 목적으로 진열된 유해·위험기계등을 수거하여 안전인증기준 또는 자율안전기준에 적합한지에 대한 성능시험을 할 수 있다.

제7장 유해·위험물질에 대한 조치

제1절 유해·위험물질의 분류 및 관리

제104조(유해인자의 분류기준) 고용노동부장관은 고용노동부령으로 정하는 바에 따라 근로자에게 건강장해를 일으키는 화학물질 및 물리적 인자 등(이하 "유해인자"라 한다)의 유해성·위험성 분류기준을 마련하여야 한다.

제2절 석면에 대한 조치

제119조(석면조사) ① 건축물이나 설비를 철거하거나 해체하려는 경우에 해당 건축물이나 설비의 소유주 또는 임차인 등(이하 "건축물·설비소유주등"이라 한다)은 다음 각 호의 사항을 고용노동부령으로 정하는 바에 따라 조사(이하 "일반석면조사"라 한다)한 후 그 결과를 기록하여 보존하여야 한다.
   1. 해당 건축물이나 설비에 석면이 포함되어 있는지 여부
   2. 해당 건축물이나 설비 중 석면이 포함된 자재의 종류, 위치 및 면적
② 제1항에 따른 건축물이나 설비 중 대통령령으로 정하는 규모 이상의 건축물·설비소유주등은 제120조에 따라 지정받은 기관(이하 "석면조사기관"이라 한다)에 다음 각 호의 사항을 조사(이하 "기관석면조사"라 한다)하도록 한 후 그 결과를 기록하여 보존하여야 한다. 다만, 석면함유 여부가 명백한 경우 등 대통령령으로 정하는 사유에 해당하여 고용노동부령으로 정하는 절차에 따라 확인을 받은 경우에는 기관석면조사를 생략할 수 있다.
   1. 제1항 각 호의 사항
   2. 해당 건축물이나 설비에 포함된 석면의 종류 및 함유량
③ 건축물·설비소유주등이 「석면안전관리법」 등 다른 법률에 따라 건축물이나 설비에 대하여 석면조사를 실시한 경우에는 고용노동부령으로 정하는 바에 따라 일반석면조사 또는 기관석면조사를 실시한 것으로 본다.
④ 고용노동부장관은 건축물·설비소유주등이 일반석면조사 또는 기관석면조사를 하지 아니하고 건축물이나 설비를 철거하거나 해체하는 경우에는 다음 각 호의 조치를 명할 수 있다.

1. 해당 건축물·설비소유주등에 대한 일반석면조사 또는 기관석면조사의 이행 명령
2. 해당 건축물이나 설비를 철거하거나 해체하는 자에 대하여 제1호에 따른 이행 명령의 결과를 보고받을 때까지의 작업중지 명령

제8장 근로자 보건관리

제1절 근로환경의 개선

제125조(작업환경측정) ① 사업주는 유해인자로부터 근로자의 건강을 보호하고 쾌적한 작업환경을 조성하기 위하여 인체에 해로운 작업을 하는 작업장으로서 고용노동부령으로 정하는 작업장에 대하여 고용노동부령으로 정하는 자격을 가진 자로 하여금 작업환경측정을 하도록 하여야 한다.
② 제1항에도 불구하고 도급인의 사업장에서 관계수급인 또는 관계수급인의 근로자가 작업을 하는 경우에는 도급인이 제1항에 따른 자격을 가진 자로 하여금 작업환경측정을 하도록 하여야 한다.
③ 사업주(제2항에 따른 도급인을 포함한다. 이하 이 조 및 제127조에서 같다)는 제1항에 따른 작업환경측정을 제126조에 따라 지정받은 기관(이하 "작업환경측정기관"이라 한다)에 위탁할 수 있다. 이 경우 필요한 때에는 작업환경측정 중 시료의 분석만을 위탁할 수 있다.
④ 사업주는 근로자대표(관계수급인의 근로자대표를 포함한다. 이하 이 조에서 같다)가 요구하면 작업환경측정 시 근로자대표를 참석시켜야 한다.
⑤ 사업주는 작업환경측정 결과를 기록하여 보존하고 고용노동부령으로 정하는 바에 따라 고용노동부장관에게 보고하여야 한다. 다만, 제3항에 따라 사업주로부터 작업환경측정을 위탁받은 작업환경측정기관이 작업환경측정을 한 후 그 결과를 고용노동부령으로 정하는 바에 따라 고용노동부장관에게 제출한 경우에는 작업환경측정 결과를 보고한 것으로 본다.
⑥ 사업주는 작업환경측정 결과를 해당 작업장의 근로자(관계수급인 및 관계수급인 근로자를 포함한다. 이하 이 항, 제127조 및 제175조제5항제15호에서 같다)에게 알려야 하며, 그 결과에 따라 근로자의건강을 보호하기 위하여 해당 시설·설비의 설치·개선 또는 건강진단의 실시 등의 조치를 하여야 한다.
⑦ 사업주는 산업안전보건위원회 또는 근로자대표가 요구하면 작업환경측정 결과에 대한 설명회 등을 개최하여야 한다. 이 경우 제3항에 따라 작업환경측정을 위탁하여 실시한 경우에는 작업환경측정기관에 작업환경측정 결과에 대하여 설명하도록 할 수 있다.
⑧ 제1항 및 제2항에 따른 작업환경측정의 방법·횟수, 그 밖에 필요한 사항은 고용노동부령으로 정한다.

제2절 건강진단 및 건강관리

제129조(일반건강진단) ① 사업주는 상시 사용하는 근로자의 건강관리를 위하여 건강진단(이하 "일반건강진단"이라 한다)을 실시하여야 한다. 다만, 사업주가 고용노동부령으로 정하는 건강진단을 실시한 경우에는 그 건강진단을 받은 근로자에 대하여 일반건강진단을 실시한 것으로 본다.

② 사업주는 제135조제1항에 따른 특수건강진단기관 또는 「건강검진기본법」 제3조제2호에 따른 건강검진기관(이하 "건강진단기관"이라 한다)에서 일반건강진단을 실시하여야 한다.

③ 일반건강진단의 주기·항목·방법 및 비용, 그 밖에 필요한 사항은 고용노동부령으로 정한다.

제9장 산업안전지도사 및 산업보건지도사

제142조(산업안전지도사 등의 직무) ① 산업안전지도사는 다음 각 호의 직무를 수행한다.
 1. 공정상의 안전에 관한 평가·지도
 2. 유해·위험의 방지대책에 관한 평가·지도
 3. 제1호 및 제2호의 사항과 관련된 계획서 및 보고서의 작성
 4. 그 밖에 산업안전에 관한 사항으로서 대통령령으로 정하는 사항

② 산업보건지도사는 다음 각 호의 직무를 수행한다.
 1. 작업환경의 평가 및 개선 지도
 2. 작업환경 개선과 관련된 계획서 및 보고서의 작성
 3. 근로자 건강진단에 따른 사후관리 지도
 4. 직업성 질병 진단(「의료법」 제2조에 따른 의사인 산업보건지도사만 해당한다) 및 예방 지도
 5. 산업보건에 관한 조사·연구
 6. 그 밖에 산업보건에 관한 사항으로서 대통령령으로 정하는 사항

③ 산업안전지도사 또는 산업보건지도사(이하 "지도사"라 한다)의 업무 영역별 종류 및 업무 범위, 그 밖에 필요한 사항은 대통령령으로 정한다.

제10장 근로감독관 등

제155조(근로감독관의 권한) ① 「근로기준법」 제101조에 따른 근로감독관(이하 "근로감독관"이라 한다)은 이 법 또는 이 법에 따른 명령을 시행하기 위하여 필요한 경우 다음 각 호의 장소에 출입하여 사업주, 근로자 또는 안전보건관리책임자 등(이하 "관계인"이라 한다)에게 질문을 하고, 장부, 서류, 그 밖의 물건의 검사 및 안전보건점검을 하며, 관계 서류의 제출을 요구할 수 있다.

합격예측 및 관련법규

「건강검진기본법」

제3조(정의) 이 법에서 사용하는 용어의 정의는 다음과 같다.
1. "건강검진"이란 건강상태 확인과 질병의 예방 및 조기발견을 목적으로 제2호에 따른 건강검진기관을 통하여 진찰 및 상담, 이학적 검사, 진단검사, 병리검사, 영상의학 검사 등 의학적 검진을 시행하는 것을 말한다.
2. "건강검진기관(이하 "검진기관"이라 한다)"이란 국가건강검진을 실시하기 위하여 제14조에 따라 지정을 받아 건강검진을 시행하는 기관을 말한다.

「의료법」

제2조(의료인) ① 이 법에서 "의료인"이란 보건복지부장관의 면허를 받은 의사·치과의사·한의사·조산사 및 간호사를 말한다.
② 의료인은 종별에 따라 다음 각 호의 임무를 수행하여 국민보건 향상을 이루고 국민의 건강한 생활 확보에 이바지할 사명을 가진다.
1. 의사는 의료와 보건지도를 임무로 한다.
2. 치과의사는 치과 의료와 구강 보건지도를 임무로 한다.
3. 한의사는 한방 의료와 한방 보건지도를 임무로 한다.
4. 조산사는 조산(助産)과 임산부 및 신생아에 대한 보건과 양호지도를 임무로 한다.
5. 간호사는 다음 각 목의 업무를 임무로 한다.
  가. 환자의 간호요구에 대한 관찰, 자료수집, 간호판단 및 요양을 위한 간호
  나. 의사, 치과의사, 한의사의 지도하에 시행하는 진료의 보조
  다. 간호 요구자에 대한 교육·상담 및 건강증진을 위한 활동의 기획과 수행, 그 밖의 대통령령으로 정하는 보건활동
  라. 제80조에 따른 간호조무사가 수행하는 가목부터 다목까지의 업무 보조에 대한 지도

1. 사업장
2. 제21조제1항, 제33조제1항, 제48조제1항, 제74조제1항, 제88조제1항, 제96조제1항, 제100조제1항, 제120조제1항, 제126조제1항 및 제129조제2항에 따른 기관의 사무소
3. 석면해체·제거업자의 사무소
4. 제145조제1항에 따라 등록한 지도사의 사무소

② 근로감독관은 기계·설비등에 대한 검사를 할 수 있으며, 검사에 필요한 한도에서 무상으로 제품·원재료 또는 기구를 수거할 수 있다. 이 경우 근로감독관은 해당 사업주 등에게 그 결과를 서면으로 알려야 한다.

③ 근로감독관은 이 법 또는 이 법에 따른 명령의 시행을 위하여 관계인에게 보고 또는 출석을 명할 수 있다.

④ 근로감독관은 이 법 또는 이 법에 따른 명령을 시행하기 위하여 제1항 각 호의 어느 하나에 해당하는 장소에 출입하는 경우에 그 신분을 나타내는 증표를 지니고 관계인에게 보여 주어야 하며, 출입시 성명, 출입시간, 출입 목적 등이 표시된 문서를 관계인에게 내주어야 한다.

제11장 보칙

제158조(산업재해 예방활동의 보조·지원) ① 정부는 사업주, 사업주단체, 근로자단체, 산업재해 예방 관련 전문단체, 연구기관 등이 하는 산업재해 예방사업 중 대통령령으로 정하는 사업에 드는 경비의 전부 또는 일부를 예산의 범위에서 보조하거나 그 밖에 필요한 지원(이하 "보조·지원"이라 한다)을 할 수 있다. 이 경우 고용노동부장관은 보조·지원이 산업재해 예방사업의 목적에 맞게 효율적으로 사용되도록 관리·감독하여야 한다.

② 고용노동부장관은 보조·지원을 받은 자가 다음 각 호의 어느 하나에 해당하는 경우 보조·지원의 전부 또는 일부를 취소하여야 한다. 다만, 제1호 및 제2호의 경우에는 보조·지원의 전부를 취소 하여야 한다.

1. 거짓이나 그 밖의 부정한 방법으로 보조·지원을 받은 경우
2. 보조·지원 대상자가 폐업하거나 파산한 경우
3. 보조·지원 대상을 임의매각·훼손·분실하는 등 지원 목적에 적합하게 유지·관리·사용하지 아니한 경우
4. 제1항에 따른 산업재해 예방사업의 목적에 맞게 사용되지 아니한 경우
5. 보조·지원 대상 기간이 끝나기 전에 보조·지원 대상 시설 및 장비를 국외로 이전한 경우
6. 보조·지원을 받은 사업주가 필요한 안전조치 및 보건조치 의무를 위반하여 산업재해를 발생시킨 경우로서 고용노동부령으로 정하는 경우

③ 고용노동부장관은 제2항에 따라 보조·지원의 전부 또는 일부를 취소한 경우에는 해당 금액 또는 지원에 상응하는 금액을 환수하되, 같은 항 제1호의 경우에는 지급받은 금액에 상당하는 액수 이하의 금액을 추가로 환수할 수 있다. 다만, 제2항제2호 중 보조·지원 대상자가 파산한 경우에 해당하여 취소한 경우는 환수하지 아니한다.

④ 제2항에 따라 보조·지원의 전부 또는 일부가 취소된 자에 대해서는 고용노동부령으로 정하는 바에 따라 취소된 날부터 3년 이내의 기간을 정하여 보조·지원을 하지 아니할 수 있다.

⑤ 보조·지원의 대상·방법·절차, 관리 및 감독, 제2항 및 제3항에 따른 취소 및 환수 방법, 그 밖에 필요한 사항은 고용노동부장관이 정하여 고시한다.

제12장 벌칙

제167조(벌칙) ① 제38조제1항부터 제3항까지, 제39조제1항 또는 제63조를 위반하여 근로자를 사망에 이르게 한 자는 7년 이하의 징역 또는 1억원 이하의 벌금에 처한다.

② 제1항의 죄로 형을 선고받고 그 형이 확정된 후 5년 이내에 다시 제1항의 죄를 범한 자는 그 형의 2분의 1까지 가중한다.

울을 말한다)·산소결핍·병원체 등에 의한 건강장해
2. 방사선·유해광선·고온·저온·초음파·소음·진동·이상기압등에 의한 건강장해
3. 사업장에서 배출되는 기체·액체 또는 찌꺼기 등에 의한 건강장해
4. 계측감시(計測監視), 컴퓨터 단말기 조작, 정밀공작(精密工作) 등의 작업에 의한 건강장해
5. 단순반복작업 또는 인체에 과도한 부담을 주는 작업에 의한 건강장해
6. 환기·채광·조명·보온·방습·청결 등의 적정기준을 유지하지 아니하여 발생하는 건강장해

제63조(도급인의 안전조치 및 보건조치) 도급인은 관계수급인 근로자가 도급인의 사업장에서 작업을 하는 경우에 자신의 근로자와 관계수급인 근로자의 산업재해를 예방하기 위하여 안전 및 보건 시설의 설치 등 필요한 안전조치 및 보건조치를 하여야 한다. 다만, 보호구 착용의 지시 등 관계수급인 근로자의 작업행동에 관한 직접적인 조치는 제외한다.

2 산업안전보건법 시행령

[시행 2025. 1. 1.] [대통령령 제34603호, 2024. 6. 25., 일부개정]
[시행 2025. 6. 26.] [대통령령 제34603호, 2024. 6. 25., 일부개정]

제1장 총칙

제1조(목적) 이 영은 「산업안전보건법」에서 위임된 사항과 그 시행에 필요한 사항을 규정함을 목적으로 한다.

제5조(산업 안전 및 보건 의식을 북돋우기 위한 시책 마련) 고용노동부장관은 법 제4조제1항제5호에 따라 산업 안전 및 보건에 관한 의식을 북돋우기 위하여 다음 각 호와 관련된 시책을 마련해야 한다.
 1. 산업 안전 및 보건 교육의 진흥 및 홍보의 활성화
 2. 산업 안전 및 보건과 관련된 국민의 건전하고 자주적인 활동의 촉진
 3. 산업 안전 및 보건 강조 기간의 설정 및 그 시행

제10조(공표대상 사업장) ① 법 제10조제1항에서 "대통령령으로 정하는 사업장"이란 다음 각 호의 어느 하나에 해당하는 사업장을 말한다.
 1. 산업재해로 인한 사망자(이하 "사망재해자"라 한다)가 연간 2명 이상 발생한 사업장
 2. 사망만인율(死亡萬人率 : 연간 상시근로자 1만명당 발생하는 사망재해자 수의 비율을 말한다)이 규모별 같은 업종의 평균 사망만인율 이상인 사업장
 3. 법 제44조제1항 전단에 따른 중대산업사고가 발생한 사업장
 4. 법 제57조제1항을 위반하여 산업재해 발생 사실을 은폐한 사업장
 5. 법 제57조제3항에 따른 산업재해의 발생에 관한 보고를 최근 3년 이내 2회 이상 하지 않은 사업장

② 제1항제1호부터 제3호까지의 규정에 해당하는 사업장은 해당 사업장이 관계수급인의 사업장으로서 법 제63조에 따른 도급인이 관계수급인 근로자의 산업재해 예방을 위한 조치의무를 위반하여 관계수급인 근로자가 산업재해를 입은 경우에는 도급인의 사업장(도급인이 제공하거나 지정한 경우로서 도급인이 지배·관리하는 제11조 각 호에 해당하는 장소를 포함한다. 이하 같다)의 법 제10조제1항에 따른 산업재해발생건수등을 함께 공표한다.

제11조(도급인이 지배·관리하는 장소) 법 제10조제2항에서 "대통령령으로 정하는 장소"란 다음 각 호의 어느 하나에 해당하는 장소를 말한다.
 1. 토사(土砂)·구축물·인공구조물 등이 붕괴될 우려가 있는 장소
 2. 기계·기구 등이 넘어지거나 무너질 우려가 있는 장소
 3. 안전난간의 설치가 필요한 장소

4. 비계(飛階) 또는 거푸집을 설치하거나 해체하는 장소
5. 건설용 리프트를 운행하는 장소
6. 지반(地盤)을 굴착하거나 발파작업을 하는 장소
7. 엘리베이터홀 등 근로자가 추락할 위험이 있는 장소
8. 석면이 붙어 있는 물질을 파쇄하거나 해체하는 작업을 하는 장소
9. 공중 전선에 가까운 장소로서 시설물의 설치·해체·점검 및 수리 등의 작업을 할 때 감전의 위험이 있는 장소
10. 물체가 떨어지거나 날아올 위험이 있는 장소
11. 프레스 또는 전단기(剪斷機)를 사용하여 작업을 하는 장소
12. 차량계(車輛系) 하역운반기계 또는 차량계 건설기계를 사용하여 작업하는 장소
13. 전기 기계·기구를 사용하여 감전의 위험이 있는 작업을 하는 장소
14. 「철도산업발전기본법」 제3조제4호에 따른 철도차량(「도시철도법」에 따른 도시철도차량을 포함한다)에 의한 충돌 또는 협착의 위험이 있는 작업을 하는 장소
15. 그 밖에 화재·폭발 등 사고발생 위험이 높은 장소로서 고용노동부령으로 정하는 장소

제12조(통합공표 대상 사업장 등) 법 제10조제2항에서 "대통령령으로 정하는 사업장"이란 다음 각 호의 어느 하나에 해당하는 사업이 이루어지는 사업장으로서 도급인이 사용하는 상시근로자 수가 500명 이상이고 도급인 사업장의 사고사망만인율(질병으로 인한 사망재해자를 제외하고 산출한 사망만인율을 말한다. 이하 같다)보다 관계수급인의 근로자를 포함하여 산출한 사고사망만인율이 높은 사업장을 말한다.
1. 제조업
2. 철도운송업
3. 도시철도운송업
4. 전기업

제2장 안전보건관리체제 등

제13조(이사회 보고·승인 대상 회사 등) ① 법 제14조제1항에서 "대통령령으로 정하는 회사"란 다음 각 호의 어느 하나에 해당하는 회사를 말한다.
1. 상시근로자 500명 이상을 사용하는 회사
2. 「건설산업기본법」 제23조에 따라 평가하여 공시된 시공능력(같은 법 시행령 별표 1의 종합공사를 시공하는 업종의 건설업종란 제3호에 따른 토목건축공사업에 대한 평가 및 공시로 한정한다)의 순위 상위 1천위 이내의 건설회사

합격예측 및 관련법규

「철도산업발전기본법」 제3조 제4호
4. "철도차량"이라 함은 선로를 운행할 목적으로 제작된 동력차·객차·화차 및 특수차를 말한다.

「건설산업기본법」
제23조(시공능력의 평가 및 공시) ① 국토교통부장관은 발주자가 적정한 건설사업자를 선정할 수 있도록 하기 위하여 건설사업자의 신청이 있는 경우 그 건설사업자의 건설공사 실적, 자본금, 건설공사의 안전·환경 및 품질관리 수준 등에 따라 시공능력을 평가하여 공시하여야 한다.
② 삭제 〈1999. 4. 15.〉
③ 제1항에 따른 시공능력의 평가 및 공시를 받으려는 건설사업자는 국토교통부령으로 정하는 바에 따라 전년도 건설공사 실적, 기술자 보유현황, 재무상태, 그 밖에 국토교통부령으로 정하는 사항을 국토교통부장관에게 제출하여야 한다.
④ 제1항과 제3항에 따른 시공능력의 평가방법, 제출 자료의 구체적인 사항 및 공시 절차, 그 밖에 필요한 사항은 국토교통부령으로 정한다.

> **합격예측 및 관련법규**
>
> 「상법」
> **제408조의2(집행임원 설치회사, 집행임원과 회사의 관계)**
> ① 회사는 집행임원을 둘 수 있다. 이 경우 집행임원을 둔 회사(이하 "집행임원 설치회사"라 한다)는 대표이사를 두지 못한다.
> ② 집행임원 설치회사와 집행임원의 관계는 「민법」 중 위임에 관한 규정을 준용한다.
> ③ 집행임원 설치회사의 이사회는 다음의 권한을 갖는다.
> 1. 집행임원과 대표집행임원의 선임·해임
> 2. 집행임원의 업무집행 감독
> 3. 집행임원과 집행임원 설치회사의 소송에서 집행임원 설치회사를 대표할 자의 선임
> 4. 집행임원에게 업무집행에 관한 의사결정의 위임(이 법에서 이사회 권한사항으로 정한 경우는 제외한다)
> 5. 집행임원이 여러 명인 경우 집행임원의 직무 분담 및 지휘·명령관계, 그 밖에 집행임원의 상호관계에 관한 사항의 결정
> 6. 정관에 규정이 없거나 주주총회의 승인이 없는 경우 집행임원의 보수 결정
> ④ 집행임원 설치회사는 이사회의 회의를 주관하기 위하여 이사회 의장을 두어야 한다. 이 경우 이사회 의장은 정관의 규정이 없으면 이사회 결의로 선임한다.
>
> **제408조의5(대표집행임원)**
> ① 2명 이상의 집행임원이 선임된 경우에는 이사회 결의로 집행임원 설치회사를 대표할 대표집행임원을 선임하여야 한다. 다만, 집행임원이 1명인 경우에는 그 집행임원이 대표집행임원이 된다.
> ② 대표집행임원에 관하여는 이 법에 다른 규정이 없으면 주식회사의 대표이사에 관한 규정을 준용한다.
> ③ 집행임원 설치회사에 대하여는 제395조를 준용한다.

② 법 제14조제1항에 따른 회사의 대표이사(「상법」 제408조의2제1항 후단에 따라 대표이사를 두지 못하는 회사의 경우에는 같은 법 제408조의5에 따른 대표집행임원을 말한다)는 회사의 정관에서 정하는 바에 따라 다음 각 호의 내용을 포함한 회사의 안전 및 보건에 관한 계획을 수립해야 한다.

1. 안전 및 보건에 관한 경영방침
2. 안전·보건관리 조직의 구성·인원 및 역할
3. 안전·보건 관련 예산 및 시설 현황
4. 안전 및 보건에 관한 전년도 활동실적 및 다음 연도 활동계획

[시행일 : 2021. 1. 1] 제13조

제24조(안전보건관리담당자의 선임 등) ① 다음 각 호의 어느 하나에 해당하는 사업의 사업주는 법 제19조제1항에 따라 상시근로자 20명 이상 50명 미만인 사업장에 안전보건관리담당자를 1명 이상 선임해야 한다. 24.4.27 기

1. 제조업
2. 임업
3. 하수, 폐수 및 분뇨 처리업
4. 폐기물 수집, 운반, 처리 및 원료 재생업
5. 환경 정화 및 복원업

② 안전보건관리담당자는 해당 사업장 소속 근로자로서 다음 각 호의 어느 하나에 해당하는 요건을 갖추어야 한다.

1. 제17조에 따른 안전관리자의 자격을 갖추었을 것
2. 제18조에 따른 보건관리자의 자격을 갖추었을 것
3. 고용노동부장관이 정하여 고시하는 안전보건교육을 이수했을 것

③ 안전보건관리담당자는 제25조 각 호에 따른 업무에 지장이 없는 범위에서 다른 업무를 겸할 수 있다.

④ 사업주는 제1항에 따라 안전보건관리담당자를 선임한 경우에는 그 선임 사실 및 제25조 각 호에 따른 업무를 수행했음을 증명할 수 있는 서류를 갖추어 두어야 한다.

제25조(안전보건관리담당자의 업무) 안전보건관리담당자의 업무는 다음 각 호와 같다. 22.10.16 기

1. 법 제29조에 따른 안전보건교육 실시에 관한 보좌 및 지도·조언
2. 법 제36조에 따른 위험성평가에 관한 보좌 및 지도·조언
3. 법 제125조에 따른 작업환경측정 및 개선에 관한 보좌 및 지도·조언
4. 법 제129조부터 제131조까지에 따른 건강진단에 관한 보좌 및 지도·조언
5. 산업재해 발생의 원인 조사, 산업재해 통계의 기록 및 유지를 위한 보좌 및 지도·조언

6. 산업 안전·보건과 관련된 안전장치 및 보호구 구입 시 적격품 선정에 관한 보좌 및 지도·조언

제32조(명예산업안전감독관 위촉 등) ① 고용노동부장관은 다음 각 호의 어느 하나에 해당하는 사람 중에서 법 제23조제1항에 따른 명예산업안전감독관(이하 "명예산업안전감독관"이라 한다)을 위촉할 수 있다.

1. 산업안전보건위원회 구성 대상 사업의 근로자 또는 노사협의체 구성·운영 대상 건설공사의 근로자 중에서 근로자대표(해당 사업장에 단위 노동조합의 산하 노동단체가 그 사업장 근로자의 과반수로 조직되어 있는 경우에는 지부·분회 등 명칭이 무엇이든 관계없이 해당 노동단체의 대표자를 말한다. 이하 같다)가 사업주의 의견을 들어 추천하는 사람
2. 「노동조합 및 노동관계조정법」 제10조에 따른 연합단체인 노동조합 또는 그 지역 대표기구에 소속된 임직원 중에서 해당 연합단체인 노동조합 또는 그 지역 대표기구가 추천하는 사람
3. 전국 규모의 사업주단체 또는 그 산하조직에 소속된 임직원 중에서 해당 단체 또는 그 산하조직이 추천하는 사람
4. 산업재해 예방 관련 업무를 하는 단체 또는 그 산하조직에 소속된 임직원 중에서 해당 단체 또는 그 산하조직이 추천하는 사람

② 명예산업안전감독관의 업무는 다음 각 호와 같다. 이 경우 제1항제1호에 따라 위촉된 명예산업안전감독관의 업무 범위는 해당 사업장에서의 업무(제8호는 제외한다)로 한정하며, 제1항제2호부터 제4호까지의 규정에 따라 위촉된 명예산업안전감독관의 업무 범위는 제8호부터 제10호까지의 규정에 따른 업무로 한정한다.

1. 사업장에서 하는 자체점검 참여 및 「근로기준법」 제101조에 따른 근로감독관(이하 "근로감독관"이라 한다)이 하는 사업장 감독 참여
2. 사업장 산업재해 예방계획 수립 참여 및 사업장에서 하는 기계·기구 자체검사 참석
3. 법령을 위반한 사실이 있는 경우 사업주에 대한 개선 요청 및 감독기관에의 신고
4. 산업재해 발생의 급박한 위험이 있는 경우 사업주에 대한 작업중지 요청
5. 작업환경측정, 근로자 건강진단 시의 참석 및 그 결과에 대한 설명회 참여
6. 직업성 질환의 증상이 있거나 질병에 걸린 근로자가 여러 명 발생한 경우 사업주에 대한 임시건강진단 실시 요청
7. 근로자에 대한 안전수칙 준수 지도
8. 법령 및 산업재해 예방정책 개선 건의
9. 안전·보건 의식을 북돋우기 위한 활동 등에 대한 참여와 지원

합격예측 및 관련법규

「**노동조합 및 노동관계조정법**」(약칭:노동조합법)
제10조(설립의 신고) ①노동조합을 설립하고자 하는 자는 다음 각호의 사항을 기재한 신고서에 제11조의 규정에 의한 규약을 첨부하여 연합단체인 노동조합과 2 이상의 특별시·광역시·특별자치시·도·특별자치도에 걸치는 단위노동조합은 고용노동부장관에게, 2 이상의 시·군·구(자치구를 말한다)에 걸치는 단위노동조합은 특별시장·광역시장·도지사에게, 그 외의 노동조합은 특별자치시장·특별자치도지사·시장·군수·구청장(자치구의 구청장을 말한다. 이하 제12조제1항에서 같다)에게 제출하여야 한다. 〈개정 1998. 2. 20., 2006. 12. 30., 2010. 6. 4., 2014. 5. 20.〉
1. 명칭
2. 주된 사무소의 소재지
3. 조합원수
4. 임원의 성명과 주소
5. 소속된 연합단체가 있는 경우에는 그 명칭
6. 연합단체인 노동조합에 있어서는 그 구성노동단체의 명칭, 조합원수, 주된 사무소의 소재지 및 임원의 성명·주소
②제1항의 규정에 의한 연합단체인 노동조합은 동종산업의 단위노동조합을 구성원으로 하는 산업별 연합단체와 산업별 연합단체 또는 전국규모의 산업별 단위노동조합을 구성원으로 하는 총연합단체를 말한다.

10. 그 밖에 산업재해 예방에 대한 홍보 등 산업재해 예방업무와 관련하여 고용노동부장관이 정하는 업무

③ 명예산업안전감독관의 임기는 2년으로 하되, 연임할 수 있다.

④ 고용노동부장관은 명예산업안전감독관의 활동을 지원하기 위하여 수당 등을 지급할 수 있다.

⑤ 제1항부터 제4항까지에서 규정한 사항 외에 명예산업안전감독관의 위촉 및 운영 등에 필요한 사항은 고용노동부장관이 정한다.

제33조(명예산업안전감독관의 해촉) 고용노동부장관은 다음 각 호의 어느 하나에 해당하는 경우에는 명예산업안전감독관을 해촉(解囑)할 수 있다.

1. 근로자대표가 사업주의 의견을 들어 제32조제1항제1호에 따라 위촉된 명예산업안전감독관의 해촉을 요청한 경우
2. 제32조제1항제2호부터 제4호까지의 규정에 따라 위촉된 명예산업안전감독관이 해당 단체 또는 그 산하조직으로부터 퇴직하거나 해임된 경우
3. 명예산업안전감독관의 업무와 관련하여 부정한 행위를 한 경우
4. 질병이나 부상 등의 사유로 명예산업안전감독관의 업무 수행이 곤란하게 된 경우

제35조(산업안전보건위원회의 구성) ① 산업안전보건위원회의 근로자위원은 다음 각 호의 사람으로 구성한다. 08. 9. 28 기 09. 4. 19 기 19. 10. 13 기 20. 6. 7 기

1. 근로자대표
2. 명예산업안전감독관이 위촉되어 있는 사업장의 경우 근로자대표가 지명하는 1명 이상의 명예산업안전감독관
3. 근로자대표가 지명하는 9명(근로자인 제2호의 위원이 있는 경우에는 9명에서 그 위원의 수를 제외한 수를 말한다) 이내의 해당 사업장의 근로자

② 산업안전보건위원회의 사용자위원은 다음 각 호의 사람으로 구성한다. 다만, 상시근로자 50명 이상 100명 미만을 사용하는 사업장에서는 제5호에 해당하는 사람을 제외하고 구성할 수 있다.

1. 해당 사업의 대표자(같은 사업으로서 다른 지역에 사업장이 있는 경우에는 그 사업장의 안전보건관리책임자를 말한다. 이하 같다)
2. 안전관리자(제16조제1항에 따라 안전관리자를 두어야 하는 사업장으로 한정하되, 안전관리자의 업무를 안전관리전문기관에 위탁한 사업장의 경우에는 그 안전관리전문기관의 해당 사업장 담당자를 말한다) 1명
3. 보건관리자(제20조제1항에 따라 보건관리자를 두어야 하는 사업장으로 한정하되, 보건관리자의 업무를 보건관리전문기관에 위탁한 사업장의 경우에는 그 보건관리전문기관의 해당 사업장 담당자를 말한다) 1명
4. 산업보건의(해당 사업장에 선임되어 있는 경우로 한정한다)

5. 해당 사업의 대표자가 지명하는 9명 이내의 해당 사업장 부서의 장

③ 제1항 및 제2항에도 불구하고 법 제69조제1항에 따른 건설공사도급인(이하 "건설공사도급인"이라 한다)이 법 제64조제1항제1호에 따른 안전 및 보건에 관한 협의체를 구성한 경우에는 산업안전보건위원회의 위원을 다음 각 호의 사람을 포함하여 구성할 수 있다.

1. 근로자위원 : 도급 또는 하도급 사업을 포함한 전체 사업의 근로자대표, 명예산업안전감독관 및 근로자대표가 지명하는 해당 사업장의 근로자
2. 사용자위원 : 도급인 대표자, 관계수급인의 각 대표자 및 안전관리자

제36조(산업안전보건위원회의 위원장) 산업안전보건위원회의 위원장은 위원 중에서 호선(互選)한다. 이 경우 근로자위원과 사용자위원 중 각 1명을 공동위원장으로 선출할 수 있다.

제37조(산업안전보건위원회의 회의 등) ① 법 제24조제3항에 따라 산업안전보건위원회의 회의는 정기회의와 임시회의로 구분하되, 정기회의는 분기마다 산업안전보건위원회의 위원장이 소집하며, 임시회의는 위원장이 필요하다고 인정할 때에 소집한다.

② 회의는 근로자위원 및 사용자위원 각 과반수의 출석으로 개의(開議)하고 출석위원 과반수의 찬성으로 의결한다.

③ 근로자대표, 명예산업안전감독관, 해당 사업의 대표자, 안전관리자 또는 보건관리자는 회의에 출석할 수 없는 경우에는 해당 사업에 종사하는 사람 중에서 1명을 지정하여 위원으로서의 직무를 대리하게 할 수 있다.

④ 산업안전보건위원회는 다음 각 호의 사항을 기록한 회의록을 작성하여 갖추어 두어야 한다.

1. 개최 일시 및 장소
2. 출석위원
3. 심의 내용 및 의결·결정 사항
4. 그 밖의 토의사항

제3장 안전보건교육

제40조(안전보건교육기관의 등록 및 취소) ① 법 제33조제1항 전단에 따라 법 제29조제1항부터 제3항까지의 규정에 따른 안전보건교육에 대한 안전보건교육기관(이하 "근로자안전보건교육기관"이라 한다)으로 등록하려는 자는 법인 또는 산업안전·보건 관련 학과가 있는 「고등교육법」 제2조에 따른 학교로서 별표 10에 따른 인력·시설 및 장비 등을 갖추어야 한다.

② 법 제33조제1항 전단에 따라 법 제31조제1항 본문에 따른 안전보건교육에 대한 안전보건교육기관으로 등록하려는 자는 법인 또는 산업 안전·보건 관련 학과

가 있는 「고등교육법」 제2조에 따른 학교로서 별표 11에 따른 인력·시설 및 장비를 갖추어야 한다.

③ 법 제33조제1항 전단에 따라 법 제32조제1항 각 호 외의 부분 본문에 따른 안전보건교육에 대한 안전보건교육기관(이하 "직무교육기관"이라 한다)으로 등록할 수 있는 자는 다음 각 호의 어느 하나에 해당하는 자로 한다.

1. 「한국산업안전보건공단법」에 따른 한국산업안전보건공단(이하 "공단"이라 한다)
2. 다음 각 목의 어느 하나에 해당하는 기관으로서 별표 12에 따른 인력·시설 및 장비를 갖춘 기관
   가. 산업 안전보건 관련 학과가 있는 「고등교육법」 제2조에 따른 학교
   나. 비영리법인

④ 법 제33조제1항 후단에서 "대통령령으로 정하는 중요한 사항"이란 다음 각 호의 사항을 말한다.

1. 교육기관의 명칭(상호)
2. 교육기관의 소재지
3. 대표자의 성명

⑤ 제1항부터 제3항까지의 규정에 따른 안전보건교육기관에 관하여 법 제33조제4항에 따라 준용되는 법 제21조제4항제5호에서 "대통령령으로 정하는 사유에 해당하는 경우"란 다음 각 호의 경우를 말한다.

1. 교육 관련 서류를 거짓으로 작성한 경우
2. 정당한 사유 없이 교육 실시를 거부한 경우
3. 교육을 실시하지 않고 수수료를 받은 경우
4. 법 제29조제1항부터 제3항까지, 제31조제1항 본문 또는 제32조제1항 각 호 외의 부분 본문에 따른 교육의 내용 및 방법을 위반한 경우

제4장 유해·위험 방지 조치

제41조(제3자의 폭언등으로 인한 건강장해 발생 등에 대한 조치) 법 제41조제2항에서 "업무의 일시적 중단 또는 전환 등 대통령령으로 정하는 필요한 조치"란 다음 각 호의 조치 중 필요한 조치를 말한다.

1. 업무의 일시적 중단 또는 전환
2. 「근로기준법」 제54조제1항에 따른 휴게시간의 연장
3. 법 제41조제2항에 따른 폭언등으로 인한 건강장해 관련 치료 및 상담 지원
4. 관할 수사기관 또는 법원에 증거물·증거서류를 제출하는 등 법 제41조제2항에 따른 고객응대근로자 등이 같은 항에 따른 폭언등으로 인하여 고소, 고발 또는 손해배상 청구 등을 하는 데 필요한 지원

제42조(유해위험방지계획서 제출 대상) ① 법 제42조제1항제1호에서 "대통령령으로 정하는 사업의 종류 및 규모에 해당하는 사업"이란 다음 각 호의 어느 하나에 해당하는 사업으로서 전기 계약용량이 300킬로와트 이상인 경우를 말한다.
  1. 금속가공제품 제조업 : 기계 및 가구 제외
  2. 비금속 광물제품 제조업
  3. 기타 기계 및 장비 제조업
  4. 자동차 및 트레일러 제조업
  5. 식료품 제조업
  6. 고무제품 및 플라스틱제품 제조업
  7. 목재 및 나무제품 제조업
  8. 기타 제품 제조업
  9. 1차 금속 제조업
  10. 가구 제조업
  11. 화학물질 및 화학제품 제조업
  12. 반도체 제조업
  13. 전자부품 제조업

② 법 제42조제1항제2호에서 "대통령령으로 정하는 기계·기구 및 설비"란 다음 각 호의 어느 하나에 해당하는 기계·기구 및 설비를 말한다. 이 경우 다음 각 호에 해당하는 기계·기구 및 설비의 구체적인 범위는 고용노동부장관이 정하여 고시한다.(개정 2021.11.19) 23. 4. 23 기
  1. 금속이나 그 밖의 광물의 용해로
  2. 화학설비
  3. 건조설비
  4. 가스집합 용접장치
  5. 근로자의 건강에 상당한 장해를 일으킬 우려가 있는 물질로서 고용노동부령으로 정하는 물질의 밀폐·환기·배기를 위한 설비

③ 법 제42조제1항제3호에서 "대통령령으로 정하는 크기 높이 등에 해당하는 건설공사"란 다음 각 호의 어느 하나에 해당하는 공사를 말한다.
  1. 다음 각 목의 어느 하나에 해당하는 건축물 또는 시설 등의 건설·개조 또는 해체(이하 "건설등"이라 한다) 공사
     가. 지상높이가 31미터 이상인 건축물 또는 인공구조물
     나. 연면적 3만제곱미터 이상인 건축물
     다. 연면적 5천제곱미터 이상인 시설로서 다음의 어느 하나에 해당하는 시설
        1) 문화 및 집회시설(전시장 및 동물원·식물원은 제외한다)
        2) 판매시설, 운수시설(고속철도의 역사 및 집배송시설은 제외한다)

3) 종교시설
4) 의료시설 중 종합병원
5) 숙박시설 중 관광숙박시설
6) 지하도상가
7) 냉동·냉장 창고시설
2. 연면적 5천제곱미터 이상인 냉동·냉장 창고시설의 설비공사 및 단열공사
3. 최대 지간(支間)길이(다리의 기둥과 기둥의 중심사이의 거리)가 50미터 이상인 다리의 건설등 공사
4. 터널의 건설등 공사
5. 다목적댐, 발전용댐, 저수용량 2천만톤 이상의 용수 전용 댐 및 지방상수도 전용 댐의 건설등 공사
6. 깊이 10미터 이상인 굴착공사

제43조(공정안전보고서의 제출 대상) ① 법 제44조제1항 전단에서 "대통령령으로 정하는 유해하거나 위험한 설비"란 다음 각 호의 어느 하나에 해당하는 사업을 하는 사업장의 경우에는 그 보유설비를 말하고, 그 외의 사업을 하는 사업장의 경우에는 별표 13에 따른 유해·위험물질 중 하나 이상의 물질을 같은 표에 따른 규정량 이상 제조·취급·저장하는 설비 및 그 설비의 운영과 관련된 모든 공정설비를 말한다. 20. 5. 24 기 23. 4. 23 산

1. 원유 정제처리업
2. 기타 석유정제물 재처리업
3. 석유화학계 기초화학물질 제조업 또는 합성수지 및 기타 플라스틱물질 제조업. 다만, 합성수지 및 기타 플라스틱물질 제조업은 별표 13 제1호 또는 제2호에 해당하는 경우로 한정한다.
4. 질소 화합물, 질소·인산 및 칼리질 화학비료 제조업 중 질소질 비료 제조
5. 복합비료 및 기타 화학비료 제조업 중 복합비료 제조(단순혼합 또는 배합에 의한 경우는 제외한다)
6. 화학 살균·살충제 및 농업용 약제 제조업[농약 원제(原劑) 제조만 해당한다]
7. 화약 및 불꽃제품 제조업

② 제1항에도 불구하고 다음 각 호의 설비는 유해하거나 위험한 설비로 보지 않는다.
1. 원자력 설비
2. 군사시설
3. 사업주가 해당 사업장 내에서 직접 사용하기 위한 난방용 연료의 저장설비 및 사용설비

    4. 도매·소매시설
    5. 차량 등의 운송설비
    6. 「액화석유가스의 안전관리 및 사업법」에 따른 액화석유가스의 충전·저장시설
    7. 「도시가스사업법」에 따른 가스공급시설
    8. 그 밖에 고용노동부장관이 누출·화재·폭발 등의 사고가 있더라도 그에 따른 피해의 정도가 크지 않다고 인정하여 고시하는 설비
③ 법 제44조제1항 전단에서 "대통령령으로 정하는 사고"란 다음 각 호의 어느 하나에 해당하는 사고를 말한다.
    1. 근로자가 사망하거나 부상을 입을 수 있는 제1항에 따른 설비(제2항에 따른 설비는 제외한다. 이하 제2호에서 같다)에서의 누출·화재·폭발 사고
    2. 인근 지역의 주민이 인적 피해를 입을 수 있는 제1항에 따른 설비에서의 누출·화재·폭발 사고

제44조(공정안전보고서의 내용) ① 법 제44조제1항 전단에 따른 공정안전보고서에는 다음 각 호의 사항이 포함되어야 한다. 21. 4. 25 기 21. 10. 16 산 22. 7. 24 기
    1. 공정안전자료
    2. 공정위험성 평가서
    3. 안전운전계획
    4. 비상조치계획
    5. 그 밖에 공정상의 안전과 관련하여 고용노동부장관이 필요하다고 인정하여 고시하는 사항
② 제1항제1호부터 제4호까지의 규정에 따른 사항에 관한 세부 내용은 고용노동부령으로 정한다.

제46조(안전보건진단의 종류 및 내용) ① 법 제47조제1항에 따른 안전보건진단(이하 "안전보건진단"이라 한다)의 종류 및 내용은 별표 14와 같다.
② 고용노동부장관은 법 제47조제1항에 따라 안전보건진단 명령을 할 경우 기계·화공·전기·건설 등 분야별로 한정하여 진단을 받을 것을 명할 수 있다.
③ 안전보건진단 결과보고서에는 산업재해 또는 사고의 발생원인, 작업조건·작업방법에 대한 평가 등의 사항이 포함되어야 한다.

제49조(안전보건진단을 받아 안전보건개선계획을 수립할 대상) 법 제49조제1항 각 호 외의 부분 후단에서 "대통령령으로 정하는 사업장"이란 다음 각 호의 사업장을 말한다. 16. 6. 26 기 16. 10. 9 기 17. 4. 16 기 18. 6. 30 기 산
20. 5. 24 기 20. 10. 18 기 22. 10. 16 기 23. 4. 23 산
    1. 산업재해율이 같은 업종 평균 산업재해율의 2배 이상인 사업장
    2. 법 제49조제1항제2호(사업주가 필요한 안전조치 또는 보건조치를 이행하지 아니하여 중대재해가 발생한 사업장)에 해당하는 사업장

합격예측 및 관련법규

제53조의2(도급에 따른 산업재해 예방조치) 법 제64조제1항제8호에서 "화재·폭발 등 대통령령으로 정하는 위험이 발생할 우려가 있는 경우"란 다음 각 호의 경우를 말한다.
1. 화재·폭발이 발생할 우려가 있는 경우
2. 동력으로 작동하는 기계·설비 등에 끼일 우려가 있는 경우
3. 차량계 하역운반기계, 건설기계, 양중기(揚重機) 등 동력으로 작동하는 기계와 충돌할 우려가 있는 경우
4. 근로자가 추락할 우려가 있는 경우
5. 물체가 떨어지거나 날아올 우려가 있는 경우
6. 기계·기구 등이 넘어지거나 무너질 우려가 있는 경우
7. 토사·구축물·인공구조물 등이 붕괴될 우려가 있는 경우
8. 산소 결핍이나 유해가스로 질식이나 중독의 우려가 있는 경우
[본조신설 2021. 11. 19.]

제55조의2(안전보건전문가) 법 제67조제2항에서 "대통령령으로 정하는 안전보건 분야의 전문가"란 다음 각 호의 사람을 말한다.
1. 법 제143조제1항에 따른 건설안전 분야의 산업안전지도사 자격을 가진 사람
2. 「국가기술자격법」에 따른 건설안전기술사 자격을 가진 사람
3. 「국가기술자격법」에 따른 건설안전기사 자격을 취득한 후 건설안전 분야에서 3년 이상의 실무경력이 있는 사람
4. 「국가기술자격법」에 따른 건설안전산업기사 자격을 취득한 후 건설안전 분야에서 5년 이상의 실무경력이 있는 사람
[본조신설 2021. 11. 19.]

> **합격예측 및 관련법규**
>
> 「산업재해보상보험법」(약칭: 산재보험법)
> **제8조(산업재해보상보험및예방심의위원회)** ① 산업재해보상보험 및 예방에 관한 중요 사항을 심의하게 하기 위하여 고용노동부에 산업재해보상보험및예방심의위원회(이하 "위원회"라 한다)를 둔다.
> ② 위원회는 근로자를 대표하는 자, 사용자를 대표하는 자 및 공익을 대표하는 자로 구성하되, 그 수는 각각 같은 수로 한다.
> ③ 위원회는 그 심의 사항을 검토하고, 위원회의 심의를 보조하게 하기 위하여 위원회에 전문위원회를 둘 수 있다.

3. 직업성 질병자가 연간 2명 이상(상시근로자 1천명 이상 사업장의 경우 3명 이상) 발생한 사업장
4. 그 밖에 작업환경 불량, 화재·폭발 또는 누출 사고 등으로 사업장 주변까지 피해가 확산된 사업장으로서 고용노동부령으로 정하는 사업장

제5장 도급 시 산업재해 예방

제51조(도급승인 대상 작업) 법 제59조제1항 전단에서 "급성 독성, 피부 부식성 등이 있는 물질의 취급 등 대통령령으로 정하는 작업"이란 다음 각 호의 어느 하나에 해당하는 작업을 말한다.
1. 중량비율 1퍼센트 이상의 황산, 불화수소, 질산 또는 염화수소를 취급하는 설비를 개조·분해·해체·철거하는 작업 또는 해당 설비의 내부에서 이루어지는 작업. 다만, 도급인이 해당 화학물질을 모두 제거한 후 증명자료를 첨부하여 고용노동부장관에게 신고한 경우는 제외한다.
2. 그 밖에 「산업재해보상보험법」 제8조제1항에 따른 산업재해보상보험및예방심의위원회(이하 "산업재해보상보험및예방심의위원회"라 한다)의 심의를 거쳐 고용노동부장관이 정하는 작업

제52조(안전보건총괄책임자 지정 대상사업) 법 제62조제1항에 따른 안전보건총괄책임자(이하 "안전보건총괄책임자"라 한다)를 지정해야 하는 사업의 종류 및 사업장의 상시근로자 수는 관계수급인에게 고용된 근로자를 포함한 상시근로자가 100명(선박 및 보트 건조업, 1차 금속 제조업 및 토사석 광업의 경우에는 50명) 이상인 사업이나 관계수급인의 공사금액을 포함한 해당 공사의 총공사금액이 20억원 이상인 건설업으로 한다.

제53조(안전보건총괄책임자의 직무 등) ① 안전보건총괄책임자의 직무는 다음 각 호와 같다. 20. 6. 7 기
1. 법 제36조에 따른 위험성평가의 실시에 관한 사항
2. 법 제51조 및 제54조에 따른 작업의 중지
3. 법 제64조에 따른 도급 시 산업재해 예방조치
4. 법 제72조제1항에 따른 산업안전보건관리비의 관계수급인 간의 사용에 관한 협의·조정 및 그 집행의 감독
5. 안전인증대상기계등과 자율안전확인대상기계등의 사용 여부 확인

② 안전보건총괄책임자에 대한 지원에 관하여는 제14조제2항을 준용한다. 이 경우 "안전보건관리책임자"는 "안전보건총괄책임자"로, "법 제15조제1항"은 "제1항"으로 본다.
③ 사업주는 안전보건총괄책임자를 선임했을 때에는 그 선임 사실 및 제1항 각 호의 직무의 수행내용을 증명할 수 있는 서류를 갖추어 두어야 한다.

제55조(산업재해 예방 조치 대상 건설공사) 법 제67조제1항 각 호 외의 부분에서 "대통령령으로 정하는 건설공사"란 총공사금액이 50억원 이상인 공사를 말한다.

제56조(안전보건조정자의 선임 등) ① 법 제68조제1항에 따른 안전보건조정자(이하 "안전보건조정자"라 한다)를 두어야 하는 건설공사는 각 건설공사의 금액의 합이 50억원 이상인 경우를 말한다.
② 제1항에 따라 안전보건조정자를 두어야 하는 건설공사발주자는 제1호 또는 제4호부터 제7호까지에 해당하는 사람 중에서 안전보건조정자를 선임하거나 제2호 또는 제3호에 해당하는 사람 중에서 안전보건조정자를 지정해야 한다.
  1. 법 제143조제1항에 따른 산업안전지도사 자격을 가진 사람
  2. 「건설기술 진흥법」 제2조제6호에 따른 발주청이 발주하는 건설공사인 경우 발주청이 같은 법 제49조제1항에 따라 선임한 공사감독자
  3. 다음 각 목의 어느 하나에 해당하는 사람으로서 해당 건설공사 중 주된 공사의 책임감리자
     가. 「건축법」 제25조에 따라 지정된 공사감리자
     나. 「건설기술 진흥법」 제2조제5호에 따른 감리 업무를 수행하는 자
     다. 「주택법」 제43조에 따라 지정된 감리자
     라. 「전력기술관리법」 제12조의2에 따라 배치된 감리원
     마. 「정보통신공사업법」 제8조제2항에 따라 해당 건설공사에 대하여 감리 업무를 수행하는 자
  4. 「건설산업기본법」 제8조에 따른 종합공사에 해당하는 건설현장에서 안전보건관리책임자로서 3년 이상 재직한 사람
  5. 「국가기술자격법」에 따른 건설안전기술사
  6. 「국가기술자격법」에 따른 건설안전기사 자격을 취득한 후 건설안전 분야에서 5년 이상의 실무경력이 있는 사람
  7. 「국가기술자격법」에 따른 건설안전산업기사 자격을 취득한 후 건설안전 분야에서 7년 이상의 실무경력이 있는 사람
③ 제1항에 따라 안전보건조정자를 두어야 하는 건설공사발주자는 분리하여 발주되는 공사의 착공일 전날까지 제2항에 따라 안전보건조정자를 선임하거나 지정하여 각각의 공사 도급인에게 그 사실을 알려야 한다.

제57조(안전보건조정자의 업무) ① 안전보건조정자의 업무는 다음 각 호와 같다.
  1. 법 제68조제1항에 따라 같은 장소에서 이루어지는 각각의 공사 간에 혼재된 작업의 파악
  2. 제1호에 따른 혼재된 작업으로 인한 산업재해 발생의 위험성 파악
  3. 제1호에 따른 혼재된 작업으로 인한 산업재해를 예방하기 위한 작업의 시기·내용 및 안전보건 조치 등의 조정

합격예측 및 관련법규

「건설기술 진흥법」
제2조(정의) 이 법에서 사용하는 용어의 뜻은 다음과 같다
5. "감리"란 건설공사가 관계 법령이나 기준, 설계도서 또는 그 밖의 관계 서류 등에 따라 적정하게 시행될 수 있도록 관리하거나 시공관리·품질관리·안전관리 등에 대한 기술지도를 하는 건설사업관리 업무를 말한다.
6. "발주청"이란 건설공사 또는 건설기술용역을 발주(發注)하는 국가, 지방자치단체, 「공공기관의 운영에 관한 법률」 제5조에 따른 공기업·준정부기관, 「지방공기업법」에 따른 지방공사·지방공단, 그 밖에 대통령령으로 정하는 기관의 장을 말한다.

「건축법」
제25조(건축물의 공사감리)
① 건축주는 대통령령으로 정하는 용도·규모 및 구조의 건축물을 건축하는 경우 건축사나 대통령령으로 정하는 자를 공사감리자(공사시공자 본인 및 「독점규제 및 공정거래에 관한 법률」 제2조에 따른 계열회사는 제외한다)로 지정하여 공사감리를 하게 하여야 한다.
② 제1항에도 불구하고 「건설산업기본법」 제41조제1항 각 호에 해당하지 아니하는 소규모 건축물로서 건축주가 직접 시공하는 건축물 및 주택으로 사용하는 건축물 중 대통령령으로 정하는 건축물의 경우에는 대통령령으로 정하는 바에 따라 허가권자가 해당 건축물의 설계에 참여하지 아니한 자 중에서 공사감리자를 지정하여야 한다. 다만, 다음 각 호의 어느 하나에 해당하는 건축물의 건축주가 국토교통부령으로 정하는 바에 따라 허가권자에게 신청하는 경우에는 해당 건축물을 설계한 자를 공사감리자로 지정할 수 있다.
  1. 「건설기술 진흥법」 제14조에 따른 신기술을 적용하여 설계한 건축물
  2. 「건축서비스산업 진흥법」 제13조제4항에 따른 역량 있는 건축사가 설계한 건축물
  3. 설계공모를 통하여 설계한 건축물

합격예측 및 관련법규

③ 공사감리자는 공사감리를 할 때 이 법과 이 법에 따른 명령이나 처분, 그 밖의 관계 법령에 위반된 사항을 발견하거나 공사시공자가 설계도서대로 공사를 하지 아니하면 이를 건축주에게 알린 후 공사시공자에게 시정하거나 재시공하도록 요청하여야 하며, 공사시공자가 시정이나 재시공 요청에 따르지 아니하면 서면으로 그 건축공사를 중지하도록 요청할 수 있다. 이 경우 공사중지를 요청받은 공사시공자는 정당한 사유가 없으면 즉시 공사를 중지하여야 한다.
④ 공사감리자는 제3항에 따라 공사시공자가 시정이나 재시공 요청을 받은 후 이에 따르지 아니하거나 공사중지 요청을 받고도 공사를 계속하는 경우에는 국토교통부령으로 정하는 바에 따라 이를 허가권자에게 보고하여야 한다.
⑤ 대통령령으로 정하는 용도 또는 규모의 공사의 공사감리자는 필요하다고 인정하면 공사시공자에게 상세시공도면을 작성하도록 요청할 수 있다.
⑥ 공사감리자는 국토교통부령으로 정하는 바에 따라 감리일지를 기록·유지하여야 하고, 공사의 공정(工程)이 대통령령으로 정하는 진도에 다다른 경우에는 감리중간보고서를, 공사를 완료한 경우에는 감리완료보고서를 국토교통부령으로 정하는 바에 따라 각각 작성하여 건축주에게 제출하여야 하며, 건축주는 제22조에 따른 건축물의 사용승인을 신청할 때 중간감리보고서와 감리완료보고서를 첨부하여 허가권자에게 제출하여야 한다.
⑦ 건축주나 공사시공자는 제3항과 제4항에 따라 위반사항에 대한 시정이나 재시공을 요청하거나 위반사항을 허가권자에게 보고한 공사감리자에게 이를 이유로 공사감리자의 지정을 취소하거나 보수의 지급을 거부하거나 지연시키는 등 불이익을 주어서는 아니 된다.
⑧ 제1항에 따른 공사감리의 방법 및 범위 등은 건축물의 용도·규모 등에 따라 대통령령으로 정하되, 이에 따른 세부기준이 필요한 경우에는 국토교통부장관이 정하거나 건축사협회로 하여금 국토교통부장관의 승인을 받아 정하도록 할 수 있다.

---

4. 각각의 공사 도급인의 안전보건관리책임자 간 작업 내용에 관한 정보 공유 여부의 확인

② 안전보건조정자는 제1항의 업무를 수행하기 위하여 필요한 경우 해당 공사의 도급인과 관계수급인에게 자료의 제출을 요구할 수 있다.

제63조(노사협의체의 설치 대상) 법 제75조제1항에서 "대통령령으로 정하는 규모의 건설공사"란 공사금액이 120억원(「건설산업기본법 시행령」 별표 1의 종합공사를 시공하는 업종의 건설업종란 제1호에 따른 토목공사업은 150억원) 이상인 건설공사를 말한다.

제64조(노사협의체의 구성) ① 노사협의체는 다음 각 호에 따라 근로자위원과 사용자위원으로 구성한다. 08.9.28 기 09.4.19 기 19.6.29 기 19.10.13 기 22.7.24 산

1. 근로자위원
   가. 도급 또는 하도급 사업을 포함한 전체 사업의 근로자대표
   나. 근로자대표가 지명하는 명예산업안전감독관 1명. 다만, 명예산업안전감독관이 위촉되어 있지 않은 경우에는 근로자대표가 지명하는 해당 사업장 근로자 1명
   다. 공사금액이 20억원 이상인 공사의 관계수급인의 각 근로자대표
2. 사용자위원
   가. 도급 또는 하도급 사업을 포함한 전체 사업의 대표자
   나. 안전관리자 1명
   다. 보건관리자 1명(별표 5 제44호에 따른 보건관리자 선임대상 건설업으로 한정한다)
   라. 공사금액이 20억원 이상인 공사의 관계수급인의 각 대표자

② 노사협의체의 근로자위원과 사용자위원은 합의하여 노사협의체에 공사금액이 20억원 미만인 공사의 관계수급인 및 관계수급인 근로자대표를 위원으로 위촉할 수 있다.

③ 노사협의체의 근로자위원과 사용자위원은 합의하여 제67조제2호에 따른 사람을 노사협의체에 참여하도록 할 수 있다.

제65조(노사협의체의 운영 등) ① 노사협의체의 회의는 정기회의와 임시회의로 구분하여 개최하되, 정기회의는 2개월마다 노사협의체의 위원장이 소집하며, 임시회의는 위원장이 필요하다고 인정할 때에 소집한다.

② 노사협의체 위원장의 선출, 노사협의체의 회의, 노사협의체에서 의결되지 않은 사항에 대한 처리방법 및 회의 결과 등의 공지에 관하여는 각각 제36조, 제37조제2항부터 제4항까지, 제38조 및 제39조를 준용한다. 이 경우 "산업안전보건위원회"는 "노사협의체"로 본다.

제66조(기계·기구 등) 법 제76조에서 "타워크레인 등 대통령령으로 정하는 기계·

기구 또는 설비 등"이란 다음 각 호의 어느 하나에 해당하는 기계·기구 또는 설비를 말한다.

1. 타워크레인
2. 건설용 리프트
3. 항타기(해머나 동력을 사용하여 말뚝을 박는 기계) 및 항발기(박힌 말뚝을 빼내는 기계)

제67조(특수형태근로종사자의 범위 등) 법 제77조제1항제1호에 따른 요건을 충족하는 사람은 다음 각 호의 어느 하나에 해당하는 사람으로 한다. 〈개정 2021.11.19〉

1. 보험을 모집하는 사람으로서 다음 각 목의 어느 하나에 해당하는 사람
   가. 「보험업법」 제83조제1항제1호에 따른 보험설계사
   나. 「우체국예금·보험에 관한 법률」에 따른 우체국보험의 모집을 전업(專業)으로 하는 사람
2. 「건설기계관리법」 제3조제1항에 따라 등록된 건설기계를 직접 운전하는 사람
3. 「통계법」 제22조에 따라 통계청장이 고시하는 직업에 관한 표준분류(이하 "한국표준직업분류표"라 한다)의 세세분류에 따른 학습지 방문강사, 교육교구 방문강사, 그 밖에 회원의 가정 등을 직접 방문하여 아동이나 학생 등을 가르치는 사람
4. 「체육시설의 설치·이용에 관한 법률」 제7조에 따라 직장체육시설로 설치된 골프장 또는 같은 법 제19조에 따라 체육시설업의 등록을 한 골프장에서 골프경기를 보조하는 골프장 캐디
5. 한국표준직업분류표의 세분류에 따른 택배원으로서 택배사업(소화물을 집화·수송 과정을 거쳐 배송하는 사업을 말한다)에서 집화 또는 배송 업무를 하는 사람
6. 한국표준직업분류표의 세분류에 따른 택배원으로서 고용노동부장관이 정하는 기준에 따라 주로 하나의 퀵서비스업자로부터 업무를 의뢰받아 배송 업무를 하는 사람
7. 「대부업 등의 등록 및 금융이용자 보호에 관한 법률」 제3조제1항 단서에 따른 대출모집인
8. 「여신전문금융업법」 제14조의2제1항제2호에 따른 신용카드회원 모집인
9. 고용노동부장관이 정하는 기준에 따라 주로 하나의 대리운전업자로부터 업무를 의뢰받아 대리운전 업무를 하는 사람
10. 「방문판매 등에 관한 법률」 제2조제2호 또는 제8호의 방문판매원이나 후원방문판매원으로서 고용노동부장관이 정하는 기준에 따라 상시적으로 방문판매업무를 하는 사람
11. 한국표준직업분류표의 세세분류에 따른 대여 제품 방문점검원

합격예측 및 관련법규

⑨ 국토교통부장관은 제8항에 따라 세부기준을 정하거나 승인을 한 경우 이를 고시하여야 한다.
⑩ 「주택법」 제15조에 따른 사업계획 승인 대상과 「건설기술 진흥법」 제39조제2항에 따라 건설사업관리를 하게 하는 건축물의 공사감리는 제1항부터 제9항까지 및 제11항부터 제14항까지의 규정에도 불구하고 각각 해당 법령으로 정하는 바에 따른다.
⑪ 제2항에 따라 허가권자가 공사감리자를 지정하는 건축물의 건축주는 제21조에 따른 착공신고를 하는 때에 감리비용이 명시된 감리 계약서를 허가권자에게 제출하여야 하고, 제22조에 따른 사용승인을 신청하는 때에는 감리용역 계약 내용에 따라 감리비용을 지불하여야 한다. 이 경우 허가권자는 감리 계약서에 따라 감리비용이 지불되었는지를 확인한 후 사용승인을 하여야 한다.
⑫ 제2항에 따라 허가권자가 공사감리자를 지정하는 건축물의 건축주는 설계자의 설계의도가 구현되도록 해당 건축물의 설계자를 건축과정에 참여시켜야 한다. 이 경우 「건축서비스산업 진흥법」 제22조를 준용한다.
⑬ 제12항에 따라 설계자를 건축과정에 참여시켜야 하는 건축주는 제21조에 따른 착공신고를 하는 때에 해당 계약서 등 대통령령으로 정하는 서류를 허가권자에게 제출하여야 한다.
⑭ 허가권자는 제11항의 감리비용에 관한 기준을 해당 지방자치단체의 조례로 정할 수 있다.

「주택법」
제43조(주택의 감리자 지정 등)
① 사업계획승인권자가 제15조제1항 또는 제3항에 따른 주택건설사업계획을 승인하였을 때와 시장·군수·구청장이 제66조제1항 또는 제2항에 따른 리모델링의 허가를 하였을 때에는 「건축사법」 또는 「건설기술 진흥법」에 따른 감리자격이 있는 자를 대통령령으로 정하는 바에 따라 해당 주택건설공사의 감리자로 지정하여야 한다. 다만, 사업주체가 국가·지방자치단체·한국토지주택공사·지방공사 또는 대통령령으로 정하는 자인 경우와 「건축법」 제25조에 따라 공사감

12. 한국표준직업분류표의 세분류에 따른 가전제품 설치 및 수리원으로서 가전제품을 배송, 설치 및 시운전하여 작동상태를 확인하는 사람

제6장 유해·위험 기계 등에 대한 조치

제70조(방호조치를 해야 하는 유해하거나 위험한 기계·기구) 법 제80조제1항에서 "대통령령으로 정하는 것"이란 별표 20에 따른 기계·기구를 말한다.

제72조(타워크레인 설치·해체업의 등록요건) ① 법 제82조제1항 전단에 따라 타워크레인을 설치하거나 해체하려는 자가 갖추어야 하는 인력·시설 및 장비의 기준은 별표 22와 같다.

② 법 제82조제1항 후단에서 "대통령령으로 정하는 중요한 사항"이란 다음 각 호의 사항을 말한다.

1. 업체의 명칭(상호)
2. 업체의 소재지
3. 대표자의 성명

제74조(안전인증대상기계등) ① 법 제84조제1항에서 "대통령령으로 정하는 것"이란 다음 각 호의 어느 하나에 해당하는 것을 말한다.

1. 다음 각 목의 어느 하나에 해당하는 기계 또는 설비
   가. 프레스
   나. 전단기 및 절곡기(折曲機)
   다. 크레인
   라. 리프트
   마. 압력용기
   바. 롤러기
   사. 사출성형기(射出成形機)
   아. 고소(高所) 작업대
   자. 곤돌라
2. 다음 각 목의 어느 하나에 해당하는 방호장치
   가. 프레스 및 전단기 방호장치
   나. 양중기용(揚重機用) 과부하 방지장치
   다. 보일러 압력방출용 안전밸브
   라. 압력용기 압력방출용 안전밸브
   마. 압력용기 압력방출용 파열판
   바. 절연용 방호구 및 활선작업용(活線作業用) 기구
   사. 방폭구조(防爆構造) 전기기계·기구 및 부품
   아. 추락·낙하 및 붕괴 등의 위험 방지 및 보호에 필요한 가설기자재로서

고용노동부장관이 정하여 고시하는 것
자. 충돌·협착 등의 위험 방지에 필요한 산업용 로봇 방호장치로서 고용노동부장관이 정하여 고시하는 것
3. 다음 각 목의 어느 하나에 해당하는 보호구 22.10.16 기
가. 추락 및 감전 위험방지용 안전모
나. 안전화
다. 안전장갑
라. 방진마스크
마. 방독마스크
바. 송기(送氣)마스크
사. 전동식 호흡보호구
아. 보호복
자. 안전대
차. 차광(遮光) 및 비산물(飛散物) 위험방지용 보안경
카. 용접용 보안면
타. 방음용 귀마개 또는 귀덮개

② 안전인증대상기계등의 세부적인 종류, 규격 및 형식은 고용노동부장관이 정하여 고시한다.

제77조(자율안전확인대상기계등) ① 법 제89조제1항 각 호 외의 부분 본문에서 "대통령령으로 정하는 것"이란 다음 각 호의 어느 하나에 해당하는 것을 말한다.
1. 다음 각 목의 어느 하나에 해당하는 기계 또는 설비 09.4.19 기 11.10.16 기 17.6.25 산 18.10.7 산 23.7.22 산
가. 연삭기(研削機) 또는 연마기. 이 경우 휴대형은 제외한다.
나. 산업용 로봇
다. 혼합기
라. 파쇄기 또는 분쇄기
마. 식품가공용 기계(파쇄·절단·혼합·제면기만 해당한다)
바. 컨베이어
사. 자동차정비용 리프트
아. 공작기계(선반, 드릴기, 평삭·형삭기, 밀링만 해당한다)
자. 고정형 목재가공용 기계(둥근톱, 대패, 루타기, 띠톱, 모떼기 기계만 해당한다)
차. 인쇄기
2. 다음 각 목의 어느 하나에 해당하는 방호장치
가. 아세틸렌 용접장치용 또는 가스집합 용접장치용 안전기
나. 교류 아크용접기용 자동전격방지기

다. 롤러기 급정지장치
라. 연삭기 덮개
마. 목재 가공용 둥근톱 반발 예방장치와 날 접촉 예방장치
바. 동력식 수동대패용 칼날 접촉 방지장치
사. 추락·낙하 및 붕괴 등의 위험 방지 및 보호에 필요한 가설기자재(제74조제1항제2호아목의 가설기자재는 제외한다)로서 고용노동부장관이 정하여 고시하는 것

3. 다음 각 목의 어느 하나에 해당하는 보호구
가. 안전모(제74조제1항제3호가목의 안전모는 제외한다)
나. 보안경(제74조제1항제3호차목의 보안경은 제외한다)
다. 보안면(제74조제1항제3호카목의 보안면은 제외한다)

② 자율안전확인대상기계등의 세부적인 종류, 규격 및 형식은 고용노동부장관이 정하여 고시한다.

제7장 유해·위험물질에 대한 조치

제84조(유해인자 허용기준 이하 유지 대상 유해인자) 법 제107조제1항 각 호 외의 부분 본문에서 "대통령령으로 정하는 유해인자"란 별표 26 각 호에 따른 유해인자를 말한다.

제89조(기관석면조사 대상) ① 법 제119조제2항 각 호 외의 부분 본문에서 "대통령령으로 정하는 규모 이상"란 다음 각 호의 어느 하나에 해당하는 경우를 말한다.

1. 건축물(제2호에 따른 주택은 제외한다. 이하 이 호에서 같다)의 연면적 합계가 50제곱미터 이상이면서, 그 건축물의 철거·해체하려는 부분의 면적 합계가 50제곱미터 이상인 경우
2. 주택(「건축법 시행령」 제2조제12호에 따른 부속건축물을 포함한다. 이하 이 호에서 같다)의 연면적 합계가 200제곱미터 이상이면서, 그 주택의 철거·해체하려는 부분의 면적 합계가 200제곱미터 이상인 경우
3. 설비의 철거·해체하려는 부분에 다음 각 목의 어느 하나에 해당하는 자재(물질을 포함한다. 이하 같다)를 사용한 면적의 합이 15제곱미터 이상 또는 그 부피의 합이 1세제곱미터 이상인 경우
가. 단열재
나. 보온재
다. 분무재
라. 내화피복재(耐火被覆材)
마. 개스킷(Gasket: 누설방지재)
바. 패킹재(Packing material : 틈박이재)

사. 실링재(Sealing material : 액상 메움재)
아. 그 밖에 가목부터 사목까지의 자재와 유사한 용도로 사용되는 자재로서 고용노동부장관이 정하여 고시하는 자재
4. 파이프 길이의 합이 80미터 이상이면서, 그 파이프의 철거·해체하려는 부분의 보온재로 사용된 길이의 합이 80미터 이상인 경우

② 법 제119조제2항 각 호 외의 부분 단서에서 "석면함유 여부가 명백한 경우 등 대통령령으로 정하는 사유"란 다음 각 호의 어느 하나에 해당하는 경우를 말한다.
1. 건축물이나 설비의 철거·해체 부분에 사용된 자재가 설계도서, 자재 이력 등 관련 자료를 통해 석면을 함유하고 있지 않음이 명백하다고 인정되는 경우
2. 건축물이나 설비의 철거·해체 부분에 석면이 중량비율 1퍼센트를 초과하여 함유된 자재를 사용하였음이 명백하다고 인정되는 경우

제8장 근로자 보건관리

제95조(작업환경측정기관의 지정 요건) 법 제126조제1항에 따라 작업환경측정기관으로 지정받을 수 있는 자는 다음 각 호의 어느 하나에 해당하는 자로서 작업환경측정기관의 유형별로 별표 29에 따른 인력·시설 및 장비를 갖추고 법 제126조제2항에 따라 고용노동부장관이 실시하는 작업환경측정기관의 측정·분석능력 확인에서 적합 판정을 받은 자로 한다.
1. 국가 또는 지방자치단체의 소속기관
2. 「의료법」에 따른 종합병원 또는 병원
3. 「고등교육법」 제2조제1호부터 제6호까지의 규정에 따른 대학 또는 그 부속기관
4. 작업환경측정 업무를 하려는 법인
5. 작업환경측정 대상 사업장의 부속기관(해당 부속기관이 소속된 사업장 등 고용노동부령으로 정하는 범위로 한정하여 지정받으려는 경우로 한정한다)

제99조(유해·위험작업에 대한 근로시간 제한 등) ① 법 제139조제1항에서 "높은 기압에서 하는 작업 등 대통령령으로 정하는 작업"이란 잠함(潛函) 또는 잠수 작업 등 높은 기압에서 하는 작업을 말한다.
② 제1항에 따른 작업에서 잠함·잠수 작업시간, 가압·감압방법 등 해당 근로자의 안전과 보건을 유지하기 위하여 필요한 사항은 고용노동부령으로 정한다.
③ 법 제139조제2항에서 "대통령령으로 정하는 유해하거나 위험한 작업"이란 다음 각 호의 어느 하나에 해당하는 작업을 말한다.
1. 갱(坑) 내에서 하는 작업
2. 다량의 고열물체를 취급하는 작업과 현저히 덥고 뜨거운 장소에서 하는 작업
3. 다량의 저온물체를 취급하는 작업과 현저히 춥고 차가운 장소에서 하는 작업

합격예측 및 관련법규

제96조의2(휴게시설 설치·관리기준 준수 대상 사업장의 사업주) 법 제128조의2제2항에서 "사업의 종류 및 사업장의 상시 근로자 수 등 대통령령으로 정하는 기준에 해당하는 사업장"이란 다음 각 호의 어느 하나에 해당하는 사업장을 말한다.
1. 상시근로자(관계수급인의 근로자를 포함한다. 이하 제2호에서 같다) 20명 이상을 사용하는 사업장(건설업의 경우에는 관계수급인의 공사금액을 포함한 해당 공사의 총공사금액이 20억원 이상인 사업장으로 한정한다)
2. 다음 각 목의 어느 하나에 해당하는 직종(「통계법」 제22조제1항에 따라 통계청장이 고시하는 한국표준직업분류에 따른다)의 상시근로자가 2명 이상인 사업장으로서 상시근로자 10명 이상 20명 미만을 사용하는 사업장(건설업은 제외한다)
가. 전화 상담원
나. 돌봄 서비스 종사원
다. 텔레마케터
라. 배달원
마. 청소원 및 환경미화원
바. 아파트 경비원
사. 건물 경비원

4. 라듐방사선이나 엑스선, 그 밖의 유해 방사선을 취급하는 작업
5. 유리·흙·돌·광물의 먼지가 심하게 날리는 장소에서 하는 작업
6. 강렬한 소음이 발생하는 장소에서 하는 작업
7. 착암기(바위에 구멍을 뚫는 기계) 등에 의하여 신체에 강렬한 진동을 주는 작업
8. 인력(人力)으로 중량물을 취급하는 작업
9. 납·수은·크롬·망간·카드뮴 등의 중금속 또는 이황화탄소·유기용제, 그 밖에 고용노동부령으로 정하는 특정 화학물질의 먼지·증기 또는 가스가 많이 발생하는 장소에서 하는 작업

제9장 산업안전지도사 및 산업보건지도사

제101조(산업안전지도사 등의 직무) ① 법 제142조제1항제4호에서 "대통령령으로 정하는 사항"이란 다음 각 호의 사항을 말한다.
   1. 법 제36조에 따른 위험성평가의 지도
   2. 법 제49조에 따른 안전보건개선계획서의 작성
   3. 그 밖에 산업안전에 관한 사항의 자문에 대한 응답 및 조언
② 법 제142조제2항제6호에서 "대통령령으로 정하는 사항"이란 다음 각 호의 사항을 말한다.
   1. 법 제36조에 따른 위험성평가의 지도
   2. 법 제49조에 따른 안전보건개선계획서의 작성
   3. 그 밖에 산업보건에 관한 사항의 자문에 대한 응답 및 조언

제10장 보칙

제109조(산업재해 예방사업의 지원) 법 제158조제1항 전단에서 "대통령령으로 정하는 사업"이란 다음 각 호의 어느 하나에 해당하는 업무와 관련된 사업을 말한다.
   1. 산업재해 예방을 위한 방호장치, 보호구, 안전설비 및 작업환경개선 시설·장비 등의 제작, 구입, 보수, 시험, 연구, 홍보 및 정보제공 등의 업무
   2. 사업장 안전·보건관리에 대한 기술지원 업무
   3. 산업 안전·보건 관련 교육 및 전문인력 양성 업무
   4. 산업재해예방을 위한 연구 및 기술개발 업무
   5. 법 제11조제3호에 따른 노무를 제공하는 자의 건강을 유지·증진하기 위한 시설의 운영에 관한 지원 업무
   6. 안전·보건의식의 고취 업무
   7. 법 제36조에 따른 위험성평가에 관한 지원 업무

8. 안전검사 지원 업무
9. 유해인자의 노출 기준 및 유해성·위험성 조사·평가 등에 관한 업무
10. 직업성 질환의 발생 원인을 규명하기 위한 역학조사·연구 또는 직업성 질환 예방에 필요하다고 인정되는 시설·장비 등의 구입 업무
11. 작업환경측정 및 건강진단 지원 업무
12. 법 제126조제2항에 따른 작업환경측정기관의 측정·분석 능력의 확인 및 법 제135조제3항에 따른 특수건강진단기관의 진단·분석 능력의 확인에 필요한 시설·장비 등의 구입 업무
13. 산업의학 분야의 학술활동 및 인력 양성 지원에 관한 업무
14. 그 밖에 산업재해 예방을 위한 업무로서 산업재해보상보험및예방심의위원회의 심의를 거쳐 고용노동부장관이 정하는 업무

제11장 벌칙

제119조(과태료의 부과기준) 법 제175조제1항부터 제6항까지의 규정에 따른 과태료의 부과기준은 별표 35와 같다.

산업안전보건법, 영·규칙 별표

[별표2] 안전보건관리책임자를 두어야 할 사업의 종류 및 사업장의 상시근로자 수

사업의 종류	상시근로자 수
1. 토사석 광업 2. 식료품 제조업, 음료 제조업 3. 목재 및 나무제품 제조업; 가구 제외 4. 펄프, 종이 및 종이제품 제조업 5. 코크스, 연탄 및 석유정제품 제조업 6. 화학물질 및 화학제품 제조업; 의약품 제외 7. 의료용 물질 및 의약품 제조업 8. 고무 및 플라스틱제품 제조업 9. 비금속 광물제품 제조업 10. 1차 금속 제조업 11. 금속가공제품 제조업; 기계 및 가구 제외 12. 전자부품, 컴퓨터, 영상, 음향 및 통신장비 제조업 13. 의료, 정밀, 광학기기 및 시계 제조업 14. 전기장비 제조업 15. 기타 기계 및 장비 제조업 16. 자동차 및 트레일러 제조업 17. 기타 운송장비 제조업 18. 가구 제조업 19. 기타 제품 제조업 20. 서적, 잡지 및 기타 인쇄물 출판업 21. 해체, 선별 및 원료 재생업 22. 자동차 종합 수리업, 자동차 전문 수리업	상시 근로자 50명 이상
23. 농업 24. 어업 25. 소프트웨어 개발 및 공급업 26. 컴퓨터 프로그래밍, 시스템 통합 및 관리업 27. 정보서비스업 28. 금융 및 보험업 29. 임대업; 부동산 제외 30. 전문, 과학 및 기술 서비스업(연구개발업은 제외한다) 31. 사업지원 서비스업 32. 사회복지 서비스업	상시 근로자 300명 이상
33. 건설업	공사금액 20억원 이상
34. 제1호부터 제33호까지의 사업을 제외한 사업	상시 근로자 100명 이상

[별표3] 안전관리자를 두어야 하는 사업의 종류, 사업장의 상시근로자 수, 안전관리자의 수 및 선임방법

사업의 종류	상시근로자 수	안전관리자의 수	안전관리자의 선임방법
1. 토사석 광업 2. 식료품 제조업, 음료 제조업 3. 섬유제품 제조업 ; 의복 제외 4. 목재 및 나무제품 제조업 ; 가구 제외 5. 펄프, 종이 및 종이제품 제조업 6. 코크스, 연탄 및 석유정제품 제조업	상시근로자 50명 이상 500명 미만	1명 이상	별표 4 각 호의 어느 하나에 해당하는 사람(같은 표 제3호·제7호 및 제9호 부터 제12호까지에 해당하는 사람은 제외한다)을 선임해야 한다.
7. 화학물질 및 화학제품 제조업 ; 의약품 제외 8. 의료용 물질 및 의약품 제조업 9. 고무 및 플라스틱제품 제조업 10. 비금속 광물제품 제조업 11. 1차 금속 제조업 12. 금속가공제품 제조업 ; 기계 및 가구 제외 13. 전자부품, 컴퓨터, 영상, 음향 및 통신장비 제조업 14. 의료, 정밀, 광학기기 및 시계 제조업 15. 전기장비 제조업 16. 기타 기계 및 장비 제조업 17. 자동차 및 트레일러 제조업 18. 기타 운송장비 제조업 19. 가구 제조업 20. 기타 제품 제조업 21. 산업용 기계 및 장비 수리업 22. 서적, 잡지 및 기타 인쇄물 출판업 23. 폐기물 수집, 운반, 처리 및 원료 재생업 24. 환경 정화 및 복원업 25. 자동차 종합 수리업, 자동차 전문 수리업 26. 발전업 27. 운수 및 창고업	상시근로자 500명 이상	2명 이상	별표 4 각 호의 어느 하나에 해당하는 사람(같은 표 제7호 및 제9호부터 제12호까지에 해당하는 사람은 제외한다)을 선임하되, 같은 표 제1호·제2호(「국가기술자격법」에 따른 산업안전산업기사의 자격을 취득한 사람은 제외한다) 또는 제4호에 해당하는 사람이 1명 이상 포함되어야 한다.

사업의 종류	상시근로자 수	안전관리자의 수	안전관리자의 선임방법
28. 농업, 임업 및 어업 29. 제2호부터 제21호까지의 사업을 제외한 제조업 30. 전기, 가스, 증기 및 공기조절 공급업(발전업은 제외한다) 31. 수도, 하수 및 폐기물 처리, 원료 재생업(제23호 및 제24호에 해당하는 사업은 제외한다) 32. 도매 및 소매업 33. 숙박 및 음식점업 34. 영상·오디오 기록물 제작 및 배급업 35. 방송업 36. 우편 및 통신업 37. 부동산업 38. 임대업 : 부동산 제외 39. 연구개발업 40. 사진처리업 41. 사업시설 관리 및 조경 서비스업 42. 청소년 수련시설 운영업 43. 보건업 44. 예술, 스포츠 및 여가 관련 서비스업 45. 개인 및 소비용품수리업(제25호에 해당하는 사업은 제외한다) 46. 기타 개인 서비스업 47. 공공행정(청소, 시설관리, 조리 등 현업업무에 종사하는 사람으로서 고용노동부장관이 정하여 고시하는 사람으로 한정한다) 48. 교육서비스업 중 초등·중등·고등 교육기관, 특수학교·외국인학교 및 대안학교(청소, 시설관리, 조리 등 현업업무에 종사하는 사람으로서 고용노동부장관이 정하여 고시하는 사람으로 한정한다)	상시근로자 50명 이상 1천명 미만. 다만, 제37호의 부동산업(부동산 관리업은 제외한다)과 제40호의 사업의 경우에는 상시근로자 100명 이상 1천명 미만으로 한다.	1명 이상	별표 4 각 호의 어느 하나에 해당하는 사람(같은 표 제3호 및 제9호부터 제12호까지에 해당하는 사람은 제외한다. 다만, 제28호 및 제30호부터 제46호까지의 사업의 경우 별표 4 제3호에 해당하는 사람에 대해서는 그렇지 않다)을 선임해야 한다.
	상시근로자 1천명 이상	2명 이상	별표 4 각 호의 어느 하나에 해당하는 사람(같은 표 제7호·제11호 및 제12호에 해당하는 사람은 제외한다)을 선임하되, 같은 표 제1호·제2호·제4호 또는 제5호에 해당하는 사람이 1명 이상 포함되어야 한다.

사업의 종류	상시근로자 수	안전관리자의 수	안전관리자의 선임방법
46. 건설업	공사금액 50억원 이상(관계수급인은 100억원 이상) 120억원 미만(「건설산업기본법 시행령」 별표 1 제1호가목의 토목공사업의 경우에는 150억원 미만)	1명 이상	별표 4 제1호부터 제7호까지 및 제10호부터 제12호까지의 어느 하나에 해당하는 사람을 선임해야 한다.
	공사금액 120억원 이상(「건설산업기본법 시행령」 별표 1 제1호가목의 토목공사업의 경우에는 150억원 이상) 800억원 미만		별표 4 제1호부터 제7호까지 및 제10호의 어느 하나에 해당하는 사람을 선임해야 한다.
	공사금액 800억원 이상 1,500억원 미만	2명 이상. 다만, 전체 공사기간을 100으로 할 때 공사 시작에서 15에 해당하는 기간과 공사 종료 전의 15에 해당하는 기간(이하 "전체 공사기간 중 전·후 15에 해당하는 기간"이라 한다) 동안은 1명 이상으로 한다.	별표 4 제1호부터 제7호까지 및 제10호의 어느 하나에 해당하는 사람을 선임하되, 같은 표 제1호부터 제3호까지의 어느 하나에 해당하는 사람이 1명 이상 포함되어야 한다.
	공사금액 1,500억원 이상 2,200억원 미만	3명 이상. 다만, 전체 공사기간 중 전·후 15에 해당하는 기간은 2명 이상으로 한다.	별표 4 제1호부터 제7호까지 및 제12호의 어느 하나에 해당하는 사람을 선임하되, 같은 표 제12호에 해당하는 사람은 1명만 포함될 수 있고, 같은 표 제1호 또는 「국가

사업의 종류	상시근로자 수	안전관리자의 수	안전관리자의 선임방법
46. 건설업 (계속)	공사금액 1,500 억원 이상 2,200 억원 미만 (계속)	3명 이상. 다만, 전체 공사기간 중 전·후 15에 해당하는 기간은 2명 이상으로 한다. (계속)	「기술자격법」에 따른 건설안전기술사(건설안전기사 또는 산업안전기사의 자격을 취득한 후 7년 이상 건설안전 업무를 수행한 사람이거나 건설안전산업기사 또는 산업안전산업기사의 자격을 취득한 후 10년 이상 건설안전 업무를 수행한 사람을 포함한다) 자격을 취득한 사람(이하 "산업안전지도사등"이라 한다)이 1명 이상 포함되어야 한다.
	공사금액 2,200 억원 이상 3천억 원 미만	4명 이상. 다만, 전체 공사기간 중 전·후 15에 해당하는 기간은 2명 이상으로 한다.	
	공사금액 3천억원 이상 3,900억원 미만	5명 이상. 다만, 전체 공사기간 중 전·후 15에 해당하는 기간은 3명 이상으로 한다.	별표 4 제1호부터 제7호까지 및 제12호의 어느 하나에 해당하는 사람을 선임하되, 같은 표 제12호에 해당하는 사람이 1명만 포함될 수 있고, 산업안전지도사등이 2명 이상 포함되어야 한다. 다만, 전체 공사기간 중 전·후 15에 해당하는 기간에는 산업안전지도사등이 1명 이상 포함되어야 한다.
	공사금액 3,900 억원 이상 4,900 억원 미만	6명 이상. 다만, 전체 공사기간 중 전·후 15에 해당하는 기간은 3명 이상으로 한다.	
	공사금액 4,900 억원 이상 6천억 원 미만	7명 이상. 다만, 전체 공사기간 중 전·후 15에 해당하는 기간은 4명 이상으로 한다.	별표 4 제1호부터 제7호까지 및 제12호의 어느 하나에 해당하는 사람을 선임하되, 같은 표 제12호에 해당하는 사람이 2명까지만 포함될 수 있고,

사업의 종류	상시근로자 수	안전관리자의 수	안전관리자의 선임방법
46. 건설업 (계속)	공사금액 6천억원 이상 7,200억원 미만	8명 이상. 다만, 전체 공사기간 중 전·후 15에 해당하는 기간은 4명 이상으로 한다.	산업안전지도사등이 2명 이상 포함되어야 한다. 다만, 전체 공사기간 중 전·후 15에 해당하는 기간에는 산업안전지도사 등이 2명 이상 포함되어야 한다
	공사금액 7,200억원 이상 8,500억원 미만	9명 이상. 다만, 전체 공사기간 중 전·후 15에 해당하는 기간은 5명 이상으로 한다.	별표 4 제1호부터 제7호까지 및 제12호의 어느 하나에 해당하는 사람을 선임하되, 같은 표 제12호에 해당하는 사람은 2명까지만 포함될 수 있고, 산업안전지도사등이 3명 이상 포함되어야 한다. 다만, 전체 공사기간 중 전·후 15에 해당하는 기간에는 산업안전지도사등이 3명 이상 포함되어야 한다.
	공사금액 8,500억원 이상 1조원 미만	10명 이상. 다만, 전체 공사기간 중 전·후 15에 해당하는 기간은 5명 이상으로 한다.	
	1조원 이상	11명 이상[매 2천억원(2조원 이상부터는 매 3천억원)마다 1명씩 추가한다]. 다만, 전체 공사기간 중 전·후 15에 해당하는 기간은 선임 대상 안전관리자 수의 2분의 1(소수점 이하는 올림한다) 이상으로 한다.	

비고 :
1. 철거공사가 포함된 건설공사의 경우 철거공사만 이루어지는 기간은 전체 공사기간에는 산입되나 전체 공사기간 중 전·후 15에 해당하는 기간에는 산입되지 않는다. 이 경우 전체 공사기간 중 전·후 15에 해당하는 기간은 철거공사만 이루어지는 기간을 제외한 공사기간을 기준으로 산정한다.
2. 철거공사만 이루어지는 기간에는 공사금액별로 선임해야 하는 최소 안전관리자 수 이상으로 안전관리자를 선임해야 한다.

[별표 4] 안전관리자의 자격

안전관리자는 다음 각 호의 어느 하나에 해당하는 사람으로 한다.
1. 법 제143조제1항에 따른 산업안전지도사 자격을 가진 사람
2. 「국가기술자격법」에 따른 산업안전산업기사 이상의 자격을 취득한 사람
3. 「국가기술자격법」에 따른 건설안전산업기사 이상의 자격을 취득한 사람
4. 「고등교육법」에 따른 4년제 대학 이상의 학교에서 산업안전 관련 학위를 취득한 사람 또는 이와 같은 수준 이상의 학력을 가진 사람
5. 「고등교육법」에 따른 전문대학 또는 이와 같은 수준 이상의 학교에서 산업안전 관련 학위를 취득한 사람
6. 「고등교육법」에 따른 이공계 전문대학 또는 이와 같은 수준 이상의 학교에서 학위를 취득하고, 해당 사업의 관리감독자로서의 업무(건설업의 경우는 시공실무경력)를 3년(4년제 이공계 대학 학위 취득자는 1년) 이상 담당한 후 고용노동부장관이 지정하는 기관이 실시하는 교육(1998년 12월 31일까지의 교육만 해당한다)을 받고 정해진 시험에 합격한 사람. 다만, 관리감독자로 종사한 사업과 같은 업종(한국표준산업분류에 따른 대분류를 기준으로 한다)의 사업장이면서, 건설업의 경우를 제외하고는 상시근로자 300명 미만인 사업장에서만 안전관리자가 될 수 있다.
7. 「초·중등교육법」에 따른 공업계 고등학교 또는 이와 같은 수준 이상의 학교를 졸업하고, 해당 사업의 관리감독자로서의 업무(건설업의 경우는 시공실무경력)를 5년 이상 담당한 후 고용노동부장관이 지정하는 기관이 실시하는 교육(1998년 12월 31일까지의 교육만 해당한다)을 받고 정해진 시험에 합격한 사람. 다만, 관리감독자로 종사한 사업과 같은 종류인 업종(한국표준산업분류에 따른 대분류를 기준으로 한다)의 사업장이면서, 건설업의 경우를 제외하고는 별표 3 제28호 또는 제33호의 사업을 하는 사업장(상시근로자 50명 이상 1천명 미만인 경우만 해당한다)에서만 안전관리자가 될 수 있다.
8. 다음 각 목의 어느 하나에 해당하는 사람. 다만, 해당 법령을 적용받은 사업에서만 선임될 수 있다.
    가. 「고압가스 안전관리법」 제4조 및 같은 법 시행령 제3조제1항에 따른 허가를 받은 사업자 중 고압가스를 제조·저장 또는 판매하는 사업에서 같은 법 제15조 및 같은 법 시행령 제12조에 따라 선임하는 안전관리 책임자
    나. 「액화석유가스의 안전관리 및 사업법」 제5조 및 같은 법 시행령 제3조에 따른 허가를 받은 사업자 중 액화석유가스 충전사업·액화석유가스 집단공급사업 또는 액화석유가스 판매사업에서 같은 법 제34조 및 같은 법 시행령 제15조에 따라 선임하는 안전관리책임자
    다. 「도시가스사업법」 제29조 및 같은 법 시행령 제15조에 따라 선임하는 안전관리 책임자

라. 「교통안전법」 제53조에 따라 교통안전관리자의 자격을 취득한 후 해당 분야에 채용된 교통안전관리자

마. 「총포·도검·화약류 등의 안전관리에 관한 법률」 제2조제3항에 따른 화약류를 제조·판매 또는 저장하는 사업에서 같은 법 제27조 및 같은 법 시행령 제54조·제55조에 따라 선임하는 화약류제조보안책임자 또는 화약류관리보안책임자

바. 「전기사업법」 제73조에 따라 전기사업자가 선임하는 전기안전관리자

9. 제16조제2항에 따라 전담 안전관리자를 두어야 하는 사업장(건설업은 제외한다)에서 안전 관련 업무를 10년 이상 담당한 사람

10. 「건설산업기본법」 제8조에 따른 종합공사를 시공하는 업종의 건설현장에서 안전보건관리책임자로 10년 이상 재직한 사람

11. 「건설기술 진흥법」에 따른 토목·건축 분야 건설기술인 중 등급이 중급 이상인 사람으로서 고용노동부장관이 지정하는 기관이 실시하는 산업안전교육(2023년 12월 31일까지의 교육만 해당한다)을 이수하고 정해진 시험에 합격한 사람

12. 「국가기술자격법」에 따른 토목산업기사 또는 건축산업기사 이상의 자격을 취득한 후 해당 분야에서의 실무경력이 다음 각 목의 구분에 따른 기간 이상인 사람으로서 고용노동부장관이 지정하는 기관이 실시하는 산업안전교육(2023년 12월 31일까지의 교육만 해당한다)을 이수하고 정해진 시험에 합격한 사람

가. 토목기사 또는 건축기사 : 3년

나. 토목산업기사 또는 건축산업기사 : 5년

[별표9] 산업안전보건위원회를 구성해야 할 사업의 종류 및 사업장의 상시근로자 수

사업의 종류	상시근로자 수
1. 토사석 광업 2. 목재 및 나무제품 제조업;가구제외 3. 화학물질 및 화학제품 제조업;의약품 제외(세제, 화장품 및 광택제 제조업과 화학섬유 제조업은 제외한다) 4. 비금속 광물제품 제조업 5. 1차 금속 제조업 6. 금속가공제품 제조업;기계 및 가구 제외 7. 자동차 및 트레일러 제조업 8. 기타 기계 및 장비 제조업(사무용 기계 및 장비 제조업은 제외한다) 9. 기타 운송장비 제조업(전투용 차량 제조업은 제외한다)	상시 근로자 50명 이상

사업의 종류	상시근로자 수
10. 농업 11. 어업 12. 소프트웨어 개발 및 공급업 13. 컴퓨터 프로그래밍, 시스템 통합 및 관리업 14. 정보서비스업 15. 금융 및 보험업 16. 임대업;부동산 제외 17. 전문, 과학 및 기술 서비스업(연구개발업은 제외한다) 18. 사업지원 서비스업 19. 사회복지 서비스업	상시 근로자 300명 이상
20. 건설업	공사금액 120억원 이상(「건설산업기본법 시행령」 별표 1에 따른 토목공사업에 해당하는 공사의 경우에는 150억원 이상)
21. 제1호부터 제20호까지의 사업을 제외한 사업	상시근로자 100명 이상

[별표13] 유해·위험물질 규정량 23. 4. 23 개

번호	유해·위험물질	CAS번호	규정량[kg]
1	인화성 가스	-	제조·취급 : 5,000 (저장: 200,000)
2	인화성 액체	-	제조·취급 : 5,000 (저장: 200,000)
3	메틸 이소시아네이트	624-83-9	제조·취급·저장 : 1,000
4	포스겐	75-44-5	제조·취급·저장 : 500
5	아크릴로니트릴	107-13-1	제조·취급·저장 : 10,000
6	암모니아	7664-41-7	제조·취급·저장 : 10,000
7	염소	7782-50-5	제조·취급·저장 : 1,500
8	이산화황	7446-09-5	제조·취급·저장 : 10,000
9	삼산화황	7446-11-9	제조·취급·저장 : 10,000
10	이황화탄소	75-15-0	제조·취급·저장 : 10,000
11	시안화수소	74-90-8	제조·취급·저장 : 500
12	불화수소(무수불산)	7664-39-3	제조·취급·저장 : 1,000
13	염화수소(무수염산)	7647-01-0	제조·취급·저장 : 10,000
14	황화수소	7783-06-4	제조·취급·저장 : 1,000
15	질산암모늄	6484-52-2	제조·취급·저장 : 500,000
16	니트로글리세린	55-63-0	제조·취급·저장 : 10,000
17	트리니트로톨루엔	118-96-7	제조·취급·저장 : 50,000
18	수소	1333-74-0	제조·취급·저장 : 5,000

번호	유해·위험물질	CAS번호	규정량[kg]
19	산화에틸렌	75-21-8	제조·취급·저장 : 1,000
20	포스핀	7803-51-2	제조·취급·저장 : 500
21	실란(Silane)	7803-62-5	제조·취급·저장 : 1,000
22	질산(중량 94.5% 이상)	7697-37-2	제조·취급·저장 : 50,000
23	발연황산(삼산화황 중량 65% 이상 80% 미만)	8014-95-7	제조·취급·저장 : 20,000
24	과산화수소(중량 52% 이상)	7722-84-1	제조·취급·저장 : 10,000
25	톨루엔 디이소시아네이트	91-08-7, 584-84-9, 26471-62-5	제조·취급·저장 : 2,000
26	클로로술폰산	7790-94-5	제조·취급·저장 : 10,000
27	브롬화수소	10035-10-6	제조·취급·저장 : 10,000
28	삼염화인	7719-12-2	제조·취급·저장 : 10,000
29	염화 벤질	100-44-7	제조·취급·저장 : 2,000
30	이산화염소	10049-04-4	제조·취급·저장 : 500
31	염화 티오닐	7719-09-7	제조·취급·저장 : 10,000
32	브롬	7726-95-6	제조·취급·저장 : 1,000
33	일산화질소	10102-43-9	제조·취급·저장 : 10,000
34	붕소 트리염화물	10294-34-5	제조·취급·저장 : 10,000
35	메틸에틸케톤과산화물	1338-23-4	제조·취급·저장 : 10,000
36	삼불화 붕소	7637-07-2	제조·취급·저장 : 1,000
37	니트로아닐린	88-74-4, 99-09-2, 100-01-6, 29757-24-2	제조·취급·저장 : 2,500
38	염소 트리플루오르화	7790-91-2	제조·취급·저장 : 1,000
39	불소	7782-41-4	제조·취급·저장 : 500
40	시아누르 플루오르화물	675-14-9	제조·취급·저장 : 2,000
41	질소 트리플루오르화물	7783-54-2	제조·취급·저장 : 20,000
42	니트로 셀롤로오스(질소 함유량 12.6% 이상)	9004-70-0	제조·취급·저장 : 100,000
43	과산화벤조일	94-36-0	제조·취급·저장 : 3,500
44	과염소산 암모늄	7790-98-9	제조·취급·저장 : 3,500
45	디클로로실란	4109-96-0	제조·취급·저장 : 1,000
46	디에틸 알루미늄 염화물	96-10-6	제조·취급·저장 : 10,000
47	디이소프로필 퍼옥시디카보네이트	105-64-6	제조·취급·저장 : 3,500
48	불산(중량 10% 이상)	7664-39-3	제조·취급·저장 : 10,000
49	염산(중량 20% 이상)	7647-01-0	제조·취급·저장 : 20,000
50	황산(중량 20% 이상)	7664-93-9	제조·취급·저장 : 20,000
51	암모니아수(중량 20% 이상)	1336-21-6	제조·취급·저장 : 50,000

비고

1. 인화성 가스란 인화한계 농도의 최저한도가 13[%] 이하 또는 최고한도와 최저한도의 차가 12[%] 이상인 것으로서 표준압력(101.3[kPa])하의 20[℃]에서 가스 상태인 물질을 말한다.
2. 인화성 가스 중 사업장 외부로부터 배관을 통해 공급받아 최초 압력조정기 후단 이후의 압력이 0.1[MPa](계기압력) 미만으로 취급되는 사업장의 연료용 도시가스(메탄 중량성분 85[%] 이상으로 이 표에 따른 유해·위험물질이 없는 설비에 공급되는 경우에 한정한다)는 취급 규정량을 50,000[kg]으로 한다.
3. 인화성 액체란 표준압력(101.3[kPa])에서 인화점이 60[℃] 이하이거나 고온·고압의 공정운전조건으로 인하여 화재·폭발위험이 있는 상태에서 취급되는 가연성 물질을 말한다.
4. 인화점의 수치는 태그밀폐식 또는 펜스키마르테르식 등의 밀폐식 인화점 측정기로 표준압력(101.3 [kPa])에서 측정한 수치 중 작은 수치를 말한다.
5. 유해·위험물질의 규정량이란 제조·취급·저장 설비에서 공정과정 중에 저장되는 양을 포함하여 하루 동안 최대로 제조·취급 또는 저장할 수 있는 양을 말한다.
6. 규정량은 화학물질의 순도 100[%]를 기준으로 산출하되, 농도가 규정되어 있는 화학물질은 그 규정된 농도를 기준으로 한다.
7. 사업장에서 다음 각 목의 구분에 따라 해당 유해·위험물질을 그 규정량 이상 제조·취급·저장하는 경우에는 유해·위험설비로 본다.
    가. 한 종류의 유해·위험물질을 제조·취급·저장하는 경우 : 해당 유해·위험물질의 규정량 대비 하루 동안 제조·취급 또는 저장할 수 있는 최대치 중 가장 큰 값($\frac{C}{T}$)이 1 이상인 경우
    나. 두 종류 이상의 유해·위험물질을 제조·취급·저장하는 경우 : 유해·위험물질별로 가 목에 따른 가장 큰 값($\frac{C}{T}$)을 각각 구하여 합산한 값(R)이 1 이상인 경우, 그 계산식은 다음과 같다.

$$R = \frac{C_1}{T_1} + \frac{C_2}{T_2} + \cdots\cdots\cdots + \frac{C_n}{T_n}$$

주) C_n : 유해·위험물질별(n) 규정량과 비교하여 하루 동안 제조·취급 또는 저장할 수 있는 최대치 중 가장 큰 값
    T_n : 유해·위험물질별(n) 규정량
8. 가스를 전문으로 저장·판매하는 시설 내의 가스는 이 표의 규정량 산정에서 제외한다.

[별표20] 유해·위험 방지를 위한 방호조치가 필요한 기계·기구

1. 예초기
2. 원심기
3. 공기압축기
4. 금속절단기
5. 지게차
6. 포장기계(진공포장기, 랩핑기로 한정한다)

3. 산업안전보건법 시행규칙

[시행 2025. 1. 1.] [고용노동부령 제419호, 2024. 6. 28., 일부개정]

제1장 총칙

제1조(목적) 이 규칙은 「산업안전보건법」 및 같은 법 시행령에서 위임된 사항과 그 시행에 필요한 사항을 규정함을 목적으로 한다.

제3조(중대재해의 범위) 법 제2조제2호에서 "고용노동부령으로 정하는 재해"란 다음 각 호의 어느 하나에 해당하는 재해를 말한다. 21. 7. 10 기 22. 5. 7 기 22. 9. 24 산
1. 사망자가 1명 이상 발생한 재해
2. 3개월 이상의 요양이 필요한 부상자가 동시에 2명 이상 발생한 재해
3. 부상자 또는 직업성 질병자가 동시에 10명 이상 발생한 재해

제6조(도급인의 안전보건 조치 장소) 「산업안전보건법 시행령」(이하 "영"이라 한다) 제11조제15호에서 "고용노동부령으로 정하는 장소"란 다음 각 호의 어느 하나에 해당하는 장소를 말한다.
1. 화재·폭발 우려가 있는 다음 각 목의 어느 하나에 해당하는 작업을 하는 장소
   가. 선박 내부에서의 용접·용단작업
   나. 안전보건규칙 제225조제4호에 따른 인화성 액체를 취급·저장하는 설비 및 용기에서의 용접·용단작업
   다. 안전보건규칙 제273조에 따른 특수화학설비에서의 용접·용단작업
   라. 가연물(可燃物)이 있는 곳에서의 용접·용단 및 금속의 가열 등 화기를 사용하는 작업이나 연삭숫돌에 의한 건식연마작업 등 불꽃이 발생할 우려가 있는 작업
2. 안전보건규칙 제132조에 따른 양중기(揚重機)에 의한 충돌 또는 협착(狹窄)의 위험이 있는 작업을 하는 장소
3. 안전보건규칙 제420조제7호에 따른 유기화합물 취급 특별장소
4. 안전보건규칙 제574조제1항 각 호에 따른 방사선 업무를 하는 장소
5. 안전보건규칙 제618조제1호에 따른 밀폐공간
6. 안전보건규칙 별표 1에 따른 위험물질을 제조하거나 취급하는 장소
7. 안전보건규칙 별표 7에 따른 화학설비 및 그 부속설비에 대한 정비·보수 작업이 이루어지는 장소

합격예측 및 관련법규

제11조(도급인이 지배·관리하는 장소)
법 제10조제2항에서 "대통령령으로 정하는 장소"란 다음 각 호의 어느 하나에 해당하는 장소를 말한다.
1. 토사(土砂)·구축물·인공구조물 등이 붕괴될 우려가 있는 장소
2. 기계·기구 등이 넘어지거나 무너질 우려가 있는 장소
3. 안전난간의 설치가 필요한 장소
4. 비계(飛階) 또는 거푸집을 설치하거나 해체하는 장소
5. 건설용 리프트를 운행하는 장소
6. 지반(地盤)을 굴착하거나 발파작업을 하는 장소
7. 엘리베이터 등 근로자가 추락할 위험이 있는 장소
8. 석면이 붙어 있는 물질을 파쇄하거나 해체하는 작업을 하는 장소
9. 공중 전선에 가까운 장소로서 시설물의 설치·해체·점검 및 수리 등의 작업을 할 때 감전의 위험이 있는 장소
10. 물체가 떨어지거나 날아올 위험이 있는 장소
11. 프레스 또는 전단기(剪斷機)를 사용하여 작업을 하는 장소
12. 차량계(車輛系) 하역운반기계 또는 차량계 건설기계를 사용하여 작업하는 장소
13. 전기 기계·기구를 사용하여 감전의 위험이 있는 작업을 하는 장소
14. 「철도산업발전기본법」 제3조제4호에 따른 철도차량(「도시철도법」에 따른 도시철도차량을 포함한다)에 의한 충돌 또는 협착의 위험이 있는 작업을 하는 장소
15. 그 밖에 화재·폭발 등 사고발생 위험이 높은 장소로서 고용노동부령으로 정하는 장소

제2장 안전보건관리체제 등

제1절 안전보건관리체제

제9조(안전보건관리책임자의 업무) 법 제15조제1항제9호에서 "고용노동부령으로 정하는 사항"이란 법 제36조에 따른 위험성평가의 실시에 관한 사항과 안전보건규칙에서 정하는 근로자의 위험 또는 건강장해의 방지에 관한 사항을 말한다.

제10조(도급사업의 안전관리자 등의 선임) 안전관리자 및 보건관리자를 두어야 할 수급인인 사업주는 영 제16조제5항 및 제20조제3항에 따라 도급인인 사업주가 다음 각 호의 요건을 모두 갖춘 경우에는 안전관리자 및 보건관리자를 선임하지 않을 수 있다.

1. 도급인인 사업주 자신이 선임해야 할 안전관리자 및 보건관리자를 둔 경우
2. 안전관리자 및 보건관리자를 두어야 할 수급인인 사업주의 사업의 종류별로 상시근로자 수(건설공사의 경우에는 건설공사 금액을 말한다. 이하 같다)를 합계하여 그 상시근로자 수에 해당하는 안전관리자 및 보건관리자를 추가로 선임한 경우

제12조(안전관리자 등의 증원·교체임명 명령) ① 지방고용노동관서의 장은 다음 각 호의 어느 하나에 해당하는 사유가 발생한 경우에는 법 제17조제4항·제18조제4항 또는 제19조제3항에 따라 사업주에게 안전관리자·보건관리자 또는 안전보건관리담당자(이하 이 조에서 "관리자"라 한다)를 정수 이상으로 증원하게 하거나 교체하여 임명할 것을 명할 수 있다. 다만, 제4호에 해당하는 경우로서 직업성 질병자 발생 당시 사업장에서 해당 화학적 인자(因子)를 사용하지 않은 경우에는 그렇지 않다.

1. 해당 사업장의 연간재해율이 같은 업종의 평균재해율의 2배 이상인 경우
2. 중대재해가 연간 2건 이상 발생한 경우. 다만, 해당 사업장의 전년도 사망만인율이 같은 업종의 평균 사망만인율 이하인 경우는 제외한다.
3. 관리자가 질병이나 그 밖의 사유로 3개월 이상 직무를 수행할 수 없게 된 경우
4. 별표 22 제1호에 따른 화학적 인자로 인한 직업성 질병자가 연간 3명 이상 발생한 경우. 이 경우 직업성 질병자의 발생일은 「산업재해보상보험법 시행규칙」 제21조제1항에 따른 요양급여의 결정일로 한다.

② 제1항에 따라 관리자를 정수 이상으로 증원하게 하거나 교체하여 임명할 것을 명하는 경우에는 미리 사업주 및 해당 관리자의 의견을 듣거나 소명자료를 제출받아야 한다. 다만, 정당한 사유 없이 의견진술 또는 소명자료의 제출을 게을리한 경우에는 그렇지 않다.

③ 제1항에 따른 관리자의 정수 이상 증원 및 교체임명 명령은 별지 제4호서식에 따른다.

제2절 안전보건관리규정

제25조(안전보건관리규정의 작성) ① 법 제25조제3항에 따라 안전보건관리규정을 작성해야 할 사업의 종류 및 상시근로자 수는 별표 2와 같다.
② 제1항에 따른 사업의 사업주는 안전보건관리규정을 작성해야 할 사유가 발생한 날부터 30일 이내에 별표 3의 내용을 포함한 안전보건관리규정을 작성해야 한다. 이를 변경할 사유가 발생한 경우에도 또한 같다.
③ 사업주가 제2항에 따라 안전보건관리규정을 작성할 때에는 소방·가스·전기·교통 분야 등의 다른 법령에서 정하는 안전관리에 관한 규정과 통합하여 작성할 수 있다.

제3장 안전보건교육

제26조(교육시간 및 교육내용) ① 법 제29조제1항부터 제3항까지의 규정에 따라 사업주가 근로자에게 실시해야 하는 안전보건교육의 교육시간은 별표 4와 같고, 교육내용은 별표 5와 같다. 이 경우 사업주가 법 제29조제3항에 따른 유해하거나 위험한 작업에 필요한 안전보건교육(이하 "특별교육"이라 한다)을 실시한 때에는 해당 근로자에 대하여 법 제29조제2항에 따라 채용할 때 해야 하는 교육(이하 "채용 시 교육"이라 한다) 및 작업내용을 변경할 때 해야 하는 교육(이하 "작업내용 변경 시 교육"이라 한다)을 실시한 것으로 본다.
② 제1항에 따른 교육을 실시하기 위한 교육방법과 그 밖에 교육에 필요한 사항은 고용노동부장관이 정하여 고시한다.
③ 사업주가 법 제29조제1항부터 제3항까지의 규정에 따른 안전보건교육을 자체적으로 실시하는 경우에 교육을 할 수 있는 사람은 다음 각 호의 어느 하나에 해당하는 사람으로 한다.

1. 다음 각 목의 어느 하나에 해당하는 사람
   가. 법 제15조제1항에 따른 안전보건관리책임자
   나. 법 제16조제1항에 따른 관리감독자
   다. 법 제17조제1항에 따른 안전관리자(안전관리전문기관에서 안전관리자의 위탁업무를 수행하는 사람을 포함한다)
   라. 법 제18조제1항에 따른 보건관리자(보건관리전문기관에서 보건관리자의 위탁업무를 수행하는 사람을 포함한다)
   마. 법 제19조제1항에 따른 안전보건관리담당자(안전관리전문기관 및 보건관리전문기관에서 안전보건관리담당자의 위탁업무를 수행하는 사람을 포함한다)
   바. 법 제22조제1항에 따른 산업보건의
2. 공단에서 실시하는 해당 분야의 강사요원 교육과정을 이수한 사람

3. 법 제142조에 따른 산업안전지도사 또는 산업보건지도사(이하 "지도사"라 한다)
4. 산업안전보건에 관하여 학식과 경험이 있는 사람으로서 고용노동부장관이 정하는 기준에 해당하는 사람

제4장 유해·위험 방지 조치

제37조(위험성평가 실시내용 및 결과의 기록·보존) ① 사업주가 법 제36조제3항에 따라 위험성평가의 결과와 조치사항을 기록·보존할 때에는 다음 각 호의 사항이 포함되어야 한다.
1. 위험성평가 대상의 유해·위험요인
2. 위험성 결정의 내용
3. 위험성 결정에 따른 조치의 내용
4. 그 밖에 위험성평가의 실시내용을 확인하기 위하여 필요한 사항으로서 고용노동부장관이 정하여 고시하는 사항

② 사업주는 제1항에 따른 자료를 3년간 보존해야 한다.

제38조(안전보건표지의 종류·형태·색채 및 용도 등) ① 법 제37조제2항에 따른 안전보건표지의 종류와 형태는 별표 6과 같고, 그 용도 , 설치·부착 장소, 형태 및 색채는 별표 7과 같다.

② 안전보건표지의 표시를 명확히 하기 위하여 필요한 경우에는 그 안전보건표지의 주위에 표시사항을 글자로 덧붙여 적을 수 있다. 이 경우 글자는 흰색 바탕에 검은색 한글고딕체로 표기해야 한다.

③ 안전보건표지에 사용되는 색채의 색도기준 및 용도는 별표 8과 같고, 사업주는 사업장에 설치하거나 부착한 안전보건표지의 색도기준이 유지되도록 관리해야 한다.

④ 안전보건표지에 관하여 법 또는 법에 따른 명령에서 규정하지 않은 사항으로서 다른 법 또는 다른 법에 따른 명령에서 규정한 사항이 있으면 그 부분에 대해서는 그 법 또는 명령을 적용한다.

제40조(안전보건표지의 제작) ① 안전보건표지는 그 종류별로 별표 9에 따른 기본모형에 의하여 별표 7의 구분에 따라 제작해야 한다.

② 안전보건표지는 그 표시내용을 근로자가 빠르고 쉽게 알아볼 수 있는 크기로 제작해야 한다.

③ 안전보건표지 속의 그림 또는 부호의 크기는 안전보건표지의 크기와 비례해야 하며, 안전보건표지 전체 규격의 30퍼센트 이상이 되어야 한다.

④ 안전보건표지는 쉽게 파손되거나 변형되지 않는 재료로 제작해야 한다.

⑤ 야간에 필요한 안전보건표지는 야광물질을 사용하는 등 쉽게 알아볼 수 있도록 제작해야 한다.

제41조(고객의 폭언등으로 인한 건강장해 예방조치) 사업주는 법 제41조제1항에 따라 건강장해를 예방하기 위하여 다음 각 호의 조치를 해야 한다.
1. 법 제41조제1항에 따른 폭언등을 하지 않도록 요청하는 문구 게시 또는 음성 안내
2. 고객과의 문제 상황 발생 시 대처방법 등을 포함하는 고객응대업무 매뉴얼 마련
3. 제2호에 따른 고객응대업무 매뉴얼의 내용 및 건강장해 예방 관련 교육 실시
4. 그 밖에 법 제41조제1항에 따른 고객응대근로자의 건강장해 예방을 위하여 필요한 조치

제42조(제출서류 등) ① 법 제42조제1항제1호에 해당하는 사업주가 유해위험방지계획서를 제출할 때에는 사업장별로 별지 제16호서식의 제조업 등 유해위험방지계획서에 다음 각 호의 서류를 첨부하여 해당 작업 시작 15일 전까지 공단에 2부를 제출해야 한다. 이 경우 유해위험방지계획서의 작성기준, 작성자, 심사기준, 그 밖에 심사에 필요한 사항은 고용노동부장관이 정하여 고시한다.
1. 건축물 각 층의 평면도
2. 기계·설비의 개요를 나타내는 서류
3. 기계·설비의 배치도면
4. 원재료 및 제품의 취급, 제조 등의 작업방법의 개요
5. 그 밖에 고용노동부장관이 정하는 도면 및 서류

② 법 제42조제1항제2호에 해당하는 사업주가 유해위험방지계획서를 제출할 때에는 사업장별로 별지 제16호서식의 제조업 등 유해위험방지계획서에 다음 각 호의 서류를 첨부하여 해당 작업 시작 15일 전까지 공단에 2부를 제출해야 한다.
1. 설치장소의 개요를 나타내는 서류
2. 설비의 도면
3. 그 밖에 고용노동부장관이 정하는 도면 및 서류

③ 법 제42조제1항제3호에 해당하는 사업주가 유해위험방지계획서를 제출할 때에는 별지 제17호서식의 건설공사 유해위험방지계획서에 별표 10의 서류를 첨부하여 해당 공사의 착공(유해위험방지계획서 작성 대상 시설물 또는 구조물의 공사를 시작하는 것을 말하며, 대지 정리 및 가설사무소 설치 등의 공사 준비기간은 착공으로 보지 않는다) 전날까지 공단에 2부를 제출해야 한다. 이 경우 해당 공사가「건설기술 진흥법」제62조에 따른 안전관리계획을 수립해야 하는 건설공사에 해당하는 경우에는 유해위험방지계획서와 안전관리계획서를 통합하여 작성한 서류를 제출할 수 있다.

④ 같은 사업장 내에서 영 제42조제3항 각 호에 따른 공사의 착공시기를 달리하는 사업의 사업주는 해당 공사별 또는 해당 공사의 단위작업공사 종류별로 유해

위험방지계획서를 분리하여 각각 제출할 수 있다. 이 경우 이미 제출한 유해위험방지계획서의 첨부서류와 중복되는 서류는 제출하지 않을 수 있다.

⑤ 법 제42조제1항 단서에서 "산업재해발생률 등을 고려하여 고용노동부령으로 정하는 기준에 해당하는 사업주"란 별표 11의 기준에 적합한 건설업체(이하 "자체심사 및 확인업체"라 한다)의 사업주를 말한다.

⑥ 자체심사 및 확인업체는 별표 11의 자체심사 및 확인방법에 따라 유해위험방지계획서를 스스로 심사하여 해당 공사의 착공 전날까지 별지 제18호서식의 유해위험방지계획서 자체심사서를 공단에 제출해야 한다. 이 경우 공단은 필요한 경우 자체심사 및 확인업체의 자체심사에 관하여 지도·조언할 수 있다.

제43조(유해위험방지계획서의 건설안전분야 자격 등) 법 제42조제2항에서 "건설안전 분야의 자격 등 고용노동부령으로 정하는 자격을 갖춘 자"란 다음 각 호의 어느 하나에 해당하는 사람을 말한다.

1. 건설안전 분야 산업안전지도사
2. 건설안전기술사 또는 토목·건축 분야 기술사
3. 건설안전산업기사 이상의 자격을 취득한 후 건설안전 관련 실무경력이 건설안전기사 이상의 자격은 5년, 건설안전산업기사 자격은 7년 이상인 사람

제45조(심사 결과의 구분) ① 공단은 유해위험방지계획서의 심사 결과를 다음 각 호와 같이 구분·판정한다.

1. 적정: 근로자의 안전과 보건을 위하여 필요한 조치가 구체적으로 확보되었다고 인정되는 경우
2. 조건부 적정: 근로자의 안전과 보건을 확보하기 위하여 일부 개선이 필요하다고 인정되는 경우
3. 부적정: 건설물·기계·기구 및 설비 또는 건설공사가 심사기준에 위반되어 공사착공 시 중대한 위험이 발생할 우려가 있거나 해당 계획에 근본적 결함이 있다고 인정되는 경우

② 공단은 심사 결과 적정판정 또는 조건부 적정판정을 한 경우에는 별지 제20호서식의 유해위험방지계획서 심사 결과 통지서에 보완사항을 포함(조건부 적정판정을 한 경우만 해당한다)하여 해당 사업주에게 발급하고 지방고용노동관서의 장에게 보고해야 한다.

③ 공단은 심사 결과 부적정판정을 한 경우에는 지체 없이 별지 제21호서식의 유해위험방지계획서 심사 결과(부적정) 통지서에 그 이유를 기재하여 지방고용노동관서의 장에게 통보하고 사업장 소재지 특별자치시장·특별자치도지사·시장·군수·구청장(구청장은 자치구의 구청장을 말한다. 이하 같다)에게 그 사실을 통보해야 한다.

④ 제3항에 따른 통보를 받은 지방고용노동관서의 장은 사실 여부를 확인한 후 공사착공중지명령, 계획변경명령 등 필요한 조치를 해야 한다.

⑤ 사업주는 지방고용노동관서의 장으로부터 공사착공중지명령 또는 계획변경명령을 받은 경우에는 유해위험방지계획서를 보완하거나 변경하여 공단에 제출해야 한다.

제51조(공정안전보고서의 제출 시기) 사업주는 영 제45조제1항에 따라 유해하거나 위험한 설비의 설치·이전 또는 주요 구조부분의 변경공사의 착공일(기존 설비의 제조·취급·저장 물질이 변경되거나 제조량·취급량·저장량이 증가하여 영 별표 13에 따른 유해·위험물질 규정량에 해당하게 된 경우에는 그 해당일을 말한다) 30일 전까지 공정안전보고서를 2부 작성하여 공단에 제출해야 한다. 20.6.7 기

제61조(안전보건개선계획의 제출 등) ① 법 제50조제1항에 따라 안전보건개선계획서를 제출해야 하는 사업주는 법 제49조제1항에 따른 안전보건개선계획서 수립·시행 명령을 받은 날부터 60일 이내에 관할 지방고용노동관서의 장에게 해당 계획서를 제출(전자문서로 제출하는 것을 포함한다)해야 한다. 23.7.22 산

② 제1항에 따른 안전보건개선계획서에는 시설, 안전보건관리체제, 안전보건교육, 산업재해 예방 및 작업환경의 개선을 위하여 필요한 사항이 포함되어야 한다.

제63조(기계·설비 등에 대한 안전 및 보건조치) 법 제53조제1항에서 "안전 및 보건에 관하여 고용노동부령으로 정하는 필요한 조치"란 다음 각 호의 어느 하나에 해당하는 조치를 말한다.

1. 안전보건규칙에서 건설물 또는 그 부속건설물·기계·기구·설비·원재료에 대하여 정하는 안전조치 또는 보건조치
2. 법 제87조에 따른 안전인증대상기계등의 사용금지
3. 법 제92조에 따른 자율안전확인대상기계등의 사용금지
4. 법 제95조에 따른 안전검사대상기계등의 사용금지
5. 법 제99조제2항에 따른 안전검사대상기계등의 사용금지
6. 법 제117조제1항에 따른 제조등금지물질의 사용금지
7. 법 제118조제1항에 따른 허가대상물질에 대한 허가의 취득

제67조(중대재해 발생 시 보고) 사업주는 중대재해가 발생한 사실을 알게 된 경우에는 법 제54조제2항에 따라 지체 없이 다음 각 호의 사항을 사업장 소재지를 관할하는 지방고용노동관서의 장에게 전화·팩스 또는 그 밖의 적절한 방법으로 보고해야 한다.

1. 발생 개요 및 피해 상황
2. 조치 및 전망
3. 그 밖의 중요한 사항

합격예측 및 관련법규

제69조(작업중지의 해제)

① 법 제55조제3항에 따라 사업주가 작업중지의 해제를 요청할 경우에는 별지 제29호서식에 따른 작업중지명령 해제신청서를 작성하여 사업장의 소재지를 관할하는 지방고용노동관서의 장에게 제출해야 한다. 24.4.27 기

② 제1항에 따라 사업주가 작업중지명령 해제신청서를 제출하는 경우에는 미리 유해·위험요인 개선내용에 대하여 중대재해가 발생한 해당작업 근로자의 의견을 들어야 한다.

③ 지방고용노동관서의 장은 제1항에 따라 작업중지명령 해제를 요청받은 경우에는 근로감독관으로 하여금 안전·보건을 위하여 필요한 조치를 확인하도록 하고, 천재지변 등 불가피한 경우를 제외하고는 해제요청일 다음 날부터 4일 이내(토요일과 공휴일을 포함하되, 토요일과 공휴일이 연속하는 경우에는 3일까지만 포함한다)에 법 제55조제3항에 따른 작업중지해제 심의위원회(이하 "심의위원회"라 한다)를 개최하여 심의한 후 해당조치가 완료되었다고 판단될 경우에는 즉시 작업중지명령을 해제해야 한다.

제72조(산업재해 기록 등) 사업주는 산업재해가 발생한 때에는 법 제57조제2항에 따라 다음 각 호의 사항을 기록·보존해야 한다. 다만, 제73조제1항에 따른 산업재해조사표의 사본을 보존하거나 제73조제5항에 따른 요양신청서의 사본에 재해 재발방지 계획을 첨부하여 보존한 경우에는 그렇지 않다. 21. 4. 24 산 22. 10. 16 산

1. 사업장의 개요 및 근로자의 인적사항
2. 재해 발생의 일시 및 장소
3. 재해 발생의 원인 및 과정
4. 재해 재발방지 계획

제73조(산업재해 발생 보고 등) ① 사업주는 산업재해로 사망자가 발생하거나 3일 이상의 휴업이 필요한 부상을 입거나 질병에 걸린 사람이 발생한 경우에는 법 제57조제3항에 따라 해당 산업재해가 발생한 날부터 1개월 이내에 별지 제30호서식의 산업재해조사표를 작성하여 관할 지방고용노동관서의 장에게 제출(전자문서로 제출하는 것을 포함한다)해야 한다.

② 제1항에도 불구하고 다음 각 호의 모두에 해당하지 않는 사업주가 법률 제11882호 산업안전보건법 일부개정법률 제10조제2항의 개정규정의 시행일인 2014년 7월 1일 이후 해당 사업장에서 처음 발생한 산업재해에 대하여 지방고용노동관서의 장으로부터 별지 제30호서식의 산업재해조사표를 작성하여 제출하도록 명령을 받은 경우 그 명령을 받은 날부터 15일 이내에 이를 이행한 때에는 제1항에 따른 보고를 한 것으로 본다. 제1항에 따른 보고기한이 지난 후에 자진하여 별지 제30호서식의 산업재해조사표를 작성·제출한 경우에도 또한 같다.

1. 안전관리자 또는 보건관리자를 두어야 하는 사업주
2. 법 제62조제1항에 따라 안전보건총괄책임자를 지정해야 하는 도급인
3. 법 제73조제2항에 따라 건설재해예방전문지도기관의 지도를 받아야 하는 건설공사도급인(법 제69조제1항의 건설공사도급인을 말한다. 이하 같다)
4. 산업재해 발생사실을 은폐하려고 한 사업주

③ 사업주는 제1항에 따른 산업재해조사표에 근로자대표의 확인을 받아야 하며, 그 기재 내용에 대하여 근로자대표의 이견이 있는 경우에는 그 내용을 첨부해야 한다. 다만, 근로자대표가 없는 경우에는 재해자 본인의 확인을 받아 산업재해조사표를 제출할 수 있다.

④ 제1항부터 제3항까지의 규정에서 정한 사항 외에 산업재해발생 보고에 필요한 사항은 고용노동부장관이 정한다.

⑤ 「산업재해보상보험법」 제41조에 따라 요양급여의 신청을 받은 근로복지공단은 지방고용노동관서의 장 또는 공단으로부터 요양신청서 사본, 요양업무 관련 전산입력자료, 그 밖에 산업재해예방업무 수행을 위하여 필요한 자료의 송부를 요청받은 경우에는 이에 협조해야 한다.

제5장 도급 시 산업재해 예방

제1절 도급의 제한

제74조(안전 및 보건에 관한 평가의 내용 등) ① 사업주는 법 제58조제2항제2호에 따른 승인 및 같은 조 제5항에 따른 연장승인을 받으려는 경우 법 제165조제2항, 영 제116조제2항에 따라 고용노동부장관이 고시하는 기관을 통하여 안전 및 보건에 관한 평가를 받아야 한다.
② 제1항의 안전 및 보건에 관한 평가에 대한 내용은 별표 12와 같다.

제2절 도급인의 안전조치 및 보건조치

제79조(협의체의 구성 및 운영) ① 법 제64조제1항제1호에 따른 안전 및 보건에 관한 협의체(이하 이 조에서 "협의체"라 한다)는 도급인 및 그의 수급인 전원으로 구성해야 한다.
② 협의체는 다음 각 호의 사항을 협의해야 한다.
    1. 작업의 시작 시간
    2. 작업 또는 작업장 간의 연락방법
    3. 재해발생 위험이 있는 경우 대피방법
    4. 작업장에서의 법 제36조에 따른 위험성평가의 실시에 관한 사항
    5. 사업주와 수급인 또는 수급인 상호 간의 연락 방법 및 작업공정의 조정
③ 협의체는 매월 1회 이상 정기적으로 회의를 개최하고 그 결과를 기록·보존해야 한다.

제80조(도급사업 시의 안전보건조치 등) ① 도급인은 법 제64조제1항제2호에 따른 작업장 순회점검을 다음 각 호의 구분에 따라 실시해야 한다.
    1. 다음 각 목의 사업 : 2일에 1회 이상
      가. 건설업
      나. 제조업
      다. 토사석 광업
      라. 서적, 잡지 및 기타 인쇄물 출판업
      마. 음악 및 기타 오디오물 출판업
      바. 금속 및 비금속 원료 재생업
    2. 제1호 각 목의 사업을 제외한 사업 : 1주일에 1회 이상
② 관계수급인은 제1항에 따라 도급인이 실시하는 순회점검을 거부·방해 또는 기피해서는 안 되며 점검 결과 도급인의 시정요구가 있으면 이에 따라야 한다.
③ 도급인은 법 제64조제1항제3호에 따라 관계수급인이 실시하는 근로자의 안전·보건교육에 필요한 장소 및 자료의 제공 등을 요청받은 경우 협조해야 한다.

제81조(위생시설의 설치 등 협조) ① 법 제64조제1항제6호에서 "위생시설 등 고용노동부령으로 정하는 시설"이란 다음 각 호의 시설을 말한다.
    1. 휴게시설

2. 세면·목욕시설
3. 세탁시설
4. 탈의시설
5. 수면시설

② 도급인이 제1항에 따른 시설을 설치할 때에는 해당 시설에 대해 안전보건규칙에서 정하고 있는 기준을 준수해야 한다.

제82조(도급사업의 합동 안전보건점검) ① 법 제64조제2항에 따라 도급인이 작업장의 안전 및 보건에 관한 점검을 할 때에는 다음 각 호의 사람으로 점검반을 구성해야 한다.
1. 도급인(같은 사업 내에 지역을 달리하는 사업장이 있는 경우에는 그 사업장의 안전보건관리책임자)
2. 관계수급인(같은 사업 내에 지역을 달리하는 사업장이 있는 경우에는 그 사업장의 안전보건관리책임자)
3. 도급인 및 관계수급인의 근로자 각 1명(관계수급인의 근로자의 경우에는 해당 공정만 해당한다)

② 법 제64조제2항에 따른 정기 안전·보건점검의 실시 횟수는 다음 각 호의 구분에 따른다.
1. 다음 각 목의 사업 : 2개월에 1회 이상
   가. 건설업
   나. 선박 및 보트 건조업
2. 제1호의 사업을 제외한 사업 : 분기에 1회 이상

제3절 건설업 등의 산업재해 예방

제86조(기본안전보건대장 등) ① 법 제67조제1항제1호에 따른 기본안전보건대장에는 다음 각 호의 사항이 포함되어야 한다. 〈개정 2024. 6. 28.〉
1. 건설공사 계획단계에서 예상되는 공사내용, 공사규모 등 공사 개요
2. 공사현장 제반 정보
3. 건설공사에 설치·사용 예정인 구조물, 기계·기구 등 고용노동부장관이 정하여 고시하는 유해·위험요인과 그에 대한 안전조치 및 위험성 감소방안
4. 산업재해 예방을 위한 건설공사발주자의 법령상 주요 의무사항 및 이에 대한 확인

② 법 제67조제1항제2호에 따른 설계안전보건대장에는 다음 각 호의 사항이 포함되어야 한다. 다만, 건설공사발주자가「건설기술 진흥법」제39조제3항 및 제4항에 따라 설계용역에 대하여 건설엔지니어링사업자로 하여금 건설사업관리를 하게 하고 해당 설계용역에 대하여 같은 법 시행령 제59조제4항제8호에 따른 공사기간 및 공사비의 적정성 검토가 포함된 건설사업관리 결과보고서를 작성·제출받은 경우에는 제1호를 포함하지 않을 수 있다. 〈개정 2021. 1. 19., 2024. 6. 28.〉
1. 안전한 작업을 위한 적정 공사기간 및 공사금액 산출서

2. 건설공사 중 발생할 수 있는 유해·위험요인 및 시공단계에서 고려해야 할 유해·위험요인 감소방안
3. 삭제 〈2024. 6. 28.〉
4. 삭제 〈2024. 6. 28.〉
5. 법 제72조제1항에 따른 산업안전보건관리비(이하 "산업안전보건관리비"라 한다)의 산출내역서
6. 삭제 〈2024. 6. 28.〉

③ 법 제67조제1항제3호에 따른 공사안전보건대장에 포함하여 이행여부를 확인해야 할 사항은 다음 각 호와 같다. 〈개정 2021. 1. 19., 2024. 6. 28.〉

1. 설계안전보건대장의 유해·위험요인 감소방안을 반영한 건설공사 중 안전보건 조치 이행계획
2. 법 제42조제1항에 따른 유해위험방지계획서의 심사 및 확인결과에 대한 조치내용
3. 고용노동부장관이 정하여 고시하는 건설공사용 기계·기구의 안전성 확보를 위한 배치 및 이동계획
4. 법 제73조제1항에 따른 건설공사의 산업재해 예방 지도를 위한 계약 여부, 지도결과 및 조치내용

④ 제1항부터 제3항까지의 규정에 따른 기본안전보건대장, 설계안전보건대장 및 공사안전보건대장의 작성과 공사안전보건대장의 이행여부 확인 방법 및 절차 등에 관하여 필요한 사항은 고용노동부장관이 정하여 고시한다.

제93조(노사협의체 협의사항 등) 법 제75조제5항에서 "고용노동부령으로 정하는 사항"이란 다음 각 호의 사항을 말한다.

1. 산업재해 예방방법 및 산업재해가 발생한 경우의 대피방법
2. 작업의 시작시간, 작업 및 작업장 간의 연락방법
3. 그 밖의 산업재해 예방과 관련된 사항

제4절 그 밖의 고용형태에서의 산업재해 예방

제95조(교육시간 및 교육내용 등) ① 특수형태근로종사자로부터 노무를 제공받는 자가 법 제77조제2항에 따라 특수형태근로종사자에 대하여 실시해야 하는 안전 및 보건에 관한 교육시간은 별표 4와 같고, 교육내용은 별표 5와 같다.
② 특수형태근로종사자로부터 노무를 제공받는 자가 제1항에 따른 교육을 자체적으로 실시하는 경우 교육을 할 수 있는 사람은 제26조제3항 각 호의 어느 하나에 해당하는 사람으로 한다.
③ 특수형태근로종사자로부터 노무를 제공받는 자는 제1항에 따른 교육을 안전보건교육기관에 위탁할 수 있다.
④ 제1항에 따른 교육을 실시하기 위한 교육방법과 그 밖에 교육에 필요한 사항은 고용노동부장관이 정하여 고시한다.

합격예측 및 관련법규

제87조(공사기간 연장 요청 등)
① 건설공사도급인은 법 제70조제1항에 따라 공사기간 연장을 요청하려면 같은 항 각 호의 사유가 종료된 날부터 10일이 되는 날까지 별지 제35호서식의 공사기간 연장 요청서에 다음 각 호의 서류를 첨부하여 건설공사발주자에게 제출해야 한다. 다만, 해당 공사기간의 연장 사유가 그 건설공사의 계약기간 만료 후에도 지속될 것으로 예상되는 경우에는 그 계약기간 만료 전에 건설공사발주자에게 공사기간 연장을 요청할 예정임을 통지하고, 그 사유가 종료된 날부터 10일이 되는 날까지 공사기간 연장을 요청할 수 있다.

⑤ 특수형태근로종사자의 교육면제에 대해서는 제27조제4항을 준용한다. 이 경우 "사업주"는 "특수형태근로종사자로부터 노무를 제공받는 자"로, "근로자"는 "특수형태근로종사자"로, "채용"은 "최초 노무제공"으로 본다.

제6장 유해·위험 기계 등에 대한 조치

제1절 유해하거나 위험한 기계 등에 대한 방호조치 등

제98조(방호조치) ① 법 제80조제1항에 따라 영 제70조 및 영 별표 20의 기계·기구에 설치해야 할 방호장치는 다음 각 호와 같다. 20. 10. 17 기
1. 영 별표 20 제1호에 따른 예초기 : 날접촉 예방장치
2. 영 별표 20 제2호에 따른 원심기 : 회전체 접촉 예방장치
3. 영 별표 20 제3호에 따른 공기압축기 : 압력방출장치
4. 영 별표 20 제4호에 따른 금속절단기 : 날접촉 예방장치
5. 영 별표 20 제5호에 따른 지게차 : 헤드 가드, 백레스트(backrest), 전조등, 후미등, 안전벨트
6. 영 별표 20 제6호에 따른 포장기계 : 구동부 방호 연동장치

② 법 제80조제2항에서 "고용노동부령으로 정하는 방호조치"란 다음 각 호의 방호조치를 말한다.
1. 작동 부분의 돌기부분은 묻힘형으로 하거나 덮개를 부착할 것
2. 동력전달부분 및 속도조절부분에는 덮개를 부착하거나 방호망을 설치할 것
3. 회전기계의 물림점(롤러나 톱니바퀴 등 반대방향의 두 회전체에 물려 들어가는 위험점)에는 덮개 또는 울을 설치할 것

③ 제1항 및 제2항에 따른 방호조치에 필요한 사항은 고용노동부장관이 정하여 고시한다.

제2절 안전인증

제107조(안전인증대상기계등) 법 제84조제1항에서 "고용노동부령으로 정하는 안전인증대상기계등"이란 다음 각 호의 기계 및 설비를 말한다.
1. 설치·이전하는 경우 안전인증을 받아야 하는 기계
   가. 크레인
   나. 리프트
   다. 곤돌라
2. 주요 구조 부분을 변경하는 경우 안전인증을 받아야 하는 기계 및 설비
   가. 프레스
   나. 전단기 및 절곡기(折曲機)
   다. 크레인

라. 리프트
마. 압력용기
바. 롤러기
사. 사출성형기(射出成形機)
아. 고소(高所)작업대
자. 곤돌라

제114조(안전인증의 표시) ① 법 제85조제1항에 따른 안전인증의 표시 중 안전인증대상기계등의 안전인증의 표시 및 표시방법은 별표 14와 같다.
② 법 제85조제1항에 따른 안전인증의 표시 중 법 제84조제3항에 따른 안전인증대상기계등이 아닌 유해·위험기계등의 안전인증 표시 및 표시방법은 별표 15와 같다.

제3절 자율안전확인의 신고

제119조(신고의 면제) 법 제89조제1항제3호에서 "고용노동부령으로 정하는 경우"란 다음 각 호의 어느 하나에 해당하는 경우를 말한다.
1. 「농업기계화촉진법」 제9조에 따른 검정을 받은 경우
2. 「산업표준화법」 제15조에 따른 인증을 받은 경우
3. 「전기용품 및 생활용품 안전관리법」 제5조 및 제8조에 따른 안전인증 및 안전검사를 받은 경우
4. 국제전기기술위원회의 국제방폭전기기계·기구 상호인정제도에 따라 인증을 받은 경우

제4절 안전검사

제124조(안전검사의 신청 등) ① 법 제93조제1항에 따라 안전검사를 받아야 하는 자는 별지 제50호서식의 안전검사 신청서를 제126조에 따른 검사 주기 만료일 30일 전에 영 제116조제2항에 따라 안전검사 업무를 위탁받은 기관(이하 "안전검사기관"이라 한다)에 제출(전자문서로 제출하는 것을 포함한다)해야 한다.
② 제1항에 따른 안전검사 신청을 받은 안전검사기관은 검사 주기 만료일 전후 각각 30일 이내에 해당 기계·기구 및 설비별로 안전검사를 해야 한다. 이 경우 해당 검사기간 이내에 검사에 합격한 경우에는 검사 주기 만료일에 안전검사를 받은 것으로 본다.

제126조(안전검사의 주기와 합격표시 및 표시방법) ① 법 제93조제3항에 따른 안전검사대상기계등의 안전검사 주기는 다음 각 호와 같다.
1. 크레인(이동식 크레인은 제외한다), 리프트(이삿짐운반용 리프트는 제외한다) 및 곤돌라 : 사업장에 설치가 끝난 날부터 3년 이내에 최초 안전검사를

합격예측 및 관련법규

「농업기계화 촉진법」 (약칭 : 농업기계화법)
제9조(농업기계의 검정) ① 농업기계의 제조업자와 수입업자는 제조하거나 수입하는 농업용 트랙터, 콤바인 등 농림축산식품부령으로 정하는 농업기계에 대하여 농림축산식품부장관의 검정을 받아야 한다. 다만, 연구·개발 또는 수출을 목적으로 제조하거나 수입하는 경우에는 그러하지 아니하다.
② 누구든지 제1항에 따른 검정을 받지 아니하거나 검정에 부적합판정을 받은 농업기계를 판매·유통해서는 아니 된다.
③ 농림축산식품부장관은 제1항에 따른 검정에 적합판정을 받은 농업기계와 동일한 형식의 농업기계에 대하여 품질유지 등을 위하여 필요하다고 인정하면 그 농업기계에 대하여 사후검정을 할 수 있다.
④ 농업기계 제조업자나 수입업자는 제1항에 따른 검정이나 제3항에 따른 사후검정에 이의가 있으면 농림축산식품부령으로 정하는 바에 따라 이의신청을 할 수 있다.
⑤ 제1항에 따른 검정 및 제3항에 따른 사후검정의 종류·신청·기준·방법과 검정 용도의 제품 처리, 검정 결과의 공표 등에 필요한 사항은 농림축산식품부령으로 정한다.
⑥ 제1항에 따른 검정을 받으려는 자는 농림축산식품부장관이 정하는 바에 따라 수수료를 내야 한다.

「산업표준화법」
제15조(제품의 인증) ① 산업통상자원부장관이 필요하다고 인정하여 심의회의 심의를 거쳐 지정한 광공업품을 제조하는 자는 공장 또는 사업장마다 산업통상자원부령으로 정하는 바에 따라 인증기관으로부터 그 제품의 인증을 받을 수 있다.
② 제1항에 따라 제품의 인증을 받은 자는 그 제품·포장·용기·납품서 또는 보증서에 산업통상자원부령으로 정하는 바에 따라 그 제품이 한국산업표준에 적합한 것임을 나타내

> **합격예측 및 관련법규**
>
> 는 표시(이하 이 조에서 "제품인증표시"라 한다)를 하거나 이를 홍보할 수 있다.
> ③ 제1항에 따른 인증을 받은 자가 아니면 제품·포장·용기·납품서·보증서 또는 홍보물에 제품인증표시를 하거나 이와 유사한 표시를 하여서는 아니 된다.
> ④ 제3항을 위반하여 제품인증표시를 하거나 이와 유사한 표시를 한 제품을 그 사실을 알고 판매·수입하거나 판매를 위하여 진열·보관 또는 운반하여서는 아니 된다.
>
> **전기용품 및 생활용품 안전관리법**(약칭 : 전기생활용품안전법)
> **제5조(안전인증 등)** ① 안전인증대상제품의 제조업자(외국에서 제조하여 대한민국으로 수출하는 자를 포함한다. 이하 같다) 또는 수입업자는 안전인증대상제품에 대하여 모델(산업통상자원부령으로 정하는 고유한 명칭을 붙인 제품의 형식을 말한다. 이하 같다)별로 산업통상자원부령으로 정하는 바에 따라 안전인증기관의 안전인증을 받아야 한다.
> ② 안전인증대상제품의 제조업자 또는 수입업자는 안전인증을 받은 사항을 변경하려는 경우에는 산업통상자원부령으로 정하는 바에 따라 안전인증기관으로부터 변경인증을 받아야 한다. 다만, 제품의 안전성과 관련이 없는 것으로서 산업통상자원부령으로 정하는 사항을 변경하는 경우에는 그러하지 아니하다.
> ③ 안전인증기관은 안전인증대상제품이 산업통상자원부장관이 정하여 고시하는 제품시험의 안전기준 및 공장심사 기준에 적합한 경우 안전인증을 하여야 한다. 다만, 안전기준이 고시되지 아니하거나 고시된 안전기준을 적용할 수 없는 경우의 안전인증대상제품에 대해서는 산업통상자원부령으로 정하는 바에 따라 안전인증을 할 수 있다.
> ④ 안전인증기관은 제3항에 따라 안전인증을 하는 경우 산업통상자원부령으로 정하는

실시하되, 그 이후부터 2년마다(건설현장에서 사용하는 것은 최초로 설치한 날부터 6개월마다)
2. 이동식 크레인, 이삿짐운반용 리프트 및 고소작업대 : 「자동차관리법」 제8조에 따른 신규등록 이후 3년 이내에 최초 안전검사를 실시하되, 그 이후부터 2년마다
3. 프레스, 전단기, 압력용기, 국소 배기장치, 원심기, 롤러기, 사출성형기, 컨베이어 및 산업용 로봇, 혼합기, 파쇄기 또는 분쇄기 : 사업장에 설치가 끝난 날부터 3년 이내에 최초 안전검사를 실시하되, 그 이후부터 2년마다(공정안전보고서를 제출하여 확인을 받은 압력용기는 4년마다)

② 법 제93조제3항에 따른 안전검사의 합격표시 및 표시방법은 별표 16과 같다

제5절 유해·위험기계등의 조사 및 지원 등

제136조(제조 과정 조사 등) 영 제83조에 따른 제조 과정 조사 및 성능시험의 절차 및 방법은 제110조, 제111조제1항 및 제120조의 규정을 준용한다.

제7장 유해·위험물질에 대한 조치

제1절 유해·위험물질의 분류 및 관리

제141조(유해인자의 분류기준) 법 제104조에 따른 근로자에게 건강장해를 일으키는 화학물질 및 물리적 인자 등(이하 "유해인자"라 한다)의 유해성·위험성 분류기준은 별표 18과 같다.

제156조(물질안전보건자료의 작성방법 및 기재사항) ① 법 제110조제1항에 따른 물질안전보건자료대상물질(이하 "물질안전보건자료대상물질"이라 한다)을 제조·수입하려는 자가 물질안전보건자료를 작성하는 경우에는 그 물질안전보건자료의 신뢰성이 확보될 수 있도록 인용된 자료의 출처를 함께 적어야 한다.
② 법 제110조제1항제5호에서 "물리·화학적 특성 등 고용노동부령으로 정하는 사항"이란 다음 각 호의 사항을 말한다.
  1. 물리·화학적 특성
  2. 독성에 관한 정보
  3. 폭발·화재 시의 대처방법
  4. 응급조치 요령
  5. 그 밖에 고용노동부장관이 정하는 사항
③ 그 밖에 물질안전보건자료의 세부 작성방법, 용어 등 필요한 사항은 고용노동부장관이 정하여 고시한다.
[시행일 : 2021. 1. 16] 제156조

제167조(물질안전보건자료를 게시하거나 갖추어 두는 방법) ① 법 제114조제1항에 따라 물질안전보건자료대상물질을 취급하는 사업주는 다음 각 호의 어느 하나에 해당하는 장소 또는 전산장비에 항상 물질안전보건자료를 게시하거나 갖추어 두어야 한다. 다만, 제3호에 따른 장비에 게시하거나 갖추어 두는 경우에는 고용노동부장관이 정하는 조치를 해야 한다.

1. 물질안전보건자료대상물질을 취급하는 작업공정이 있는 장소
2. 작업장 내 근로자가 가장 보기 쉬운 장소
3. 근로자가 작업 중 쉽게 접근할 수 있는 장소에 설치된 전산장비

② 제1항에도 불구하고 건설공사, 안전보건규칙 제420조제8호에 따른 임시 작업 또는 같은 조 제9호에 따른 단시간 작업에 대해서는 법 제114조제2항에 따른 물질안전보건자료대상물질의 관리 요령으로 대신 게시하거나 갖추어 둘 수 있다. 다만, 근로자가 물질안전보건자료의 게시를 요청하는 경우에는 제1항에 따라 게시해야 한다.

[시행일 : 2021. 1. 16] 제167조

제168조(물질안전보건자료대상물질의 관리 요령 게시) ① 법 제114조제2항에 따른 작업공정별 관리 요령에 포함되어야 할 사항은 다음 각 호와 같다.

1. 제품명
2. 건강 및 환경에 대한 유해성, 물리적 위험성
3. 안전 및 보건상의 취급주의 사항
4. 적절한 보호구
5. 응급조치 요령 및 사고 시 대처방법

② 작업공정별 관리 요령을 작성할 때에는 법 제114조제1항에 따른 물질안전보건자료에 적힌 내용을 참고해야 한다.
③ 작업공정별 관리 요령은 유해성·위험성이 유사한 물질안전보건자료대상물질의 그룹별로 작성하여 게시할 수 있다.

[시행일 : 2021. 1. 16] 제168조

제2절 석면에 대한 조치

제175조(석면조사의 생략 등 확인 절차) ① 법 제119조제2항 각 호 외의 부분 단서에 따라 건축물이나 설비의 소유주 또는 임차인 등(이하 이 조에서 "건축물·설비소유주등"이라 한다)이 영 제89조제2항 각 호에 따른 석면조사의 생략 대상 건축물이나 설비에 대하여 확인을 받으려는 경우에는 별지 제74호서식의 석면조사의 생략 등 확인신청서에 다음 각 호의 구분에 따른 서류를 첨부하여 관할 지방고용노동관서의 장에게 제출해야 한다. 이 경우 제2호에 따른 건축물대장 사본을 제출한 경우에는 제3항에 따른 확인 통지가 된 것으로 본다. 〈개정 2023. 9. 27.〉

합격예측 및 관련법규

바에 따라 조건을 붙일 수 있다. 이 경우 그 조건은 해당 제조업자에게 부당한 의무를 부과하는 것이어서는 아니 된다.

제8조(안전인증대상 수입 중고 전기용품의 안전검사) ① 중고 안전인증대상전기용품을 외국에서 수입하려는 자는 산업통상자원부령으로 정하는 바에 따라 해당 안전인증대상전기용품의 안전성을 확인하기 위한 안전검사를 받아야 한다. 다만, 제5조제1항에 따른 안전인증을 받거나 제6조 각 호에 따른 안전인증의 면제 사유에 해당하는 경우에는 그러하지 아니하다.
② 제1항에 따른 안전검사의 기준은 제5조제3항에 따른 안전기준을 준용한다.

1. 건축물이나 설비에 석면이 함유되어 있지 않은 경우 : 이를 증명할 수 있는 설계도서 사본, 건축자재의 목록·사진·성분분석표, 건축물 안팎의 사진 등의 서류. 이 경우 성분분석표는 건축자재 생산회사가 발급한 것으로 한다.
2. 건축물이 2017년 7월 1일 이후 「건축법」 제21조에 따른 착공신고를 한 신축 건축물인 경우 : 건축물대장 사본
3. 건축물이나 설비에 석면이 1퍼센트(무게 퍼센트) 초과하여 함유되어 있는 경우 : 공사계약서 사본(자체공사인 경우에는 공사계획서)

② 법 제119조제3항에 따라 건축물·설비소유주등이 「석면안전관리법」에 따른 석면조사를 실시한 경우에는 별지 제74호서식의 석면조사의 생략 등 확인신청서에 「석면안전관리법」에 따른 석면조사를 하였음을 표시하고 그 석면조사 결과서를 첨부하여 관할 지방고용노동관서의 장에게 제출해야 한다. 다만, 「석면안전관리법 시행규칙」 제26조에 따라 건축물석면조사 결과를 관계 행정기관의 장에게 제출한 경우에는 석면조사의 생략 등 확인신청서를 제출하지 않을 수 있다.
③ 지방고용노동관서의 장은 제1항 및 제2항에 따른 신청서가 제출되면 이를 확인한 후 접수된 날부터 20일 이내에 그 결과를 해당 신청인에게 통지해야 한다.
④ 지방고용노동관서의 장은 제3항에 따른 신청서의 내용을 확인하기 위하여 기술적인 사항에 대하여 공단에 검토를 요청할 수 있다

제185조(석면농도의 측정방법) ① 법 제124조제2항에 따른 석면농도의 측정방법은 다음 각 호와 같다.
1. 석면해체·제거작업장 내의 작업이 완료된 상태를 확인한 후 공기가 건조한 상태에서 측정할 것
2. 작업장 내에 침전된 분진을 흩날린 후 측정할 것
3. 시료채취기를 작업이 이루어진 장소에 고정하여 공기 중 입자상 물질을 채취하는 지역시료채취방법으로 측정할 것

② 제1항에 따른 측정방법의 구체적인 사항, 그 밖의 시료채취 수, 분석방법 등에 관하여 필요한 사항은 고용노동부장관이 정하여 고시한다.

제8장 근로자 보건관리

제1절 근로환경의 개선

제186조(작업환경측정 대상 작업장 등) ① 법 제125조제1항에서 "고용노동부령으로 정하는 작업장"이란 별표 21의 작업환경측정 대상 유해인자에 노출되는 근로자가 있는 작업장을 말한다. 다만, 다음 각 호의 어느 하나에 해당하는 경우에는 작업환경측정을 하지 않을 수 있다.
1. 안전보건규칙 제420조제1호에 따른 관리대상 유해물질의 허용소비량을 초과하지 않는 작업장(그 관리대상 유해물질에 관한 작업환경측정만 해당한다)

2. 안전보건규칙 제420조제8호에 따른 임시 작업 및 같은 조 제9호에 따른 단시간 작업을 하는 작업장(고용노동부장관이 정하여 고시하는 물질을 취급하는 작업을 하는 경우는 제외한다)
3. 안전보건규칙 제605조제2호에 따른 분진작업의 적용 제외 작업장(분진에 관한 작업환경측정만 해당한다)
4. 그 밖에 작업환경측정 대상 유해인자의 노출 수준이 노출기준에 비하여 현저히 낮은 경우로서 고용노동부장관이 정하여 고시하는 작업장

② 안전보건진단기관이 안전보건진단을 실시하는 경우에 제1항에 따른 작업장의 유해인자 전체에 대하여 고용노동부장관이 정하는 방법에 따라 작업환경을 측정하였을 때에는 사업주는 법 제125조에 따라 해당 측정주기에 실시해야 할 해당 작업장의 작업환경측정을 하지 않을 수 있다.

> **합격예측 및 관련법규**
>
> **제194조의2(휴게시설의 설치·관리기준)** 법 제128조의2제2항에서 "크기, 위치, 온도, 조명 등 고용노동부령으로 정하는 설치·관리기준"이란 별표 21의2의 휴게시설 설치·관리기준을 말한다.

제2절 건강진단 및 건강관리

제195조(근로자 건강진단 실시에 대한 협력 등) ① 사업주는 법 제135조제1항에 따른 특수건강진단기관 또는 「건강검진기본법」 제3조제2호에 따른 건강검진기관(이하 "건강진단기관"이라 한다)이 근로자의 건강진단을 위하여 다음 각 호의 정보를 요청하는 경우 해당 정보를 제공하는 등 근로자의 건강진단이 원활히 실시될 수 있도록 적극 협조해야 한다.
1. 근로자의 작업장소, 근로시간, 작업내용, 작업방식 등 근무환경에 관한 정보
2. 건강진단 결과, 작업환경측정 결과, 화학물질 사용 실태, 물질안전보건자료 등 건강진단에 필요한 정보

② 근로자는 사업주가 실시하는 건강진단 및 의학적 조치에 적극 협조해야 한다.
③ 건강진단기관은 사업주가 법 제129조부터 제131조까지의 규정에 따라 건강진단을 실시하기 위하여 출장검진을 요청하는 경우에는 출장검진을 할 수 있다.

제197조(일반건강진단의 주기 등) ① 사업주는 상시 사용하는 근로자 중 사무직에 종사하는 근로자(공장 또는 공사현장과 같은 구역에 있지 않은 사무실에서 서무·인사·경리·판매·설계 등의 사무업무에 종사하는 근로자를 말하며, 판매업무 등에 직접 종사하는 근로자는 제외한다)에 대해서는 2년에 1회 이상, 그 밖의 근로자에 대해서는 1년에 1회 이상 일반건강진단을 실시해야 한다.
② 법 제129조에 따라 일반건강진단을 실시해야 할 사업주는 일반건강진단 실시 시기를 안전보건관리규정 또는 취업규칙에 규정하는 등 일반건강진단이 정기적으로 실시되도록 노력해야 한다.

제198조(일반건강진단의 검사항목 및 실시방법 등) ① 일반건강진단의 제1차 검사항목은 다음 각 호와 같다.
1. 과거병력, 작업경력 및 자각·타각증상(시진·촉진·청진 및 문진)

2. 혈압·혈당·요당·요단백 및 빈혈검사
3. 체중·시력 및 청력
4. 흉부방사선 촬영
5. AST(SGOT) 및 ALT(SGPT), γ-GTP 및 총콜레스테롤

② 제1항에 따른 제1차 검사항목 중 혈당·γ-GTP 및 총콜레스테롤 검사는 고용노동부장관이 정하는 근로자에 대하여 실시한다.

③ 제1항에 따른 검사 결과 질병의 확진이 곤란한 경우에는 제2차 건강진단을 받아야 하며, 제2차 건강진단의 범위, 검사항목, 방법 및 시기 등은 고용노동부장관이 정하여 고시한다.

④ 제196조 각 호 및 제200조 각 호에 따른 법령과 그 밖에 다른 법령에 따라 제1항부터 제3항까지의 규정에서 정한 검사항목과 같은 항목의 건강진단을 실시한 경우에는 해당 항목에 한정하여 제1항부터 제3항에 따른 검사를 생략할 수 있다.

⑤ 제1항부터 제4항까지의 규정에서 정한 사항 외에 일반건강진단의 검사방법, 실시방법, 그 밖에 필요한 사항은 고용노동부장관이 정한다.

제220조(질병자의 근로금지) ① 법 제138조제1항에 따라 사업주는 다음 각 호의 어느 하나에 해당하는 사람에 대해서는 근로를 금지해야 한다.

1. 전염될 우려가 있는 질병에 걸린 사람. 다만, 전염을 예방하기 위한 조치를 한 경우는 제외한다.
2. 조현병, 마비성 치매에 걸린 사람
3. 심장·신장·폐 등의 질환이 있는 사람으로서 근로에 의하여 병세가 악화될 우려가 있는 사람
4. 제1호부터 제3호까지의 규정에 준하는 질병으로서 고용노동부장관이 정하는 질병에 걸린 사람

② 사업주는 제1항에 따라 근로를 금지하거나 근로를 다시 시작하도록 하는 경우에는 미리 보건관리자(의사인 보건관리자만 해당한다), 산업보건의 또는 건강진단을 실시한 의사의 의견을 들어야 한다.

제221조(질병자 등의 근로 제한) ① 사업주는 법 제129조부터 제130조에 따른 건강진단 결과 유기화합물·금속류 등의 유해물질에 중독된 사람, 해당 유해물질에 중독될 우려가 있다고 의사가 인정하는 사람, 진폐의 소견이 있는 사람 또는 방사선에 피폭된 사람을 해당 유해물질 또는 방사선을 취급하거나 해당 유해물질의 분진·증기 또는 가스가 발산되는 업무 또는 해당 업무로 인하여 근로자의 건강을 악화시킬 우려가 있는 업무에 종사하도록 해서는 안 된다.

② 사업주는 다음 각 호의 어느 하나에 해당하는 질병이 있는 근로자를 고기압 업무에 종사하도록 해서는 안 된다.

1. 감압증이나 그 밖에 고기압에 의한 장해 또는 그 후유증

2. 결핵, 급성상기도감염, 진폐, 폐기종, 그 밖의 호흡기계의 질병
3. 빈혈증, 심장판막증, 관상동맥경화증, 고혈압증, 그 밖의 혈액 또는 순환기계의 질병
4. 정신신경증, 알코올중독, 신경통, 그 밖의 정신신경계의 질병
5. 메니에르씨병, 중이염, 그 밖의 이관(耳管)협착을 수반하는 귀 질환
6. 관절염, 류마티스, 그 밖의 운동기계의 질병
7. 천식, 비만증, 바세도우씨병, 그 밖에 알레르기성·내분비계·물질대사 또는 영양장해 등과 관련된 질병

③ 사업주는 다음 각 호의 어느 하나에 해당하는 경우에는 미리 보건관리자(의사인 보건관리자만 해당한다), 산업보건의 또는 건강진단을 실시한 의사의 의견을 들어야 한다.〈신설 2023. 9. 27.〉
1. 제1항 또는 제2항에 따라 근로를 제한하려는 경우
2. 제1항 또는 제2항에 따라 근로가 제한된 근로자 중 건강이 회복된 근로자를 다시 근로하게 하려는 경우

제9장 산업안전지도사 및 산업보건지도사

제225조(자격시험의 공고) 「한국산업인력공단법」에 따른 한국산업인력공단(이하 "한국산업인력공단"이라 한다)이 지도사 자격시험을 시행하려는 경우에는 시험 응시자격, 시험과목, 일시, 장소, 응시 절차, 그 밖에 자격시험 응시에 필요한 사항을 시험 실시 90일 전까지 일간신문 등에 공고해야 한다.

제10장 근로감독관 등

제235조(감독기준) 근로감독관은 다음 각 호의 어느 하나에 해당하는 경우 법 제155조제1항에 따라 질문·검사·점검하거나 관계 서류의 제출을 요구할 수 있다.
1. 산업재해가 발생하거나 산업재해 발생의 급박한 위험이 있는 경우
2. 근로자의 신고 또는 고소·고발 등에 대한 조사가 필요한 경우
3. 법 또는 법에 따른 명령을 위반한 범죄의 수사 등 사법경찰관리의 직무를 수행하기 위하여 필요한 경우
4. 그 밖에 고용노동부장관 또는 지방고용노동관서의 장이 법 또는 법에 따른 명령의 위반 여부를 조사하기 위하여 필요하다고 인정하는 경우

제236조(보고·출석기간) ① 지방고용노동관서의 장은 법 제155조제3항에 따라 보고 또는 출석의 명령을 하려는 경우에는 7일 이상의 기간을 주어야 한다. 다만, 긴급한 경우에는 그렇지 않다.
② 제1항에 따른 보고 또는 출석의 명령은 문서로 해야 한다.

합격예측 및 관련법규

제243조(규제의 재검토) ① 고용노동부장관은 별표 21의2에 따른 휴게시설 설치·관리기준에 대하여 2022년 8월 18일을 기준으로 4년마다(매 4년이 되는 해의 기준일과 같은 날 전까지를 말한다) 그 타당성을 검토하여 개선 등의 조치를 해야 한다.〈신설 2022. 8. 18.〉
② 고용노동부장관은 다음 각 호의 사항에 대하여 다음 각 호의 기준일을 기준으로 3년마다(매 3년이 되는 해의 기준일과 같은 날 전까지를 말한다) 그 타당성을 검토하여 개선 등의 조치를 해야 한다.〈개정 2022. 8. 18.〉
1. 제12조에 따른 안전관리자 등의 증원·교체임명 명령 : 2020년 1월 1일
2. 제220조에 따른 질병자의 근로금지 : 2020년 1월 1일
3. 제221조에 따른 질병자의 근로제한 : 2020년 1월 1일
4. 제229조에 따른 등록신청 등 : 2020년 1월 1일
5. 제241조제2항에 따른 건강진단 결과의 보존 : 2020년 1월 1일

제11장 보칙

제237조(보조·지원의 환수와 제한) ① 법 제158조제2항제6호에서 "고용노동부령으로 정하는 경우"란 보조·지원을 받은 후 3년 이내에 해당 시설 및 장비의 중대한 결함이나 관리상 중대한 과실로 인하여 근로자가 사망한 경우를 말한다.

② 법 제158조제4항에 따라 보조·지원을 제한할 수 있는 기간은 다음 각 호와 같다. 〈개정 2021.11.19〉

1. 법 제158조제2항제1호의 경우 : 5년
2. 법 제158조제2항제2호부터 제6호까지의 어느 하나의 경우 : 3년
3. 법 제158조제2항제2호부터 제6호까지의 어느 하나를 위반한 후 5년 이내에 같은 항 제2호부터 제6호까지의 어느 하나를 위반한 경우 : 5년

[별표1] 건설업체 산업재해발생률 및 산업재해 발생 보고의무 위반건수의 산정 기준과 방법(제4조 관련) 〈개정 2021.11.19〉

1. 산업재해발생률 및 산업재해 발생 보고의무 위반에 따른 가감점 부여대상이 되는 건설업체는 매년 「건설산업기본법」 제23조에 따라 국토교통부장관이 시공능력을 고려하여 공시하는 건설업체 중 고용노동부장관이 정하는 업체로 한다.
2. 건설업체의 산업재해발생률은 다음의 계산식에 따른 업무상 사고사망만인율 (이하 "사고사망만인율"이라 한다)로 산출하되, 소수점 셋째 자리에서 반올림한다.

$$\text{사고사망만인율}[‱] = \frac{\text{사고사망자수}}{\text{상시근로자수}} \times 10{,}000$$

3. 제2호의 계산식에서 사고사망자 수는 다음과 같은 기준과 방법에 따라 산출한다.
    가. 사고사망자 수는 사고사망만인율 산정 대상 연도의 1월 1일부터 12월 31일까지의 기간 동안 해당 업체가 시공하는 국내의 건설 현장(자체사업의 건설 현장은 포함한다. 이하 같다)에서 사고사망재해를 입은 근로자 수를 합산하여 산출한다. 다만, 별표 18 제2호마목에 따른 이상기온에 기인한 질병사망자는 포함한다.
        1) 「건설산업기본법」 제8조에 따른 종합공사를 시공하는 업체의 경우에는 해당 업체의 소속 사고사망자 수에 그 업체가 시공하는 건설현장에서 그 업체로부터 도급을 받은 업체(그 도급을 받은 업체의 하수급인을 포함한다. 이하 같다)의 사고사망자 수를 합산하여 산출한다.
        2) 「건설산업기본법」 제29조제3항에 따라 종합공사를 시공하는 업체(A)가 발주자의 승인을 받아 종합공사를 시공하는 업체(B)에 도급을 준 경우에는 해당 도급을 받은 종합공사를 시공하는 업체(B)의 사고사망자 수와 그 업체로부터 도급을 받은 업체(C)의 사고사망자 수를 도급을 한 종합공사를 시공하는 업체(A)와 도급을 받은 종합공사를 시공하는 업체(B)에 반으로 나누어 각각 합산한다. 다만, 그 산업재해와 관련하여 법원의 판결이 있는 경우에는 산업재해에 책임이 있는 종합공사를 시공하는 업

체의 사고사망자 수에 합산한다.
        3) 제73조제1항에 따른 산업재해조사표를 제출하지 않아 고용노동부장관이 산업재해 발생연도 이후에 산업재해가 발생한 사실을 알게 된 경우에는 그 알게 된 연도의 사고사망자 수로 산정한다.
    나. 둘 이상의 업체가 「국가를 당사자로 하는 계약에 관한 법률」 제25조에 따라 공동계약을 체결하여 공사를 공동이행 방식으로 시행하는 경우 해당 현장에서 발생하는 사고사망자 수는 공동수급업체의 출자 비율에 따라 분배한다.
    다. 건설공사를 하는 자(도급인, 자체사업을 하는 자 및 그의 수급인을 포함한다)와 설치, 해체, 장비 임대 및 물품 납품 등에 관한 계약을 체결한 사업주의 소속 근로자가 그 건설공사와 관련된 업무를 수행하는 중 사고사망재해를 입은 경우에는 건설공사를 하는 자의 사고사망자 수로 산정한다.
    라. 사고사망자 중 다음의 어느 하나에 해당하는 경우로서 사업주의 법 위반으로 인한 것이 아니라고 인정되는 재해에 의한 사고사망자는 사고사망자 수 산정에서 제외한다.
        1) 방화, 근로자간 또는 타인간의 폭행에 의한 경우
        2) 「도로교통법」에 따라 도로에서 발생한 교통사고에 의한 경우(해당 공사의 공사용 차량·장비에 의한 사고는 제외한다)
        3) 태풍·홍수·지진·눈사태 등 천재지변에 의한 불가항력적인 재해의 경우
        4) 작업과 관련이 없는 제3자의 과실에 의한 경우(해당 목적물 완성을 위한 작업자간의 과실은 제외한다)
        5) 그 밖에 야유회, 체육행사, 취침·휴식 중의 사고 등 건설작업과 직접 관련이 없는 경우
    마. 재해 발생 시기와 사망 시기의 연도가 다른 경우에는 재해 발생 연도의 다음 연도 3월 31일 이전에 사망한 경우에만 산정 대상 연도의 사고사망자수로 산정한다.
4. 제2호의 계산식에서 상시근로자 수는 다음과 같이 산출한다.

$$\text{상시근로자 수} = \frac{\text{연간 국내공사 실적액} \times \text{노무비율}}{\text{건설업 월평균임금} \times 12}$$

    가. '연간 국내공사 실적액'은 「건설산업기본법」에 따라 설립된 건설업자의 단체, 「전기공사업법」에 따라 설립된 공사업자단체, 「정보통신공사업법」에 따라 설립된 정보통신공사협회, 「소방시설공사업법」에 따라 설립된 한국소방시설협회에서 산정한 업체별 실적액을 합산하여 산정한다.
    나. '노무비율'은 「고용보험 및 산업재해보상보험의 보험료징수 등에 관한 법률 시행령」 제11조제1항에 따라 고용노동부장관이 고시하는 일반 건설공사의 노무비율(하도급 노무비율은 제외한다)을 적용한다.
    다. '건설업 월평균임금'은 「고용보험 및 산업재해보상보험의 보험료징수 등에 관한 법률 시행령」 제2조제1항제3호가목에 따라 고용노동부장관이 고시하는 건설업 월평균임금을 적용한다.

5. 고용노동부장관은 제3호라목에 따른 사고사망자 수 산정 여부 등을 심사하기 위하여 다음 각 목의 어느 하나에 해당하는 사람 각 1명 이상으로 심사단을 구성·운영할 수 있다.
   가. 전문대학 이상의 학교에서 건설안전 관련 분야를 전공하는 조교수 이상인 사람
   나. 공단의 전문직 2급 이상 임직원
   다. 건설안전기술사 또는 산업안전지도사(건설안전 분야에만 해당한다) 등 건설안전 분야에 학식과 경험이 있는 사람
6. 산업재해 발생 보고의무 위반건수는 다음 각 목에서 정하는 바에 따라 산정한다.
   가. 건설업체의 산업재해 발생 보고의무 위반건수는 국내의 건설현장에서 발생한 산업재해의 경우 법 제57조제3항에 따른 보고의무를 위반(제73조제1항에 따른 보고기한을 넘겨 보고의무를 위반한 경우는 제외한다)하여 과태료 처분을 받은 경우만 해당한다.
   나. 「건설산업기본법」 제8조에 따른 종합공사를 시공하는 업체의 산업재해 발생 보고의무 위반건수에는 해당 업체로부터 도급받은 업체(그 도급을 받은 업체의 하수급인을 포함한다)의 산업재해 발생 보고의무 위반건수를 합산한다.
   다. 「건설산업기본법」 제29조제3항에 따라 종합공사를 시공하는 업체(A)가 발주자의 승인을 받아 종합공사를 시공하는 업체(B)에 도급을 준 경우에는 해당 도급을 받은 종합공사를 시공하는 업체(B)의 산업재해 발생 보고의무 위반건수와 그 업체로부터 도급을 받은 업체(C)의 산업재해 발생 보고의무 위반건수를 도급을 준 종합공사를 시공하는 업체(A)와 도급을 받은 종합공사를 시공하는 업체(B)에 반으로 나누어 각각 합산한다.
   라. 둘 이상의 건설업체가 「국가를 당사자로 하는 계약에 관한 법률」 제25조에 따라 공동계약을 체결하여 공사를 공동이행 방식으로 시행하는 경우 산업재해 발생 보고의무 위반건수는 공동수급업체의 출자비율에 따라 분배한다.

[별표2] 안전보건관리규정을 작성하여야 할 사업의 종류 및 상시 근로자수

사업의 종류	상시 근로자수
1. 농업 2. 어업 3. 소프트웨어 개발 및 공급업 4. 컴퓨터 프로그래밍, 시스템 통합 및 관리업 5. 정보서비스업 6. 금융 및 보험업 7. 임대업;부동산 제외 8. 전문, 과학 및 기술 서비스업(연구개발업은 제외한다) 9. 사업지원 서비스업 10. 사회복지 서비스업	상시 근로자 300명 이상을 사용하는 사업장 20. 6. 7 개정
11. 제1호부터 제10호까지의 사업을 제외한 사업	상시 근로자 100명 이상을 사용하는 사업장

[별표3] 안전보건관리규정의 세부 내용

1. 총칙
    가. 안전보건관리규정 작성의 목적 및 적용 범위에 관한 사항
    나. 사업주 및 근로자의 재해 예방 책임 및 의무 등에 관한 사항
    다. 하도급 사업장에 대한 안전·보건관리에 관한 사항
2. 안전보건 관리조직과 그 직무
    가. 안전보건 관리조직의 구성방법, 소속, 업무 분장 등에 관한 사항
    나. 안전보건관리책임자(안전보건총괄책임자), 안전관리자, 보건관리자, 관리감독자의 직무 및 선임에 관한 사항
    다. 산업안전보건위원회의 설치·운영에 관한 사항
    라. 명예산업안전감독관의 직무 및 활동에 관한 사항
    마. 작업지휘자 배치 등에 관한 사항
3. 안전보건교육
    가. 근로자 및 관리감독자의 안전·보건교육에 관한 사항
    나. 교육계획의 수립 및 기록 등에 관한 사항
4. 작업장 안전관리
    가. 안전보건관리에 관한 계획의 수립 및 시행에 관한 사항
    나. 기계·기구 및 설비의 방호조치에 관한 사항
    다. 유해·위험기계등에 대한 자율검사프로그램에 의한 검사 또는 안전검사에 관한 사항
    라. 근로자의 안전수칙 준수에 관한 사항
    마. 위험물질의 보관 및 출입 제한에 관한 사항
    바. 중대재해 및 중대산업사고 발생, 급박한 산업재해 발생의 위험이 있는 경우 작업중지에 관한 사항
    사. 안전표지·안전수칙의 종류 및 게시에 관한 사항과 그 밖에 안전관리에 관한 사항
5. 작업장 보건관리
    가. 근로자 건강진단, 작업환경측정의 실시 및 조치절차 등에 관한 사항
    나. 유해물질의 취급에 관한 사항
    다. 보호구의 지급 등에 관한 사항
    라. 질병자의 근로 금지 및 취업 제한 등에 관한 사항
    마. 보건표지·보건수칙의 종류 및 게시에 관한 사항과 그 밖에 보건관리에 관한 사항
6. 사고 조사 및 대책 수립
    가. 산업재해 및 중대산업사고의 발생 시 처리 절차 및 긴급조치에 관한 사항
    나. 산업재해 및 중대산업사고의 발생원인에 대한 조사 및 분석, 대책 수립에 관한 사항
    다. 산업재해 및 중대산업사고 발생의 기록·관리 등에 관한 사항

7. 위험성평가에 관한 사항
   가. 위험성평가의 실시 시기 및 방법, 절차에 관한 사항
   나. 위험성 감소대책 수립 및 시행에 관한 사항
8. 보칙
   가. 무재해운동 참여, 안전·보건 관련 제안 및 포상·징계 등 산업재해 예방을 위하여 필요하다고 판단하는 사항
   나. 안전·보건 관련 문서의 보존에 관한 사항
   다. 그 밖의 사항
      사업장의 규모·업종 등에 적합하게 작성하며, 필요한 사항을 추가하거나 그 사업장에 관련되지 않는 사항은 제외할 수 있다.

[별표5] 안전보건교육 교육대상별 교육내용(제26조제1항 등 관련)

1. 근로자 안전보건교육(제26조제1항 관련)
   가. 정기교육

교육내용
• 산업안전 및 사고 예방에 관한 사항 • 산업보건 및 직업병 예방에 관한 사항 • 위험성 평가에 관한 사항 • 건강증진 및 질병 예방에 관한 사항 • 유해·위험 작업환경 관리에 관한 사항 • 산업안전보건법령 및 산업재해보상보험 제도에 관한 사항 • 직무스트레스 예방 및 관리에 관한 사항 • 직장 내 괴롭힘, 고객의 폭언 등으로 인한 건강장해 예방 및 관리에 관한 사항

   나. 삭제 〈2023. 9. 27.〉
   다. 채용 시 교육 및 작업내용 변경 시 교육

교육내용
• 산업안전 및 사고 예방에 관한 사항 • 산업보건 및 직업병 예방에 관한 사항 • 위험성 평가에 관한 사항 • 산업안전보건법령 및 산업재해보상보험 제도에 관한 사항 • 직무스트레스 예방 및 관리에 관한 사항 • 직장 내 괴롭힘, 고객의 폭언 등으로 인한 건강장해 예방 및 관리에 관한 사항 • 기계·기구의 위험성과 작업의 순서 및 동선에 관한 사항 • 작업 개시 전 점검에 관한 사항 • 정리정돈 및 청소에 관한 사항 • 사고 발생 시 긴급조치에 관한 사항 • 물질안전보건자료에 관한 사항

라. 특별교육 대상 작업별 교육

작업명	교육내용
〈공통내용〉 제1호부터 제39호까지의 작업	다목과 같은 내용
〈개별내용〉 1. 고압실 내 작업(잠함공법이나 그 밖의 압기공법으로 대기압을 넘는 기압인 작업실 또는 수갱 내부에서 하는 작업만 해당한다)	• 고기압 장해의 인체에 미치는 영향에 관한 사항 • 작업의 시간·작업 방법 및 절차에 관한 사항 • 압기공법에 관한 기초지식 및 보호구 착용에 관한 사항 • 이상 발생 시 응급조치에 관한 사항 • 그 밖에 안전·보건관리에 필요한 사항
2. 아세틸렌 용접장치 또는 가스집합 용접장치를 사용하는 금속의 용접·용단 또는 가열작업(발생기·도관 등에 의하여 구성되는 용접장치만 해당한다)	• 용접 흄, 분진 및 유해광선 등의 유해성에 관한 사항 • 가스용접기, 압력조정기, 호스 및 취관두(불꽃이 나오는 용접기의 앞부분) 등의 기기점검에 관한 사항 • 작업방법·순서 및 응급처치에 관한 사항 • 안전기 및 보호구 취급에 관한 사항 • 화재예방 및 초기대응에 관한사항 • 그 밖에 안전·보건관리에 필요한 사항
3. 밀폐된 장소(탱크 내 또는 환기가 극히 불량한 좁은 장소를 말한다)에서 하는 용접작업 또는 습한 장소에서 하는 전기용접 작업	• 작업순서, 안전작업방법 및 수칙에 관한 사항 • 환기설비에 관한 사항 • 전격 방지 및 보호구 착용에 관한 사항 • 질식 시 응급조치에 관한 사항 • 작업환경 점검에 관한 사항 • 그 밖에 안전·보건관리에 필요한 사항
4. 폭발성·물반응성·자기반응성·자기발열성 물질, 자연발화성 액체·고체 및 인화성 액체의 제조 또는 취급작업(시험연구를 위한 취급작업은 제외한다)	• 폭발성·물반응성·자기반응성·자기발열성 물질, 자연발화성 액체·고체 및 인화성 액체의 성질이나 상태에 관한 사항 • 폭발 한계점, 발화점 및 인화점 등에 관한 사항 • 취급방법 및 안전수칙에 관한 사항 • 이상 발견 시의 응급처치 및 대피 요령에 관한 사항 • 화기·정전기·충격 및 자연발화 등의 위험방지에 관한 사항 • 작업순서, 취급주의사항 및 방호거리 등에 관한 사항 • 그 밖에 안전·보건관리에 필요한 사항
5. 액화석유가스·수소가스 등 인화성 가스 또는 폭발성 물질 중 가스의 발생장치 취급 작업	• 취급가스의 상태 및 성질에 관한 사항 • 발생장치 등의 위험 방지에 관한 사항 • 고압가스 저장설비 및 안전취급방법에 관한 사항 • 설비 및 기구의 점검 요령 • 그 밖에 안전·보건관리에 필요한 사항

작업명	교육내용
6. 화학설비 중 반응기, 교반기·추출기의 사용 및 세척작업	• 각 계측장치의 취급 및 주의에 관한 사항 • 투시창·수위 및 유량계 등의 점검 및 밸브의 조작 주의에 관한 사항 • 세척액의 유해성 및 인체에 미치는 영향에 관한 사항 • 작업 절차에 관한 사항 • 그 밖에 안전·보건관리에 필요한 사항
7. 화학설비의 탱크 내 작업	• 차단장치·정지장치 및 밸브 개폐장치의 점검에 관한 사항 • 탱크 내의 산소농도 측정 및 작업환경에 관한 사항 • 안전보호구 및 이상 발생 시 응급조치에 관한 사항 • 작업절차·방법 및 유해·위험에 관한 사항 • 그 밖에 안전·보건관리에 필요한 사항
8. 분말·원재료 등을 담은 호퍼(하부가 깔대기 모양으로 된 저장통)·저장창고 등 저장탱크의 내부작업	• 분말·원재료의 인체에 미치는 영향에 관한 사항 • 저장탱크 내부작업 및 복장보호구 착용에 관한 사항 • 작업의 지정·방법·순서 및 작업환경 점검에 관한 사항 • 팬·풍기(風旗) 조작 및 취급에 관한 사항 • 분진 폭발에 관한 사항 • 그 밖에 안전·보건관리에 필요한 사항
9. 다음 각 목에 정하는 설비에 의한 물건의 가열·건조작업 가. 건조설비 중 위험물 등에 관계되는 설비로 속부피가 1세제곱미터 이상인 것 나. 건조설비 중 가목의 위험물 등 외의 물질에 관계되는 설비로서, 연료를 열원으로 사용하는 것(그 최대연소소비량이 매 시간당 10킬로그램 이상인 것만 해당한다) 또는 전력을 열원으로 사용하는 것(정격소비전력이 10킬로와트 이상인 경우만 해당한다)	• 건조설비 내외면 및 기기기능의 점검에 관한 사항 • 복장보호구 착용에 관한 사항 • 건조 시 유해가스 및 고열 등이 인체에 미치는 영향에 관한 사항 • 건조설비에 의한 화재·폭발 예방에 관한 사항
10. 다음 각 목에 해당하는 집재장치(집재기·가선·운반기구·지주 및 이들에 부속하는 물건으로 구성되고, 동력을 사용하여 원목 또는 장작과 숯을 담아 올리거나 공중에서	• 기계의 브레이크 비상정지장치 및 운반경로, 각종 기능 점검에 관한 사항 • 작업 시작 전 준비사항 및 작업방법에 관한 사항 • 취급물의 유해·위험에 관한 사항 • 구조상의 이상 시 응급처치에 관한 사항 • 그 밖에 안전·보건관리에 필요한 사항

작업명	교육내용
운반하는 설비를 말한다)의 조립, 해체, 변경 또는 수리작업 및 이들 설비에 의한 집재 또는 운반 작업 가. 원동기의 정격출력이 7.5킬로와트를 넘는 것 나. 지간의 경사거리 합계가 350미터 이상인 것 다. 최대사용하중이 200킬로그램 이상인 것	
11. 동력에 의하여 작동되는 프레스기계를 5대 이상 보유한 사업장에서 해당 기계로 하는 작업	• 프레스의 특성과 위험성에 관한 사항 • 방호장치 종류와 취급에 관한 사항 • 안전작업방법에 관한 사항 • 프레스 안전기준에 관한 사항 • 그 밖에 안전·보건관리에 필요한 사항
12. 목재가공용 기계[둥근톱기계, 띠톱기계, 대패기계, 모떼기 기계 및 라우터기(목재를 자르거나 홈을 파는 기계)만 해당하며, 휴대용은 제외한다]를 5대 이상 보유한 사업장에서 해당 기계로 하는 작업	• 목재가공용 기계의 특성과 위험성에 관한 사항 • 방호장치의 종류와 구조 및 취급에 관한 사항 • 안전기준에 관한 사항 • 안전작업방법 및 목재 취급에 관한 사항 • 그 밖에 안전·보건관리에 필요한 사항
13. 운반용 등 하역기계를 5대 이상 보유한 사업장에서의 해당 기계로 하는 작업	• 운반하역기계 및 부속설비의 점검에 관한 사항 • 작업순서와 방법에 관한 사항 • 안전운전방법에 관한 사항 • 화물의 취급 및 작업신호에 관한 사항 • 그 밖에 안전·보건관리에 필요한 사항
14. 1톤 이상의 크레인을 사용하는 작업 또는 1톤 미만의 크레인 또는 호이스트를 5대 이상 보유한 사업장에서 해당 기계로 하는 작업(제40호의 작업은 제외한다)	• 방호장치의 종류, 기능 및 취급에 관한 사항 • 걸고리·와이어로프 및 비상정지장치 등의 기계·기구 점검에 관한 사항 • 화물의 취급 및 안전작업방법에 관한 사항 • 신호방법 및 공동작업에 관한 사항 • 인양 물건의 위험성 및 낙하·비래(飛來)·충돌재해 예방에 관한 사항 • 인양물이 적재될 지반의 조건, 인양하중, 풍압 등이 인양물과 타워크레인에 미치는 영향 • 그 밖에 안전·보건관리에 필요한 사항
15. 건설용 리프트·곤돌라를 이용한 작업	• 방호장치의 기능 및 사용에 관한 사항 • 기계, 기구, 달기체인 및 와이어 등의 점검에 관한 사항

작업명	교육내용
	• 화물의 권상·권하 작업방법 및 안전작업 지도에 관한 사항 • 기계·기구에 특성 및 동작원리에 관한 사항 • 신호방법 및 공동작업에 관한 사항 • 그 밖에 안전·보건관리에 필요한 사항
16. 주물 및 단조(금속을 두들기거나 눌러서 형체를 만드는 일) 작업	• 고열물의 재료 및 작업환경에 관한 사항 • 출탕·주조 및 고열물의 취급과 안전작업방법에 관한 사항 • 고열작업의 유해·위험 및 보호구 착용에 관한 사항 • 안전기준 및 중량물 취급에 관한 사항 • 그 밖에 안전·보건관리에 필요한 사항
17. 전압이 75볼트 이상인 정전 및 활선작업	• 전기의 위험성 및 전격 방지에 관한 사항 • 해당 설비의 보수 및 점검에 관한 사항 • 정전작업·활선작업 시의 안전작업방법 및 순서에 관한 사항 • 절연용 보호구, 절연용 보호구 및 활선작업용 기구 등의 사용에 관한 사항 • 그 밖에 안전·보건관리에 필요한 사항
18. 콘크리트 파쇄기를 사용하여 하는 파쇄작업(2미터 이상인 구축물의 파쇄작업만 해당한다)	• 콘크리트 해체 요령과 방호거리에 관한 사항 • 작업안전조치 및 안전기준에 관한 사항 • 파쇄기의 조작 및 공통작업 신호에 관한 사항 • 보호구 및 방호장비 등에 관한 사항 • 그 밖에 안전·보건관리에 필요한 사항
19. 굴착면의 높이가 2미터 이상이 되는 지반 굴착(터널 및 수직갱 외의 갱 굴착은 제외한다)작업	• 지반의 형태·구조 및 굴착 요령에 관한 사항 • 지반의 붕괴재해 예방에 관한 사항 • 붕괴 방지용 구조물 설치 및 작업방법에 관한 사항 • 보호구의 종류 및 사용에 관한 사항 • 그 밖에 안전·보건관리에 필요한 사항
20. 흙막이 지보공의 보강 또는 동바리를 설치하거나 해체하는 작업	• 작업안전 점검 요령과 방법에 관한 사항 • 동바리의 운반·취급 및 설치 시 안전작업에 관한 사항 • 해체작업 순서와 안전기준에 관한 사항 • 보호구 취급 및 사용에 관한 사항 • 그 밖에 안전·보건관리에 필요한 사항
21. 터널 안에서의 굴착작업(굴착용 기계를 사용하여 하는 굴착작업 중 근로자가 칼날 밑에 접근하지 않고 하는 작업은 제외한다) 또는 같은 작	• 작업환경의 점검 요령과 방법에 관한 사항 • 붕괴 방지용 구조물 설치 및 안전작업 방법에 관한 사항 • 재료의 운반 및 취급·설치의 안전기준에 관한 사항 • 보호구의 종류 및 사용에 관한 사항

작업명	교육내용
업에서의 터널 거푸집 지보공의 조립 또는 콘크리트 작업	• 소화설비의 설치장소 및 사용방법에 관한 사항 • 그 밖에 안전·보건관리에 필요한 사항
22. 굴착면의 높이가 2미터 이상이 되는 암석의 굴착작업	• 폭발물 취급 요령과 대피 요령에 관한 사항 • 안전거리 및 안전기준에 관한 사항 • 방호물의 설치 및 기준에 관한 사항 • 보호구 및 신호방법 등에 관한 사항 • 그 밖에 안전·보건관리에 필요한 사항
23. 높이가 2미터 이상인 물건을 쌓거나 무너뜨리는 작업(하역기계로만 하는 작업은 제외한다)	• 원부재료의 취급 방법 및 요령에 관한 사항 • 물건의 위험성·낙하 및 붕괴재해 예방에 관한 사항 • 적재방법 및 전도 방지에 관한 사항 • 보호구 착용에 관한 사항 • 그 밖에 안전·보건관리에 필요한 사항
24. 선박에 짐을 쌓거나 부리거나 이동시키는 작업	• 하역 기계·기구의 운전방법에 관한 사항 • 운반·이송경로의 안전작업방법 및 기준에 관한 사항 • 중량물 취급 요령과 신호 요령에 관한 사항 • 작업안전 점검과 보호구 취급에 관한 사항 • 그 밖에 안전·보건관리에 필요한 사항
25. 거푸집 동바리의 조립 또는 해체작업	• 동바리의 조립방법 및 작업 절차에 관한 사항 • 조립재료의 취급방법 및 설치기준에 관한 사항 • 조립 해체 시의 사고 예방에 관한 사항 • 보호구 착용 및 점검에 관한 사항 • 그 밖에 안전·보건관리에 필요한 사항
26. 비계의 조립·해체 또는 변경 작업	• 비계의 조립순서 및 방법에 관한 사항 • 비계작업의 재료 취급 및 설치에 관한 사항 • 추락재해 방지에 관한 사항 • 보호구 착용에 관한 사항 • 비계상부 작업 시 최대 적재하중에 관한 사항 • 그 밖에 안전·보건관리에 필요한 사항
27. 건축물의 골조, 다리의 상부구조 또는 탑의 금속제의 부재로 구성되는 것(5미터 이상인 것만 해당한다)의 조립·해체 또는 변경작업	• 건립 및 버팀대의 설치순서에 관한 사항 • 조립 해체 시의 추락재해 및 위험요인에 관한 사항 • 건립용 기계의 조작 및 작업신호 방법에 관한 사항 • 안전장비 착용 및 해체순서에 관한 사항 • 그 밖에 안전·보건관리에 필요한 사항
28. 처마 높이가 5미터 이상인 목조건축물의 구조 부재의 조립이나 건축물의 지붕 또는 외벽 밑에서의 설치작업	• 붕괴·추락 및 재해 방지에 관한 사항 • 부재의 강도·재질 및 특성에 관한 사항 • 조립·설치 순서 및 안전작업방법에 관한 사항 • 보호구 착용 및 작업 점검에 관한 사항 • 그 밖에 안전·보건관리에 필요한 사항

작업명	교육내용
29. 콘크리트 인공구조물(그 높이가 2미터 이상인 것만 해당한다)의 해체 또는 파괴작업	• 콘크리트 해체기계의 점검에 관한 사항 • 파괴 시의 안전거리 및 대피 요령에 관한 사항 • 작업방법·순서 및 신호 방법 등에 관한 사항 • 해체·파괴 시의 작업안전기준 및 보호구에 관한 사항 • 그 밖에 안전·보건관리에 필요한 사항
30. 타워크레인을 설치(상승작업을 포함한다)·해체하는 작업	• 붕괴·추락 및 재해 방지에 관한 사항 • 설치·해체 순서 및 안전작업방법에 관한 사항 • 부재의 구조·재질 및 특성에 관한 사항 • 신호방법 및 요령에 관한 사항 • 이상 발생 시 응급조치에 관한 사항 • 그 밖에 안전·보건관리에 필요한 사항

31. 보일러(소형 보일러 및 다음 각 목에서 정하는 보일러는 제외한다)의 설치 및 취급 작업
  가. 몸통 반지름이 750밀리미터 이하이고 그 길이가 1,300밀리미터 이하인 증기보일러
  나. 전열면적이 3제곱미터 이하인 증기보일러
  다. 전열면적이 14제곱미터 이하인 온수보일러
  라. 전열면적이 30제곱미터 이하인 관류보일러(물관을 사용하여 가열시키는 방식의 보일러)
	• 기계 및 기기 점화장치 계측기의 점검에 관한 사항
	• 열관리 및 방호장치에 관한 사항
	• 작업순서 및 방법에 관한 사항
	• 그 밖에 안전·보건관리에 필요한 사항

32. 게이지 압력을 제곱센티미터당 1킬로그램 이상으로 사용하는 압력용기의 설치 및 취급작업	• 안전시설 및 안전기준에 관한 사항 • 압력용기의 위험성에 관한 사항 • 용기 취급 및 설치기준에 관한 사항 • 작업안전 점검 방법 및 요령에 관한 사항 • 그 밖에 안전·보건관리에 필요한 사항
33. 방사선 업무에 관계되는 작업(의료 및 실험용은 제외한다)	• 방사선의 유해·위험 및 인체에 미치는 영향 • 방사선의 측정기기 기능의 점검에 관한 사항 • 방호거리·방호벽 및 방사선물질의 취급 요령에 관한 사항 • 응급처치 및 보호구 착용에 관한 사항 • 그 밖에 안전·보건관리에 필요한 사항
34. 밀폐공간에서의 작업	• 산소농도 측정 및 작업환경에 관한 사항 • 사고 시의 응급처치 및 비상 시 구출에 관한 사항

작업명	교육내용
	• 보호구 착용 및 보호 장비 사용에 관한 사항 • 작업내용·안전작업방법 및 절차에 관한 사항 • 장비·설비 및 시설 등의 안전점검에 관한 사항 • 그 밖에 안전·보건관리에 필요한 사항
35. 허가 또는 관리 대상 유해물질의 제조 또는 취급작업	• 취급물질의 성질 및 상태에 관한 사항 • 유해물질이 인체에 미치는 영향 • 국소배기장치 및 안전설비에 관한 사항 • 안전작업방법 및 보호구 사용에 관한 사항 • 그 밖에 안전·보건관리에 필요한 사항
36. 로봇작업	• 로봇의 기본원리·구조 및 작업방법에 관한 사항 • 이상 발생 시 응급조치에 관한 사항 • 안전시설 및 안전기준에 관한 사항 • 조작방법 및 작업순서에 관한 사항
37. 석면해체·제거작업	• 석면의 특성과 위험성 • 석면해체·제거의 작업방법에 관한 사항 • 장비 및 보호구 사용에 관한 사항 • 그 밖에 안전·보건관리에 필요한 사항
38. 가연물이 있는 장소에서 하는 화재위험작업	• 작업준비 및 작업절차에 관한 사항 • 작업장 내 위험물, 가연물의 사용·보관·설치 현황에 관한 사항 • 화재위험작업에 따른 인근 인화성 액체에 대한 방호조치에 관한 사항 • 화재위험작업으로 인한 불꽃, 불티 등의 흩날림 방지 조치에 관한 사항 • 인화성 액체의 증기가 남아 있지 않도록 환기 등의 조치에 관한 사항 • 화재감시자의 직무 및 피난교육 등 비상조치에 관한 사항 • 그 밖에 안전·보건관리에 필요한 사항
39. 타워크레인을 사용하는 작업시 신호업무를 하는 작업	• 타워크레인의 기계적 특성 및 방호장치 등에 관한 사항 • 화물의 취급 및 안전작업방법에 관한 사항 • 신호방법 및 요령에 관한 사항 • 인양 물건의 위험성 및 낙하·비래·충돌재해 예방에 관한 사항 • 인양물이 적재될 지반의 조건, 인양하중, 풍압 등이 인양물과 타워크레인에 미치는 영향 • 그 밖에 안전·보건관리에 필요한 사항

1의2. 관리감독자 안전보건교육(제26조제1항 관련)

가. 정기교육

교육내용
• 산업안전 및 사고 예방에 관한 사항 • 산업보건 및 직업병 예방에 관한 사항 • 위험성평가에 관한 사항 • 유해·위험 작업환경 관리에 관한 사항 • 산업안전보건법령 및 산업재해보상보험 제도에 관한 사항 • 직무스트레스 예방 및 관리에 관한 사항 • 직장 내 괴롭힘, 고객의 폭언 등으로 인한 건강장해 예방 및 관리에 관한 사항 • 작업공정의 유해·위험과 재해 예방대책에 관한 사항 • 사업장 내 안전보건관리체제 및 안전·보건조치 현황에 관한 사항 • 표준안전 작업방법 결정 및 지도·감독 요령에 관한 사항 • 현장근로자와의 의사소통능력 및 강의능력 등 안전보건교육 능력 배양에 관한 사항 • 비상시 또는 재해 발생 시 긴급조치에 관한 사항 • 그 밖의 관리감독자의 직무에 관한 사항

나. 채용 시 교육 및 작업내용 변경 시 교육

교육내용
• 산업안전 및 사고 예방에 관한 사항 • 산업보건 및 직업병 예방에 관한 사항 • 위험성평가에 관한 사항 • 산업안전보건법령 및 산업재해보상보험 제도에 관한 사항 • 직무스트레스 예방 및 관리에 관한 사항 • 직장 내 괴롭힘, 고객의 폭언 등으로 인한 건강장해 예방 및 관리에 관한 사항 • 기계·기구의 위험성과 작업의 순서 및 동선에 관한 사항 • 작업 개시 전 점검에 관한 사항 • 물질안전보건자료에 관한 사항 • 사업장 내 안전보건관리체제 및 안전·보건조치 현황에 관한 사항 • 표준안전 작업방법 결정 및 지도·감독 요령에 관한 사항 • 비상시 또는 재해 발생 시 긴급조치에 관한 사항 • 그 밖의 관리감독자의 직무에 관한 사항

다. 특별교육 대상 작업별 교육

작업명	교육내용
〈공통내용〉	나목과 같은 내용
〈개별내용〉	제1호라목에 따른 교육내용(공통내용은 제외한다)과 같음

2. 건설업 기초안전보건교육에 대한 내용 및 시간(제28조제1항 관련) 23. 10. 7 기

교육내용	시간
가. 건설공사의 종류(건축·토목 등) 및 시공 절차	1시간

교육내용	시간
나. 산업재해 유형별 위험요인 및 안전보건조치	2시간
다. 안전보건관리체제 현황 및 산업안전보건 관련 근로자 권리·의무	1시간

3. 안전보건관리책임자 등에 대한 교육(제29조제2항 관련)

교육대상	교육내용	
	신규과정	보수과정
가. 안전보건관리책임자	1) 관리책임자의 책임과 직무에 관한 사항 2) 산업안전보건법령 및 안전·보건조치에 관한 사항	1) 산업안전·보건정책에 관한 사항 2) 자율안전·보건관리에 관한 사항
나. 안전관리자 및 안전관리전문기관 종사자	1) 산업안전보건법령에 관한 사항 2) 산업안전보건개론에 관한 사항 3) 인간공학 및 산업심리에 관한 사항 4) 안전보건교육방법에 관한 사항 5) 재해 발생 시 응급처치에 관한 사항 6) 안전점검·평가 및 재해 분석기법에 관한 사항 7) 안전기준 및 개인보호구 등 분야별 재해예방 실무에 관한 사항 8) 산업안전보건관리비 계상 및 사용기준에 관한 사항 9) 작업환경 개선 등 산업위생 분야에 관한 사항 10) 무재해운동 추진기법 및 실무에 관한 사항 11) 위험성평가에 관한 사항 12) 그 밖에 안전관리자의 직무 향상을 위하여 필요한 사항	1) 산업안전보건법령 및 정책에 관한 사항 2) 안전관리계획 및 안전보건개선계획의 수립·평가·실무에 관한 사항 3) 안전보건교육 및 무재해운동 추진실무에 관한 사항 4) 산업안전보건관리비 사용기준 및 사용방법에 관한 사항 5) 분야별 재해 사례 및 개선 사례에 관한 연구와 실무에 관한 사항 6) 사업장 안전 개선기법에 관한 사항 7) 위험성평가에 관한 사항 8) 그 밖에 안전관리자 직무 향상을 위하여 필요한 사항
다. 보건관리자 및 보건관리전문기관 종사자	1) 산업안전보건법령 및 작업환경 측정에 관한 사항 2) 산업안전보건개론에 관한 사항 3) 안전보건교육방법에 관한 사항 4) 산업보건관리계획 수립·평가 및 산업역학에 관한 사항 5) 작업환경 및 직업병 예방에 관한 사항 6) 작업환경 개선에 관한 사항(소음·분진·관리대상 유해물질 및 유해광선 등)	1) 산업안전보건법령, 정책 및 작업환경 관리에 관한 사항 2) 산업보건관리계획 수립·평가 및 안전보건교육 추진 요령에 관한 사항 3) 근로자 건강 증진 및 구급환자 관리에 관한 사항 4) 산업위생 및 산업환기에 관한 사항 5) 직업병 사례 연구에 관한 사항 6) 유해물질별 작업환경 관리에 관한 사항

교육대상	신규과정	보수과정
	7) 산업역학 및 통계에 관한 사항 8) 산업환기에 관한 사항 9) 안전보건관리의 체제·규정 및 보건관리자 역할에 관한 사항 10) 보건관리계획 및 운용에 관한 사항 11) 근로자 건강관리 및 응급처치에 관한 사항 12) 위험성평가에 관한 사항 13) 감염병 예방에 관한 사항 14) 자살 예방에 관한 사항 15) 그 밖에 보건관리자의 직무 향상을 위하여 필요한 사항	7) 위험성평가에 관한 사항 8) 감염병 예방에 관한 사항 9) 자살 예방에 관한 사항 10) 그 밖에 보건관리자 직무 향상을 위하여 필요한 사항
라. 건설재해예방전문지도기관 종사자	1) 산업안전보건법령 및 정책에 관한 사항 2) 분야별 재해사례 연구에 관한 사항 3) 새로운 공법 소개에 관한 사항 4) 사업장 안전관리기법에 관한 사항 5) 위험성평가의 실시에 관한 사항 6) 그 밖에 직무 향상을 위하여 필요한 사항	1) 산업안전보건법령 및 정책에 관한 사항 2) 분야별 재해사례 연구에 관한 사항 3) 새로운 공법 소개에 관한 사항 4) 사업장 안전관리기법에 관한 사항 5) 위험성평가의 실시에 관한 사항 6) 그 밖에 직무 향상을 위하여 필요한 사항
마. 석면조사기관 종사자	1) 석면 제품의 종류 및 구별 방법에 관한 사항 2) 석면에 의한 건강유해성에 관한 사항 3) 석면 관련 법령 및 제도(법, 「석면안전관리법」 및 「건축법」 등)에 관한 사항 4) 법 및 산업안전보건 정책방향에 관한 사항 5) 석면 시료채취 및 분석 방법에 관한 사항 6) 보호구 착용 방법에 관한 사항 7) 석면조사결과서 및 석면지도 작성 방법에 관한 사항 8) 석면 조사 실습에 관한 사항	1) 석면 관련 법령 및 제도(법, 「석면안전관리법」 및 「건축법」 등)에 관한 사항 2) 실내공기오염 관리(또는 작업환경측정 및 관리)에 관한 사항 3) 산업안전보건 정책방향에 관한 사항 4) 건축물·설비 구조의 이해에 관한 사항 5) 건축물·설비 내 석면함유 자재 사용 및 시공·제거 방법에 관한 사항 6) 보호구 선택 및 관리방법에 관한 사항 7) 석면해체·제거작업 및 석면 흩날림 방지 계획 수립 및 평가에 관한 사항 8) 건축물 석면조사 시 위해도평가 및 석면지도 작성·관리 실무에 관한 사항

교육대상	신규과정	보수과정
		9) 건축 자재의 종류별 석면조사실무에 관한 사항
바. 안전보건관리담당자		1) 위험성평가에 관한 사항 2) 안전·보건교육방법에 관한 사항 3) 사업장 순회점검 및 지도에 관한 사항 4) 기계·기구의 적격품 선정에 관한 사항 5) 산업재해 통계의 유지·관리 및 조사에 관한 사항 6) 그 밖에 안전보건관리담당자 직무 향상을 위하여 필요한 사항
사. 안전검사기관 및 자율안전검사기관	1) 산업안전보건법령에 관한 사항 2) 기계, 장비의 주요장치에 관한 사항 3) 측정기기 작동 방법에 관한 사항 4) 공통점검 사항 및 주요 위험요인별 점검내용에 관한 사항 5) 기계, 장비의 주요안전장치에 관한 사항 6) 검사시 안전보건 유의사항 7) 기계·전기·화공 등 공학적 기초지식에 관한 사항 8) 검사원의 직무윤리에 관한 사항 9) 그 밖에 종사자의 직무 향상을 위하여 필요한 사항	1) 산업안전보건법령 및 정책에 관한 사항 2) 주요 위험요인별 점검내용에 관한 사항 3) 기계, 장비의 주요장치와 안전장치에 관한 심화과정 4) 검사시 안전보건 유의 사항 5) 구조해석, 용접, 피로, 파괴, 피해예측, 작업환기, 위험성평가 등에 관한 사항 6) 검사대상 기계별 재해 사례 및 개선 사례에 관한 연구와 실무에 관한 사항 7) 검사원의 직무윤리에 관한 사항 8) 그 밖에 종사자의 직무 향상을 위하여 필요한 사항

4. 특수형태근로종사자에 대한 안전보건교육(제95조제1항 관련)

　가. 최초 노무제공 시 교육 22. 7. 24 기

교육내용
아래의 내용 중 특수형태근로종사자의 직무에 적합한 내용을 교육해야 한다. • 산업안전 및 사고 예방에 관한 사항 • 산업보건 및 직업병 예방에 관한 사항 • 건강증진 및 질병 예방에 관한 사항 • 유해·위험 작업환경 관리에 관한 사항 • 산업안전보건법령 및 산업재해보상보험 제도에 관한 사항 • 직무스트레스 예방 및 관리에 관한 사항

교육내용
• 직장 내 괴롭힘, 고객의 폭언 등으로 인한 건강장해 예방 및 관리에 관한 사항 • 기계·기구의 위험성과 작업의 순서 및 동선에 관한 사항 • 작업 개시 전 점검에 관한 사항 • 정리정돈 및 청소에 관한 사항 • 사고 발생 시 긴급조치에 관한 사항 • 물질안전보건자료에 관한 사항 • 교통안전 및 운전안전에 관한 사항 • 보호구 착용에 관한 사항

나. 특별교육 대상 작업별 교육 : 제1호 라목과 같다.

5. 검사원 성능검사 교육(제131조제2항 관련)

설비명	교육과정	교육내용
가. 프레스 및 전단기	성능검사 교육	• 관계 법령 • 프레스 및 전단기 개론 • 프레스 및 전단기 구조 및 특성 • 검사기준 • 방호장치 • 검사장비 용도 및 사용방법 • 검사실습 및 체크리스트 작성 요령 • 위험검출 훈련
나. 크레인	성능검사 교육	• 관계 법령 • 크레인 개론 • 크레인 구조 및 특성 • 검사기준 • 방호장치 • 검사장비 용도 및 사용방법 • 검사실습 및 체크리스트 작성 요령 • 위험검출 훈련 • 검사원 직무
다. 리프트	성능검사 교육	• 관계 법령 • 리프트 개론 • 리프트 구조 및 특성 • 검사기준 • 방호장치 • 검사장비 용도 및 사용방법 • 검사실습 및 체크리스트 작성 요령 • 위험검출 훈련 • 검사원 직무

설비명	교육과정	교육내용
라. 곤돌라	성능검사 교육	• 관계 법령 • 곤돌라 개론 • 곤돌라 구조 및 특성 • 검사기준 • 방호장치 • 검사장비 용도 및 사용방법 • 검사실습 및 체크리스트 작성 요령 • 위험검출 훈련 • 검사원 직무
마. 국소배기장치	성능검사 교육	• 관계 법령 • 산업보건 개요 • 산업환기의 기본원리 • 국소환기장치의 설계 및 실습 • 국소배기장치 및 제진장치 검사기준 • 검사실습 및 체크리스트 작성 요령 • 검사원 직무
바. 원심기	성능검사 교육	• 관계 법령 • 원심기 개론 • 원심기 종류 및 구조 • 검사기준 • 방호장치 • 검사장비 용도 및 사용방법 • 검사실습 및 체크리스트 작성 요령
사. 롤러기	성능검사 교육	• 관계 법령 • 롤러기 개론 • 롤러기 구조 및 특성 • 검사기준 • 방호장치 • 검사장비의 용도 및 사용방법 • 검사실습 및 체크리스트 작성 요령
아. 사출성형기	성능검사 교육	• 관계 법령 • 사출성형기 개론 • 사출성형기 구조 및 특성 • 검사기준 • 방호장치 • 검사장비 용도 및 사용방법 • 검사실습 및 체크리스트 작성 요령

설비명	교육과정	교육내용
자. 고소작업대	성능검사 교육	• 관계 법령 • 고소작업대 개론 • 고소작업대 구조 및 특성 • 검사기준 • 방호장치 • 검사장비의 용도 및 사용방법 • 검사실습 및 체크리스트 작성 요령
차. 컨베이어	성능검사 교육	• 관계 법령 • 컨베이어 개론 • 컨베이어 구조 및 특성 • 검사기준 • 방호장치 • 검사장비의 용도 및 사용방법 • 검사실습 및 체크리스트 작성 요령
카. 산업용 로봇	성능검사 교육	• 관계 법령 • 산업용 로봇 개론 • 산업용 로봇 구조 및 특성 • 검사기준 • 방호장치 • 검사장비 용도 및 사용방법 • 검사실습 및 체크리스트 작성 요령
타. 압력용기	성능검사 교육	• 관계 법령 • 압력용기 개론 • 압력용기의 종류, 구조 및 특성 • 검사기준 • 방호장치 • 검사장비 용도 및 사용방법 • 검사실습 및 체크리스트 작성 요령 • 이상 시 응급조치

6. 물질안전보건자료에 관한 교육(제169조제1항 관련)

교육내용
• 대상화학물질의 명칭(또는 제품명) • 물리적 위험성 및 건강 유해성 • 취급상의 주의사항 • 적절한 보호구 • 응급조치 요령 및 사고시 대처방법 • 물질안전보건자료 및 경고표지를 이해하는 방법

[별표12] 안전 및 보건에 관한 평가의 내용(제74조제2항 및 제78조제4항 관련)

종류	평가항목

종합평가	1. 작업조건 및 작업방법에 대한 평가
	2. 유해·위험요인에 대한 측정 및 분석
	   가. 기계·기구 또는 그 밖의 설비에 의한 위험성
	   나. 폭발성·물반응성·자기반응성·자기발열성 물질, 자연발화성 액체·고체 및 인화성 액체 등에 의한 위험성
	   다. 전기·열 또는 그 밖의 에너지에 의한 위험성
	   라. 추락, 붕괴, 낙하, 비래 등으로 인한 위험성
	   마. 그 밖에 기계·기구·설비·장치·구축물·시설물·원재료 및 공정 등에 의한 위험성
	   바. 영 제88조에 따른 허가 대상 유해물질, 고용노동부령으로 정하는 관리 대상 유해물질 및 온도·습도·환기·소음·진동·분진, 유해광선 등의 유해성 또는 위험성
	3. 보호구, 안전·보건장비 및 작업환경 개선시설의 적정성
	4. 유해물질의 사용·보관·저장, 물질안전보건자료의 작성, 근로자 교육 및 경고 표시 부착의 적정성
	   가. 화학물질 안전보건 정보의 제공
	   나. 수급인 안전보건교육 지원에 관한 사항
	   다. 화학물질 경고표시 부착에 관한 사항 등
	5. 수급인의 안전보건관리 능력의 적정성
	   가. 안전보건관리체제(안전·보건관리자, 안전보건관리담당자, 관리감독자 선임관계 등)
	   나. 건강검진 현황(신규자는 배치전건강진단 실시여부 확인 등)
	   다. 특별안전보건교육 실시 여부 등
	6. 그 밖에 작업환경 및 근로자 건강 유지·증진 등 보건관리의 개선을 위하여 필요한 사항

안전평가	종합평가 항목 중 제1호의 사항, 제2호가목부터 마목까지의 사항, 제3호 중 안전 관련 사항, 제5호의 사항
보건평가	종합평가 항목 중 제1호의 사항, 제2호바목의 사항, 제3호 중 보건 관련 사항, 제4호·제5호 및 제6호의 사항

※ 비고 : 세부 평가항목별로 평가 내용을 작성하고, 최종 의견('적정', '조건부 적정', '부적정' 등)을 첨부해야 한다.

[별표13] 안전인증을 위한 심사종류별 제출서류(제108조제1항 관련) 23. 10. 7 개

심사종류	법 제84조제1항 및 제3항에 따른 기계·기구 및 설비	법 제84조제1항 및 제3항에 따른 방호장치·보호구
예비심사	1. 인증대상 제품의 용도·기능에 관한 자료 2. 제품설명서 3. 제품의 외관도 및 배치도	왼쪽란과 같음
서면심사	다음 각 호의 서류 각 2부 1. 사업자등록증 사본 2. 수입을 증명할 수 있는 서류(수입하는 경우로 한정한다) 3. 대리인임을 증명하는 서류(제108조제1항 후단에 해당하는 경우로 한정한다) 4. 기계·기구 및 설비의 명세서 및 사용방법설명서 5. 기계·기구 및 설비를 구성하는 부품 목록이 포함된 조립도 6. 기계·기구 및 설비에 포함된 방호장치 명세서 및 방호장치와 관련된 도면 7. 기계·기구 및 설비에 포함된 부품·재료 및 동체 등의 강도계산서와 관련된 도면(고용노동부장관이 정하여 고시하는 것만 해당한다)	다음 각 호의 서류 각 2부 1. 사업자등록증 사본 2. 수입을 증명할 수 있는 서류(수입하는 경우로 한정한다) 3. 대리인임을 증명하는 서류(제108조제1항 후단에 해당하는 경우로 한정한다) 4. 방호장치 및 보호구의 명세서 및 사용방법설명서 5. 방호장치 및 보호구의 조립도·부품도·회로도와 관련된 도면 6. 방호장치 및 보호구의 앞면·옆면 사진 및 주요 부품 사진
기술능력 및 생산체계 심사	다음 각 호의 내용을 포함한 서류 1부 1. 품질경영시스템의 수립 및 이행 방법 2. 구매한 제품의 안전성 확인 절차 및 내용 3. 공정 생산·관리 및 제품 출하 전후의 사후관리 절차 및 내용 4. 생산 및 서비스 제공에 대한 보완시스템 절차 5. 부품 및 제품의 식별관리체계 및 제품의 보존방법 6. 제품 생산 공정의 모니터링, 측정시험 장치 및 장비의 관리방법 7. 공정상의 데이터 분석방법 및 문제점 발생 시 시정 및 예방에 필요한 조치 방법 8. 부적합품 발생 시 처리 절차	왼쪽란과 같음

심사종류		법 제84조제1항 및 제3항에 따른 기계·기구 및 설비	법 제84조제1항 및 제3항에 따른 방호장치·보호구
제품심사	개별제품심사	다음 각 호의 서류 각 1부 1. 서면심사결과 통지서 2. 기계·기구 및 설비에 포함된 재료의 시험성적서 3. 기계·기구 및 설비의 배치도(설치되는 경우만 해당한다) 4. 크레인 지지용 구조물의 안전성을 증명할 수 있는 서류(구조물에 지지되는 경우만 해당하며, 정격하중 10톤 미만인 경우는 제외한다)	해당 없음
	형식별제품심사	다음 각 호의 서류 각 1부 1. 서면심사결과 통지서 2. 기술능력 및 생산체계 심사결과통지서 3. 기계·기구 및 설비에 포함된 재료의 시험성적서	다음 각 호의 서류 각 1부 1. 서면심사결과 통지서 2. 기술능력 및 생산체계 심사결과 통지서(제110조제1항제3호 각 목에 해당하는 경우는 제외한다) 3. 방호장치 및 보호구에 포함된 재료의 시험성적서

[별표14] 안전인증 및 자율안전확인의 표시 및 표시방법
(제114조제1항 및 제121조 관련)

1. 표시

 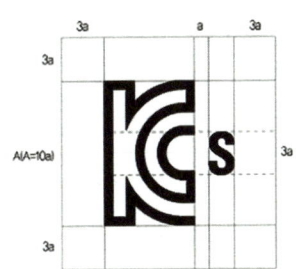

2. 표시방법
    가. 표시는 「국가표준기본법 시행령」 제15조의7제1항에 따른 표시기준 및 방법에 따른다.
    나. 표시를 하는 경우 인체에 상해를 입힐 우려가 있는 재질이나 표면이 거친 재질을 사용해서는 안 된다.

[별표15] 안전인증대상기계등이 아닌 유해·위험기계등의 안전인증의 표시 및 표시방법 (제114조제2항 관련)

1. 표시

 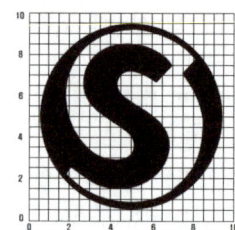

2. 표시방법

  가. 표시의 크기는 유해·위험기계등의 크기에 따라 조정할 수 있다.
  나. 표시의 표상을 명백히 하기 위하여 필요한 경우에는 표시 주위에 한글·영문 등의 글자로 필요한 사항을 덧붙여 적을 수 있다.
  다. 표시는 유해·위험기계등이나 이를 담은 용기 또는 포장지의 적당한 곳에 붙이거나 인쇄하거나 새기는 등의 방법으로 해야 한다.
  라. 표시는 테두리와 문자를 파란색, 그 밖의 부분을 흰색으로 표현하는 것을 원칙으로 하되, 안전인증표시의 바탕색 등을 고려하여 테두리와 문자를 흰색, 그 밖의 부분을 파란색으로 표현할 수 있다. 이 경우 파란색의 색도는 2.5PB 4/10으로, 흰색의 색도는 N9.5로 한다[색도기준은 한국산업표준(KS)에 따른 색의 3속성에 의한 표시방법(KS A 0062)에 따른다].
  마. 표시를 하는 경우에 인체에 상해를 입힐 우려가 있는 재질이나 표면이 거친 재질을 사용해서는 안 된다.

[별표16] 안전검사 합격표시 및 표시방법(제126조제2항 및 제127조 관련)

1. 합격표시

안전검사합격증명서	
① 안전검사대상기계명	
② 신청인	
③ 형식번(기)호(설치장소)	
④ 합격번호	
⑤ 검사유효기간	
⑥ 검사기관(실시기관)	○ ○ ○ ○ ○ (직인) 검 사 원 : ○ ○ ○
	고 용 노 동 부 장 관 직인생략

2. 표시방법
   가. ② 신청인은 사용자의 명칭 등의 상호명을 기입한다.
   나. ③ 형식번호는 안전검사대상기계등을 특정 짓는 형식번호나 기호 등을 기입하며, 설치장소는 필요한 경우 기입한다.
   다. ④ 합격번호는 안전검사기관이 아래와 같이 부여한 번호를 적는다.

ㅇㅇ	-	ㅇㅇ	-	ㅇㅇ	-	ㅇㅇ	-	ㅇㅇㅇㅇ
㉠		㉡		㉢		㉣		㉤
합격연도		검사기관		지역(시·도)		안전검사대상품		일련번호

   ㉠ 합격연도 : 해당 연도의 끝 두 자리 수(예시: 2015 → 15, 2016 → 16)
   ㉡ 검사기관별 구분(A, B, C, D ……)
   ㉢ 지역(시·도)은 해당 번호를 적는다.

지역명	번호	지역명	번호	지역명	번호	지역명	번호
서울특별시	02	광주광역시	62	강원도	33	경상남도	55
부산광역시	51	대전광역시	42	충청북도	43	전라북도	63
대구광역시	53	울산광역시	52	충청남도	41	전라남도	61
인천광역시	32	세종시	44	경상북도	54	제주도	64
		경기도	31				

   ㉣ 안전검사대상품 : 검사대상품의 종류 및 표시부호

번호	종류	표시부호
1	프레스	A
2	전단기	B
3	크레인	C
4	리프트	D
5	압력용기	E
6	곤돌라	F
7	국소배기장치	G
8	원심기	H
9	롤러기	I
10	사출성형기	J
11	화물자동차 또는 특수자동차에 탑재한 고소작업대	K
12	컨베이어	L
13	산업용 로봇	M

   ㉤ 일련번호 : 각 실시기관별 합격 일련번호 4자리
   라. ⑤ 유효기간은 합격 연·월·일과 효력만료 연·월·일을 기입한다.
   마. 합격표시의 규격은 가로 90mm 이상, 세로 60mm 이상의 장방형 또는 직경

70mm 이상의 원형으로 하며, 필요 시 안전검사대상기계등에 따라 조정할 수 있다.
바. 합격표시는 안전검사대상기계등에 부착·인쇄 등의 방법으로 표시하며 쉽게 내용을 알아 볼 수 있으며 지워지거나 떨어지지 않도록 표시해야 한다.
사. 검사연도 등에 따라 색상을 다르게 할 수 있다.

[별표17] 유해·위험기계등 제조사업 등의 지원 및 등록 요건(제137조 관련)

1. 법 제84조제1항에 따른 안전인증대상기계등의 제조업체 또는 법 제89조제1항에 따른 자율안전확인대상기계등의 제조업체 또는 산업재해가 많이 발생하는 기계·기구 및 설비의 제조업체로서 자체적으로 생산체계 및 품질관리시스템을 갖추고 이를 준수하는 업체일 것. 다만, 다음 각 목의 어느 하나에 해당하는 업체는 제외한다.
   가. 지원신청일 직전 2년간 법 제86조제1항에 따라 안전인증이 취소된 사실이 있는 업체
   나. 지원신청일 직전 2년간 법 제87조제2항 또는 법 제92조제2항에 따라 수거·파기된 사실이 있는 업체
   다. 지원신청일 직전 2년간 법 제91조제1항에 따라 자율안전확인 표시 사용이 금지된 사실이 있는 업체
2. 국소배기장치 및 전체환기장치 시설업체

인력	시설 및 장비
가. 산업보건지도사·산업위생관리기술사·대기관리기술사 중 1명 이상 나. 산업위생관리기사·대기환경기사 중 1명 이상 다. 다음 1)부터 3)까지 중 2개 항목 이상 　1) 일반·정밀·건설기계 또는 공정설계기사 1명 이상 　2) 화공 또는 공업화학기사 1명 이상 　3) 전기·전기공사기사 또는 전기기기·전기공사기능장 1명 이상	가. 사무실 나. 산업환기시설 성능검사 장비 　1) 스모크테스터 　2) 정압 프로브가 달린 열선풍속계 　3) 청음기 또는 청음봉 　4) 절연저항계 　5) 표면온도계 　6) 회전계(R.P.M측정기)

※ 비고
가. 인력 중 가목의 산업보건지도사·산업위생관리기술사는 산업위생 전공 박사학위 소지자 또는 산업위생관리기사 자격을 취득한 후 그 전문기술 분야에서 5년 이상 실무경력이 있는 사람으로 대체할 수 있으며, 대기관리기술사는 화학장치설비기술사·화학공장설계기술사·유체기계기술사·공조냉동기계기술사 또는 환경공학 전공 박사학위 소지자로 대체하거나 대기환경기사 자격을 취득한 후 그 전문기술 분야에서 5년 이상 실무경력이 있는 사람으로 대체할 수 있다.
나. 인력 중 나목의 인력은 가목의 대기관리기술사 자격을 보유한 경우에는 산업위생관리기사 자격을 보유해야 한다.

다. 기사는 해당 분야 산업기사의 자격을 취득한 후 해당 분야에 4년 이상 종사한 사람으로 대체할 수 있다.

3. 소음·진동 방지장치 시설업체

인력	시설 및 장비

가. 산업보건지도사·산업위생관리기술사·소음진동기술사 중 1명 이상
나. 산업위생관리기사·소음진동기사 중 1명 이상
다. 다음 각 목 중 2개 항목 이상
  1) 일반기계기사 1명 이상
  2) 건축기사 1명 이상
  3) 토목기사 1명 이상
  4) 전기기사·전기공사기사·전기기기기능장 또는 전기공사기능장 1명 이상
	가. 사무실
	나. 장비
	  1) 소음측정기(주파수분석이 가능한 것이어야 한다)
	  2) 누적소음 폭로량측정기: 2대 이상

※ 비고

가. 인력 중 가목의 산업보건지도사·산업위생관리기술사는 산업위생전공 박사학위 소지자 또는 산업위생관리기사 자격을 취득한 후 그 전문기술 분야에서 5년 이상 실무경력이 있는 사람으로 대체할 수 있으며, 소음진동기술사는 기계제작기술사, 전자응용기술사, 환경공학 전공 박사학위 소지자 또는 소음진동기사 자격을 취득한 후 그 전문기술 분야에서 5년 이상 실무경력이 있는 사람으로 대체할 수 있다.

나. 인력 중 나목의 인력은 가목에서 소음진동기술사 자격을 보유한 경우에는 산업위생관리기사 자격을 보유해야 한다.

다. 기사는 해당 분야 산업기사의 자격을 취득한 후 해당 분야에 4년 이상 종사한 사람으로 대체할 수 있다.

라. 국소배기장치 및 전체환기장치 시설업체와 소음·진동방지장치 시설업체를 같이 경영하는 경우에는 공통되는 기술인력·시설 및 장비를 중복하여 갖추지 않을 수 있다.

[별표18] 유해인자의 유해성·위험성 분류기준(제141조 관련)

1. 화학물질의 분류기준

  가. 물리적 위험성 분류기준

    1) 폭발성 물질 : 자체의 화학반응에 따라 주위환경에 손상을 줄 수 있는 정도의 온도·압력 및 속도를 가진 가스를 발생시키는 고체·액체 또는 혼합물

    2) 인화성 가스 : 20℃, 표준압력(101.3㎪)에서 공기와 혼합하여 인화되는 범위에 있는 가스와 54℃ 이하 공기 중에서 자연발화하는 가스를 말한다.(혼합물을 포함한다)

    3) 인화성 액체 : 표준압력(101.3㎪)에서 인화점이 93℃ 이하인 액체

    4) 인화성 고체 : 쉽게 연소되거나 마찰에 의하여 화재를 일으키거나 촉진할 수 있는 물질

    5) 에어로졸 : 재충전이 불가능한 금속·유리 또는 플라스틱 용기에 압축가스·

액화가스 또는 용해가스를 충전하고 내용물을 가스에 현탁시킨 고체나 액상 입자로, 액상 또는 가스상에서 폼·페이스트·분말상으로 배출되는 분사장치를 갖춘 것

6) 물반응성 물질 : 물과 상호작용을 하여 자연발화되거나 인화성 가스를 발생시키는 고체·액체 또는 혼합물
7) 산화성 가스 : 일반적으로 산소를 공급함으로써 공기보다 다른 물질의 연소를 더 잘 일으키거나 촉진하는 가스
8) 산화성 액체 : 그 자체로는 연소하지 않더라도, 일반적으로 산소를 발생시켜 다른 물질을 연소시키거나 연소를 촉진하는 액체
9) 산화성 고체 : 그 자체로는 연소하지 않더라도 일반적으로 산소를 발생시켜 다른 물질을 연소시키거나 연소를 촉진하는 고체
10) 고압가스 : 20℃, 200킬로파스칼(kpa) 이상의 압력 하에서 용기에 충전되어 있는 가스 또는 냉동액화가스 형태로 용기에 충전되어 있는 가스(압축가스, 액화가스, 냉동액화가스, 용해가스로 구분한다)
11) 자기반응성 물질 : 열적(熱的)인 면에서 불안정하여 산소가 공급되지 않아도 강렬하게 발열·분해하기 쉬운 액체·고체 또는 혼합물
12) 자연발화성 액체 : 적은 양으로도 공기와 접촉하여 5분 안에 발화할 수 있는 액체
13) 자연발화성 고체 : 적은 양으로도 공기와 접촉하여 5분 안에 발화할 수 있는 고체
14) 자기발열성 물질 : 주위의 에너지 공급 없이 공기와 반응하여 스스로 발열하는 물질(자기발화성 물질은 제외한다)
15) 유기과산화물 : 2가의 －O－O－구조를 가지고 1개 또는 2개의 수소 원자가 유기라디칼에 의하여 치환된 과산화수소의 유도체를 포함한 액체 또는 고체 유기물질
16) 금속 부식성 물질 : 화학적인 작용으로 금속에 손상 또는 부식을 일으키는 물질

나. 건강 및 환경 유해성 분류기준
1) 급성 독성 물질 : 입 또는 피부를 통하여 1회 투여 또는 24시간 이내에 여러 차례로 나누어 투여하거나 호흡기를 통하여 4시간 동안 흡입하는 경우 유해한 영향을 일으키는 물질
2) 피부 부식성 또는 자극성 물질 : 접촉 시 피부조직을 파괴하거나 자극을 일으키는 물질(피부 부식성 물질 및 피부 자극성 물질로 구분한다)
3) 심한 눈 손상성 또는 자극성 물질 : 접촉 시 눈 조직의 손상 또는 시력의 저하 등을 일으키는 물질(눈 손상성 물질 및 눈 자극성 물질로 구분한다)
4) 호흡기 과민성 물질 : 호흡기를 통하여 흡입되는 경우 기도에 과민반응을 일으키는 물질
5) 피부 과민성 물질 : 피부에 접촉되는 경우 피부 알레르기 반응을 일으키는 물질

6) 발암성 물질 : 암을 일으키거나 그 발생을 증가시키는 물질
7) 생식세포 변이원성 물질 : 자손에게 유전될 수 있는 사람의 생식세포에 돌연변이를 일으킬 수 있는 물질
8) 생식독성 물질 : 생식기능, 생식능력 또는 태아의 발생·발육에 유해한 영향을 주는 물질
9) 특정 표적장기 독성 물질(1회 노출) : 1회 노출로 특정 표적장기 또는 전신에 독성을 일으키는 물질
10) 특정 표적장기 독성 물질(반복 노출) : 반복적인 노출로 특정 표적장기 또는 전신에 독성을 일으키는 물질
11) 흡인 유해성 물질 : 액체 또는 고체 화학물질이 입이나 코를 통하여 직접적으로 또는 구토로 인하여 간접적으로, 기관 및 더 깊은 호흡기관으로 유입되어 화학적 폐렴, 다양한 폐 손상이나 사망과 같은 심각한 급성 영향을 일으키는 물질
12) 수생 환경 유해성 물질 : 단기간 또는 장기간의 노출로 수생생물에 유해한 영향을 일으키는 물질
13) 오존층 유해성 물질 : 「오존층 보호를 위한 특정물질의 제조규제 등에 관한 법률」 제2조제1호에 따른 특정물질

2. 물리적 인자의 분류기준
   가. 소음 : 소음성난청을 유발할 수 있는 85데시벨(A) 이상의 시끄러운 소리
   나. 진동 : 착암기, 손망치 등의 공구를 사용함으로써 발생되는 백랍병·레이노 현상·말초순환장애 등의 국소 진동 및 차량 등을 이용함으로써 발생되는 관절통·디스크·소화장애 등의 전신 진동
   다. 방사선 : 직접·간접으로 공기 또는 세포를 전리하는 능력을 가진 알파선·베타선·감마선·엑스선·중성자선 등의 전자선
   라. 이상기압 : 게이지 압력이 제곱센티미터당 1킬로그램 초과 또는 미만인 기압
   마. 이상기온 : 고열·한랭·다습으로 인하여 열사병·동상·피부질환 등을 일으킬 수 있는 기온

3. 생물학적 인자의 분류기준
   가. 혈액매개 감염인자 : 인간면역결핍바이러스, B형·C형간염바이러스, 매독바이러스 등 혈액을 매개로 다른 사람에게 전염되어 질병을 유발하는 인자
   나. 공기매개 감염인자 : 결핵·수두·홍역 등 공기 또는 비말감염 등을 매개로 호흡기를 통하여 전염되는 인자
   다. 곤충 및 동물매개 감염인자 : 쯔쯔가무시증, 렙토스피라증, 유행성출혈열 등 동물의 배설물 등에 의하여 전염되는 인자 및 탄저병, 브루셀라병 등 가축 또는 야생동물로부터 사람에게 감염되는 인자

※ 비고
제1호에 따른 화학물질의 분류기준 중 가목에 따른 물리적 위험성 분류기준별 세부 구분기준과 나목에 따른 건강 및 환경 유해성 분류기준의 단일물질 분류기준별 세부 구분기준 및 혼합물질의 분류기준은 고용노동부장관이 정하여 고시한다.

[별표19] 유해인자별 노출 농도의 허용기준(제145조제1항 관련)

유해인자		허용기준			
		시간가중평균값 (TWA)		단시간 노출값 (STEL)	
		ppm	mg/m³	ppm	mg/m³
1. 6가크롬[18540-29-9] 화합물(Chromium VI compounds)	불용성		0.01		
	수용성		0.05		
2. 납[7439-92-1] 및 그 무기화합물(Lead and its inorganic compounds)			0.05		
3. 니켈[7440-02-0] 화합물(불용성 무기화합물로 한정한다)(Nickel and its insoluble inorganic compounds)			0.2		
4. 니켈카르보닐(Nickel carbonyl ; 13463-39-3)		0.001			
5. 디메틸포름아미드(Dimethylformamide ; 68-12-2)		10			
6. 디클로로메탄(Dichloromethane ; 75-09-2)		50			
7. 1, 2-디클로로프로판(1, 2-Dichloro propane ; 78-87-5)		10	1	110	
8. 망간[7439-96-5] 및 그 무기화합물(Manganese and its inorganic compounds)					
9. 메탄올(Methanol; 67-56-1)		200		250	
10. 메틸렌 비스(페닐 이소시아네이트)[Methylene bis (phenyl isocya nate) ; 101-68-8 등]		0.005	0.002		
11. 베릴륨[7440-41-7] 및 그 화합물(Beryllium and its compounds)					0.01
12. 벤젠(Benzene ; 71-43-2)		0.5		2.5	
13. 1,3-부타디엔(1,3-Butadiene ; 106-99-0)		2		10	
14. 2-브로모프로판(2-Bromopropane ; 75-26-3)		1			
15. 브롬화 메틸(Methyl bromide ; 74-83-9)		1			
16. 산화에틸렌(Ethylene oxide ; 75-21-8)		1	0.1 개/cm³		
17. 석면(제조·사용하는 경우만 해당한다)(Asbestos ; 1332-21-4 등)			0.025		
18. 수은[7439-97-6] 및 그 무기화합물(Mercury and its inorganic compounds)					
19. 스티렌(Styrene ; 100-42-5)		20		40	
20. 시클로헥사논(Cyclohexanone ; 108-94-1)		25		50	
21. 아닐린(Aniline ; 62-53-3)		2			
22. 아크릴로니트릴(Acrylonitrile ; 107-13-1)		2			
23. 암모니아(Ammonia ; 7664-41-7 등)		25		35	

유해인자	허용기준 시간가중평균값 (TWA)		단시간 노출값 (STEL)	
	ppm	mg/m³	ppm	mg/m³
24. 염소(Chlorine ; 7782-50-5)	0.5		1	
25. 염화비닐(Vinyl chloride ; 75-01-4)	1			
26. 이황화탄소(Carbon disulfide ; 75-15-0)	1			
27. 일산화탄소(Carbon monoxide ; 630-08-0)	30	0.01	200	
28. 카드뮴[7440-43-9] 및 그 화합물(Cadmium and its compounds)		(호흡성 분진인 경우 0.002)		
29. 코발트[7440-48-4] 및 그 무기화합물(Cobalt and its inorganic compounds)		0.02		
30. 콜타르피치[65996-93-2] 휘발물(Coal tar pitch volatiles)		0.2		
31. 톨루엔(Toluene ; 108-88-3)	50		150	
32. 톨루엔-2,4-디이소시아네이트(Toluene-2,4-diisocyanate ; 584-84-9 등)	0.005		0.02	
33. 톨루엔-2,6-디이소시아네이트(Toluene-2,6-diisocyanate ; 91-08-7 등)	0.005		0.02	
34. 트리클로로메탄(Trichloromethane ; 67-66-3)	10			
35. 트리클로로에틸렌(Trichloroethylene ; 79-01-6)	10		25	
36. 포름알데히드(Formaldehyde ; 50-00-0)	0.3			
37. n-헥산(n-Hexane ; 110-54-3)	50			
38. 황산(Sulfuric acid ; 7664-93-9)		0.2		0.6

※ 비고

1. "시간가중평균값(TWA, Time-Weighted Average)"이란 1일 8시간 작업을 기준으로 한 평균노출농도로서 산출공식은 다음과 같다.

   주) C : 유해인자의 측정농도(단위 : ppm, mg/m³ 또는 개/cm³)
   T : 유해인자의 발생시간(단위 : 시간)

2. "단시간 노출값(STEL, Short-Term Exposure Limit)"이란 15분 간의 시간가중평균값으로서 노출 농도가 시간가중평균값을 초과하고 단시간 노출값 이하인 경우에는 ① 1회 노출 지속시간이 15분 미만이어야 하고, ② 이러한 상태가 1일 4회 이하로 발생해야 하며, ③ 각 회의 간격은 60분 이상이어야 한다.

3. "등"이란 해당 화학물질에 이성질체 등 동일 속성을 가지는 2개 이상의 화합물이 존재할 수 있는 경우를 말한다.

> **보충학습**　시설물의 안전 및 유지관리에 관한 특별법

시설물의 안전 및 유지관리에 관한 특별법 (약칭 : 시설물안전법)

[시행 2021. 9. 17.] [법률 제17946호, 2021. 3. 16., 일부개정]

(1) 용어의 정의

① "시설물"이란 건설공사를 통하여 만들어진 교량·터널·항만·댐·건축물 등 구조물과 그 부대시설로서 제7조 각 호에 따른 제1종시설물, 제2종시설물 및 제3종시설물을 말한다.
② "관리주체"란 관계 법령에 따라 해당 시설물의 관리자로 규정된 자나 해당 시설물의 소유자를 말한다. 이 경우 해당 시설물의 소유자와의 관리계약 등에 따라 시설물의 관리책임을 진 자는 관리주체로 보며, 관리주체는 공공관리주체(公共管理主體)와 민간관리주체(民間管理主體)로 구분한다.
③ "공공관리주체"란 다음 각 목의 어느 하나에 해당하는 관리주체를 말한다.
　㉮ 국가·지방자치단체
　㉯ 「공공기관의 운영에 관한 법률」 제4조에 따른 공공기관
　㉰ 「지방공기업법」에 따른 지방공기업
④ "민간관리주체"란 공공관리주체 외의 관리주체를 말한다.
⑤ "안전점검"이란 경험과 기술을 갖춘 자가 육안이나 점검기구 등으로 검사하여 시설물에 내재(內在)되어 있는 위험요인을 조사하는 행위를 말하며, 점검목적 및 점검수준을 고려하여 국토교통부령으로 정하는 바에 따라 정기안전 점검 및 정밀안전점검으로 구분한다.
⑥ "정밀안전진단"이란 시설물의 물리적·기능적 결함을 발견하고 그에 대한 신속하고 적절한 조치를 하기 위하여 구조적 안전성과 결함의 원인 등을 조사·측정·평가하여 보수·보강 등의 방법을 제시하는 행위를 말한다.
⑦ "긴급안전점검"이란 시설물의 붕괴·전도 등으로 인한 재난 또는 재해가 발생할 우려가 있는 경우에 시설물의 물리적·기능적 결함을 신속하게 발견하기 위하여 실시하는 점검을 말한다.
⑧ "내진성능평가(耐震性能評價)"란 지진으로부터 시설물의 안전성을 확보하고 기능을 유지하기 위하여 「지진·화산재해대책법」 제14조제1항에 따라 시설물별로 정하는 내진설계기준(耐震設計基準)에 따라 시설물이 지진에 견딜 수 있는 능력을 평가하는 것을 말한다.
⑨ "도급(都給)"이란 원도급·하도급·위탁, 그 밖에 명칭 여하에도 불구하고 안전점검·정밀안전진단이나 긴급안전점검, 유지관리 또는 성능평가를 완료하기로 약정하고, 상대방이 그 일의 결과에 대하여 대가를 지급하기로 한 계약을 말한다.
⑩ "하도급"이란 도급받은 안전점검·정밀안전진단이나 긴급안전점검, 유지관리 또는 성능평가 용역의 전부 또는 일부를 도급하기 위하여 수급인(受給人)이 제3자와 체결하는 계약을 말한다.

⑪ "유지관리"란 완공된 시설물의 기능을 보전하고 시설물이용자의 편의와 안전을 높이기 위하여 시설물을 일상적으로 점검·정비하고 손상된 부분을 원상복구하며 경과시간에 따라 요구되는 시설물의 개량·보수·보강에 필요한 활동을 하는 것을 말한다.

⑫ "성능평가"란 시설물의 기능을 유지하기 위하여 요구되는 시설물의 구조적 안전성, 내구성, 사용성 등의 성능을 종합적으로 평가하는 것을 말한다.

⑬ "하자담보책임기간"이란 「건설산업기본법」과 「공동주택관리법」 등 관계법령에 따른 하자담보책임기간 또는 하자보수기간 등을 말한다.

(2) 시설물의 안전 및 유지관리 기본계획의 수립 18. 3. 4 기 20. 9. 27 기

① 국토교통부장관은 시설물이 안전하게 유지관리될 수 있도록 하기 위하여 5년마다 시설물의 안전 및 유지관리에 관한 기본계획을 수립·시행하고, 이를 관보에 고시하여야 한다. 기본계획을 변경하는 경우에도 또한 같다.(제5조)

② 기본계획에는 다음 각 호의 사항이 포함되어야 한다.
   ㉮ 시설물의 안전 및 유지관리에 관한 기본목표 및 추진방향에 관한 사항
   ㉯ 시설물의 안전 및 유지관리체계의 개발, 구축 및 운영에 관한 사항
   ㉰ 시설물의 안전 및 유지관리에 관한 정보체계의 구축·운영에 관한 사항
   ㉱ 시설물의 안전 및 유지관리에 필요한 기술의 연구·개발에 관한 사항
   ㉲ 시설물의 안전 및 유지관리에 필요한 인력의 양성에 관한 사항
   ㉳ 그 밖에 시설물의 안전 및 유지관리에 관하여 대통령령으로 정하는 사항

(3) 시설물의 안전 및 유지관리에 관한 특별법 시행규칙(약칭 : 시설물안전법 시행규칙)

[시행 2021. 8. 27][국토교통부령 제882호, 2021. 8. 27., 타법개정]

제2조(안전점검의 종류) 「시설물의 안전 및 유지관리에 관한 특별법」(이하 "법"이라 한다) 제2조제5호에 따른 안전점검은 다음 각 호와 같이 구분한다.

1. 정기안전점검 : 시설물의 상태를 판단하고 시설물이 점검 당시의 사용요건을 만족시키고 있는지 확인할 수 있는 수준의 외관조사를 실시하는 안전점검

2. 정밀안전점검 : 시설물의 상태를 판단하고 시설물이 점검 당시의 사용요건을 만족시키고 있는지 확인하며 시설물 주요부재의 상태를 확인할 수 있는 수준의 외관조사 및 측정·시험장비를 이용한 조사를 실시하는 안전점검 21. 9. 12 기

시설물의 안전 및 유지관리에 관한 특별법 시행령 [별표 1] 〈개정 2021. 12. 30.〉

제1종시설물 및 제2종시설물의 종류(제4조 관련)

구분		제1종시설물	제2종시설물
1. 교량			
	가. 도로교량	1) 상부구조형식이 현수교, 사장교, 아치교 및 트러스교인 교량 2) 최대 경간장 50미터 이상의 교량(한 경간 교량은 제외한다) 3) 연장 500미터 이상의 교량 4) 폭 12미터 이상이고 연장 500미터 이상인 복개구조물	1) 경간장 50미터 이상인 한 경간 교량 2) 제1종시설물에 해당하지 않는 교량으로서 연장 100미터 이상의 교량 3) 제1종시설물에 해당하지 않는 복개구조물로서 폭 6미터 이상이고 연장 100미터 이상인 복개구조물
	나. 철도교량	1) 고속철도 교량 2) 도시철도의 교량 및 고가교 3) 상부구조형식이 트러스교 및 아치교인 교량 4) 연장 500미터 이상의 교량	제1종시설물에 해당하지 않는 교량으로서 연장 100미터 이상의 교량
2. 터널			
	가. 도로터널	1) 연장 1천미터 이상의 터널 2) 3차로 이상의 터널 3) 터널구간의 연장이 500미터 이상인 지하차도	1) 제1종시설물에 해당하지 않는 터널로서 고속국도, 일반국도, 특별시도 및 광역시도의 터널 2) 제1종시설물에 해당하지 않는 터널로서 연장 300미터 이상의 지방도, 시도, 군도 및 구도의 터널 3) 제1종시설물에 해당하지 않는 지하차도로서 터널구간의 연장이 100미터 이상인 지하차도
	나. 철도터널	1) 고속철도 터널 2) 도시철도 터널 3) 연장 1천미터 이상의 터널	제1종시설물에 해당하지 않는 터널로서 특별시 또는 광역시에 있는 터널
3. 항만			
	가. 갑문	갑문시설	
	나. 방파제, 파제제 및 호안	연장 1천미터 이상인 방파제	1) 제1종시설물에 해당하지 않는 방파제로서 연장 500미터 이상의 방파제 2) 연장 500미터 이상의 파제제 3) 방파제 기능을 하는 연장 500미터 이상의 호안

	다. 계류시설	1) 20만톤급 이상 선박의 하역시설로서 원유부이(BUOY)식 계류시설(부대시설인 해저송유관을 포함한다) 2) 말뚝구조의 계류시설(5만톤급 이상의 시설만 해당한다)	1) 제1종시설물에 해당하지 않는 원유부이식 계류시설로서 1만톤급 이상의 원유부이식 계류시설(부대시설인 해저송유관을 포함한다) 2) 제1종시설물에 해당하지 않는 말뚝구조의 계류시설로서 1만톤급 이상의 말뚝구조의 계류시설 3) 1만톤급 이상의 중력식 계류시설
4. 댐		다목적댐, 발전용댐, 홍수전용댐 및 총저수용량 1천만톤 이상의 용수전용댐	제1종시설물에 해당하지 않는 댐으로서 지방상수도전용댐 및 총저수용량 1백만톤 이상의 용수전용댐

5. 건축물
  가. 공동주택
  나. 공동주택 외의 건축물
		1) 21층 이상 또는 연면적 5만제곱미터 이상의 건축물
		2) 연면적 3만제곱미터 이상의 철도역시설 및 관람장
		3) 연면적 1만제곱미터 이상의 지하도상가(지하보도면적을 포함한다)
			16층 이상의 공동주택
			1) 제1종시설물에 해당하지 않는 건축물로서 16층 이상 또는 연면적 3만제곱미터 이상의 건축물
			2) 제1종시설물에 해당하지 않는 건축물로서 연면적 5천제곱미터 이상(각 용도별 시설의 합계를 말한다)의 문화 및 집회시설, 종교시설, 판매시설, 운수시설 중 여객용 시설, 의료시설, 노유자시설, 수련시설, 운동시설, 숙박시설 중 관광숙박시설 및 관광 휴게시설
			3) 제1종시설물에 해당하지 않는 철도 역시설로서 고속철도, 도시철도 및 광역철도 역시설
			4) 제1종시설물에 해당하지 않는 지하도상가로서 연면적 5천제곱미터 이상의 지하도상가(지하보도면적을 포함한다)

6. 하천 가. 하구둑		1) 하구둑 2) 포용조수량 8천만톤 이상의 방조제	

	나. 수문 및 통문	특별시 및 광역시에 있는 국가하천의 수문 및 통문(通門)	1) 제1종시설물에 해당하지 않는 수문 및 통문으로서 국가하천의 수문 및 통문 2) 특별시, 광역시, 특별자치시 및 시에 있는 지방하천의 수문 및 통문
	다. 제방		국가하천의 제방[부속시설인 통관(通管) 및 호안(護岸)을 포함한다]
	라. 보	국가하천에 설치된 높이 5미터 이상인 다기능 보	제1종시설물에 해당하지 않는 보로서 국가하천에 설치된 다기능 보
	마. 배수펌프장	특별시 및 광역시에 있는 국가하천의 배수펌프장	1) 제1종시설물에 해당하지 않는 배수펌프장으로서 국가하천의 배수펌프장 2) 특별시, 광역시, 특별자치시 및 시에 있는 지방하천의 배수펌프장
7. 상하수도			
	가. 상수도	1) 광역상수도 2) 공업용수도 3) 1일 공급능력 3만톤 이상의 지방상수도	제1종시설물에 해당하지 않는 지방상수도
	나. 하수도		공공하수처리시설(1일 최대처리용량 500톤 이상인 시설만 해당한다)
8. 옹벽 및 절토사면			1) 지면으로부터 노출된 높이가 5미터 이상인 부분의 합이 100미터 이상인 옹벽 2) 지면으로부터 연직(鉛直)높이 (옹벽이 있는 경우 옹벽 상단으로부터의 높이) 30미터 이상을 포함한 절토부(땅깎기를 한 부분을 말한다)로서 단일 수평연장 100미터 이상인 절토사면
9. 공동구			공동구

[비고]
1. "도로"란 「도로법」 제10조에 따른 도로를 말한다.
2. 교량의 "최대 경간장"이란 한 경간에서 상부구조의 교각과 교각의 중심선 간의 거리를 경간장으로 정의할 때, 교량의 경간장 중에서 최댓값을 말한다. 한 경간 교량에 대해서는 교량 양측 교대의 흉벽 사이를 교량 중심선에 따라 측정한 거리를 말한다.
3. 교량의 "연장"이란 교량 양측 교대의 흉벽 사이를 교량 중심선에 따라 측정한 거리를 말한다.
4. 도로교량의 "복개구조물"이란 하천 등을 복개하여 도로의 용도로 사용하는 모든 구조물을 말한다.
5. "갑문, 방파제, 파제제, 호안"이란 「항만법」 제2조제5호가목2)에 따른 외곽시설을 말한다.
6. "계류시설"이란 「항만법」 제2조제5호가목4)에 따른 계류시설을 말한다.
7. "댐"이란 「저수지·댐의 안전관리 및 재해예방에 관한 법률」 제2조제1호에 따른 저수지·댐을 말한다.
8. 위 표 제4호의 용수전용댐과 지방상수도전용댐이 위 표 제7호가목의 제1종시설물 중 광역상수도·공업용수도 또는 지방상수도의 수원지시설에 해당하는 경우에는 위 표 제7호의 상하수도시설로 본다.
9. 위 표의 건축물에는 그 부대시설인 옹벽과 절토사면을 포함하며, 건축설비, 소방설비, 승강기설비 및 전기설비는 포함하지 아니한다.
10. 건축물의 연면적은 지하층을 포함한 동별로 계산한다. 다만, 2동 이상의 건축물이 하나의 구조로 연결된 경우와 둘 이상의 지하도상가가 연속되어 있는 경우에는 연면적의 합계를 말한다.
10의2. 건축물의 층수에는 필로티나 그 밖에 이와 비슷한 구조로 된 층을 포함한다.
11. "공동주택 외의 건축물"은 「건축법 시행령」 별표 1에서 정한 용도별 분류를 따른다.
12. 건축물 중 주상복합건축물은 "공동주택 외의 건축물"로 본다.
13. "운수시설 중 여객용 시설"이란 「건축법 시행령」 별표 1 제8호에 따른 운수시설 중 여객자동차터미널, 일반철도역사, 공항청사, 항만여객터미널을 말한다.
14. "철도 역시설"이란 「철도의 건설 및 철도시설 유지관리에 관한 법률」 제2조제6호가목에 따른 역 시설(물류시설은 제외한다)을 말한다. 다만, 선하역사(시설이 선로 아래 설치되는 역사를 말한다)의 선로구간은 연속되는 교량시설물에 포함하고, 지하역사의 선로구간은 연속되는 터널시설물에 포함한다.
15. 하천시설물이 행정구역 경계에 있는 경우 상위 행정구역에 위치한 것으로 한다.
16. "포용조수량"이란 최고 만조(滿潮)시 간척지에 유입될 조수(潮水)의 양을 말한다.
17. "방조제"란 「공유수면 관리 및 매립에 관한 법률」 제37조, 「농어촌정비법」 제2조제6호, 「방조제 관리법」 제2조제1호 및 「산업입지 및 개발에 관한 법률」 제20조제1항에 따라 설치한 방조제를 말한다.

18. 하천의 "통문"이란 제방을 관통하여 설치한 사각형 단면의 문짝을 가진 구조물을 말하며, "통관"이란 제방을 관통하여 설치한 원형 단면의 문짝을 가진 구조물을 말한다.
19. 하천의 "다기능 보"란 용수 확보, 소수력 발전 및 도로(하천 횡단) 등 두 가지 이상의 기능을 갖는 보를 말한다.
20. "배수펌프장"이란 「하천법」 제2조제3호나목에 따른 배수펌프장과 「농어촌정비법」 제2조제6호에 따른 배수장을 말하며, 빗물펌프장을 포함한다.
21. 동일한 관리주체가 소관하는 배수펌프장과 연계되어 있는 수문 및 통문은 배수펌프장에 포함된다.
22. 위 표 제7호의 상하수도의 광역상수도, 공업용수도 및 지방상수도에는 수원지시설, 도수관로 · 송수관로(터널을 포함한다), 취수시설, 정수장, 취수 · 가압펌프장 및 배수지를 포함하고, 배수관로 및 급수시설은 제외한다.
23. "공동구"란 「국토의 계획 및 이용에 관한 법률」 제2조제9호에 따른 공동구를 말하며, 수용시설(전기, 통신, 상수도, 냉 · 난방 등)은 제외한다.

시설물의 안전 및 유지관리에 관한 특별법 시행령 [별표 3]

[표] 안전점검, 정밀안전진단 및 성능평가의 실시시기

안전등급	정기안전점검	정밀안전점검		정밀안전진단	성능평가
		건축물	건축물 외 시설물		
A등급	반기에 1회 이상	4년에 1회 이상	3년에 1회 이상	6년에 1회 이상	5년에 1회 이상
B·C등급		3년에 1회 이상	2년에 1회 이상	5년에 1회 이상	
D·E등급	1년에 3회 이상	2년에 1회 이상	1년에 1회 이상	4년에 1회 이상	

[비고]
1. "안전등급"이란 시설물의 안전등급을 말한다.
2. 준공 또는 사용승인 후부터 최초 안전등급이 지정되기 전까지의 기간에 실시하는 정기안전점검은 반기에 1회 이상 실시한다.
3. 제1종 및 제2종 시설물 중 D · E등급 시설물의 정기안전점검은 해빙기 · 우기 · 동절기 전 각각 1회 이상 실시한다. 이 경우 해빙기 전 점검시기는 2월 · 3월로, 우기 전 점검시기는 5월 · 6월로, 동절기 전 점검시기는 11월 · 12월로 한다.
4. 공동주택의 정기안전점검은 「공동주택관리법」 제33조에 따른 안전점검(지방자치단체의 장이 의무관리대상이 아닌 공동주택에 대하여 같은 법 제34조에 따라 안전점검을 실시한 경우에는 이를 포함한다)으로 갈음한다.
5. 최초로 실시하는 정밀안전점검은 시설물의 준공일 또는 사용승인일(구조형태의 변경으로 시설물로 된 경우에는 구조형태의 변경에 따른 준공일 또는 사용승인일을 말한다)을 기준으로 3년 이내(건축물은 4년 이내)에 실시한다. 다만, 임시 사용승인을 받은 경우에는 임시 사용승인일을 기준으로 한다.
6. 최초로 실시하는 정밀안전진단은 준공일 또는 사용승인일(준공 또는 사용승인 후에 구조형태의 변경으로 제1종시설물로 된 경우에는 최초 준공일 또는 사용

승인일을 말한다) 후 10년이 지난 때부터 1년 이내에 실시한다. 다만, 준공 및 사용승인 후 10년이 지난 후에 구조형태의 변경으로 인하여 제1종시설물로 된 경우에는 구조형태의 변경에 따른 준공일 또는 사용승인일부터 1년 이내에 실시한다.
7. 최초로 실시하는 성능평가는 성능평가대상시설물 중 제1종시설물의 경우에는 최초로 정밀안전진단을 실시하는 때, 제2종시설물의 경우에는 법 제11조제2항에 따른 하자담보책임기간이 끝나기 전에 마지막으로 실시하는 정밀안전점검을 실시하는 때에 실시한다. 다만, 준공 및 사용승인 후 구조형태의 변경으로 인하여 성능평가대상시설물로 된 경우에는 제5호 및 제6호에 따라 정밀안전점검 또는 정밀안전진단을 실시하는 때에 실시한다.
8. 정밀안전점검 및 정밀안전진단의 실시 주기는 이전 정밀안전점검 및 정밀안전진단을 완료한 날을 기준으로 한다. 다만, 정밀안전점검 실시 주기에 따라 정밀안전점검을 실시한 경우에도 법 제12조에 따라 정밀안전진단을 실시한 경우에는 그 정밀안전진단을 완료한 날을 기준으로 정밀안전점검의 실시 주기를 정한다.
9. 정밀안전점검, 긴급안전점검 및 정밀안전진단의 실시 완료일이 속한 반기에 실시하여야 하는 정기안전점검은 생략할 수 있다.
10. 정밀안전진단의 실시 완료일부터 6개월 전 이내에 그 실시 주기의 마지막 날이 속하는 정밀안전점검은 생략할 수 있다.
11. 성능평가 실시 주기는 이전 성능평가를 완료한 날을 기준으로 한다.
12. 증축, 개축 및 리모델링 등을 위하여 공사 중이거나 철거예정인 시설물로서, 사용되지 않는 시설물에 대해서는 국토교통부장관과 협의하여 안전점검, 정밀안전진단 및 성능평가의 실시를 생략하거나 그 시기를 조정할 수 있다.

> 참고1

[표] 시설물의 안전등급 기준

안전등급	시설물의 상태
가. A(우수)	문제점이 없는 최상의 상태
나. B(양호)	보조부재에 경미한 결함이 발생하였으나 기능 발휘에는 지장이 없으며, 내구성 증진을 위하여 일부의 보수가 필요한 상태
다. C(보통)	주요부재에 경미한 결함 또는 보조부재에 광범위한 결함이 발생하였으나 전체적인 시설물의 안전에는 지장이 없으며, 주요부재에 내구성, 기능성 저하 방지를 위한 보수가 필요하거나 보조부재에 간단한 보강이 필요한 상태
라. D(미흡)	주요부재에 결함이 발생하여 긴급한 보수·보강이 필요하며 사용제한 여부를 결정하여야 하는 상태
마. E(불량)	주요부재에 발생한 심각한 결함으로 인하여 시설물의 안전에 위험이 있어 즉각 사용을 금지하고 보강 또는 개축을 하여야 하는 상태

> 📌 **참고2**

건설기술 진흥법 시행령
[시행 2024. 1. 7.] [대통령령 제33212호, 2023. 1. 6.]

제98조(안전관리계획의 수립) ① 법 제62조제1항에 따른 안전관리계획(이하 "안전관리계획"이라 한다)을 수립하여야 하는 건설공사는 다음 각 호와 같다. 이 경우 원자력시설공사는 제외하며, 해당 건설공사가 「산업안전보건법」 제42조에 따른 유해위험방지계획을 수립해야 하는 건설공사에 해당하는 경우에는 해당 계획과 안전관리계획을 통합하여 작성할 수 있다. 19. 3. 3 기

1. 「시설물의 안전 및 유지관리에 관한 특별법」 제7조제1호 및 제2호에 따른 1종시설물 및 2종시설물의 건설공사(같은 법 제2조제11호에 따른 유지관리를 위한 건설공사는 제외한다)
2. 지하 10미터 이상을 굴착하는 건설공사. 이 경우 굴착 깊이 산정 시 집수정(물저장고), 엘리베이터 피트 및 정화조 등의 굴착 부분은 제외하며, 토지에 높낮이 차가 있는 경우 굴착 깊이의 산정방법은 「건축법 시행령」 제119조제2항을 따른다
3. 폭발물을 사용하는 건설공사로서 20미터 안에 시설물이 있거나 100미터 안에 사육하는 가축이 있어 해당 건설공사로 인한 영향을 받을 것이 예상되는 건설공사
4. 10층 이상 16층 미만인 건축물의 건설공사
4의2. 다음 각 목의 리모델링 또는 해체공사
   가. 10층 이상인 건축물의 리모델링 또는 해체공사
   나. 「주택법」 제2조제25호다목에 따른 수직증축형 리모델링
5. 「건설기계관리법」 제3조에 따라 등록된 다음 각 목의 어느 하나에 해당하는 건설기계가 사용되는 건설공사
   가. 천공기(높이가 10미터 이상인 것만 해당한다)
   나. 항타 및 항발기
   다. 타워크레인
5의2. 제101조의2제1항 각 호의 가설구조물을 사용하는 건설공사
6. 제1호부터 제4호까지, 제4호의2, 제5호 및 제5호의2의 건설공사 외의 건설공사로서 다음 각 목의 어느 하나에 해당하는 공사
   가. 발주자가 안전관리가 특히 필요하다고 인정하는 건설공사
   나. 해당 지방자치단체의 조례로 정하는 건설공사 중에서 인·허가기관의 장이 안전관리가 특히 필요하다고 인정하는 건설공사

② 건설업자와 주택건설등록업자는 법 제62조제1항에 따라 안전관리계획을 수립하여 발주청 또는 인·허가기관의 장에게 제출하는 경우에는 미리 공사감독자 또는 건설사업관리 기술자의 검토·확인을 받아야 하며, 건설공사를 착공하기 전에 발주청 또는 인·허가기관의 장에게 제출하여야 한다. 안전관리계획의 내용을 변경하는 경우에도 또한 같다.

③ 법 제62조제1항에 따라 안전관리계획을 제출받은 발주청 또는 인·허가기관의 장은 안전관리계획의 내용을 검토하여 안전관리계획을 제출받은 날부터 20일 이내에 건설사업자 또는 주택건설등록업자에게 그 결과를 통보해야 한다.

④ 발주청 또는 인·허가기관의 장이 제3항에 따라 안전관리계획의 내용을 심사하는 경우에는 제100조제2항에 따른 건설안전점검기관에 검토를 의뢰하여야 한다. 다만, 「시설물의 안전 및 유지관리에 관한 특별법」 제7조제1호 및 제2호에 따른 1종시설물 및 2종시설물의 건설공사의 경우에는 국토안전관리원에 안전관리계획의 검토를 의뢰하여야 한다.
⑤ 발주청 또는 인·허가기관의 장은 제3항에 따른 안전관리계획의 검토 결과를 다음 각 호의 구분에 따라 판정한 후 제1호 및 제2호의 경우에는 승인서(제2호의 경우에는 보완이 필요한 사유를 포함해야 한다)를 건설사업자 또는 주택건설등록업자에게 발급해야 한다.
1. 적정 : 안전에 필요한 조치가 구체적이고 명료하게 계획되어 건설공사의 시공상 안전성이 충분히 확보되어 있다고 인정될 때
2. 조건부 적정 : 안전성 확보에 치명적인 영향을 미치지는 아니하지만 일부 보완이 필요하다고 인정될 때
3. 부적정 : 시공 시 안전사고가 발생할 우려가 있거나 계획에 근본적인 결함이 있다고 인정될 때
⑥ 발주청 또는 인허가기관의 장은 건설업자 또는 주택건설등록업자가 제출한 안전관리계획서가 제5항제3호에 따른 부적정 판정을 받은 경우에는 안전관리계획의 변경 등 필요한 조치를 하여야 한다.
– 이하 생략 –

제106조(건설사고조사위원회의 구성·운영 등) ① 건설사고조사위원회는 위원장1명을 포함한 12명 이내의 위원으로 구성한다. 18. 4. 28 기 18. 9. 15 기 21. 5. 15 기
② 건설사고조사위원회의 위원은 다음 각 호의 어느 하나에 해당하는 사람 중에서 해당 건설사고조사위원회를 구성·운영하는 국토교통부장관, 발주청 또는 인·허가기관의 장이 임명하거나 위촉한다.
1. 건설공사 업무와 관련된 공무원
2. 건설공사 업무와 관련된 단체 및 연구기관 등의 임직원
3. 건설공사 업무에 관한 학식과 경험이 풍부한 사람
③ 제2항제2호 및 제3호에 따른 위원의 임기는 2년으로 하며, 위원의 사임 등으로 새로 위촉된 위원의 임기는 전임위원 임기의 남은 기간으로 한다.
④ 건설사고조사위원회 위원의 제척·기피·회피에 관하여는 제20조를 준용한다. 이 경우 "중앙심의위원회등"은 "건설사고조사위원회"로, "각 위원회의 심의·의결"은 "건설사고조사위원회의 심의·의결"로, "안건"은 "사고"로, "심의"는 "조사"로 본다.
⑤ 법 제68조제2항에 따른 건설사고조사위원회의 권고 또는 건의를 받은 국토교통부장관, 발주청 또는 인·허가기관의 장, 그 밖의 관계 행정기관의 장은 그 조치 결과를 국토교통부장관 및 건설사고조사위원회에 통보하여야 한다.
⑥ 건설사고조사위원회의 회의에 출석하는 위원에게는 예산의 범위에서 수당과 여비 등을 지급할 수 있다. 다만, 공무원인 위원이 그 소관 업무와 직접적으로 관련되어 출석하는 경우에는 그러하지 아니하다.
⑦ 제1항부터 제6항까지에서 규정한 사항 외에 건설사고조사위원회의 구성 및 운영 등에 필요한 사항은 국토교통부장관이 정하여 고시한다.

산업안전보건기준에 관한 규칙(약칭: 안전보건규칙)

중점 학습내용

산업안전보건기준에 관한 규칙은 산업보건기준에 관한 규칙과 산업안전기준에 관한 규칙이 통합되어 산업안전보건기준에 관한 규칙으로 개정되었으며 중점학습내용은 다음과 같다.

❶ 총칙　❷ 통로 안전보건규칙　❸ 계단의 안전보건규칙　❹ 양중기 안전보건규칙
❺ 크레인 안전보건규칙　❻ 이동식 크레인 안전보건규칙　❼ 리프트 안전보건규칙　❽ 곤돌라 안전보건규칙
❾ 승강기 안전보건규칙　❿ 양중기의 와이어로프 등의 안전보건규칙　⓫ 차량계 하역운반기계의 안전보건규칙
⓬ 지게차 안전보건규칙　⓭ 차량계 건설기계 안전보건규칙　⓮ 항타기 및 항발기 안전보건규칙
⓯ 위험물 등의 취급 등의 안전보건규칙　⓰ 아세틸렌 용접장치 및 가스집합 용접장치의 안전보건규칙
⓱ 전기기계·기구 등의 위험방지 안전보건규칙　⓲ 배선 및 이동전선으로 인한 위험방지 안전보건규칙
⓳ 전기작업에 대한 위험방지 안전보건규칙　⓴ 정전기 및 전자파로 인한 재해 예방 안전보건규칙
㉑ 거푸집 동바리 및 거푸집 안전보건규칙　㉒ 비계 안전보건규칙　㉓ 말비계 및 이동식비계 안전보건규칙
㉔ 굴착작업 등의 위험방지 안전보건규칙　㉕ 추락또는 붕괴에 의한 위험방지 안전보건규칙
㉖ 철골작업 및 해체작업 안전보건규칙　㉗ 중량물 취급 시의 위험방지 안전보건규칙

 합격날개

합격예측 및 관련법규

제8조(조도) 사업주는 근로자가 상시 작업하는 장소의 작업면 조도(照度)를 다음 각 호의 기준에 맞도록 하여야 한다. 다만, 갱내(坑內) 작업장과 감광재료(感光材料)를 취급하는 작업장은 그러하지 아니하다.
1. 초정밀작업 : 750럭스(lux) 이상
2. 정밀작업 : 300럭스 이상
3. 보통작업 : 150럭스 이상
4. 그 밖의 작업 : 75럭스 이상

20. 5. 24 ㉠　21. 4. 25 ㉠
22. 5. 7 ㉠　22. 7. 24 ㉡
23. 4. 23 ㉠

[시행 2024. 12. 29.] [고용노동부령 제417호, 2024. 6. 28., 일부개정]
[시행 2025. 6. 29.] [고용노동부령 제417호, 2024. 6. 28., 일부개정]

1 총칙

제1조(목적)

이 규칙은 「산업안전보건법」 등에서 위임한 산업안전보건기준에 관한 사항과 그 시행에 필요한 사항을 규정함을 목적으로 한다.

제2조(정의)

이 규칙에서 사용하는 용어의 뜻은 이 규칙에 특별한 규정이 없으면 「산업안전보건법」, 「산업안전보건법 시행령」 및 「산업안전보건법 시행규칙」에서 정하는 바에 따른다.

2 통로 안전보건규칙

제21조(통로의 조명)

사업주는 근로자가 안전하게 통행할 수 있도록 통로에 75럭스 이상의 채광 또는 조명시설을 하여야 한다. 다만, 갱도 또는 상시 통행을 하지 아니하는 지하실 등

을 통행하는 근로자에게 휴대용 조명기구를 사용하도록 한 경우에는 그러하지 아니하다.

제22조(통로의 설치)

① 사업주는 작업장으로 통하는 장소 또는 작업장 내에 근로자가 사용할 안전한 통로를 설치하고 항상 사용할 수 있는 상태로 유지하여야 한다.
② 사업주는 통로의 주요 부분에 통로표시를 하고, 근로자가 안전하게 통행할 수 있도록 하여야 한다.
③ 사업주는 통로면으로부터 높이 2미터 이내에는 장애물이 없도록 하여야 한다. 다만, 부득이하게 통로면으로부터 높이 2미터 이내에 장애물을 설치할 수밖에 없거나 통로면으로부터 높이 2미터 이내의 장애물을 제거하는 것이 곤란하다고 고용노동부장관이 인정하는 경우에는 근로자에게 발생할 수 있는 부상 등의 위험을 방지하기 위한 안전 조치를 하여야 한다.

제23조(가설통로의 구조) 21. 4. 25 기 23. 4. 23 기 23. 7. 22 산 등 5회 이상 출제

사업주는 가설통로를 설치하는 경우 다음 각 호의 사항을 준수하여야 한다.
1. 견고한 구조로 할 것
2. 경사는 30도 이하로 할 것. 다만, 계단을 설치하거나 높이 2미터 미만의 가설통로로서 튼튼한 손잡이를 설치한 경우에는 그러하지 아니하다.
3. 경사가 15도를 초과하는 경우에는 미끄러지지 아니하는 구조로 할 것
4. 추락할 위험이 있는 장소에는 안전난간을 설치할 것. 다만, 작업상 부득이한 경우에는 필요한 부분만 임시로 해체할 수 있다.
5. 수직갱에 가설된 통로의 길이가 15미터 이상인 경우에는 10미터 이내마다 계단참을 설치할 것
6. 건설공사에 사용하는 높이 8미터 이상인 비계다리에는 7미터 이내마다 계단참을 설치할 것

제24조(사다리식 통로 등의 구조) 21. 7. 10 산 22. 7. 24 기 22. 5. 7 기

① 사업주는 사다리식 통로 등을 설치하는 경우 다음 각 호의 사항을 준수하여야 한다.
1. 견고한 구조로 할 것
2. 심한 손상·부식 등이 없는 재료를 사용할 것
3. 발판의 간격은 일정하게 할 것
4. 발판과 벽과의 사이는 15센티미터 이상의 간격을 유지할 것
5. 폭은 30센티미터 이상으로 할 것
6. 사다리가 넘어지거나 미끄러지는 것을 방지하기 위한 조치를 할 것

> **합격예측 및 관련법규**
>
> **제32조(보호구의 지급 등)**
> ① 사업주는 다음 각 호의 어느 하나에 해당하는 작업을 하는 근로자에 대해서는 다음 각 호의 구분에 따라 그 작업조건에 맞는 보호구를 작업하는 근로자 수 이상으로 지급하고 착용하도록 하여야 한다.〈개정 2017. 3. 3.〉 **23. 4. 23 기**
> 1. 물체가 떨어지거나 날아올 위험 또는 근로자가 추락할 위험이 있는 작업 : 안전모
> 2. 높이 또는 깊이 2미터 이상의 추락할 위험이 있는 장소에서 하는 작업 : 안전대(安全帶)
> 3. 물체의 낙하·충격, 물체에의 끼임, 감전 또는 정전기의 대전(帶電)에 의한 위험이 있는 작업 : 안전화
> 4. 물체가 흩날릴 위험이 있는 작업 : 보안경
> 5. 용접 시 불꽃이나 물체가 흩날릴 위험이 있는 작업 : 보안면
> 6. 감전의 위험이 있는 작업 : 절연용 보호구
> 7. 고열에 의한 화상 등의 위험이 있는 작업 : 방열복
> 8. 선창 등에서 분진(粉塵)이 심하게 발생하는 하역작업 : 방진마스크
> 9. 섭씨 영하 18도 이하인 급냉동어창에서 하는 하역작업 : 방한모·방한복·방한화·방한장갑
> 10. 물건을 운반하거나 수거·배달하기 위하여 「도로교통법」 제2조제18호가목5)에 따른 이륜자동차 또는 같은 법 제2조제19호에 따른 원동기장치자전거를 운행하는 작업 : 「도로교통법 시행규칙」 제32조제1항 각 호의 기준에 적합한 승차용 안전모
> 11. 물건을 운반하거나 수거·배달하기 위해 「도로교통법」 제2조제21호의2에 따른 자전거등을 운행하는 작업 : 「도로교통법 시행규칙」 제32조제2항의 기준에 적합한 안전모
> ② 사업주로부터 제1항에 따른 보호구를 받거나 착용 지시를 받은 근로자는 그 보호구를 착용하여야 한다.

7. 사다리의 상단은 걸쳐놓은 지점으로부터 60센티미터 이상 올라가도록 할 것
8. 사다리식 통로의 길이가 10미터 이상인 경우에는 5미터 이내마다 계단참을 설치할 것
9. 사다리식 통로의 기울기는 75도 이하로 할 것. 다만, 고정식 사다리식 통로의 기울기는 90도 이하로 하고, 그 높이가 7미터 이상인 경우에는 다음 각 목의 구분에 따른 조치를 할 것
   가. 등받이울이 있어도 근로자 이동에 지장이 없는 경우: 바닥으로부터 높이가 2.5미터 되는 지점부터 등받이울을 설치할 것
   나. 등받이울이 있으면 근로자가 이동이 곤란한 경우: 한국산업표준에서 정하는 기준에 적합한 개인용 추락 방지 시스템을 설치하고 근로자로 하여금 한국산업표준에서 정하는 기준에 적합한 전신안전대를 사용하도록 할 것
10. 접이식 사다리 기둥은 사용 시 접혀지거나 펼쳐지지 않도록 철물 등을 사용하여 견고하게 조치할 것

② 잠함(潛函) 내 사다리식 통로와 건조·수리 중인 선박의 구명줄이 설치된 사다리식 통로(건조·수리작업을 위하여 임시로 설치한 사다리식 통로는 제외한다)에 대해서는 제1항제5호부터 제10호까지의 규정을 적용하지 아니한다.

제25조(갱내통로 등의 위험방지)

사업주는 갱내에 설치한 통로 또는 사다리식 통로에 권상장치(卷上裝置)가 설치된 경우 권상장치와 근로자의 접촉에 의한 위험이 있는 장소에 판자벽이나 그 밖에 위험방지를 위한 격벽(隔壁)을 설치하여야 한다.

3 계단의 안전보건규칙

제26조(계단의 강도)

① 사업주는 계단 및 계단참을 설치하는 경우 매제곱미터당 500킬로그램 이상의 하중에 견딜 수 있는 강도를 가진 구조로 설치하여야 하며, 안전율[안전의 정도를 표시하는 것으로서 재료의 파괴응력도(破壞應力度)와 허용응력도(許容應力度)의 비율을 말한다]은 4 이상으로 하여야 한다.
② 사업주는 계단 및 승강구 바닥을 구멍이 있는 재료로 만드는 경우 렌치나 그 밖의 공구 등이 낙하할 위험이 없는 구조로 하여야 한다.

제27조(계단의 폭)

① 사업주는 계단을 설치하는 경우 그 폭을 1미터 이상으로 하여야 한다. 다만, 급유용·보수용·비상용 계단 및 나선형 계단인 경우에는 그러하지 아니하다.
② 사업주는 계단에 손잡이 외의 다른 물건 등을 설치하거나 쌓아 두어서는 아니 된다.

제28조(계단참의 높이)

사업주는 높이가 3미터를 초과하는 계단에 높이 3미터 이내마다 너비 1.2미터 이상의 계단참을 설치하여야 한다.

제29조(천장의 높이)

사업주는 계단을 설치하는 경우 바닥면으로부터 높이 2미터 이내의 공간에 장애물이 없도록 하여야 한다. 다만, 급유용·보수용·비상용 계단 및 나선형 계단인 경우에는 그러하지 아니하다.

제30조(계단의 난간)

사업주는 높이 1미터 이상인 계단의 개방된 측면에 안전난간을 설치하여야 한다.

4 양중기 안전보건규칙

제132조(양중기)

① 양중기란 다음 각 호의 기계를 말한다.
  1. 크레인[호이스트(hoist)를 포함한다]
  2. 이동식 크레인
  3. 리프트(이삿짐운반용 리프트의 경우에는 적재하중이 0.1톤 이상인 것으로 한정한다)
  4. 곤돌라
  5. 승강기

② 제1항 각 호의 기계의 뜻은 다음 각 호와 같다.
  1. "크레인"이란 동력을 사용하여 중량물을 매달아 상하 및 좌우[수평 또는 선회(旋回)를 말한다]로 운반하는 것을 목적으로 하는 기계 또는 기계장치를 말하며, "호이스트"란 훅이나 그 밖의 달기구 등을 사용하여 화물을 권상 및 횡행 또는 권상동작만을 하여 양중하는 것을 말한다.
  2. "이동식 크레인"이란 원동기를 내장하고 있는 것으로서 불특정 장소에 스스로 이동할 수 있는 크레인으로 동력을 사용하여 중량물을 매달아 상하 및 좌우(수평 또는 선회를 말한다)로 운반하는 설비로서 「건설기계관리법」을 적용 받는 기중기 또는 「자동차관리법」 제3조에 따른 화물·특수자동차의 작업부에 탑재하여 화물운반 등에 사용하는 기계 또는 기계장치를 말한다.
  3. "리프트"란 동력을 사용하여 사람이나 화물을 운반하는 것을 목적으로 하는 기계설비로서 다음 각 목의 것을 말한다.
     가. 건설용 리프트 : 동력을 사용하여 가이드레일을 따라 상하로 움직이는 운반구를 매달아 사람이나 화물을 운반할 수 있는 설비 또는 이와 유사한 구조 및 성능을 가진 것으로 건설현장에서 사용하는 것

나. 산업용 리프트 : 동력을 사용하여 가이드레일을 따라 상하로 움직이는 운반구를 매달아 화물을 운반할 수 있는 설비 또는 이와 유사한 구조 및 성능을 가진 것으로 건설현장 외의 장소에서 사용하는 것

다. 자동차정비용 리프트 : 동력을 사용하여 가이드레일을 따라 움직이는 지지대로 자동차 등을 일정한 높이로 올리거나 내리는 구조의 리프트로서 자동차 정비에 사용하는 것

라. 이삿짐운반용 리프트 : 연장 및 축소가 가능하고 끝단을 건축물 등에 지지하는 구조의 사다리형 붐에 따라 동력을 사용하여 움직이는 운반구를 매달아 화물을 운반하는 설비로서 화물자동차 등 차량 위에 탑재하여 이삿짐 운반 등에 사용하는 것

4. "곤돌라"란 달기발판 또는 운반구, 승강장치, 그 밖의 장치 및 이들에 부속된 기계부품에 의하여 구성되고, 와이어로프 또는 달기강선에 의하여 달기발판 또는 운반구가 전용 승강장치에 의하여 오르내리는 설비를 말한다.

5. "승강기"란 건축물이나 고정된 시설물에 설치되어 일정한 경로에 따라 사람이나 화물을 승강장으로 옮기는 데에 사용되는 설비로서 다음 각 목의 것을 말한다.

가. 승객용 엘리베이터 : 사람의 운송에 적합하게 제조·설치된 엘리베이터

나. 승객화물용 엘리베이터 : 사람의 운송과 화물 운반을 겸용하는데 적합하게 제조·설치된 엘리베이터

다. 화물용 엘리베이터 : 화물 운반에 적합하게 제조·설치된 엘리베이터로서 조작자 또는 화물취급자 1명은 탑승할 수 있는 것(적재용량이 300킬로그램 미만인 것은 제외한다)

라. 소형화물용 엘리베이터 : 음식물이나 서적 등 소형 화물의 운반에 적합하게 제조·설치된 엘리베이터로서 사람의 탑승이 금지된 것

마. 에스컬레이터 : 일정한 경사로 또는 수평로를 따라 위·아래 또는 옆으로 움직이는 디딤판을 통해 사람이나 화물을 승강장으로 운송시키는 설비

제133조(정격하중 등의 표시)

사업주는 양중기(승강기는 제외한다) 및 달기구를 사용하여 작업하는 운전자 또는 작업자가 보기 쉬운 곳에 해당 기계의 정격하중, 운전속도, 경고표시 등을 부착하여야 한다. 다만, 달기구는 정격하중만 표시한다.

제134조(방호장치의 조정)

① 사업주는 다음 각 호의 양중기에 과부하방지장치, 권과방지장치(捲過防止裝置), 비상정지장치 및 제동장치, 그 밖의 방호장치[승강기의 파이널 리밋 스

위치(final limit switch), 속도조절기, 출입문 인터 록(inter lock) 등을 말한다]가 정상적으로 작동될 수 있도록 미리 조정해 두어야 한다.

1. 크레인
2. 이동식 크레인
3. 삭제〈2019. 4. 9.〉
4. 리프트
5. 곤돌라
6. 승강기

② 제1항제1호 및 제2호의 양중기에 대한 권과방지장치는 훅·버킷 등 달기구의 윗면(그 달기구에 권상용 도르래가 설치된 경우에는 권상용 도르래의 윗면)이 드럼, 상부 도르래, 트롤리프레임 등 권상장치의 아랫면과 접촉할 우려가 있는 경우에 그 간격이 0. 25미터 이상[직동식(直動式) 권과방지장치는 0.05미터 이상으로 한다]이 되도록 조정하여야 한다.

③ 제2항의 권과방지장치를 설치하지 않은 크레인에 대해서는 권상용 와이어로프에 위험표시를 하고 경보장치를 설치하는 등 권상용 와이어로프가 지나치게 감겨서 근로자가 위험해질 상황을 방지하기 위한 조치를 하여야 한다.

제135조(과부하의 제한 등)

사업주는 제132조제1항 각 호의 양중기에 그 적재하중을 초과하는 하중을 걸어서 사용하도록 해서는 아니 된다.

5 크레인 안전보건규칙

제136조(안전밸브의 조정)

사업주는 유압을 동력으로 사용하는 크레인의 과도한 압력상승을 방지하기 위한 안전밸브에 대하여 정격하중(지브 크레인은 최대의 정격하중으로 한다)을 건 때의 압력 이하로 작동되도록 조정하여야 한다. 다만, 하중시험 또는 안전도시험을 하는 경우 그러하지 아니하다.

제137조(해지장치의 사용)

사업주는 훅걸이용 와이어로프 등이 훅으로부터 벗겨지는 것을 방지하기 위한 장치 (이하 "해지장치"라 한다)를 구비한 크레인을 사용하여야 하며, 그 크레인을 사용하여 짐을 운반하는 경우에는 해지장치를 사용하여야 한다.

제138조(경사각의 제한)

사업주는 지브 크레인을 사용하여 작업을 하는 경우에 크레인 명세서에 적혀 있는 지브의 경사각(인양하중이 3톤 미만인 지브 크레인의 경우에는 제조한 자가 지정한 지브의 경사각)의 범위에서 사용하도록 하여야 한다.

제139조(크레인의 수리 등의 작업)

① 사업주는 같은 주행로에 병렬로 설치되어 있는 주행 크레인의 수리·조정 및 점검 등의 작업을 하는 경우, 주행로상이나 그 밖에 주행 크레인이 근로자와 접촉할 우려가 있는 장소에서 작업을 하는 경우 등에 주행 크레인끼리 충돌하거나 주행 크레인이 근로자와 접촉할 위험을 방지하기 위하여 감시인을 두고 주행로상에 스토퍼(stopper)를 설치하는 등 위험방지 조치를 하여야 한다.

② 사업주는 갠트리 크레인 등과 같이 작업장 바닥에 고정된 레일을 따라 주행하는 크레인의 새들(saddle) 돌출부와 주변 구조물 사이의 안전공간이 40센티미터 이상 되도록 바닥에 표시를 하는 등 안전공간을 확보하여야 한다.

제140조(폭풍에 의한 이탈 방지)

사업주는 순간풍속이 초당 30미터를 초과하는 바람이 불어올 우려가 있는 경우 옥외에 설치되어 있는 주행 크레인에 대하여 이탈방지장치를 작동시키는 등 이탈방지를 위한 조치를 하여야 한다.

제141조(조립 등의 작업 시 조치사항)

사업주는 크레인의 설치·조립·수리·점검 또는 해체 작업을 하는 경우 다음 각 호의 조치를 하여야 한다.

1. 작업순서를 정하고 그 순서에 따라 작업을 할 것
2. 작업을 할 구역에 관계 근로자가 아닌 사람의 출입을 금지하고 그 취지를 보기 쉬운 곳에 표시할 것
3. 비, 눈, 그 밖에 기상상태의 불안정으로 날씨가 몹시 나쁜 경우에는 그 작업을 중지시킬 것
4. 작업장소는 안전한 작업이 이루어질 수 있도록 충분한 공간을 확보하고 장애물이 없도록 할 것
5. 들어올리거나 내리는 기자재는 균형을 유지하면서 작업을 하도록 할 것
6. 크레인의 성능, 사용조건 등에 따라 충분한 응력(應力)을 갖는 구조로 기초를 설치하고 침하 등이 일어나지 않도록 할 것
7. 규격품인 조립용 볼트를 사용하고 대칭되는 곳을 차례로 결합하고 분해할 것

제142조(타워크레인의 지지)

① 사업주는 타워크레인을 자립고(自立高) 이상의 높이로 설치하는 경우 건축물 등의 벽체에 지지하도록 하여야 한다. 다만, 지지할 벽체가 없는 등 부득이한 경우에는 와이어로프에 의하여 지지할 수 있다.

② 사업주는 타워크레인을 벽체에 지지하는 경우 다음 각 호의 사항을 준수하여야 한다.

1. 「산업안전보건법 시행규칙」 제110조제1항제2호에 따른 서면심사에 관한 서류(「건설기계관리법」 제18조에 따른 형식승인서류를 포함한다) 또는 제조사의 설치작업설명서 등에 따라 설치할 것
2. 제1호의 서면심사 서류 등이 없거나 명확하지 아니한 경우에는 「국가기술자격법」에 따른 건축구조·건설기계·기계안전·건설안전기술사 또는 건설안전분야 산업안전지도사의 확인을 받아 설치하거나 기종별·모델별 공인된 표준방법으로 설치할 것
3. 콘크리트구조물에 고정시키는 경우에는 매립이나 관통 또는 이와 같은 수준 이상의 방법으로 충분히 지지되도록 할 것
4. 건축 중인 시설물에 지지하는 경우에는 그 시설물의 구조적 안정성에 영향이 없도록 할 것

③ 사업주는 타워크레인을 와이어로프로 지지하는 경우 다음 각 호의 사항을 준수해야 한다.
1. 제2항제1호 또는 제2호의 조치를 취할 것
2. 와이어로프를 고정하기 위한 전용 지지프레임을 사용할 것
3. 와이어로프 설치각도는 수평면에서 60도 이내로 하되, 지지점은 4개소 이상으로 하고, 같은 각도로 설치할 것
4. 와이어로프와 그 고정부위는 충분한 강도와 장력을 갖도록 설치하고, 와이어로프를 클립·샤클(shackle, 연결고리) 등의 고정기구를 사용하여 견고하게 고정시켜 풀리지 않도록 하며, 사용 중에는 충분한 강도와 장력을 유지하도록 할 것. 이 경우 클립·샤클 등의 고정기구는 한국산업표준 제품이거나 한국산업표준이 없는 제품의 경우에는 이에 준하는 규격을 갖춘 제품이어야 한다.
5. 와이어로프가 가공전선(架空電線)에 근접하지 않도록 할 것

제143조(폭풍 등으로 인한 이상 유무 점검)

사업주는 순간풍속이 초당 30미터를 초과하는 바람이 불거나 중진(中震) 이상 진도의 지진이 있은 후에 옥외에 설치되어 있는 양중기를 사용하여 작업을 하는 경우에는 미리 기계 각 부위에 이상이 있는지를 점검하여야 한다.

제144조(건설물 등과의 사이 통로)

① 사업주는 주행 크레인 또는 선회 크레인과 건설물 또는 설비와의 사이에 통로를 설치하는 경우 그 폭을 0.6미터 이상으로 하여야 한다. 다만, 그 통로 중 건설물의 기둥에 접촉하는 부분에 대해서는 0.4미터 이상으로 할 수 있다.
② 사업주는 제1항에 따른 통로 또는 주행궤도 상에서 정비·보수·점검 등의 작업을 하는 경우 그 작업에 종사하는 근로자가 주행하는 크레인에 접촉될 우려가 없도록 크레인의 운전을 정지시키는 등 필요한 안전 조치를 하여야 한다.

제145조(건설물 등의 벽체와 통로의 간격 등)

사업주는 다음 각 호의 간격을 0. 3미터 이하로 하여야 한다. 다만, 근로자가 추락할 위험이 없는 경우에는 그 간격을 0.3미터 이하로 유지하지 아니할 수 있다.
1. 크레인의 운전실 또는 운전대를 통하는 통로의 끝과 건설물 등의 벽체의 간격
2. 크레인 거더(girder)의 통로 끝과 크레인 거더의 간격
3. 크레인 거더의 통로로 통하는 통로의 끝과 건설물 등의 벽체의 간격

제146조(크레인 작업 시의 조치)

① 사업주는 크레인을 사용하여 작업을 하는 경우 다음 각 호의 조치를 준수하고, 그 작업에 종사하는 관계 근로자가 그 조치를 준수하도록 하여야 한다.
1. 인양할 하물(荷物)을 바닥에서 끌어당기거나 밀어내는 작업을 하지 아니할 것
2. 유류드럼이나 가스통 등 운반 도중에 떨어져 폭발하거나 누출될 가능성이 있는 위험물 용기는 보관함(또는 보관고)에 담아 안전하게 매달아 운반할 것
3. 고정된 물체를 직접 분리·제거하는 작업을 하지 아니할 것
4. 미리 근로자의 출입을 통제하여 인양 중인 하물이 작업자의 머리 위로 통과하지 않도록 할 것
5. 인양할 하물이 보이지 아니하는 경우에는 어떠한 동작도 하지 아니할 것 (신호하는 사람에 의하여 작업을 하는 경우는 제외한다)

② 사업주는 조종석이 설치되지 아니한 크레인에 대하여 다음 각 호의 조치를 하여야 한다.
1. 고용노동부장관이 고시하는 크레인의 제작기준과 안전기준에 맞는 무선원격제어기 또는 펜던트 스위치를 설치·사용할 것
2. 무선원격제어기 또는 펜던트 스위치를 취급하는 근로자에게는 작동요령 등 안전조작에 관한 사항을 충분히 주지시킬 것

③ 사업주는 타워크레인을 사용하여 작업을 하는 경우 타워크레인마다 근로자와 조종하는 사람간에 신호업무를 담당하는 사람을 각각 두어야 한다.

6 이동식 크레인 안전보건규칙

제147조(설계기준 준수)

사업주는 이동식 크레인을 사용하는 경우에 그 이동식 크레인이 넘어지거나 그 이동식 크레인의 구조 부분을 구성하는 강재 등이 변형되거나 부러지는 일 등을 방지하기 위하여 해당 이동식 크레인의 설계기준(제조자가 제공하는 사용설명서)을 준수하여야 한다.

제148조(안전밸브의 조정)

사업주는 유압을 동력으로 사용하는 이동식 크레인의 과도한 압력상승을 방지하기 위한 안전밸브에 대하여 최대의 정격하중을 건 때의 압력 이하로 작동되도록 조정하여야 한다. 다만, 하중시험 또는 안전도시험을 실시할 때에 시험하중에 맞는 압력으로 작동될 수 있도록 조정한 경우에는 그러하지 아니하다.

제149조(해지장치의 사용)

사업주는 이동식 크레인을 사용하여 화물을 운반하는 경우에는 해지장치를 사용하여야 한다.

제150조(경사각의 제한)

사업주는 이동식 크레인을 사용하여 작업을 하는 경우 이동식 크레인 명세서에 적혀 있는 지브의 경사각(인양하중이 3톤 미만인 이동식 크레인의 경우에는 제조한 자가 지정한 지브의 경사각)의 범위에서 사용하도록 하여야 한다.

7 리프트 안전보건규칙

제151조(권과 방지 등)

사업주는 리프트(자동차정비용 리프트는 제외한다. 이하 이 관에서 같다)의 운반구 이탈 등의 위험을 방지하기 위하여 권과방지장치, 과부하방지장치, 비상정지장치 등을 설치하는 등 필요한 조치를 하여야 한다.

제152조(무인작동의 제한)

① 사업주는 운반구의 내부에만 탑승조작장치가 설치되어 있는 리프트를 사람이 탑승하지 아니한 상태로 작동하게 해서는 아니 된다.
② 사업주는 리프트 조작반(盤)에 잠금장치를 설치하는 등 관계 근로자가 아닌 사람이 리프트를 임의로 조작함으로써 발생하는 위험을 방지하기 위하여 필요한 조치를 하여야 한다.

제153조(피트 청소 시의 조치)

사업주는 리프트의 피트 등의 바닥을 청소하는 경우 운반구의 낙하에 의한 근로자의 위험을 방지하기 위하여 다음 각 호의 조치를 하여야 한다.
1. 승강로에 각재 또는 원목 등을 걸칠 것
2. 제1호에 따라 걸친 각재(角材) 또는 원목 위에 운반구를 놓고 역회전방지기가 붙은 브레이크를 사용하여 구동모터 또는 윈치(winch)를 확실하게 제동해 둘 것

제154조(붕괴 등의 방지)

① 사업주는 지반침하, 불량한 자재사용 또는 헐거운 결선(結線) 등으로 리프트가 붕괴되거나 넘어지지 않도록 필요한 조치를 하여야 한다.
② 사업주는 순간풍속이 초당 35미터를 초과하는 바람이 불어올 우려가 있는 경우 건설용 리프트(지하에 설치되어 있는 것은 제외한다)에 대하여 받침의 수를 증가시키는 등 그 붕괴 등을 방지하기 위한 조치를 하여야 한다.

제155조(운반구의 정지위치)

사업주는 리프트 운반구를 주행로 위에 달아 올린 상태로 정지시켜 두어서는 아니 된다.

제156조(조립 등의 작업)

① 사업주는 리프트의 설치·조립·수리·점검 또는 해체 작업을 하는 경우 다음 각 호의 조치를 하여야 한다.
 1. 작업을 지휘하는 사람을 선임하여 그 사람의 지휘하에 작업을 실시할 것
 2. 작업을 할 구역에 관계 근로자가 아닌 사람의 출입을 금지하고 그 취지를 보기 쉬운 장소에 표시할 것
 3. 비, 눈, 그 밖에 기상상태의 불안정으로 날씨가 몹시 나쁜 경우에는 그 작업을 중지시킬 것
② 사업주는 제1항제1호의 작업을 지휘하는 사람에게 다음 각 호의 사항을 이행하도록 하여야 한다.
 1. 작업방법과 근로자의 배치를 결정하고 해당 작업을 지휘하는 일
 2. 재료의 결함 유무 또는 기구 및 공구의 기능을 점검하고 불량품을 제거하는 일
 3. 작업 중 안전대 등 보호구의 착용 상황을 감시하는 일

제157조(이삿짐운반용 리프트 운전방법의 주지)

사업주는 이삿짐운반용 리프트를 사용하는 근로자에게 운전방법 및 고장이 났을 경우의 조치방법을 주지시켜야 한다.

제158조(이삿짐 운반용 리프트 전도의 방지)

사업주는 이삿짐 운반용 리프트를 사용하는 작업을 하는 경우 이삿짐 운반용 리프트의 전도를 방지하기 위하여 다음 각 호를 준수하여야 한다.
 1. 아웃트리거가 정해진 작동위치 또는 최대전개위치에 있지 않는 경우(아웃트리거 발이 닿지 않는 경우를 포함한다)에는 사다리 붐 조립체를 펼친 상태에서 화물 운반작업을 하지 않을 것

2. 사다리 붐 조립체를 펼친 상태에서 이삿짐 운반용 리프트를 이동시키지 않을 것
3. 지반의 부동침하 방지 조치를 할 것

제159조(화물의 낙하 방지)

사업주는 이삿짐 운반용 리프트 운반구로부터 화물이 빠지거나 떨어지지 않도록 다음 각 호의 낙하방지 조치를 하여야 한다.
1. 화물을 적재시 하중이 한쪽으로 치우치지 않도록 할 것
2. 적재화물이 떨어질 우려가 있는 경우에는 화물에 로프를 거는 등 낙하 방지 조치를 할 것

8 곤돌라 안전보건규칙

제160조(운전방법 등의 주지)

사업주는 곤돌라의 운전방법 또는 고장이 났을 때의 처치방법을 그 곤돌라를 사용하는 근로자에게 주지시켜야 한다.

9 승강기 안전보건규칙

제161조(폭풍에 의한 무너짐 방지)

사업주는 순간풍속이 초당 35미터를 초과하는 바람이 불어 올 우려가 있는 경우 옥외에 설치되어 있는 승강기에 대하여 받침의 수를 증가시키는 등 승강기가 무너지는 것을 방지하기 위한 조치를 해야 한다.

제162조(조립 등의 작업)

① 사업주는 사업장에 승강기의 설치·조립·수리·점검 또는 해체 작업을 하는 경우 다음 각 호의 조치를 해야 한다. 12. 7. 8 기 19. 6. 29 기 22. 5. 7 산
1. 작업을 지휘하는 사람을 선임하여 그 사람의 지휘하에 작업을 실시할 것
2. 작업을 할 구역에 관계 근로자가 아닌 사람의 출입을 금지하고 그 취지를 보기 쉬운 장소에 표시할 것
3. 비, 눈, 그 밖에 기상상태의 불안정으로 날씨가 몹시 나쁜 경우에는 그 작업을 중지시킬 것

② 사업주는 제1항제1호의 작업을 지휘하는 사람에게 다음 각 호의 사항을 이행하도록 하여야 한다.

1. 작업방법과 근로자의 배치를 결정하고 해당 작업을 지휘하는 일
2. 재료의 결함 유무 또는 기구 및 공구의 기능을 점검하고 불량품을 제거하는 일
3. 작업 중 안전대 등 보호구의 착용 상황을 감시하는 일

10 양중기의 와이어로프 등의 안전보건규칙

제163조(와이어로프 등 달기구의 안전계수) 22. 5. 7 기

① 사업주는 양중기의 와이어로프 등 달기구의 안전계수(달기구 절단하중의 값을 그 달기구에 걸리는 하중의 최대값으로 나눈 값을 말한다)가 다음 각 호의 구분에 따른 기준에 맞지 아니한 경우에는 이를 사용해서는 아니 된다.
1. 근로자가 탑승하는 운반구를 지지하는 달기와이어로프 또는 달기체인의 경우: 10 이상
2. 화물의 하중을 직접 지지하는 달기와이어로프 또는 달기체인의 경우 : 5 이상
3. 훅, 샤클, 클램프, 리프팅 빔의 경우 : 3 이상
4. 그 밖의 경우 : 4 이상

> 참고
>
> **건설기계안전기준에 관한 규칙** [시행 2021. 1. 1.] [국토교통부령 제751호]
>
> | 와이어로프의 종류 | 안전율 |
> |---|---|
> | 권상용 와이어로프, 지브의 기복용 와이어로프 및 호스트로프 | 4.5 |
> | 붐 신축용 또는 지지 로프, 지브의 지지용 와이어로프, 보조 로프 및 고정용 와이어로프 | 3.35 |

② 사업주는 달기구의 경우 최대허용하중 등의 표식이 견고하게 붙어 있는 것을 사용하여야 한다.

제164조(고리걸이 훅 등의 안전계수)

사업주는 양중기의 달기 와이어로프 또는 달기 체인과 일체형인 고리걸이 훅 또는 샤클의 안전계수(훅 또는 샤클의 절단하중 값을 각각 그 훅 또는 샤클에 걸리는 하중의 최대값으로 나눈 값을 말한다)가 사용되는 달기 와이어로프 또는 달기 체인의 안전계수와 같은 값 이상의 것을 사용하여야 한다.

합격예측

서류의 보존

① 법 제64조 제1항 단서에 따라 제94조에 따른 작업환경측정 결과를 기록한 서류는 보존(전자적 방법으로 하는 보존을 포함한다)기간을 5년으로 한다. 다만, 고용노동부장관이 고시하는 발암성 확인물질에 대한 기록이 포함된 서류는 그 보존기간을 30년으로 한다.

② 지정측정기관은 작업환경측정을 한 경우에는 법 제64조 제2항에 따라 다음 각 호의 사항을 적은 서류를 보존하여야 한다.
㉮ 측정 대상 사업장의 명칭 및 소재지
㉯ 측정 연월일
㉰ 측정을 한 사람의 성명
㉱ 측정방법 및 측정 결과
㉲ 기기를 사용하여 분석한 경우에는 분석자·분석방법 및 분석자료 등 분석과 관련된 사항

제165조(와이어로프의 절단방법 등)

① 사업주는 와이어로프를 절단하여 양중(揚重)작업용구를 제작하는 경우 반드시 기계적인 방법으로 절단하여야 하며, 가스용단(溶斷) 등 열에 의한 방법으로 절단해서는 아니 된다.

② 사업주는 아크(arc), 화염, 고온부 접촉 등으로 인하여 열영향을 받은 와이어로프를 사용해서는 아니 된다.

제166조(이음매가 있는 와이어로프 등의 사용 금지)

와이어로프의 사용에 관하여는 제63조제1항제1호를 준용한다. 이 경우 "달비계"는 "양중기"로 본다.

제167조(늘어난 달기체인 등의 사용 금지)

달기 체인 사용에 관하여는 제63조제1항제2호를 준용한다. 이 경우 "달비계"는 "양중기"로 본다.

제168조(변형되어 있는 훅·샤클 등의 사용금지 등)

① 사업주는 훅·샤클·클램프 및 링 등의 철구로서 변형되어 있는 것 또는 균열이 있는 것을 크레인 또는 이동식 크레인의 고리걸이용구로 사용해서는 아니 된다.

② 사업주는 중량물을 운반하기 위해 제작하는 지그, 훅의 구조를 운반 중 주변 구조물과의 충돌로 슬링이 이탈되지 않도록 하여야 한다.

③ 사업주는 안전성 시험을 거쳐 안전율이 3 이상 확보된 중량물 취급용구를 구매하여 사용하거나 자체 제작한 중량물 취급용구에 대하여 비파괴시험을 하여야 한다.

제169조(꼬임이 끊어진 섬유로프 등의 사용금지)

섬유로프 사용에 관하여는 제63조제2항제9호를 준용한다. 이 경우 "달비계"는 "양중기"로 본다. 〈개정 2022. 10. 18〉

제170조(링 등의 구비)

① 사업주는 엔드리스(endless)가 아닌 와이어로프 또는 달기 체인에 대하여 그 양단에 훅·샤클·링 또는 고리를 구비한 것이 아니면 크레인 또는 이동식 크레인의 고리걸이용구로 사용해서는 아니 된다.

② 제1항에 따른 고리는 꼬아넣기[아이 스플라이스(eye splice)를 말한다. 이하 같다], 압축멈춤 또는 이러한 것과 같은 정도 이상의 힘을 유지하는 방법으로 제작된 것이어야 한다. 이 경우 꼬아넣기는 와이어로프의 모든 꼬임을 3회 이상 끼워 짠 후 각각의 꼬임의 소선 절반을 잘라내고 남은 소선을 다시 2회 이상(모든 꼬임을 4회 이상 끼워 짠 경우에는 1회 이상) 끼워 짜야 한다.

Q 은행문제

파단하중이 42.8[kN]인 와이어로프로 1,200[kg]의 화물을 두줄걸이로 상부 각도 108[°]의 각도로 들어올릴 때, ① 안전율과 ② 안전율의 만족·불만족을 판단하시오.(5점)

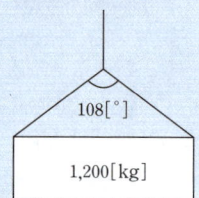

정답

① 하중(T) = $\dfrac{\dfrac{W}{2}}{\cos\dfrac{\theta}{2}}$

$= \dfrac{\dfrac{1,200 \times 9.8}{2}}{\cos\dfrac{108°}{2}}$

$= 10,014 = 10.01$[kN]

② 안전율 = $\dfrac{\text{파단하중}}{\text{작용하중}}$

$= \dfrac{42.8}{10} = 4.275 ≒ 4.28$

③ 불만족 : 안전율이 5 미만이기 때문

04. 4. 25 산 11. 5. 1 산
16. 10. 9 기 20. 7. 26 산
23. 7. 22 기

11 차량계 하역운반기계의 안전보건규칙

제171조(전도 등의 방지) 22. 5. 7 산

사업주는 차량계 하역운반기계 등을 사용하는 작업을 할 때에 그 기계가 넘어지거나 굴러떨어짐으로써 근로자에게 위험을 미칠 우려가 있는 경우에는 그 기계를 ① 유도하는 사람(이하 "유도자"라 한다)을 배치하고 ② 지반의 부동침하와 방지 및 ③ 갓길 붕괴를 방지하기 위한 조치를 하여야 한다.

제172조(접촉의 방지)

① 사업주는 차량계 하역운반기계 등을 사용하여 작업을 하는 경우에 하역 또는 운반 중인 화물이나 그 차량계 하역운반기계 등에 접촉되어 근로자가 위험해질 우려가 있는 장소에는 근로자를 출입시켜서는 아니 된다. 다만, 제39조에 따른 작업지휘자 또는 유도자를 배치하고 그 차량계 하역운반기계 등을 유도하는 경우에는 그러하지 아니하다.
② 차량계 하역운반기계 등의 운전자는 제1항 단서의 작업지휘자 또는 유도자가 유도하는 대로 따라야 한다.

제173조(화물적재 시의 조치)

① 사업주는 차량계 하역운반기계 등에 화물을 적재하는 경우에 다음 각 호의 사항을 준수하여야 한다.
  1. 하중이 한쪽으로 치우치지 않도록 적재할 것
  2. 구내운반차 또는 화물자동차의 경우 화물의 붕괴 또는 낙하에 의한 위험을 방지하기 위하여 화물에 로프를 거는 등 필요한 조치를 할 것
  3. 운전자의 시야를 가리지 않도록 화물을 적재할 것
② 제1항의 화물을 적재하는 경우에는 최대적재량을 초과해서는 아니 된다.

제174조(차량계 하역운반기계 등의 이송)

사업주는 차량계 하역운반기계 등을 이송하기 위하여 자주(自走) 또는 견인에 의하여 화물자동차에 싣거나 내리는 작업을 할 때에 발판·성토 등을 사용하는 경우에는 해당 차량계 하역운반기계 등의 전도 또는 전락에 의한 위험을 방지하기 위하여 다음 각 호의 사항을 준수하여야 한다. 14. 10. 2 산 16. 6. 26 기 22. 5. 7 기
  1. 싣거나 내리는 작업은 평탄하고 견고한 장소에서 할 것
  2. 발판을 사용하는 경우에는 충분한 길이·폭 및 강도를 가진 것을 사용하고 적당한 경사를 유지하기 위하여 견고하게 설치할 것
  3. 가설대 등을 사용하는 경우에는 충분한 폭 및 강도와 적당한 경사를 확보할 것

4. 지정운전자의 성명·연락처 등을 보기 쉬운 곳에 표시하고 지정운전자 외에는 운전하지 않도록 할 것

제175조(주용도 외의 사용 제한)
사업주는 차량계 하역운반기계 등을 화물의 적재·하역 등 주된 용도에만 사용하여야 한다. 다만, 근로자가 위험해질 우려가 없는 경우에는 그러하지 아니하다.

제176조(수리 등의 작업 시 조치)
사업주는 차량계 하역운반기계 등의 수리 또는 부속장치의 장착 및 해체작업을 하는 경우 해당 작업의 지휘자를 지정하여 다음 각 호의 사항을 준수하도록 하여야 한다.
1. 작업순서를 결정하고 작업을 지휘할 것
2. 제20조 각 호 외의 부분 단서의 안전지주 또는 안전블록 등의 사용 상황 등을 점검할 것

제177조(싣거나 내리는 작업)
사업주는 차량계 하역운반기계 등에 단위화물의 무게가 100킬로그램 이상인 화물을 싣는 작업(로프 걸이 작업 및 덮개 덮기 작업을 포함한다. 이하 같다) 또는 내리는 작업(로프 풀기 작업 또는 덮개 벗기기 작업을 포함한다. 이하 같다)을 하는 경우에 해당 작업의 지휘자에게 다음 각 호의 사항을 준수하도록 하여야 한다.
1. 작업순서 및 그 순서마다의 작업방법을 정하고 작업을 지휘할 것
2. 기구와 공구를 점검하고 불량품을 제거할 것
3. 해당 작업을 하는 장소에 관계 근로자가 아닌 사람이 출입하는 것을 금지할 것
4. 로프 풀기 작업 또는 덮개 벗기기 작업은 적재함의 화물이 떨어질 위험이 없음을 확인한 후에 하도록 할 것

제178조(허용하중 초과 등의 제한)
① 사업주는 지게차의 허용하중(지게차의 구조, 재료 및 포크·램 등 화물을 적재하는 장치에 적재하는 화물의 중심위치에 따라 실을 수 있는 최대하중을 말한다)을 초과하여 사용해서는 아니 되며, 안전한 운행을 위한 유지·관리 및 그 밖의 사항에 대하여 해당 지게차를 제조한 자가 제공하는 제품설명서에서 정한 기준을 준수하여야 한다.
② 사업주는 구내운반차, 화물자동차를 사용할 때에는 그 최대적재량을 초과해서는 아니 된다.

12 지게차 안전보건규칙

제179조(전조등의 설치)

① 사업주는 전조등과 후미등을 갖추지 아니한 지게차를 사용해서는 아니 된다. 다만, 작업을 안전하게 수행하기 위하여 필요한 조명이 확보되어 있는 장소에서 사용하는 경우에는 그러하지 아니하다.

② 사업주는 지게차 작업 중 근로자와 충돌할 위험이 있는 경우에는 지게차에 후진경보기와 경광등을 설치하거나 후방감지기를 설치하는 등 후방을 확인할 수 있는 조치를 해야 한다.

제180조(헤드가드) 21. 10. 16 기 등 5회 이상 출제

사업주는 다음 각 호에 따른 적합한 헤드가드(head guard)를 갖추지 아니한 지게차를 사용해서는 안 된다. 다만, 화물의 낙하에 의하여 지게차의 운전자에게 위험을 미칠 우려가 없는 경우에는 그렇지 않다.〈2022. 10. 18. 개정〉

1. 강도는 지게차의 최대하중의 2배 값(4톤을 넘는 값에 대해서는 4톤으로 한다)의 등분포정하중(等分布靜荷重)에 견딜 수 있을 것
2. 상부틀의 각 개구의 폭 또는 길이가 16센티미터 미만일 것
3. 운전자가 앉아서 조작하거나 서서 조작하는 지게차의 헤드가드는 한국산업표준에서 정하는 높이 기준 이상일 것

> **참고** 한국산업표준 ① 좌식 : 0.903[m] ② 입식 : 1.88[m] 이상

제181조(백레스트)

사업주는 백레스트(backrest)를 갖추지 아니한 지게차를 사용해서는 아니 된다. 다만, 마스트의 후방에서 화물이 낙하함으로써 근로자가 위험해질 우려가 없는 경우에는 그러하지 아니하다.

제182조(팔레트 등)

사업주는 지게차에 의한 하역운반작업에 사용하는 팔레트(pallet) 또는 스키드(skid)는 다음 각 호에 해당하는 것을 사용하여야 한다.

1. 적재하는 화물의 중량에 따른 충분한 강도를 가질 것
2. 심한 손상·변형 또는 부식이 없을 것

제183조(좌석 안전띠의 착용 등)

① 사업주는 앉아서 조작하는 방식의 지게차를 운전하는 근로자에게 좌석 안전띠를 착용하도록 하여야 한다.

② 제1항에 따른 지게차를 운전하는 근로자는 좌석 안전띠를 착용하여야 한다.

합격예측 및 관련법규

제184조(제동장치 등) 사업주는 구내운반차(작업장내 운반을 주목적으로 하는 차량으로 한정한다)를 사용하는 경우에 다음 각 호의 사항을 준수하여야 한다.
1. 주행을 제동하거나 정지상태를 유지하기 위하여 유효한 제동장치를 갖출 것
2. 경음기를 갖출 것
3. 핸들의 중심에서 차체 바깥 측까지의 거리가 65센티미터 이상일 것
4. 운전석이 차 실내에 있는 것은 좌우에 한개씩 방향지시기를 갖출 것
5. 전조등과 후미등을 갖출 것. 다만, 작업을 안전하게 하기 위하여 필요한 조명이 있는 장소에서 사용하는 구내운반차에 대해서는 그러하지 아니하다.

합격예측 및 관련법규

제186조(고소작업대 설치 등의 조치) ① 사업주는 고소작업대를 설치하는 경우에는 다음 각 호에 해당하는 것을 설치하여야 한다.
1. 작업대를 와이어로프 또는 체인으로 올리거나 내릴 경우에는 와이어로프 또는 체인이 끊어져 작업대가 떨어지지 아니하는 구조여야 하며, 와이어로프 또는 체인의 안전율은 5 이상일 것
2. 작업대를 유압에 의해 올리거나 내릴 경우에는 작업대를 일정한 위치에 유지할 수 있는 장치를 갖추고 압력의 이상저하를 방지할 수 있는 구조일 것
3. 권과방지장치를 갖추거나 압력의 이상상승을 방지할 수 있는 구조일 것
4. 붐의 최대 지면경사각을 초과 운전하여 전도되지 않도록 할 것
5. 작업대에 정격하중(안전율 5 이상)를 표시할 것
6. 작업대에 끼임·충돌 등 재해를 예방하기 위한 가드 또는 과상승방지장치를 설치할 것

13 차량계 건설기계 안전보건규칙

제196조(차량계 건설기계의 정의)

"차량계 건설기계"란 동력원을 사용하여 특정되지 아니한 장소로 스스로 이동할 수 있는 건설기계로서 별표 6에서 정한 기계를 말한다.

제197조(전조등의 설치)

사업주는 차량계 건설기계에 전조등을 갖추어야 한다. 다만, 작업을 안전하게 수행하기 위하여 필요한 조명이 있는 장소에서 사용하는 경우에는 그러하지 아니하다.

제198조(낙하물 보호구조) 22. 10. 16 산

사업주는 토사 등이 떨어질 우려가 있는 등 위험한 장소에서 차량계 건설기계[불도저, 트랙터, 굴착기, 로더(loader : 흙 따위를 퍼올리는 데 쓰는 기계), 스크레이퍼(scraper : 흙을 절삭·운반하거나 펴 고르는 등의 작업을 하는 토공기계), 덤프트럭, 모터그레이더(motor grader : 땅 고르는 기계), 롤러(roller : 지반 다짐용 건설기계), 천공기, 항타기 및 항발기로 한정한다]를 사용하는 경우에는 해당 차량계 건설기계에 견고한 낙하물 보호구조를 갖춰야 한다.〈개정 2021. 11. 19., 2022. 10. 18.〉
[제목개정 2022. 10. 18.]

제199조(전도 등의 방지)

사업주는 차량계 건설기계를 사용하는 작업할 때에 그 기계가 넘어지거나 굴러떨어짐으로써 근로자가 위험해질 우려가 있는 경우에는 유도하는 사람을 배치하고 지반의 부동침하 방지, 갓길의 붕괴 방지 및 도로 폭의 유지 등 필요한 조치를 하여야 한다.

제200조(접촉 방지)

① 사업주는 차량계 건설기계를 사용하여 작업을 하는 경우에는 운전 중인 해당 차량계 건설기계에 접촉되어 근로자가 부딪칠 위험이 있는 장소에 근로자를 출입시켜서는 아니 된다. 다만, 유도자를 배치하고 해당 차량계 건설기계를 유도하는 경우에는 그러하지 아니하다.
② 차량계 건설기계의 운전자는 제1항 단서의 유도자가 유도하는 대로 따라야 한다.

합격예측 및 관련법규

7. 조작반의 스위치는 눈으로 확인할 수 있도록 명칭 및 방향표시를 유지할 것
② 사업주는 고소작업대를 설치하는 경우에는 다음 각 호의 사항을 준수하여야 한다.
1. 바닥과 고소작업대는 가능하면 수평을 유지하도록 할 것
2. 갑작스러운 이동을 방지하기 위하여 아우트리거 또는 브레이크 등을 확실히 사용할 것
③ 사업주는 고소작업대를 이동하는 경우에는 다음 각 호의 사항을 준수하여야 한다.
1. 작업대를 가장 낮게 내릴 것
2. 작업대를 올린 상태에서 작업자를 태우고 이동하지 말 것. 다만, 이동 중 전도 등의 위험예방을 위하여 유도하는 사람을 배치하고 짧은 구간을 이동하는 경우에는 그러하지 아니하다.
3. 이동통로의 요철상태 또는 장애물의 유무 등을 확인할 것
④ 사업주는 고소작업대를 사용하는 경우에는 다음 각 호의 사항을 준수하여야 한다.
1. 작업자가 안전모·안전대 등의 보호구를 착용하도록 할 것
2. 관계자가 아닌 사람이 작업구역에 들어오는 것을 방지하기 위하여 필요한 조치를 할 것
3. 안전한 작업을 위하여 적정수준의 조도를 유지할 것
4. 전로(電路)에 근접하여 작업을 하는 경우에는 작업감시자를 배치하는 등 감전사고를 방지하기 위하여 필요한 조치를 할 것
5. 작업대를 정기적으로 점검하고 붐·작업대 등 각 부위의 이상 유무를 확인할 것
6. 전환스위치는 다른 물체를 이용하여 고정하지 말 것
7. 작업대는 정격하중을 초과하여 물건을 싣거나 탑승하지 말 것

> **합격예측 및 관련법규**
>
> 8. 작업대의 붐대를 상승시킨 상태에서 탑승자는 작업대를 벗어나지 말 것. 다만, 작업대에 안전대 부착설비를 설치하고 안전대를 연결하였을 때에는 그러하지 아니하다.

제201조(차량계 건설기계의 이송)

사업주는 차량계 건설기계를 이송하기 위하여 자주 또는 견인에 의하여 화물자동차 등에 싣거나 내리는 작업을 할 때에 발판·성토 등을 사용하는 경우에는 해당 차량계 건설기계의 전도 또는 전락에 의한 위험을 방지하기 위하여 다음 각 호의 사항을 준수하여야 한다.

1. 싣거나 내리는 작업은 평탄하고 견고한 장소에서 할 것
2. 발판을 사용하는 경우에는 충분한 길이·폭 및 강도를 가진 것을 사용하고 적당한 경사를 유지하기 위하여 견고하게 설치할 것
3. 마대·가설대 등을 사용하는 경우에는 충분한 폭 및 강도와 적당한 경사를 확보할 것

제202조(승차석 외의 탑승금지)

사업주는 차량계 건설기계를 사용하여 작업을 하는 경우 승차석이 아닌 위치에 근로자를 탑승시켜서는 아니 된다.

제203조(안전도 등의 준수)

사업주는 차량계 건설기계를 사용하여 작업을 하는 경우 그 차량계 건설기계가 넘어지거나 붕괴될 위험 또는 붐·암 등 작업장치가 파괴될 위험을 방지하기 위하여 그 기계의 구조 및 사용상 안전도 및 최대사용하중을 준수하여야 한다.

제204조(주용도 외의 사용 제한)

사업주는 차량계 건설기계를 그 기계의 주된 용도에만 사용하여야 한다. 다만, 근로자가 위험해질 우려가 없는 경우에는 그러하지 아니하다.

제205조(붐 등의 강하에 의한 위험방지)

사업주는 차량계 건설기계의 붐·암 등을 올리고 그 밑에서 수리·점검작업 등을 하는 경우 붐·암 등이 갑자기 내려옴으로써 발생하는 위험을 방지하기 위하여 해당 작업에 종사하는 근로자에게 안전지주 또는 안전블록 등을 사용하도록 하여야 한다.

제206조(수리 등의 작업 시 조치)

사업주는 차량계 건설기계의 수리나 부속장치의 장착 및 제거작업을 하는 경우 그 작업을 지휘하는 사람을 지정하여 다음 각 호의 사항을 준수하도록 하여야 한다.

1. 작업순서를 결정하고 작업을 지휘할 것
2. 제205조의 안전지주 또는 안전블록 등의 사용상황 등을 점검할 것

14 항타기 및 항발기 안전보건규칙

제207조(조립·해체 시 점검)

① 사업주는 항타기 또는 항발기를 조립하거나 해체하는 경우 다음 각 호의 사항을 준수해야 한다. 〈신설 2022. 10. 18.〉
  1. 항타기 또는 항발기에 사용하는 권상기에 쐐기장치 또는 역회전방지용 브레이크를 부착할 것
  2. 항타기 또는 항발기의 권상기가 들리거나 미끄러지거나 흔들리지 않도록 설치할 것
  3. 그 밖에 조립·해체에 필요한 사항은 제조사에서 정한 설치·해체 작업 설명서에 따를 것

② 사업주는 항타기 또는 항발기를 조립하거나 해체하는 경우 다음 각 호의 사항을 점검해야 한다. 〈개정 2022. 10. 18.〉 23. 7. 22 산
  1. 본체 연결부의 풀림 또는 손상의 유무
  2. 권상용 와이어로프·드럼 및 도르래의 부착상태의 이상 유무
  3. 권상장치의 브레이크 및 쐐기장치 기능의 이상 유무
  4. 권상기의 설치상태의 이상 유무
  5. 리더(leader)의 버팀 방법 및 고정상태의 이상 유무
  6. 본체·부속장치 및 부속품의 강도가 적합한지 여부
  7. 본체·부속장치 및 부속품에 심한 손상·마모·변형 또는 부식이 있는지 여부

[제목개정 2022. 10. 18.]

제209조(무너짐의 방지)

사업주는 동력을 사용하는 항타기 또는 항발기에 대하여 무너짐을 방지하기 위하여 다음 각 호의 사항을 준수하여야 한다.
  1. 연약한 지반에 설치하는 경우에는 아웃트리거·받침 등 지지구조물의 침하를 방지하기 위하여 깔판·깔목 등을 사용할 것
  2. 시설 또는 가설물 등에 설치하는 경우에는 그 내력을 확인하고 내력이 부족하면 그 내력을 보강할 것
  3. 아웃트리거·받침 등 지지구조물이 미끄러질 우려가 있는 경우에는 말뚝 또는 쐐기 등을 사용하여 해당 지지구조물을 고정시킬 것
  4. 궤도 또는 차로 이동하는 항타기 또는 항발기에 대해서는 불시에 이동하는 것을 방지하기 위하여 레일 클램프(rail clamp) 및 쐐기 등으로 고정시킬 것
  5. 상단 부분은 버팀대·버팀줄로 고정하여 안정시키고, 그 하단 부분은 견고한 버팀·말뚝 또는 철골 등으로 고정시킬 것

합격예측 및 관련법규

제86조(탑승의 제한) ① 사업주는 크레인을 사용하여 근로자를 운반하거나 근로자를 달아 올린 상태에서 작업에 종사시켜서는 아니 된다. 다만, 크레인에 전용 탑승설비를 설치하고 추락 위험을 방지하기 위하여 다음 각 호의 조치를 한 경우에는 그러하지 아니하다.
  1. 탑승설비가 뒤집히거나 떨어지지 않도록 필요한 조치를 할 것
  2. 안전대나 구명줄을 설치하고, 안전난간을 설치할 수 있는 구조인 경우에는 안전난간을 설치할 것
  3. 탑승설비를 하강시킬 때에는 동력하강방법으로 할 것

⑤ 사업주는 곤돌라의 운반구에 근로자를 탑승시켜서는 아니 된다. 다만, 추락 위험을 방지하기 위하여 다음 각 호의 조치를 한 경우에는 그러하지 아니하다.
  1. 운반구가 뒤집히거나 떨어지지 않도록 필요한 조치를 할 것
  2. 안전대나 구명줄을 설치하고, 안전난간을 설치할 수 있는 구조인 경우이면 안전난간을 설치할 것

합격예측 및 관련법규

제221조의2(충돌위험 방지 조치) ① 사업주는 굴착기에 사람이 부딪히는 것을 방지하기 위해 후사경과 후방영상표시장치 등 굴착기를 운전하는 사람이 좌우 및 후방을 확인할 수 있는 장치를 굴착기에 갖춰야 한다.
② 사업주는 굴착기로 작업을 하기 전에 후사경과 후방영상표시장치 등의 부착 상태와 작동 여부를 확인해야 한다.
[본조신설 2022. 10. 18.]

제221조의3(좌석안전띠의 착용) ① 사업주는 굴착기를 운전하는 사람이 좌석안전띠를 착용하도록 해야 한다.
② 굴착기를 운전하는 사람은 좌석안전띠를 착용해야 한다.
[본조신설 2022. 10. 18.]

제221조의4(잠금장치의 체결) 사업주는 굴착기 퀵커플러(quick coupler)에 버킷, 브레이커(breaker), 크램셸(clamshell) 등 작업장치(이하 "작업장치"라 한다)를 장착 또는 교환하는 경우에는 안전핀 등 잠금장치를 체결하고 이를 확인해야 한다.
[본조신설 2022. 10. 18.]

제210조(이음매가 있는 권상용 와이어로프의 사용 금지)

사업주는 항타기 또는 항발기의 권상용 와이어로프로 제63조제1항제1호 각 목에 해당하는 것을 사용해서는 안 된다.

제211조(권상용 와이어로프의 안전계수)

사업주는 항타기 또는 항발기의 권상용 와이어로프의 안전계수가 5 이상이 아니면 이를 사용해서는 아니 된다.

제212조(권상용 와이어로프의 길이 등)

사업주는 항타기 또는 항발기에 권상용 와이어로프를 사용하는 경우에 다음 각 호의 사항을 준수해야 한다. 〈개정 2022. 10. 18.〉

1. 권상용 와이어로프는 추 또는 해머가 최저의 위치에 있을 때 또는 널말뚝을 빼내기 시작할 때를 기준으로 권상장치의 드럼에 적어도 2회 감기고 남을 수 있는 충분한 길이일 것
2. 권상용 와이어로프는 권상장치의 드럼에 클램프·클립 등을 사용하여 견고하게 고정할 것
3. 권상용 와이어로프에서 추·해머 등과의 연결은 클램프·클립 등을 사용하여 견고하게 할 것
4. 제2호 및 제3호의 클램프·클립 등은 한국산업표준 제품이거나 한국산업표준이 없는 제품의 경우에는 이에 준하는 규격을 갖춘 제품을 사용할 것

제213조(널말뚝 등과의 연결)

사업주는 항발기의 권상용 와이어로프·도르래 등은 충분한 강도가 있는 샤클·고정철물 등을 사용하여 말뚝·널말뚝 등과 연결시켜야 한다.

제214조 삭제 〈2022. 10. 18.〉

제215조 삭제 〈2022. 10. 18.〉

제216조(도르래의 부착 등)

① 사업주는 항타기나 항발기에 도르래나 도르래 뭉치를 부착하는 경우에는 부착부가 받는 하중에 의하여 파괴될 우려가 없는 브래킷·샤클 및 와이어로프 등으로 견고하게 부착하여야 한다.
② 사업주는 항타기 또는 항발기의 권상장치의 드럼축과 권상장치로부터 첫 번째 도르래의 축 간의 거리를 권상장치 드럼폭의 15배 이상으로 하여야 한다.
③ 제2항의 도르래는 권상장치의 드럼 중심을 지나야 하며 축과 수직면상에 있어야 한다.
④ 항타기나 항발기의 구조상 권상용 와이어로프가 꼬일 우려가 없는 경우에는 제2항과 제3항을 적용하지 아니한다.

제217조(사용 시의 조치 등)

① 사업주는 압축공기를 동력원으로 하는 항타기나 항발기를 사용하는 경우에는 다음 각 호의 사항을 준수하여야 한다.
  1. 해머의 운동에 의하여 증기호스 또는 공기호스와 해머의 접속부가 파손되거나 벗겨지는 것을 방지하기 위하여 그 접속부가 아닌 부위를 선정하여 증기호스 또는 공기호스를 해머에 고정시킬 것
  2. 공기를 차단하는 장치를 해머의 운전자가 쉽게 조작할 수 있는 위치에 설치할 것

② 사업주는 항타기나 항발기의 권상장치의 드럼에 권상용 와이어로프가 꼬인 경우에는 와이어로프에 하중을 걸어서는 아니 된다.

③ 사업주는 항타기나 항발기의 권상장치에 하중을 건 상태로 정지하여 두는 경우에는 쐐기장치 또는 역회전방지용 브레이크를 사용하여 제동하는 등 확실하게 정지시켜 두어야 한다.

제218조(말뚝 등을 끌어올릴 경우의 조치)

① 사업주는 항타기를 사용하여 말뚝 및 널말뚝 등을 끌어올리는 경우에는 그 훅 부분이 드럼 또는 도르래의 바로 아래에 위치하도록 하여 끌어올려야 한다.

② 항타기에 체인블록 등의 장치를 부착하여 말뚝 또는 널말뚝 등을 끌어 올리는 경우에는 제1항을 준용한다.

제219조 삭제 〈2022. 10. 18.〉

제220조(항타기 등의 이동)

사업주는 두 개의 지주 등으로 지지하는 항타기 또는 항발기를 이동시키는 경우에는 이들 각 부위를 당김으로 인하여 항타기 또는 항발기가 넘어지는 것을 방지하기 위하여 반대측에서 윈치로 장력와이어로프를 사용하여 확실히 제동하여야 한다.

제221조(가스배관 등의 손상 방지)

사업주는 항타기를 사용하여 작업할 때에 가스배관, 지중전선로 및 그 밖의 지하공작물의 손상으로 근로자가 위험에 처할 우려가 있는 경우에는 미리 작업장소에 가스배관·지중전선로 등이 있는지를 조사하여 이전 설치나 매달기 보호 등의 조치를 하여야 한다.

합격예측 및 관련법규

제221조의5(인양작업 시 조치) ① 사업주는 다음 각 호의 사항을 모두 갖춘 굴착기의 경우에는 굴착기를 사용하여 화물 인양작업을 할 수 있다.
1. 굴착기의 퀵커플러 또는 작업장치에 달기구(훅, 걸쇠 등을 말한다)가 부착되어 있는 등 인양작업이 가능하도록 제작된 기계일 것
2. 굴착기 제조사에서 정한 정격하중이 확인되는 굴착기를 사용할 것
3. 달기구에 해지장치가 사용되는 등 작업 중 인양물의 낙하 우려가 없을 것

② 사업주는 굴착기를 사용하여 인양작업을 하는 경우에는 다음 각 호의 사항을 준수해야 한다.
1. 굴착기 제조사에서 정한 작업설명서에 따라 인양할 것
2. 사람을 지정하여 인양작업을 신호하게 할 것
3. 인양물과 근로자가 접촉할 우려가 있는 장소에 근로자의 출입을 금지시킬 것
4. 지반의 침하 우려가 없고 평평한 장소에서 작업할 것
5. 인양 대상 화물의 무게는 정격하중을 넘지 않을 것

③ 굴착기를 이용한 인양작업 시 와이어로프 등 달기구의 사용에 관해서는 제163조부터 제170조까지의 규정(제166조, 제167조 및 제169조에 따라 준용되는 경우를 포함한다)을 준용한다. 이 경우 "양중기" 또는 "크레인"은 "굴착기"로 본다.
[본조신설 2022. 10. 18.]

15 위험물 등의 취급 등의 안전보건규칙

제225조(위험물질 등의 제조 등 작업 시의 조치)

사업주는 별표 1의 위험물질(이하 "위험물"이라 한다)을 제조하거나 취급하는 경우에 폭발·화재 및 누출을 방지하기 위한 적절한 방호조치를 하지 아니하고 다음 각 호의 행위를 해서는 아니 된다.

1. 폭발성 물질, 유기과산화물을 화기나 그 밖에 점화원이 될 우려가 있는 것에 접근시키거나 가열하거나 마찰시키거나 충격을 가하는 행위
2. 물반응성 물질, 인화성 고체를 각각 그 특성에 따라 화기나 그 밖에 점화원이 될 우려가 있는 것에 접근시키거나 발화를 촉진하는 물질 또는 물에 접촉시키거나 가열하거나 마찰시키거나 충격을 가하는 행위
3. 산화성 액체·산화성 고체를 분해가 촉진될 우려가 있는 물질에 접촉시키거나 가열하거나 마찰시키거나 충격을 가하는 행위
4. 인화성 액체를 화기나 그 밖에 점화원이 될 우려가 있는 것에 접근시키거나 주입 또는 가열하거나 증발시키는 행위
5. 인화성 가스를 화기나 그 밖에 점화원이 될 우려가 있는 것에 접근시키거나 압축·가열 또는 주입하는 행위
6. 부식성 물질 또는 급성 독성물질을 누출시키는 등으로 인체에 접촉시키는 행위
7. 위험물을 제조하거나 취급하는 설비가 있는 장소에 인화성 가스 또는 산화성 액체 및 산화성 고체를 방치하는 행위

제226조(물과의 접촉 금지)

사업주는 별표 1 제2호의 물반응성 물질·인화성 고체를 취급하는 경우에는 물과의 접촉을 방지하기 위하여 완전 밀폐된 용기에 저장 또는 취급하거나 빗물 등이 스며들지 아니하는 건축물 내에 보관 또는 취급하여야 한다.

제227조(호스 등을 사용한 인화성 액체 등의 주입)

사업주는 위험물을 액체 상태에서 호스 또는 배관 등을 사용하여 별표 7의 화학설비, 탱크로리, 드럼 등에 주입하는 작업을 하는 경우에는 그 호스 또는 배관 등의 결합부를 확실히 연결하고 누출이 없는지를 확인한 후에 작업을 하여야 한다.

제228조(가솔린이 남아 있는 설비에 등유 등의 주입)

사업주는 별표 7의 화학설비로서 가솔린이 남아 있는 화학설비(위험물을 저장하는 것으로 한정한다. 이하 이 조와 제229조에서 같다), 탱크로리, 드럼 등에 등유나 경유를 주입하는 작업을 하는 경우에는 미리 그 내부를 깨끗하게 씻어내고 가

합격예측 및 관련법규

제241조(화재위험작업 시의 준수사항) ① 사업주는 통풍이나 환기가 충분하지 않은 장소에서 화재위험작업을 하는 경우에는 통풍 또는 환기를 위하여 산소를 사용해서는 아니 된다.〈개정 2017. 3. 3.〉 23. 4. 23 기
② 사업주는 가연성물질이 있는 장소에서 화재위험작업을 하는 경우에는 화재예방에 필요한 다음 각 호의 사항을 준수하여야 한다.〈개정 2017. 3. 3., 2019. 12. 26.〉
1. 작업 준비 및 작업 절차 수립
2. 작업장 내 위험물의 사용·보관 현황 파악
3. 화기작업에 따른 인근 가연성물질에 대한 방호조치 및 소화기구 비치
4. 용접불티 비산방지덮개, 용접방화포 등 불꽃, 불티 등 비산방지조치
5. 인화성 액체의 증기 및 인화성 가스가 남아 있지 않도록 환기 등의 조치
6. 작업근로자에 대한 화재예방 및 피난교육 등 비상조치
③ 사업주는 작업시작 전에 제2항 각 호의 사항을 확인하고 불꽃·불티 등의 비산을 방지하기 위한 조치 등 안전조치를 이행한 후 근로자에게 화재위험작업을 하도록 해야 한다.〈신설 2019. 12. 26.〉
④ 사업주는 화재위험작업이 시작되는 시점부터 종료될 때까지 작업내용, 작업일시, 안전점검 및 조치에 관한 사항 등을 해당 작업장소에 서면으로 게시해야 한다. 다만, 같은 장소에서 상시·반복적으로 화재위험작업을 하는 경우에는 생략할 수 있다.〈신설 2019. 12. 26.〉
[제목개정 2019. 12. 26.]

솔린의 증기를 불활성 가스로 바꾸는 등 안전한 상태로 되어 있는지를 확인한 후에 그 작업을 하여야 한다. 다만, 다음 각 호의 조치를 하는 경우에는 그러하지 아니하다.
1. 등유나 경유를 주입하기 전에 탱크·드럼 등과 주입설비 사이에 접속선이나 접지선을 연결하여 전위차를 줄이도록 할 것
2. 등유나 경유를 주입하는 경우에는 그 액표면의 높이가 주입관의 선단의 높이를 넘을 때까지 주입속도를 초당 1미터 이하로 할 것

제229조(산화에틸렌 등의 취급)
① 사업주는 산화에틸렌, 아세트알데히드 또는 산화프로필렌을 별표 7의 화학설비, 탱크로리, 드럼 등에 주입하는 작업을 하는 경우에는 미리 그 내부의 불활성가스가 아닌 가스나 증기를 불활성가스로 바꾸는 등 안전한 상태로 되어 있는 지를 확인한 후에 해당 작업을 하여야 한다.
② 사업주는 산화에틸렌, 아세트알데히드 또는 산화프로필렌을 별표 7의 화학설비, 탱크로리, 드럼 등에 저장하는 경우에는 항상 그 내부의 불활성가스가 아닌 가스나 증기를 불활성가스로 바꾸어 놓는 상태에서 저장하여야 한다.

제230조(폭발위험이 있는 장소의 설정 및 관리)
① 사업주는 다음 각 호의 장소에 대하여 폭발위험장소의 구분도(區分圖)를 작성하는 경우에는 한국산업표준으로 정하는 기준에 따라 가스폭발 위험장소 또는 분진폭발 위험장소로 설정하여 관리해야 한다. 〈개정 2022. 10. 18.〉
1. 인화성 액체의 증기나 인화성 가스 등을 제조·취급 또는 사용하는 장소
2. 인화성 고체를 제조·사용하는 장소
② 사업주는 제1항에 따른 폭발위험장소의 구분도를 작성·관리하여야 한다.

제231조(인화성 액체 등을 수시로 취급하는 장소)
① 사업주는 인화성 액체, 인화성 가스 등을 수시로 취급하는 장소에서는 환기가 충분하지 않은 상태에서 전기기계·기구를 작동시켜서는 아니 된다.
② 사업주는 수시로 밀폐된 공간에서 스프레이 건을 사용하여 인화성 액체로 세척·도장 등의 작업을 하는 경우에는 다음 각 호의 조치를 하고 전기기계·기구를 작동시켜야 한다.
1. 인화성 액체, 인화성 가스 등으로 폭발위험 분위기가 조성되지 않도록 해당 물질의 공기 중 농도가 인화하한계값의 25퍼센트를 넘지 않도록 충분히 환기를 유지할 것
2. 조명 등은 고무, 실리콘 등의 패킹이나 실링재료를 사용하여 완전히 밀봉할 것

합격예측 및 관련법규

제241조의2(화재감시자)
① 사업주는 근로자에게 다음 각 호의 어느 하나에 해당하는 장소에서 용접·용단 작업을 하도록 하는 경우에는 화재감시자를 지정하여 용접·용단 작업 장소에 배치해야 한다. 다만, 같은 장소에서 상시·반복적으로 용접·용단작업을 할 때 경보용 설비·기구, 소화설비 또는 소화기가 갖추어진 경우에는 화재감시자를 지정·배치하지 않을 수 있다.〈개정 2019. 12. 26., 2021. 5. 28.〉 22. 7. 24
1. 작업반경 11미터 이내에 건물구조 자체나 내부(개구부 등으로 개방된 부분을 포함한다)에 가연성물질이 있는 장소
2. 작업반경 11미터 이내의 바닥 하부에 가연성물질이 11미터 이상 떨어져 있지만 불꽃에 의해 쉽게 발화될 우려가 있는 장소
3. 가연성물질이 금속으로 된 칸막이·벽·천장 또는 지붕의 반대쪽 면에 인접해 있어 열전도나 열복사에 의해 발화될 우려가 있는 장소
② 제1항 본문에 따른 화재감시자는 다음 각 호의 업무를 수행한다.〈신설 2021. 5. 28.〉
1. 제1항 각 호에 해당하는 장소에 가연성물질이 있는지 여부의 확인
2. 제232조제2항에 따른 가스 검지, 경보 성능을 갖춘 가스 검지 및 경보 장치의 작동 여부의 확인
3. 화재 발생 시 사업장 내 근로자의 대피 유도
③ 사업주는 제1항 본문에 따라 배치된 화재감시자에게 업무 수행에 필요한 확성기, 휴대용 조명기구 및 화재 대피용 마스크(한국산업표준 제품이거나 「소방산업의 진흥에 관한 법률」에 따른 한국소방산업기술원이 정하는 기준을 충족하는 것이어야 한다) 등 대피용 방연장비를 지급해야 한다. 〈개정 2021. 5. 28., 2022. 10. 18.〉

합격예측 및 관련법규

제296조(지하작업장 등) 사업주는 인화성 가스가 발생할 우려가 있는 지하작업장에서 작업하는 경우(제350조에 따른 터널 등의 건설작업의 경우는 제외한다) 또는 가스도관에서 가스가 발산될 위험이 있는 장소에서 굴착작업(해당 작업이 이루어지는 장소 및 그와 근접한 장소에서 이루어지는 지반의 굴삭 또는 이에 수반한 토석의 운반 등의 작업을 말한다)을 하는 경우에는 폭발이나 화재를 방지하기 위하여 다음 각 호의 조치를 하여야 한다. 23. 7. 24 기

1. 가스의 농도를 측정하는 사람을 지명하고 다음 각 목의 경우에 그로 하여금 해당 가스의 농도를 측정하도록 할 것
   가. 매일 작업을 시작하기 전
   나. 가스의 누출이 의심되는 경우
   다. 가스가 발생하거나 정체할 위험이 있는 장소가 있는 경우
   라. 장시간 작업을 계속하는 경우(이 경우 4시간마다 가스 농도를 측정하도록 하여야 한다)
2. 가스의 농도가 인화하한계 값의 25퍼센트 이상으로 밝혀진 경우에는 즉시 근로자를 안전한 장소에 대피시키고 화기나 그 밖에 점화원이 될 우려가 있는 기계·기구 등의 사용을 중지하며 통풍·환기 등을 할 것

---

3. 가열성 전기기계·기구를 사용하는 경우에는 세척 또는 도장용 스프레이 건과 동시에 작동되지 않도록 연동장치 등의 조치를 할 것
4. 방폭구조 외의 스위치와 콘센트 등의 전기기기는 밀폐 공간 외부에 설치되어 있을 것

③ 사업주는 제1항과 제2항에도 불구하고 방폭성능을 갖는 전기기계·기구에 대해서는 제1항의 상태 및 제2항 각 호의 조치를 하지 아니한 상태에서도 작동시킬 수 있다.

제232조(폭발 또는 화재 등의 예방)

① 사업주는 인화성 액체의 증기, 인화성 가스 또는 인화성 고체가 존재하여 폭발이나 화재가 발생할 우려가 있는 장소에서 해당 증기·가스 또는 분진에 의한 폭발 또는 화재를 예방하기 위해 환풍기, 배풍기(排風機) 등 환기장치를 적절하게 설치해야 한다.

② 사업주는 제1항에 따른 증기나 가스에 의한 폭발이나 화재를 미리 감지하기 위하여 가스 검지 및 경보 성능을 갖춘 가스 검지 및 경보 장치를 설치해야 한다. 다만, 한국산업표준에 따른 0종 또는 1종 폭발위험장소에 해당하는 경우로서 제311조에 따라 방폭구조 전기기계·기구를 설치한 경우에는 그렇지 않다.

제233조(가스용접 등의 작업)

사업주는 인화성 가스, 불활성 가스 및 산소(이하 "가스등"이라 한다)를 사용하여 금속의 용접·용단 또는 가열작업을 하는 경우에는 가스 등의 누출 또는 방출로 인한 폭발·화재 또는 화상을 예방하기 위하여 다음 각 호의 사항을 준수하여야 한다. 22. 11. 27 기산

1. 가스 등의 호스와 취관(吹管)은 손상·마모 등에 의하여 가스 등이 누출할 우려가 없는 것을 사용할 것
2. 가스 등의 취관 및 호스의 상호 접촉부분은 호스밴드, 호스클립 등 조임기구를 사용하여 가스 등이 누출되지 않도록 할 것
3. 가스 등의 호스에 가스 등을 공급하는 경우에는 미리 그 호스에서 가스 등이 방출되지 않도록 필요한 조치를 할 것
4. 사용 중인 가스 등을 공급하는 공급구의 밸브나 콕에는 그 밸브나 콕에 접속된 가스 등의 호스를 사용하는 사람의 명찰을 붙이는 등 가스 등의 공급에 대한 오조작을 방지하기 위한 표시를 할 것
5. 용단작업을 하는 경우에는 취관으로부터 산소의 과잉방출로 인한 화상을 예방하기 위하여 근로자가 조절밸브를 서서히 조작하도록 주지시킬 것
6. 작업을 중단하거나 마치고 작업장소를 떠날 경우에는 가스 등의 공급구의 밸브나 콕을 잠글 것

7. 가스 등의 분기관은 전용 접속기구를 사용하여 불량체결을 방지하여야 하며, 서로 이어지지 않는 구조의 접속기구 사용, 서로 다른 색상의 배관·호스의 사용 및 꼬리표 부착 등을 통하여 서로 다른 가스배관과의 불량체결을 방지할 것

제234조(가스 등의 용기)

사업주는 금속의 용접·용단 또는 가열에 사용되는 가스 등의 용기를 취급하는 경우에 다음 각 호의 사항을 준수하여야 한다.

1. 다음 각 목의 어느 하나에 해당하는 장소에서 사용하거나 해당 장소에 설치·저장 또는 방치하지 않도록 할 것
   가. 통풍이나 환기가 불충분한 장소
   나. 화기를 사용하는 장소 및 그 부근
   다. 위험물 또는 제236조에 따른 인화성 액체를 취급하는 장소 및 그 부근
2. 용기의 온도를 섭씨 40도 이하로 유지할 것
3. 전도의 위험이 없도록 할 것
4. 충격을 가하지 않도록 할 것
5. 운반하는 경우에는 캡을 씌울 것
6. 사용하는 경우에는 용기의 마개에 부착되어 있는 유류 및 먼지를 제거할 것
7. 밸브의 개폐는 서서히 할 것
8. 사용 전 또는 사용 중인 용기와 그 밖의 용기를 명확히 구별하여 보관할 것
9. 용해아세틸렌의 용기는 세워 둘 것
10. 용기의 부식·마모 또는 변형상태를 점검한 후 사용할 것

제235조(서로 다른 물질의 접촉에 의한 발화 등의 방지)

사업주는 서로 다른 물질끼리 접촉함으로 인하여 해당 물질이 발화하거나 폭발할 위험이 있는 경우에는 해당 물질을 가까이 저장하거나 동일한 운반기에 적재해서는 아니 된다. 다만, 접촉방지를 위한 조치를 한 경우에는 그러하지 아니하다.

제236조(화재 위험이 있는 작업의 장소 등)

① 사업주는 합성섬유·합성수지·면·양모·천조각·톱밥·짚·종이류 또는 인화성이 있는 액체(1기압에서 인화점이 섭씨 250도 미만의 액체를 말한다)를 다량으로 취급하는 작업을 하는 장소·설비 등은 화재예방을 위하여 적절한 배치 구조로 하여야 한다.

② 사업주는 근로자에게 용접·용단 및 금속의 가열 등 화기를 사용하는 작업이나 연삭숫돌에 의한 건식연마작업 등 그 밖에 불꽃이 발생될 우려가 있는 작업(이하 "화재위험작업"이라 한다)을 하도록 하는 경우 제1항에 따른 물질을

합격예측 및 관련법규

제262조(파열판의 설치)
사업주는 제261조제1항 각 호의 설비가 다음 각 호의 어느 하나에 해당하는 경우에는 파열판을 설치하여야 한다. 10.9.12 기 17.10.14 기 19.4.14 기 22.5.7 산
1. 반응 폭주 등 급격한 압력 상승 우려가 있는 경우
2. 급성 독성물질의 누출로 인하여 주위의 작업환경을 오염시킬 우려가 있는 경우
3. 운전 중 안전밸브에 이상 물질이 누적되어 안전밸브가 작동되지 아니할 우려가 있는 경우

제263조(파열판 및 안전밸브의 직렬설치) 사업주는 급성 독성물질이 지속적으로 외부에 유출될 수 있는 화학설비 및 그 부속설비에 파열판과 안전밸브를 직렬로 설치하고 그 사이에는 압력지시계 또는 자동경보장치를 설치하여야 한다. 22.10.16 기

화재위험이 없는 장소에 별도로 보관·저장해야 하며, 작업장 내부에는 해당 작업에 필요한 양만 두어야 한다.

제237조(자연발화의 방지)

사업주는 질화면, 알킬알루미늄 등 자연발화의 위험이 있는 물질을 쌓아 두는 경우 위험한 온도로 상승하지 못하도록 화재예방을 위한 조치를 하여야 한다.

제238조(유류 등이 묻어 있는 걸레 등의 처리)

사업주는 기름 또는 인쇄용 잉크류 등이 묻은 천조각이나 휴지 등은 뚜껑이 있는 불연성 용기에 담아 두는 등 화재예방을 위한 조치를 하여야 한다.

16 아세틸렌 용접장치 및 가스집합 용접장치의 안전보건규칙

제1관 아세틸렌 용접장치

제285조(압력의 제한)

사업주는 아세틸렌 용접장치를 사용하여 금속의 용접·용단 또는 가열작업을 하는 경우에는 게이지 압력이 127킬로파스칼을 초과하는 압력의 아세틸렌을 발생시켜 사용해서는 아니 된다.

제286조(발생기실의 설치장소 등)

① 사업주는 아세틸렌 용접장치의 아세틸렌 발생기(이하 "발생기"라 한다)를 설치하는 경우에는 전용의 발생기실에 설치하여야 한다.
② 제1항의 발생기실은 건물의 최상층에 위치하여야 하며, 화기를 사용하는 설비로부터 3미터를 초과하는 장소에 설치하여야 한다.
③ 제1항의 발생기실을 옥외에 설치한 경우에는 그 개구부를 다른 건축물로부터 1.5미터 이상 떨어지도록 하여야 한다.

제287조(발생기실의 구조 등)

사업주는 발생기실을 설치하는 경우에 다음 각 호의 사항을 준수하여야 한다.
1. 벽은 불연성 재료로 하고 철근 콘크리트 또는 그 밖에 이와 같은 수준이거나 그 이상의 강도를 가진 구조로 할 것
2. 지붕과 천장에는 얇은 철판이나 가벼운 불연성 재료를 사용할 것
3. 바닥면적의 16분의 1 이상의 단면적을 가진 배기통을 옥상으로 돌출시키고 그 개구부를 창이나 출입구로부터 1.5미터 이상 떨어지도록 할 것
4. 출입구의 문은 불연성 재료로 하고 두께 1.5밀리미터 이상의 철판이나 그 밖에 그 이상의 강도를 가진 구조로 할 것

5. 벽과 발생기 사이에는 발생기의 조정 또는 카바이드 공급 등의 작업을 방해하지 않도록 간격을 확보할 것

제288조(격납실)

사업주는 사용하지 않고 있는 이동식 아세틸렌 용접장치를 보관하는 경우에는 전용의 격납실에 보관하여야 한다. 다만, 기종을 분리하고 발생기를 세척한 후 보관하는 경우에는 임의의 장소에 보관할 수 있다.

제289조(안전기의 설치) 05. 7. 10 기 12. 7. 8 기 18. 6. 30 기 20. 5. 24 기 22. 5. 7 기

① 사업주는 아세틸렌 용접장치의 취관마다 안전기를 설치하여야 한다. 다만, 주관 및 취관에 가장 가까운 분기관(分岐管)마다 안전기를 부착한 경우에는 그러하지 아니하다.
② 사업주는 가스용기가 발생기와 분리되어 있는 아세틸렌 용접장치에 대하여 발생기와 가스용기 사이에 안전기를 설치하여야 한다.

제290조(아세틸렌 용접장치의 관리 등)

사업주는 아세틸렌 용접장치를 사용하여 금속의 용접·용단(溶斷) 또는 가열작업을 하는 경우에 다음 각 호의 사항을 준수하여야 한다.
1. 발생기(이동식 아세틸렌 용접장치의 발생기는 제외한다)의 종류, 형식, 제작업체명, 매 시 평균 가스발생량 및 1회 카바이드 공급량을 발생기실 내의 보기 쉬운 장소에 게시할 것
2. 발생기실에는 관계 근로자가 아닌 사람이 출입하는 것을 금지할 것
3. 발생기에서 5미터 이내 또는 발생기실에서 3미터 이내의 장소에서는 흡연, 화기의 사용 또는 불꽃이 발생할 위험한 행위를 금지시킬 것
4. 도관에는 산소용과 아세틸렌용의 혼동을 방지하기 위한 조치를 할 것
5. 아세틸렌 용접장치의 설치장소에는 소화기 한 대 이상을 갖출 것
6. 이동식 아세틸렌 용접장치의 발생기는 고온의 장소, 통풍이나 환기가 불충분한 장소 또는 진동이 많은 장소 등에 설치하지 않도록 할 것

제2관 가스집합 용접장치

제291조(가스집합장치의 위험방지)

① 사업주는 가스집합장치에 대해서는 화기를 사용하는 설비로부터 5미터 이상 떨어진 장소에 설치하여야 한다.
② 사업주는 제1항의 가스집합장치를 설치하는 경우에는 전용의 방(이하 "가스장치실"이라 한다)에 설치하여야 한다. 다만, 이동하면서 사용하는 가스집합장치의 경우에는 그러하지 아니하다.

③ 사업주는 가스장치실에서 가스집합장치의 가스용기를 교환하는 작업을 할 때 가스장치실의 부속설비 또는 다른 가스용기에 충격을 줄 우려가 있는 경우에는 고무판 등을 설치하는 등 충격방지 조치를 하여야 한다.

제292조(가스장치실의 구조 등)

사업주는 가스장치실을 설치하는 경우에 다음 각 호의 구조로 설치하여야 한다.
1. 가스가 누출된 경우에는 그 가스가 정체되지 않도록 할 것
2. 지붕과 천장에는 가벼운 불연성 재료를 사용할 것
3. 벽에는 불연성 재료를 사용할 것

제293조(가스집합 용접장치의 배관)

사업주는 가스집합 용접장치(이동식을 포함한다)의 배관을 하는 경우에는 다음 각 호의 사항을 준수하여야 한다.
1. 플랜지·밸브·콕 등의 접합부에는 개스킷을 사용하고 접합면을 상호 밀착시키는 등의 조치를 할 것
2. 주관 및 분기관에는 안전기를 설치할 것. 이 경우 하나의 취관에 2개 이상의 안전기를 설치하여야 한다.

제294조(구리의 사용 제한)

사업주는 용해아세틸렌의 가스집합용접장치의 배관 및 부속기구는 구리나 구리 함유량이 70퍼센트 이상인 합금을 사용해서는 아니 된다.

제295조(가스집합 용접장치의 관리 등)

사업주는 가스집합 용접장치를 사용하여 금속의 용접·용단 및 가열작업을 하는 경우에는 다음 각 호의 사항을 준수하여야 한다.
1. 사용하는 가스의 명칭 및 최대가스저장량을 가스장치실의 보기 쉬운 장소에 게시할 것
2. 가스용기를 교환하는 경우에는 관리감독자가 참여한 가운데 할 것
3. 밸브·콕 등의 조작 및 점검요령을 가스장치실의 보기 쉬운 장소에 게시할 것
4. 가스장치실에는 관계근로자가 아닌 사람의 출입을 금지할 것
5. 가스집합장치로부터 5미터 이내의 장소에서는 흡연, 화기의 사용 또는 불꽃을 발생할 우려가 있는 행위를 금지할 것
6. 도관에는 산소용과의 혼동을 방지하기 위한 조치를 할 것
7. 가스집합장치의 설치장소에는 적당한 소화설비 중 어느 하나 이상을 갖출 것
8. 이동식 가스집합 용접장치의 가스집합장치는 고온의 장소, 통풍이나 환기가 불충분한 장소 또는 진동이 많은 장소에 설치하지 않도록 할 것
9. 해당 작업을 행하는 근로자에게 보안경과 안전장갑을 착용시킬 것

17 전기기계·기구 등의 위험방지 안전보건규칙

제301조(전기기계·기구 등의 충전부 방호)

① 사업주는 근로자가 작업이나 통행 등으로 인하여 전기기계, 기구[전동기·변압기·접속기·개폐기·분전반(分電盤)·배전반(配電盤) 등 전기를 통하는 기계·기구, 그 밖의 설비 중 배선 및 이동전선 외의 것을 말한다. 이하 같다] 또는 전로 등의 충전부분(전열기의 발열체 부분, 저항접속기의 전극 부분 등 전기기계·기구의 사용 목적에 따라 노출이 불가피한 충전부분은 제외한다. 이하 같다)에 접촉(충전부분과 연결된 도전체와의 접촉을 포함한다. 이하 이 장에서 같다)하거나 접근함으로써 감전 위험이 있는 충전부분에 대하여 감전을 방지하기 위하여 다음 각 호의 방법 중 하나 이상의 방법으로 방호하여야 한다. 18. 4. 15 기 22. 5. 7 기

1. 충전부가 노출되지 않도록 폐쇄형 외함(外函)이 있는 구조로 할 것
2. 충전부에 충분한 절연효과가 있는 방호망이나 절연덮개를 설치할 것
3. 충전부는 내구성이 있는 절연물로 완전히 덮어 감쌀 것
4. 발전소·변전소 및 개폐소 등 구획되어 있는 장소로서 관계 근로자가 아닌 사람의 출입이 금지되는 장소에 충전부를 설치하고, 위험표시 등의 방법으로 방호를 강화할 것
5. 전주 위 및 철탑 위 등 격리되어 있는 장소로서 관계 근로자가 아닌 사람이 접근할 우려가 없는 장소에 충전부를 설치할 것

② 사업주는 근로자가 노출 충전부가 있는 맨홀 또는 지하실 등의 밀폐공간에서 작업하는 경우에는 노출 충전부와의 접촉으로 인한 전기위험을 방지하기 위하여 덮개, 방책 또는 절연 칸막이 등을 설치하여야 한다.

③ 사업주는 근로자의 감전위험을 방지하기 위하여 개폐되는 문, 경첩이 있는 패널 등(분전반 또는 제어반 문)을 견고하게 고정시켜야 한다.

제302조(전기기계·기구의 접지)

① 사업주는 누전에 의한 감전의 위험을 방지하기 위하여 다음 각 호의 부분에 대하여 접지를 하여야 한다.

1. 전기기계·기구의 금속제 외함, 금속제 외피 및 철대
2. 고정 설치되거나 고정배선에 접속된 전기기계·기구의 노출된 비충전 금속체 중 충전될 우려가 있는 다음 각 목의 어느 하나에 해당하는 비충전 금속체
    가. 지면이나 접지된 금속체로부터 수직거리 2.4미터, 수평거리 1.5미터 이내인 것

> **참고**
> 국제기준(IEC60364) 전압기준
>
> | 구분 | 교류(AC) | 직류(DC) |
> |---|---|---|
> | 저압 | 1,000[V] 이하 | 1,500[V] 이하 |
> | 고압 | 저압을 초과하고 7,000[V] 이하 | |
> | 특고압 | 7,000[V] 초과 | |

    나. 물기 또는 습기가 있는 장소에 설치되어 있는 것
    다. 금속으로 되어 있는 기기접지용 전선의 피복·외장 또는 배선관 등
    라. 사용전압이 대지전압 150볼트를 넘는 것
  3. 전기를 사용하지 아니하는 설비 중 다음 각 목의 어느 하나에 해당하는 금속체
    가. 전동식 양중기의 프레임과 궤도
    나. 전선이 붙어 있는 비전동식 양중기의 프레임
    다. 고압(1,500볼트 초과 7천볼트 이하의 직류전압 또는 1,000볼트 초과 7천볼트 이하의 교류전압을 말한다. 이하 같다) 이상의 전기를 사용하는 전기기계·기구 주변의 금속제 칸막이·망 및 이와 유사한 장치
  4. 코드와 플러그를 접속하여 사용하는 전기기계·기구 중 다음 각 목의 어느 하나에 해당하는 노출된 비충전 금속체
    가. 사용전압이 대지전압 150볼트를 넘는 것
    나. 냉장고·세탁기·컴퓨터 및 주변기기 등과 같은 고정형 전기기계·기구
    다. 고정형·이동형 또는 휴대형 전동기계·기구
    라. 물 또는 도전성(導電性)이 높은 곳에서 사용하는 전기기계·기구, 비접지형 콘센트
    마. 휴대형 손전등
  5. 수중펌프를 금속제 물탱크 등의 내부에 설치하여 사용하는 경우 그 탱크(이 경우 탱크를 수중펌프의 접지선과 접속하여야 한다)

② 사업주는 다음 각 호의 어느 하나에 해당하는 경우에는 제1항을 적용하지 아니할 수 있다.
  1. 「전기용품 및 생활용품 안전관리법」에 따른 이중절연구조 또는 이와 같은 수준 이상으로 보호되는 전기기계·기구
  2. 절연대 위 등과 같이 감전 위험이 없는 장소에서 사용하는 전기기계·기구
  3. 비접지방식의 전로(그 전기기계·기구의 전원측의 전로에 설치한 절연변압기의 2차 전압이 300볼트 이하, 정격용량이 3킬로볼트암페어 이하이고 그 절연전압기의 부하측의 전로가 접지되어 있지 아니한 것으로 한정한다)에 접속하여 사용되는 전기기계·기구

③ 사업주는 특별고압(7천볼트를 초과하는 직교류전압을 말한다. 이하 같다)의 전기를 취급하는 변전소·개폐소, 그 밖에 이와 유사한 장소에서 지락(地絡)사고가 발생하는 경우에는 접지극의 전위상승에 의한 감전위험을 줄이기 위한 조치를 하여야 한다.

④ 사업주는 제1항에 따라 설치된 접지설비에 대하여 항상 적정상태가 유지되는지를 점검하고 이상이 발견되면 즉시 보수하거나 재설치하여야 한다.

제303조(전기기계·기구의 적정설치 등)

① 사업주는 전기기계·기구를 설치하려는 경우에는 다음 각 호의 사항을 고려하여 적절하게 설치하여야 한다. 19. 6. 29 산 22. 7. 24 기
  1. 전기기계·기구의 충분한 전기적 용량 및 기계적 강도
  2. 습기·분진 등 사용장소의 주위 환경
  3. 전기적·기계적 방호수단의 적정성
② 사업주는 전기기계·기구를 사용하는 경우에는 국내외의 공인된 인증기관의 인증을 받은 제품을 사용하되, 제조자의 제품설명서 등에서 정하는 조건에 따라 설치하고 사용하여야 한다.

제304조(누전차단기에 의한 감전방지)

① 사업주는 다음 각 호의 전기기계·기구에 대하여 누전에 의한 감전위험을 방지하기 위하여 해당 전로의 정격에 적합하고 감도가 양호하며 확실하게 작동하는 감전방지용 누전차단기를 설치하여야 한다. 20. 5. 24 기 20. 7. 26 기 20. 10. 17 기 21. 10. 16 산 23. 10. 15 실
  1. 대지전압이 150볼트를 초과하는 이동형 또는 휴대형 전기기계·기구
  2. 물 등 도전성이 높은 액체가 있는 습윤장소에서 사용하는 저압(1,500볼트 이하 직류전압이나 1,000볼트 이하의 교류전압을 말한다)용 전기기계·기구
  3. 철판·철골 위 등 도전성이 높은 장소에서 사용하는 이동형 또는 휴대형 전기기계·기구
  4. 임시배선의 전로가 설치되는 장소에서 사용하는 이동형 또는 휴대형 전기기계·기구
② 사업주는 제1항에 따라 감전방지용 누전차단기를 설치하기 어려운 경우에는 작업시작 전에 접지선의 연결 및 접속부 상태 등이 적합한지 확실하게 점검하여야 한다.
③ 다음 각 호의 어느 하나에 해당하는 경우에는 제1항과 제2항을 적용하지 아니한다.
  1. 「전기용품 및 생활용품 안전관리법」에 따른 이중절연구조 또는 이와 같은 수준 이상으로 보호되는 전기기계·기구
  2. 절연대 위 등과 같이 감전위험이 없는 장소에서 사용하는 전기기계·기구
  3. 비접지방식의 전로
④ 사업주는 제1항에 따라 전기기계·기구를 사용하기 전에 해당 누전차단기의 작동상태를 점검하고 이상이 발견되면 즉시 보수하거나 교환하여야 한다.
⑤ 사업주는 제1항에 따라 설치한 누전차단기를 접속하는 경우에 다음 각 호의 사항을 준수하여야 한다. 24. 4. 27 기

1. 전기기계·기구에 설치되어 있는 누전차단기는 정격감도전류가 30밀리암페어 이하이고 작동시간은 0.03초 이내일 것. 다만, 정격전부하전류가 50암페어 이상인 전기기계·기구에 접속되는 누전차단기는 오작동을 방지하기 위하여 정격감도전류는 200밀리암페어 이하로, 작동시간은 0.1초 이내로 할 수 있다.
2. 분기회로 또는 전기기계·기구마다 누전차단기를 접속할 것. 다만, 평상시 누설전류가 매우 적은 소용량부하의 전로에는 분기회로에 일괄하여 접속할 수 있다.
3. 누전차단기는 배전반 또는 분전반 내에 접속하거나 꽂음접속기형 누전차단기를 콘센트에 접속하는 등 파손이나 감전사고를 방지할 수 있는 장소에 접속할 것
4. 지락보호전용 기능만 있는 누전차단기는 과전류를 차단하는 퓨즈나 차단기 등과 조합하여 접속할 것

제305조(과전류차단장치)

사업주는 과전류[정격전류를 초과하는 전류로서 단락(短絡)사고전류, 지락사고전류를 포함하는 것을 말한다. 이하 같다]로 인한 재해를 방지하기 위하여 다음 각 호의 방법으로 과전류차단장치[차단기·퓨즈 또는 보호계전기 등과 이에 수반되는 변성기(變成器)를 말한다. 이하 같다]를 설치하여야 한다.

1. 과전류차단장치는 반드시 접지선이 아닌 전로에 직렬로 연결하여 과전류 발생 시 전로를 자동으로 차단하도록 설치할 것
2. 차단기·퓨즈는 계통에서 발생하는 최대 과전류에 대하여 충분하게 차단할 수 있는 성능을 가질 것
3. 과전류차단장치가 전기계통상에서 상호 협조·보완되어 과전류를 효과적으로 차단하도록 할 것

제306조(교류아크용접기 등)

① 사업주는 아크용접 등(자동용접은 제외한다)의 작업에 사용하는 용접봉의 홀더에 대하여 한국산업표준에 적합하거나 그 이상의 절연내력 및 내열성을 갖춘 것을 사용하여야 한다.
② 사업주는 다음 각 호의 어느 하나에 해당하는 장소에서 교류아크용접기(자동으로 작동되는 것은 제외한다)를 사용하는 경우에는 교류아크용접기에 자동전격방지기를 설치하여야 한다. 22. 10. 16 기 산 23. 4. 23 산
1. 선박의 이중 선체 내부, 밸러스트(Ballast) 탱크, 보일러 내부 등 도전체에 둘러싸인 장소

2. 추락할 위험이 있는 높이 2미터 이상의 장소로 철골 등 도전성이 높은 물체에 근로자가 접촉할 우려가 있는 장소
3. 근로자가 물·땀 등으로 인하여 도전성이 높은 습윤 상태에서 작업하는 장소

제307조(단로기 등의 개폐)

사업주는 부하전류를 차단할 수 없는 고압 또는 특별고압의 단로기(斷路機) 또는 선로개폐기(이하 "단로기 등"이라 한다)를 개로(開路)·폐로(閉路)하는 경우에는 그 단로기 등의 오조작을 방지하기 위하여 근로자에게 해당 전로가 무부하(無負荷)임을 확인한 후에 조작하도록 주의 표지판 등을 설치하여야 한다. 다만, 그 단로기 등에 전로가 무부하로 되지 아니하면 개로·폐로할 수 없도록 하는 연동장치를 설치한 경우에는 그러하지 아니하다.

제308조(비상전원)

① 사업주는 정전에 의한 기계·설비의 갑작스러운 정지로 인하여 화재·폭발 등 재해가 발생할 우려가 있는 경우에는 해당 기계·설비에 비상발전기, 비상전원용 수전(受電)설비, 축전지 설비, 전기저장장치 등 비상전원을 접속하여 정전 시 비상전력이 공급되도록 하여야 한다.
② 비상전원의 용량은 연결된 부하를 각각의 필요에 따라 충분히 가동할 수 있어야 한다.

제309조(임시로 사용하는 전등 등의 위험방지)

① 사업주는 이동전선에 접속하여 임시로 사용하는 전등이나 가설의 배선 또는 이동전선에 접속하는 가공매달기식 전등 등을 접촉함으로 인한 감전 및 전구의 파손에 의한 위험을 방지하기 위하여 보호망을 부착하여야 한다.
② 제1항의 보호망을 설치하는 경우에는 다음 각 호의 사항을 준수하여야 한다.
  1. 전구의 노출된 금속 부분에 근로자가 쉽게 접촉되지 아니하는 구조로 할 것
  2. 재료는 쉽게 파손되거나 변형되지 아니하는 것으로 할 것

제310조(전기기계·기구의 조작 시 등의 안전조치)

① 사업주는 전기기계·기구의 조작부분을 점검하거나 보수하는 경우에는 근로자가 안전하게 작업할 수 있도록 전기기계·기구로부터 폭 70센티미터 이상의 작업공간을 확보하여야 한다. 다만, 작업공간을 확보하는 것이 곤란하여 근로자에게 절연용 보호구를 착용하도록 한 경우에는 그러하지 아니하다.
② 사업주는 전기적 불꽃 또는 아크에 의한 화상의 우려가 있는 고압 이상의 충전전로 작업에 근로자를 종사시키는 경우에는 방염처리된 작업복 또는 난연(難燃)성능을 가진 작업복을 착용시켜야 한다.

제311조(폭발위험장소에서 사용하는 전기기계·기구의 선정 등)

① 사업주는 제230조제1항에 따른 가스폭발 위험장소 또는 분진폭발 위험장소에서 전기기계·기구를 사용하는 경우에는 한국산업표준에서 정하는 기준으로 그 증기, 가스 또는 분진에 대하여 적합한 방폭성능을 가진 방폭구조 전기기계·기구를 선정하여 사용하여야 한다.

② 사업주는 제1항의 방폭구조 전기기계·기구에 대하여 그 성능이 항상 정상적으로 작동될 수 있는 상태로 유지·관리되도록 하여야 한다.

제312조(변전실 등의 위치)

사업주는 제230조제1항에 따른 가스폭발 위험장소 또는 분진폭발 위험장소에는 변전실, 배전반실, 제어실, 그 밖에 이와 유사한 시설(이하 이 조에서 "변전실 등"이라 한다)을 설치해서는 아니 된다. 다만, 변전실 등의 실내기압이 항상 양압(25파스칼 이상의 압력을 말한다. 이하 같다)을 유지하도록 하고 다음 각 호의 조치를 하거나, 가스폭발 위험장소 또는 분진폭발 위험장소에 적합한 방폭성능을 갖는 전기기계·기구를 변전실 등에 설치·사용한 경우에는 그러하지 아니하다.

1. 양압을 유지하기 위한 환기설비의 고장 등으로 양압이 유지되지 아니한 경우 경보를 할 수 있는 조치
2. 환기설비가 정지된 후 재가동하는 경우 변전실 등에 가스 등이 있는지를 확인할 수 있는 가스검지기 등 장비의 비치
3. 환기설비에 의하여 변전실 등에 공급되는 공기는 제230조제1항에 따른 가스폭발 위험장소 또는 분진폭발 위험장소가 아닌 곳으로부터 공급되도록 하는 조치

18 배선 및 이동전선으로 인한 위험방지 안전보건규칙

제313조(배선 등의 절연피복 등)

① 사업주는 근로자가 작업 중에나 통행하면서 접촉하거나 접촉할 우려가 있는 배선 또는 이동전선에 대하여 절연피복이 손상되거나 노화됨으로 인한 감전의 위험을 방지하기 위하여 필요한 조치를 하여야 한다.

② 사업주는 전선을 서로 접속하는 경우에는 해당 전선의 절연성능 이상으로 절연될 수 있는 것으로 충분히 피복하거나 적합한 접속기구를 사용하여야 한다.

제314조(습윤한 장소의 이동전선 등)

사업주는 물 등의 도전성이 높은 액체가 있는 습윤한 장소에서 근로자가 작업 중에나 통행하면서 이동전선 및 이에 부속하는 접속기구(이하 이 조와 제315조에서

"이동전선 등"이라 한다)에 접촉할 우려가 있는 경우에는 충분한 절연효과가 있는 것을 사용하여야 한다.

제315조(통로바닥에서의 전선 등 사용 금지)
사업주는 통로바닥에 전선 또는 이동전선 등을 설치하여 사용해서는 아니 된다. 다만, 차량이나 그 밖의 물체의 통과 등으로 인하여 해당 전선의 절연피복이 손상될 우려가 없거나 손상되지 않도록 적절한 조치를 하여 사용하는 경우에는 그러하지 아니하다.

제316조(꽂음접속기의 설치·사용 시 준수사항)
사업주는 꽂음접속기를 설치하거나 사용하는 경우에는 다음 각 호의 사항을 준수하여야 한다.
1. 서로 다른 전압의 꽂음접속기는 서로 접속되지 아니한 구조의 것을 사용할 것
2. 습윤한 장소에 사용되는 꽂음접속기는 방수형 등 그 장소에 적합한 것을 사용할 것
3. 근로자가 해당 꽂음접속기를 접속시킬 경우에는 땀 등으로 젖은 손으로 취급하지 않도록 할 것
4. 해당 꽂음접속기에 잠금장치가 있는 경우에는 접속 후 잠그고 사용할 것

제317조(이동 및 휴대장비 등의 사용 전기 작업)
① 사업주는 이동중에나 휴대장비 등을 사용하는 작업에서 다음 각 호의 조치를 하여야 한다.
1. 근로자가 착용하거나 취급하고 있는 도전성 공구·장비 등이 노출 충전부에 닿지 않도록 할 것
2. 근로자가 사다리를 노출 충전부가 있는 곳에서 사용하는 경우에는 도전성 재질의 사다리를 사용하지 않도록 할 것
3. 근로자가 젖은 손으로 전기기계·기구의 플러그를 꽂거나 제거하지 않도록 할 것
4. 근로자가 전기회로를 개방, 변환 또는 투입하는 경우에는 전기 차단용으로 특별히 설계된 스위치, 차단기 등을 사용하도록 할 것
5. 차단기 등의 과전류 차단장치에 의하여 자동 차단된 후에는 전기회로 또는 전기기계·기구가 안전하다는 것이 증명되기 전까지는 과전류 차단장치를 재투입하지 않도록 할 것

② 제1항에 따라 사업주가 작업지시를 하면 근로자는 이행하여야 한다.

19 전기작업에 대한 위험방지 안전보건규칙

제318조(전기작업자의 제한)

사업주는 근로자가 감전위험이 있는 전기기계·기구 또는 전로(이하 이 조와 제319조에서 "전기기기 등"이라 한다)의 설치·해체·정비·점검(설비의 유효성을 장비, 도구를 이용하여 확인하는 점검으로 한정한다) 등의 작업(이하 "전기작업"이라 한다)을 하는 경우에는 「유해위험작업의 취업제한에 관한 규칙」 제3조에 따른 자격·면허·경험 또는 기능을 갖춘 사람(이하 "유자격자"라 한다)이 작업을 수행하도록 하여야 한다.

제319조(정전전로에서의 전기작업)

① 사업주는 근로자가 노출된 충전부 또는 그 부근에서 작업함으로써 감전될 우려가 있는 경우에는 작업에 들어가기 전에 해당 전로를 차단하여야 한다. 다만, 다음 각 호의 경우에는 그러하지 아니하다.
  1. 생명유지장치, 비상경보설비, 폭발위험장소의 환기설비, 비상조명설비 등의 장치·설비의 가동이 중지되어 사고의 위험이 증가되는 경우
  2. 기기의 설계상 또는 작동상 제한으로 전로차단이 불가능한 경우
  3. 감전, 아크 등으로 인한 화상, 화재·폭발의 위험이 없는 것으로 확인된 경우

② 제1항의 전로 차단은 다음 각 호의 절차에 따라 시행하여야 한다. 17.6.25 기 22.10.22 실짱 '22.7.24 기 23.7.22 산
  1. 전기기기 등에 공급되는 모든 전원을 관련 도면, 배선도 등으로 확인할 것
  2. 전원을 차단한 후 각 단로기 등을 개방하고 확인할 것
  3. 차단장치나 단로기 등에 잠금장치 및 꼬리표를 부착할 것
  4. 개로된 전로에서 유도전압 또는 전기에너지가 축적되어 근로자에게 전기위험을 끼칠 수 있는 전기기기 등은 접촉하기 전에 잔류전하를 완전히 방전시킬 것
  5. 검전기를 이용하여 작업 대상 기기가 충전되었는지를 확인할 것
  6. 전기기기 등이 다른 노출 충전부와의 접촉, 유도 또는 예비동력원의 역송전 등으로 전압이 발생할 우려가 있는 경우에는 충분한 용량을 가진 단락 접지기구를 이용하여 접지할 것

③ 사업주는 제1항 각 호 외의 부분 본문에 따른 작업 중 또는 작업을 마친 후 전원을 공급하는 경우에는 작업에 종사하는 근로자 또는 그 인근에서 작업하거나 정전된 전기기기 등(고정 설치된 것으로 한정한다)과 접촉할 우려가 있는 근로자에게 감전의 위험이 없도록 다음 각 호의 사항을 준수하여야 한다.
  1. 작업기구, 단락 접지기구 등을 제거하고 전기기기 등이 안전하게 통전될 수 있는지를 확인할 것

2. 모든 작업자가 작업이 완료된 전기기기 등에서 떨어져 있는지를 확인할 것
3. 잠금장치와 꼬리표는 설치한 근로자가 직접 철거할 것
4. 모든 이상 유무를 확인한 후 전기기기 등의 전원을 투입할 것

제320조(정전전로 인근에서의 전기작업)

사업주는 근로자가 전기위험에 노출될 수 있는 정전전로 또는 그 인근에서 작업하거나 정전된 전기기기 등(고정 설치된 것으로 한정한다)과 접촉할 우려가 있는 경우에 작업 전에 제319조제2항제3호의 조치를 확인하여야 한다.

제321조(충전전로에서의 전기작업)

① 사업주는 근로자가 충전전로를 취급하거나 그 인근에서 작업하는 경우에는 다음 각 호의 조치를 하여야 한다. 22. 5. 13 실기 22. 5. 7 산
  1. 충전전로를 정전시키는 경우에는 제319조에 따른 조치를 할 것
  2. 충전전로를 방호, 차폐하거나 절연 등의 조치를 하는 경우에는 근로자의 신체가 전로와 직접 접촉하거나 도전재료, 공구 또는 기기를 통하여 간접 접촉되지 않도록 할 것
  3. 충전전로를 취급하는 근로자에게 그 작업에 적합한 절연용 보호구를 착용시킬 것
  4. 충전전로에 근접한 장소에서 전기작업을 하는 경우에는 해당 전압에 적합한 절연용 방호구를 설치할 것. 다만, 저압인 경우에는 해당 전기작업자가 절연용 보호구를 착용하되, 충전전로에 접촉할 우려가 없는 경우에는 절연용 방호구를 설치하지 아니할 수 있다.
  5. 고압 및 특별고압의 전로에서 전기작업을 하는 근로자에게 활선작업용 기구 및 장치를 사용하도록 할 것
  6. 근로자가 절연용 방호구의 설치·해체작업을 하는 경우에는 절연용 보호구를 착용하거나 활선작업용 기구 및 장치를 사용하도록 할 것
  7. 유자격자가 아닌 근로자가 충전전로 인근의 높은 곳에서 작업할 때에 근로자의 몸 또는 긴 도전성 물체가 방호되지 않은 충전전로에서 대지전압이 50킬로볼트 이하인 경우에는 300센티미터 이내로, 대지전압이 50킬로볼트를 넘는 경우에는 10킬로볼트당 10센티미터씩 더한 거리 이내로 각각 접근할 수 없도록 할 것
  8. 유자격자가 충전전로 인근에서 작업하는 경우에는 다음 각 목의 경우를 제외하고는 노출 충전부에 다음 표에 제시된 접근한계거리 이내로 접근하거나 절연 손잡이가 없는 도전체에 접근할 수 없도록 할 것
      가. 근로자가 노출 충전부로부터 절연된 경우 또는 해당 전압에 적합한 절연장갑을 착용한 경우

나. 노출 충전부가 다른 전위를 갖는 도전체 또는 근로자와 절연된 경우
다. 근로자가 다른 전위를 갖는 모든 도전체로부터 절연된 경우

충전전로의 선간전압 (단위 : 킬로볼트)	충전전로에 대한 접근 한계거리 (단위 : 센티미터)
0.3 이하	접촉금지
0.3 초과 0.75 이하	30
0.75 초과 2 이하	45
2 초과 15 이하	60
15 초과 37 이하	90
37 초과 88 이하	110
88 초과 121 이하	130
121 초과 145 이하	150
145 초과 169 이하	170
169 초과 242 이하	230
242 초과 362 이하	380
362 초과 550 이하	550
550 초과 800 이하	790

② 사업주는 절연이 되지 않은 충전부나 그 인근에 근로자가 접근하는 것을 막거나 제한할 필요가 있는 경우에는 방책을 설치하고 근로자가 쉽게 알아볼 수 있도록 하여야 한다. 다만, 전기와 접촉할 위험이 있는 경우에는 도전성이 있는 금속제 방책을 사용하거나, 제1항의 표에 정한 접근 한계거리 이내에 설치해서는 아니 된다.

③ 사업주는 제2항의 조치가 곤란한 경우에는 근로자를 감전위험에서 보호하기 위하여 사전에 위험을 경고하는 감시인을 배치하여야 한다.

제322조(충전전로 인근에서의 차량·기계장치 작업)

① 사업주는 충전전로 인근에서 차량, 기계장치 등(이하 이 조에서 "차량 등"이라 한다)의 작업이 있는 경우에는 차량 등을 충전전로의 충전부로부터 300센티미터 이상 이격시켜 유지시키되, 대지전압이 50킬로볼트를 넘는 경우 이격시켜 유지하여야 하는 거리(이하 이 조에서 "이격거리"라 한다)는 10킬로볼트 증가할 때마다 10센티미터씩 증가시켜야 한다. 다만, 차량 등의 높이를 낮춘 상태에서 이동하는 경우에는 이격거리를 120센티미터 이상(대지전압이 50킬로볼트를 넘는 경우에는 10킬로볼트 증가할 때마다 이격거리를 10센티미터씩 증가)으로 할 수 있다.

② 제1항에도 불구하고 충전전로의 전압에 적합한 절연용 방호구 등을 설치한 경우에는 이격거리를 절연용 방호구 앞면까지로 할 수 있으며, 차량 등의 가공 붐대의 버킷이나 끝부분 등이 충전전로의 전압에 적합하게 절연되어 있고 유자격자가 작업을 수행하는 경우에는 붐대의 절연되지 않은 부분과 충전전로 간의 이격거리는 제321조제1항의 표에 따른 접근 한계거리까지로 할 수 있다.
③ 사업주는 다음 각 호의 경우를 제외하고는 근로자가 차량 등의 그 어느 부분과도 접촉하지 않도록 방책을 설치하거나 감시인 배치 등의 조치를 하여야 한다.
　1. 근로자가 해당 전압에 적합한 제323조제1항의 절연용 보호구 등을 착용하거나 사용하는 경우
　2. 차량 등의 절연되지 않은 부분이 제321조제1항의 표에 따른 접근 한계거리 이내로 접근하지 않도록 하는 경우
④ 사업주는 충전전로 인근에서 접지된 차량 등이 충전전로와 접촉할 우려가 있을 경우에는 지상의 근로자가 접지점에 접촉하지 않도록 조치하여야 한다.

제323조(절연용 보호구 등의 사용)

① 사업주는 다음 각 호의 작업에 사용하는 절연용 보호구, 절연용 방호구, 활선작업용 기구, 활선작업용 장치(이하 이 조에서 "절연용 보호구 등"이라 한다)에 대하여 각각의 사용목적에 적합한 종별·재질 및 치수의 것을 사용하여야 한다.
　1. 제301조제2항에 따른 밀폐공간에서의 전기작업
　2. 제317조에 따른 이동 및 휴대장비 등을 사용하는 전기작업
　3. 제319조 및 제320조에 따른 정전전로 또는 그 인근에서의 전기작업
　4. 제321조의 충전전로에서의 전기작업
　5. 제322조의 충전전로 인근에서의 차량·기계장치 등의 작업
② 사업주는 절연용 보호구 등이 안전한 성능을 유지하고 있는지를 정기적으로 확인하여야 한다.
③ 사업주는 근로자가 절연용 보호구 등을 사용하기 전에 흠·균열·파손, 그 밖의 손상 유무를 발견하여 정비 또는 교환을 요구하는 경우에는 즉시 조치하여야 한다.

제324조(적용 제외)

제38조제1항제5호, 제301조부터 제310조까지 및 제313조부터 제323조까지의 규정은 대지전압이 30볼트 이하인 전기기계·기구·배선 또는 이동전선에 대해서는 적용하지 아니한다.

20 정전기 및 전자파로 인한 재해 예방 안전보건규칙

제325조(정전기로 인한 화재 폭발 등 방지) 22. 10. 16 기

① 사업주는 다음 각 호의 설비를 사용할 때에 정전기에 의한 화재 또는 폭발 등의 위험이 발생할 우려가 있는 경우에는 해당 설비에 대하여 확실한 방법으로 접지를 하거나, 도전성 재료를 사용하거나 가습 및 점화원이 될 우려가 없는 제전(除電)장치를 사용하는 등 정전기의 발생을 억제하거나 제거하기 위하여 필요한 조치를 하여야 한다.
  1. 위험물을 탱크로리·탱크차 및 드럼 등에 주입하는 설비
  2. 탱크로리·탱크차 및 드럼 등 위험물저장설비
  3. 인화성 액체를 함유하는 도료 및 접착제 등을 제조·저장·취급 또는 도포(塗布)하는 설비
  4. 위험물 건조설비 또는 그 부속설비
  5. 인화성 고체를 저장하거나 취급하는 설비
  6. 드라이클리닝설비, 염색가공설비 또는 모피류 등을 씻는 설비 등 인화성유기용제를 사용하는 설비
  7. 유압, 압축공기 또는 고전위정전기 등을 이용하여 인화성 액체나 인화성 고체를 분무하거나 이송하는 설비
  8. 고압가스를 이송하거나 저장·취급하는 설비
  9. 화약류 제조설비
  10. 발파공에 장전된 화약류를 점화시키는 경우에 사용하는 발파기(발파공을 막는 재료로 물을 사용하거나 갱도발파를 하는 경우는 제외한다)

② 사업주는 인체에 대전된 정전기에 의한 화재 또는 폭발 위험이 있는 경우에는 정전기 대전방지용 안전화 착용, 제전복(除電服) 착용, 정전기 제전용구 사용 등의 조치를 하거나 작업장 바닥 등에 도전성을 갖추도록 하는 등 필요한 조치를 하여야 한다.

③ 생산공정상 정전기에 의한 감전 위험이 발생할 우려가 있는 경우의 조치에 관하여는 제1항과 제2항을 준용한다.

제326조(피뢰설비의 설치)

① 사업주는 화약류 또는 위험물을 저장하거나 취급하는 시설물에 낙뢰에 의한 산업재해를 예방하기 위하여 피뢰설비를 설치하여야 한다.

② 사업주는 제1항에 따라 피뢰설비를 설치하는 경우에는 한국산업표준에 적합한 피뢰설비를 사용하여야 한다.

제327조(전자파에 의한 기계·설비의 오작동 방지)

사업주는 전기기계·기구 사용에 의하여 발생하는 전자파로 인하여 기계·설비의 오작동을 초래함으로써 산업재해가 발생할 우려가 있는 경우에는 다음 각 호의 조치를 하여야 한다.

1. 전기기계·기구에서 발생하는 전자파의 크기가 다른 기계·설비가 원래 의도된 대로 작동하는 것을 방해하지 않도록 할 것
2. 기계·설비는 원래 의도된 대로 작동할 수 있도록 적절한 수준의 전자파 내성을 가지도록 하거나, 이에 준하는 전자파 차폐조치를 할 것

21 거푸집동바리 및 거푸집 안전보건규칙

제1관 재료 등

제328조(재료)

사업주는 거푸집동바리 및 거푸집(이하 이 장에서 "거푸집동바리 등"이라 한다)의 재료로 변형·부식 또는 심하게 손상된 것을 사용해서는 안된다.

제329조(강재의 사용기준)

사업주는 거푸집동바리 등에 사용하는 동바리·멍에 등 주요 부분의 강재는 별표 10의 기준에 맞는 것을 사용해야 한다.

제330조(거푸집 및 동바리의 구조)

사업주는 거푸집 및 동바리를 사용하는 경우에는 거푸집의 형상 및 콘크리트 타설(打設)방법 등에 따른 견고한 구조의 것을 사용해야 한다.

제2관 조립 등

제331조(조립도)

① 사업주는 거푸집 및 동바리를 조립하는 경우에는 그 구조를 검토한 후 조립도를 작성하고, 그 조립도에 따라 조립하도록 해야 한다.
② 제1항의 조립도에는 동바리·멍에 등 부재의 재질·단면규격·설치간격 및 이음방법 등을 명시해야 한다.

제331조의2(거푸집 조립 시의 안전조치)

사업주는 거푸집을 조립하는 경우에는 다음 각 호의 사항을 준수해야 한다.

1. 거푸집을 조립하는 경우에는 거푸집이 콘크리트 하중이나 그 밖의 외력에 견딜 수 있거나, 넘어지지 않도록 견고한 구조의 긴결재(콘크리트를 타설

할 때 거푸집이 변형되지 않게 연결하여 고정하는 재료를 말한다), 버팀대 또는 지지대를 설치하는 등 필요한 조치를 할 것
2. 거푸집이 곡면인 경우에는 버팀대의 부착 등 그 거푸집의 부상(浮上)을 방지하기 위한 조치를 할 것

제332조(동바리 조립 시의 안전조치)

사업주는 동바리를 조립하는 경우에는 하중의 지지상태를 유지할 수 있도록 다음 각 호의 사항을 준수해야 한다.
1. 받침목이나 깔판의 사용, 콘크리트 타설, 말뚝박기 등 동바리의 침하를 방지하기 위한 조치를 할 것
2. 동바리의 상하 고정 및 미끄러짐 방지 조치를 할 것
3. 상부·하부의 동바리가 동일 수직선상에 위치하도록 하여 깔판·받침목에 고정시킬 것
4. 개구부 상부에 동바리를 설치하는 경우에는 상부하중을 견딜 수 있는 견고한 받침대를 설치할 것
5. U헤드 등의 단판이 없는 동바리의 상단에 멍에 등을 올릴 경우에는 해당 상단에 U헤드 등의 단판을 설치하고, 멍에 등이 전도되거나 이탈되지 않도록 고정시킬 것
6. 동바리의 이음은 같은 품질의 재료를 사용할 것
7. 강재의 접속부 및 교차부는 볼트·클램프 등 전용철물을 사용하여 단단히 연결할 것
8. 거푸집의 형상에 따른 부득이한 경우를 제외하고는 깔판이나 받침목은 2단 이상 끼우지 않도록 할 것
9. 깔판이나 받침목을 이어서 사용하는 경우에는 그 깔판·받침목을 단단히 연결할 것

제332조의2(동바리 유형에 따른 동바리 조립 시의 안전조치)

사업주는 동바리를 조립할 때 동바리의 유형별로 다음 각 호의 구분에 따른 각 목의 사항을 준수해야 한다.
1. 동바리로 사용하는 파이프 서포트의 경우
   가. 파이프 서포트를 3개 이상 이어서 사용하지 않도록 할 것
   나. 파이프 서포트를 이어서 사용하는 경우에는 4개 이상의 볼트 또는 전용 철물을 사용하여 이을 것
   다. 높이가 3.5미터를 초과하는 경우에는 높이 2미터 이내마다 수평연결재를 2개 방향으로 만들고 수평연결재의 변위를 방지할 것
2. 동바리로 사용하는 강관틀의 경우

가. 강관틀과 강관틀 사이에 교차가새를 설치할 것
　　나. 최상단 및 5단 이내마다 동바리의 측면과 틀면의 방향 및 교차가새의 방향에서 5개 이내마다 수평연결재를 설치하고 수평연결재의 변위를 방지할 것
　　다. 최상단 및 5단 이내마다 동바리의 틀면의 방향에서 양단 및 5개틀 이내마다 교차가새의 방향으로 띠장틀을 설치할 것
3. 동바리로 사용하는 조립강주의 경우: 조립강주의 높이가 4미터를 초과하는 경우에는 높이 4미터 이내마다 수평연결재를 2개 방향으로 설치하고 수평연결재의 변위를 방지할 것
4. 시스템 동바리(규격화·부품화된 수직재, 수평재 및 가새재 등의 부재를 현장에서 조립하여 거푸집을 지지하는 지주 형식의 동바리를 말한다)의 경우
　　가. 수평재는 수직재와 직각으로 설치해야 하며, 흔들리지 않도록 견고하게 설치할 것
　　나. 연결철물을 사용하여 수직재를 견고하게 연결하고, 연결부위가 탈락 또는 꺾어지지 않도록 할 것
　　다. 수직 및 수평하중에 대해 동바리의 구조적 안정성이 확보되도록 조립도에 따라 수직재 및 수평재에는 가새재를 견고하게 설치할 것
　　라. 동바리 최상단과 최하단의 수직재와 받침철물은 서로 밀착되도록 설치하고 수직재와 받침철물의 연결부의 겹침길이는 받침철물 전체길이의 3분의 1 이상 되도록 할 것
5. 보 형식의 동바리[강제 갑판(steel deck), 철재트러스 조립 보 등 수평으로 설치하여 거푸집을 지지하는 동바리를 말한다]의 경우
　　가. 접합부는 충분한 걸침 길이를 확보하고 못, 용접 등으로 양끝을 지지물에 고정시켜 미끄러짐 및 탈락을 방지할 것
　　나. 양끝에 설치된 보 거푸집을 지지하는 동바리 사이에는 수평연결재를 설치하거나 동바리를 추가로 설치하는 등 보 거푸집이 옆으로 넘어지지 않도록 견고하게 할 것
　　다. 설계도면, 시방서 등 설계도서를 준수하여 설치할 것

제333조(조립·해체 등 작업 시의 준수사항)
① 사업주는 기둥·보·벽체·슬래브 등의 거푸집 및 동바리를 조립하거나 해체하는 작업을 하는 경우에는 다음 각 호의 사항을 준수해야 한다.
1. 해당 작업을 하는 구역에는 관계 근로자가 아닌 사람의 출입을 금지할 것
2. 비, 눈, 그 밖의 기상상태의 불안정으로 날씨가 몹시 나쁜 경우에는 그 작업을 중지할 것
3. 재료, 기구 또는 공구 등을 올리거나 내리는 경우에는 근로자로 하여금 달

합격예측 및 관련법규

제353조(시계의 유지) 사업주는 터널건설작업을 할 때에 터널 내부의 시계(視界)가 배기가스나 분진 등에 의하여 현저하게 제한되는 경우에는 환기를 하거나 물을 뿌리는 등 시계를 유지하기 위하여 필요한 조치를 하여야 한다.

제377조(잠함 등 내부에서의 작업) ① 사업주는 잠함, 우물통, 수직갱, 그 밖에 이와 유사한 건설물 또는 설비(이하 "잠함등"이라 한다)의 내부에서 굴착작업을 하는 경우에 다음 각 호의 사항을 준수하여야 한다.
1. 산소 결핍 우려가 있는 경우에는 산소의 농도를 측정하는 사람을 지명하여 측정하도록 할 것
2. 근로자가 안전하게 오르 내리기 위한 설비를 설치할 것
3. 굴착 깊이가 20미터를 초과하는 경우에는 해당 작업장소와 외부와의 연락을 위한 통신설비 등을 설치할 것

② 사업주는 제1항제1호에 따른 측정 결과 산소 결핍이 인정되거나 굴착 깊이가 20미터를 초과하는 경우에는 송기(送氣)를 위한 설비를 설치하여 필요한 양의 공기를 공급해야 한다.

제379조(가설도로) 사업주는 공용 가설도로를 설치하는 경우에 다음 각 호의 사항을 준수하여야 한다.
1. 도로는 장비와 차량이 안전하게 운행할 수 있도록 견고하게 설치할 것
2. 도로와 작업장이 접하여 있을 경우에는 울타리 등을 설치할 것
3. 도로는 배수를 위하여 경사지게 설치하거나 배수시설을 설치할 것
4. 차량의 속도제한 표지를 부착할 것

줄·달포대 등을 사용하도록 할 것

4. 낙하·충격에 의한 돌발적 재해를 방지하기 위하여 버팀목을 설치하고 거푸집 및 동바리를 인양장비에 매단 후에 작업을 하도록 하는 등 필요한 조치를 할 것

② 사업주는 철근조립 등의 작업을 하는 경우에는 다음 각 호의 사항을 준수하여야 한다.
1. 양중기로 철근을 운반할 경우에는 두 군데 이상 묶어서 수평으로 운반할 것
2. 작업위치의 높이가 2미터 이상일 경우에는 작업발판을 설치하거나 안전대를 착용하게 하는 등 위험 방지를 위하여 필요한 조치를 할 것

제334조(콘크리트의 타설작업)

사업주는 콘크리트 타설작업을 하는 경우에는 다음 각 호의 사항을 준수해야 한다.
1. 당일의 작업을 시작하기 전에 해당 작업에 관한 거푸집 및 동바리의 변형·변위 및 지반의 침하 유무 등을 점검하고 이상이 있으면 보수할 것
2. 작업 중에는 감시자를 배치하는 등의 방법으로 거푸집 및 동바리의 변형·변위 및 침하 유무 등을 확인해야 하며, 이상이 있으면 작업을 중지하고 근로자를 대피시킬 것
3. 콘크리트 타설작업 시 거푸집 붕괴의 위험이 발생할 우려가 있으면 충분한 보강조치를 할 것
4. 설계도서상의 콘크리트 양생기간을 준수하여 거푸집 및 동바리를 해체할 것
5. 콘크리트를 타설하는 경우에는 편심이 발생하지 않도록 골고루 분산하여 타설할 것

제335조(콘크리트 타설장비 사용 시의 준수사항) 22. 5. 7

사업주는 콘크리트 타설작업을 하기 위하여 콘크리트 플레이싱 붐(placing boom), 콘크리트 분배기, 콘크리트 펌프카 등(이하 이 조에서 "콘크리트타설장비"라 한다)을 사용하는 경우에는 다음 각 호의 사항을 준수해야 한다.
1. 작업을 시작하기 전에 콘크리트타설장비를 점검하고 이상을 발견하였으면 즉시 보수할 것
2. 건축물의 난간 등에서 작업하는 근로자가 호스의 요동·선회로 인하여 추락하는 위험을 방지하기 위하여 안전난간 설치 등 필요한 조치를 할 것
3. 콘크리트타설장비의 붐을 조정하는 경우에는 주변의 전선 등에 의한 위험을 예방하기 위한 적절한 조치를 할 것
4. 작업 중에 지반의 침하나 아웃트리거 등 콘크리트타설장비 지지구조물의 손상 등에 의하여 콘크리트타설장비가 넘어질 우려가 있는 경우에는 이를 방지하기 위한 적절한 조치를 할 것

22 비계 안전보건규칙

제1절 재료 및 구조 등

제54조(비계의 재료)

① 사업주는 비계의 재료로 변형·부식 또는 심하게 손상된 것을 사용해서는 아니 된다.

② 사업주는 강관비계(鋼管飛階)의 재료로 「산업표준화법」에 따른 한국산업표준에서 정하는 기준 이상의 것을 사용하여야 한다.

제55조(작업발판의 최대적재하중)

사업주는 비계의 구조 및 재료에 따라 작업발판의 최대적재하중을 정하고, 이를 초과하여 실어서는 안된다.

제56조(작업발판의 구조)

사업주는 비계(달비계, 달대비계 및 말비계는 제외한다)의 높이가 2미터 이상인 작업장소에 다음 각 호의 기준에 맞는 작업발판을 설치하여야 한다.

1. 발판재료는 작업할 때의 하중을 견딜 수 있도록 견고한 것으로 할 것
2. 작업발판의 폭은 40센티미터 이상으로 하고, 발판재료 간의 틈은 3센티미터 이하로 할 것. 다만, 외줄비계의 경우에는 고용노동부장관이 별도로 정하는 기준에 따른다.
3. 제2호에도 불구하고 선박 및 보트 건조작업의 경우 선박블록 또는 엔진실 등의 좁은 작업공간에 작업발판을 설치하기 위하여 필요하면 작업발판의 폭을 30센티미터 이상으로 할 수 있고, 걸침비계의 경우 강관기둥 때문에 발판재료 간의 틈을 3센티미터 이하로 유지하기 곤란하면 5센티미터 이하로 할 수 있다. 이 경우 그 틈 사이로 물체 등이 떨어질 우려가 있는 곳에는 출입금지 등의 조치를 하여야 한다.
4. 추락의 위험이 있는 장소에는 안전난간을 설치할 것. 다만, 작업의 성질상 안전난간을 설치하는 것이 곤란한 경우, 작업의 필요상 임시로 안전난간을 해체할 때에 안전방망을 설치하거나 근로자로 하여금 안전대를 사용하도록 하는 등 추락위험방지 조치를 한 경우에는 그러하지 아니하다.
5. 작업발판의 지지물은 하중에 의하여 파괴될 우려가 없는 것을 사용할 것
6. 작업발판재료는 뒤집히거나 떨어지지 않도록 둘 이상의 지지물에 연결하거나 고정시킬 것
7. 작업발판을 작업에 따라 이동시킬 경우에는 위험방지에 필요한 조치를 할 것

합격예측 및 관련법규

제66조의2(걸침비계의 구조)

사업주는 선박 및 보트 건조작업에서 걸침비계를 설치하는 경우에는 다음 각 호의 사항을 준수하여야 한다.

1. 지지점이 되는 매달림부재의 고정부는 구조물로부터 이탈되지 않도록 견고히 고정할 것
2. 비계재료 간에는 서로 움직임, 뒤집힘 등이 없어야 하고, 재료가 분리되지 않도록 철물 또는 철선으로 충분히 결속할 것. 다만, 작업발판 밑 부분에 띠장 및 장선으로 사용되는 수평부재 간의 결속은 철선을 사용하지 않을 것
3. 매달림부재의 안전율은 4 이상일 것
4. 작업발판에는 구조검토에 따라 설계한 최대적재하중을 초과하여 적재하여서는 아니 되며, 그 작업에 종사하는 근로자에게 최대적재하중을 충분히 알릴 것

제163조(와이어로프 등 달기구의 안전계수)

① 사업주는 양중기의 와이어로프 등 달기구의 안전계수(달기구 절단하중의 값을 그 달기구에 걸리는 하중의 최대값으로 나눈 값을 말한다)가 다음 각 호의 구분에 따른 기준에 맞지 아니한 경우에는 이를 사용해서는 아니 된다.

1. 근로자가 탑승하는 운반구를 지지하는 달기와이어로프 또는 달기체인의 경우: 10 이상
2. 화물의 하중을 직접 지지하는 달기와이어로프 또는 달기체인의 경우: 5 이상
3. 훅, 샤클, 클램프, 리프팅 빔의 경우: 3 이상
4. 그 밖의 경우: 4 이상

② 사업주는 달기구의 경우 최대허용하중 등의 표식이 견고하게 붙어 있는 것을 사용하여야 한다.

제2절 조립·해체 및 점검 등

제57조(비계 등의 조립·해체 및 변경)

① 사업주는 달비계 또는 높이 5미터 이상의 비계를 조립·해체하거나 변경하는 작업을 하는 경우 다음 각 호의 사항을 준수하여야 한다.
  1. 근로자가 관리감독자의 지휘에 따라 작업하도록 할 것
  2. 조립·해체 또는 변경의 시기·범위 및 절차를 그 작업에 종사하는 근로자에게 주지시킬 것
  3. 조립·해체 또는 변경 작업구역에는 해당 작업에 종사하는 근로자가 아닌 사람의 출입을 금지하고 그 내용을 보기 쉬운 장소에 게시할 것
  4. 비, 눈, 그 밖의 기상상태의 불안정으로 날씨가 몹시 나쁜 경우에는 그 작업을 중지시킬 것
  5. 비계재료의 연결·해체작업을 하는 경우에는 폭 20센티미터 이상의 발판을 설치하고 근로자로 하여금 안전대를 사용하도록 하는 등 추락을 방지하기 위한 조치를 할 것
  6. 재료·기구 또는 공구 등을 올리거나 내리는 경우에는 근로자가 달줄 또는 달포대 등을 사용하게 할 것

② 사업주는 강관비계 또는 통나무비계를 조립하는 경우 쌍줄로 하여야 한다. 다만, 별도의 작업발판을 설치할 수 있는 시설을 갖춘 경우에는 외줄로 할 수 있다.

제58조(비계의 점검 및 보수)

사업주는 비, 눈, 그 밖의 기상상태의 악화로 작업을 중지시킨 후 또는 비계를 조립·해체하거나 변경한 후에 그 비계에서 작업을 하는 경우에는 해당 작업을 시작하기 전에 다음 각 호의 사항을 점검하고, 이상을 발견하면 즉시 보수하여야 한다. 12.10.14 기 13.7.14 기 14.7.6 기 18.4.15 산 20.5.24 기 20.11.19 산 22.7.24 기 23.4.23 기 23.10.7 산
  1. 발판 재료의 손상 여부 및 부착 또는 걸림 상태
  2. 해당 비계의 연결부 또는 접속부의 풀림 상태
  3. 연결 재료 및 연결 철물의 손상 또는 부식 상태
  4. 손잡이의 탈락 여부
  5. 기둥의 침하, 변형, 변위(變位) 또는 흔들림 상태
  6. 로프의 부착 상태 및 매단 장치의 흔들림 상태

23 말비계 및 이동식비계 안전보건규칙

제67조(말비계) 04. 4. 25 기 17. 4. 16 기 18. 6. 30 산 22. 10. 16 기 23. 10. 7 실

사업주는 말비계를 조립하여 사용하는 경우에 다음 각 호의 사항을 준수하여야 한다.

1. 지주부재(支柱部材)의 하단에는 미끄럼 방지장치를 하고, 근로자가 양측 끝부분에 올라서서 작업하지 않도록 할 것
2. 지주부재와 수평면의 기울기를 75도 이하로 하고, 지주부재와 지주부재 사이를 고정시키는 보조부재를 설치할 것
3. 말비계의 높이가 2미터를 초과하는 경우에는 작업발판의 폭을 40센티미터 이상으로 할 것

제68조(이동식비계)

사업주는 이동식비계를 조립하여 작업을 하는 경우에는 다음 각 호의 사항을 준수하여야 한다.

1. 이동식비계의 바퀴에는 뜻밖의 갑작스러운 이동 또는 전도를 방지하기 위하여 브레이크·쐐기 등으로 바퀴를 고정시킨 다음 비계의 일부를 견고한 시설물에 고정하거나 아웃트리거(outrigger)를 설치하는 등 필요한 조치를 할 것
2. 승강용사다리는 견고하게 설치할 것
3. 비계의 최상부에서 작업을 하는 경우에는 안전난간을 설치할 것
4. 작업발판은 항상 수평을 유지하고 작업발판 위에서 안전난간을 딛고 작업을 하거나 받침대 또는 사다리를 사용하여 작업하지 않도록 할 것
5. 작업발판의 최대적재하중은 250킬로그램을 초과하지 않도록 할 것

24 굴착작업 등의 위험방지 안전보건규칙

제1관 노천굴착작업
제1속 굴착면의 기울기 등
제338조(굴착작업 사전조사 등)

사업주는 굴착작업을 할 때에 토사등의 붕괴 또는 낙하에 의한 위험을 미리 방지하기 위하여 다음 각 호의 사항을 점검해야 한다.

1. 작업장소 및 그 주변의 부석·균열의 유무
2. 함수(含水)·용수(湧水) 및 동결의 유무 또는 상태의 변화

합격예측 및 관련법규

제14조(낙하물에 의한 위험의 방지) ① 사업주는 작업장의 바닥, 도로 및 통로 등에서 낙하물이 근로자에게 위험을 미칠 우려가 있는 경우 보호망을 설치하는 등 필요한 조치를 하여야 한다.
16. 4. 17 기 22. 11. 19 기
② 사업주는 작업으로 인하여 물체가 떨어지거나 날아올 위험이 있는 경우 낙하물 방지망, 수직보호망 또는 방호선반의 설치, 출입금지구역의 설정, 보호구의 착용 등 위험을 방지하기 위하여 필요한 조치를 하여야 한다. 이 경우 낙하물 방지망 및 수직보호망은 「산업표준화법」 제12조에 따른 한국산업표준(이하 "한국산업표준"이라 한다)에서 정하는 성능기준에 적합한 것을 사용하여야 한다.〈개정 2017. 12. 28., 2022. 10. 18.〉 16. 6. 26 기
③ 제2항에 따라 낙하물 방지망 또는 방호선반을 설치하는 경우에는 다음 각 호의 사항을 준수하여야 한다.
1. 높이 10미터 이내마다 설치하고, 내민 길이는 벽면으로부터 2미터 이상으로 할 것
2. 수평면과의 각도는 20도 이상 30도 이하를 유지할 것

제339조(굴착면의 붕괴 등에 의한 위험방지)

① 사업주는 지반 등을 굴착하는 경우 굴착면의 기울기를 별표 11의 기준에 맞도록 해야 한다. 다만, 「건설기술 진흥법」 제44조제1항에 따른 건설기준에 맞게 작성한 설계도서상의 굴착면의 기울기를 준수하거나 흙막이 등 기울기면의 붕괴 방지를 위하여 적절한 조치를 한 경우에는 그렇지 않다.

② 사업주는 비가 올 경우를 대비하여 측구(側溝)를 설치하거나 굴착경사면에 비닐을 덮는 등 빗물 등의 침투에 의한 붕괴재해를 예방하기 위하여 필요한 조치를 해야 한다.

제340조(굴착작업 시 위험방지)

사업주는 굴착작업 시 토사등의 붕괴 또는 낙하에 의하여 근로자에게 위험을 미칠 우려가 있는 경우에는 미리 흙막이 지보공의 설치, 방호망의 설치 및 근로자의 출입 금지 등 그 위험을 방지하기 위하여 필요한 조치를 해야 한다.

제341조(매설물 등 파손에 의한 위험방지)

① 사업주는 매설물·조적벽·콘크리트벽 또는 옹벽 등의 건설물에 근접한 장소에서 굴착작업을 할 때에 해당 가설물의 파손 등에 의하여 근로자가 위험해질 우려가 있는 경우에는 해당 건설물을 보강하거나 이설하는 등 해당 위험을 방지하기 위한 조치를 하여야 한다.

② 사업주는 굴착작업에 의하여 노출된 매설물 등이 파손됨으로써 근로자가 위험해질 우려가 있는 경우에는 해당 매설물 등에 대한 방호조치를 하거나 이설하는 등 필요한 조치를 하여야 한다.

③ 사업주는 제2항의 매설물 등의 방호작업에 대하여 법 제14조제1항에 따른 관리감독자에게 해당 작업을 지휘하도록 하여야 한다.

제342조(굴착기계등에 의한 위험방지)

사업주는 굴착작업 시 굴착기계등을 사용하는 경우 다음 각 호의 조치를 해야 한다.

1. 굴착기계등의 사용으로 가스도관, 지중전선로, 그 밖에 지하에 위치한 공작물이 파손되어 그 결과 근로자가 위험해질 우려가 있는 경우에는 그 기계를 사용한 굴착작업을 중지할 것
2. 굴착기계등의 운행경로 및 토석(土石) 적재장소의 출입방법을 정하여 관계 근로자에게 주지시킬 것

제344조(굴착기계등의 유도)

① 사업주는 굴착작업을 할 때에 굴착기계등이 근로자의 작업장소로 후진하여 근로자에게 접근하거나 굴러 떨어질 우려가 있는 경우에는 유도자를 배치하여 굴

착기계등을 유도하도록 해야 한다.
② 운반기계등의 운전자는 유도자의 유도에 따라야 한다.

제2속 흙막이 지보공

제345조(흙막이 지보공의 재료)

사업주는 흙막이 지보공의 재료로 변형·부식되거나 심하게 손상된 것을 사용해서는 아니 된다.

제346조(조립도)

① 사업주는 흙막이 지보공을 조립하는 경우 미리 조립도를 작성하여 그 조립도에 따라 조립하도록 해야 한다.
② 제1항의 조립도는 흙막이판·말뚝·버팀대 및 띠장 등 부재의 배치·치수·재질 및 설치방법과 순서가 명시되어야 한다.

제347조(붕괴 등의 위험방지)

① 사업주는 흙막이 지보공을 설치하였을 때에는 정기적으로 다음 각 호의 사항을 점검하고 이상을 발견하면 즉시 보수하여야 한다. 23. 10. 14 실장
 1. 부재의 손상·변형·부식·변위 및 탈락의 유무와 상태
 2. 버팀대의 긴압(緊壓)의 정도
 3. 부재의 접속부·부착부 및 교차부의 상태
 4. 침하의 정도
② 사업주는 제1항의 점검 외에 설계도서에 따른 계측을 하고 계측 분석 결과 토압의 증가 등 이상한 점을 발견한 경우에는 즉시 보강조치를 하여야 한다.

제2관 발파작업의 위험방지

제348조(발파의 작업기준)

사업주는 발파작업에 종사하는 근로자에게 다음 각 호의 사항을 준수하도록 하여야 한다.
 1. 얼어붙은 다이나마이트는 화기에 접근시키거나 그 밖의 고열물에 직접 접촉시키는 등 위험한 방법으로 융해되지 않도록 할 것
 2. 화약이나 폭약을 장전하는 경우에는 그 부근에서 화기를 사용하거나 흡연을 하지 않도록 할 것
 3. 장전구(裝塡具)는 마찰·충격·정전기 등에 의한 폭발의 위험이 없는 안전한 것을 사용할 것
 4. 발파공의 충진재료는 점토·모래 등 발화성 또는 인화성의 위험이 없는 재료를 사용할 것

합격예측 및 관련법규

제350조(인화성 가스의 농도 측정 등) ① 사업주는 터널공사 등의 건설작업을 할 때에 인화성 가스가 발생할 위험이 있는 경우에는 폭발이나 화재를 예방하기 위하여 인화성 가스의 농도를 측정할 담당자를 지명하고, 그 작업을 시작하기 전에 가스가 발생할 위험이 있는 장소에 대하여 그 인화성 가스의 농도를 측정하여야 한다.
② 사업주는 제1항에 따라 측정한 결과 인화성 가스가 존재하여 폭발이나 화재가 발생할 위험이 있는 경우에는 인화성 가스 농도의 이상 상승을 조기에 파악하기 위하여 그 장소에 자동경보장치를 설치하여야 한다.
③ 지하철도공사를 시행하는 사업주는 터널굴착[개착식(開鑿式)을 포함한다)] 등으로 인하여 도시가스관이 노출된 경우에 접속부 등 필요한 장소에 자동경보장치를 설치하고, 「도시가스사업법」에 따른 해당 도시가스사업자와 합동으로 정기적 순회점검을 하여야 한다.
④ 사업주는 제2항 및 제3항에 따른 자동경보장치에 대하여 당일 작업 시작 전 다음 각 호의 사항을 점검하고 이상을 발견하면 즉시 보수하여야 한다.
1. 계기의 이상 유무
2. 검지부의 이상 유무
3. 경보장치의 작동상태
22. 10. 16 산

> **합격예측 및 관련법규**
>
> **제376조(급격한 침하로 인한 위험 방지)** 사업주는 잠함 또는 우물통의 내부에서 근로자가 굴착작업을 하는 경우에 잠함 또는 우물통의 급격한 침하에 의한 위험을 방지하기 위하여 다음 각 호의 사항을 준수하여야 한다.
> 1. 침하관계도에 따라 굴착방법 및 재하량(載荷量) 등을 정할 것
> 2. 바닥으로부터 천장 또는 보까지의 높이는 1.8미터 이상으로 할 것
>
> 15. 10. 4 기 16. 4. 17 기
> 19. 4. 14 기

5. 점화 후 장전된 화약류가 폭발하지 아니한 경우 또는 장전된 화약류의 폭발 여부를 확인하기 곤란한 경우에는 다음 각 목의 사항을 따를 것
    가. 전기뇌관에 의한 경우에는 발파모선을 점화기에서 떼어 그 끝을 단락시켜 놓는 등 재점화되지 않도록 조치하고 그 때부터 5분 이상 경과한 후가 아니면 화약류의 장전장소에 접근시키지 않도록 할 것
    나. 전기뇌관 외의 것에 의한 경우에는 점화한 때부터 15분 이상 경과한 후가 아니면 화약류의 장전장소에 접근시키지 않도록 할 것
6. 전기뇌관에 의한 발파의 경우 점화하기 전에 화약류를 장전한 장소로부터 30미터 이상 떨어진 안전한 장소에서 전선에 대하여 저항측정 및 도통(導通) 시험을 할 것

제349조(작업중지 및 피난)

① 사업주는 벼락이 떨어질 우려가 있는 경우에는 화약 또는 폭약의 장전 작업을 중지하고 근로자들을 안전한 장소로 대피시켜야 한다.
② 사업주는 발파작업 시 근로자가 안전한 거리로 피난할 수 없는 경우에는 앞면과 상부를 견고하게 방호한 피난장소를 설치하여야 한다.

제3속 터널 지보공

제364조(조립 또는 변경시의 조치)

사업주는 터널 지보공을 조립하거나 변경하는 경우에는 다음 각 호의 사항을 조치하여야 한다.
1. 주재(主材)를 구성하는 1세트의 부재는 동일 평면 내에 배치할 것
2. 목재의 터널 지보공은 그 터널 지보공의 각 부재의 긴압 정도가 균등하게 되도록 할 것
3. 기둥에는 침하를 방지하기 위하여 받침목을 사용하는 등의 조치를 할 것
4. 강(鋼)아치 지보공의 조립은 다음 각 목의 사항을 따를 것 23. 7. 22 기
    가. 조립간격은 조립도에 따를 것
    나. 주재가 아치작용을 충분히 할 수 있도록 쐐기를 박는 등 필요한 조치를 할 것
    다. 연결볼트 및 띠장 등을 사용하여 주재 상호간을 튼튼하게 연결할 것
    라. 터널 등의 출입구 부분에는 받침대를 설치할 것
    마. 낙하물이 근로자에게 위험을 미칠 우려가 있는 경우에는 널판 등을 설치할 것
5. 목재 지주식 지보공은 다음 각 목의 사항을 따를 것
    가. 주기둥은 변위를 방지하기 위하여 쐐기 등을 사용하여 지반에 고정시킬 것
    나. 양끝에는 받침대를 설치할 것

다. 터널 등의 목재 지주식 지보공에 세로방향의 하중이 걸림으로써 넘어지거나 비틀어질 우려가 있는 경우에는 양끝 외의 부분에도 받침대를 설치할 것
라. 부재의 접속부는 꺾쇠 등으로 고정시킬 것
6. 강아치 지보공 및 목재지주식 지보공 외의 터널 지보공에 대해서는 터널 등의 출입구 부분에 받침대를 설치할 것

제366조(붕괴 등의 방지)

사업주는 터널 지보공을 설치한 경우에 다음 각 호의 사항을 수시로 점검하여야 하며, 이상을 발견한 경우에는 즉시 보강하거나 보수하여야 한다.
1. 부재의 손상·변형·부식·변위 탈락의 유무 및 상태
2. 부재의 긴압 정도
3. 부재의 접속부 및 교차부의 상태
4. 기둥침하의 유무 및 상태

25 추락 또는 붕괴에 의한 위험방지 안전보건규칙

제1절 추락에 의한 위험방지

제42조(추락의 방지) 22. 10. 16 기

① 사업주는 근로자가 추락하거나 넘어질 위험이 있는 장소[작업발판의 끝·개구부(開口部) 등을 제외한다] 또는 기계·설비·선박블록 등에서 작업을 할 때에 근로자가 위험해질 우려가 있는 경우 비계(飛階)를 조립하는 등의 방법으로 작업발판을 설치하여야 한다.
② 사업주는 제1항에 따른 작업발판을 설치하기 곤란한 경우 다음 각 호의 기준에 맞는 추락방호망을 설치하여야 한다. 다만, 추락방호망을 설치하기 곤란한 경우에는 근로자에게 안전대를 착용하도록 하는 등 추락위험을 방지하기 위하여 필요한 조치를 해야 한다. 23. 10. 14 실
1. 추락방호망의 설치위치는 가능하면 작업면으로부터 가까운 지점에 설치하여야 하며, 작업면으로부터 망의 설치지점까지의 수직거리는 10미터를 초과하지 아니할 것
2. 추락방호망은 수평으로 설치하고, 망의 처짐은 짧은 변 길이의 12퍼센트 이상이 되도록 할 것
3. 건축물 등의 바깥쪽으로 설치하는 경우 추락방호망의 내민 길이는 벽면으로부터 3미터 이상 되도록 할 것. 다만, 그물코가 20밀리미터 이하인 추락

방호망을 사용한 경우에는 제14조제3항에 따른 낙하물방지망을 설치한 것으로 본다.

③ 사업주는 추락방호망을 설치하는 경우에는 한국산업표준에서 정하는 성능기준에 적합한 추락방호망을 사용하여야 한다.

④ 사업주는 제1항 및 제2항에도 불구하고 작업발판 및 추락방호망을 설치하기 곤란한 경우에는 근로자로 하여금 3개 이상의 버팀대를 가지고 지면으로부터 안정적으로 세울 수 있는 구조를 갖춘 이동식 사다리를 사용하여 작업을 하게 할 수 있다. 이 경우 사업주는 근로자가 다음 각 호의 사항을 준수하도록 조치해야 한다.

1. 평탄하고 견고하며 미끄럽지 않은 바닥에 이동식 사다리를 설치할 것
2. 이동식 사다리의 넘어짐을 방지하기 위해 다음 각 목의 어느 하나 이상에 해당하는 조치를 할 것
   가. 이동식 사다리를 견고한 시설물에 연결하여 고정할 것
   나. 아웃트리거(outrigger, 전도방지용 지지대)를 설치하거나 아웃트리거가 붙어있는 이동식 사다리를 설치할 것
   다. 이동식 사다리를 다른 근로자가 지지하여 넘어지지 않도록 할 것
3. 이동식 사다리의 제조사가 정하여 표시한 이동식 사다리의 최대사용하중을 초과하지 않는 범위 내에서만 사용할 것
4. 이동식 사다리를 설치한 바닥면에서 높이 3.5미터 이하의 장소에서만 작업할 것
5. 이동식 사다리의 최상부 발판 및 그 하단 디딤대에 올라서서 작업하지 않을 것. 다만, 높이 1미터 이하의 사다리는 제외한다.
6. 안전모를 착용하되, 작업 높이가 2미터 이상인 경우에는 안전모와 안전대를 함께 착용할 것
7. 이동식 사다리 사용 전 변형 및 이상 유무 등을 점검하여 이상이 발견되면 즉시 수리하거나 그 밖에 필요한 조치를 할 것

제43조(개구부 등의 방호조치) 23. 10. 14 실기

① 사업주는 작업발판 및 통로의 끝이나 개구부로서 근로자가 추락할 위험이 있는 장소에는 안전난간, 울타리, 수직형 추락방망 또는 덮개 등(이하 이 조에서 "난간등"이라 한다)의 방호 조치를 충분한 강도를 가진 구조로 튼튼하게 설치하여야 하며, 덮개를 설치하는 경우에는 뒤집히거나 떨어지지 않도록 설치하여야 한다. 이 경우 어두운 장소에서도 알아볼 수 있도록 개구부임을 표시해야 하며, 수직형 추락방망은 한국산업표준에서 정하는 성능기준에 적합한 것을 사용해야 한다.

② 사업주는 난간 등을 설치하는 것이 매우 곤란하거나 작업의 필요상 임시로 난

간 등을 해체하여야 하는 경우 제42조제2항 각 호의 기준에 맞는 추락방호망을 설치하여야 한다. 다만, 추락방호망을 설치하기 곤란한 경우에는 근로자에게 안전대를 착용하도록 하는 등 추락할 위험을 방지하기 위하여 필요한 조치를 하여야 한다.

제44조(안전대의 부착설비 등)
① 사업주는 추락할 위험이 있는 높이 2미터 이상의 장소에서 근로자에게 안전대를 착용시킨 경우 안전대를 안전하게 걸어 사용할 수 있는 설비 등을 설치하여야 한다. 이러한 안전대 부착설비로 지지로프 등을 설치하는 경우에는 처지거나 풀리는 것을 방지하기 위하여 필요한 조치를 하여야 한다.
② 사업주는 제1항에 따른 안전대 및 부속설비의 이상 유무를 작업을 시작하기 전에 점검하여야 한다.

제45조(지붕 위에서의 위험방지)
① 사업주는 근로자가 지붕 위에서 작업을 할 때에 추락하거나 넘어질 위험이 있는 경우에는 다음 각 호의 조치를 해야 한다.
  1. 지붕의 가장자리에 제13조에 따른 안전난간을 설치할 것
  2. 채광창(skylight)에는 견고한 구조의 덮개를 설치할 것
  3. 슬레이트 등 강도가 약한 재료로 덮은 지붕에는 폭 30센티미터 이상의 발판을 설치할 것
② 사업주는 작업 환경 등을 고려할 때 제1항제1호에 따른 조치를 하기 곤란한 경우에는 제42조제2항 각 호의 기준을 갖춘 추락방호망을 설치해야 한다. 다만, 사업주는 작업 환경 등을 고려할 때 추락방호망을 설치하기 곤란한 경우에는 근로자에게 안전대를 착용하도록 하는 등 추락 위험을 방지하기 위하여 필요한 조치를 해야 한다. 〈전문개정 2021. 11. 19.〉

제46조(승강설비의 설치)
사업주는 높이 또는 깊이가 2미터를 초과하는 장소에서 작업하는 경우 해당 작업에 종사하는 근로자가 안전하게 승강하기 위한 건설용 리프트 등의 설비를 설치해야 한다. 다만, 승강설비를 설치하는 것이 작업의 성질상 곤란한 경우에는 그렇지 않다. 〈개정 2022. 10. 18.〉

제47조(구명구 등)
사업주는 수상 또는 선박건조 작업에 종사하는 근로자가 물에 빠지는 등 위험의 우려가 있는 경우 그 작업을 하는 장소에 구명을 위한 배 또는 구명장구(救命裝具)의 비치 등 구명을 위하여 필요한 조치를 하여야 한다.

제48조(울타리의 설치)

사업주는 근로자에게 작업 중 또는 통행 시 굴러 떨어짐으로 인하여 근로자가 화상·질식 등의 위험에 처할 우려가 있는 케틀(kettle, 가열 용기), 호퍼(hopper, 깔때기 모양의 출입구가 있는 큰 통), 피트(pit, 구덩이) 등이 있는 경우에 그 위험을 방지하기 위하여 필요한 장소에 높이 90센티미터 이상의 울타리를 설치하여야 한다. 〈개정 2019. 10. 15.〉

제49조(조명의 유지)

사업주는 근로자가 높이 2미터 이상에서 작업을 하는 경우 그 작업을 안전하게 하는 데에 필요한 조명을 유지하여야 한다.

제2절 붕괴 등에 의한 위험방지

제50조(토사 등에 의한 위험방지)

사업주는 토사 또는 구축물의 붕괴 또는 토석의 낙하 등에 의하여 근로자가 위험해질 우려가 있는 경우 그 위험을 방지하기 위하여 다음 각 호의 조치를 해야 한다.
1. 지반은 안전한 경사로 하고 낙하의 위험이 있는 토석을 제거하거나 옹벽, 흙막이 지보공 등을 설치할 것
2. 토사 등의 붕괴 또는 낙하 원인이 되는 빗물이나 지하수 등을 배제할 것
3. 갱내의 낙반·측벽(側壁) 붕괴의 위험이 있는 경우에는 지보공을 설치하고 부석을 제거하는 등 필요한 조치를 할 것

제51조(구축물등의 안전 유지)

사업주는 구축물등이 고정하중, 적재하중, 시공·해체 작업 중 발생하는 하중, 적설, 풍압(風壓), 지진이나 진동 및 충격 등에 의하여 전도·폭발하거나 무너지는 등의 위험을 예방하기 위하여 설계도면, 시방서(示方書), 「건축물의 구조기준 등에 관한 규칙」 제2조제15호에 따른 구조설계도서, 해체계획서 등 설계도서를 준수하여 필요한 조치를 해야 한다.

제52조(구축물 등의 안전성 평가)

사업주는 구축물 등이 다음 각 호의 어느 하나에 해당하는 경우 안전진단 등 안전성 평가를 하여 근로자에게 미칠 위험성을 미리 제거해야 한다.
1. 구축물 인근에서 굴착·항타작업 등으로 침하·균열 등이 발생하여 붕괴의 위험이 예상될 경우
2. 구축물 등에 지진, 동해(凍害), 부동침하(不同沈下) 등으로 균열·비틀림 등이 발생했을 경우
3. 구축물 등이 그 자체의 무게·적설·풍압 또는 그 밖에 부가되는 하중 등으

로 붕괴 등의 위험이 있을 경우
4. 화재 등으로 구축물 등의 내력(耐力)이 심하게 저하되었을 경우
5. 오랜 기간 사용하지 아니하던 구축물 등을 재사용하게 되어 안전성을 검토해야 하는 경우
6. 그 밖의 잠재위험이 예상될 경우

제53조(계측장치의 설치 등)

사업주는 다음 각 호의 어느 하나에 해당하는 경우에는 그에 필요한 계측장치를 설치하여 계측결과를 확인하고 그 결과를 통하여 안전성을 검토하는 등 위험을 방지하기 위한 조치를 해야 한다. 〈개정 2024. 6. 28.〉

1. 영 제42조제3항제1호 또는 제2호에 따른 건설공사에 대한 유해위험방지계획서 심사 시 계측시공을 지시받은 경우
2. 영 제42조제3항제3호부터 제6호까지의 규정에 따른 건설공사에서 토사등이나 구축물등의 붕괴로 근로자가 위험해질 우려가 있는 경우
3. 설계도서에서 계측장치를 설치하도록 하고 있는 경우

26 철골작업 및 해체작업 안전보건규칙

제3절 철골작업 시의 위험방지

제380조(철골조립 시의 위험방지)

사업주는 철골을 조립하는 경우에 철골의 접합부가 충분히 지지되도록 볼트를 체결하거나 이와 같은 수준 이상의 견고한 구조가 되기 전에는 들어 올린 철골을 걸이로프 등으로부터 분리해서는 아니 된다.

제381조(승강로의 설치)

사업주는 근로자가 수직방향으로 이동하는 철골부재(鐵骨部材)에는 답단(踏段) 간격이 30센티미터 이내인 고정된 승강로를 설치하여야 하며, 수평방향 철골과 수직방향 철골이 연결되는 부분에는 연결작업을 위하여 작업발판 등을 설치하여야 한다.

제382조(가설통로의 설치)

사업주는 철골작업을 하는 경우에 근로자의 주요 이동통로에 고정된 가설통로를 설치하여야 한다. 다만, 제44조에 따른 안전대의 부착설비 등을 갖춘 경우에는 그러하지 아니하다.

합격예측 및 관련법규

제628조의2(이산화탄소를 사용하는 소화설비 및 소화용기에 대한 조치) 사업주는 이산화탄소를 사용한 소화설비를 설치한 지하실, 전기실, 옥내 위험물 저장창고 등 방호구역과 소화약제로 이산화탄소가 충전된 소화용기 보관장소(이하 이 조에서 "방호구역등"이라 한다)에 다음 각 호의 조치를 해야 한다.

1. 방호구역등에는 점검, 유지·보수 등(이하 이 조에서 "점검등"이라 한다)을 수행하는 관계 근로자가 아닌 사람의 출입을 금지할 것
2. 점검등을 수행하는 근로자를 사전에 지정하고, 출입일시, 점검기간 및 점검내용 등의 출입기록을 작성하여 관리하게 할 것. 다만, 다음 각 목의 어느 하나에 해당하는 경우는 제외한다.
   가. 「개인정보보호법」에 따른 영상정보처리기기를 활용하여 관리하는 경우
   나. 카드키 출입방식 등 구조적으로 지정된 사람만이 출입하도록 한 경우
3. 방호구역등에 점검등을 위해 출입하는 경우에는 미리 다음 각 목의 조치를 할 것
   가. 적정공기 상태가 유지되도록 환기할 것
   나. 소화설비의 수동밸브나 콕을 잠그거나 차단판을 설치하고 기동장치에 안전핀을 꽂아야 하며, 이를 임의로 개방하거나 안전핀을 제거하는 것을 금지한다는 내용을 보기 쉬운 장소에 게시할 것. 다만, 육안 점검만을 위하여 짧은 시간 출입하는 경우에는 그렇지 않다.
   다. 방호구역등에 출입하는 근로자를 대상으로 이산화탄소의 위

제383조(작업의 제한)

사업주는 다음 각 호의 어느 하나에 해당하는 경우에 철골작업을 중지하여야 한다.
1. 풍속이 초당 10미터 이상인 경우
2. 강우량이 시간당 1밀리미터 이상인 경우
3. 강설량이 시간당 1센티미터 이상인 경우

제4절 해체작업 시 위험방지

제384조(해체작업 시 준수사항)

① 사업주는 구축물등의 해체작업 시 구축물등을 무너뜨리는 작업을 하기 전에 구축물등이 넘어지는 위치, 파편의 비산거리 등을 고려하여 해당 작업 반경 내에 사람이 없는지 미리 확인한 후 작업을 실시해야 하고, 무너뜨리는 작업 중에는 해당 작업 반경 내에 관계 근로자가 아닌 사람의 출입을 금지해야 한다.

② 사업주는 건축물 해체공법 및 해체공사 구조 안전성을 검토한 결과 「건축물관리법」 제30조제3항에 따른 해체계획서대로 해체되지 못하고 건축물이 붕괴할 우려가 있는 경우에는 「건축물관리법 시행규칙」 제12조제3항 및 국토교통부장관이 정하여 고시하는 바에 따라 구조보강계획을 작성해야 한다.

27 중량물 취급 시의 위험방지 안전보건규칙

제385조(중량물 취급)

사업주는 중량물을 운반하거나 취급하는 경우에 하역운반기계·운반용구(이하 "하역운반기계 등"이라 한다)를 사용하여야 한다. 다만, 작업의 성질상 하역운반기계 등을 사용하기 곤란한 경우에는 그러하지 아니하다.

제386조(중량물의 구름 위험방지)

사업주는 드럼통 등 구를 위험이 있는 중량물을 보관하거나 작업 중 구를 위험이 있는 중량물을 취급하는 경우에는 다음 각 호의 사항을 준수해야 한다.
1. 구름멈춤대, 쐐기 등을 이용하여 중량물의 동요나 이동을 조절할 것
2. 중량물이 구를 위험이 있는 방향 앞의 일정거리 이내로는 근로자의 출입을 제한할 것. 다만, 중량물을 보관하거나 작업 중인 장소가 경사면인 경우에는 경사면 아래로는 근로자의 출입을 제한해야 한다.

[별표 1]

위험물질의 종류(제16조 · 제17조 및 제225조 관련)

1. 폭발성 물질 및 유기과산화물
   - 가. 질산에스테르류
   - 나. 니트로화합물
   - 다. 니트로소화합물
   - 라. 아조화합물
   - 마. 디아조화합물
   - 바. 하이드라진 유도체
   - 사. 유기과산화물
   - 아. 그 밖에 가목부터 사목까지의 물질과 같은 정도의 폭발 위험이 있는 물질
   - 자. 가목부터 아목까지의 물질을 함유한 물질

2. 물반응성 물질 및 인화성 고체
   - 가. 리튬
   - 나. 칼륨·나트륨
   - 다. 황
   - 라. 황린
   - 마. 황화인·적린
   - 바. 셀룰로이드류
   - 사. 알킬알루미늄·알킬리튬
   - 아. 마그네슘 분말
   - 자. 금속 분말(마그네슘 분말은 제외한다)
   - 차. 알칼리금속(리튬·칼륨 및 나트륨은 제외한다)
   - 카. 유기 금속화합물(알킬알루미늄 및 알킬리튬은 제외한다)
   - 타. 금속의 수소화물
   - 파. 금속의 인화물
   - 하. 칼슘 탄화물, 알루미늄 탄화물
   - 거. 그 밖에 가목부터 하목까지의 물질과 같은 정도의 발화성 또는 인화성이 있는 물질
   - 너. 가목부터 거목까지의 물질을 함유한 물질

3. 산화성 액체 및 산화성 고체
   - 가. 차아염소산 및 그 염류
   - 나. 아염소산 및 그 염류
   - 다. 염소산 및 그 염류
   - 라. 과염소산 및 그 염류
   - 마. 브롬산 및 그 염류
   - 바. 요오드산 및 그 염류
   - 사. 과산화수소 및 무기과산화물
   - 아. 질산 및 그 염류
   - 자. 과망간산 및 그 염류
   - 차. 중크롬산 및 그 염류
   - 카. 그 밖에 가목부터 차목까지의 물질과 같은 정도의 산화성이 있는 물질
   - 타. 가목부터 카목까지의 물질을 함유한 물질

합격예측 및 관련법규

경우에는 근로자가 질식 등 산업재해를 입을 우려가 없는 것으로 확인될 때까지 관계 근로자가 아닌 사람의 방호구역등 출입을 금지하고 그 내용을 방호구역등의 출입구에 누구든지 볼 수 있도록 게시할 것
[본조신설 2022. 10. 18.]

4. 인화성 액체

　가. 에틸에테르, 가솔린, 아세트알데히드, 산화프로필렌, 그 밖에 인화점이 섭씨 23도 미만이고 초기 끓는점이 섭씨 35도 이하인 물질

　나. 노르말헥산, 아세톤, 메틸에틸케톤, 메틸알코올, 에틸알코올, 이황화탄소, 그 밖에 인화점이 섭씨 23도 미만이고 초기 끓는점이 섭씨 35도를 초과하는 물질

　다. 크실렌, 아세트산아밀, 등유, 경유, 테레핀유, 이소아밀알코올, 아세트산, 하이드라진, 그 밖에 인화점이 섭씨 23도 이상 섭씨 60도 이하인 물질

5. 인화성 가스

　가. 수소　　　　　　　　　　나. 아세틸렌
　다. 에틸렌　　　　　　　　　라. 메탄
　마. 에탄　　　　　　　　　　바. 프로판
　사. 부탄　　　　　　　　　　아. 영 별표 13에 따른 인화성 가스

6. 부식성 물질

　가. 부식성 산류

　　(1) 농도가 20퍼센트 이상인 염산, 황산, 질산, 그 밖에 이와 같은 정도 이상의 부식성을 가지는 물질

　　(2) 농도가 60퍼센트 이상인 인산, 아세트산, 불산, 그 밖에 이와 같은 정도 이상의 부식성을 가지는 물질

　나. 부식성 염기류

　　농도가 40퍼센트 이상인 수산화나트륨, 수산화칼륨, 그 밖에 이와 같은 정도 이상의 부식성을 가지는 염기류

7. 급성 독성 물질

　가. 쥐에 대한 경구투입실험에 의하여 실험동물의 50퍼센트를 사망시킬 수 있는 물질의 양, 즉 LD50(경구, 쥐)이 킬로그램당 300밀리그램-(체중) 이하인 화학물질

　나. 쥐 또는 토끼에 대한 경피흡수실험에 의하여 실험동물의 50퍼센트를 사망시킬 수 있는 물질의 양, 즉 LD50(경피, 토끼 또는 쥐)이 킬로그램당 1000밀리그램 -(체중) 이하인 화학물질

　다. 쥐에 대한 4시간 동안의 흡입실험에 의하여 실험동물의 50퍼센트를 사망시킬 수 있는 물질의 농도, 즉 가스 LC50(쥐, 4시간 흡입)이 2500ppm 이하인 화학물질, 증기 LC50(쥐, 4시간 흡입)이 10mg/l 이하인 화학물질, 분진 또는 미스트 1mg/l 이하인 화학물질

[별표 2]

관리감독자의 유해·위험방지(제35조제1항 관련)

작업의 종류	직무수행 내용
1. 프레스 등을 사용하는 작업 (제2편제1장제3절)	가. 프레스 등 및 그 방호장치를 점검하는 일 나. 프레스 등 및 그 방호장치에 이상이 발견 되면 즉시 필요한 조치를 하는 일 다. 프레스 등 및 그 방호장치에 전환스위치를 설치했을 때 그 전환스위치의 열쇠를 관리하는 일 라. 금형의 부착·해체 또는 조정작업을 직접 지휘하는 일
2. 목재가공용 기계를 취급하는 작업(제2편제1장제4절)	가. 목재가공용 기계를 취급하는 작업을 지휘하는 일 나. 목재가공용 기계 및 그 방호장치를 점검하는 일 다. 목재가공용 기계 및 그 방호장치에 이상이 발견된 즉시 보고 및 필요한 조치를 하는 일 라. 작업 중 지그(jig) 및 공구 등의 사용 상황을 감독하는 일
3. 크레인을 사용하는 작업(제2편제1장제9절제2관·제3관) 22. 5. 7 (산)	가. 작업방법과 근로자 배치를 결정하고 그 작업을 지휘하는 일 나. 재료의 결함 유무 또는 기구 및 공구의 기능을 점검하고 불량품을 제거하는 일 다. 작업 중 안전대 또는 안전모의 착용 상황을 감시하는 일
4. 위험물을 제조하거나 취급하는 작업(제2편제2장제1절)	가. 작업을 지휘하는 일 나. 위험물을 제조하거나 취급하는 설비 및 그 설비의 부속설비가 있는 장소의 온도·습도·차광 및 환기 상태 등을 수시로 점검하고 이상을 발견하면 즉시 필요한 조치를 하는 일 다. 나목에 따라 한 조치를 기록하고 보관하는 일
5. 건조설비를 사용하는 작업(제2편제2장제5절)	가. 건조설비를 처음으로 사용하거나 건조방법 또는 건조물의 종류를 변경했을 때에는 근로자에게 미리 그 작업방법을 교육하고 작업을 직접 지휘하는 일 나. 건조설비가 있는 장소를 항상 정리정돈하고 그 장소에 가연성 물질을 두지 않도록 하는 일
6. 아세틸렌 용접장치를 사용하는 금속의 용접·용단 또는 가열작업(제2편제2장제6절제1관)	가. 작업방법을 결정하고 작업을 지휘하는 일 나. 아세틸렌 용접장치의 취급에 종사하는 근로자로 하여금 다음의 작업요령을 준수하도록 하는 일 　(1) 사용 중인 발생기에 불꽃을 발생시킬 우려가 있는 공구를 사용하거나 그 발생기에 충격을 가하지 않도록 할 것 　(2) 아세틸렌 용접장치의 가스누출을 점검할 때에는 비눗물을 사용하는 등 안전한 방법으로 할 것 　(3) 발생기실의 출입구 문을 열어 두지 않도록 할 것 　(4) 이동식 아세틸렌 용접장치의 발생기에 카바이드를 교환할 때에는 옥외의 안전한 장소에서 할 것

		다. 아세틸렌 용접작업을 시작할 때에는 아세틸렌 용접장치를 점검하고 발생기 내부로부터 공기와 아세틸렌의 혼합가스를 배제하는 일 라. 안전기는 작업 중 그 수위를 쉽게 확인할 수 있는 장소에 놓고 1일 1회 이상 점검하는 일 마. 아세틸렌 용접장치 내의 물이 동결되는 것을 방지하기 위하여 아세틸렌 용접장치를 보온하거나 가열할 때에는 온수나 증기를 사용하는 등 안전한 방법으로 하도록 하는 일 바. 발생기 사용을 중지하였을 때에는 물과 잔류 카바이드가 접촉하지 않은 상태로 유지하는 일 사. 발생기를 수리·가공·운반 또는 보관할 때에는 아세틸렌 및 카바이드에 접촉하지 않은 상태로 유지하는 일 아. 작업에 종사하는 근로자의 보안경 및 안전장갑의 착용 상황을 감시하는 일

	7. 가스집합 용접장치의 취급작업(제2편제2장제6절제2관)	가. 작업방법을 결정하고 작업을 직접 지휘하는 일
		나. 가스집합장치의 취급에 종사하는 근로자로 하여금 다음의 작업요령을 준수하도록 하는 일
		  (1) 부착할 가스용기의 마개 및 배관 연결부에 붙어 있는 유류·찌꺼기 등을 제거할 것
		  (2) 가스용기를 교환할 때에는 그 용기의 마개 및 배관 연결부 부분의 가스누출을 점검하고 배관 내의 가스가 공기와 혼합되지 않도록 할 것
		  (3) 가스누출 점검은 비눗물을 사용하는 등 안전한 방법으로 할 것
		  (4) 밸브 또는 콕은 서서히 열고 닫을 것
		다. 가스용기의 교환작업을 감시하는 일
		라. 작업을 시작할 때에는 호스·취관·호스밴드 등의 기구를 점검하고 손상·마모 등으로 인하여 가스나 산소가 누출될 우려가 있다고 인정할 때에는 보수하거나 교환하는 일
		마. 안전기는 작업 중 그 기능을 쉽게 확인할 수 있는 장소에 두고 1일 1회 이상 점검하는 일
		바. 작업에 종사하는 근로자의 보안경 및 안전장갑의 착용 상황을 감시하는 일

	8. 거푸집 동바리의 고정·조립 또는 해체 작업/노천 굴착작업/흙막이 지보공의 고정·조립 또는 해체 작업/터널의 굴착작업/구축물 등의 해체작업 (제2편제4장제1절제2관·제4장제2절제1관·제4장제2절제3관제1속·제4장제4절)	가. 안전한 작업방법을 결정하고 작업을 지휘하는 일 나. 재료·기구의 결함 유무를 점검하고 불량품을 제거하는 일 다. 작업 중 안전대 및 안전모 등 보호구 착용 상황을 감시하는 일

9. 높이 5미터 이상의 비계(飛階)를 조립·해체하거나 변경하는 작업(해체작업의 경우 가목은 적용 제외)(제1편제7장제2절)	가. 재료의 결함 유무를 점검하고 불량품을 제거하는 일 나. 기구·공구·안전대 및 안전모 등의 기능을 점검하고 불량품을 제거하는 일 다. 작업방법 및 근로자 배치를 결정하고 작업 진행 상태를 감시하는 일 라. 안전대와 안전모 등의 착용 상황을 감시하는 일	
10. 달비계 작업(제1편제7장제4절)	가. 작업용 섬유로프, 작업용 섬유로프의 고정점, 구명줄의 조정점, 작업대, 고리걸이용 철구 및 안전대 등의 결손 여부를 확인하는 일 나. 작업용 섬유로프 및 안전대 부착설비용 로프가 고정점에 풀리지 않는 매듭방법으로 결속되었는지 확인하는 일 다. 근로자가 작업대에 탑승하기 전 안전모 및 안전대를 착용하고 안전대를 구명줄에 체결했는지 확인하는 일 라. 작업방법 및 근로자 배치를 결정하고 작업 진행 상태를 감시하는 일	
11. 발파작업(제2편제4장제2절제2관)	가. 점화 전에 점화작업에 종사하는 근로자가 아닌 사람에게 대피를 지시하는 일 나. 점화작업에 종사하는 근로자에게 대피장소 및 경로를 지시하는 일 다. 점화 전에 위험구역 내에서 근로자가 대피한 것을 확인하는 일 라. 점화순서 및 방법에 대하여 지시하는 일 마. 점화신호를 하는 일 바. 점화작업에 종사하는 근로자에게 대피신호를 하는 일 사. 발파 후 터지지 않은 장약이나 남은 장약의 유무, 용수(湧水)의 유무 및 암석·토사의 낙하 여부 등을 점검하는 일 아. 점화하는 사람을 정하는 일 자. 공기압축기의 안전밸브 작동 유무를 점검하는 일 차. 안전모 등 보호구 착용 상황을 감시하는 일	
12. 채석을 위한 굴착작업(제2편제4장제2절제5관)	가. 대피방법을 미리 교육하는 일 나. 작업을 시작하기 전 또는 폭우가 내린 후에는 암석·토사의 낙하·균열의 유무 또는 함수(含水)·용수(湧水) 및 동결의 상태를 점검하는 일 다. 발파한 후에는 발파장소 및 그 주변의 암석·토사의 낙하·균열의 유무를 점검하는 일	
13. 화물취급작업(제2편제6장제1절)	가. 작업방법 및 순서를 결정하고 작업을 지휘하는 일 나. 기구 및 공구를 점검하고 불량품을 제거하는 일 다. 그 작업장소에는 관계 근로자가 아닌 사람의 출입을 금지하는 일	

		라. 로프 등의 해체작업을 할 때에는 하대(荷臺) 위의 화물의 낙하위험 유무를 확인하고 작업의 착수를 지시하는 일
	14. 부두와 선박에서의 하역작업(제2편제6장제2절)	가. 작업방법을 결정하고 작업을 지휘하는 일 나. 통행설비·하역기계·보호구 및 기구·공구를 점검·정비하고 이들의 사용 상황을 감시하는 일 다. 주변 작업자간의 연락을 조정하는 일
	15. 전로 등 전기작업 또는 그 지지물의 설치, 점검, 수리 및 도장 등의 작업(제2편제3장)	가. 작업구간 내의 충전전로 등 모든 충전 시설을 점검하는 일 나. 작업방법 및 그 순서를 결정(근로자 교육 포함)하고 작업을 지휘하는 일 다. 작업근로자의 보호구 또는 절연용 보호구 착용 상황을 감시하고 감전재해 요소를 제거하는 일 라. 작업 공구, 절연용 방호구 등의 결함 여부와 기능을 점검하고 불량품을 제거하는 일 마. 작업장소에 관계 근로자 외에는 출입을 금지하고 주변 작업자와의 연락을 조정하며 도로작업 시 차량 및 통행인 등에 대한 교통통제 등 작업전반에 대해 지휘·감시하는 일 바. 활선작업용 기구를 사용하여 작업할 때 안전거리가 유지되는지 감시하는 일 사. 감전재해를 비롯한 각종 산업재해에 따른 신속한 응급처치를 할 수 있도록 근로자들을 교육하는 일
	16. 관리대상 유해물질을 취급하는 작업(제3편제1장)	가. 관리대상 유해물질을 취급하는 근로자가 물질에 오염되지 않도록 작업방법을 결정하고 작업을 지휘하는 업무 나. 관리대상 유해물질을 취급하는 장소나 설비를 매월 1회 이상 순회점검하고 국소배기장치 등 환기설비에 대해서는 다음 각 호의 사항을 점검하여 필요한 조치를 하는 업무. 단, 환기설비를 점검하는 경우에는 다음의 사항을 점검 　(1) 후드(hood)나 덕트(duct)의 마모·부식, 그 밖의 손상여부 및 정도 　(2) 송풍기와 배풍기의 주유 및 청결 상태 　(3) 덕트 접속부가 헐거워졌는지 여부 　(4) 전동기와 배풍기를 연결하는 벨트의 작동 상태 　(5) 흡기 및 배기 능력 상태 다. 보호구의 착용 상황을 감시하는 업무 라. 근로자가 탱크 내부에서 관리대상 유해물질을 취급하는 경우에 다음의 조치를 했는지 확인하는 업무

	(1) 관리대상 유해물질에 관하여 필요한 지식을 가진 사람이 해당 작업을 지휘
	(2) 관리대상 유해물질이 들어올 우려가 없는 경우에는 작업을 하는 설비의 개구부를 모두 개방
	(3) 근로자의 신체가 관리대상 유해물질에 의하여 오염되었거나 작업이 끝난 경우에는 즉시 몸을 씻는 조치
	(4) 비상시에 작업설비 내부의 근로자를 즉시 대피시키거나 구조하기 위한 기구와 그 밖의 설비를 갖추는 조치
	(5) 작업을 하는 설비의 내부에 대하여 작업 전에 관리대상 유해물질의 농도를 측정하거나 그 밖의 방법으로 근로자가 건강에 장해를 입을 우려가 있는지를 확인하는 조치
	(6) 제(5)에 따른 설비 내부에 관리대상 유해물질이 있는 경우에는 설비 내부를 충분히 환기하는 조치
	(7) 유기화합물을 넣었던 탱크에 대하여 제(1)부터 제(6)까지의 조치 외에 다음의 조치
	  (가) 유기화합물이 탱크로부터 배출된 후 탱크 내부에 재유입되지 않도록 조치
	  (나) 물이나 수증기 등으로 탱크 내부를 씻은 후 그 씻은 물이나 수증기 등을 탱크로부터 배출
	  (다) 탱크 용적의 3배 이상의 공기를 채웠다가 내보내거나 탱크에 물을 가득 채웠다가 내보내거나 탱크에 물을 가득 채웠다가 배출
	마. 나목에 따른 점검 및 조치 결과를 기록·관리하는 업무

17. 허가대상 유해물질 취급작업(제3편제2장)	가. 근로자가 허가대상 유해물질을 들이마시거나 허가대상 유해물질에 오염되지 않도록 작업수칙을 정하고 지휘하는 업무 나. 작업장에 설치되어 있는 국소배기장치나 그 밖에 근로자의 건강장해 예방을 위한 장치 등을 매월 1회 이상 점검하는 업무 다. 근로자의 보호구 착용 상황을 점검하는 업무
18. 석면 해체·제거작업(제3편제2장제6절)	가. 근로자가 석면분진을 들이마시거나 석면분진에 오염되지 않도록 작업방법을 정하고 지휘하는 업무 나. 작업장에 설치되어 있는 석면분진 포집장치, 음압기 등의 장비의 이상 유무를 점검하고 필요한 조치를 하는 업무 다. 근로자의 보호구 착용 상황을 점검하는 업무
19. 고압작업(제3편제5장)	가. 작업방법을 결정하여 고압작업자를 직접 지휘하는 업무 나. 유해가스의 농도를 측정하는 기구를 점검하는 업무

	다. 고압작업자가 작업실에 입실하거나 퇴실하는 경우에 고압작업자의 수를 점검하는 업무 라. 작업실에서 공기조절을 하기 위한 밸브나 콕을 조작하는 사람과 연락하여 작업실 내부의 압력을 적정한 상태로 유지하도록 하는 업무 마. 공기를 기압조절실로 보내거나 기압조절실에서 내보내기 위한 밸브나 콕을 조작하는 사람과 연락하여 고압작업자에 대하여 가압이나 감압을 다음과 같이 따르도록 조치하는 업무 　(1) 가압을 하는 경우 1분에 제곱센티미터당 0.8킬로그램 이하의 속도로 함 　(2) 감압을 하는 경우에는 고용노동부장관이 정하여 고시하는 기준에 맞도록 함 바. 작업실 및 기압조절실 내 고압작업자의 건강에 이상이 발생한 경우 필요한 조치를 하는 업무
20. 밀폐공간 작업(제3편제10장)	가. 산소가 결핍된 공기나 유해가스에 노출되지 않도록 작업 시작 전에 해당 근로자의 작업을 지휘하는 업무 나. 작업을 하는 장소의 공기가 적절한지를 작업 시작 전에 측정하는 업무 다. 측정장비·환기장치 또는 송기마스크 등을 작업 시작 전에 점검하는 업무 라. 근로자에게 송기마스크 등의 착용을 지도하고 착용 상황을 점검하는 업무

[별표 3]

작업시작 전 점검사항(제35조제2항 관련)

작업의 종류	점검내용
1. 프레스 등을 사용하여 작업을 할 때 　(제2편제1장제3절)	가. 클러치 및 브레이크의 기능 나. 크랭크축·플라이휠·슬라이드·연결봉 및 연결 나사의 풀림 여부 다. 1행정 1정지기구·급정지장치 및 비상정지장치의 기능 라. 슬라이드 또는 칼날에 의한 위험방지 기구의 기능 마. 프레스의 금형 및 고정볼트 상태 바. 방호장치의 기능 사. 전단기(剪斷機)의 칼날 및 테이블의 상태

작업	점검내용
2. 로봇의 작동 범위에서 그 로봇에 관하여 교시 등(로봇의 동력원을 차단하고 하는 것은 제외한다)의 작업을 할 때(제2편제1장제13절) 21.10.13 산 22.10.16 기	가. 외부 전선의 피복 또는 외장의 손상 유무 나. 매니퓰레이터(manipulator) 작동의 이상 유무 다. 제동장치 및 비상정지장치의 기능
3. 공기압축기를 가동할 때(제2편제1장제7절) 10.9.12 기 17.10.14 기 18.4.5 기 18.10.7 기 19.6.29 기 22.7.24 산	가. 공기저장 압력용기의 외관 상태 나. 드레인밸브(drain valve)의 조작 및 배수 다. 압력방출장치의 기능 라. 언로드밸브(unloading valve)의 기능 마. 윤활유의 상태 바. 회전부의 덮개 또는 울 사. 그 밖의 연결 부위의 이상 유무
4. 크레인을 사용하여 작업을 하는 때(제2편제1장제9절제2관)	가. 권과방지장치·브레이크·클러치 및 운전장치의 기능 나. 주행로의 상측 및 트롤리(trolley)가 횡행하는 레일의 상태 다. 와이어로프가 통하고 있는 곳의 상태
5. 이동식 크레인을 사용하여 작업을 할 때(제2편제1장제9절제3관)	가. 권과방지장치나 그 밖의 경보장치의 기능 나. 브레이크·클러치 및 조종장치의 기능 다. 와이어로프가 통하고 있는 곳 및 작업장소의 지반상태 24.5.4 기작 5회
6. 리프트(간이리프트를 포함한다)를 사용하여 작업을 할 때(제2편제1장제9절제4관)	가. 방호장치·브레이크 및 클러치의 기능 나. 와이어로프가 통하고 있는 곳의 상태
7. 곤돌라를 사용하여 작업을 할 때(제2편제1장제9절제5관)	가. 방호장치·브레이크의 기능 나. 와이어로프·슬링와이어(sling wire) 등의 상태
8. 양중기의 와이어로프·달기체인·섬유로프·섬유벨트 또는 훅·샤클·링 등의 철구 (이하 "와이어로프 등"이라 한다)를 사용하여 고리걸이작업을 할 때(제2편제1장제9절제7관)	와이어로프 등의 이상 유무
9. 지게차를 사용하여 작업을 하는 때 (제2편제1장제10절제2관) 22.5.13 등 10회 이상 24.8.11 신작	가. 제동장치 및 조종장치 기능의 이상 유무 나. 하역장치 및 유압장치 기능의 이상 유무 다. 바퀴의 이상 유무 라. 전조등·후미등·방향지시기 및 경보장치 기능의 이상 유무

10. 구내운반차를 사용하여 작업을 할 때(제2편제1장제10절제3관) 10. 9. 12 기 15. 7. 12 기 17. 10. 14 기 23. 7. 22 산	가. 제동장치 및 조종장치 기능의 이상 유무 나. 하역장치 및 유압장치 기능의 이상 유무 다. 바퀴의 이상 유무 라. 전조등·후미등·방향지시기 및 경음기 기능의 이상 유무 마. 충전장치를 포함한 홀더 등의 결합상태의 이상 유무
11. 고소작업대를 사용하여 작업을 할 때(제2편제1장제10절제4관)	가. 비상정지장치 및 비상하강 방지장치 기능의 이상 유무 나. 과부하 방지장치의 작동 유무(와이어로프 또는 체인구동방식의 경우) 다. 아웃트리거 또는 바퀴의 이상 유무 라. 작업면의 기울기 또는 요철 유무 마. 활선작업용 장치의 경우 홈·균열·파손 등 그 밖의 손상 유무
12. 화물자동차를 사용하는 작업을 하게 할 때(제2편제1장제10절제5관)	가. 제동장치 및 조종장치의 기능 나. 하역장치 및 유압장치의 기능 다. 바퀴의 이상 유무
13. 컨베이어 등을 사용하여 작업을 할 때(제2편제1장제11절)	가. 원동기 및 풀리(pulley) 기능의 이상 유무 나. 이탈 등의 방지장치 기능의 이상 유무 다. 비상정지장치 기능의 이상 유무 라. 원동기·회전축·기어 및 풀리 등의 덮개 또는 울 등의 이상 유무
14. 차량계 건설기계를 사용하여 작업을 할 때(제2편제1장제12절제1관)	브레이크 및 클러치 등의 기능
14의2. 용접·용단 작업 등의 화재위험작업을 할 때 (제2편제2장제2절)	가. 작업 준비 및 작업 절차 수립 여부 나. 화기작업에 따른 인근 가연성물질에 대한 방호조치 및 소화기구 비치 여부 다. 용접불티 비산방지덮개 또는 용접방화포 등 불꽃·불티 등의 비산을 방지하기 위한 조치 여부 라. 인화성 액체의 증기 또는 인화성 가스가 남아 있지 않도록 하는 환기 조치 여부 마. 작업근로자에 대한 화재예방 및 피난교육 등 비상조치 여부
15. 이동식 방폭구조(防爆構造) 전기기계·기구를 사용할 때(제2편제3장제1절)	전선 및 접속부 상태
16. 근로자가 반복하여 계속적으로 중량물을 취급하는 작업을 할 때(제2편제5장)	가. 중량물 취급의 올바른 자세 및 복장 나. 위험물이 날아 흩어짐에 따른 보호구의 착용 다. 카바이드·생석회(산화칼슘) 등과 같이 온도

		상승이나 습기에 의하여 위험성이 존재하는 중량물의 취급방법 라. 그 밖에 하역운반기계 등의 적절한 사용방법
17. 양화장치를 사용하여 화물을 싣고 내리는 작업을 할 때(제2편제6장제2절)		가. 양화장치(揚貨裝置)의 작동상태 나. 양화장치에 제한하중을 초과하는 하중을 실었는지 여부
18. 슬링 등을 사용하여 작업을 할 때 (제2편제6장제2절)		가. 훅이 붙어 있는 슬링·와이어슬링 등이 매달린 상태 나. 슬링·와이어슬링 등의 상태(작업시작 전 및 작업 중 수시로 점검)

[별표 4]

사전조사 및 작업계획서 내용(제38조제1항관련)

작업명	사전조사 내용	작업계획서 내용
1. 타워크레인을 설치·조립·해체하는 작업		가. 타워크레인의 종류 및 형식 나. 설치·조립 및 해체순서 다. 작업도구·장비·가설설비(假設設備) 및 방호설비 라. 작업인원의 구성 및 작업근로자의 역할 범위 마. 제142조에 따른 지지 방법
2. 차량계 하역운반기계 등을 사용하는 작업		가. 해당 작업에 따른 추락·낙하·전도·협착 및 붕괴 등의 위험 예방대책 나. 차량계 하역운반기계 등의 운행경로 및 작업방법
3. 차량계 건설기계를 사용하는 작업	해당 기계의 전락(轉落), 지반의 붕괴 등으로 인한 근로자의 위험을 방지하기 위한 해당 작업장소의 지형 및 지반상태	가. 사용하는 차량계 건설기계의 종류 및 성능 나. 차량계 건설기계의 운행경로 다. 차량계 건설기계에 의한 작업방법
4. 화학설비와 그 부속설비 사용 작업		가. 밸브·콕 등의 조작(해당 화학설비에 원재료를 공급하거나 해당 화학설비에서 제품 등을 꺼내는 경우만 해당한다) 나. 냉각장치·가열장치·교반장치(攪拌裝置) 및 압축장치의 조작 다. 계측장치 및 제어장치의 감시 및 조정 라. 안전밸브, 긴급차단장치, 그 밖의 방호장치 및 자동경보장치의 조정 마. 덮개판·플랜지(flange)·밸브·콕 등의 접합부에서 위험물 등의 누출여부에 대한 점검

		바. 시료의 채취
		사. 화학설비에서는 그 운전이 일시적 또는 부분적으로 중단된 경우의 작업방법 또는 운전 재개 시의 작업방법
		아. 이상 상태가 발생한 경우의 응급조치
		자. 위험물 누출 시의 조치
		차. 그 밖에 폭발·화재를 방지하기 위하여 필요한 조치
5. 제318조에 따른 전기작업		가. 전기작업의 목적 및 내용
		나. 전기작업 근로자의 자격 및 적정인원
		다. 작업 범위, 작업책임자 임명, 전격·아크 섬광·아크 폭발 등 전기위험 요인 파악, 접근 한계거리, 활선접근 경보장치 휴대 등 작업 시작 전에 필요한 사항
		라. 제328조의 전로차단에 관한 작업계획 및 전원(電源) 재투입 절차 등 작업 상황에 필요한 안전 작업요령
		마. 절연용 보호구 및 방호구, 활선작업용 기구·장치 등의 준비·점검·착용·사용 등에 관한 사항
		바. 점검·시운전을 위한 일시 운전, 작업 중단 등에 관한 사항
		사. 교대 근무 시 근무 인계(引繼)에 관한 사항
		아. 전기작업장소에 대한 관계 근로자가 아닌 사람의 출입금지에 관한 사항
		자. 전기안전작업계획서를 해당 근로자에게 교육할 수 있는 방법과 작성된 전기안전작업계획서의 평가·관리계획
		차. 전기 도면, 기기 세부 사항 등 작업과 관련되는 자료
6. 굴착작업	가. 형상·지질 및 지층의 상태 나. 균열·함수(含水)·용수 및 동결의 유무 또는 상태 다. 매설물 등의 유무 또는 상태 라. 지반의 지하수위 상태	가. 굴착방법 및 순서, 토사 반출 방법 나. 필요한 인원 및 장비 사용계획 다. 매설물 등에 대한 이설·보호대책 라. 사업장 내 연락방법 및 신호방법 마. 흙막이 지보공 설치방법 및 계측계획 바. 작업지휘자의 배치계획 사. 그 밖에 안전·보건에 관련된 사항
7. 터널굴착작업	보링(boring) 등 적절한 방법으로 낙반·출수(出水) 및 가스폭발	가. 굴착의 방법 나. 터널지보공 및 복공(覆工)의 시공방법과 용수(湧水)의 처리방법

	등으로 인한 근로자의 위험을 방지하기 위하여 미리 지형·지질 및 지층상태를 조사	다. 환기 또는 조명시설을 설치할 때에는 그 방법
8. 교량작업 22. 5. 7 산		가. 작업 방법 및 순서 나. 부재(部材)의 낙하·전도 또는 붕괴를 방지하기 위한 방법 다. 작업에 종사하는 근로자의 추락 위험을 방지하기 위한 안전조치 방법 라. 공사에 사용되는 가설 철구조물 등의 설치·사용·해체 시 안전성 검토 방법 마. 사용하는 기계 등의 종류 및 성능, 작업방법 바. 작업지휘자 배치계획 사. 그 밖에 안전·보건에 관련된 사항
9. 채석작업	지반의 붕괴·굴착기계의 굴러떨어짐 등에 의한 근로자에게 발생할 위험을 방지하기 위한 해당 작업장의 지형·지질 및 지층의 상태	가. 노천굴착과 갱내굴착의 구별 및 채석방법 나. 굴착면의 높이와 기울기 다. 굴착면 소단(小段)의 위치와 넓이 라. 갱내에서의 낙반 및 붕괴방지 방법 마. 발파방법 바. 암석의 분할방법 사. 암석의 가공장소 아. 사용하는 굴착기계·분할기계·적재기계 또는 운반기계(이하 "굴착기계 등"이라 한다)의 종류 및 성능 자. 토석 또는 암석의 적재 및 운반방법과 운반경로 차. 표토 또는 용수(湧水)의 처리방법
10. 건물 등의 해체작업 09. 4. 19 기 17. 4. 16 기 21. 10. 16 기	해체건물 등의 구조, 주변 상황 등	가. 해체의 방법 및 해체 순서도면 나. 가설설비·방호설비·환기설비 및 살수·방화설비 등의 방법 다. 사업장 내 연락방법 라. 해체물의 처분계획 마. 해체작업용 기계·기구 등의 작업계획서 바. 해체작업용 화약류 등의 사용계획서 사. 그 밖에 안전·보건에 관련된 사항
11. 중량물의 취급작업		가. 추락위험을 예방할 수 있는 안전대책 나. 낙하위험을 예방할 수 있는 안전대책 다. 전도위험을 예방할 수 있는 안전대책 라. 협착위험을 예방할 수 있는 안전대책 마. 붕괴위험을 예방할 수 있는 안전대책
12. 궤도와 그 밖의 관련설비의 보수·점검작업 13. 입환작업(入換作業)		가. 적절한 작업 인원 나. 작업량 다. 작업순서 라. 작업방법 및 위험요인에 대한 안전 조치방법 등

[별표 5]

강관비계의 조립간격(제59조제4호 관련)

강관비계의 종류	조립간격(단위: [m])	
	수직방향	수평방향
단관비계	5	5
틀비계(높이가 5[m] 미만인 것은 제외한다)	6	8

[별표 6]

차량계 건설기계(제196조 관련)

1. 도저형 건설기계(불도저, 스트레이트도저, 틸트도저, 앵글도저, 버킷도저 등)
2. 모터그레이더(motor grader, 땅 고르는 기계)
3. 로더(포크 등 부착물 종류에 따른 용도 변경 형식을 포함한다)
4. 스크레이퍼((scraper, 흙을 절삭·운반하거나 펴 고르는 등의 작업을 하는 토공기계)
5. 크레인형 굴착기계(클램쉘, 드래그라인 등)
6. 굴삭기(브레이커, 크러셔, 드릴 등 부착물 종류에 따른 용도 변경 형식을 포함한다)
7. 항타기 및 항발기
8. 천공용 건설기계(어스드릴, 어스오거, 크롤러드릴, 점보드릴 등)
9. 지반 압밀침하용 건설기계(샌드드레인머신, 페이퍼드레인머신, 팩드레인머신 등)
10. 지반 다짐용 건설기계(타이어롤러, 머캐덤롤러, 탠덤롤러 등)
11. 준설용 건설기계(버킷준설선, 그래브준설선, 펌프준설선 등)
12. 콘크리트 펌프카
13. 덤프트럭
14. 콘크리트 믹서 트럭
15. 도로포장용 건설기계(아스팔트 살포기, 콘크리트 살포기, 아스팔트 피니셔, 콘크리트 피니셔 등)
16. 골재 채취 및 살포용 건설기계(쇄석기, 자갈채취기, 골재살포기 등)
17. 제1호부터 제16호까지와 유사한 구조 또는 기능을 갖는 건설기계로서 건설작업에 사용하는 것

[별표 7]

화학설비 및 그 부속설비의 종류
(제227조부터 제229조까지, 제243조 및 제2편제2장제4절 관련)

1. 화학설비
   가. 반응기·혼합조 등 화학물질 반응 또는 혼합장치
   나. 증류탑·흡수탑·추출탑·감압탑 등 화학물질 분리장치
   다. 저장탱크·계량탱크·호퍼·사일로 등 화학물질 저장설비 또는 계량설비
   라. 응축기·냉각기·가열기·증발기 등 열교환기류
   마. 고로 등 점화기를 직접 사용하는 열교환기류
   바. 캘린더(calender)·혼합기·발포기·인쇄기·압출기 등 화학제품 가공설비
   사. 분쇄기·분체분리기·용융기 등 분체화학물질 취급장치
   아. 결정조·유동탑·탈습기·건조기 등 분체화학물질 분리장치
   자. 펌프류·압축기·이젝터(ejector) 등의 화학물질 이송 또는 압축설비

2. 화학설비의 부속설비
   가. 배관·밸브·관·부속류 등 화학물질 이송 관련 설비
   나. 온도·압력·유량 등을 지시·기록 등을 하는 자동제어 관련 설비
   다. 안전밸브·안전판·긴급차단 또는 방출밸브 등 비상조치 관련 설비
   라. 가스누출감지 및 경보 관련 설비
   마. 세정기, 응축기, 벤트스택(bent stack), 플레어스택(flare stack) 등 폐가스 처리설비
   바. 사이클론, 백필터(bag filter), 전기집진기 등 분진처리설비
   사. 가목부터 바목까지의 설비를 운전하기 위하여 부속된 전기 관련 설비
   아. 정전기 제거장치, 긴급 샤워설비 등 안전 관련 설비

[별표 8]

안전거리(제271조 관련) 22. 5. 7

구분	안전거리
1. 단위공정시설 및 설비로부터 다른 단위공정시설 및 설비의 사이	설비의 바깥 면으로부터 10미터 이상
2. 플레어스택으로부터 단위공정시설 및 설비, 위험물질 저장탱크 또는 위험물질 하역설비의 사이	플레어스택으로부터 반경 20미터 이상. 다만, 단위공정시설 등이 불연재로 시공된 지붕 아래에 설치된 경우에는 그러하지 아니하다.
3. 위험물질 저장탱크로부터 단위공정시설 및 설비, 보일러 또는 가열로의 사이	저장탱크의 바깥 면으로부터 20미터 이상. 다만, 저장탱크의 방호벽, 원격조종화설비 또는 살수설비를 설치한 경우에는 그러하지 아니하다.
4. 사무실·연구실·실험실·정비실 또는 식당으로부터 단위공정시설 및 설비, 위험물질 저장탱크, 위험물질 하역설비, 보일러 또는 가열로의 사이	사무실 등의 바깥 면으로부터 20미터 이상. 다만, 난방용 보일러인 경우 또는 사무실 등의 벽을 방호구조로 설치한 경우에는 그러하지 아니하다.

[별표 11]

굴착면의 기울기 기준(제339조제1항 관련) 〈개정 2023. 11. 14〉

지반의 종류	기울기
모래	1 : 1.8
연암 및 풍화암	1 : 1.0
경암	1 : 0.5
그 밖의 흙	1 : 1.2

[별표 13]

관리대상 유해물질 관련 국소배기장치 후드의 제어풍속(제429조 관련)

물질의 상태	후드 형식	제어풍속(m/sec)
가스 상태	포위식 포위형	0.4
	외부식 측방흡인형	0.5
	외부식 하방흡인형	0.5
	외부식 상방흡인형	1.0
입자 상태	포위식 포위형	0.7
	외부식 측방흡인형	1.0
	외부식 하방흡인형	1.0
	외부식 상방흡인형	1.2

비고
1. "가스 상태"란 관리대상 유해물질이 후드로 빨아들여질 때의 상태가 가스 또는 증기인 경우를 말한다.
2. "입자 상태"란 관리대상 유해물질이 후드로 빨아들여질 때의 상태가 흄, 분진 또는 미스트인 경우를 말한다.
3. "제어풍속"이란 국소배기장치의 모든 후드를 개방한 경우의 제어풍속으로서 다음 각 목에 따른 위치에서의 풍속을 말한다.
   가. 포위식 후드에서는 후드 개구면에서의 풍속
   나. 외부식 후드에서는 해당 후드에 의하여 관리대상 유해물질을 빨아들이려는 범위 내에서 해당 후드 개구면으로부터 가장 먼 거리의 작업위치에서의 풍속

[별표 16]

분진작업의 종류(제605조제2호 관련)

1. 토석·광물·암석(이하 "암석 등"이라 하고, 습기가 있는 상태의 것은 제외한다. 이하 이 표에서 같다)을 파내는 장소에서의 작업. 다만, 다음 각 목의 어느 하나에서 정하는 작업은 제외한다.
   가. 갱 밖의 암석 등을 습식에 의하여 시추하는 장소에서의 작업
   나. 실외의 암석 등을 동력 또는 발파에 의하지 않고 파내는 장소에서의 작업
2. 암석 등을 싣거나 내리는 장소에서의 작업
3. 갱내에서 암석 등을 운반, 파쇄·분쇄하거나 체로 거르는 장소(수중작업은 제외한다) 또는 이들을 쌓거나 내리는 장소에서의 작업
4. 갱내의 제1호부터 제3호까지의 규정에 따른 장소와 근접하는 장소에서 분진이 붙어있거나 쌓여 있는 기계설비 또는 전기설비를 이설(移設)·철거·점검 또는 보수하는 작업

5. 암석 등을 재단·조각 또는 마무리하는 장소에서의 작업(제12호에 따른 작업과 화염을 이용하여 재단하거나 제작하는 장소에서의 작업은 제외한다)
6. 연마재의 분사에 의하여 연마하는 장소나 연마재 또는 동력을 사용하여 암석·광물 또는 금속을 연마·주물 또는 재단하는 장소에서의 작업(제5호에 따른 작업은 제외한다)
7. 갱내가 아닌 장소에서 암석 등·탄소원료 또는 알루미늄박을 파쇄·분쇄하거나 체로 거르는 장소에서의 작업
8. 시멘트·비산재·분말광석·탄소원료 또는 탄소제품을 건조하는 장소, 쌓거나 내리는 장소, 혼합·살포·포장하는 장소에서의 작업
9. 분말 상태의 알루미늄 또는 산화티타늄을 혼합·살포·포장하는 장소에서의 작업
10. 분말 상태의 광석 또는 탄소원료를 원료 또는 재료로 사용하는 물질을 제조·가공하는 공정에서 분말 상태의 광석, 탄소원료 또는 그 물질을 함유하는 물질을 혼합·혼입 또는 살포하는 장소에서의 작업(제11호부터 제13호까지의 규정에 따른 작업은 제외한다)
11. 유리 또는 법랑을 제조하는 공정에서 원료를 혼합하는 작업이나 원료 또는 혼합물을 용해로에 투입하는 작업(수중에서 원료를 혼합하는 장소에서의 작업은 제외한다)
12. 도자기, 내화물(耐火物), 형사토 제품 또는 연마재를 제조하는 공정에서 원료를 혼합 또는 성형하거나, 원료 또는 반제품을 건조하거나, 반제품을 차에 싣거나 쌓은 장소에서의 작업이나 가마 내부에서의 작업. 다만, 다음 각 목의 어느 하나에 정하는 작업은 제외한다.
    가. 도자기를 제조하는 공정에서 원료를 투입하거나 성형하여 반제품을 완성하거나 제품을 내리고 쌓은 장소에서의 작업
    나. 수중에서 원료를 혼합하는 장소에서의 작업
13. 탄소제품을 제조하는 공정에서 탄소원료를 혼합하거나 성형하여 반제품을 노(爐)에 넣거나 반제품 또는 제품을 노에서 꺼내거나 제작하는 장소에서의 작업
14. 주형을 사용하여 주물을 제조하는 공정에서 주형(鑄型)을 해체 또는 탈사(脫砂)하거나 주물모래를 재생하거나 혼련(混鍊)하거나 주조품 등을 절삭하는 장소에서의 작업(제6호에 따른 작업은 제외한다)
15. 암석 등을 운반하는 암석전용선의 선창(船艙) 내에서 암석 등을 빠뜨리거나 한군데로 모으는 작업
16. 금속 또는 그 밖의 무기물을 제련하거나 녹이는 공정에서 토석 또는 광물을 개방로에 투입·소결(燒結)·탕출(湯出) 또는 주입하는 장소에서의 작업(전기로에서 탕출하는 장소나 금형을 주입하는 장소에서의 작업은 제외한다)

17. 분말 상태의 광물을 연소하는 공정이나 금속 또는 그 밖의 무기물을 제련하거나 녹이는 공정에서 노(爐)·연도(煙道) 또는 연돌 등에 붙어 있거나 쌓여 있는 광물찌꺼기 또는 재를 긁어내거나 한곳에 모으거나 용기에 넣는 장소에서의 작업
18. 내화물을 이용한 가마 또는 노 등을 축조 또는 수리하거나 내화물을 이용한 가마 또는 노 등을 해체하거나 파쇄하는 작업
19. 실내·갱내·탱크·선박·관 또는 차량 등의 내부에서 금속을 용접하거나 용단하는 작업
20. 금속을 녹여 뿌리는 장소에서의 작업
21. 동력을 이용하여 목재를 절단·연마 및 분쇄하는 장소에서의 작업
22. 면(綿)을 섞거나 두드리는 장소에서의 작업
23. 염료 및 안료를 분쇄하거나 분말 상태의 염료 및 안료를 계량·투입·포장하는 장소에서의 작업
24. 곡물을 분쇄하거나 분말 상태의 곡물을 계량·투입·포장하는 장소에서의 작업
25. 유리섬유 또는 암면(巖綿)을 재단·분쇄·연마하는 장소에서의 작업
26. 「기상법 시행령」 제8조제2항제8호에 따른 황사 경보 발령지역 또는 「대기환경보전법 시행령」 제2조제3항제1호 및 제2호에 따른 미세먼지(PM-10, PM-2.5) 경보 발령지역에서의 옥외 작업

[별표 17]

분진작업장소에 설치하는 국소배기장치의 제어풍속(제609조 관련)

1. 제607조 및 제617조제1항 단서에 따라 설치하는 국소배기장치(연삭기, 드럼 샌더(drum sander) 등의 회전체를 가지는 기계에 관련되어 분진작업을 하는 장소에 설치하는 것은 제외한다)의 제어풍속

분진작업장소	제어풍속(미터/초)			
	포위식 후드의 경우	외부식 후드의 경우		
		측방 흡인형	하방 흡인형	상방 흡인형
암석 등 탄소원료 또는 알루미늄박을 체로 거르는 장소	0.7	—	—	—
주물모래를 재생하는 장소	0.7	—	—	—
주형을 부수고 모래를 터는 장소	0.7	1.3	1.3	—
그 밖의 분진작업장소	0.7	1.0	1.0	1.2

비고
1. 제어풍속이란 국소배기장치의 모든 후드를 개방한 경우의 제어풍속으로서 다음 각 목의 위치에서 측정한다.
   가. 포위식 후드에서는 후드 개구면
   나. 외부식 후드에서는 해당 후드에 의하여 분진을 빨아들이려는 범위에서 그 후드 개구면으로부터 가장 먼 거리의 작업위치

2. 제607조 및 제617조제1항 단서의 규정에 따라 설치하는 국소배기장치 중 연삭기, 드럼 샌더 등의 회전체를 가지는 기계에 관련되어 분진작업을 하는 장소에 설치된 국소배기장치의 후드의 설치방법에 따른 제어풍속

후드의 설치방법	제어풍속(미터/초)
회전체를 가지는 기계 전체를 포위하는 방법	0.5
회전체의 회전으로 발생하는 분진의 흩날림방향을 후드의 개구면으로 덮는 방법	5.0
회전체만을 포위하는 방법	5.0

비고
제어풍속이란 국소배기장치의 모든 후드를 개방한 경우의 제어풍속으로서, 회전체를 정지한 상태에서 후드의 개구면에서의 최소풍속을 말한다.

[별표 18]

밀폐공간(제618조제1호 관련)

1. 다음의 지층에 접하거나 통하는 우물·수직갱·터널·잠함·피트 또는 그밖에 이와 유사한 것의 내부
   가. 상층에 물이 통과하지 않는 지층이 있는 역암층 중 함수 또는 용수가 없거나 적은 부분
   나. 제1철 염류 또는 제1망간 염류를 함유하는 지층
   다. 메탄·에탄 또는 부탄을 함유하는 지층
   라. 탄산수를 용출하고 있거나 용출할 우려가 있는 지층
2. 장기간 사용하지 않은 우물 등의 내부
3. 케이블·가스관 또는 지하에 부설되어 있는 매설물을 수용하기 위하여 지하에 부설한 암거·맨홀 또는 피트의 내부
4. 빗물·하천의 유수 또는 용수가 있거나 있었던 통·암거·맨홀 또는 피트의 내부
5. 바닷물이 있거나 있었던 열교환기·관·암거·맨홀·둑 또는 피트의 내부
6. 장기간 밀폐된 강재(鋼材)의 보일러·탱크·반응탑이나 그 밖에 그 내벽이 산

화하기 쉬운 시설(그 내벽이 스테인리스강으로 된 것 또는 그 내벽의 산화를 방지하기 위하여 필요한 조치가 되어 있는 것은 제외한다)의 내부

7. 석탄·아탄·황화광·강재·원목·건성유(乾性油)·어유(魚油) 또는 그 밖의 공기 중의 산소를 흡수하는 물질이 들어 있는 탱크 또는 호퍼(hopper) 등의 저장시설이나 선창의 내부
8. 천장·바닥 또는 벽이 건성유를 함유하는 페인트로 도장되어 그 페인트가 건조되기 전에 밀폐된 지하실·창고 또는 탱크 등 통풍이 불충분한 시설의 내부
9. 곡물 또는 사료의 저장용 창고 또는 피트의 내부, 과일의 숙성용 창고 또는 피트의 내부, 종자의 발아용 창고 또는 피트의 내부, 버섯류의 재배를 위하여 사용하고 있는 사일로(silo), 그 밖에 곡물 또는 사료종자를 적재한 선창의 내부
10. 간장·주류·효모 그 밖에 발효하는 물품이 들어 있거나 들어 있었던 탱크·창고 또는 양조주의 내부
11. 분뇨, 오염된 흙, 썩은 물, 폐수, 오수, 그 밖에 부패하거나 분해되기 쉬운 물질이 들어있는 정화조·침전조·집수조·탱크·암거·맨홀·관 또는 피트의 내부
12. 드라이아이스를 사용하는 냉장고·냉동고·냉동화물자동차 또는 냉동컨테이너의 내부
13. 헬륨·아르곤·질소·프레온·탄산가스 또는 그 밖의 불활성기체가 들어 있거나 있었던 보일러·탱크 또는 반응탑 등 시설의 내부
14. 산소농도가 18퍼센트 미만 23.5퍼센트 이상, 이산화탄소농도가 1.5퍼센트 이상, 일산화탄소의 농도가 30피피엠 이상 또는 황화수소농도가 10피피엠 이상인 장소의 내부
15. 갈탄·목탄·연탄난로를 사용하는 콘크리트 양생장소(養生場所) 및 가설숙소 내부
16. 화학물질이 들어있던 반응기 및 탱크의 내부
17. 유해가스가 들어있던 배관이나 집진기의 내부
18. 근로자가 상주(常住)하지 않는 공간으로서 출입이 제한되어 있는 장소의 내부

합격예측

경영의 3요소
① 자본 ② 기술 ③ 인간
전 cost 비용(T)
＝재해예방비용(T_1)＋재해비용(T_2)

용어정의

테일러(Taylor)의 과학적 관리방식
생산능률향상을 위해 능률의 논리를 경영관리의 방법으로 체계화한 방식

Q 은행문제

상해의 종류 중 압좌, 충돌, 추락 등으로 인하여 외부의 상처 없이 피하조직 또는 근육부 등 내부조직이나 장기가 손상받은 상해를 무엇이라 하는가?

① 부종
② 자상
③ 창상
④ 좌상

정답 ④

Q 은행문제

다음 중 칼날이나 뾰족한 물체 등 날카로운 물건에 찔린 상해를 무엇이라 하는가?

① 자상   ② 장상
③ 절상   ④ 찰과상

정답 ①

합격예측

일반적인 재해조사항목
① 사고의 형태
② 기인물 및 가해물
③ 불안전한 행동 및 상태

보충학습

■ 산업안전보건법 시행규칙 [별지 제30호서식] 〈개정 2021. 11. 19〉

산업재해 조사표

※ 뒤쪽의 작성 방법을 읽고 작성해 주시기 바라며, [ ]에는 해당하는 곳에 √표시를 합니다.   (앞쪽)

I. 사업장 정보	① 산재관리번호 (사업개시번호)		사업자등록번호	
	② 사업장명		③ 근로자 수	
	④ 업종		소재지	(-)
	⑤ 재해자가 사내 수급인 소속인 경우(건설업 제외)	원도급인 사업장명	⑥ 재해자가 파견근로자인 경우	파견사업주 사업장명
		사업장 산재관리번호 (사업개시번호)		사업장 산재관리번호 (사업개시번호)
	건설업만 작성	발주자		[ ]민간 [ ]국가지방자치단체 [ ]공공기관
		⑦ 원수급 사업장명		
		⑧ 원수급 사업장 산재관리번호(사업개시번호)	공사현장 명	
		⑨ 공사종류	공정률 %	공사금액 백만원

※ 아래 항목은 재해자별로 각각 작성하되, 같은 재해로 재해자가 여러 명이 발생된 경우 별도 서식에 추가로 적습니다.

II. 재해 정보	성 명		주민등록번호 (외국인 등록번호)		성별	[ ]남 [ ]여
	국 적	[ ]내국인 [ ]외국인 [국적: ⑩ 체류자격:]			⑪ 직업	
	입사일	년 월 일	⑫ 같은 종류업무 근속기간		년 월	
	⑬ 고용형태	[ ]상용 [ ]임시 [ ]일용 [ ]무급가족종사자 [ ]자영업자 [ ]그 밖의 사항 [ ]				
	⑭ 근무형태	[ ]정상 [ ]2교대 [ ]3교대 [ ]4교대 [ ]시간제 [ ]그 밖의 사항 [ ]				
	⑮ 상해종류 (질병명)		⑯ 상해부위 (질병부위)		⑰ 휴업예상 일수	휴업 [ ]일
					사망 여부	[ ] 사망

III. 재해발생 개요 및 원인	⑱ 재해 발생 개요	발생일시	[ ]년 [ ]월 [ ]일 [ ]요일 [ ]시 [ ]분
		발생장소	
		재해관련 작업 유형	
		재해발생 당시 상황	
	⑲ 재해발생 원인		

IV. ⑳ 재발 방지계획	

※ ⑳재발방지 계획 이행을 위한 안전보건교육 및 기술지도 등을 한국산업안전보건공단에서 무료로 제공하고 있으니 즉시 기술지원 서비스를 받고자 하는 경우 오른쪽에 √표시를 하시기 바랍니다.   즉시 기술지원 서비스 요청 [ ]

※ 근로복지공단은 재해자의 개인정보를 활용하는 것에 동의하는 사람에 한하여 해당 재해자에게 산재보험급여의 신청방법을 안내하고 있으니 관련 안내를 받으려는 재해자는 오른쪽에 √ 표시를 하시기 바랍니다.

산재보험급여 신청방법 안내를 위한 재해자의 개인정보 활용 동의 [ ]

작성자 성명				
작성자 전화번호	작성일	년	월	일
	사업주			(서명 또는 인)
	근로자대표(재해자)			(서명 또는 인)

(　　　)지방고용노동청장(지청장) 귀하

재해 분류자 기입란	발생형태	□□□	기인물	□□□□□
(사업장에서는 적지 않습니다)	작업지역·공정	□□□	작업내용	□□□

210mm×297mm[백상지(80g/㎡) 또는 중질지(80g/㎡)]

작성방법

Ⅰ. 사업장 정보

① 산재관리번호(사업개시번호) : 근로복지공단에 산업재해보상보험 가입이 되어 있으면 그 가입번호를 적고 사업장등록번호 기입란에는 국세청의 사업자등록번호를 적습니다. 다만, 근로복지공단의 산업재해보상보험에 가입이 되어 있지 않은 경우 사업자등록번호만 적습니다.
  ※ 산재보험 일괄 적용 사업장은 산재관리번호와 사업개시번호를 모두 적습니다.

② 사업장명 : 재해자가 사업주와 근로계약을 체결하여 실제로 급여를 받는 사업장명을 적습니다. 파견근로자가 재해를 입은 경우에는 실제적으로 지휘·명령을 받는 사용사업주의 사업장명을 적습니다. [예 아파트를 건설하는 종합건설업의 하수급 사업장 소속 근로자가 작업 중 재해를 입은 경우 재해자가 실제로 하수급 사업장의 사업주와 근로계약을 체결하였다면 하수급 사업장명을 적습니다.]

③ 근로자 수 : 사업장의 최근 근로자 수를 적습니다(정규직, 일용직·임시직 근로자, 훈련생 등 포함).

④ 업종 : 통계청(www.kostat.go.kr)의 통계분류 항목에서 한국표준산업분류를 참조하여 세세분류(5자리)를 적습니다. 다만, 한국표준산업분류 세세분류를 알 수 없는 경우 아래와 같이 한국표준산업명과 주요 생산품을 추가로 적습니다. [예 제철업, 시멘트제조업, 아파트건설업, 공작기계도매업, 일반화물자동차 운송업, 중식음식점업, 건축물 일반청소업 등]

⑤ 재해자가 사내 수급인 소속인 경우(건설업 제외) : 원도급인 사업장명과 산재관리번호(사업개시번호)를 적습니다.
  ※ 원도급인 사업장이 산재보험 일괄 적용 사업장인 경우에는 원도급인 사업장 산재관리번호와 사업개시번호를 모두 적습니다.

⑥ 재해자가 파견근로자인 경우 : 파견사업주의 사업장명과 산재관리번호(사업개시번호)를 적습니다.
  ※ 파견사업주의 사업장이 산재보험 일괄 적용 사업장인 경우에는 파견사업주의 사업장 산재관리번호와 사업개시번호를 모두 적습니다.

⑦ 원수급 사업장명 : 재해자가 소속되거나 관리되고 있는 사업장이 하수급 사업장인 경우에만 적습니다.

합격예측

하인리히에 의한 사고원인의 분류
(1) 직접원인 : 직접적으로 사고를 일으키는 불안전 행동이나 불안전한 상태를 말한다.
(2) 부원인(Subcause) : 불안전한 행동을 일으키는 이유(안전작업 규칙들이 위배되는 이유)
  ① 부적절한 태도
  ② 지식 또는 기능의 결여
  ③ 신체적 부적격
  ④ 부적절한 기계적, 물리적 환경
(3) 기초 원인 : 습관적, 사회적, 유전적, 관리감독적 특성

합격예측

작업개선 4단계
① 1단계 : 작업분해
② 2단계 : 세부내용 검토
③ 3단계 : 작업분석
④ 4단계 : 새로운 방법의 적용

참고

[그림] 낙하/비래
(Hit by falling/Flying object)

⑧ 원수급 사업장 산재관리번호(사업개시번호) : 원수급 사업장이 산재보험 일괄 적용 사업장인 경우에는 원수급 사업장 산재관리번호와 사업개시번호를 모두 적습니다.
⑨ 공사 종류, 공정률, 공사금액 : 수급 받은 단위공사에 대한 현황이 아닌 원수급 사업장의 공사 현황을 적습니다.
  가. 공사 종류 : 재해 당시 진행 중인 공사 종류를 말합니다. [예 아파트, 연립주택, 상가, 도로, 공장, 댐, 플랜트시설, 전기공사 등]
  나. 공정률 : 재해 당시 건설 현장의 공사 진척도로 전체 공정률을 적습니다.(단위공정률이 아님)

II. 재해자 정보

⑩ 체류자격 : 「출입국관리법 시행령」 별표 1에 따른 체류자격(기호)을 적습니다. [예 E-1, E-7, E-9 등]
⑪ 직업 : 통계청(www.kostat.go.kr)의 통계분류 항목에서 한국표준직업분류를 참조하여 세세분류(5자리)를 적습니다. 다만, 한국표준직업분류 세세분류를 알 수 없는 경우 알고 있는 직업명을 적고, 재해자가 평소 수행하는 주요 업무내용 및 직위를 추가로 적습니다. [예 토목감리기술자, 전문간호사, 인사 및 노무사무원, 한식조리사, 철근공, 미장공, 프레스조작원, 선반기조작원, 시내버스 운전원, 건물내부청소원 등]
⑫ 같은 종류 업무 근속기간 : 과거 다른 회사의 경력부터 현직 경력(동일·유사 업무 근무경력)까지 합하여 적습니다.(질병의 경우 관련 작업근무기간)
⑬ 고용형태 : 근로자가 사업장 또는 타인과 명시적 또는 내재적으로 체결한 고용계약 형태를 적습니다.
  가. 상용 : 고용계약기간을 정하지 않았거나 고용계약기간이 1년 이상인 사람
  나. 임시 : 고용계약기간을 정하여 고용된 사람으로서 고용계약기간이 1개월 이상 1년 미만인 사람
  다. 일용 : 고용계약기간이 1개월 미만인 사람 또는 매일 고용되어 근로의 대가로 일급 또는 일당제 급여를 받고 일하는 사람
  라. 자영업자 : 혼자 또는 그 동업자로서 근로자를 고용하지 않은 사람
  마. 무급가족종사자 : 사업주의 가족으로 임금을 받지 않는 사람
  바. 그 밖의 사항 : 교육·훈련생 등
⑭ 근무형태 : 평소 근로자의 작업 수행시간 등 업무를 수행하는 형태를 적습니다.
  가. 정상 : 사업장의 정규 업무 개시시각과 종료시각(통상 오전 9시 전후에 출근하여 오후 6시 전후에 퇴근하는 것) 사이에 업무수행하는 것을 말합니다.
  나. 2교대, 3교대, 4교대 : 격일제근무, 같은 작업에 2개조, 3개조, 4개조로 순환하면서 업무수행하는 것을 말합니다.
  다. 시간제 : 가목의 '정상' 근무형태에서 규정하고 있는 주당 근무시간보다 짧은 근로시간 동안 업무수행하는 것을 말합니다.
  라. 그 밖의 사항 : 고정적인 심야(야간)근무 등을 말합니다.
⑮ 상해종류(질병명) : 재해로 발생된 신체적 특성 또는 상해 형태를 적습니다. 19. 9. 21 산
  [예 골절, 절단, 타박상, 찰과상, 중독·질식, 화상, 감전, 뇌진탕, 고혈압, 뇌졸중, 피부염, 진폐, 수근관증후군 등]
⑯ 상해부위(질병부위) : 재해로 피해가 발생된 신체 부위를 적습니다.

합격예측
하인리히와 버드의 이론비교

	하인리히	버드
	1:29:300 법칙 [중상해:경상해:무상해 사고]	1:10:30:600 법칙 [중상:상해:물적만의 사고:상해도 손해도 없는 아차 사고]
재해발생 점유율	-a major or lost time injury -minor injuries -no-injury accidents	-serious or disabling ANSI Z16.1 -minor injuries -property damage accidents -incidents with no visible injury or damage
도미노 이론	5골패(고전이론) 1. 선천적 결함 2. 인간의 결함 3. 직접원인 (인적+물적 원인) 4. 사고 5. 상해	5골패(최신이론) 1. 제어의 부족 2. 기본원인 3. 직접원인 4. 사고 5. 상해

합격예측
재해코스트
노구찌의 방식
시몬즈의 평균치법을 근거로 일본의 상황에 맞는 방법을 제시

M = A 또는 (1.15 a + b) + B + C + D + E + F

여기서)
M : 재해 1건당 코스트
A : 법정보상비 (a : 정부보상비, b : 회사보상비)
B : 법정의 보상비
C : 인적손실비용
D : 물적손실비용
E : 생산손실비용
F : 특수손실비용
a : 하인리히의 직접비에 대응
1.15a : 시몬즈의 보험코스트에 대응

[예] 머리, 눈, 목, 어깨, 팔, 손, 손가락, 등, 척추, 몸통, 다리, 발, 발가락, 전신, 신체 내부기관(소화·신경·순환·호흡배설) 등]

※ 상해종류 및 상해부위가 둘 이상이면 상해 정도가 심한 것부터 적습니다.

⑰ 휴업예상일수 : 재해발생일을 제외한 3일 이상의 결근 등으로 회사에 출근하지 못한 일수를 적습니다.(추정 시 의사의 진단 소견을 참조)

Ⅲ. 재해발생정보

⑱ 재해발생개요 : 재해원인의 상세한 분석이 가능하도록 발생일시[년, 월, 일, 요일, 시(24시 기준), 분], 발생 장소(공정 포함), 재해관련 작업유형(누가 어떤 기계·설비를 다루면서 무슨 작업을 하고 있었는지), 재해발생 당시 상황[재해 발생 당시 기계·설비·구조물이나 작업환경 등의 불안전한 상태(예시 : 떨어짐, 무너짐 등)와 재해자나 동료 근로자가 어떠한 불안전한 행동(예시 : 넘어짐, 끼임 등)을 했는지]을 상세히 적습니다.

[작성예시]

발생일시	2013년 5월 30일 금요일 14시 30분
발생장소	사출성형부 플라스틱 용기 생산 1팀 사출공정에서
재해관련 작업유형	재해자 000가 사출성형기 2호기에서 플라스틱 용기를 꺼낸 후 금형을 점검하던 중
재해발생 당시 상황	재해자가 점검중임을 모르던 동료근로자 000가 사출성형기 조작스위치를 가동하여 금형사이에 재해자가 끼어 사망하였음

⑲ 재해발생 원인 : 재해가 발생한 사업장에서 재해발생 원인을 인적 요인(무의식 행동, 착오, 피로, 연령, 커뮤니케이션 등), 설비적 요인(기계·설비의 설계상 결함, 방호장치의 불량, 작업표준화의 부족, 점검·정비의 부족 등), 작업·환경적 요인(작업정보의 부적절, 작업자세·동작의 결함, 작업방법의 부적절, 작업환경 조건의 불량 등), 관리적 요인(관리조직의 결함, 규정·매뉴얼의 불비·불철저, 안전교육의 부족, 지도감독의 부족 등)을 적습니다. 16.10.1 산

Ⅳ. 재발방지계획

⑳ "⑲ 재해발생 원인"을 토대로 재발방지 계획을 적습니다. 16.4.9 기

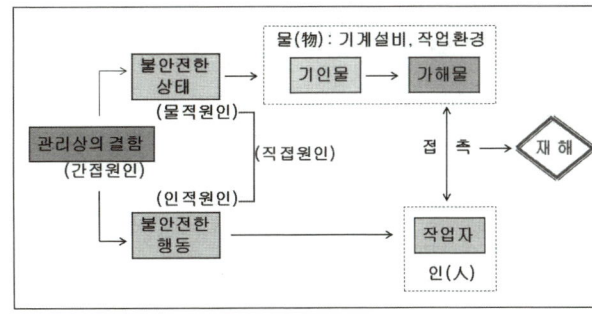

[그림] 재해발생의 메커니즘

합격예측

재해 발생 형태별 분류
① 추락(떨어짐) : 사람이 건축물, 비계, 기계, 사다리, 계단, 경사면, 나무 등에서 떨어지는 것
② 전도(넘어짐) : 사람이 평면상으로 넘어졌을 때를 말함(과속, 미끄러짐 포함)
③ 충돌(부딪힘) : 사람이 정지물에 부딪친 경우
④ 낙하(떨어짐), 비래(날아옴) : 물건이 주체가 되어 사람이 맞은 경우
⑤ 붕괴, 도괴(무너짐) : 적재물, 비계, 건축물이 무너진 경우
⑥ 협착(끼임, 감김) : 물건에 끼인 상태, 말려든 상태
⑦ 감전 : 전기 접촉이나 방전에 의해 사람이 충격을 받은 경우
⑧ 폭발 : 압력의 급격한 발생 또는 개방으로 폭음을 수반한 팽창이 일어나는 경우
⑨ 파열 : 용기 또는 장치가 물리적인 압력에 의해 파열한 경우
⑩ 화재 : 화재로 인한 경우를 말하며 관련 물체는 발화물을 기재
⑪ 무리한 동작 : 무거운 물건을 들다 허리를 삐거나 부자연한 자세 또는 동작의 반동으로 상해를 입은 경우
⑫ 이상온도접촉 : 고온이나 저온에 접촉한 경우
⑬ 유해물접촉 : 유해물 접촉으로 중독되거나 질식된 경우

합격예측

재해코스트
콤페스(P. C. Compas)의 방식
① 직접비용과 간접비용외에 기업의 활동능력이 상실되는 손실도 감안
② 전체재해손실 = 공동비용(불변) + 개별비용(변수)

구분	공동비용	개별비용
항목	① 보험료 ② 안전보건팀 유지비용 ③ 기타(기업의 명예, 안전성 등)	① 작업중단으로 인한 손실 비용 ② 수리대책에 필요한 비용 ③ 치료에 소요되는 비용 ④ 사고조사에 필요한 비용 등

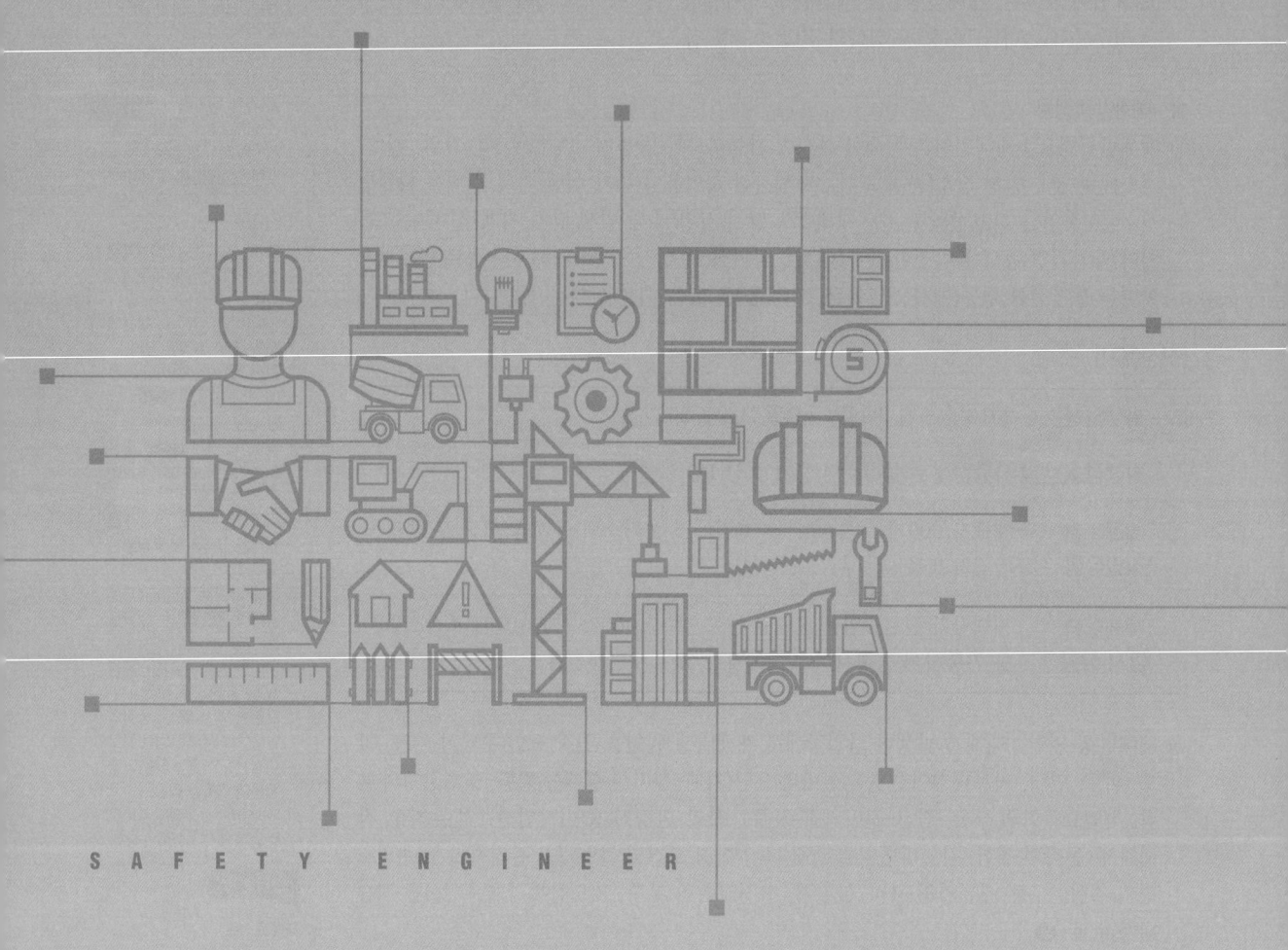

산업안전산업기사 실기 필답형

2018
산업기사 04월 15일 시행
산업기사 06월 30일 시행
산업기사 10월 07일 시행

2019
산업기사 04월 14일 시행
산업기사 06월 29일 시행
산업기사 10월 13일 시행

2020
산업기사 05월 24일 시행
산업기사 07월 26일 시행
산업기사 10월 18일 시행
산업기사 11월 29일 시행

2021
산업기사 04월 24일 시행
산업기사 07월 10일 시행
산업기사 10월 16일 시행

2022
산업기사 05월 07일 시행
산업기사 07월 24일 시행
산업기사 10월 16일 시행

2023
산업기사 04월 22일 시행
산업기사 07월 22일 시행
산업기사 10월 07일 시행

2024
산업기사 04월 27일 시행
산업기사 07월 28일 시행
산업기사 10월 20일 시행

과년도 출제문제

- **산업기사** 2018년 4월 15일 시행
- **산업기사** 2018년 6월 30일 시행
- **산업기사** 2018년 10월 07일 시행

2018년도 산업기사 정기검정(2018년 4월 15일 시행)

(배점 : 55, 문제수 : 13)

자격종목 및 등급(선택분야)
산업안전산업기사

시험시간	수험번호	성명
1시간	2018415	도서출판세화

※ 본 문제는 복원문제로 실제문제와 동일하지 않을 수 있습니다.

---

01 공기압축기를 가동하는 때 작업시작 전 점검사항 5가지를 쓰시오. (5점)

해답
① 공기저장 압력용기의 외관상태
② 드레인밸브의 조작 및 배수
③ 압력방출장치의 기능
④ 언로드밸브의 기능
⑤ 윤활유의 상태
⑥ 회전부의 덮개 또는 울
⑦ 그 밖의 연결부위의 이상유무

KEY ① 2010년 9월 12일(문제 7번) 출제
② 2017년 10월 14일 (문제 8번) 출제

합격정보
산업안전보건기준에 관한 규칙 [별표 3] 작업시작 전 점검사항

---

02 휴먼에러에서 Swain의 심리적(독립행동) 분류 4가지를 쓰시오. (4점)

해답
① omission error(누설오류 = 생략적오류)
② time error(시간오류)
③ commission error(작위적오류 = 수행적오류)
④ sequential error(순서오류)
⑤ extraneous error(과잉행동오류 = 불필요한 오류)

KEY ① 2008년 7월 6일(문제 4번) 출제
② 2009년 7월 5일 출제
③ 2011년 10월 16일 출제
④ 2013년 4월 21일(문제 1번) 출제
⑤ 2016년 4월 17일(문제 7번) 출제
⑥ 2018년 4월 15일 기사·산업기사 동시 출제

합격자의 조언
한글 또는 영어로 선택해서 쓰시면 됩니다.

---

03 안전관리자 업무 5가지를 쓰시오. (5점)

해답
① 산업안전보건위원회 또는 안전보건에 관한 노사협의체에서 심의·의결한 업무와 해당 사업장의 안전보건관리규정 및 취업규칙에서 정한 업무
② 안전인증대상 기계 등과 자율안전확인대상 기계 등 구입시 적격품의 선정에 관한 보좌 및 지도·조언
③ 위험성평가에 관한 보좌 및 지도·조언
④ 해당 사업장 안전교육계획의 수립 및 안전교육실시에 관한 보좌 및 지도·조언
⑤ 사업장 순회점검·지도 및 조치의 건의
⑥ 산업재해발생의 원인 조사·분석 및 재발방지를 위한 기술적 보좌 및 지도·조언
⑦ 산업재해에 관한 통계의 유지·관리·분석을 위한 보좌 및 지도·조언
⑧ 법 또는 법에 따른 명령으로 정한 안전에 관한 사항의 이행에 관한 보좌 및 지도·조언
⑨ 업무수행 내용의 기록·유지
⑩ 그 밖에 안전에 관한 사항으로서 고용노동부장관이 정하는 사항

KEY ① 2007년 10월 7일(문제 4번) 출제
② 2008년 4월 20일 기사(문제 7번) 출제
③ 2014년 4월 20일(문제 3번) 출제
④ 2015년 7월 12일(문제 3번) 출제

합격정보
산업안전보건법 시행령 제18조(안전관리자의 업무 등)

---

04 휘발유 저장탱크 안전표지에 관한 기호 및 색을 쓰시오. (6점)

① 산업안전법령 표지종류
② 기본모형
③ 바탕색

해답
① 표지종류 : 인화성물질경고
② 기본모형 : 빨간색(검은색도 가능)
③ 바탕색 : 무색

KEY ① 2014년 7월 6일(문제 2번)출제
② 2015년 7월 12일 (문제 2번) 출제

합격정보
산업안전보건법 시행규칙 [별표 8] 안전보건표지의 종류와 형태

[보충학습]

[그림] 인화성물질경고

05 누전차단기의 ① 정격감도전류 ② 동작시간을 쓰시오.(4점)

[해답]

① 정격감도전류 : 30[mA] 이하
② 동작시간 : 0.03초 이내

KEY ① 2009년 9월 13일(문제 13번) 기사 출제
② 2014년 7월 6일 기사 (문제 7번)
③ 2015년 7월 12일 기사 출제

[합격정보]
산업안전보건기준에 관한 규칙 제304조(누전차단기에 의한 감전방지)
전기기계·기구에 설치되어 있는 누전차단기는 정격감도 전류가 30[mA] 이하이고 작동시간은 0.03초 이내일 것. 다만, 정격전부하전류가 50[A] 이상인 전기기계·기구에 접속되는 누전차단기는 오작동을 방지하기 위하여 정격감도전류는 200[mA] 이하로, 작동시간은 0.1초 이내로 할 수 있다.

06 기상상태의 악화로 작업을 중지시킨 후 비계를 조립·해체하거나 변경 후 그 비계에서 작업하는 경우 해당 작업시작전 점검사항 4가지를 쓰시오.(4점)

[해답]

① 발판재료의 손상여부 및 부착 또는 걸림상태
② 해당 비계의 연결부 또는 접속부의 풀림상태
③ 연결재료 및 연결철물의 손상 또는 부식상태
④ 손잡이의 탈락여부
⑤ 기둥의 침하·변형·변위 또는 흔들림 상태
⑥ 로프의 부착상태 및 매단장치의 흔들림 상태

KEY ① 2012년 10월 14일 기사(문제 2번) 출제
② 2013년 7월 14일 기사(문제 4번) 출제
③ 2014년 7월 6일(문제 8번) 출제

[합격정보]
산업안전보건기준에 관한 규칙 제58조(비계의 점검 및 보수)

07 관리대상 유해물질을 취급하는 작업장의 보기 쉬운 장소에 게시사항 4가지를 쓰시오.(4점)

[해답]

① 관리대상 유해물질의 명칭
② 인체에 미치는 영향
③ 취급상 주의사항
④ 착용하여야 할 보호구
⑤ 응급조치와 긴급 방재 요령

[합격정보]
산업안전보건기준에 관한 규칙 제442조(명칭 등의 게시)

08 롤러기에 사용되는 방호장치를 쓰고 ( )안에 알맞은 것을 쓰시오.?(4점)

[보기]
손조작식은 밑면으로부터 ( )[m] 이내, 복부조작식은 밑면으로부터 ( )[m] 이상 ~ ( )[m] 이내, 무릎조작식은 밑면으로부터 ( )[m] 이내에 설치한다.

[해답]

(1) 방호장치 : 급정지장치
(2) 급정지장치 종류
① 손조작식 : 밑면으로부터 1.8[m] 이내
② 복부조작식 : 밑면으로부터 0.8[m] 이상~1.1[m] 이내
③ 무릎조작식 : 밑면으로부터 0.6[m] 이내

KEY ① 2007년 10월 7일(문제 1번)
② 2008년 7월 6일 기사 출제

[합격정보]
방호장치자율안전기준 제7조(성능기준 및 시험방법)

09 화학설비의 탱크내 작업시 특별안전보건교육의 내용을 쓰시오.(4점)

[해답]

① 차단장치·정지장치 및 밸브 개폐장치의 점검에 관한 사항
② 탱크 내의 산소농도 측정 및 작업환경에 관한 사항
③ 안전보호구 및 이상 발생시 응급조치에 관한 사항
④ 작업절차·방법 및 유해·위험에 관한 사항

KEY 2005년 4월 30일(문제 6번) 출제

[합격정보]
산업안전보건법 시행규칙 [별표 5] 교육대상별 교육내용

과년도 출제문제

10 인간-기계체계가 서로 결합되어 운동되고 있다. 인간의 신뢰도가 0.8일 때 종합신뢰도가 0.7 이상 되려면 기계 신뢰도는 얼마인가? 또 직렬인가 병렬인가?(3점)

해답

① 기계의 신뢰도(R_E) = $\frac{0.7}{0.8}$ = 0.875 ≒ 0.88

② 직렬 : $R_S = R_E(기계) \times R_H(인간)$

KEY ① 1999년 5월 30일 출제
② 2002년 7월 7일(문제 10번) 출제

11 산업안전보건법상 위험기계, 기구에 설치한 방호조치에 대하여 근로자가 지켜야 할 준수사항을 3가지만 쓰시오.(6점)

해답

① 방호조치를 해체하고자 할 경우 : 사업주의 허가를 받아 해체할 것
② 방호조치를 해체한 후 그 사유가 소멸된 경우 : 지체없이 원상으로 회복시킬 것
③ 방호조치의 기능이 상실된 것을 발견한 경우 : 지체없이 사업주에게 신고할 것

KEY 2003년 4월 27일(문제 3번) 출제

합격정보
산업안전보건법 시행규칙 제48조(근로자의 준수사항 및 사업주의 조치)

12 다음 작업조건에 적합한 보호구를 쓰시오.(3점)

① 높이 또는 깊이 2[m] 이상의 추락할 위험이 있는 장소에서 하는 작업
② 물체의 낙하·충격, 물체에의 끼임, 감전 또는 정전기의 대전에 의한 위험이 있는 작업
③ 고열에 의한 화상 등의 위험이 있는 작업

해답

① 안전대
② 안전화
③ 방열복

합격정보
산업안전보건기준에 관한 규칙 제32조(보호구의 지급 등)

13 다음 ( )에 적합한 내용을 쓰시오.(3점)

① 연약한 지반에 설치하는 경우에는 각부나 가대의 침하를 방지하기 위하여 ( ) 등을 사용할 것
② 각부나 가대가 미끄러질 우려가 있는 경우에는 ( )들을 사용하여 각부나 가대를 고정시킬 것
③ 궤도 또는 차로 이동하는 항타기 또는 항발기에 대해서는 불시에 이동하는 것을 방지하기 위하여 ( ) 등으로 고정시킬 것

해답

① 깔판·받침목
② 말뚝 또는 쐐기
③ 레일클램프(rail clamp) 및 쐐기

합격정보
산업안전보건기준에 관한 규칙 제209조(무너짐의 방지)

녹색직업 녹색자격증 코너

행운의 여신은 늘 근면한 사람 곁에 있다.

흔히 행운의 여신은 눈이 멀었다고 불평하지만, 인간만큼 눈이 멀지는 않았다.
실생활을 자세히 살펴보면, 바람과 파도가 유능한 항해사의 편이듯 행운의 여신은 언제나 근면한 사람 곁에 있다.

- 새뮤얼 스마일스

게리 플레이어는 '연습을 많이 할수록 더욱 운 좋은 사람이 된다'고 말했습니다.
초현실주의 화가 달리 역시 '결론을 이끌어낼 수 있는 마음의 준비가 된 사람, 가장 끈질기게 그 주제에 대해 매달릴 수 있는 사람에게만 행운이 의미를 지닌다.'고 끈기와 근면의 중요성을 강조한 바 있습니다.

※ 문제 및 답안(지), 점수, 채점기준은 일체 공개하지 않는다.
※ 다음 여백은 계산 연습란으로 사용하시오.

비번호	
총 점	

2018년도 산업기사 정기검정(2018년 6월 30일 시행)

자격종목 및 등급(선택분야): 산업안전산업기사

시험시간: 1시간 | 수험번호: 20180630 | 성명: 도서출판세화

(배점: 55, 문제수: 13)

※ 본 문제는 복원문제로 실제문제와 동일하지 않을 수 있습니다.

01
A사업장에서 강렬한 소음작업을 하고 있다. ( )에 시간을 쓰시오.(4점)

(1) 90[dB] 이상의 소음이 1일 (①)시간 이상 발생하는 작업
(2) 100[dB] 이상의 소음이 1일 (②)시간 이상 발생하는 작업
(3) 110[dB] 이상의 소음이 1일 (③)분 이상 발생하는 작업
(4) 115[dB] 이상의 소음이 1일 (④)분 이상 발생하는 작업

해답
① 8
② 2
③ 30
④ 15

KEY 2012년 4월 22일(문제 1번) 출제

합격정보
산업안전보건기준에 관한 규칙 제512조(정의)

02
산업안전보건법에 따라 구내운반차를 사용하여 작업을 하고자 할 때 작업시작 전 점검사항을 4가지만 쓰시오.(4점)

해답
① 제동장치 및 조종장치 기능의 이상 유무
② 하역장치 및 유압장치 기능의 이상 유무
③ 바퀴의 이상 유무
④ 전조등·후미등·방향지시기 및 경음기 기능의 이상 유무
⑤ 충전장치를 포함한 홀더 등의 결합상태의 이상 유무

KEY
① 2010년 9월 12일(문제 13번) 출제
② 2017년 10월 14일(문제 5번) 출제

합격정보
산업안전보건기준에 관한 규칙 [별표 3] 작업시작 전 점검사항(제35조 제2항 관련)

03
산업안전보건법상 다음에 적합한 조도기준을 쓰시오.(3점)

① 초정밀 작업:
② 정밀 작업:
③ 보통 작업:

해답
① 750[lux] 이상
② 300[lux] 이상
③ 150[lux] 이상

KEY
① 1991년 2월 3일 출제
② 2010년 7월 4일 기사 출제
③ 2012년 7월 8일(문제 3번) 출제

합격정보
산업안전보건기준에 관한 규칙 제8조(조도)

합격자의 조언
① 안전한 합격을 위해서 최소 15년 이상은 보셔야 합니다.
② 실기는 기사와 산업기사 구분없이 보셔야 합니다.

04
안전보건진단을 받아 안전보건개선계획을 수립·제출하도록 명할 수 있는 사업장 2곳을 쓰시오.(4점)

해답
① 산업재해율이 같은 업종 평균 산업재해율의 2배 이상인 사업장
② 사업주가 필요한 안전조치 또는 보건조치를 이행하지 아니하여 중대재해가 발생한 사업장
③ 직업성 질병자가 연간 2명 이상(상시근로자 1천명 이상 사업장의 경우 3명 이상) 발생한 사업장
④ 그 밖에 작업환경 불량, 화재·폭발 또는 누출 사고 등으로 사업장 주변까지 피해가 확산된 사업장으로서 고용노동부령으로 정하는 사업장

KEY
① 2016년 6월 26일(문제 6번) 출제
② 2016년 10월 9일(문제 11번) 출제
③ 2017년 4월 16일(문제 11번) 출제

합격정보
산업안전보건법 시행령 제49조(안전보건진단을 받아 안전보건개선계획을 수립할 대상)

05 말비계를 조립하여 사용하는 경우 준수사항 중 ( )을 쓰시오.(6점)

(1) 지주부재와 수평면과의 기울기를 (①)[°] 이하로 하고, 지주부재와 지주부재 사이를 고정시키는 (②)를 설치할 것
(2) 말비계의 높이가 2[m]를 초과하는 경우에는 작업발판의 폭을 (③)[cm] 이상으로 할 것

해답
① 75   ② 보조부재   ③ 40

KEY ① 2004년 4월 25일(문제 13번) 출제
② 2017년 4월 16일 기사 출제

합격정보
산업안전보건기준에 관한 규칙 제67조(말비계)

06 전압에 따른 전원의 종류를 구하시오.(5점)

구분	직류	교류
저압	(①)[V] 이하	(②)[V] 이하
고압	(③)[V] 초과~ (③)[V] 이하	(④)[V] 초과~ (④)[V] 이하
특고압	(⑤)[V] 초과	

해답
① 1,500   ② 1,000
③ 1,500~7,000   ④ 1,000~7,000
⑤ 7,000

KEY ① 2002년 9월 29일(문제 2번) 출제
② 2011년 5월 1일(문제 8번) 출제
③ 2015년 7월 12일(문제 5번) 출제

합격정보
산업안전보건기준에 관한 규칙 제302조(전기기계·기구의 접지)

07 위험물질에 대한 설명이다. ( )를 쓰시오.(4점)

(1) 인화성 액체 : 에틸에테르, 가솔린, 아세트알데히드, 산화프로필렌, 그 밖에 인화점이 섭씨 (①)[도] 미만이고 초기 끓는점이 섭씨 35[도] 이하인 물질

(2) 인화성 액체 : 크실렌, 아세트산아밀, 등유, 경유, 테레핀유, 이소아밀알코올, 아세트산, 하이드라진, 그 밖에 인화점이 섭씨 (②)[도] 이상 섭씨 60[도] 이하인 물질
(3) 부식성 산류 : 농도가 (③)[%] 이상인 염산, 황산, 질산, 그 밖에 이와 같은 정도 이상의 부식성을 가지는 물질
(4) 부식성 산류 : 농도가 (④)[%] 이상인 인산, 아세트산, 불산, 그 밖에 이와 같은 정도 이상의 부식성을 가지는 물질

해답
① 23   ② 23
③ 20   ④ 60

KEY 2015년 4월 19일(문제 12번) 출제

합격정보
산업안전보건기준에 관한 규칙 [별표 1] 위험물질의 종류

08 밀폐공간에서의 작업에 대한 특별안전보건교육을 실시할 때 정규직 근로자의 특별교육시간과 교육내용 3가지를 쓰시오.(단, 그 밖에 안전보건관리에 필요한 사항은 제외함)(6점)

해답
(1) 교육시간 : 16시간 이상
(2) 교육내용
 ① 산소농도 측정 및 작업환경에 관한 사항
 ② 사고 시의 응급처치 및 비상 시 구출에 관한 사항
 ③ 보호구 착용 및 사용방법에 관한 사항
 ④ 밀폐공간작업의 안전작업방법에 관한 사항

KEY 2014년 7월 6일(문제 5번) 출제

합격정보
산업안전보건법 시행규칙 [별표 5] 안전보건교육 교육대상별 교육내용

09 다음 금지표지의 명칭을 쓰시오.(4점)

①	②	③	④

해답
① 보행금지
② 탑승금지
③ 사용금지
④ 물체이동금지

KEY 2015년 10월 4일(문제 9번) 출제

보충학습
금지표지 색도기준 : 7.5R 4/14

10. 롤러기에 사용되는 방호장치를 쓰고 ( )안에 알맞은 내용을 쓰시오.(5점)

[보기]
손조작식은 밑면으로부터 (①)[m] 이내, (②)조작식은 밑면으로부터 0.8[m] 이상 ~ 1.1[m] 이내, 무릎조작식은 밑면으로부터 (③)[m] 이내에 설치한다.

해답
(1) 방호장치 : 급정지장치
(2) 설치위치
　① 1.8　　② 복부　　③ 0.6

KEY
① 2007년 10월 7일(문제 1번)
② 2008년 7월 6일 기사 출제

합격정보
위험기계·기구 방호장치기준 제28조(설치방법)

11. 사다리통로 설치내용 중 ( )을 쓰시오.(3점)

(1) 사다리의 상단은 걸쳐놓은 지점으로부터 (①)[cm] 이상 올라가도록 할 것
(2) 사다리식 통로의 길이가 10[m] 이상인 경우에는 (②)[m] 이내마다 (③)을 설치할 것

해답
① 60
② 5
③ 계단참

KEY 2005년 9월 25일(문제 5번) 출제

합격정보
산업안전보건기준에 관한 규칙 제24조(사다리식 통로의 구조)

12. 사업주는 산업안전보건기준에 관한 규칙에서 동력을 사용하는 항타기 또는 항발기에 대하여 도괴를 방지하기 위하여 준수해야 하는 사항 중 빈칸에 알맞은 내용을 적으시오.(4점)

(가) 약한 지반에 설치하는 경우에는 아웃트리거·받침 등 지지구조물의 침하를 방지하기 위하여 (①) 등을 사용할 것
(나) 시설 또는 가설물 등에 설치하는 경우에는 그 내력을 확인하고 내력이 부족하면 그 내력을 보강할 것
(다) 아웃트리거·받침 등 지지구조물이 미끄러질 우려가 있는 경우에는 (②) 등을 사용하여 해당 지지구조물을 고정시킬 것
(라) 궤도 또는 차로 이동하는 항타기 또는 항발기에 대해서는 불시에 이동하는 것을 방지하기 위하여 (③) 등으로 고정시킬 것
(마) 상단 부분은 버팀대·버팀줄로 고정하여 안정시키고, 그 하단 부분은 견고한 버팀·말뚝 또는 (④) 등으로 고정시킬 것

해답
① 깔판·받침목
② 말뚝 또는 쐐기
③ 레일클램프 및 쐐기
④ 철골

합격정보
산업안전보건기준에 관한 규칙 제209조(무너짐의 방지)

13. 프레스 및 전단기의 방호장치 3가지를 쓰시오.(3점)

해답
① 수인식
② 손쳐내기식
③ 게이트 가드식
④ 양수 조작식
⑤ 감응식

2018년도 산업기사 정기검정(2018년 10월 7일 시행)

산업안전산업기사

시험시간: 1시간 | 수험번호: 20181007 | 성명: 도서출판세화
(배점: 55, 문제수: 13)

※ 본 문제는 복원문제로 실제문제와 동일하지 않을 수 있습니다.

01. 공기압축기를 가동하는 때 작업시작 전 점검사항 3가지를 쓰시오.(6점)

해답
① 공기저장 압력용기의 외관상태
② 드레인밸브의 조작 및 배수
③ 압력방출장치의 기능
④ 언로드밸브의 기능
⑤ 윤활유의 상태
⑥ 회전부의 덮개 또는 울
⑦ 그 밖의 연결부위의 이상유무

KEY
① 2010년 9월 12일(문제 7번) 출제
② 2017년 10월 14일 (문제 8번) 출제
③ 2018년 4월 15일(문제 1번) 출제

합격정보
산업안전보건기준에 관한 규칙 [별표 3] 작업시작 전 점검사항

02. 산업안전보건법상 다음에 적합한 조도기준을 쓰시오.(3점)

① 초정밀 작업:
② 정밀 작업:
③ 보통 작업:

해답
① 750[lux] 이상
② 300[lux] 이상
③ 150[lux] 이상

KEY
① 1991년 2월 3일 출제
② 2010년 7월 4일 기사 출제
③ 2012년 7월 8일(문제 3번) 출제

합격정보
산업안전보건기준에 관한 규칙 제8조(조도)

합격자의 조언
① 안전한 합격을 위해서 최소 15년 이상은 보셔야 합니다.
② 실기는 기사와 산업기사 구분없이 보셔야 합니다.

03. 산업안전보건법상 사업주는 산업재해가 발생한 때 보관해야 할 기록의 종류를 쓰시오.(4점)

해답
① 사업장의 개요 및 근로자의 인적사항
② 재해 발생의 일시 및 장소
③ 재해 발생의 원인 및 과정
④ 재해 재발방지 계획

KEY 2017년 10월 14일(문제 2번) 출제

합격정보
산업안전보건법 시행규칙 제72조(산업재해 기록 등)

04. 흙막이 지보공을 설치하였을 때에는 사업주가 정기적으로 점검하고 이상을 발견시 보수하여야 할 사항 4가지를 쓰시오.(4점)

해답
① 부재의 손상·변형·부식·변위 및 탈락의 유무와 상태
② 버팀대의 긴압(緊壓)의 정도
③ 부재의 접속부·부착부 및 교차부의 상태
④ 침하의 정도

KEY
① 2017년 10월 22일 작업형 출제
② 2017년 6월 25일(문제 11번) 출제

합격정보
산업안전보건기준에 관한 규칙 제347조(붕괴 등의 위험방지)

05. 교류아크용접기용 자동전격방지기에 관한 내용이다. 빈칸을 채우시오.(2점)

(①): 용접봉을 모재로부터 분리시킨 후 주접점이 개로되어 용접기 2차측 (②)이 전격방지기의 25[V] 이하로 될 때까지의 시간

① 지동시간
② 무부하전압

KEY ① 1992년 2월 9일 기사(문제 1번)출제
② 2016년 4월 17일 산업기사(문제 12번)출제

06 "출입금지표지"를 그리고, 표지판의 색과 문자의 색을 적으시오.(3점)

해답

① 바탕 : 흰색
② 도형 : 빨간색
③ 화살표 : 검은색

KEY 2014년 7월 6일 기사(문제 11번) 출제

07 근로자의 추락 등에 의한 위험을 방지하기 위하여 설치하는 안전난간의 주요구성 요소 4가지를 쓰시오.(4점)

해답

① 상부난간대
② 중간난간대
③ 발끝막이판
④ 난간기둥

KEY ① 2010년 7월 4일 출제
② 2013년 4월 21일 기사(문제 1번) 출제

합격정보
산업안전보건기준에 관한 규칙 제13조(안전난간의 구조 및 설치요건)

08 안전인증대상 기계 등의 안전인증기관이 심사하는 안전인증심사의 종류 3가지 및 기간을 쓰시오.(6점)

해답

① 예비심사 : 7일
② 서면심사 : 15일(외국에서 제조한 경우 30일)
③ 기술능력 및 생산체계심사 : 30일(외국에서 제조한 경우 45일)

④ 제품심사
 ㉮ 개별 제품심사 : 15일
 ㉯ 형식별 제품심사 : 30일

KEY ① 2011년 10월 16일 기사 출제
② 2012년 7월 8일 기사 출제
③ 2012년 7월 8일 산업기사(문제 12번) 출제

합격정보
산업안전보건법 시행규칙 제110조(안전인증 심사의 종류 및 방법)

09 목재가공용 둥근톱기계에 부착하여야 하는 방호장치 2가지를 쓰시오.(4점)

해답

① 반발예방장치
② 톱날접촉예방장치

KEY ① 2008년 9월 28일(문제 7번)
② 2009년 4월 19일 기사 출제
③ 2010년 4월 18일 산업기사(문제 4번) 출제

합격정보
① 산업안전보건기준에 관한 규칙 제105조(둥근톱기계의 반발예방장치)
② 산업안전보건기준에 관한 규칙 제106조(둥근톱기계의 톱날접촉예방장치)

10 차량계 건설기계를 사용하여 작업을 하는 때에는 작업계획을 작성하고 그 작업계획에 따라 작업을 실시하도록 하여야 하는데 이 작업계획에 포함되어야 하는 사항을 3가지 쓰시오.(3점)

해답

① 사용하는 차량계 건설기계의 종류 및 성능
② 차량계 건설기계의 운행경로
③ 차량계 건설기계에 의한 작업방법

KEY 2009년 4월 19일 기사(문제 8번) 출제

합격정보
산업안전보건기준에 관한 규칙 [별표 4] 사전조사 및 작업계획서 내용

11 다음 내용에 대한 ( ) 안에 알맞은 내용을 쓰시오. (3점)

> ① 압력용기에 2개의 압력방출장치를 설치할 때 1개는 최고사용압력 이하에서 작동되도록 설정하고 나머지 한 개는 최고사용압력의 (㉠) 이하에서 작동되도록 설정하여야 한다.
> ② 압력방출장치는 (㉡) 이상 표준압력계를 이용하여 토출압력을 시험한 후 (㉢)으로 봉인하여 사용하여야 한다.

해답

㉠ 1.05배
㉡ 매년 1회
㉢ 납

KEY 2001년 4월 22일 기사(문제 12번) 출제

합격정보
산업안전보건기준에 관한 규칙 제116조(압력방출장치)

12 2018년 10월 A사업장의 평균근로자는 800명, 연재해건수 5건일 때 도수율을 구하시오.(단, 1일근무시간 8시간, 연간근무일수 300일)(5점)

해답

$$도수율 = \frac{재해건수}{연근로시간수} \times 10^6$$
$$= \frac{5}{800 \times 8 \times 300} = 10^6 = 2.60$$

참고 산업안전(산업)기사 실기 필답형 p.2-11(15. 빈도율)

합격정보
산업재해통계업무처리규정 제3조(산업재해통계의 산출방법 및 정의)

13 프레스 금형의 부착, 해체, 조정 작업시 슬라이드의 불시 하강에 의한 위험방지 장치 사항을 쓰시오.(3점)

해답

안전블록 설치(Safety Block)

합격정보
산업안전보건기준에 관한 규칙 제104조(금형조정작업의 위험방지)

※ 문제 및 답안(지), 점수, 채점기준은 일체 공개하지 않는다.
※ 다음 여백은 계산 연습란으로 사용하시오.

비번호	
총 점	

과년도 출제문제

- **산업기사** 2019년 04월 14일 시행
- **산업기사** 2019년 06월 29일 시행
- **산업기사** 2019년 10월 13일 시행

2019년도 산업기사 정기검정 제1회(2019년 4월 14일 시행)

산업안전산업기사

(배점 : 55, 문제수 : 13)
시험시간 : 1시간 | 수험번호 : 20190414 | 성명 : 도서출판세화

※ 본 문제는 복원문제로 실제문제와 동일하지 않을 수 있습니다.

---

01 교류아크 용접기의 (1) 방호장치의 종류, (2) 성능조건을 2가지 쓰시오.(4점)

해답
(1) 방호장치의 종류 : 자동전격방지기
(2) 성능조건
 ① 아크발생을 정지시킬 때 주접점이 개로될 때까지의 시간은 1.0초 이내일 것
 ② 2차 무부하 전압은 25볼트(Volt) 이하일 것(전압변동이 있을 경우 30[V] 이하)

참고 (1)항은 2점 (2)항은 2점(반드시, ①,②항의 핵심내용이 모두 포함되어야 한다.)

KEY
① 2000년 2월 20일 기사출제
② 2001년 4월 22일
③ 2011년 7월 24일(문제 4번) 출제

합격정보
위험·기계 방호장치기준 제15조(방호장치)

---

02 산업안전보건기준에 관한 규칙에서 정한 크레인 작업시 작업시작전 점검해야 할 사항 3가지를 쓰시오.(6점)

해답
① 권과방지장치·브레이크·클러치 및 운전장치의 기능
② 주행로의 상측 및 트롤리가 횡행하는 레일의 상태
③ 와이어로프가 통하고 있는 곳의 상태

KEY
① 2017년 6월 25일 출제
② 2018년 6월 30일 기사(문제 8번) 출제

합격정보
산업안전보건기준에 관한 규칙 [별표 3] 작업시작 전 점검사항(제35조 제2항 관련)

---

03 산업안전보건법에 따라 이상 화학반응 밸브의 막힘 등 이상상태로 인한 압력상승으로 당해설비의 최고 사용압력을 구조적으로 초과할 우려가 있는 화학설비 및 그 부속설비에 안전밸브 또는 파열판을 설치하여야 한다. 이때 반드시 파열판을 설치해야 하는 이유 3가지를 쓰시오.(3점)

해답
① 반응 폭주 등 급격한 압력상승 우려가 있는 경우
② 급성독성물질의 누출로 인하여 주위의 작업환경을 오염시킬 우려가 있는 경우
③ 운전 중 안전밸브에 이상 물질이 누적되어 안전밸브가 작동되지 아니할 우려가 있는 경우

KEY
① 2010년 9월 12일(문제 9번) 출제
② 2017년 10월 14일 기사(문제 8번) 출제

합격정보
산업안전보건기준에 관한 규칙 제262조(파열판의 설치)

---

04 방호조치를 하지 아니하고는 양도, 대여, 설치 또는 사용에 제공하거나 양도·대여의 목적으로 진열해서는 아니되는 기계·기구와 방호장치 3가지를 쓰시오.(6점)

해답
① 예초기 : 날접촉 예방장치
② 원심기 : 회전체 접촉 예방장치
③ 공기압축기 : 압력방출장치
④ 금속절단기 : 날접촉 예방장치
⑤ 지게차 : 헤드 가드, 백레스트(backrest), 전조등, 후미등, 안전벨트
⑥ 포장기계 : 구동부 방호 연동장치

KEY
① 2012년 10월 14일 산업기사(문제 13번) 출제
② 2015년 10월 4일 산업기사(문제 11번) 출제
③ 2016년 6월 26일(문제 7번) 출제
④ 2018년 4월 15일 기사(문제 7번) 출제

합격정보
① 산업안전보건법 시행규칙 제98조(방호조치)
② 산업안전보건법시행령 [별표 20] 유해·위험방지를 위하여 방호조치가 필요한 기계·기구 등

---

05 재해예방 기본 4원칙을 쓰시오.(4점)

해답
① 예방가능의 원칙
② 손실우연의 원칙
③ 원인연계의 원칙
④ 대책선정의 원칙

KEY
① 1993년 3월 14일(문제 5번) 출제
② 2014년 7월 6일(문제 1번) 기사 출제
③ 2015년 4월 19일 기사(문제 10번) 출제
④ 2016년 6월 26일 산업기사(문제 9번) 출제
⑤ 2018년 10월 7일 기사(문제 4번) 출제

06
S공장의 연평균 근로자수는 1,500명이며 연간재해건수가 60건 발생하여 이중 사망이 2건, 근로손실일수가 1,200일인 경우의 연천인율을 구하시오.(3점)

해답
연천인율 = 2.4 × 빈도율 = 2.4 × 16.67 = 40.01

참고 산업안전(산업)기사 실기 필답형 p.2-11(14. 연천인율)

KEY 2018년 4월 15일 기사(문제 1번) 출제

보충학습
빈도(도수)율 = $\frac{재해건수}{연근로시간수} \times 10^6 = \frac{60}{1,500 \times 2,400} \times 10^6 = 16.67$

07
다음 [보기]에 안전관리자의 최소 인원을 쓰시오.(4점)

[보기]
① 우편 및 통신업 - 상시근로자 150명
② 펄프, 종이 및 종이제품 제조업 - 상시근로자 300명
③ 운수 및 창고업 - 상시근로자 1,000명
④ 총공사금액 700억원 이상인 건설업

해답
① 1명
② 1명
③ 2명
④ 1명

KEY
① 1996년 5월 19일 기사 출제365
② 2013년 10월 6일(문제 7번) 출제

합격정보
산업안전보건법 시행령 [별표 3] 안전관리자를 두어야 할 사업의 종류, 사업장의 상시근로자 수, 안전관리자의 수 및 선임방법

보충학습
건설업 안전관리자수
① 50억원 이상 800억원 미만 : 1명
② 800억원 이상 1,500억원 미만 : 2명
③ 1,500억원 이상 2,200억원 미만 : 3명

08
안전관리조직을 효율적으로 운영하기 위한 조직 3가지를 쓰시오.(3점)

해답
① 직계식(Line) 조직
② 참모식(Staff) 조직
③ 직계·참모식(Line·Staff) 조직

참고 산업안전(산업)기사 실기 필답형 p.1-2(1. 안전보건관리조직의 기본유형 3가지 종류)

09
산업안전보건법상 대상자별 안전보건교육에 대한 교육시간을 쓰시오.(5점)

교육과정	교육대상	교육시간
정기교육	사무직 종사 근로자	①
	관리감독자의 지위에 있는 사람	②
채용시의 교육	일용 근로자	③
작업내용 변경시의 교육	일용근로자	④
	일용근로자를 제외한 근로자	⑤

해답
① 매반기 6시간 이상
② 연간 16시간 이상
③ 1시간 이상
④ 1시간 이상
⑤ 2시간 이상

KEY
① 2010년 9월 12일 기사(문제 1번) 출제
② 2015년 10월 4일(문제 12번) 출제

합격정보
산업안전보건법 시행규칙 [별표 4] 안전보건관련 교육과정별 교육시간

10
B급 화재에 적응성이 있는 소형수동식 소화기의 종류를 4가지 쓰시오.(4점)

해답
① 포소화기
② 분말소화기
③ CO_2소화기
④ 할로겐화합물소화기

KEY 2009년 9월 13일 기사(문제 11번) 출제

11 관리대상 유해물질을 취급하는 작업장의 보기 쉬운 장소에 게시사항 4가지를 쓰시오.(4점)

해답
① 관리대상 유해물질의 명칭
② 인체에 미치는 영향
③ 취급상 주의사항
④ 착용하여야 할 보호구
⑤ 응급조치와 긴급 방재 요령

KEY 2014년 7월 6일 기사 출제

합격정보
산업안전보건기준에 관한 규칙 제442조(명칭 등의 게시)

작업형 출제
① 2007년 10월 13일 출제
② 2013년 4월 27일 기사 출제
③ 2014년 4월 25일(문제 7번) 출제
④ 2015년 7월 18일 제2회 출제

12 소음작업, 강렬한 소음작업, 충격소음 작업을 설명하시오.(6점)

해답
① 소음작업 : 1일 8시간 작업을 기준으로 85[dB] 이상의 소음이 발생하는 작업
② 강렬한 소음작업 : 90[dB] 이상의 소음이 1일 8시간 이상 발생하는 작업
③ 충격소음작업 : 소음이 1초 이상의 간격으로 발생하는 작업으로서 120[dB]을 초과하는 소음이 1일 1만회 이상 발생하는 작업

합격정보
산업안전보건기준에 관한 규칙 제512조(정의)

보충학습
제512조(정의) 이 장에서 사용하는 용어의 뜻은 다음과 같다.
① "소음작업"이란 1일 8시간 작업을 기준으로 85[dB] 이상의 소음이 발생하는 작업을 말한다.
② "강렬한 소음작업"이란 다음 각목의 어느 하나에 해당하는 작업을 말한다.
　㉮ 90[dB] 이상의 소음이 1일 8시간 이상 발생하는 작업
　㉯ 95[dB] 이상의 소음이 1일 4시간 이상 발생하는 작업
　㉰ 100[dB] 이상의 소음이 1일 2시간 이상 발생하는 작업
　㉱ 105[dB] 이상의 소음이 1일 1시간 이상 발생하는 작업
　㉲ 110[dB] 이상의 소음이 1일 30분 이상 발생하는 작업
　㉳ 115[dB] 이상의 소음이 1일 15분 이상 발생하는 작업
③ "충격소음작업"이란 소음이 1초 이상의 간격으로 발생하는 작업으로서 다음 각 목의 어느 하나에 해당하는 작업을 말한다.
　㉮ 120[dB]을 초과하는 소음이 1일 1만회 이상 발생하는 작업
　㉯ 130[dB]을 초과하는 소음이 1일 1천회 이상 발생하는 작업
　㉰ 140[dB]을 초과하는 소음이 1일 1백회 이상 발생하는 작업

13 다음 FT도에서 정상사상 T의 고장발생확률을 구하시오.(단, 기본사상 X_1, X_2, X_3의 발생확률은 각각 0.1이다.)(3점)

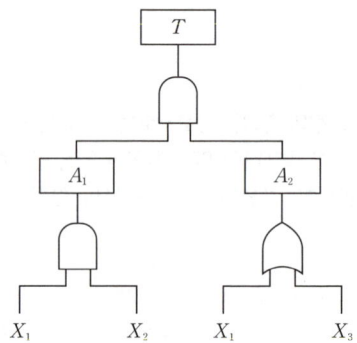

해답
$T = A_1 \times A_2 = 0.01 \times 0.19 = 0.0019$
$A_1 = X_1 \times X_2 = 0.1 \times 0.1 = 0.01$
$A_2 = 1-(1-X_1)(1-X_3) = 1-(1-0.1)(1-0.1)$
　　$= 0.19$

KEY ① 2006년 9월 17일 (문제 5번 출제)
② 2008년 4월 20일 기사 출제

※ 문제 및 답안(지), 점수, 채점기준은 일체 공개하지 않는다.
※ 다음 여백은 계산 연습란으로 사용하시오.

비번호	
총　점	

2019년도 산업기사 정기검정 제2회(2019년 6월 29일 시행)

자격종목 및 등급(선택분야): 산업안전산업기사

시험시간: 1시간 | 수험번호: 20190629 | 성명: 도서출판세화

(배점: 55, 문제수: 13)

※ 본 문제는 복원문제로 실제문제와 동일하지 않을 수 있습니다.

---

01 승강기의 설치·조립·수리·점검 또는 해체시 조치사항 3가지를 쓰시오.(6점)

해답
① 작업을 지휘하는 사람을 선임하여 그 사람의 지휘하에 작업을 실시할 것
② 작업을 할 구역에 관계 근로자가 아닌 사람의 출입을 금지하고 그 취지를 보기쉬운 장소에 표시할 것
③ 비, 눈, 그 밖에 기상상태의 불안정으로 날씨가 몹시 나쁜 경우에는 그 작업을 중지시킬 것

KEY 2012년 7월 8일(문제 1번) 출제

합격정보 산업안전보건기준에 관한 규칙 제162조(조립 등의 작업)

---

02 이동식 크레인 등(양중기)에 대한 위험방지를 위하여 취해야 할 방호조치를 2가지만 쓰시오.(4점)

해답
① 과부하방지장치   ② 권과방지장치
③ 비상정지장치   ④ 제동장치

KEY
① 2000년 11월 12일 출제
② 2006년 9월 17일 산업기사 출제
③ 2011년 5월 1일(문제 8번)
④ 2019년 6월 29일 기사 출제

합격정보 산업안전보건기준에 관한 규칙 제134조(방호장치의 조정)

---

03 콘크리트 구조물로 옹벽을 축조할 경우, 필요한 안정조건을 3가지 쓰시오.(6점)

해답
① 전도에 대한 안정
② 활동에 대한 안정
③ 지반 지지력에 대한 안정

KEY
① 2008년 9월 28일(문제 8번) 출제
② 2000년 2월 20일 산업기사 출제
③ 2001년 4월 22일(문제 2번) 출제
④ 2014년 10월 5일 기사 출제

---

04 산업안전보건법령상 크레인, 리프트, 양중기 안전검사대상 기계 등의 검사 주기의 빈칸을 채우시오.(단, 이동식 크레인 및 이삿짐운반용 리프트는 제외한다.)(3점)

> 크레인(이동식 크레인은 제외한다), 리프트(이삿짐운반용 리프트는 제외한다) 및 곤돌라 : 사업장에 설치가 끝난 날부터 (①)년 이내에 최초 안전검사를 실시하되, 그 이후부터 (②)년마다(건설현장에서 사용하는 것은 최초로 설치한 날부터 (③)개월마다)

해답
① 3
② 2
③ 6

KEY 2017년 10월 14일 기사(문제 4번) 출제

합격정보 산업안전보건법 시행규칙 제126조(안전검사의 주기 및 합격표시·표시방법)

---

05 산소에너지당량은 5[kcal/L], 작업 시 산소소비량은 1.5[L/min], 작업 시 평균에너지소비량 상한은 5[kcal/min], 휴식 시 평균에너지소비량은 1.5[kcal/min], 작업시간 60분일 때 휴식시간을 구하시오.(5점)

해답
① 작업시 평균에너지 소비량(E)
 = 산소에너지당량 × 작업 시 산소소비량
 = $5 \times 1.5 = 7.5 [\text{kcal/min}]$

② 휴식시간(R) = $\dfrac{60(E - \text{작업 시 평균에너지 소비량 상한})}{E - \text{휴식 시 평균에너지소비량}}$

 = $\dfrac{60(7.5 - 5)}{7.5 - 1.5} = 25 [\text{분}]$

KEY
① 2007년 4월 22일(문제 3번) 출제
② 2017년 10월 4일 기사 출제

06 다음에 해당하는 위험점을 쓰시오.(3점)

① 왕복운동을 하는 동작부분과 움직임이 없는 고정부분 사이에 형성된다. : (   )
② 고정부분과 회전하는 동작 부분이 함께 만드는 위험점으로 연삭기 숫돌과 하우스 등이다. : (   )
③ 회전하는 부분의 접선방향으로 물려 들어갈 위험이 존재한다. : (   )

해답

① 협착점
② 끼임점
③ 접선물림점

KEY
① 2015년 10월 4일(문제 9번) 출제
② 2018년 6월 30일 기사 출제

💬 **합격자의 조언**
실기작업형에도 출제된다.

07 산업안전보건법에 따른 안전보건에 관한 노사협의체 구성에 있어 근로자위원과 사용자위원의 자격을 각각 2가지씩 쓰시오.(단, 노사협의체 구성에 대한 근로자위원과 사용자위원의 별도 합의에 의한 위원위촉은 제외한다.)(4점)

해답

(1) 근로자위원
① 도급 또는 하도급 사업을 포함한 전체 사업의 근로자대표
② 근로자대표가 지명하는 명예산업안전감독관 1명, 다만, 명예산업안전감독관이 위촉되어 있지 아니한 경우에는 근로자대표가 지명하는 해당 사업장 근로자 1명
③ 공사금액이 20억원 이상인 도급 또는 하도급 사업의 근로자대표
(2) 사용자위원
① 해당 사업의 대표자
② 안전관리자 1명
③ 보건관리자 1명
④ 공사금액이 20억원 이상인 공사의 관계수급인

KEY
① 2009년 9월 13일 기사(문제 8번) 출제
② 2010년 9월 12일 산업기사(문제 10번) 출제
③ 2011년 7월 24일 기사(문제 1번) 출제

합격정보
산업안전보건법 시행령 제64조(노사협의체의 구성)

08 보기의 방폭구조의 기호를 보고 방폭구조의 이름을 쓰시오.(5점)

[보기]	
① q	② ia, ib
③ m	④ e
⑤ n	

해답

① q : 충전방폭구조
② ia, ib : 본질안전방폭구조
③ m : 몰드방폭구조
④ e : 안전증방폭구조
⑤ n : 비점화방폭구조

KEY
① 2008년 9월 28일 기사(문제 14번)
② 2010년 9월 12일(문제 1번) 출제

09 안전작업시 피해 최소화를 위한 동작경제의 원칙 3가지를 크게 분류하시오.(3점)

해답

① 동작능 활용의 원칙
② 작업량 절약의 원칙
③ 동작개선의 원칙

참고 M.B Barmes의 동작경제 3원칙
① 신체(인체)사용에 관한 원칙
② 작업장 배치(배열)에 관한 원칙
③ 공구 및 설비(장비)설계(디자인)에 관한 원칙

KEY
① 2005년 3월 6일
② 2006년 8월 6일 필기출제
③ 2010년 9월 12일(문제 2번) 출제

10 자율안전확인 보호구 제품에 표시사항 4가지를 쓰시오.(4점)

해답

① 형식 또는 모델명
② 규격 또는 등급 등
③ 제조자명
④ 제조번호 및 제조연월
⑤ 자율안전확인번호

KEY ① 2009년 7월 5일 출제
② 2010년 4월 18일(문제 6번) 출제

합격정보
보호구 자율안전확인고시 제9조(자율안전확인 제품표시의 붙임)

합격자의 조언
합격의 비결은 최근 문제 정보가 좌우합니다.

보충설명

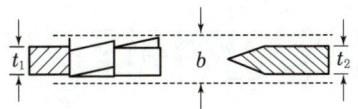

t_1 : 톱날두께 b : 톱날진폭(치진폭) t_2 : 분할날두께

[그림] 분할날 두께

11 인간과 기계를 비교시 인간이 우수한 기능 5가지를 쓰시오(5점)

해답

구분	인간이 기계보다 우수한 기능	기계가 인간보다 우수한 기능
감지기능	• 저에너지 자극 감지 • 복잡 다양한 자극 형태 식별 • 예기치 못한 사건의 감지	• 인간의 정상적 감지 범위 밖의 자극 감지 • 인간 및 기계에 대한 모니터 기능
정보저장	• 기억된 학습	• 펀치카드, 녹음테이프, 형판
정보처리 및 결정	• 많은 양의 정보를 장시간 보관 • 관찰을 통한 일반화 • 귀납적 추리 • 원칙 적용 • 다양한 문제 해결(정서적)	• 암호화된 정보를 신속하게 대량 보관 • 연역적 추리 • 정량적 정보처리
행동기능	• 과부하 상태에서는 중요한 일에만 전념	• 과부하 상태에서도 효율적 작동 • 장시간 중량 작업 • 반복작업, 동시에 여러가지 작업 가능

합격자의 조언
인간의 우수한 기능 5가지만 선택하면 됩니다.

12 목재가공용 둥근톱에서 크기를 순서대로 표시하시오.(3점)

[보기]
① 톱(날)두께
② 분할날두께
③ 치진폭

해답
① < ② < ③

13 작업현장에서 일산화탄소(CO) 10[ppm]을 [mg/m³] 단위로 환산하시오.(단, 조건 : 25[℃·1기압], 분자량(CO)=12+16=28[g])(4점)

해답

$$[mg/m^3] = \frac{10[ppm] \times 28}{24.45} = 11.45$$

보충학습
① [ppm]을 [mg/m³]으로 바꾸는 공식
② $[mg/m^3] = \frac{[ppm] \times 분자량[g]}{24.45(25[℃ \cdot 1기압])}$
③ 기체 부피를 22.4[l]라고만 알면, 이 문제는 틀린다. 22.4[l]는 표준(0[℃], 1기압)상태이므로, 이를 25[℃]로 환산
  만능식 PV=nRT에서
  V/T=일정
  22.4/(0+273)=V2/(25+273)이므로
  V2=22.4×(25+273)/(0+273)=24.45[l]
④ 농도의 단위 [%]=volume(부피) 기준
⑤ 1[vol%]=10,000[ppm]

※ 문제 및 답안(지), 점수, 채점기준은 일체 공개하지 않는다.
※ 다음 여백은 계산 연습란으로 사용하시오.

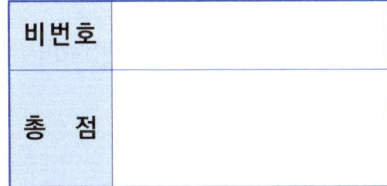

2019년도 산업기사 정기검정 제3회(2019년 10월 13일 시행)

자격종목 및 등급(선택분야): 산업안전산업기사
시험시간: 1시간 | 수험번호: 20191013 | 성명: 도서출판세화
(배점: 55, 문제수: 13)

※ 본 문제는 복원문제로 실제문제와 동일하지 않을 수 있습니다.

01
연평균 100인의 근로자를 가진 사업장에서 연간 5건의 재해가 발행하였는데 그 중 사망 1명, 14급 2명, 1명은 30일 가료, 다른 1명은 7일 가료하였다. 강도율을 계산하시오.(5점)

해답

$$강도율 = \frac{총요양근로손실일수}{연근로시간수} \times 1,000$$

$$= \frac{7,500 + (50 \times 2) + \frac{(37 \times 300)}{365}}{100 \times 2,400} \times 1,000 = 31.79$$

참고 산업안전(산업)기사 실기 필답형 p.2-12(④:숫자까지 적중)

02
TLV-TWA란?(5점)

해답

TLV-TWA(Threshold Limit Value-time Weighted Average : 시간가중평균 허용농도) : 하루 8시간 작업동안에 폭로된 유해물질의 시간가중 평균농도의 상한치

KEY ① 2006년 7월 9일(문제 1번) 출제
② 2007년 7월 8일(문제 1번) 출제

03
관계자외 출입금지표지 종류 3가지를 쓰시오.(6점)

해답
① 허가대상물질 작업장
② 석면취급 및 해체 작업장
③ 금지대상물질의 취급 실험실 등

KEY ① 2011년 10월 16일 기사 출제
② 2013년 7월 14일(문제 13번) 출제
③ 2016년 10월 9일 기사 출제

합격정보
① 산업안전보건법 시행규칙 [별표 6] 안전보건표지의 종류와 형태
② 2020년 1월 16일 개정법 적용

04
공정흐름도(PFD) 작성에 관한 기술지침 상, 공정흐름도에 표시되어야 할 사항 3가지를 쓰시오.(6점)

해답
① 공정 처리순서 및 흐름의 방향(Flow scheme & direction)
② 주요 동력기계, 장치 및 설비류의 배열
③ 기본 제어논리(Basic control logic)
④ 기본설계를 바탕으로 한 온도, 압력, 물질수지 및 열수지 등
⑤ 압력용기, 저장탱크 등 주요 용기류의 간단한 사양
⑥ 열교환기, 가열로 등의 간단한 사양
⑦ 펌프, 압축기 등 주요 동력기계의 간단한 사양
⑧ 회분식 공정인 경우에는 작업순서 및 작업시간

합격정보
공정흐름도 작성에 관한 기술상의 지침 제22조(공정도면)

보충학습

공정흐름도[process flow diagram]
① 공정 중에 발생하는 모든 작업, 운반, 검사, 정체, 저장 등의 활동을 ○(작업) ⇨(운반) □(검사) D(정체) ▽(저장) 등을 동원하여 공정의 흐름을 표현한다.
② 분석에 필요한 각 요소의 소요시간, 운반거리 등을 기재한 공정도로서, 소요시간 및 거리등과 같은 공정분석 상 필요한 정보를 포함한다.
③ 작업공정도 보다는 자세하지만, ○ ⇨ □ D ▽ 등이 어느 부서에서 생기는지를 시각적으로 나타내기 곤란하므로 이를 개선한 것이 흐름선도다.

05
보기의 방폭구조의 기호를 보고 방폭구조의 이름을 쓰시오.(5점)

[보기]
① q   ② ia, ib
③ m   ④ e
⑤ n

해답
① q : 충전방폭구조
② ia, ib : 본질안전방폭구조
③ m : 몰드방폭구조
④ e : 안전증방폭구조
⑤ n : 비점화방폭구조

KEY
① 2008년 9월 28일 기사(문제 14번)
② 2010년 9월 12일(문제 1번) 출제
③ 2019년 6월 29일(문제 8번) 출제

06 로봇의 작동 범위에서 그 로봇에 관하여 교시 등의 작업을 할 때 작업시작전 점검 사항 3가지를 쓰시오.(3점)

해답
① 외부 전선의 피복 또는 외장의 손상 유무
② 매니퓰레이터(manipulator) 작동의 이상 유무
③ 제동장치 및 비상정지장치의 기능

[합격정보]
산업안전보건기준에 관한 규칙 [별표 3] 작업시작 전 점검사항

07 재해조사의 목적을 쓰시오.(2점)

해답
① 동종재해 및 유사재해 재발 방지
② 재해발생의 원인 분석
③ 재해예방의 적절한 대책 수립

08 부주의 현상 중 의식의 흐름이 샛길로 빗나가는 경우이며 작업도중 걱정, 고뇌, 욕구불만 등에 의해 발생하는 내적조건은 무엇인지 쓰시오.(4점)

해답
의식의 우회

[그림] 의식의 우회

09 시스템에 있어서 인간의 과오(human error)를 정량적으로 평가하기 위하여 1963년 Swain 등에 의해 개발된 기법은 무엇인지 쓰시오.(4점)

해답
THERP(인간과오율 예측기법)

10 히빙현상의 (1) 정의와 (2) 방지대책을 쓰시오.(4점)

해답
(1) 정의
  연약성 점토지반 굴착시 굴착외측 흙의 중량에 의해 굴착저면의 흙이 활동 전단 파괴되어 굴착내측으로 부풀어 오르는 현상
(2) 방지대책
  ① 흙막이 근입깊이를 깊게
  ② 표토제거 하중감소
  ③ 지반개량
  ④ 굴착면 하중증가
  ⑤ 어스앵커설치 등

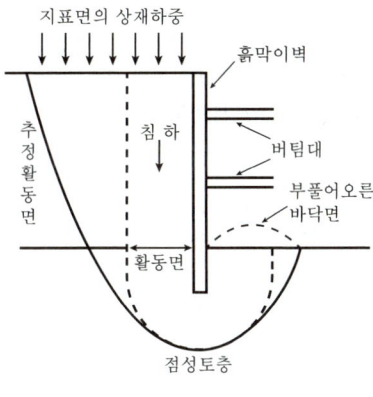

[그림] Heaving 현상

11 비계의 (1) 안전성 (2) 경제성 (3) 작업성을 설명하시오.(3점)

해답
(1) 안전성
  ① 파괴·도괴에 대한 안전성 : 충분한 강도
  ② 동요에 대한 안전성 : 작업·통행시에 동요하지 않는 강도
(2) 경제성
  ① 가설 철거비 : 가설·철거의 신속 용이함
  ② 가공비 : 현장 가공의 불필요화
(3) 작업성
  ① 넓은 작업상면 : 통행·작업이 자유로운 넓이, 자재를 임시로 둘 수 있는 넓이(중작업일 때는 80[m²] 이상, 경작업일 때는 40[m²] 이상)
  ② 넓은 작업공간 : 통행, 작업을 방해하는 부재가 없는 구조

12 기계 및 재료에 대한 검사 중 비파괴검사법이 있다. 저장탱크의 비파괴검사방법을 3가지만 쓰시오.(4점)

해답

① 방사선투과검사
② 초음파 탐상검사
③ 자기탐상검사
④ 침투탐상검사

KEY ① 1991년 8월 11일(문제 18번)
② 2007년 7월 8일(문제 6번) 출제

13 정량적 표시장치에서 지침의 설계시 기본적인(필요사항)인 사항 4가지를 쓰시오.(4점)

해답

① 뾰족한 지침 사용(선각이 20[°] 정도)
② 지침의 끝은 작은 눈금과 맞닿게 하되 겹치지는 않도록 설계
③ 원형 눈금일 경우 지침은 선단에서 눈금의 중심까지 색칠한다.
④ 시차를 없애기 위해 지침을 눈금면과 밀착설계

※ 문제 및 답안(지), 점수, 채점기준은 일체 공개하지 않는다.
※ 다음 여백은 계산 연습란으로 사용하시오.

비번호	
총 점	

과년도 출제문제

산업기사 2020년 05월 24일 시행
산업기사 2020년 07월 26일 시행
산업기사 2020년 10월 18일 시행
산업기사 2020년 11월 29일 시행

2020년도 산업기사 정기검정 제1회(2020년 5월 24일 시행)

자격종목 및 등급(선택분야): 산업안전산업기사

(배점 : 55, 문제수 : 13)

시험시간: 1시간 | 수험번호: 2020524 | 성명: 도서출판세화

※ 본 문제는 복원문제로 실제문제와 동일하지 않을 수 있습니다.

---

01 위험예지훈련 4라운드의 진행방식을 쓰시오.(4점)

해답
① 제1단계 : 현상파악
② 제2단계 : 본질추구
③ 제3단계 : 대책수립
④ 제4단계 : 목표설정

KEY
① 2015년 10월 4일(문제 3번) 출제
② 2019년 6월 29일 기사 출제

---

02 산업안전보건법상 다음에 적합한 조도기준을 쓰시오.(3점)

① 초정밀 작업 :
② 정밀 작업 :
③ 보통 작업 :

해답
① 750[lux] 이상
② 300[lux] 이상
③ 150[lux] 이상

KEY
① 1991년 2월 3일 출제
② 2010년 7월 4일 기사 출제
③ 2012년 7월 8일(문제 3번) 출제
④ 2018년 10월 7일 기사(문제 2번) 출제

합격정보
산업안전보건기준에 관한 규칙 제8조(조도)

합격자의 조언
① 안전한 합격을 위해서 최소 15년 이상은 보셔야 합니다.
② 실기는 기사와 산업기사 구분없이 보셔야 합니다.

---

03 차량계 건설기계를 사용하여 작업을 하는 때에는 작업계획을 작성하고 그 작업계획에 따라 작업을 실시하도록 하여야 하는데 이 작업계획에 포함되어야 하는 사항을 3가지 쓰시오.(3점)

해답
① 사용하는 차량계 건설기계의 종류 및 성능
② 차량계 건설기계의 운행경로
③ 차량계 건설기계에 의한 작업방법

KEY
① 2009년 4월 19일 기사(문제 8번) 출제
② 2018년 10월 7일 기사(문제 10번) 출제
③ 2020년 5월 24일 기사 출제

합격정보
산업안전보건기준에 관한 규칙 [별표 4] 사전조사 및 작업계획서 내용

---

04 안전보건진단을 받아 안전보건개선계획을 수립·제출하도록 명할 수 있는 사업장 2곳을 쓰시오.(4점)

해답
① 산업재해율이 같은 업종 평균 산업재해율의 2배 이상인 사업장
② 사업주가 필요한 안전조치 또는 보건조치를 이행하지 아니하여 중대재해가 발생한 사업장(법 제49조 제1항제2호)
③ 직업성 질병자가 연간 2명 이상(상시근로자 1천명 이상 사업장의 경우 3명 이상) 발생한 사업장
④ 그 밖에 작업환경 불량, 화재·폭발 또는 누출 사고 등으로 사업장 주변까지 피해가 확산된 사업장으로서 고용노동부령으로 정한 사업장

KEY
① 2016년 6월 26일(문제 6번) 출제
② 2016년 10월 9일(문제 11번) 출제
③ 2017년 4월 16일(문제 12번) 출제
④ 2018년 6월 30일(문제 4번) 출제

합격정보
산업안전보건법 시행령 제49조(안전보건진단을 받아 안전보건개선계획을 수립할 대상)

---

05 다음에 해당하는 위험점을 쓰시오.(3점)

① 왕복운동을 하는 동작부분과 움직임이 없는 고정부분 사이에 형성된다. : (   )
② 고정부분과 회전하는 동작 부분이 함께 만드는 위험점으로 연삭기 숫돌과 하우스 등이다. : (   )
③ 회전하는 부분의 접선방향으로 물려 들어갈 위험이 존재한다. : (   )

해답

① 협착점
② 끼임점
③ 접선물림점

KEY ① 2015년 10월 4일(문제 9번) 출제
② 2018년 6월 30일 기사 출제
③ 2019년 6월 29일(문제 6번) 출제

합격자의 조언
실기작업형에도 출제됩니다.

06 자율안전확인대상 기계의 방호장치 3가지를 쓰시오.(6점)

해답

① 아세틸렌용접장치용 또는 가스집합용접장치용 : 안전기
② 교류아크용접기용 : 자동전격방지기
③ 롤러기 : 급정지장치
④ 연삭기 : 덮개
⑤ 목재 가공용 둥근톱 : 반발 예방장치, 날 접촉 예방장치
⑥ 동력식 수동대패용 : 칼날 접촉 방지장치

KEY ① 2013년 10월 6일(문제 9번) 출제
② 2019년 10월 9일(문제 6번) 출제

합격정보
산업안전보건법 시행령 제77조(자율안전확인대상기계등)

07 산업안전보건법상의 계단에 관한 내용이다. 다음 ( )를 채우시오.(5점)

(가) 사업주는 계단 및 계단참을 설치하는 경우 매제곱미터당 (①)[kg] 이상의 하중에 견딜 수 있는 강도를 가진 구조로 설치하여야 하며, 안전율은 (②) 이상으로 하여야 한다.
(나) 계단을 설치하는 경우 그 폭을 (③)[m] 이상으로 하여야 한다.
(다) 높이가 (④)[m]를 초과하는 계단에는 높이 3[m] 이내마다 너비 1.2[m] 이상의 계단참을 설치하여야 한다.
(라) 높이 (⑤)[m] 이상인 계단의 개방된 측면에 안전난간을 설치하여야 한다.

해답

① 500　② 4
③ 1　④ 3
⑤ 1

KEY ① 2013년 7월 14일(문제 2번) 출제
② 2016년 10월 9일 기사 출제

합격정보
① 산업안전보건기준에 관한 규칙 제26조(계단의 강도)
② 산업안전보건기준에 관한 규칙 제27조(계단의 폭)
③ 산업안전보건기준에 관한 규칙 제28조(계단참의 높이)
④ 산업안전보건기준에 관한 규칙 제30조(계단의 난간)

08 공정안전보고서의 제출대상 유해하거나 위험한 설비 4가지를 쓰시오.(4점)

해답

① 원유 정제처리업
② 기타 석유정제물 재처리업
③ 석유화학계 기초화학물질 제조업 또는 합성수지 및 기타 플라스틱물질 제조업.
④ 질소 화합물, 질소·인산 및 칼리질 화학비료 제조업 중 질소질 비료 제조
⑤ 복합비료 및 기타 화학비료 제조업 중 복합비료 제조(단순혼합 또는 배합에 의한 경우는 제외한다)
⑥ 화학 살균·살충제 및 농업용 약제 제조업(농약 원제 제조만 해당한다)
⑦ 화약 및 불꽃제품 제조업

합격정보
산업안전보건법 시행령 제43조(공정안전보고서의 제출대상)

09 풀 프루프(fool proof)를 설명하시오.(4점)

해답

인간의 실수가 있어도 안전장치가 설치되어 사고나 재해로 연결되지 않는 구조로 바보가 작동을 시켜도 안전하다는 뜻

10 다음 ( )에 산업안전보건법상 안전보건표지의 색채에 대한 색도기준을 써 넣으시오.(4점)

색채	색도기준
빨간색	(①)
노란색	(②)
파란색	(③)

녹색	2.5G 4/10
흰색	N9.5
검은색	(④)

해답

① 7.5R 4/14
② 5Y 8.5/12
③ 2.5PB 4/10
④ N0.5

KEY ① 2007년 4월 22일 산업기사(문제 4번) 출제
② 2010년 9월 12일(문제 2번) 출제
③ 2016년 6월 26일 기사 출제

합격정보
산업안전보건법 시행규칙 [별표 8] 안전보건표지의 색도기준 및 용도

11 물질안전보건자료 대상물질의 작업공정별 관리 요령에 포함사항 4가지를 쓰시오.(4점)

해답

① 제품명
② 건강 및 환경에 대한 유해성, 물리적 위험성
③ 안전 및 보건상의 취급주의 사항
④ 적절한 보호구
⑤ 응급조치 요령 및 사고 시 대처방법

합격정보
산업안전보건법 시행규칙 제168조(물질안전보건자료대상물질의 관리요령 게시)

12 2020년 5월 A사업장의 평균근로자는 800명, 연재해건수 5건일 때 도수율을 구하시오.(단, 1일근무시간 8시간, 연간근무일수 300일)(5점)

해답

도수율 = $\dfrac{\text{재해건수}}{\text{연근로시간수}} \times 10^6$
= $\dfrac{5}{800 \times 8 \times 300} \times 10^6 = 2.60$

참고 산업안전(산업)기사 실기 필답형 p.2-11(15. 빈도율)

KEY 2018년 10월 7일 (문제 12번) 출제

13 피뢰설비의 설치기준 3가지를 쓰시오.(6점)

해답

① 낙뢰의 우려가 있는 건축물 또는 20[m] 이상의 건축물
② 돌침은 건축물의 맨 윗부분에서 25[cm] 이상 돌출시켜 설치하고 풍하중에 견딜수 있는 구조일 것
③ 피뢰설비 재료는 동선의 경우 수뢰부 35[mm²] 이상, 인하도선 16[mm²] 이상, 접지극 50[mm²] 이상의 성능을 갖출 것
④ 인하도선 대용으로 철골조의 철골구조물과 철근콘크리트조의 철근구조체의 전기적 연속성이 보장될 수 있도록 건축물 금속 구조체의 상단부와 하단부 사이의 전기저항이 0.2[Ω] 이하가 되도록 할 것
⑤ 60[m]가 넘는 건축물 등에는 지면에서 건축물 높이의 4/5 되는 지점부터 상단부까지 측면에 수뢰부 설치(높이 60[m]를 부분 외부의 각 금속부재를 2개소 이상 전기적으로 접속)
⑥ 접지는 환경오염을 일으킬 수 있는 시공방법이나 화학 첨가물 등을 사용하지 아니할 것
⑦ 급수·급탕·난방·가스 등을 공급하기 위하여 건축물에 설치하는 금속배관 및 금속재 설비는 전위가 균등하게 이루어지도록 전기적으로 접속할 것

합격정보
산업안전보건기준에 관한 규칙 제326조(피뢰침의 설치 등)

※ 문제 및 답안(지), 점수, 채점기준은 일체 공개하지 않는다.
※ 다음 여백은 계산 연습란으로 사용하시오.

비번호	
총 점	

2020년도 산업기사 정기검정 제2회(2020년 7월 26일 시행)

(배점 : 55, 문제수 : 13)

자격종목 및 등급(선택분야)
산업안전산업기사

시험시간	수험번호	성명
1시간	20200726	도서출판세화

※ 본 문제는 복원문제로 실제문제와 동일하지 않을 수 있습니다.

01 작업발판 일체형 거푸집 종류 4가지를 쓰시오.(4점)

[해답]
① 갱 폼(gang form)
② 슬립 폼(slip form)
③ 클라이밍 폼(climbing form)
④ 터널 라이닝 폼(tunnel lining form)

[KEY]
① 2012년 10월 14일 산업기사(문제 12번) 출제
② 2013년 4월 21일 기사(문제 13번) 출제
③ 2016년 6월 26일(문제 1번) 출제

[합격정보]
산업안전보건기준에 관한 규칙 제337조(작업발판 일체형 거푸집의 안전조치)

02 밀폐공간에서 작업 시 밀폐공간 보건작업 프로그램을 수립하여 시행하여야 한다. 밀폐공간 보건작업 프로그램 내용을 3가지 쓰시오.(6점)

[해답]
① 사업장 내 밀폐공간의 위치 파악 및 관리 방안
② 밀폐공간 내 질식·중독 등을 일으킬 수 있는 유해·위험 요인의 파악 및 관리 방안
③ 제②항에 따라 밀폐공간 작업 시 사전 확인이 필요한 사항에 대한 확인 절차
④ 안전보건교육 및 훈련
⑤ 그 밖에 밀폐공간 작업 근로자의 건강장해 예방에 관한 사항

[KEY] 2016년 6월 26일(문제 2번) 출제

[합격정보]
산업안전보건기준에 관한 규칙 제619조(밀폐공간보건작업프로그램 수립·시행 등)

03 재해사례 연구순서 4단계를 쓰시오.(4점)

[해답]
① 제1단계 : 사실의 확인
② 제2단계 : 문제점의 발견
③ 제3단계 : 근본 문제점의 결정
④ 제4단계 : 대책수립

[KEY]
① 1997년 11월 16일 출제
② 1998년 2월 22일 기사(문제 14번) 출제
③ 1998년 5월 10일(문제 7번) 출제
④ 2005년 7월 10일(문제 5번) 출제
⑤ 2014년 4월 20일(문제 5번) 출제

04 1,000[kg]의 화물을 두 줄 걸이 로프로 상부각도 60[°]의 각으로 들어올릴 때 와이어로프의 그림과 같이 걸리는 하중을 구하시오.(4점)

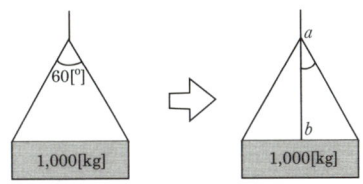

[해답]

$a = \dfrac{60[°]}{2} = 30[°], \ b = \dfrac{1,000}{2} = 500[kg]$

그러므로 $\dfrac{b}{a} = \cos\theta$ 에서

$a = \dfrac{b}{\cos\theta} = \dfrac{500}{\cos30[°]} = \dfrac{500}{\dfrac{\sqrt{3}}{2}} = \dfrac{1,000}{\sqrt{3}} = 577.35[kg]$

[KEY]
① 2004년 4월 25일(문제 8번) 출제
② 2011년 5월 1일(문제 2번) 출제

05 안전보건표지의 명칭을 쓰시오.(6점)

①	②	③

해답
① 화기금지
② 산화성물질경고
③ 고온경고

합격정보
산업안전보건법 시행규칙 [별표 6] 안전보건표지의 종류와 형태

06 안전성 평가를 순서대로 나열하시오.(4점)

① 정성적 평가
② 재평가
③ FTA 재평가
④ 대책검토
⑤ 자료정비
⑥ 정량적 평가

해답
⑤ → ① → ⑥ → ④ → ② → ③

KEY
① 2017년 10월 14일(문제 3번) 출제
② 2020년 5월 24일 기사 출제

07 다음은 전기 기계·기구에 대하여 누전에 의한 감전위험을 방지하기 위하여 해당 전로의 정격에 적합하고 감도가 양호하며 확실하게 작동하는 감전방지용 누전차단기 설치 기준이다. ( )를 쓰시오.(3점)

가. 대지전압이 (①) 볼트를 초과하는 이동형 또는 휴대형 전기기계·기구
나. 물 등 도전성이 높은 액체가 있는 습윤장소에서 사용하는 저압[(②) 볼트 이하 직류전압이나 (③)볼트 이하의 교류전압을 말한다.]용 전기기계·기구

해답
① 150
② 1,500
③ 1,000

KEY 2020년 5월 24일 기사 출제

합격정보
산업안전보건기준에 관한 규칙 제304조(누전차단기에 의한 감전 방지)

08 양중기에 사용하는 달기체인의 사용금지 기준 중 ( )를 쓰시오.(4점)

가. 달기체인의 길이가 달기체인이 제조된 때의 길이의 (①)[%]를 초과한 것
나. 링의 단면지름이 달기체인이 제조된 때의 해당 링의 지름의 (②)[%]를 초과하여 감소한 것

해답
① 5
② 10

KEY
① 2014년 7월 6일 산업기사 출제
② 2020년 5월 24일 기사 출제

합격정보
산업안전보건기준에 관한 규칙 제167조(늘어난 달기체인의 사용금지)

09 사업주가 근로자에게 실시해야 할 안전보건교육의 종류 4가지를 쓰시오.(4점)

해답
① 정기교육
② 채용 시 교육
③ 작업내용 변경 시 교육
④ 특별교육

KEY
① 2016년 4월 27일(문제 10번) 출제
② 2018년 6월 30일 기사 출제

합격정보
① 산업안전보건법 제31조(안전보건교육)
② 산업안전보건법 시행규칙 [별표 4] 근로자 안전보건교육

10 수인식 방호장치의 수인끈, 수인끈의 안내통, 손목밴드의 구비조건을 쓰시오.(3점)

해답
① 수인끈 : 작업자와 작업공정에 따라 그 길이를 조정할 수 있어야 한다.
② 수인끈의 안내통 : 끈의 마모와 손상을 방지할 수 있는 조치를 해야 한다.
③ 손목밴드 : 착용감이 좋으며 쉽게 착용할 수 있는 구조이어야 한다.

KEY
① 2012년 7월 8일(문제 6번) 출제
② 2017년 10월 14일(문제 13번) 출제

합격정보
고용노동부-방호장치 안전인증고시(고시 제2013-54호)

11 안전인증대상 기계 등의 안전인증기관이 심사하는 안전인증심사의 종류와 심사기간( )을 쓰시오.(3점)

> 가. 예비심사 : (①)일
> 나. 서면심사 : 15일(외국에서 제조한 경우 30일)
> 다. 기술능력 및 생산체계심사 : 30일(외국에서 제조한 경우 45일)
> 라. 제품심사
>   ㉠ 개별 제품심사 : (②)일
>   ㉡ 형식별 제품심사 : (③)일

해답

① 7
② 15
③ 30

KEY ① 2011년 10월 16일 기사 출제
② 2012년 7월 8일 기사·산업기사 동시 출제

합격정보
산업안전보건법 시행규칙 제110조(안전인증 심사의 종류 및 방법)

12 다음 FT도에서 시스템의 신뢰도는 약 얼마인가?(단, 발생확률은 X_1, X_4는 0.05 X_2, X_3은 0.1)(4점)

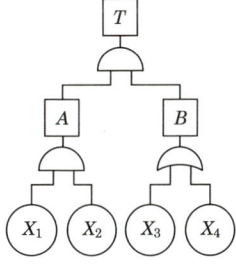

해답

① $A = 0.05 \times 0.1 = 0.005$
② $B = 1 - (1-0.05)(1-0.1) = 0.145$
③ 발생확률 $T = A \times B = 0.005 \times 0.145 = 0.000725$
④ 신뢰도 $R(t) = 1 -$ 발생확률 $= 1 - 0.000725 = 0.999275$

KEY 2016년 10월 9일 (문제 10번) 출제

13 탁상공구연삭기로 작업중 숫돌이 파괴되어 숫돌 파편이 날아와 사고가 발생했다. ① 사고형태 ② 기인물 ③ 가해물을 쓰시오.(6점)

해답

① 사고형태 : 비래
② 기인물 : 탁상공구연삭기
③ 가해물 : 숫돌파편

합격정보
실기 작업형 및 필기에도 출제되는 문제입니다.

2020년도 산업기사 정기검정 제3회(2020년 10월 18일 시행)

자격종목 및 등급(선택분야): 산업안전산업기사
시험시간: 1시간 | 수험번호: 20201018 | 성명: 도서출판세화
(배점: 55, 문제수: 13)

※ 본 문제는 복원문제로 실제문제와 동일하지 않을 수 있습니다.

01 미끄러운 기름이 흩어져 있는 복도 위를 걷다가 넘어져 밀링머신에 머리를 다쳤다. 재해 분석을 하시오.(3점)

해답
① 사고유형 : 넘어짐(전도)
② 가해물 : 밀링머신
③ 기인물 : 기름

KEY 2020년 7월 25일 기사 출제

02 안전보건진단을 받아 안전보건개선계획을 수립·제출하도록 명할 수 있는 사업장 3곳을 쓰시오.(3점)

해답
① 산업재해율이 같은 업종 평균 산업재해율의 2배 이상인 사업장
② 사업주가 필요한 안전조치 또는 보건조치를 이행하지 아니하여 중대재해가 발생한 사업장(법 제49조 제1항제2호)
③ 직업성 질병자가 연간 2명 이상(상시근로자 1천명 이상 사업장의 경우 3명 이상) 발생한 사업장
④ 그 밖에 작업환경 불량, 화재·폭발 또는 누출 사고 등으로 사업장 주변까지 피해가 확산된 사업장으로서 고용노동부령으로 정한 사업장

KEY
① 2016년 6월 26일(문제 6번) 출제
② 2016년 10월 9일(문제 11번) 출제
③ 2017년 4월 16일(문제 12번) 출제
④ 2018년 6월 30일(문제 4번) 출제
⑤ 2020년 5월 24일(문제 4번) 출제

합격정보
산업안전보건법 시행령 제49조(안전보건진단을 받아 안전보건개선계획을 수립할 대상)

03 사업주가 근로자에게 실시해야 할 안전보건교육의 종류 4가지를 쓰시오.(4점)

해답
① 정기교육
② 채용 시 교육
③ 작업내용 변경 시 교육
④ 특별교육

KEY
① 2016년 4월 27일(문제 10번) 출제
② 2018년 6월 30일 기사 출제
③ 2020년 7월 26일(문제 9번) 출제

합격정보
① 산업안전보건법 제31조(안전보건교육)
② 산업안전보건법 시행규칙 [별표 4] 근로자 안전보건교육

04 다음 안전보건표지의 명칭을 쓰시오.(6점)

①  ②  ③

해답
① 폭발성물질경고
② 낙하물경고
③ 보안면착용

KEY 2012년 7월 25일(문제 5번) 출제

합격정보
산업안전보건법 시행규칙 [별표 6] 안전보건표지의 종류와 형태

05 방호조치를 하지 아니하고는 양도, 대여, 설치 또는 사용에 제공하거나 양도·대여의 목적으로 진열해서는 아니 되는 기계·기구와 방호장치 5가지를 쓰시오.(5점)

해답
① 예초기 : 날접촉 예방장치
② 원심기 : 회전체 접촉 예방장치
③ 공기압축기 : 압력방출장치
④ 금속절단기 : 날접촉 예방장치
⑤ 지게차 : 헤드 가드, 백레스트(backrest), 전조등, 후미등, 안전벨트
⑥ 포장기계 : 구동부 방호 연동장치

KEY
① 2012년 10월 14일 산업기사(문제 13번) 출제
② 2015년 10월 4일 산업기사(문제 11번) 출제
③ 2016년 6월 26일(문제 7번) 출제

④ 2018년 4월 15일 기사(문제 7번) 출제
⑤ 2019년 4월 14일 기사(문제 4번) 출제
⑥ 2019년 10월 13일 기사(문제 1번) 출제
⑦ 2020년 10월 17일 기사(문제 5번) 출제

합격정보

① 산업안전보건법 시행규칙 제98조(방호조치)
② 산업안전보건법시행령 [별표 20] 유해·위험방지를 위하여 방호조치가 필요한 기계·기구 등

보충학습

MTBF(평균고장간격) : 고장이 발생하여도 다시 수리를 해서 쓸 수 있는 제품을 의미

09 가공기계에 주로 쓰이는 Fool Proof 중 고정가드와 인터록가드에 대한 설명을 쓰시오.(4점)

해답

① 고정가드 : 개구부로부터 가공물과 공구 등을 넣어도 손은 위험영역에 머무르지 않는다.
② 인터록가드 : 기계식 작동 중에 개폐되는 경우 기계가 정지한다.

KEY 2014년 10월 5일(문제 8번) 출제

06 유한사면의 붕괴 유형 3가지를 쓰시오.(3점)

해답

① 사면 천(선)단부 붕괴
② 사면 중심(내)부 붕괴
③ 사면 하단(저)부 붕괴

KEY ① 2012년 7월 8일(문제 8번) 출제
② 2017년 4월 16일 (문제 5번) 출제

합격정보

굴착공사 표준안전 작업지침 제29조(붕괴의 형태)

10 롤러기의 급정지장치는 무부하에서 최대속도로 회전시킨 상태에서 규정된 정지거리 이내에 해당 롤러를 정지시킬 수 있어야 한다. 앞면 롤러의 직경이 120[mm], 60[rpm] 이라면 표면속도 및 급정지거리는 얼마 이내이어야 하는가?(5점)

해답

① 롤의 표면속도(V) = $\dfrac{\pi DN}{1,000}$ [m/min]

= $\dfrac{\pi \times 120 \times 60}{1,000}$ = 22.62[m/min]

D : 롤러 원통의 직경[mm], N : 회전수[rpm]

② 급정지거리(L) = $\dfrac{\pi D}{3}$ = $\dfrac{3.14 \times 12}{3}$ = 12.562

= 12.56[cm]

KEY ① 2004년 9월 19일 출제
② 2012년 7월 8일 기사 출제
③ 2012년 7월 8일 (문제 4번) 출제

보충학습

급정지장치의 성능조건

앞면 롤러의 표면속도[m/min]	급정지거리
30 미만	앞면 롤러 원주의 1/3
30 이상	앞면 롤러 원주의 1/2.5

07 A기체의 폭발상한계가 44[Vol%] 이고 폭발하한계가 1.2[Vol%]일 때 위험도를 계산하시오.(4점)

해답

위험도 = $\dfrac{\text{폭발상한계} - \text{폭발하한계}}{\text{폭발하한계}}$

= $\dfrac{44 - 1.2}{1.2}$ = 35.666 = 35.67

KEY ① 2016년 4월 17일 산업기사 출제
② 2016년 10월 9일 기사 출제

08 MTTF와 MTTR을 설명하시오.(4점)

해답

① MTTF(평균고장시간) : 제품 고장시 수명이 다하는 것으로 고장까지의 평균시간
② MTTR(평균수리시간) : 고장 발생 순간부터 수리완료 후 정상작동시까지의 평균시간

KEY ① 2007년 7월 8일 (문제 2번) 유사문제 출제
② 2015년 4월 19일 (문제 13번) 출제

11 기계설비의 고장유형을 그림으로 나타내시오. (6점)

해답

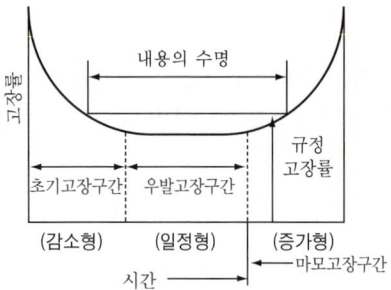

KEY 2012년 7월 8일 (문제 13번) 출제

12 변전설비에서 MOF의 역할 2가지를 쓰시오. (4점)

해답
① 누전으로 인한 감전방지
② 전압을 안전전압으로 내려준다.

참고 MOF는 전력량계 등을 부착하기 위한 CT와 PT의 조합장치임

KEY 2005년 9월 25일 (문제 3번) 출제

13 슬레이트 등의 재료로 덮은 지붕 위에서 작업시 안전대책 2가지를 쓰시오. (4점)

해답
① 지붕의 가장자리에 안전난간을 설치할 것
② 채광창(skylight)에는 견고한 구조의 덮개를 설치할 것
③ 슬레이트 등 강도가 약한 재료로 덮은 지붕에는 폭 30[cm] 이상의 발판을 설치할 것

KEY 2001년 4월 22일 건설안전산업기사 (문제 7번) 출제

합격정보
산업안전보건기준에 관한 규칙 제45조(지붕 위에서의 위험방지)

보충학습
제45조(지붕 위에서의 위험 방지) ① 사업주는 근로자가 지붕 위에서 작업을 할 때에 추락하거나 넘어질 위험이 있는 경우에는 다음 각 호의 조치를 해야 한다.
　1. 지붕의 가장자리에 제13조에 따른 안전난간을 설치할 것
　2. 채광창(skylight)에는 견고한 구조의 덮개를 설치할 것
　3. 슬레이트 등 강도가 약한 재료로 덮은 지붕에는 폭 30센티미터 이상의 발판을 설치할 것
② 사업주는 작업 환경 등을 고려할 때 제1항제1호에 따른 조치를 하기 곤란한 경우에는 제42조제2항 각 호의 기준을 갖춘 추락방호망을 설치해야 한다. 다만, 사업주는 작업 환경 등을 고려할 때 추락방호망을 설치하기 곤란한 경우에는 근로자에게 안전대를 착용하도록 하는 등 추락 위험을 방지하기 위하여 필요한 조치를 해야 한다.
[전문개정 2021. 11. 19.]

※ 문제 및 답안(지), 점수, 채점기준은 일체 공개하지 않는다.
※ 다음 여백은 계산 연습란으로 사용하시오.

비 번 호	
총 점	

2020년도 산업기사 정기검정 제4회(2020년 11월 29일 시행)

자격종목 및 등급(선택분야): 산업안전산업기사
시험시간: 1시간 | 수험번호: 20201129 | 성명: 도서출판세화
(배점: 55, 문제수: 13)

※ 본 문제는 복원문제로 실제문제와 동일하지 않을 수 있습니다.

---

01 전기 기계·기구에 대하여 누전에 의한 감전위험을 방지하기 위하여 해당 전로의 정격에 적합하고 감도가 양호하며 확실하게 작동하는 감전방지용 누전차단기 설치 기준 3가지를 쓰시오.(6점)

해답
① 대지전압이 150볼트를 초과하는 이동형 또는 휴대형 전기기계·기구
② 물 등 도전성이 높은 액체가 있는 습윤장소에서 사용하는 저압용 전기기계·기구
③ 철판·철골 위 등 도전성이 높은 장소에서 사용하는 이동형 또는 휴대형 전기기계·기구
④ 임시배선의 전로가 설치되는 장소에서 사용하는 이동형 또는 휴대형 전기기계·기구

KEY
① 2020년 5월 24일 기사(문제 14번) 출제
② 2020년 7월 26일 산업기사 출제
③ 2020년 10월 17일 기사(문제 4번) 출제

합격정보
산업안전보건기준에 관한 규칙 제304조 (누전차단기에 의한 감전 방지)

---

02 기상상태의 악화로 작업을 중지시킨 후 비계를 조립·해체하거나 변경 후 그 비계에서 작업하는 경우 작업시작전 점검사항 4가지를 쓰시오.(4점)

해답
① 발판재료의 손상여부 및 부착 또는 걸림상태
② 해당 비계의 연결부 또는 접속부의 풀림상태
③ 연결재료 및 연결철물의 손상 또는 부식상태
④ 손잡이의 탈락여부
⑤ 기둥의 침하·변형·변위 또는 흔들림 상태
⑥ 로프의 부착상태 및 매단장치의 흔들림 상태

KEY
① 2012년 10월 14일 기사(문제 2번) 출제
② 2013년 7월 14일 기사(문제 4번) 출제
③ 2014년 7월 6일(문제 8번) 출제
④ 2018년 4월 15일 산업기사 출제
⑤ 2020년 5월 24일 기사 출제

합격정보
산업안전보건기준에 관한 규칙 제58조(비계의 점검 및 보수)

---

03 안전보건총괄책임자 지정대상 사업을 2가지 쓰시오.(단, 선박 및 보트 건조업, 1차 금속 제조업 및 토사석 광업의 경우는 제외)(4점)

해답
① 상시 근로자가 100명 이상인 사업
② 총공사금액 20억원 이상인 건설업

KEY 2016년 4월 17일 (문제 11번) 출제

합격정보
산업안전보건법 시행령 제52조(안전보건총괄책임자 지정대상사업)

---

04 휴먼에러에서 Swain의 심리적(독립행동) 분류 4가지를 쓰시오.(4점)

해답
① omission error(누설오류 = 생략적오류)
② time error(시간오류)
③ commission error(작위적오류 = 수행적오류)
④ sequential error(순서오류)
⑤ extraneous error(과잉행동오류 = 불필요한 오류)

KEY
① 2008년 7월 6일(문제 4번) 출제
② 2009년 7월 5일 출제
③ 2011년 10월 16일 출제
④ 2013년 4월 21일(문제 1번) 출제
⑤ 2016년 4월 17일(문제 7번) 출제
⑥ 2018년 4월 15일 기사·산업기사 동시 출제
⑦ 2018년 4월 15일(문제 2번) 출제

합격자의 조언
한글 또는 영어로 선택해서 쓰시면 됩니다.

05 2014년 H사업장의 상시근로자 50[명], 재해건수 8[건], 1[일] 9[시간] 280[일] 근무, 재해자수 10[명], 휴업일수 219[일]일 때 도수율, 강도율을 구하시오.(6점)

해답

① 도수율 = $\dfrac{재해건수}{연근로시간수} \times 1,000,000$
= $\dfrac{8}{50 \times 9 \times 280} \times 1,000,000 = 63.492$
= 63.49

② 강도율 = $\dfrac{총요양근로손실일수}{연근로시간수} \times 1,000$
= $\dfrac{219 \times \dfrac{280}{365}}{50 \times 9 \times 280} \times 1,000 = 1.333$
= 1.33

참고
① 산업안전(산업)기사 실기 필답형 p.2-11(15. 빈도율)
② 산업안전(산업)기사 실기 필답형 p.2-12(16. 강도율)

KEY 2014년 7월 6일(문제 1번) 출제

합격정보
산업재해통계업무처리규정 제3조(산업재해통계의 산출방법 및 정의)

06 동력식 수동대패기의 방호장치와 그 방호장치와 송급테이블의 간격을 쓰시오.(4점)

해답

① 방호장치 : 날접촉예방장치
② 간격 : 8[mm] 이하

참고 고용노동부 - 방호장치 자율안전기준고시(고시 제2021-23호)

KEY 2013년 7월 14일(문제 8번) 출제

합격정보
산업안전보건기준에 관한 규칙 제109조(대패기계의 날접촉예방장치)

07 안전인증 파열판에 안전인증 외에 추가로 표시하여야 할 사항 5가지를 쓰시오.(5점)

해답

① 호칭지름
② 용도
③ 설정압력[MPa] 및 설정온도[℃]
④ 분출용량[kg/h] 또는 공칭분출계수
⑤ 파열판의 재질
⑥ 유체의 흐름방향 지시

참고 고용노동부 : 방호장치 안전인증 고시(고시 제2010-36호)

KEY 2012년 10월 14일(문제 5번) 출제

08 연소의 종류 중 고체의 연소형태 4가지를 쓰시오.(4점)

해답

① 표면연소
② 분해연소
③ 자기연소
④ 증발연소

KEY ① 2007년 7월 8일 출제
② 2010년 4월 18일 출제
③ 2011년 10월 16일(문제 1번) 출제

09 청각적 표시장치(display)보다 시각적 표시장치를 사용하는 것이 더 좋은 경우 3가지만 쓰시오.(3점)

해답

① 전언이 복잡하고 길 때
② 전언이 후에 재참조될 때
③ 전언이 공간적인 위치를 다룰 때
④ 전언이 즉각적인 행동을 요구하지 않을 때
⑤ 수신자의 청각계통이 과부하 상태일 때
⑥ 수신 장소가 너무 시끄러울 때
⑦ 직무상 수신자가 한곳에 머무르는 경우

KEY ① 2000년 8월 13일 출제
② 2011년 7월 24일(문제 1번) 출제

10 지반의 이상현상 중 보일링현상이 일어나기 쉬운 지반조건을 쓰시오.(3점)

해답

지하수위가 높은 사질토지반

KEY 2008년 9월 28일(문제 7번) 출제

11 Cut Set과 Path Set를 설명하시오.(4점)

해답
① Cut Set : 컷 속에 포함되어 있는 모든 기본사상이 일어났을 때 정상사상을 일으키는 기본사상의 집합
② Path Set : 컷 속에 포함되는 기본사상이 일어나지 않을 때 정상사상이 일어나지 않는 기본사상의 집합

KEY
① 2002년 4월 20일(문제 9번) 출제
② 2007년 4월 22일(문제 10번) 출제

12 작업용 섬유로프 또는 안전대의 섬유벨트 사용금지 기준 2가지를 쓰시오.(4점)

해답
① 꼬임이 끊어진 것
② 심하게 손상되거나 부식된 것
③ 2개 이상의 작업용 섬유로프 또는 섬유벨트를 연결한 것
④ 작업높이보다 길이가 짧은 것

합격정보
산업안전보건기준에 관한 규칙 제63조(달비계의 구조) ②항 9호

13 건축물의 해체작업 등 못이 박힌 판자 등을 밟을 우려가 있는 곳에서 사용하는 신발을 말한다. 이 안전화를 착용할 때는 (   )이 실시된 것을 확인하고 사용해야 한다. (   )를 쓰시오.(4점)

해답
내답발성시험

합격정보
보호구안전인증고시(제2023-64호) 2023년 12월 18일 적용

과년도 출제문제

산업기사 2021년 04월 24일 시행

산업기사 2021년 07월 10일 시행

산업기사 2021년 10월 16일 시행

2021년도 산업기사 정기검정 제1회(2021년 4월 24일 시행)

자격종목 및 등급(선택분야): 산업안전산업기사

시험시간: 1시간 | 수험번호: 20210424 | 성명: 도서출판세화

(배점 : 55, 문제수 : 13)

※ 본 문제는 복원문제로 실제문제와 동일하지 않을 수 있습니다.

---

01 교류아크용접기에 자동 전격방지기를 설치해야 하는 장소 2가지를 쓰시오.(4점)

[해답]
① 선박의 이중 선체 내부, 밸러스트 탱크(ballast tank, 평형수 탱크), 보일러 내부 등 도전체에 둘러싸인 장소
② 추락할 위험이 있는 높이 2미터 이상의 장소로 철골 등 도전성이 높은 물체에 근로자가 접촉할 우려가 있는 장소
③ 근로자가 물·땀 등으로 인하여 도전성이 높은 습윤 상태에서 작업하는 장소

[합격정보] 산업안전보건기준에 관한 규칙 제306조(교류아크용접기 등)

---

02 산업안전보건법상 안전관리자의 업무를 3가지 쓰시오.(단, 그 밖에 안전에 관한 사항으로서 고용노동부장관이 정하는 사항은 제외)(6점)

[해답]
① 산업안전보건위원회 또는 노사협의체에서 심의·의결한 업무와 해당 사업장의 안전보건관리규정 및 취업규칙에서 정한 업무
② 위험성평가에 관한 보좌 및 지도·조언
③ 안전인증대상기계등과 자율안전확인대상기계등 구입 시 적격품의 선정에 관한 보좌 및 지도·조언
④ 안전교육계획의 수립 및 안전교육 실시에 관한 보좌 및 지도·조언
⑤ 사업장 순회점검, 지도 및 조치 건의
⑥ 산업재해 발생의 원인 조사·분석 및 재발 방지를 위한 기술적 보좌 및 지도·조언
⑦ 산업재해에 관한 통계의 유지·관리·분석을 위한 보좌 및 지도·조언
⑧ 안전에 관한 사항의 이행에 관한 보좌 및 지도·조언
⑨ 업무 수행 내용의 기록·유지

KEY ① 2021년 제1회 산업기사 출제
② 2021년 제1회 건설안전기사 출제

[합격정보] 산업안전보건법 시행령 제18조(안전관리자의 업무 등)

---

03 산업안전보건법상 산업재해가 발생한 때 사업주가 기록·보존해야 할 사항을 4가지 쓰시오.(단, 산업재해조사표의 사본을 보존하거나, 요양신청서의 사본에 재해 재발방지 계획을 첨부하여 보존한 경우는 제외)(4점)

[해답]
① 사업장의 개요 및 근로자의 인적사항
② 재해 발생의 일시 및 장소
③ 재해 발생의 원인 및 과정
④ 재해 재발방지 계획

[합격정보] 산업안전보건법 시행규칙 제72조(산업재해 기록 등)

---

04 4[m] 떨어진 곳에서 음압수준이 100[dB(A)]인 프레스에서 30[m] 떨어진 곳의 음압수준[dB(A)]은 얼마인가?(5점)

[해답]
$$dB_2 = dB_1 - 20\log\frac{d_2}{d_1}$$
$$= 100 - 20\log\frac{30}{4} = 82.50[dB]$$

KEY 2020년 10월 17일 기사 출제

---

05 산업안전보건법령 상 사업주는 가스장치실을 설치해야 하는데 설치 기준 3가지를 쓰시오. (6점)

[해답]
① 가스가 누출된 경우에는 그 가스가 정체되지 않도록 할 것
② 지붕과 천장에는 가벼운 불연성 재료를 사용할 것
③ 벽에는 불연성 재료를 사용할 것

[합격정보] 산업안전보건기준에 관한 규칙 제292조(가스장치실의 구조 등)

06 방호장치 자율안전기준 고시에 따라서, 연삭기 덮개에 자율안전확인의 표시 이외에 추가로 표시할 사항 2가지를 쓰시오.(4점)

해답
① 숫돌사용 주속도
② 숫돌회전방향

합격정보
방호장치 자율안전기준 고시 [별표 4] 연삭기 덮개의 성능기준(제9조 관련) (2021.3.1. 기준)

07 강제 환기의 개념에 대하여 설명하시오.(3점)

해답
① 송풍기와 같은 기계적인 힘을 이용하여 강제적으로 환기
② 필요 환기량을 송풍기 용량으로 조절 가능
③ 외부조건에 관계없이 작업환경을 일정하게 유지시킬 수 있음

보충학습
강제환기의 단점
① 송풍기 가동에 따른 소음, 진동문제 발생함
② 동력이용 및 냉난방 효율에 따른 막대한 에너지 비용이 발생할 수 있음

08 풀 푸루프 (Fool Proof)에 대해 설명하시오.(3점)

해답
인간의 착오 미스 등 이른바 휴먼에러가 발생하더라도 기계설비나 그 부품은 안전 쪽으로 작동하게 설계하는 안전 설계의 기법

KEY 2020년 5월 24일(문제 9번) 출제

09 위험기계의 조종 장치를 촉각적으로 암호화할 수 있는 차원 3가지를 쓰시오.(3점)

해답
① 형상 (모양)
② 크기
③ 촉감
④ 위치
⑤ 작동

10 산업안전보건법에 따른, 가죽제 안전화 성능기준 항목 4가지를 쓰시오.(4점)

해답
① 내답발성 (날카로운 물체가 밟았을때 뚫고 나오지 못하는 성질)
② 내부식성
③ 내유성
④ 내압박성
⑤ 내충격성
⑥ 박리저항 (뜯어지는 것)

합격정보
보호구 안전인증 고시 [별표2의2] 가죽제안전화의 시험방법

11 산업안전보건법령상, 화학설비의 탱크 내 작업 시 교육 내용 3가지를 쓰시오.(6점)

해답
① 차단장치·정지장치 및 밸브 개폐장치의 점검에 관한 사항
② 탱크 내의 산소농도 측정 및 작업환경에 관한 사항
③ 안전보호구 및 이상 발생 시 응급조치에 관한 사항
④ 작업절차·방법 및 유해·위험에 관한 사항
⑤ 그 밖에 안전보건관리에 필요한 사항

합격정보
산업안전보건법 시행규칙 [별표 5] 안전보건교육 교육대상별 교육내용 (제26조제1항 등 관련)

12 산업안전보건기준에 관한 규칙에 따라서, 양중기의 와이어로프 안전계수 관련해서 (   )를 채워 넣으시오.(3점)

① 근로자가 탑승하는 운반구를 지지하는 달기와이어로프 또는 달기체인의 경우 : (   ) 이상
② 화물의 하중을 직접 지지하는 달기와이어로프 또는 달기체인의 경우 : (   ) 이상
③ 훅, 샤클, 클램프, 리프팅 빔의 경우 : (   ) 이상

해답
① 10
② 5
③ 3

합격정보
산업안전보건기준에 관한 규칙 제163조(와이어로프 등 달기구의 안전계수)

13. 산업안전보건기준에 관한 규칙에 따른 양중기 종류 4가지를 쓰시오. (4점)

해답

① 크레인[호이스트(hoist)를 포함]
② 이동식크레인
③ 리프트(이삿짐운반용 리프트의 경우에는 적재하중이 0.1톤 이상인 것으로 한정)
④ 곤돌라
⑤ 승강기

합격정보

산업안전보건기준에 관한 규칙 제132조(양중기)

녹색직업 녹색자격증 코너

노인의 티를 벗는 10가지 UP
1. 노인 냄새 안 나게 몸을 깨끗이 "Clean Up"
2. 돈 씀씀이도 "Pay Up"
3. 옷도 깨끗이 입고 "Dress Up"
4. 더 잘 보여주고 "Show Up"
5. 더 잘 들어주고 "Listen Up"
6. 가급적 입은 다물고 "Shut Up"
7. 웬만한 건 포기하고 "Give Up"
8. 건강에 더 유의하고 "Health Up"
9. 마음문을 열고 "Open Up"
10. 더 즐겁게 살라 "Cheer Up"

노후 행운 6가지
일건(一健)
이처(二妻)
삼재(三財)
사사(四事)
오우(五友)
육비(六祕)

술자리에서 매력적인 남자
1위 - 내가 취할 것 같으면 귓속말로 그만 마시라며 걱정해 줄 때
2위 - 말 없이 내 술잔을 뺏어 단숨에 마셔주는 모습(흑기사 자청)
3위 - 적당히 주량 조절, 절제하면서 즐기는 남자
4위 - 술자리에서 분위기를 리드하며 즐겁게 해줄 때
5위 - 술취한 날 자기 어깨에 기대게 해줄 때
6위 - 술 따를 때 내 잔에만 '반만' 따라주는 남자
7위 - 비흡연자를 배려하는 차원에서 나가서 담배 피울 때
8위 - 진지하게 속 깊은 이야기를 할 때 (취중진담)
9위 - 데려다 줄 테니까 걱정말고 마시라며 안심시켜 줄 때
10위 - 마지막에 조용히 계산서 들고 가서 멋지게 계산하는 남자

※ 문제 및 답안(지), 점수, 채점기준은 일체 공개하지 않는다.
※ 다음 여백은 계산 연습란으로 사용하시오.

비번호	
총 점	

2021년도 산업기사 정기검정 제2회(2021년 7월 10일 시행)

자격종목 및 등급(선택분야): 산업안전산업기사

(배점: 55, 문제수: 13)

시험시간: 1시간 / 수험번호: 20210710 / 성명: 도서출판세화

※ 본 문제는 복원문제로 실제문제와 동일하지 않을 수 있습니다.

01
산업안전보건법령상 교육대상별 안전보건교육에 있어, 밀폐공간에서의 작업 시의 특별교육 내용을 4가지 쓰시오.(4점)(단, 그 밖에 안전보건관리에 필요한 사항은 제외)

해답
① 산소농도 측정 및 작업환경에 관한 사항
② 사고 시의 응급처치 및 비상 시 구출에 관한 사항
③ 보호구 착용 및 사용방법에 관한 사항
④ 밀폐공간작업의 안전작업방법에 관한 사항

합격정보
산업안전보건법 시행규칙 [별표 5]안전보건교육 교육대상별 교육내용

02
안전모의 시험 성능기준에 관한 내용이다. 보기의 ( )에 알맞은 내용을 쓰시오.(4점)

[보기]
(1) 내관통성: AE, ABE종 안전모는 관통거리가 (①)[mm] 이하이고, AB종 안전모는 관통거리가 (②)[mm] 이하이어야 한다.
(2) 충격흡수성: 최고전달충격력이 (③)[N]을 초과해서는 안 되며, 모체와 착장체의 기능이 상실되지 않아야 한다.
(3) 내전압성: AE, ABE종 안전모는 교류 20[kV]에서 1분간 절연파괴 없이 견뎌야 하고, 이때 누설되는 충전전류는 (④)[mA] 이하이어야 한다.

해답
① 9.5
② 11.1
③ 4,450
④ 10

KEY
① 2006년 4월 23일 기사(문제 6번) 출제
② 2017년 4월 16일 기사(문제 9번) 출제

합격정보
보호구 안전인증 고시 [별표 1] 추락 및 감전 위험방지용 안전모의 성능기준

03
다음과 같은 조건에서 도수율을 구하시오.(3점)

연천인율: 3.5
연평균근로자수: 350명

해답
도수(빈도)율 = 연천인율 ÷ 2.4 = 3.5 ÷ 2.4 = 1.458 = 1.46

참고 산업안전(산업)기사 실기 필답형 p.2-11(15. 빈도율)

합격정보
산업재해통계업무처리규정 제3조(산업재해통계의 산출방법 및 정의)

04
고장발생확률이 0.0004일 경우 1,000시간 가동하였을 때 신뢰도를 계산하시오.(5점)

해답
신뢰도 $= e^{(-\lambda \times t)} = e^{(-0.0004 \times 1,000)} = 0.67$

KEY
① 2004년 4월 25일(문제 8번) 출제
② 2011년 5월 1일(문제 2번) 출제

05
[보기]를 참고하여 (1) 하인리히 연쇄성 이론과 (2)버드연쇄성 이론을 완성하시오.(5점)

[보기]
① 사회적 환경 및 유전적 요소
② 기본 원인
③ 직접 원인
④ 작전적 에러
⑤ 사고
⑥ 상해
⑦ 통제의 부족
⑧ 개인적 결함
⑨ 관리의 부족
⑩ 전술적 에러

해답

(1) 하인리히의 연쇄성 이론
 ① 사회적 환경과 유전적인 요소
 ② 개인적 결함
 ③ 불안전한 행동 및 불안전한 상태(직접원인)
 ④ 사고
 ⑤ 상해
(2) 버드의 연쇄성 이론
 ① 관리(통제)의 부족
 ② 기본 원인
 ③ 직접 원인
 ④ 사고
 ⑤ 상해

06
산업안전보건기준에 관한 규칙에 따라 누전차단기를 접속하는 경우의 준수사항과 관련하여 아래 빈칸에 알맞은 숫자를 넣으시오.(4점)

[아래]
(1) 전기기계 · 기구에 설치되어 있는 누전차단기는 정격감도전류가 (①) [mA] 이하이고 작동시간은 (②) 초 이내일 것
(2) 다만, 정격전부하전류가 50암페어 이상인 전기기계 · 기구에 접속되는 누전차단기는 오작동을 방지하기 위하여 정격감도전류는 (③) [mA] 이하로, 작동시간은 (④) 초 이내로 할 수 있다.

해답

① 30
② 0.03
③ 200
④ 0.1

합격정보
산업안전보건기준에 관한 규칙 제304조(누전차단기에 의한 감전방지)

07
산업안전보건법령상 중대재해의 종류 3가지를 쓰시오.(3점)

해답

① 사망자가 1명 이상 발생한 재해
② 3개월 이상의 요양이 필요한 부상자가 동시에 2명 이상 발생한 재해
③ 부상자 또는 직업성질병자가 동시에 10명 이상 발생한 재해

합격정보
산업안전보건법 시행규칙 제3조(중대재해의 범위)

08
300[rpm]으로 회전하는 롤러기의 앞면 롤러기의 지름이 30[cm]인 경우 앞면 롤러의 표면속도(m/min)와 급정지거리를 구하시오.(4점) (단, 지름을 [mm]로 변환하시오.)

해답

① $V(표면속도) = \dfrac{\pi DN}{1,000} = \dfrac{\pi \times 300 \times 300}{1,000}$
  $= 282.74[m/min]$

② 급정지거리 $= \pi D \times \dfrac{1}{2.5} = \pi \times 300 \times \dfrac{1}{2.5}$
  $= 376.9[mm]$

합격정보
방호장치 자율안전기준 고시[별표 3] 롤러기 급정지장치의 성능기준 (2021.3.1. 기준)

09
산업안전보건법에 따라, 과압에 따른 폭발을 방지하기 위하여 폭발 방지 성능과 규격을 갖춘 안전밸브 또는 파열판을 설치하여야 하는 경우 3가지를 쓰시오.(6점)

해답

① 압력용기(안지름이 150밀리미터 이하인 압력용기는 제외하며, 압력용기 중 관형 열교환기의 경우에는 관의 파열로 인하여 상승한 압력이 압력용기의 최고사용압력을 초과할 우려가 있는 경우만 해당한다)
② 정변위 압축기
③ 정변위 펌프(토출축에 차단밸브가 설치된 것만 해당한다)
④ 배관(2개 이상의 밸브에 의하여 차단되어 대기온도에서 액체의 열팽창에 의하여 파열될 우려가 있는 것으로 한정한다)
⑤ 그 밖의 화학설비 및 그 부속설비로서 해당 설비의 최고사용압력을 초과할 우려가 있는 것

합격정보
산업안전보건기준에 관한 규칙 제261조(안전밸브 등의 설치)

10
산업안전보건기준에 관한 규칙에 따라, 흙막이 지보공 정기점검 사항 4가지를 쓰시오.(4점)

해답

① 부재의 손상·변형·부식·변위 및 탈락의 유무와 상태
② 버팀대의 긴압의 정도
③ 부재의 접속부 · 부착부 및 교차부의 상태
④ 침하의 정도

합격정보
산업안전보건기준에 관한 규칙 제347조(붕괴 등의 위험 방지)

보충학습

터널지보공의 수시점검사항
① 부재의 손상·변형·부식·변위 탈락의 유무와 상태
② 부재의 긴압 정도
③ 부재의 접속부 및 교차부의 상태
④ 기둥침하의 유무 및 상태

11 다음 설명에 맞는 용어를 쓰시오.(4점)

> ① 전완과 상완을 곧게 펴서 파악할 수 있는 구역
> ② 상완을 자연스럽게 수직으로 늘어뜨린채 전완만으로 편하게 뻗어 작업하는 구역

해답

① 최대작업영역
② 정상작업영역

12 산업안전보건기준에 관한 규칙에 의거, 사다리식 통로를 설치하는 경우 준수사항을 3가지 쓰시오.(3점)

해답

① 견고한 구조로 할 것
② 심한 손상·부식 등이 없는 재료를 사용할 것
③ 발판의 간격은 일정하게 할 것
④ 발판과 벽과의 사이는 15센티미터 이상의 간격을 유지할 것
⑤ 폭은 30센티미터 이상으로 할 것
⑥ 사다리가 넘어지거나 미끄러지는 것을 방지하기 위한 조치를 할 것
⑦ 사다리의 상단은 걸쳐놓은 지점으로부터 60센티미터 이상 올라가도록 할 것
⑧ 사다리식 통로의 길이가 10미터 이상인 경우에는 5미터 이내마다 계단참을 설치할 것
⑨ 사다리식 통로의 기울기는 75도 이하로 할 것. 다만, 고정식 사다리식 통로의 기울기는 90도 이하로 하고, 그 높이가 7미터 이상인 경우에는 바닥으로부터 높이가 2.5미터 되는 지점부터 등받이울을 설치할 것
⑩ 접이식 사다리 기둥은 사용 시 접혀지거나 펼쳐지지 않도록 철물 등을 사용하여 견고하게 조치할 것

합격정보

산업안전보건기준에 관한 규칙 제24조(사다리식 통로 등의 구조)

13 산업안전보건법 시행령에 의거, 방호조치를 아니하고는 양도, 대여, 설치 진열해서는 안 되는 기계, 기구 3가지를 쓰시오.(6점)

해답

① 예초기
② 원심기
③ 공기압축기
④ 금속절단기
⑤ 지게차
⑥ 포장기계(진공포장기, 랩핑기로 한정한다.)

합격정보

산업안전보건법 시행령 [별표 20] 유해·위험 방지를 위하여 방호조치가 필요한 기계·기구등

※ 문제 및 답안(지), 점수, 채점기준은 일체 공개하지 않는다.
※ 다음 여백은 계산 연습란으로 사용하시오.

비번호	
총 점	

2021년도 산업기사 정기검정 제3회(2021년 10월 16일 시행)

산업안전산업기사

(배점 : 55, 문제수 : 13)

시험시간 : 1시간 | 수험번호 : 20211016 | 성명 : 도서출판세화

※ 본 문제는 복원문제로 실제문제와 동일하지 않을 수 있습니다.

01 주의의 특성 3가지를 쓰고 간략하게 설명하시오.(5점)

해답

① 단속(변동)성 : 주의가 고도로 집중될수록 지속 시간은 짧아지며 여하한 경우도 주의는 계속 지속되기가 어렵다.
② 선택성 : 한번에 두 종류 이상의 자극을 지각하거나 수용하는 것은 어려우므로 주의는 중복집중이 곤란하다.
③ 방향성 : 공간적으로 시선의 초점에 맞았을 때는 쉽게 인지되지만 시선에서 벗어난 부분은 무시되기 쉽다.

KEY
① 2004년 9월 19일(문제 12번) 출제
② 2010년 7월 4일 기사 출제
③ 2011년 7월 24일(문제 2번) 출제
④ 2015년 4월 19일 산업기사 출제
⑤ 2021년 10월 16일 산업기사 출제

02 산업안전보건법령에 따라 공정안전보고서에 포함되어야할 사항 4가지 쓰시오.(4점)

해답

① 공정안전자료
② 공정위험성 평가서
③ 안전운전계획
④ 비상조치계획

KEY 2021년 4월 25일 기사 출제

합격정보
산업안전보건법 시행령 제44조(공정안전보고서의 내용)

03 다음과 같은 근무 및 재해발생현황의 A사업장의 강도율이 0.8일 때, 근로손실일수를 구하시오.(3점)

가. 근로자수 : 250 명
나. 연총근로시간 : 2,400 시간
다. 재해건수 : 5 건

해답

$$0.8 = \frac{총요양근로손실일수}{250 \times 2,400} \times 1,000$$

$$0.8 = \frac{총요양근로손실일수}{600}$$

총요양근로손실일수 $= 0.8 \times 600 = 480$ [일]

참고 산업안전(산업)기사 실기 필답형 p.2-12(16. 강도율)

KEY 2021년 4월 25일 기사 출제

합격정보
산업재해통계 업무처리규정 제3조(산업재해통계의 산출방법 및 정의)

04 로봇의 작동 범위에서 그 로봇에 관하여 교시 등의 작업을 할 때 작업시작전 점검 사항 3가지를 쓰시오.(5점)

해답

① 외부 전선의 피복 또는 외장의 손상 유무
② 매니퓰레이터(manipulator) 작동의 이상 유무
③ 제동장치 및 비상정지장치의 기능

KEY 2019년 10월 13일(문제 6번) 출제

합격정보
산업안전보건기준에 관한 규칙 [별표 3] 작업시작 전 점검사항

05 다음 안전보건표지의 명칭을 쓰시오.(4점)

① ② ③ ④

해답

① 사용금지
② 산화성물질경고
③ 낙하물경고
④ 방진마스크착용

KEY
① 2012년 7월 25일(문제 5번) 출제
② 2020년 10월 18일(문제 4번) 출제

06 기계설비의 고장유형을 그림으로 나타내고 고장유형을 쓰시오.(4점)

해답

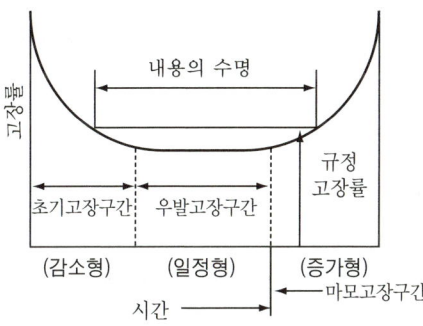

KEY
① 2012년 7월 8일(문제 13번) 출제
② 2020년 10월 18일(문제 11번) 출제

07 전기 기계·기구에 대하여 누전에 의한 감전위험을 방지하기 위하여 해당 전로의 정격에 적합하고 감도가 양호하며 확실하게 작동하는 감전방지용 누전차단기 설치 기준 3가지를 쓰시오.(3점)

해답

① 대지전압이 150볼트를 초과하는 이동형 또는 휴대형 전기기계·기구
② 물 등 도전성이 높은 액체가 있는 습윤장소에서 사용하는 저압용 전기기계·기구
③ 철판·철골 위 등 도전성이 높은 장소에서 사용하는 이동형 또는 휴대형 전기기계·기구
④ 임시배선의 전로가 설치되는 장소에서 사용하는 이동형 또는 휴대형 전기기계·기구

합격정보
산업안전보건기준에 관한 규칙 제304조 (누전차단기에 의한 감전 방지)

KEY
① 2020년 5월 24일 (문제 14번) 출제
② 2020년 7월 26일 출제
③ 2020년 10월 17일 기사 출제

08 건물의 해체작업시 해체계획에 포함되어야 하는 사항을 4가지 쓰시오.(4점)

합격정보
산업안전보건법 시행규칙 [별표 6] 안전보건표지의 종류와 형태

해답
① 해체의 방법 및 해체순서 도면
② 가설설비·방호설비·환기설비 및 살수·방화설비 등의 방법
③ 사업장내 연락방법
④ 해체물의 처분계획
⑤ 해체작업용 기계·기구 등의 작업계획서
⑥ 해체작업용 화약류 등의 사용계획서
⑦ 그 밖의 안전보건에 관련된 사항

KEY
① 2009년 4월 19일 기사(문제 4번) 출제
② 2017년 4월 16일 기사 출제

합격정보
산업안전보건기준에 관한 규칙 [별표 4] 사전조사 및 작업계획서 내용

09 공칭지름 10[mm], 와이어로프 지름 9.2[mm]로 양중기에 사용가능 여부를 판단하시오.(4점)

해답
① 사용가능 = $(1-0.07) \times$ 공칭지름
   $= (1-0.07) \times 10 = 9.3[mm]$
② 사용가능 범위는 $10 \sim 9.3[mm]$로 $9.2[mm]$ 와이어로프는 사용 불가능

KEY 2016년 6월 26일 (문제 3번) 출제

합격정보
산업안전보건기준에 관한 규칙 제63조(달비계의 구조)

보충설명
지름의 감소가 공칭지름의 7[%]를 초과하는 것을 사용할 수 없다.

10 산업안전보건법령에 따른 지게차 운전자의 운전위치 이탈 시 조치 사항을 2가지 쓰시오.(단, 운전석에 잠금장치를 하는 등 운전자가 아닌 사람이 운전하지 못하도록 조치한 경우는 제외)(4점)

해답
① 포크, 버킷, 디퍼 등의 장치를 가장 낮은 위치 또는 지면에 내려 둘 것
② 원동기를 정지시키고 브레이크를 확실히 거는 등 갑작스러운 주행이나 이탈을 방지하기 위한 조치를 할 것
③ 운전석을 이탈하는 경우에는 시동키를 운전대에서 분리시킬 것. 다만, 운전석에 잠금장치를 하는 등 운전자가 아닌 사람이 운전하지 못하도록 조치한 경우에는 그러하지 아니하다.

KEY
① 2014년 10월 5일(문제 4번) 출제
② 2016년 6월 26일 기사 출제

합격정보
산업안전보건기준에 관한 규칙 제99조(운전위치 이탈 시의 조치)

과년도 출제문제

11 재해분석방법으로 개별분석방법과 통계에 의한 분석방법이 있다. 통계적 분석방법 2가지를 쓰고, 각각의 방법에 대해 설명하시오.(4점)

해답
① 파레토도 : 사고의 유형, 기인물 등 분류 항목을 큰 순서대로 도표화한다.
② 특성요인도 : 특성과 요인 관계를 도표로 하여 어골상으로 세분한다.
③ 크로스 분석 : 2개 이상의 문제 관계를 분석하는 데 사용하는 것으로, 데이터를 집계하고 표로 표시하여 요인별 결과 내역을 교차한 크로스 그림을 작성하여 분석한다.
④ 관리도 : 재해 발생 건수 등의 추이를 파악하여 목표 관리를 행하는 데 필요한 월별 재해 발생수를 그래프 화하여 관리선을 설정 관리하는 방법이다. 각 요인의 상호관계와 분포상태 등을 거시적으로 분석하는 방법이다.

KEY 2014년 10월 5일 (문제 3번) 출제

12 A, B, C 발생확률이 각 0.12이고, 직렬로 접속되어 있다. 고장사상을 정상사상으로 하는 FT도를 그리고 발생확률을 구하시오.(단, 소수 넷째자리 까지 구하시오.)(5점)

해답
① FT도(고장사상 발생확률)

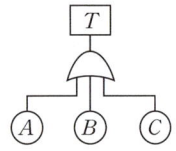

② 확률$(T) = 1-(1-0.12)(1-0.12)(1-0.12)$
　　　　$= 0.3185$

KEY 2014년 7월 6일 (문제 6번) 출제

보충학습
정상사상 발생확률과 고장사상 발생확률 비교표

구분	정상사상 발생확률	고장사상 발생확률
병렬	OR	AND
직렬	AND	OR

13 산업안전보건법에서 정한 위험물질을 기준량 이상 제조, 취급, 사용 또는 저장하는 설비로서 내부의 이상상태를 조기에 파악하기 위하여 필요한 온도계·유량계·압력계 등의 계측장치를 설치하여야 하는 대상을 3가지 쓰시오.(5점)

해답
① 발열반응이 일어나는 반응장치
② 증류 · 정류 · 증발 · 추출 등 분리를 하는 장치
③ 가열시켜 주는 물질의 온도가 가열되는 위험물질의 분해온도 또는 발화점보다 높은 상태에서 운전되는 설비
④ 반응폭주 등 이상 화학반응에 의하여 위험물질이 발생할 우려가 있는 설비
⑤ 온도가 섭씨 350도 이상이거나 게이지 압력이 980[kPa] 이상인 상태에서 운전되는 설비
⑥ 가열로 또는 가열기

KEY 2014년 4월 20일 (문제 1번) 출제

합격정보
산업안전보건기준에 관한 규칙 제273조(계측장치 등의 설치)

※ 문제 및 답안(지), 점수, 채점기준은 일체 공개하지 않습니다.
※ 다음 여백은 계산 연습란으로 사용하시오.

비번호	
총 점	

과년도 출제문제

산업기사 2022년 05월 07일 시행

산업기사 2022년 07월 24일 시행

산업기사 2022년 10월 16일 시행

2022년도 산업기사 정기검정 제1회(2022년 5월 7일 시행)

자격종목 및 등급(선택분야)
산업안전산업기사

시험시간: 1시간
수험번호: 20220507
성명: 도서출판세화

(배점: 55, 문제수: 13)

※ 본 문제는 복원문제로 실제문제와 동일하지 않을 수 있습니다.

---

01 산업안전보건법령상, 중대재해 종류 3가지를 쓰시오.(3점)

해답
① 사망자가 1명 이상 발생한 재해
② 3개월 이상의 요양이 필요한 부상자가 동시에 2명 이상 발생한 재해
③ 부상자 또는 직업성질병자가 동시에 10명 이상 발생한 재해

KEY 2021년 7월 10일(문제 7번) 출제

합격정보
산업안전보건법 시행규칙 제3조(중대재해의 범위)

---

02 조명은 근로자들이 작업환경의 측면에서 중요한 안전요소이다. 산업안전보건법령상 다음의 작업에서 근로자를 상시 취업시키는 장소의 조도기준을 ( )에 쓰시오.(단, 갱도 등의 작업장은 제외)(3점)

- 보통작업 (①) [lux] 이상
- 정밀작업 (②) [lux] 이상
- 초정밀작업 (③) [lux] 이상

해답
① 150
② 300
③ 750

KEY ① 2020년 5월 24일(문제 2번) 출제
② 2021년 4월 25일 기사(문제 10번) 출제

합격정보
산업안전보건기준에 관한 규칙 제8조(조도)

보충학습
그 밖의 작업 75[lux] 이상

---

03 산업안전보건법령상, 사업장에 승강기의 설치·조립·수리·점검 또는 해체 작업을 하는 경우 사업주의 조치 사항을 3가지 쓰시오.(3점)

해답
① 작업을 지휘하는 사람을 선임하여 그 사람의 지휘하에 작업을 실시할 것
② 작업을 할 구역에 관계 근로자가 아닌 사람의 출입을 금지하고 그 취지를 보기 쉬운 장소에 표시할 것
③ 비, 눈, 그 밖에 기상상태의 불안정으로 날씨가 몹시 나쁜 경우에는 그 작업을 중지시킬 것

KEY ① 2012년 7월 8일(문제 1번) 출제
② 2019년 6월 29일 기사(문제 1번) 출제

합격정보
산업안전보건기준에 관한 규칙 제162조(조립 등의 작업)

---

04 산업안전보건법령상, 보일러의 방호장치 관련해서 ( ) 에 알맞은 것을 쓰시오.(4점)

- 사업주는 보일러의 안전한 가동을 위하여 보일러 규격에 맞는 (①)를 1개 또는 2개 이상 설치하고 최고사용압력 이하에서 작동되도록 하여야 한다.
- 사업주는 보일러의 과열을 방지하기 위하여 최고사용압력과 상용압력 사이에서 보일러의 버너 연소를 차단할 수 있도록 (②)를 부착하여 사용하여야 한다.

해답
① 압력방출장치
② 압력제한스위치

KEY ① 2014년 7월 6일 기사 출제
② 2019년 4월 14일 기사 출제
③ 2019년 6월 29일 기사 출제

합격정보
산업안전보건기준에 관한 규칙 제116조(압력방출장치), 제117조(압력제한스위치)

05
산업안전보건법령상, 과압에 따른 폭발을 방지하기 위하여 폭발 방지 성능과 규격을 갖춘 안전밸브 또는 파열판을 설치하여야 한다. 이 중 파열판을 설치하여야 하는 경우 3가지를 쓰시오. (6점)

해답
① 반응 폭주 등 급격한 압력 상승 우려가 있는 경우
② 급성 독성물질의 누출로 인하여 주위의 작업환경을 오염시킬 우려가 있는 경우
③ 운전 중 안전밸브에 이상 물질이 누적되어 안전밸브가 작동되지 아니할 우려가 있는 경우

KEY
① 2010년 9월 12일(문제 9번) 출제
② 2017년 10월 14일 기사(문제 8번) 출제
③ 2019년 4월 14일(문제 3번) 출제

합격정보
산업안전보건기준에 관한 규칙 제262조(파열판의 설치)

06
산업안전보건법령상, 다음 근로자 안전보건 교육시간 관련 ( )에 알맞은 숫자를 쓰시오. (4점)

> ① 정기교육 - 사무직 종사 근로자 : 매반기 ( )시간 이상
> ② 정기교육 - 사무직 종사 근로자 외의 근로자 - 판매업무에 직접 종사하는 근로자 : 매반기 ( )시간 이상
> ③ 정기교육 - 사무직 종사 근로자 외의 근로자 - 판매업무에 직접 종사하는 외의 근로자 : 매반기 ( )시간 이상
> ④ 정기교육 - 관리감독자의 지위에 있는 사람 : 연간 ( )시간 이상

해답
① 6
② 6
③ 12
④ 16

KEY
① 2010년 9월 12일(문제 1번) 출제
② 2015년 10월 4일 기사(문제 12번) 출제
③ 2017년 10월 14일(문제 3번) 출제
④ 2019년 4월 14일(문제 9번) 출제

합격정보
산업안전보건법 시행규칙 [별표 4] 안전보건교육 교육과정별 교육시간

07
다음 금지표지의 명칭을 쓰시오. (4점)

해답
① 보행금지
② 탑승금지
③ 사용금지
④ 물체이동금지

KEY
① 2015년 10월 4일(문제 9번) 출제
② 2018년 6월 30일(문제 9번) 출제

합격정보
산업안전보건법 시행규칙 [별표 6] 안전보건표지의 종류와 형태

보충학습
금지표지 색도기준 : 7.5R 4/14

08
산업안전보건법령상, 충전전로에서의 전기작업시 사업주의 조치 사항 관련하여 ( )에 알맞은 것을 쓰시오. (4점)

> (가) 충전전로를 취급하는 근로자에게 그 작업에 적합한 (①)를 착용시킬 것
> (나) 충전전로에 근접한 장소에서 전기작업을 하는 경우에는 해당 전압에 적합한 (②)를 설치할 것
> (다) 유자격자가 아닌 근로자가 충전전로 인근의 높은 곳에서 작업할 때에 근로자의 몸 또는 긴 도전성 물체가 방호되지 않은 충전전로에서 대지전압이 50[kV] 이하인 경우에는 (③)[cm] 이내로, 대지전압이 50[kV]를 넘는 경우에는 (④)[kV] 당 (④)[cm] 씩 더한 거리 이내로 각각 접근할 수 없도록 할 것

해답
① 절연용 보호구
② 절연용 방호구
③ 300
④ 10

KEY 2022년 5월 13일 작업형 출제

합격정보
산업안전보건기준에 관한 규칙 제321조(충전전로에서의 전기작업)

09 산업안전보건법령상, 산업안전보건위원회의 심의·의결 사항을 4가지 쓰시오.(단, 그 밖에 해당 사업장 근로자의 안전 및 보건을 유지·증진시키기 위하여 필요한 사항은 제외)(4점)

해답
① 사업장의 산업재해 예방계획의 수립에 관한 사항
② 안전보건관리규정의 작성 및 변경에 관한 사항
③ 안전보건교육에 관한 사항
④ 작업환경측정 등 작업환경의 점검 및 개선에 관한 사항
⑤ 근로자의 건강진단 등 건강관리에 관한 사항
⑥ 산업재해의 원인 조사 및 재발 방지대책 수립에 관한 사항 중 중대재해에 관한 사항
⑦ 산업재해에 관한 통계의 기록 및 유지에 관한 사항
⑧ 유해하거나 위험한 기계·기구·설비를 도입한 경우 안전 및 보건 관련 조치에 관한 사항

합격정보
산업안전보건법 제24조(산업안전보건위원회), 제15조(안전보건관리책임자)

10 다음 시스템 블록 다이어그램을 보고 신뢰도를 계산하시오.(4점)

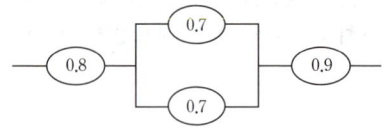

해답
$R_S = 0.8 \times [1-(1-0.7)(1-0.7)] \times 0.9 = 0.6552 = 0.66$

11 산업안전보건법령상, 사업주가 근로자의 위험을 방지하기 위하여, 교량 작업시 작성하고 그에 따라 작업을 하도록 하여야 하는 작업계획서의 내용을 3가지 쓰시오.(6점)

해답
① 작업 방법 및 순서
② 부재의 낙하·전도 또는 붕괴를 방지하기 위한 방법
③ 작업에 종사하는 근로자의 추락 위험을 방지하기 위한 안전조치 방법
④ 공사에 사용되는 가설 철구조물 등의 설치·사용·해체 시 안전성 검토 방법
⑤ 사용하는 기계 등의 종류 및 성능, 작업방법
⑥ 작업지휘자 배치계획
⑦ 그 밖에 안전보건에 관련된 사항

합격정보
산업안전보건기준에 관한 규칙 [별표 4] 사전조사 및 작업계획서 내용

12 산업안전보건법령상, 둥근톱의 톱날의 두께가 0.8[mm]일 경우, 분할날 두께는 몇 [mm] 이상으로 해야 하는지 쓰시오.(4점)

해답
분할날 두께 = 둥근톱 톱날 두께 × 1.1 = 0.8 × 1.1 = 0.88[mm]

합격정보
방호장치 자율안전기준 고시 [별표 5] 목재가공용 덮개 및 분할날 성능기준

13 산업안전보건법령상, 콘크리트 타설작업을 하기 위하여 콘크리트 펌프 또는 콘크리트 펌프카를 사용하는 경우에는 사업주의 준수 사항을 3가지 쓰시오.(6점)

해답
① 작업을 시작하기 전에 콘크리트 펌프용 비계를 점검하고 이상을 발견하였으면 즉시 보수할 것
② 건축물의 난간 등에서 작업하는 근로자가 호스의 요동·선회로 인하여 추락하는 위험을 방지하기 위하여 안전난간 설치 등 필요한 조치를 할 것
③ 콘크리트 타설장비의 붐을 조정하는 경우에는 주변의 전선 등에 의한 위험을 예방하기 위한 적절한 조치를 할 것
④ 작업 중에 지반의 침하, 아웃트리거의 손상 등에 의하여 콘크리트 타설장비가 넘어질 우려가 있는 경우에는 이를 방지하기 위한 적절한 조치를 할 것

합격정보
산업안전보건기준에 관한 규칙 제335조(콘크리트 타설장비 등 사용 시의 준수사항)

※ 문제 및 답안(지), 점수, 채점기준은 일체 공개하지 않는다.
※ 다음 여백은 계산 연습란으로 사용하시오.

비번호	
총 점	

2022년도 산업기사 정기검정 제2회(2022년 7월 24일 시행)

자격종목 및 등급(선택분야): 산업안전산업기사

시험시간: 1시간 | 수험번호: 20220724 | 성명: 도서출판세화

(배점: 55, 문제수: 13)

※ 본 문제는 복원문제로 실제문제와 동일하지 않을 수 있습니다.

01
산업안전보건법령상, 중대재해 종류 3가지를 쓰시오.(3점)

해답
① 사망자가 1명 이상 발생한 재해
② 3개월 이상의 요양이 필요한 부상자가 동시에 2명 이상 발생한 재해
③ 부상자 또는 직업성질병자가 동시에 10명 이상 발생한 재해

KEY
① 2021년 7월 10일(문제 7번) 출제
② 2022년 5월 7일(문제 1번) 출제

합격정보
산업안전보건법 시행규칙 제3조(중대재해의 범위)

합격자의 조언
최근 정보가 합격을 보장합니다.

02
조명은 근로자들이 작업환경의 측면에서 중요한 안전요소이다. 산업안전보건법령상 다음의 작업에서 근로자를 상시 취업시키는 장소의 조도기준을 몇 럭스[lux] 이상으로 해야 하는지 쓰시오.(단, 갱도 등의 작업장은 제외)(4점)

① 보통작업 ( ) [lux] 이상
② 정밀작업 ( ) [lux] 이상
③ 초정밀작업 ( ) [lux] 이상
④ 그 밖의 작업 ( ) [lux] 이상

해답
① 150
② 300
③ 750
④ 75

KEY
① 2020년 5월 24일(문제 2번) 출제
② 2021년 4월 25일 기사(문제 10번) 출제
③ 2022년 5월 7일(문제 2번) 출제

합격정보
① 산업안전보건기준에 관한 규칙 제8조(조도)
② 조도기준(KSA3011 : 1998)

03
산업안전보건법령상, 다음 근로자 안전보건 교육시간 관련 ( )에 알맞은 숫자를 쓰시오.(4점)

① 정기교육 – 사무직 종사 근로자 : 매반기 ( )시간 이상
② 채용 시 교육 – 일용근로자 : ( )시간 이상
③ 작업내용 변경 시 교육 – 일용근로자를 제외한 근로자 : ( )시간 이상
④ 정기교육 – 관리감독자의 지위에 있는 사람 : 연간 ( )시간 이상

해답
① 6   ② 1
③ 2   ④ 16

KEY
① 2010년 9월 12일(문제 1번) 출제
② 2015년 10월 4일 기사(문제 12번) 출제
③ 2017년 10월 14일(문제 3번) 출제
④ 2019년 4월 14일(문제 9번) 출제
⑤ 2022년 5월 7일(문제 6번) 출제

합격정보
산업안전보건법 시행규칙 [별표 4] 안전보건교육 교육과정별 교육시간

04
방호장치 자율안전기준 고시상, 롤러기의 방호장치인 급정지장치 관련하여 다음 표안에 ( )를 채우시오.(6점)

종류	조작부의 설치위치
손조작식	밑면에서 (①) m 이내
복부조작식	밑면에서 (②) m 이상 (③) m 이내
무릎조작식	밑면에서 (④) m 이내

해답
① 1.8   ② 0.8
③ 1.1   ④ 0.6

KEY 2021년 4월 25일 기사 출제

> **합격정보**
> 방호장치 자율안전기준 고시 [별표 3] 롤러기 급정지장치의 성능기준

05 다음 작업장에서의 강도율을 계산하시오.(단, 신체장해 제14급에 해당하는 근로손실일수는 50일이며, 사망에 해당하는 근로손실일수는 7,500일 이다.)(5점)

- 연평균근로자 : 100명
- 근무시간 : 8시간
- 년근무일수 : 300일
- 신체장해 제14급 : 2명
- 사망 : 1명
- 휴업일수 : 37일 (1명 30일, 1명 7일)

> **해답**

$$강도율 = \frac{총요양근로손실일수}{연근로시간수} \times 1{,}000$$

$$= \frac{(50 \times 2 + 7{,}500) + \left(37 \times \frac{300}{365}\right)}{100 \times 8 \times 300} \times 1{,}000 = 31.793 = 31.79$$

> **참고** 산업안전(산업)기사 실기 필답형 p.2-12(16. 강도율)
>
> **KEY**
> ① 2019년 10월 13일(문제 1번) 출제
> ② 2021년 4월 25일 기사 출제

> **합격정보**
> 산업재해통계업무처리규정 제3조(산업재해통계의 산출방법 및 정의)

06 양중기에 사용하는 달기체인의 사용금지 기준 중 ( )를 쓰시오.(4점)

가. 달기체인의 길이가 달기체인이 제조된 때의 길이의 (①)[%]를 초과한 것
나. 링의 단면지름이 달기체인이 제조된 때의 해당 링의 지름의 (②)[%]를 초과하여 감소한 것

> **해답**
> ① 5
> ② 10
>
> **KEY**
> ① 2014년 7월 6일 산업기사 출제
> ② 2020년 5월 24일 기사 출제
> ③ 2020년 7월 26일(문제 8번) 출제

> **합격정보**
> 산업안전보건기준에 관한 규칙 제167조(늘어난 달기체인의 사용금지)

07 안전인증 보호구 제품에 표시사항 3가지를 쓰시오.(6점)

> **해답**
> ① 형식 또는 모델명
> ② 규격 또는 등급 등
> ③ 제조자명
> ④ 제조번호 및 제조연월
> ⑤ 안전인증번호
>
> **KEY**
> ① 2009년 7월 5일(문제 8번) 출제
> ② 2010년 4월 18일(문제 6번) 출제
> ③ 2019년 10월 13일 기사 출제

> **합격정보**
> 보호구 안전인증고시 제34조(안전인증 제품표시의 붙임)

08 산업안전보건법상 안전보건에 관한 노사협의체 구성에 있어서 근로자위원과 사용자위원의 자격을 2가지씩 쓰시오.(단, 노사협의체의 근로자위원과 사용자위원은 합의하여 지명한 사람은 제외)(4점)

> **해답**
> (1) 근로자위원
>   ① 도급 또는 하도급 사업을 포함한 전체 사업의 근로자대표
>   ② 근로자대표가 지명하는 명예산업안전감독관 1명. 다만, 명예산업안전감독관이 위촉되어 있지 않은 경우에는 근로자대표가 지명하는 해당 사업장 근로자 1명
>   ③ 공사금액이 20억원 이상인 공사의 관계수급인의 각 근로자대표
> (2) 사용자위원
>   ① 도급 또는 하도급 사업을 포함한 전체 사업의 대표자
>   ② 안전관리자 1명
>   ③ 보건관리자 1명(보건관리자 선임대상 건설업으로 한정)
>   ④ 공사금액이 20억원 이상인 공사의 관계수급인의 각 대표자
>
> **KEY**
> ① 2008년 9월 28일 기사 출제
> ② 2009년 4월 19일 기사 출제
> ③ 2019년 6월 29일 (문제 7번) 출제
> ④ 2019년 10월 13일 기사 출제

> **합격정보**
> 산업안전보건법 시행령 제64조(노사협의체의 구성)

09 산업안전보건법령상, 안전인증 대상 방호장치 중 3가지만 쓰시오.(3점)

해답
① 프레스 및 전단기 방호장치
② 양중기용 과부하 방지장치
③ 보일러 압력방출용 안전밸브
④ 압력용기 압력방출용 안전밸브
⑤ 압력용기 압력방출용 파열판
⑥ 절연용 방호구 및 활선작업용 기구
⑦ 방폭구조 전기기계·기구 및 부품
⑧ 추락·낙하 및 붕괴 등의 위험 방지 및 보호에 필요한 가설기자재
⑨ 충돌·협착 등의 위험 방지에 필요한 산업용 로봇 방호장치

 ① 2011년 7월 24일 산업기사(문제 5번) 출제
② 2014년 7월 6일 산업기사(문제 10번) 출제
③ 2014년 10월 5일(문제 13번) 출제
④ 2019년 10월 13일 기사 출제

합격정보
산업안전보건법 시행령 제74조(안전인증대상 기계 등)

10 산업안전보건법령상, 공기압축기를 가동할 때 작업시작 전 점검 사항을 4가지 쓰시오(단, 그 밖의 연결 부위의 이상 유무는 제외).(4점)

해답
① 공기저장 압력용기의 외관 상태
② 드레인밸브의 조작 및 배수
③ 압력방출장치의 기능
④ 언로드밸브의 기능
⑤ 윤활유의 상태
⑥ 회전부의 덮개 또는 울

 ① 2010년 9월 12일(문제 7번) 출제
② 2017년 10월 14일 (문제 8번) 출제
③ 2018년 4월 5일(문제 1번) 출제
④ 2018년 10월 7일(문제 1번) 출제
⑤ 2019년 6월 29일 기사 출제

합격정보
산업안전보건기준에 관한 규칙 [별표3] 작업시작 전 점검사항

11 산업현장에서 사용되고 있는 출입금지 표지판의 배경반사율이 80[%]이고, 관련 그림의 반사율이 20[%]일 때 이 표지판의 대비를 구하시오.(4점)

해답
대비 $= \dfrac{L_b - L_t}{L_b} \times 100 = \dfrac{80-20}{80} \times 100 = 75[\%]$

① 2014년 10월 5일(문제 10번) 출제
② 2017년 5월 7일 필기시험 출제
③ 2017년 6월 25일(문제 3번) 출제

12 사업주는 근로자가 노출된 충전부 또는 그 부근에서 작업함으로써 감전될 우려가 있는 경우에는 작업에 들어가기 전에 해당 전로를 차단하여야 한다. 차단절차를 순서대로 번호를 쓰시오.(5점)

① 개로된 전로에서 유도전압 또는 전기에너지가 축적되어 근로자에게 전기위험을 끼칠 수 있는 전기기기 등은 접촉하기 전에 잔류전하를 완전히 방전시킬 것
② 검전기를 이용하여 작업 대상 기기가 충전되었는지를 확인할 것
③ 전기기기 등이 다른 노출 충전부와의 접촉, 유도 또는 예비동력원의 역송전 등으로 전압이 발생할 우려가 있는 경우에는 충분한 용량을 가진 단락 접지기구를 이용하여 접지할 것
④ 전기기기 등에 공급되는 모든 전원을 관련 도면, 배선도 등으로 확인할 것
⑤ 전원을 차단한 후 각 단로기 등을 개방하고 확인할 것
⑥ 차단장치나 단로기 등에 잠금장치 및 꼬리표를 부착할 것

해답
④-⑤-⑥-①-②-③

① 2017년 6월 25일(문제 12번) 출제
② 2022년 10월 22일 실기 작업형 출제

합격정보
산업안전보건기준에 관한 규칙 제319조(정전전로에서의 전기작업)

13 다음 그림을 보고 FT도를 작성하시오.(3점)

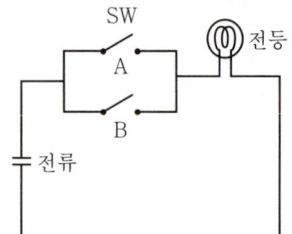

해답

FT도

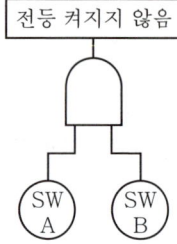

KEY 2012년 10월 14일(문제 9번) 출제

보충학습

정상사상발생 확률과 고장사상발생 확률 비교표

구분	정상사상발생 확률	고장사상발생 확률
병렬	OR	AND
직렬	AND	OR

※ 문제 및 답안(지), 점수, 채점기준은 일체 공개하지 않는다.
※ 다음 여백은 계산 연습란으로 사용하시오.

비번호	
총 점	

2022년도 산업기사 정기검정 제3회(2022년 10월 16일 시행)

자격종목 및 등급(선택분야): 산업안전산업기사
(배점: 55, 문제수: 13)
시험시간: 1시간 / 수험번호: 20221016 / 성명: 도서출판세화

※ 본 문제는 복원문제로 실제문제와 동일하지 않을 수 있습니다.

01 교류아크용접기에 자동전격방지기를 설치해야 하는 장소 2가지를 쓰시오.(4점)

해답
① 선박의 이중 선체 내부, 밸러스트 탱크(ballast tank, 평형수 탱크), 보일러 내부 등 도전체에 둘러싸인 장소
② 추락할 위험이 있는 높이 2미터 이상의 장소로 철골 등 도전성이 높은 물체에 근로자가 접촉할 우려가 있는 장소
③ 근로자가 물·땀 등으로 인하여 도전성이 높은 습윤 상태에서 작업하는 장소

KEY
① 2021년 4월 24일 산업기사(문제 1번) 출제
② 2022년 10월 16일 기사(문제 5번) 출제
③ 2024년 10월 27일 작업형 출제

합격정보
산업안전보건기준에 관한 규칙 제306조(교류아크용접기 등)

02 산업안전보건법상 안전관리자의 업무를 5가지 쓰시오.(단, 그 밖에 안전에 관한 사항으로서 고용노동부장관이 정하는 사항은 제외)(5점)

해답
① 산업안전보건위원회 또는 노사협의체에서 심의·의결한 업무와 해당 사업장의 안전보건관리규정 및 취업규칙에서 정한 업무
② 위험성평가에 관한 보좌 및 지도·조언
③ 안전인증대상기계등과 자율안전확인대상기계등 구입 시 적격품의 선정에 관한 보좌 및 지도·조언
④ 안전교육계획의 수립 및 안전교육 실시에 관한 보좌 및 지도·조언
⑤ 사업장 순회점검, 지도 및 조치 건의
⑥ 산업재해 발생의 원인 조사·분석 및 재발 방지를 위한 기술적 보좌 및 지도·조언
⑦ 산업재해에 관한 통계의 유지·관리·분석을 위한 보좌 및 지도·조언
⑧ 안전에 관한 사항의 이행에 관한 보좌 및 지도·조언
⑨ 업무 수행 내용의 기록·유지

KEY
① 2021년 제1회 산업기사 출제
② 2021년 제1회 건설안전기사 출제
③ 2021년 4월 24일(문제 2번) 출제

합격정보
산업안전보건법 시행령 제18조(안전관리자의 업무 등)

03 산업안전보건법상 산업재해가 발생한 때 사업주가 기록·보존해야 할 사항을 4가지 쓰시오.(단, 산업재해조사표의 사본을 보존하거나, 요양신청서의 사본에 재해 재발방지 계획을 첨부하여 보존한 경우는 제외)(4점)

해답
① 사업장의 개요 및 근로자의 인적사항
② 재해 발생의 일시 및 장소
③ 재해 발생의 원인 및 과정
④ 재해 재발방지 계획

KEY 2021년 4월 24일 (문제 3번) 출제

합격정보
산업안전보건법 시행규칙 제72조(산업재해 기록 등)

합격자의 조언
① 1번, 2번, 3번이 동일하게 출제되었습니다.
② 결론은 최신 정보(문제) 정독입니다.

04 인간 실수 확률 추정 기법 4가지를 쓰시오.(4점)

해답
① 결함 수 분석(FTA : Fault Tree Analysis)
② 사건 수 분석(ETA : Event Tree Analysis)
③ THERP(Technique for Human Error Rate Prediction)
④ MORT(Management Oversight Risk Tree)
⑤ 조작자 행동수(OAT : Operator Action Tree)

KEY
① 2012년 10월 14일 (문제 10번) 출제
② 2020년 11월 29일 기사(문제 12번) 출제

05 하인리히 재해 구성 비율 1 : 29 : 300의 법칙의 의미에 대해서 설명하시오.(3점)

해답
① 중상 또는 사망(중대사고) : 1회
② 경상 : 29회
③ 무상해 사고(아차사고) : 300회

KEY ① 2021년 7월 10일 건설안전기사 출제
② 2021년 7월 10일 기사(문제 5번) 출제

06 보호구 안전인증 고시상, 다음 방진마스크에 해당하는 명칭을 예와 같이 ( )에 쓰시오. (4점)

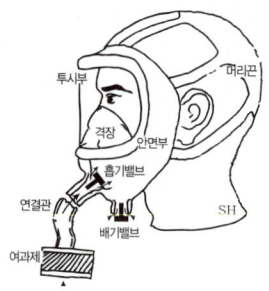

예 [그림] 격리식 전면형

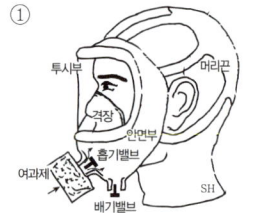
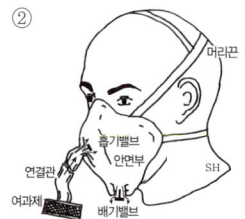
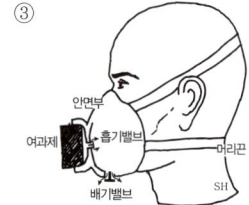
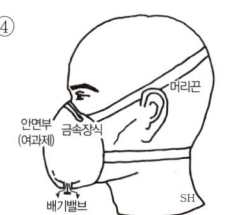

해답
① 직결식 전면형
② 격리식 반면형
③ 직결식 반면형
④ 안면부 여과식

합격정보
보호안전인증고시 [별표 4] 방진마스크의 성능기준

07 안전보건진단을 받아 안전보건개선계획을 수립·제출하도록 명할 수 있는 사업장 3곳을 쓰시오. (6점)

해답
① 산업재해율이 같은 업종 평균 산업재해율의 2배 이상인 사업장
② 사업주가 필요한 안전조치 또는 보건조치를 이행하지 아니하여 중대재해가 발생한 사업장(법 제49조 제1항제2호)
③ 직업성 질병자가 연간 2명 이상(상시근로자 1천명 이상 사업장의 경우 3명 이상) 발생한 사업장
④ 그 밖에 작업환경 불량, 화재·폭발 또는 누출 사고 등으로 사업장 주변까지 피해가 확산된 사업장으로서 고용노동부령으로 정한 사업장

KEY ① 2016년 6월 26일(문제 6번) 출제
② 2016년 10월 9일(문제 11번) 출제
③ 2017년 4월 16일(문제 12번) 출제
④ 2018년 6월 30일(문제 4번) 출제
⑤ 2020년 5월 24일(문제 4번) 출제
⑥ 2020년 10월 18일(문제 2번) 출제

합격정보
산업안전보건법 시행령 제49조(안전보건진단을 받아 안전보건개선계획을 수립할 대상)

08 위험예지훈련 4라운드의 진행방식을 쓰시오. (4점)

해답
① 제1단계 : 현상파악
② 제2단계 : 본질추구
③ 제3단계 : 대책수립
④ 제4단계 : 목표설정

KEY ① 2015년 10월 4일(문제 3번) 출제
② 2019년 6월 29일 기사 출제
③ 2020년 5월 24일(문제 1번) 출제

09 방호장치 자율안전기준 고시상, 교류아크용접기 방호장치 관련 ( ) 안에 알맞은 것을 쓰시오. (4점)

• 교류아크용접기용 (①)란 용접기의 주회로(변압기의 경우는 1차회로 또는 2차회로)를 제어하는 장치를 가지고 있어, 용접봉의 조작에 따라 용접할 때에만 용접기의 주회로를 형성하고, 그 외에는 용접기의 출력측의 무부하전압을 25[V] 이하로 저하시키도록 동작하는 장치

- (②) 이란 용접봉을 피용접물에 접촉시켜서 전격 방지기의 주접점이 폐로될(닫힐) 때까지의 시간
- (③) 이란 용접봉 홀더에 용접기 출력측의 무부하 전압이 발생한 후 주접점이 개방될 때까지의 시간을 말한다.
- (④) 란 정격전원전압(전원을 용접기의 출력측에서 취하는 경우는 무부하전압의 하한값을 포함한다)에 있어서 전격방지기를 시동시킬 수 있는 출력회로의 시동감도로서 명판에 표시된 것을 말한다.

해답
① 자동전격방지기
② 시동시간
③ 지동시간
④ 표준시동감도

KEY
① 1992년 2월 9일 기사(문제 1번) 출제
② 2016년 4월 17일 (문제 12번) 출제
③ 2019년 4월 14일 (문제 1번) 출제

합격정보
방호장치 자율안전기준 고시 제4조(정의)

10
다음 시스템의 신뢰도 [%]를 직·병렬로 각각 구하시오.(6점)

- 인간의 신뢰도 : 0.8
- 기계의 신뢰도 : 0.95

해답
① 인간 기계 직렬 = 인간 × 기계
　　　　　　　= 0.8 × 0.95 = 0.76 = 76[%]
② 인간 기계 병렬 = (1 - (1 - 인간)(1 - 기계)
　　　　　　　= 1 - (1 - 0.8)(1 - 0.95) = 0.99 = 99[%]

KEY
① 1999년 5월 30일 출제
② 2002년 7월 7일(문제 10번) 출제
③ 2018년 4월 15일 (문제 10번) 출제

11
방호장치 안전인증 고시상, 양수조작식 방호장치 관련해서 (　)에 알맞은 것을 쓰시오.(4점)

양수조작식 방호장치의 일반구조는 다음 각 목과 같이 한다.
가. 정상동작표시등은 (①), 위험표시등은 (②)으로 하며, 쉽게 근로자가 볼 수 있는 곳에 설치해야 한다.
나. 슬라이드 하강 중 정전 또는 방호장치의 이상 시에 정지할 수 있는 구조이어야 한다.
다. 방호장치는 릴레이, 리미트스위치 등의 전기부품의 고장, 전원전압의 변동 및 정전에 의해 슬라이드가 불시에 동작하지 않아야 하며, 사용전원전압의 ±20[%]의 변동에 대하여 정상으로 작동되어야 한다.
라. 1행정 1정지 기구에 사용할 수 있어야 한다.
마. 누름버튼을 양손으로 동시에 조작하지 않으면 작동시킬 수 없는 구조이어야 하며, 양쪽버튼의 작동시간 차이는 최대 (③)초 이내일 때 프레스가 동작되도록 해야 한다.
바. 1행정마다 누름버튼에서 양손을 떼지 않으면 다음 작업의 동작을 할 수 없는 구조이어야 한다.
사. 램의 하행정중 버튼(레버)에서 손을 뗄 시 정지하는 구조이어야 한다.
아. 누름버튼의 상호간 내측거리는 (④)[mm]이상이어야 한다.

해답
① 녹색(초록색)
② 붉은색(빨간색)
③ 0.5
④ 300

KEY
① 2014년 4월 20일 기사(문제 14번) 출제
② 2016년 10월 9일 기사(문제 11번) 출제

합격정보
고용노동부 방호장치 안전인증 고시 [별표 1] 프레스 또는 전단기 방호장치의 성능기준(제2016-54호) (20) 양수조작식 방호장치의 일반구조

12
산업안전보건법령상, 터널공사 등의 건설작업시 가연성 가스가 존재하여 폭발 또는 화재가 발생할 위험이 있는 때에는 필요한 장소에 당해 가연성 가스 농도의 이상상승을 조기에 파악하기 위하여 필요한 자동경보장치를 설치하여야 한다. 자동경보장치에 대하여 당일의 작업 시작 전에 점검하고 이상 발견하면 보수할 사항을 3가지 쓰시오.(3점)

해답
① 계기의 이상 유무
② 검지부의 이상 유무
③ 경보장치의 작동상태

합격정보
산업안전보건기준에 관한 규칙 제350조(인화성 가스의 농도측정 등)

13 폭굉유도거리(DID)가 짧아지는 조건 4가지를 쓰시오.(4점)

해답
① 압력이 높을수록
② 정상 연소속도가 큰 혼합가스일수록
③ 관지름이 작을경우
④ 관속에 방해물이 있을 때
⑤ 점화원의 에너지가 강할수록

참고 산업안전(산업)기사 실기 필답형 p.8-43[용어정의(3)]

보충학습
폭굉 유도거리(DID : Detonation Inducement Distance)
폭굉 유도거리란 최초의 완만한 연소가 격렬한 폭굉으로 발전할 때까지의 거리

※ 문제 및 답안(지), 점수, 채점기준은 일체 공개하지 않는다.
※ 다음 여백은 계산 연습란으로 사용하시오.

비번호	
총 점	

과년도 출제문제

산업기사 2023년 04월 23일 시행

산업기사 2023년 07월 22일 시행

산업기사 2023년 10월 07일 시행

2023년도 산업기사 정기검정 제1회(2023년 4월 23일 시행)

자격종목 및 등급(선택분야): 산업안전산업기사
(배점: 55, 문제수: 13)
시험시간: 1시간 / 수험번호: 20230423 / 성명: 도서출판세화

※ 본 문제는 복원문제로 실제문제와 동일하지 않을 수 있습니다.

01
작업자를 포함하는 시스템의 각 구성요소의 초기 사건을 시작으로 하여 이로부터 발생되는 최종 결과를 귀납적인 접근 방법으로 평가하는 정량적 위험성평가 기법을 적으시오.(4점)

해답
ETA(Event Tree Analysis : 사건수분석)

KEY
① 2012년 10월 14일 (문제 10번) 출제
② 2020년 11월 29일 기사(문제 12번) 출제
③ 2022년 7월 24일 기사 출제
④ 2022년 10월 16일(문제 4번) 출제

합격자의 조언
① 영어, 한글, 약자 아무거나 1개만 쓰시면 됩니다.
② 최근 정보가 합격을 보장합니다.

02
산업안전보건법령상, 사업주가 근로자에게 시행해야 하는 안전보건교육의 종류 4가지를 쓰시오.(4점)

해답
① 정기교육
② 채용 시 교육
③ 작업내용 변경 시 교육
④ 특별교육
⑤ 건설업 기초 안전보건교육

KEY
① 2018년 4월 15일(문제 8번) 기사 출제
② 2020년 10월 17일(문제 7번) 기사 출제
③ 2021년 7월 10일(문제 4번) 출제
④ 2022년 10월 16일 기사 출제

합격정보
산업안전보건법 시행규칙 [별표 4] 안전보건교육 교육과정별 교육시간

03
산업안전보건법령상, 다음 [보기] 사항을 포함해야 하는 서류의 명칭(규정)을 쓰시오.(5점)

[보기]
① 안전 및 보건에 관한 관리조직과 그 직무에 관한 사항
② 안전보건교육에 관한 사항
③ 작업장의 안전 및 보건 관리에 관한 사항
④ 사고 조사 및 대책 수립에 관한 사항

해답
안전보건관리규정

KEY
① 2010년 7월 4일(문제 11번) 출제
② 2015년 7월 12일 산업기사(문제 7번) 출제
③ 2017년 6월 25일(문제 1번) 출제
④ 2020년 5월 24일(문제 1번) 출제
⑤ 2022년 7월 24일(문제 3번) 출제
⑥ 2022년 10월 16일 기사 출제

합격정보
산업안전보건법 제25조(안전보건관리규정의 작성)

합격자의 조언
① 안전하게 산업안전산업기사 합격을 위해서는 산업안전기사 문제도 꼭 보셔야 합니다.
② 최근 정보(문제)가 합격을 결정합니다.

04
어느 기계의 고장발생확률이 0.0004 건/시간 일 경우 1,000시간 가동하였을 때 신뢰도를 계산하시오.(3점) (단, [%]로 구할 것)

해답
$e^{-\lambda \times t} = e^{-0.0004 \times 1,000} = 67.03[\%]$

KEY
① 2001년 4월 22일(문제 6번) 출제
② 2007년 4월 22일(문제 4번) 출제
③ 2008년 4월 20일 산업기사(문제 3번) 출제
④ 2015년 4월 19일(문제 7번) 출제
⑤ 2021년 7월 10일(문제 4번) 출제
⑥ 2022년 7월 24일 기사 출제

05
보호구 안전인증 고시상, 추락, 비래, 감전에 의한 위험을 방지할 수 있는 안전모의 성능시험 항목 5가지를 쓰시오.(5점)

해답
① 내관통성
② 충격흡수성
③ 내전압성
④ 내수성
⑤ 난연성
⑥ 턱끈풀림

KEY
① 2006년 4월 23일 기사(문제 6번) 출제
② 2017년 4월 16일 기사(문제 9번) 출제
③ 2021년 7월 10일(문제 2번) 출제

합격정보
보호구 안전인증 고시 [별표 1] 추락 및 감전 위험방지용 안전모의 성능기준

06
산업안전보건법령상, 고용노동부장관이 산업재해 예방을 위하여 종합적인 개선조치를 할 필요가 있다고 인정되는 사업장의 사업주에게 "안전보건진단을 받아" 안전보건개선계획을 수립하여 시행할 것을 명할 수 있는 경우 관련하여 (　)를 채우시오.(3점)

① 산업재해율이 같은 업종 평균 산업재해율의 (①)배 이상인 사업장
② 법 제49조제1항제2호에 해당하는 사업장 → 사업주가 필요한 안전조치 또는 보건조치를 이행하지 아니하여 중대재해가 발생한 사업장
③ 직업성 질병자가 연간 (②)명 이상(상시근로자 1천명 이상 사업장의 경우 (③)명 이상) 발생한 사업장
④ 그 밖에 작업환경 불량, 화재·폭발 또는 누출 사고 등으로 사업장 주변까지 피해가 확산된 사업장으로서 고용노동부령으로 정하는 사업장

해답
① 2
② 2
③ 3

KEY
① 2016년 6월 26일(문제 6번) 출제
② 2016년 10월 9일(문제 11번) 출제
③ 2017년 4월 16일(문제 12번) 출제
④ 2018년 6월 30일(문제 4번) 출제
⑤ 2020년 5월 24일(문제 4번) 출제
⑥ 2020년 10월 18일(문제 2번) 출제
⑦ 2022년 10월 16일(문제 7번) 출제

합격정보
산업안전보건법 시행령 제49조(안전보건진단을 받아 안전보건개선계획을 수립할 대상)

07
산업안전보건법령상, 안전보건관리책임자의 직무를 4가지만 쓰시오.(4점) (단, 그 밖에 근로자의 유해·위험 방지 조치에 관한 사항으로서 고용노동부령으로 정하는 사항은 제외)

해답
① 사업장의 산업재해 예방계획의 수립에 관한 사항
② 안전보건관리규정의 작성 및 변경에 관한 사항
③ 안전보건교육에 관한 사항
④ 작업환경측정 등 작업환경의 점검 및 개선에 관한 사항
⑤ 근로자의 건강진단 등 건강관리에 관한 사항
⑥ 산업재해의 원인 조사 및 재발 방지대책 수립에 관한 사항
⑦ 산업재해에 관한 통계의 기록 및 유지에 관한 사항
⑧ 안전장치 및 보호구 구입 시 적격품 여부 확인에 관한 사항

합격정보
산업안전보건법 제15조(안전보건관리책임자)

08
산업안전보건법령상, 다음 (　)에 해당하는 사항을 적으시오.(5점)

사업주는 비계(달비계, 달대비계 및 말비계는 제외한다)의 높이가 2[m] 이상인 작업장소에 다음 각 호의 기준에 맞는 작업발판을 설치하여야 한다.
(1) 발판재료는 작업할 때의 하중을 견딜 수 있도록 견고한 것으로 할 것
(2) 작업발판의 폭은 (①)[cm] 이상으로 하고, 발판재료 간의 틈은 (②)[cm] 이하로 할 것. 다만, 외줄비계의 경우에는 고용노동부장관이 별도로 정하는 기준에 따른다.
(3) 제2호에도 불구하고 선박 및 보트 건조작업의 경우 선박블록 또는 엔진실 등의 좁은 작업공간에 작업발판을 설치하기 위하여 필요하면 작업발판의 폭을 30[cm] 이상으로 할 수 있고, 걸침비계의 경우 강관기둥 때문에 발판재료 간의 틈을 3[cm] 이하로 유지하기 곤란하면 5[cm] 이하로 할 수 있다. 이 경우 그 틈 사이로 물체 등이 떨어질 우려가 있는 곳에는 출입금지 등의 조치를 하여야 한다.

(4) 추락의 위험이 있는 장소에는 (③)을 설치할 것. 다만, 작업의 성질상 (③)을 설치하는 것이 곤란한 경우, 작업의 필요상 임시로 안전난간을 해체할 때에 (④)을 설치하거나 근로자로 하여금 (⑤)를 사용하도록 하는 등 추락위험 방지 조치를 한 경우에는 그러하지 아니하다.
(5) 작업발판의 지지물은 하중에 의하여 파괴될 우려가 없는 것을 사용할 것
(6) 작업발판재료는 뒤집히거나 떨어지지 않도록 둘 이상의 지지물에 연결하거나 고정시킬 것
(7) 작업발판을 작업에 따라 이동시킬 경우에는 위험 방지에 필요한 조치를 할 것

해답

① 40
② 3
③ 안전난간
④ 추락방호망
⑤ 안전대

KEY 2021년 7월 10일 기사(문제 10번) 출제

합격정보
산업안전보건기준에 관한 규칙 제56조(작업발판의 구조)

09
60[rpm]으로 회전하는 롤러기의 앞면 롤러기의 지름이 120[mm]인 경우 앞면 롤러의 표면속도와 관련 규정에 따른 급정지거리[mm]를 구하시오.(4점)

해답

① V(표면속도) $= \dfrac{\pi DN}{1{,}000} = \dfrac{\pi \times 120 \times 60}{1{,}000} = 22.619 [\text{m/min}]$

② 급정지거리 기준 : 표면속도가 30[m/min] 미만으로 원주(πD)의 $\dfrac{1}{3}$ 이내

③ 급정지 거리 $= \pi D \times \dfrac{1}{3} = \pi \times 120 \times \dfrac{1}{3} = 125.663$
$= 125.66[\text{mm}]$ 이내

참고 급정지거리 기준 : 표면속도가 30[m/min] 이상 시 원주(πD)의 $\dfrac{1}{2.5}$ 이내

KEY 2021년 7월 10일(문제 8번) 출제

합격정보
방호장치 자율안전기준 고시 [별표 3] 롤러기 급정지장치의 성능기준

10
산업안전보건법령상, 사업주가 교류아크용접기에 전격방지기를 설치해야 하는 장소 2가지를 쓰시오.(4점)

해답

① 선박의 이중 선체 내부, 밸러스트 탱크(ballast tank : 평형수 탱크), 보일러 내부 등 도전체에 둘러싸인 장소
② 추락할 위험이 있는 높이 2미터 이상의 장소로 철골 등 도전성이 높은 물체에 근로자가 접촉할 우려가 있는 장소
③ 근로자가 물·땀 등으로 인하여 도전성이 높은 습윤 상태에서 작업하는 장소

KEY ① 2021년 4월 24일 산업기사(문제 1번) 출제
② 2022년 10월 16일 기사(문제 5번) 출제
③ 2022년 10월 16일(문제 1번) 출제

합격정보
산업안전보건기준에 관한 규칙 제306조(교류아크용접기 등)

11
산업안전보건법령상, 위험물을 저장·취급하는 화학설비 및 그 부속설비를 설치하는 경우에는 폭발이나 화재에 따른 피해를 줄일 수 있도록 설비 및 시설 간에 충분한 안전거리를 유지해야 한다. 이와 관련하여 ( ) 안에 알맞은 것을 적으시오.(4점)

(가) 위험물질 저장탱크로부터 단위공정시설 및 설비, 보일러 또는 가열로의 사이 :
저장탱크의 바깥 면으로부터 (①)[m] 이상.
(단, 저장탱크의 방호벽, 원격조종화설비 또는 살수설비를 설치한 경우에는 적용하지 않음)
(나) 사무실, 연구실, 실험실, 정비실 또는 식당으로부터 단위공정시설 및 설비, 위험물질 저장탱크, 위험물질 하역 설비, 보일러 또는 가열로의 사이 :
사무실 등의 바깥 면으로부터 (②)[m] 이상.
(단, 난방용 보일러인 경우 또는 사무실 등의 벽을 방호구조로 설치한 경우에는 적용하지 않음)

해답

① 20
② 20

KEY 2022년 5월 7일 기사 출제

합격정보
① 산업안전보건기준에 관한 규칙 제271조(안전거리)
② 산업안전보건기준에 관한 규칙 [별표 8] 안전거리

12 산업안전보건법령상, 안전인증대상 방호장치 5가지만 쓰시오.(5점)

해답

① 프레스 및 전단기 방호장치
② 양중기용 과부하 방지장치
③ 보일러 압력방출용 안전밸브
④ 압력용기 압력방출용 안전밸브
⑤ 압력용기 압력방출용 파열판
⑥ 절연용 방호구 및 활선작업용 기구
⑦ 방폭구조 전기기계·기구 및 부품
⑧ 추락·낙하 및 붕괴 등의 위험 방지 및 보호에 필요한 가설기자재
⑨ 충돌·협착 등의 위험 방지에 필요한 산업용 로봇 방호장치

KEY
① 2011년 7월 24일 (문제 5번) 출제
② 2014년 7월 6일 (문제 10번) 출제
③ 2014년 10월 5일 기사(문제 13번) 출제
④ 2019년 10월 13일 기사 출제
⑤ 2022년 7월 24일 기사(문제 9번) 출제

합격정보
산업안전보건법 시행령 제74조(안전인증대상 기계 등)

13 산업안전보건법령상, 공정안전보고서의 제출 대상 사업장 5가지를 쓰시오.(5점)

해답

① 원유 정제처리업
② 기타 석유정제물 재처리업
③ 석유화학계 기초화학물질 제조업 또는 합성수지 및 기타 플라스틱물질 제조업. 다만, 합성수지 및 기타 플라스틱물질 제조업은 별표 13 제1호 또는 제2호에 해당하는 경우로 한정한다.
④ 질소 화합물, 질소·인산 및 칼리질 화학비료 제조업 중 질소질 비료 제조
⑤ 복합비료 및 기타 화학비료 제조업 중 복합비료 제조(단순혼합 또는 배합에 의한 경우는 제외)
⑥ 화학 살균·살충제 및 농업용 약제 제조업[농약 원제(原劑) 제조만 해당한다]
⑦ 화약 및 불꽃제품 제조업

KEY 2020년 5월 24일 기사(문제 8번) 출제

합격정보
산업안전보건법 시행령 제43조(공정안전보고서의 제출 대상)

※ 문제 및 답안(지), 점수, 채점기준은 일체 공개하지 않는다.
※ 다음 여백은 계산 연습란으로 사용하시오.

비번호	
총 점	

2023년도 산업기사 정기검정 제2회(2023년 7월 22일 시행)

산업안전산업기사

(배점 : 55, 문제수 : 13)

시험시간 : 1시간 | 수험번호 : 20230722 | 성명 : 도서출판세화

※ 본 문제는 복원문제로 실제문제와 동일하지 않을 수 있습니다.

01 산업안전보건법령상, 가설통로 설치 시 사업주의 준수사항 관련하여 (   )를 채우시오. (4점)

가. 경사는 (①)도 이하일 것
나. 경사가 (②)도를 초과하는 경우에는 미끄러지지 아니하는 구조로 할 것
다. 다만, 계단을 설치하거나 높이 (③) [m] 미만의 가설통로로서 튼튼한 손잡이를 설치한 경우에는 그러하지 아니하다.
③ 추락할 위험이 있는 장소에는 (④)을 설치할 것

해답
① 30
② 15
③ 2
④ 안전난간

KEY ① 2021년 4월 25일 기사(문제 5번) 출제
② 2023년 4월 23일 기사(문제 9번) 출제

합격정보 산업안전보건기준에 관한 규칙 제23조(가설통로의 구조)

02 산업안전보건법령상 안전보건표지의 명칭을 각각 쓰시오. (4점)

①　　　　②　　　　③　　　　④

해답
① 화기금지
② 산화성물질경고
③ 고온경고
④ 고압전기경고

KEY ① 2012년 7월 25일(문제 5번) 출제
② 2018년 6월 30일(문제 5번) 출제
③ 2020년 10월 18일(문제 4번) 출제
④ 2021년 10월 16일 산업기사 출제
⑤ 2022년 7월 24일 기사(문제 14번) 출제

합격정보 산업안전보건법 시행규칙 [별표 6] 안전보건표지의 종류와 형태

03 다음에 해당하는 방폭구조의 기호를 쓰시오. (3점)

① 안전증방폭구조 : (　　)
② 내압방폭구조　: (　　)
③ 유입방폭구조　: (　　)

해답
① Ex e
② Ex d
③ Ex o

KEY ① 2008년 9월 28일 기사(문제 14번)
② 2010년 9월 12일 기사(문제 1번) 출제
③ 2019년 6월 29일 기사(문제 8번) 출제
④ 2019년 6월 29일 (문제 8번) 출제
⑤ 2019년 10월 13일 (문제 5번) 출제
⑥ 2023년 7월 22일 기사 출제

합격정보 위험기계·기구방호장치성능검정규정 제52조(용어의 정의)

보충학습
① 압력방폭구조　　Ex p　: Pressurised
② 안전증방폭구조　Ex e　: Extented 혹은 Extensive
③ 유입방폭구조　　Ex o　: Oil Immersion
④ 본질안전방폭구조 Ex i　: Intrinsic Safety
⑤ 비점화방폭구조　Ex n　: Non-Sparking
⑥ 몰드방폭구조　　Ex m　: Mould
⑦ 특수방폭구조　　Ex s　: Special

04 어느 사업장의 도수율이 4이고 연간 5건의 재해와 350일의 총요양근로손실일수가 발생하였을 경우 이 사업장의 강도율을 구하시오. (4점)

> **해답**

① 도수율(빈도율) = $\dfrac{재해건수}{연근로시간수} \times 10^6$

② 연근로시간수 = $\dfrac{재해건수}{도수율} \times 10^6 = \dfrac{5}{4} \times 10^6 = 1,250,000$

③ 강도율 = $\dfrac{총요양근로손실일수}{연근로시간수} \times 1,000$
  $= \dfrac{350}{1,250,000} \times 10^3 = 0.28$

> **참고** 산업안전(산업)기사 실기 필답형 p.2-11 (15. 빈도율)

> **KEY**
> ① 2019년 10월 13일 (문제 1번) 출제
> ② 2021년 4월 25일 기사 출제
> ③ 2022년 7월 24일 (문제 5번) 출제

> **합격정보**
> 산업재해통계업무처리규정 제3조(산업재해통계의 산출방법 및 정의)

05 산업안전보건법령상, 사업주는 근로자가 노출된 충전부 또는 그 부근에서 작업함으로써 감전될 우려가 있는 경우에는 작업에 들어가기 전에 해당 전로를 차단하여야 한다. 해당 전로를 차단하는 절차에 맞게 (   )에 적합한 내용을 쓰시오.(5점)

가. 전기기기등에 공급되는 모든 전원을 관련 도면, 배선도 등으로 확인할 것
나. 전원을 차단한 후 각 단로기 등을 개방하고 확인할 것
다. 차단장치나 단로기 등에 (①) 및 (②)를 부착할 것
라. 개로된 전로에서 유도전압 또는 전기에너지가 축적되어 근로자에게 전기위험을 끼칠 수 있는 전기기기등은 접촉하기 전에 (③)를 완전히 방전시킬 것
마. (④)를 이용하여 작업 대상 기기가 충전되었는지를 확인할 것
바. 전기기기등이 다른 노출 충전부와의 접촉, 유도 또는 예비동력원의 역송전 등으로 전압이 발생할 우려가 있는 경우에는 충분한 용량을 가진 (⑤)를 이용하여 접지할 것

> **해답**
> ① 잠금장치   ② 꼬리표
> ③ 잔류전하   ④ 검전기
> ⑤ 단락 접지기구

> **KEY**
> ① 2017년 6월 25일(문제 12번) 출제
> ② 2022년 10월 22일 실기 작업형 출제
> ③ 2022년 7월 24일(문제 12번) 출제

> **합격정보**
> 산업안전보건기준에 관한 규칙 제319조(정전전로에서의 전기작업)

06 Swain의 독립 행동에 관한 분류(심리적 분류)에 따른 휴먼에러의 종류를 4가지만 쓰시오.(4점)

> **해답**
> ① 생략 에러 (omission error) : 누락 오류, 부작위 오류
> ② 실행 에러 (commission error) : 작위 오류, 수행 오류
> ③ 순서 에러 (sequential error)
> ④ 시간 에러 (time error)
> ⑤ 과잉행동 에러 (extraneous error) : 불필요한 행동 오류
> ⑥ 선택 에러 (selection error)
> ⑦ 물량 에러 (quantity error)

> **KEY**
> ① 2008년 7월 6일(문제 4번) 출제
> ② 2009년 7월 5일 출제
> ③ 2011년 10월 16일 출제
> ④ 2013년 4월 21일(문제 1번) 출제
> ⑤ 2016년 4월 17일(문제 7번) 출제
> ⑥ 2018년 4월 15일 기사·산업기사 동시 출제
> ⑦ 2018년 4월 15일(문제 2번) 출제
> ⑧ 2020년 11월 29일(문제 4번) 출제

07 산업안전보건법상 자율안전확인대상 기계 또는 설비 5가지를 쓰시오.(5점)

> **해답**
> ① 연삭기 또는 연마기(휴대형은 제외한다)
> ② 산업용 로봇
> ③ 혼합기
> ④ 파쇄기 또는 분쇄기
> ⑤ 식품가공용기계(파쇄·절단·혼합·제면기만 해당한다)
> ⑥ 컨베이어
> ⑦ 자동차정비용 리프트
> ⑧ 공작기계(선반, 드릴기, 평삭·형삭기, 밀링만 해당한다)
> ⑨ 고정형 목재가공용 기계(둥근톱, 대패, 루타기, 띠톱, 모떼기 기계만 해당한다)
> ⑩ 인쇄기

> **KEY**
> ① 2009년 4월 19일 기사 출제
> ② 2011년 10월 16일(문제 9번) 출제
> ③ 2017년 6월 25일 산업기사 출제
> ④ 2018년 10월 7일 기사(문제 3번) 출제

> **합격정보**
> 산업안전보건법 시행령 제77조(자율안전확인대상 기계 등)

08 방호장치 안전인증 고시 상, 프레스의 수인식 방호장치의 일반구조의 조건에 대해서 4가지만 쓰시오. (4점)

해답
① 손목밴드(wrist band)의 재료는 유연한 내유성 피혁 또는 이와 동등한 재료를 사용해야 한다.
② 손목밴드는 착용감이 좋으며 쉽게 착용할 수 있는 구조이어야 한다.
③ 수인끈의 재료는 합성섬유로 직경이 4[mm] 이상이어야 한다.
④ 수인끈은 작업자와 작업공정에 따라 그 길이를 조정할 수 있어야 한다.
⑤ 수인끈의 안내통은 끈의 마모와 손상을 방지할 수 있는 조치를 해야 한다.
⑥ 각종 레버는 경량이면서 충분한 강도를 가져야 한다.
⑦ 수인량의 시험은 수인량이 링크에 의해서 조정될 수 있도록 되어야 하며 금형으로부터 위험한계 밖으로 당길 수있는 구조이어야 한다

KEY
① 2012년 7월 8일(문제 6번) 출제
② 2017년 10월 14일(문제 13번) 출제

합격정보
방호장치 안전인증 고시 [별표 1] 프레스 또는 전단기 방호장치의 성능기준(제4조 관련)

09 산업안전보건법령상 크레인, 리프트, 양중기 안전검사대상 기계 등의 검사 주기의 빈칸을 채우시오.(단, 이동식 크레인 및 이삿짐운반용 리프트는 제외한다.)(5점)

- 크레인(이동식 크레인은 제외한다), 리프트(이삿짐운반용 리프트는 제외한다) 및 곤돌라 : 사업장에 설치가 끝난 날부터 (①)년 이내에 최초 안전검사를 실시하되, 그 이후부터 (②)년마다(건설현장에서 사용하는 것은 최초로 설치한 날부터 (③)개월마다)
- 프레스, 전단기, 압력용기, 국소 배기장치, 원심기, 롤러기, 사출성형기, 컨베이어, 산업용 로봇, 혼합기, 파쇄기 및 분쇄기 : 사업장에 설치가 끝난 날부터 (④)년 이내에 최초 안전검사를 실시하되, 그 이후부터 2년마다 (공정안전보고서를 제출하여 확인을 받은 압력용기는 그 이후부터 (⑤)년마다) 안전검사를 실시한다.

해답
① 3
② 2
③ 6
④ 3
⑤ 4

KEY
① 2014년 4월 20일(문제 7번) 출제
② 2017년 10월 14일 기사(문제 4번) 출제
③ 2023년 7월 22일 산업기사 출제

합격정보
산업안전보건법 시행규칙 제126조(안전검사의 주기 및 합격표시·표시방법)

10 산업안전보건법에 따라 구내운반차를 사용하여 작업을 하고자 할 때 작업시작 전 점검사항을 5가지 쓰시오.(5점)

해답
① 제동장치 및 조종장치 기능의 이상 유무
② 하역장치 및 유압장치 기능의 이상 유무
③ 바퀴의 이상 유무
④ 전조등·후미등·방향지시기 및 경음기 기능의 이상 유무
⑤ 충전장치를 포함한 홀더 등의 결합상태의 이상 유무

KEY
① 2010년 9월 12일 기사(문제 13번) 출제
② 2015년 7월 12일(문제 6번) 출제
③ 2017년 10월 14일 기사(문제 5번) 출제

합격정보
산업안전보건기준에 관한 규칙 [별표 3] 작업시작 전 점검사항(제35조 제2항 관련)

11 산업안전보건법령상, 가연물이 있는 장소에서 하는 화재위험작업 시 사업주가 근로자에게 실시해야 하는 특별 안전·보건교육의 내용을 4가지 쓰시오.(단, 공통적인 사항 및 그 밖에 안전·보건관리에 필요한 사항은 제외)(4점)

해답
① 작업준비 및 작업절차에 관한 사항
② 작업장 내 위험물, 가연물의 사용·보관·설치 현황에 관한 사항
③ 화재위험작업에 따른 인근 인화성 액체에 대한 방호조치에 관한 사항
④ 화재위험작업으로 인한 불꽃, 불티, 등의 흩날림 방지 조치에 관한 사항
⑤ 인화성 액체의 증기가 남아 있지 않도록 환기 등의 조치에 관한 사항
⑥ 화재감시자의 직무 및 피난교육 등 비상조치에 관한 사항

KEY 2017년 10월 14일 보충문제

합격정보
산업안전보건법 시행규칙 [별표 5] 안전보건교육 교육대상별 교육내용

12
산업안전보건법령상, 안전보건개선계획에 대해서 ( )에 알맞은 것을 쓰시오.(4점)

- 사업주는 안전보건개선계획서 수립·시행 명령을 받은 날부터 (①)일 이내에 관할 지방고용노동관서의 장에게 해당 계획서를 제출(전자문서로 제출하는 것을 포함한다)해야 한다.
- 지방고용노동관서의 장이 안전보건개선계획서를 접수한 경우에는 접수일부터 (②)일 이내에 심사하여 사업주에게 그 결과를 알려야 한다.

해답

① 60
② 15

합격정보
① 산업안전보건법 시행규칙 제61조(안전보건개선계획의 제출 등)
② 산업안전보건법 시행규칙 제62조(안전보건개선계획서의 검토 등)

13
산업안전보건법령상, 항타기 또는 항발기를 조립하거나 해체하는 경우 사업주가 점검해야 하는 사항을 4가지만 쓰시오.(4점)

해답

① 본체 연결부의 풀림 또는 손상의 유무
② 권상용 와이어로프·드럼 및 도르래의 부착상태의 이상 유무
③ 권상장치의 브레이크 및 쐐기장치 기능의 이상 유무
④ 권상기의 설치상태의 이상 유무
⑤ 리더(leader)의 버팀 방법 및 고정상태의 이상 유무
⑥ 본체·부속장치 및 부속품의 강도가 적합한지 여부
⑦ 본체·부속장치 및 부속품에 심한 손상·마모·변형 또는 부식이 있는지 여부

합격정보
산업안전보건기준에 관한 규칙 제207조 ②항(조립·해체 시 점검사항) 〈개정 2022. 10. 18.〉

※ 문제 및 답안(지), 점수, 채점기준은 일체 공개하지 않는다.
※ 다음 여백은 계산 연습란으로 사용하시오.

비번호	
총 점	

2023년도 산업기사 정기검정 제3회(2023년 10월 7일 시행)

자격종목 및 등급(선택분야): 산업안전산업기사

(배점 : 55, 문제수 : 13)

시험시간: 1시간 | 수험번호: 20231007 | 성명: 도서출판세화

※ 본 문제는 복원문제로 실제문제와 동일하지 않을 수 있습니다.

---

01 산업안전보건법령상 사업주가 교류아크용접기에 전격방지기를 설치해야 하는 장소 3가지를 쓰시오.(5점)

해답
① 선박의 이중 선체 내부, 밸러스트 탱크(ballast tank : 평형수 탱크), 보일러 내부 등 도전체에 둘러싸인 장소
② 추락할 위험이 있는 높이 2미터 이상의 장소로 철골 등 도전성이 높은 물체에 근로자가 접촉할 우려가 있는 장소
③ 근로자가 물·땀 등으로 인하여 도전성이 높은 습윤 상태에서 작업하는 장소

KEY
① 2021년 4월 24일 산업기사(문제 1번) 출제
② 2022년 10월 16일 기사(문제 5번) 출제
③ 2022년 10월 16일(문제 1번) 출제
④ 2023년 4월 23일(문제 10번) 출제

합격정보
산업안전보건기준에 관한 규칙 제306조(교류아크용접기 등)

---

02 산업안전보건법령상 안지름이 150[mm] 초과하는 압력용기에 안전밸브를 설치하고자 한다. 이 때 파열판을 설치해야하는 경우를 3가지 쓰시오.(5점)

해답
① 반응 폭주 등 급격한 압력 상승 우려가 있는 경우
② 급성 독성물질의 누출로 인하여 주위의 작업환경을 오염시킬 우려가 있는 경우
③ 운전 중 안전밸브에 이상 물질이 누적되어 안전밸브가 작동되지 아니할 우려가 있는 경우

KEY
① 2010년 9월 12일(문제 9번) 출제
② 2017년 10월 14일 기사(문제 8번) 출제
③ 2019년 4월 14일 기사(문제 3번) 출제
④ 2022년 5월 7일(문제 5번) 출제
⑤ 2023년 4월 23일 기사(문제 3번) 출제

합격정보
산업안전보건기준에 관한 규칙 제262조(파열판의 설치)

---

03 산업안전보건법령상 설치·이전하거나 그 주요 구조부분을 변경하려는 경우, 유해위험방지계획서를 작성하여 고용노동부장관에게 제출하고 심사를 받아야 하는 대통령령으로 정하는 기계·기구 및 설비에 해당하는 경우를 5가지 쓰시오.(5점) (단, 사업이나 건설공사는 제외)

해답
① 금속이나 그 밖의 광물의 용해로
② 화학설비
③ 건조설비
④ 가스집합 용접장치
⑤ 근로자의 건강에 상당한 장해를 일으킬 우려가 있는 물질로서 고용노동부령으로 정하는 물질의 밀폐·환기·배기를 위한 설비

KEY
① 2020년 5월 24일 기사(문제 11번) 출제
② 2023년 4월 23일 기사(문제 14번) 출제

합격정보
산업안전보건법 시행령 제42조(유해위험방지계획서 제출 대상)

---

04 산업안전보건법령상, 비, 눈, 그 밖의 기상상태의 악화로 작업을 중지시킨 후 또는 비계를 조립·해체하거나 변경한 후에 그 비계에서 작업을 하는 경우에는 해당 작업을 시작하기 전에 사업주가 점검하고, 이상을 발견하면 즉시 보수하여야 하는 항목을 4가지만 쓰시오.(4점)

해답
① 발판재료의 손상여부 및 부착 또는 걸림 상태
② 해당 비계의 연결부 또는 접속부의 풀림 상태
③ 연결재료 및 연결철물의 손상 또는 부식 상태
④ 손잡이의 탈락 여부
⑤ 기둥의 침하, 변형, 변위 또는 흔들림 상태
⑥ 로프의 부착 상태 및 매단 장치의 흔들림 상태

KEY
① 2012년 10월 14일 기사(문제 2번) 출제
② 2013년 7월 14일 기사(문제 4번) 출제
③ 2014년 7월 6일(문제 8번) 출제
④ 2018년 4월 15일 산업기사 출제
⑤ 2020년 5월 24일 기사 출제
⑥ 2020년 11월 29일 산업기사 출제
⑦ 2022년 7월 24일(문제 8번) 출제
⑧ 2023년 4월 23일 기사(문제 7번) 출제

합격정보
산업안전보건기준에 관한 규칙 제58조(비계의 점검 및 보수)

05 인간관계의 매커니즘 관련하여 ( )안에 알맞은 것을 쓰시오.(4점)

① ( ) : 자기 속의 억압된 것을 다른 사람의 것으로 생각하는 것
② ( ) : 자신의 결함과 무능에 의하여 생긴 열등감이나 긴장을 해소시키기 위해 장점 같은 것으로 그 결함을 보충
③ ( ) : 자기의 실패나 약점을 그럴듯한 이유를 들어 남에게 비난받지 않도록
④ ( ) : 억압당한 욕구를 다른 가치있는 목적을 실현하도록 노력함으로써 욕구를 충족

해답

① 투사
② 보상
③ 합리화
④ 승화

KEY
① 2016년 10월 9일 출제
② 2018년 10월 7일 기사(문제 14번) 출제
③ 2022년 5월 7일 기사(문제 8번) 출제

06 청각적 표시장치보다 시각적 표시장치를 사용하는 것이 더 좋은 경우 3가지만 쓰시오.(3점)

해답

① 전언이 복잡하고 길 때
② 전언이 후에 재참조될 때
③ 전언이 공간적인 위치를 다룰 때
④ 전언이 즉각적인 행동을 요구하지 않을 때
⑤ 수신자의 청각계통이 과부하 상태일 때
⑥ 수신 장소가 너무 시끄러울 때
⑦ 직무상 수신자가 한곳에 머무르는 경우

KEY
① 2000년 8월 13일 출제
② 2011년 7월 24일(문제 1번) 출제
③ 2020년 11월 29일(문제 9번) 출제

07 다음 사업장의 도수율과 강도율을 구하시오. (4점)

- 400명 근무
- 1일 8시간 300일
- 1인당 연간 50시간 잔업
- 재해건수 5건(사망 1명, 10급 재해 4명)

해답

① 도수율 = $\dfrac{\text{재해건수}}{\text{연근로시간수}} \times 1,000,000$
= $\dfrac{5}{400(8 \times 300 + 50)} \times 1,000,000 = 5.10$

② 강도율 = $\dfrac{\text{총요양근로손실일수}}{\text{연근로시간수}} \times 1,000$
= $\dfrac{7,500 + 600 \times 4}{400(8 \times 300 + 50)} \times 1,000 = 10.10$

참고
① 산업안전(산업)기사 실기 필답형 p.2-11(15. 빈도율)
② 산업안전(산업)기사 실기 필답형 p.2-12(16. 강도율)

KEY
① 2014년 7월 6일(문제 1번) 출제
② 2020년 11월 29일(문제 5번) 출제

합격정보
산업재해통계업무처리규정 제3조(산업재해통계의 산출방법 및 정의)

08 산업안전보건법령상 계단에 관한 내용이다. 다음 빈 칸에 알맞은 것을 쓰시오.(3점)

- 사업주는 계단 및 계단참을 설치하는 경우 매 제곱미터당 (①) [kg] 이상의 하중에 견딜 수 있는 강도를 가진 구조로 설치하여야 하며, 안전율은 (②) 이상으로 하여야 한다.
- 계단을 설치하는 경우 그 폭을 1 [m] 이상으로 하여야 한다.
- 높이가 3 m를 초과하는 계단에는 높이 3 [m] 이내마다 너비 (③) [m] 이상의 계단참을 설치하여야 한다.
- 높이 1 [m] 이상인 계단의 개방된 측면에 안전난간을 설치하여야 한다.

해답

① 500 ② 4 ③ 1.2

KEY
① 2013년 7월 14일(문제 2번) 출제
② 2016년 10월 9일 기사 출제
③ 2020년 5월 24일(문제 7번) 출제

합격정보
① 산업안전보건기준에 관한 규칙 제26조(계단의 강도)
② 산업안전보건기준에 관한 규칙 제27조(계단의 폭)
③ 산업안전보건기준에 관한 규칙 제28조(계단참의 높이)
④ 산업안전보건기준에 관한 규칙 제30조(계단의 난간)

09 보호구 안전인증 고시상 방독마스크 '안전인증 표시' 외에 표시사항을 3가지 쓰시오.(4점)

해답
① 파과곡선도
② 사용시간 기록카드
③ 정화통의 외부측면의 표시색
④ 사용상의 주의사항

합격정보
보호구 안전인증 고시 [별표 5] 방독마스크의 성능기준(18. 추가표시)

10 산업안전보건법령상 안전인증대상 기계·기구 등이 안전기준에 적합한지를 확인하기 위하여 안전인증기관이 심사하는 심사의 종류 3가지와 각각의 심사기간을 쓰시오. (6점)(단, 국내에서 제조된 것 한정이며, 제품 심사에 관한 내용은 제외)

해답
① 예비심사 : 7일
② 서면심사 : 15일
③ 기술능력 및 생산체계 심사 : 30일

KEY
① 2011년 10월 16일 기사 출제
② 2012년 7월 8일기사·산업기사 동시 출제
③ 2020년 7월 26일(문제 11번) 출제

합격정보
산업안전보건법 시행규칙 제110조(안전인증 심사의 종류 및 방법)

11 FTA에 사용되는 사상기호의 명칭을 쓰시오.(4점)

①	②	③	④
◇	⬡ (출력/조건/입력)	⌂	○

해답
① 생략사상
② 억제게이트
③ 통상사상
④ 기본사상

KEY
① 2009년 9월 13일(문제 2번) 출제
② 2017년 10월 14일(문제 1번) 출제

12 산업안전보건법령상 폭발위험장소의 구분도(區分圖)를 작성하는 경우에는 사업주가 가스폭발 위험장소 또는 분진폭발 위험장소로 설정하여 관리해야 하는 곳을 2개소만 쓰시오.(4점)

해답
① 인화성 액체의 증기나 인화성 가스 등을 제조·취급 또는 사용하는 장소
② 인화성 고체를 제조·사용하는 장소

합격정보
산업안전보건기준에 관한 규칙 제230조(폭발위험이 있는 장소의 설정 및 관리)

13 산업안전보건법령상 항타기 또는 항발기의 권상용 와이어로프와 관련하여 ( )에 알맞은 것을 쓰시오.(4점)

- 사업주는 항타기 또는 항발기의 권상용 와이어로프의 안전계수가 (①) 이상이 아니면 이를 사용해서는 아니 된다.
- 권상용 와이어로프는 추 또는 해머가 최저의 위치에 있을 때 또는 널말뚝을 빼내기 시작할 때를 기준으로 권상장치의 드럼에 적어도 (②) 회 감기고 남을 수 있는 충분한 길이일 것

해답
① 5
② 2

합격정보
① 산업안전보건기준에 관한 규칙 제211조(권상용 와이어로프의 안전계수)
② 산업안전보건기준에 관한 규칙 제212조(권상용 와이어로프의 길이 등)

과년도 출제문제

산업기사 2024년 04월 27일 시행

산업기사 2024년 07월 28일 시행

산업기사 2024년 10월 20일 시행

2024년도 산업기사 정기검정 제1회(2024년 4월 27일 시행)

(배점 : 55, 문제수 : 13)

자격종목 및 등급(선택분야)
산업안전산업기사

시험시간: 1시간 | 수험번호: 20240427 | 성명: 도서출판세화

※ 본 문제는 복원문제로 실제문제와 동일하지 않을 수 있습니다.

01 다음 사업장의 도수율을 구하시오.(4점)

- 근로자 800명
- 재해건수 5건
- 하루에 8시간 근무
- 일년 300일 근무

해답

$$도수율 = \frac{재해건수}{연근로시간수} \times 10^6$$
$$= \frac{5}{800 \times 8 \times 300} \times 10^6 = 2.6$$

참고 ① 산업안전(산업)기사 실기 필답형 p.2-11(15. 빈도율)
② 산업안전(산업)기사 실기 필답형 p.2-12(16. 강도율)

KEY ① 2014년 7월 6일(문제 1번) 출제
② 2020년 11월 29일(문제 5번) 출제
③ 2023년 10월 7일(문제 7번) 출제

합격정보
산업재해통계업무처리규정 제3조(산업재해통계의 산출방법 및 정의)

02 방호장치 안전인증 고시상, 양수조작식 방호장치 관련해서 ( )에 알맞은 것을 쓰시오.(3점)

양수조작식 방호장치의 일반구조는 다음 각 목과 같이 한다.
가. 정상동작표시등은 (①), 위험표시등은 (②)으로 하며, 쉽게 근로자가 볼 수 있는 곳에 설치해야 한다.
나. 슬라이드 하강 중 정전 또는 방호장치의 이상 시에 정지할 수 있는 구조이어야 한다.
다. 방호장치는 릴레이, 리미트스위치 등의 전기부품의 고장, 전원전압의 변동 및 정전에 의해 슬라이드가 불시에 동작하지 않아야 하며, 사용-전원전압의 ±20[%]의 변동에 대하여 정상으로 작동되어야 한다.
라. 1행정 1정지 기구에 사용할 수 있어야 한다.
마. 누름버튼을 양손으로 동시에 조작하지 않으면 작동시킬 수 없는 구조이어야 하며, 양쪽버튼의 작동시간 차이는 최대 (③)초 이내일 때 프레스가 동작되도록 해야 한다.
바. 1행정마다 누름버튼에서 양손을 떼지 않으면 다음 작업의 동작을 할 수 없는 구조이어야 한다.
사. 램의 하행정중 버튼(레버)에서 손을 뗄 시 정지하는 구조이어야 한다.
아. 누름버튼의 상호간 내측거리는 300[mm]이상이어야 한다.

해답
① 녹색(초록색) ② 붉은색(빨간색) ③ 0.5

KEY ① 2014년 4월 20일 기사(문제 14번) 출제
② 2016년 10월 9일 기사(문제 11번) 출제
③ 2022년 10월 16일(문제 11번) 출제

합격정보
고용노동부 방호장치 안전인증 고시 [별표 1] 프레스 또는 전단기 방호장치의 성능기준(제2016-54호) (20) 양수조작식 방호장치의 일반구조

03 산업안전보건법령상, 사업주가 근로자에게 실시해야 하는 안전보건교육 중, 관리감독자를 대상으로 한 안전보건 교육시간 관련 ( )에 알맞은 내용을 쓰시오.(4점)

가. 정기교육 : 연간 (①) 시간 이상
나. 채용 시 교육 : (②) 시간 이상
다. 작업내용 변경 시 교육 : (③) 시간 이상
라. 특별교육 : 16시간 이상(최초 작업에 종사하기 전 4시간 이상 실시하고, 12시간은 3개월 이내에서 분할하여 실시 가능) 단기간 작업 또는 간헐적 작업인 경우 : (④)시간 이상

해답
① 16 ② 8 ③ 2 ④ 2

KEY ① 2010년 9월 12일(문제 1번) 출제
② 2015년 10월 4일 기사(문제 12번) 출제
③ 2017년 10월 14일(문제 3번) 출제
④ 2019년 4월 14일(문제 9번) 출제
⑤ 2022년 5월 7일(문제 6번) 출제
⑥ 2022년 7월 24일(문제 3번) 출제

합격정보
산업안전보건법 시행규칙 [별표 4] 안전보건교육 교육과정별 교육시간

KEY ① 2017년 10월 14일 기사(문제 14번) 출제
② 2020년 7월 25일 기사 출제

합격정보
산업안전보건기준에 관한 규칙 제270조(내화기준)

04 다음 (   )에 산업안전보건법상 안전보건표지의 색채에 대한 색도기준을 써 넣으시오.(4점)

색채	색도기준
빨간색	(①)
노란색	(②)
파란색	(③)
녹색	2.5G 4/10
흰색	N9.5
검은색	(④)

06 산업안전보건법령상, 다음 (   )에 알맞은 숫자를 쓰시오.(3점)

> 절연용 보호구 사용 규정은 대지전압이 (   ) 볼트 이하인 전기기계·기구·배선 또는 이동전선에 대해서는 적용하지 아니한다.

해답
30

KEY 2017년 10월 14일(문제 11번) 출제

합격정보
① 산업안전보건기준에 관한 규칙 제323조(절연용 보호구 등의 사용)
② 산업안전보건기준에 관한 규칙 제324조(적용 제외)

해답
① 7.5R 4/14   ② 5Y 8.5/12
③ 2.5PB 4/10   ④ N0.5

KEY ① 2007년 4월 22일 산업기사(문제 4번) 출제
② 2010년 9월 12일(문제 2번) 출제
③ 2016년 6월 26일 기사 출제
④ 2020년 5월 24일(문제 10번) 출제

합격정보
산업안전보건법 시행규칙 [별표 8] 안전보건표지의 색도기준 및 용도

07 산업안전보건법령상, 곤돌라형 달비계를 설치하는 경우에, 사업주가 달비계에 사용해서는 아니 되는 와이어로프를 5가지만 쓰시오.(5점)

해답
① 이음매가 있는 것
② 와이어로프의 한 꼬임(스트랜드)에서 끊어진 소선의 수가 10% 이상인 것
③ 지름의 감소가 공칭지름의 7%를 초과하는 것
④ 꼬인 것
⑤ 열과 전기충격에 의한 손상된 것
⑥ 심하게 변형 또는 부식된 것

KEY ① 1991년 12월 1일(문제 5번) 출제
② 2014년 10월 5일(문제 6번) 출제
③ 2017년 4월 16일(문제 12번) 출제

합격정보
① 산업안전보건기준에 관한 규칙 제63조(달비계의 구조)
② 산업안전보건기준에 관한 규칙 제163조(와이어로프 등 달기구의 안전계수)

05 산업안전보건법령상, 사업주는 가스폭발 위험장소 또는 분진폭발 위험장소에 설치되는 건축물 등에 대해서 해당하는 부분을 내화구조로 해야 하며, 그 성능이 항상 유지될 수 있도록 점검·보수 등 적절한 조치를 해야 한다. 이에 해당하는 부분을 3가지만 쓰시오.(3점)

해답
① 건축물의 기둥 및 보 : 지상 1층(지상 1층의 높이가 6[m]를 초과하는 경우에는 6[m])까지
② 위험물 저장·취급용기의 지지대(높이가 30[cm] 이하인 것은 제외) : 지상으로부터 지지대의 끝부분까지
③ 배관·전선관 등의 지지대 : 지상으로부터 1단(1단의 높이가 6[m]를 초과하는 경우에는 6[m])까지

08
산업안전보건법령상, 토사 등이 떨어질 우려가 있는 등 위험한 장소에서 차량계 건설기계를 사용하는 경우, 사업주가 견고한 낙하물 보호구조를 갖춰야 하는 차량계 건설기계를 4가지 쓰시오.(4점)

해답
① 불도저
② 트랙터
③ 굴착기
④ 로더(loader : 흙 따위를 퍼올리는 데 쓰는 기계)
⑤ 스크레이퍼(scraper : 흙을 절삭·운반하거나 펴 고르는 등의 작업을 하는 토공기계)
⑥ 덤프트럭
⑦ 모터그레이더(motor grader : 땅 고르는 기계)
⑧ 롤러(roller : 지반 다짐용 건설기계)
⑨ 천공기
⑩ 항타기 및 항발기

KEY
① 1998년 5월 10일 출제
② 2015년 4월 19일(문제 5번) 출제

합격정보
① 산업안전보건기준에 관한 규칙 제198조(낙하물 보호구조)
② 2024. 7. 1. 개정법 적용

09
산업안전보건법령상, 안전보건관리담당자 관련하여, ( )에 알맞은 숫자를 쓰시오.(3점)

사업주는 상시근로자 (①)명 이상 50명 미만인 제조업 사업장에 안전보건관리담당자를 (②)명 이상 선임해야 한다.

해답
① 20
② 1

참고 산업안전(산업)기사 실기 필답형 p.10-16(제24조)

합격정보
산업안전보건법 시행령 제24조(안전보건관리담당자의 선임 등)

10
산업안전보건법령상, 안전인증대상기계등에 속하는 항목 중 보호구에 속하는 항목을 5가지만 쓰시오.(5점)

해답
① 추락 및 감전 위험방지용 안전모
② 안전화
③ 안전장갑
④ 방진마스크
⑤ 방독마스크
⑥ 송기마스크
⑦ 전동식 호흡보호구
⑧ 보호복
⑨ 안전대
⑩ 차광 및 비산물 위험방지용 보안경
⑪ 용접용 보안면
⑫ 방음용 귀마개 또는 귀덮개

KEY
① 2011년 7월 24일 (문제 5번) 출제
② 2014년 7월 6일 (문제 10번) 출제
③ 2014년 10월 5일 기사(문제 13번) 출제
④ 2018년 10월 7일 기사(문제 10번) 출제
⑤ 2019년 10월 13일 기사(문제 8번) 출제
⑥ 2022년 5월 7일 기사(문제 6번) 출제
⑦ 2022년 10월 16일 기사(문제 6번) 출제

합격정보
산업안전보건법 시행령 제74조(안전인증대상 기계 등)

11
산업안전보건법령상, 아세틸렌 용접장치 또는 가스집합 용접장치를 사용하는 금속의 용접·용단 또는 가열작업(발생기·도관 등에 의하여 구성되는 용접장치만 해당) 작업에서 사업주가 근로자에게 실시해야 하는 특별안전·보건교육의 내용을 5가지 쓰시오.(단, 그 밖에 안전 보건관리에 필요한 사항 제외)(5점)

해답
① 용접 흄, 분진 및 유해광선 등의 유해성에 관한 사항
② 가스용접기, 압력조정기, 호스 및 취관두(불꽃이 나오는 용접기의 앞부분) 등의 기기점검에 관한 사항
③ 작업방법·순서 및 응급처치에 관한 사항
④ 안전기 및 보호구 취급에 관한 사항
⑤ 화재예방 및 초기대응에 관한사항

합격정보
산업안전보건법 시행규칙 [별표 5] 안전보건교육 교육대상별 교육내용

12 매슬로의 욕구단계론을 쓰시오.(5점)

해답

① 제1단계 : 생리적 욕구(생존 욕구)
② 제2단계 : 안전 욕구
③ 제3단계 : 사회적 욕구
④ 제4단계 : 존경의 욕구
⑤ 제5단계 : 자아실현의 욕구

13 다음 지게차에 안전하게 적재할 수 있는 화물 하중은 얼마(톤) 이하인지 구하시오.(5점)

① 지게차의 중량 : 1 [톤]
② 지게차 앞바퀴에서 지게차의 무게중심까지의 거리 : 1 [m]
③ 지게차 앞바퀴에서 화물중심까지 거리 : 0.5[m]

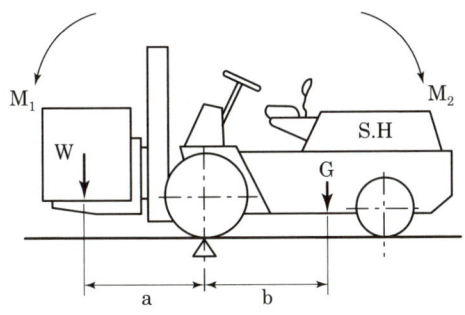

M_1 : 화물의 모멘트 M_2 : 지게차의 모멘트

해답

① 화물하중 × 앞바퀴~화물중심까지 거리 ≤ 지게차중량 × 앞바퀴~지게차중심까지 거리
② 화물하중 × 0.5[m] ≤ 1[톤] × 1[m]
③ 화물하중 ≤ 2[톤]
④ 답 : 2[톤]

보충학습

지게차 안전조건

지게차가 전도되지 않고 안정되기 위해서는 물체의 모멘트($M_1 = W \times a$)보다 지게차의 모멘트($M_2 = G \times b$)가 더 커야 한다.

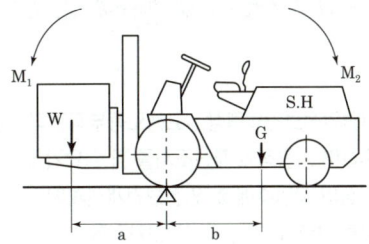

$$W \times a < G \times b \ (M_1 < M_2)$$

여기서, W : 화물 중량 a : 앞바퀴~화물중심까지 거리
G : 지게차 자체 중량 b : 앞바퀴~차중심까지 거리

예상문제

하물 중량이 200[kg], 지게차의 중량이 400[kg], 앞바퀴에서 하물의 중심까지의 최단 거리가 1[m]이면 지게차가 안정되기 위한 앞바퀴에서 지게차의 중심까지의 최단 거리는?

해설

$W \times a < G \times b$

W : 화물 중량, a : 앞바퀴~화물중심까지 거리
G : 지게차 자체 중량, b : 앞바퀴~차중심까지 거리

$200 \times 1 < 400 \times b$
∴ $b > 0.5$[m]

※ 문제 및 답안(지), 점수, 채점기준은 일체 공개하지 않는다.
※ 다음 여백은 계산 연습란으로 사용하시오.

비번호	
총 점	

2024년도 산업기사 정기검정 제2회(2024년 7월 28일 시행)

자격종목 및 등급(선택분야): **산업안전산업기사**
시험시간: 1시간 | 수험번호: 20230728 | 성명: 도서출판세화
(배점: 55, 문제수: 13)

※ 본 문제는 복원문제로 실제문제와 동일하지 않을 수 있습니다.

---

01 산업안전보건법령상, 고용노동부장관이 산업재해 예방을 위하여 종합적인 개선조치를 할 필요가 있다고 인정되는 사업장의 사업주에게 "안전보건개선계획"을 수립하여 시행할 것을 명할 수 있는 사업장 3가지를 쓰시오. (3점)(단, 유해인자의 노출기준을 초과한 사업장은 제외)

[해답]
① 산업재해율이 같은 업종의 규모별 평균 산업재해율보다 높은 사업장
② 사업주가 필요한 안전조치 또는 보건조치를 이행하지 아니하여 중대재해가 발생한 사업장
③ 대통령령으로 정하는 수 이상의 직업성 질병자가 발생한 사업장(직업성 질병자가 연간 2명 이상 발생한 사업장)

[KEY]
① 2016년 6월 26일(문제 6번) 출제
② 2016년 10월 9일(문제 11번) 출제
③ 2017년 4월 16일(문제 12번) 출제
④ 2018년 6월 30일(문제 4번) 출제
⑤ 2020년 5월 24일(문제 4번) 출제
⑥ 2020년 10월 18일(문제 2번) 출제
⑦ 2022년 10월 16일(문제 7번) 출제
⑧ 2023년 4월 23일(문제 6번) 출제

[합격정보]
산업안전보건법 제49조(안전보건개선계획의 수립·시행 명령)

---

02 교류아크용접기 방호장치 관련 다음의 정의를 쓰시오. (5점)
① 시동시간
② 지동시간

[해답]
① 시동시간: 용접봉을 피용접물에 접촉시켜서 전격방지기의 주접점이 폐로될(닫힐) 때까지의 시간
② 지동시간: 용접봉 홀더에 용접기 출력측의 무부하전압이 발생한 후 주접점이 개방될 때까지의 시간

[KEY]
① 1992년 2월 9일 기사(문제 1번) 출제
② 2016년 4월 17일(문제 12번) 출제
③ 2019년 4월 14일(문제 1번) 출제
④ 2022년 10월 16일(문제 9번) 출제

[합격정보]
방호장치 자율안전기준 고시 제4조(정의)

---

03 조명은 근로자들이 작업환경의 측면에서 중요한 안전요소이다. 산업안전보건법령상, 근로자가 상시 작업하는 장소에서 사업주가 제공해야 하는 작업면의 조도(照度) 기준을 ( ) 안에 쓰시오.(3점)(단, 갱내(坑內) 작업장과 감광재료(感光材料)를 취급하는 작업장은 제외)

① 초정밀작업: (①) Lux 이상
② 정밀작업: (②) Lux 이상
③ 보통작업: (③) Lux 이상

[해답]
① 750
② 300
③ 150

[KEY]
① 2020년 5월 24일(문제 2번) 출제
② 2021년 4월 25일(문제 10번) 출제
③ 2022년 5월 7일(문제 2번) 출제
④ 2022년 7월 24일(문제 2번) 출제
⑤ 2024년 10월 27일 작업형 출제

[합격정보]
① 산업안전보건기준에 관한 규칙 제8조(조도)
② 조도기준(KSA3011:1998)

---

04 [보기]를 참고하여 (1) 하인리히 연쇄성 이론과 (2) 버드연쇄성 이론을 완성하시오.(5점)

[보기]
① 사회적 환경 및 유전적 요소
② 기본 원인
③ 직접 원인
④ 작전적 에러
⑤ 사고
⑥ 상해
⑦ 통제의 부족
⑧ 개인적 결함
⑨ 관리의 부족
⑩ 전술적 에러

[해답]
(1) 하인리히의 연쇄성 이론
① 사회적 환경과 유전적인 요소

② 개인적 결함
③ 불안전한 행동 및 불안전한 상태(직접원인)
④ 사고
⑤ 상해

(2) 버드의 연쇄성 이론
① 관리(통제)의 부족
② 기본 원인
③ 직접 원인
④ 사고
⑤ 상해

KEY ▶ 2021년 7월 10일(문제 5번) 출제

해답
① 15
② 60
③ 5

KEY ▶ ① 2005년 9월 25일(문제 5번) 출제
② 2018년 6월 30일(문제 11번) 출제
③ 2024년 10월 27일 작업형 출제

합격정보
산업안전보건기준에 관한 규칙 제24조(사다리식 통로 등의 구조)

---

05 산업안전보건법령상, 사업주가 근로자에게 실시해야 하는 안전보건교육 중, 화학설비의 탱크 내 작업에서 사업자가 근로자에게 실시해야 하는 특별안전·보건교육의 내용을 3가지 쓰시오. (3점)(단, 그 밖에 안전·보건관리에 필요한 사항은 제외)

해답
① 차단장치·정지장치 및 밸브 개폐장치의 점검에 관한 사항
② 탱크 내의 산소농도 측정 및 작업환경에 관한 사항
③ 안전보호구 및 이상 발생 시 응급조치에 관한 사항
④ 작업절차·방법 및 유해·위험에 관한 사항

KEY ▶ 2021년 4월 24일(문제 11번) 출제

합격정보
산업안전보건법 시행규칙 [별표 5] 안전보건교육 교육대상별 교육내용

---

07 산업안전보건법령상, 다음 설명하는 운반기계의 종류를 각각 쓰시오. (5점)

① 달기발판 또는 운반구, 승강장치, 그 밖의 장치 및 이들에 부속된 기계부품에 의하여 구성되고, 와이어로프 또는 달기강선에 의하여 달기발판 또는 운반구가 전용 승강장치에 의하여 오르내리는 설비

② 동력을 사용하여 사람이나 화물을 운반하는 것을 목적으로 하는 기계설비

해답
① 곤도라
② 리프트

합격정보
산업안전보건기준에 관한 규칙 제132조(양중기)

---

06 산업안전보건법령상, 사다리식 통로 등을 설치하는 경우 사업주의 준수사항 관련하여 ( ) 안에 알맞은 것을 쓰시오. (3점)

1. 견고한 구조로 할 것
2. 심한 손상·부식 등이 없는 재료를 사용할 것
3. 발판의 간격은 일정하게 할 것
4. 발판과 벽과의 사이는 (①) cm 이상의 간격을 유지할 것
5. 폭은 30 cm 이상으로 할 것
6. 사다리가 넘어지거나 미끄러지는 것을 방지하기 위한 조치를 할 것
7. 사다리의 상단은 걸쳐놓은 지점으로부터 (②) cm 이상 올라가도록 할 것
8. 사다리식 통로의 길이가 10 m 이상인 경우에는 (③) m 이내마다 계단참을 설치할 것

---

08 위험기계·기구 안전인증 고시상, 크레인 관련 ( )에 알맞은 것을 쓰시오.(5점)

(1) 펜던트 스위치에는 크레인의 비상정지용 누름버튼과 손을 떼면 자동적으로 (①)로 복귀되는 작동 종류에 대한 누름버튼 또는 스위치 등이 비치되어 있고 정상적으로 작동해야 한다.

(2) 조작전압은 대지전압 교류 (②) V 이하 또는 직류 (③) V 이하일 것.

해답
① 정지위치(off)
② 150
③ 300

합격정보
위험기계·기구 안전인증 고시 [별표 2] 크레인 제작 및 안전기준

09
보호구 안전인증 고시상, 방진마스크의 시험성능기준에 있는 각 등급별 여과재 분진등 포집 효율기준 관련 빈칸을 알맞은 것을 쓰시오.(4점)

조건 : 염화나트륨(NaCl) 및 파라핀 오일(Paraffin oil) 시험(%)

(1) 분리식
- 특급 : (①) 이상
- 1급 : 94 이상
- 2급 : (②) 이상

(2) 안면부 여과식
- 특급 : (③) 이상
- 1급 : 94 이상
- 2급 : (④) 이상

해답
① 99.95
② 80
③ 99
④ 80

합격정보
보호구 안전인증 고시 [별표 4] 방진마스크의 성능기준
6. 여과재 분진 등 포집효율

10
안전보건교육 기법 중 OJT 특징 5가지를 OFF-JT와 비교하여 쓰시오.(5점)

해답

OJT의 특징	OFF JT의 특징
① 개개인에게 적절한 지도훈련이 가능하다.	① 다수의 근로자에게 조직적 훈련을 행하는 것이 가능하다.
② 직장의 실정에 맞게 구체적이고 실제적 훈련이 가능하다.	② 훈련에만 전념하게 된다.
③ 즉시 업무에 연결되는 관계로 몸과 관련이 있다.	③ 전문가를 강사로 초청하는 것이 가능하다.
④ 훈련에 필요한 업무의 계속성이 끊어지지 않는다.	④ 특별 설비기구를 이용하는 것이 가능하다.
⑤ 효과가 곧 업무에 나타나며 훈련의 좋고 나쁨에 따라 개선이 쉽다.	⑤ 직장의 근로자가 많은 지식이나 경험을 교류할 수 있다.
⑥ 훈련효과를 보고 상호 신뢰, 이해도가 높아지는 것이 가능하다.	⑥ 교육 훈련 목표에 대하여 집단적 노력이 흐트러질 수 있다.

11
산업안전보건법령상, 사업주가 근로자에게 실시해야 하는 안전보건교육 중, 근로자 정기교육 내용을 4가지 쓰시오.(4점)

해답
① 산업안전 및 사고 예방에 관한 사항
② 산업보건 및 직업병 예방에 관한 사항
③ 위험성 평가에 관한 사항
④ 건강증진 및 질병 예방에 관한 사항
⑤ 유해·위험 작업환경 관리에 관한 사항
⑥ 산업안전보건법령 및 산업재해보상보험 제도에 관한 사항
⑦ 직무스트레스 예방 및 관리에 관한 사항
⑧ 직장 내 괴롭힘, 고객의 폭언 등으로 인한 건강장해 예방 및 관리에 관한 사항

합격정보
산업안전보건법 시행규칙 [별표 5] 안전보건교육 교육대상별 교육내용

12
산업안전보건법령상, 안전인증 대상 기계 또는 설비 4가지를 쓰시오.(4점)

해답
① 프레스
② 전단기 및 절곡기
③ 크레인
④ 리프트
⑤ 압력용기
⑥ 롤러기
⑦ 사출성형기
⑧ 고소 작업대
⑨ 곤돌라

KEY 2024년 7월 28일 기사 출제

합격정보
산업안전보건법 시행령 제74조(안전인증대상기계등)

13
다음 사업장의 휴업재해율을 계산하시오.(5점)
- 사업장 내 생산설비에 의한 휴업재해자수 : 50명
- 통상 출퇴근 재해에 의한 휴업재해자수 : 10명
- 총 휴업재해일 수 : 300일
- 임금근로자수 : 1000명
- 총요양근로손실일수 : 500일

해답
$$휴업재해율 = \frac{휴업재해자수}{임금근로자수} \times 100 = \frac{50}{1,000} \times 100 = 5$$

합격정보
산업재해 통계업무처리 규정 제3조(산업재해 통계의 산출방법 및 정의)

보충학습
"휴업재해자수"란 근로복지공단의 휴업급여를 지급받은 재해자수를 말한다. 다만, 질병에 의한 재해와 사업장 밖의 교통사고(운수업, 음식숙박업은 사업장 밖의 교통사고도 포함)·체육행사·폭력행위·통상의 출퇴근으로 발생한 재해는 제외한다.

2024년도 산업기사 정기검정 제3회(2024년 10월 20일 시행)

자격종목 및 등급(선택분야): 산업안전산업기사

시험시간: 1시간 | 수험번호: 20241020 | 성명: 도서출판세화

(배점: 55, 문제수: 13)

※ 본 문제는 복원문제로 실제문제와 동일하지 않을 수 있습니다.

01
산업현장에서 사용되고 있는 출입금지 표지판의 배경반사율이 80[%]이고, 관련 그림의 반사율이 20[%]일 때 이 표지판의 대비를 구하시오.(4점)

해답

$$대비 = \frac{L_b - L_t}{L_b} \times 100 = \frac{80 - 20}{80} \times 100 = 75$$

KEY
① 2014년 10월 5일(문제 10번) 출제
② 2017년 5월 7일 필기시험 출제
③ 2017년 6월 25일(문제 3번) 출제
④ 2022년 5월 7일(문제 11번) 기사 출제

보충학습
L_b : 배경(Background)의 반사율
L_t : 관련 그림(Target)의 반사율

02
산업안전보건법령상, 중대재해 정 관련하여 (   )에 알맞은 것을 쓰시오.(5점)

① 사망자가 (   )명 이상 발생한 재해
② 3개월 이상의 요양이 필요한 부상자가 동시에 (   )명 이상 발생한 재해
③ 부상자 또는 (   )가 동시에 10명 이상 발생한 재해

해답
① 1
② 2
③ 직업성 질병자

KEY
① 2021년 7월 10일(문제 7번) 출제
② 2022년 5월 7일(문제 1번) 출제
③ 2022년 7월 24일(문제 1번) 출제

합격정보
산업안전보건법 시행규칙 제3조(중대재해의 범위)

03
하인리히 도미노 이론의 5단계에 해당하는 결함을 2가지 쓰시오.(4점)

해답
① 불안전한 행동(인적 결함)
② 불안전한 상태(물적 결함)

KEY 유사문제 : 2021년 7월 10일(문제 7번) 출제

04
산업안전보건법령상, 건물 등의 해체 작업을 하는 경우, 사업주는 근로자의 위험을 방지하기 위하여 작업계획서를 작성하고 그 계획에 따라 작업을 하도록 해야 한다. 작업계획서에 포함되어야 할 사항을 3가지 쓰시오.(4점)

해답
① 해체의 방법 및 해체 순서도면
② 가설설비·방호설비·환기설비 및 살수·방화설비 등의 방법
③ 사업장 내 연락방법
④ 해체물의 처분계획
⑤ 해체작업용 기계·기구 등의 작업계획서
⑥ 해체작업용 화약류 등의 사용계획서
⑦ 기타 안전·보건에 관련된 사항

KEY
① 2009년 4월 19일 기사(문제 4번) 출제
② 2017년 4월 16일 기사(문제 7번) 출제
③ 2020년 10월 17일 기사(문제 9번) 출제

합격정보
산업안전보건기준에 관한 규칙 [별표 4] 사전조사 및 작업계획서 내용

05
다음 사업장의 도수율을 구하시오.(5점)

- 재해건수 : 15건
- 연근로시간 : 4,800,000 시간

해답

$$도수율 = \frac{재해건수}{연근로시간수} \times 1,000,000$$
$$= \frac{15}{4,800,000} \times 10^6$$
$$= 3.125 = 3.13$$

참고
① 산업안전(산업)기사 실기 필답형 p.2-11(15. 빈도율)
② 산업안전(산업)기사 실기 필답형 p.2-12(16. 강도율)

KEY
① 2014년 7월 6일(문제 1번) 출제
② 2020년 11월 29일(문제 5번) 출제
③ 2023년 10월 7일(문제 7번) 출제

합격정보
산업재해통계업무처리규정 제3조(산업재해통계의 산출방법 및 정의)

06 가스 방폭구조 종류를 5가지 쓰시오.(단, 영어가 아닌 한글로 쓸것)(5점)

해답
① 내압 구조
② 충전 구조
③ 압력 구조
④ 안전증 구조
⑤ 유입 구조
⑥ 본질안전 구조
⑦ 비점화 구조
⑧ 몰드 구조
⑨ 특수 구조

KEY 2023년 7월 22일 (문제 3번) 출제

합격정보
① 방호장치 안전인증 고시 [별표 6] 가스 증기방폭구조인 전기기기의 일반성능 기준
② 위험기계·기구방호장치성능검정규정 제52조(용어의 정의)

07 산업안전보건법령상, 안전인증대상 방호장치 5가지만 쓰시오.(5점)

해답
① 프레스 및 전단기 방호장치
② 양중기용 과부하 방지장치
③ 보일러 압력방출용 안전밸브
④ 압력용기 압력방출용 안전밸브
⑤ 압력용기 압력방출용 파열판
⑥ 절연용 방호구 및 활선작업용 기구
⑦ 방폭구조 전기기계·기구 및 부품
⑧ 추락·낙하 및 붕괴 등의 위험 방지 및 보호에 필요한 가설기자재
⑨ 충돌·협착 등의 위험 방지에 필요한 산업용 로봇 방호장치

KEY
① 2011년 7월 24일 (문제 5번) 출제
② 2014년 7월 6일 (문제 10번) 출제
③ 2014년 10월 5일 기사(문제 13번) 출제
④ 2019년 10월 13일 기사 출제
⑤ 2022년 7월 24일 기사(문제 9번) 출제
⑥ 2023년 4월 23일(문제 12번) 출제

합격정보
산업안전보건법 시행령 제74조(안전인증대상 기계 등)

08 산업안전보건법령상, 동력을 사용하는 항타기 또는 항발기에 대하여 무너짐을 방지하기 위한 사업주의 준수 사항 관련해서 ( )안에 알맞은 것을 1가지만 쓰시오.(3점)

① 연약한 지반에 설치하는 경우에는 아웃트리거·받침 등 지지구조물의 침하를 방지하기 위하여 ( ) 등을 사용할 것
② 궤도 또는 차로 이용하는 항타기 또는 항발기에 대해서는 불시에 이동하는 것을 방지하기 위하여 ( ) 등으로 고정시킬 것
③ 상단 부분은 ( )로 고정하여 안정시키고, 그 하단 부분은 견고한 버팀·말뚝 또는 철골 등으로 고정시킬 것

해답
① 깔판·받침목
② 레일 클램프
③ 버팀대·버팀줄

KEY 2018년 6월 30일 (문제 12번) 출제

합격정보
산업안전보건기준에 관한 규칙 제209조(무너짐의 방지)

09 ① 수소 28%, 메탄 45%, 에탄 27%일 때 이 혼합기체의 공기 중 폭발 상한계의 값과 ② 메탄의 위험도를 구하시오.(4점)

구분	폭발하한계	폭발상한계
수소	4.0[Vol%]	75[Vol%]
메탄	5.0[Vol%]	15[Vol%]
에탄	3.0[Vol%]	12.4[Vol%]

해답

① 폭발상한계 $= \dfrac{100}{\dfrac{V_1}{L_1}+\dfrac{V_2}{L_2}+\dfrac{V_3}{L_3}} = \dfrac{100}{\dfrac{28}{75}+\dfrac{45}{15}+\dfrac{12.4}{27}}$
$= 18.015 = 18.02[Vol\%]$

② 메탄위험도 $= \dfrac{U-L}{L} = \dfrac{15-5}{5} = 2$

KEY ① 2016년 4월 17일 산업기사 출제
② 유사문제 : 2016년 10월 9일(문제 6번) 출제

보충학습
안전대

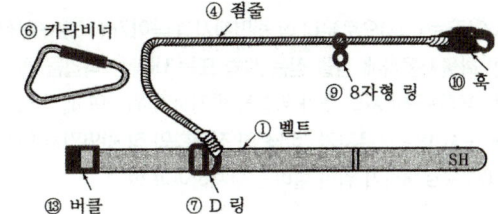

[그림] 1개 걸이용 안전대

10 산업재해조사표에서 건설업에만 작성하는 사업장 정보를 4가지 고르시오.(4점)

① 상해유형　　② 고용형태
③ 발주자　　　④ 공정률
⑤ 원수급 사업장명　⑥ 공사현장명
⑦ 휴대전화번호　⑧ 재해발생형태

해답
③ 발주자
④ 공정률
⑤ 원수급 사업장명
⑥ 공사현장명

합격정보
산업안전보건법 시행규칙 [별표 제30호 서식] 산업재해조사표

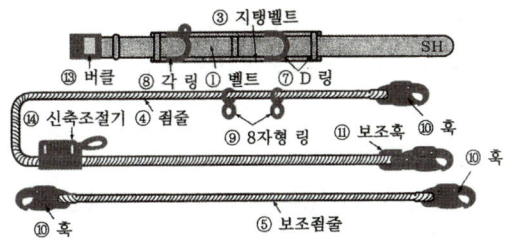

[그림] U자 걸이용 안전대

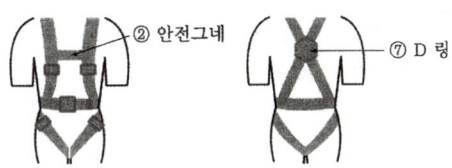

[그림] 안전그네

11 다음은 안전에 대한 설명이다. 설명에 해당하는 것을 보기에서 골라 쓰시오.(5점)

[보기]
버클, 죔줄, 훅(카라비너), 안전블록, 안전그네

해답
① 신체지지의 목적으로 전신에 착용하는 띠 모양의 부품 : 안전그네
② 벨트 또는 안전그네를 신체에 착용하기 위해 그 끝에 부착한 금속장치 : 버클
③ 죔줄과 걸이설비 또는 D링과 연결하기 위한 금속장치 : 훅(카라비너)
④ 벨트 또는 안전그네를 구명줄 또는 구조물 등 기타 걸이 설비와 연결하기 위한 줄모양의 부품 : 죔줄
⑤ 안전그네와 연결하여 추락발생시 추락을 억제할 수 있는 자동잠김장치가 갖추어져 있고 죔줄이 자동적으로 수축되는 금속 장치 : 안전블록

합격정보
KOSHA GUIDE C-49-201 안전대 사용지침

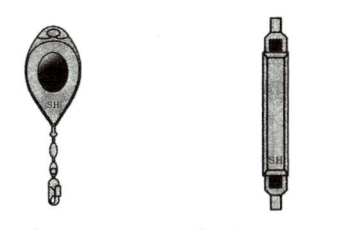

[그림] 안전블록　[그림] 충격흡수장치

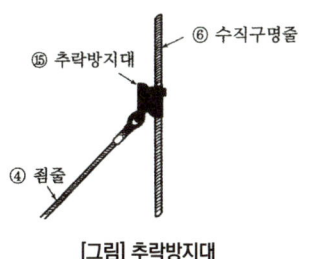

[그림] 추락방지대

12 산업안전보건법령상, 다음 ( )에 알맞은 것을 쓰시오.(3점)

사업주는 (①)으로부터 짐 윗면까지의 높이가 (②)m 이상인 화물자동차에 짐을 싣는 작업 또는 내리는 작업을 하는 경우에는 근로자의 추가 위험을 방지하기 위하여 해당 작업에 종사하는 근로자가 "바닥"과 적재함의 짐 윗면간을 안전하게 오르내리기 위한 설비를 설치하여야 한다.

해답
① 바닥
② 2

합격정보
산업안전보건기준에 관한 규칙 제187조(승강설비)

13 산업안전보건법령상, 다음 설명에 해당하는 안전보건표지의 명칭을 쓰시오.(4점)

① ( ) : 엘리베이터 등에 타는 것이나 어떤 장소에 올라가는 것을 금지
② ( ) : 정리 정돈 상태의 물체나 움직여서는 안 될 물체를 보존하기 위하여 필요한 장소

해답
① 탑승 금지
② 물체 이동 금지

합격정보
산업안전보건법 시행규칙 [별표 6] 안전보건표지의 종류와 형태

※ 문제 및 답안(지), 점수, 채점기준은 일체 공개하지 않는다.
※ 다음 여백은 계산 연습란으로 사용하시오.

비번호	
총 점	

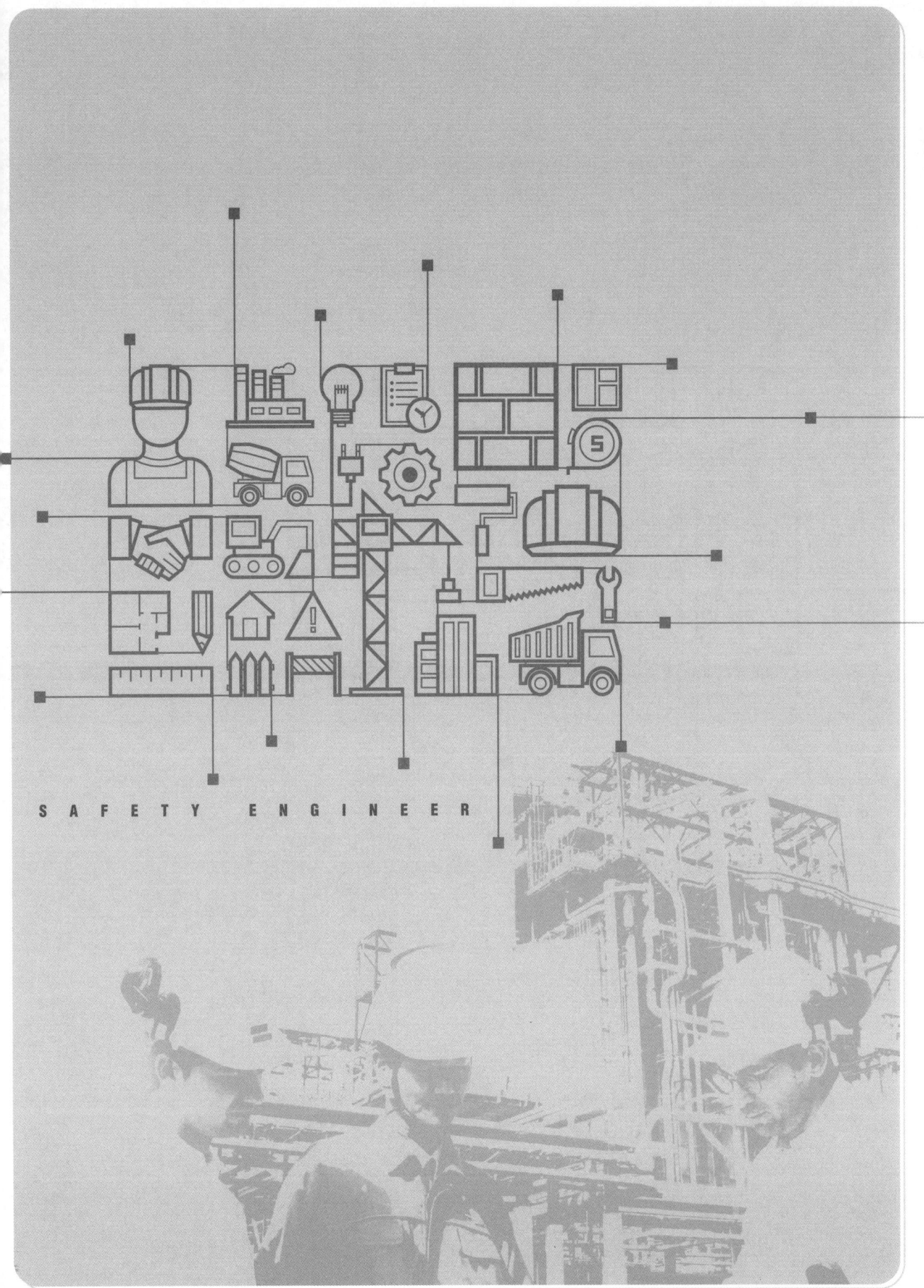
SAFETY ENGINEER

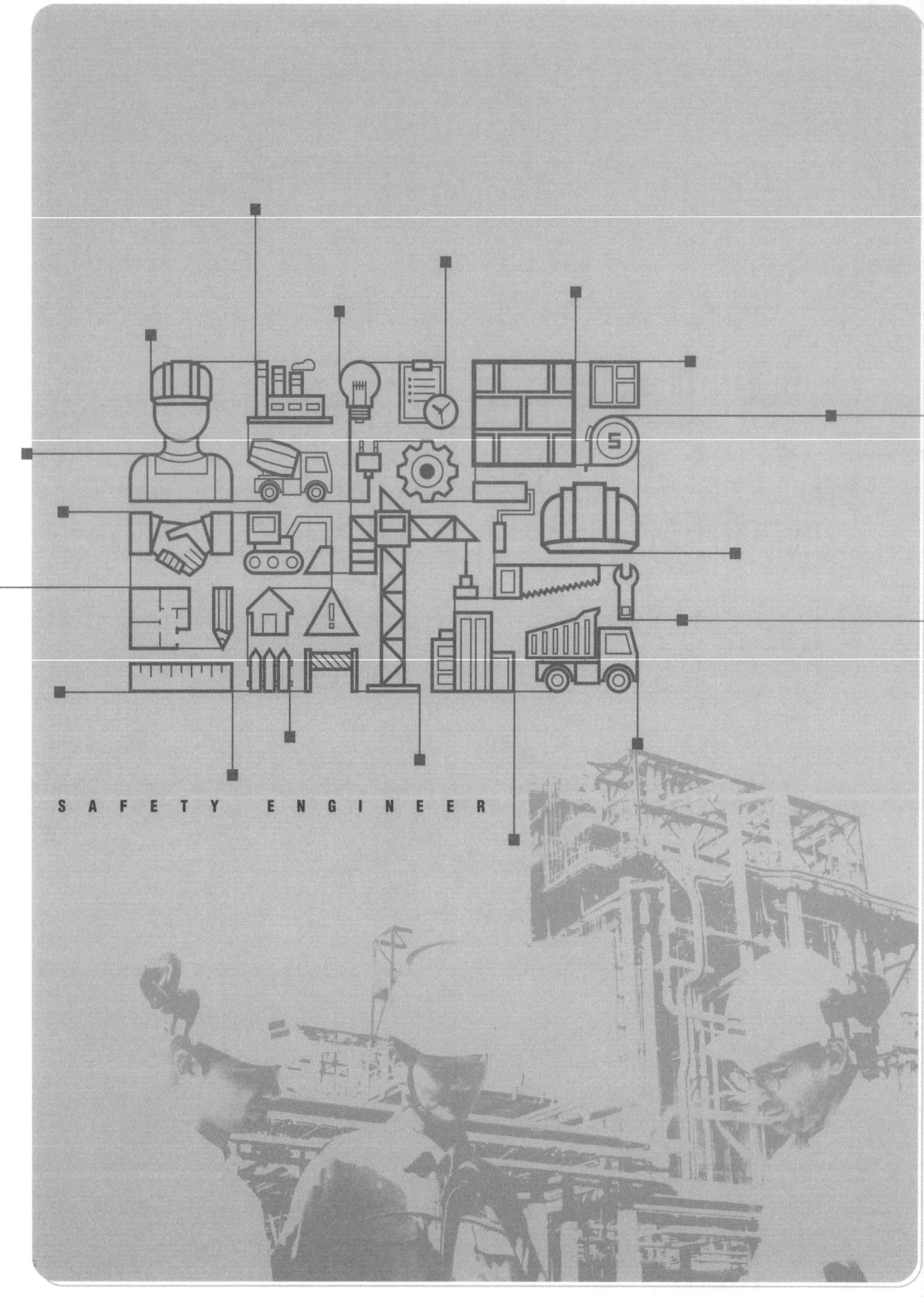

ONLY ONE 합격교재

산업안전산업기사

· 작업형 · 실기

7개년 산업안전산업기사 작업형 과년도 출제문제

- 산업안전산업기사(2018년 04월 21일)
- 산업안전산업기사(2019년 04월 21일)
- 산업안전산업기사(2020년 05월 16일)
- 산업안전산업기사(2021년 05월 05일)

 **작업형 과년도 출제문제**

2022년
- 산업안전산업기사(2022년 05월 20일 제1회 1부 시행)
- 산업안전산업기사(2022년 05월 21일 제1회 1부 시행)
- 산업안전산업기사(2022년 05월 21일 제1회 2부 시행)
- 산업안전산업기사(2022년 08월 07일 제2회 1부 시행)
- 산업안전산업기사(2022년 08월 07일 제2회 2부 시행)
- 산업안전산업기사(2022년 08월 07일 제2회 3부 시행)
- 산업안전산업기사(2022년 10월 23일 제3회 1부 시행)
- 산업안전산업기사(2022년 10월 23일 제3회 2부 시행)

2023년
- 산업안전산업기사(2023년 05월 07일 제1회 1부 시행)
- 산업안전산업기사(2023년 05월 07일 제1회 2부 시행)
- 산업안전산업기사(2023년 07월 30일 제2회 1부 시행)
- 산업안전산업기사(2023년 07월 30일 제2회 2부 시행)
- 산업안전산업기사(2023년 10월 15일 제3회 1부 시행)
- 산업안전산업기사(2023년 10월 15일 제3회 2부 시행)

2024년
- 산업안전산업기사(2024년 05월 11일 제1회 1부 시행)
- 산업안전산업기사(2024년 05월 11일 제1회 2부 시행)
- 산업안전산업기사(2024년 08월 11일 제2회 1부 시행)
- 산업안전산업기사(2024년 08월 11일 제2회 2부 시행)
- 산업안전산업기사(2024년 10월 27일 제3회 1부 시행)
- 산업안전산업기사(2024년 10월 27일 제3회 2부 시행)

시험 전 필독사항(합격만점 요령)

① 시험문제지를 받는 즉시 응시하고자 하는 종목의 문제지가 맞는지 여부를 확인한다.
② 시험문제지 총 면수·문제번호 순서·인쇄상태 등을 확인하고, 수험번호와 성명을 기재한다.
③ 부정행위 방지를 위하여 답안 작성(계산식 포함)은 흑색 필기구만 사용하되, 동일한 한 가지 색의 필기구만 사용하여야 하며, 흑색을 제외한 유색 필기구 또는 연필류를 사용하거나 2가지 이상의 색을 혼합하여 사용하였을 경우 그 문항은 0점으로 처리된다.
④ 답란에는 문제와 관련없는 낙서나 특이한 기록사항 등을 기재하여서는 아니 되며, 부정의 목적으로 특이한 표식을 하였다고 판단될 경우에는 모든 문항이 0점 처리된다.
⑤ 답안을 정정할 때에는 반드시 정정부분을 두 줄(=)로 그어 표시하여야 하며, 두 줄로 긋지 않은 답안은 정정하지 않은 것으로 간주한다.
⑥ 계산문제는 반드시 「계산과정」과 「답」란에 계산과정과 답을 정확하게 기재하여야 하며 계산과정이 틀리거나 없는 경우 0점 처리된다. (단, 계산연습이 필요한 경우에는 계산연습란을 이용하여야 하며, 계산연습란은 채점대상이 아니다.)
⑦ 계산문제는 최종 결과값(답)에서 소수 셋째자리에서 반올림하여 둘째 자리까지 구하여야 하나 개별문제에서 소수처리에 대한 요구사항이 있을 경우에는 그 요구사항을 따른다. (단, 문제의 특수한 성격에 따라 정수로 표기하는 문제도 있으며, 반올림한 값이 0이 되는 경우에는 첫 유효숫자까지 기재하되 반올림하여 기재하여야 한다.)
⑧ 답에 단위가 없으면 오답으로 처리된다. (단, 문제의 요구사항에 단위가 주어졌을 경우는 생략되어도 무방하다.
⑨ 문제에서 요구한 가지 수(항수) 이상을 답란에 표기한 경우에는 답란 기재순으로 요구한 가지 수(항수)만 채점하여 한 항에 여러 가지를 기재하더라도 한 가지로 보며 그 중 정답과 오답이 함께 기재되어 있을 경우에는 오답으로 처리된다.
⑩ 한 문제에서 소문제로 파생되는 문제나 가지수를 요구하는 문제는 대부분의 경우 부분배점을 적용한다.
⑪ 부정 또는 불공정한 방법(시험문제 내용과 관련된 메시지 사용 등)으로 시험을 치른 자는 부정행위자로 처리되어 해당 시험을 중지 또는 무효로 하고, 5년간 국가기술 자격검정의 응시자격이 정지된다.
⑫ 복합형 시험의 경우 시험의 전 과정(필답형, 작업형)을 응시하지 않은 경우 채점대상에서 제외한다.
⑬ 저장 용량이 큰 전자계산기 및 유사 전자제품 사용시에는 반드시 저장된 메모리를 초기화한 후 사용하여야 하며, 시험위원이 초기화 여부를 확인할 경우에는 협조하여야 한다. 초기화되지 않은 전자계산기 및 유사 전자제품을 사용하여 적발시에는 부정행위로 간주한다.
⑭ 시험위원이 시험 중 신분확인을 위하여 신분증과 수험표를 요구할 시에는 반드시 제시하여야 한다.
⑮ 시험 중에는 통신기기 및 전자기기 (휴대용 전화기 등)를 지참하거나 사용할 수 없다.
⑯ 문제 및 답안(지), 채점기준은 일체 공개하지 않는다.
⑰ 의문사항은 각 과목별 저자가 365일 상담하니 010-7209-6627로 전화주세요.
⑱ 합격만을 생각하며 혼을 바쳐 교재를 집필하였다.

강조사항

① 본 문제의 그림(동영상 및 사진)은 세화를 사랑하는 수많은 독자들이 E-mail, fax, 전화, 문자, 편지 등으로 보낸 문제를 편집부에서 재작성 후 저자가 확인 후 출판하였으나 학자의 견해에 따라서 조금의 차이가 있을 수 있습니다.
② 세화의 독자는 꼭 뒷부분(최근기출문제)부터 보시면 신출제경향과 최종합격의 비결이 될 것입니다.
③ 경고 : 타출판사, 학원, 대학, 까페 등에서 복제하지 않길 간곡히 부탁드리고 복제시 저작권 및 출판권을 침해하여 의법처단됩니다.

2018년도 과년도 출제문제

• 산업안전산업기사(2018년 04월 21일 제1회 1부 시행)

자격종목 및 등급(선택분야)	시험시간	배점	시행일
산업안전산업기사	60분	45점	2018년 4월 21일 1회(1부)

참고사항
① 본 그림은 꼭 실제시험문제와 동일하지 않을 수도 있음
② 그림 및 동영상은 참고만 하세요.(문제의 질의 내용은 동일함)

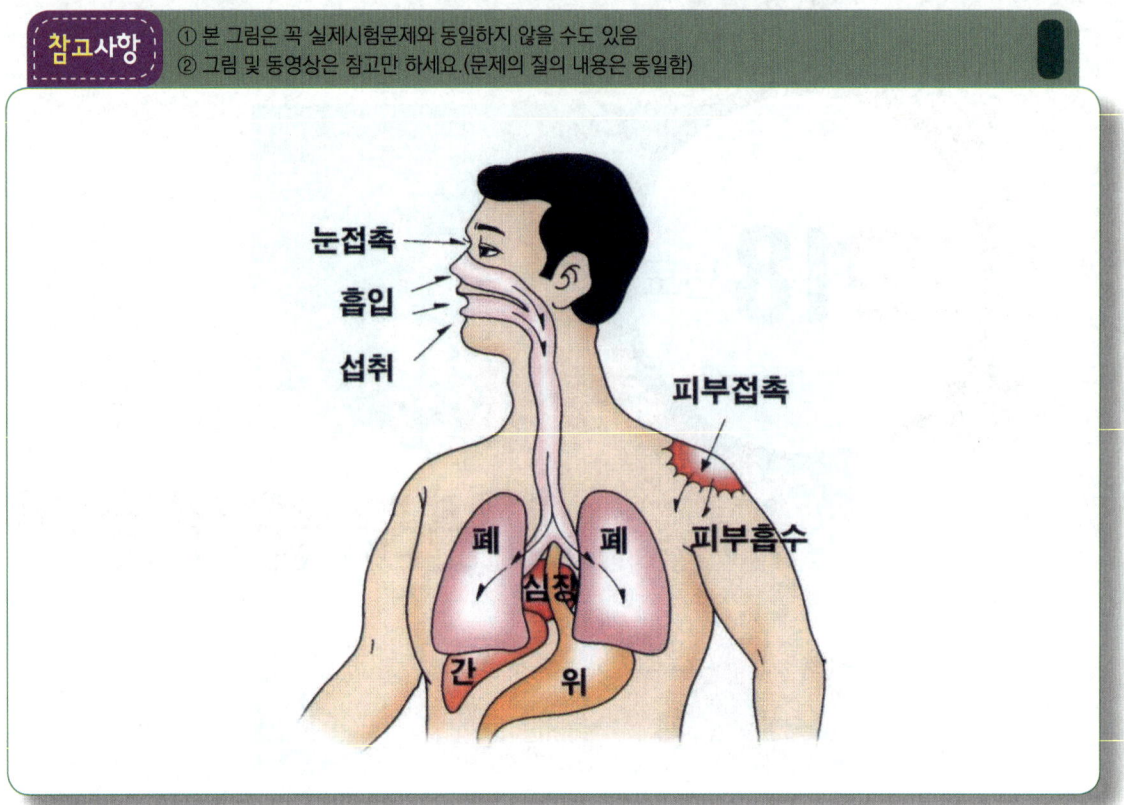

01
유리병을 황산(H_2SO_4)에 세척시 발생하는 ① 재해형태 ② 재해정의(세부내용)를 각각 쓰시오. (4점)

참고 KOSHA CODE : 산업재해 용어 정의

합격KEY
① 2013년 10월 12일(문제 7번) 기사 출제
② 2016년 4월 23일 기사(문제 1번) 출제

정답
① 재해형태 : 유해·위험물질 노출·접촉
② 재해정의 : 유해·위험물질 노출·접촉 또는 흡입하였거나 독성동물에 쏘이거나 물린 경우

💬 **합격자의 조언** 작업형 만점합격은 기사·산업기사 모두 보셔야 합니다.

자격종목 및 등급(선택분야)	시험시간	형별	시행일
산업안전산업기사	60분	45점	2018년 4월 21일 1회(1부)

참고사항
① 본 그림은 꼭 실제시험문제와 동일하지 않을 수도 있음
② 그림 및 동영상은 참고만 하세요.(문제의 질의 내용은 동일함)

동영상 설명
작업자가 도금된 제품상태를 확인하기 위해 냄새를 맡고 있다.

02 화면은 크롬 도금 공정 중에 도금의 상태를 검사하는 내용이다. 화면에서와 같은 작업시 근로자가 착용해야 할 보호구의 종류를 2가지만 쓰시오.(단, 고무장갑과 고무장화는 제외한다.)(4점)

참고 제4편 제1장 실제시험편(기초, 기본) : 화학-4013, 4014

합격KEY
① 2006년 9월 23일 출제
② 2012년 4월 28일 기사 출제
③ 2013년 4월 27일 제1회 1부(문제 1번) 기사 출제
④ 2015년 4월 25일(문제 1번) 출제
⑤ 2016년 7월 3일(문제 2번) 출제

정답
① 불침투성 보호의(복)
② 방독마스크

합격자의 조언 ① 반드시 실기작업형은 기사와 산업기사가 공통으로 된 교재를 보셔야 만점합격 합니다.
② 이유는 기사에서 출제된 문제가 동일하게 산업기사에 출제됩니다.

자격종목 및 등급(선택분야)	시험시간	배점	시행일
산업안전산업기사	60분	45점	2018년 4월 21일 1회(1부)

참고사항
① 본 그림은 꼭 실제시험문제와 동일하지 않을 수도 있음
② 그림 및 동영상은 참고만 하세요.(문제의 질의 내용은 동일함)

03 화면은 작업자가 컨베이어가 작동하는 상태에서 컨베이어 벨트 끝부분에 올라서서 불안정한 자세로 형광등을 교체하다 추락하는 재해사례를 보여 주고 있다. 작업자의 불안전한 행동 2가지를 쓰시오.(4점)

합격KEY
① 2015년 4월 25일 기사 (문제 8번) 출제
② 2016년 7월 3일 기사 제2회 출제
③ 2016년 10월 15일 기사 (문제 9번) 출제

정답
① 작동하는 컨베이어에 올라가 작업하는 자세가 불안정하여 추락할 위험이 있다.
② 컨베이어 전원을 차단하지 않고 작업을 하고 있어 추락 위험이 있다.

자격종목 및 등급(선택분야)	시험시간	형별	시행일
산업안전산업기사	60분	45점	2018년 4월 21일 1회(1부)

참고사항
① 본 그림은 꼭 실제시험문제와 동일하지 않을 수도 있음
② 그림 및 동영상은 참고만 하세요.(문제의 질의 내용은 동일함)

동영상 설명
가스용접작업 중에 맨얼굴로 목장갑을 끼고 작업하면서 산소통 줄을 당겨서 호스가 뽑혀 산소가 새어나오고 불꽃이 튐

04 동영상은 가스용접작업 중 발생한 재해사례이다. 동영상을 참고하여 (1) 위험요인과 (2) 안전대책 1가지씩 쓰시오.(4점)

참고 2008년 7월 13일(문제 2번)
합격KEY ① 2010년 9월 19일 출제 제3회(문제 4번) 출제
② 2015년 4월 25일 제1회 (문제 4번) 출제

정답
(1) 위험요인
① 작업자가 용접용 보안면과 용접용 장갑을 착용하지 않고 있어 화상의 위험이 있다.
② 용기를 눕혀서 보관, 작업 실시함과 별도의 안전장치가 없어 폭발위험이 있다.
(2) 안전대책
① 용접용 보안면과 용접용 장갑을 착용하고 작업한다.
② 용기를 세워서 체인 등으로 묶어서 넘어지지 않도록 고정한다.

💬 합격자의 조언 반드시 위험요인과 안전대책이 일치해야 합니다.

자격종목 및 등급(선택분야)	시험시간	배점	시행일
산업안전산업기사	60분	45점	2018년 4월 21일 1회(1부)

참고사항
① 본 그림은 꼭 실제시험문제와 동일하지 않을 수도 있음
② 그림 및 동영상은 참고만 하세요.(문제의 질의 내용은 동일함)

가설펜스용

가설펜스용

지하층작업용

계단난간대용

A형펜스용

동영상 설명
① 일반 차량도로 공사에서 붉은 도로구획 전면 점검 중 전선과 전선을 연결한 부분(절연테이프로 Taping 처리됨)을 작업자가 만지다 감전사고를 일으킴.
② 이때 작업자는 맨손이었으며 안전화는 착용한 상태, 또한 전원을 인가한 상태임

05 화면은 도로에서 가설전선 점검 작업 중 발생한 재해사례이다. 이 영상을 참고하여 감전사고 예방대책 3가지를 쓰시오. (6점)

합격KEY
① 2004년 10월 2일 기사 출제
② 2005년 5월 7일 출제
③ 2007년 10월 13일 출제
④ 2013년 4월 27일 출제
⑤ 2014년 7월 13일 제2회 제1부(문제 9번) 출제
⑥ 2015년 10월 11일 제3회 2부 출제
⑦ 2017년 7월 2일 제2회(문제 9번) 출제

정답
① 이동전선 절연조치를 할 것
② 누전차단기를 설치할 것
③ 정전작업실시
④ 작업근로자 감전에 대비한 보호구착용(절연보호구 착용)

💬 **합격자의 조언** 조사나 문맥이 모범답안과 다르더라도 의미가 같으면 정답으로 인정되니 공란을 두지 말고 꼭 쓰세요.

자격종목 및 등급(선택분야)	시험시간	형별	시행일
산업안전산업기사	60분	45점	2018년 4월 21일 1회(1부)

참고사항
① 본 그림은 꼭 실제시험문제와 동일하지 않을 수도 있음
② 그림 및 동영상은 참고만 하세요.(문제의 질의 내용은 동일함)

동영상 설명
동영상에서 작업자 A, B가 작업을 하고 있다. 창틀에서 작업 중인 A가 처마 위에 있는 B에게 작업발판을 건네준 후 B가 있는 옆 처마 위로 이동하다 발을 헛디뎌 바닥으로 추락하는 장면이다.(주변이 정리정돈 되어있지 않고, A작업자가 밟고 있던 콘크리트 부스러기가 추락할 때 같이 떨어진다.)

06 화면은 아파트 창틀에서 작업 중 발생한 재해사례를 나타내고 있다. 해당 동영상에서 작업자는 발판에서 떨어지고 있다. ① 재해발생형태 ② 사고원인 2가지를 쓰시오.(6점)

참고 산업안전보건기준에 관한 규칙 제42조(추락의 방지)

합격KEY
① 2004년 10월 2일 기사 출제
② 2006년 7월 15일 기사 출제

정답
(1) 재해발생형태 : 추락(떨어짐)
(2) 사고원인
① 작업발판 미설치
② 안전대 미착용
③ 추락방호망 미설치

자격종목 및 등급(선택분야)	시험시간	배점	시행일
산업안전산업기사	60분	45점	2018년 4월 21일 1회(1부)

참고사항
① 본 그림은 꼭 실제시험문제와 동일하지 않을 수도 있음
② 그림 및 동영상은 참고만 하세요.(문제의 질의 내용은 동일함)

[동영상 설명] 이동식크레인을 이용하여 작업하다 붐대가 전선에 닿아 감전되는 동영상

07 화면은 30[kV] 전압이 흐르는 고압선 아래에서 작업 중 발생한 재해사례이다. 크레인을 이용하여 고압선 주위에서 작업할 경우 사업주의 감전 조치사항(동종 재해예방을 위한 작업지휘자) 3가지를 쓰시오.(6점)

참고 산업안전보건기준에 관한 규칙 제322조(충전전로 인근에서의 차량·기계장치 작업)

합격KEY
① 2004년 10월 2일 (문제 2번)　　② 2007년 7월 15일 출제
③ 2008년 10월 5일 출제　　　　　④ 2011년 5월 7일 출제
⑤ 2011년 7월 30일 출제　　　　　⑥ 2012년 7월 14일 출제
⑦ 2012년 10월 21일 출제　　　　 ⑧ 2013년 10월 12일 산업기사 출제
⑨ 2014년 7월 13일 제2회 출제　　⑩ 2015년 10월 11일 제3회 출제
⑪ 2016년 10월 9일(문제 7번) 출제

정답
① 차량 등을 충전부로부터 300[cm] 이상 이격시키되, 대지전압이 50[kV]를 넘는 경우 10[kV] 증가할 때마다 10[cm] 씩 증가한다.
② 접지된 차량등이 충전전로와 접촉할 우려가 있을 경우 지상의 근로자가 접지점에 접촉하지 않도록 조치한다.
③ 차량과 근로자가 접촉하지 않도록 방책을 설치하거나 감시인을 배치한다.

자격종목 및 등급(선택분야)	시험시간	형별	시행일
산업안전산업기사	60분	45점	2018년 4월 21일 1회(1부)

참고사항
① 본 그림은 꼭 실제시험문제와 동일하지 않을 수도 있음
② 그림 및 동영상은 참고만 하세요.(문제의 질의 내용은 동일함)

08 동영상은 흙막이 지보공 설치작업을 하고 있다. 정기 점검사항 3가지를 쓰시오.(6점)

보충학습 터널 지보공의 수시 점검사항 4가지
① 부재의 손상·변형·부식·변위·탈락의 유무 및 상태
② 부재의 긴압의 정도
③ 부재의 접속부 및 교차부의 상태
④ 기둥침하의 유무 및 상태

합격정보 ① 산업안전보건기준에 관한 규칙 제347조(붕괴 등의 위험방지)
② 산업안전보건기준에 관한 규칙 제366조(붕괴 등의 방지)

합격KEY ① 2006년 4월 29일 기사 출제 ② 2007년 7월 15일 출제
③ 2012년 10월 21일(문제 8번) 출제 ④ 2016년 4월 23일 제1회(문제 8번) 출제
⑤ 2017년 10월 22일 제3회(문제 8번) 출제

정답
① 부재의 손상·변형·부식·변위 및 탈락의 유무와 상태
② 버팀대의 긴압의 정도
③ 부재의 접속부·부착부 및 교차부의 상태
④ 침하의 정도

자격종목 및 등급(선택분야)	시험시간	배점	시행일
산업안전산업기사	60분	45점	2018년 4월 21일 1회(1부)

참고사항
① 본 그림은 꼭 실제시험문제와 동일하지 않을 수도 있음
② 그림 및 동영상은 참고만 하세요.(문제의 질의 내용은 동일함)

09 가죽제 안전화의 성능기준항목(시험) 종류 5가지를 쓰시오.(5점)

합격KEY
① 2007년 4월 28일 출제
② 2009년 4월 26일 출제
③ 2011년 7월 30일 유사문제
④ 2012년 4월 28일 출제
⑤ 2013년 7월 20일 출제
⑥ 2014년 7월 13일 기사 출제
⑦ 2014년 10월 5일 기사 (문제 4번) 출제
⑧ 2015년 7월 18일 기사 (문제 4번) 출제
⑨ 2017년 10월 22일 제3회 기사 출제

정답
① 은면결렬시험
② 인열강도시험
③ 내부식성시험
④ 인장강도시험
⑤ 내유성시험
⑥ 내압박성시험
⑦ 내충격성시험
⑧ 박리저항시험
⑨ 내답발성시험

문제 및 답안(지), 점수, 채점기준은 일체 공개하지 않는다.

비번호
총 점

NOTE

과년도 출제문제

· 산업안전산업기사(2019년 04월 21일 제1회 1부 시행)

자격종목 및 등급(선택분야)	시험시간	배점	시행일
산업안전산업기사	60분	45점	2019년 4월 21일 1회(1부)

참고사항
① 본 그림은 꼭 실제시험문제와 동일하지 않을 수도 있음
② 그림 및 동영상은 참고만 하세요.(문제의 질의 내용은 동일함)

활선작업 보호구

활선작업

동영상 설명
화면에서 A작업자가 변압기의 2차 전압을 측정하기 위해 유리창 너머의 B작업자에게 전원을 투입하라는 신호를 보낸다. 측정 완료 후 다시 차단하라고 신호를 보내고 측정기기를 철거하다 감전사고가 발생되는 장면을 보여주고 있다.(작업자는 맨손, 슬리퍼 착용)

01 화면과 같이 작업자가 착용하여야 할 보호구 2가지를 쓰시오.(4점)

합격KEY ① 2015년 7월 18일 제2회(문제 1번) 출제
② 2017년 10월 22일 제3회(문제 1번) 출제

정답
① 내전압용 절연장갑
② 절연장화

자격종목 및 등급(선택분야)	시험시간	형별	시행일
산업안전산업기사	60분	45점	2019년 4월 21일 1회(1부)

참고사항
① 본 그림은 꼭 실제시험문제와 동일하지 않을 수도 있음
② 그림 및 동영상은 참고만 하세요.(문제의 질의 내용은 동일함)

동영상 설명
사출성형기가 개방된 상태에서 금형에서 이물질을 제거하다가 손이 눌리는 상태임

02 사출성형기 V형 금형 작업중 재해가 발생한 사례이다. 동영상에서 발생한 (1) 재해형태와 (2) 법적인 방호장치를 쓰시오.(4점)

참고 산업안전보건기준에 관한 규칙 제121조(사출성형기 등의 방호장치)

합격KEY ① 2010년 4월 24일 출제
② 2013년 4월 27일 제1회(문제 7번) 출제
③ 2015년 4월 25일 제1회 제2부(문제 7번) 출제
④ 2015년 10월 11일 제3회 2부 출제
⑤ 2017년 7월 2일 제2회 1부(문제 5번) 출제

정답
(1) 재해형태 : 협착(끼임)
(2) 방호장치
 ① 게이트가드(gate guard)
 ② 양수조작식

자격종목 및 등급(선택분야)	시험시간	배점	시행일
산업안전산업기사	60분	45점	2019년 4월 21일 1회(1부)

참고사항
① 본 그림은 꼭 실제시험문제와 동일하지 않을 수도 있음
② 그림 및 동영상은 참고만 하세요.(문제의 질의 내용은 동일함)

03 선박 내부에서 공기압축기 작업 도중에 작업자가 가스질식으로 의식을 잃는 장면이다. 이와 같은 사고에 대비하여 필요한 호흡용 보호구를 2가지만 쓰시오.(4점)

채점기준
(1) 택 2. 2개 모두 맞으면 4점, 1개 맞으면 2점, 그 외 0점
(2) 유사(가능한)답안
　　① 에어라인 마스크　　　　　　　② 호스마스크
　　③ 복합식 에어라인 마스크　　　　④ 산소호흡기

합격KEY
① 2005년 7월 15일 산업기사 출제　　　② 2006년 9월 23일 출제
③ 2014년 10월 5일(문제 5번) 출제　　　④ 2015년 7월 18일 제2회 제3부(문제 5번) 출제
⑤ 2015년 10월 11일 제3회 산업기사 출제　⑥ 2017년 10월 22일 기사(문제 5번) 출제
⑦ 2017년 10월 14일 제3회 1부 기사 출제

정답
① 송기마스크
② 공기호흡기

자격종목 및 등급(선택분야)	시험시간	형별	시행일
산업안전산업기사	60분	45점	2019년 4월 21일 1회(1부)

참고사항
① 본 그림은 꼭 실제시험문제와 동일하지 않을 수도 있음
② 그림 및 동영상은 참고만 하세요.(문제의 질의 내용은 동일함)

동영상 설명
작동되는 양수기를 수리하는 모습·잡담을 하며 수공구를 던져주고 하다가 손을 벨트(접선물림점)에 물리는 동영상

04 동영상은 양수기 수리작업 도중에 발생한 재해사례이다. 동영상을 참고하여 위험요인을 3가지만 쓰시오.(6점)

합격KEY
① 2008년 7월 13일 출제
② 2009년 9월 19일 출제
③ 2013년 10월 12일(문제 2번) 출제
④ 2016년 4월 23일 제1회 2부 출제
⑤ 2017년 7월 2일 제2회 기사 출제

정답
① 작업자들이 작업에 집중을 하지 못하고 있어 작업복과 손이 말려들어갈 위험이 있다.
② 작업자 중 한 명이 기계 위에 손을 올려놓고 있어 미끄러져 말려들어갈 위험이 있다.
③ 수리작업 전에 전원을 차단시켜 정지시키지 않아 작업복이 말려들어갈 위험이 있다.

자격종목 및 등급(선택분야)	시험시간	배점	시행일
산업안전산업기사	60분	45점	2019년 4월 21일 1회(1부)

참고사항
① 본 그림은 꼭 실제시험문제와 동일하지 않을 수도 있음
② 그림 및 동영상은 참고만 하세요.(문제의 질의 내용은 동일함)

05 화면은 이동식 크레인을 이용하여 철제 배관을 인양하는 작업으로 신호수의 신호에 따라 철제 배관을 인양 중 H빔에 부딪치면서 흔들리는 동영상이다. 배관 인양 작업시 위험요인 3가지를 쓰시오.(6점)

합격KEY ① 2015년 7월 18일 기사 (문제 8번) 출제
② 2016년 7월 3일 제2회 1부 출제
③ 2018년 7월 8일 제2회 2부(문제 8번) 출제

정답
① 와이어로프의 안전상태가 불안정하여 위험하다.
② 작업 반경 내 관계근로자 이외의 외부 작업자가 출입하여 위험하다.
③ 훅의 해지장치 및 안전상태가 불안정하여 위험하다.

자격종목 및 등급(선택분야)	시험시간	형별	시행일
산업안전산업기사	60분	45점	2019년 4월 21일 1회(1부)

참고사항
① 본 그림은 꼭 실제시험문제와 동일하지 않을 수도 있음
② 그림 및 동영상은 참고만 하세요.(문제의 질의 내용은 동일함)

06 화면에서 가압상태의 LPG가 대기중에 유출되어 순간적으로 기화가 일어나 점화원에 의해 발생하는 폭발의 종류를 쓰시오.(4점)

보충학습 증기운
① 저온 액화가스의 저장탱크나 고압의 인화성 액체용기가 파괴되어 다량의 인화성 증기가 폐쇄공간이 아닌 대기중으로 급격히 방출되어 공기 중에 분산 확산되어 있는 상태
② 인화성 가스 또는 기화하기 쉬운 인화성 액체 등이 저장된 고압가스 용기(저장탱크)의 파괴로 인하여 대기중으로 유출된 인화성 증기가 구름을 형성(증기운)한 상태에서 점화원이 증기운에 접촉하여 폭발(가스폭발)하는 현상

합격KEY
① 2002년 10월 6일 기사 출제　② 2011년 7월 30일 기사 출제
③ 2012년 7월 14일 출제　④ 2013년 10월 12일 제3회 제2부(문제 8번) 출제
⑤ 2015년 10월 11일 제3회 2부(문제 8번) 출제

정답 증기운 폭발(UVCE : Unconfined Vapor Cloud Explosion)

자격종목 및 등급(선택분야)	시험시간	배점	시행일
산업안전산업기사	60분	45점	2019년 4월 21일 1회(1부)

참고사항
① 본 그림은 꼭 실제시험문제와 동일하지 않을 수도 있음
② 그림 및 동영상은 참고만 하세요.(문제의 질의 내용은 동일함)

동영상 설명
공장지붕에서 여러 명의 작업자가 작업중 한 명의 작업자가 바닥으로 떨어져 사망

07 화면은 공장 지붕 철골상에 패널 설치 중 작업자가 실족하여 사망한 재해사례이다. 이 영상 내용을 참고하여 재해원인 2가지를 쓰시오.(6점)

> **참고** 조사나 문맥이 모범답안과 다르더라도 의미가 같으면 정답 인정

합격KEY
① 2004년 10월 2일 산업기사 출제
② 2005년 10월 1일 산업기사 출제
③ 2007년 10월 13일 산업기사 출제
④ 2009년 7월 11일 산업기사 출제
⑤ 2015년 4월 25일 제1회 제2부(문제 1번) 출제
⑥ 2015년 10월 11일 산업기사 출제
⑦ 2016년 7월 3일 제2회 기사 출제

정답
① 안전대 부착설비 미설치 및 안전대 미착용
② 추락방호망 미설치

자격종목 및 등급(선택분야)	시험시간	형별	시행일
산업안전산업기사	60분	45점	2019년 4월 21일 1회(1부)

참고사항
① 본 그림은 꼭 실제시험문제와 동일하지 않을 수도 있음
② 그림 및 동영상은 참고만 하세요.(문제의 질의 내용은 동일함)

동영상 설명
동영상에서 작업자 A, B가 작업을 하고 있다. 창틀에서 작업 중인 A가 처마 위에 있는 B에게 작업발판을 건네준 후 B가 있는 옆 처마 위로 이동하다 발을 헛디뎌 바닥으로 추락하는 장면이다.(주변이 정리정돈 되어있지 않고, A작업자가 밟고 있던 콘크리트 부스러기가 추락할 때 같이 떨어진다.)

08 화면은 아파트 창틀에서 작업 중 발생한 재해사례이다. 이 영상의 작업자의 추락사고 원인 3가지를 쓰시오.(6점)

참고 산업안전보건기준에 관한 규칙 제42조(추락의 방지)

합격KEY
① 2004년 10월 2일 출제
② 2006년 7월 5일 출제
③ 2014년 4월 25일 출제
④ 2014년 7월 13일 산업기사 출제
⑤ 2014년 10월 5일(문제 1번) 출제
⑥ 2016년 4월 23일(문제 1번) 출제
⑦ 2017년 4월 22일 제1회 1부 출제
⑧ 2017년 7월 2일 제2회 2부 기사 출제

정답
① 작업발판 미설치
② 안전대 미착용
③ 추락방호망 미설치

자격종목 및 등급(선택분야)	시험시간	배점	시행일
산업안전산업기사	60분	45점	2019년 4월 21일 1회(1부)

참고사항
① 본 그림은 꼭 실제시험문제와 동일하지 않을 수도 있음
② 그림 및 동영상은 참고만 하세요.(문제의 질의 내용은 동일함)

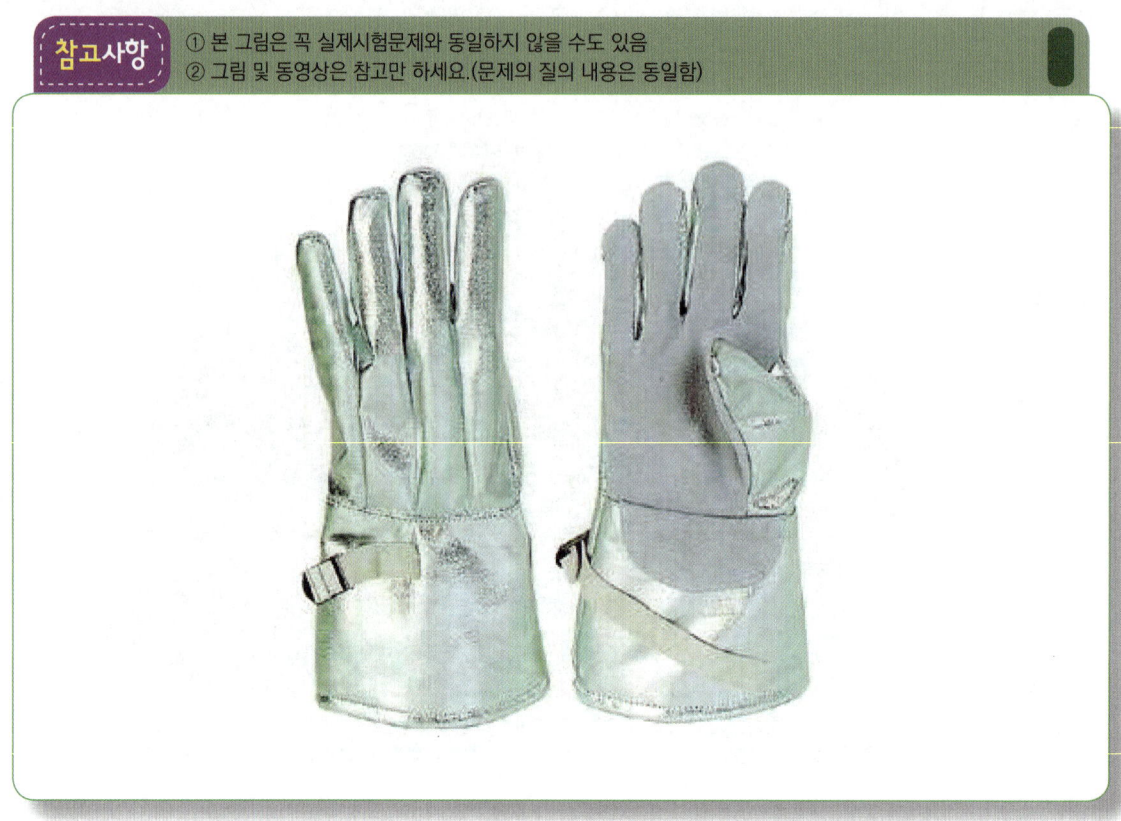

09 화면은 내전압용 절연장갑을 보여주고 있다. 화면을 참고하여 각 등급을 쓰시오.(5점)

[표] 절연장갑의 등급 및 표시

등급	최대사용전압		등급별 색상
	교류([V], 실효값)	직류[V]	
①	500	750	갈색
②	1,000	1,500	빨간색
③	7,500	11,250	흰색
④	17,000	25,500	노란색
⑤	26,500	39,750	녹색
⑥	36,000	54,000	등색

참고 고용노동부고시 제2017-64호(보호구안전인증고시 2017.11.14)

합격KEY ① 2013년 10월 12일 제3회 제1부(문제 6번) 출제
② 2015년 10월 11일 제3회 1부(문제 9번) 출제

참고 직류는 교류값에 1.5를 곱해준다.
  예 ① 500×1.5=750[V]
       ② 17,000×1.5=25,500[V]

문제 및 답안(지), 점수, 채점기준은 일체 공개하지 않는다.

정답 ① 00 ② 0 ③ 1 ④ 2 ⑤ 3 ⑥ 4

2020년도 과년도 출제문제

• 산업안전산업기사(2020년 05월 16일 제1회 1부 시행)

자격종목	시험일	비번호	PC번호	남은시간
산업안전산업기사	2020년 5월 16일 1회(1부)	A001	1	60분

자동차부품(브레이크 라이닝)을 화학약품을 사용하여 세척하는 작업과정(세정제가 바닥에 흩어져 있으며, 고무장화 등을 착용하지 않고 작업을 하고 있음)을 보여주고 있다.

01 자동차 브레이크 라이닝을 세척 중이다. 착용해야할 보호구 2가지를 쓰시오. (4점)

합격KEY
① 2006년 9월 23일 산업기사 출제
② 2013년 10월 12일 제3회 출제
③ 2016년 10월 9일(문제 3번) 출제
④ 2017년 4월 22일 기사(문제 3번) 출제
⑤ 2018년 10월 14일 제3회 2부(문제 3번) 출제
⑥ 2019년 10월 19일 제3회 1부(문제 1번) 출제

정답
① 불침투성 보호의(복)
② 방독마스크
③ 보안경

자격종목	시험일	비번호	PC번호	남은시간
산업안전산업기사	2020년 5월 16일 1회(1부)	A001	1	60분

사출성형기 노즐 충전부의 이물질을 제거하다 감전당함

02 사출성형기 V형 금형 작업 중 감전재해가 발생한 사례이다. 다음 물음에 답하시오.(6점)
① 영상에 나타난 재해원인 중 기인물은 무엇인가?(3점)
② 영상에 나타난 재해원인 중 가해물은 무엇인가?(3점)

[참고] 2006년 7월 15일 기사 출제

[합격KEY] ① 2004년 10월 2일 기사 출제
② 2008년 4월 29일 출제
③ 2011년 7월 30일 출제
④ 2012년 10월 21일 출제
⑤ 2013년 10월 12일(문제 2번) 출제
⑥ 2015년 7월 18일 제2회 제2부(문제 6번) 출제
⑦ 2015년 10월 11일 제3회 1부 출제
⑧ 2017년 7월 2일 제2회 1부(문제 1번) 출제

[정답]
① 기인물 : 사출성형기(사출금형)
② 가해물 : 사출성형기 노즐 충전부

자격종목	시험일	비번호	PC번호	남은시간
산업안전산업기사	2020년 5월 16일 1회(1부)	A001	1	60분

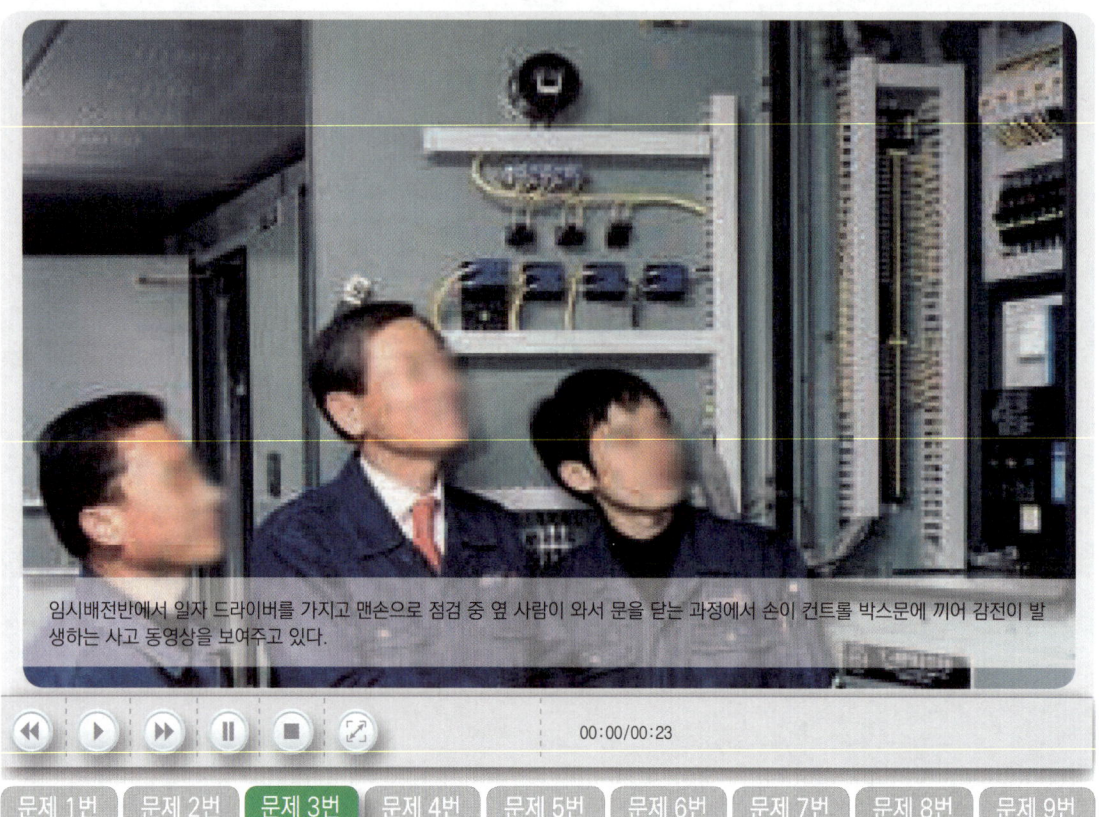

문제 1번 | 문제 2번 | **문제 3번** | 문제 4번 | 문제 5번 | 문제 6번 | 문제 7번 | 문제 8번 | 문제 9번

03 동영상은 임시배전반의 작업 중에 발생한 재해사례이다. 동영상을 참고하여 위험요인을 3가지만 쓰시오. (6점)

합격KEY
① 2008년 7월 13일 출제
② 2009년 4월 26일 기사 출제
③ 2009년 9월 20일 출제
④ 2013년 4월 27일 제1회 2부(문제 1번) 출제

정답
① 작업자가 맨손으로 작업을 실시하여서 감전의 위험이 있다.
② 보수작업임을 나타내는 표지판 미설치 및 감시인 미배치
③ 전원을 차단(off)하지 않아 감전위험이 있다.

자격종목	시험일	비번호	PC번호	남은시간
산업안전산업기사	2020년 5월 16일 1회(1부)	A001	1	60분

04
동영상은 밀폐공간에서 작업을 하고 있다. 보기의 ( )에 알맞은 숫자를 쓰시오. (4점)

[보기]
"적정공기"라 함은 산소농도의 범위가 (①)[%] 이상, (②)[%] 미만, 이산화탄소의 농도가 (③)[%] 미만, 일산화탄소 농도가 30[ppm] 미만, 황화수소의 농도가 (④)[ppm] 미만인 수준의 공기를 말한다.

참고 산업안전보건기준에 관한 규칙 제618조(정의)

합격KEY
① 2006년 4월 29일(문제 3번) 출제
② 2016년 7월 3일 제2회(문제 3번) 출제
③ 2017년 10월 22일 기사 제3회(문제 4번) 출제
④ 2018년 10월 14일 산업기사 제3회 1부(문제 4번) 출제
⑤ 2019년 10월 19일 제3회 2부(문제 4번) 출제

정답
① 18
② 23.5
③ 1.5
④ 10

자격종목	시험일	비번호	PC번호	남은시간
산업안전산업기사	2020년 5월 16일 1회(1부)	A001	1	60분

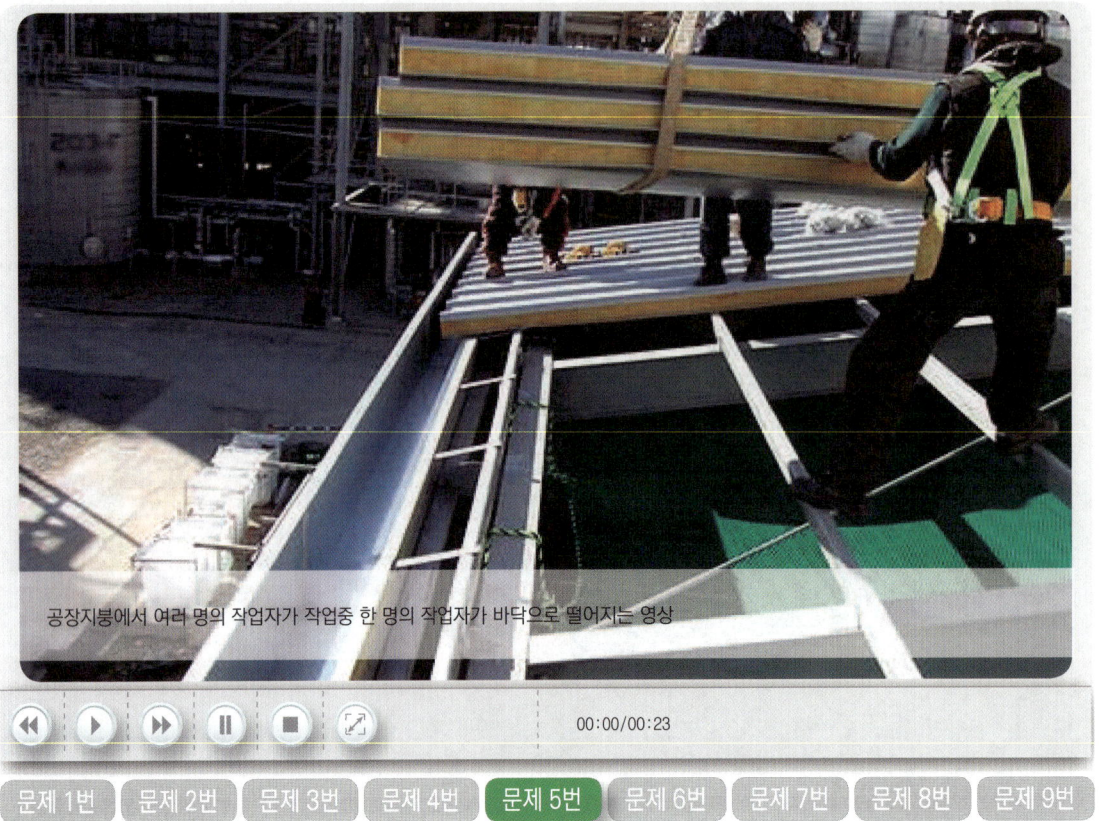

공장지붕에서 여러 명의 작업자가 작업중 한 명의 작업자가 바닥으로 떨어지는 영상

00:00/00:23

| 문제 1번 | 문제 2번 | 문제 3번 | 문제 4번 | **문제 5번** | 문제 6번 | 문제 7번 | 문제 8번 | 문제 9번 |

05 화면은 공장 지붕 철골상에 패널 설치 중 작업자가 실족하여 사망한 재해사례이다. 이 영상 내용을 참고하여 재해원인 2가지를 쓰시오. (6점)

> **참고** 조사나 문맥이 모범답안과 다르더라도 의미가 같으면 정답 인정

> **합격KEY**
> ① 2004년 10월 2일 산업기사 출제
> ② 2005년 10월 1일 산업기사 출제
> ③ 2007년 10월 13일 산업기사 출제
> ④ 2009년 7월 11일 산업기사 출제
> ⑤ 2015년 4월 25일 제1회 제2부(문제 1번) 출제
> ⑥ 2015년 10월 11일 산업기사 출제
> ⑦ 2016년 7월 3일 제2회 기사 출제
> ⑧ 2019년 4월 21일 제1회 1부(문제 7번) 출제

> **정답**
> ① 안전대 부착설비 미설치 및 안전대 미착용
> ② 추락방호망 미설치

자격종목	시험일	비번호	PC번호	남은시간
산업안전산업기사	2020년 5월 16일 1회(1부)	A001	1	60분

06 파지 작업장에서 작업자의 불안전 행동 3가지를 쓰시오. (6점)

정답
① 파지를 옮기는 기계가 작업자의 머리위로 지나간다.
② 안전모 등 보호구 미착용
③ 움직이는 컨베이어 위에서 작업하고 있다.

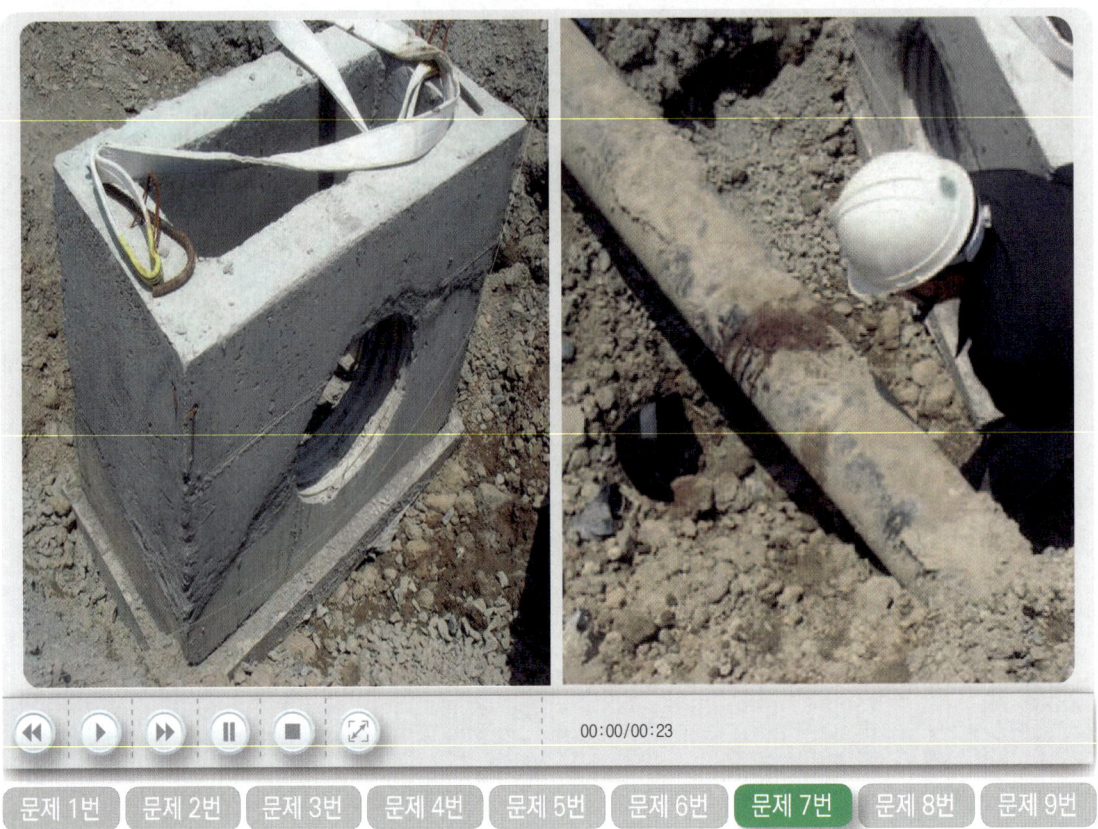

07
동영상은 물체를 인양 중 떨어뜨려 아래 사람에게 재해를 발생시킨 사례이다. 사진 영상을 보고
① 재해발생형태 ② 재해정의를 쓰시오.(6점)

합격KEY
① 2007년 10월 14일 출제
② 2009년 9월 20일 산업기사 출제
③ 2011년 10월 22일 산업기사 출제
④ 2012년 4월 28일 산업기사 출제
⑤ 2013년 7월 20일 산업기사 출제
⑥ 2013년 10월 12일 (문제 5번) 출제
⑦ 2015년 7월 18일 산업기사 출제
⑧ 2016년 4월 23일 제1회 3부(문제 5번) 출제
⑨ 2019년 10월 19일 제3회 2부(문제 7번) 출제

정답
① 재해발생형태 : 낙하(물체에 맞음)
② 재해정의 : 물건이 주체가 되어 사람이 맞은 경우(구조물, 기계 등에 고정되어 있던 물체가 중력, 원심력, 관성력 등에 의하여 고정부에서 이탈하거나 또는 설비 등으로부터 물질이 분출되어 사람을 가해하는 경우)

자격종목	시험일	비번호	PC번호	남은시간
산업안전산업기사	2020년 5월 16일 1회(1부)	A001	1	60분

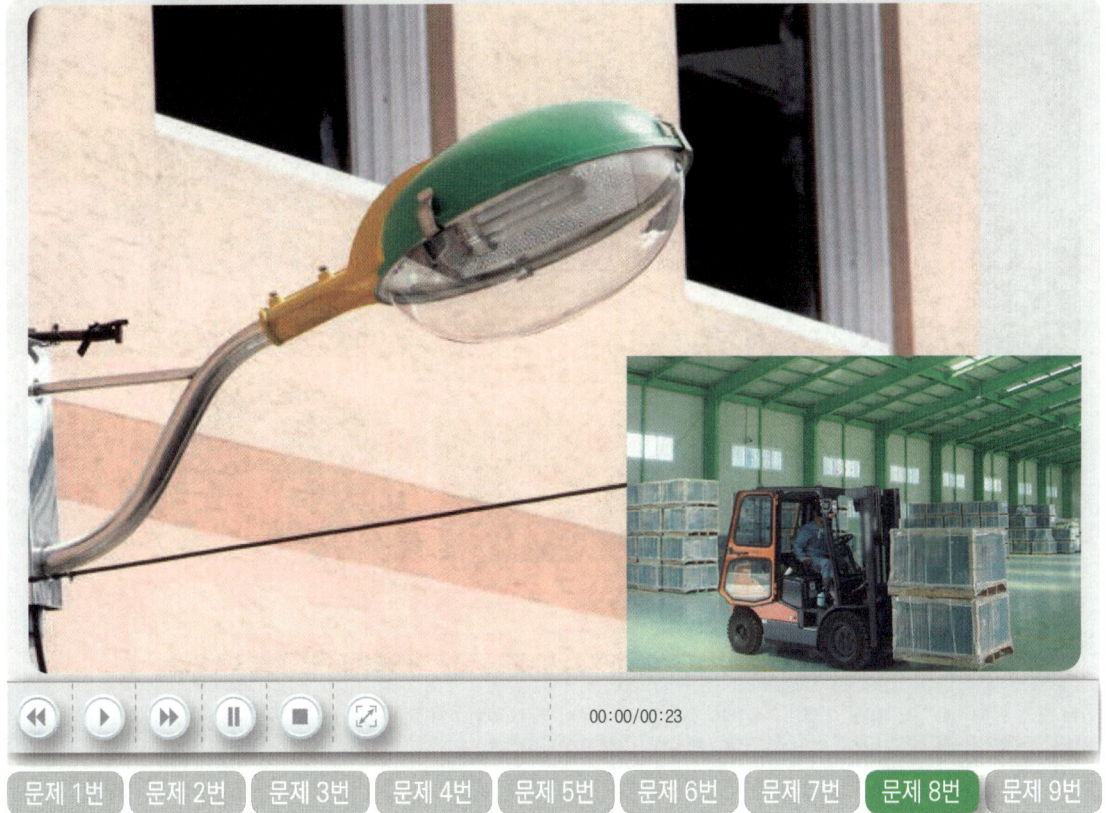

문제 1번 | 문제 2번 | 문제 3번 | 문제 4번 | 문제 5번 | 문제 6번 | 문제 7번 | **문제 8번** | 문제 9번

08 지게차 위 전구교체작업을 하고 있다. 불안전한 행동 3가지를 쓰시오.

정답
① 안전한 작업발판을 사용하지 않고 지게차 위에서 작업했다.
② 지게차의 운전자를 제외한 다른 작업자가 탑승했다.
③ 전원을 차단하지 않고 전구교체 작업을 했다.

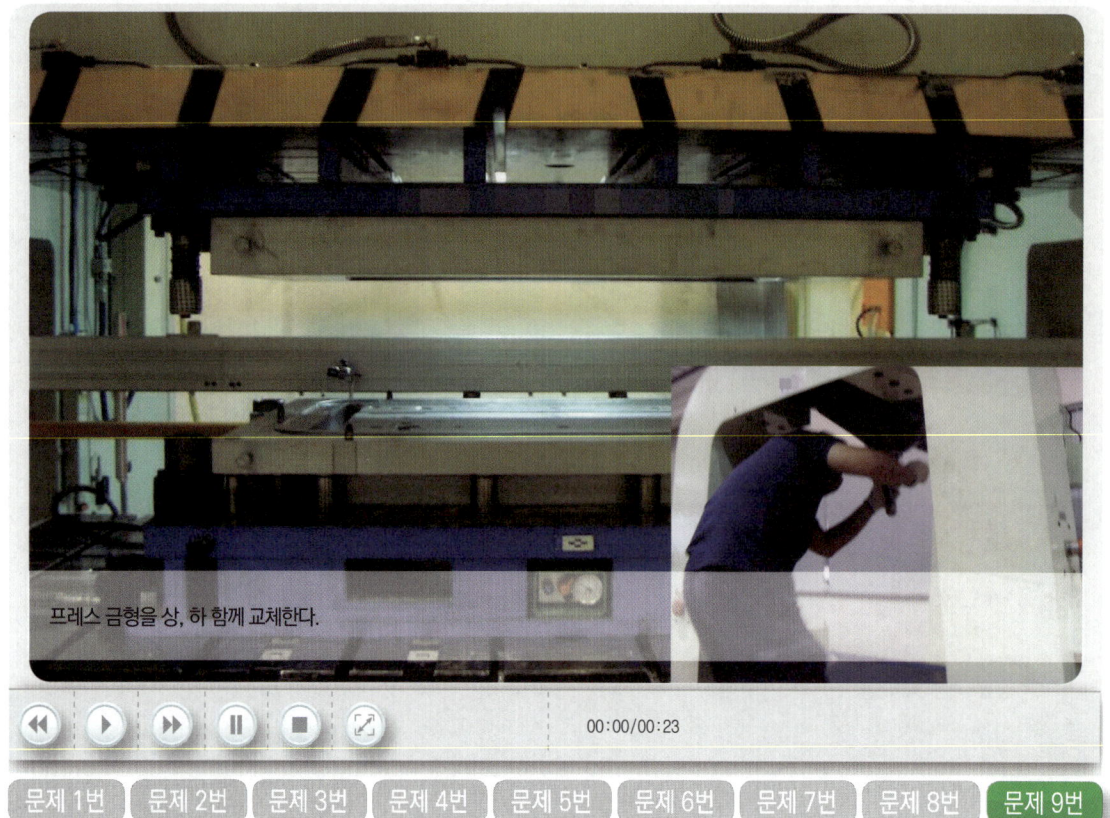

09 프레스 금형교체 작업시 위험 요인 3가지를 쓰시오. (6점)

> 참고 산업안전실기 기사/산업기사 작업형 p.2-38 적중

정답
① 금형의 장치 운반 때, 떨어져서 발에 맞는다.
② 슬라이드가 하사점까지 내려오지 않은 상태에서 장치하여 파손된다.
③ 조이는 기구인 스패너 등이 맞지 않으면 미끄러지기도 하고, 조이는 기구가 나빠 작업중 사고가 일어난다.

문제 및 답안(지), 점수, 채점기준은 일체 공개하지 않는다.

과년도 출제문제

•산업안전산업기사(2021년 05월 05일 제1회 1부 시행)

자격종목	시험일	비번호	PC번호	남은시간
산업안전산업기사	2021년 5월 5일 1회(1부)	A001	1	60분

문제 1번 | 문제 2번 | 문제 3번 | 문제 4번 | 문제 5번 | 문제 6번 | 문제 7번 | 문제 8번 | 문제 9번

01 화면과 같이 천장 크레인 작업을 하고 있다. (1) 크레인의 방호장치 4가지와 (2) 안전검사주기에서 사업장에 설치가 끝난 날부터 (①)년 이내에 최초 안전검사를 실시하되, 그 이후부터 매 (②)년 (건설현장에서 사용하는 것은 최초로 설치한 날부터 매 6개월)마다 안전검사를 실시한다. ( )안에 알맞은 내용을 쓰시오.(6점)

참고
① 산업안전보건기준에 관한 규칙 제134조(방호장치의 조정)
② 산업안전보건기준에 관한 규칙 제137조(해지장치의 사용)

합격정보 2021년 1월 16일 개정법 적용

합격KEY
① 2010년 4월 24일 출제
② 2011년 10월 22일 제3회 출제
③ 2016년 10월 15일 제3회 2부(문제 1번) 출제
④ 2020년 5월 16일 기사 출제

정답
(1) 방호장치 4가지
  ① 과부하방지장치   ② 권과방지장치
  ③ 제동장치   ④ 해지장치
(2) 안전검사주기
  ① 3   ② 2

자격종목	시험일	비번호	PC번호	남은시간
산업안전산업기사	2021년 5월 5일 1회(1부)	A001	1	60분

| 문제 1번 | 문제 2번 | 문제 3번 | 문제 4번 | 문제 5번 | 문제 6번 | 문제 7번 | 문제 8번 | 문제 9번 |

02 화면은 이동식 크레인을 이용하여 철제 배관을 인양하는 작업으로 신호수의 신호에 따라 철제 배관을 인양 중 H빔에 부딪치면서 흔들리는 동영상이다. 배관 인양 작업시 위험요인 3가지를 쓰시오.(6점)

 ① 2015년 7월 18일 기사 (문제 8번) 출제
② 2016년 7월 3일 제2회 산업기사(문제 8번) 출제
③ 2019년 7월 6일 기사 제2회 2부 출제
④ 2019년 10월 19일 제3회 1부(문제 7번) 출제
⑤ 2020년 5월 16일(문제 9번) 출제
⑥ 2020년 11월 22일 기사 출제

정답
① 와이어로프의 안전상태가 불안정하여 위험하다.
② 작업 반경 내 관계근로자 이외의 외부 작업자가 출입하여 위험하다.
③ 훅의 해지장치 및 안전상태가 불안정하여 위험하다.

자격종목	시험일	비번호	PC번호	남은시간
산업안전산업기사	2021년 5월 5일 1회(1부)	A001	1	60분

| 문제 1번 | 문제 2번 | **문제 3번** | 문제 4번 | 문제 5번 | 문제 6번 | 문제 7번 | 문제 8번 | 문제 9번 |

03 화면은 전주에 사다리를 기대고 작업 중 넘어지는 재해를 보여 주고 있다. 동영상에서와 같이 이동식 사다리의 설치기준을 3가지 쓰시오.(6점)

참고 산업안전보건기준에 관한 규칙 제24조(사다리식 통로 등의 구분)

합격정보 고용노동부에서는 2019년 1월 1일 부터 이동식 사다리를 작업발판으로 사용하다 적발시 산업안전보건기준에 관한 규칙 제24조 또는 67조 위반으로 시정조치를 한다고 합니다.
이동식 사다리(그림 참조)는 통로의 수단으로 공간을 이동하는 용도로 사용되어야 하며 사다리 위에서 작업을 하는 행위는 안전조치 위반으로 인한 사법조치 대상이 된다는 내용입니다.

(1) 이동식 및 연장사다리
관련조항 : 안전보건규칙 제24조(사다리식통로 등의 구조)

(2) 접이식사다리 ("A"자형사다리)
관련조항 : 안전보건규칙 제24조(사다리식통로 등의 구조)

(3) 말비계(Stepladder)
관련조항 : 안전보건규칙 제67조(작업발판 중 말비계)

합격KEY
① 2014년 4월 25일(문제 3번) 출제
② 2015년 7월 18일 제2회 3부(문제 3번) 출제
③ 2019년 10월 19일 산업기사 출제
④ 2020년 10월 10일 기사 출제

정답
① 견고한 구조로 할 것
② 심한 손상 · 부식 등이 없는 재료를 사용할 것
③ 발판의 간격은 일정하게 할 것
④ 폭은 30[cm] 이상으로 할 것

합격자의 조언 꼭 합격해야 한다면 10년치 이상, 기사·산업기사 구분없이 보세요.

자격종목	시험일	비번호	PC번호	남은시간
산업안전산업기사	2021년 5월 5일 1회(1부)	A001	1	60분

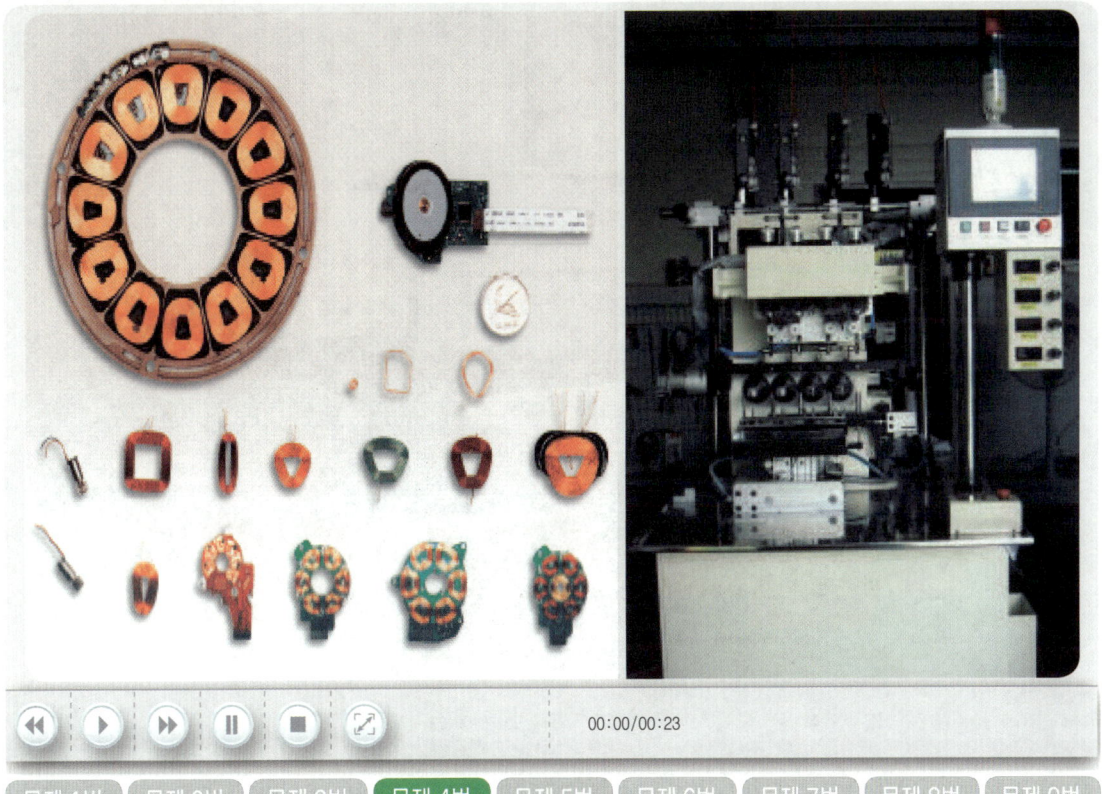

04 화면은 작업자가 전동 권선기에 동선을 감는 작업 중 기계가 정지하여 점검 중 발생한 재해사례이다. 재해유형(형태)과 재해 발생 원인이 무엇인지 1가지씩 서술하시오.(4점)
(1) 재해유형(형태) : (2점)
(2) 재해원인 : (2점)

채점기준 조사나 문맥이 모범답안과 다르더라도 의미가 같으면 정답으로 인정한다.(공지사항)

합격KEY
① 2004년 10월 2일 출제
② 2005년 10월 1일 (문제 2번)
③ 2007년 4월 28일 출제
④ 2011년 10월 22일 출제
⑤ 2012년 10월 21일 출제
⑥ 2013년 4월 27일 제1회 출제
⑦ 2014년 10월 5일 제3회 출제
⑧ 2015년 4월 25일 제1회 1부 출제
⑨ 2017년 7월 2일 제2회(문제 5번) 출제
⑩ 2019년 7월 6일 제2회 3부(문제 4번) 출제
⑪ 2020년 5월 16일(문제 4번) 출제
⑫ 2020년 11월 22일 제4회 1부(문제 1번) 출제
⑬ 2020년 11월 22일(문제 4번) 출제

정답
① 재해유형(형태) : 감전
② 재해원인 : 작업자가 내전압용 절연장갑 등 절연용 보호구를 착용하지 않은 채 맨손으로 동선을 감는 중 기계를 정비하였기 때문에 감전되었다.

자격종목	시험일	비번호	PC번호	남은시간
산업안전산업기사	2021년 5월 5일 1회(1부)	A001	1	60분

문제 1번 | 문제 2번 | 문제 3번 | 문제 4번 | **문제 5번** | 문제 6번 | 문제 7번 | 문제 8번 | 문제 9번

05 화면은 무채를 썰어내는 기계 작동 중 기계가 갑자기 멈추자 작업자가 점검하는 장면이다. 위험예지포인트를 2가지 적으시오.(4점)

채점기준
① 2점×2개=4점
② 부분점수 있습니다.

합격KEY
① 2002년 5월 4일 기사 출제
③ 2003년 10월 12일 기사 출제
⑤ 2014년 7월 13일 제2회 2부 출제
⑦ 2020년 7월 25일(문제 5번) 출제
② 2003년 5월 4일 기사 출제
④ 2007년 10월 13일 출제
⑥ 2017년 7월 2일 제2회 1부(문제 7번) 출제
⑧ 2020년 11월 22일(문제 5번) 출제

정답
① 기계를 정지시킨 상태에서 점검하지 않아 손을 다칠 위험이 있다.
② 인터로크 또는 연동 방호장치가 설치되어 있지 않다.

자격종목	시험일	비번호	PC번호	남은시간
산업안전산업기사	2021년 5월 5일 1회(1부)	A001	1	60분

문제 1번 | 문제 2번 | 문제 3번 | 문제 4번 | 문제 5번 | **문제 6번** | 문제 7번 | 문제 8번 | 문제 9번

06 화면은 크롬도금을 실시하는 작업현장의 장면이다. 크롬 또는 크롬화합물의 퓸, 분진, 미스트를 장기간 흡입하여 발생되는 ① 직업병명과 ② 증상은 무엇인가?(6점)

합격KEY ▶ ① 2000년 11월 9일 출제
② 2001년 4월 29일 출제
③ 2004년 4월 29일 기사 출제
④ 2006년 7월 15일 기사 출제
⑤ 2007년 10월 13일 출제
⑥ 2011년 10월 22일(문제 4번) 출제
⑦ 2015년 7월 18일(문제 4번) 출제
⑧ 2017년 4월 22일 제1회 2부(문제 5번) 출제
⑨ 2019년 4월 21(문제 5번) 출제

정답
① 직업병명 : 비중격천공
② 증상 : 코에 구멍이 뚫림

자격종목	시험일	비번호	PC번호	남은시간
산업안전산업기사	2021년 5월 5일 1회(1부)	A001	1	60분

작업자 한 명이 콘센트에 플러그를 꽂고 그라인더 작업 중이고, 다른 작업자가 다가와서 작업을 위해 콘센트에 플러그를 꽂고 주변을 만지는 도중 감전이 발생하는 동영상

07 화면상에서 분전반 전면에 위치한 그라인더 기기를 활용한 작업에서 위험요인 2가지를 쓰시오. (4점)

합격KEY ① 2015년 7월 18일 산업기사 출제
② 2019년 7월 6일(문제 9번) 출제

정답
① 작업자가 맨손으로 작업을 하여 위험하다.
② 작업자가 내전압용 절연장갑 등 절연용 보호구를 착용하지 않아 위험하다.

08 작업자가 용광로 쇳물 탕도 내에 고무래로 출렁이는 쇳물 표면을 젓고 당기면서 일부 굳은 찌꺼기를 긁어내어 작업자 바로 앞에 고무래로 충격을 주며 털어낸다. 작업자는 보호구를 전혀 착용하지 않았다. (1) 재해발생형태와 (2) 작업자의 불안전한 작업 시 손과 발, 몸을 보호할 수 있는 보호구 3가지를 쓰시오.(5점)

합격KEY ▶ 2020년 11월 22일 기사 출제

정답
(1) **재해발생형태** : 이상온도 노출접촉
(2) **보호구**
① 손 : 방열 장갑
② 발 : 내열 안전화(방열 장화)
③ 몸 : 방열 일체복

09 화면은 봉강 연마 작업중 발생한 사고사례이다. 기인물은 무엇이며, 연마작업시 파편이나 칩의 비래에 의한 위험에 대비하기 위해 설치해야 하는 방호장치명을 쓰시오. (4점)
① 기인물 : (2점)
② 방호장치명 : (2점)

참고 위험기계·기구 방호장치기준 제30조(방호조치)

합격KEY
① 2004년 10월 2일 산업기사출제 ② 2005년 10월 1일 산업기사 출제
③ 2010년 7월 11일 출제 ④ 2011년 10월 22일 출제
⑤ 2012년 10월 21일 출제 ⑥ 2013년 4월 27일 출제
⑦ 2015년 7월 18일 산업기사 (문제 3번) 출제 ⑧ 2017년 4월 22일 산업기사 출제
⑨ 2017년 10월 22일(문제 1번) 출제 ⑩ 2020년 11월 22일 기사 출제

정답
① 기인물 : 탁상공구연삭기
② 방호장치명 : 투명한 비산 방지판

2022년도

과년도 출제문제

- 산업안전산업기사(2022년 05월 20일 제1회 1부 시행)
- 산업안전산업기사(2022년 05월 21일 제1회 1부 시행)
- 산업안전산업기사(2022년 05월 21일 제1회 2부 시행)
- 산업안전산업기사(2022년 08월 07일 제2회 1부 시행)
- 산업안전산업기사(2022년 08월 07일 제2회 2부 시행)
- 산업안전산업기사(2022년 08월 07일 제2회 3부 시행)
- 산업안전산업기사(2022년 10월 23일 제3회 1부 시행)
- 산업안전산업기사(2022년 10월 23일 제3회 2부 시행)

자격종목	시험일	비번호	PC번호	남은시간
산업안전산업기사	2022년 5월 20일 1회(1부)	A001	1	60분

동영상에서 작업자 A, B가 작업을 하고 있다. 창틀에서 작업 중인 A가 처마 위에 있는 B에게 작업발판을 건네준 후 B가 있는 옆 처마 위로 이동하다 발을 헛디뎌 바닥으로 추락하는 장면이다.(주변이 정리정돈 되어있지 않고, A작업자가 밟고 있던 콘크리트 부스러기가 추락할 때 같이 떨어진다.)

00:00/00:23

[문제 1번] 문제 2번 문제 3번 문제 4번 문제 5번 문제 6번 문제 7번 문제 8번 문제 9번

01 화면은 아파트 창틀에서 작업 중 발생한 재해사례를 나타내고 있다. 해당 동영상에서 작업자의 추락사고 (1) 기인물 (2) 가해물을 쓰시오.(4점)

합격KEY
① 2004년 10월 2일 기사 출제
② 2006년 7월 15일 기사 출제
③ 2015년 4월 25일 (문제 1번) 출제
④ 2016년 7월 3일 제2회 1부 출제
⑤ 2018년 7월 8일 제2회 2부(문제 1번) 출제
⑥ 2020년 10월 17일(문제 1번) 출제

정답
(1) 기인물 : 작업발판
(2) 가해물 : 바닥

자격종목	시험일	비번호	PC번호	남은시간
산업안전산업기사	2022년 5월 20일 1회(1부)	A001	1	60분

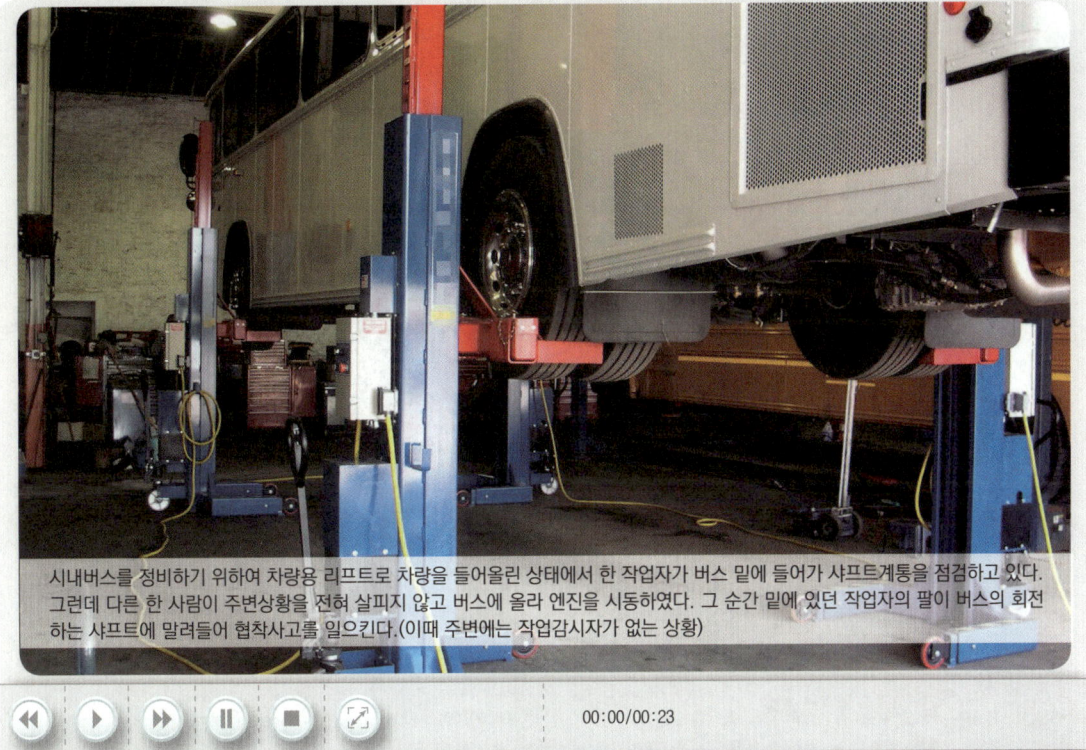

시내버스를 정비하기 위하여 차량용 리프트로 차량을 들어올린 상태에서 한 작업자가 버스 밑에 들어가 샤프트계통을 점검하고 있다. 그런데 다른 한 사람이 주변상황을 전혀 살피지 않고 버스에 올라 엔진을 시동하였다. 그 순간 밑에 있던 작업자의 팔이 버스의 회전하는 샤프트에 말려들어 협착사고를 일으킨다.(이때 주변에는 작업감시자가 없는 상황)

02 화면은 버스정비작업 중 재해가 발생한 사례이다. 버스정비작업 중 안전을 위해 취해야 할 사전안전조치 사항 2가지를 쓰시오.(4점)

채점기준
① 조사나 문맥이 모범답안과 다르더라도 의미가 같으면 정답으로 한다.
② 택 2, 2점×2개=4점

합격KEY
① 2004년 10월 2일 (문제 1번)
② 2007년 4월 28일 출제
③ 2008년 4월 26일 출제
④ 2015년 4월 25일 제1회 출제
⑤ 2016년 10월 15일 제3회 3부 출제
⑥ 2018년 7월 8일(문제 2번) 출제

정답
① 정비작업 중임을 나타내는 표지판을 설치할 것
② 작업과정을 지휘할 관리자를 배치할 것
③ 기동(시동)장치에 잠금장치를 할 것
④ 작업시 운전금지를 위하여 열쇠를 별도 관리할 것

자격종목	시험일	비번호	PC번호	남은시간
산업안전산업기사	2022년 5월 20일 1회(1부)	A001	1	60분

| 문제 1번 | 문제 2번 | 문제 3번 | 문제 4번 | 문제 5번 | 문제 6번 | 문제 7번 | 문제 8번 | 문제 9번 |

03 화면은 교량 하부 점검 중 발생한 재해사례이다. 영상을 참고하여 사고 원인 3가지를 쓰시오.(6점)

참고
① 택 3, 2점×3개=6점
② 조사나 문맥이 모범답안과 다르더라도 의미가 같으면 정답 인정

합격KEY
① 2004년 7월 10일 출제
② 2006년 7월 15일 출제
③ 2015년 4월 23일 제1회 2부 출제
④ 2018년 7월 8일(문제 5번) 출제
⑤ 2021년 5월 2일 기사 출제

정답
① 안전대 부착 설비 및 안전대 착용을 하지 않았다.
② 안전난간 설치 불량
③ 수직방호망 미설치(추락방호망 미설치)
④ 작업자 주변 정리정돈 불량
⑤ 작업 전 작업발판 등 부속설비 점검 미비

자격종목	시험일	비번호	PC번호	남은시간
산업안전산업기사	2022년 5월 20일 1회(1부)	A001	1	60분

① 톱에 덮개가 없으며, 나무판자를 자르고 있는 모습
② 빨간색 장갑 착용
③ 보안경 및 방진마스크 미착용
④ 손가락이 절단됨

04 화면은 둥근톱을 이용하여 나무판자를 자르는 작업 중 옆눈질을 하는 등 부주의로 작업자의 손가락이 절단되는 재해사례를 보여 주고 있다.(일반장갑 착용, 톱에 덮개 없음, 보안경 및 방진마스크 미착용) 둥근톱 작업시 안전대책 2가지를 쓰시오.(4점)

참고
① 산업안전보건기준에 관한 규칙 제105조(둥근톱기계의 반발예방장치)
② 산업안전보건기준에 관한 규칙 제106조(둥근톱기계의 톱날접촉예방장치)

합격KEY
① 2007년 4월 28일 출제 　　② 2009년 7월 11일 출제
③ 2009년 9월 20일 출제 　　④ 2010년 9월 19일 출제
⑤ 2011년 7월 30일 출제 　　⑥ 2012년 4월 28일 출제
⑦ 2013년 7월 20일 출제 　　⑧ 2014년 10월 5일(문제 4번) 출제
⑨ 2021년 10월 24일(문제 4번) 출제

정답
① 분할날 등 반발예방장치를 설치 후 작업한다.
② 톱날접촉예방장치를 설치 후 작업한다.
③ 회전기계에서는 장갑을 착용해서는 안 된다.
④ 분진작업시 보안경 및 방진마스크 착용 후 작업한다.

자격종목	시험일	비번호	PC번호	남은시간
산업안전산업기사	2022년 5월 20일 1회(1부)	A001	1	60분

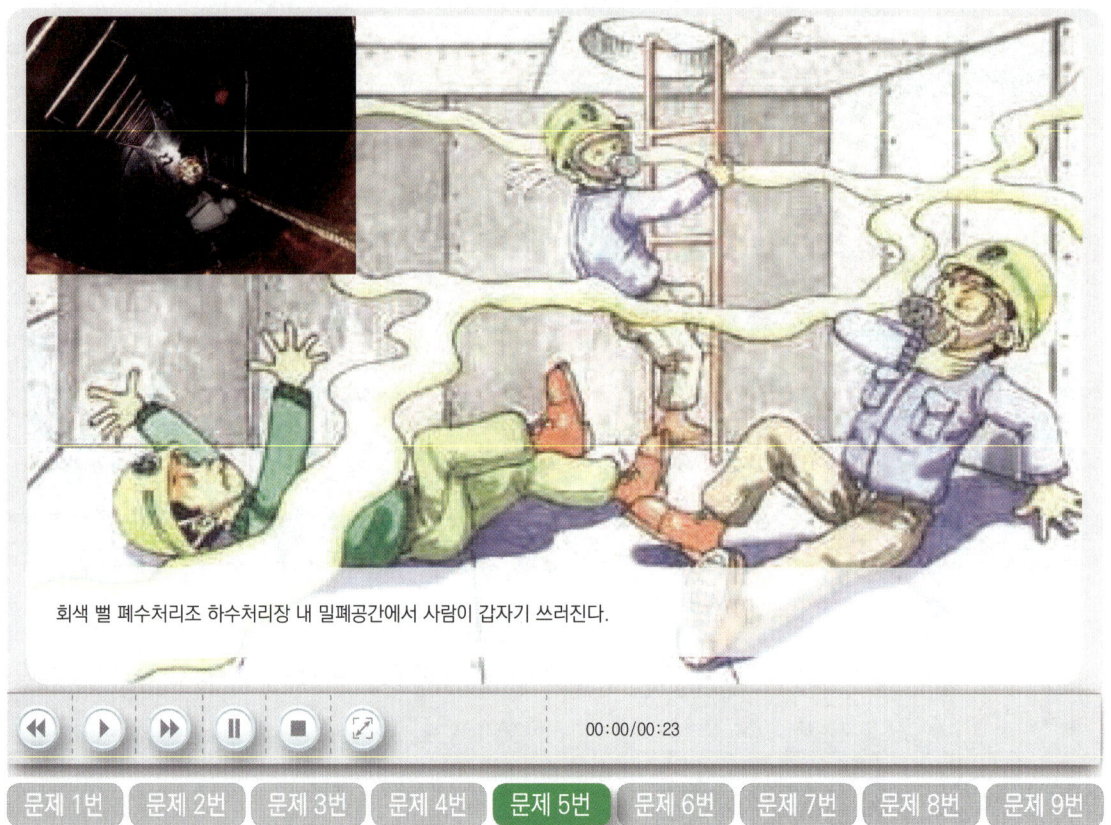

회색 벽 폐수처리조 하수처리장 내 밀폐공간에서 사람이 갑자기 쓰러진다.

00:00/00:23

| 문제 1번 | 문제 2번 | 문제 3번 | 문제 4번 | 문제 5번 | 문제 6번 | 문제 7번 | 문제 8번 | 문제 9번 |

05 선박 밸러스트 탱크 내부의 슬러지를 제거하는 작업 도중에 작업자가 가스질식으로 의식을 잃는 장면이다. 이와 같은 사고에 대비하여 필요한 호흡용 보호구를 2가지만 쓰시오.(4점)

채점기준
(1) 택 2. 2개 모두 맞으면 4점, 1개 맞으면 2점, 그 외 0점
(2) 유사(가능한)답안
　① 에어라인 마스크　　② 호스마스크
　③ 복합식 에어라인 마스크　　④ 산소호흡기

합격KEY
① 2005년 7월 15일 출제
② 2006년 9월 23일 기사 출제
③ 2014년 10월 5일 기사(문제 5번) 출제
④ 2015년 7월 18일 제2회 제3부 기사(문제 5번) 출제
⑤ 2015년 10월 11일(문제 5번) 출제
⑥ 2020년 11월 15일(문제 5번) 출제

정답
① 송기마스크
② 공기호흡기

자격종목	시험일	비번호	PC번호	남은시간
산업안전산업기사	2022년 5월 20일 1회(1부)	A001	1	60분

① 천장크레인이 철판을 트럭위로 이동시키고, 이때 천정크레인은 고리가 아닌 철판집게로 철판을 'ㄷ'자로 물고 있는 방식이다.
② 트럭위에서 작업자가 이동해 온 철판을 내리려는 찰나에, ㄷ자모양 부분에 틈에 철판을 끼워놓다가 빠지면서, 철판이 낙하하여 트럭 위의 작업자가 깔린다.
③ 옆에는 스위치를 조작하는 작업자가 한명 더 있고 유도로프는 없다. 호이스트에 훅의 해지장치가 없다.

06 화면과 같이 천장 크레인 작업을 하고 있다. (1) 크레인의 방호장치 4가지와 (2) 안전검사주기에서 사업장에 설치가 끝난 날부터 (①)년 이내에 최초 안전검사를 실시하되, 그 이후부터 매 (②)년 (건설현장에서 사용하는 것은 최초로 설치한 날부터 매 6개월)마다 안전검사를 실시한다. ( )안에 알맞은 내용을 쓰시오.(6점)

참고
① 산업안전보건기준에 관한 규칙 제134조(방호장치의 조정)
② 산업안전보건기준에 관한 규칙 제137조(해지장치의 사용)

합격KEY
① 2010년 4월 24일 출제
② 2011년 10월 22일 제3회 출제
③ 2016년 10월 15일 제3회 2부(문제 1번) 출제
④ 2020년 5월 16일 기사 출제
⑤ 2021년 5월 5일(문제 1번) 출제

정답
(1) 방호장치 4가지
 ① 과부하방지장치   ② 권과방지장치
 ③ 제동장치   ④ 해지장치
(2) 안전검사주기
 ① 3   ② 2

자격종목	시험일	비번호	PC번호	남은시간
산업안전산업기사	2022년 5월 20일 1회(1부)	A001	1	60분

07 화면은 아파트 창틀에서 작업 중 발생한 재해사례이다. 이 영상의 작업자의 추락사고 원인 3가지를 쓰시오. (6점)

합격정보 2021년 5월 28일 개정법 적용
산업안전보건기준에 관한 규칙 제42조(추락의 방지)

합격KEY
① 2004년 10월 2일 출제
② 2006년 7월 5일 출제
③ 2014년 4월 25일 출제
④ 2014년 7월 13일 산업기사 출제
⑤ 2014년 10월 5일(문제 1번) 출제
⑥ 2016년 4월 23일(문제 1번) 출제
⑦ 2017년 4월 22일 제1회 1부(문제 8번) 출제
⑧ 2019년 10월 19일 제3회 1부(문제 7번) 출제
⑨ 2020년 5월 16일 제1회 2부(문제 7번) 출제
⑩ 2020년 7월 25일 산업기사 출제
⑪ 2020년 11월 22일(문제 7번) 출제
⑫ 2021년 7월 18일(문제 7번) 출제
⑬ 2021년 10월 23일 기사 출제
⑭ 2021년 10월 24일(문제 7번) 출제

정답
① 안전난간 미설치
② 안전대 미착용
③ 추락방호망 미설치

자격종목	시험일	비번호	PC번호	남은시간
산업안전산업기사	2022년 5월 20일 1회(1부)	A001	1	60분

문제 1번 | 문제 2번 | 문제 3번 | 문제 4번 | 문제 5번 | 문제 6번 | 문제 7번 | **문제 8번** | 문제 9번

08 산업안전보건법령상, 해당 동영상의 운전자가 운전위치를 이탈하는 경우, 사업주가 해당 운전자에게 준수하도록 해야할 사항 2가지를 쓰시오. (4점)

 산업안전보건기준에 관한 규칙 제99조(운전위치 이탈 시의 조치)

정답
① 포크 등의 장치를 가장 낮은 위치 또는 지면에 내려둘 것
② 원동기를 정지시키고 브레이크 확실히 거는 등 갑작스러운 주행이나 이탈을 방지하기 위한 조치를 할 것
③ 운전석을 이탈하는 경우에는 시동키를 운전대에서 분리시킬 것. 다만, 운전석에 잠금장치를 하는 등 운전자가 아닌 사람이 운전하지 못하도록 조치한 경우에는 그러하지 아니하다.

① 수광부 발광부 2개가 프레스 입구를 통해서 보인다.
② 작업자가 광전자식 방호장치를 젖히고 2회 더 프레스 작업한다.
③ 프레스 안에 금형재료 위를 손으로 청소하다가 페달을 밟아 프레스가 가동되어 손이 끼임

09 화면 동영상을 보면 작업자가 몸을 기울인 채 손으로 이물질을 제거하는 작업을 하다가 실수로 페달을 밟아 손이 다치는 사고가 발생하였다. (1) 작업자 측면에서 재해원인 2가지 (2) 이러한 사고를 방지하기 위하여 페달에 부착하는 방호장치를 쓰시오. (4점)

정답

(1) 작업자 측면 재해원인
  ① 방호장치 해체
  ② 전원 미 차단상태에서 손으로 청소
(2) 페달에 부착하는 방호장치
  U자형 덮개

자격종목	시험일	비번호	PC번호	남은시간
산업안전산업기사	2022년 5월 21일 1회(1부)	A001	1	60분

작업자가 인쇄용 윤전기의 전원을 끄지 않고 빙글빙글 서로 맞물려서 돌아가는 롤러를 걸레로 닦고 있다. 닦을 때 체중을 실어서 힘 있게 닦고, 위험하게 맞물리는 지점까지 걸레를 집어넣고 닦는다. 그 순간 작업자의 손이 롤러기 사이에 끼어서 사고를 당하고 사고 발생 후 전원을 차단하고 손을 빼내는 화면을 보여준다.

01
화면은 인쇄용 롤러를 청소하는 작업 중에 발생한 재해사례이다. 이 동영상을 보고 작업시 핵심 위험 요인을 2가지만 쓰시오.(4점)

참고 제2편 제2장 현장 안전편(응용) : 기계-2007

합격정보
① 산업안전보건기준에 관한 규칙 제92조(정비 등의 작업 시의 운전정지 등)
② 산업안전보건기준에 관한 규칙 제93조(방호장치의 해체금지)
③ 산업안전보건기준에 관한 규칙 제94조(작업모 등의 착용)

합격KEY
① 2006년 9월 23일 산업기사 출제 ② 2007년 4월 28일 출제
③ 2007년 7월 15일 출제 ④ 2012년 4월 28일 출제
⑤ 2013년 4월 27일 산업기사 출제 ⑥ 2013년 7월 20일 출제
⑦ 2014년 10월 5일 출제 ⑧ 2016년 4월 23일 제1회 산업기사(문제 1번) 출제
⑨ 2018년 4월 21일(문제 1번) 출제 ⑩ 2020년 11월 22일 기사 출제
⑪ 2021년 5월 5일(문제 1번) 출제

정답
① 회전중 롤러의 죄어 들어가는 쪽에서 직접 손으로 눌러 닦고 있어서 손이 말려 들어가게 된다.
② 체중을 걸쳐 닦고 있어서 말려 들어가게 된다.
③ 안전(방호)장치가 없어서 걸레를 위로 넣었을 때 롤러가 멈추지 않아 손이 말려 들어간다.

자격종목	시험일	비번호	PC번호	남은시간
산업안전산업기사	2022년 5월 21일 1회(1부)	A001	1	60분

작업자가 도금된 제품상태를 확인하기 위해 냄새를 맡고 있다.

| 문제 1번 | 문제 2번 | 문제 3번 | 문제 4번 | 문제 5번 | 문제 6번 | 문제 7번 | 문제 8번 | 문제 9번 |

02 화면은 크롬 도금 공정 중에 도금의 상태를 검사하는 내용이다. 화면에서와 같은 작업시 근로자가 착용해야 할 보호구의 종류를 2가지만 쓰시오.(단, 고무장갑과 고무장화는 제외한다.)(4점)

참고 제4편 제1장 실제시험편(기초, 기본) : 화학-4013, 4014
합격정보 산업안전보건기준에 관한 규칙 제451조(보호복 등의 비치 등)
합격KEY
① 2006년 9월 23일 출제
② 2012년 4월 28일 기사 출제
③ 2013년 4월 27일 제1회 1부(문제 1번) 기사 출제
④ 2015년 4월 25일(문제 1번) 출제
⑤ 2016년 7월 3일(문제 2번) 출제
⑥ 2020년 10월 17일(문제 2번) 출제

정답
① 불침투성 보호의(복)
② 방독마스크

합격자의 조언 ① 반드시 실기작업형은 기사와 산업기사가 공통으로 된 교재를 보셔야 만점합격 합니다.
② 이유는 기사에서 출제된 문제가 동일하게 산업기사에 출제됩니다.

자격종목	시험일	비번호	PC번호	남은시간
산업안전산업기사	2022년 5월 21일 1회(1부)	A001	1	60분

공작물을 손으로 잡고 드릴 작업하다가 공작물이 튀는 현상임

| 문제 1번 | 문제 2번 | **문제 3번** | 문제 4번 | 문제 5번 | 문제 6번 | 문제 7번 | 문제 8번 | 문제 9번 |

03 동영상은 드릴작업을 하고 있다. 잘못된 점과 안전대책을 한 가지씩 쓰시오.(4점)

합격KEY
① 2008년 4월 26일 기사 출제
② 2009년 4월 26일 기사 출제
③ 2011년 7월 30일 출제
④ 2012년 7월 14일 기사 출제
⑤ 2012년 7월 14일 출제
⑥ 2014년 4월 25일 출제
⑦ 2015년 7월 18일 제2회 1부(문제 5번) 출제
⑧ 2019년 10월 19일(문제 5번) 출제

정답
① **잘못된 점** : 작은 공작물을 손으로 잡고 드릴작업을 하고 있다.
② **안전대책** : 작은 공작물은 바이스를 사용하여 드릴작업을 한다.

자격종목	시험일	비번호	PC번호	남은시간
산업안전산업기사	2022년 5월 21일 1회(1부)	A001	1	60분

작업자 2명이 공구없이 장갑을 낀 손으로 V벨트 교환 작업 중 다른 작업자가 표지판이 없는 벨트 전원부를 조작하여 벨트가 작동해 작업 중이던 작업자의 손이 말려 들어간다.

04 화면의 동영상은 V벨트 교환 작업 중 발생한 재해사례이다. 기계운전상 안전작업수칙에 대하여 3가지를 기술하시오.(6점)

채점기준
① 각 2점×3개=6점
② 부분점수 있다.

합격정보 산업안전보건기준에 관한 규칙 제92조(정비 등의 작업 시의 운전정지 등)

합격KEY
① 2004년 10월 2일 기사 출제
③ 2007년 10월 13일 출제
⑤ 2013년 7월 20일 출제
⑦ 2016년 4월 23일 제1회(문제 4번) 출제
⑨ 2020년 9월 25일(문제 4번) 출제
② 2006년 7월 15일 기사 출제
④ 2012년 7월 14일 기사 출제
⑥ 2014년 10월 5일(문제 5번) 출제
⑧ 2017년 10월 22일 제3회 2부(문제 4번) 출제

정답
① 작업시작 전(V벨트 교체작업 전) 전원을 차단한다.
② V벨트 교체 작업은 천대 장치를 사용한다.
③ 보수작업중이라는 작업중의 안내표지를 부착하고 실시한다.

💬 **합격자의 조언** 안전한 합격을 위해서는 기사, 산업기사 구분없이 정독하세요.

자격종목	시험일	비번호	PC번호	남은시간
산업안전산업기사	2022년 5월 21일 1회(1부)	A001	1	60분

05 동영상에서와 같은 화학설비 중 특수화학설비 내부의 이상상태를 조기에 파악하기 위하여 설치해야 할 장치를 3가지만 쓰시오. (6점)

참고 산업안전보건기준에 관한 규칙 제273~276조(계측장치 등의 설치)

채점기준 2점×3개=6점(택 3개)

합격KEY
① 2003년 7월 19일 산업기사 출제
② 2005년 10월 1일 출제
③ 2007년 4월 28일 출제
④ 2007년 10월 13일 산업기사 출제
⑤ 2008년 10월 5일 출제
⑥ 2010년 7월 11일 산업기사 출제
⑦ 2013년 7월 20일 출제
⑧ 2014년 10월 5일(문제 4번) 출제
⑨ 2015년 7월 18일 제2회 3부 산업기사(문제 2번) 출제
⑩ 2015년 10월 11일 기사 출제
⑪ 2016년 10월 15일 제3회 산업기사(문제 2번) 출제
⑫ 2019년 7월 6일 제2회 3부 기사(문제 2번) 출제
⑬ 2020년 5월 16일(문제 2번) 출제
⑭ 2021년 7월 24일(문제 5번) 출제

정답
① 온도계·유량계·압력계 등의 계측장치
② 자동경보장치(설치가 곤란한 경우는 감시인 배치)
③ 긴급차단장치(원재료 공급차단, 제품방출, 불활성 가스 주입, 냉각용수 공급 등)
④ 예비동력원

자격종목	시험일	비번호	PC번호	남은시간
산업안전산업기사	2022년 5월 21일 1회(1부)	A001	1	60분

06 동영상에서 항타기 또는 항발기 조립시 점검사항 3가지를 쓰시오.(6점)

참고: 산업안전보건기준에 관한 규칙 제207조(조립시 점검)

합격KEY
① 2008년 4월 26일 출제
② 2010년 9월 19일 출제
③ 2016년 10월 15일 제3회(문제 5번) 출제
④ 2018년 4월 21일 제1회(문제 5번) 출제
⑤ 2019년 7월 6일 제2회 1부(문제 6번) 출제
⑥ 2020년 7월 27일 기사 출제
⑦ 2021년 10월 24일(문제 6번) 출제

정답
① 본체연결부의 풀림 또는 손상의 유무
② 권상용 와이어로프·드럼 및 도르래의 부착상태의 이상유무
③ 권상장치의 브레이크 및 쐐기장치 기능의 이상유무
④ 권상기의 설치상태의 이상유무
⑤ 리더(leader)의 버팀 방법 및 고정상태의 이상유무
⑥ 본체·부속장치 및 부속품의 강도가 적합한지 여부
⑦ 본체·부속장치 및 부속품에 심한 손상·마모·변형 또는 부식이 있는지 여부

07 화면상의 절단 작업 중에 발생한 재해 관련해서 위험점과 위험점 정의를 쓰시오. (5점)

보충학습

기계설비에 의해 형성되는 위험점의 종류

종류	정의	예
협착점 (Squeeze point)	왕복운동하는 운동부와 고정부 사이에 형성	① 프레스 금형 조립부위 ② 전단기의 누름판 및 칼날부위 ③ 선반 및 평삭기의 베드 끝 부위
끼임점 (Shear point)	고정부분과 회전 또는 직선운동부분에 의해 형성	① 연삭 숫돌과 작업대 ② 반복동작되는 링크기구 ③ 교반기의 교반날개와 몸체사이
절단점 (Cutting point)	회전운동부분 자체와 운동하는 기계 자체에 의해 형성	① 밀링컷터 ② 둥근톱 날 ③ 목공용 띠톱 날 부분
물림점 (Nip point)	회전하는 두 개의 회전축에 의해 형성(회전체가 서로 반대방향으로 회전하는 경우)	① 기어와 피니언 ② 롤러의 회전 등
접선 물림점 (Tangential Nip point)	회전하는 부분이 접선방향으로 물려 들어가면서 형성	① V벨트와 풀리 ② 기어와 랙 ③ 롤러와 평벨트 등

합격KEY 2022년 5월 21일 제2부 출제

정답
① 위험점 : 협착점
② 위험점 정의 : 왕복운동을 하는 운동부와 고정부분 사이에 형성

08 화면은 아파트 창틀에서 작업 중 발생한 재해사례를 나타내고 있다. 해당 동영상에서 작업자는 발판에서 떨어지고 있다. (1) 재해발생형태 (2) 산업안전보건법 위반사항을 쓰시오. (6점)

합격정보
① 산업안전보건기준에 관한 규칙 제42조(추락의 방지)
② 산업안전보건기준에 관한 규칙 제86조(탑승의 제한)

합격KEY
① 2004년 10월 2일 기사 출제
② 2006년 7월 15일 기사 출제
③ 2021년 7월 24일(문제 8번) 출제

정답
(1) 재해발생형태 : 추락(떨어짐)
(2) 산업안전보건법 위반사항
  근로자를 달아올린 상태에서 작업에 종사

09 산업안전보건법령상 다음의 작업에서 근로자를 상시 취업시키는 장소의 조도기준을 쓰시오.(단, 갱도 등의 작업장은 제외)(4점)
① 정밀작업 :
② 보통작업 :
③ 그 밖의 작업 :

합격정보 산업안전보건기준에 관한 규칙 제8조(조도)

정답
① 정밀작업 : 300[Lux] 이상
② 보통작업 : 150[Lux] 이상
③ 그 밖의 작업 : 75[Lux] 이상

자격종목	시험일	비번호	PC번호	남은시간
산업안전산업기사	2022년 5월 21일 1회(2부)	A001	1	60분

작업자가 목장갑을 착용하고 환풍기를 수리하다가 감전되어 선반에 부딪히는 영상

문제 1번 | 문제 2번 | 문제 3번 | 문제 4번 | 문제 5번 | 문제 6번 | 문제 7번 | 문제 8번 | 문제 9번

01 동영상은 전기환풍기 팬 수리작업 중 감전에 의해 싱크대에서 떨어지면서 선반에 부딪혀 부상을 당한 재해이다. 재해를 분석하시오.(4점)
① 기인물 :
② 재해 형태 :

합격KEY
① 2006년 4월 29일 기사 출제
② 2007년 10월 13일 출제
③ 2009년 7월 12일 출제
④ 2010년 4월 23일(문제 1번) 출제
⑤ 2016년 4월 23일 제1회 2부(문제 1번) 출제
⑥ 2020년 7월 25일(문제 1번) 출제

정답
① 기인물 : 전기환풍기 팬
② 재해 형태 : 충돌

자격종목	시험일	비번호	PC번호	남은시간
산업안전산업기사	2022년 5월 21일 1회(2부)	A001	1	60분

02 화면상의 절단 작업 중에 발생한 재해 관련해서 위험점과 위험점 정의를 쓰시오. (5점)

보충학습

[표] 기계 설비에 의해 형성되는 위험점 6가지

종류	특징	위험점 기계
협착점 (Squeeze-point)	왕복운동하는 운동부와 고정부 사이에 형성 (작업점이라 부르기도 함)	① 프레스 금형 조립부위 ② 전단기의 누름판 및 칼날부위 ③ 선반 및 평삭기의 베드 끝 부위
끼임점 (Shear-point)	고정부분과 회전 또는 직선운동부분에 의해 형성	① 연삭숫돌과 작업대 ② 반복동작되는 링크기구 ③ 교반기의 교반날개와 몸체사이
절단점 (Cutting-point)	회전운동부분 자체와 운동하는 기계 자체에 의해 형성	① 밀링컷터 ② 둥근톱 날 ③ 목공용 띠톱 날 부분
물림점 (Nip-point)	회전하는 두 개의 회전축에 의해 형성(회전체가 서로 반대방향으로 회전하는 경우)	① 기어와 피니언 ② 롤러의 회전 등
접선물림점 (Tangential Nip-point)	회전하는 부분이 접선방향으로 물려 들어가면서 형성	① V벨트와 풀리 ② 기어와 랙 ③ 롤러와 평벨트 등

합격KEY 2022년 5월 21일 제1부 출제

정답
① 위험점 : 협착점
② 정의 : 왕복운동을 하는 운동부와 고정 부분 사이에 형성

자격종목	시험일	비번호	PC번호	남은시간
산업안전산업기사	2022년 5월 21일 1회(2부)	A001	1	60분

건설 현장 발판이 미설치된 높은 곳에서 안전모는 착용했지만, 안전대는 미착용한 작업자가 강관 비계에 발을 올리고 플라이어(니빠, 니퍼, 뺀찌)로 케이블 타이를 강관 비계에 묶다가 흔들흔들 추락

03 화면은 아파트 창틀에서 작업 중 발생한 재해사례이다. 이 영상의 작업자의 추락사고 원인 3가지를 쓰시오.(6점)

합격정보 산업안전보건기준에 관한 규칙 제42조(추락의 방지)

합격KEY
① 2004년 10월 2일 출제
② 2006년 7월 5일 출제
③ 2014년 4월 25일 출제
④ 2014년 7월 13일 산업기사 출제
⑤ 2014년 10월 5일(문제 1번) 출제
⑥ 2016년 4월 23일(문제 1번) 출제
⑦ 2017년 4월 22일 제1회 1부(문제 8번) 출제
⑧ 2019년 10월 19일 제3회 1부(문제 7번) 출제
⑨ 2020년 5월 16일 제1회 2부(문제 7번) 출제
⑩ 2020년 7월 25일 산업기사 출제
⑪ 2020년 11월 22일(문제 7번) 출제
⑫ 2021년 7월 18일(문제 7번) 출제
⑬ 2021년 10월 23일 기사 출제
⑭ 2021년 10월 24일(문제 3번) 출제

정답
① 안전난간 미설치
② 안전대 미착용
③ 추락방호망 미설치

자격종목	시험일	비번호	PC번호	남은시간
산업안전산업기사	2022년 5월 21일 1회(2부)	A001	1	60분

피트 내에서 나무판자로 엉성하게 이어붙인 발판 위에서 벽면에 돌출되어 있는 못을 망치로 제거하다가 추락하는 동영상

04 화면은 승강기 설치 전 피트 내부에서 청소작업 중에 승강기의 개구부로 작업자가 추락하여 사망사고가 발생한 재해사례이다. 이 영상에서 나타난 핵심위험요인을 3가지를 쓰시오.(6점)

합격정보 산업안전보건기준에 관한 규칙 제43조(개구부 등의 방호조치)

합격KEY
① 2006년 9월 23일 기사 출제
② 2007년 10월 14일 기사 출제
③ 2009년 4월 26일 기사 출제
④ 2011년 5월 7일 출제
⑤ 2014년 10월 5일 출제
⑥ 2015년 7월 18일 기사 출제
⑦ 2016년 4월 23일(문제 5번) 출제
⑧ 2016년 7월 3일 제2회 기사 출제
⑨ 2016년 10월 15일 제3회 기사 출제
⑩ 2017년 10월 22일 산업기사 제3회(문제 5번) 출제
⑪ 2018년 10월 14일 제3회 2부(문제 8번) 출제
⑫ 2020년 5월 16일 제1회 2부(문제 8번) 출제
⑬ 2020년 8월 2일 제2회 (문제 8번) 출제
⑭ 2020년 10월 10일(문제 8번) 출제
⑮ 2020년 11월 25일 기사 출제
⑯ 2021년 5월 5일(문제 4번) 출제

정답
① 작업발판이 고정되어 있지 않았다.
② 작업자가 안전난간 및 안전대를 걸지 않고 작업하였다.
③ 수직형 추락방망을 설치하지 않았다.

자격종목	시험일	비번호	PC번호	남은시간
산업안전산업기사	2022년 5월 21일 1회(2부)	A001	1	60분

작업자 1명이 시저형(자바라 형태) 고소작업대의 최상층에 탑승한 후 작업대를 위로 올리고 이동하다가, 바닥에 널려있는 대걸레에 걸려서 멈춘다.

| 문제 1번 | 문제 2번 | 문제 3번 | 문제 4번 | **문제 5번** | 문제 6번 | 문제 7번 | 문제 8번 | 문제 9번 |

05 동영상은 고소작업대 작업을 하고 있다. 고소작업대 이동시 사업주의 준수사항을 쓰시오. (6점)

합격정보 산업안전보건기준에 관한 규칙 제186조(고소작업대 설치 등의 조치)

정답
① 작업대를 가장 낮게 내릴 것
② 작업대를 올린 상태에서 작업자를 태우고 이동하지 말 것
③ 이동통로의 요철상태 또는 장애물의 유무 등을 확인할 것

자격종목	시험일	비번호	PC번호	남은시간
산업안전산업기사	2022년 5월 21일 1회(2부)	A001	1	60분

철골구조물에서 작업자 2명이 볼트 체결작업 중 1명이 추락하는 화면(추락방호망 미설치, 근로자 안전대 미착용)

[문제 1번] [문제 2번] [문제 3번] [문제 4번] [문제 5번] **[문제 6번]** [문제 7번] [문제 8번] [문제 9번]

06 화면을 참고하여 철골작업시 작업을 중지해야 할 경우 3가지를 기술하시오. (6점)

합격정보 산업안전보건기준에 관한 규칙 제383조(작업의 제한)

채점기준 2점×3개=6점

합격KEY
① 2003년 7월 19일 출제
② 2010년 4월 24일 출제
③ 2011년 7월 30일 출제
④ 2012년 4월 28일 출제
⑤ 2014년 10월 5일(문제 7번) 출제
⑥ 2015년 7월 18일 제2회 출제
⑦ 2016년 10월 9일(문제 6번) 출제
⑧ 2017년 4월 22일 제1회(문제 6번) 출제
⑨ 2018년 10월 14일 제3회 1부(문제 6번) 출제
⑩ 2020년 10월 17일(문제 6번) 출제

정답
① 풍속이 초당 10[m] 이상인 경우
② 강우량이 시간당 1[mm] 이상인 경우
③ 강설량이 시간당 1[cm] 이상인 경우

자격종목	시험일	비번호	PC번호	남은시간
산업안전산업기사	2022년 5월 21일 1회(2부)	A001	1	60분

금형을 제작하는 과정에서 작업자는 계속 천을 이용하여 맨손으로 이물질을 직접 제거하고 있으며 금형의 한쪽에서는 연기가 조금씩 나는 과정에 작업자가 금형을 만지다 감전되는 동영상

07 동영상은 금형제작을 위하여 방전가공기를 사용하던 중 발생한 재해사례이다. 동영상을 참고하여 재해발생의 주된 원인을 2가지만 쓰시오.(4점)

합격KEY ① 2008년 7월 13일(문제 2번) 출제
② 2015년 7월 18일 제2회 1부(문제 7번) 출제
③ 2020년 7월 27일 기사 출제

정답
① 작업자는 절연장갑 등 절연용 보호구를 착용하지 않았다.
② 청소하기 전 전원을 차단하지 않고 실시하였다.

자격종목	시험일	비번호	PC번호	남은시간
산업안전산업기사	2022년 5월 21일 1회(2부)	A001	1	60분

정지된 컨베이어를 작업자가 점검을 하고 있다. 컨베이어는 작은 공장에서 볼 수 있는 그런 작업용 컨베이어 정도이다. 작업자가 점검 중일 때 다른 작업자가 전원 스위치 쪽으로 서서히 다가오더니 전원버튼을 누른다. 그 순간 점검중이던 작업자가 벨트에 손이 끼이는 사고를 당하는 화면을 보여 준다.

08 동영상은 컨베이어 작업을 하고 있다. 컨베이어의 작업시작 전 점검사항 3가지를 쓰시오. (6점)

참고 산업안전보건기준에 관한 규칙 [별표 3] 작업시작 전 점검사항

합격KEY
① 2006년 4월 29일 (문제 1번)
② 2007년 7월 15일 출제
③ 2008년 4월 26일 출제
④ 2009년 7월 11일 출제
⑤ 2010년 7월 11일 산업기사 출제
⑥ 2011년 10월 22일 산업기사 출제
⑦ 2013년 4월 27일 제1회 출제
⑧ 2015년 4월 25일 제1회 2부 출제
⑨ 2017년 7월 2일 1부, 3부 출제
⑩ 2017년 7월 2일 제2회 기사(문제 8번) 출제
⑪ 2018년 10월 14일 제3회 1부(문제 7번) 출제
⑫ 2020년 5월 16일 산업기사 출제
⑬ 2020년 11월 22일(문제 7번) 출제
⑭ 2021년 5월 2일(문제 7번) 출제
⑮ 2021년 10월 23일 기사 출제

정답
① 원동기 및 풀리기능의 이상유무
② 이탈 등의 방지장치 기능의 이상유무
③ 비상정지장치 기능의 이상유무
④ 원동기 · 회전축 · 기어 및 풀리 등의 덮개 또는 울 등의 이상유무

자격종목	시험일	비번호	PC번호	남은시간
산업안전산업기사	2022년 5월 21일 1회(2부)	A001	1	60분

09 화면은 천장 크레인 작업을 하고 있는 모습이다. 크레인의 방호장치 2가지를 쓰시오. (4점)

참고
① 산업안전보건기준에 관한 규칙 제134조(방호장치의 조정)
② 산업안전보건기준에 관한 규칙 제137조(해지장치의 사용)

합격KEY
① 2010년 4월 24일 출제
② 2011년 10월 22일 제3회 출제
③ 2016년 10월 15일 기사 출제

정답
① 과부하방지장치
② 권과방지장치
③ 제동장치
④ 해지장치

문제 및 답안(지), 점수, 채점기준은 일체 공개하지 않는다.

자격종목	시험일	비번호	PC번호	남은시간
산업안전산업기사	2022년 8월 7일 2회(1부)	A001	1	60분

화면은 기울어진(30[°] 정도) 컨베이어 기계가 작동하고, 작업자는 작동중인 컨베이어 위에 1[명]과 아래쪽 작업장 바닥에 1[명]이 있으며, 기계 오른쪽에 있는 포대를 컨베이어 벨트 위로 올리는 작업을 하는 동영상이다. 화면 오른쪽에 포대가 많이 쌓여 있고, 작업자 1[명]은 경사진 컨베이어 위에 회전하는 벨트 양끝부분 철로 된 모서리에 양발을 벌리고 서 있으며, 밑에 작업자가 포대를 일정한 방향이 아닌 삐뚤(각기 다르게)게 포대를 컨베이어에 올리는 중 컨베이어 위에 양발을 벌리고 있는 작업자 발에 포대 끝부분이 부딪혀 무게 중심을 잃고 기계 오른쪽으로 쓰러진 후 팔이 기계 하단으로 들어가면서 아파하는데 아래쪽 작업자가 와서 안아주는 동영상이다.

00:00/00:23

01 화면상에서 작업자 측면에서의 (1) 잘못된 작업방법 2가지와 (2) 조치사항을 쓰시오. (5점)

합격KEY
① 2014년 7월 13일 출제
② 2014년 10월 5일(문제 6번) 출제
③ 2015년 7월 18일(문제 5번) 출제
④ 2017년 4월 22일 기사 출제
⑤ 2018년 7월 8일 제2회(문제 5번) 출제
⑥ 2019년 7월 6일 산업기사 출제
⑦ 2020년 11월 22일 기사 출제

정답
(1) 잘못된 작업 방법
① 작업자가 양발을 컨베이어 양끝에 지지하여 불안전한 자세로 작업을 하고 있다.
② 시멘트 포대가 작업자의 발을 치고 있어서 작업자가 넘어져 상해를 당할 수 있다.
(2) 조치사항 : 피재기계정지

① 수광부 발광부 2개가 프레스 입구를 통해서 보인다.
② 작업자가 광전자식 방호장치를 젖히고 2회 더 프레스 작업한다.
③ 프레스 안에 금형재료 위를 손으로 청소하다가 페달을 밟아 프레스가 가동되어 손이 끼임

02 화면 동영상을 보면 작업자가 몸을 기울인 채 손으로 이물질을 제거하는 작업을 하다가 실수로 페달을 밟아 손이 다치는 사고가 발생하였다. (1) 작업자 측면에서 재해원인 2가지 (2) 이러한 사고를 방지하기 위하여 페달에 부착하는 방호장치를 쓰시오.(4점)

합격KEY ▶ 2022년 5월 20일(문제 9번) 출제

정답
(1) 작업자 측면 재해원인
　① 방호장치 해체
　② 전원 미 차단상태에서 손으로 청소
(2) 페달에 부착하는 방호장치
　U자형 덮개

자격종목	시험일	비번호	PC번호	남은시간
산업안전산업기사	2022년 8월 7일 2회(1부)	A001	1	60분

03 화면은 박공지붕 설치 작업 중 발생한 재해사례이다. 해당 화면은 박공지붕의 비래에 의해 재해가 발생하였음을 나타내고 있다. 그 위험요인 3가지를 쓰시오.(6점)

합격KEY ▶ ① 2004년 7월 10일 출제　② 2006년 9월 23일 출제
③ 2007년 10월 13일 출제　④ 2008년 4월 26일 출제
⑤ 2009년 9월 19일 출제　⑥ 2011년 7월 30일 산업기사 출제
⑦ 2012년 4월 28일 출제　⑧ 2012년 7월 14일 산업기사 출제
⑨ 2013년 4월 27일 출제　⑩ 2013년 7월 20일 출제
⑪ 2013년 10월 12일 산업기사 출제　⑫ 2014년 4월 25일 산업기사 출제
⑬ 2014년 7월 13일 산업기사 출제　⑭ 2014년 10월 5일 제3회(문제 3번) 출제
⑮ 2015년 7월 18일 제2회(문제 8번) 출제　⑯ 2017년 10월 22일 기사 제3회(문제 8번) 출제
⑰ 2019년 4월 21일 제1회(문제 6번) 출제　⑱ 2019년 7월 6일 산업기사 출제
⑲ 2020년 10월 10일(문제 9번) 출제　⑳ 2021년 10월 23일 기사 출제

정답
① 근로자가 위험한 장소에서 휴식을 취하고 있다.
② 추락방호망이 설치되지 않았다.
③ 한곳에 과적하여 적치하였다.
④ 안전대 부착설비가 없고, 안전대를 착용하지 않았다.

04 화면 속 작업자는 교류아크용접 작업을 진행하고 있다. 이 용접기의 방호장치 '사용 전 점검사항' 2가지를 쓰시오.(4점)

합격KEY ① 2014년 10월 5일 제3회 출제
② 2016년 10월 15일 제3회 1부 출제
③ 2018년 7월 8일(문제 8번) 출제

정답
① 전격방지기 외함의 접지상태
② 전격방지기 외함의 뚜껑상태
③ 전자접촉기의 작동상태
④ 이상소음, 이상냄새의 발생유무
⑤ 전격방지기와 용접기와의 배선 및 이에 부속된 접속기구의 피복 또는 외장의 손상 유무

합격자의 조언 산업안전기사 및 산업안전산업기사 필기 출제

자격종목	시험일	비번호	PC번호	남은시간
산업안전산업기사	2022년 8월 7일 2회(1부)	A001	1	60분

김치공장에서 무채를 썰어내는 기계(슬라이스 기계)에 무를 넣으며 써는 작업 중 기계가 갑자기 멈추자, 고무장갑을 착용한 작업자가 앞에 기계 뚜껑을 열고 무채를 털어내는데, 무채 기계의 회전식 기계칼날이 회전을 시작하면서 재해가 발생

05 화면은 무채를 썰어내는 기계 작동 중 기계가 갑자기 멈추자 작업자가 점검하는 장면이다. 위험예지포인트(위험요인)를 2가지 적으시오.(4점)

참고
① 2점×2개=4점
② 부분점수 있습니다.

합격KEY
① 2002년 5월 4일 기사 출제
② 2003년 5월 4일 기사 출제
③ 2003년 10월 12일 기사 출제
④ 2007년 10월 13일 출제
⑤ 2014년 7월 13일 제2회 2부 출제
⑥ 2017년 7월 2일 제2회 1부(문제 7번) 출제
⑦ 2020년 7월 25일(문제 5번) 출제
⑧ 2020년 11월 22일(문제 5번) 출제
⑨ 2021년 5월 5일(문제 5번) 출제

정답
① 기계를 정지시킨 상태에서 점검하지 않아 손을 다칠 위험이 있다.
② 인터로크 또는 연동 방호장치가 설치되어 있지 않다.

자격종목	시험일	비번호	PC번호	남은시간
산업안전산업기사	2022년 8월 7일 2회(1부)	A001	1	60분

① 에어배관을 파이프렌치나 전용공구가 아닌 일반 펜치로 작업하다 재해가 발생하는 동영상이다.
② 안전모착용, 주위에 작업지휘자는 없다.

00:00/00:23

| 문제 1번 | 문제 2번 | 문제 3번 | 문제 4번 | 문제 5번 | 문제 6번 | 문제 7번 | 문제 8번 | 문제 9번 |

06 화면은 에어배관 작업 중 고압의 증기 누출로 작업자가 눈에 상해를 당하는 영상이다. 에어배관 작업시 위험요인을 3가지 쓰시오.(6점)

합격KEY ① 2014년 7월 23일 제2회 제1부(문제 1번) 출제
② 2015년 10월 11일(문제 1번) 출제
③ 2017년 4월 22일 제1회(문제 1번) 출제
④ 2018년 10월 14일 제3회(문제 1번) 출제
⑤ 2019년 7월 6일 제2회 1부 산업기사(문제 1번) 출제
⑥ 2020년 5월 16일 제1회 2부 기사 출제
⑦ 2020년 7월 25일 산업기사 출제
⑧ 2020년 11월 22일 기사 출제
⑨ 2020년 11월 22일 기사, 산업기사 동시출제
⑩ 2021년 5월 5일(문제 6번) 출제

정답
① 보안경을 착용하지 않아 고압증기에 의한 눈 부위 손상의 위험이 존재한다.
② 배관에 남은 고압증기를 제거하지 않았고, 전용공구를 사용하지 않아 위험이 존재한다.
③ 작업자가 딛고 선 이동식사다리 설치가 불안전하여 추락 위험이 있다.

자격종목	시험일	비번호	PC번호	남은시간
산업안전산업기사	2022년 8월 7일 2회(1부)	A001	1	60분

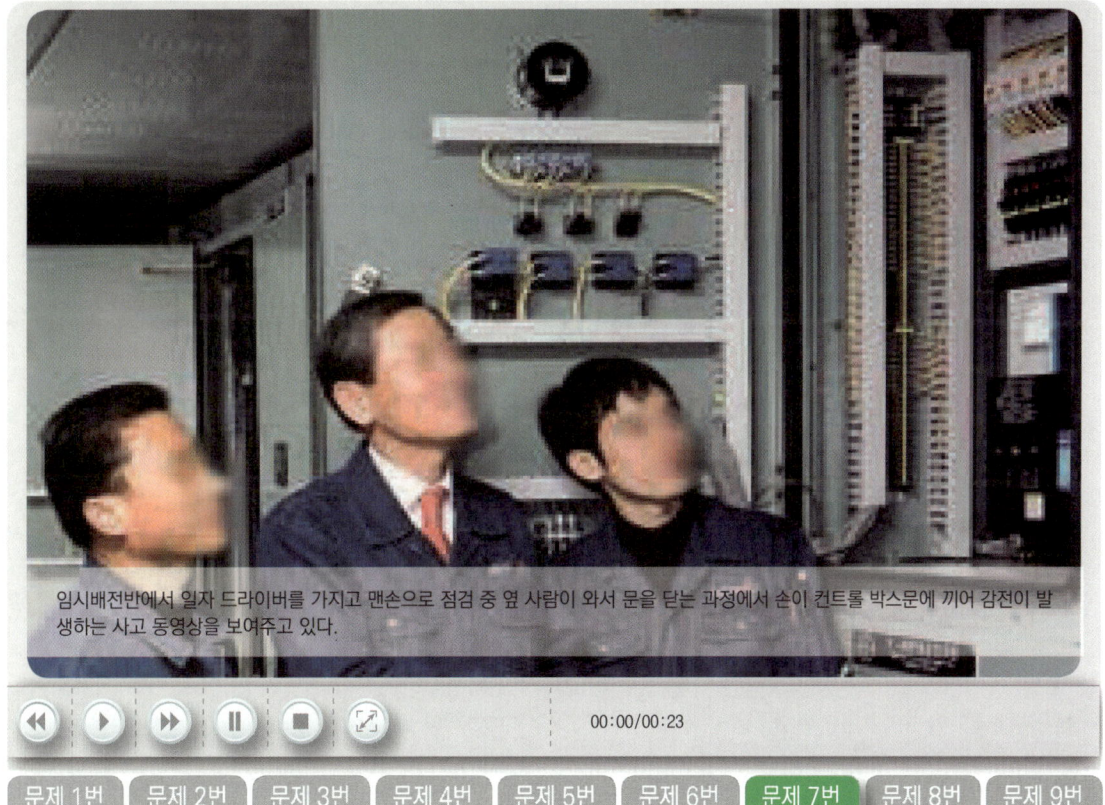

임시배전반에서 일자 드라이버를 가지고 맨손으로 점검 중 옆 사람이 와서 문을 닫는 과정에서 손이 컨트롤 박스문에 끼어 감전이 발생하는 사고 동영상을 보여주고 있다.

07 동영상은 임시배전반의 작업 중에 발생한 재해사례이다. 동영상을 참고하여 위험요인을 3가지만 쓰시오.(6점)

합격KEY
① 2008년 7월 13일 출제
② 2009년 4월 26일 기사 출제
③ 2009년 9월 20일 출제
④ 2013년 4월 27일 제1회 2부(문제 1번) 출제
⑤ 2020년 5월 16일(문제 3번) 출제

정답
① 작업자가 맨손으로 작업을 실시하여서 감전의 위험이 있다.
② 보수작업임을 나타내는 표지판 미설치 및 감시인 미배치
③ 전원을 차단(off)하지 않아 감전위험이 있다.

자격종목	시험일	비번호	PC번호	남은시간
산업안전산업기사	2022년 8월 7일 2회(1부)	A001	1	60분

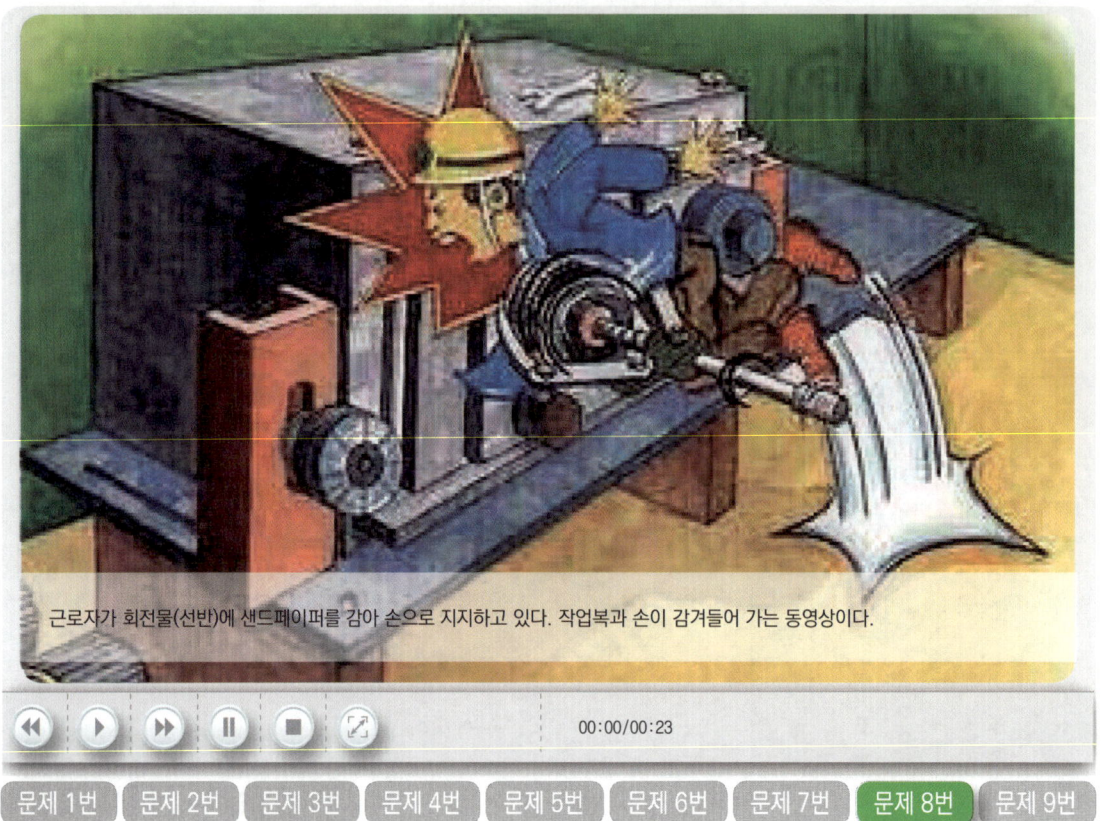

근로자가 회전물(선반)에 샌드페이퍼를 감아 손으로 지지하고 있다. 작업복과 손이 감겨들어 가는 동영상이다.

00:00/00:23

| 문제 1번 | 문제 2번 | 문제 3번 | 문제 4번 | 문제 5번 | 문제 6번 | 문제 7번 | 문제 8번 | 문제 9번 |

08 화면의 재해사례에서 나타나는 위험점을 기계의 운동 형태에 따라 분류하고자 할 때 해당되는 위험점의 명칭과 그 정의를 쓰시오. (4점)

합격KEY
① 2004년 7월 10일 출제　　② 2006년 9월 23일 기사 출제
③ 2007년 10월 13일 기사 출제　　④ 2012년 4월 28일 기사 출제
⑤ 2012년 10월 21일 출제　　⑥ 2013년 10월 12일 출제
⑦ 2014년 7월 13일 기사 출제　　⑧ 2015년 10월 11일 기사 출제
⑨ 2016년 4월 23일 산업기사 출제　　⑩ 2020년 11월 22일(문제 9번) 출제
⑪ 2021년 7월 18일 기사 출제　　⑫ 2021년 10월 24일 산업기사 출제
⑬ 2022년 5월 15일 기사 출제

정답
① 위험점의 명칭 : 회전 말림점(Trapping Point)
② 정의 : 회전축·커플링 등과 같이 회전하는 물체에 작업복 등이 말려드는 위험이 존재하는 점

자격종목	시험일	비번호	PC번호	남은시간
산업안전산업기사	2022년 8월 7일 2회(1부)	A001	1	60분

09 화면은 천장 크레인 작업을 하고 있는 모습이다. 크레인의 방호장치 3가지를 쓰시오. (6점)

참고
① 산업안전보건기준에 관한 규칙 제134조(방호장치의 조정)
② 산업안전보건기준에 관한 규칙 제137조(해지장치의 사용)

합격KEY
① 2010년 4월 24일 출제
② 2011년 10월 22일 제3회 출제
③ 2016년 10월 15일 기사 출제
④ 2022년 5월 21일(문제 9번) 출제
⑤ 2022년 8월 7일 제2부 출제

정답
① 과부하방지장치
② 권과방지장치
③ 제동장치
④ 해지장치

자격종목	시험일	비번호	PC번호	남은시간
산업안전산업기사	2022년 8월 7일 2회(2부)	B001	1	60분

운전석에서 내려 덤프트럭 적재함을 올리고 실린더 유압장치 밸브를 수리하던 중 적재함 사이에 끼임

00:00/00:23

[문제 1번] [문제 2번] [문제 3번] [문제 4번] [문제 5번] [문제 6번] [문제 7번] [문제 8번] [문제 9번]

01 동영상은 덤프트럭 적재함을 올리고 실린더 유압장치 밸브를 수리하던 중 발생한 재해사례이다. 동영상과 같이 차량계 하역운반기계 등의 수리 또는 부속장치의 장착 및 해체작업을 하는 때에 작업지휘자의 준수사항 3가지를 쓰시오.(6점)

합격정보
① 산업안전보건기준에 관한 규칙 제20조(출입의 금지 등)
② 산업안전보건기준에 관한 규칙 제176조(수리 등의 작업시의 조치)

합격KEY
① 2008년 7월 13일 출제　② 2008년 10월 5일 출제
③ 2009년 9월 20일 출제　④ 2012년 7월 14일 산업기사 출제
⑤ 2012년 10월 21일 출제　⑥ 2013년 10월 12일 제3회(문제 2번) 출제
⑦ 2017년 10월 22일 기사(문제 2번) 출제　⑧ 2018년 10월 14일 산업기사 출제
⑨ 2020년 10월 17일(문제 1번) 출제

정답
① 포크·버킷·암 또는 이들에 의하여 지지되어 있는 화물의 밑에 근로자를 출입시키지 말 것
② 작업순서를 결정하고 작업을 지휘할 것
③ 안전지주 또는 안전블록 등의 사용상황 등을 점검할 것

💬 **합격자의 조언** 조사나 문맥이 모범답안과 다르더라도 의미가 같으면 정답으로 인정한다.

자격종목	시험일	비번호	PC번호	남은시간
산업안전산업기사	2022년 8월 7일 2회(2부)	B001	1	60분

02 동영상은 양수기(원동기) 수리작업 도중에 발생한 재해사례이다. 동영상을 참고하여 위험요인을 2가지만 쓰시오.(5점)

합격KEY
① 2008년 7월 13일 출제
② 2009년 9월 19일 출제
③ 2013년 10월 12일(문제 2번) 출제
④ 2016년 4월 23일 제1회 2부 출제
⑤ 2017년 7월 2일 기사 출제
⑥ 2021년 7월 24일 산업기사 출제
⑦ 2022년 7월 30일 기사 출제

정답
① 작업자들이 작업에 집중을 하지 못하고 있어 작업복과 손이 말려들어갈 위험이 있다.
② 작업자 중 한 명이 기계 위에 손을 올려놓고 있어 미끄러져 말려들어갈 위험이 있다.
③ 수리작업 전에 전원을 차단시켜 정지시키지 않아 작업복이 말려들어갈 위험이 있다.

자격종목	시험일	비번호	PC번호	남은시간
산업안전산업기사	2022년 8월 7일 2회(2부)	B001	1	60분

박공지붕 위쪽과 바닥을 보여준다. 오른쪽에 안전난간, 추락방지망이 미설치된 모습이 보이고, 지붕 위쪽 중간에서 커피를 마시면서 앉아 휴식을 취하는 작업자(안전모, 안전화 착용함)들이 보인다. 작업자 왼쪽과 뒤편에 적재물이 적치되어 있는데, 뒤에 있던 삼각형 적재물이 굴러와 작업자 등에 맞아 작업자가 앞으로 쓰러지는 동영상이다.

03 화면은 박공지붕 설치 작업 중 발생한 재해사례이다. 해당 화면은 박공지붕의 비래에 의해 재해가 발생하였음을 나타내고 있다. 그 안전대책 2가지를 쓰시오.(4점)

합격KEY
① 2004년 7월 10일 출제　② 2006년 9월 23일 출제
③ 2007년 10월 13일 출제　④ 2008년 4월 26일 출제
⑤ 2009년 9월 19일 출제　⑥ 2011년 7월 30일 산업기사 출제
⑦ 2012년 4월 28일 출제　⑧ 2012년 7월 14일 산업기사 출제
⑨ 2013년 4월 27일 출제　⑩ 2013년 7월 20일 출제
⑪ 2013년 10월 12일 산업기사 출제　⑫ 2014년 4월 25일 산업기사 출제
⑬ 2014년 7월 13일 산업기사 출제　⑭ 2014년 10월 5일 제3회(문제 3번) 출제
⑮ 2015년 7월 18일 제2회(문제 8번) 출제　⑯ 2017년 10월 22일 기사 제3회(문제 8번) 출제
⑰ 2019년 4월 21일 제1회(문제 6번) 출제　⑱ 2019년 7월 6일 산업기사 출제
⑲ 2020년 10월 10일(문제 9번) 출제　⑳ 2021년 10월 23일 기사 출제

정답
① 근로자는 안전한 장소에서 휴식을 취한다.
② 추락방호망을 설치한다.
③ 한곳에 과적하여 적치하지 않는다.
④ 안전대 부착설비를 설치하고 안전대를 착용한다.

자격종목	시험일	비번호	PC번호	남은시간
산업안전산업기사	2022년 8월 7일 2회(2부)	B001	1	60분

04 화면은 작업자가 전동 권선기에 동선을 감는 작업 중 기계가 정지하여 점검 중 발생한 재해사례이다. 재해유형(형태)과 재해 발생 원인이 무엇인지 1가지 서술하시오.(4점)

(1) 재해유형(형태) : (2점)
(2) 재해원인 : (2점)

채점기준 조사나 문맥이 모범답안과 다르더라도 의미가 같으면 정답으로 인정한다.(공지사항)

합격KEY
① 2004년 10월 2일 출제
③ 2007년 4월 28일 출제
⑤ 2012년 10월 21일 출제
⑦ 2014년 10월 5일 제3회 출제
⑨ 2017년 7월 2일 제2회(문제 5번) 출제
⑪ 2020년 5월 16일(문제 4번) 출제
⑬ 2022년 5월 15일 기사 출제
② 2005년 10월 1일 (문제 2번)
④ 2011년 10월 22일 출제
⑥ 2013년 4월 27일 제1회 출제
⑧ 2015년 4월 25일 제1회 1부 출제
⑩ 2019년 7월 6일 제2회 3부(문제 4번) 출제)
⑫ 2020년 11월 22일 산업기사 출제

정답
① 재해유형(형태) : 감전
② 재해원인 : 작업자가 내전압용 절연장갑 등 절연용 보호구를 착용하지 않은 채 맨손으로 동선을 감는 중 기계를 정비하였기 때문에 감전되었다.

자격종목	시험일	비번호	PC번호	남은시간
산업안전산업기사	2022년 8월 7일 2회(2부)	B001	1	60분

05 사출성형기 V형 금형 작업중 끼인 이물질을 제거하다가 감전 재해가 발생한 사례이다. 동영상에서 발생한 감전재해 방지대책 2가지를 쓰시오.(4점)

합격KEY
① 2004년 10월 2일(문제 2번)
② 2007년 4월 28일 출제
③ 2013년 4월 27일 출제
④ 2017년 10월 22일 제3회(문제 5번) 출제
⑤ 2018년 4월 21일 제1회(문제 5번) 출제
⑥ 2019년 7월 26일(문제 5번) 출제
⑦ 2021년 10월 24일(문제 5번) 출제

정답
① 작업시작 전 전원을 차단한다.
② 작업시 안전 보호구를 착용한다.
③ 감시인을 배치 후 작업한다.
④ 금형에서 이물질제거는 전용공구를 사용한다.

자격종목	시험일	비번호	PC번호	남은시간
산업안전산업기사	2022년 8월 7일 2회(2부)	B001	1	60분

화면은 경사진(30[°] 정도) 컨베이어 기계가 작동하고, 작업자는 작동 중인 컨베이어 위에 1명과 아래쪽 작업장 바닥에 1명이 있으며, 기계 오른쪽에 있는 포대를 컨베이어 벨트 위로 올리는 작업을 하는 동영상이다. 화면 오른쪽에 포대가 많이 쌓여 있고, 작업자 한 명은 경사진 컨베이어 위에 회전하는 벨트 양끝부분 철로된 모서리에 양발을 벌리고 서 있으며, 밑에 작업자가 포대를 일정한 방향이 아닌 삐뚤(각기 다르게)게 포대를 컨베이어에 올리는 중 컨베이어 위에 양발을 벌리고 있는 작업자 발에 포대 끝부분이 부딪쳐 무게 중심을 잃고 기계 오른쪽으로 쓰러진 후 팔이 기계 하단으로 들어가면서 아파하는데 아래쪽 작업자가 와서 안아주는 동영상이다.

06 동영상은 경사용 컨베이어를 이용하여 화물을 운반하는 작업 중에 발생한 재해사례이다. 방호조치를 3가지 쓰시오. (6점)

합격정보 ① 산업안전보건기준에 관한 규칙 제192조(비상정지장치)
② 산업안전보건기준에 관한 규칙 제193조(낙하물에 의한 위험 방지)

합격KEY
① 2008년 4월 26일 출제
③ 2009년 4월 26일 출제
⑤ 2013년 4월 27일 출제
⑦ 2015년 4월 25일(문제 3번) 출제
⑨ 2016년 10월 15일 제3회(문제 3번) 출제
⑪ 2021년 10월 24일(문제 6번) 출제

② 2008년 7월 13일 출제
④ 2012년 4월 28일 기사 출제
⑥ 2013년 10월 12일 제3회 2부 출제
⑧ 2016년 7월 18일 제2회 출제
⑩ 2019년 10월 19일 기사 출제

정답
① 비상정지장치
② 덮개
③ 울

자격종목	시험일	비번호	PC번호	남은시간
산업안전산업기사	2022년 8월 7일 2회(2부)	B001	1	60분

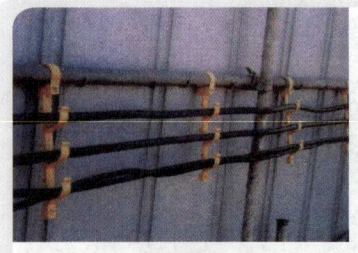

가설펜스용

계단난간대용

일반 차량도로 공사에서 붉은 도로구획 전면 점검 중 전선과 전선을 연결한 부분(절연테이프로 Taping 처리됨)을 작업자가 만지다 감전사고를 일으킴.(이때 작업자는 맨손이었으며 안전화는 착용한 상태, 또한 전원을 인가한 상태임)

문제 1번 | 문제 2번 | 문제 3번 | 문제 4번 | 문제 5번 | 문제 6번 | **문제 7번** | 문제 8번 | 문제 9번

07 화면은 도로에서 가설전선 점검 작업 중 발생한 재해사례이다. 이 영상을 참고하여 감전사고 예방 대책 3가지를 쓰시오.(6점)

합격KEY
① 2004년 10월 2일 기사 출제
② 2005년 5월 7일 출제
③ 2007년 10월 13일 출제
④ 2013년 4월 27일 출제
⑤ 2014년 7월 13일 제2회 제1부(문제 9번) 출제
⑥ 2015년 10월 11일 제3회 2부 출제
⑦ 2017년 7월 2일 제2회 1부 산업기사 출제
⑧ 2020년 10월 17일(문제 7번) 출제

정답
① 이동전선 절연조치를 할 것
② 누전차단기를 설치할 것
③ 정전작업실시
④ 작업근로자 감전에 대비한 보호구착용(절연보호구 착용)

💬 **합격자의 조언** 조사나 문맥이 모범답안과 다르더라도 의미가 같으면 정답으로 인정되니 공란을 두지 말고 꼭 쓰세요.

08 화면은 인화성 물질의 취급 및 저장소이다. 인화성 물질의 증기, 인화성 가스 또는 인화성 분진이 존재하여 폭발 또는 화재가 발생할 우려가 있을 경우의 예방대책을 3가지 쓰시오.(단, 점화원에 의한 대책은 정답에서 제외한다.)(6점)

합격KEY
① 2004년 10월 2일 기사출제
② 2010년 9월 19일 출제
③ 2013년 7월 20일 제2회 2부(문제 8번) 출제
④ 2020년 10월 17일(문제 8번) 출제

정답
① 통풍·환기 및 제진 등의 조치를 할 것
② 폭발 또는 화재를 미리 감지할 수 있는 가스검지 및 경보장치를 설치하고 그 성능이 발휘될 수 있도록 할 것
③ 불꽃 또는 아크를 발생하거나 고온으로 될 우려가 있는 화기 또는 기계·기구 및 공구 등을 사용하지 말 것

자격종목	시험일	비번호	PC번호	남은시간
산업안전산업기사	2022년 8월 7일 2회(2부)	B001	1	60분

09 화면은 천장 크레인 작업을 하고 있는 모습이다. 크레인의 방호장치 2가지를 쓰시오. (4점)

참고
① 산업안전보건기준에 관한 규칙 제134조(방호장치의 조정)
② 산업안전보건기준에 관한 규칙 제137조(해지장치의 사용)

합격KEY
① 2010년 4월 24일 출제
② 2011년 10월 22일 제3회 출제
③ 2016년 10월 15일 기사 출제
④ 2022년 5월 21일(문제 9번) 출제
⑤ 2022년 8월 7일 제1부 출제

정답
① 과부하방지장치
② 권과방지장치
③ 제동장치
④ 해지장치

자격종목	시험일	비번호	PC번호	남은시간
산업안전산업기사	2022년 8월 7일 2회(3부)	C001	1	60분

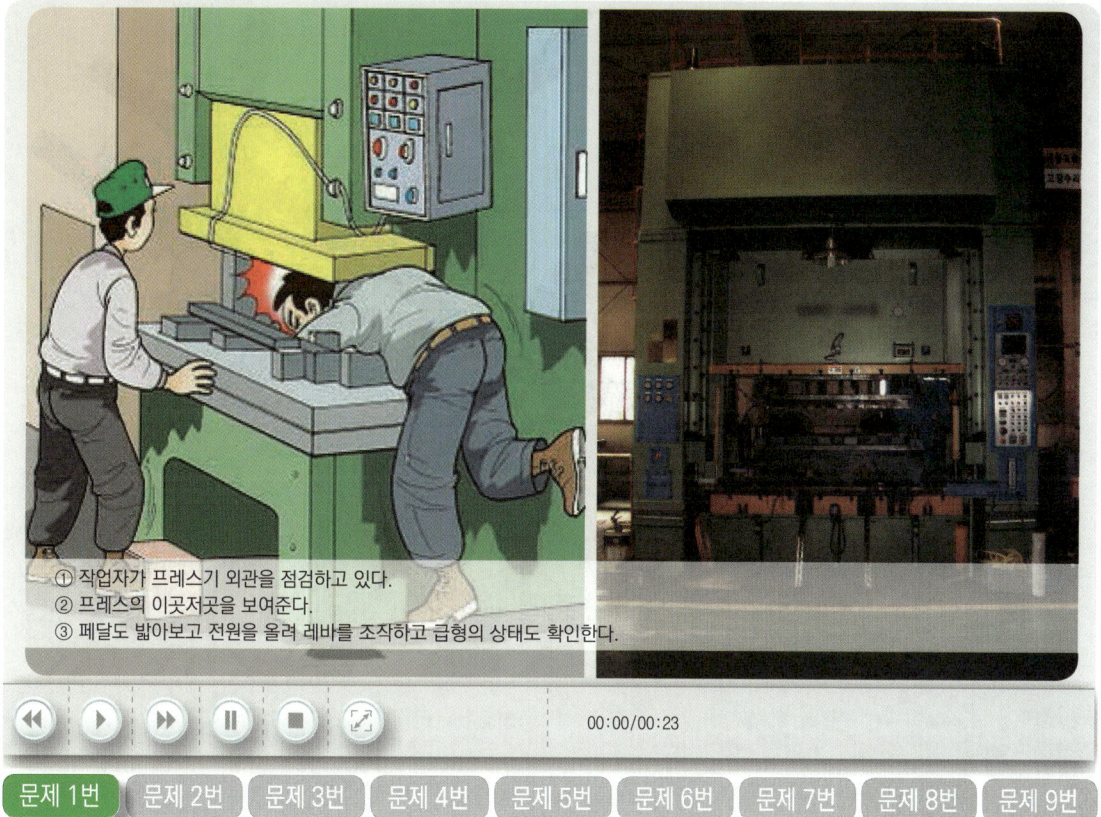

① 작업자가 프레스기 외관을 점검하고 있다.
② 프레스의 이곳저곳을 보여준다.
③ 페달도 밟아보고 전원을 올려 레바를 조작하고 금형의 상태도 확인한다.

문제 1번 | 문제 2번 | 문제 3번 | 문제 4번 | 문제 5번 | 문제 6번 | 문제 7번 | 문제 8번 | 문제 9번

01 화면상의 작업시작 전 관리감독자의 점검사항을 2가지 쓰시오. (5점)

합격정보
① 산업안전보건기준에 관한 규칙 [별표 3] 작업시작 전 점검사항
② 산업안전보건기준에 관한 규칙 제35조(관리감독자의 유해 · 위험 방지 업무 등)

정답
① 클러치 및 브레이크의 기능
② 크랭크축 · 플라이휠 · 슬라이드 · 연결봉 및 연결나사의 풀림 여부
③ 1행정 1정지기구 · 급정지장치 및 비상정지장치의 기능
④ 슬라이드 또는 칼날에 의한 위험방지 기구의 기능
⑤ 프레스의 금형 및 고정볼트 상태
⑥ 방호장치의 기능
⑦ 전단기(剪斷機)의 칼날 및 테이블의 상태

자격종목	시험일	비번호	PC번호	남은시간
산업안전산업기사	2022년 8월 7일 2회(3부)	C001	1	60분

작업자 2[명]이 전주 위에서 작업을 하고 있다. 작업자 1[명]은 변압기 위에 올라가서 볼트를 풀면서 흡연을 하며 작업을 하고 있고, 잠시 후 영상은 전주 아래부터 위를 보여주는데 발판용 볼트에 C.O.S(Cut Out Switch)가 임시로 걸쳐있음이 보인다. 그리고 다른 작업자 근처에선 이동식크레인에 작업대를 매달고 또 다른 작업을 하는 화면을 보여 준다.

02 화면의 전기형강작업 중 위험요인(결여사항) 3가지를 기술하시오.(6점)

합격KEY
① 2000년 9월 6일 기사 출제　　② 2007년 4월 28일 기사 출제
③ 2009년 9월 19일 기사 출제　　④ 2010년 7월 11일 출제
⑤ 2014년 7월 13일 기사 출제　　⑥ 2014년 10월 5일(문제 3번) 출제
⑦ 2016년 7월 3일 제2회(문제 3번) 출제　　⑧ 2017년 10월 22일 제3회(문제 1번) 출제
⑨ 2018년 4월 21일 기사 출제　　⑩ 2018년 7월 8일 제2회 2부(문제 2번) 출제
⑪ 2019년 10월 19일 산업기사 출제　　⑫ 2020년 10월 10일(문제 2번) 출제
⑬ 2021년 7월 18일 기사 출제

정답
① 작업중 흡연
② 작업자가 딛고 선 발판이 불안전
③ C.O.S(Cut Out Switch)를 발판용(볼트)에 임시로 걸쳐 놓았다.

03 화면 중 재해의 ① 위험점, ② 재해원인, ③ 재해방지 방법을 각각 1가지씩 쓰시오. (6점)

합격정보 한국 산업안전보건공단 자료실(미디어명 : 제조업 4대 끼임 위험기계 안전수칙 포스터)

정답
① 위험점 : 끼임점
② 재해원인 : 잠금장치 및 꼬리표를 부착하지 않음
③ 재해방지 방법 : 잠금장치 및 꼬리표를 부착함

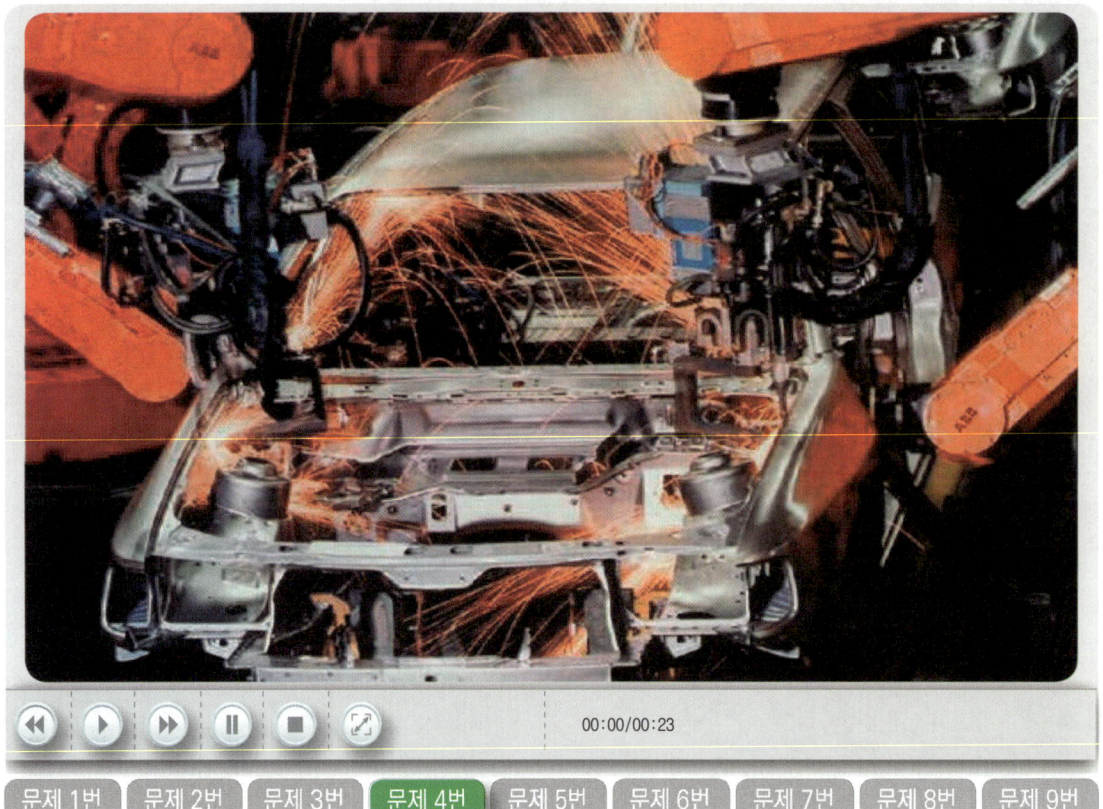

04 산업용 로봇 작업시 교시에서 오동작을 방지하기 위한 지침 3가지를 쓰시오.(6점)

> 합격정보 ▶ 산업안전보건기준에 관한 규칙 제222조(교시 등)
> 합격KEY ▶ 2019년 10월 17일(문제 4번) 출제

정답
① 로봇의 조작방법 및 순서
② 작업 중의 매니퓰레이터의 속도
③ 2명 이상의 근로자에게 작업을 시킬 경우의 신호방법
④ 이상을 발견한 경우의 조치
⑤ 이상을 발견하여 로봇의 운전을 정지시킨 후 이를 재가동시킬 경우의 조치
⑥ 그 밖에 로봇의 예기치 못한 작동 또는 오조작에 의한 위험을 방지하기 위하여 필요한 조치

건설용 리프트 방호장치

05 해당 사진에 맞는 장치의 이름을 쓰시오. (5점)
(단, C는 비상정지장치이며 답에서 제외)

합격정보 산업안전보건기준에 관한 규칙
① 제134조(방호장치의 조정)
② 제152조(무인작동의 제한)

정답
① 과부하방지장치
② 완충스프링(바닥스프링)
③ 리미트스위치(출입문 연동장치)
④ 방호울 출입문 연동장치
⑤ 3상 전원차단장치

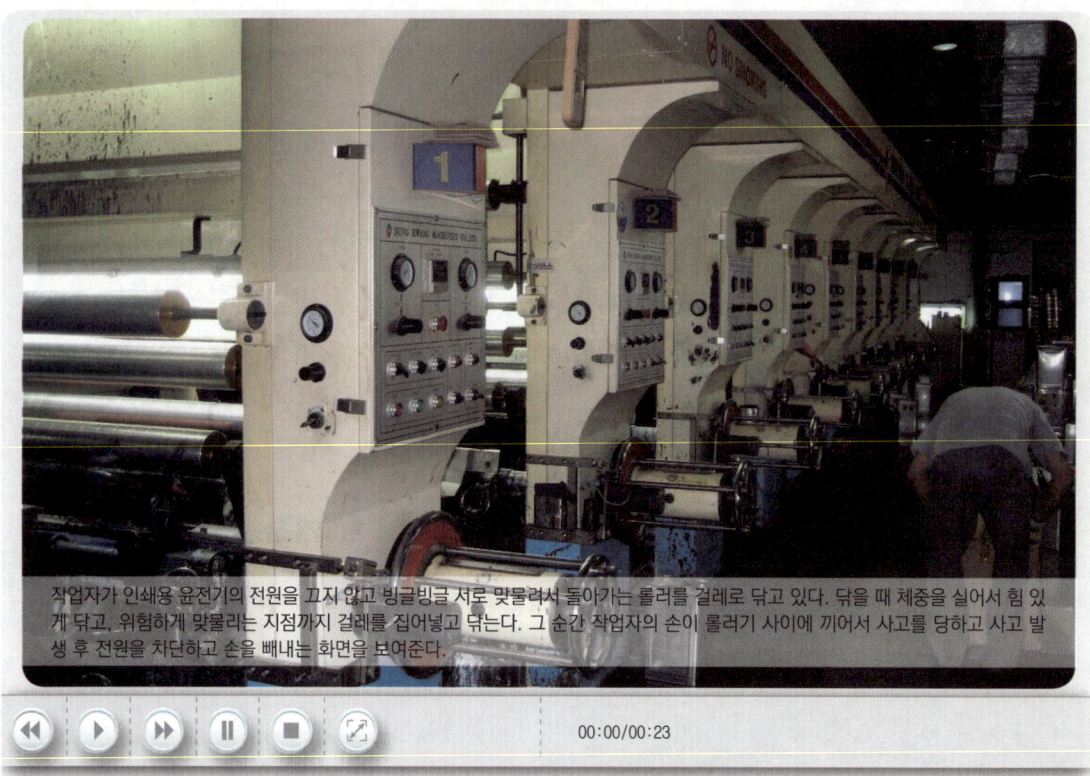

06 화면의 인쇄윤전기 재해사례에서 나타나는 위험점을 기계의 운동 형태에 따라 분류하고자 할 때 해당되는 (1) 위험점의 명칭 (2) 핵심위험요인 1가지를 쓰시오. (4점)

합격KEY
① 2000년 9월 5일 출제　② 2002년 5월 4일 출제
③ 2006년 9월 23일 출제　④ 2009년 4월 26일 출제
⑤ 2010년 7월 11일 출제　⑥ 2012년 7월 14일 출제
⑦ 2012년 10월 21일 산업기사 출제　⑧ 2013년 10월 12일 출제
⑨ 2015년 4월 25일 산업기사 출제　⑩ 2015년 7월 18일 산업기사 출제
⑪ 2016년 4월 23일 출제　⑫ 2016년 10월 9일 산업기사(문제 4번) 출제
⑬ 2017년 10월 22일 기사 제3회(문제 6번) 출제　⑭ 2018년 10월 14일 기사 출제
⑮ 2021년 7월 24일(문제 6번) 출제

정답
(1) 위험점의 명칭 : 물림점(nip point)
(2) 핵심위험요인
① 회전중 롤러의 죄어들어가는 쪽에서 직접 손으로 눌러 닦고 있어서 손이 말려 들어가게 된다.
② 체중을 걸쳐 닦고 있어서 말려 들어가게 된다.
③ 안전(방호)장치가 없어서 걸레를 위로 넣었을 때 롤러가 멈추지 않아 손이 말려 들어간다.

자격종목	시험일	비번호	PC번호	남은시간
산업안전산업기사	2022년 8월 7일 2회(3부)	C001	1	60분

어두운 곳에서 풀리에 롤러 체인이 감겨 돌아가고 있고 점검 중에 장갑을 착용한 손이 롤러체인에 끼인다.

07 화면 상의 재해에서 ① 가해물과 ② 재해원인을 1가지만 쓰시오. (5점)

합격정보 한국 산업안전보건공단 자료실(미디어명 : 제조업 4대 끼임 위험기계 안전수칙 포스터)

정답
① 가해물 : 롤러 체인
② 재해원인
　㉮ 점검 전에 전원을 차단하지 않음.
　㉯ 점검에 공구를 사용하지 않고 장갑을 끼고 손으로 점검

자격종목	시험일	비번호	PC번호	남은시간
산업안전산업기사	2022년 8월 7일 2회(3부)	C001	1	60분

08 작업자가 용광로 쇳물 탕도 내에 고무래로 출렁이는 쇳물 표면을 젖고 당기면서 일부 굳은 찌꺼기를 긁어내어 작업자 바로 앞에 고무래로 충격을 주며 털어낸다. 작업자는 보호구를 전혀 착용하지 않았다. 작업자의 불안전한 작업 시 손과 발, 몸을 보호할 수 있는 보호구 2가지를 쓰시오. (4점)

합격KEY ▶ 2020년 11월 22일 기사 출제

정답
① 손 : 방열 장갑
② 발 : 내열 안전화(방열 장화)
③ 몸 : 방열 일체복

작업자 한 명이 콘센트에 플러그를 꽂고 그라인더 작업 중이고, 다른 작업자가 다가와서 작업을 위해 콘센트에 플러그를 꽂고 주변을 만지는 도중 감전이 발생하는 동영상

09 화면상에서 분전반 전면에 위치한 그라인더 기기를 활용한 작업에서 위험요인 2가지를 쓰시오. (4점)

합격KEY ① 2015년 7월 18일 산업기사 출제
② 2019년 7월 6일 제2회 3부(문제 9번) 출제
③ 2019년 10월 19일 기사 출제

정답
① 작업자가 맨손으로 작업을 하여 위험하다.
② 작업자가 내전압용 절연장갑 등 절연용 보호구를 착용하지 않아 위험하다.

자격종목	시험일	비번호	PC번호	남은시간
산업안전산업기사	2022년 10월 23일 3회(1부)	A001	1	60분

01 정전 작업 시 전로 차단 절차를 보기에서 순서대로 (   )에 쓰시오. (5점)

[보기]
① 전기기기등에 공급되는 모든 전원을 관련 도면, 배선도 등으로 확인할 것
② 검전기를 이용하여 작업 대상 기기가 충전되었는지를 확인할 것
③ 차단장치나 단로기 등에 잠금장치 및 꼬리표를 부착할 것
④ 개로된 전로에서 유도전압 또는 전기에너지가 축적되어 근로자에게 전기위험을 끼칠 수 있는 전기기기등은 접촉하기 전에 잔류전하를 완전히 방전시킬 것
⑤ 전원을 차단한 후 각 단로기 등을 개방하고 확인할 것
⑥ 전기기기등이 다른 노출 충전부와의 접촉, 유도 또는 예비동력원의 역송전 등으로 전압이 발생할 우려가 있는 경우에는 충분한 용량을 가진 단락 접지기구를 이용하여 접지할 것

합격KEY
① 2017년 6월 25일 실기 필답형 출제
② 2022년 7월 24일 실기 필답형 출제

정답 ① - ⑤ - ③ - ④ - ② - ⑥

사고지점
(7층 리프트탑승구)

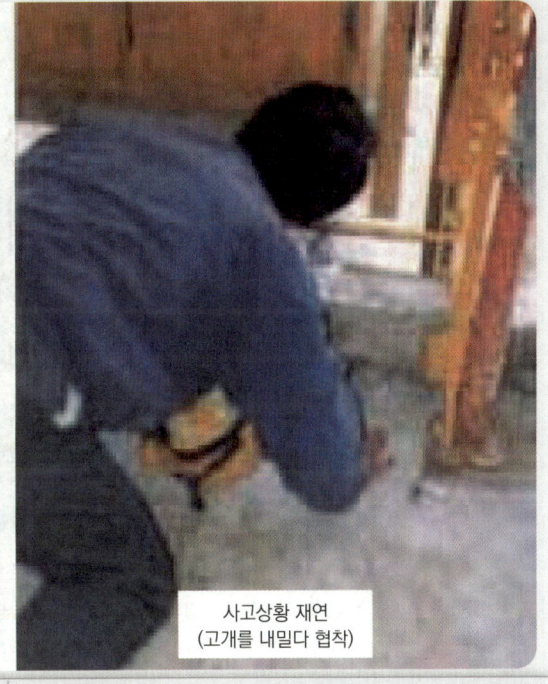
사고상황 재연
(고개를 내밀다 협착)

02 산업안전보건법령상 건설용 리프트를 이용하는 작업을 하는 근로자에게 하여야 하는 특별안전보건교육 내용을 3가지만 쓰시오. (단, 채용시 및 작업내용 변경 시 교육사항, 그 밖에 안전보건관리에 필요한 사항은 제외)(6점)

합격정보 산업안전보건법 시행규칙 [별표 5] 안전보건교육 교육대상별 교육내용(15. 건설용 리프트·곤돌라를 이용한 작업)

정답
① 방호장치의 기능 및 사용에 관한 사항
② 기계, 기구, 달기체인 및 와이어 등의 점검에 관한 사항
③ 화물의 권상·권하 작업방법 및 안전작업 지도에 관한 사항
④ 기계·기구에 특성 및 동작원리에 관한 사항
⑤ 신호방법 및 공동작업에 관한 사항

자격종목	시험일	비번호	PC번호	남은시간
산업안전산업기사	2022년 10월 23일 3회(1부)	A001	1	60분

① 컨베이어 점검 중 다른 사람이 와서 기계를 가동시킨다.
② 체인의 움직임과는 반대방향으로 손이 딸려가서 컨베이어 체인 옆쪽의 고정부에 손이 낌

| 문제 1번 | 문제 2번 | 문제 3번 | 문제 4번 | 문제 5번 | 문제 6번 | 문제 7번 | 문제 8번 | 문제 9번 |

03 화면 중 재해의 ① 위험점, ② 재해원인, ③ 재해방지 방법을 각각 1가지씩 쓰시오. (단, 화면과는 달리 1인 작업으로 가정할 것)(6점)

합격정보 한국 산업안전보건공단 자료실(미디어명 : 제조업 4대 끼임 위험기계 안전수칙 포스터)
참고 산업안전보건기준에 관한 규칙 제92조(정비 등의 작업시의 운전정지 등)
합격KEY 2022년 8월 7일(문제 3번) 출제

정답
① 위험점 : 끼임점
② 재해원인 : 잠금장치 및 꼬리표를 부착하지 않음
③ 재해방지 방법 : 잠금장치 및 꼬리표를 부착함

04 화면 상의 (1) 재해발생형태 (2) 작업자의 불안전한 행동을 1가지 쓰시오. (4점)

정답
(1) 재해발생형태 : 감전
(2) 불안전한 행동
 ① 전원을 차단하지 않고 점검하다가 감전됨
 ② 절연용 보호구를 착용하지 않고 작업

자격종목	시험일	비번호	PC번호	남은시간
산업안전산업기사	2022년 10월 23일 3회(1부)	A001	1	60분

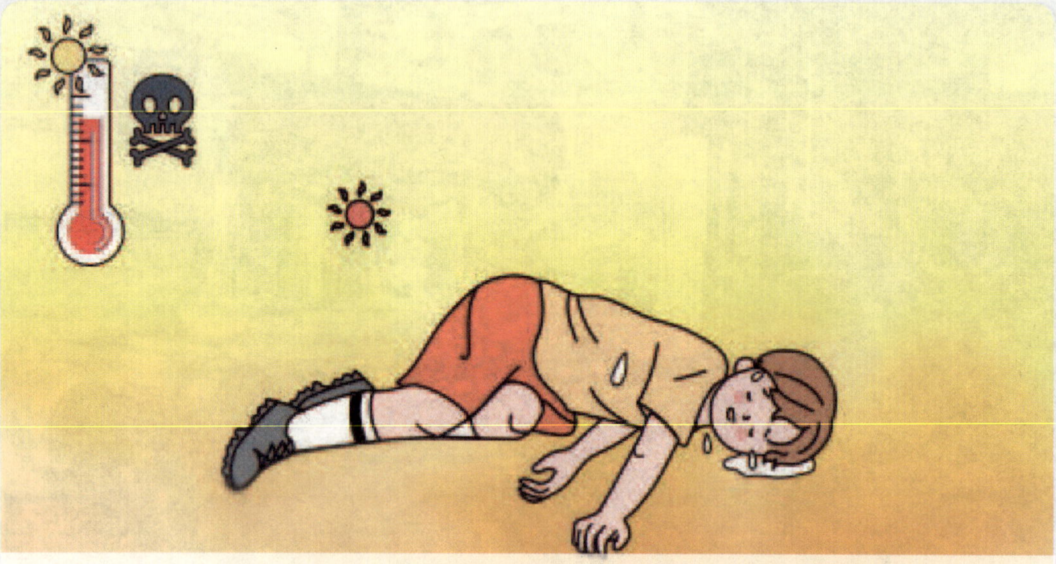

온열질환 : 폭염으로 발생하는 질환으로, 어지럼증·발열·구토·근육·경련·발열 등의 증상을 동반한다.

(그림출처 : 차세대융합기술연구원)

00:00/00:23

문제 1번 | 문제 2번 | 문제 3번 | 문제 4번 | 문제 5번 | 문제 6번 | 문제 7번 | 문제 8번 | 문제 9번

05 아래의 정의에 맞는 고온 관련 온열질환의 이름을 보기에서 골라 쓰시오.(4점)

[보기]

열탈진　열사병　열발진　열피로　열경련　열실신

① 땀을 많이 흘린 후에 고온장소에서 격한 작업하다 발한과 땀이 많이나는데 염분과 수분을 부적절하게 보충하였을 때, 심한 갈증, 현기증, 구토, 피로감 등이 발생한다. (　　)

② 열에 의해서 유발되는 가장 흔한 질환 중 하나로, 수분이나 염분이 결핍되어 발생합니다. 무더운 환경에서 심하게 운동하거나 활동한 뒤 발생할 수 있습니다.(　　)

보충학습 ① 열사병(Heat Stroke)

고온의 밀폐된 공간에 오래 머무를 경우 발생하는 질환으로, 체온이 40도 이상으로 올라가 치명적일 수 있다. 일반적으로 중추 신경계 이상이 발생하고 정신 혼란, 발작, 의식 소실도 일어날 수 있다.

② 열경련(Heat Cramp)

고온에 지속적으로 노출되 근육에 경련이 일어나는 질환이다. 무더위가 기능을 부리는 7월 말에서 8월에 집중적으로 발생한다. 두통, 오한을 동반하고 심할 경우 의식 장애를 일으키거나 혼수상태에 빠질 수 있다.

정답

① 열탈진

② 열피로(일사병)

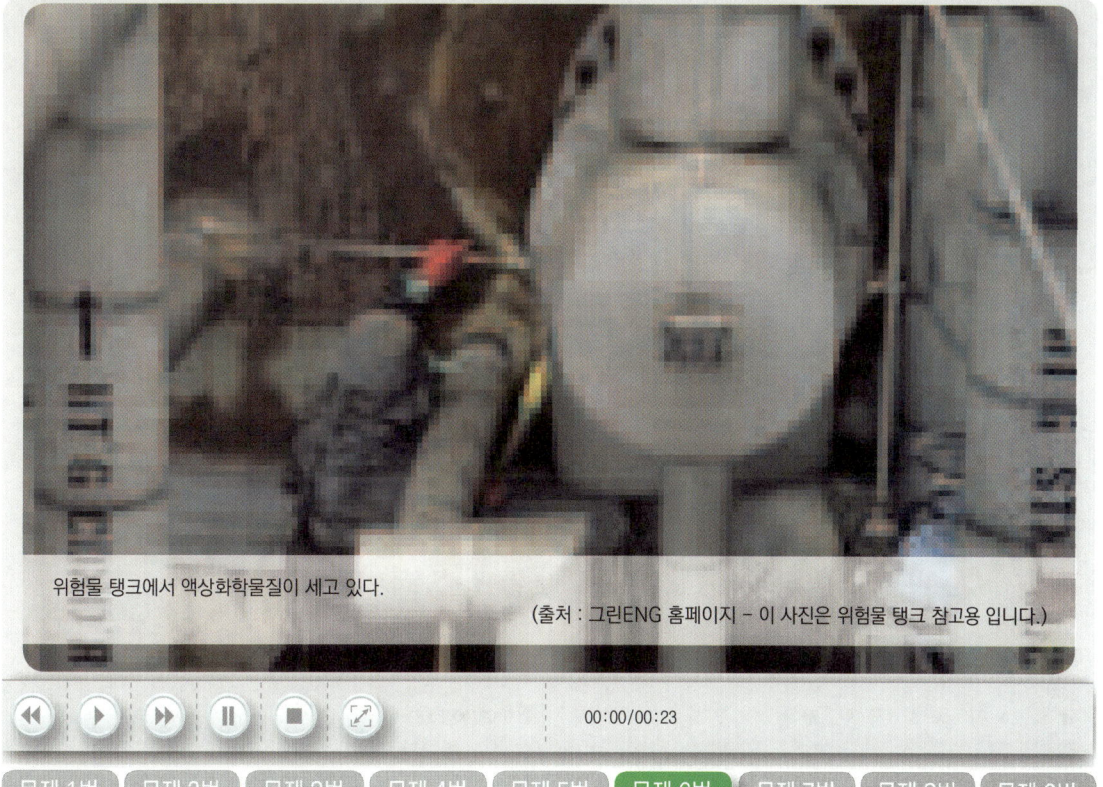

| 문제 1번 | 문제 2번 | 문제 3번 | 문제 4번 | 문제 5번 | 문제 6번 | 문제 7번 | 문제 8번 | 문제 9번 |

06 위험물을 저장하는 탱크에서 위험물이 누출될 경우, 주변으로 확산을 방지하기 위한 방지벽 명칭을 쓰시오. (4점)

보충학습 **방류둑 설치기준**

① 철근콘크리트, 철골·철근콘크리트는 수밀성 콘크리트를 사용하고 균열발생을 방지하도록 배근, 리베팅 이음, 신축 이음 및 신축이음의 간격, 배치 등을 정하여야 한다.
② 방류둑은 수밀한 것이어야 한다.
③ 성토는 수평에 대하여 45° 이하의 기울기로 하여 쉽게 허물어지지 않도록 충분히 다져 쌓고, 강우 등에 의하여 유실되지 않도록 그 표면에 콘크리트 등으로 보호한다.
④ 성토 윗부분의 폭은 30[cm] 이상으로 하여야 한다.

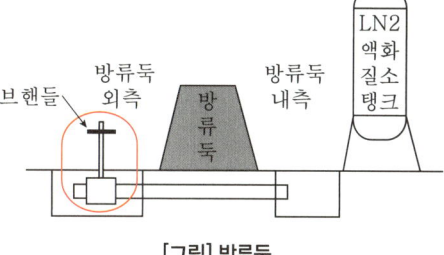

[그림] 방류둑

정답 방류둑

07 산업안전보건법령상, 화면상의 작업을 시작하기 전에 전 확인해야 할 사항 3가지를 쓰시오.(6점)

합격정보
① 산업안전보건기준에 관한 규칙 제619조(밀폐공간 작업 프로그램의 수립·시행)
② [별표 2] 관리감독자의 유해·위험방지

정답
① 산소농도
② 유해가스 농도
③ 호흡용 보호구
④ 국소배기장치

08 화면은 작업자가 딛고 있는 의자(발판)가 불안정하여 추락하는 재해사례이다. 화면에서 점검시 불안전한 행동 2가지를 쓰시오.(4점)

합격KEY ① 2015년 4월 25일 (문제 8번) 출제
② 2016년 7월 3일(문제 6번) 출제
③ 2020년 11월 15일(문제 4번) 출제
④ 2020년 11월 22일(문제 3번) 출제
⑤ 2021년 7월 24일(문제 8번) 출제

정답 ① 절연용 보호구를 착용하지 않아 감전의 위험이 있다.
② 작업자가 딛고 있는 의자(발판)가 불안정하여 추락위험이 있다.

09 화면에서와 같이 DMF 등 관리대상 유해물질(화학물질) 취급시(제조·수입·운반·저장) 취급 근로자가 쉽게 볼 수 있는 장소에 게시 사항을 3가지 쓰시오. (6점)

정답
① 관리대상 유해물질의 명칭
② 인체에 미치는 영향
③ 취급상 주의사항
④ 착용하여야 할 보호구
⑤ 응급조치와 긴급 방재 요령

김치공장에서 배추를 씻는 모습

01 산업안전보건법령상, 근골격계질환 예방관리 프로그램 시행 관련해서 ( )안에 적당한 것을 쓰시오. (6점)

근골격계질환으로「산업재해보상보험법 시행령」별표 3 제2호 가목·마목 및 12호 라목에 따라 업무상 질병으로 인정받은 근로자가 연간 (①)명 이상 발생한 사업장 또는 (②)명 이상 발생한 사업장으로서 발생 비율이 그 사업장 근로자 수의 (③)[%] 이상인 경우

[합격정보] 산업안전보건기준에 관한 규칙 제622조(근골격계질환 예방관리 프로그램 시행)

정답
① 10
② 5
③ 10

02 산업안전보건법령상, 화학설비와 그 부속설비의 개조·수리 및 청소 등을 위하여 해당 설비를 분해하거나 해당설비의 내부에서 작업을 하는 경우에는 준수 사항을 2가지만 쓰시오.(4점)

[합격정보] 산업안전보건기준에 관한 규칙 제278조(개조·수리 등)

정답
① 작업책임자를 정하여 해당 작업을 지휘하도록 할 것
② 작업장소에 위험물 등이 누출되거나 고온의 수증기가 새어나오지 않도록 할 것
③ 작업장 및 그 주변의 인화성 액체의 증기나 인화성 가스의 농도를 수시로 측정할 것

03 산업안전보건법령상, 관리대상 유해물질을 취급하는 작업장의 보기 쉬운 장소에 게시해야하는 사항을 3가지만 쓰시오. (단, 그 밖에 근로자의 건강장해 예방에 관한 사항은 제외)(6점)

[합격정보] 산업안전보건기준에 관한 규칙 제442조(명칭 등의 게시)

[합격KEY]
① 2007년 10월 13일 출제
② 2013년 4월 27일 기사 출제
③ 2014년 4월 25일(문제 7번) 출제
④ 2015년 7월 18일 제2회 출제
⑤ 2017년 10월 15일 제3회(문제 5번) 출제
⑥ 2017년 10월 22일 제3회(문제 3번) 출제
⑦ 2018년 10월 14일 제3회 2부(문제 9번) 출제
⑧ 2019년 10월 19일(문제 9번) 출제
⑨ 2020년 11월 22일 제4회 1부(문제 2번) 출제
⑩ 2020년 11월 22일(문제 9번) 출제
⑪ 2021년 7월 24일(문제 9번) 출제

정답
① 관리대상 유해물질의 명칭
② 인체에 미치는 영향
③ 취급상 주의사항
④ 착용하여야 할 보호구
⑤ 응급조치와 긴급 방재 요령

| 문제 1번 | 문제 2번 | 문제 3번 | 문제 4번 | 문제 5번 | 문제 6번 | 문제 7번 | 문제 8번 | 문제 9번 |

04 타워크레인 작업종료 후 안전조치 관련해서 맞는 설명은 ○, 틀린 설명은 ×표시를 하시오. (6점)
① 운전자는 매달은 하물을 지상에 내리고 훅(Hook)을 가능한 한 높이 올린다. ( )
② 바람이 심하게 불면 지브가 흔들려 훅 등이 건물 또는 족장 등에 부딪힐 우려가 있으므로 지브의 최고작업반경이 유지되도록 트롤리를 가능한 한 운전석 "최대한 먼" 위치로 이동시킨다. ( )
③ 타워크레인의 운전정지 시에는 선회치차(Slewing gear)의 회전을 자유롭게 한다. 따라서 운전자가 운전석을 떠날때는 항상 선회기어 브레이크를 풀어놓아 자유롭게 선회될 수 있도록 한다. ( )
④ 선회기어 브레이크는 단지 컨트롤 레버가 "0"점의 위치에 있을 때만 작동되므로 운전을 마칠 때는 모든 제어장치를 "0"점 또는 중립에 위치시키며 모든 동력스위치를 끄고 키를 잠근 후 운전석을 떠나도록 한다. ( )

보충학습 타워크레인의 지지·고정 및 운전에 관한 기술지침 KOSHA GUIDE M - 91 - 2012
① 운전자는 매달은 하물을 지상에 내리고 훅(Hook)을 가능한한 높이 올린다.
② 바람이 심하게 불면 지브가 흔들려 훅 등이 건물 또는 족장 등에 부딪힐 우려가 있으므로 지브의 최소작업반경이 유지되도록 트롤리를 가능한 한 운전석 가까운 위치로 이동시킨다.
③ 타워크레인의 운전정지 시에는 선회치차(Slewing gear)의 회전을 자유롭게 한다. 따라서 운전자가 운전석을 떠날때는 항상 선회기어 브레이크를 풀어놓아 자유롭게 선회될 수 있도록 한다.
④ 선회기어 브레이크는 단지 컨트롤 레버가 "0"점의 위치에 있을 때만 작동되므로 운전을 마칠 때는 모든 제어장치를 "0"점 또는 중립에 위치시키며 모든 동력스위치를 끄고 키를 잠근 후 운전석을 떠나도록 한다.

정답 ① ○ ② × ③ ○ ④ ○

자격종목	시험일	비번호	PC번호	남은시간
산업안전산업기사	2022년 10월 23일 3회(2부)	B001	1	60분

① 교류아크용접 작업장에서 작업자가 혼자 작업을 하고 있음.(작업 내용은 대형 관의 플랜지 아래 부위를 아크 용접하는 상황) 왼손으로는 플랜지 회전 스위치를 조작해 가며 오른손으로 용접을 하는 상황
② 목장갑을 끼고 용접기 케이블 리드 단자쪽을 만지다 감전 발생 후 구조자가 절연장갑 착용 후 전원차단

05 화면상의 (1) 재해발생형태와 (2) 불안전한 행동을 1가지만 쓰시오.(5점)

정답
(1) 재해발생형태 : 감전(전류 접촉)
(2) 불안전한 행동
① 단독으로 작업 중 양손 모두를 사용하여 작업하므로 감전 위험에 노출되어 있다.
② 감시인이 배치되어 있지 않아 사고발생의 위험이 있다.

자격종목	시험일	비번호	PC번호	남은시간
산업안전산업기사	2022년 10월 23일 3회(2부)	B001	1	60분

동영상 사진 3장
① 컨베이어 ② 사출성형기 ③ 휴대용 연삭기

06 동영상은 경사용 컨베이어를 이용하여 화물을 운반하는 작업 중에 발생한 재해사례이다. (1) 컨베이어 벨트 (2) 선반축 (3) 휴대용 연삭기 등에 설치하여야 하는 방호조치를 1가지 쓰시오.(6점)

합격정보
① 산업안전보건기준에 관한 규칙 제192조(비상정지장치)
② 산업안전보건기준에 관한 규칙 제193조(낙하물에 의한 위험 방지)
③ 산업안전보건기준에 관한 규칙 제87조(원동기 · 회전축 등의 위험 방지)
④ 산업안전보건기준에 관한 규칙 제122조(연삭숫돌의 덮개 등)

합격KEY
① 2008년 4월 26일 출제　　② 2008년 7월 13일 출제
③ 2009년 4월 26일 출제　　④ 2012년 4월 28일 기사 출제
⑤ 2013년 4월 27일 출제　　⑥ 2013년 10월 12일 제3회 2부 출제
⑦ 2015년 4월 25일(문제 3번) 출제　　⑧ 2016년 7월 18일 제2회 출제
⑨ 2016년 10월 15일 제3회(문제 3번) 출제　　⑩ 2019년 10월 19일 기사 출제

정답
(1) 컨베이어 벨트
　　① 비상정지장치　② 덮개　③ 울
(2) 선반 축(샤프트)
　　① 덮개　② 울　③ 슬리브　④ 건널다리
(3) 그라인더(휴대용 연삭기)
　　덮개

07 화면의 밀폐된 공간에서 그라인더 작업시 위험요인 2가지를 쓰시오. (4점)

합격KEY ① 2015년 4월 25일 기사 출제
② 2016년 4월 23일 제1회 2부 출제
③ 2017년 7월 2일 제2회(문제 6번) 출제
④ 2018년 4월 21일 산업기사 제1회 2부 출제
⑤ 2020년 5월 16일 제1회 기사 출제
⑥ 2020년 7월 25일 1부 출제
⑦ 2020년 7월 25일 산업기사 출제
⑧ 2021년 5월 2일 기사 출제

정답
① 작업시작 전 산소농도 및 유해가스 농도 등의 미 측정과 작업 중에도 계속 환기를 시키지 않아 위험
② 환기를 실시할 수 없거나 산소결핍 위험 장소에 들어갈 때 호흡용 보호구를 착용하지 않아 위험
③ 국소배기장치의 전원부에 잠금장치가 없고, 감시인을 배치하지 않아 위험

08 화면상의 감전 재해를 막기 위한, 안전대책을 2가지 쓰시오.(4점)

합격KEY
① 2006년 9월 23일 기사 출제
② 2008년 4월 26일 출제
③ 2009년 7월 11일 출제
④ 2013년 7월 20일 출제
⑤ 2015년 7월 18일(문제 4번) 출제
⑥ 2017년 4월 22일 제1회 1부(문제 7번) 출제
⑦ 2019년 4월 21일(문제 7번) 출제

정답
① 변전실에 관계자 외의 자 출입을 막기 위해 출입구에 잠금장치를 한다.
② 전원을 차단하고, 정전을 확인 후 작업자로 하여금 공을 제거하도록 한다.
③ 변전실 근처에서 공놀이를 할 수 없도록 하고 안전표지판을 부착한다.
④ 작업자들에게 변전실의 전기위험에 대한 안전교육을 실시한다.

09 산업안전보건법령상, 화면에서 보여주는 이동식 크레인을 사용하여 작업을 할 때 작업 시작 전 관리감독자의 점검 사항 2가지를 쓰시오.(4점)

합격정보 산업안전보건기준에 관한 규칙 [별표 3] 작업시작 전 점검사항(5. 이동식 크레인을 사용하여 작업을 할 때)

합격KEY ① 2018년 10월 14일(문제 1번) 출제
② 2020년 11월 22일(문제 1번) 출제
③ 2021년 5월 2일 기사 출제

정답
① 권과방지장치나 그 밖의 경보장치의 기능
② 브레이크·클러치 및 조정장치의 기능
③ 와이어로프가 통하고 있는 곳 및 작업장소의 지반상태

2023년도 과년도 출제문제

- 산업안전산업기사(2023년 05월 07일 제1회 1부 시행)
- 산업안전산업기사(2023년 05월 07일 제1회 2부 시행)
- 산업안전산업기사(2023년 07월 30일 제2회 1부 시행)
- 산업안전산업기사(2023년 07월 30일 제2회 2부 시행)
- 산업안전산업기사(2023년 10월 15일 제3회 1부 시행)
- 산업안전산업기사(2023년 10월 15일 제3회 2부 시행)

자격종목	시험일	비번호	PC번호	남은시간
산업안전산업기사	2023년 5월 7일 1회(1부)	A001	1	60분

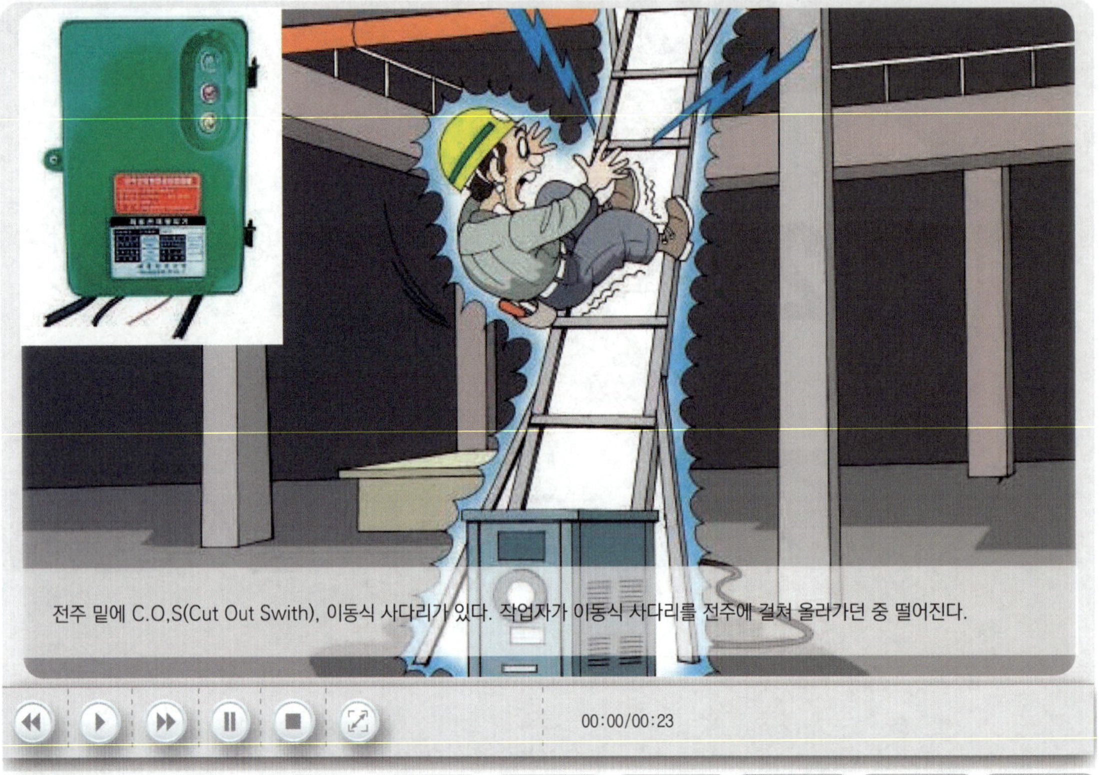
전주 밑에 C.O,S(Cut Out Swith), 이동식 사다리가 있다. 작업자가 이동식 사다리를 전주에 걸쳐 올라가던 중 떨어진다.
00:00/00:23

문제 1번 | 문제 2번 | 문제 3번 | 문제 4번 | 문제 5번 | 문제 6번 | 문제 7번 | 문제 8번 | 문제 9번

01 동영상에서와 같은 이동식 사다리의 최대 설치 사용 길이는 얼마인지 단위를 포함해서 쓰시오.(4점)

합격정보 가설공사 표준안전 작업지침 제20조(이동식 사다리)

정답 6[m]

02 화면의 전기형강작업 중 위험요인(결여사항) 3가지를 기술하시오. (6점)

합격정보 산업안전보건기준에 관한 규칙 제301조(전기 기계·기구 등의 충전부 방호)

합격KEY
① 2000년 9월 6일 기사 출제
③ 2009년 9월 19일 기사 출제
⑤ 2014년 7월 13일 기사 출제
⑦ 2016년 7월 3일 제2회(문제 3번) 출제
⑨ 2018년 4월 21일 기사 출제
⑪ 2019년 10월 19일 산업기사 출제
⑬ 2021년 7월 18일 기사 출제
② 2007년 4월 28일 기사 출제
④ 2010년 7월 11일 출제
⑥ 2014년 10월 5일(문제 3번) 출제
⑧ 2017년 10월 22일 제3회(문제 1번) 출제
⑩ 2018년 7월 8일 제2회 2부(문제 2번) 출제
⑫ 2020년 10월 10일(문제 2번) 출제
⑭ 2022년 8월 7일(문제 2번) 출제

정답
① 작업중 흡연
② 작업자가 딛고 선 발판이 불안전
③ C.O.S(Cut Out Switch)를 발판용(볼트)에 임시로 걸쳐 놓았다.

자격종목	시험일	비번호	PC번호	남은시간
산업안전산업기사	2023년 5월 7일 1회(1부)	A001	1	60분

작업자가 타워크레인에 2줄걸이 슬링벨트로 인양물 (커다란 통)을 걸어 아파트 건물 위로 들어올린다. 작업자가 보고서를 점검한다.

00:00/00:23

| 문제 1번 | 문제 2번 | **문제 3번** | 문제 4번 | 문제 5번 | 문제 6번 | 문제 7번 | 문제 8번 | 문제 9번 |

03 산업안전보건기준에 관한 규칙에 따라서, 타워크레인을 사용하여 작업을 하는 경우 사업주가 관계 근로자에게 준수하도록 해야할 안전수칙 3가지를 쓰시오. (6점)

[합격정보] 산업안전보건기준에 관한 규칙 제146조(크레인 작업 시의 조치)

[채점기준] ① 조사나 문맥이 모범답안과 다르더라도 의미가 같으면 정답으로 인정
② 택 3, 3개 모두 맞으면 6점, 1개 맞으면 2점, 그 외 0점

[합격KEY] 2021년 7월 18일 기사 출제

[정답]
① 인양할 하물(荷物)을 바닥에서 끌어당기거나 밀어내는 작업을 하지 아니할 것
② 유류드럼이나 가스통 등 운반 도중에 떨어져 폭발하거나 누출될 가능성이 있는 위험물 용기는 보관함(또는 보관고)에 담아 안전하게 매달아 운반할 것
③ 고정된 물체를 직접 분리·제거하는 작업을 하지 아니할 것
④ 미리 근로자의 출입을 통제하여 인양 중인 하물이 작업자의 머리 위로 통과하지 않도록 할 것
⑤ 인양할 하물이 보이지 아니하는 경우에는 어떠한 동작도 하지 아니할 것(신호하는 사람에 의하여 작업을 하는 경우는 제외한다.)

자격종목	시험일	비번호	PC번호	남은시간
산업안전산업기사	2023년 5월 7일 1회(1부)	A001	1	60분

04 화면은 아파트 창틀에서 작업 중 발생한 재해사례이다. 이 영상의 작업자의 추락사고 원인 3가지를 쓰시오. (6점)

합격정보 산업안전보건기준에 관한 규칙 제42조(추락의 방지)

합격KEY
① 2004년 10월 2일 출제
② 2006년 7월 5일 출제
③ 2014년 4월 25일 출제
④ 2014년 7월 13일 산업기사 출제
⑤ 2014년 10월 5일(문제 1번) 출제
⑥ 2016년 4월 23일(문제 1번) 출제
⑦ 2017년 4월 22일 제1회 1부(문제 8번) 출제
⑧ 2019년 10월 19일 제3회 1부(문제 7번) 출제
⑨ 2020년 5월 16일 제1회 2부(문제 7번) 출제
⑩ 2020년 7월 25일 산업기사 출제
⑪ 2020년 11월 22일(문제 7번) 출제
⑫ 2021년 7월 18일(문제 7번) 출제
⑬ 2021년 10월 23일 기사 출제
⑭ 2021년 10월 24일(문제 3번) 출제
⑮ 2022년 5월 21일 산업기사 출제
⑯ 2022년 7월 30일 기사 출제

정답
① 안전난간 미설치
② 안전대 미착용
③ 추락방호망 미설치

자격종목	시험일	비번호	PC번호	남은시간
산업안전산업기사	2023년 5월 7일 1회(1부)	A001	1	60분

00:00/00:23

| 문제 1번 | 문제 2번 | 문제 3번 | 문제 4번 | **문제 5번** | 문제 6번 | 문제 7번 | 문제 8번 | 문제 9번 |

05 사출성형기 V형 금형 작업중 끼인 이물질을 제거하다가 감전 재해가 발생한 사례이다. 동영상에서 발생한 감전재해 방지대책 2가지를 쓰시오.(4점)

합격정보
① 산업안전보건기준에 관한 규칙 제121조(사출성형기 등의 방호장치)
② 산업안전보건기준에 관한 규칙 제302조(전기 기계·기구의 접지)

합격KEY
① 2004년 10월 2일(문제 2번)　　　　② 2007년 4월 28일 출제
③ 2013년 4월 27일 출제　　　　　　④ 2017년 10월 22일 제3회(문제 5번) 출제
⑤ 2018년 4월 21일 제1회(문제 5번) 출제　⑥ 2019년 7월 26일(문제 5번) 출제
⑦ 2021년 10월 24일(문제 5번) 출제　　⑧ 2022년 8월 7일(문제 5번) 출제

정답
① 작업시작 전 전원을 차단한다.
② 작업시 안전 보호구를 착용한다.
③ 감시인을 배치 후 작업한다.
④ 금형의 이물질제거는 전용공구를 사용한다.

자격종목	시험일	비번호	PC번호	남은시간
산업안전산업기사	2023년 5월 7일 1회(1부)	A001	1	60분

화기주의, 인화성 물질이라고 써있는 드럼통(200[ℓ])이 여러 개 보관된 창고 안에서 작업자가 인화성 물질이 든 운반용 캔(약 40[ℓ])을 몇 개 운반하다가 잠시 쉰다. 작업자가 작은 용기에 있는 걸 큰 용기에 담으려고 하는지 드럼통 뚜껑을 열고 스웨터를 벗는 순간 폭발.

06 화면에서처럼 가압상태의 LPG가 대기 중에 유출되어 순간적으로 기화가 일어나 점화원에 의해 발생하는 폭발의 종류를 쓰시오. (4점)

합격KEY
① 2002년 10월 6일 출제
② 2011년 7월 30일 출제
③ 2012년 7월 14일 산업기사 출제
④ 2013년 10월 12일 산업기사 제3회 제2부(문제 8번) 출제
⑤ 2015년 10월 11일(문제 5번) 출제
⑥ 2017년 4월 22일 제1회(문제 5번) 출제
⑦ 2017년 10월 22일 제3회 2부 출제
⑧ 2018년 7월 8일 제2회 2부(문제 2번) 출제
⑨ 2019년 10월 19일 제3회 1부(문제 2번) 출제
⑩ 2020년 7월 25일 산업기사 출제
⑪ 2020년 11월 2일 기사 출제
⑫ 2020년 11월 22일 산업기사 출제
⑬ 2022년 7월 30일 기사 출제

정답 증기운 폭발(UVCE : Unconfined Vapor Cloud Explosion)

자격종목	시험일	비번호	PC번호	남은시간
산업안전산업기사	2023년 5월 7일 1회(1부)	A001	1	60분

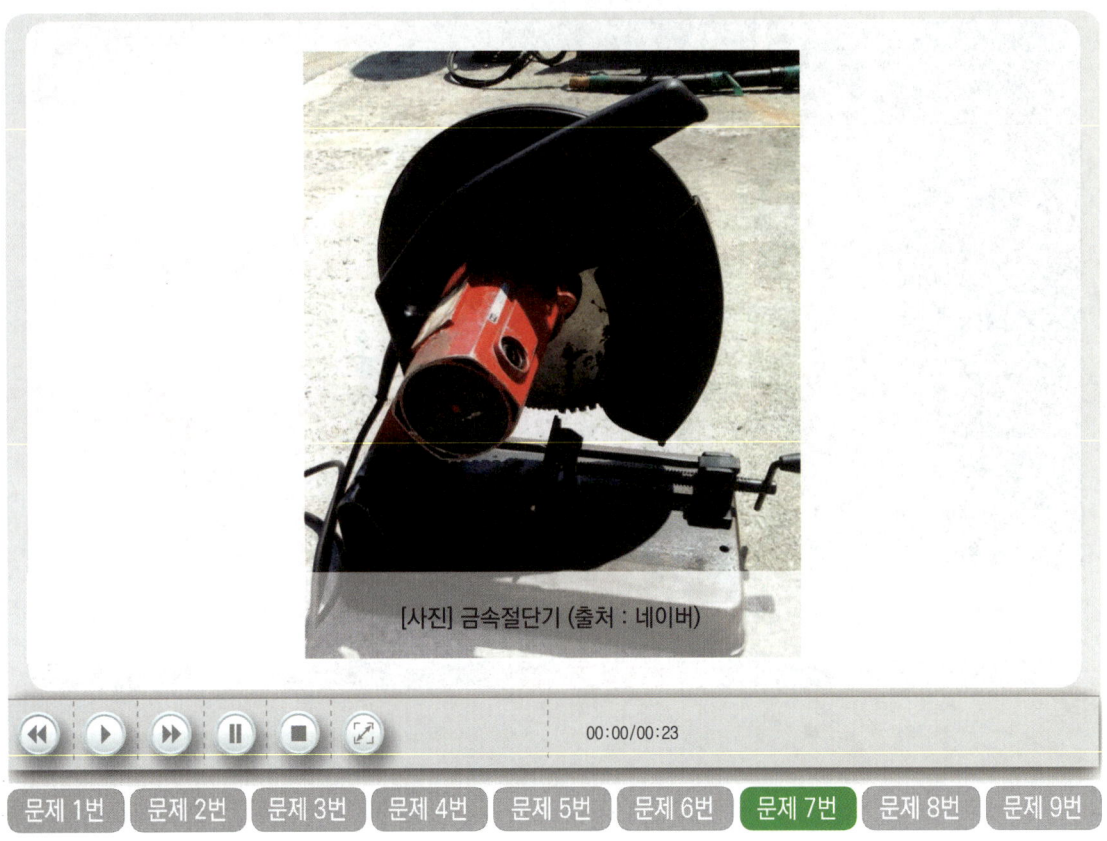

[사진] 금속절단기 (출처 : 네이버)

문제 1번 | 문제 2번 | 문제 3번 | 문제 4번 | 문제 5번 | 문제 6번 | **문제 7번** | 문제 8번 | 문제 9번

07 금속절단기의 날접촉 예방장치가 갖추어야 할 조건 3가지를 쓰시오. (5점)

> 합격정보 위험기계·기구 방호조치 기준 제16조(설치방법)

정답
① 작업부분을 제외한 톱날 전체를 덮을 수 있을 것
② 가드와 함께 움직이며 가공물을 절단하는 톱날에는 조정식 가이드를 설치할 것
③ 톱날, 가공물 등의 비산을 방지할 수 있는 충분한 강도를 가질 것
④ 둥근 톱날의 경우 회전날의 뒤, 옆, 밑 등을 통한 신체 일부의 접근을 차단할 수 있을 것

자격종목	시험일	비번호	PC번호	남은시간
산업안전산업기사	2023년 5월 7일 1회(1부)	A001	1	60분

장면 1 : 장발에 야구모자를 쓴 작업자가 원심기 덮개를 닫는다.
장면 2 : 동일한 작업자가 같은 복장에 야구모자를 벗은 채 스프링처럼 꼬인 전기줄 끝에 있는 플러그를 콘센트에 꽂는다.
장면 3 : 동일한 작업자가 같은 복장에 야구모자를 벗은 채 원심기 통 안에 몸을 반쯤 넣고 있다.(1인 2역이라 혼란을 준다)
[출처 : https://post.naver.com/viewer/postView.nhn?volumeNo=21671694&memberNo=42932463&vType=VERTICAL(원심기)]

08 영상과 같은 사고를 예방하기 위한 대책 2가지를 쓰시오.(4점)
(단, 작업지휘자 배치 및 안전교육 관련 내용은 제외)

합격정보 산업안전보건기준에 관한 규칙 제111조(운전의 정지)

정답
① 덮개를 설치해야 한다.
② 내용물을 꺼낼때는 운전을 정지해야 한다.
③ 회전수를 초과사용해서는 안된다.

자격종목	시험일	비번호	PC번호	남은시간
산업안전산업기사	2023년 5월 7일 1회(1부)	A001	1	60분

작업자가 위험물이라고 붙어있는 작업장에 들어오면서 출입구 바닥에 있는 물받이를 발로 툭툭치면서 신발에 물을 묻힌다. 다른 작업자(맨손에 안전모 미착용)가 바닥에 가루가 떨어져 있는 작업장에 들어가 폭발물 제조 시약을 만지다가, 신발이 미끄러지는 듯 하더니 신발 바닥에서 불꽃이 발생

09 동영상에서와 같이 ① 폭발성 물질 저장소에 들어가는 작업자가 신발에 물을 묻히는 이유는 무엇인지 상세히 설명하고, ② 인체에 대전된 정전기에 의한 화재 또는 폭발 위험이 있는 경우에 착용해야 할 보호구를 2가지 쓰시오. (6점)

합격정보 산업안전보건기준에 관한 규칙 제325조(정전기로 인한 화재 폭발 등 방지)

합격KEY
① 2004년 10월 2일 출제
③ 2009년 4월 26일 출제
⑤ 2013년 7월 20일 출제
⑦ 2015년 7월 18일 제2회 출제
⑨ 2022년 7월 30일 기사 출제
② 2005년 10월 1일 출제
④ 2012년 4월 28일 출제
⑥ 2014년 10월 5일(문제 5번) 출제
⑧ 2016년 10월 15일(문제 8번) 출제

정답
① 이유 : 폭발성이 높은 화학약품을 취급할 때 정전기에 의한 폭발 위험성이 있으므로 작업화와 바닥면의 접촉으로 인한 정전기 발생을 줄이기 위해서이다.
② 보호구
㉮ 정전기 대전방지용 안전화
㉯ 제전복

자격종목	시험일	비번호	PC번호	남은시간
산업안전산업기사	2023년 5월 7일 1회(2부)	A001	1	60분

파지압축장에서 작업자 두명은 컨베이어 위에서 작업을 하고 있는데, 집게암으로 파지를 들어서 작업자 머리 위를 통과한 후 흔들어서 파지를 떨어뜨리고 있다. 작업자가 안전모를 쓰고 있지 않다.

01 파지 작업장에서 작업자의 불안전 행동(위험요인) 3가지를 쓰시오.(6점)

합격KEY
① 2020년 5월 16일 산업기사 출제
② 2020년 10월 10일 기사 출제
③ 2020년 11월 15일(문제 6번) 출제
④ 2021년 10월 24일(문제 2번) 출제

정답
① 파지를 옮기는 기계가 작업자의 머리위로 지나간다.
② 안전모 등 보호구 미착용
③ 움직이는 컨베이어 위에서 작업하고 있다.

자격종목	시험일	비번호	PC번호	남은시간
산업안전산업기사	2023년 5월 7일 1회(2부)	A001	1	60분

유도자(신호수)가 지게차가 화물을 들도록 유도한 뒤, 지게차가 그 앞에 멈추자 유도자가 지게차 문에 매달린다. 화물로 인해 전방의 시야 확보가 되지 않는다. 유도자가 매달린 채 후진하라고 유도하다가 뒷바퀴가 바닥에 있는 나무조각에 걸려 덜컹거리는 순간, 유도자가 지게차에서 떨어진다.

00:00/00:23

| 문제 1번 | 문제 2번 | 문제 3번 | 문제 4번 | 문제 5번 | 문제 6번 | 문제 7번 | 문제 8번 | 문제 9번 |

02 화면을 보고 지게차 주행안전작업 사항 중 불안전한 행동(사고위험요인)을 3가지 쓰시오. (6점)

합격정보
① 산업안전보건기준에 관한 규칙 제172조(접촉의 방지)
② 산업안전보건기준에 관한 규칙 제173조(화물적재시의 조치)
③ 산업안전보건기준에 관한 규칙 제172조(전조등 등의 설치)

합격KEY
① 2000년 11월 9일 산업기사 출제   ② 2004년 4월 29일 출제
③ 2006년 7월 15일 출제   ④ 2011년 5월 7일 출제
⑤ 2013년 7월 20일(문제 3번) 출제   ⑥ 2015년 7월 18일(문제 3번) 출제
⑦ 2017년 4월 22일 기사 제1회(문제 3번) 출제   ⑧ 2018년 10월 14일(문제 2번) 출제
⑨ 2020년 11월 22일 기사 출제   ⑩ 2021년 7월 24일(문제 2번) 출제
⑪ 2021년 10월 24일 산업기사 출제   ⑫ 2022년 5월 15일(문제 2번) 출제
⑬ 2022년 7월 30일 기사 출제

정답
① 전방의 시야 불충분으로 지게차에 의해 다른 작업자가 다칠 수 있다.
② 물건을 과적하여 운전자의 시야를 가려 다른 작업자가 다칠 수 있다.
③ 물건을 불안정하게 적재하여 화물이 떨어져 다른 작업자가 다칠 수 있다.
④ 다른 작업자가 작업통로에 나와서 작업을 하고 있어 지게차에 의해 다칠 수 있다.
⑤ 난폭한 운전·과속으로 운전자 본인이 다치거나 다른 작업자가 다칠 수 있다.

자격종목	시험일	비번호	PC번호	남은시간
산업안전산업기사	2023년 5월 7일 1회(2부)	A001	1	60분

03 화면은 사출성형기 V형 금형 작업 중 재해가 발생한 사례이다. ① 재해발생형태와 ② 기인물을 쓰시오.(4점)

[합격정보] 산업안전보건기준에 관한 규칙 제121조(사출성형기 등의 방호장치)

정답
① 재해발생형태 : 끼임
② 기인물 : 사출성형기

자격종목	시험일	비번호	PC번호	남은시간
산업안전산업기사	2023년 5월 7일 1회(2부)	A001	1	60분

자동차 정비소에서 자동차 보닛이 45도 정도 앞으로 들려있는 자동차를 유압잭(Jack)으로 들어올리고, 그 아래로 작업자가 들어가 누워 작업을 하다가 공구로 유압잭을 건드려 승용차가 내려와서 작업자가 깔린다.

00:00/00:23

문제 1번 | 문제 2번 | 문제 3번 | 문제 4번 | 문제 5번 | 문제 6번 | 문제 7번 | 문제 8번 | 문제 9번

04 동영상의 자동차 정비 중 발생한 재해에 대해서 ① 가해물과 ② 재해발생원인을 쓰시오. (4점)

[합격정보] ① 산업안전보건기준에 관한 규칙 제205조(붐 등의 강하에 의한 위험방지)
② 산업안전보건기준에 관한 규칙 제176조(수리 등의 작업 시 조치)

[정답] ① 가해물 : 자동차
② 재해발생원인 : 안전지지대 또는 안전블록 등을 사용하지 않음

05 화면상의 크레인 인양 작업 중에, 유해위험을 방지하기 위한 관리감독자의 직무 3가지를 쓰시오. (6점)

합격정보 ① 산업안전보건기준에 관한 규칙 제35조(관리감독자의 유해 · 위험 방지업무 등)
② 산업안전보건기준에 관한 규칙 [별표 2] 관리감독자의 유해 · 위험 방지

정답
① 작업방법과 근로자 배치를 결정하고 그 작업을 지휘하는 일
② 재료의 결함 유무 또는 기구 및 공구의 기능을 점검하고 불량품을 제거하는 일
③ 작업 중 안전대 또는 안전모의 착용 상황을 감시하는 일

자격종목	시험일	비번호	PC번호	남은시간
산업안전산업기사	2023년 5월 7일 1회(2부)	A001	1	60분

작업자가 교류아크용접을 한다. 용접을 한 번 하고서 슬러지를 털어낸 뒤 육안으로 확인 후 다시 한 번 용접을 위해 아크불꽃을 내는 순간 감전되어 쓰러진다.(작업자는 일반 캡 모자와 목장갑 착용)

06 산업안전보건법령상, 사업주가 교류아크용접기에 자동전격방지기를 설치해야 하는 장소 3가지를 쓰시오.(6점)

[합격정보] 산업안전보건기준에 관한 규칙 제306조(교류아크용접기 등)

정답
① 선박의 이중 선체 내부, 밸러스트 탱크(ballast tank : 평형수 탱크), 보일러 내부 등 도전체에 둘러싸인 장소
② 추락할 위험이 있는 높이 2미터 이상의 장소로 철골 등 도전성이 높은 물체에 근로자가 접촉할 우려가 있는 장소
③ 근로자가 물·땀 등으로 인하여 도전성이 높은 습윤 상태에서 작업하는 장소

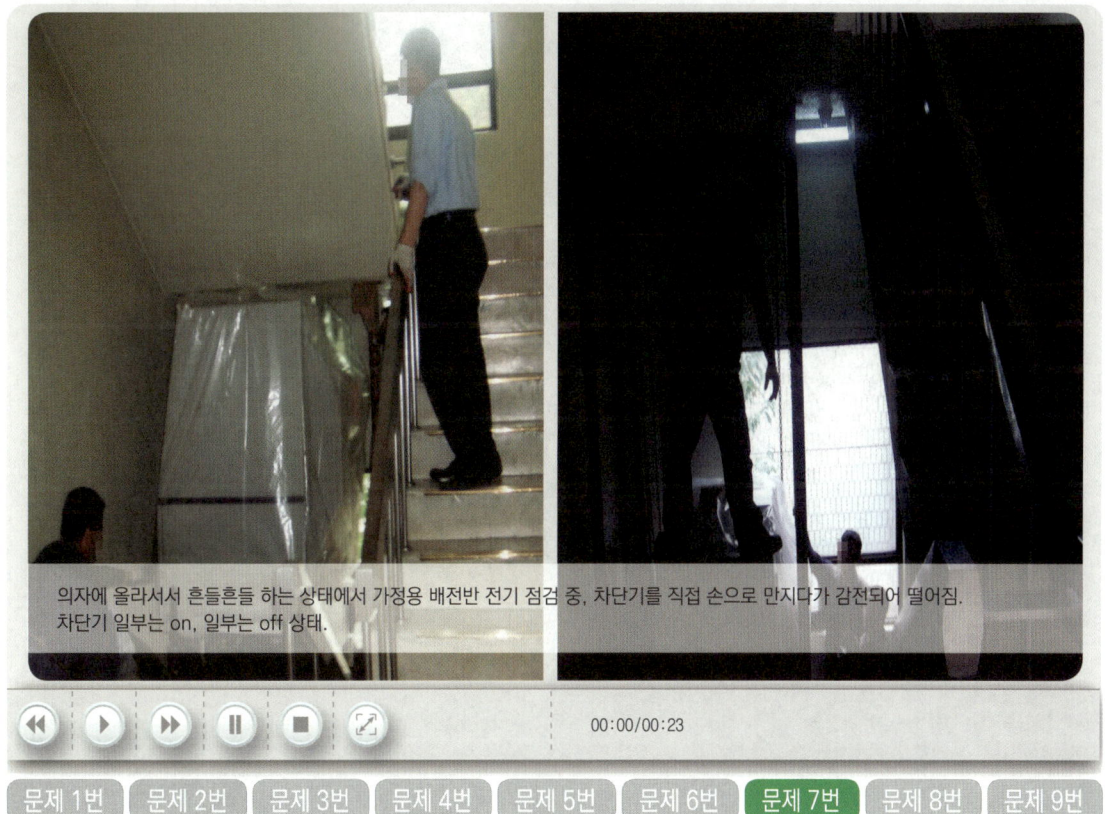

의자에 올라서서 흔들흔들 하는 상태에서 가정용 배전반 전기 점검 중, 차단기를 직접 손으로 만지다가 감전되어 떨어짐. 차단기 일부는 on, 일부는 off 상태.

07 화면 상의 배전반 차단기 교체 작업 중 불안전한 행동 2가지를 쓰시오. (5점)

합격KEY
① 2015년 4월 25일 (문제 8번) 출제
② 2016년 7월 3일(문제 6번) 출제
③ 2020년 11월 15일(문제 4번) 출제
④ 2020년 11월 22일(문제 3번) 출제
⑤ 2021년 7월 24일(문제 8번) 출제
⑥ 2022년 10월 23일(문제 8번) 출제

정답
① 절연용 보호구를 착용하지 않아 감전의 위험이 있다.
② 작업자가 딛고 있는 의자(발판)가 불안정하여 추락위험이 있다.

자격종목	시험일	비번호	PC번호	남은시간
산업안전산업기사	2023년 5월 7일 1회(2부)	A001	1	60분

동영상 사진 3장
① 컨베이어 ② 사출성형기 ③ 휴대용 연삭기

08 산업안전보건법령상, 다음 ( ) 안에 알맞은 방호장치를 쓰시오. (4점)
① 운전중인 컨베이어 등의 위로 근로자를 넘어가도록 하는 경우에는 위험을 방지 (   )
② 사출성형기 (   )
③ 휴대용연삭기 (   )

합격정보 ① 산업안전보건기준에 관한 규칙 제195조(통행의 제한 등)
② 산업안전보건기준에 관한 규칙 제121조(사출성형기 등의 방호장치)
③ 산업안전보건기준에 관한 규칙 제122조(연삭숫돌의 덮개 등)

합격KEY
① 2008년 4월 26일 출제 ② 2008년 7월 13일 출제
③ 2009년 4월 26일 출제 ④ 2012년 4월 28일 기사 출제
⑤ 2013년 4월 27일 출제 ⑥ 2013년 10월 12일 제3회 2부 출제
⑦ 2015년 4월 25일(문제 3번) 출제 ⑧ 2016년 7월 18일 제2회 출제
⑨ 2016년 10월 15일 제3회(문제 3번) 출제 ⑩ 2019년 10월 19일 기사 출제
⑪ 2022년 10월 23일(문제 6번) 출제

정답
① 건널다리
② 게이트가드(gate guard), 양수조작식, 연동구조, 방호덮개
③ 덮개

자격종목	시험일	비번호	PC번호	남은시간
산업안전산업기사	2023년 5월 7일 1회(2부)	A001	1	60분

위험물질 실험실에서 위험물이 든 병을 발로 차서 깨뜨리는 장면

09 위험물을 다루는 바닥이 갖추어야 할 조건(유해물질 바닥의 구조) 2가지를 쓰시오. (4점)

합격KEY
① 2008년 4월 26일 출제
② 2009년 7월 11일 출제
③ 2010년 9월 19일 출제
④ 2013년 7월 20일 출제
⑤ 2014년 10월 5일 제3회 출제
⑥ 2016년 10월 15일 제3회 2부 출제
⑦ 2018년 7월 8일(문제 6번) 출제
⑧ 2020년 11월 15일(문제 9번) 출제
⑨ 2021년 5월 5일(문제 7번) 출제

정답
① 누출시 액체가 바닥이나 피트 등으로 확산되지 않도록 경사 또는 바닥의 둘레에 높이 15[cm] 이상의 턱을 설치한다.
② 바닥은 콘크리트 기타 불침유 재료로 하고, 턱이 있는 쪽은 낮고 경사지게 한다.

문제 및 답안(지), 점수, 채점기준은 일체 공개하지 않는다.

자격종목	시험일	비번호	PC번호	남은시간
산업안전산업기사	2023년 7월 30일 2회(1부)	A001	1	60분

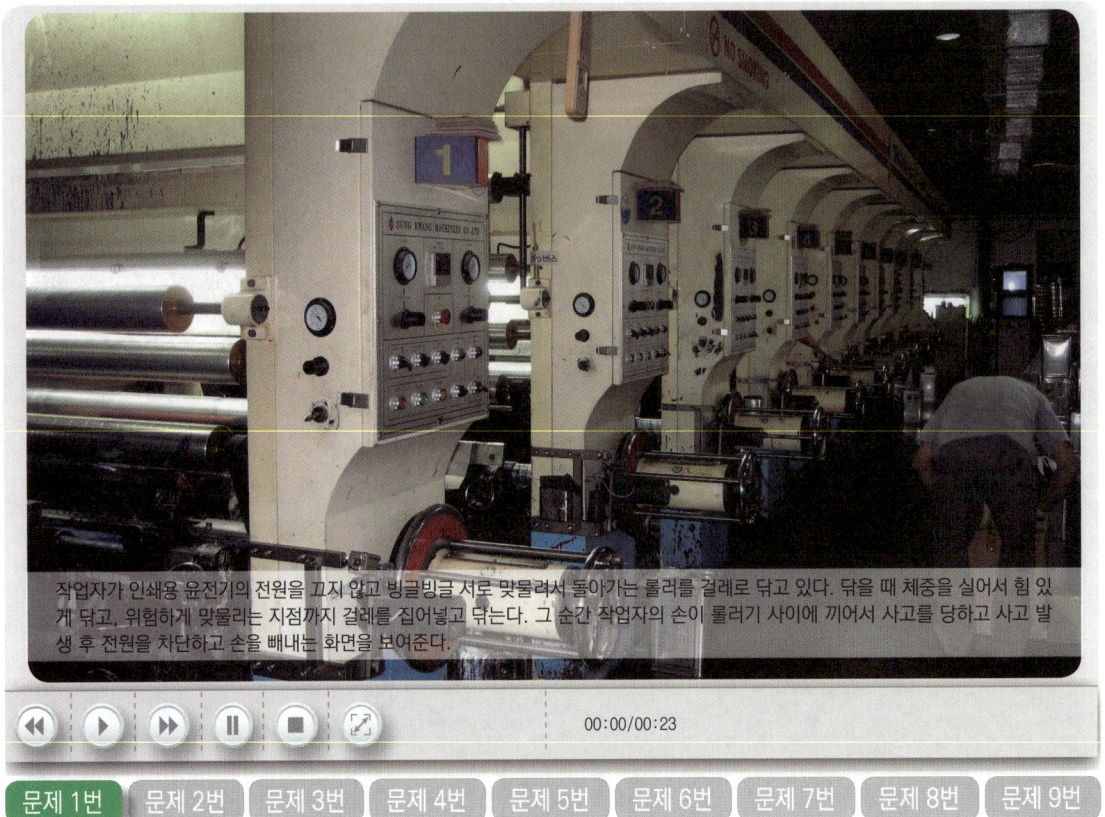

작업자가 인쇄용 윤전기의 전원을 끄지 않고 빙글빙글 서로 맞물려서 돌아가는 롤러를 걸레로 닦고 있다. 닦을 때 체중을 실어서 힘 있게 닦고, 위험하게 맞물리는 지점까지 걸레를 집어넣고 닦는다. 그 순간 작업자의 손이 롤러기 사이에 끼어서 사고를 당하고 사고 발생 후 전원을 차단하고 손을 빼내는 화면을 보여준다.

01 화면의 인쇄윤전기 재해사례에서 나타나는 핵심위험요인 2가지를 쓰시오. (4점)

합격KEY
① 2000년 9월 5일 출제
② 2002년 5월 4일 출제
③ 2006년 9월 23일 출제
④ 2009년 4월 26일 출제
⑤ 2010년 7월 11일 출제
⑥ 2012년 7월 14일 출제
⑦ 2012년 10월 21일 산업기사 출제
⑧ 2013년 10월 12일 출제
⑨ 2015년 4월 25일 산업기사 출제
⑩ 2015년 7월 18일 산업기사 출제
⑪ 2016년 4월 23일 출제
⑫ 2016년 10월 9일 산업기사(문제 4번) 출제
⑬ 2017년 10월 22일 기사 제3회(문제 6번) 출제
⑭ 2018년 10월 14일 기사 출제
⑮ 2021년 7월 24일(문제 6번) 출제
⑯ 2022년 8월 7일(문제 6번) 출제

정답
① 회전중 롤러의 죄어들어가는 쪽에서 직접 손으로 눌러 닦고 있어서 손이 말려 들어가게 된다.
② 체중을 걸쳐 닦고 있어서 말려 들어가게 된다.
③ 안전(방호)장치가 없어서 걸레를 위로 넣었을 때 롤러가 멈추지 않아 손이 말려 들어간다.

자격종목	시험일	비번호	PC번호	남은시간
산업안전산업기사	2023년 7월 30일 2회(1부)	A001	1	60분

야외 분전반(내부에 콘센트와 ELB가 있음)에 콘센트에 플러그를 꽂고 전원을 연결하여 휴대용 연삭기로 연마(그라인딩) 작업을 하는 작업자는 목장갑 착용, 보안경 미착용, 덮개가 없는 그라인더의 측면으로 철구조물 연마 작업 다른 작업자가 도착하여 분전반 콘센트에 플러그를 맨손으로 꽂고 분전반에 걸쳐 있는 전기줄을 한쪽으로 치우고 ELB를 조작하는 순간 부르르 떨며 쓰러진다. 그라인더 작업자가 놀라서 감전당한 작업자에게 다가간다.

02 화면상의 분전반 전면에 위치한 그라인더 기기를 활용한 작업에서 위험요인 2가지를 쓰시오. (4점)

합격정보 산업안전보건기준에 관한 규칙 제304조(누전차단기에 의한 감전방지)

합격KEY
① 2015년 7월 18일 산업기사 출제
② 2019년 7월 6일 제2회 3부(문제 9번) 출제
③ 2019년 10월 19일 기사 출제

정답
① 작업자가 맨손으로 작업을 하여 위험하다.
② 작업자가 내전압용 절연장갑 등 절연용 보호구를 착용하지 않아 위험하다.

자격종목	시험일	비번호	PC번호	남은시간
산업안전산업기사	2023년 7월 30일 2회(1부)	A001	1	60분

[문제 1번] [문제 2번] **[문제 3번]** [문제 4번] [문제 5번] [문제 6번] [문제 7번] [문제 8번] [문제 9번]

03 다음을 쓰시오. (6점)

(1) 화면에 보이는 건설 작업 중 쓰이는 양중기 운반구 이름
(2) 사업주는 해당 운반구에 근로자를 탑승시켜서는 아니 된다. 다만, 예외적으로 작업자를 탑승시키기 위해 필요한 추락위험 방지조치 2가지

[합격정보] 산업안전보건기준에 관한 규칙 제86조(탑승의 제한)

정답

(1) 운반구 이름 : 곤돌라
(2) 탑승필요 조치사항
　① 운반구가 뒤집히거나 떨어지지 않도록 필요한 조치를 할 것
　② 안전대나 구명줄을 설치하고, 안전난간을 설치할 수 있는 구조인 경우이면 안전난간을 설치할 것

자격종목	시험일	비번호	PC번호	남은시간
산업안전산업기사	2023년 7월 30일 2회(1부)	A001	1	60분

천장크레인이 철판을 트럭위로 이동 중. 천장크레인은 고리가 아닌 철판집게로 철판을 ㄷ자로 물고 있는 방식이다. 트럭위에서 작업자가 이동해 온 철판을 내리려는 찰나에 ㄷ자 틈에서 철판이 빠지면서 철판이 낙하하여 트럭위의 작업자가 깔린다. 옆에는 스위치를 조작하는 작업자가 1명 더 있고 유도로프는 없다. 크레인에 훅의 해지장치가 없다.

04 화면은 천장 크레인 작업을 하고 있는 모습이다. 다음 문제에 알맞은 내용을 각각 쓰시오.(6점)

(1) 권과를 방지하기 위하여 인양용 와이어로프가 일정한계 이상 감기게 되면 자동적으로 동력을 차단하고 작동을 정지시키는 장치

(2) 훅에서 와이어로프가 이탈하는 것을 방지하는 장치

(3) 산업안전보건법령상, 안전검사의 주기 관련하여, (   )안에 적절한 수치를 적어 넣으시오.
크레인(이동식 크레인은 제외) : 사업장에 설치가 끝난날 (①)년 이내에 최초 안전검사를 실시하되, 그 이후부터 매(②)년[건설현장에서 사용하는 것은 최초로 설치한 날로부터 6개월]

참고
① 산업안전보건기준에 관한 규칙 제134조(방호장치의 조정)
② 산업안전보건기준에 관한 규칙 제137조(해지장치의 사용)
③ 산업안전보건법 시행규칙 제126조(안전검사의 주기와 합격표시 및 표시방법)

합격KEY
① 2010년 4월 24일 출제   ② 2011년 10월 22일 제3회 출제
③ 2016년 10월 15일 기사 출제   ④ 2022년 5월 21일(문제 9번) 출제
⑤ 2022년 8월 7일 제1부 출제   ⑥ 2022년 8월 7일 산업기사 출제

정답
(1) 권과방지장치
(2) 훅해지장치
(3) ① 3   ② 2

자격종목	시험일	비번호	PC번호	남은시간
산업안전산업기사	2023년 7월 30일 2회(1부)	A001	1	60분

피트 내에서 나무판자로 엉성하게 이어붙인 발판 위에서 벽면에 돌출되어 있는 못을 망치로 제거하다가 추락하는 동영상

| 문제 1번 | 문제 2번 | 문제 3번 | 문제 4번 | 문제 5번 | 문제 6번 | 문제 7번 | 문제 8번 | 문제 9번 |

05 화면은 승강기 설치 전 피트 내부에서 청소작업 중에 승강기의 개구부로 작업자가 추락하여 사망사고가 발생한 재해사례이다. 이 영상에서 나타난 핵심위험요인을 3가지를 쓰시오. (6점)

합격정보 산업안전보건기준에 관한 규칙 제43조(개구부 등의 방호조치)

합격KEY
① 2006년 9월 23일 기사 출제
③ 2009년 4월 26일 기사 출제
⑤ 2014년 10월 5일 출제
⑦ 2016년 4월 23일(문제 5번) 출제
⑨ 2016년 10월 15일 제3회 기사 출제
⑪ 2018년 10월 14일 제3회 2부(문제 8번) 출제
⑬ 2020년 8월 2일 제2회 (문제 8번) 출제
⑮ 2020년 11월 25일 기사 출제
⑰ 2022년 5월 21일 산업기사 출제
② 2007년 10월 14일 기사 출제
④ 2011년 5월 7일 출제
⑥ 2015년 7월 18일 기사 출제
⑧ 2016년 7월 3일 제2회 기사 출제
⑩ 2017년 10월 22일 산업기사 제3회(문제 5번) 출제
⑫ 2020년 5월 16일 제1회 2부(문제 8번) 출제
⑭ 2020년 10월 10일(문제 8번) 출제
⑯ 2021년 5월 5일(문제 4번) 출제
⑱ 2022년 10월 22일 기사 출제

정답
① 작업발판이 고정되어 있지 않았다.
② 작업자가 안전난간 및 안전대를 걸지 않고 작업하였다.
③ 수직형 추락방망을 설치하지 않았다.

자격종목	시험일	비번호	PC번호	남은시간
산업안전산업기사	2023년 7월 30일 2회(1부)	A001	1	60분

06 동영상은 경사용 컨베이어를 이용하여 화물을 운반하는 작업 중에 발생한 재해사례이다. 이와 같은 재해를 방지하기 위한 컨베이어 방호조치를 2가지 쓰시오.(4점)

합격정보
① 산업안전보건기준에 관한 규칙 제192조(비상정지장치)
② 산업안전보건기준에 관한 규칙 제193조(낙하물에 의한 위험 방지)
③ 산업안전보건기준에 관한 규칙 제195조(통행의 제한 등)

합격KEY
① 2008년 4월 26일 출제
② 2008년 7월 13일 출제
③ 2009년 4월 26일 출제
④ 2012년 4월 28일 기사 출제
⑤ 2013년 4월 27일 출제
⑥ 2013년 10월 12일 제3회 2부 출제
⑦ 2015년 4월 25일(문제 3번) 출제
⑧ 2016년 7월 18일 제2회 출제
⑨ 2016년 10월 15일 제3회(문제 3번) 출제
⑩ 2019년 10월 19일 기사 출제
⑪ 2021년 10월 24일(문제 6번) 출제
⑫ 2022년 8월 7일 산업기사 출제

정답
① 비상정지장치
② 덮개
③ 울
④ 건널다리

자격종목	시험일	비번호	PC번호	남은시간
산업안전산업기사	2023년 7월 30일 2회(1부)	A001	1	60분

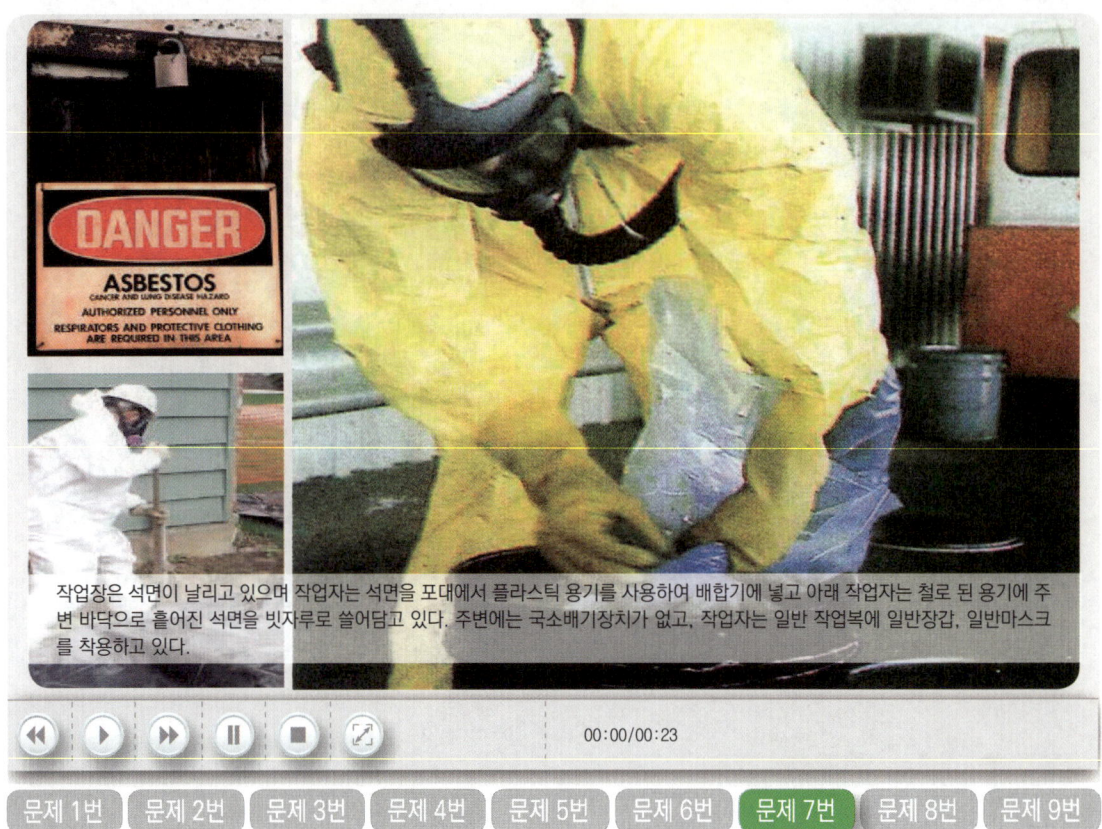

작업장은 석면이 날리고 있으며 작업자는 석면을 포대에서 플라스틱 용기를 사용하여 배합기에 넣고 아래 작업자는 철로 된 용기에 주변 바닥으로 흩어진 석면을 빗자루로 쓸어담고 있다. 주변에는 국소배기장치가 없고, 작업자는 일반 작업복에 일반장갑, 일반마스크를 착용하고 있다.

07 화면에서 작업자가 마스크를 착용하고 있으나 석면분진폭로 위험성에 노출되어 있어 작업자에게 직업성 질환으로 이환될 우려가 있다. 장기간 폭로시 어떤 종류의 직업병이 발생할 위험이 있는지 3가지를 쓰시오.(6점)

합격정보 산업안전보건기준에 관한 규칙 [별지 제3호 서식] 석면함유 잔재물 등의 처리 시 표지(제496조 관련)

합격KEY
① 2003년 7월 19일 산업기사(문제 6번) 출제 ② 2007년 7월 15일 출제
③ 2013년 4월 27일 출제 ④ 2013년 10월 12일 제3회 출제
⑤ 2014년 7월 13일 제2회 출제 ⑥ 2015년 4월 25일(문제 3번) 출제
⑦ 2015년 7월 18일(문제 3번) 출제 ⑧ 2016년 4월 23일(문제 8번) 출제
⑨ 2017년 4월 22일 기사 출제

정답
① 폐암
② 석면폐증
③ 악성중피종

08 산업안전보건법령상, 해당 동영상의 운전자가 운전위치를 이탈하는 경우, 사업주가 해당 운전자에게 준수하도록 해야할 사항 2가지를 쓰시오.(4점)

합격정보 산업안전보건기준에 관한 규칙 제99조(운전위치 이탈 시의 조치)
합격KEY 2022년 5월 20일(문제 8번) 출제

정답
① 포크 등의 장치를 가장 낮은 위치 또는 지면에 내려둘 것
② 원동기를 정지시키고 브레이크 확실히 거는 등 갑작스러운 주행이나 이탈을 방지하기 위한 조치를 할 것
③ 운전석을 이탈하는 경우에는 시동키를 운전대에서 분리시킬 것. 다만, 운전석에 잠금장치를 하는 등 운전자가 아닌 사람이 운전하지 못하도록 조치한 경우에는 그러하지 아니하다.

자격종목	시험일	비번호	PC번호	남은시간
산업안전산업기사	2023년 7월 30일 2회(1부)	A001	1	60분

① 작업자가 면장갑을 착용하고 마스크, 보안경은 미착용 상태로 휴대용 그라인더로 연마 작업 중이다.
② 휴대용 연삭기에는 덮개가 없으며, 연삭기 측면으로도 작업한다.
③ 가공물을 작업대 위에서 그라인딩 하는데 고정되어있지 않아서 쓰러지고, 그걸 다시 일으켜 세워서 계속 연마한다.
④ 종료시 작업자가 휴대용 연삭기를 뒤집어 놓고 면장갑을 벗으며 눈을 비빈다.

00:00/00:23

| 문제 1번 | 문제 2번 | 문제 3번 | 문제 4번 | 문제 5번 | 문제 6번 | 문제 7번 | 문제 8번 | 문제 9번 |

09 휴대용 연마 작업 시 감전사고 예방을 위한 안전대책을 3가지 쓰시오. (5점)

합격정보 산업안전보건기준에 관한 규칙
① 제304조(누전차단기에 의한 감전방지)
② 제313조(배선 등의 절연피복 등)
③ 제314조(습윤한 장소의 이동전선 등)
④ 제315조(통로바닥에서의 전선 등 사용 금지)

합격KEY ① 2021년 10월 23일 기사 출제
② 2021년 10월 24일 산업기사 출제

정답
① 감전방지용 누전차단기를 설치한다.
② 전선을 서로 접속하는 경우에는 해당 전선의 절연성능 이상으로 절연될 수 있는 것으로 충분히 피복하거나 적합한 접속기구를 사용하여야 한다.
③ 습윤한 장소에서는 충분한 절연효과가 있는 이동전선을 사용한다.
④ 통로바닥에 전선 또는 이동전선등을 설치하여 사용해서는 아니된다.

문제 및 답안(지), 점수, 채점기준은 일체 공개하지 않는다.

비번호
총 점

자격종목	시험일	비번호	PC번호	남은시간
산업안전산업기사	2023년 7월 30일 2회(2부)	A001	1	60분

운전석에서 내려 덤프트럭 적재함을 올리고 실린더 유압장치 밸브를 수리하던 중 적재함 사이에 끼임

01 산업안전보건법령상, 차량계 건설기계의 수리나 부속장치의 장착 및 제거작업을 하는 경우 그 작업을 지휘하는 사람의 준수 사항 2가지를 쓰시오.(4점)

합격정보 산업안전보건기준에 관한 규칙 제206조(수리 등의 작업시의 조치)

합격KEY 유사혼돈문제 확인
① 2008년 7월 13일 출제 ② 2008년 10월 5일 출제
③ 2009년 9월 20일 출제 ④ 2012년 7월 14일 산업기사 출제
⑤ 2012년 10월 21일 출제 ⑥ 2013년 10월 12일 제3회(문제 2번) 출제
⑦ 2017년 10월 22일 기사(문제 2번) 출제 ⑧ 2018년 10월 14일 산업기사 출제
⑨ 2020년 10월 17일(문제 1번) 출제

정답
① 작업순서를 결정하고 작업을 지휘할 것
② 안전지지대 또는 안전블록 등의 사용상황 등을 점검할 것

💬 **합격자의 조언** 조사나 문맥이 모범답안과 다르더라도 의미가 같으면 정답으로 인정한다.

02
산업안전보건법령상, 사업주가 관리대상 유해물질을 취급하는 작업에 근로자를 종사하도록 하는 경우에 근로자를 작업에 배치하기 전에 근로자에게 알려야 하는 사항 4가지만 쓰시오.(단, 그 밖에 근로자의 건강장해 예방 관한 사항은 제외)(4점)

합격정보 산업안전보건기준에 관한 규칙 제449조(유해성 등의 주지)

합격KEY 유사혼돈문제 확인
① 2007년 10월 13일 출제
② 2013년 4월 27일 기사 출제
③ 2014년 4월 25일(문제 7번) 출제
④ 2015년 7월 18일 제2회 출제
⑤ 2017년 10월 15일 제3회(문제 5번) 출제
⑥ 2017년 10월 22일 제3회(문제 3번) 출제
⑦ 2018년 10월 14일 제3회 2부(문제 9번) 출제
⑧ 2019년 10월 19일(문제 9번) 출제
⑨ 2020년 11월 22일 제4회 1부(문제 2번) 출제
⑩ 2020년 11월 22일(문제 9번) 출제
⑪ 2021년 7월 24일(문제 9번) 출제

정답
① 관리대상 유해물질의 명칭 및 물리적·화학적 특성
② 인체에 미치는 영향과 증상
③ 취급상 주의사항
④ 착용하여야 할 보호구와 착용방법
⑤ 위급상황 시의 대처방법과 응급조치 요령

자격종목	시험일	비번호	PC번호	남은시간
산업안전산업기사	2023년 7월 30일 2회(2부)	A001	1	60분

작업자가 인쇄용 윤전기의 전원을 끄지 않고 빙글빙글 서로 맞물려서 돌아가는 롤러를 걸레로 닦고 있다. 닦을 때 체중을 실어서 힘 있게 닦고, 위험하게 맞물리는 지점까지 걸레를 집어넣고 닦는다. 그 순간 작업자의 손이 롤러기 사이에 끼어서 사고를 당하고 사고 발생 후 전원을 차단하고 손을 빼내는 화면을 보여준다.

03 화면의 인쇄윤전기 재해사례에서 나타나는 위험점을 기계의 운동 형태에 따라 분류하고자 할 때 해당되는 ① 위험점의 명칭 ② 정의(발생가능조건) 등을 쓰시오.(6점)

합격KEY
① 2000년 9월 5일 출제
③ 2006년 9월 23일 출제
⑤ 2010년 7월 11일 출제
⑦ 2012년 10월 21일 산업기사 출제
⑨ 2015년 4월 25일 산업기사 출제
⑪ 2016년 4월 23일 출제
⑬ 2017년 10월 22일 기사 제3회(문제 6번) 출제
⑮ 2020년 11월 22일 출제
⑰ 2021년 10월 24일 산업기사 출제

② 2002년 5월 4일 출제
④ 2009년 4월 26일 출제
⑥ 2012년 7월 14일 출제
⑧ 2013년 10월 12일 출제
⑩ 2015년 7월 18일 산업기사 출제
⑫ 2016년 10월 9일 산업기사(문제 4번) 출제
⑭ 2018년 10월 14일 기사 출제
⑯ 2021년 10월 24일 산업기사 출제
⑱ 2023년 4월 29일 기사 출제

정답
① 위험점의 명칭 : 물림점(nip point)
② 정의(발생가능조건) : 회전하는 두 개의 회전체에 물려 들어가는 위험점
   예 롤러와 롤러의 물림, 기어와 기어의 물림

💬 **합격자의 조언** 그 외 5가지 위험점 기억하세요. 차후 시험 대비

자격종목	시험일	비번호	PC번호	남은시간
산업안전산업기사	2023년 7월 30일 2회(2부)	A001	1	60분

맨손에 보안경, 방진마스크, 귀마개를 미착용한 작업자가 탁상용 연삭기 전원을 켜고 쇠파이프(봉강, 환봉) 연마작업을 한다. 연삭기에 덮개는 설치되어 있는데 칩비산방지투명판이 없다. 작업자가 두 손으로 연삭 가공을 하는데 칩이 눈에 튀어서 한손으로는 비산물이 눈앞으로 튀는것을 막으며 작업한다. 쇠파이프가 덜덜 흔들리다가 결국엔 작업자 가슴으로 날아간다. 작업장 주변이 정리 되어있지 않다.

04 화면은 봉강 연마 작업중 발생한 사고사례이다. (1) 기인물과 (2) 사고의 직접 원인 2가지를 쓰시오. (5점)

합격정보 위험기계·기구 방호장치기준 제30조(방호조치)

합격KEY
① 2004년 10월 2일 산업기사출제
② 2005년 10월 1일 산업기사 출제
③ 2010년 7월 11일 출제
④ 2011년 10월 22일 출제
⑤ 2012년 10월 21일 출제
⑥ 2013년 4월 27일 출제
⑦ 2015년 7월 18일 산업기사 (문제 3번) 출제
⑧ 2017년 4월 22일 산업기사 출제
⑨ 2017년 10월 22일(문제 1번) 출제
⑩ 2020년 11월 22일 기사 출제
⑪ 2021년 5월 5일 산업기사 출제

정답
(1) 기인물 : 탁상공구연삭기
(2) 사고의 직접 원인
  ① 쇠파이프(봉강, 환봉) 고정 지지 부실
  ② 덮개 또는 울 등 미설치

자격종목	시험일	비번호	PC번호	남은시간
산업안전산업기사	2023년 7월 30일 2회(2부)	A001	1	60분

절연장갑을 착용하지 않은 작업자 혼자 사출성형기를 둘러보다가 밑에 판을 열어서 드라이버로 수리하다가 쓰러진다.

05 사출성형기 V형 금형 작업중 끼인 이물질을 제거하다가 감전 재해가 발생한 사례이다. 동영상에서 발생한 감전재해 방지대책 2가지를 쓰시오. (4점)

합격정보
① 산업안전보건기준에 관한 규칙 제121조(사출성형기 등의 방호장치)
② 산업안전보건기준에 관한 규칙 제302조(전기 기계·기구의 접지)

합격KEY
① 2004년 10월 2일(문제 2번)　　② 2007년 4월 28일 출제
③ 2013년 4월 27일 출제　　　　④ 2017년 10월 22일 제3회(문제 5번) 출제
⑤ 2018년 4월 21일 제1회(문제 5번) 출제　⑥ 2019년 7월 26일(문제 5번) 출제
⑦ 2021년 10월 24일(문제 5번) 출제　　⑧ 2022년 8월 7일(문제 5번) 출제

정답
① 작업시작 전 전원을 차단한다.
② 작업시 안전 보호구를 착용한다.
③ 감시인을 배치 후 작업한다.
④ 금형의 이물질제거는 전용공구를 사용한다.

06 화면을 참고하여 철골작업시 작업을 중지해야 할 경우 3가지를 기술하시오. (6점)

[합격정보] 산업안전보건기준에 관한 규칙 제383조(작업의 제한)

[채점기준] 2점×3개=6점

[합격KEY]
① 2003년 7월 19일 출제
② 2010년 4월 24일 출제
③ 2011년 7월 30일 출제
④ 2012년 4월 28일 출제
⑤ 2014년 10월 5일(문제 7번) 출제
⑥ 2015년 7월 18일 제2회 출제
⑦ 2016년 10월 9일(문제 6번) 출제
⑧ 2017년 4월 22일 제1회(문제 6번) 출제
⑨ 2018년 10월 14일 제3회 1부(문제 6번) 출제
⑩ 2020년 10월 17일(문제 6번) 출제
⑪ 2022년 5월 21일(문제 6번) 출제

[정답]
① 풍속이 초당 10[m] 이상인 경우
② 강우량이 시간당 1[mm] 이상인 경우
③ 강설량이 시간당 1[cm] 이상인 경우

자격종목	시험일	비번호	PC번호	남은시간
산업안전산업기사	2023년 7월 30일 2회(2부)	A001	1	60분

07 산업안전보건법령상, 구내운반차를 사용하는 경우에 사업주의 준수 사항 관련하여 (   )에 알맞은 것을 쓰시오. (6점)

(1) 사업주는 구내운반차를 작업장 내 (①)을 주목적으로 할 것
(2) 주행을 제동하거나 정지상태를 유지하기 위하여 유효한 (②)를 갖출 것
(3) (③)를 갖출 것
(4) 운전석이 차 실내에 있는 것은 좌우에 한개씩 (④)를 갖출 것
(5) (⑤)과 (⑥)을 갖출것. 다만, 작업을 안전하게 하기 위하여 필요한 조명이 있는 장소에서 사용하는 구내운반차에 대해서는 그러하지 아니하다.

 산업안전 보건기준에 관한 규칙 제184조(제동장치 등)

합격KEY 2019년 10월 19일(문제 4번) 출제

정답
① 운반
② 제동장치
③ 경음기
④ 방향지시기
⑤ 전조등
⑥ 후미등

08 지게차 포크 위에서 전구교체작업을 하고 있다. 불안전한 행동 2가지를 쓰시오. (4점)

합격KEY ① 2020년 5월 16일 산업기사 출제
② 2020년 10월 10일 기사 출제
③ 2021년 5월 5일(문제 8번) 출제

정답
① 안전한 작업발판을 사용하지 않고 지게차 위에서 작업했다.
② 지게차의 운전자를 제외한 다른 작업자가 탑승했다.
③ 전원을 차단하지 않고 전구교체 작업을 했다.

자격종목	시험일	비번호	PC번호	남은시간
산업안전산업기사	2023년 7월 30일 2회(2부)	A001	1	60분

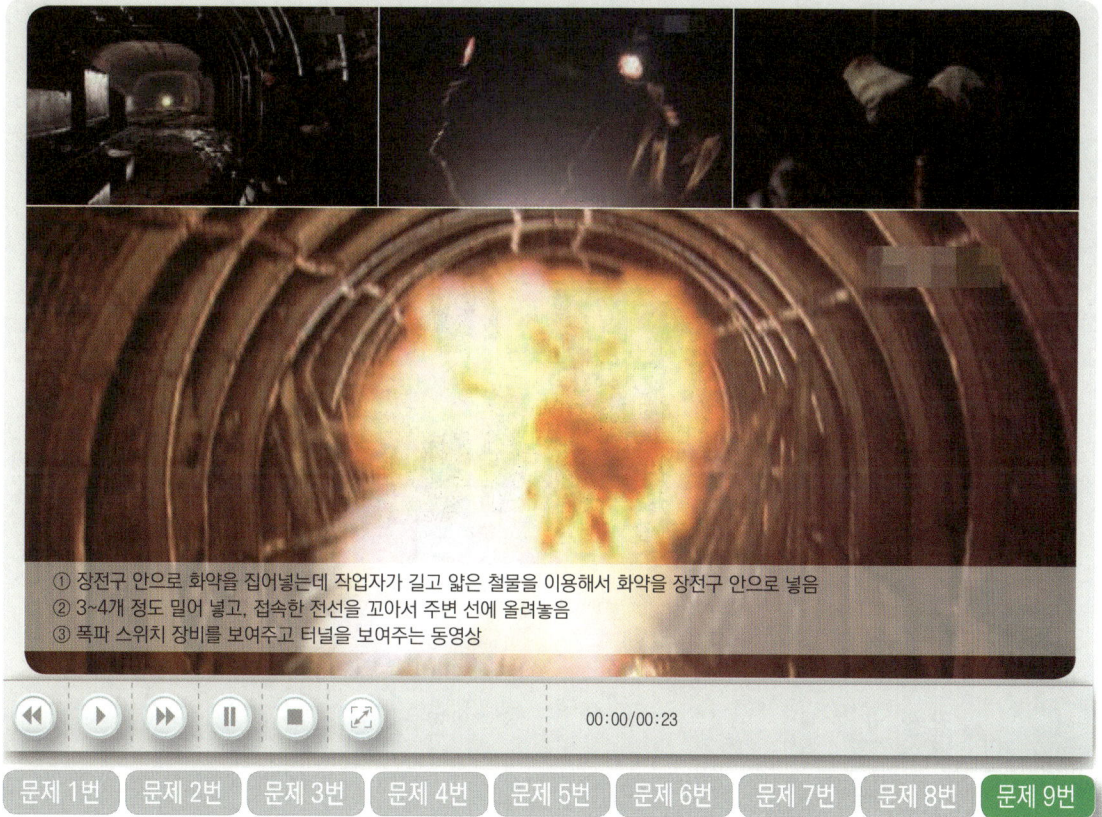

① 장전구 안으로 화약을 집어넣는데 작업자가 길고 얇은 철물을 이용해서 화약을 장전구 안으로 넣음
② 3~4개 정도 밀어 넣고, 접속한 전선을 꼬아서 주변 선에 올려놓음
③ 폭파 스위치 장비를 보여주고 터널을 보여주는 동영상

09 산업안전보건법령상, ① 발파작업에 사용되는 장전구(裝塡具)가 갖춰야 할 조건 1가지와 ② 발파공의 충진재료가 갖춰야 할 조건 1가지를 쓰시오. (6점)

합격정보 산업안전보건기준에 관한 규칙 제348조(발파의 작업기준)

합격KEY 유사문제 출제 확인
① 2000년 11월 9일 출제
② 2007년 4월 28일 출제
③ 2009년 7월 11일 출제
④ 2012년 7월 14일 산업기사 출제
⑤ 2013년 4월 27일 출제
⑥ 2013년 10월 12일 산업기사 출제
⑦ 2014년 7월 13일 (문제 3번) 출제
⑧ 2015년 7월 18일 산업기사 (문제 7번) 출제
⑨ 2016년 7월 3일 제2회(문제 7번) 출제
⑩ 2019년 7월 6일 기사 제2회 출제
⑪ 2019년 10월 19일(문제 6번) 출제

정답
① 장전구(裝塡具) : 마찰, 충격, 정전기 등에 의한 폭발의 위험이 없는 것
② 발파공의 충진재료 조건 : 점토, 모래 등 발화성 또는 인화성의 위험이 없는 것

문제 및 답안(지), 점수, 채점기준은 일체 공개하지 않는다.

자격종목	시험일	비번호	PC번호	남은시간
산업안전산업기사	2023년 10월 15일 3회(1부)	A001	1	60분

동영상에서 작업자 A, B가 작업을 하고 있다. 창틀에서 작업 중인 A가 처마 위에 있는 B에게 작업발판을 건네준 후 B가 있는 옆 처마 위로 이동하다 발을 헛디뎌 바닥으로 추락하는 장면이다.(주변이 정리정돈 되어있지 않고, A작업자가 밟고 있던 콘크리트 부스러기가 추락할 때 같이 떨어진다.)

01 화면은 아파트 창틀에서 작업 중 발생한 재해사례를 나타내고 있다. 해당 동영상에서 작업자의 추락사고 ① 재해 발생 형태 ② 기인물을 쓰시오.(4점)

합격KEY
① 2004년 10월 2일 기사 출제
② 2006년 7월 15일 기사 출제
③ 2015년 4월 25일 (문제 1번) 출제
④ 2016년 7월 3일 제2회 1부 출제
⑤ 2018년 7월 8일 제2회 2부(문제 1번) 출제
⑥ 2020년 10월 17일(문제 1번) 출제
⑦ 2022년 5월 20일 1부(문제 1번) 출제

정답
① 재해 발생 형태 : 추락(떨어짐)
② 기인물 : 작업발판

자격종목	시험일	비번호	PC번호	남은시간
산업안전산업기사	2023년 10월 15일 3회(1부)	A001	1	60분

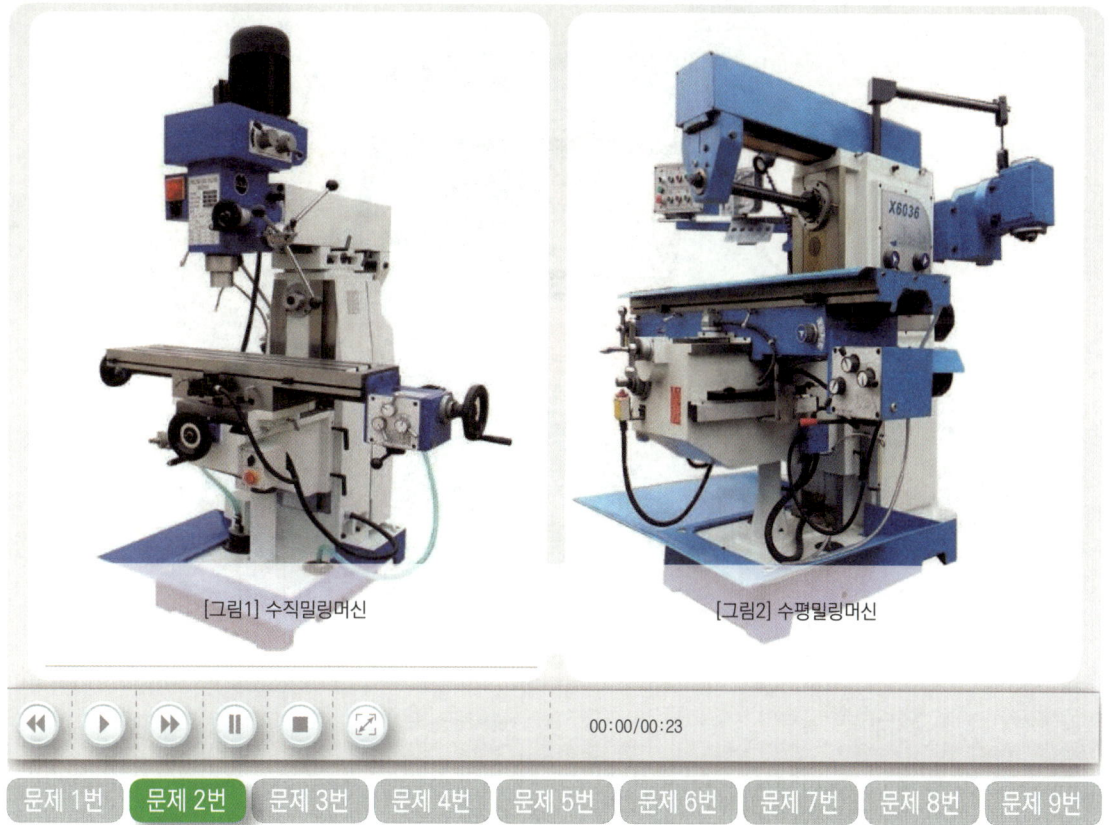

[그림1] 수직밀링머신   [그림2] 수평밀링머신

02 다음 영상에서 보이는 (1) 공작기계 종류와 (2) 위험기계·기구 자율안전확인기계에 지워지지 않도록 표시하여야 할 사항 4가지를 쓰시오.(6점)

합격정보 위험기계·기구 자율안전확인 고시 [별표 8] 공장기계(선반, 드릴기, 평삭·형삭기, 밀링)의 제작 및 안전기준

보충학습 ① 수직밀링머신 : 주축이 테이블에 대해 수직으로 설치되는 형태이며 주로 엔드밀을 사용해 공작물의 내면 또는 바깥면을 절삭하거나 홈절삭 및 정면 커터로 평면 절삭을 가공
② 수평밀링머신 : 주축 및 아버가 수평으로 설치되며 주로 플레인 밀링 커터, 측면 커터로 평면 가공

정답
(1) 공작기계의 종류 : 밀링머신
(2) 위험기계·기구 자율안전확인기계 표시 사항
  ① 제조자명, 주소, 모델번호, 제조번호 및 제조연도
  ② 기계의 중량
  ③ 전기, 유·공압 시스템에 관한 정보
  ④ 스핀들의 회전수 범위
  ⑤ 자율안전확인표시(KCs마크)

자격종목	시험일	비번호	PC번호	남은시간
산업안전산업기사	2023년 10월 15일 3회(1부)	A001	1	60분

작업자가 인쇄용 윤전기의 전원을 끄지 않고 빙글빙글 서로 맞물려서 돌아가는 롤러를 걸레로 닦고 있다. 닦을 때 체중을 실어서 힘 있게 닦고, 위험하게 맞물리는 지점까지 걸레를 집어넣고 닦는다. 그 순간 작업자의 손이 롤러기 사이에 끼어서 사고를 당하고 사고 발생 후 전원을 차단하고 손을 빼내는 화면을 보여준다.

| 문제 1번 | 문제 2번 | **문제 3번** | 문제 4번 | 문제 5번 | 문제 6번 | 문제 7번 | 문제 8번 | 문제 9번 |

03 화면의 인쇄윤전기 재해사례에서 나타나는 위험점을 기계의 운동 형태에 따라 분류하고자 할 때 해당되는 ① 위험점의 명칭 ② 정의(발생가능조건) 등을 쓰시오.(5점)

합격KEY
① 2000년 9월 5일 출제
③ 2006년 9월 23일 출제
⑤ 2010년 7월 11일 출제
⑦ 2012년 10월 21일 산업기사 출제
⑨ 2015년 4월 25일 산업기사 출제
⑪ 2016년 4월 23일 출제
⑬ 2017년 10월 22일 기사 제3회(문제 6번) 출제
⑮ 2020년 11월 22일 출제
⑰ 2021년 10월 24일 산업기사 출제
⑲ 2023년 7월 30일 2부(문제 3번) 출제

② 2002년 5월 4일 출제
④ 2009년 4월 26일 출제
⑥ 2012년 7월 14일 출제
⑧ 2013년 10월 12일 출제
⑩ 2015년 7월 18일 산업기사 출제
⑫ 2016년 10월 9일 산업기사(문제 4번) 출제
⑭ 2018년 10월 14일 기사 출제
⑯ 2021년 10월 24일 산업기사 출제
⑱ 2023년 4월 29일 기사 출제

정답
① 위험점의 명칭 : 물림점(nip point)
② 정의(발생가능조건) : 회전하는 두 개의 회전체에 물려 들어가는 위험점
　예) 롤러와 롤러의 물림, 기어와 기어의 물림

💬 **합격자의 조언**　그 외 5가지 위험점 기억하세요. 차후 시험 대비

자격종목	시험일	비번호	PC번호	남은시간
산업안전산업기사	2023년 10월 15일 3회(1부)	A001	1	60분

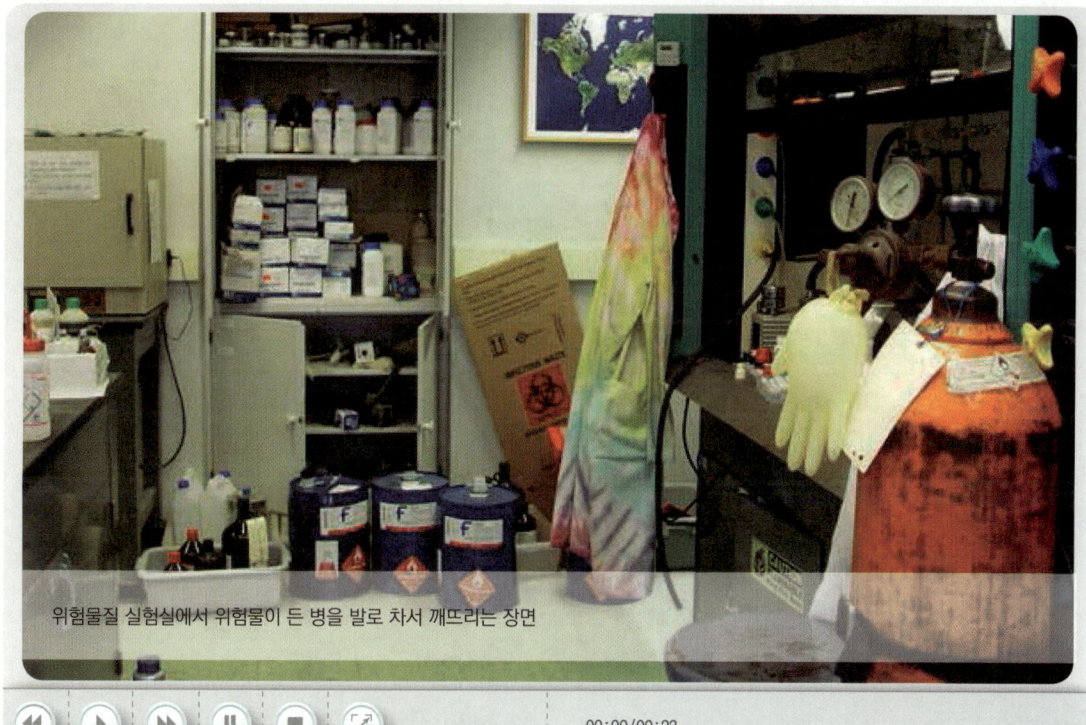

위험물질 실험실에서 위험물이 든 병을 발로 차서 깨뜨리는 장면

04 크롬 등 위험물을 다루는 바닥이 갖추어야 할 조건(유해물질 바닥의 구조) 2가지를 쓰시오. (4점)

합격KEY
① 2008년 4월 26일 출제
② 2009년 7월 11일 출제
③ 2010년 9월 19일 출제
④ 2013년 7월 20일 출제
⑤ 2014년 10월 5일 제3회 출제
⑥ 2016년 10월 15일 제3회 2부 출제
⑦ 2018년 7월 8일(문제 6번) 출제
⑧ 2020년 11월 15일(문제 9번) 출제
⑨ 2021년 5월 5일(문제 7번) 출제
⑩ 2023년 5월 7일 2부 (문제 9번) 출제

정답
① 누출시 액체가 바닥이나 피트 등으로 확산되지 않도록 경사 또는 바닥의 둘레에 높이 15[cm] 이상의 턱을 설치한다.
② 바닥은 콘크리트 기타 불침투 재료로 하고, 턱이 있는 쪽은 낮고 경사지게 한다.

자격종목	시험일	비번호	PC번호	남은시간
산업안전산업기사	2023년 10월 15일 3회(1부)	A001	1	60분

05 산업안전보건법령상, 사업주가 흙막이 지보공을 설치하였을 때에는 정기적으로 점검하고 이상을 발견하면 즉시 보수하여야 하는 사항 2가지를 쓰시오.(4점)

보충학습 터널 지보공의 수시 점검사항 4가지
① 부재의 손상 · 변형 · 부식 · 변위 · 탈락의 유무 및 상태
② 부재의 긴압의 정도
③ 부재의 접속부 및 교차부의 상태
④ 기둥침하의 유무 및 상태

합격정보 ① 산업안전보건기준에 관한 규칙 제347조(붕괴 등의 위험방지)
② 산업안전보건기준에 관한 규칙 제366조(붕괴 등의 방지)

합격KEY
① 2006년 4월 29일 기사 출제
② 2007년 7월 15일 출제
③ 2012년 10월 21일(문제 8번) 출제
④ 2016년 4월 23일 제1회(문제 8번) 출제
⑤ 2017년 10월 22일 제3회(문제 8번) 출제
⑥ 2018년 4월 21일 제1회 1부(문제 8번) 출제
⑦ 2023년 4월 29일 기사(문제 5번) 출제

정답
① 부재의 손상 · 변형 · 부식 · 변위 및 탈락의 유무와 상태
② 버팀대의 긴압의 정도
③ 부재의 접속부 · 부착부 및 교차부의 상태
④ 침하의 정도

06 산업안전보건법령상, 비계의 높이가 2m 이상인 작업장소에 설치하는 작업발판 관련 ( )에 알맞은 것을 쓰시오.(4점)

작업발판의 폭은 (①)cm 이상으로 하고, 발판재료 간의 틈은 (②)cm 이하로 할 것.

합격정보 산업안전보건기준에 관한 규칙 제56조(작업발판의 구조)

합격KEY
① 2006년 4월 29일 출제
② 2007년 7월 15일 출제
③ 2010년 7월 11일 출제
④ 2015년 4월 25일(문제 6번) 출제
⑤ 2016년 7월 3일 제2회 출제
⑥ 2016년 10월 15일 제3회(문제 6번) 출제
⑦ 2017년 10월 22일 기사 3회(문제 6번) 출제
⑧ 2018년 10월 14일 제3회 1부(문제 6번) 출제
⑨ 2019년 10월 19일 제3회 2부(문제 6번) 출제
⑩ 2020년 10월 17일 산업기사 출제
⑪ 2022년 5월 15일(문제 6번) 출제
⑫ 2023년 7월 29일 기사 출제

정답
① 40
② 3

자격종목	시험일	비번호	PC번호	남은시간
산업안전산업기사	2023년 10월 15일 3회(1부)	A001	1	60분

07 동영상은 변압기의 전압을 측정하는 작업중에 발생한 재해사례이다. 동영상에서와 같은 재해를 방지하기 위하여 변압기의 활선 유무를 확인할 수 있는 방법을 3가지만 쓰시오.(6점)

채점기준 3가지 모두 맞으면 6점, 2가지 맞으면 4점, 1가지 맞으면 2점

합격KEY
① 2005년 10월 1일 기사 출제
② 2008년 7월 13일 출제
③ 2009년 9월 20일 출제
④ 2012년 10월 21일 출제
⑤ 2014년 10월 5일(문제 3번) 출제
⑥ 2020년 10월 17일 1부(문제 7번) 출제

정답
① 검전기로 확인한다.
② 접지봉으로 접촉 확인한다.
③ 테스터의 지시치를 확인한다.

08 산업안전보건법령상, 화면 상의 기계 기구 작업을 하는 때 작업시작 전, 사업주가 관리감독자로 하여금 점검하도록 해야 할 사항 3가지를 쓰시오.(6점)

합격정보 산업안전보건기준에 관한 규칙 [별표 3] 작업시작 전 검검사항

합격KEY ① 2018년 10월 14일 제3회 출제
② 2019년 7월 6일 제2회 1부(문제 1번) 출제
③ 2019년 10월 19일 제3회 3부(문제 1번)출제
④ 2020년 5월 30일 기사 출제
⑤ 2021년 7월 24일(문제 5번) 출제
⑥ 2021년 10월 24일 산업기사 출제
⑦ 2021년 10월 24일 산업기사 출제
⑧ 2022년 5월 13일(문제 8번) 출제
⑨ 2022년 7월 30일(문제 8번) 출제
⑩ 2023년 7월 29일 기사 출제

정답
① 제동장치 및 조종장치 기능의 이상 유무
② 하역장치 및 유압장치 기능의 이상 유무
③ 바퀴의 이상 유무
④ 전조등·후미등·방향지시기 및 경보장치 기능의 이상 유무

자격종목	시험일	비번호	PC번호	남은시간
산업안전산업기사	2023년 10월 15일 3회(1부)	A001	1	60분

① 2명의 작업자가 방진마스크, 보안경을 착용하지 않고 휴대용 연삭기(핸드 그라인더)로 기다란 대리석 돌판을 연마 작업중이다.
② 연삭기의 덮개가 낡아 보이며 작업자는 팔을 조금 들며 연삭기 측면을 사용하다 대리석 가공물이 떨어진다.
③ 작업장에는 이동전선 및 충전부가 어지럽게 널려 물에 닿은 채 있으며, 작업자 2명이 기다란 대리석 돌판을 들고 간다.

09 동영상의 그라인더 기기를 활용한 작업에서 위험요인 3가지를 쓰시오.(단, 안전모 관련사항은 제외)(5점)

합격KEY
① 2015년 7월 18일 산업기사 출제
② 2019년 7월 6일 제2회 3부(문제 9번) 출제
③ 2019년 10월 19일 기사 출제
④ 2023년 4월 29일 기사 출제

정답
① 작업자가 맨손으로 작업을 하여 위험하다.
② 작업자가 방진마스크 등 보호구를 착용하지 않아 위험하다.
③ 연삭기 측면을 사용하여 숫돌파괴 위험이 있다.

자격종목	시험일	비번호	PC번호	남은시간
산업안전산업기사	2023년 10월 15일 3회(2부)	A001	1	60분

안전모 및 안전대 미착용한 2명의 작업자가 공장 지붕 철골 위에서 패널 설치 중 작업자 1명이 패널을 옮기다 발을 헛디디며 발이 빠져 다리부터 점점 안보이더니 추락. 주변사람들 아무 반응이 없고, 안전난간 및 추락방호망은 보이지 않는다.

00:00/00:23

문제 1번 · 문제 2번 · 문제 3번 · 문제 4번 · 문제 5번 · 문제 6번 · 문제 7번 · 문제 8번 · 문제 9번

01 지붕 철골작업 중 추락사고 예방대책 2가지를 쓰시오. (4점)

합격정보
① 조사나 문맥이 모범답안과 다르더라도 의미가 같으면 정답 인정
② 산업안전보건기준에 관한 규칙 제45조(지붕 위에서의 위험방지)

합격KEY 유사문제 확인
① 2004년 10월 2일 산업기사 출제　　② 2005년 10월 1일 산업기사 출제
③ 2007년 10월 13일 산업기사 출제　④ 2009년 7월 11일 산업기사 출제
⑤ 2015년 4월 25일 제1회 제2부(문제 1번) 출제　⑥ 2015년 10월 11일 산업기사 출제
⑦ 2016년 7월 3일 제2회 기사 출제　　⑧ 2019년 4월 21일 제1회 1부(문제 7번) 출제
⑨ 2020년 5월 16일 제1회 1부(문제 5번) 출제　⑩ 2020년 10월 17일(문제 5번) 출제

정답
① 지붕의 가장자리에 안전난간 설치
② 추락방호망 미설치
③ 안전대 착용

02 프레스에 사용가능한 방호장치 종류 4가지를 쓰시오. (단, 급정지기구 등 프레스 종류에 상관 없음) (4점)

보충학습

[표] 급정지 기구에 따른 방호장치

구분	종류	
급정지 기구가 부착되어 있어야만 유효한 방호장치	① 양수 조작식 방호장치	② 감응식 방호장치
급정지 기구가 부착되어 있지 않아도 유효한 방호장치	① 양수 기동식 방호장치 ③ 수인식 방호장치	② 게이트 가드 방호장치 ④ 손쳐 내기식 방호장치

합격KEY
① 2000년 11월 9일 출제
③ 2002년 10월 6일 출제
⑤ 2003년 5월 4일 산업기사 출제
⑦ 2010년 4월 24일 산업기사 출제
⑨ 2013년 7월 20일 출제
⑪ 2015년 10월 11일 출제
⑬ 2018년 7월 8일 제2회 1부(문제 5번) 출제
⑮ 2023년 4월 29일(문제 5번) 출제
② 2001년 2월 18일 출제
④ 2002년 10월 6일 산업기사 출제
⑥ 2008년 10월 5일 산업기사 출제
⑧ 2012년 7월 14일 산업기사 출제
⑩ 2014년 7월 13일 제2회 제1부 산업기사 출제
⑫ 2016년 10월 15일 제3회 2부 출제
⑭ 2020년 8월 2일(문제 5번) 출제
⑯ 2023년 7월 29일 기사 출제

정답
① 양수 조작식
② 게이트 가드식(가드식)
③ 손쳐내기식
④ 수인식
⑤ 광전자식

자격종목	시험일	비번호	PC번호	남은시간
산업안전산업기사	2023년 10월 15일 3회(2부)	A001	1	60분

03 화면상의 작업에서 안전대책을 3가지 쓰시오. (6점)

합격정보 산업안전보건기준에 관한 규칙 제92조(정비 등의 작업 시의 운전정지 등)

합격KEY 유사문제 확인
① 2014년 7월 23일 제2회 제1부(문제 1번) 출제
② 2015년 10월 11일(문제 1번) 출제
③ 2017년 4월 22일 제1회(문제 1번) 출제
④ 2018년 10월 14일 제3회(문제 1번) 출제
⑤ 2019년 7월 6일 제2회 1부 산업기사(문제 1번) 출제
⑥ 2020년 5월 16일 제1회 2부 기사 출제
⑦ 2020년 7월 25일 산업기사 출제
⑧ 2020년 11월 22일 기사 출제
⑨ 2020년 11월 22일 기사, 산업기사 동시출제
⑩ 2021년 5월 5일(문제 6번) 출제
⑪ 2022년 8월 7일 산업기사 출제
⑫ 2022년 10월 22일 기사 출제

정답
① 작업 전 배관 내용물을 방출
② 보안경을 착용
③ 방열장갑을 착용

작업자가 스프레이 건을 이용한 페인트로 철재 도장작업을 하는 모습

04 화면상의 작업에서 작업자가 착용해야 하는 (1) 호흡용 보호구 명칭과 (2) 해당 호흡용 보호구에 사용되는 흡수제의 종류를 2가지 쓰시오. (6점)

합격KEY
① 2012년 7월 14일 출제
③ 2013년 4월 27일 기사 출제
⑤ 2016년 7월 3일 출제
⑦ 2017년 7월 2일 기사 출제
⑨ 2018년 10월 14일 제3회(문제 8번) 출제
⑪ 2019년 10월 19일 제3회 1부, 2부 출제
⑬ 2023년 7월 29일 기사 출제

② 2012년 10월 21일 기사 출제
④ 2013년 10월 12일 출제
⑥ 2016년 10월 15일 제3회 2부 기사 출제
⑧ 2017년 10월 22일 제3회(문제 6번) 출제
⑩ 2019년 7월 7일 제2회 2부 산업기사 출제
⑫ 2020년 10월 17일 산업기사 출제

정답
(1) 호흡용 보호구 : 방독마스크
(2) 해당 호흡용 보호구에 사용되는 흡수제의 종류
　① 활성탄
　② 소다라임
　③ 호프카라이트
　④ 실리카겔
　⑤ 큐프라마이트

작업자 1명이 시저형(자바라 형태) 고소작업대의 최상층에 탑승한 후 작업대를 위로 올리고 이동하다가, 바닥에 널려있는 대걸레에 걸려서 멈춘다.

05 동영상은 고소작업대 작업을 하고 있다. 고소작업대 이동시 사업주의 준수사항을 쓰시오. (6점)

합격정보 산업안전보건기준에 관한 규칙 제186조(고소작업대 설치 등의 조치)
합격KEY 2022년 5월 21일 2부(문제 5번) 출제

정답
① 작업대를 가장 낮게 내릴 것
② 작업대를 올린 상태에서 작업자를 태우고 이동하지 말 것
③ 이동통로의 요철상태 또는 장애물의 유무 등을 확인할 것

자격종목	시험일	비번호	PC번호	남은시간
산업안전산업기사	2023년 10월 15일 3회(2부)	A001	1	60분

[그림 1] 용접작업

교류아크용접 작업장에서 작업자가 혼자 작업을 하고 있음.(작업 내용은 대형 관의 플랜지 아래 부위를 아크 용접하는 상황) 왼손으로는 플랜지 회전 스위치를 조작해 가며 오른손으로 용접을 하는 상황, 주위에는 인화성 물질로 보이는 깡통 등이 용접작업 주변에 쌓여 있음.

06 화면은 배관 용접작업에 관한 내용이다. 동영상의 내용 중 위험요인이 내재되어 있다. 작업현장의 위험요인(불안전한 행동 및 상태) 3가지를 쓰시오.(5점)

합격KEY
① 2019년 10월 19일 제3회 3부(문제 7번) 출제
② 2020년 5월 16일 제1회 3부 기사 출제
③ 2020년 7월 25일 산업기사 출제
④ 2021년 7월 18일(문제 6번) 출제
⑤ 2022년 10월 22일 기사 출제

정답
① 단독으로 작업 중 양손 모두를 사용하여 작업하므로 위험에 노출되어 있다.
② 작업현장내 정리, 정돈 상태가 불량하여 인화성물질이 쌓여있으므로 화재폭발사고가 발생할 위험이 있다.
③ 감시인이 배치되어 있지 않아 사고발생의 위험이 있다.

자격종목	시험일	비번호	PC번호	남은시간
산업안전산업기사	2023년 10월 15일 3회(2부)	A001	1	60분

07 목재가공용 둥근톱 방호장치 2가지와 자율안전확인대상 목재가공용 덮개 및 분할날에 자율안전확인표시 외에 추가로 표시하여야 할 사항 1가지를 쓰시오. (6점)

참고
① 산업안전보건기준에 관한 규칙 제105조(둥근톱기계의 반발예방장치)
② 산업안전보건기준에 관한 규칙 제106조(둥근톱기계의 톱날접촉예방장치)
③ 방호장치 자율안전기준 고시 [별표 5] 목재가공용 덮개 및 분할날 성능기준

합격KEY
① 2007년 4월 28일 출제　　　② 2009년 7월 11일 출제
③ 2009년 9월 20일 출제　　　④ 2010년 9월 19일 출제
⑤ 2012년 10월 21일 출제　　⑥ 2014년 7월 13일 산업기사 제2회 2부(문제 3번) 출제
⑦ 2019년 10월 19일 제3회 산업기사 2부 출제　　⑧ 2019년 10월 19일 제3회 2부(문제 8번) 출제
⑨ 2020년 7월 22일 산업기사 출제　　⑩ 2021년 5월 2일(문제 5번) 출제
⑪ 2022년 7월 30일 기사 출제

정답
(1) 방호장치
　① 반발예방장치
　② 톱날접촉예방장치
(2) 추가표시사항
　① 덮개의 종류
　② 둥근톱의 사용가능 치수

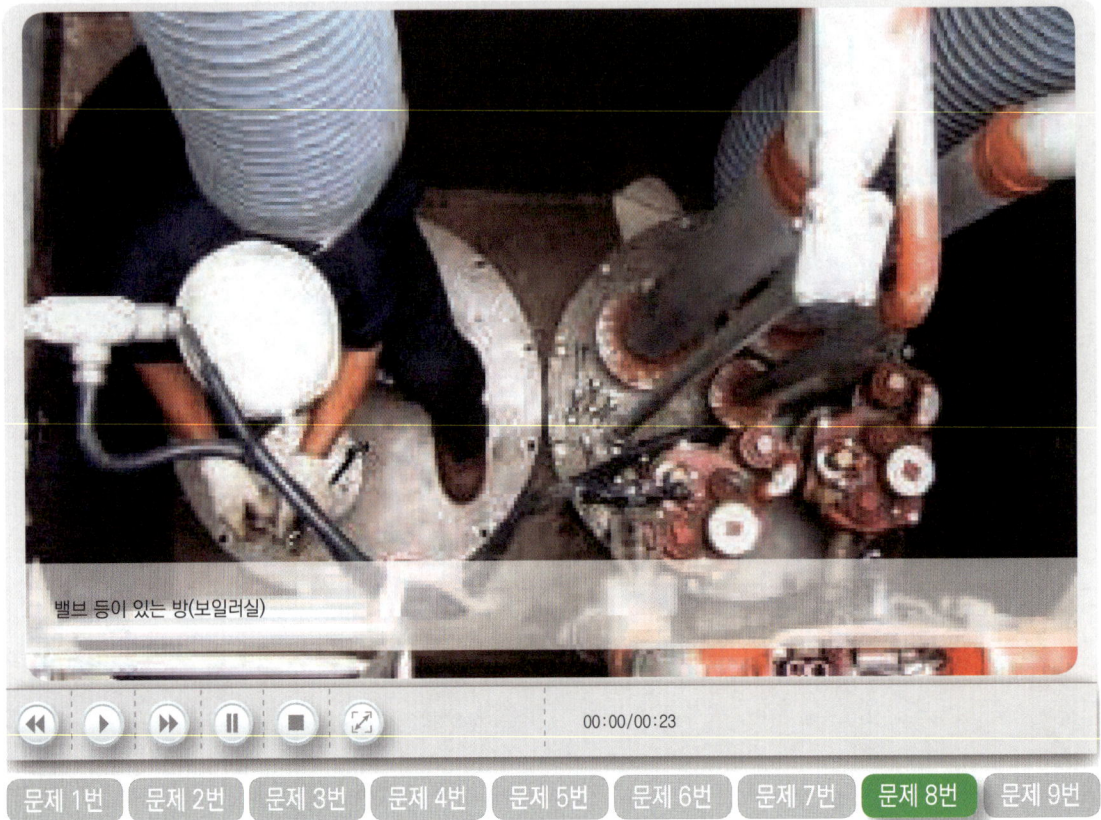

08 산업안전보건법령상, 화학설비·압력용기에 반응 폭주 등 급격한 압력 상승 우려가 있는 경우 설치해야 하는 안전장치를 2가지만 쓰시오. (4점)

합격정보
① 산업안전보건기준에 관한 규칙 제261조(안전밸브 등의 설치)
② 산업안전보건기준에 관한 규칙 제262조(파열판의 설치)

정답
① 압력방출용 파열판
② 압력방출용 안전밸브

자격종목	시험일	비번호	PC번호	남은시간
산업안전산업기사	2023년 10월 15일 3회(2부)	A001	1	60분

크레인으로 "회색 콘크리트"전주를 운반하는 도중, 전주가 회전하면서, 크레인 운전자가 전주에 머리를 맞는다.

09 영상의 재해에서 ① 가해물 ② 감전사고를 방지할 수 있는 안전모의 종류 2가지를 영어 기호로 쓰시오.(단, 기호로만 써도 됨)(6점)

합격KEY ▶ 유사문제 확인
① 2006년 4월 29일 출제
③ 2012년 7월 14일 산업기사 출제
⑤ 2014년 4월 25일 제1회 제3부 출제
⑦ 2016년 10월 9일(문제 8번) 출제
⑨ 2019년 7월 6일 기사 제2회 2부 출제
⑪ 2023년 7월 29일 기사 출제
② 2007년 4월 28일 출제
④ 2012년 10월 21일 출제
⑥ 2015년 10월 11일 산업기사 출제
⑧ 2017년 4월 22일 제1회 산업기사(문제 8번) 출제
⑩ 2019년 10월 19일 제3회 1부 산업기사 출제

정답
① 가해물 : 전주
② 전기 안전모 종류 2가지
  ㉠ AE종
  ㉡ ABE종

문제 및 답안(지), 점수, 채점기준은 일체 공개하지 않는다.

2024년도

과년도 출제문제

- 산업안전산업기사(2024년 05월 11일 제1회 1부 시행)
- 산업안전산업기사(2024년 05월 11일 제1회 2부 시행)
- 산업안전산업기사(2024년 08월 11일 제2회 1부 시행)
- 산업안전산업기사(2024년 08월 11일 제2회 2부 시행)
- 산업안전산업기사(2024년 10월 27일 제3회 1부 시행)
- 산업안전산업기사(2024년 10월 27일 제3회 2부 시행)

알려 드립니다

2024년 부터 배점항목이 변경됩니다.
① 각 문제당 5점×9문제=45점
② 시험시간은 1시간 이지만 자유롭게 퇴실이 가능합니다.

자격종목	시험일	비번호	PC번호	남은시간
산업안전산업기사	2024년 5월 11일 1회(1부)	A001	1	60분

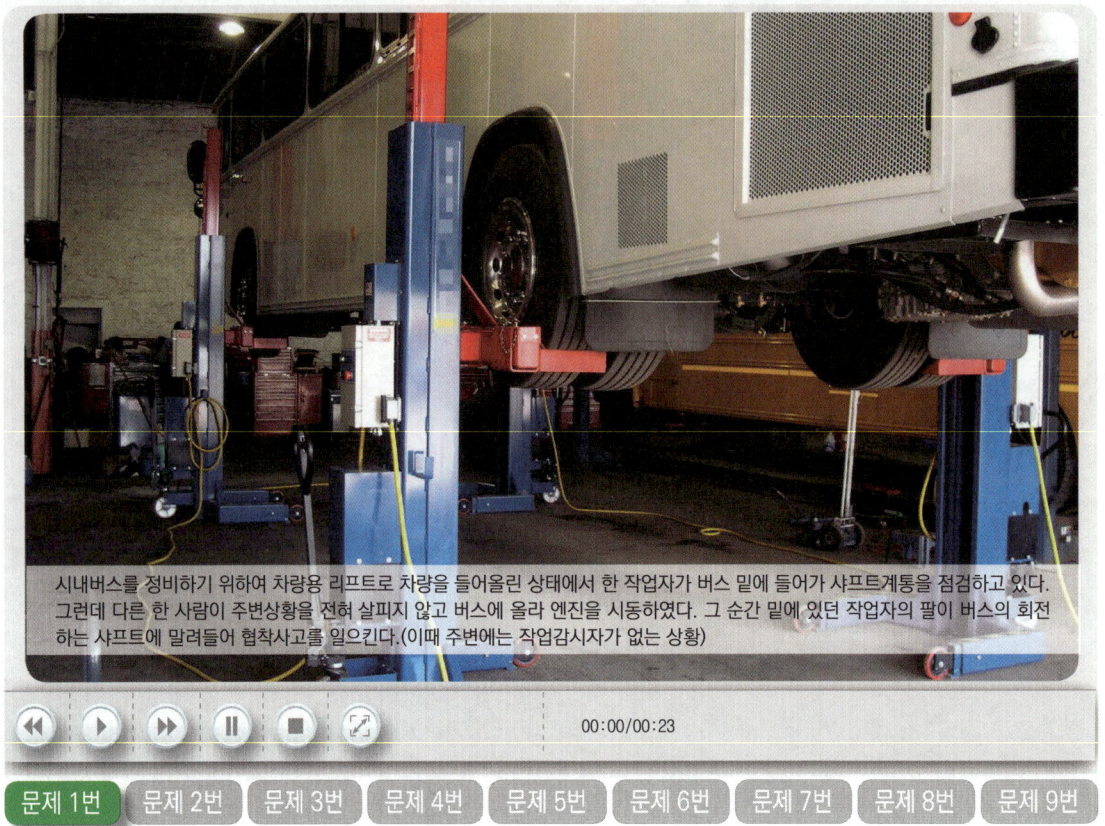

01 화면은 버스정비작업 중 재해가 발생한 사례이다. 버스정비작업 중 안전을 위해 취해야 할 사전안전조치 사항 3가지를 쓰시오.

합격정보 산업안전보건기준에 관한 규칙 제92조(정비 등의 작업시의 운전정지 등)

합격KEY
① 2004년 10월 2일 (문제 1번)
② 2007년 4월 28일 출제
③ 2008년 4월 26일 출제
④ 2015년 4월 25일 제1회 출제
⑤ 2016년 10월 15일 제3회 3부 출제
⑥ 2018년 7월 8일(문제 2번) 출제
⑦ 2022년 5월 20일 산업기사 출제
⑧ 2023년 4월 30일 기사 출제

정답
① 정비작업 중임을 나타내는 표지판을 설치할 것
② 작업과정을 지휘할 관리자를 배치할 것
③ 기동(시동)장치에 잠금장치를 할 것
④ 작업시 운전금지를 위하여 열쇠를 별도 관리할 것

자격종목	시험일	비번호	PC번호	남은시간
산업안전산업기사	2024년 5월 11일 1회(1부)	A001	1	60분

① 작업자가 철판 절단 중인 프레스 작동 상태를 지켜보다가 옆쪽의 열쇠를 돌린다.
② 프레스 안에 손을 넣고 프레스가 가동되어 손이 끼임

02 화면상의 절단 작업 중에 발생한 재해 관련해서 위험점과 위험점 정의를 쓰시오.

보충학습

[표] 기계 설비에 의해 형성되는 위험점

종류	특징	위험점 기계
협착점 (Squeeze-point)	왕복운동하는 운동부와 고정부 사이에 형성 (작업점이라 부르기도 함)	① 프레스 금형 조립부위 ② 전단기의 누름판 및 칼날부위 ③ 선반 및 평삭기의 베드 끝 부위
끼임점 (Shear-point)	고정부분과 회전 또는 직선운동부분에 의해 형성	① 연삭숫돌과 작업대 ② 반복동작되는 링크기구 ③ 교반기의 교반날개와 몸체사이
절단점 (Cutting-point)	회전운동부분 자체와 운동하는 기계 자체에 의해 형성	① 밀링컷터 ② 둥근톱 날 ③ 목공용 띠톱 날 부분
물림점 (Nip-point)	회전하는 두 개의 회전축에 의해 형성(회전체가 서로 반대방향으로 회전하는 경우)	① 기어와 피니언 ② 롤러의 회전 등
접선물림점 (Tangential Nip-point)	회전하는 부분이 접선방향으로 물려 들어가면서 형성	① V벨트와 풀리 ② 기어와 랙 ③ 롤러와 평벨트 등

합격KEY ① 2022년 5월 21일 제1부 출제 ② 2022년 5월 21일(문제 2번) 출제

정답
① 위험점 : 협착점
② 정의 : 왕복운동을 하는 운동부와 고정 부분 사이에 형성

자격종목	시험일	비번호	PC번호	남은시간
산업안전산업기사	2024년 5월 11일 1회(1부)	A001	1	60분

① 사출성형기가 개방된 상태에서 금형에 잔류물을 손으로 제거하다가 손이 눌린다.
② 작업자가 안전모와 장갑은 착용하고 있다.

00:00/00:23

| 문제 1번 | 문제 2번 | **문제 3번** | 문제 4번 | 문제 5번 | 문제 6번 | 문제 7번 | 문제 8번 | 문제 9번 |

03 화면은 사출성형기 V형 금형 작업 중 재해가 발생한 사례이다. ① 재해발생형태와 ② 산업안전보건법령상 사출성형기의 방호장치의 "방식"을 2가지만 쓰시오.

합격정보 산업안전보건기준에 관한 규칙 제121조(사출성형기 등의 방호장치)

합격KEY ① 2023년 5월 7일 산업기사 출제
② 2023년 10월 14일 기사 출제

정답
① 재해발생형태 : 끼임
② 방호장치
  ㉠ 게이트가드식(gate guard)
  ㉡ 양수조작식

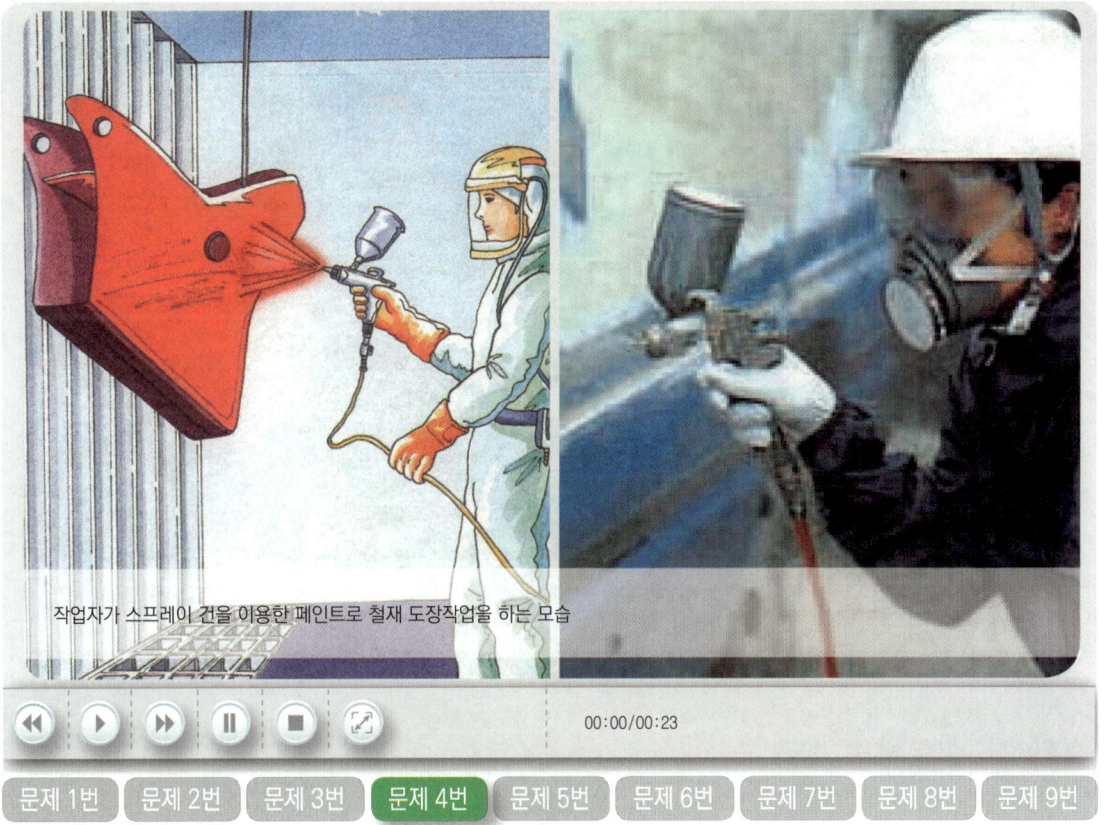

04 화면상의 작업에서 작업자가 해당 호흡용 보호구에 사용되는 흡수제의 종류를 2가지 쓰시오.

합격KEY ▶ ① 2012년 7월 14일 출제　　　　　　　② 2012년 10월 21일 기사 출제
③ 2013년 4월 27일 기사 출제　　　　④ 2013년 10월 12일 출제
⑤ 2016년 7월 3일 출제　　　　　　　⑥ 2016년 10월 15일 제3회 2부 기사 출제
⑦ 2017년 7월 2일 기사 출제　　　　⑧ 2017년 10월 22일 제3회(문제 6번) 출제
⑨ 2018년 10월 14일 제3회(문제 8번) 출제　⑩ 2019년 7월 7일 제2회 2부 산업기사 출제
⑪ 2019년 10월 19일 제3회 1부, 2부 출제　⑫ 2020년 10월 17일 산업기사 출제
⑬ 2023년 7월 29일 기사 출제　　　　⑭ 2023년 10월 15일(문제 4번) 출제

정답
① 활성탄
② 소다라임
③ 호프카라이트
④ 실리카겔
⑤ 큐프라마이트

자격종목	시험일	비번호	PC번호	남은시간
산업안전산업기사	2024년 5월 11일 1회(1부)	A001	1	60분

김치공장에서 무채를 썰어내는 기계(슬라이스 기계)에 무를 넣으며 써는 작업 중 기계가 갑자기 멈추자, 고무장갑을 착용한 작업자가 앞에 기계 뚜껑을 열고 무채를 털어내는데, 무채 기계의 회전식 기계칼날이 회전을 시작하면서 재해가 발생

05 화면은 무채를 썰어내는 기계 작동 중 기계가 갑자기 멈추자 작업자가 점검하는 장면이다. 위험예지포인트(위험요인)를 2가지 적으시오.

합격정보
① 산업안전보건기준에 관한 규칙 제87조(원동기·회전축 등의 위험방지)
② 산업안전보건기준에 관한 규칙 제92조(정비 등의 작업 시의 운전정지 등)

합격KEY
① 2002년 5월 4일 기사 출제
③ 2003년 10월 12일 기사 출제
⑤ 2014년 7월 13일 제2회 2부 출제
⑦ 2020년 7월 25일(문제 5번) 출제
⑨ 2021년 5월 5일(문제 5번) 출제
② 2003년 5월 4일 기사 출제
④ 2007년 10월 13일 출제
⑥ 2017년 7월 2일 제2회 1부(문제 7번) 출제
⑧ 2020년 11월 22일(문제 5번) 출제
⑩ 2022년 8월 7일(문제 5번) 출제

정답
① 기계를 정지시킨 상태에서 점검하지 않아 손을 다칠 위험이 있다.
② 인터로크 또는 연동 방호장치가 설치되어 있지 않다.

06 동영상은 유해물질이 근로자에게 노출되기 전 포집, 제거, 배출하는 설비이다. 산업안전보건법령상 해당 설비를 설치하지 않아도 되는 특례 1가지만 적으시오.(단, 급기·배기 환기장치는 설치되었다고 가정한다.)

합격정보 산업안전보건기준에 관한 규칙 제425조(국소배기장치의 설비 특례)

정답 관리대상 유해물질의 발산 면적이 넓어 설치하기 곤란한 경우

07 화면은 형강에 걸린 줄걸이 와이어를 빼내고 있는 상황하에서 발생된 사고사례이다. (1) 가해물과 (2) 와이어를 빼기에 적합한 안전 작업 방법을 쓰시오.

합격KEY
① 2005년 7월 15일 출제
② 2010년 4월 24일 출제
③ 2013년 4월 27일 기사 출제
④ 2014년 7월 13일(문제 7번) 출제
⑤ 2016년 4월 23일(문제 7번) 출제
⑥ 2020년 11월 22일(문제 7번) 출제

정답
(1) 가해물 : 줄걸이 와이어
(2) 안전 작업 방법
① 지렛대를 와이어가 물려 있는 형강 사이에 넣어 형강이 무너져 내리지 않을 정도로 들어올려 와이어를 빼내는 작업을 한다.
② 와이어를 빼기 위한 작업은 1[인]으로는 부적합하며 반드시 2[인] 이상이 지렛대를 동시에 넣어 들어올리는 작업을 한다.

08 달비계에 사용할 수 없는 달기체인의 기준 2가지를 쓰시오.

합격정보 산업안전보건기준에 관한 규칙 제63조(달비계의 구조)

정답
① 달기 체인의 길이가 달기 체인이 제조된 때의 길이의 5%를 초과한 것
② 링의 단면지름이 달기 체인이 제조된 때의 해당 링의 지름의 10%를 초과하여 감소한 것
③ 균열이 있거나 심하게 변형된 것

09 산업안전보건법령상, 화학설비와 그 부속설비의 개조·수리 및 청소 등을 위하여 해당 설비를 분해하거나 해당설비의 내부에서 작업을 하는 경우에는 준수 사항을 2가지만 쓰시오.

합격정보 산업안전보건기준에 관한 규칙 제278조(개조·수리 등)
합격KEY 2022년 10월 23일(문제 2번) 출제

정답
① 작업책임자를 정하여 해당 작업을 지휘하도록 할 것
② 작업장소에 위험물 등이 누출되거나 고온의 수증기가 새어 나오지 않도록 할 것
③ 작업장 및 그 주변의 인화성 액체의 증기나 인화성 가스의 농도를 수시로 측정할 것

보안경 및 방진마스크를 착용하지 않고 안전모는 쓴 작업자가 맨손으로 야외에서 콘센트에 전원을 꽂고 휴대용 연삭기(덮개 없음) 단독 작업

01 영상의 작업에서 착용하여야 할 보호구를 2가지 쓰시오.

합격정보 산업안전보건기준에 관한 규칙
① 제32조(보호구의 지급 등)
② 제518조(진동보호구의 지급 등)

정답
① 방진장갑
② 보안경
③ 방진마스크
④ 안전모
⑤ 안전화
⑥ 귀마개 및 귀덮개

자격종목	시험일	비번호	PC번호	남은시간
산업안전산업기사	2024년 5월 11일 1회(2부)	A001	1	60분

02 화면을 보고 불안전한 상태 및 행동요인을 3가지 쓰시오.

합격정보
① 산업안전보건기준에 관한 규칙 제42조(추락의 방지)
② 산업안전보건기준에 관한 규칙 제43조(개구부 등의 방호 조치)

합격KEY 2024년 5월 4일 기사 출제

정답
① 작업발판 설치 불량
② 난간 설치 불량
③ 안전대 미착용 및 미체결
④ 추락방호망 미설치

03 화면 중 재해의 ① 위험점, ② 재해원인, ③ 재해방지 방법을 각각 1가지씩 쓰시오. (단, 화면과는 달리 1인 작업으로 가정할 것)

합격정보 한국 산업안전보건공단 자료실(미디어명 : 제조업 4대 끼임 위험기계 안전수칙 포스터)
참고 산업안전보건기준에 관한 규칙 제92조(정비 등의 작업시의 운전정지 등)
합격KEY ① 2022년 8월 7일(문제 3번) 출제
② 2022년 10월 23일(문제 3번) 출제

정답
① 위험점 : 끼임점
② 재해원인 : 잠금장치 및 꼬리표를 부착하지 않음
③ 재해방지 방법
  ㉮ 잠금장치 및 꼬리표를 부착함
  ㉯ 검사 작업을 할 때 기계의 운전을 정지

04 화면은 에어배관 작업 중 고압의 증기 누출로 작업자가 눈에 상해를 당하는 영상이다. 에어배관 작업시 작업자 측면 위험요인을 3가지 쓰시오.

합격KEY ① 2014년 7월 23일 제2회 제1부(문제 1번) 출제
② 2015년 10월 11일(문제 1번) 출제
③ 2017년 4월 22일 제1회(문제 1번) 출제
④ 2018년 10월 14일 제3회(문제 1번) 출제
⑤ 2019년 7월 6일 제2회 1부 산업기사(문제 1번) 출제
⑥ 2020년 5월 16일 제1회 2부 기사 출제
⑦ 2020년 7월 25일 산업기사 출제
⑧ 2020년 11월 22일 기사 출제
⑨ 2020년 11월 22일(문제 8번) 출제

정답
① 보안경을 착용하지 않아 고압증기에 의한 눈 부위 손상의 위험이 존재한다.
② 배관에 남은 고압증기를 제거하지 않았고, 전용공구를 사용하지 않아 위험이 존재한다.
③ 작업자가 딛고 선 이동식사다리 설치가 불안전하여 추락 위험이 있다.

자격종목	시험일	비번호	PC번호	남은시간
산업안전산업기사	2024년 5월 11일 1회(2부)	A001	1	60분

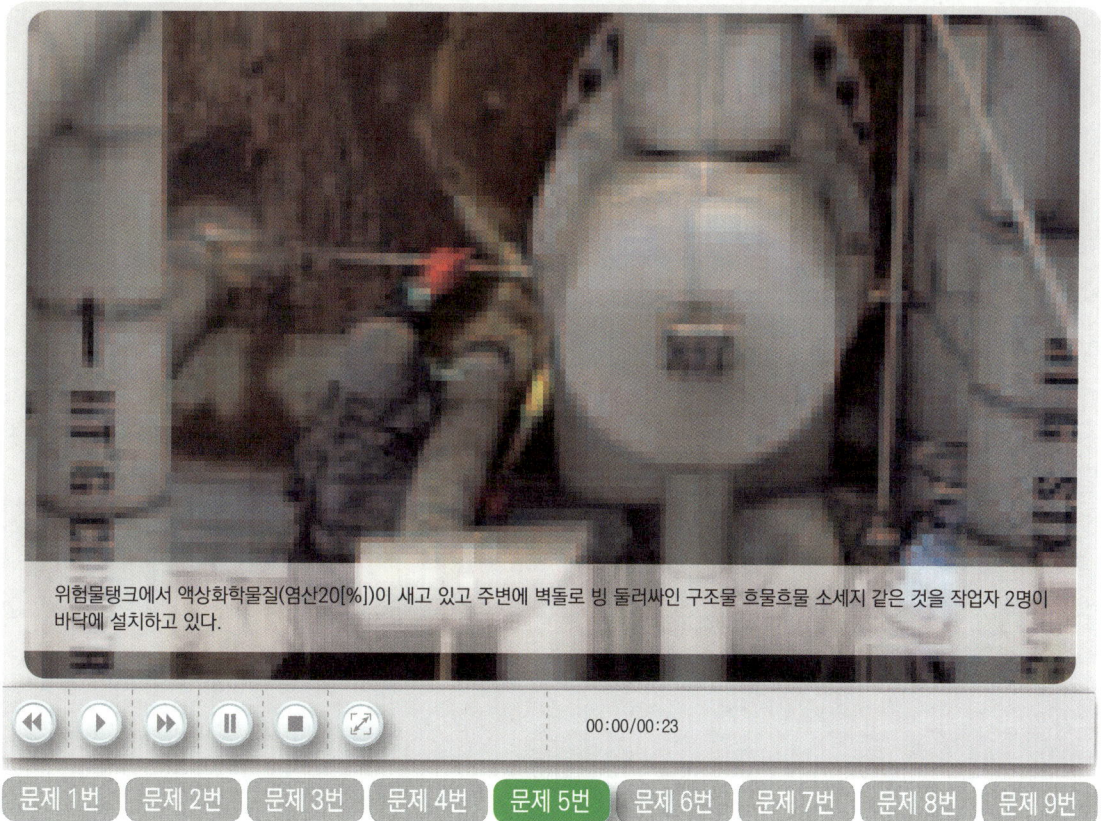

위험물탱크에서 액상화학물질(염산20[%])이 새고 있고 주변에 벽돌로 빙 둘러싸인 구조물 흐물흐물 소세지 같은 것을 작업자 2명이 바닥에 설치하고 있다.

문제 1번 문제 2번 문제 3번 문제 4번 **문제 5번** 문제 6번 문제 7번 문제 8번 문제 9번

05 위험물을 액체상태로 저장하는 저장탱크를 설치하는 경우에는 위험물질이 누출되어 확산되는 것을 방지하기 위하여 사업주가 설치해야 하는 설비를 1가지 쓰시오.

유사문제확인 : 2022년 10월 23일(문제 6번)

합격정보 산업안전보건기준에 관한 규칙 제272조(방유제 설치)

보충학습 방류둑 설치기준
① 철근콘크리트, 철골·철근콘크리트는 수밀성 콘크리트를 사용하고 균열발생을 방지하도록 배근, 리베팅 이음, 신축이음 및 신축이음의 간격, 배치 등을 정하여야 한다.
② 방류둑은 수밀한 것이어야 한다.
③ 성토는 수평에 대하여 45° 이하의 기울기로 하여 쉽게 허물어지지 않도록 충분히 다져 쌓고, 강우 등에 의하여 유실되지 않도록 그 표면에 콘크리트 등으로 보호한다.
④ 성토 윗부분의 폭은 30[cm] 이상으로 하여야 한다.

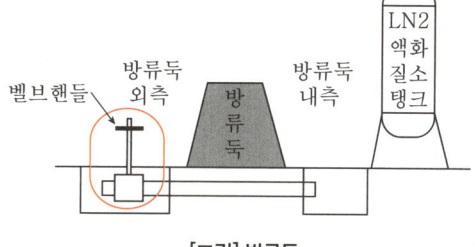

[그림] 방류둑

정답 방유제(防油堤)

06 산업안전보건법령상, 영상에 보이는 기계를 조립하거나 해체하는 경우 사업주가 점검해야 할 사항 3가지를 쓰시오.

합격정보 산업안전보건기준에 관한 규칙 제207조(조립시 점검) : 2022년 10월 18일 개정

합격KEY
① 2008년 4월 26일 출제　　　　　　　② 2010년 9월 19일 출제
③ 2016년 10월 15일 제3회(문제 5번) 출제　④ 2018년 4월 21일 제1회(문제 5번) 출제
⑤ 2019년 7월 6일 제2회 1부(문제 6번) 출제　⑥ 2020년 7월 27일 기사 출제
⑦ 2021년 10월 24일(문제 6번) 출제　　　⑧ 2022년 5월 21일 제1부 산업기사 출제
⑨ 2023년 10월 14일 기사 출제

정답
① 본체 연결부의 풀림 또는 손상의 유무
② 권상용 와이어로프·드럼 및 도르래의 부착상태의 이상 유무
③ 권상장치의 브레이크 및 쐐기장치 기능의 이상 유무
④ 권상기의 설치상태의 이상 유무
⑤ 리더(leader)의 버팀 방법 및 고정상태의 이상 유무
⑥ 본체·부속장치 및 부속품의 강도가 적합한지 여부
⑦ 본체·부속장치 및 부속품에 심한 손상·마모·변형 또는 부식이 있는지 여부

07 영상의 작업에서 ① 유해요인 1가지와 ② 착용하여야 할 보호구를 1가지 쓰시오.

합격정보 산업안전보건기준에 관한 규칙 제450조(호흡용 보호구의 지급 등)

정답
① 유해요인 : 페인트에 포함된 유독 물질
② 착용하여야 할 보호구 : 방독마스크

08 프레스 금형 작업 영상에서의 (1) 불안전한 행동 1가지와 (2) 보완해야 할 방호장치를 1가지 쓰시오.

합격정보
① 산업안전보건기준에 관한 규칙 제103호(프레스 등의 위험 방지)
② 산업안전보건기준에 관한 규칙 제104호(금형조정작업의 위험 방지)

정답
(1) 불안전한 행동
① 광전자식 방호장치 해체
② 금형 조정 작업을 할 때, 안전블록을 사용하지 않음
③ 금형 조정 작업을 할 때, 발 스위치를 제거하지 않음
(2) 보완해야 할 방호장치 : 감응식 안전장치

자격종목	시험일	비번호	PC번호	남은시간
산업안전산업기사	2024년 5월 11일 1회(2부)	A001	1	60분

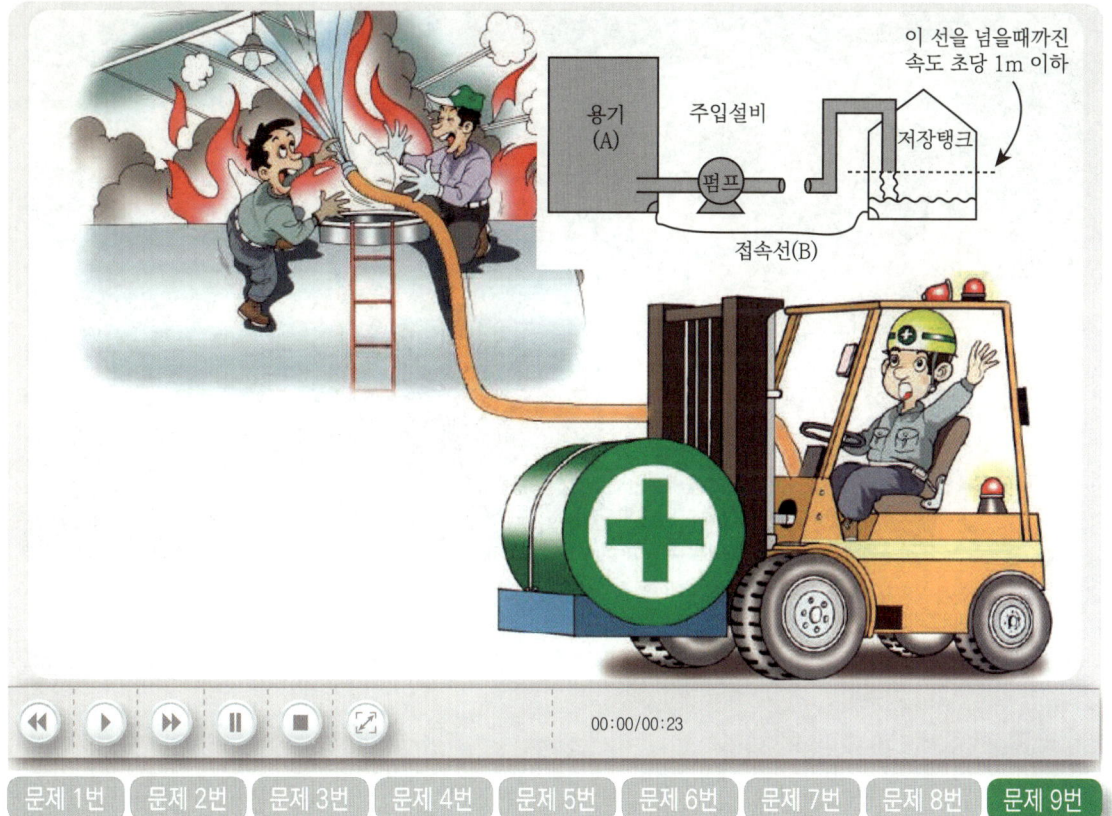

09 영상은 가솔린이 남아 있는 화학설비, 탱크로리, 드럼 등에 등유나 경유를 주입하는 설비이다. 영상에서 지시하는 ① B의 명칭과 ② B의 역할을 쓰시오.(단, A는 문제와 관계 없음)

합격정보 산업안전보건기준에 관한 규칙 제228조(가솔린이 남아 있는 설비에 등유 등의 주입)

정답
① 명칭 : 접속선
② 역할 : 전위차를 줄임

자격종목	시험일	비번호	PC번호	남은시간
산업안전산업기사	2024년 8월 11일 2회(1부)	A001	1	60분

파지압축장에서 작업자 두명은 컨베이어 위에서 작업을 하고 있는데, 집게암으로 파지를 들어서 작업자 머리 위를 통과한 후 흔들어서 파지를 떨어뜨리고 있다. 작업자가 안전모를 쓰고 있지 않다.

01 파지 작업장에서 작업자의 불안전 행동(위험요인) 3가지를 쓰시오.

합격KEY
① 2020년 5월 16일 산업기사 출제
② 2020년 10월 10일 기사 출제
③ 2020년 11월 15일(문제 6번) 출제
④ 2021년 10월 24일(문제 2번) 출제
⑤ 2023년 5월 7일 출제

정답
① 파지를 옮기는 기계가 작업자의 머리위로 지나간다.
② 안전모 등 보호구 미착용
③ 움직이는 컨베이어 위에서 작업하고 있다.

02 산업안전보건법령상, 사업주가 근로자의 추락 등의 위험을 방지하기 위하여 안전난간을 설치하는 경우 기준에 맞는 구조로 설치하기 위하여 다음 (   )을 알맞은 숫자를 쓰시오.(단위 및 범위 등을 확실히 기재할 것)

(1) 상부난간대 :
(2) 발끝막이판 :
(3) 난간대 지름 :

합격정보 산업안전보건기준에 관한 규칙 제13조(안전난간의 구조 및 설치요건)

합격KEY ① 2023년 10월 14일 기사 출제
② 2024년 8월 3일 기사 출제

정답
① 상부난간대 : 90cm 이상~120cm 이하
② 발끝막이판 : 10cm 이상
③ 난간대 지름 : 2.7cm 이상

자격종목	시험일	비번호	PC번호	남은시간
산업안전산업기사	2024년 8월 11일 2회(1부)	A001	1	60분

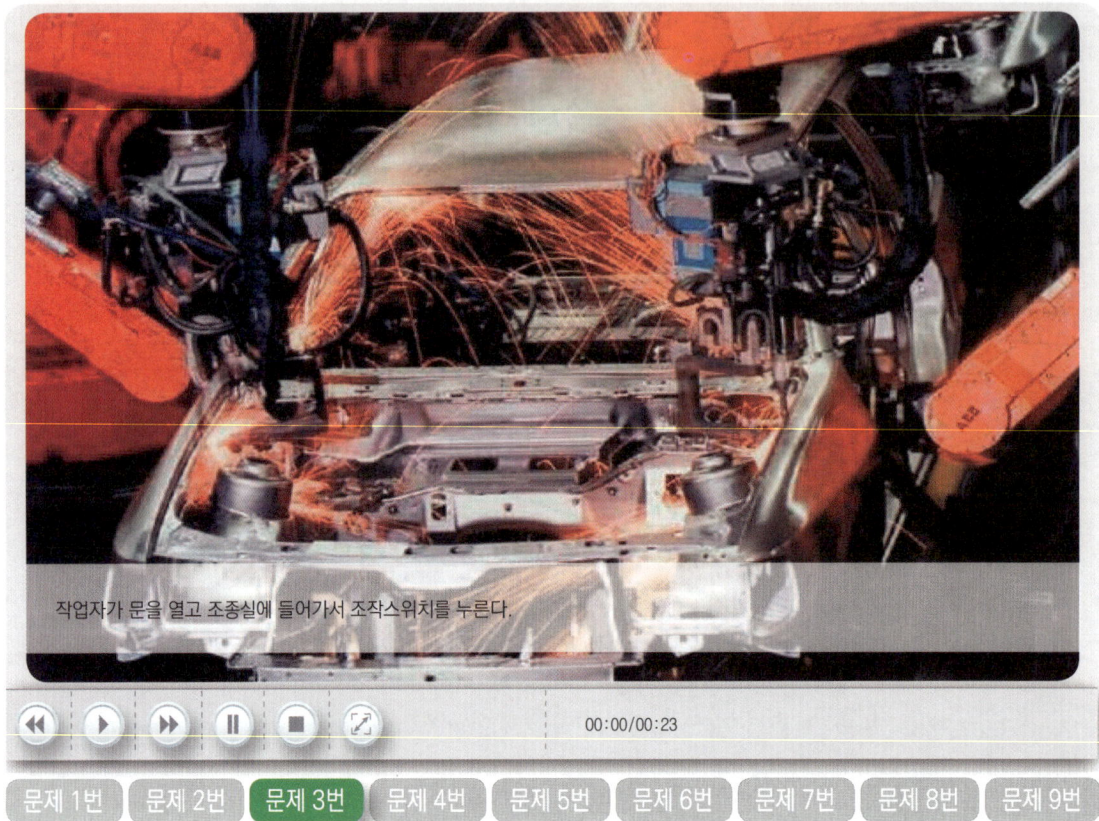

작업자가 문을 열고 조종실에 들어가서 조작스위치를 누른다.

문제 1번 | 문제 2번 | **문제 3번** | 문제 4번 | 문제 5번 | 문제 6번 | 문제 7번 | 문제 8번 | 문제 9번

03 영상의 장비에 교시 등의 작업을 할 경우, 예기치 못한 작동 또는 오조작에 의한 위험을 방지하기 위하여 관련 지침을 정하여 그 지침에 따라 작업을 하도록 해야하는데, 이에 관련 지침에 포함되어야 할 사항을 3가지 쓰시오.(단, 그 밖에 예기치 못한 작동 또는 오동작에 의한 위험 방지를 하기 위하여 필요한 조치 제외)

합격정보 산업안전보건기준에 관한 규칙 제222조(교시 등)

합격KEY ① 2019년 10월 17일(문제 4번) 출제
② 2022년 8월 7일 출제

정답
① 로봇의 조작방법 및 순서
② 작업 중의 매니퓰레이터의 속도
③ 2명 이상의 근로자에게 작업을 시킬 경우의 신호방법
④ 이상을 발견한 경우의 조치
⑤ 이상을 발견하여 로봇의 운전을 정지시킨 후 이를 재가동시킬 경우의 조치7

자격종목	시험일	비번호	PC번호	남은시간
산업안전산업기사	2024년 8월 11일 2회(1부)	A001	1	60분

위험물질 실험실에서 위험물이 든 병을 발로 차서 깨뜨리는 장면

04 산업안전보건법령상, 위험물을 다루는 작업장 바닥에 갖추어야 할 조건 2가지를 쓰시오.

합격정보 산업안전보건기준에 관한 규칙 제431조(작업장의 바닥)

합격KEY
① 2008년 4월 26일 출제
② 2009년 7월 11일 출제
③ 2010년 9월 19일 출제
④ 2013년 7월 20일 출제
⑤ 2014년 10월 5일 제3회 출제
⑥ 2016년 10월 15일 제3회 2부 출제
⑦ 2018년 7월 8일(문제 6번) 출제
⑧ 2020년 11월 15일(문제 9번) 출제
⑨ 2021년 5월 5일(문제 7번) 출제
⑩ 2023년 5월 7일 2부 (문제 9번) 출제
⑪ 2023년 10월 15일 출제

정답
① 불침투성 재료를 사용
② 청소하기 쉬운 구조

자격종목	시험일	비번호	PC번호	남은시간
산업안전산업기사	2024년 8월 11일 2회(1부)	A001	1	60분

05 사출성형기 V형 금형 작업중 끼인 이물질을 제거하다가 감전 재해가 발생한 사례이다. 동영상에서 발생한 감전재해 방지대책 2가지를 쓰시오.

합격정보
① 산업안전보건기준에 관한 규칙 제121조(사출성형기 등의 방호장치)
② 산업안전보건기준에 관한 규칙 제302조(전기 기계·기구의 접지)

합격KEY
① 2004년 10월 2일(문제 2번)　　② 2007년 4월 28일 출제
③ 2013년 4월 27일 출제　　　　④ 2017년 10월 22일 제3회(문제 5번) 출제
⑤ 2018년 4월 21일 제1회(문제 5번) 출제　⑥ 2019년 7월 26일(문제 5번) 출제
⑦ 2021년 10월 24일(문제 5번) 출제　　⑧ 2022년 8월 7일(문제 5번) 출제
⑨ 2023년 7월 30일 출제

정답
① 작업시작 전 전원을 차단한다.
② 작업시 안전 보호구를 착용한다.
③ 감시인을 배치 후 작업한다.
④ 금형의 이물질제거는 전용공구를 사용한다.

위험물 탱크에서 액상화학물질이 세고 있다.

06 ① 영상에서 지시하는 설비의 명칭을 쓰시오.
② 다음 (   )에 알맞은 것을 쓰시오.
영상의 설비는 정상운전 시에 대기압탱크 내부가 (   )되지 않도록 충분한 용량의 것을 사용하여야 한다.

보충학습
① 통기관(Vent) : 탱크가 진공 또는 가압 상태가 되지 않도록 대기로 개방된 배관
② 통기밸브(Breather valve) : 평상시에 닫친 상태로 있다가 탱크의 압력이 미리 설정된 압력에 도달하면 밸브가 열려 탱크 내부의 가스, 증기 등을 외부로 방출하고 탱크 내부로 외부 공기를 흡입하는 밸브

정답
① 통기밸브
② 진공 또는 가압

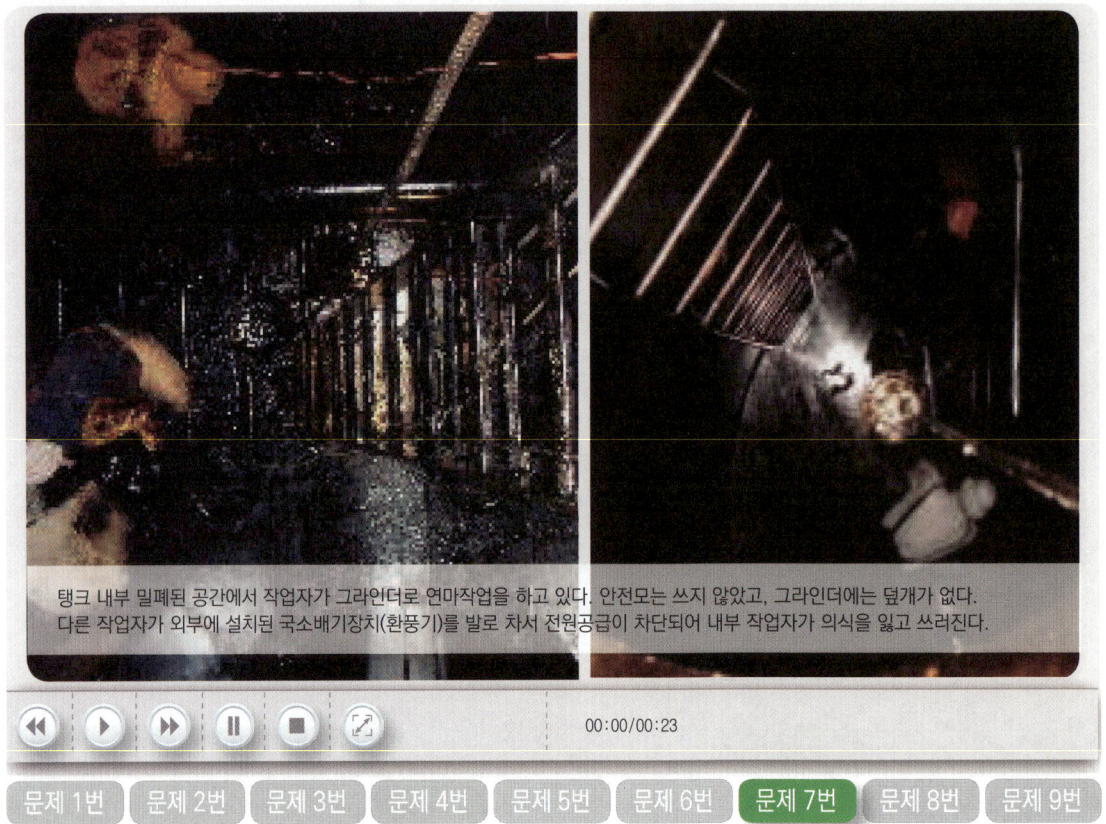

07 산업안전보건법령상, 밀폐공간에서 근로자에게 작업하도록 하는 경우, 사업주가 수립 시행해야 하는 밀폐공간 작업 프로그램의 내용 3가지를 쓰시오.
(단, 그 밖에 밀폐공간 작업근로자의 건강장해예방에 관한 사항 제외)

합격정보 산업안전보건기준에 관한 규칙 제619조(밀폐공간 작업 프로그램의 수립ㆍ시행)

합격KEY ① 2022년 10월 22일(문제 6번) 출제
② 2024년 5월 4일 기사 출제

정답
① 사업장 내 밀폐공간의 위치 파악 및 관리 방안
② 밀폐공간 내 질식ㆍ중독 등을 일으킬 수 있는 유해ㆍ위험 요인의 파악 및 관리 방안
③ 밀폐공간 작업 시 사전 확인이 필요한 사항에 대한 확인 절차
④ 안전보건교육 및 훈련

자격종목	시험일	비번호	PC번호	남은시간
산업안전산업기사	2024년 8월 11일 2회(1부)	A001	1	60분

동영상 사진 3장
① 컨베이어 ② 사출성형기 ③ 휴대용 연삭기

08 산업안전보건법령상, 다음 (　) 안에 알맞은 방호장치를 쓰시오.
① 운전중인 컨베이어 등의 위로 근로자를 넘어가도록 하는 경우에는 위험을 방지 (　　　)
② 사출성형기 (　　　)
③ 휴대용연삭기 (　　　)

합격정보 ① 산업안전보건기준에 관한 규칙 제195조(통행의 제한 등)
② 산업안전보건기준에 관한 규칙 제121조(사출성형기 등의 방호장치)
③ 산업안전보건기준에 관한 규칙 제122조(연삭숫돌의 덮개 등)

합격KEY
① 2008년 4월 26일 출제　　　② 2008년 7월 13일 출제
③ 2009년 4월 26일 출제　　　④ 2012년 4월 28일 기사 출제
⑤ 2013년 4월 27일 출제　　　⑥ 2013년 10월 12일 제3회 2부 출제
⑦ 2015년 4월 25일(문제 3번) 출제　⑧ 2016년 7월 18일 제2회 출제
⑨ 2016년 10월 15일 제3회(문제 3번) 출제　⑩ 2019년 10월 19일 기사 출제
⑪ 2022년 10월 23일(문제 6번) 출제　⑫ 2023년 5월 7일 출제

정답
① 건널다리
② 게이트가드(gate guard), 양수조작식, 연동구조, 방호덮개
③ 덮개

자격종목	시험일	비번호	PC번호	남은시간
산업안전산업기사	2024년 8월 11일 2회(1부)	A001	1	60분

① 울타리에 "고압전기" 표지판이 붙어 있는 옥상 변전실 근초에서 작업자 몇 명이 공놀이를 하다가 공이 변전실에 들어가는 바람에 작업자 1인이 단독으로 공을 꺼내오려 하다가 변전실 안에서 재해 발생. 배해자 발 밑에 물이 고여 있다.
② 출입구에는 흰 종이만 붙어있고, 별도의 "출입금지" 등 표지판은 보이지 않는다.

09 화면상의 감전 재해를 막기 위한, 안전대책을 2가지 쓰시오.

합격KEY
① 2006년 9월 23일 기사 출제
② 2008년 4월 26일 출제
③ 2009년 7월 11일 출제
④ 2013년 7월 20일 출제
⑤ 2015년 7월 18일(문제 4번) 출제
⑥ 2017년 4월 22일 제1회 1부(문제 7번) 출제
⑦ 2019년 4월 21일(문제 7번) 출제
⑧ 2022년 10월 23일 출제

정답
① 변전실에 관계자 외의 자 출입을 막기 위해 출입구에 잠금장치를 한다.
② 전원을 차단하고, 정전을 확인 후 작업자로 하여금 공을 제거하도록 한다.
③ 변전실 근처에서 공놀이를 할 수 없도록 하고 안전표지판을 부착한다.
④ 작업자들에게 변전실의 전기위험에 대한 안전교육을 실시한다.

자격종목	시험일	비번호	PC번호	남은시간
산업안전산업기사	2024년 8월 11일 2회(2부)	A001	1	60분

01 산업안전보건법령상, 구내운반차를 이용한 작업을 하는 때 작업전, 사업주가 관리감독자로 하여금 점검하도록 해야 할 사항 3가지를 쓰시오.

합격정보 산업안전 보건기준에 관한 규칙 [별표 3] 작업시작전 점검사항

보충학습 작업시작전 점검사항

지게차	화물자동차
① 제동장치 및 조종장치 기능의 이상 유무 ② 하역장치 및 유압장치 기능의 이상 유무 ③ 바퀴의 이상 유무 ④ 전조등·후미등·방향지시기 및 경보장치 기능의 이상 유무	① 제동장치 및 조종장치의 기능 ② 하역장치 및 유압장치의 기능 ③ 바퀴의 이상 유무

합격KEY 2024년 8월 3일 기사 출제

정답
① 제동장치 및 조종장치 기능의 이상유무
② 하역장치 및 유압장치 기능의 이상유무
③ 바퀴의 이상유무
④ 전조등 · 후미등 · 방향지시기 및 경음기 기능의 이상유무
⑤ 충전장치를 포함한 홀더 등의 결함상태의 이상유무

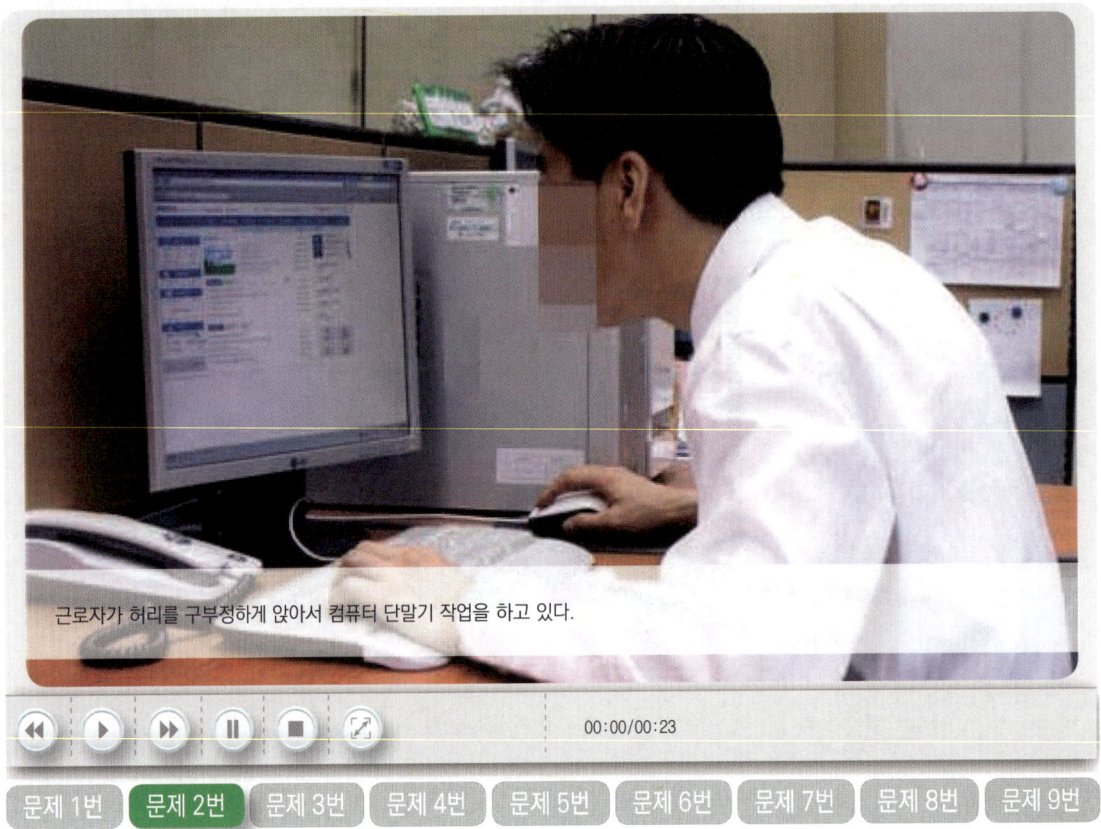

근로자가 허리를 구부정하게 앉아서 컴퓨터 단말기 작업을 하고 있다.

02 산업안전보건법령상, ① 반복적인 동작, 부적절한 작업자세, 무리한 힘의 사용, 날카로운 면과의 신체접촉, 진동 및 온도 등의 요인에 의하여 발생하는 건강장해로서 목, 어깨, 허리, 팔·다리의 신경·근육 및 주변 신체조직 등에 나타나는 질환의 명칭과 ② ①의 작업을 하는 경우, 사업주의 유해요인조사를 몇년마다 실시해야 하는지 쓰시오.(단, 신설되는 사업장의 경우에는 제외)

합격정보 산업안전보건기준에 관한 규칙 제657조(유해요인 조사)

합격KEY 2023년 7월 29일 기사 출제

정답
① 질환 명칭 : 근골격계질환
② 유해요인 조사 : 3년

자격종목	시험일	비번호	PC번호	남은시간
산업안전산업기사	2024년 8월 11일 2회(2부)	A001	1	60분

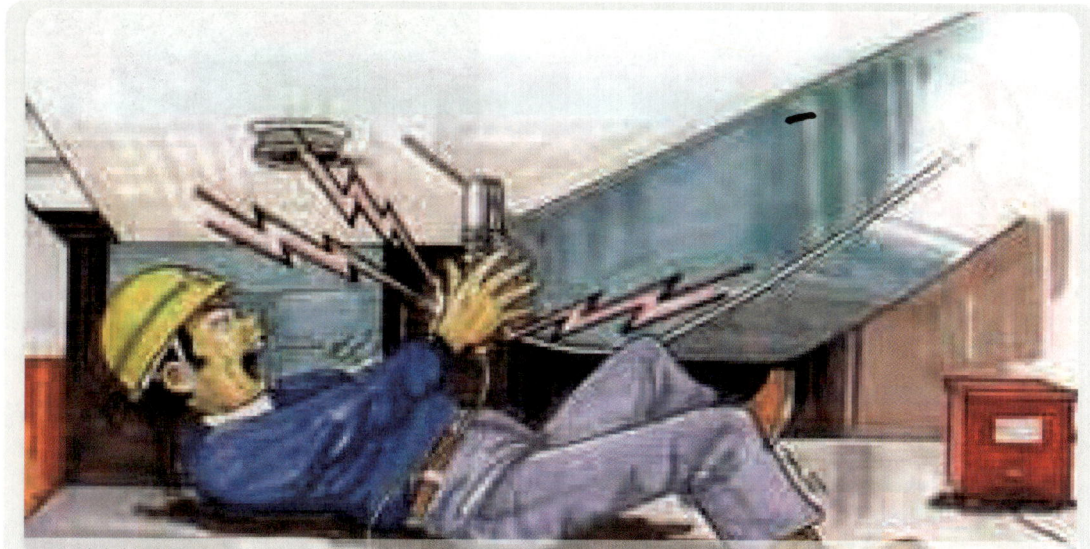

① 사방에 불꽃이 튀고 있는 가스용접 절단 작업 중, 야외용접 작업장 바닥에 여러 자재(철판, 목재, 인화성물질이라 표시된 페인트통)가 널부러져 있고, 산소통이 용접/절단 작업장 가까이에서 바닥에서 20도 정도로 눕혀 있고, 작업장에 소화기는 보이지 않는다.
② 용접용 보안면 등 안전보호구를 착용하지 않은 여러 작업자들이 맨얼굴로 목장갑을 끼고 용접하면서 산소통 줄을 당겨서 호수가 뽑혀 산소가 세어나오고 불꽃이 튐

03 동영상 작업장의 불안전한 요소 3가지를 쓰시오.
(단, 작업자의 불안전한 행동은 채점에서 제외)

합격정보
① 산업안전보건기준에 관한 규칙 제241조(화재위험 작업시 준수사항)
② 산업안전보건기준에 관한 규칙 제241조의2(화재감시자)

합격KEY
① 2022년 10월 22일 기사 출제
② 2024년 8월 3일 기사 출제

정답
① 화기작업에 따른 인근 가연성물질에 대한 방호조치 및 소화기구 비치 미흡하여 화재 및 폭발사고 발생 위험이 있다.
② 용접불티 비산장비덮개, 용접방화포 등 불꽃 불티 등 비산방지조치 미흡으로 화재 및 폭발사고 발생 위험이 있다.
③ 작업현장 내 정리, 정돈 상태가 불량하여 인화성물질이 쌓여있으므로 화재폭발사고가 발생할 위험이 있다.
④ 감시인이 배치되어 있지 않아 화재 및 폭발 사고발생의 위험이 있다.

자격종목	시험일	비번호	PC번호	남은시간
산업안전산업기사	2024년 8월 11일 2회(2부)	A001	1	60분

04 해당 영상 중에, 전원이 차단되었음에도 불구하고 감전된 재해원인 1가지를 쓰시오.

합격정보 산업안전보건기준에 관한 규칙 제319조(정전전로에서의 전기작업)

정답 잔류전하

05 산업안전보건법령상, 특수화학설비를 설치하는 경우, 그 내부의 이상 상태를 조기에 파악 및 이상 상태의 발생에 따른 폭발·화재 또는 위험물의 누출을 방지하기 위해서 사업주가 설치해야 하는 장치를 2가지만 쓰시오.(단, 온도계·유량계·압력계 등의 계측장치는 제외)

정답
① 자동경보장치
② 긴급차단장치

06 동영상은 프레스기로 철판에 구멍을 뚫는 작업 중이다. 작업시작 전 점검사항 3가지를 쓰시오.

보충학습

[표] 급정지 기구에 따른 방호장치

구분	종류	
급정지 기구가 부착되어 있어야만 유효한 방호장치	① 양수 조작식 방호장치	② 감응식 방호장치
급정지 기구가 부착되어 있지 않아도 유효한 방호장치	① 양수 기동식 방호장치 ③ 수인식 방호장치	② 게이트 가드 방호장치 ④ 손쳐 내기식 방호장치

합격정보 산업안전보건기준에 관한 규칙 [별표 3] 작업시작 전 점검사항(제35조제2항 관련)

합격KEY ① 2021년 7월 18일(문제 7번) 기사 출제 ② 2023년 4월 29일 기사 출제
③ 2024년 8월 3일 기사 출제 ④ 2024년 8월 11일 산업기사 출제

정답
① 클러치 및 브레이크의 기능
② 크랭크축·플라이휠·슬라이드·연결봉 및 연결 나사의 풀림 여부
③ 1행정 1정지기구·급정지장치 및 비상정지장치의 기능
④ 슬라이드 또는 칼날에 의한 위험방지 기구의 기능
⑤ 프레스의 금형 및 고정볼트 상태
⑥ 방호장치의 기능
⑦ 전단기(剪斷機)의 칼날 및 테이블의 상태

자격종목	시험일	비번호	PC번호	남은시간
산업안전산업기사	2024년 8월 11일 2회(2부)	A001	1	60분

07 화면은 천장 크레인 작업을 하고 있는 모습이다. 동영상의 양중기에 필요한 방호장치를 3가지 쓰시오.

합격정보
① 산업안전보건기준에 관한 규칙 제134조(방호장치의 조정)
② 산업안전보건기준에 관한 규칙 제137조(해지장치의 사용)

합격KEY
① 2010년 4월 24일 출제
② 2011년 10월 22일 제3회 출제
③ 2016년 10월 15일 기사 출제
④ 2022년 5월 21일(문제 9번) 출제
⑤ 2022년 8월 7일 제1부 출제
⑥ 2022년 8월 7일 산업기사 출제
⑦ 2023년 7월 30일 산업기사 출제
⑧ 2024년 5월 4일 기사 출제

정답
① 과부하방지장치
② 권과방지장치
③ 비상정지장치
④ 제동장치

자격종목	시험일	비번호	PC번호	남은시간
산업안전산업기사	2024년 8월 11일 2회(2부)	A001	1	60분

전주를 타고 올라간 작업자는 U자걸이형 안전대를 착용했지만 체결은 하지 않아서 아래로 덜렁거린다. 안전모는 착용한 작업자가 전봇대에 박혀 있는 전주용 스텝볼트(발판볼트)를 밟고, 내전압용 절연장갑이 아닌 면장갑을 착용한 상태로 스패너로 볼트를 치면서 풀고 조이는 작업 후 위로 올라가다가 떨어짐. 작업자 신발끈이 풀려 있다.

08 ① 영상의 재해의 재해발생형태를 쓰시오. ② 재해발생 원인 1가지를 쓰시오.

정답

① 재해발생형태 : 추락(떨어짐)
② 재해발생원인
  ㉮ 추락방지대 미착용 및 수직구명줄 미설치로 재해발생
  ㉯ 안전대 또는 고소작업대를 사용하지 않아 재해발생

자격종목	시험일	비번호	PC번호	남은시간
산업안전산업기사	2024년 8월 11일 2회(2부)	A001	1	60분

① 작업자 A는 아파트 대형 창틀(샷시 없음)에서 B는 약 50[cm] 벽을 두고 옆 처마 위에서 작업을 하고 있다.
② 주변에 정리정돈이 되어 있지 않다.
③ 작업 중의 높이는 알 수 없고, 바닥도 보이지는 않는다.
④ 작업자 A가 창틀 밖으로 작업발판을 작업자 B에게 건네준다.
⑤ 작업자 B가 있는 옆 처마 위로 이동하다 (창틀 위에) 콘크리트 조각을 밟고 미끄러져 콘크리트 조각과 함께 떨어진다.

09 화면은 아파트 창틀에서 작업 중 발생한 재해사례이다. 이 영상의 작업자의 추락사고 원인 3가지를 쓰시오.

[합격정보] 산업안전보건기준에 관한 규칙 제42조(추락의 방지)

[합격KEY]
① 2004년 10월 2일 출제
③ 2014년 4월 25일 출제
⑤ 2014년 10월 5일(문제 1번) 출제
⑦ 2017년 4월 22일 제1회 1부(문제 8번) 출제
⑨ 2020년 5월 16일 제1회 2부(문제 7번) 출제
⑪ 2020년 11월 22일(문제 7번) 출제
⑬ 2021년 10월 23일 기사 출제
⑮ 2022년 5월 21일 산업기사 출제
⑰ 2023년 5월 7일 출제
② 2006년 7월 5일 출제
④ 2014년 7월 13일 산업기사 출제
⑥ 2016년 4월 23일(문제 1번) 출제
⑧ 2019년 10월 19일 제3회 1부(문제 7번) 출제
⑩ 2020년 7월 25일 산업기사 출제
⑫ 2021년 7월 18일(문제 7번) 출제
⑭ 2021년 10월 24일(문제 3번) 출제
⑯ 2022년 7월 30일 기사 출제

정답
① 안전난간 미설치
② 안전대 미착용
③ 추락방호망 미설치

문제 및 답안(지), 점수, 채점기준은 일체 공개하지 않는다.

자격종목	시험일	비번호	PC번호	남은시간
산업안전산업기사	2024년 10월 27일 3회(1부)	A001	1	60분

프레스 양수조작식 방호장치

문제 1번 문제 2번 문제 3번 문제 4번 문제 5번 문제 6번 문제 7번 문제 8번 문제 9번

01 ① 화면의 방호장치 명칭을 쓰고 ② 해당 방호장치의 내측거리 기준을 쓰시오.

합격정보 방호장치 안전인증 고시 [별표 1] 프레스 또는 전단기 방호장치의 성능기준(제4조 관련)

정답
① 명칭 : 양수조작식
② 내측거리 기준 : 300mm 이상

자격종목	시험일	비번호	PC번호	남은시간
산업안전산업기사	2024년 10월 27일 3회(1부)	A001	1	60분

① 지게차의 포크에 김치냉장고 박스들을 2열로 높게 쌓아 올렸는데, 높이도 안맞고 고정되어 있지도 않으며, 운전자의 시야가 가린다.
② 다른 작업자가 수레로 공구 등을 내려 놓고 정리한 뒤 하품하며 뒤돌아 나오는 순간 지게차와 부딪힌다.
③ 마지막에 박스가 흔들리고 화면도 같이 흔들린다.

02 화면을 보고 지게차 주행안전작업 사항 중 불안전한 행동(사고위험요인)을 3가지 쓰시오.(단, 작업장 정리정돈 및 작업지휘자 배치 제외할 것)

합격정보
① 산업안전보건기준에 관한 규칙 제172조(접촉의 방지)
② 산업안전보건기준에 관한 규칙 제173조(화물적재시의 조치)
③ 산업안전보건기준에 관한 규칙 제175조(주용도 외의 사용제한)

합격KEY
① 2000년 11월 9일 산업기사 출제
③ 2006년 7월 15일 출제
⑤ 2013년 7월 20일(문제 3번) 출제
⑦ 2017년 4월 22일 기사 제1회(문제 3번) 출제
⑨ 2020년 11월 22일 기사 출제
⑪ 2021년 10월 24일 산업기사 출제
⑬ 2022년 7월 30일 기사 출제
② 2004년 4월 29일 출제
④ 2011년 5월 7일 출제
⑥ 2015년 7월 18일(문제 3번) 출제
⑧ 2018년 10월 14일(문제 2번) 출제
⑩ 2021년 7월 24일(문제 2번) 출제
⑫ 2022년 5월 15일(문제 2번) 출제
⑭ 2023년 7월 29일 기사 출제

정답
① 전방의 시야 불충분으로 지게차에 의해 다른 작업자가 다칠 수 있다.
② 물건을 과적하여 운전자의 시야를 가려 다른 작업자가 다칠 수 있다.
③ 물건을 불안정하게 적재하여 화물이 떨어져 다른 작업자가 다칠 수 있다.
④ 다른 작업자가 작업통로에 나와서 작업을 하고 있어 지게차에 의해 다칠 수 있다.
⑤ 난폭한 운전·과속으로 운전자 본인이 다치거나 다른 작업자가 다칠 수 있다.

자격종목	시험일	비번호	PC번호	남은시간
산업안전산업기사	2024년 10월 27일 3회(1부)	A001	1	60분

야외 분전반(내부에 콘센트와 ELB가 있음)에 콘센트에 플러그를 꽂고 전원을 연결하여 휴대용 연삭기로 연마(그라인딩) 작업을 하는 작업자는 목장갑 착용, 보안경 미착용, 덮개가 없는 그라인더의 측면으로 철구조물 연마 작업 다른 작업자가 도착하여 분전반 콘센트에 플러그를 맨손으로 꽂고 분전반에 걸쳐 있는 전기줄을 한쪽으로 치우고 ELB를 조작하는 순간 부르르 떨며 쓰러진다. 그라인더 작업자가 놀라서 감전당한 작업자에게 다가간다.

03 화면상의 분전반 전면에 위치한 그라인더 기기를 활용한 작업에서 위험요인 2가지를 쓰시오.

합격정보 산업안전보건기준에 관한 규칙 제304조(누전차단기에 의한 감전방지)

합격KEY
① 2015년 7월 18일 산업기사 출제
② 2019년 7월 6일 제2회 3부(문제 9번) 출제
③ 2019년 10월 19일 기사 출제

정답
① 작업자가 맨손으로 작업을 하여 위험하다.
② 작업자가 내전압용 절연장갑 등 절연용 보호구를 착용하지 않아 위험하다.

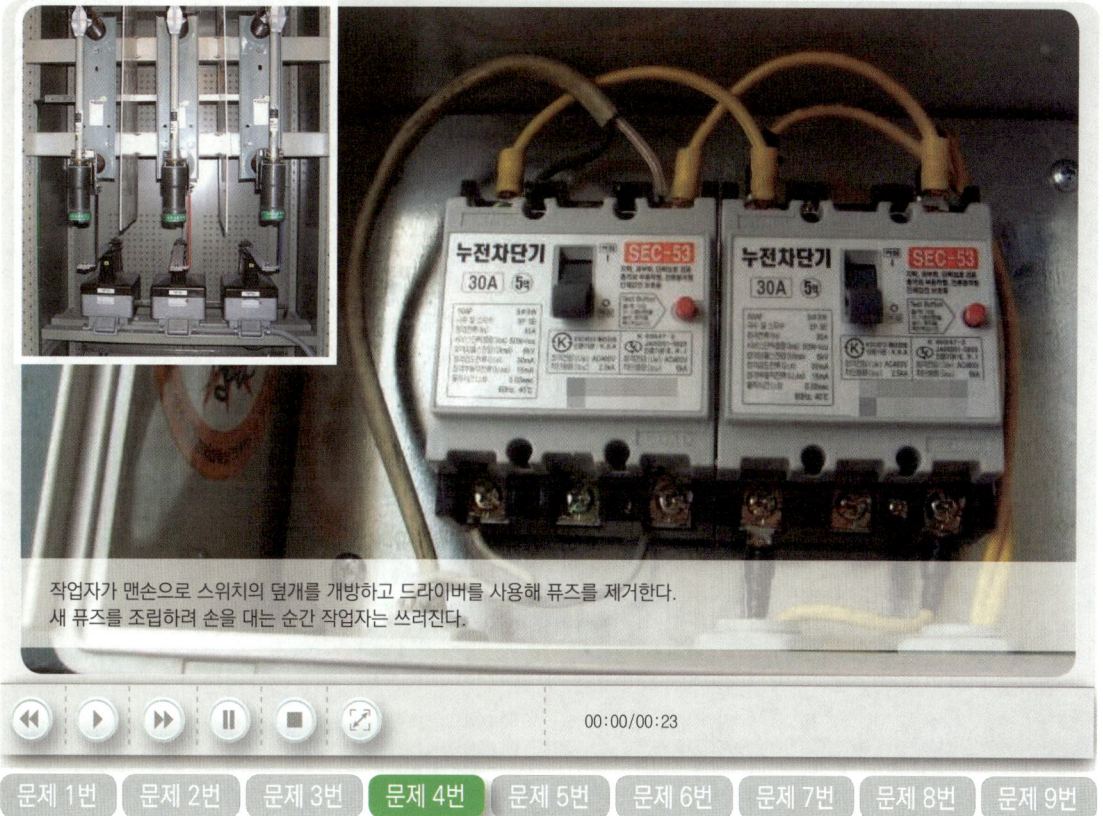

04 화면 상의 감전 사고의 원인 2가지를 쓰시오.

참고
① 산업안전보건기준에 관한 규칙 제319조(정전전로에서의 전기작업)
② 산업안전보건기준에 관한 규칙 제323조(절연용 보호구 등의 사용)

정답
① 작업에 들어가기전에 전로를 차단하지 않고 작업한다.
② 절연용보호구를 착용하지 않고 작업한다.

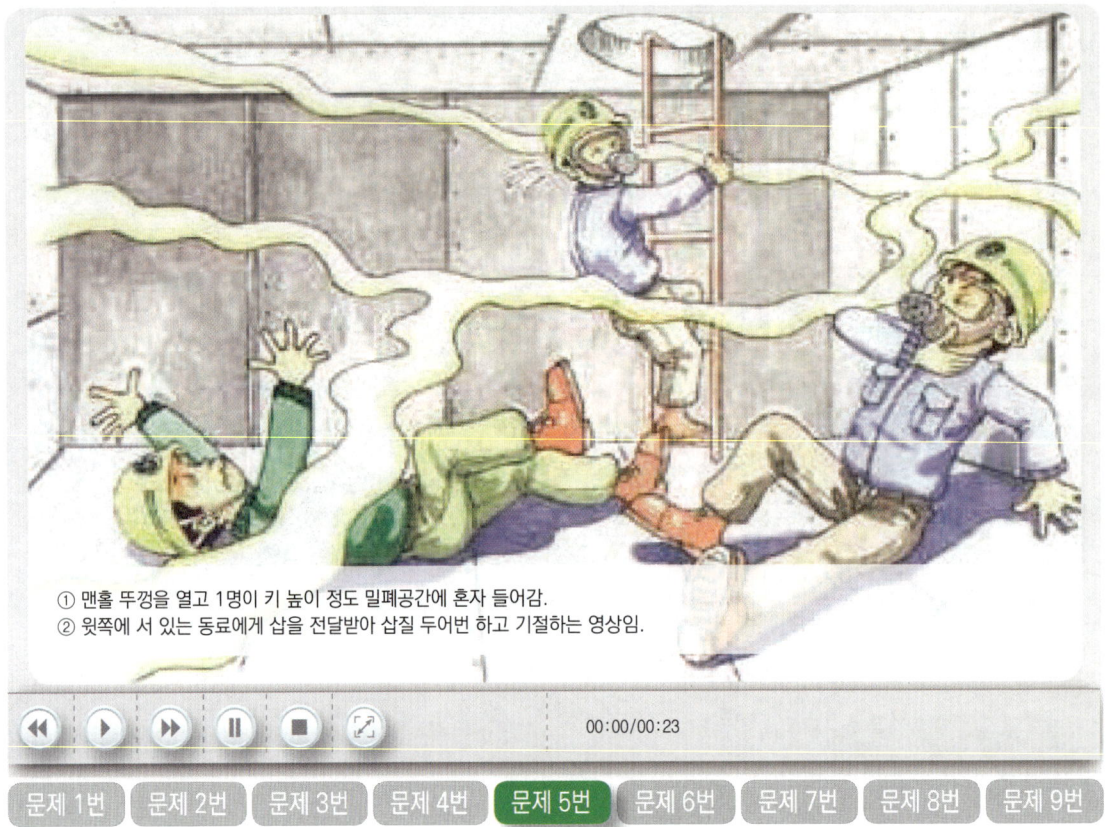

① 맨홀 뚜껑을 열고 1명이 키 높이 정도 밀폐공간에 혼자 들어감.
② 윗쪽에 서 있는 동료에게 삽을 전달받아 삽질 두어번 하고 기절하는 영상임.

05 산업안전보건법령상, 동영상의 슬러지 작업에서 착용해야 하는 호흡용 보호구를 2가지 쓰시오.

유사답안
① 에어라인 마스크
② 호스마스크
③ 복합식 에어라인 마스크
④ 산소호흡기

합격정보 산업안전보건기준에 관한 규칙 제620조(환기 등)

합격KEY
① 2005년 7월 15일 출제
② 2006년 9월 23일 기사 출제
③ 2014년 10월 5일 기사(문제 5번) 출제
④ 2015년 7월 18일 제2회 제3부 기사(문제 5번) 출제
⑤ 2015년 10월 11일(문제 5번) 출제
⑥ 2020년 11월 15일(문제 5번) 출제
⑦ 2022년 5월 20일 산업기사 출제
⑧ 2022년 7월 30일 제3부(문제 5번) 출제
⑨ 2023년 10월 14일 기사 출제

정답
① 송기마스크
② 공기호흡기

자격종목	시험일	비번호	PC번호	남은시간
산업안전산업기사	2024년 10월 27일 3회(1부)	A001	1	60분

화면은 경사진(30[°] 정도) 컨베이어 기계가 작동하고, 작업자는 작동 중인 컨베이어 위에 1명과 아래쪽 작업장 바닥에 1명이 있으며, 기계 오른쪽에 있는 포대를 컨베이어 벨트 위로 올리는 작업을 하는 동영상이다. 화면 오른쪽에 포대가 많이 쌓여 있고, 작업자 한 명은 경사진 컨베이어 위에 회전하는 벨트 양끝부분 철로된 모서리에 양발을 벌리고 서 있으며, 밑에 작업자가 포대를 일정한 방향이 아닌 삐뚤(각기 다르게)게 포대를 컨베이어에 올리는 중 컨베이어 위에 양발을 벌리고 있는 작업자 발에 포대 끝부분이 부딪쳐 무게 중심을 잃고 기계 오른쪽으로 쓰러진 후 팔이 기계 하단으로 들어가면서 아파하는데 아래쪽 작업자가 와서 안아주는 동영상이다.

06 동영상은 경사용 컨베이어를 이용하여 화물을 운반하는 작업 중에 발생한 재해사례이다. 이와 같은 재해를 방지하기 위한 컨베이어 방호조치를 2가지 쓰시오.

합격정보
① 산업안전보건기준에 관한 규칙 제192조(비상정지장치)
② 산업안전보건기준에 관한 규칙 제193조(낙하물에 의한 위험 방지)
③ 산업안전보건기준에 관한 규칙 제195조(통행의 제한 등)

합격KEY
① 2008년 4월 26일 출제
③ 2009년 4월 26일 출제
⑤ 2013년 4월 27일 출제
⑦ 2015년 4월 25일(문제 3번) 출제
⑨ 2016년 10월 15일 제3회(문제 3번) 출제
⑪ 2021년 10월 24일(문제 6번) 출제
⑬ 2023년 7월 30일(문제 6번) 출제
② 2008년 7월 13일 출제
④ 2012년 4월 28일 기사 출제
⑥ 2013년 10월 12일 제3회 2부 출제
⑧ 2016년 7월 18일 제2회 출제
⑩ 2019년 10월 19일 기사 출제
⑫ 2022년 8월 7일 산업기사 출제

정답
① 비상정지장치
② 덮개
③ 울
④ 건널다리

07 금속절단기의 날접촉 예방장치가 갖추어야 할 조건 3가지를 쓰시오.

합격정보 위험기계·기구 방호조치 기준 제16조(설치방법)
합격KEY 2023년 5월 7일(문제 7번) 출제

정답
① 작업부분을 제외한 톱날 전체를 덮을 수 있을 것
② 가드와 함께 움직이며 가공물을 절단하는 톱날에는 조정식 가이드를 설치할 것
③ 톱날, 가공물 등의 비산을 방지할 수 있는 충분한 강도를 가질 것
④ 둥근 톱날의 경우 회전날의 뒤, 옆, 밑 등을 통한 신체 일부의 접근을 차단할 수 있을 것

08 산업안전보건법령상, 작업발판 및 통로의 끝이나 개구부에 재해방지를 위해서 작업장의 조치사항을 3가지 쓰시오.

합격정보 산업안전보건기준에 관한 규칙 제43조(개구부 등의 방호조치)

정답
① 안전난간 설치
② 울타리 설치
③ 수직형 추락방망 설치
④ 덮개 설치

09 산업안전보건법령상 다음의 작업에서 근로자를 상시 취업시키는 장소의 조도기준을 쓰시오.(단, 갱내(坑內) 작업장과 감광재료(感光材料)를 취급하는 작업장은 제외)
① 정밀작업 :
② 보통작업 :
③ 그 밖의 작업 :

합격정보 산업안전보건기준에 관한 규칙 제8조(조도)

정답
① 정밀작업 : 300[Lux] 이상
② 보통작업 : 150[Lux] 이상
③ 그 밖의 작업 : 75[Lux] 이상

자격종목	시험일	비번호	PC번호	남은시간
산업안전산업기사	2024년 10월 27일 3회(2부)	A001	1	60분

01 화면의 인쇄윤전기 재해사례에서 나타나는 핵심위험요인 2가지를 쓰시오.

합격정보 산업안전보건기준에 관한 규칙
① 제92조(정비 등의 작업 시의 운전정지 등)
② 제123조(롤러기의 울 등 설치)
③ 제94조(작업모 등의 착용)

합격KEY
① 2000년 9월 5일 출제
② 2002년 5월 4일 출제
③ 2006년 9월 23일 출제
④ 2009년 4월 26일 출제
⑤ 2010년 7월 11일 출제
⑥ 2012년 7월 14일 출제
⑦ 2012년 10월 21일 산업기사 출제
⑧ 2013년 10월 12일 출제
⑨ 2015년 4월 25일 산업기사 출제
⑩ 2015년 7월 18일 산업기사 출제
⑪ 2016년 4월 23일 출제
⑫ 2016년 10월 9일 산업기사(문제 4번) 출제
⑬ 2017년 10월 22일 기사 제3회(문제 6번) 출제
⑭ 2018년 10월 14일 기사 출제
⑮ 2021년 7월 24일(문제 6번) 출제
⑯ 2022년 8월 7일(문제 6번) 출제
⑰ 2023년 7월 30일 출제

정답
① 회전중 롤러의 죄어들어가는 쪽에서 직접 손으로 눌러 닦고 있어서 손이 말려 들어가게 된다.
② 체중을 걸쳐 닦고 있어서 말려 들어가게 된다.
③ 안전(방호)장치가 없어서 걸레를 위로 넣었을 때 롤러가 멈추지 않아 손이 말려 들어간다.

맨손에 보안경, 방진마스크, 귀마개를 미착용한 작업자가 탁상용 연삭기 전원을 켜고 쇠파이프(봉강, 환봉) 연마작업을 한다. 연삭기에 덮개는 설치되어 있는데 칩비산방지투명판이 없다. 작업자가 두 손으로 연삭 가공을 하는데 칩이 눈에 튀어서 한손으로는 비산물이 눈앞으로 튀는것을 막으며 작업한다. 쇠파이프가 덜덜 흔들리다가 결국엔 작업자 가슴으로 날아간다. 작업장 주변이 정리 되어있지 않다.

02 화면은 봉강 연마 작업중 발생한 사고사례이다. (1) 기인물과 (2) 사고의 직접 원인 2가지를 쓰시오.

합격정보 위험기계·기구 방호장치기준 제30조(방호조치)

합격KEY
① 2004년 10월 2일 산업기사출제
② 2005년 10월 1일 산업기사 출제
③ 2010년 7월 11일 출제
④ 2011년 10월 22일 출제
⑤ 2012년 10월 21일 출제
⑥ 2013년 4월 27일 출제
⑦ 2015년 7월 18일 산업기사 (문제 3번) 출제
⑧ 2017년 4월 22일 산업기사 출제
⑨ 2017년 10월 22일(문제 1번) 출제
⑩ 2020년 11월 22일 기사 출제
⑪ 2021년 5월 5일 산업기사 출제

정답
(1) 기인물 : 탁상공구연삭기
(2) 사고의 직접 원인
　① 쇠파이프(봉강, 환봉) 고정 지지 부실
　② 덮개 또는 울 등 미설치

자격종목	시험일	비번호	PC번호	남은시간
산업안전산업기사	2024년 10월 27일 3회(2부)	A001	1	60분

자동차부품(브레이크 라이닝)을 화학약품을 사용하여 세척하는 작업과정(세정제가 바닥에 흩어져 있으며, 고무장화 등을 착용하지 않고 작업을 하고 있음)을 보여주고 있다.

03 자동차 브레이크 라이닝을 세척 중이다. 착용해야할 보호구 4가지를 쓰시오.

합격정보 산업안전보건기준에 관한 규칙 제451조(보호복 등의 비치 등)

합격KEY
① 2006년 9월 23일 산업기사 출제
② 2013년 10월 12일 제3회 출제
③ 2016년 10월 9일(문제 3번) 출제
④ 2017년 4월 22일 기사(문제 3번) 출제
⑤ 2018년 10월 14일 제3회 2부(문제 3번) 출제
⑥ 2019년 10월 19일 산업기사 출제
⑦ 2021년 5월 2일(문제 1번) 출제
⑧ 2022년 5월 15일(문제 7번) 출제
⑨ 2023년 4월 29일 기사 출제

정답
① 불침투성 보호의(복)
② 불침투성 보호장갑
③ 불침투성 보호장화
④ 방독마스크
⑤ 보안경

자격종목	시험일	비번호	PC번호	남은시간
산업안전산업기사	2024년 10월 27일 3회(2부)	A001	1	60분

자동차 정비소에서 자동차 보닛이 45도 정도 앞으로 들려있는 자동차를 유압잭(Jack)으로 들어올리고, 그 아래로 작업자가 들어가 누워 작업을 하다가 공구로 유압잭을 건드려 승용차가 내려와서 작업자가 깔린다.

04 동영상의 자동차 정비 중 발생한 재해에 대해서 ① 가해물과 ② 재해발생원인을 쓰시오.

합격정보 ① 산업안전보건기준에 관한 규칙 제205조(붐 등의 강하에 의한 위험방지)
② 산업안전보건기준에 관한 규칙 제176조(수리 등의 작업 시 조치)
합격KEY 2023년 5월 7일(문제 4번) 출제

정답
① 가해물 : 자동차
② 재해발생원인 : 안전지지대 또는 안전블록 등을 사용하지 않음

자격종목	시험일	비번호	PC번호	남은시간
산업안전산업기사	2024년 10월 27일 3회(2부)	A001	1	60분

05 산업안전보건법령상, 구내운반차를 사용하는 경우에 사업주의 준수 사항 관련하여 (   )에 알맞은 것을 쓰시오.
(1) 사업주는 구내운반차를 작업장 내 (①)을 주목적으로 할 것
(2) 주행을 제동하거나 정지상태를 유지하기 위하여 유효한 (②)를 갖출 것
(3) (③)를 갖출 것
(4) 운전석이 차 실내에 있는 것은 좌우에 한개씩 (④)를 갖출 것
(5) (⑤)과 (⑥)을 갖출것. 다만, 작업을 안전하게 하기 위하여 필요한 조명이 있는 장소에서 사용하는 구내운반차에 대해서는 그러하지 아니하다.

합격정보 산업안전 보건기준에 관한 규칙 제184조(제동장치 등)

합격KEY ① 2019년 10월 19일(문제 4번) 출제
② 2023년 7월 30일(문제 7번) 출제

정답
① 운반
② 제동장치
③ 경음기
④ 방향지시기
⑤ 전조등
⑥ 후미등

06 산업안전보건법령상, 사업주가 교류아크용접기에 자동전격방지기를 설치해야 하는 장소 3가지를 쓰시오.

합격정보 ▶ 산업안전보건기준에 관한 규칙 제306조(교류아크용접기 등)

합격KEY ▶ 2023년 5월 7일(문제 6번) 출제

정답
① 선박의 이중 선체 내부, 밸러스트 탱크(ballast tank : 평형수 탱크), 보일러 내부 등 도전체에 둘러싸인 장소
② 추락할 위험이 있는 높이 2미터 이상의 장소로 철골 등 도전성이 높은 물체에 근로자가 접촉할 우려가 있는 장소
③ 근로자가 물·땀 등으로 인하여 도전성이 높은 습윤 상태에서 작업하는 장소

자격종목	시험일	비번호	PC번호	남은시간
산업안전산업기사	2024년 10월 27일 3회(2부)	A001	1	60분

07 화면상의 절단 작업 중에 발생한 재해 관련해서 위험점과 위험점 정의를 쓰시오.

보충학습

기계설비에 의해 형성되는 위험점의 종류

종류	정의	예
협착점 (Squeeze point)	왕복운동하는 운동부와 고정부 사이에 형성	① 프레스 금형 조립부위 ② 전단기의 누름판 및 칼날부위 ③ 선반 및 평삭기의 베드 끝 부위
끼임점 (Shear point)	고정부분과 회전 또는 직선운동부분에 의해 형성	① 연삭 숫돌과 작업대 ② 반복동작되는 링크기구 ③ 교반기의 교반날개와 몸체사이
절단점 (Cutting point)	회전운동부분 자체와 운동하는 기계 자체에 의해 형성	① 밀링컷터 ② 둥근톱 날 ③ 목공용 띠톱 날 부분
물림점 (Nip point)	회전하는 두 개의 회전축에 의해 형성(회전체가 서로 반대방향으로 회전하는 경우)	① 기어와 피니언 ② 롤러의 회전 등
접선 물림점 (Tangential Nip point)	회전하는 부분이 접선방향으로 물려 들어가면서 형성	① V벨트와 풀리 ② 기어와 랙 ③ 롤러와 평벨트 등

합격KEY ① 2022년 5월 21일 제2부 출제   ② 2022년 5월 21일(문제 7번) 출제

정답
① 위험점 : 협착점
② 위험점 정의 : 왕복운동을 하는 운동부와 고정부분 사이에 형성

자격종목	시험일	비번호	PC번호	남은시간
산업안전산업기사	2024년 10월 27일 3회(2부)	A001	1	60분

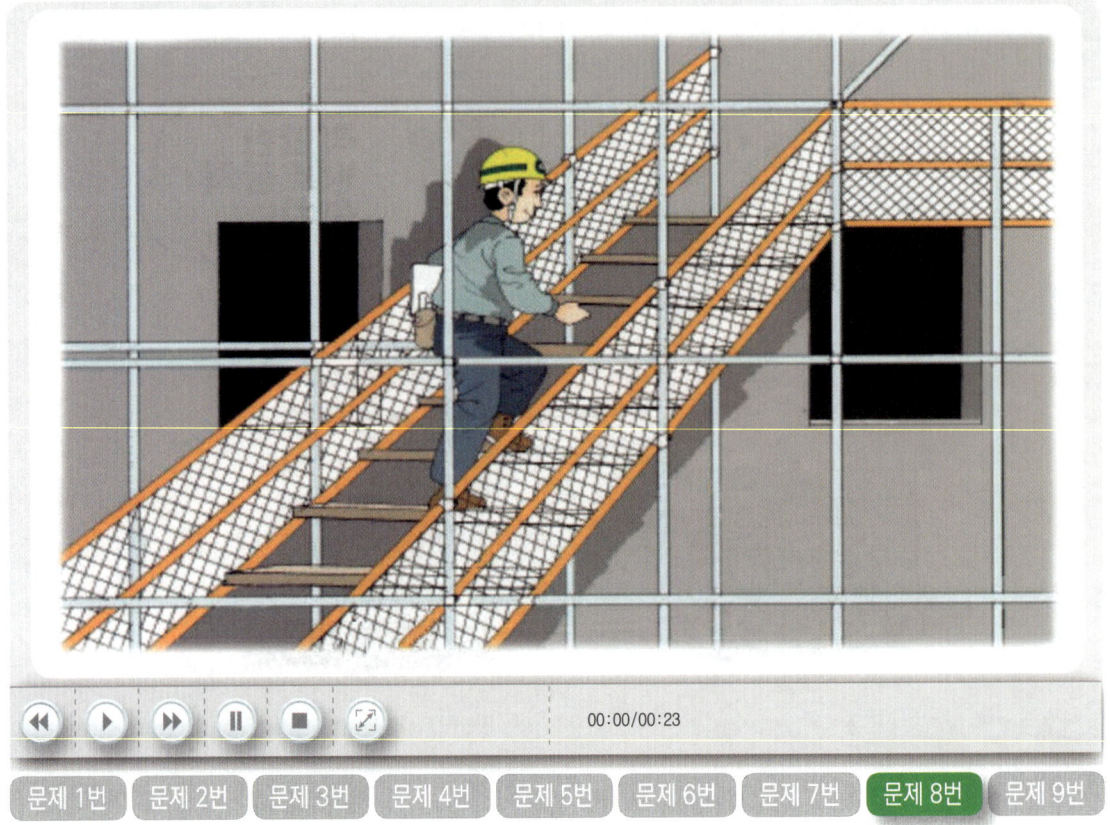

| 문제 1번 | 문제 2번 | 문제 3번 | 문제 4번 | 문제 5번 | 문제 6번 | 문제 7번 | 문제 8번 | 문제 9번 |

08 건설현장 가설통로에서 작업자가 움직이다가 발이 걸려 추락한다. 가설통로가 갖춰야 할 구조관련하여 (   )를 채우시오.
(1) 경사는 (   )도 이하로 할 것. 다만, 계단을 설치하거나 높이 2m 미만의 가설통로로서 튼튼한 손잡이를 설치한 경우에는 그러하지 아니하다.
(2) 경사가 (   )도를 초과하는 경우에는 미끄러지지 아니하는 구조로 할 것

합격정보 산업안전보건기준에 관한 규칙(약칭 : 안전보건규칙)
제23조(가설통로의 구조) 사업주는 가설통로를 설치하는 경우 다음 각 호의 사항을 준수하여야 한다.
1. 견고한 구조로 할 것
2. 경사는 30도 이하로 할 것. 다만, 계단을 설치하거나 높이 2미터 미만의 가설통로로서 튼튼한 손잡이를 설치한 경우에는 그러하지 아니하다.
3. 경사가 15도를 초과하는 경우에는 미끄러지지 아니하는 구조로 할 것
4. 추락할 위험이 있는 장소에는 안전난간을 설치할 것. 다만, 작업상 부득이한 경우에는 필요한 부분만 임시로 해체할 수 있다.
5. 수직갱에 가설된 통로의 길이가 15미터 이상인 경우에는 10미터 이내마다 계단참을 설치할 것
6. 건설공사에 사용하는 높이 8미터 이상인 비계다리에는 7미터 이내마다 계단참을 설치할 것

합격KEY ① 2021년 5월 2일(문제 6번) 출제
② 2021년 7월 18일(문제 8번) 출제
③ 2022년 10월 22일 기사 출제

정답 ① 30   ② 15

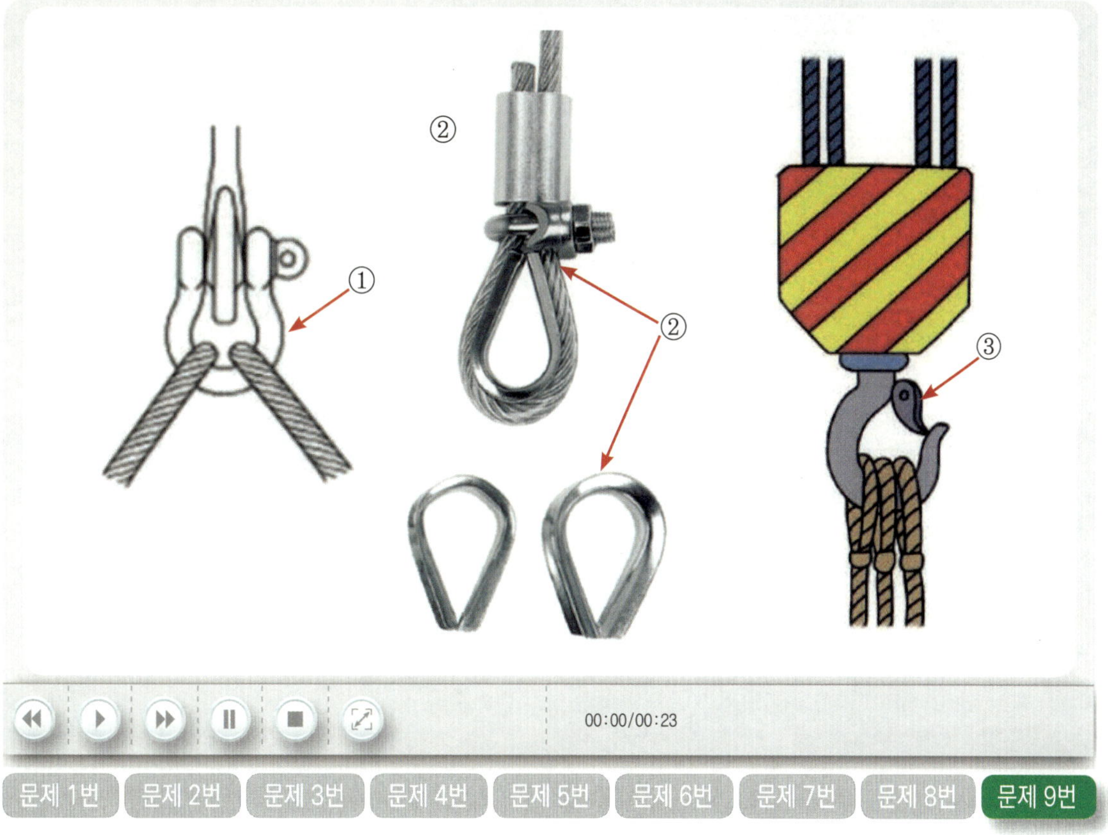

09 다음 영상에서 지시하는 것 ①, ②, ③의 명칭을 쓰시오.

정답
① 샤클
② 심블(Thimble)
③ 훅 해지장치

저자(전현)약력

정재수(靑波 : 鄭再琇)

인하대학교 공학박사/GTCC대학교 명예교육학 박사/한양대학교 공학석사/공학사/문학사/각종국가고시 출제, 검토, 채점, 감독, 면접위원역임/매경TV/EBS/KBS라디오 출연 및 강사/중소기업진흥공단 강사/대한산업안전협회 강사/호원대학교/신성대학교/대림대학교/수원대학교 외래교수/울산대학교/군산대학교/한경대학교 등 특강/한국폴리텍Ⅱ대학 산학협력단장, 평생교육원장, 산학기술연구소장, 디자인센터장/한국폴리텍 대학 교수/한국폴리텍대학남인천캠퍼스 학장/대한민국산업현장 교수/GTCC대학교 겸임교수/(사)대한민국에너지상생포럼 집행위원장/(사)한국안전돌봄서비스협회 회장/(사)대한민국 청렴코리아 공동대표/협성대학교 IPP추진기획단 특별위원/인천광역시 새마을문고 및 직장 회장/생명살림운동강사/ISO국제선임 심사원/우수산업안전 숙련기술자/한국방송통신대학교 및 한국 폴리텍 대학 공동 선정 동영상 강의

저서

- 산업안전공학(도서출판 세화)
- 건설안전기술사(도서출판 세화)
- 건설안전기사(필기, 실기 필답형, 실기 작업형)(도서출판 세화)
- 산업보건지도사 시리즈(도서출판 세화)
- 공업고등학교안전교재(서울교과서)
- 한국방송통신대학과 한국폴리텍대학 선정 동영상 촬영
- 기계안전기술사(도서출판 세화)
- 산업안전기사(필기, 실기 필답형, 실기 작업형)(도서출판 세화)
- 산업안전지도사 시리즈(도서출판 세화)
- 산업안전보건(한국산업인력공단)
- 산업안전보건동영상(한국산업인력공단) 등 60여권 저술

상훈

대한민국 근정 포장(대통령)/국무총리표창/행정자치부 장관표창/300만 인천광역시민상 및 효행표창 등 8회 수상/
2024년 남동구 봉사상 수상/Vision2010교육혁신대상수상/2017 청렴한국인대상수상/30년 새마을 봉사상 수상/
몽골 옵스주지사 표창

출강기업(무순)

삼성(건설, 중공업, 조선)/현대(건설, 자동차, 중공업, 제철)/대우(건설, 자동차, 조선), SK(정유)/GS건설/에스원(S1)/
두산(건설, 중공업), 동부(반도체), POSCO건설, 멀티캠퍼스, e-mart, 한국수자원공사 등 100여기업/이상 안전자격증특강

산업안전산업기사 실기(필답형+작업형)

| 4판 4쇄 발행 2025. 2. 10. (인쇄일 2024. 11. 11.) | 2판 2쇄 발행 2024. 3. 1. |
| 3판 3쇄 발행 2024. 6. 10. | 1판 1쇄 발행 2022. 3. 20. |

지은이	정재수
펴낸이	박 용
펴낸곳	도서출판 세화
주소	경기도 파주시 회동길 325-22(서패동 469-2)
영업부	(031)955-9331~2
편집부	(031)955-9333
FAX	(031)955-9334
등록	1978. 12. 26 (제 1-338호)

정가 **43,000원**
ISBN 978-89-317-1313-8 13530

파손된 책은 교환하여 드립니다.
본 도서의 내용 문의 및 궁금한 점은 더 정확한 정보를 위하여 저자분에게 문의하시고, 저희 홈페이지 수험서 자료실이나 저자 이메일에 문의바랍니다.
저자 정재수(jjs90681@naver.com)

산업안전, 건설안전, 기술사, 지도사 등 안전자격증취득 준비는 이렇게 하세요

기초부터 차근차근 다져나가는 것이 중요합니다.
이론 습득을 정확히 한 후 과년도 기출문제 풀이와 출제예상문제로 반복훈련하십시오.

기사 · 산업기사

STEP 1 | 기초 이론 | 기 사 산업기사 필 기
과목별 필수요점 및 이론 학습과 출제예상문제 풀이로 개념잡고 최근 과년도 기출문제 풀이로 유형잡는 필기 수험 완벽 대비서

⇩

STEP 2 | 기출 문제 풀이 | 기 사 산업기사 필기과년도
과년도 기출문제를 상세한 백과사전식 문제풀이로 필기 수험 출제경향을 미리 알고 대비할 수 있는 최고·최상의 수험준비서

⇩

STEP 3 | 실기 대비 | 실 기 필 답 형
요점 및 예상문제 합격작전과 과년도기출문제 풀이로 준비하는 실기 필답형시험 완벽 대비서

⇩

STEP 4 | 실전 테스트 | 실 기 작 업 형
요점 및 예상문제 합격작전과 과년도기출문제 풀이로 준비하는 실기 작업형시험 완벽 대비서

지도사 · 기술사

STEP 1 | 공통 필수 | 1 차 필 기
과목별 필수요점과 출제예상문제 풀이 및 과년도 기출문제 풀이로 준비하는 1차 필기시험 완벽 대비서

⇩

STEP 2 | 전공 필수 | 2 차 필 기
전공별 필수요점과 출제예상문제 풀이 및 과년도 기출문제 풀이로 준비하는 2차 필기시험 완벽 대비서
(기술사 STEP 1,2 동시)

⇩

STEP 3 | 실기 | 3 차 면 접
각 자격증별 면접의 시작부터 면접 사례까지, 심층면접 대비를 위한 면접합격 가이드

건설안전

「일품」 건설안전기사 필기, 건설안전산업기사 필기

2색 컬러 B5_합격요점 포함 [필기수험 대비 01]
- 본서의 요점정리는 간단하고 명료하게 구체적으로 표현을 했다.
- 본서는 최근 심도있게 거론이 되고 있는 출제예상문제를 빠짐없이 수록하여 타 교재와 차별화가 되도록 구성하였다.
- 건설안전기사(산업기사) 자격 취득의 결론은 본서의 요점과 예상문제 합격작전으로 합격을 보장할 수 있도록 엮었다.
- 최근까지 출제된 과년도 출제 문제를 수록하여 수험준비에 만전을 기하였다.

「일품」 건설안전기사필기 과년도, 건설안전산업기사필기 과년도

2색 컬러 B5_계산문제총정리, 미공개문제 포함 [필기수험 대비 02]
- 제1회의 해설에서 이해하지 못했다면 제2, 제3의 문제해설을 통하여 반드시 이해할 수 있도록 하였다.
- 한 문제(1항목)를 이해하여 열 문제(10항목)를 해결할 수 있게 구성하였다.
- 건설안전기사(산업기사) 자격취득의 결론은 본서의 문제와 해설의 합격작전으로 합격을 보장할 수 있도록 엮었다.
- 최근까지 출제된 과년도 출제 문제를 수록하여 수험준비에 만전을 기하였다.

「일품」 건설안전(산업)기사실기필답형, 건설안전(산업)기사실기작업형

2색 컬러 B5_최종정리 포함 [실기수험 대비 01] | _전면컬러 B5 [실기수험 대비 02]
- 본서의 요점정리는 간단하고 명료하게 구체적으로 표현을 했다.
- 본문의 요점에서 이해하지 못했다면 예상문제 합격작전에서 반드시 이해할 수 있도록 하였다.
- 한 문제(1항목)를 이해하면 열 문제(10항목)를 해결할 수 있도록 구성하였다.
- 참고 및 고시 등을 수록하여 단원마다 중요점을 재강조하였다.
- 본서는 최근 심도있게 거론이 되고 출제가 예상되는 모든 문제를 빠짐없이 수록하여 타 교재와 차별화가 되도록 구성하였다.
- 건설안전 자격취득의 결론은 본서의 요점과 예상문제 합격작전이 합격을 보장한다.

산업안전지도사

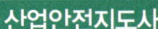

「일품」 산업안전지도사 1차필기

총 3단계로 구성 _1색 B5 [1차 필기수험 대비]
- [Ⅰ] 산업안전보건법령, [Ⅱ] 산업안전 일반, [Ⅲ] 기업진단 · 지도, 산업안전지도사(과년도)
- 본서의 요점정리는 간단하고 명료하게 구체적으로 표현을 했다.
- 본문의 요점에서 이해하지 못했다면 출제예상문제에서 반드시 이해할 수 있도록 하였다.
- 본서는 최근 심도있게 거론이 되고 있는 출제예상문제를 빠짐없이 수록하여 타 교재와 차별화가 되도록 구성하였다.
- 산업안전지도사 자격 취득의 결론은 본서의 요점과 예상문제 합격작전으로 합격을 보장할 수 있도록 엮었다.

「일품」 산업안전지도사 2차 전공필수 및 3차 면접

총 4과목 중 택1 _1색 B5 [2차 전공필수수험 대비]
- 본서의 요점정리는 간단하고 명료하게 구체적으로 표현을 했다.
- 본문의 요점에서 이해하지 못했다면 출제예상문제에서 반드시 이해할 수 있도록 하였다.
- 산업안전지도사 자격 취득의 결론은 본서의 요점과 예상문제 · 실전모의시험 합격작전으로 합격을 보장할 수 있도록 엮었다.

산업안전

「일품」 산업안전기사 필기, 산업안전산업기사 필기

2색 컬러 B5_합격요점 포함 [필기수험 대비 01]
- 본서의 요점정리는 간단하고 명료하게 구체적으로 표현을 했다.
- 본서는 최근 심도있게 거론이 되고 있는 출제예상문제를 빠짐없이 수록하여 타 교재와 차별화가 되도록 구성하였다.
- 산업안전기사(산업기사) 자격 취득의 결론은 본서의 요점과 예상문제 합격작전으로 합격을 보장할 수 있도록 엮었다.
- 최근까지 출제된 과년도 출제 문제를 수록하여 수험준비에 만전을 기하였다.

「일품」 산업안전기사필기 과년도, 산업안전산업기사필기 과년도

2색 컬러 B5_계산문제총정리, 미공개문제 포함 [필기수험 대비 02]
- 제1회의 해설에서 이해하지 못했다면 제2, 제3의 문제해설을 통하여 반드시 이해할 수 있도록 하였다.
- 한 문제(1항목)를 이해하여 열 문제(10항목)를 해결할 수 있게 구성하였다.
- 산업안전기사(산업기사) 자격취득의 결론은 본서의 문제와 해설의 합격작전으로 합격을 보장할 수 있도록 엮었다.
- 최근까지 출제된 과년도 출제 문제를 수록하여 수험준비에 만전을 가하였다.

「일품」 산업안전(산업)기사실기 필답형, 산업안전(산업)기사실기 작업형

2색 컬러 B5_최종정리 포함 [실기수험 대비 01] | _전면컬러 B5 [실기수험 대비 02]
- 본서의 요점정리는 간단하고 명료하게 구체적으로 표현을 했다.
- 본문의 요점에서 이해하지 못했다면 예상문제 합격작전에서 반드시 이해할 수 있도록 하였다.
- 한 문제(1항목)를 이해하면 열 문제(10항목)를 해결할 수 있도록 구성하였다.
- 참고 및 고시 등을 수록하여 단원마다 중요점을 재강조하였다.
- 본서는 최근 심도있게 거론이 되고 출제가 예상되는 모든 문제를 빠짐없이 수록하여 타 교재와 차별화가 되도록 구성하였다.
- 산업안전 자격취득의 결론은 본서의 요점과 예상문제 합격작전이 합격을 보장한다.

기술사

「일품」 기계안전기술사, 건설안전기술사, 화공안전기술사, 전기안전기술사

1색 B5 [기술사 필기수험 대비]
- 본서의 요점정리는 간단하고 명료하게 구체적으로 표현을 했다.
- 본문의 요점에서 이해하지 못했다면 출제예상문제에서 반드시 이해할 수 있도록 하였다.
- 본서는 최근 심도있게 거론이 되고 있는 출제예상문제를 빠짐없이 수록하여 타 교재와 차별화가 되도록 구성하였다.
- 기술사 자격 취득의 결론은 본서의 요점과 예상문제 합격작전으로 합격을 보장할 수 있도록 엮었다.
- 최근까지 출제된 과년도 출제 문제를 수록하여 수험준비에 만전을 기하였다.

기술사 200점

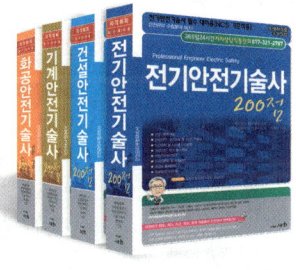

「일품」 기계안전기술사, 건설안전기술사, 화공안전기술사, 전기안전기술사

1색 B5 [기술사 필기수험 대비]
- 본서의 요점정리는 간단하고 명료하게 구체적으로 표현을 했다.
- 본문의 요점에서 이해하지 못했다면 출제예상문제에서 반드시 이해할 수 있도록 하였다.
- 본서는 최근 심도있게 거론이 되고 있는 시사성문제 및 모범답안을 빠짐없이 수록하여 타 교재와 차별화가 되도록 구성하였다.
- 기술사 자격 취득의 결론은 본서의 요점과 예상문제 합격작전으로 합격을 보장할 수 있도록 엮었다.
- 최근까지 출제된 과년도 출제 문제를 수록하여 수험준비에 만전을 기하였다.

안전관리 수험서의 대표기업

도서출판 세화

기사 · 산업기사

> 우리나라 국내 각종 안전관리자격증 수험에 대비하려면 이러한 내용들을 학습해야 합니다. 대부분의 내용이 자격증 취득에 많은 도움을 주도록 알찬 내용들로 꾸며져 있습니다. 추천감수 : 대한산업안전협회 기술안전이사 공학박사 이백현

「일품」 건설안전분야 수험서

건설안전기사 필기 | 건설안전산업기사 필기 | 건설안전기사필기 과년도 | 건설안전산업기사필기 과년도 | 건설안전(산업)기사실기 필답형 | 건설안전(산업)기사실기 작업형

「일품」 산업안전분야 수험서

산업안전기사 필기 | 산업안전산업기사 필기 | 산업안전기사필기 과년도 | 산업안전산업기사필기 과년도 | 산업안전(산업)기사실기 필답형 | 산업안전(산업)기사실기 작업형

지도사 · 기술사

「일품」 산업안전지도사 수험서

1차 필기　　　　　　　　　　　**2차 전공필수**　　　　　**3차 면접**

[Ⅰ] 산업안전보건법령 | [Ⅱ] 산업안전 일반 | [Ⅲ] 기업진단 · 지도 | 기계안전공학 | 건설안전공학 |

「일품」 기술사 200(300)점 수험서　　　　「일품」 기술사 수험서

기계안전기술사 300점 | 건설안전기술사 300점 | 화공안전기술사 200점 | 전기안전기술사 200점 | 기계안전기술사 | 건설안전기술사

www.sehwapub.co.kr 에서 주문하세요!!